33년간 기출문제 완전 분석

필기

전기기사

핵심기출 300제

전수기 · 임한규 · 정종연 지음

I 핵심이론

BM (주)도서출판 성안당

도서 A/S 안내

성안당에서 발행하는 모든 도서는 저자와 출판사, 그리고 독자가 함께 만들어 나갑니다.

좋은 책을 펴내기 위해 많은 노력을 기울이고 있습니다. 혹시라도 내용상의 오류나 오탈자 등이 발견되면 "좋은 책은 나라의 보배"로서 우리 모두가 함께 만들어 간다는 마음으로 연락주시기 바랍니다. 수정 보완하여 더 나은 책이 되도록 최선을 다하겠습니다.

성안당은 늘 독자 여러분들의 소중한 의견을 기다리고 있습니다. 좋은 의견을 보내주시는 분께는 성안당 쇼핑몰의 포인트(3,000포인트)를 적립해 드립니다.

잘못 만들어진 책이나 부록 등이 파손된 경우에는 교환해 드립니다.

저자 문의 : jeon6363@hanmail.net(전수기)

본서 기획자 e-mail : coh@cyber.co.kr(최옥현)

홈페이지 : http://www.cyber.co.kr 전화 : 031) 950-6300

이 책을 펴내면서…

전기수험생 여러분!

합격하기도, 학습하기도 어려운 전기자격증시험 어떻게 하면 합격할 수 있을까요? 이것은 과거부터 현재까지 끊임없이 제기되고 있는 전기수험생들의 고민이며 가장 큰 바람입니다.

필자가 강단에서 30여 년 강의를 하면서 안타깝게도 전기수험생들이 열심히 준비하지만 합격하지 못한 채 중도에 포기하는 경우를 많이 보았습니다. 전기자격증시험이 너무 어려워서?, 머리가 나빠서?, 수학실력이 없어서?, 그렇지 않습니다. 그것은 전기자격증 시험대비 학습방법이 잘못되었기 때문입니다.

전기기사·산업기사 시험문제는 전체 과목의 이론에 대해 출제될 수 있는 문제가 모두 출제된 상태로 현재는 문제은행방식으로 기출문제를 그대로 출제하고 있습니다.

따라서 이 책은 기본개념과정을 거친 수험생의 심화과정으로 과목별 중요 핵심이론과 그 핵심이론을 연계한 핵심기출 300제를 수록하였습니다. 이는 CBT화된 시험에 있어 적응능력 향상을 위해 특화한 학습서로서 다음과 같이 구성하였습니다.

이 책의 특징

제1권 : 핵심이론

시험에 자주 출제되는 핵심이론을 각 과목별로 체계적으로 수록하여 한눈에 볼 수 있도록 구성하였습니다.

제2권 : 핵심기출 300제

시험에 자주 출제되는 핵심기출 300제를 각 과목별로 엄선하고 문제마다 관련 핵심이론을 찾아볼 수 있도록 '핵심이론 찾아보기'를 넣어 기출문제를 핵심이론과 연계하여 한 번에 학습할 수 있도록 구성하였습니다.

이에 시험 직전 이 한 권의 책으로 전기시험 CBT에 대비한다면 합격하기 어렵다는 전기자격증시험 합격에 분명 절대적인 영향을 미치리라 확신합니다.

아울러 출판에 도움을 주신 (주)도서출판 성안당 편집부 임직원 여러분께 감사의 마음을 전합니다.

저자 전수기 씀

"

전기기사 CBT를 한 번에 합격하는 최적 구성

"

시험에 꼭 나오는 핵심이론

시험에 자주 출제되는 핵심이론만을 집약하여 과목별로 구성

시험에 자주 출제되는 과목별 핵심기출 300제

시험에 빠지지 않고 나오는 기출문제만 엄선하고 핵심이론과 연계하여 학습할 수 있도록 구성

최근 기출문제

최근 출제되었던 기출문제를 풀면서 실전시험 최종 마무리 구성

이 책의 구성과 특징

01 시험에 꼭 나오는 과목별 핵심이론

1990년부터 최근 33년간 시험에 출제되는 중요한 핵심이론만을 체계적으로 정리해 단기간에 핵심이론을 학습할 수 있도록 구성하였다.

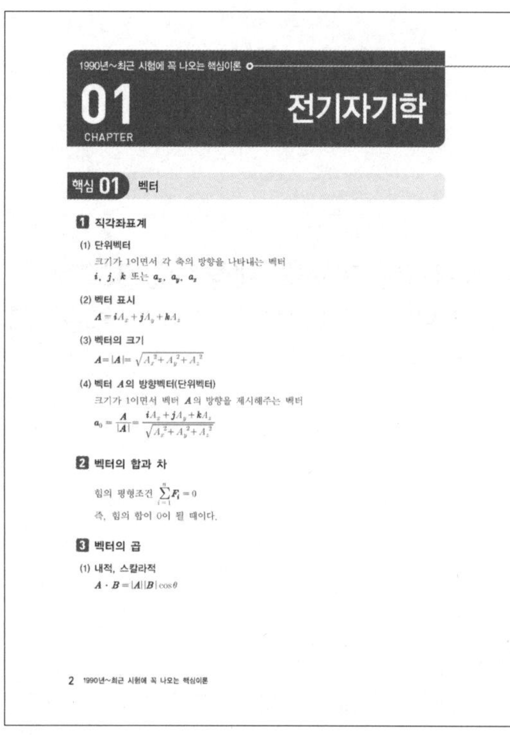

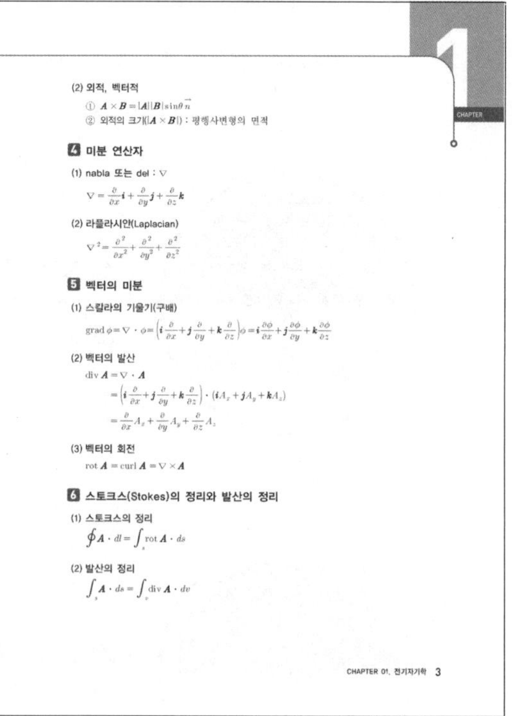

02 시험에 자주 출제되는 과목별 핵심기출 300제

1990년부터 최근 33년간 자주 출제되는 기출문제 300제를 과목별로 엄선하여 핵심이론과 연계하여 학습할 수 있도록 '핵심이론 찾아보기'를 구성하였다.

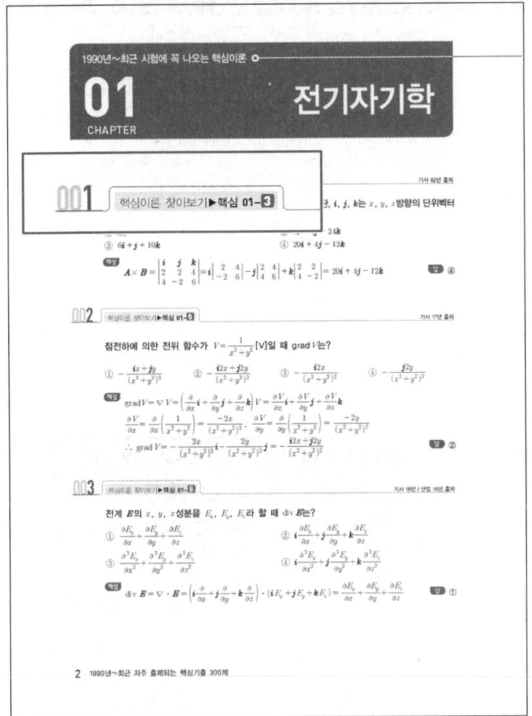

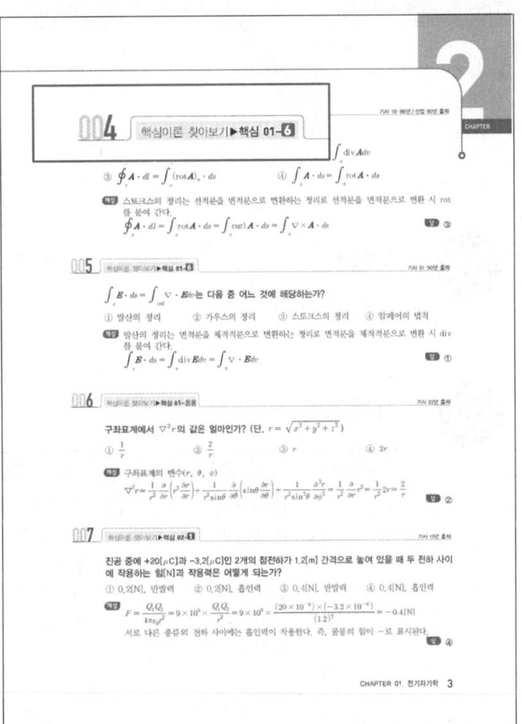

03 최근 과년도 출제문제

실전시험에 대비할 수 있도록 최근 과년도 출제문제를 수록하여 시험에 대한 감각을 기를 수 있도록 구성하였다.

전기자격시험안내

01 시행처

한국산업인력공단

02 시험과목

구분	전기기사	전기산업기사	전기공사기사	전기공사산업기사
필기	1. 전기자기학 2. 전력공학 3. 전기기기 4. 회로이론 및 제어공학 5. 전기설비기술기준	1. 전기자기학 2. 전력공학 3. 전기기기 4. 회로이론 5. 전기설비기술기준	1. 전기응용 및 공사재료 2. 전력공학 3. 전기기기 4. 회로이론 및 제어공학 5. 전기설비기술기준	1. 전기응용 2. 전력공학 3. 전기기기 4. 회로이론 5. 전기설비기술기준
실기	전기설비 설계 및 관리	전기설비 설계 및 관리	전기설비 견적 및 시공	전기설비 견적 및 시공

03 검정방법

[기사]

- **필기** : 객관식 4지 택일형, 과목당 20문항(과목당 30분)
- **실기** : 필답형(2시간 30분)

[산업기사]

- **필기** : 객관식 4지 택일형, 과목당 20문항(과목당 30분)
- **실기** : 필답형(2시간)

04 합격기준

- **필기** : 100점을 만점으로 하여 과목당 40점 이상, 전과목 평균 60점 이상
- **실기** : 100점을 만점으로 하여 60점 이상

05 출제기준

필기과목명	문제수	주요항목	세부항목
전기자기학	20	1. 진공 중의 정전계	① 정전기 및 전자유도 ② 전계 ③ 전기력선 ④ 전하 ⑤ 전위 ⑥ 가우스의 정리 ⑦ 전기쌍극자
		2. 진공 중의 도체계	① 도체계의 전하 및 전위분포 ② 전위계수, 용량계수 및 유도계수 ③ 도체계의 정전에너지 ④ 정전용량 ⑤ 도체 간에 작용하는 정전력 ⑥ 정전차폐
		3. 유전체	① 분극도와 전계 ② 전속밀도 ③ 유전체 내의 전계 ④ 경계조건 ⑤ 정전용량 ⑥ 전계의 에너지 ⑦ 유전체 사이의 힘 ⑧ 유전체의 특수현상
		4. 전계의 특수해법 및 전류	① 전기영상법 ② 정전계의 2차원 문제 ③ 전류에 관련된 제현상 ④ 저항률 및 도전율
		5. 자계	① 자석 및 자기유도 ② 자계 및 자위 ③ 자기쌍극자 ④ 자계와 전류 사이의 힘 ⑤ 분포전류에 의한 자계
		6. 자성체와 자기회로	① 자화의 세기 ② 자속밀도 및 자속 ③ 투자율과 자화율 ④ 경계면의 조건 ⑤ 감자력과 자기차폐 ⑥ 자계의 에너지 ⑦ 강자성체의 자화 ⑧ 자기회로 ⑨ 영구자석
		7. 전자유도 및 인덕턴스	① 전자유도 현상 ② 자기 및 상호유도작용 ③ 자계에너지와 전자유도 ④ 도체의 운동에 의한 기전력 ⑤ 전류에 작용하는 힘 ⑥ 전자유도에 의한 전계 ⑦ 도체 내의 전류 분포 ⑧ 전류에 의한 자계에너지 ⑨ 인덕턴스

필기과목명	문제수	주요항목	세부항목
전기자기학	20	8. 전자계	① 변위전류 ② 맥스웰의 방정식 ③ 전자파 및 평면파 ④ 경계조건 ⑤ 전자계에서의 전압 ⑥ 전자와 하전입자의 운동 ⑦ 방전현상
전력공학	20	1. 발 · 변전 일반	① 수력발전 ② 화력발전 ③ 원자력발전 ④ 신재생에너지발전 ⑤ 변전방식 및 변전설비 ⑥ 소내전원설비 및 보호계전방식
		2. 송 · 배전선로의 전기적 특성	① 선로정수 ② 전력원선도 ③ 코로나 현상 ④ 단거리 송전선로의 특성 ⑤ 중거리 송전선로의 특성 ⑥ 장거리 송전선로의 특성 ⑦ 분포정전용량의 영향 ⑧ 가공전선로 및 지중전선로
		3. 송 · 배전방식과 그 설비 및 운용	① 송전방식 ② 배전방식 ③ 중성점접지방식 ④ 전력계통의 구성 및 운용 ⑤ 고장계산과 대책
		4. 계통보호방식 및 설비	① 이상전압과 그 방호 ② 전력계통의 운용과 보호 ③ 전력계통의 안정도 ④ 차단보호방식
		5. 옥내배선	① 저압 옥내배선 ② 고압 옥내배선 ③ 수전설비 ④ 동력설비
		6. 배전반 및 제어기기의 종류와 특성	① 배전반의 종류와 배전반 운용 ② 전력제어와 그 특성 ③ 보호계전기 및 보호계전방식 ④ 조상설비 ⑤ 전압조정 ⑥ 원격조작 및 원격제어
		7. 개폐기류의 종류와 특성	① 개폐기 ② 차단기 ③ 퓨즈 ④ 기타 개폐장치
전기기기	20	1. 직류기	① 직류발전기의 구조 및 원리 ② 전기자 권선법 ③ 정류 ④ 직류발전기의 종류와 그 특성 및 운전 ⑤ 직류발전기의 병렬운전 ⑥ 직류전동기의 구조 및 원리 ⑦ 직류전동기의 종류와 특성

필기과목명	문제수	주요항목	세부항목
전기기기	20	1. 직류기	⑧ 직류전동기의 기동, 제동 및 속도제어 ⑨ 직류기의 손실, 효율, 온도상승 및 정격 ⑩ 직류기의 시험
		2. 동기기	① 동기발전기의 구조 및 원리 ② 전기자 권선법 ③ 동기발전기의 특성 ④ 단락현상 ⑤ 여자장치와 전압조정 ⑥ 동기발전기의 병렬운전 ⑦ 동기전동기 특성 및 용도 ⑧ 동기조상기 ⑨ 동기기의 손실, 효율, 온도상승 및 정격 ⑩ 특수 동기기
		3. 전력변환기	① 정류용 반도체 소자 ② 각 정류회로의 특성 ③ 제어정류기
		4. 변압기	① 변압기의 구조 및 원리 ② 변압기의 등가회로 ③ 전압강하 및 전압변동률 ④ 변압기의 3상 결선 ⑤ 상수의 변환 ⑥ 변압기의 병렬운전 ⑦ 변압기의 종류 및 그 특성 ⑧ 변압기의 손실, 효율, 온도상승 및 정격 ⑨ 변압기의 시험 및 보수 ⑩ 계기용변성기 ⑪ 특수변압기
		5. 유도전동기	① 유도전동기의 구조 및 원리 ② 유도전동기의 등가회로 및 특성 ③ 유도전동기의 기동 및 제동 ④ 유도전동기제어 ⑤ 특수 농형유도전동기 ⑥ 특수유도기 ⑦ 단상유도전동기 ⑧ 유도전동기의 시험 ⑨ 원선도
		6. 교류정류자기	① 교류정류자기의 종류, 구조 및 원리 ② 단상직권 정류자 전동기 ③ 단상반발 전동기 ④ 단상분권 전동기 ⑤ 3상 직권 정류자 전동기 ⑥ 3상 분권 정류자 전동기 ⑦ 정류자형 주파수 변환기
		7. 제어용 기기 및 보호기기	① 제어기기의 종류 ② 제어기기의 구조 및 원리 ③ 제어기기의 특성 및 시험 ④ 보호기기의 종류 ⑤ 보호기기의 구조 및 원리 ⑥ 보호기기의 특성 및 시험 ⑦ 제어장치 및 보호장치

필기과목명	문제수	주요항목	세부항목
회로이론 및 제어공학	20	1. 회로이론	① 전기회로의 기초 ② 직류회로 ③ 교류회로 ④ 비정현파교류 ⑤ 다상교류 ⑥ 대칭좌표법 ⑦ 4단자 및 2단자 ⑧ 분포정수회로 ⑨ 라플라스변환 ⑩ 회로의 전달함수 ⑪ 과도현상
		2. 제어공학	① 자동제어계의 요소 및 구성 ② 블록선도와 신호흐름선도 ③ 상태공간해석 ④ 정상오차와 주파수응답 ⑤ 안정도판별법 ⑥ 근궤적과 자동제어의 보상 ⑦ 샘플값제어 ⑧ 시퀀스제어
전기설비 기술기준 – 전기설비 기술기준 및 한국전기설비 규정	20	1. 총칙	① 기술기준 총칙 및 KEC 총칙에 관한 사항 ② 일반사항 ③ 전선 ④ 전로의 절연 ⑤ 접지시스템 ⑥ 피뢰시스템
		2. 저압전기설비	① 통칙 ② 안전을 위한 보호 ③ 전선로 ④ 배선 및 조명설비 ⑤ 특수설비
		3. 고압, 특고압 전기설비	① 통칙 ② 안전을 위한 보호 ③ 접지설비 ④ 전선로 ⑤ 기계, 기구 시설 및 옥내배선 ⑥ 발전소, 변전소, 개폐소 등의 전기설비 ⑦ 전력보안통신설비
		4. 전기철도설비	① 통칙 ② 전기철도의 전기방식 ③ 전기철도의 변전방식 ④ 전기철도의 전차선로 ⑤ 전기철도의 전기철도차량설비 ⑥ 전기철도의 설비를 위한 보호 ⑦ 전기철도의 안전을 위한 보호
		5. 분산형 전원설비	① 통칙 ② 전기저장장치 ③ 태양광발전설비 ④ 풍력발전설비 ⑤ 연료전지설비

핵심이론 차례

CHAPTER 01 전기자기학

CHAPTER 02 전력공학

CHAPTER 03 전기기기

CHAPTER 04 회로이론

CHAPTER 05 제어공학

CHAPTER 06 전기설비기술기준

"할 수 있다고 믿는 사람은 그렇게 되고,
할 수 없다고 믿는 사람 역시 그렇게 된다."

– 샤를 드골 –

1990년~최근

시험에 꼭 나오는 핵심이론

01 CHAPTER 전기자기학

핵심 01 벡터

1 직각좌표계

(1) 단위벡터

크기가 1이면서 각 축의 방향을 나타내는 벡터

i, j, k 또는 a_x, a_y, a_z

(2) 벡터 표시

$\boldsymbol{A} = \boldsymbol{i}A_x + \boldsymbol{j}A_y + \boldsymbol{k}A_z$

(3) 벡터의 크기

$A = |\boldsymbol{A}| = \sqrt{A_x^2 + A_y^2 + A_z^2}$

(4) 벡터 A의 방향벡터(단위벡터)

크기가 1이면서 벡터 $\boldsymbol{A}$의 방향을 제시해주는 벡터

$$a_0 = \frac{\boldsymbol{A}}{|\boldsymbol{A}|} = \frac{\boldsymbol{i}A_x + \boldsymbol{j}A_y + \boldsymbol{k}A_z}{\sqrt{A_x^2 + A_y^2 + A_z^2}}$$

2 벡터의 합과 차

힘의 평형조건 $\sum_{i=1}^{n} \boldsymbol{F}_i = 0$

즉, 힘의 합이 0이 될 때이다.

3 벡터의 곱

(1) 내적, 스칼라적

$\boldsymbol{A} \cdot \boldsymbol{B} = |\boldsymbol{A}||\boldsymbol{B}| \cos\theta$

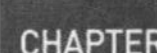

(2) 외적, 벡터적

① $\boldsymbol{A} \times \boldsymbol{B} = |\boldsymbol{A}||\boldsymbol{B}|\sin\theta\,\vec{n}$

② 외적의 크기($|\boldsymbol{A} \times \boldsymbol{B}|$) : 평행사변형의 면적

4 미분 연산자

(1) nabla 또는 del : ∇

$$\nabla = \frac{\partial}{\partial x}\boldsymbol{i} + \frac{\partial}{\partial y}\boldsymbol{j} + \frac{\partial}{\partial z}\boldsymbol{k}$$

(2) 라플라시안(Laplacian)

$$\nabla^2 = \frac{\partial^2}{\partial x^2} + \frac{\partial^2}{\partial y^2} + \frac{\partial^2}{\partial z^2}$$

5 벡터의 미분

(1) 스칼라의 기울기(구배)

$$\mathrm{grad}\,\phi = \nabla \cdot \phi = \left(\boldsymbol{i}\frac{\partial}{\partial x} + \boldsymbol{j}\frac{\partial}{\partial y} + \boldsymbol{k}\frac{\partial}{\partial z}\right)\phi = \boldsymbol{i}\frac{\partial \phi}{\partial x} + \boldsymbol{j}\frac{\partial \phi}{\partial y} + \boldsymbol{k}\frac{\partial \phi}{\partial z}$$

(2) 벡터의 발산

$$\begin{aligned}\mathrm{div}\,\boldsymbol{A} &= \nabla \cdot \boldsymbol{A} \\ &= \left(\boldsymbol{i}\frac{\partial}{\partial x} + \boldsymbol{j}\frac{\partial}{\partial y} + \boldsymbol{k}\frac{\partial}{\partial z}\right) \cdot (\boldsymbol{i}A_x + \boldsymbol{j}A_y + \boldsymbol{k}A_z) \\ &= \frac{\partial}{\partial x}A_x + \frac{\partial}{\partial y}A_y + \frac{\partial}{\partial z}A_z\end{aligned}$$

(3) 벡터의 회전

$$\mathrm{rot}\,\boldsymbol{A} = \mathrm{curl}\,\boldsymbol{A} = \nabla \times \boldsymbol{A}$$

6 스토크스(Stokes)의 정리와 발산의 정리

(1) 스토크스의 정리

$$\oint \boldsymbol{A} \cdot dl = \int_s \mathrm{rot}\,\boldsymbol{A} \cdot ds$$

(2) 발산의 정리

$$\int_s \boldsymbol{A} \cdot ds = \int_v \mathrm{div}\,\boldsymbol{A} \cdot dv$$

핵심 02 진공 중의 정전계

1 쿨롱의 법칙

(1) 두 전하 사이에 작용하는 힘

$$F = K\frac{Q_1 Q_2}{r^2} = \frac{Q_1 Q_2}{4\pi\varepsilon_0 r^2} = 9\times10^9\frac{Q_1 Q_2}{r^2}\,[\mathrm{N}]$$

(2) 진공의 유전율

$$\varepsilon_0 = 8.855\times10^{-12}\,[\mathrm{F/m}]$$

2 전계의 세기

$$E = \frac{F}{q} = \frac{1}{4\pi\varepsilon_0}\times\frac{Q}{r^2} = 9\times10^9\times\frac{Q}{r^2}\,[\mathrm{N/C}]$$

3 전기력선의 성질

① 전기력선은 정(+)전하에서 시작하여 부(−)전하에서 끝난다.
② 전하가 없는 곳에서는 전기력선의 발생, 소멸이 없다.
③ 전기력선의 방향은 그 점의 전계의 방향과 같고, 밀도는 전계의 세기와 같다.
④ 전기력선은 전위가 높은 곳에서 낮은 곳으로 향한다.
⑤ 전기력선은 등전위면과 직교(수직)한다.
⑥ 전기력선은 도체 표면(등전위면)에 수직으로 출입한다.
⑦ 도체에 주어진 전하는 표면에만 분포하므로 내부에는 전기력선이 존재하지 않는다.
⑧ 전기력선은 그 자신만으로는 폐곡선(루프)을 만들지 않는다.
⑨ 단위 전하(+1[C])에서는 $\frac{1}{\varepsilon_0}$ 개의 전기력선이 출입한다.

4 가우스(Gauss)의 법칙

전기력선의 총수 $N = \int_s E\cdot ds = \frac{Q}{\varepsilon_0}$

5 가우스 정리에 의한 전계의 세기

(1) 점전하에 의한 전계의 세기

$$\boldsymbol{E} = \frac{Q}{4\pi\varepsilon_0 r^2} = 9\times10^9\frac{Q}{r^2}\,[\mathrm{V/m}]$$

(2) 무한 직선 전하에 의한 전계의 세기

$$\boldsymbol{E} = \frac{\lambda}{2\pi\varepsilon_0 r} = 18\times10^9\frac{\lambda}{r}\,[\mathrm{V/m}]$$

(3) 무한 평면 전하에 의한 전계의 세기

$$\boldsymbol{E} = \frac{\rho_s}{2\varepsilon_0}\,[\mathrm{V/m}]$$

(4) 무한 평행판에서의 전계의 세기

① 평행판 외부 전계의 세기 : $E_o = 0$

② 평행판 사이의 전계의 세기 : $E_i = \dfrac{\rho_s}{\varepsilon_0}\,[\mathrm{V/m}]$

(5) 도체 표면에서의 전계의 세기

$$E = \frac{\rho_s}{\varepsilon_0}\,[\mathrm{V/m}]$$

(6) 중공 구도체의 전계의 세기

① 내부 전계의 세기($r < a$) : $E_i = 0$

② 표면 전계의 세기($r = b$) : $E = \dfrac{Q}{4\pi\varepsilon_0 b^2}\,[\mathrm{V/m}]$

③ 외부 전계의 세기($r > b$) : $E_o = \dfrac{Q}{4\pi\varepsilon_0 r^2}\,[\mathrm{V/m}]$

(7) 전하가 균일하게 분포된 구도체

① 외부에서의 전계의 세기($r > a$) : $E_o = \dfrac{Q}{4\pi\varepsilon_0 r^2}\,[\mathrm{V/m}]$

② 표면에서의 전계의 세기($r = a$) : $E = \dfrac{Q}{4\pi\varepsilon_0 a^2}\,[\mathrm{V/m}]$

③ 내부에서의 전계의 세기($r < a$) : $E_i = \dfrac{rQ}{4\pi\varepsilon_0 a^3}\,[\mathrm{V/m}]$

(8) 전하가 균일하게 분포된 원주(원통) 도체

① 외부에서의 전계의 세기($r > a$) : $E_o = \dfrac{\rho_l}{2\pi\varepsilon_0 r}\,[\mathrm{V/m}]$

② 표면에서의 전계의 세기($r = a$) : $E = \dfrac{\rho_l}{2\pi\varepsilon_0 a}\,[\mathrm{V/m}]$

③ 내부에서의 전계의 세기($r < a$) : $E_i = \dfrac{r\rho_l}{2\pi\varepsilon_0 a^2}\,[\mathrm{V/m}]$

6 전위

$$V_p = \frac{W}{Q} = -\int_{\infty}^{r} E \cdot dr = \int_{r}^{\infty} E \cdot dr \text{[J/C]=[V]}$$

7 전위차

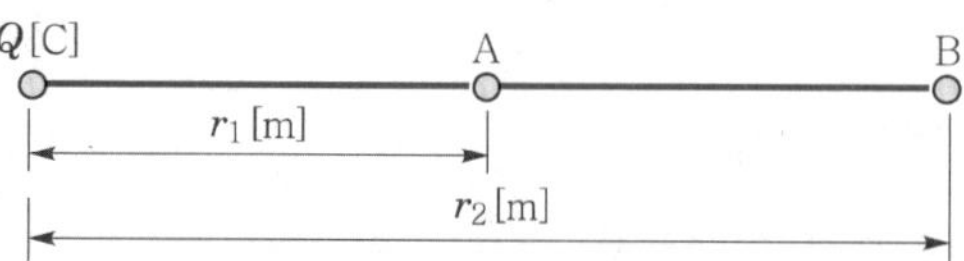

단위 정전하를 점 B에서 점 A까지 운반하는 데 필요한 일

$$V_{AB} = -\int_{B}^{A} E \cdot dr = -\int_{r_2}^{r_1} \frac{Q}{4\pi\varepsilon_0 r^2} dr = \frac{Q}{4\pi\varepsilon_0}\left(\frac{1}{r_1} - \frac{1}{r_2}\right) \text{[V]}$$

8 전위 경도

$$E = -\text{grad}\,V = -\nabla V$$

9 푸아송 및 라플라스 방정식

(1) 푸아송(Poisson) 방정식

$$\nabla^2 V = -\frac{\rho_v}{\varepsilon_0}$$

(2) 라플라스(Laplace) 방정식

$\rho_v = 0$일 때 $\nabla^2 V = 0$

10 전기력선의 방정식

$$\frac{dx}{E_x} = \frac{dy}{E_y} = \frac{dz}{E_z}$$

11 원형 도체 중심축상의 전계의 세기

반지름 a[m]인 원형 도체에 선전하 밀도 ρ_l[C/m]가 분포 시 중심축상 거리 r[m]인 원형 도체 중심축상의 전계의 세기

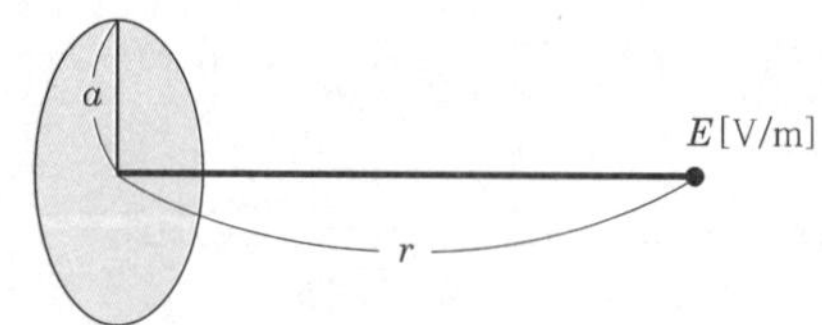

(1) 전체 전하량 : $Q = \rho_l l = \rho_l 2\pi a$[C]

(2) 중심축상의 전계의 세기

$$E = \frac{Qr}{4\pi\varepsilon_0 (a^2 + r^2)^{\frac{3}{2}}} = \frac{\rho_l\, a\, r}{2\varepsilon_0 (a^2 + r^2)^{\frac{3}{2}}}\ [\mathrm{V/m}]$$

12 전기 쌍극자

(1) 전위

$$V = \frac{Q \cdot \delta}{4\pi\varepsilon_0 r^2}\cos\theta = \frac{M}{4\pi\varepsilon_0 r^2}\cos\theta\ [\mathrm{V}]$$

(2) 전계의 세기

① r성분의 전계의 세기 : $E_r = \dfrac{2M}{4\pi\varepsilon_0 r^3}\cos\theta\,[\mathrm{V/m}]$

② θ성분의 전계의 세기 : $E_\theta = \dfrac{M}{4\pi\varepsilon_0 r^3}\sin\theta\,[\mathrm{V/m}]$

③ 전전계의 세기 : $E = \sqrt{E_r^{\ 2} + E_\theta^{\ 2}} = \dfrac{M}{4\pi\varepsilon_0 r^3}\sqrt{1 + 3\cos^2\theta}\ [\mathrm{V/m}]$

13 대전도체의 성질

① 도체 내부의 전계는 0이다.
② 도체 표면은 등전위면이다.
③ 대전도체 표면의 전하밀도는 곡률 반지름이 작으면 커진다.

핵심 03 도체계와 정전용량

1 전위계수(p)

$$V_1 = p_{11} Q_1 + p_{12} Q_2$$
$$V_2 = p_{21} Q_1 + p_{22} Q_2$$

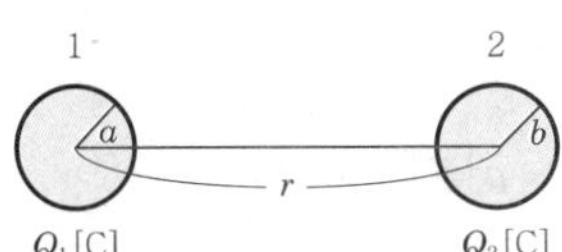

(1) 전위계수의 성질

① $p_{11} > 0$ 일반적으로 $p_{rr} > 0$

② $p_{11} \geqq p_{12}$ 일반적으로 $p_{rr} \geqq p_{rs}$

③ $p_{21} \geqq 0$ 일반적으로 $p_{sr} \geqq 0$

④ $p_{12} = p_{21}$ 일반적으로 $p_{rs} = p_{sr}$

(2) 단위

$$p = \frac{V}{Q}\left[\frac{\mathrm{V}}{\mathrm{C}}\right] = \left[\frac{1}{\mathrm{F}}\right]$$

2 용량계수와 유도계수(q)

$$Q_1 = q_{11}V_1 + q_{12}V_2$$
$$Q_2 = q_{21}V_1 + q_{22}V_2$$

(1) 용량계수와 유도계수의 성질

① $q_{11} > 0$, $q_{22} > 0$ 일반적으로 $q_{rr} > 0$

② $q_{12} \leqq 0$, $q_{21} \leqq 0$ 일반적으로 $q_{rs} \leqq 0$

③ $q_{11} \geqq -(q_{21} + q_{31} + \cdots + q_{n1})$

④ $q_{12} = q_{21}$ 일반적으로 $q_{rs} = q_{sr}$

(2) 단위

$$q = \frac{Q}{V}\left[\frac{\mathrm{C}}{\mathrm{V}}\right] = [\mathrm{F}]$$

3 정전용량(커패시턴스)

$$C = \frac{Q}{V}\left[\frac{\mathrm{C}}{\mathrm{V}}\right] = [\mathrm{F}]$$

$$\text{엘라스턴스} = \frac{1}{C} = \frac{V}{Q} = \frac{\text{전위차}}{\text{전기량}}\left[\frac{\mathrm{V}}{\mathrm{C}}\right] = \left[\frac{1}{\mathrm{F}}\right] = [\mathrm{daraf}]$$

4 도체 모양에 따른 정전용량

(1) 구도체의 정전용량

$$C = \frac{Q}{V} = 4\pi\varepsilon_0 a = \frac{1}{9} \times 10^{-9} \times a[\mathrm{F}]$$

(2) 동심구의 정전용량

$$C = \frac{4\pi\varepsilon_0}{\frac{1}{a} - \frac{1}{b}} = \frac{4\pi\varepsilon_0 ab}{b-a}[\mathrm{F}]$$

(3) 동심원통 도체(동축케이블)의 정전용량

$$C = \frac{2\pi\varepsilon_0 l}{\ln\frac{b}{a}}\,[\mathrm{F}]$$

(4) 평행판 콘덴서의 정전용량

$$C = \frac{\varepsilon_0 S}{d}\,[\mathrm{F}]$$

(5) 평행 왕복도선 간의 정전용량[단위길이당 정전용량($d \gg a$인 경우)]

$$C = \frac{\pi\varepsilon_0}{\ln\frac{d}{a}}\,[\mathrm{F/m}]$$

5 콘덴서 연결

(1) 콘덴서 병렬 연결(V=일정)

① 합성 정전용량 : $C_0 = C_1 + C_2\,[\mathrm{F}]$

② 같은 정전용량 C[F]를 n개 병렬 연결 시 합성 정전용량 : $C_0 = nC\,[\mathrm{F}]$

(2) 콘덴서 직렬 연결(Q=일정)

① 합성 정전용량 : $\frac{1}{C_0} = \frac{1}{C_1} + \frac{1}{C_2}$, $C_0 = \frac{C_1 C_2}{C_1 + C_2}\,[\mathrm{F}]$

② 같은 정전용량 C[F]를 n개 직렬 연결 시 합성 정전용량 : $C_0 = \frac{C}{n}\,[\mathrm{F}]$

6 직렬 콘덴서의 전압 분포

직렬 연결 콘덴서의 전압 분포

$$V_1 = \frac{Q}{C_1},\quad V_2 = \frac{Q}{C_2},\quad V_3 = \frac{Q}{C_3}$$

$$V_1 : V_2 : V_3 = \frac{1}{C_1} : \frac{1}{C_2} : \frac{1}{C_3}$$

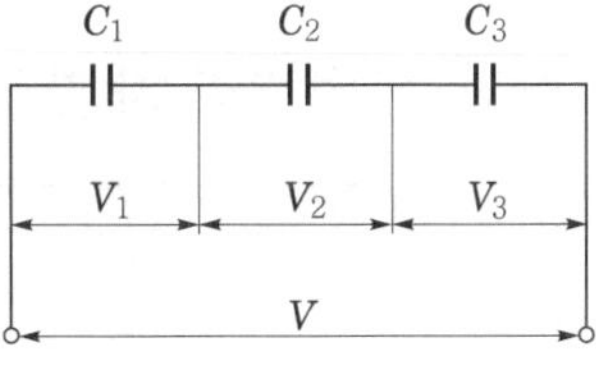

(1) 내압이 같은 경우

정전용량 C가 가장 적은 것이 가장 먼저 절연파괴 된다.

(2) 내압이 다른 경우

각 내압을 $V_{\max}$이라 하면 $Q = CV_{\max}$가 가장 적은 것이 가장 먼저 절연파괴 된다.

7 정전에너지

$$W = \frac{Q^2}{2C} = \frac{1}{2}CV^2 = \frac{1}{2}QV\,[\mathrm{J}]$$

8 정전 흡인력

$$f = \frac{1}{2}\varepsilon_0 E^2 = \frac{D^2}{2\varepsilon_0} = \frac{1}{2}ED\,[\mathrm{N/m^2}]$$

핵심 04 유전체

1 유전율과 비유전율

(1) 유전체를 넣었을 경우의 정전용량 : $C = \frac{Q+q}{V}\,[\mathrm{F}]$

① 비유전율 : $\varepsilon_s = \varepsilon_r = \frac{C}{C_0} > 1$

② 유전율 : $\varepsilon = \varepsilon_0 \varepsilon_s\,[\mathrm{F/m}]$

(2) 유전체의 비유전율의 특징

① 비유전율 ε_s는 1보다 크다.

② 진공이나 공기의 비유전율 $\varepsilon_s = 1$이다.

③ 비유전율 ε_s는 재질에 따라 다르다.

2 진공과 유전체의 제법칙 비교

구 분	진공 시	유전체 삽입	관 계
힘	$F_0 = \frac{Q_1 Q_2}{4\pi\varepsilon_0 r^2}$	$F = \frac{Q_1 Q_2}{4\pi\varepsilon_0\varepsilon_s r^2}$	$\frac{1}{\varepsilon_s}$배 감소
전계의 세기	$E_0 = \frac{Q}{4\pi\varepsilon_0 r^2}$	$E = \frac{Q}{4\pi\varepsilon_0\varepsilon_s r^2}$	$\frac{1}{\varepsilon_s}$배 감소
전위	$V_0 = \frac{Q}{4\pi\varepsilon_0 r}$	$V = \frac{Q}{4\pi\varepsilon_0\varepsilon_s r}$	$\frac{1}{\varepsilon_s}$배 감소
정전용량	$C_0 = \frac{\varepsilon_0 S}{d}$	$C = \frac{\varepsilon_0\varepsilon_s S}{d}$	ε_s배 증가
전기력선의 수	$N_0 = \frac{Q}{\varepsilon_0}$	$N = \frac{Q}{\varepsilon_0\varepsilon_s}$	$\frac{1}{\varepsilon_s}$배 감소
전속선	$\Phi_0 = Q$	$\Phi = Q$	일정

콘덴서에 축적되는 에너지(=정전에너지)	$W=\frac{1}{2}CV^2=\frac{Q^2}{2C}=\frac{1}{2}QV$[J]
단위체적당 정전에너지(=에너지 밀도)	$w=\frac{1}{2}\varepsilon E^2=\frac{D^2}{2\varepsilon}=\frac{1}{2}ED$[J/m³]
단위면적당 받는 힘(=정전 흡인력)	$f=\frac{1}{2}\varepsilon E^2=\frac{D^2}{2\varepsilon}=\frac{1}{2}ED$[N/m²]

3 복합 유전체의 정전용량

(1) 서로 다른 유전체를 극판과 수직으로 채우는 경우

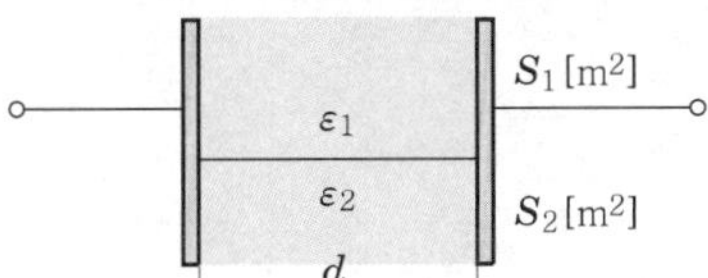

$$C=\frac{\varepsilon_1 S_1+\varepsilon_2 S_2}{d}[\mathrm{F}]$$

(2) 서로 다른 유전체를 극판과 평행하게 채우는 경우

$$C=\frac{\varepsilon_1\varepsilon_2 S}{\varepsilon_2 d_1+\varepsilon_1 d_2}[\mathrm{F}]$$

(3) 공기 콘덴서에 유전체를 판 간격 절반만 평행하게 채운 경우

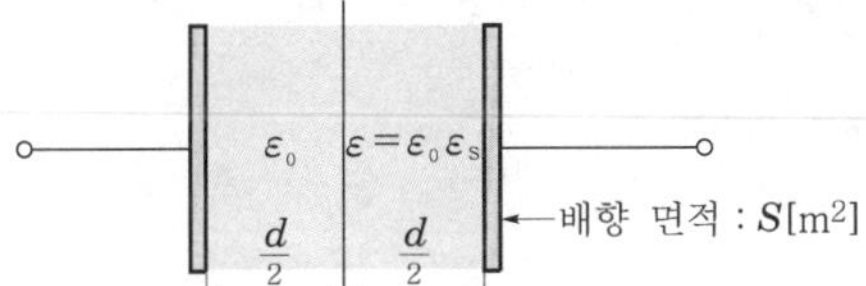

$$C=\frac{2C_0}{1+\frac{1}{\varepsilon_s}}[\mathrm{F}]$$

4 전속밀도

전속밀도는 단위면적당 전속의 수

* 전속밀도와 전계의 세기와의 관계 : $D=\varepsilon E\,[\mathrm{C/m^2}]$

5 분극의 세기

$$P=D-\varepsilon_0 E=D\left(1-\frac{1}{\varepsilon_s}\right)=\varepsilon_0\varepsilon_s E-\varepsilon_0 E=\varepsilon_0(\varepsilon_s-1)E=\chi E\,[\mathrm{C/m^2}]$$

(1) 분극률

$\chi=\varepsilon_0(\varepsilon_s-1)$

(2) 비분극률

$\frac{\chi}{\varepsilon_0}=\chi_e=\varepsilon_s-1$

6 유전체에서의 경계면 조건

(1) 전계는 경계면에서 수평성분(= 접선성분)이 서로 같다.

$E_1 \sin\theta_1 = E_2 \sin\theta_2$

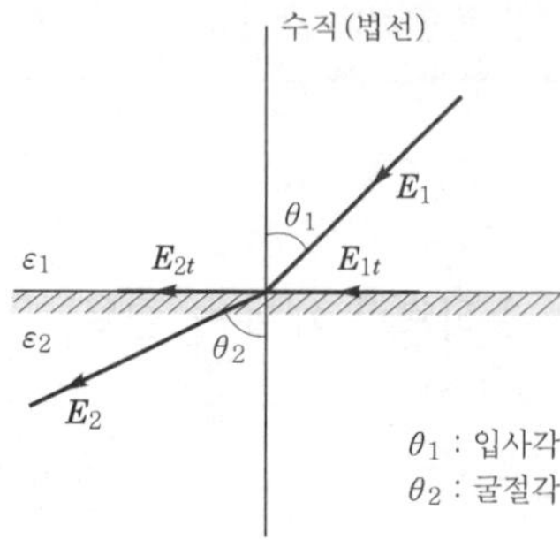

(2) 전속밀도는 경계면에서 수직성분(= 법선성분)이 서로 같다.

$D_1 \cos\theta_1 = D_2 \cos\theta_2$

(3) (1)과 (2)의 비를 취하면

$$\frac{\tan\theta_1}{\tan\theta_2} = \frac{\varepsilon_1}{\varepsilon_2}$$

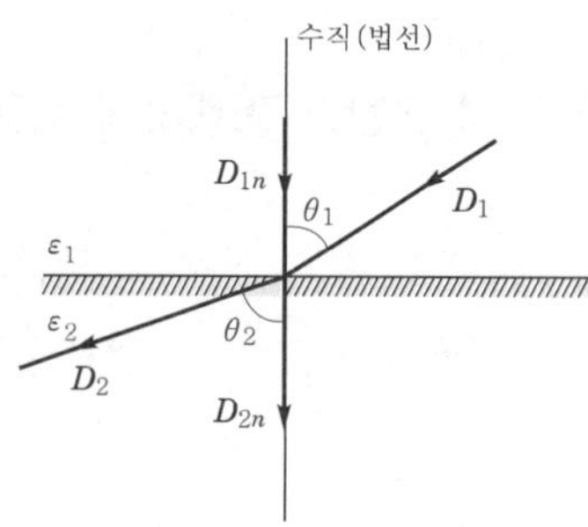

7 유전체 경계면에 작용하는 힘

(1) 전계가 경계면에 수직으로 입사 시($\varepsilon_1 > \varepsilon_2$)

$$f = \frac{1}{2}\left(\frac{1}{\varepsilon_2} - \frac{1}{\varepsilon_1}\right)D^2[\mathrm{N/m^2}]$$

(2) 전계가 경계면에 수평으로 입사 시($\varepsilon_1 > \varepsilon_2$)

$$f = \frac{1}{2}(\varepsilon_1 - \varepsilon_2)E^2[\mathrm{N/m^2}]$$

8 패러데이관

(1) 패러데이관 내의 전속선의 수는 일정하다.

(2) 패러데이관 양단에는 정·부의 단위 전하가 있다.

(3) 패러데이관의 밀도는 전속밀도와 같다.

(4) 단위 전위차당 패러데이관의 보유에너지는 $\frac{1}{2}$[J]이다.

9 단절연

동축 케이블에서 절연층의 전계의 세기를 거의 일정하게 유지할 목적으로 도선에서 가까운 곳은 유전율이 큰 것으로, 먼 곳은 유전율이 작은 것으로 절연하는 방법으로 $\varepsilon_1 > \varepsilon_2 > \varepsilon_3$로 절연하는 것을 단절연이라 한다.

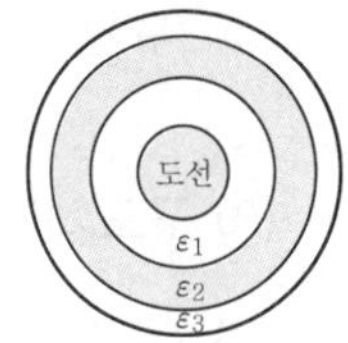

핵심 05 전기영상법

1 접지 무한 평면도체와 점전하

(1) 영상전하(Q')

$Q' = -Q$[C]

(2) 무한 평면과 점전하 사이에 작용하는 힘

$$F = -\frac{Q^2}{16\pi\varepsilon_0 d^2}\text{[N]}$$

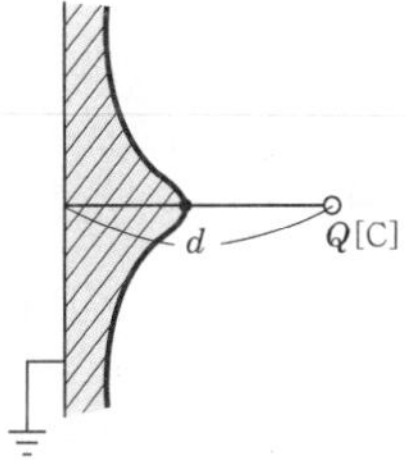

(3) 전하분포도 및 최대전하밀도

최대전하밀도 $\rho_{s\,\max} = -\frac{Q}{2\pi d^2}$[C/m^2]

2 무한 평면도체와 선전하

(1) 영상 선전하 밀도

$\lambda' = -\lambda$[C/m]

(2) 무한 평면과 선전하 사이에 작용하는 단위길이당 작용하는 힘

$$F = -\lambda E = -\frac{\lambda^2}{4\pi\varepsilon_0 h}\,[\mathrm{N/m}]$$

3 접지 구도체와 점전하

(1) 영상전하의 위치

구 중심에서 $\frac{a^2}{d}$인 점

(2) 영상전하의 크기

$$Q' = -\frac{a}{d}Q\,[\mathrm{C}]$$

(3) 구도체와 점전하 사이에 작용하는 힘

$$F = \frac{QQ'}{4\pi\varepsilon_0\left(d - \frac{a^2}{d}\right)^2} = \frac{-adQ^2}{4\pi\varepsilon_0(d^2 - a^2)^2}\,[\mathrm{N}]$$

핵심 06 전류

1 전류

(1) 전류

$$I = \frac{Q}{t} = \frac{ne}{t}\,[\mathrm{C/s = A}]$$

여기서, n : 이동전자의 개수
e : 전자의 전기량

(2) 전하량

$$Q = I \cdot t\,[\mathrm{A \cdot s = C}]$$

2 전기저항

(1) 도선의 전기저항

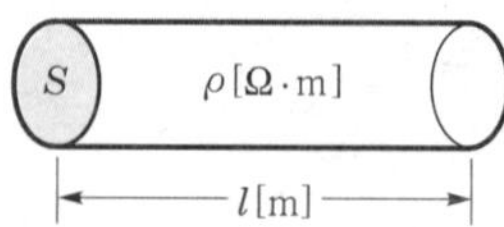

$$R = \rho\frac{l}{S} = \frac{l}{kS}\,[\Omega]$$

(2) 컨덕턴스

$$G=\frac{1}{R}[\mho]\cdot[S]$$

＊ 단위 : 모[℧] 또는 지멘스[S] 사용

3 전류밀도

$$J=\frac{I}{S}=Qv=nev=ne\mu E=kE=\frac{E}{\rho}[\text{A/m}^2]$$

4 전류의 열 작용

(1) 전력

$$P=VI=I^2R=\frac{V^2}{R}[\text{J/sec=W}]$$

(2) 전력량

$$W=Pt=V=I^2Rt=\frac{V^2}{R}t[\text{Ws}]$$

(3) 줄의 법칙을 이용한 열량

$$H=0.24Pt=0.24VIt=0.24I^2Rt=0.24\frac{V^2}{R}t[\text{cal}]$$

① 1[J]=0.24[cal]

② 1[cal]=4.2[J]

③ 1[kWh]=860[kcal]

5 전기저항과 정전용량의 관계

$$RC=\rho\varepsilon,\ \ \frac{C}{G}=\frac{\varepsilon}{k}$$

6 전기의 여러 가지 현상

(1) 제벡효과

서로 다른 금속을 접속하고 접속점을 서로 다른 온도를 유지하면 기전력이 생겨 일정한 방향으로 전류가 흐른다. 이러한 현상을 제벡효과(Seebeck effect)라 한다.

(2) 펠티에 효과

서로 다른 두 금속에서 다른 쪽 금속으로 전류를 흘리면 열의 발생 또는 흡수가 일어나는데 이 현상을 펠티에 효과라 한다.

(3) 톰슨효과

동종의 금속에서도 각 부에서 온도가 다르면 그 부분에서 열의 발생 또는 흡수가 일어나는 효과를 톰슨효과라 한다.

(4) 파이로(Pyro) 전기

로셸염이나 수정의 결정을 가열하면 한면에 정(正), 반대편에 부(負)의 전기가 분극을 일으키고 반대로 냉각하면 역의 분극이 나타나는 것을 파이로 전기라 한다.

(5) 압전효과

유전체 결정에 기계적 변형을 가하면, 결정 표면에 양, 음의 전하가 나타나서 대전한다. 또 반대로 이들 결정을 전장 안에 놓으면 결정 속에서 기계적 변형이 생긴다. 이와 같은 현상을 압전기 현상이라 한다.

핵심 07 진공 중의 정자계

1 자계의 쿨롱의 법칙

(1) 두 자하(자극) 사이에 미치는 힘

$$F = K\frac{m_1 m_2}{r^2} = \frac{1}{4\pi\mu_0}\frac{m_1 m_2}{r^2} = 6.33\times 10^4 \frac{m_1 m_2}{r^2}\,[\mathrm{N}]$$

(2) 진공의 투자율

$$\mu_0 = 4\pi\times 10^{-7} = 12.56\times 10^{-7}\,[\mathrm{H/m}]$$

▌자하의 단위▐

구 분	MKS 단위계	CGS 단위계
자하(자속)	[Wb]	[maxwell]
	1[Wb]=10^8[maxwell]	

2 자계의 세기

(1) 자계의 세기

$$H = \frac{1}{4\pi\mu}\frac{m}{r^2} = 6.33\times 10^4 \frac{m}{r^2}\,[\mathrm{AT/m}] = [\mathrm{N/Wb}]$$

(2) 쿨롱의 힘과 자계의 세기와의 관계

$$F = mH\,[\mathrm{N}],\quad H = \frac{F}{m}\,[\mathrm{A/m}],\quad m = \frac{F}{H}\,[\mathrm{Wb}]$$

3 자기력선의 성질

① 자력선의 방향은 N극에서 나와 S극으로 들어간다.
② 자력선은 서로 반발하나 교차하지 않는다.
③ 자력선의 방향은 자계의 방향과 일치하고, 밀도는 자계의 세기와 같다.
④ 자력선의 수는 내부 자하량 m[Wb]의 $\dfrac{m}{\mu_0}$배이다.
⑤ 자력선은 등자위면에 직교한다.
⑥ N, S극이 공존하고, 그 자신만으로 폐곡선을 이룰 수 있다.

4 자속과 자속밀도

(1) 자속밀도

$$B = \mu_0 H[\text{Wb/m}^2]$$

(2) 자속밀도의 단위

$$1[\text{Wb/m}^2] = 1[\text{Tesla}] = 10^8[\text{maxwell/m}^2] = 10^4[\text{maxwell/cm}^2] = 10^4[\text{gauss}]$$

5 자위와 자위경도

(1) 점자극의 자위 U[A]

$$U = -\int_{\infty}^{P} H \cdot dr = \frac{m}{4\pi\mu_0 r} = 6.33\times 10^4 \frac{m}{r}[\text{AT, A}]$$

자계와 자위의 관계식 : $U = H \cdot r[\text{A}]$, $H = \dfrac{U}{r}[\text{A/m}]$

(2) 자위경도

$$H = -\text{grad}\,U = -\nabla U = -\left(\boldsymbol{i}\frac{\partial}{\partial x} + \boldsymbol{j}\frac{\partial}{\partial y} + \boldsymbol{k}\frac{\partial}{\partial z}\right)U = -\left(\boldsymbol{i}\frac{\partial U}{\partial x} + \boldsymbol{j}\frac{\partial U}{\partial y} + \boldsymbol{k}\frac{\partial U}{\partial z}\right)$$

6 자기 쌍극자

(1) 자위

$$U = \frac{ml}{4\pi\mu_0 r^2}\cos\theta = \frac{M}{4\pi\mu_0 r^2}\cos\theta = 6.33\times 10^4 \frac{M\cos\theta}{r^2}[\text{A}]$$

(2) 자계의 세기

$$H = \frac{M}{4\pi\mu_0 r^3}\sqrt{1+3\cos^2\theta}\,[\text{AT/m}]$$

7 막대자석의 회전력

$T = MH\sin\theta = mlH\sin\theta\,[\mathrm{N \cdot m}]$

8 앙페르의 오른나사법칙

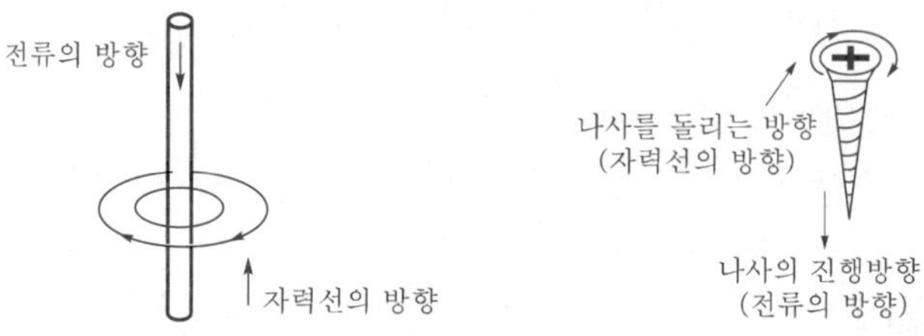

전류에 의한 자계의 방향을 결정하는 법칙

9 앙페르의 주회적분법칙

자계 경로를 따라 선적분한 값은 폐회로 내의 전류 총합과 같다.

$\oint H \cdot dl = \sum I$

10 앙페르의 주회적분법칙 계산 예

(1) 무한장 직선 전류에 의한 자계의 세기

$H = \dfrac{I}{2\pi r}\,[\mathrm{A/m}]$

(2) 반무한장 직선 전류에 의한 자계의 세기

$H = \dfrac{I}{2\pi r} \times \dfrac{1}{2} = \dfrac{I}{4\pi r}\,[\mathrm{A/m}]$

(3) 무한장 원통 전류에 의한 자계의 세기

① 전류가 균일하게 흐르는 경우

㉠ 외부 자계의 세기$(r > a)$: $H_o = \dfrac{I}{2\pi r}\,[\mathrm{AT/m}]$

㉡ 내부 자계의 세기$(r < a)$: $H_i = \dfrac{\frac{r^2}{a^2}I}{2\pi r} = \dfrac{rI}{2\pi a^2}\,[\mathrm{AT/m}]$

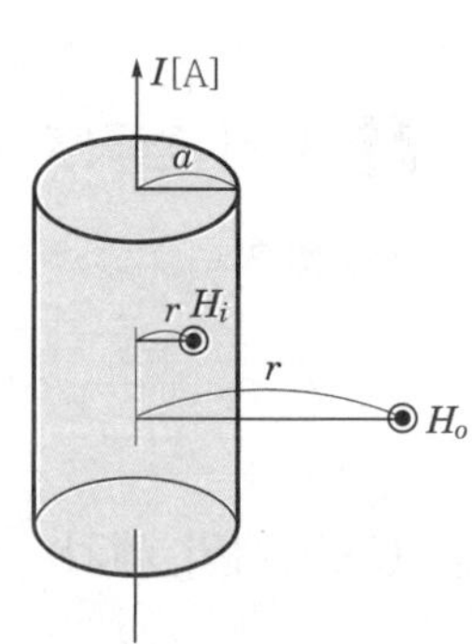

② 전류가 표면에만 흐르는 경우

㉠ 외부 자계의 세기$(r > a)$: $H_o = \dfrac{I}{2\pi r}\,[\mathrm{AT/m}]$

㉡ 내부 자계의 세기$(r < a)$: $H_i = 0$

(4) 무한장 솔레노이드의 자계의 세기

① 내부 자계의 세기 : $H=\dfrac{N}{l}I=nI$[AT/m]

② 외부 자계의 세기 : $H_o=0$[AT/m]

(5) 환상 솔레노이드의 자계의 세기

① 내부 자계의 세기 : $H=\dfrac{NI}{2\pi a}$[AT/m]

② 외부 자계의 세기 : $H_o=0$[AT/m]

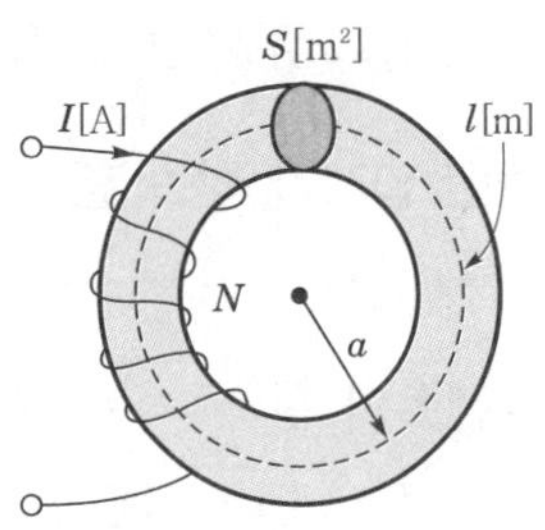

11 비오-사바르(Biot-Savart)의 법칙

$$dH=\frac{Idl}{4\pi r^2}\sin\theta\,[\text{AT/m}]$$

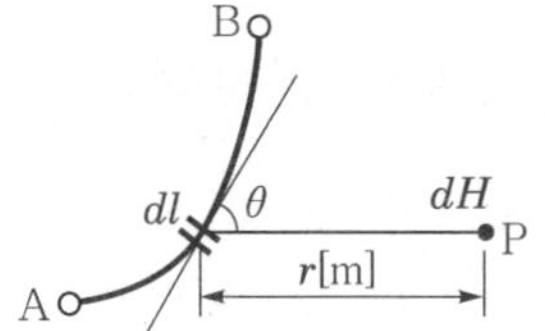

12 원형 전류 중심축상의 자계의 세기

(1) 중심축상의 자계의 세기

$$H=\frac{a^2I}{2(a^2+x^2)^{\frac{3}{2}}}\,[\text{AT/m}]$$

(2) 원형 전류(코일) 중심점의 자계의 세기

$$H=\frac{I}{2a}\,[\text{AT/m}],\quad H=\frac{NI}{2a}\,[\text{AT/m}]$$

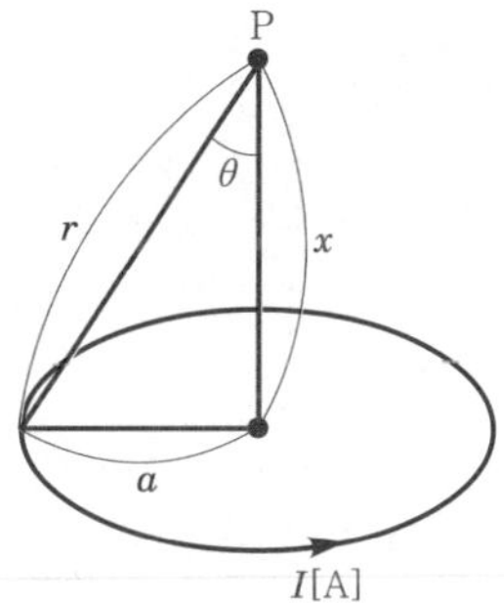

13 각 도형 중심 자계의 세기

(1) 정삼각형 중심 자계의 세기

$$H=\frac{9I}{2\pi l}\,[\text{AT/m}]$$

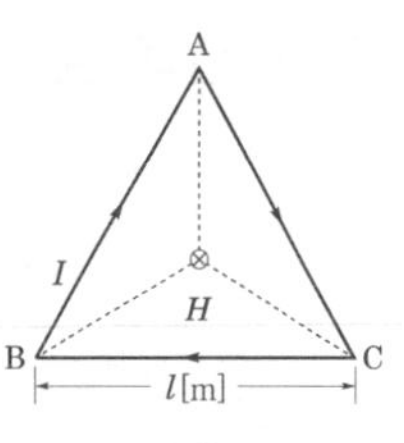

(2) 정사각형(정방형) 중심 자계의 세기

$$H=\frac{2\sqrt{2}\,I}{\pi l}\,[\text{AT/m}]$$

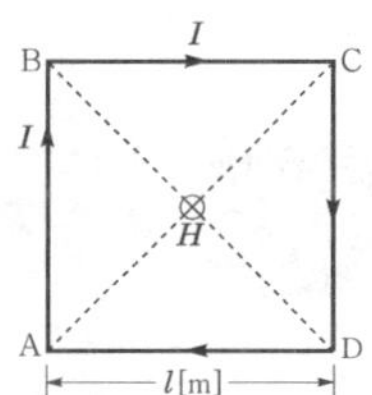

(3) 정육각형 중심 자계의 세기

$$H=\frac{\sqrt{3}\,I}{\pi l}\,[\text{AT/m}]$$

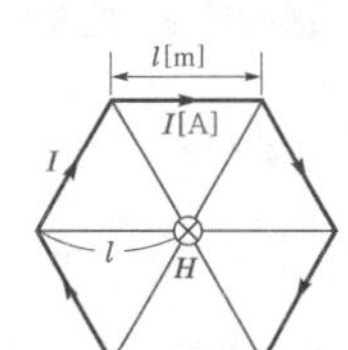

14 플레밍의 왼손법칙

(1) 자계 중의 도체 전류에 의한 전자력

$F = IlB\sin\theta$[N]

(2) 하전 입자가 받는 힘

$F = qvB\sin\theta$[N]

(3) 로렌츠의 힘

$F = qE + q(v \times B) = q(E + v \times B)$[N]

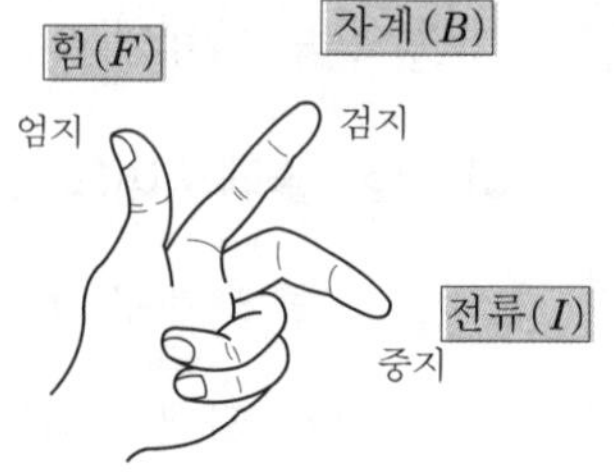

15 전자의 원운동

(1) 원 반지름

$$r = \frac{mv}{eB}\,[\mathrm{m}]$$

(2) 각속도

$$\omega = \frac{v}{r} = \frac{eB}{m}\,[\mathrm{rad/s}]$$

(3) 주기

$$T = \frac{1}{f} = \frac{2\pi}{\omega} = \frac{2\pi m}{eB}\,[\mathrm{s}]$$

16 평행 전류 도선 간에 작용하는 힘

$$F = \frac{\mu_0 I_1 I_2}{2\pi d} = \frac{2I_1 I_2}{d} \times 10^{-7}\,[\mathrm{N/m}]$$

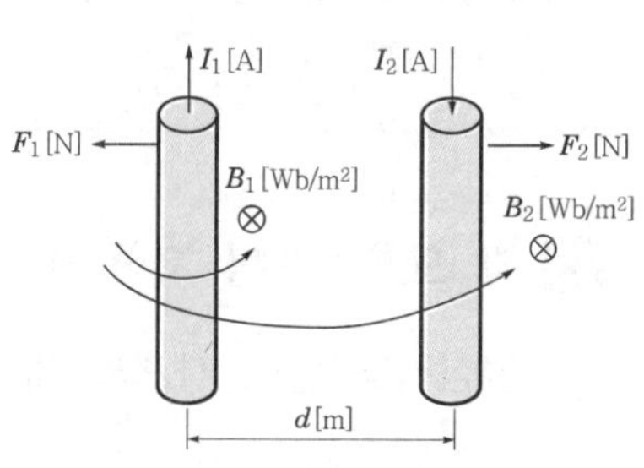

핵심 08 자성체 및 자기회로

1 자성체의 종류

(1) 강자성체($\mu_s \gg 1$)

철(Fe), 코발트(Co), 니켈(Ni)

(2) 상자성체($\mu_s > 1$)

알루미늄, 백금, 공기

(3) **반(역)자성체($\mu_s < 1$)**

은(Ag), 구리(Cu), 비스무트(Bi), 물

2 자성체의 자기 쌍극자 모멘트 배열(=스핀 배열)

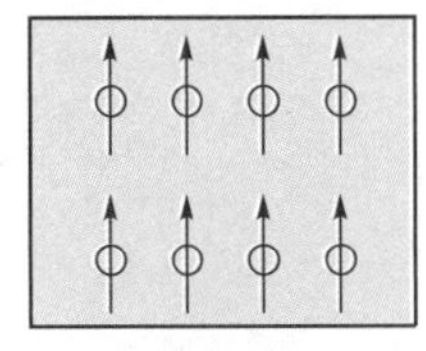

▌강자성체▌

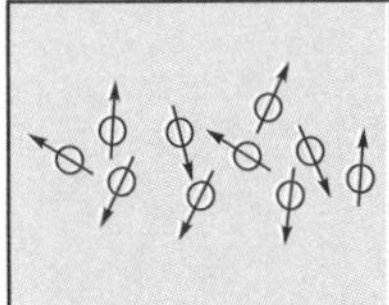

▌상자성체▌

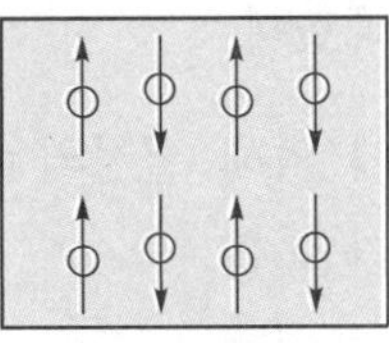

▌반강자성체▌

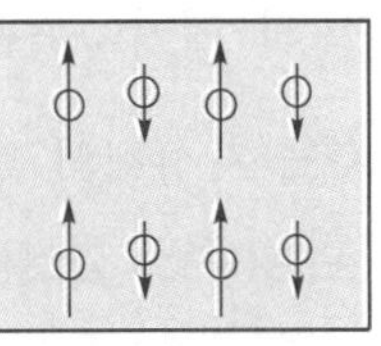

▌페리자성체▌

3 자화의 세기

$$J = B - \mu_0 H = B\left(1 - \frac{1}{\mu_s}\right) = \mu_0(\mu_s - 1)H = \chi H[\text{Wb/m}^2]$$

(1) **자화율**

$\chi = \mu_0(\mu_s - 1)$

(2) **비자화율**

$\dfrac{\chi}{\mu_0} = \chi_m = \mu_s - 1$

4 영구자석 및 전자석의 재료

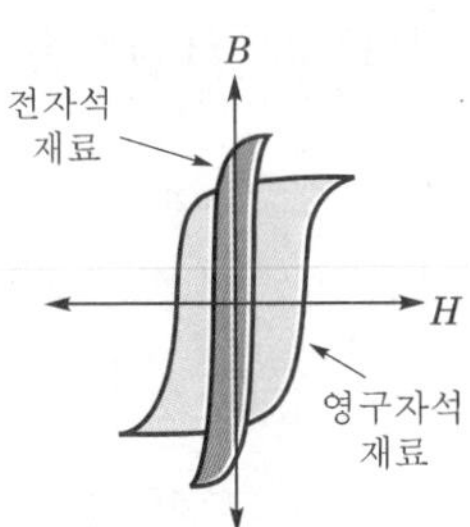

(1) **영구자석의 재료**

잔류자기와 보자력 모두 크므로 히스테리시스 루프 면적이 크다.

(2) **전자석의 재료**

잔류자기는 크고, 보자력은 작으므로 히스테리시스 루프 면적이 적다.

5 감자작용

(1) 감자력

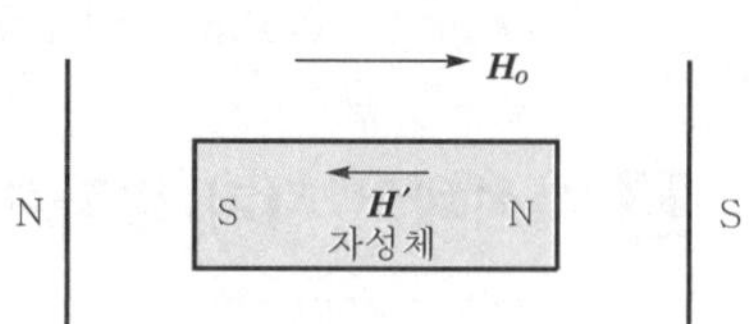

$$H' = H_o - H = \frac{N}{\mu_0} J$$

(자화의 세기(J)에 비례한다.)

(2) 감자율(자성체의 형태에 의해 결정되는 정수)

① 환상(무단) 철심 : 감자율 $N=0$

② 구자성체 : 감자율 $N=\frac{1}{3}$

③ 원통 자성체 : 감자율 $N=\frac{1}{2}$

6 자성체의 경계면 조건

(1) 자계는 경계면에서 수평(접선)성분이 같다

$$H_1 \sin\theta_1 = H_2 \sin\theta_2$$

(2) 자속밀도는 경계면에서 수직(법선)성분이 같다

$$B_1 \cos\theta_1 = B_2 \cos\theta_2$$

(3) (1), (2)에 의해서

$$\frac{\tan\theta_1}{\tan\theta_2} = \frac{\mu_1}{\mu_2}$$

$\mu_1 > \mu_2$이면 $\theta_1 > \theta_2$, $B_1 > B_2$이다. 즉 굴절각은 투자율에 비례한다.

7 자기 옴의 법칙

(1) 자속

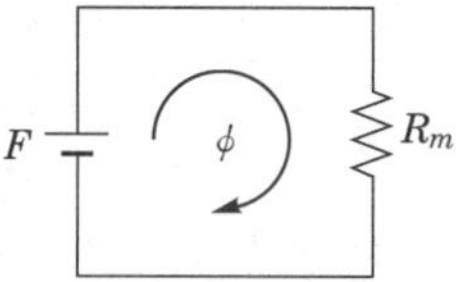

$$\phi = \frac{F}{R_m} [\text{Wb}]$$

(2) 기자력

$$F = NI [\text{AT}]$$

(3) 자기저항

$$R_m = \frac{l}{\mu S} [\text{AT/Wb}]$$

8 전기회로와 자기회로의 대응관계

전기회로		자기회로	
도전율	k[℧/m]	투자율	μ[H/m]
전기저항	$R=\rho\dfrac{l}{S}=\dfrac{l}{kS}$[Ω]	자기저항	$R_m=\dfrac{l}{\mu S}$[AT/Wb]
기전력	E[V]	기자력	$F=NI$[AT]
전류	$I=\dfrac{E}{R}$[A]	자속	$\phi=\dfrac{F}{R_m}=\dfrac{\mu SNI}{l}$[Wb]
전류밀도	$i=\dfrac{I}{S}$[A/m²]	자속밀도	$B=\dfrac{\phi}{S}$[Wb/m²]

9 공극을 가진 자기회로

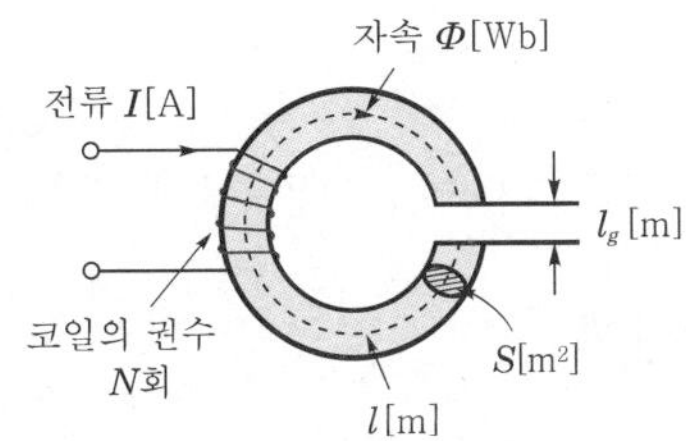

(1) 합성 자기저항

$$R_m{}'=R_m+R_{l_g}=\frac{l}{\mu_0\mu_s S}+\frac{l_g}{\mu_0 S}=\frac{l+\mu_s l_g}{\mu S}\text{[AT/Wb]}$$

(2) 공극 존재 시 자기저항비

$$\frac{R_m{}'}{R_m}=\frac{l+\mu_s l_g}{l}=1+\frac{\mu_s l_g}{l}\text{ 배}$$

10 자계에너지 밀도

$$W=\frac{B^2}{2\mu}=\frac{1}{2}\mu H^2\text{[J/m}^3\text{]}$$

11 전자석의 흡인력

$$F=\frac{1}{2}\mu_0 H^2 S=\frac{B^2}{2\mu_0}S\text{[N]}$$

핵심 09 전자유도

1 패러데이의 법칙(유도기전력의 크기 결정식)

$$e = -N\frac{d\phi}{dt}[\mathrm{V}]$$

2 렌츠의 법칙(유도기전력의 방향 결정식)

전자유도에 의해 발생하는 기전력은 자속의 증감을 방해하는 방향으로 발생된다.

3 정현파 자속에 의한 코일에 유기되는 기전력

(1) 유기기전력

$$e = -N\frac{d\phi}{dt} = -N\frac{d}{dt}\phi_m \sin\omega t = -\omega N\phi_m \cos\omega t = \omega N\phi_m \sin(\omega t - 90°)$$

(2) 유기기전력과 자속의 위상관계

유기기전력은 자속에 비해 위상이 $\frac{\pi}{2}$만큼 뒤진다.

(3) 유기기전력의 최댓값

$$E_m = \omega N\phi_m = 2\pi f N\phi_m = \omega NBS[\mathrm{V}]$$

4 플레밍의 오른손법칙

① 엄지 : 도체의 운동방향(v)
② 검지 : 자계의 방향(B)
③ 중지 : 기전력의 방향(e)

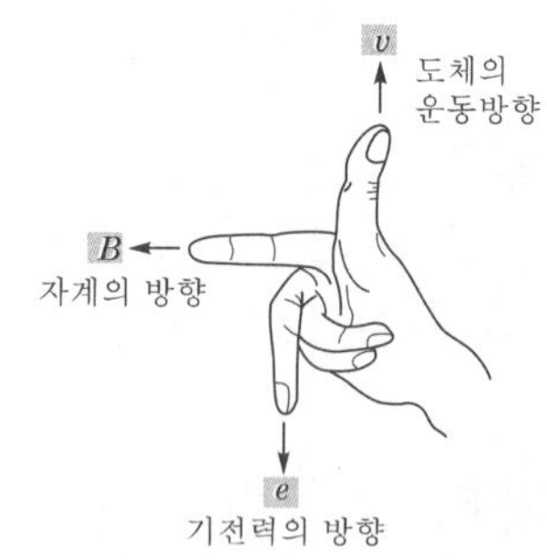

5 자계 내를 운동하는 도체에 발생하는 기전력

$$e = vBl\sin\theta[\mathrm{V}]$$

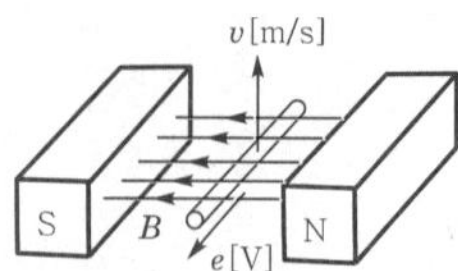

6 표피효과

(1) 표피효과

교류 인가 시 전선 표면으로 갈수록 전류밀도가 높아지는 현상

(2) 표피두께(침투깊이)

$$\delta = \frac{1}{\sqrt{\pi f \mu k}} = \sqrt{\frac{\rho}{\pi f \mu}}$$

여기서, f : 주파수[Hz]
μ : 투자율[H/m]
ρ : 고유저항[Ω · m]
k : 도전율[℧/m]

표피효과는 주파수가 높을수록, 도전율이 클수록, 투자율이 클수록 커진다.

7 핀치효과

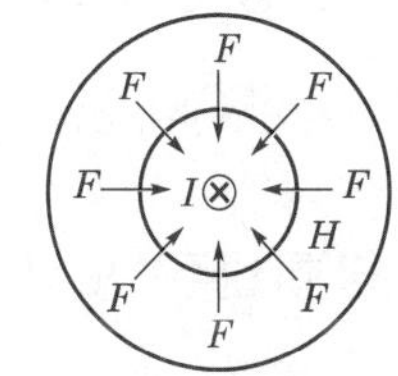

액체 도체에 전류를 흘리면 오른나사의 법칙에 의한 자력선이 원형으로 생겨 중심으로 향하는 힘이 작용한다.

8 홀효과

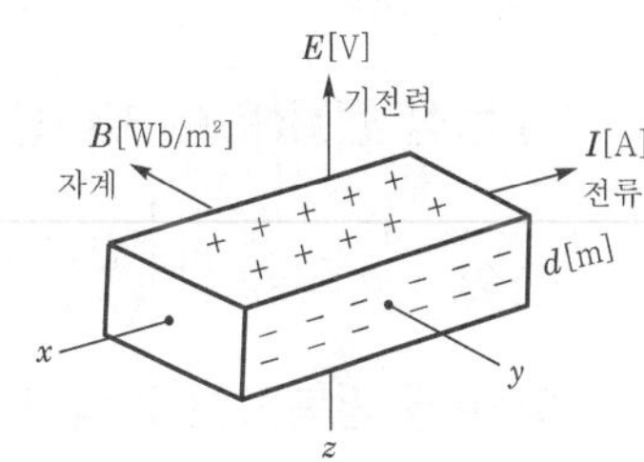

도체 또는 반도체에 전류 I를 흘리고 이것에 직각방향으로 자계를 가하면 전류 I와 자계 B가 이루는 면에 직각방향으로 기전력이 발생하는 현상

핵심 10 인덕턴스

1 자기 인덕턴스

(1) 자기 인덕턴스

$$L = \frac{N\phi}{I} = \frac{NBS}{I} \text{ [H]}$$

(2) 전류 변화에 의한 유기기전력

$$e = -\frac{d\phi}{dt} = -L\frac{di}{dt} \text{ [V]}$$

(3) 자기 인덕턴스의 단위

$$L=\frac{\phi}{I}=\frac{edt}{di}[\text{Wb/A}]\left[\text{V}\cdot\text{sec/A}=\frac{\text{V}}{\text{A}}\cdot\text{sec}=\Omega\cdot\text{sec}\right][\text{H}]$$

(4) 코일에 축적되는 에너지(=자기 에너지)

$$W=\frac{1}{2}LI^2=\frac{\phi^2}{2L}=\frac{1}{2}\phi I[\text{J}]$$

2 각 도체의 자기 인덕턴스

(1) 환상 솔레노이드의 자기 인덕턴스

$$L=\frac{N\phi}{I}=\frac{\mu SN^2}{2\pi a}=\frac{\mu SN^2}{l}[\text{H}]$$

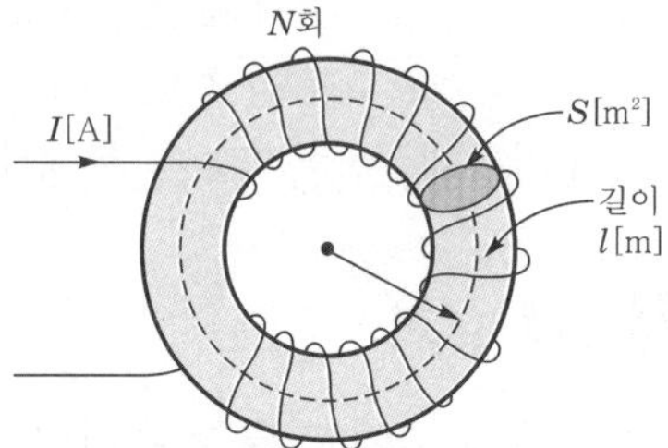

(2) 무한장 솔레노이드의 자기 인덕턴스

$$L=\frac{n\phi}{I}=\mu Sn^2=\mu\pi a^2n^2[\text{H/m}]$$

(3) 원통(원주) 도체의 자기 인덕턴스

$$L=\frac{\mu l}{8\pi}[\text{H}]$$

(4) 동심 원통(동축 케이블) 사이의 자기 인덕턴스

$$L=\frac{\phi}{I}=\frac{\mu_0}{2\pi}\ln\frac{b}{a}[\text{H/m}]$$

(5) 평행 왕복도선 간의 자기 인덕턴스

$$L=\frac{\phi}{I}=\frac{\mu_0}{\pi}\ln\frac{d}{a}[\text{H/m}]$$

3 상호 인덕턴스

$$M=M_{12}=M_{21}=\frac{N_1N_2}{R_m}=\frac{\mu SN_1N_2}{l}[\text{H}]$$

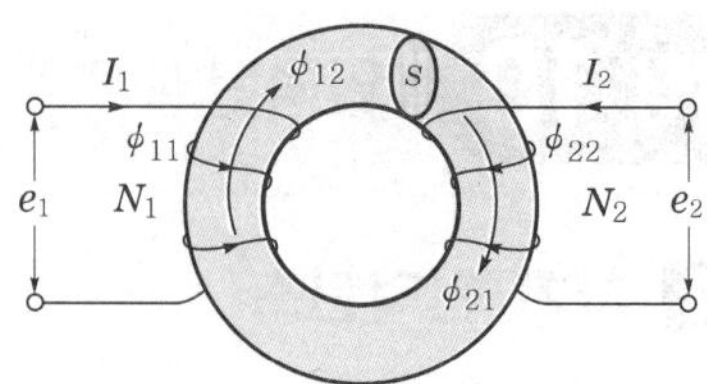

4 결합계수

두 코일의 결합의 정도를 나타내는 계수로 $0\leq K\leq 1$이다.

$$K=\frac{M}{\sqrt{L_1L_2}}$$

누설자속이 없는 경우, 즉 완전결합인 경우의 결합계수 $K=1$이다.

5 인덕턴스 접속

(1) 인덕턴스 직렬접속

① 가동결합

• 합성 인덕턴스
$L_0 = L_1 + L_2 + 2M = L_1 + L_2 + 2K\sqrt{L_1 L_2}$ [H]

② 차동결합

• 합성 인덕턴스
$L_0 = L_1 + L_2 - 2M = L_1 + L_2 - 2K\sqrt{L_1 L_2}$ [H]

(2) 인덕턴스 병렬접속

① 가동결합

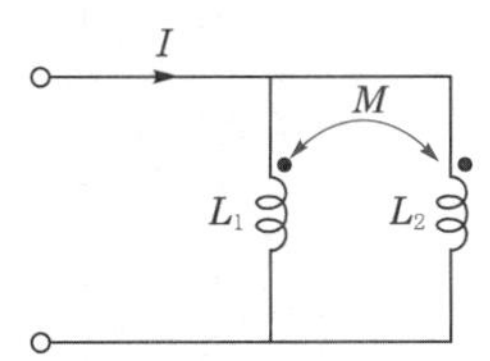

• 합성 인덕턴스

$$L_0 = \frac{L_1 L_2 - M^2}{L_1 + L_2 - 2M} \text{ [H]}$$

② 차동결합

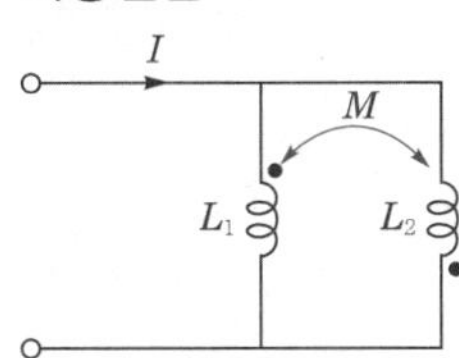

• 합성 인덕턴스

$$L_0 = \frac{L_1 L_2 - M^2}{L_1 + L_2 + 2M} \text{ [H]}$$

핵심 11 전자장

1 변위전류밀도

$$i_d = \frac{I_d}{S} = \frac{\partial D}{\partial t} = \varepsilon \frac{\partial E}{\partial t} \text{ [A/m}^2\text{]}$$

2 맥스웰의 전자방정식

(1) 맥스웰의 제1기본 방정식

$$\text{rot } H = \text{curl } H = \nabla \times H = i + \frac{\partial D}{\partial t} = i + \varepsilon \frac{\partial E}{\partial t} \text{ [A/m}^2\text{]}$$

(2) 맥스웰의 제2기본 방정식

$$\text{rot}\, E = \text{curl}\, E = \nabla \times E = -\frac{\partial B}{\partial t} = -\mu \frac{\partial H}{\partial t}\,[\text{V}]$$

(3) 정전계의 가우스 미분형

$$\text{div}\, D = \nabla \cdot D = \rho\,[\text{C/m}^2]$$

(4) 정자계의 가우스 미분형

$$\text{div}\, B = \nabla \cdot B = 0$$

3 전자파

(1) 전자파의 전파속도

$$v = \frac{1}{\sqrt{\varepsilon\mu}} = \frac{1}{\sqrt{\varepsilon_0\mu_0}} \cdot \frac{1}{\sqrt{\varepsilon_s\mu_s}} = \frac{3\times 10^8}{\sqrt{\varepsilon_s\mu_s}} = \frac{C_0}{\sqrt{\varepsilon_s\mu_s}}\,[\text{m/s}]$$

(2) 고유 임피던스(=파동 임피던스)

$$\eta = \frac{E}{H} = \sqrt{\frac{\mu}{\varepsilon}} = \sqrt{\frac{\mu_0}{\varepsilon_0}} \cdot \sqrt{\frac{\mu_s}{\varepsilon_s}} = 120\pi\sqrt{\frac{\mu_s}{\varepsilon_s}} = 377\sqrt{\frac{\mu_s}{\varepsilon_s}}\,[\Omega]$$

4 포인팅 정리

(1) 전 · 자계의 에너지 밀도

$$W = \frac{1}{2}(\varepsilon E^2 + \mu H^2) = \frac{1}{2}\left(\varepsilon E\sqrt{\frac{\mu}{\varepsilon}}\,H + \mu H\sqrt{\frac{\varepsilon}{\mu}}\,E\right) = \sqrt{\varepsilon\mu}\,EH\,[\text{J/m}^3]$$

(2) 포인팅 벡터

① 전자파가 단위시간에 진행방향과 직각인 단위면적을 통과하는 에너지

$$\boldsymbol{P} = \frac{W}{S} = \boldsymbol{E} \times \boldsymbol{H} = EH\sin\theta = EH\sin 90^\circ = EH\,[\text{W/m}^2]$$

② 공기(진공) 중에서의 포인팅 벡터

$$\boldsymbol{P} = EH = \sqrt{\frac{\mu_0}{\varepsilon_0}}\,H^2 = \sqrt{\frac{\varepsilon_0}{\mu_0}}\,E^2 = 377H^2 = \frac{1}{377}E^2$$

MEMO

02 CHAPTER 전력공학

핵심 01 전선로

1 전선의 구비조건

① 도전율이 클 것
② 기계적 강도가 클 것
③ 비중(밀도)이 적을 것
④ 가선작업이 용이할 것
⑤ 내구성이 있을 것
⑥ 가격이 저렴할 것

2 연선

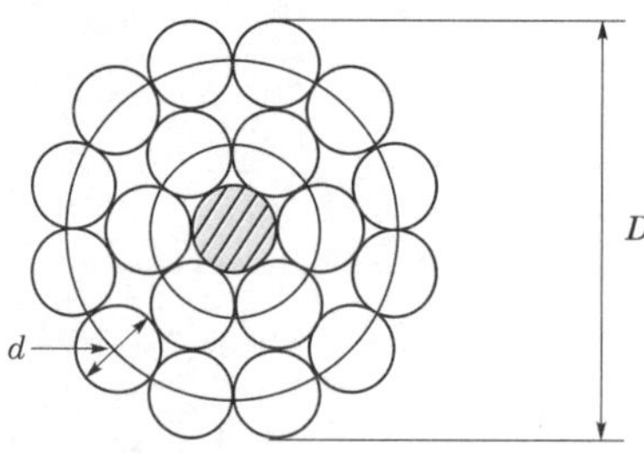

① 소선의 총수 : $N = 1 + 3n(n+1)$
② 연선의 바깥지름 : $D = (1+2n)d[\text{mm}]$
③ 연선의 단면적 : $A = \dfrac{\pi d^2}{4} N[\text{mm}^2]$

* 강심 알루미늄 연선(ACSR)
경알루미늄선을 인장강도가 큰 강선이나 강연선에 꼬아 만든 전선

▌강심알루미늄 연선과 경동선의 비교▐

구 분	직 경	비 중	기계적 강도	도전율
경동선	1	1	1	97[%]
ACSR	1.4~1.6	0.8	1.5~2.0	61[%]

ACSR 전선이 경동선에 비해 바깥지름은 크고, 중량은 가볍다.

3 전선의 굵기 선정

(1) 켈빈의 법칙

전선 단위길이당 시설비에 대한 1년간 이자와 감가상각비 등을 계산한 값과 단위길이당 1년간 손실 전력량을 요금으로 환산한 금액이 같아질 때 전선의 굵기가 가장 경제적이다.

(2) 전선의 굵기 선정 시 고려사항

① 허용전류
② 기계적 강도
③ 전압강하

4 전선의 이도 및 전선의 실제 길이

(1) 이도(dip)

$$D = \frac{WS^2}{8T}[\mathrm{m}]$$

(2) 이도(dip)의 영향

① 이도의 대소는 지지물의 높이를 좌우한다.
② 이도가 너무 크면 그만큼 좌우로 크게 진동해서 다른 상의 전선에 접촉하거나 수목에 접촉해서 위험을 준다.
③ 이도가 너무 작으면 그와 반비례해서 전선의 장력이 증가하여 심할 경우에 전선이 단선되기도 한다.

(3) 실제 길이

$$L = S + \frac{8D^2}{3S}[\mathrm{m}]$$

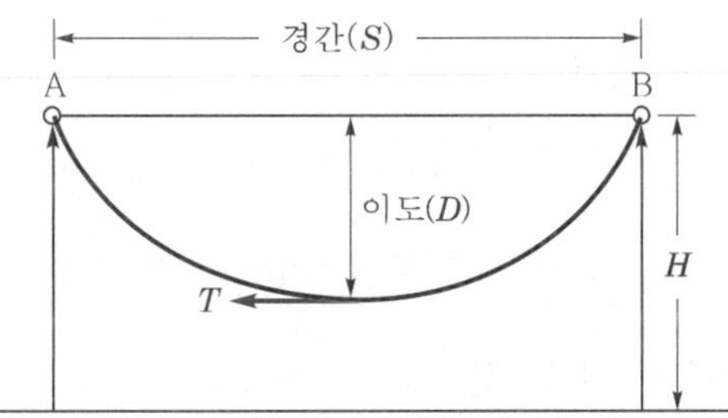

① 전선의 평균 높이

$$h = H - \frac{2}{3}D[\mathrm{m}]$$

여기서, H : 전선의 지지점 높이

② 온도 변화에 대한 이도

$$D_2 = \sqrt{{D_1}^2 \pm \frac{3}{8}\alpha t S^2}[\mathrm{m}]$$

5 전선의 하중

(1) 수직하중

① 전선의 자중 : W_c[kg/m]

② 빙설하중 : W_i [kg/m]

(2) 수평하중

빙설이 적은 지방 : $W_w = \dfrac{Pkd}{1,000}$ [kg/m]

(3) 합성하중

$W = \sqrt{(W_c + W_i)^2 + {W_w}^2}$ [kg/m]

(4) 전선의 부하계수

$$\text{부하계수} = \frac{\text{합성하중}}{\text{전선자중}} = \frac{\sqrt{(W_c + W_i)^2 + {W_w}^2}}{W_c}$$

6 전선의 진동과 도약

(1) 전선의 진동방지대책

① 댐퍼(damper) 설치

㉠ 토셔널 댐퍼(torsional damper) : 상하진동 방지

㉡ 스토크 브리지 댐퍼(stock bridge damper) : 좌우진동 방지

② 아머로드(armor rod) 설치

(2) 전선의 도약

수직배열 시 전선 주위의 빙설이 갑자기 떨어지면서 튀어올라 상부 전선과 혼촉 단락되는 현상

* 방지대책 : 오프셋(off-set) 설치

7 애자의 구비조건

① 충분한 기계적 강도를 가질 것

② 충분한 절연내력 및 절연저항을 가질 것

③ 누설전류가 적을 것

④ 온도 및 습도 변화에 잘 견디고 수분을 흡수하지 말 것

⑤ 내구성이 있고 가격이 저렴할 것

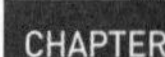

8 전압별 애자의 개수

전압[kV]	22.9[kV]	66[kV]	154[kV]	345[kV]	765[kV]
개 수	2~3개	4~6개	9~11개	19~23개	38~43개

9 애자련의 전압 부담

(1) 전압 부담이 최소인 애자

① 철탑에서 3번째 애자

② 전선로에서 8번째 애자

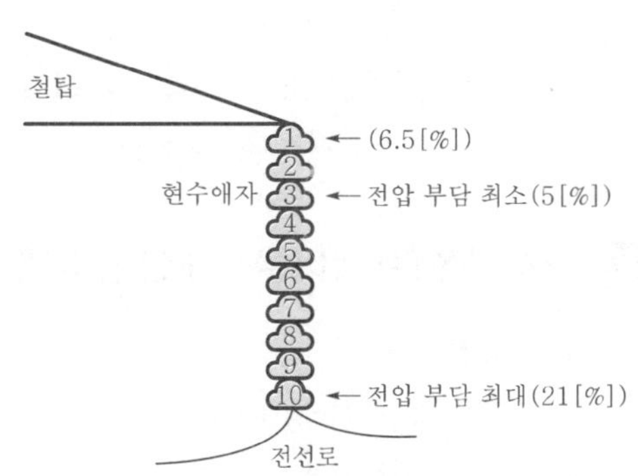

(2) 전압 부담이 최대인 애자

전선로에 가장 가까운 애자

(3) 애자련 보호대책

① 아킹 혼(arcing horn) : 소(초)호각

② 아킹 링(arcing ring) : 소(초)호환

10 애자의 섬락 특성

(1) 애자의 섬락전압(250[mm] 현수애자 1개 기준)

① 건조섬락전압 : 80[kV]

② 주수섬락전압 : 50[kV]

③ 충격섬락전압 : 125[kV]

④ 유중파괴전압 : 140[kV]

(2) 애자의 연효율(연능률)

연능률 $\eta = \dfrac{V_n}{nV_1} \times 100[\%]$

여기서, V_n : 애자련의 섬락전압

V_1 : 현수애자 1개의 섬락전압

n : 1련의 애자의 개수

11 지지물

(1) 지지물의 종류

목주, 철근콘크리트주, 철주, 철탑

(2) 지선

① 설치 목적 : 지지물의 강도를 보강하고 전선로의 평형 유지

② 지선의 장력

$$T_o = \frac{T}{\cos\theta}\,[\mathrm{kg}]$$

$$T_o = \frac{\sqrt{h^2 + a^2}}{a} \times T\,[\mathrm{kg}]$$

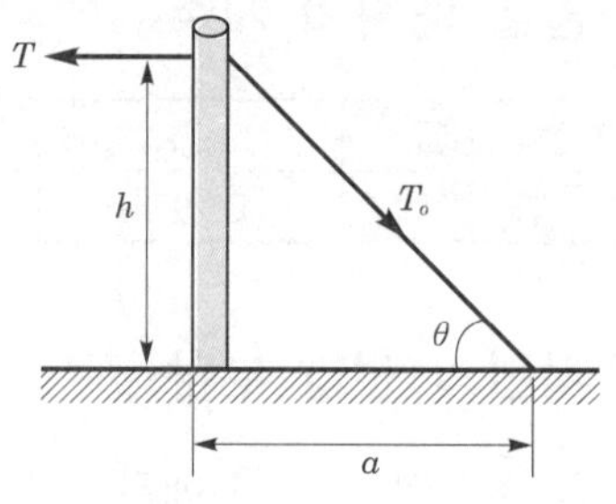

③ 지선의 가닥수

$$n = \frac{T_o}{T'} \times k(\text{가닥})$$

여기서, T' : 소선 1가닥의 인장하중
k : 지선의 안전율

12 지중전선로(케이블) 매설방법과 고장점 검출

(1) 매설방법

① 직접 매설식(직매식)
② 관로 인입식(관로식)
③ 암거식

(2) 고장점 검출방법

① 머레이 루프법
② 정전용량 계산법
③ 수색 코일법
④ 펄스 인가법
⑤ 음향법

13 지중전선로(케이블) – 케이블의 전력손실

(1) 저항손

$P = I^2 R$

(2) 유전체손

$$P_c = 3\omega CE^2 \tan\delta = 3\omega C\left(\frac{V}{\sqrt{3}}\right)^2 \tan\delta = \omega CV^2 \tan\delta\,[\mathrm{W/m}]$$

(3) 연피손

전자유도작용으로 연피에 전압이 유기되어 생기는 손실

14 케이블의 선로정수

(1) 저항

케이블의 도체는 연동선이 사용된다.

(2) 인덕턴스

$$L = 0.05 + 0.4605\log_{10}\frac{D}{d}\,[\text{mH/km}]$$

(3) 정전용량

$$C = \frac{0.02413\varepsilon}{\log_{10}\frac{D}{d}}\,[\mu\text{F/km}]$$

지중전선로의 정전용량은 가공전선로에 비해 100배 정도이다.

핵심 02 선로정수 및 코로나

1 선로정수의 구성 및 특징

송·배전선로는 저항 R, 인덕턴스 L, 정전용량 C, 누설 컨덕턴스 G라는 4개의 정수로 이루어진 연속된 전기회로로 전선의 배치, 종류, 굵기 등에 따라 정해지고 전선의 배치에 가장 많은 영향을 받는다.

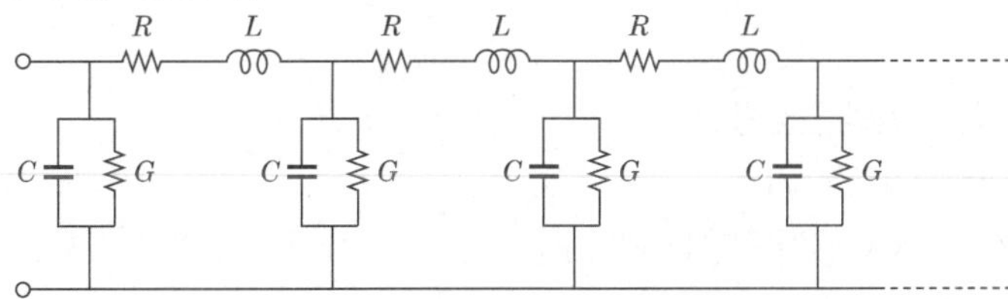

2 선로정수

(1) 저항(R)

$$R = \rho\frac{l}{S} = \frac{1}{58} \times \frac{100}{C} \times \frac{l}{S}\,[\Omega]$$

* 표피효과 : 전선 중심부로 갈수록 쇄교자속이 커서 인덕턴스가 증가되어 전선 중심에 전류 밀도가 적어지는 현상

(2) 인덕턴스(L)

① 단도체의 작용 인덕턴스

$$L = 0.05 + 0.4605\log_{10}\frac{D_e}{r}\,[\text{mH/km}]$$

▎등가선간거리(기하평균거리) ▎

종 류	그 림	등가선간거리
수평배열	A, B, C, r[m], D[m], D[m]	$D_e = \sqrt[3]{2}\,D$[m]
삼각배열	D_1, D_2, D_3	$D_e = \sqrt[3]{D_1 \cdot D_2 \cdot D_3}$[m]
정사각배열	D, D, D, D, $\sqrt{2}D$, $\sqrt{2}D$	$D_e = \sqrt[6]{2}\,D$[m]

② 복도체(다도체)의 작용인덕턴스

$$L = \frac{0.05}{n} + 0.4605\log_{10}\frac{D}{r_e}\,[\text{mH/km}]$$

* 등가 반지름 : $r_e = \sqrt[n]{r \cdot s^{n-1}}$

(3) 정전용량(C)

① 단상 2선식의 작용정전용량

$C = C_s + 2C_m\,[\mu\text{F/km}]$

여기서, C_s : 대지정전용량[μF/km], C_m : 선간정전용량[μF/km]

② 3상 3선식의 작용정전용량

$C = C_s + 3C_m$

작용정전용량(C) : $C = \dfrac{0.02413}{\log_{10}\dfrac{D_e}{r}}\,[\mu\text{F/km}]$

③ 복도체(다도체)인 경우

$$C = \frac{0.02413}{\log_{10}\dfrac{D}{r_e}}\,[\mu\text{F/km}]$$

여기서, 등가 반지름 $r_e = \sqrt{r \cdot s}$

3 충전전류와 충전용량

(1) 충전전류

$$I_c = \omega CE = 2\pi f C\frac{V}{\sqrt{3}}\,[\text{A}] = 2\pi f(C_s + 3C_m)\frac{V}{\sqrt{3}}\,[\text{A}]$$

(2) 충전용량

$$Q_c = 3EI_c = 3\omega CE^2 = 6\pi f C\left(\frac{V}{\sqrt{3}}\right)^2 \times 10^{-3}[\text{kVA}]$$

(3) △ 결선과 Y 결선의 충전용량 비교

$$\frac{Q_\triangle}{Q_\text{Y}} = \frac{3\omega CV^2}{\omega CV^2} = 3\text{배}$$

4 연가

(1) 주목적

선로정수 평형

(2) 연가의 효과

① 선로정수의 평형
② 통신선의 유도장해 경감
③ 직렬 공진에 의한 이상전압 방지

5 코로나

(1) 코로나 임계전압

$$E_0 = 24.3\, m_0 m_1\, \delta\, d \log_{10}\frac{D}{r}[\text{kV}]$$

여기서, m_0 : 전선 표면계수[단선(1.0), 연선(0.8)]
m_1 : 날씨에 관한 계수[맑은 날(1.0), 우천 시(0.8)]
δ : 상대공기밀도$\left(\frac{0.386b}{273+t}\right)$, b : t[℃]에서의 기압[mmHg]
D : 선간거리[cm]
d : 전선의 지름[cm]
r : 전선의 반지름[cm]

(2) 코로나 영향

① 코로나 방전에 의한 전력손실 발생
코로나 손실(Peek 실험식)

$$P_l = \frac{241}{\delta}(f+25)\sqrt{\frac{d}{2D}}(E-E_0)^2 \times 10^{-5}[\text{kW/km/선}]$$

여기서, E : 대지전압[kV]
E_0 : 임계전압[kV]
f : 주파수[Hz], δ : 상대공기밀도
D : 선간거리[cm]
d : 전선의 직경[cm]

② 코로나 방전으로 공기 중에 오존(O_3)이 생겨 전선 부식이 생긴다.
③ 코로나 잡음이 발생한다.
④ 코로나에 의한 제3고조파 발생으로 통신선 유도장해를 일으킨다.
⑤ 코로나 발생의 이점은 이상전압 발생 시 파고값을 낮게 한다.

(3) 코로나 방지대책

① 굵은 전선(ACSR)을 사용하여 코로나 임계전압을 높인다.
② 등가 반경이 큰 복도체 및 다도체 방식을 채택한다.
③ 가선금구류를 개량한다.
④ 가선 시 전선 표면에 손상이 발생하지 않도록 주의한다.

6 복도체(다도체)

(1) 주목적

코로나 임계전압을 높여 코로나 발생 방지

(2) 복도체의 장단점

① 장점
㉠ 단도체에 비해 정전용량이 증가하고 인덕턴스가 감소하여 송전용량이 증가된다.
㉡ 같은 단면적의 단도체에 비해 전류용량이 증대된다.
② 단점
㉠ 소도체 사이 흡인력으로 인해 그리고 도체 간 충돌로 인해 전선 표면을 손상시킨다.
㉡ 정전용량이 커지기 때문에 페란티 효과에 의한 수전단의 전압이 상승한다.

핵심 03 송전선로 특성

1 단거리 송전선로 해석

(1) 전압강하(e)

① 단상인 경우 : $e = E_s - E_r = I(R\cos\theta + X\sin\theta)$

② 3상인 경우 : $e = \sqrt{3}\,I(R\cos\theta + X\sin\theta) = \dfrac{P}{V}(R + X\tan\theta)$

(2) 전압강하율(ε)

① 단상 : $\varepsilon = \dfrac{E_s - E_r}{E_r} \times 100[\%] = \dfrac{I(R\cos\theta + X\sin\theta)}{E_r} \times 100[\%]$

② 3상 : $\varepsilon = \dfrac{V_s - V_r}{V_r} \times 100[\%] = \dfrac{\sqrt{3}\,I(R\cos\theta + X\sin\theta)}{V_r} \times 100[\%]$

(3) 전압변동률(δ)

$$\delta = \frac{V_{ro} - V_r}{V_r} \times 100[\%]$$

(4) 단거리 송전선로 전압과의 관계

전압강하(e)	송전전력(P)	전압강하율(ε)	전력손실(P_l)	전선 단면적(A)
$\frac{1}{V}$	V^2	$\frac{1}{V^2}$	$\frac{1}{V^2}$	$\frac{1}{V^2}$

2 중거리 송전선로

(1) 4단자 정수($ABCD$ parameter 일반 회로정수)

① 전파 방정식

$$\begin{bmatrix} E_s \\ I_s \end{bmatrix} = \begin{bmatrix} A & B \\ C & D \end{bmatrix} \begin{bmatrix} E_r \\ I_r \end{bmatrix}$$

㉠ 송전단 전압 : $E_s = AE_r + BI_r$

㉡ 송전단 전류 : $I_s = CE_r + DI_r$

② 4단자 정수의 성질

$$\begin{vmatrix} A & B \\ C & D \end{vmatrix} = AD - BC = 1$$

③ 직렬 병렬 성분의 4단자 정수

㉠ 직렬 임피던스 성분의 4단자 정수

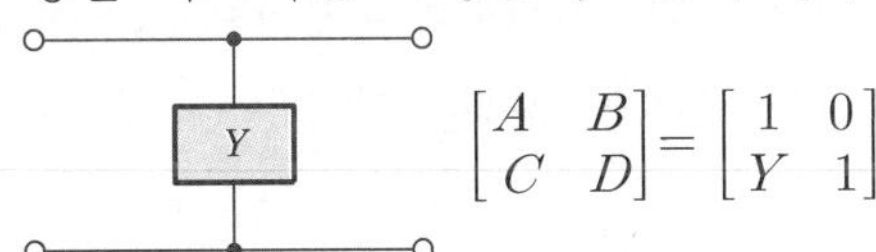

$$\begin{bmatrix} A & B \\ C & D \end{bmatrix} = \begin{bmatrix} 1 & Z \\ 0 & 1 \end{bmatrix}$$

㉡ 병렬 어드미턴스 성분의 4단자 정수

$$\begin{bmatrix} A & B \\ C & D \end{bmatrix} = \begin{bmatrix} 1 & 0 \\ Y & 1 \end{bmatrix}$$

(2) 중거리 송전선로 해석

① T형 회로

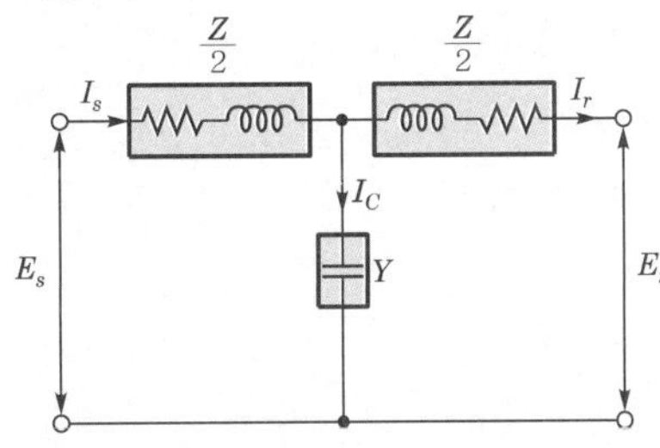

㉠ 송전단 전압 : $E_s = \left(1 + \frac{ZY}{2}\right)E_r + Z\left(1 + \frac{ZY}{4}\right)I_r$

㉡ 송전단 전류 : $I_s = YE_r + \left(1+\frac{ZY}{2}\right)I_r$

② π형 회로

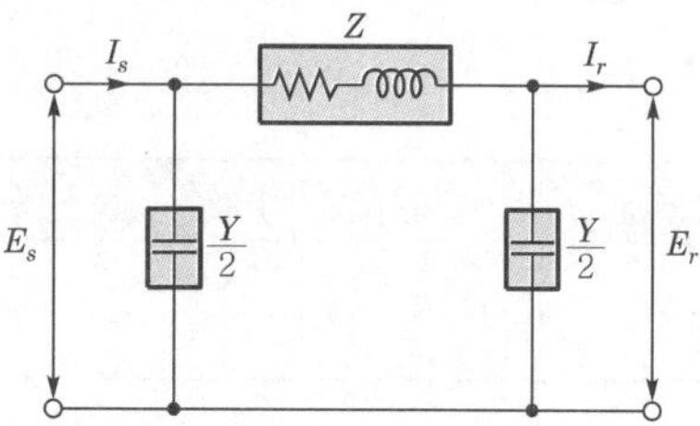

㉠ 송전단 전압 : $E_s = \left(1+\frac{ZY}{2}\right)E_r + ZI_r$

㉡ 송전단 전류 : $I_s = Y\left(1+\frac{ZY}{4}\right)E_r + \left(1+\frac{ZY}{2}\right)I_r$

③ 평행 2회선 송전선로의 4단자 정수

A_1, B_1, C_1, D_1

A_1, B_1, C_1, D_1

$$\begin{bmatrix} A & B \\ C & D \end{bmatrix} = \begin{bmatrix} A_1 & \frac{B_1}{2} \\ 2C_1 & D_1 \end{bmatrix}$$

④ 송전선로 시험

㉠ 단락시험 : 수전단 전압 $E_r = 0$

단락전류 : $I_{ss} = \frac{D}{B}E_s$

㉡ 개방시험(=무부하 시험) : 수전단 전류 $I_r = 0$

충전전류(=무부하 전류) : $I_{so} = \frac{C}{A}E_s$

⑤ 페란티 현상(효과)

㉠ 발생원인 및 의미 : 무부하 또는 경부하 시 선로의 작용정전용량에 의해 충전전류가 흘러 수전단의 전압이 송전단 전압보다 높아지는 현상

㉡ 방지대책 : 분로(병렬)리액터 설치

3 장거리 송전선로 해석

(1) 특성 임피던스

$$Z_0 = \sqrt{\frac{L}{C}} \fallingdotseq 138\log_{10}\frac{D}{r}[\Omega]$$

(2) 송전선의 전파방정식

① $E_s = \cosh\gamma l E_r + Z_0 \sinh\gamma l I_r$

② $I_s = \frac{1}{Z_0}\sinh\gamma l E_r + \cosh\gamma l I_r$

(3) 송전선로 시험

① 단락시험, $E_r = 0$

수전단 단락 시 송전단 전류 : $I_{ss} = \dfrac{D}{B}E_s = \sqrt{\dfrac{Y}{Z}}\coth\gamma E_s$

② 개방시험, $I_r = 0$

수전단 개방 시 송전단 전류 : $I_{so} = \dfrac{C}{A}E_s = \sqrt{\dfrac{Y}{Z}}\tanh\gamma E_s$

③ 전파방정식에서의 특성 임피던스

$Z_0 = \sqrt{Z_{ss} \cdot Z_{so}}$

4 송전전압 계산식

경제적인 송전전압[kV]$=5.5\sqrt{0.6l + \dfrac{P}{100}}$ [kV]

5 송전용량 계산

① 고유부하법 : $P_s = \dfrac{{V_r}^2}{Z_0} = \dfrac{{V_r}^2}{\sqrt{\dfrac{L}{C}}}$ [MW]

② 송전용량계수법 : $P_s = K\dfrac{{V_r}^2}{l}$ [kW]

③ 리액턴스법 : $P_s = \dfrac{V_s \cdot V_r}{X}\sin\delta$[MW]

6 전력원선도

(1) 전력원선도 작성

① 가로축은 유효전력을, 세로축은 무효전력을 나타낸다.

② 전력원선도 작성에 필요한 것

㉠ 송·수전단의 전압

㉡ 선로의 일반 회로정수(A, B, C, D)

(2) 전력원선도 반지름 : $\rho = \dfrac{E_s E_r}{B}$

(3) 전력원선도에서 구할 수 있는 것

① 송·수전 할 수 있는 최대 전력(정태안정 극한전력)

② 송·수전단 전압 간의 상차각

③ 수전단의 역률(조상설비용량)

④ 선로손실 및 송전효율

7 조상설비의 비교

항 목	동기조상기	전력용 콘덴서
무효전력	진상 및 지상용	진상용
조정방법	연속적 조정	계단적 조정
전력손실	크다	적다
시송전	가능	불가능
증설	불가능	가능

8 전력용 콘덴서

(1) 역률 개선용 콘덴서의 용량 계산

$$Q_C = P(\tan\theta_1 - \tan\theta_2)$$
$$= P\left(\frac{\sin\theta_1}{\cos\theta_1} - \frac{\sin\theta_2}{\cos\theta_2}\right)$$
$$= P\left(\frac{\sqrt{1-\cos^2\theta_1}}{\cos\theta_1} - \frac{\sqrt{1-\cos^2\theta_2}}{\cos\theta_2}\right)[\text{kVA}]$$

여기서, $\cos\theta_1$: 개선 전 역률, $\cos\theta_2$: 개선 후 역률

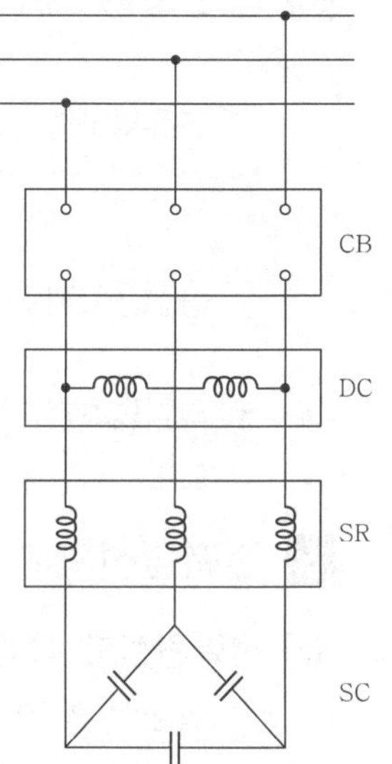

(2) 전력용 콘덴서 설비

① 직렬 리액터(SR)

㉠ 사용목적 : 제5고조파 제거

㉡ 직렬 리액터 용량 : $\omega L = \frac{1}{25}\frac{1}{\omega C}$

- 이론상 : 콘덴서 용량의 4[%]
- 실제 : 콘덴서 용량의 5~6[%]

② 방전코일(DC)

㉠ 잔류 전하를 방전시켜 감전사고를 방지

㉡ 재투입 시 콘덴서에 걸리는 과전압을 방지

9 안정도

(1) 안정도의 종류

① 정태 안정도

정상적인 운전상태에서 부하를 서서히 증가했을 때 운전을 지속할 수 있는 능력. 이때의 극한전력을 정태안정 극한전력이라고 한다.

② 동태 안정도

고성능의 자동전압조정기(AVR)로 한계를 향상시킨 운전능력

③ 과도 안정도
부하가 크게 변동하거나 사고 발생 시 운전할 수 있는 능력. 이때의 극한전력을 과도안정 극한전력이라고 한다.

(2) 안정도 향상 대책

① 계통의 직렬 리액턴스를 작게 한다.
㉠ 발전기나 변압기의 리액턴스를 작게 한다.
㉡ 복도체(다도체) 방식을 사용한다.
㉢ 직렬 콘덴서를 삽입한다.

② 전압 변동을 적게 한다.
㉠ 속응여자방식을 채택한다.
㉡ 계통을 연계한다.
㉢ 중간 조상방식을 채용한다.

③ 고장전류를 줄이고, 고장구간을 신속하게 차단한다.
㉠ 적당한 중성점 접지방식을 채용하여 지락전류를 줄인다.
㉡ 고속 차단방식을 채용한다.
㉢ 재폐로 방식을 채용한다.

④ 고장 시 전력 변동을 적게 한다.
㉠ 조속기 동작을 신속하게 한다.
㉡ 고장 발생과 동시에 발전기 회로에 직렬로 저항을 넣어 입·출력의 불평형을 적게 한다.

핵심 04 중성점 접지와 유도장해

1 중성점 접지 목적

① 1선 지락 시 건전상의 전위 상승을 억제하여 선로 및 기기의 절연 레벨을 낮춘다.
② 뇌·아크 지락 시 이상전압 발생을 방지한다.
③ 보호계전기의 동작을 확실하게 한다.
④ 과도 안정도가 증진된다.

2 비접지방식

(1) 특징

① 변압기 점검 수리 시 V결선으로 계속 송전 가능하다.
② 선로에 제3고조파가 발생하지 않는다.

③ 1선 지락 시 지락전류가 적다.
④ 1선 지락 시 건전상의 전위 상승이 $\sqrt{3}$ 배까지 상승한다.
⑤ 1선 지락 시 대지정전용량을 통해 전류가 흐르므로 90° 빠른 진상전류가 된다.

(2) 지락전류(고장전류)

$$I_g = j3\omega C_s E = j3\omega C_s \frac{V}{\sqrt{3}} = j\sqrt{3}\,\omega C_s V[\text{A}]$$

3 직접접지방식

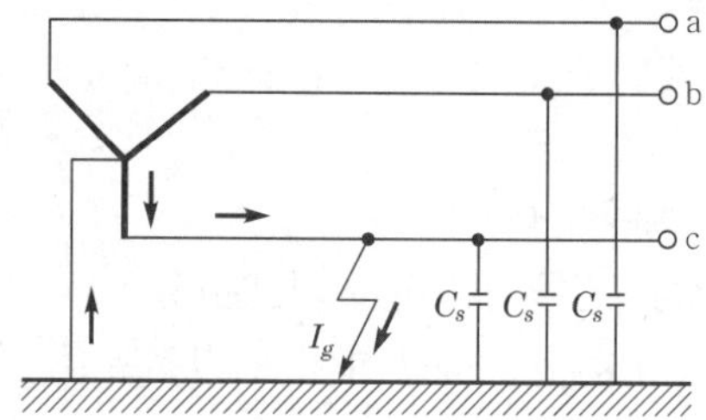

초고압 장거리 송전선로에 적용(154[kV], 345[kV], 765[kV]에 사용)

(1) 유효접지방식

1선 지락 시 건전상의 전위 상승을 1.3배 이하가 되도록 접지 임피던스를 조정한 방식

＊ 유효접지 조건

$$\frac{R_0}{X_1} \leqq 1,\ 0 \leqq \frac{X_0}{X_1} \leqq 3,\ R_0 \leqq X_1,\ 0 \leqq X_0 \leqq 3X_1$$

여기서, R_0 : 영상저항
X_0 : 영상 리액턴스
X_1 : 정상 리액턴스

(2) 특징

① 1선 지락 시 건전상의 전위 상승이 거의 없다.(최소)
  ㉠ 선로의 절연 수준 및 기기의 절연 레벨을 낮출 수 있다.
  ㉡ 변압기의 단절연이 가능하다.
② 1선 지락 시 지락전류가 매우 크다.(최대)
  ㉠ 보호계전기의 동작이 용이하여 회로 차단이 신속하다.
  ㉡ 큰 고장전류를 차단해야 하므로 대용량의 차단기가 필요하다.
  ㉢ 통신선의 유도장해가 크다.
  ㉣ 과도 안정도가 나쁘다.

4 중성점 소호 리액터 접지방식

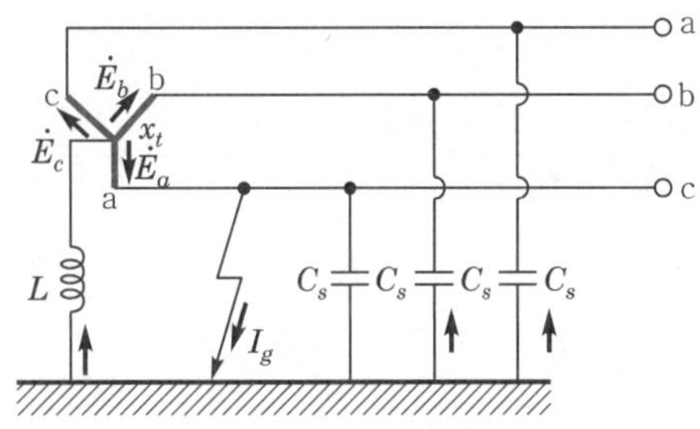

(1) 특징

① 1선 지락 시 지락전류가 거의 0이다.(최소)

㉠ 보호계전기의 동작이 불확실하다.

㉡ 통신선의 유도장해가 적다.

㉢ 고장이 스스로 복구될 수 있다.

② 1선 지락 시 건전상의 전위 상승은 $\sqrt{3}$ 배 이상이다.(최대)

③ 단선 고장 시 LC 직렬 공진 상태가 되어 이상전압을 발생시킬 수 있으므로 소호 리액터 탭을 설치 공진에서 약간 벗어난 과보상 상태로 한다.

(2) 소호 리액턴스 및 인덕턴스의 크기

① 소호 리액터의 리액턴스 : $X_L = \dfrac{1}{3\omega C_s} - \dfrac{x_t}{3}$ [Ω]

② 소호 리액터의 인덕턴스 : $L = \dfrac{1}{3\omega^2 C_s} - \dfrac{x_t}{3\omega}$ [H]

(3) 합조도(P)

소호 리액터의 탭이 공진점을 벗어나 있는 정도

$$P = \frac{I_L - I_c}{I_L} \times 100[\%]$$

* $I_L > I_c$, $\omega L < \dfrac{1}{3\omega C_s}$, $P = +$, 과보상

5 중성점 잔류전압(E_n)

$$E_n = \frac{\sqrt{C_a(C_a - C_b) + C_b(C_b - C_c) + C_c(C_c - C_a)}}{C_a + C_b + C_c} \times \frac{V}{\sqrt{3}}\,[\mathrm{V}]$$

6 유도장해

(1) 3상 정전유도전압

$$E_0 = \frac{\sqrt{C_a(C_a - C_b) + C_b(C_b - C_c) + C_c(C_c - C_a)}}{C_a + C_b + C_c + C_0} \times \frac{V}{\sqrt{3}} \text{[V]}$$

(2) 전자유도전압

$E_m = j\omega Ml(I_a + I_b + I_c) = j\omega Ml(3I_0)$

여기서, $3I_0$: 3×영상전류(=지락전류=기유도전류)

* 상호 인덕턴스(M) 계산 : 카슨 - 폴라체크의 식

$$M = 0.2\log_e \frac{2}{r \cdot d\sqrt{4\pi\omega\sigma}} + 0.1 - j\frac{\pi}{20} \text{[mH/km]}$$

여기서, r : 1.7811(Bessel 정수)

σ : 대지의 도전율

d : 전력선과 통신선과의 이격거리

7 유도장해 경감대책

(1) 전력선측 방지대책

① 전력선과 통신선의 이격거리를 크게 한다.
② 소호 리액터 접지방식을 채용한다.
③ 고속차단방식을 채용한다.
④ 연가를 충분히 한다.
⑤ 전력선에 케이블을 사용한다.
⑥ 고조파 발생을 억제한다.
⑦ 차폐선을 시설한다(30~50[%] 유도전압을 줄일 수 있다).

(2) 통신선측 방지대책

① 통신선 도중에 절연변압기를 넣어서 구간을 분할한다.
② 연피 케이블을 사용한다.
③ 특성이 우수한 피뢰기를 설치한다.
④ 배류코일로 통신선을 접지해서 유도전류를 대지로 흘려준다.
⑤ 전력선과 통신선의 교차부분은 직각으로 한다.

핵심 05 고장 계산

1 옴[Ω]법

(1) 단락전류

$$I_s = \frac{E}{Z} = \frac{V}{\sqrt{3}\,Z}\,[\mathrm{A}]$$

여기서, Z : 단락지점에서 전원측을 본 계통 임피던스($Z = Z_g + Z_t + Z_l$)

(2) 단락용량

① 단상인 경우

$$P_s = EI_s = \frac{E^2}{Z}\,[\mathrm{kVA}]$$

② 3상인 경우

$$P_s = 3\,EI_s = \sqrt{3}\,VI_s = \sqrt{3}\,V\frac{V}{\sqrt{3}\,Z} = \frac{V^2}{Z}\,[\mathrm{kVA}]$$

2 퍼센트[%]법

(1) %임피던스(%Z)

$$\%Z = \frac{Z \cdot I_n}{E} \times 100 = \frac{PZ}{10\,V^2}\,[\%]$$

(2) 단락전류

$$I_s = \frac{100}{\%Z}\,I_n\,[\mathrm{A}]$$

(3) 단락용량

$$P_s = \frac{100}{\%Z}\,P_n\,[\mathrm{kVA}]$$

* %Z 집계방법

발전소, 변전소, 선로 등의 각 부분에 [kVA] 용량이 다를 경우 같은 [kVA] 용량으로 환산

① 기준 용량을 정한다. → [kVA]′

② 기준 용량이 다른 경우 %Z를 같은 기준 용량으로 환산한다.

$$\%Z' = \%Z \times \frac{[\mathrm{kVA}]'}{[\mathrm{kVA}]}$$

③ 고장점에서 집계한다.

3 대칭좌표법

(1) 대칭분 전압

$$V_0 = \frac{1}{3}(V_a + V_b + V_c)$$

$$V_1 = \frac{1}{3}(V_a + aV_b + a^2 V_c)$$

$$V_2 = \frac{1}{3}(V_a + a^2 V_b + aV_c)$$

(2) 각 상의 전압

$$V_a = V_0 + V_1 + V_2$$

$$V_b = V_0 + a^2 V_1 + aV_2$$

$$V_c = V_0 + aV_1 + a^2 V_2$$

4 발전기 기본식

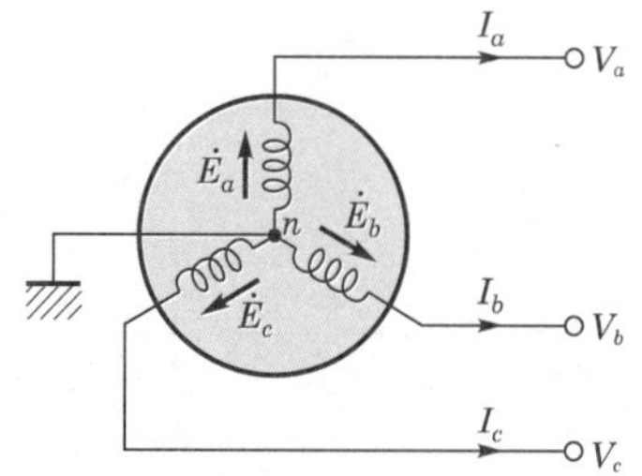

단자전압의 대칭분(=발전기 기본식)

$$V_0 = -Z_0 I_0$$

$$V_1 = E_a - Z_1 I_1$$

$$V_2 = -Z_2 I_2$$

5 1선 지락과 2선 지락 고장해석

(1) 1선 지락 고장

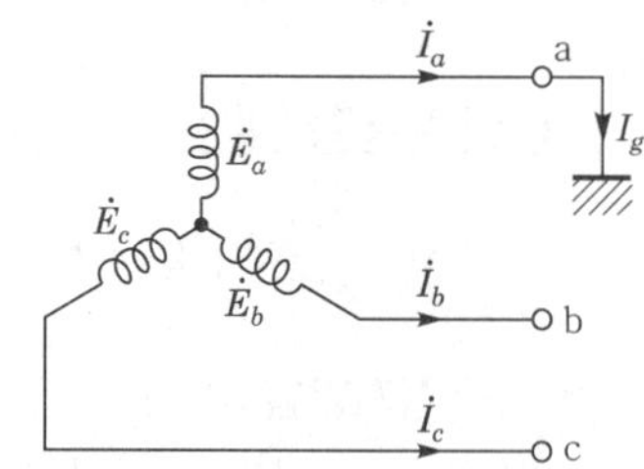

① 고장조건 : $V_a = 0,\ I_b = I_c = 0$

② 대칭분 전류 : $I_0 = I_1 = I_2 = \frac{1}{3}I_a = \frac{1}{3}I_g$

(대칭분 전류가 같다.)

③ 지락전류 : $I_g = I_a = I_0 + I_1 + I_2 = \frac{3E_a}{Z_0 + Z_1 + Z_2}$ [A]

(2) 2선 지락 고장

① 고장조건 : $V_b = V_c = 0,\ I_a = 0$

② 대칭분 전압 : $V_0 = V_1 = V_2 = \frac{1}{3}V_a$(대칭분의 전압이 같다.)

6 선간단락과 3상 단락 고장해석

(1) 선간단락 고장

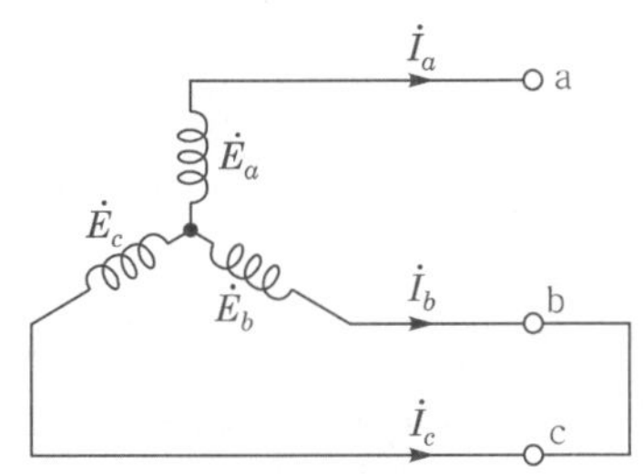

① 고장조건 : $I_a = 0$, $I_b = -I_c$, $V_b = V_c$

② 영상전류 : $I_0 = \frac{1}{3}(I_a + I_b + I_c) = 0$

③ 단락전류 : $I_s = I_b = I_0 + a^2 I_1 + aI_2 = (a^2 - a)I_1 = \frac{(a^2 - a)E_a}{Z_1 + Z_2}$

(2) 3상 단락 고장

* 고장조건

- $V_a = V_b = V_c = 0$
- $I_a + I_b + I_c = 0$
- $V_0 = V_1 = V_2 = 0$

대칭분의 전압이 0으로 같다.

(3) 고장해석을 위한 임피던스

사 고	정상 임피던스	역상 임피던스	영상 임피던스
1선 지락	○	○	○
선간 단락	○	○	×
3상 단락	○	×	×

7 영상회로, 정상회로, 역상회로

(1) 영상회로

1상분의 영상전류를 취급하는 영상회로에서는 중성점 접지 임피던스(Z_n)를 3배($3Z_n$)로 해준다.

(2) 정상회로

평형 3상 교류가 흐르는 범위의 회로로 중성점 임피던스는 들어가지 않는다.

(3) 역상회로

정상회로와 같다.

(4) 영상·정상·역상 임피던스의 관계

선로는 정지물이기 때문에 정상 임피던스와 역상 임피던스는 같다.

$Z_0 > Z_1 = Z_2$

핵심 06 이상전압

1 이상전압의 종류

(1) 내부 이상전압

① 개폐 서지

* 억제방법 : 차단기 내 저항기를 설치(=개폐저항기 설치)

② 1선 지락 시 건전상의 전위 상승

③ 무부하 시 수전단의 전위 상승(페란티 현상)

④ 중성점 잔류전압에 의한 전위 상승

(2) 외부 이상전압

① 유도뢰

② 직격뢰

2 진행파의 반사와 투과

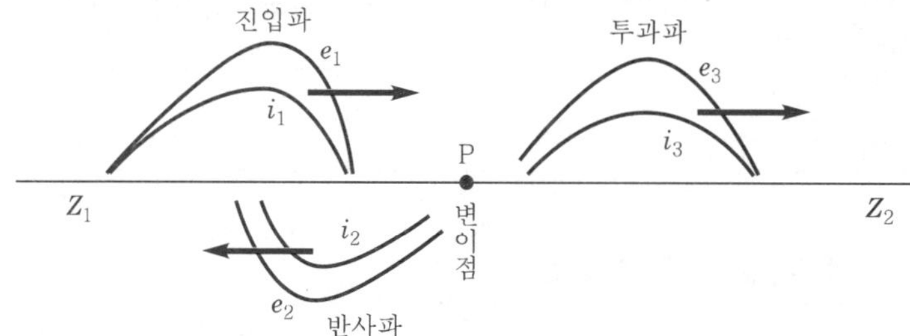

① 반사전압 : $e_2 = \dfrac{Z_2 - Z_1}{Z_2 + Z_1} e_1 = \beta e_1$

전압반사계수 : $\beta = \dfrac{Z_2 - Z_1}{Z_2 + Z_1}$

② 투과전압 : $e_3 = \dfrac{2Z_2}{Z_2 + Z_1} e_1 = \gamma e_1$

전압투과계수 : $\gamma = \dfrac{2Z_2}{Z_2 + Z_1}$

3 가공지선

(1) 설치 목적

① 직격 차폐효과
② 정전 차폐효과
③ 전자 차폐효과

(2) 차폐각

30~45° 정도로 시공(30° 이하 : 보호효율 100[%], 45° 정도 : 보호효율 97[%])
차폐각은 적을수록 보호효율은 높지만 건설비가 비싸다.

4 매설지선

(1) 설치 목적

철탑의 접지저항값(=탑각 접지저항)을 작게 하여 역섬락 방지

5 피뢰기(Lighting Arrester, LA)

(1) 설치 목적

이상전압을 대지로 방전시키고 속류 차단

(2) 구조

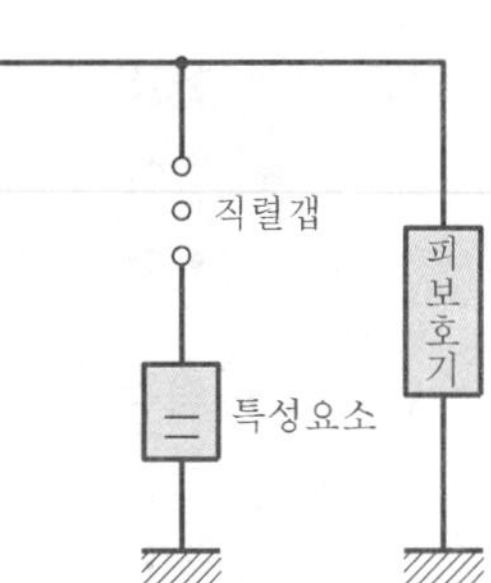

① 직렬갭 : 상시에는 개로상태로 누설전류를 방지하고 이상전압 내습 시 뇌전류를 방전하고 속류를 차단
② 특성요소 : 뇌전류 방전 중 자체 전위 상승 억제
③ 실드 링 : 전자기적인 충격 완화
④ 아크가이드 : 방전개시시간 지연 방지

6 피뢰기 관련 용어

(1) 충격방전 개시전압

충격파의 파고값(최댓값)으로 표시

(2) 상용주파 방전개시전압

피뢰기 정격전압의 1.5배

(3) 피뢰기의 방전전류

피뢰기 공칭 방전전류 : 10,000[A], 5,000[A], 2,500[A]

(4) 피뢰기 정격전압

속류를 끊을 수 있는 최고의 교류전압으로 중성점 접지방식과 계통전압에 따라 변화한다.

① 직접접지계 : 선로 공칭전압의 0.8~1.0배
② 저항 소호 리액터 접지계 : 선로 공칭전압의 1.4~1.6배

(5) 피뢰기 제한전압

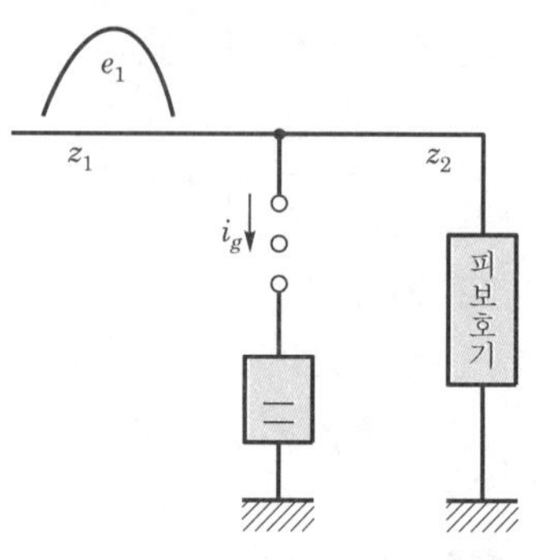

피뢰기 동작 중 단자전압의 파고값
=충격파 전류가 흐르고 있을 때의 피뢰기 단자전압
* 피뢰기 제한전압 계산

$$e_0 = \frac{2Z_2}{Z_2+Z_1}e_1 - \frac{Z_1Z_2}{Z_2+Z_1}i_g$$

(6) 여유도 $= \frac{\text{기기의 절연강도} - \text{피뢰기의 제한전압}}{\text{피뢰기 제한전압}} \times 100$

(7) 피뢰기 구비조건

① 충격방전 개시전압이 낮을 것
② 상용주파 방전개시전압이 높을 것
③ 방전내량이 크고 제한전압이 낮을 것
④ 속류차단능력이 충분할 것

7 절연 협조

(1) 절연 협조의 정의

계통 내의 각 기기·기구 및 애자 등의 적정한 절연강도를 정해 안정성과 경제성을 유지하는 것

(2) 기준 충격 절연강도 순서

선로애자 > 변성기 등 기기 > 변압기 > 피뢰기

핵심 07 전력 개폐장치

1 계전기 구비조건

① 동작이 예민하고 오동작이 없을 것
② 고장회선 내지 고장구간을 정확히 선택차단 할 수 있을 것
③ 적절한 후비보호능력이 있을 것
④ 가격이 저렴하고 소비전력이 적을 것
⑤ 오래 사용하여도 특성의 변화가 없을 것

2 계전기 동작시간에 의한 분류

① 순한시 계전기 : 즉시 동작하는 계전기
② 정한시 계전기 : 정해진 일정한 시간에 동작하는 계전기
③ 반한시 계전기 : 전류값이 클수록 빨리 동작하고 반대로 전류값이 적을수록 느리게 동작하는 계전기
④ 반한시성 정한시 계전기 : 어느 전류값까지는 반한시성으로 되고 그 이상이 되면 정한시로 동작하는 계전기

3 계전기 기능(용도)상 분류

① 과전류 계전기(OCR) : 과부하, 단락보호용
② 과전류 지락계전기(OCGR) : 지락보호용
③ 방향 과전류 계전기(DOCR) : 루프 계통의 단락사고 보호용
④ 방향지락계전기(DGR)
⑤ 부족전압계전기(UVR) : 단락 고장 검출용
⑥ 과전압 계전기(OVR)
⑦ 지락 과전압 계전기(OVGR)
⑧ 거리계전기(DR) : 전압과 전류의 비가 일정값 이하인 경우에 동작하는 계전기
⑨ 선택지락계전기(SGR) : 병행 2회선 송전선로에서 지락 회선만 선택 차단하는 계전기
⑩ 선택단락계전기(SSR) : 병행 2회선 송전선로에서 단락 회선만 차단하는 계전기
⑪ 방향단락계전기(DSR) : 어느 일정 방향으로 일정값 이상의 단락전류가 흐르면 동작하는 계전기
⑫ 방향거리계전기(DDR) : 거리계전기에 방향성을 가진 계전기

4 기기 및 선로 단락보호계전기

(1) 기기보호계전기

① 차동계전기(DFR)
② 비율차동계전기(RDFR) : 발전기, 변압기의 내부 고장 보호용
③ 부흐홀츠계전기

(2) 선로 단락보호계전기

① 방사상식 선로
㉠ 전원이 일단에 있는 경우 : 과전류 계전기(OCR)
㉡ 전원이 양단에 있는 경우 : 과전류 계전기와 방향단락계전기를 조합하여 사용
② 환상식 선로
㉠ 전원이 일단에 있는 경우 : 방향단락계전기(DSR)
㉡ 전원이 양단에 있는 경우 : 방향거리계전기(DDR)

5 차단기의 정격과 동작 책무

(1) 정격전압

차단기에 가할 수 있는 사용 전압의 상한값

(2) 정격차단전류

최대의 차단전류 한도

(3) 정격차단용량

차단용량[MVA]= $\sqrt{3}$ × 정격전압[kV] × 정격 차단전류[kA]

(4) 정격차단시간

트립코일 여자부터 아크 소호까지의 시간 또는 개극시간과 아크시간의 합으로 3, 5, 8[Hz]가 있다.

(5) 표준동작책무

① 일반용

㉠ 갑호 : O－1분－CO－3분－CO

㉡ 을호 : CO－15초－CO

② 고속도 재투입용

O－임의(표준 0.35초)－CO－1분－CO

6 차단기 종류

약 호	명 칭	소호 매질
ABB	공기차단기	압축공기
GCB	가스차단기	SF_6(육불화유황) 가스
OCB	유입차단기	절연유
MBB	자기차단기	전자력
VCB	진공차단기	고진공

* SF6 가스의 특징

- 무색, 무취, 무독성이다.
- 소호능력이 공기의 100~200배이다.
- 절연내력이 공기의 2~3배가 된다.

7 단로기

전류가 흐르지 않는 상태에서 회로를 개폐할 수 있는 장치로 무부하 충전전류 및 변압기 여자전류는 개폐가 가능하다.

(1) 단로기(DS)와 차단기(CB) 조작

① 급전 시 : DS → CB 순

② 정전 시 : CB → DS 순

(2) 인터록(interlock)

차단기가 열려 있어야만 단로기 조작이 가능하다.

8 개폐기

부하전류 개폐는 가능하나 고장전류 차단능력은 없다.

(1) 자동부하 전환 개폐기(ALTS)

상시전원에서 예비전원(발전기)으로 자동전환하여 무정전 전원 공급을 수행하는 개폐기

(2) 가스절연 개폐장치(GIS)

한 함 안에 모선, 변성기, 피뢰기, 개폐장치를 내장시키고 절연성능과 소호 특성이 우수한 SF_6 가스로 충전시킨 종합개폐장치로 변전소에 주로 사용

① 장점

㉠ SF_6를 이용한 밀폐형 구조로 소음이 없다.
㉡ 신뢰도가 높고 감전사고가 적다.
㉢ 소형화할 수 있고 설치면적이 작아진다.

② 단점

㉠ 내부를 직접 눈으로 볼 수 없다.
㉡ 가스압력, 수분 등을 엄중하게 감시할 필요가 있다.
㉢ 한랭지, 산악지방에서는 액화 방지대책이 필요하다.
㉣ 장비비가 고가이다.

9 전력퓨즈(PF)

(1) 주목적

고전압 회로 및 기기의 단락보호용으로 사용

(2) 전력퓨즈의 장점

① 소형·경량으로 차단용량이 크다.
② 변성기가 필요없고, 유지보수가 간단하다.
③ 정전용량이 적고, 가격이 저렴하다.

10 계기용 변성기

(1) 계기용 변류기(CT)

① 1차 정격전류 : 최대 부하전류를 계산해서 1.25~1.5배 정도로 선정
② 2차 정격전류 : 5[A]

③ 정격부담

㉠ 변류기의 2차 단자 간에 접속되는 부하의 피상전력, 단위[VA]

㉡ 저압 : 15[VA], 고압 : 40[VA] 이하

④ 점검 시 : 변류기 2차측은 단락

(2) 계기용 변압기(PT)

① 2차 전압 : 110[V]

② 계기용 변압기의 종류

㉠ 전자형 계기용 변압기

- 전자유도 원리를 이용한 것
- 오차가 적으나 절연에 대한 신뢰도가 낮다.

㉡ 콘덴서형 계기용 변압기(CPD)

- 콘덴서의 분압원리를 이용한 것
- 오차는 크나 절연에 대한 신뢰도가 높다.

(3) 계기용 변압 변류기(MOF, PCT)

계기용 변압기(PT)와 계기용 변류기(CT)를 한 탱크 내에 장치한 것으로 전력량계 전원 공급원이다.

11 영상전류와 영상전압 측정방법

(1) 영상전류 측정방법

① 영상 변류기(ZCT)

② 중성점 접지 개소를 이용하는 방법

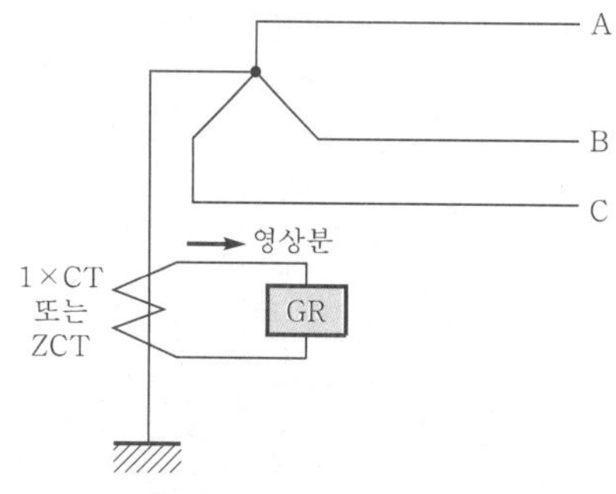

③ 잔류회로를 이용하는 방법

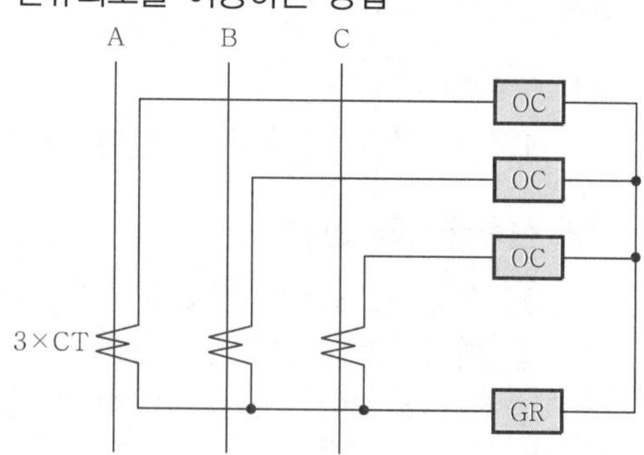

(2) 영상전압 측정방법

① 접지형 계기용 변압기(GPT)

② 중성점에 PT 사용

12 직류 송전방식의 장단점

(1) 장점

① 절연계급을 낮출 수 있다.
② 송전효율이 좋다.
③ 선로의 리액턴스가 없으므로 안정도가 높다.
④ 도체의 표피효과가 없다.
⑤ 유전체손, 충전전류를 고려하지 않아도 된다.
⑥ 비동기 연계가 가능하다(주파수가 다른 선로의 연계가 가능하다).

(2) 단점

① 변환, 역변환 장치가 필요하다.
② 고전압, 대전류의 경우 직류 차단기가 개발되어 있지 않다.
③ 전압의 승압, 강압이 어렵다.
④ 회전자계를 얻기 어렵다.

핵심 08 배전

1 배전선로의 구성

(1) 급전선(feeder)

배전 변전소에서 간선에 이르기까지 도중에 부하가 접속되지 않는 선로

(2) 간선

부하분포에 따라 배전하는 선로

(3) 분기선

간선에서 분기하여 수용가에 이르는 선로

2 배전방식

(1) 수지식 배전방식 : 농·어촌지역

① 장점
㉠ 수요 증가 시 쉽게 대응할 수 있다.
㉡ 시설비가 저렴하다.

② 단점
㉠ 사고 시 정전범위가 넓다.
㉡ 전압강하, 전력손실이 크다.

(2) 환상식 배전방식 : 중·소도시

개폐기를 이용하여 루프를 구성하고 부하에 따라 분기선을 이용·공급하는 방식

(3) 저압 뱅킹 배전방식 : 부하 밀집지역

① 장점

㉠ 변압기 설비용량이 경감된다.

㉡ 플리커(flicker)가 경감된다.

② 단점

캐스케이딩(cascading) 현상이 발생

* 캐스케이딩 현상 : 변압기 1대 고장으로 건전한 변압기의 일부 또는 전부가 연쇄적으로 차단되는 현상

(4) 망상(네트워크) 배전방식 : 빌딩 등 대도시 밀집지역

① 장점

㉠ 무정전 공급이 가능하다.

㉡ 전압 변동, 전력손실이 적다(최소).

② 단점

㉠ 인축 접지사고가 증가한다.

㉡ 역류개폐장치(network protector)가 필요하다.

* 네트워크 프로텍터(network protector)=역류개폐장치

전류가 변압기 쪽으로 역류하면 차단기를 개방, 고장부분을 분리하는 장치

• 구성 : 네트워크 계전기, 퓨즈, 차단기

3 배전선로의 전기공급방식

(1) 단상 2선식

* 공급전력 : $P = VI\cos\theta$

(2) 단상 3선식

① 공급전력 : $P = 2VI\cos\theta$

② 단상 3선식의 문제점 : 부하 불평형이 생기면 전압 불평형이 발생되므로 전압 불평형을 방지하기 위해 밸런서(balancer)를 설치한다.

* 밸런서의 특징

• 권수비가 1 : 1인 단권 변압기이다.

• 누설 임피던스가 적다.

• 여자 임피던스가 크다.

(3) 3상 3선식

* 공급전력 : $P = \sqrt{3}\,VI\cos\theta$

(4) 3상 4선식

* 공급전력 : $P = 3VI\cos\theta$

4 각 전기공급별 비교

전기방식	1선당 공급전력	전류비	저항비	중량비
$1\phi 2W$	1	1	1	1
$1\phi 3W$	1.33	$\frac{1}{2}$	4	$\frac{3}{8}$
$3\phi 3W$	1.15	$\frac{1}{\sqrt{3}}$	2	$\frac{3}{4}$
$3\phi 4W$	1.5(최대)	$\frac{1}{3}$	6	$\frac{1}{3}$(최소)

5 배전선로의 전압과의 관계

전압강하(e)	송전전력(P)	전압강하율(ε)	전력손실(P_l)	전선 단면적(A)
$\frac{1}{V}$	V^2	$\frac{1}{V^2}$	$\frac{1}{V^2}$, $\frac{1}{\cos^2\theta}$	$\frac{1}{V^2}$

6 배전선로의 전기적 특성

(1) 전압강하

① 단상($V = E$)

$e = E_s - E_r = I(R\cos\theta + X\sin\theta)$

② 3상($V = \sqrt{3}E$)

$e = \sqrt{3}E_s - \sqrt{3}E_r = \sqrt{3}I(R\cos\theta + X\sin\theta)$

(2) 전압강하 분포

구 분	전압강하	전력손실
말단집중부하	IR	I^2R
분산분포부하	$\frac{1}{2}IR$	$\frac{1}{3}I^2R$

7 수요와 부하

(1) 수용률 $= \dfrac{\text{최대수용전력}}{\text{설비용량}} \times 100[\%]$

변압기 용량$[\text{kVA}] = \dfrac{\text{최대전력}[\text{kW}]}{\text{역률}}[\text{kVA}] = \dfrac{\text{설비용량} \times \text{수용률}}{\text{역률}}[\text{kVA}]$

(2) **부등률** $= \dfrac{\text{각 수용가의 최대수용전력의 합}}{\text{합성 최대전력}}$

$$\text{변압기 용량[kVA]} = \frac{\text{설비용량}}{\text{역률}} \times \frac{\text{수용률}}{\text{부등률}}\text{[kVA]}$$

(3) **부하율** $= \dfrac{\text{평균부하전력}}{\text{최대부하전력}} \times 100[\%]$

① $\text{일부하율} = \dfrac{\dfrac{\text{일 사용 전력량[kWh]}}{\text{24시간[h]}}}{\text{최대전력[kW]}} \times 100[\%]$

② $\text{연부하율} = \dfrac{\dfrac{\text{연 사용 전력량[kWh]}}{24 \times \text{365시간[h]}}}{\text{최대전력[kW]}} \times 100[\%]$

(4) **손실계수**(H) $= \dfrac{\text{평균전력손실}}{\text{최대전력손실}} \times 100[\%]$

① 손실계수와 부하율의 관계

$0 \leqq F^2 \leqq H \leqq F \leqq 1$

② 수용률, 부하율, 부등률의 관계

$\text{부하율} = \dfrac{\text{평균전력}}{\text{최대전력}} = \dfrac{\text{평균전력}}{\text{설비용량}} \times \dfrac{\text{부등률}}{\text{수용률}}$

8 역률 개선

(1) 역률 개선의 효과

① 전력손실 감소
② 전압강하 경감
③ 설비용량의 여유분 증가
④ 전기요금 절감

(2) 역률 개선용 콘덴서의 용량 계산

$$Q_c = P\left(\frac{\sqrt{1-\cos^2\theta_1}}{\cos\theta_1} - \frac{\sqrt{1-\cos^2\theta_2}}{\cos\theta_2}\right)\text{[kVA]}$$

9 배전선로 보호 협조

① 리클로저(recloser)
② 섹셔널라이저(sectionalizer) : 자동선로 구분개폐기
③ 라인퓨즈(line fuse)

* 보호 협조 설치 순서

변전소 차단기 – 리클로저 – 섹셔널라이저 – 라인퓨즈 – 부하측

10 배전선로 전압조정

(1) 변전소의 전압조정

① 부하 시 탭절환장치(ULTC)

② ULTC가 없는 변전소의 경우(66[kV] 이하) : 정지형 전압조정기(SVR)

(2) 배전선로 전압조정방식

① 승압기

② 유도전압조정기(IR)

③ 주상 변압기 탭(tap) 조정

(3) 승압기(단권 변압기)

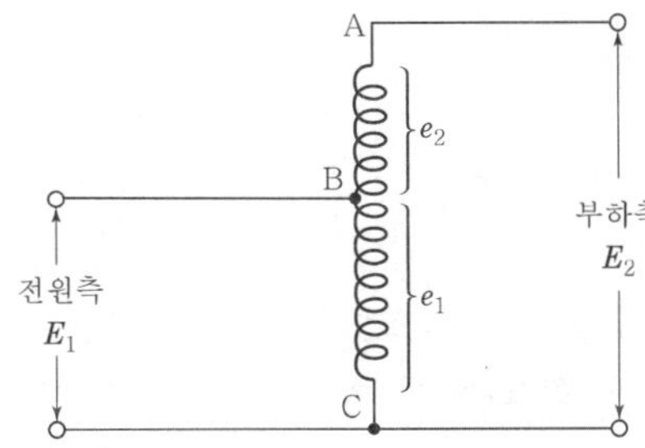

① 승압 후의 전압 : $E_2 = E_1\left(1+\dfrac{1}{n}\right) = E_1 + \left(1+\dfrac{e_2}{e_1}\right)$

② 승압기 용량(변압기 용량, 자기용량) : $w = e_2 i_2 = \dfrac{W}{E_2} \times e_2$[VA]

W : 부하용량($W = E_2 i_2$)[VA]

핵심 09 발전

1 수력발전

(1) 수력발전방식

① 낙차에 의한 분류(=취수방법에 의한 분류)

㉠ 수로식

㉡ 댐식

㉢ 댐수로식

㉣ 유역 변경식

② 운용방법에 의한 분류(=유량 사용방법에 의한 분류)
㉠ 유입식 발전소
㉡ 조정지식 발전소
㉢ 저수지식 발전소
㉣ 양수식 발전소 : 물을 상부 저수지에 양수하여 저장해 두었다가 첨두부하 시에 이것을 이용하는 발전방식
㉤ 조력발전소 : 해수의 간만의 차에 의한 방식

(2) 수력발전소의 출력

① 수력발전의 이론상 출력

$P = 9.8Q \cdot H$[kW]

여기서, Q : 유량[m^3/sec]
H : 유효낙차[m]

② 수력발전의 실제 출력

$P = 9.8QH\eta_t\eta_g = 9.8QH\eta$[kW]

여기서, η_t : 수차효율
η_g : 발전기 효율
$\eta = \eta_t\eta_g$: 종합 효율(합성 효율)

(3) 수력학

① 물의 압력

* 단위면적당 압력(정수압)

$$P = \frac{W}{A} = \frac{\omega AH}{A} = \omega H = 1{,}000H\ [\text{kg/m}^2]$$

여기서, P : 압력[kg/m^2], W : 수주의 무게[kg], H : 높이[m], A : 단면적[m^2]

② 수두
㉠ 위치수두 H[m]
㉡ 압력수두

$$H_P = \frac{P\,[\text{kg/m}^2]}{\omega\,[\text{kg/m}^3]} = \frac{P}{1{,}000}\ [\text{m}]$$

㉢ 속도수두

$$H_v = \frac{v^2}{2g}\ [\text{m}]$$

여기서, v : 유속[m/sec], g : 중력가속도[m/sec^2]

㉣ 물의 분출속도 : $v = \sqrt{2gH}$ [m/sec]

③ 연속의 정리

$Q = A_1v_1 = A_2v_2 =$ 일정

④ 베르누이의 정리

$$H_1 + \frac{P_1}{\omega} + \frac{{v_1}^2}{2g} = H_2 + \frac{P_2}{\omega} + \frac{{v_2}^2}{2g} = \text{일정}$$

(4) 하천 유량

① 연평균 유량

강수량 중에서 상당량은 증발되고 지하로 스며들며 하천으로 흘러가므로 어느 하천의 유역면적 $b[\text{km}^2]$, 연강수량 $a[\text{mm}]$, 유출계수 k라 하면

$$Q = \frac{a \cdot b \cdot 1{,}000}{365 \times 24 \times 60 \times 60} \times k[\text{m}^3/\text{sec}]$$

② 유량의 변동

㉠ 갈수량(갈수위) : 1년 365일 중 355일은 이것보다 내려가지 않는 유량과 수위

㉡ 저수량(저수위) : 1년 365일 중 275일은 이것보다 내려가지 않는 유량과 수위

㉢ 평수량(평수위) : 1년 365일 중 185일은 이것보다 내려가지 않는 유량과 수위

㉣ 풍수량(풍수위) : 1년 365일 중 95일은 이것보다 내려가지 않는 유량과 수위

㉤ 고수량 : 매년 1 내지 2회 생기는 유량

㉥ 홍수량 : 3 내지 4년에 한 번 생기는 유량

③ 유량조사 도표

㉠ 유황곡선 : 가로축에 일수, 세로축에 유량을 취하여 큰 것부터 차례대로 1년분을 배열한 곡선

㉡ 적산 유량곡선 : 가로축에 365일을, 세로축에 유량의 누계를 나타낸 곡선. 댐 설계 시나 저수지 용량을 결정할 때 사용

(5) 수력발전소의 계통

① 취수구의 설비

㉠ 제수문 : 하천의 물을 수로에 유입시키기 위한 설비로 유량을 조절한다.

㉡ 스크린

㉢ 침사지

② 조압수조의 설치목적

부하 급변 시 생기는 수격작용을 완화시켜 수압관을 보호한다.

(6) 수차의 종류

① 충동 수차

* 펠톤 수차 : 고낙차용 300[m] 이상

② 반동 수차

㉠ 프란시스 수차 : 중낙차용 130~300[m] 이하

㉡ 프로펠러 수차, 카플란 수차 : 중낙차용 15~130[m] 이하

㉢ 튜블러 수차 : 15[m] 이하의 저낙차용으로 사용

* 흡출관 : 반동 수차의 낙차를 증가시킬 목적

(7) 수차의 특성

① 수차의 특유속도

$$N_s = N \times \frac{P^{\frac{1}{2}}}{H^{\frac{5}{4}}} = N \times \frac{\sqrt{P}}{H^{\frac{5}{4}}} \text{[rpm]}$$

여기서, N : 정격 회전수[rpm]
H : 유효낙차[m]
P : 낙차 H[m]에서의 수차의 정격출력[kW]

② 수차의 낙차 변동에 대한 특성

㉠ 회전수 : $\frac{N_2}{N_1} = \left(\frac{H_2}{H_1}\right)^{\frac{1}{2}}$

㉡ 유량 : $\frac{Q_2}{Q_1} = \left(\frac{H_2}{H_1}\right)^{\frac{1}{2}}$

㉢ 출력 : $\frac{P_2}{P_1} = \left(\frac{H_2}{H_1}\right)^{\frac{3}{2}}$

③ 조속기의 동작순서
평속기 → 배압밸브 → 서보모터 → 복원기구

(8) 캐비테이션(cavitation) 현상

공기의 흐름보다 유수의 흐름이 빠르면 미세한 기포가 발생되며, 기포가 압력이 높은 곳에서 터지게 되는데 이때 부근의 물체에 큰 충격을 준다. 이 충격이 러너와 버킷 등을 침식시키는 현상을 공동 현상 또는 캐비테이션 현상이라 한다.

2 화력발전

(1) 열역학

① 열량의 환산
㉠ 1[kcal]=3.968[BTU]
㉡ 1[BTU]=0.252[kcal]
㉢ 1[kWh]=860[kcal]

② 엔탈피와 엔트로피
㉠ 엔탈피 : 증기 1[kg]이 보유한 열량[kcal/kg]
㉡ 엔트로피 : 증기 단위질량의 증발열을 절대온도로 나눈 값
㉢ T-S 선도 : 가로축에는 엔트로피와 세로축에는 절대온도를 그린 선도

(2) 화력발전의 열사이클

① 카르노 사이클
가장 이상적인 사이클로 두 개의 등온변화와 두 개의 단열변화로 이루어지며 효율이 가장 우수하다.

② 랭킨 사이클

화력발전소의 가장 기본적인 사이클이다.

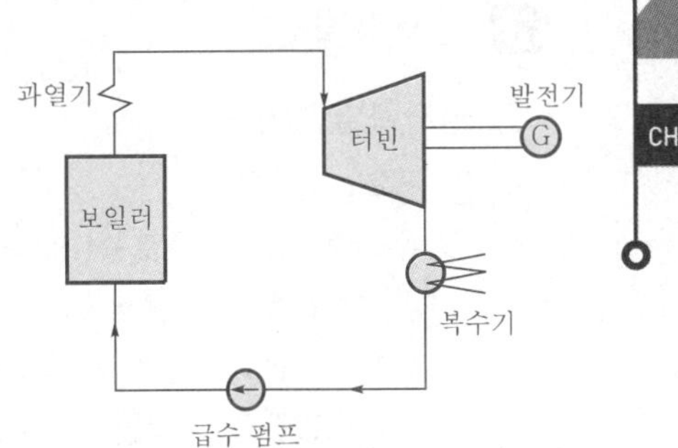

㉠ 보일러 : 화석연료를 이용하여 급수를 끓여 주는 곳

㉡ 과열기 : 과열증기를 만들어 터빈에 공급하는 설비

㉢ 터빈 : 증기를 이용하여 전기에너지 생성

㉣ 복수기 : 터빈에서 나오는 배기를 물로 전환시키는 설비

㉤ 절탄기 : 보일러 부속설비로 배기가스의 여열을 이용하여 보일러의 급수를 예열하여 효율을 향상시키기 위한 설비

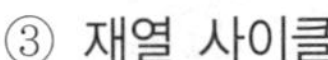
③ 재열 사이클

터빈에서 임의의 온도까지 팽창한 증기를 추출하여 보일러로 되돌려 보내서 재열기로 적당한 온도까지 재가열시켜 다시 터빈으로 보내는 방식이다.

④ 재생 사이클

터빈 내에서 팽창한 증기를 일부만 추기하여 급수 가열기에 보내어 급수 가열에 이용하는 방식이다.

⑤ 재생·재열 사이클

재생과 재열 사이클의 장점을 모두 살린 방식으로 가장 열효율이 좋은 방식이다.

(3) 보일러 및 부속설비

① 보일러의 부속설비

㉠ 과열기 : 포화증기를 과열증기로 만들어 터빈에 공급하기 위한 설비

㉡ 재열기 : 터빈 내에서 팽창된 증기를 다시 재가열하는 설비

㉢ 절탄기 : 배기가스의 남아있는 열을 이용하여 보일러 급수를 예열하는 설비

㉣ 공기예열기 : 연소가스를 이용하여 연소에 필요한 연소용 공기를 예열하는 설비

② 보일러 급수의 불순물에 의한 장해

㉠ 포밍 : 급수 불순물에 의해 증기가 잘 발생되지 않고 거품이 발생하는 현상

㉡ 스케일 : 보일러 급수 중의 염류 등이 굳어서 보일러 내벽에 부착되는 현상으로, 보일러의 물순환 방해 및 내면의 수관벽을 과열시키는 원인이 된다.

㉢ 캐리오버 : 보일러 급수 중에 포함된 불순물이 증기 속에 혼입되어 터빈까지 전달되어 터빈에 장해를 주는 현상

(4) 화력발전소의 효율

$$\eta = \frac{860\,W}{mH} \times 100\,[\%]$$

여기서, W : 전력량($P \cdot t$)[kWh]

m : 연료량[kg]

H : 발열량[kcal/kg]

3 원자력발전

(1) 원자력발전의 원리

① 원리

우라늄(U), 플루토늄(Pu)과 같은 무거운 원자핵이 중성자를 흡수하여 핵분열하여 가벼운 핵으로 바뀌면서 발생하는 핵분열 에너지를 이용, 고온·고압의 수증기를 이용하여 터빈을 돌려 전기를 생산한다.

② 원자력발전과 화력발전의 비교

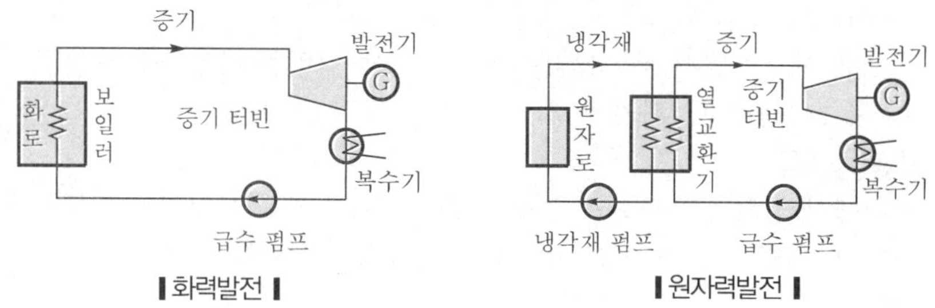

▌화력발전▌ ▌원자력발전▌

㉠ 원자력발전소는 화력발전소의 보일러 대신 원자로와 열교환기를 사용한다.

㉡ 동일 출력일 경우 원자력발전소의 터빈이나 복수기가 화력발전소에 비해 대형이다.

㉢ 원자력발전소는 방사능에 대한 차폐 시설물의 투자가 필요하다.

㉣ 원자력발전소의 건설비가 화력발전소에 비해 고가이다.

(2) 원자로의 구성

원자로는 핵연료, 감속재 및 냉각재로 된 원자로 노심과 핵분열의 동작을 제어하는 제어재, 반사체, 안전을 위한 차폐재로 구성되어 있다.

① 핵연료

원자력발전용 핵연료 물질 U^{233}, U^{235}, Pu^{239}가 있지만 원자로에는 인공적으로 U^{235}의 함유량을 증가시킨 농축 우라늄을 사용한다. 핵연료는 고온에 견딜 수 있어야 하고, 열전도도가 높고, 방사선에 안정하며 밀도가 높아야 한다.

② 감속재

고속 중성자의 에너지를 감소시켜 열 중성자로 바꿔주는 물질

㉠ 감속재 종류 : 경수(H_2O), 중수(D_2O), 흑연(C), 베릴륨(Be)

㉡ 감속재 구비조건

- 원자 질량이 적을 것
- 감속능력이 클 것
- 중성자 흡수능력이 적을 것

③ 제어재(봉)

중성자를 흡수하여 중성자의 수를 조절함으로서 핵분열 연쇄반응을 제어하는 물질

㉠ 제어재 재료 : 카드뮴(Cd), 붕소(B), 하프늄(Hf)

㉡ 제어재 구비조건
- 중성자 흡수능력이 좋을 것
- 냉각재·방사선에 안정할 것

④ 냉각재

원자로 내에서 발생한 열을 외부로 끄집어내기 위한 물질

㉠ 냉각재 재료 : 경수(H_2O), 중수(D_2O), 이산화탄소(CO_2), 헬륨(He)

㉡ 냉각재 구비조건
- 열용량이 크고, 열전달 특성이 좋을 것
- 중성자 흡수가 적을 것
- 방사능을 띠기 어려울 것

⑤ 반사체

㉠ 핵분열 시 중성자가 원자로 밖으로 빠져 나가지 않도록 하는 물질

㉡ 반사체 재료 : 경수(H_2O), 중수(D_2O), 흑연(C), 베릴륨(Be)

⑥ 차폐재

㉠ 원자로 내부의 방사선이 외부로 누출되는 것을 방지하는 역할

㉡ 차폐재 종류 : 콘크리트, 물, 납

(3) 원자로의 종류

① 비등수형 원자로(BWR)

㉠ 원자로 내에서 핵분열로 발생한 열로, 바로 물을 가열하여 증기를 발생시켜 터빈에 공급하는 방식으로 우리나라는 사용하지 않는다.

㉡ 특징
- 핵연료로 농축 우라늄을 사용한다.
- 감속재와 냉각재로 경수(H_2O)를 사용한다.
- 열교환기가 필요없다.
- 경제적이고, 열효율이 높다.

② 가압수형 원자로(PWR)

원자로 내에서의 압력을 매우 높여 물의 비등을 억제함으로써 2차측에 설치한 증기발생기를 통하여 증기를 발생시켜 터빈에 공급하는 방식으로, 우리나라 원자력발전에 사용하고 있다.

㉠ 핵연료 : 저농축 우라늄

㉡ 감속재 및 냉각재 : 경수(H_2O)

㉢ 특징 : 노심에서 발생한 열은 가압된 경수에 의해서 열교환기에 운반된다.

03 CHAPTER 전기기기

핵심 01 직류기

1 직류 발전기의 원리와 구조

(1) 직류 발전기의 원리 : 플레밍(Fleming)의 오른손 법칙

유기기전력 $e = vBl\sin\theta$[V]

(2) 직류 발전기의 구조

① 전기자(armature) : 원동기에 의해 회전하여 자속을 끊으므로 기전력을 발생하는 부분

② 계자(field magnet) : 전기자가 쇄교하는 자속(ϕ)을 만드는 부분

③ 정류자(commutator) : 전기자 권선에서 유도되는 교류 기전력을 직류로 변환하는 부분

④ 브러시(brush) : 브러시는 정류자 면과 접촉하여 전기자 권선과 외부 회로를 연결하는 부분

⑤ 계철(yoke) : 자극 및 기계 전체를 보호 및 지지하며 자속의 통로 역할을 하는 부분

2 전기자 권선법

전기자 권선은 각 코일에서 유도되는 기전력이 서로 더해져 브러시 사이에 나타나도록 접속한다.

(1) 직류기의 전기자 권선법

- 환상권
- 고상권
  - 개로권
  - 폐로권
    - 단층권
    - 2층권
      - 중권
      - 파권

(2) 전기자 권선법의 중권과 파권 비교

구 분	전압·전류	병렬 회로수	브러시수	균압환
단중 중권	저전압, 대전류	$a=p$	$b=p$	필요
단중 파권	고전압, 소전류	$a=2$	$b=2$ 또는 p	불필요

* 다중 중권의 경우 다중도가 m일 때 병렬 회로수 $a=mp$

CHAPTER 3

3 유기기전력

$$E = \frac{Z}{a} p\phi \frac{N}{60} \text{[V]}$$

여기서, Z : 총 도체수

a : 병렬 회로수(중권 : $a=p$, 파권 : $a=2$)

p : 극수

ϕ : 매 극당 자속[Wb]

N : 분당 회전수[rpm]

4 전기자 반작용

직류 발전기에 부하를 연결하면 전기자 권선에 전류가 흐르며 전기자 전류에 의한 자속이 주자속의 분포에 영향을 미치게 되는데 이러한 현상을 전기자 반작용이라 한다.

(1) 전기자 반작용의 영향

① 전기적 중성축이 이동한다.

② 계자 자속이 감소한다.

③ 정류자 편간 전압이 국부적으로 높아져 불꽃이 발생한다.

* 극당 감자 기자력 : $AT_d = \frac{2\alpha}{180°} \cdot \frac{ZI_a}{2pa}$ [AT/p]

(2) 전기자 반작용의 방지책

① 보극을 설치 : 중성축을 환원하여 정류 개선에 도움을 준다.

② 보상 권선을 설치 : 전기자 반작용을 원천적으로 방지할 수 있다.

5 정류

전기자 권선의 정류 코일에 흐르는 전류의 방향을 반대로 전환하여 교류 기전력를 직류로 변환하는 것을 정류라 한다.

(1) 정류 곡선

① 직선 정류 ⎤ 양호한 정류 곡선
② 정현파 정류 ⎦

③ 부족 정류 : 정류 말기 불꽃 발생

④ 과정류 : 정류 초기 불꽃 발생

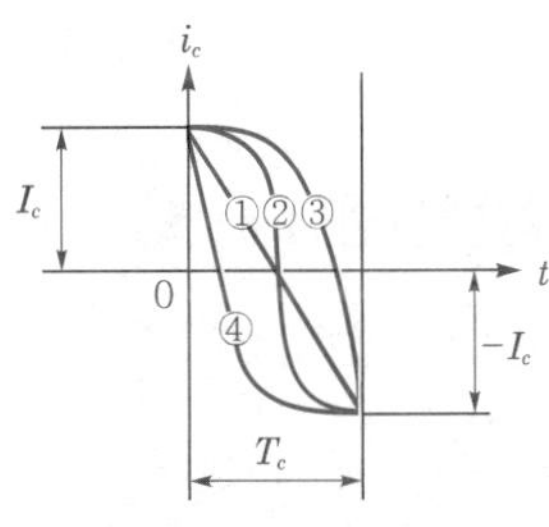

▌정류 곡선▌

(2) 정류 개선책

평균 리액턴스 전압 $e = L\frac{di}{dt} = L\frac{2I_c}{T_c}$ [V]

① 평균 리액턴스 전압을 작게 한다.
   ㉠ 인덕턴스(L) 작을 것
   ㉡ 정류 주기(T_c) 클 것
   ㉢ 주변 속도(v_c) 느릴 것
② 보극을 설치한다.
③ 브러시의 접촉 저항을 크게 한다.

6 직류 발전기의 종류와 특성

(1) 타여자 발전기 : 독립된 직류 전원에 의해 여자하는 발전기
① 단자 전압 : $V = E - I_a R_a$[V]
② 전기자 전류 : $I_a = I$[A] (여기서, I : 부하 전류)
③ 출력 : $P = VI$[W]

(2) 분권 발전기 : 계자 권선을 전기자와 병렬로 접속
① 단자 전압 : $V = E - I_a R_a = I_f r_f$[V]
② 전기자 전류 : $I_a = I + I_f$

(3) 직권 발전기 : 계자 권선을 전기자와 직렬로 접속

(4) 복권 발전기 : 2개의 계자 권선을 전기자와 직렬·병렬로 접속한 발전기

(5) 직류 발전기의 특성 곡선과 전압의 확립
① 무부하 포화 특성 곡선 : 계자전류(I_f)와 유기기전력(E)의 관계 곡선
② 부하 특성 곡선 : 계자전류(I_f)와 단자전압[V]의 관계 곡선
③ 외부 특성 곡선 : 부하전류(I)와 단자전압(V)의 관계 곡선
④ 자여자에 의한 전압 확립 조건
   ㉠ 잔류자기가 있을 것
   ㉡ 계자저항이 임계 저항보다 작을 것
   ㉢ 회전 방향이 일정할 것
   * 자여자 발전기를 역회전하면 잔류 자기가 소멸되어 발전되지 않는다.

7 전압변동률 : ε[%]

발전기의 부하를 정격 부하에서 무부하로 전환하였을 때 전압의 차를 백분율로 나타낸 것

$$\varepsilon = \frac{V_0 - V_n}{V_n} \times 100 = \frac{E - V}{V} \times 100 [\%]$$

여기서, V_0 : 무부하 단자 전압
V_n : 정격 전압

* 전압변동률
  - $\varepsilon \rightarrow +(V_0 > V_n)$: 타여자, 분권, 부족 복권, 차동 복권
  - $\varepsilon \rightarrow 0(V_0 = V_n)$: 평복권
  - $\varepsilon \rightarrow -(V_0 < V_n)$: 과복권, 직권

8 직류 발전기의 병렬 운전

병렬 운전의 조건은 다음과 같다.

① 극성이 일치할 것
② 단자 전압이 같을 것
③ 외부 특성 곡선은 일치하고, 약간 수하 특성일 것

$I = I_a + I_b$

$V = E_a - I_a R_a = E_b - I_b R_b$

* 균압선 : 직권 계자 권선이 있는 발전기에서 안정된 병렬 운전을 하기 위하여 설치한다.

9 직류 전동기의 원리와 구조

* 직류 전동기 : 직류 전원을 공급받아 회전하는 기계

(1) 원리 : 플레밍의 왼손 법칙

자계 중에서 도체에 전류를 흘려주면 힘이 작용하는 현상을 플레밍의 왼손 법칙이라 하며, 힘 $F = IBl\sin\theta$[N]이다.

(2) 구조

직류 전동기의 구조는 직류 발전기와 동일하다.

① 전기자
② 계자
③ 정류자

10 회전 속도와 토크 및 역기전력

(1) 회전 속도 : $N = K\dfrac{V - I_a R_a}{\phi}$[rpm]

(2) 토크(Torque 회전력) : $T = F \cdot r$[N·m]

$$T = \frac{P(\text{출력})}{\omega(\text{각속도})} = \frac{P}{2\pi\frac{N}{60}}[\text{N}\cdot\text{m}]$$

$$\tau = \frac{T}{9.8} = 0.975\frac{P}{N}[\text{kg}\cdot\text{m}] \quad (1[\text{kg}]=9.8[\text{N}])$$

(3) 역기전력 : $E = V - I_a R_a = \dfrac{Z}{a}P\phi\dfrac{N}{60}$[V]

11 직류 전동기의 종류와 특성

(1) 분권 전동기

① 계자 권선이 전기자와 병렬 접속된 전동기

② 속도 및 토크 특성

㉠ 속도 변동률이 작다(정속도 전동기).

㉡ 토크는 전기자 전류에 비례하며($T_{분} \propto I_a$) 기동 토크가 작다.

㉢ 경부하 운전 중 계자 권선이 단선되면 위험 속도(파손의 우려가 있는 속도)에 도달한다.

(2) 직권 전동기

① 계자 권선이 전기자와 직렬로 접속된 전동기

② 속도 및 토크 특성

㉠ 속도 변동률이 크다$\left(N \propto \dfrac{1}{I_a}\right)$.

㉡ 토크가 전기자 전류의 제곱에 비례하므로($T_{직} \propto {I_a}^2$) 기동 토크가 매우 크다.

㉢ 운전 중 무부하 상태가 되면 무구속 속도(위험 속도)에 도달할 수 있으므로 부하를 전동기에 직결한다.

(3) 복권 전동기 : 계자 권선이 전기자와 직·병렬로 접속된 전동기

① 속도 변동률이 작다(직권보다).

② 기동 토크가 크다(분권보다).

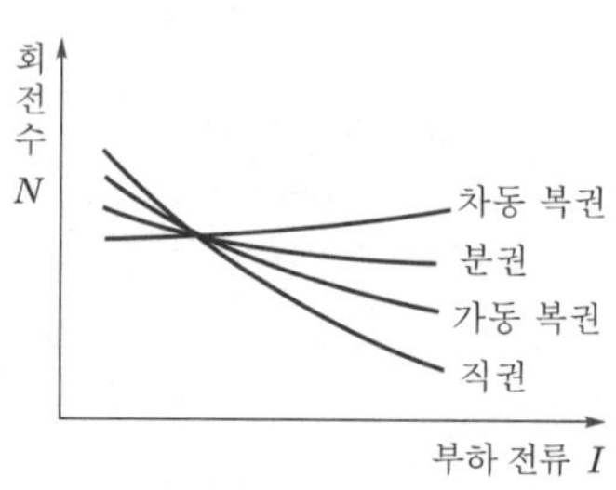

▎속도 특성 곡선▎

12 직류 전동기의 운전법

(1) 기동법

기동 시 전류를 제한(정격 전류의 약 1.2~2배)하기 위해서 전기자에 직렬로 저항을 넣고 기동하는데 이와 같은 기동을 저항 기동법이라 한다.

* 기동 시

• 기동 저항 : R_s =최대

• 계자 저항 : $RF = 0$

(2) 속도 제어

회전 속도 $N = K\dfrac{V - I_a R_a}{\phi}$[rpm]

① 계자 제어 : 정출력 제어
② 저항 제어 : 손실이 크고, 효율이 낮다.
③ 전압 제어 : 효율이 좋고, 광범위로 원활한 제어를 할 수 있다.
   ㉠ 워드 레오나드(Ward leonard) 방식
   ㉡ 일그너(Ilgner) 방식 : 부하 변동이 큰 경우 유효하다(fly wheel 설치).
④ 직·병렬 제어(전기 철도) : 2대 이상의 전동기를 직·병렬 접속에 의한 속도 제어(전압 제어의 일종)

(3) 제동법

* 전기적 제동 : 전기자 권선의 전류 방향을 바꾸어 제동하는 방법
① 발전 제동 : 전기적 에너지를 저항에서 열로 소비하여 제동하는 방법
② 회생(回生) 제동 : 전동기의 역기전력을 공급 전압보다 높게 하여 전기적 에너지를 전원 측에 환원하여 제동하는 방법
③ 역상 제동(plugging) : 전기자 권선의 결선을 반대로 바꾸어 역회전력에 의해 급제동하는 방법

13 손실 및 효율

(1) 손실(loss) : P_l[W]

① 무부하손(고정손)
   ㉠ 철손 : 철심 중에서 자속의 시간적 변화에 의한 손실
   - 히스테리시스손 : $P_h = \sigma_h f B_m^{1.6}$[W/m³]
   - 와류손 : $P_e = \sigma_e k (t f B_m)^2$[W/m³]

   여기서, σ_e : 와류 상수
   k : 도전율[℧/m]
   t : 강판 두께[m]
   f : 주파수[Hz]
   B_m : 최대 자속 밀도[Wb/m²]

   ㉡ 기계손 : 회전자(전기자)의 회전에 의한 손실
   - 풍손 : 회전부와 공기의 마찰로 인한 손실
   - 마찰손 : 축과 베어링, 정류자와 브러시 등의 마찰로 인한 손실

② 부하손(가변손)
   ㉠ 동손 : $P_c = I^2 R$[W] 전기자 권선에 전류가 흘러서 발생하는 손실
   ㉡ 표유 부하손(stray load loss)

(2) 실측 효율

$$\text{효율 } \eta = \frac{\text{출력}}{\text{입력}} \times 100[\%]$$

(3) 규약 효율

$$\text{효율 } \eta = \frac{\text{출력}}{\text{출력}+\text{손실}} \times 100[\%]$$

$$= \frac{\text{입력}-\text{손실}}{\text{입력}} \times 100[\%] \text{ (직류 전동기의 규약 효율)}$$

* 최대 효율의 조건 : 무부하손(고정손)=부하손(가변손)

14 시험

(1) 절연저항 측정 : $R_i[\text{M}\Omega]$

$$R_i = \frac{\text{정격전압}[\text{V}]}{\text{정격출력}[\text{kW}]+1{,}000}[\text{M}\Omega] \text{ 이상}$$

(2) 부하법

① 실부하법 : 소형 기계

② 반환 부하법 : 대용량 기계

㉠ 카프법(Kapp's method)

㉡ 홉킨슨법(Hopkinson's method)

㉢ 블론델법(Blondel's method)

(3) 토크 및 출력 측정법

① 프로니(prony) 브레이크법(소형)

② 전기 동력계법(대형)

㉠ 전동기의 토크 : $\tau = W \cdot L = 0.975\dfrac{P}{N}[\text{kg}\cdot\text{m}]$

㉡ 출력 : $P = \dfrac{W \cdot L}{0.975}N[\text{W}]$

핵심 02 동기기

1 동기 발전기의 원리와 구조

(1) 동기 발전기의 원리

① 플레밍의 오른손 법칙(Fleming's right hand rule) : $e = vBl\sin\theta[\text{V}]$

② 동기 속도 : $N_s = \dfrac{120f}{P}[\text{rpm}]$

(2) 동기 발전기의 구조

① 고정자(stator) : 전기자
교류 기전력을 발생하는 부분이다.

② 회전자(rator) : 계자
전자석으로 자속을 만들어 주는 부분이다.

③ 여자기(excitor) : 계자 권선에 직류 전원을 공급하는 장치

2 동기 발전기의 분류와 냉각 방식

(1) 회전자에 따른 분류

① 회전 계자형 : 일반 동기기, 전기자 고정, 계자 회전

* 회전 계자형을 사용하는 이유

- 전기자 권선의 절연과 대전력 인출이 용이하다.
- 구조가 간결하고, 기계적으로 튼튼하다.
- 계자 권선은 소요 전력이 작다.

② 회전 전기자형 : 극히 소형인 경우, 계자 고정, 전기자 회전

③ 회전 유도자형 : 수백~20,000[Hz] 고주파 발전기이다. 전기자, 계자 고정하고, 유도자(철심)를 회전시킨다.

(2) 회전자 형태에 따른 분류

① 철극기 : 6극 이상, 저속기, 수차 발전기, 엔진 발전기

② 비(非)철극기(원통극) : 2~4극, 고속기, 터빈 발전기

(3) 수소(水素) 냉각 방식

① 풍손은 약 $\dfrac{1}{10}$로 감소한다.

② 열전도율이 약 7배, 냉각 효과가 크다.

③ 동일 치수에서 출력은 약 25[%] 증가한다.

④ 절연 수명이 길고, 소음이 작으며(전폐형), 코로나 임계 전압이 높다.

⑤ 방폭 구조를 위한 부속 설비가 필요하다.

3 전기자 권선법과 결선

(1) 중권, 파권, 쇄권

(2) 단층권, 2층권

(3) 집중권과 분포권

집중권 : 1극 1상의 슬롯수가 1개인 경우의 권선법
분포권 : 1극 1상의 슬롯수가 2개 이상인 경우의 권선법

① 분포권의 장점
  ㉠ 기전력의 파형을 개선한다.
  ㉡ 누설 리액턴스는 감소한다.
  ㉢ 과열을 방지한다.

② 분포권의 단점 : 집중권에 비하여 기전력이 감소한다.

* 분포 계수 : $K_d = \frac{\text{분포권}}{\text{집중권}} = \frac{\sin\frac{\pi}{2m}}{q\sin\frac{\pi}{2mq}}$ (기본파)

(4) 전절권과 단절권

전절권 : 코일 간격과 극 간격이 같은 경우의 권선법
단절권 : 코일 간격이 극 간격보다 짧은 경우의 권선법

① 단절권의 장점
  ㉠ 고조파를 제거하여 기전력의 파형을 개선한다.
  ㉡ 동선량이 감소하고, 기계적 치수도 경감된다.

② 단절권의 단점 : 기전력이 감소한다.

* 단절 계수 : $K_p = \frac{\text{단절권}}{\text{전절권}} = \sin\frac{\beta\pi}{2}$ (기본파)

(5) 상(phase)의 수

① 단상(×)

② 다상(○) : 3상 동기 발전기

(6) 전기자 권선의 결선

① Δ 결선(×)

② Y결선(○)

* Y결선의 장점

- 선간 전압이 상전압보다 $\sqrt{3}$ 배 증가한다.
- 중성점을 접지할 수 있고, 보호계전기 동작이 확실하다.
- 각 상의 제3고조파 전압이 선간에는 나타나지 않는다.
- 전기자 권선의 절연 레벨을 낮출 수 있다.

4 동기 발전기의 유기기전력 : E[V]

$E = 4.44 f N \phi K_w$[V]

5 전기자 반작용

(1) **횡축 반작용** : 전기자전류(I)와 유기기전력(E)이 동상일 때($\cos\theta = 1$)

(2) **직축 반작용**

① 감자 작용 : I_a가 E보다 위상이 90° 뒤질 때($\cos\theta = 0$, 뒤진 역률)

② 증자 작용 : I_a가 E보다 위상이 90° 앞설 때($\cos\theta = 0$, 앞선 역률)

6 동기 임피던스

(1) **동기 임피던스** : $\dot{Z}_s = r + jx_s \fallingdotseq x_s[\Omega]$ $(r \ll x_s)$

(2) **부하각(power angle)** : δ

유기기전력 E와 단자전압 V의 위상차

7 동기 발전기의 출력

(1) **비철극기의 출력**

① 1상의 출력 : $P_1 = VI\cos\theta = \dfrac{EV}{x_s}\sin\delta$[W]

② 3상의 출력 : $P_3 = 3 \cdot P_1 = 3 \cdot \dfrac{EV}{x_s}\sin\delta$[W]

(2) **철극기(원통극)의 출력** : P[W]

① 철극기의 최대 출력 : 부하각 $\delta = 60°$

② x_d(직축 리액턴스) > x_q(횡축 리액턴스)

8 퍼센트 동기 임피던스 : %Z_s[%]

$$\%Z_s = \frac{I \cdot Z_s}{E} \times 100 = \frac{I_n}{I_s} \times 100 = \frac{P_n[\text{kVA}] \cdot Z_s}{10 \cdot V^2[\text{kV}]}[\%]$$

* 단락전류 : $I_s = \dfrac{E}{Z_s}$[A]

9 단락비 : K_s(short circuit ratio)

(1) 단락비

$$K_s = \frac{I_{fo}}{I_{fs}} = \frac{\text{무부하 정격 전압을 유기하는 데 필요한 계자 전류}}{\text{3상 단락 정격 전류를 흘리는 데 필요한 계자 전류}} = \frac{I_s}{I_n} = \frac{1}{Z_s'} \propto \frac{1}{Z_s}$$

(2) 단락비 산출 시 필요한 시험

① 무부하 포화 시험
② 3상 단락 시험

(3) 단락비(K_s)가 큰 기계의 특성

① 동기 임피던스가 작다$\left(K_s \propto \dfrac{1}{Z_s}\right)$.
② 전압변동률이 작다.
③ 전기자 반작용이 작다.
④ 출력이 증가한다.
⑤ 과부하 내량이 크고, 안정도가 높다.
⑥ 송전 선로의 충전 용량이 크고, 자기 여자 현상이 작다.
* 단락비가 큰 기계는 철기계로 기계 치수가 커 고가이며, 철손의 증가로 효율이 감소한다.

10 자기 여자 현상

무여자 동기 발전기를 무부하 장거리 송전 선로에 접속한 경우 진상 전류가 흘러 무부하 단자 전압이 발전기의 정격 전압보다 훨씬 높아지는 현상

* 자기 여자 현상 방지책
  - 2대 이상의 동기 발전기를 모선에 접속할 것
  - 수전단에 리액터를 병렬로 접속할 것
  - 수전단에 여러 대의 변압기를 접속할 것
  - 동기 조상기를 접속하고 부족 여자로 운전할 것
  - 단락비가 클 것

11 동기 발전기의 병렬 운전

(1) 발전기의 병렬 운전 조건

- 기전력의 크기가 같을 것
- 기전력의 위상이 같을 것
- 기전력의 주파수가 같을 것
- 기전력의 파형이 같을 것

① 기전력의 크기가 같지 않을 경우 : 무효 순환 전류(I_c)가 흐른다.

무효 순환 전류 $I_c = \dfrac{E_A - E_B}{2Z_s}$[A]

② 기전력의 위상이 다른 경우

㉠ 동기화 전류(유효 횡류 I_s)가 흐른다.

동기화 전류 $I_s = \dfrac{2E_A}{2Z_s}\sin\dfrac{\delta_s}{2}$[A]

㉡ 수수 전력 $P = \dfrac{{E_A}^2}{2Z_s}\sin\delta_s$[W]

③ 기전력의 주파수가 같지 않은 경우 : 고조파 순환 전류가 흐른다.

④ 기전력의 파형이 같지 않은 경우 : 고조파 무효 순환 전류가 흐른다.

(2) 원동기의 병렬 운전 조건

① 균일한 각속도를 가질 것

② 적당한 속도 조정률을 가질 것

(3) 전기각 $\alpha = \dfrac{P}{2} \times$ 기계각 θ

12 동기 발전기의 난조와 안정도

(1) 난조(hunting)

부하가 갑자기 변화하면 부하각(δ)과 동기 속도(N_s)가 진동하는 현상

① 난조의 원인

㉠ 원동기의 조속기 감도가 너무 예민한 경우

㉡ 원동기의 토크에 고조파 토크가 포함되어 있는 경우

㉢ 전기자 회로의 저항이 매우 큰 경우

② 난조의 방지책 : 제동 권선(damper widing)을 설치한다.

(2) 안정도

부하 변동 시 탈조하지 않고 정상 운전을 지속할 수 있는 능력

* 안정도 향상책

- 단락비가 클 것
- 동기 임피던스가 작을 것(정상 리액턴스는 작고, 역상·영상 리액턴스는 클 것)
- 조속기 동작을 신속하게 할 것
- 관성 모멘트가 클 것(fly wheel 설치)
- 속응 여자 방식을 채택할 것

13 동기 전동기의 회전 속도와 토크

(1) 회전 속도

$$N_s = \frac{120 \cdot f}{P}[\text{rpm}]$$

(2) 토크(Torque)

$$T = \frac{P}{\omega} = \frac{1}{\omega}\frac{VE}{x_s}\sin\delta[\text{N} \cdot \text{m}]$$

(3) 동기 전동기의 장단점(유도 전동기와 비교)

장 점	단 점
① 회전 속도가 일정하다. → 정속도 특성 ② 역률을 항상 1로 운전할 수 있다. ③ 효율이 양호하다.	① 기동 토크가 없다. • 자기동법 : 제동 권선을 설치한다. • 타기동법 : 유도 전동기에 의한 기동법 ② 속도 제어가 어렵다. ③ 여자용 직류 전원이 필요하다. ④ 구조가 복잡하고 난조가 발생한다.

14 위상 특성 곡선(V곡선)

공급 전압(V)과 출력(P)이 일정한 상태에서 계자 전류(I_f)와 전기자 전류(I)의 관계 곡선

(1) **부족 여자** : 리액터 작용

(2) **과여자** : 콘덴서 작용

(3) **동기 조상기** : 동기 전동기의 여자전류를 조정하여 송전 계통의 역률 개선

핵심 03 변압기

1 변압기의 원리와 구조

(1) **변압기의 원리** : 전자 유도 작용(Faraday's law)

유기기전력 $e = -N\dfrac{d\phi}{dt}[\text{V}]$

(2) 변압기의 구조

① 환상 철심

② 1차, 2차 권선

* 변압기의 권수비 $a = \dfrac{E_1}{E_2} = \dfrac{N_1}{N_2} \fallingdotseq \dfrac{V_1}{V_2} \fallingdotseq \dfrac{I_2}{I_1}$

2 1·2차 유기기전력과 여자전류

(1) 유기기전력 : E_1, E_2

① 1차 유기기전력 : $E_1 = \dfrac{E_{1m}}{\sqrt{2}} = 4.44fN_1\Phi_m$[V]

② 2차 유기기전력 : $E_2 = \dfrac{E_{2m}}{\sqrt{2}} = 4.44fN_2\Phi_m$[V]

(2) 여자전류 : I_0[A]

① 여자전류 : $\dot{I_0} = \dot{Y_0}\dot{V_1} = \dot{I_i} + \dot{I_\phi} = \sqrt{\dot{I_i}^2 + \dot{I_\phi}^2}$ [A]
여자전류는 기본파에 제3고조파가 포함된 첨두파이다.

② 여자 어드미턴스 : $Y_0 = g_0 - jb_0$

③ 철손 : $P_i = V_1 I_0 \cos\theta = V_1 I_i = g_0 V_1^2$[W]

3 변압기의 등가회로

변압기의 등가회로는 실제 변압기와 동일한 특성을 갖고 있으나 세부 구성을 다르게 표현한 것을 등가회로라 한다.

(1) 등가회로 작성 시 필요한 시험

① 무부하 시험 : I_0, Y_0, P_i

② 단락 시험 : I_s, V_s, $P_c(W_s)$, ε

③ 권선 저항 측정 : r_1, r_2[Ω]

(2) 2차를 1차로 환산한 임피던스

$Z_2' = a^2 Z_2$[Ω] ($Z_1' = \dfrac{1}{a^2}Z_1$: 1차를 2차로 환산)

4 변압기의 특성

(1) 전압변동률 : ε[%]

$$\varepsilon = \frac{V_{20} - V_{2n}}{V_{2n}} \times 100\ [\%]$$

① 퍼센트 전압강하

㉠ 퍼센트 저항강하 : $p = \dfrac{I \cdot r}{V} \times 100 = \dfrac{P_c(W_s)}{P_n} \times 100$[%]

㉡ 퍼센트 리액턴스강하 : $q = \dfrac{I \cdot x}{V} \times 100$[%]

㉢ 퍼센트 임피던스강하 : $\%Z = \dfrac{I \cdot Z}{V} \times 100 = \dfrac{I_n}{I_s} \times 100 = \dfrac{V_s}{V_n} \times 100 = \sqrt{p^2 + q^2}$ [%]

② 임피던스 전압과 임피던스 와트

㉠ 임피던스 전압 : V_s[V]

정격 전류에 의한 변압기 내의 전압강하

$V_s = I_n \cdot Z$[V]

㉡ 임피던스 와트 : $W_s(P_c)$[W]

변압기에 임피던스 전압을 공급할 때의 입력으로 동손과 같다.

③ 퍼센트 강하의 전압변동률(ε)

$\varepsilon = p\cos\theta \pm q\sin\theta$ (+ : 뒤진 역률, − : 앞선 역률)

(2) 손실과 효율

① 손실(loss) : P_l[W]

㉠ 무부하손(고정손) : 철손

$P_i = P_h + P_e$

- 히스테리시스손 : $P_h = \sigma_h \cdot f \cdot B_m^{1.6}$[W/m^3]
- 와류손 : $P_e = \sigma_e K(tfB_m)^2$[W/m^3]

㉡ 부하손(가변손) : 동손

$P_c = I^2 \cdot r$[W]

② 효율(efficiency) : η[%]

㉠ $\eta = \dfrac{\text{출력}}{\text{입력}} \times 100 = \dfrac{\text{출력}}{\text{출력} + \text{손실}} \times 100$[%]

㉡ $\dfrac{1}{m}$인 부하 시 효율 : $\eta_{\frac{1}{m}}$

$$\eta_{\frac{1}{m}} = \frac{\frac{1}{m} \cdot VI \cdot \cos\theta}{\frac{1}{m} \cdot VI \cdot \cos\theta + P_i + \left(\frac{1}{m}\right)^2 \cdot P_c} \times 100[\%]$$

* 최대 효율 조건 : $P_i = \left(\dfrac{1}{m}\right)^2 \cdot P_c$

전부하 효율(η[%])은 $\dfrac{1}{m} = 1$일 때

5 변압기의 구조

(1) 철심(core)

변압기의 철심은 투자율과 저항률이 크고, 히스테리시스손이 작은 규소 강판을 성층하여 사용한다.

① 규소 함유량 : 4~4.5[%]

② 강판의 두께 : 0.35[mm]

(2) 권선

① 연동선을 절연(면사, 종이테이프, 유리섬유 등)하여 사용한다.
② 누설 자속을 최소화하기 위해 권선을 분할·조립한다.

(3) 외함과 부싱(bushing : 투관)

① 외함 : 주철제 또는 강판을 용접하여 사용한다.
② 부싱(bushing) : 변압기 권선의 단자를 외함 밖으로 인출하기 위한 절연 재료

(4) 변압기유(oil)

냉각 효과와 절연 내력 증대

① 구비 조건
   ㉠ 절연 내력이 클 것
   ㉡ 점도가 낮을 것
   ㉢ 인화점은 높고, 응고점은 낮을 것
   ㉣ 화학 작용과 침전물이 없을 것
② 열화 방지책 : 콘서베이터(conservator)를 설치한다.

6 변압기의 결선법

변압기의 결선은 3상 변압을 위해 극성이 같은 단상 변압기를 연결하는 방법이다. 변압기의 극성(polarity)은 임의의 순간 1차, 2차에 나타나는 유도기전력의 상대적 방향으로 감극성과 가극성이 있다(표준 극성은 감극성이다).

(1) △-△ 결선(Delta - Delta connection)

① 선간 전압=상전압
   $V_l = E_p$
② 선전류= $\sqrt{3}$ 상전류
   $I_l = \sqrt{3}\, I_p \angle -30°$
③ 3상 출력 : $P_3 = \sqrt{3}\, V_l I_l \cos\theta$[W]
④ △-△ 결선의 특성
   ㉠ 운전 중 1대 고장 시 V-V 결선으로 운전을 계속할 수 있다.
   ㉡ △결선 내 제3고조파 전류가 순환하므로 정현파 기전력을 유도하여 통신 유도 장해가 없다.

(2) Y-Y 결선(Star-Star connection)

① 선간 전압= $\sqrt{3}$ 전압
   $V_l = \sqrt{3}\, E_p \angle 30°$
② $I_l = I_p$
③ 출력 : $P_3 = 3P_1 = \sqrt{3}\, V_l I_l \cos\theta$[W]

④ Y−Y 결선의 단점

㉠ 제3고조파 전류의 통로가 없다.

㉡ 대지를 귀로로 하여 고조파 순환 전류가 흘러 통신 유도 장해를 발생시킨다.

(3) Δ−Y, Y−Δ 결선

* Δ−Y, Y−Δ의 특성 : 1차 전압과 2차 전압 사이에 30°의 위상차가 생긴다.

(4) V−V 결선

① 2대의 단상 변압기로 3상 부하에 전력을 공급하는 결선법

② V결선 출력 $P_V = \sqrt{3}\,E_p\,I_p\cos\theta = \sqrt{3}\,P_1$

③ V결선의 이용률과 출력비

㉠ 이용률 : $\dfrac{\sqrt{3}\,P_1}{2P_1} = 0.866 = 86.6[\%]$

㉡ 출력비 : $\dfrac{P_V}{P_\triangle} = \dfrac{\sqrt{3}\,P_1}{3P_1} = 0.577 = 57.7[\%]$

(5) 3상 변압기

뱅크(bank) 변압기로 3상 변압하는 변압기

7 변압기의 병렬 운전

2대 이상의 변압기를 병렬로 접속하여 부하에 전력을 공급하는 방식

(1) 병렬 운전 조건

① 극성이 같을 것

② 1차, 2차 정격 전압과 권수비가 같을 것

③ 퍼센트 임피던스 강하가 같을 것

④ 변압기의 저항과 리액턴스비가 같을 것

⑤ 상회전 방향 및 각 변위가 같을 것(3상 변압기의 경우)

(2) 부하 분담비

$$\frac{P_a}{P_b} = \frac{\%Z_b}{\%Z_a} \cdot \frac{P_A}{P_B}$$

부하 분담비는 누설 임피던스에 역비례하고, 용량에 비례한다.

(3) 3상 변압기 병렬운전 결선 조합

병렬 운전 가능		병렬 운전 불가능	
Δ−Δ	Δ−Δ	Δ−Δ	Δ−Y
Y−Y	Y−Y	Δ−Y	Y−Y
Δ−Y	Δ−Y		
Y−Δ	Y−Δ		
Δ−Δ	Y−Y		
Δ−Y	Y−Δ		

CHAPTER

8 상(相, phase)수 변환

(1) 3상 → 2상 변환

① 스코트(Scott) 결선(T결선)
② 메이어(Meyer) 결선
③ 우드 브리지(Wood bridge) 결선

(2) 3상 → 6상 변환

① 2중 Y결선(성형 결선, Star)
② 2중 △결선
③ 환상 결선
④ 대각 결선
⑤ 포크(fork) 결선

9 특수 변압기

(1) 단권 변압기

단권 변압기는 1차 권선과 2차 권선이 절연되어 있지 않고 권선의 일부가 공통으로 되어 있는 변압기이다.

① 자기 용량과 부하 용량

$$\frac{\text{자기 용량}(P)}{\text{부하 용량}(W)} = \frac{(V_2 - V_1)I_2}{V_2 I_2} = \frac{V_h - V_l}{V_h}$$

② 단권 변압기의 3상 결선

결선 방식	Y결선	△결선	V결선
$\frac{\text{자기 용량}}{\text{부하 용량}}$	$1-\frac{V_l}{V_h}$	$\frac{V_1^2 - V_2^2}{\sqrt{3}\,V_1 V_2}$	$\frac{1}{\frac{\sqrt{3}}{2}}\left(1-\frac{V_l}{V_h}\right)$

(2) 계기용 변성기

① 계기용 변압기(PT) : 고전압을 저전압($V_2 = 110$[V])으로 변성

- PT비 : $\frac{V_1}{V_2} = \frac{n_1}{n_2}$
- $V_1 = \frac{n_1}{n_2} V_2$(전압계 지시값)

② 변류기(CT) : 대전류를 소전류($I_2 = 5$[A])로 변성

- CT비 : $\frac{I_1}{I_2} = \frac{n_2}{n_1}$
- $I_1 = \frac{n_2}{n_1} I_2$(전류계 지시값)

* CT 2차 계측기 교체 시 단락할 것

(3) 몰드 변압기

변압기 코일을 에폭시 수지로 mould한 고체 절연 방식의 변압기이다.

① 장점

㉠ 자기 소화성이 우수하다.

㉡ 내습, 내진, 내구성이 우수하다.

㉢ 소형 경량화가 가능하다.

㉣ 유지 보수 및 점검이 용이하다.

㉤ 저소음, 저진동이다.

㉥ 단시간 과부하 내량이 크다.

② 단점

㉠ 충격파 내전압이 낮다.

㉡ 차폐층이 없어 코일 표면 접촉 시 위험하다.

㉢ 가격이 고가이다.

(4) 누설 변압기(정전류 변압기)

누설 변압기는 누설 자속의 통로를 설치하여 2차 전류 증가 시 2차 유도 전압이 급격하게 감소하는 수하 특성의 변압기로 아크 방전등, 아크 용접기 등에 사용된다.

(5) 탭전환 변압기

수전단의 전압을 조정하기 위하여 변압기 1차측에 몇 개(5개)의 탭을 설치한 변압기

(6) 3상 변압기

독립된 자기 회로가 없으므로 1상 고장 시 전체 사용이 불가하다.

10 변압기 보호 계전기 및 시험

(1) 변압기 보호 계전기

① 비율 차동 계전기 : 변압기 운전 중 내부 고장 발생 시 1, 2차 전류의 벡터차와 출입하는 전류의 관계비로 동작하여 변압기, 발전기 보호에 사용한다.

② 부흐홀츠 계전기 : 변압기 내부 고장 시 절연유 분해가스에 의해 동작하는 변압기 보호용 계전기이다.

(2) 변압기의 시험

① 절연 내력 시험

㉠ 가압 시험

㉡ 유도 시험

㉢ 충격 전압 시험

② 온도 시험 : 변압기의 권선, 오일 등의 온도 상승 시험을 위한 부하법
㉠ 실부하법 : 소형
㉡ 반환 부하법 : 일반 변압기

핵심 04 유도기

1 유도 전동기의 원리와 구조

(1) **유도 전동기의 원리** : 전자 유도 작용과 플레밍의 왼손 법칙

(2) **유도 전동기의 구조**

① 고정자(1차) : 3상 교류 전원을 공급받아 회전 자계를 발생하는 부분
② 회전자(2차) : 회전 자계와 같은 방향으로 회전하는 부분이며 회전자의 형태에 따라 권선형과 농형으로 분류된다.
㉠ 권선형 유도 전동기 : 대용량
- 회전자 철심에 3상 권선을 배열한다.
- 기동 특성이 양호하다(비례 추이 할 수 있다).

㉡ 농형 유도 전동기 : 소용량~대용량
- 회전자 철심에 도체봉과 단락환을 배열한다.
- 구조가 간결하고 튼튼하다.

2 유도 전동기의 특성

(1) **동기 속도와 슬립**

① 동기 속도 N_s[rpm]
회전 자계의 회전 속도는 동기 속도로 회전한다.

$$N_s = \frac{120 \cdot f}{P}\,[\text{rpm}]$$

② 슬립(slip) s
동기 속도에 대한 상대 속도의 비를 슬립이라 한다.

$$s = \frac{N_s - N}{N_s} \times 100\,[\%]$$

㉠ 유도 전동기의 슬립 : $1 > s > 0$
- 기동 시 : $N = 0,\ s = 1$
- 무부하 시 : $N_0 \fallingdotseq N_s,\ s = 0$

㉡

제동기		유도 전동기		유도 발전기
$s > 1$	$s = 1$	$1 > s > 0$	$s = 0$	$s < 0$

(2) 1 · 2차 유기기전력 및 권수비

① 1차 유기기전력 : $E_1 = 4.44 f_1 N_1 \phi_m K_{w_1}$[V]

② 2차 유기기전력 : $E_2 = 4.44 f_2 N_2 \phi_m K_{w_2}$[V] (정지 시 : $f_1 = f_2$)

③ 권수비 : $a = \dfrac{E_1}{E_2} = \dfrac{N_1 K_{w_1}}{N_2 K_{w_2}} = \dfrac{I_2}{I_1}$

④ 전동기가 슬립 s로 회전 시

㉠ 2차 주파수 : $f_{2s} = sf_1$[Hz]

㉡ 2차 유기기전력 : $E_{2s} = sE_2$[V]

㉢ 2차 리액턴스 : $x_{2s} = sx_2$[Ω]

(3) 2차 전류와 출력 정수

① 2차 전류 : $I_2 = \dfrac{sE_2}{r_2 + jsx_2}$

② 출력 정수(등가 저항) : $R = \dfrac{r_2}{s} - r_2 = \left(\dfrac{1}{s} - 1\right) r_2 = \dfrac{1-s}{s} r_2$

(4) 2차 입력, 기계적 출력 및 2차 동손의 관계

2차 입력 : 기계적 출력 : 2차 동손

$P_2 \ : \ P_0 \ : \ P_{2c} = 1 : 1-s : s$

(5) 유도 전동기의 회전 속도와 토크

① 회전 속도

$$N = N_s(1-s) = \frac{120f}{P}(1-s)\text{[rpm]}$$

② 유도 전동기의 토크(torque 회전력)

$$T = \frac{P_0}{2\pi \frac{N}{60}} = \frac{P_2}{2\pi \frac{N_s}{60}} \text{[N·m]}$$

$$\tau = \frac{T}{9.8} = 0.975 \frac{P_2}{N_s} \text{[kg·m]}$$

3 토크 특성 곡선과 비례 추이

(1) 슬립 대 토크 특성 곡선

* 동기 와트로 표시한 토크

$$T_s = P_2 = \frac{V_1^2 \frac{r_2'}{s}}{\left(r_1 + \frac{r_2'}{s}\right)^2 + (x_1 + x_2')^2} \propto V_1^2$$

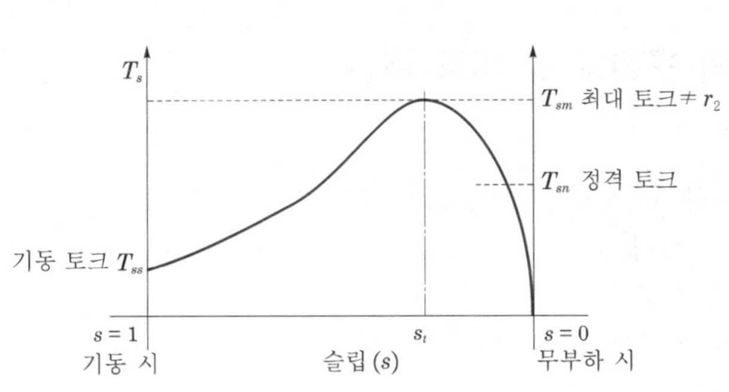

▎슬립 대 토크 특성 곡선▎

(2) 비례 추이

① 3상 권선형 전동기의 회전자에 슬립링을 통하여 저항을 연결하고, 2차 합성 저항을 조정하면 토크, 전류 및 역률 등이 비례하여 변화하는 것

② 비례 추이를 하는 목적

㉠ 기동 토크 증대

㉡ 기동 전류 제한

㉢ 속도 제어

* 최대 토크는 불변이다.

4 유도 전동기의 손실과 효율

(1) 손실(loss)

① 무부하손(고정손)

철손 : $P_i = P_h + P_e$

② 부하손(가변손)

동손 : P_c = 1차 동손 + 2차 동손($P_{2c} = sP_2$)

(2) 효율(efficiency) : η[%]

* 2차 효율 : $\eta_2 = \dfrac{P}{P_2} \times 100 = (1-s) \times 100 = \dfrac{N}{N_s} \times 100$[%]

5 하일랜드(Heyland) 원선도

전동기의 특성을 쉽게 구할 수 있도록 작성한 1차 전류의 벡터 궤적

(1) 원선도 작성 시 필요한 시험

① 무부하 시험

② 구속 시험

③ 권선 저항 측정

(2) 원선도 반원의 직경 : $D \propto \dfrac{E}{x}$

6 유도 전동기의 운전법 및 역률 개선

(1) 기동법(시동법)

기동 전류를 적당히 제한하여 시동하는 방법

① 권선형 유도 전동기
- ㉠ 2차 저항 기동법
- ㉡ 게르게스 기동법

② 농형 유도 전동기
- ㉠ 전전압 기동(직입 기동) : 정격출력 $P=5$[HP] 이하의 소용량
- ㉡ Y-△ 기동법 : 출력 $P=5\sim15$[kW] 정도의 중용량
  - 기동 전류 $\frac{1}{3}$로 감소
  - 기동 토크 $\frac{1}{3}$로 감소
- ㉢ 리액터 기동법
- ㉣ 기동 보상기 기동법 : 출력 $P=20$[kW] 이상 대용량
- ㉤ 콘도르퍼(Korndorfer) 기동법

(2) 유도 전동기의 속도 제어

회전 속도 $N=\frac{120\cdot f}{P}(1-s)$[rpm]

① 주파수 제어 : 인견 공업의 포트 모터(pot motor)

② 극수 변환 제어

③ 1차 전압 제어

④ 2차 저항 제어

⑤ 종속 접속 제어
- ㉠ 직렬 종속 : $N=\frac{120f}{P_1+P_2}$[rpm]
- ㉡ 차동 종속 : $N=\frac{120f}{P_1-P_2}$[rpm]
- ㉢ 병렬 종속 : $N=\frac{2\times120f}{P_1+P_2}$[rpm]

⑥ 2차 여자 제어 : 권선형 유도 전동기의 2차에 슬립 주파수 전압(E_c)을 공급하여 슬립의 변화에 의해 속도를 제어하는 방법

(3) 제동법(전기적 제동)

① 단상 제동

② 직류 제동(발전 제동)

③ 회생 제동

④ 역상 제동 : 전동기의 1차 권선 3선 중 2선의 결선을 반대로 바꾸어 역토크에 의해 급제동

(4) 유도 전동기의 역률 개선 콘덴서 용량 Q[kVA]

$$Q = P(\tan\theta_1 - \tan\theta_2) = P\left(\frac{\sqrt{1-\cos^2\theta_1}}{\cos\theta_1} - \frac{\sqrt{1-\cos^2\theta_2}}{\cos\theta_2}\right)[\text{kVA}]$$

7 특수 농형 유도 전동기

* 2중 농형 유도 전동기 : 회전자의 홈(slot)을 2중으로 설치한 농형 유도 전동기
- 외측 도체 : 저항이 크고, 리액턴스가 작은 도체
- 기동 토크가 크고, 기동 전류가 작으므로 기동 특성이 우수하다.

8 단상 유도 전동기

기동 토크가 큰 순서에 따라 다음과 같이 분류된다.

① 반발 기동형
② 콘덴서 기동형
③ 분상 기동형
④ 셰이딩(shading) 코일형

9 특수 유도기

(1) 단상 유도 전압 조정기

① 원리 : 교번 자계, 단권 변압기의 원리를 이용한다.
② 구조
  ㉠ 직렬 권선
  ㉡ 분포 권선
  ㉢ 단락 권선(누설 리액턴스에 의한 전압강하 방지)
③ 조정 전압(2차 전압) $V_2 = E_1 + E_2\cos\alpha$[V] (1차, 2차 전압의 위상차가 없다.)
④ 정격 용량 $P_1 = E_2 I_2 \times 10^{-3}$[kVA]

(2) 3상 유도 전압 조정기

① 원리 : 3상 회전 자계의 전자 유도 작용을 이용한다.
② 구조
  ㉠ 직렬 권선
  ㉡ 분포 권선
③ 정격 용량 $P_3 = 3E_2 I_2 \times 10^{-3}$[kVA]
④ 1차 전압과 2차 전압 사이 위상차 θ가 발생한다.

(3) 유도 발전기

① 구조가 간결하고 기동 운전이 용이하다.

② 동기 발전기와 병렬 운전하여 여자전류를 공급받는다.
③ 단락 시 여자전류가 없어 단락전류가 작다.
④ 공극의 치수가 작으므로 효율과 역률이 나쁘다.

10 단상 직권 정류자 전동기

교류, 직류 모두 사용하는 만능 전동기(universal motor)

(1) 속도 기전력

$$E_r = \frac{1}{\sqrt{2}}\frac{P}{a}Z\frac{N}{60}\phi_m[\text{V}]$$

(2) 종류

① 직권형
② 보상 직권형
③ 유도 보상 직권형

(3) 특성 및 용도

① 교류 사용 시 역률 개선을 위해 약계자, 강전기자형을 사용한다.
② 보상 권선을 설치한다.
③ 변압기 기전력을 작게 한다.
④ 75[W] 정도 이하의 소출력 전동기는 가정용 재봉틀, 소형 공구, 치과 의료용, 진공청소기, 믹서(mixer), 엔진 등에 사용되고 있다.
⑤ 대용량 : 전기 철도

(4) 단상 반발 전동기 : 직권 정류자 전동기에서 분화

① 브러시의 이동으로 기동, 속도 제어를 자유롭게 할 수 있다.
② 종류
㉠ 아트킨손형
㉡ 톰슨형
㉢ 데리형

(5) 3상 직권 정류자 전동기의 중간 변압기 역할

① 회전자 전압을 정류 작용에 맞는 값으로 선정
② 권수비를 바꾸어 전동기의 특성 조정
③ 경부하에서 속도 상승 억제

(6) 3상 분권 정류자 전동기에서 특성이 가장 우수한 전동기는 시라게(schrage) 전동기이다.

11 스테핑 모터(Stepping motor)

펄스 구동 방식의 전동기로 피드백(feedback)이 없이 기계적 시스템에서 정밀한 위치 제어용 모터로 각도 오차가 작고, 오차는 누적되지 않으며, 기동, 정지, 정・역회전, 고속 응답 특성이 좋다.

(1) 분해능(Resolution)

$$\text{Resolution} = \frac{360°}{\beta(\text{스텝각})}$$

(2) 회전각

$$\theta = \beta \times \text{스텝수}$$

(3) 축속도

$$n = \frac{\beta \times f_p(\text{스테핑 주파수})}{360°}[\text{rps}]$$

12 선형 유도 전동기(Linear induction motor)

원형 모터를 펼쳐 놓은 형태의 직선 운동을 하는 리니어 모터

(1) 특성

① 구조가 간결하고 신뢰성이 높다.
② 원심력에 의한 가속 제한이 없다.
③ 동력 변환 기구(기어. 벨트)가 필요 없다.
④ 회전형에 비해 공극의 크기가 크다.

(2) 용도

이동 크레인, 컨베이어, 고속 철도의 견인 전동기, 미사일 발사장치

(3) 동기 속도

$$u_s = 2\tau f[\text{m/s}]$$

(4) 2차측 속도

$$u = u_s(1-s)[\text{m/s}]$$

여기서, τ : 극피치[m]
f : 전원 주파수
s : 슬립

13 서보 모터(Servo motor)

위치, 속도 및 토크 제어의 로봇용 모터

(1) 특성

① 빈번한 시동 정지, 역전 등의 가혹한 상태에 견딜 것
② 시동 토크가 크고, 관성 모멘트는 작고, 시정수가 짧을 것

(2) 제어 방식

① 전압 제어
② 위상 제어
③ 전압, 위상 혼합 제어

(3) 종류

① DC 서보 모터
 ㉠ 기동 토크가 크다.
 ㉡ 효율이 높다.
 ㉢ 제어 범위가 넓다.
② AC 서보 모터
 ㉠ 브러시가 없어 보수가 용이하다.
 ㉡ 신뢰성이 높다.
 ㉢ 증폭기 내에서 위상 조정으로 2상 전압을 얻는다.

핵심 05 정류기

1 회전 변류기

(1) 전압비 : $\frac{E}{E_d} = \frac{1}{\sqrt{2}} \sin\frac{\pi}{m}$

(2) 전류비 : $\frac{I}{I_d} = \frac{2\sqrt{2}}{m \cdot \cos\theta \cdot \eta}$

(3) 회전 변류기의 전압 조정법

① 직렬 리액턴스에 의한 방법
② 유도 전압 조정기를 사용하는 방법
③ 부하 시 전압 조정 변압기를 사용하는 방법
④ 동기 승압기에 의한 방법

2 수은 정류기

(1) **전압비** : 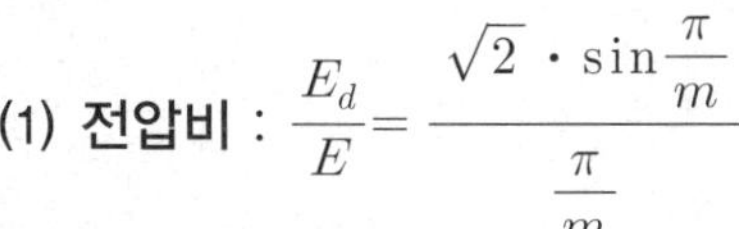
$\frac{E_d}{E} = \frac{\sqrt{2} \cdot \sin\frac{\pi}{m}}{\frac{\pi}{m}}$

(2) **전류비** : $\frac{I_d}{I} = \sqrt{m}$

(3) 점호

아크를 발생하여 정류를 개시하는 것

(4) 이상 현상

① 역호 : 밸브 작용을 상실하여 전자가 역류하는 현상

* 역호의 원인 : 과부하에 의한 과전류, 과열, 과냉, 화성의 불충분

② 실호 : 점호 실패

③ 통호 : 아크 유출

④ 이상 전압 발생

3 반도체 정류기(다이오드)

(1) 단상 반파 정류 회로

① 직류 전압 : $E_d = \frac{\sqrt{2}}{\pi}E = 0.45E[\mathrm{V}]$

② 직류 전류 : $I_d = \frac{E_d}{R} = 0.45\frac{E}{R}[\mathrm{A}]$

③ 첨두 역전압(Peak Inverce Voltage) : 정류기(다이오드)에 역으로 인가되는 최고의 전압

$V_{\mathrm{in}} = E_m = \sqrt{2}E$

(2) 단상 전파 정류 회로

① 직류 전압 : $E_d = \frac{2\sqrt{2}}{\pi}E = 0.9E[\mathrm{V}]$

(정류기의 전압강하 $e[\mathrm{V}]$일 때 $E_d = \frac{2\sqrt{2}}{\pi}E - e[\mathrm{V}]$)

② 첨두 역전압 : $V_{\mathrm{in}} = \sqrt{2}E \times 2 = 2\sqrt{2}E = 2\sqrt{2} \times \frac{E_d}{0.9}[\mathrm{V}]$

(3) 단상 브리지 정류(전파 정류) 회로

* 직류 전압 : $E_d = \frac{2\sqrt{2}}{\pi}E = 0.9E[\mathrm{V}]$

(4) 3상 반파 정류 회로

* 직류 전압 : $E_d = \dfrac{3\sqrt{3}}{\sqrt{2}\pi}E = 1.17E[\mathrm{V}]$

(5) 3상 전파 정류 회로

* 직류 전압 : $E_d = 1.17E \times \dfrac{2}{\sqrt{3}} = 1.35E[\mathrm{V}]$

4 맥동률과 정류 효율

(1) 맥동률 : $\nu[\%]$

맥동률 $\nu = \dfrac{\text{출력 전압(전류)의 교류 성분}}{\text{출력 전압(전류)의 직류 성분}} \times 100[\%]$

(2) 정류 효율 : $\eta[\%]$

정류 회로의 효율 $\eta = \dfrac{P_{dc}\text{(직류 출력)}}{P_{ac}\text{(교류 입력)}} \times 100[\%]$

(3) 맥동률, 정류 효율 및 맥동 주파수

정류 종류	단상 반파	단상 전파	3상 반파	3상 전파
맥동률[%]	121	48	17	4
정류 효율[%]	40.6	81.2	96.7	99.8
맥동 주파수	f	$2f$	$3f$	$6f$

5 반도체 제어 정류 소자

(1) 사이리스터(thyristor)

사이리스터는 PNPN 4층 구조를 기본으로 하는 반도체 소자로 스위칭 특성에 따라 여러 종류가 있다. 그 중에서 대표적인 소자가 SCR이며 흔히 사이리스터라고 한다.
SCR(Silicon Controlled Rectifier)의 구조와 그림 기호는 다음과 같다.

G 게이트
A 양극 (애노드)
K 음극 (캐소드)

① 래칭 전류(Latching current) : 사이리스터를 오프(OFF) 상태에서 온(ON) 상태로 스위칭 할 때 필요한 최소한의 애노드 전류이다.

② 유지 전류(Holding current) : 사이리스터가 온(ON) 상태를 유지하는 데 필요한 최소한의 애노드 전류이다.

(2) SCR의 단상 브리지 정류

* 직류 전압 : $E_{d\alpha} = E_{do}\dfrac{1+\cos\alpha}{2}[\mathrm{V}]$

($E_{d\alpha} = E_{do} \cdot \cos\alpha[\mathrm{V}]$ 전류가 연속하는 경우, 즉 $L = \infty$)

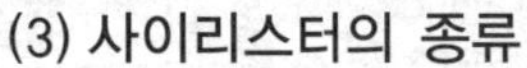

(3) 사이리스터의 종류

명칭		도기호	용도
단일 방향 사이리스터	SCR		정류, 직류 및 교류 제어
	LASCR		광스위치, 직류 및 교류 제어
	GTO		직류 및 교류 제어용 소자
	SCS		광에 의한 스위치 제어
쌍방향 사이리스터	SSS		교류 제어용 네온사인 조광
	TRIAC		교류 전력 제어

(4) 전력 변환 기기

① 컨버터(converter) : 교류를 직류로 변환

② 인버터(inverter) : 직류를 교류로 변환

③ 사이클로컨버터(cycloconverter) : 교류를 교류로 변환(주파수 변환 장치)

④ 초퍼 인버터(chopper inverter) : 직류를 직류로 변환(직류 변압기)

(5) 다이오드의 보호

① 과전압 보호 : 다이오드를 직렬로 추가 접속한다.

② 과전류 보호 : 다이오드를 병렬로 추가 접속한다.

(6) 부스트 컨버터(Boost-converter) : DC → DC로 승압하는 변환기

출력 전압 $V_o = \frac{1}{1-D} V_i [\mathrm{V}]$

여기서, V_o : 출력 전압

V_i : 입력 전압

D : 듀티비(duty ratio)

04 CHAPTER 회로이론

핵심 01 직류회로

1 전류

$$i = \frac{dQ}{dt}[\mathrm{A}] = [\mathrm{C/s}]$$

(1) 전하량 : $Q = \int_0^t i dt[\mathrm{C}] = [\mathrm{A \cdot s}]$

(2) 단위 : $[\mathrm{C}] = [\mathrm{A \cdot s}] = \frac{1}{3,600}[\mathrm{A \cdot h}]$

2 전압

$$V = \frac{W}{Q}[\mathrm{V}] = [\mathrm{J/C}]$$

3 전력

$$P = \frac{W}{t} = \frac{VQ}{t} = VI[\mathrm{W}] = [\mathrm{J/s}]$$

4 전기저항

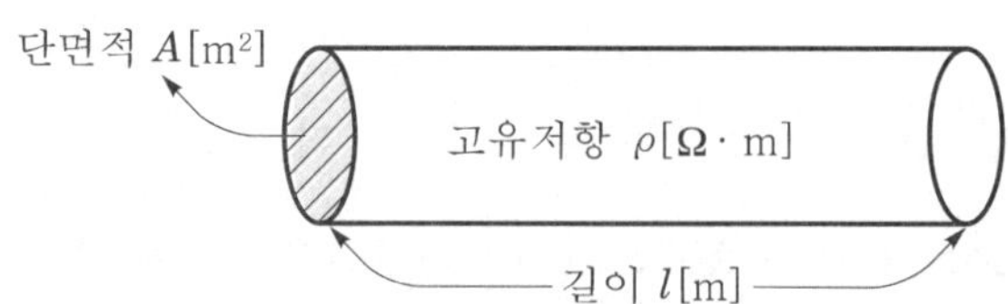

(1) 전기저항 : $R = \rho\frac{l}{A} = \frac{l}{kA}[\Omega]$

(2) 컨덕턴스 : $G = \frac{1}{R}[\mho]$

5 옴의 법칙

$$I = \frac{V}{R}[\text{A}],\ \ V = IR[\text{V}],\ \ R = \frac{V}{I}[\Omega]$$

6 분압법칙

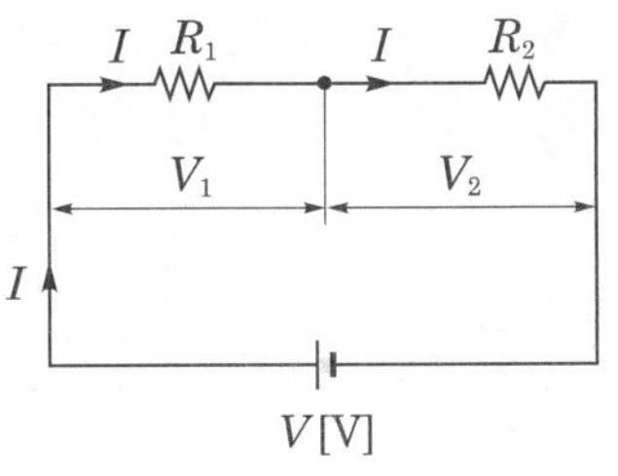

- $V_1 = R_1 I = \dfrac{R_1}{R_1 + R_2} V[\text{V}]$
- $V_2 = R_2 I = \dfrac{R_2}{R_1 + R_2} V[\text{V}]$

7 분류법칙

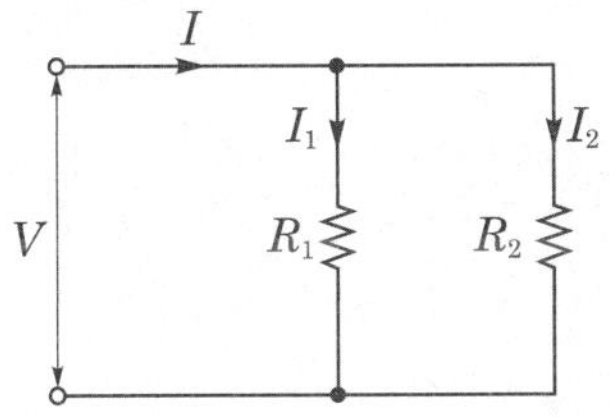

- $I_1 = \dfrac{V}{R_1} = \dfrac{R_2}{R_1 + R_2} I[\text{A}]$
- $I_2 = \dfrac{V}{R_2} = \dfrac{R_1}{R_1 + R_2} I[\text{A}]$

8 배율기

전압계의 측정 범위를 확대하기 위해서 전압계와 직렬로 접속한 저항

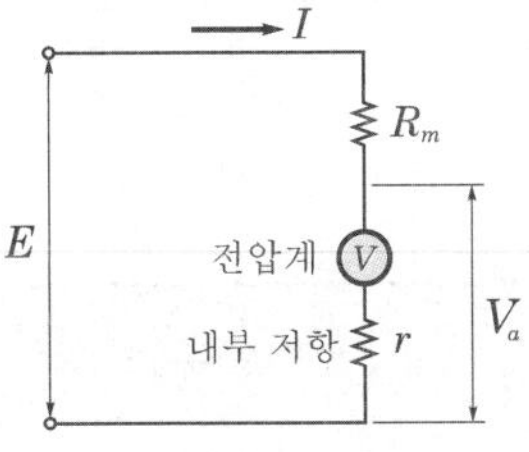

- 배율 $m = 1 + \dfrac{R_m}{r}$

9 분류기

전류계의 측정 범위를 확대하기 위해서 전류계와 병렬로 접속한 저항

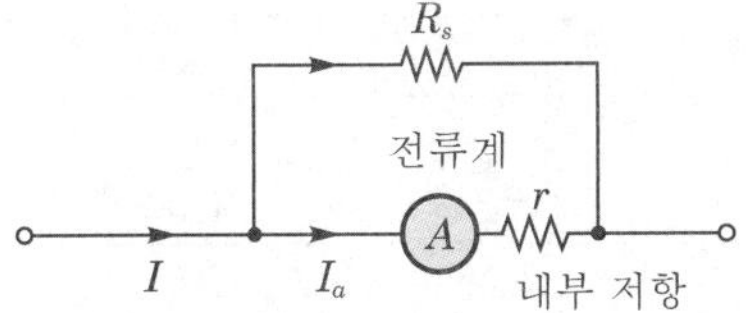

- 배율 $m = 1 + \dfrac{r}{R_s}$

핵심 02 정현파 교류

1 순시값

$v = V_m \sin\omega t$

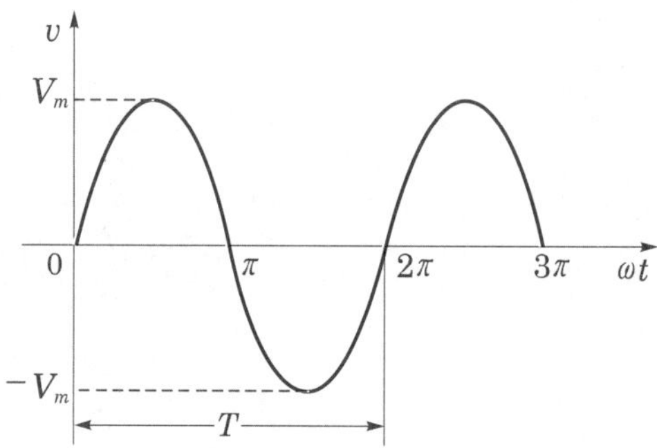

(1) 주기와 주파수와의 관계 : $f = \dfrac{1}{T}[\text{Hz}],\quad T = \dfrac{1}{f}[\text{s}]$

(2) 각주파수(ω) : $\omega = \dfrac{\theta}{t} = \dfrac{2\pi}{T} = 2\pi f[\text{rad/s}]$

2 교류의 크기

(1) 평균값(가동 코일형 계기로 측정) : $V_{av} = \dfrac{1}{T}\int_0^T v\,dt[\text{V}]$

(2) 실효값(열선형 계기로 측정) : $V = \sqrt{\dfrac{1}{T}\int_0^T v^2 dt}\ [\text{V}]$

(3) 여러 가지 파형의 평균값과 실효값

구분 / 파형	평균값	실효값
정현파 또는 전파	$V_{av} = \dfrac{2}{\pi}V_m$	$V = \dfrac{1}{\sqrt{2}}V_m$
반파(정현 반파)	$V_{av} = \dfrac{1}{\pi}V_m$	$V = \dfrac{1}{2}V_m$
맥류파(반구형파)	$V_{av} = \dfrac{1}{2}V_m$	$V = \dfrac{1}{\sqrt{2}}V_m$
삼각파 또는 톱니파	$V_{av} = \dfrac{1}{2}V_m$	$V = \dfrac{1}{\sqrt{3}}V_m$
제형파	$V_{av} = \dfrac{2}{3}V_m$	$V = \dfrac{\sqrt{5}}{3}V_m$
구형파	$V_{av} = V_m$	$V = V_m$

(4) 파고율과 파형률

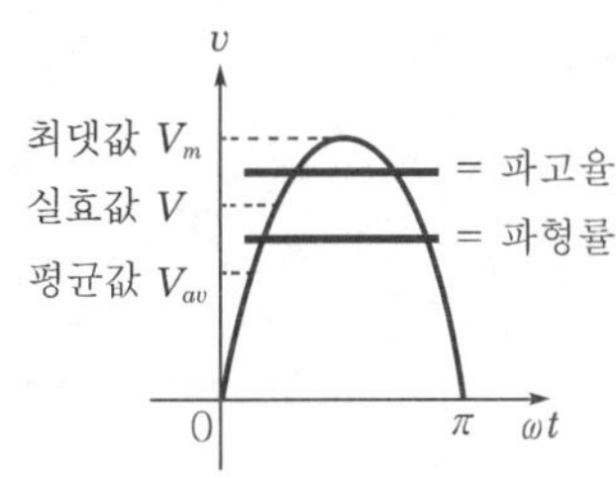

① 파고율$=\dfrac{\text{최댓값}}{\text{실효값}}$

② 파형률$=\dfrac{\text{실효값}}{\text{평균값}}$

3 정현파 교류의 합과 차

$v_1 = \sqrt{2}\,V_1\sin(\omega t+\theta_1)$, $v_2 = \sqrt{2}\,V_2\sin(\omega t+\theta_2)$일 때, $v = v_1 \pm v_2 = \sqrt{2}\,V\sin(\omega t+\theta)$

* 크기

$V = \sqrt{{V_1}^2 + {V_2}^2 \pm 2V_1V_2\cos\theta}$ (+ : 합, − : 차)

여기서, $\theta = \theta_1 - \theta_2$ 위상차

4 복소수

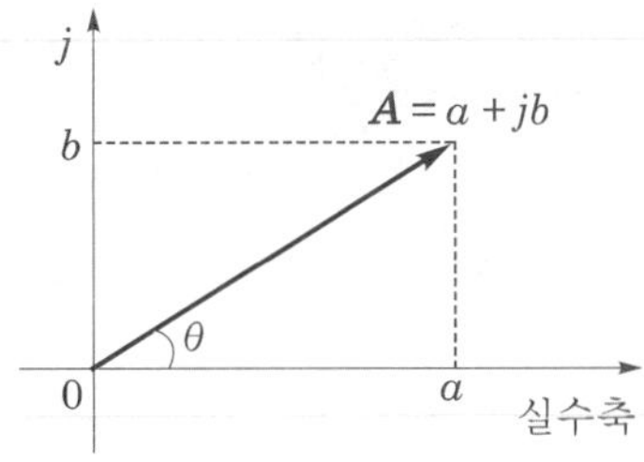

(1) 표시법

① 직각좌표형 : $\boldsymbol{A} = a + jb$

② 극좌표형 : $\boldsymbol{A} = |A|\angle\theta$

③ 지수함수형 : $\boldsymbol{A} = |A|e^{j\theta}$

④ 삼각함수형 : $\boldsymbol{A} = |A|(\cos\theta + j\sin\theta)$

(2) 복소수 연산

① 합과 차 : 직각좌표형인 경우 실수부는 실수부끼리, 허수부는 허수부끼리 더하고 뺀다.

② 곱셈과 나눗셈 : 극좌표형으로 바꾸어 곱셈의 경우는 크기는 곱하고 각도는 더하며, 나눗셈의 경우는 크기는 나누고 각도는 뺀다.

핵심 03 기본 교류회로

1 저항(R)만의 회로

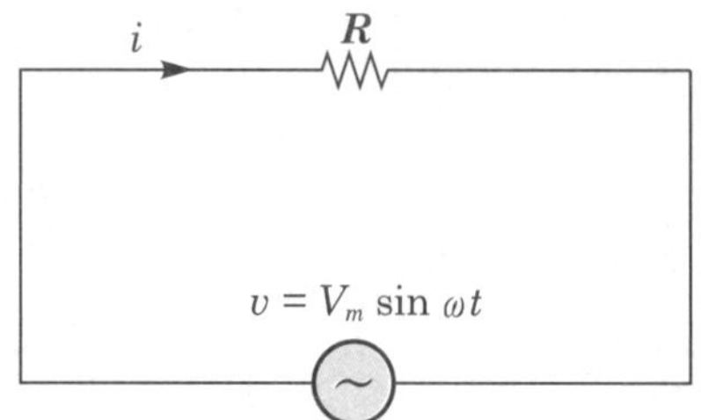

(1) **전압, 전류의 위상차** : 전압, 전류의 위상차는 동상이다.

(2) **기호법** : $\boldsymbol{V} = R \cdot \boldsymbol{I}$[V], $\boldsymbol{I} = \dfrac{\boldsymbol{V}}{R}$[A]

2 인덕턴스(L)만의 회로

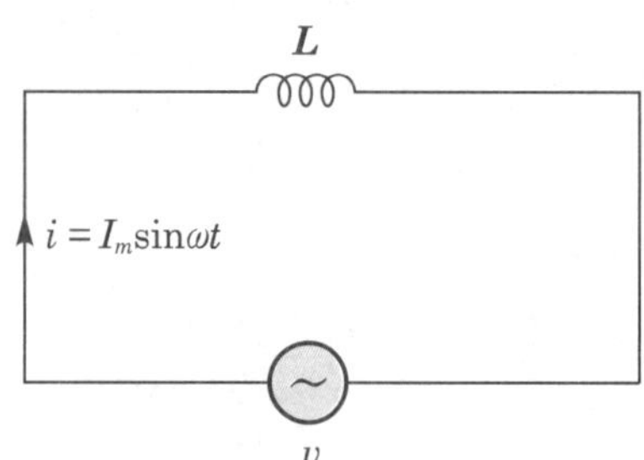

(1) **전압, 전류의 위상차** : 전류는 전압보다 위상이 90° 뒤진다.

(2) **유도 리액턴스** : $jX_L = j\omega L = j2\pi f L$[Ω]

(3) **기호법** : $\boldsymbol{V} = jX_L\boldsymbol{I}$[V], $\boldsymbol{I} = \dfrac{\boldsymbol{V}}{jX_L} = -j\dfrac{\boldsymbol{V}}{X_L}$[A]

(4) **코일에서 급격히 변화할 수 없는 것** : 전류

(5) **코일에 축적(저장)되는 에너지** : $W = \dfrac{1}{2}LI^2$[J]

3 커패시턴스(C)만의 회로

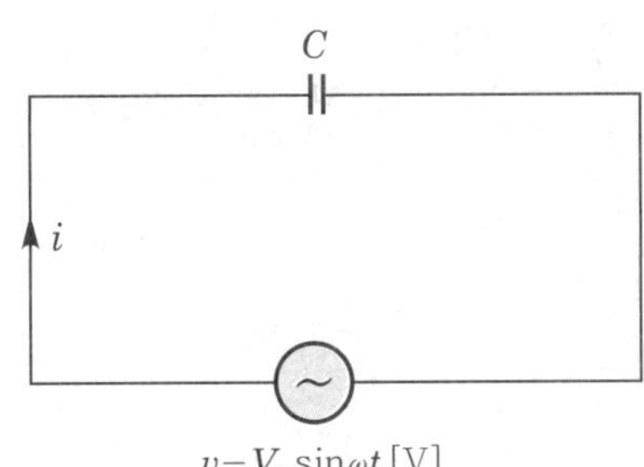

(1) **전압, 전류의 위상차** : 전류는 전압보다 위상이 90° 앞선다.

(2) **용량 리액턴스** : $-jX_C = \dfrac{1}{j\omega C} = \dfrac{1}{j2\pi f C}[\Omega]$

(3) **기호법** : $\boldsymbol{V} = -jX_C\boldsymbol{I} = -j\dfrac{1}{\omega C}\boldsymbol{I}[\mathrm{V}]$, $\boldsymbol{I} = \dfrac{\boldsymbol{V}}{-jX_C} = j\omega C\boldsymbol{V}[\mathrm{A}]$

(4) **콘덴서에서 급격히 변화할 수 없는 것** : 전압

(5) **콘덴서에 축적(저장)되는 에너지** : $W = \dfrac{1}{2}CV^2 = \dfrac{Q^2}{2C}[\mathrm{J}]$

4 $R-L$ 직렬회로

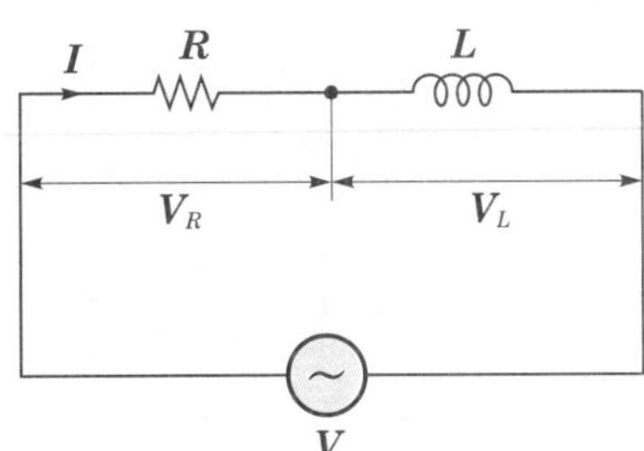

(1) **임피던스** : $Z = R + jX_L = R + j\omega L[\Omega]$

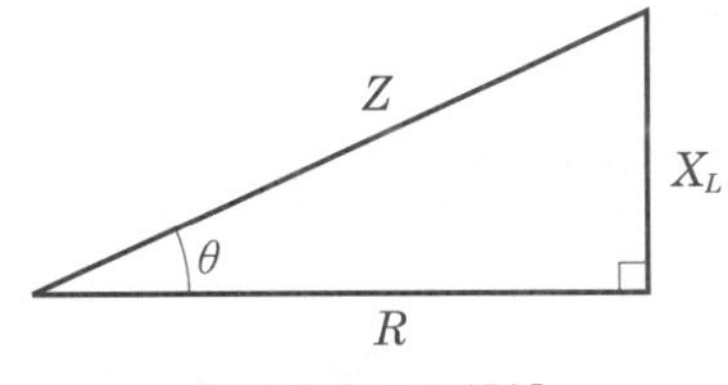

▌임피던스 3각형▐

(2) **위상차** : $\theta = \tan^{-1}\dfrac{V_L}{V_R} = \tan^{-1}\dfrac{X_L}{R}$

(3) **역률** : $\cos\theta = \dfrac{R}{Z} = \dfrac{R}{\sqrt{R^2 + {X_L}^2}}$

5 $R-C$ 직렬회로

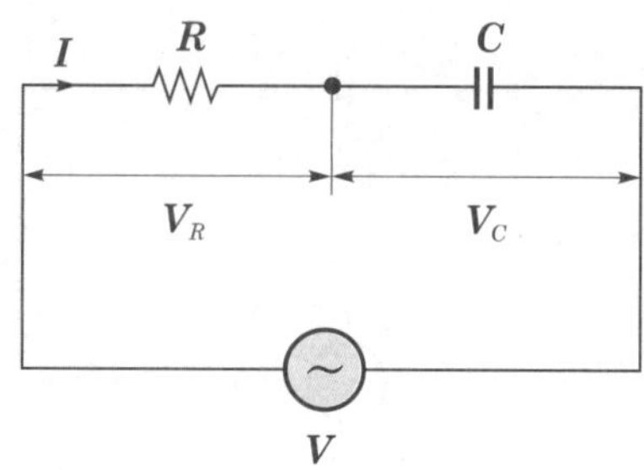

(1) **임피던스** : $Z = R - jX_C = R - j\dfrac{1}{\omega C}[\Omega]$

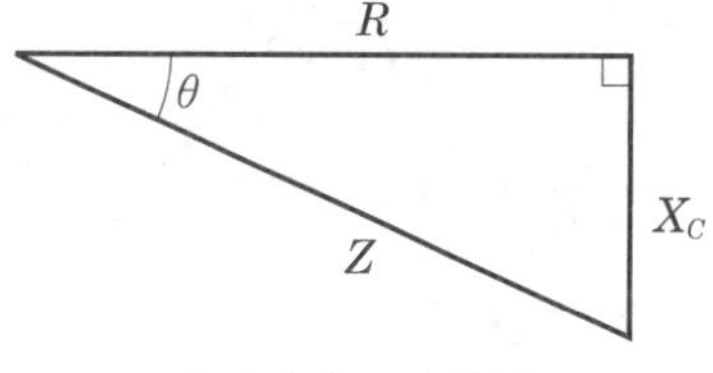

▌임피던스 3각형▐

(2) **위상차** : $\theta = \tan^{-1}\dfrac{V_C}{V_R} = \tan^{-1}\dfrac{X_C}{R}$

(3) **역률** : $\cos\theta = \dfrac{R}{Z} = \dfrac{R}{\sqrt{R^2 + X_C{}^2}}$

6 $R-L-C$ 직렬회로

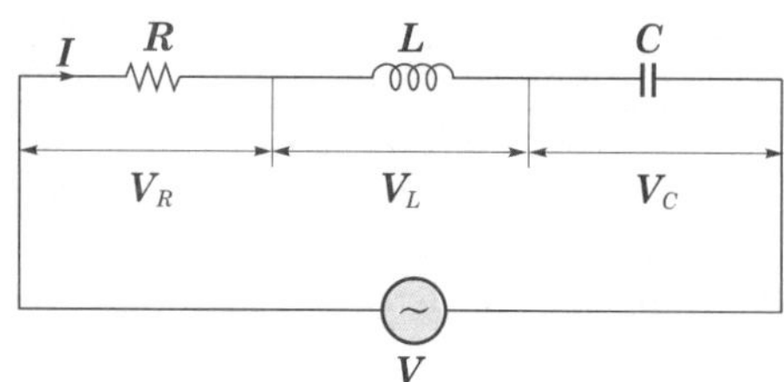

(1) **임피던스** : $Z = R + j(X_L - X_C)[\Omega]$

(2) **전압, 전류의 위상차**

① $X_L > X_C$, $\omega L > \dfrac{1}{\omega C}$ 인 경우 : 유도성 회로

전류는 전압보다 위상이 θ만큼 뒤진다.

② $X_L < X_C$, $\omega L < \dfrac{1}{\omega C}$ 인 경우 : 용량성 회로

전류는 전압보다 위상이 θ만큼 앞선다.

(3) 역률 : $\cos\theta = \frac{R}{Z} = \frac{R}{\sqrt{R^2 + (X_L - X_C)^2}}$

7 $R-L$ 병렬회로

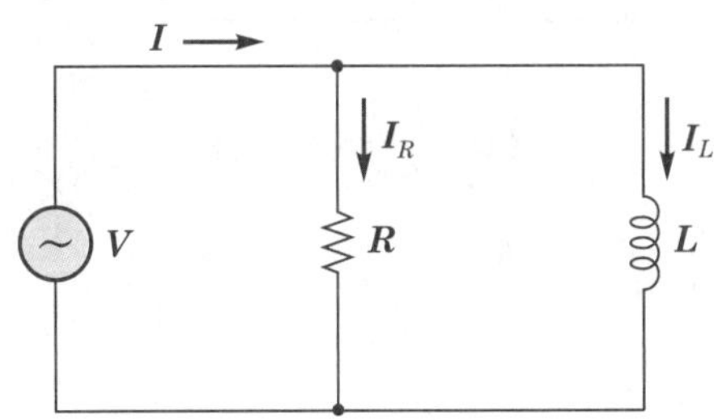

(1) 전전류(전압 일정) : $I = I_R + I_L = \frac{V}{R} - j\frac{V}{X_L}$

(2) 어드미턴스 : $Y = \frac{I}{V} = \frac{1}{R} - j\frac{1}{X_L}$ [℧]

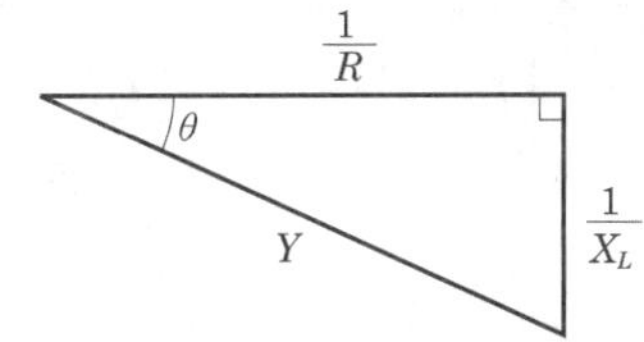

▌어드미턴스 3각형▌

(3) 위상차 : $\theta = \tan^{-1}\frac{I_L}{I_R} = \tan^{-1}\frac{R}{X_L}$

(4) 역률 : $\cos\theta = \frac{I_R}{I} = \frac{X_L}{\sqrt{R^2 + {X_L}^2}}$

8 $R-C$ 병렬회로

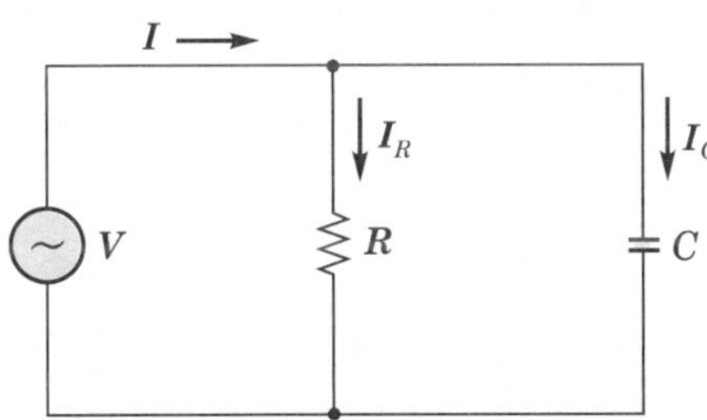

(1) 전전류(전압 일정) : $I = I_R + I_C = \frac{V}{R} + j\frac{V}{X_C}$

(2) 어드미턴스 : $Y = \dfrac{I}{V} = \dfrac{1}{R} + j\dfrac{1}{X_C}$[℧]

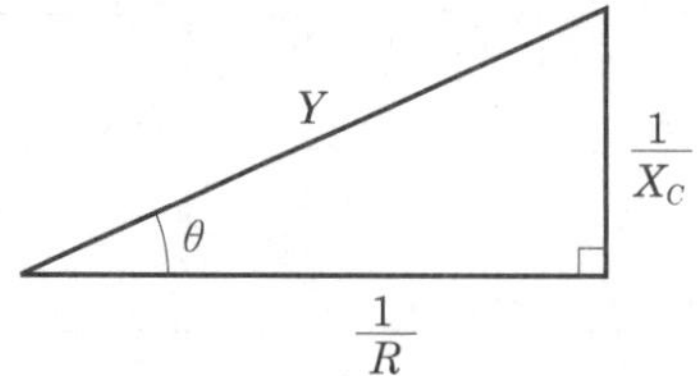

▌어드미턴스 3각형▐

(3) 위상차 : $\theta = \tan^{-1}\dfrac{I_C}{I_R} = \tan^{-1}\dfrac{R}{X_C}$

(4) 역률 : $\cos\theta = \dfrac{I_R}{I} = \dfrac{X_C}{\sqrt{R^2 + {X_C}^2}}$

9 $R-L-C$ 병렬회로

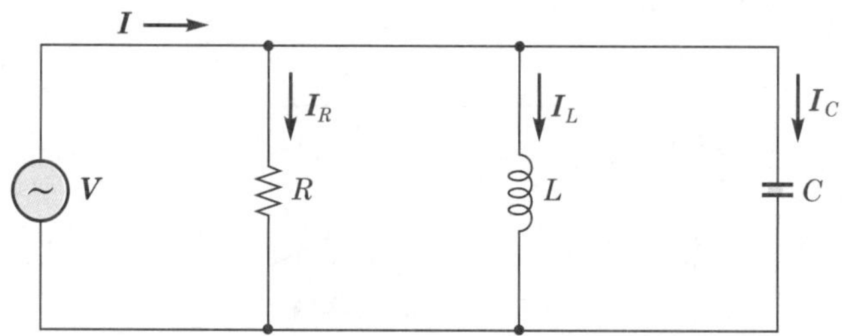

(1) 전전류(전압 일정) : $I = I_R + I_L + I_C = \dfrac{V}{R} - j\dfrac{V}{X_L} + j\dfrac{V}{X_C}$

(2) 어드미턴스 : $Y = \dfrac{I}{V} = \dfrac{1}{R} + j\left(\dfrac{1}{X_C} - \dfrac{1}{X_L}\right)$[℧]

(3) 전압, 전류의 위상차

① $I_L > I_C$, $X_L < X_C$인 경우 : 유도성 회로

② $I_L < I_C$, $X_L > X_C$인 경우 : 용량성 회로

③ $I_L = I_C$, $X_L = X_C$인 경우 : 무유도성 회로

10 직렬 공진회로

$R-L-C$ 직렬회로의 임피던스 $\boldsymbol{Z} = R + j\left(\omega L - \dfrac{1}{\omega C}\right)$

(1) 의미

① 임피던스의 허수부의 값이 0인 상태의 회로

② 전류 최대인 상태의 회로

(2) 공진주파수 : $f_0 = \dfrac{1}{2\pi\sqrt{LC}}$ [Hz]

(3) 전압 확대율(Q)=첨예도(S)=선택도(S)

$$Q = S = \frac{V_L}{V} = \frac{V_C}{V} = \frac{\omega_0 L}{R} = \frac{1}{\omega_0 CR} = \frac{1}{R}\sqrt{\frac{L}{C}}$$

11 이상적인 병렬 공진회로

$R-L-C$ 병렬회로의 어드미턴스는 $\boldsymbol{Y} = \dfrac{1}{R} + j\left(\omega C - \dfrac{1}{\omega L}\right)$

(1) 의미

① 어드미턴스의 허수부의 값이 0인 상태의 회로

② 임피던스 최대인 상태로 전류 최소인 상태의 회로

(2) 공진주파수 : $f_0 = \dfrac{1}{2\pi\sqrt{LC}}$ [Hz]

(3) 전류 확대율(Q)=첨예도(S)=선택도(S)

$$Q = S = \frac{I_L}{I} = \frac{I_C}{I} = \frac{R}{\omega_0 L} = \omega_0 CR = R\sqrt{\frac{C}{L}}$$

12 일반적인 병렬 공진회로

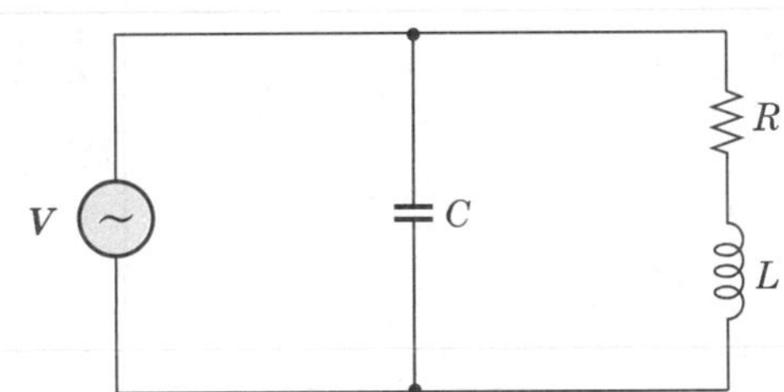

(1) 공진 조건 : $\omega C = \dfrac{\omega L}{R^2 + \omega^2 L^2}$

(2) 공진 시 공진 어드미턴스 : $Y_0 = \dfrac{R}{R^2 + \omega^2 L^2} = \dfrac{CR}{L}$ [℧]

(3) 공진주파수 : $f_0 = \dfrac{1}{2\pi\sqrt{LC}}\sqrt{1 - \dfrac{R^2 C}{L}}$ [Hz]

핵심 04 교류 전력

1 유효전력, 무효전력, 피상전력

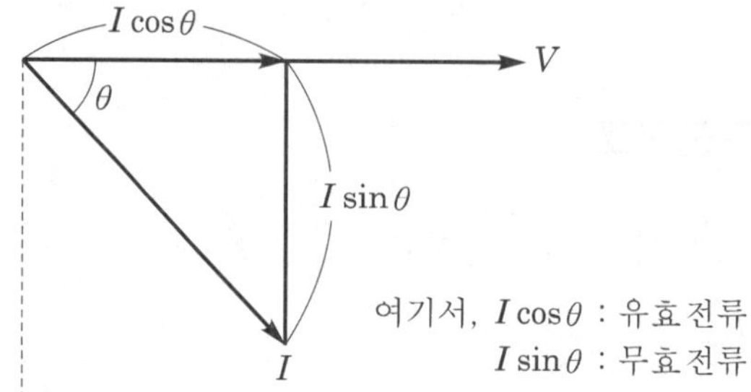

(1) **유효전력** : $P = VI\cos\theta = I^2 \cdot R = \dfrac{V^2}{R}$ [W]

(2) **무효전력** : $P_r = VI\sin\theta = I^2 \cdot X = \dfrac{V^2}{X}$ [Var]

(3) **피상전력** : $P_a = V \cdot I = I^2 \cdot Z = \dfrac{V^2}{Z}$ [VA]

2 유효전력(P), 무효전력(P_r), 피상전력(P_a)의 관계

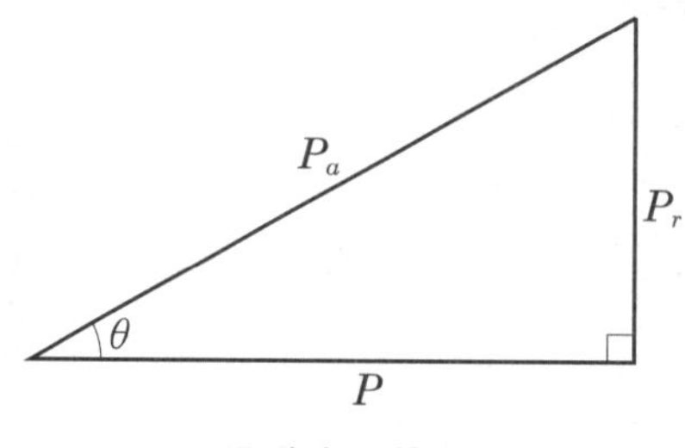

▎전력 3각형▎

(1) **유효전력** : $P = \sqrt{{P_a}^2 - {P_r}^2}$

(2) **무효전력** : $P_r = \sqrt{{P_a}^2 - P^2}$

(3) **피상전력** : $P_a = \sqrt{P^2 + {P_r}^2}$

3 복소전력

전압과 전류가 직각좌표계로 주어지는 경우의 전력 계산법

$P_a = \overline{V} \cdot I = P \pm jP_r$ (+ : 용량성 부하, − : 유도성 부하)

4 3전류계법, 3전압계법

(1) 3전류계법

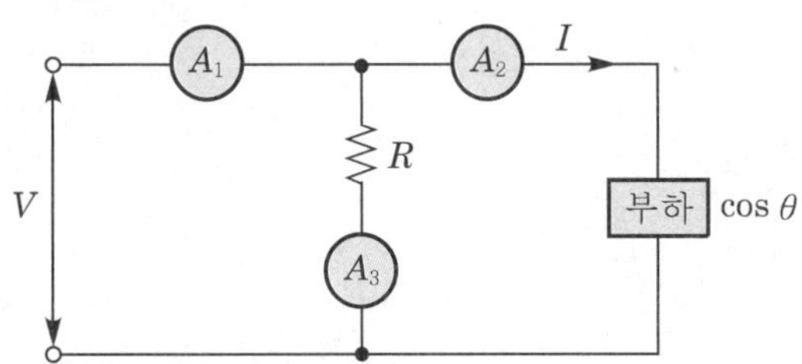

• 역률 : $\cos\theta = \dfrac{A_1^{\,2} - A_2^{\,2} - A_3^{\,2}}{2A_2A_3}$

• 전력 : $P = \dfrac{R}{2}(A_1^{\,2} - A_2^{\,2} - A_3^{\,2})$[W]

(2) 3전압계법

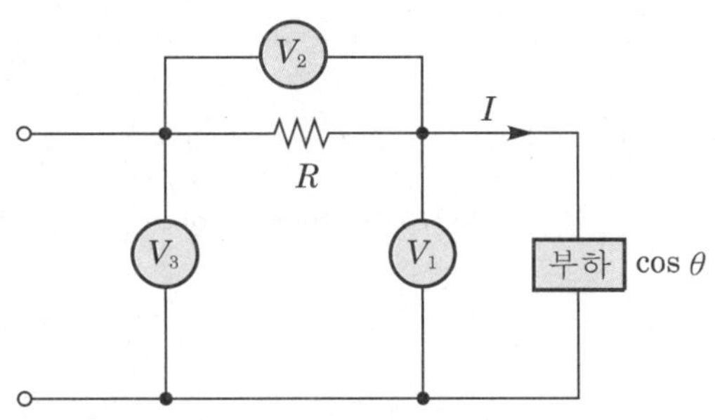

• 역률 : $\cos\theta = \dfrac{V_3^{\,2} - V_1^{\,2} - V_2^{\,2}}{2V_1V_2}$

• 전력 : $P = \dfrac{1}{2R}(V_3^{\,2} - V_1^{\,2} - V_2^{\,2})$[W]

5 최대 전력 전달

(1) 저항(R_L)만의 부하인 경우

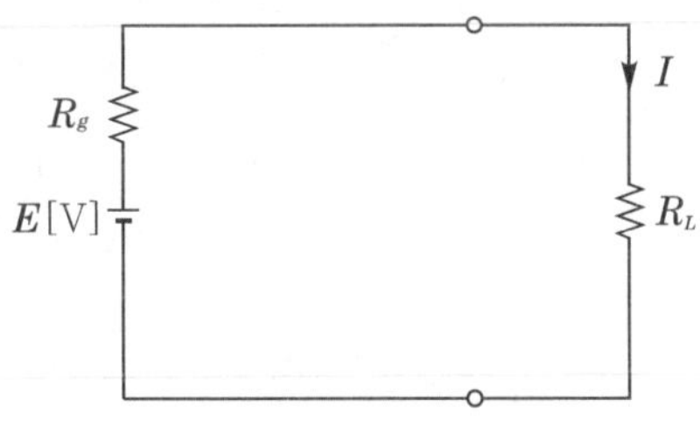

• 최대 전력 전달조건 : $R_L = R_g$

• 최대 전력 : $P_{max} = \dfrac{E^2}{4R_g}$[W]

(2) 임피던스(Z_L) 부하인 경우

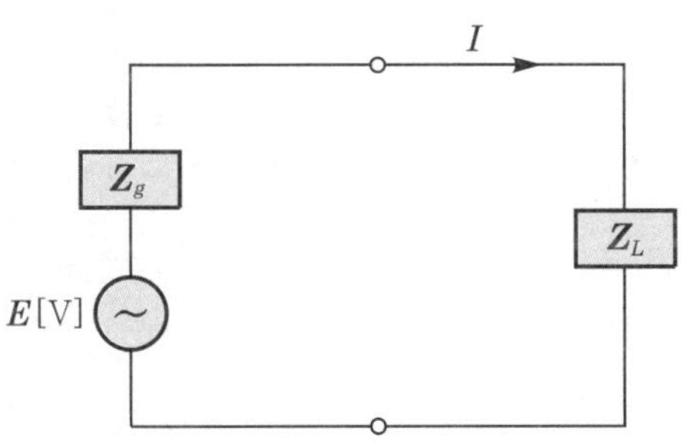

• 최대 전력 전달조건 : $Z_L = \overline{Z}_g = R_g - jX_g$

• 최대 공급 전력 : $P_{max} = \dfrac{E^2}{4R_g}$[W]

핵심 05 유도 결합회로

1 상호 유도전압의 크기

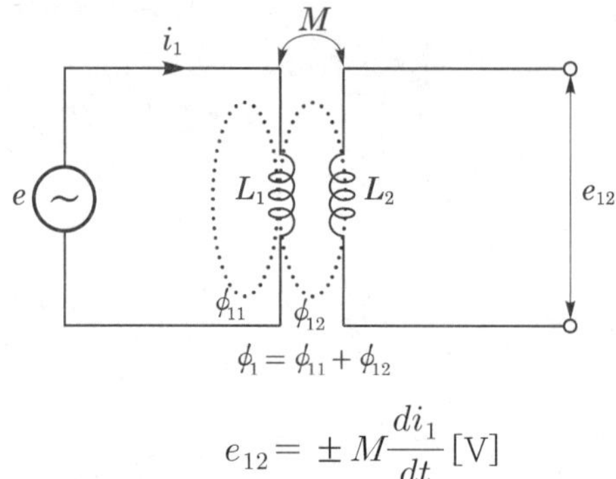

$$e_{12} = \pm M\frac{di_1}{dt}\,[\mathrm{V}]$$

두 코일에서 생기는 자속이 합쳐지는 방향이면 +로 가동결합, 반대 방향이면 −로 차동결합이다.

2 인덕턴스 직렬접속

(1) 가동결합

• 합성 인덕턴스 : $L_0 = L_1 + L_2 + 2M\,[\mathrm{H}]$

(2) 차동결합

• 합성 인덕턴스 : $L_0 = L_1 + L_2 - 2M\,[\mathrm{H}]$

3 인덕턴스 병렬접속

(1) 가동결합(= 가극성)

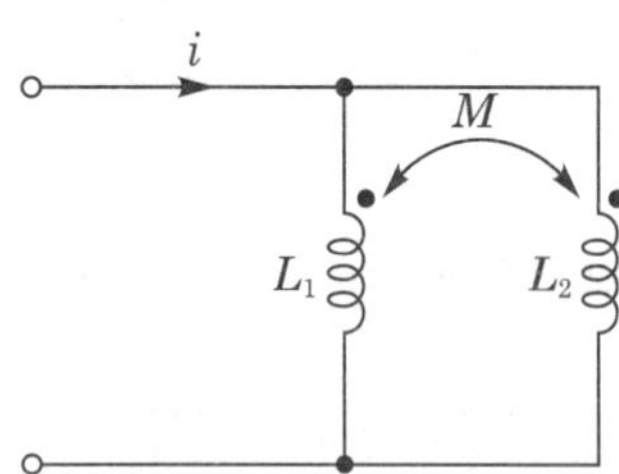

• 합성 인덕턴스 : $L_0 = \dfrac{L_1L_2 - M^2}{L_1 + L_2 - 2M}\,[\mathrm{H}]$

(2) 차동결합(= 감극성)

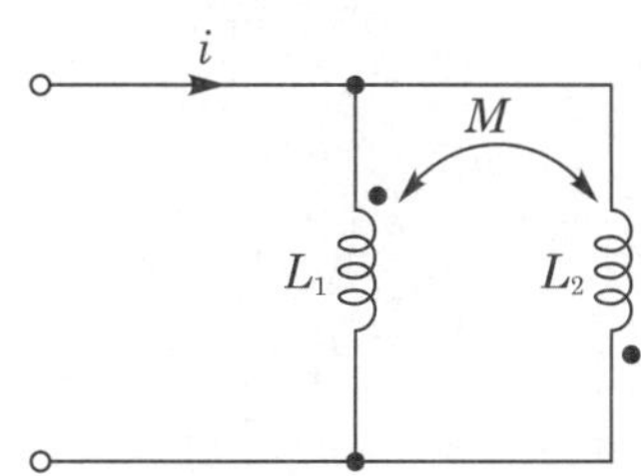

• 합성 인덕턴스 : $L_0 = \dfrac{L_1L_2 - M^2}{L_1 + L_2 + 2M}$[H]

4 결합계수

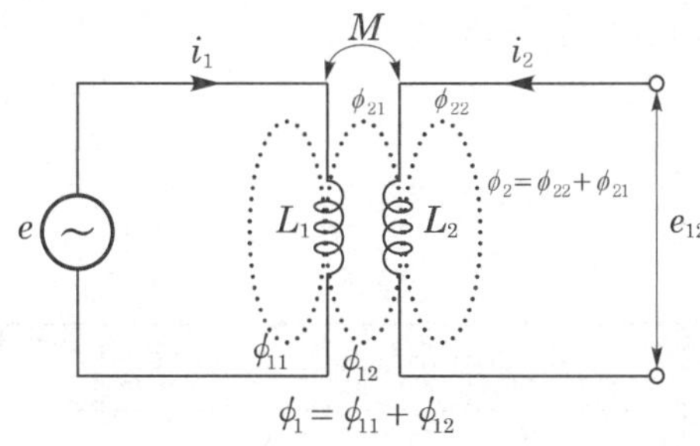

두 코일 간의 유도결합의 정도를 나타내는 계수로 $0 \leqq k \leqq 1$의 값

$$k = \sqrt{k_{12} \cdot k_{21}} = \sqrt{\frac{\phi_{12}}{\phi_1} \cdot \frac{\phi_{21}}{\phi_2}} = \frac{M}{\sqrt{L_1L_2}}$$

5 이상 변압기

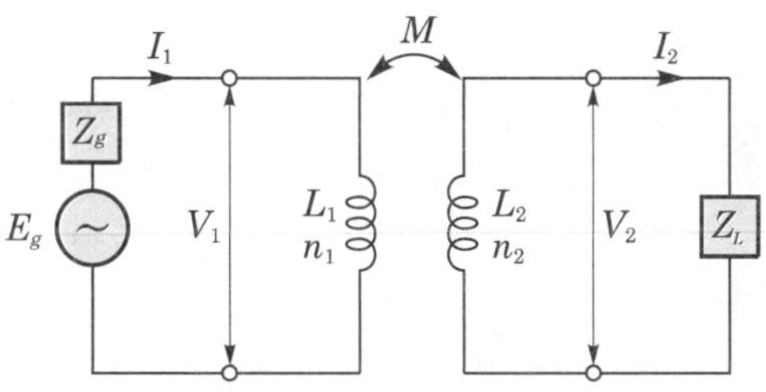

(1) **전압비** : $\dfrac{V_1}{V_2} = \dfrac{n_1}{n_2} = a$

(2) **전류비** : $\dfrac{I_1}{I_2} = \dfrac{n_2}{n_1} = \dfrac{1}{a}$

(3) **입력측 임피던스** : $a = \dfrac{n_1}{n_2} = \sqrt{\dfrac{Z_g}{Z_L}}$, $Z_g = a^2 Z_L = \left(\dfrac{n_1}{n_2}\right)^2 Z_L$

6 브리지 회로

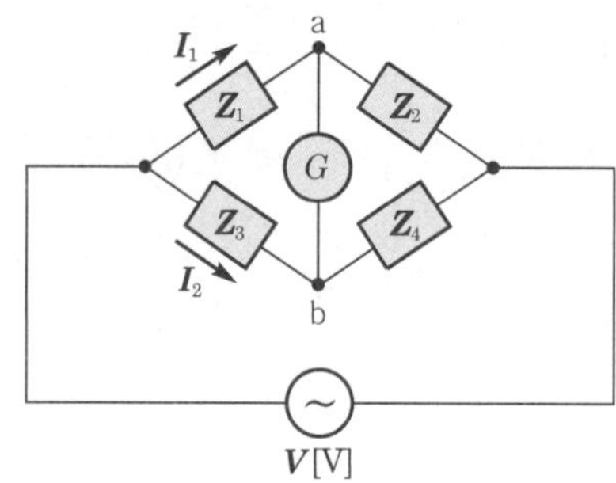

• 브리지 회로의 평형조건 : $Z_1Z_4 = Z_2Z_3$

7 벡터궤적

(1) 벡터궤적

종류 \ 구분	임피던스궤적	어드미턴스궤적(전류궤적)
$R-L$ 직렬회로	1상한 내의 반직선	4상한 내의 반원
$R-C$ 직렬회로	4상한 내의 반직선	1상한 내의 반원

(2) 역궤적

원점을 지나지 않는 직선의 역궤적은 원점을 지나는 원이며, 그 역도 성립한다.

핵심 06 일반 선형 회로망

1 키르히호프의 법칙

회로망 해석의 기본 법칙으로 선형, 비선형, 시변, 시불변에 무관하게 항상 성립되는 법칙이다.

(1) 제1법칙(전류 법칙)

임의의 한 점을 중심으로 들어가는 전류의 합은 나오는 전류의 합과 같다.

Σ유입전류 = Σ유출전류

(2) 제2법칙(전압 법칙)

회로망에서 임의의 폐회로를 구성했을 때 폐회로 내의 기전력의 합은 내부 전압강하의 합과 같다.

Σ기전력 = Σ전압강하

2 이상 전압원과 이상 전류원

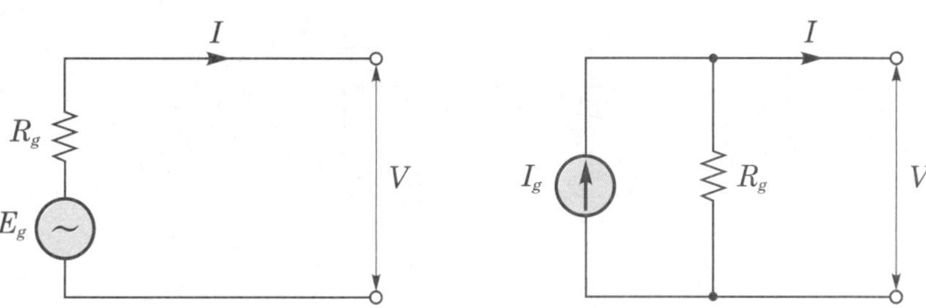

(1) 이상 전압원은 회로단자가 단락된 상태에서 내부저항 R_g가 0인 경우를 말한다.

(2) 이상 전류원은 회로단자가 개방된 상태에서 내부저항 R_g가 ∞인 경우를 말한다.

3 전압원 · 전류원 등가 변환

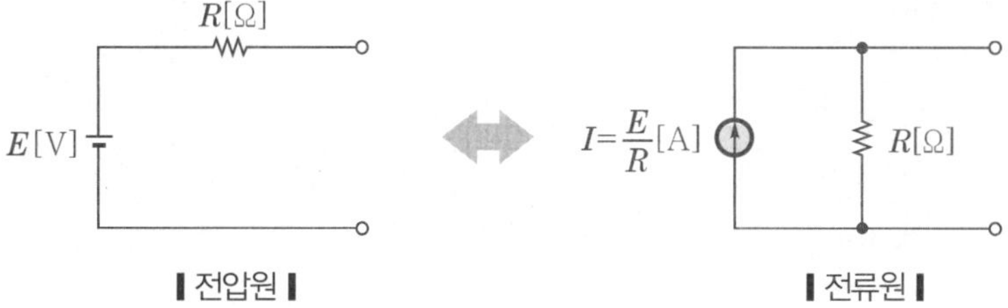

▎전압원▎ ▎전류원▎

4 중첩의 정리

회로망 내에 다수의 전압원과 전류원이 동시에 존재하는 회로망에 있어서 회로 전류는 각 전압원이나 전류원이 각각 단독으로 가해졌을 때 흐르는 전류를 합한 것과 같다.

5 테브난의 정리

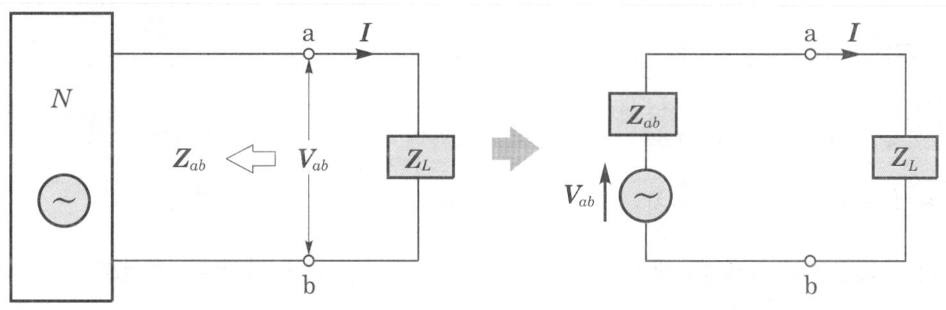

▎테브난의 등가회로▎

임의의 능동 회로망의 a, b단자에 부하 임피던스(Z_L)를 연결할 때 부하 임피던스(Z_L)에 흐르는 전류 $I=\dfrac{V_{ab}}{Z_{ab}+Z_L}$[A]가 된다.

6 밀만의 정리

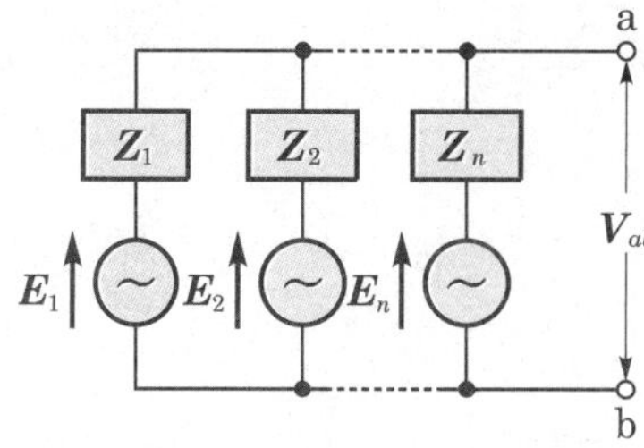

$$V_{ab} = \frac{\sum_{k=1}^{n} I_k}{\sum_{k=1}^{n} Y_k} = \frac{\frac{E_1}{Z_1} + \frac{E_2}{Z_2} + \cdots + \frac{E_n}{Z_n}}{\frac{1}{Z_1} + \frac{1}{Z_2} + \cdots + \frac{1}{Z_n}} \text{[V]}$$

7 회로망 기하학

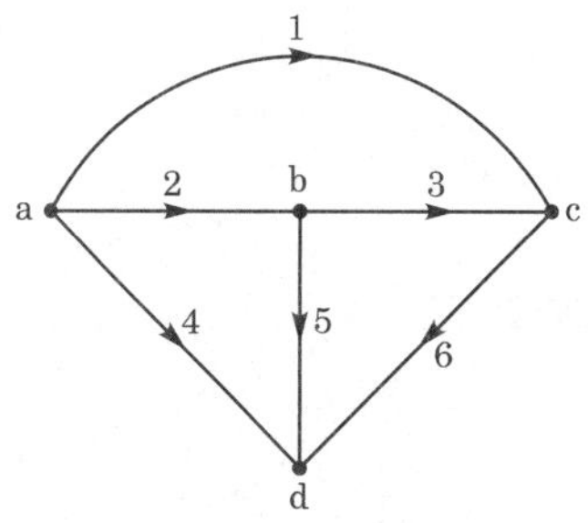

(1) **나무(tree)** : 모든 마디를 연결하면서 폐로를 만들지 않는 가지의 집합

① 나무의 총수 $= n^{n-2}$개

② 나뭇가지의 수 $= n-1$개

③ 나뭇가지의 수는 키르히호프 전류 법칙의 독립 방정식의 수와 같다.

(2) **보목(cotree 또는 link)** : 나무가 아닌 가지

① 보목의 수 $= b-(n-1)$개

② 보목의 수는 키르히호프 전압 법칙의 독립 방정식의 수와 같다.

(3) **폐로(loop)** : 몇 개의 가지로 이루어지는 폐회로

(4) **기본 폐로(unit loop)** : 폐로를 형성하면서 보목이 하나만 포함된 폐회로

핵심 07 다상 교류

1 대칭 3상의 복소수 표시

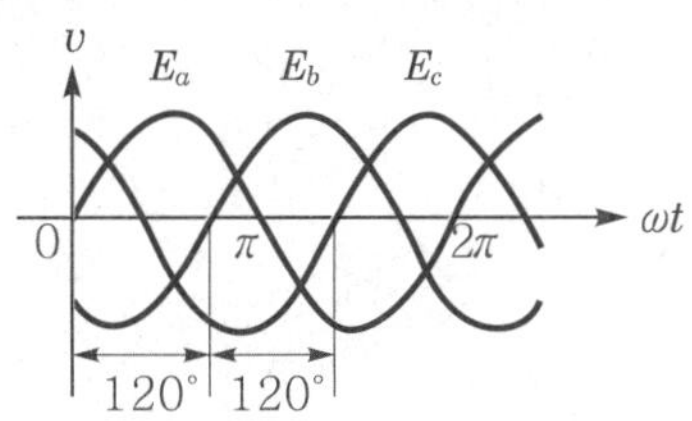

- $\boldsymbol{E}_a = E\angle 0° = E$
- $\boldsymbol{E}_b = E\angle -\frac{2}{3}\pi = E\left(-\frac{1}{2} - j\frac{\sqrt{3}}{2}\right) = a^2E$
- $\boldsymbol{E}_c = E\angle -\frac{4}{3}\pi = E\left(-\frac{1}{2} + j\frac{\sqrt{3}}{2}\right) = aE$

* 연산자 a의 의미

① a는 위상을 $\frac{2}{3}\pi$ 앞서게 하고, 크기는 $-\frac{1}{2} + j\frac{\sqrt{3}}{2}$의 크기를 갖는다.

② a^2은 위상을 $\frac{2}{3}\pi$ 뒤지게 하고, 크기는 $-\frac{1}{2} - j\frac{\sqrt{3}}{2}$의 크기를 갖는다.

2 성형 결선(Y결선)

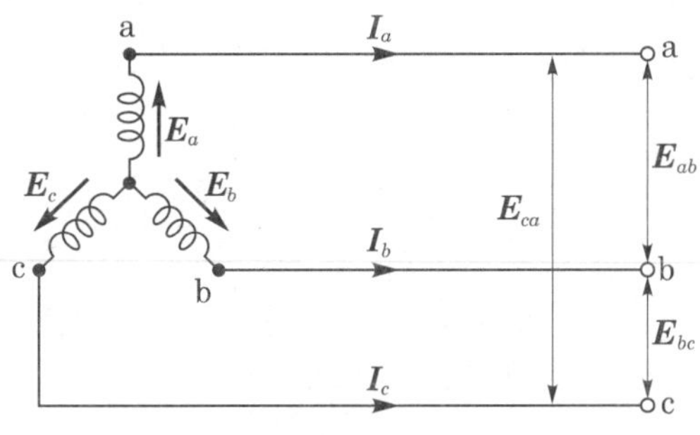

$V_l = \sqrt{3}\, V_p \angle \frac{\pi}{6}$[V], $I_l = I_p$[A]

여기서, 선간전압 : V_l, 선전류 : I_l

상전압 : V_p, 상전류 : I_p

3 환상 결선(△결선)

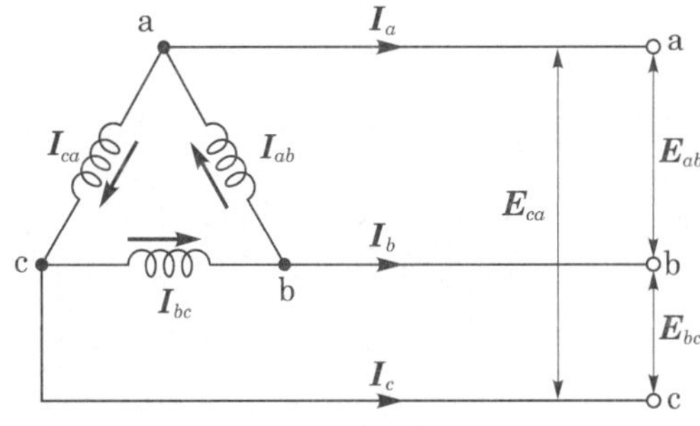

$I_l = \sqrt{3}\, I_p \angle -\frac{\pi}{6}$[A], $V_l = V_p$[V]

여기서, 선간전압 : V_l, 선전류 : I_l

상전압 : V_p, 상전류 : I_p

4 임피던스 등가 변환

(1) △ → Y 등가 변환

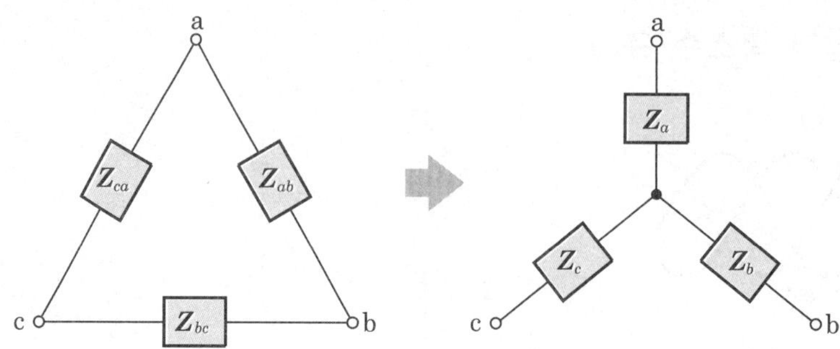

- $Z_a = \dfrac{Z_{ca} \cdot Z_{ab}}{Z_{ab} + Z_{bc} + Z_{ca}}$
- $Z_b = \dfrac{Z_{ab} \cdot Z_{bc}}{Z_{ab} + Z_{bc} + Z_{ca}}$
- $Z_c = \dfrac{Z_{bc} \cdot Z_{ca}}{Z_{ab} + Z_{bc} + Z_{ca}}$
- $Z_{ab} = Z_{bc} = Z_{ca}$인 경우 : $Z_{\mathrm{Y}} = \dfrac{1}{3} Z_{\triangle}$

(2) Y → △ 등가 변환

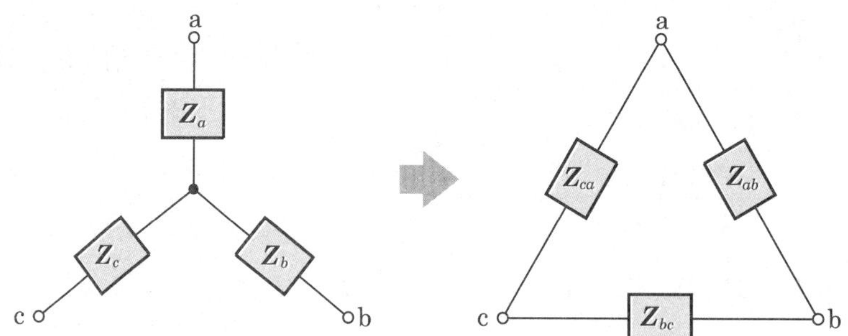

- $Z_{ab} = \dfrac{Z_a Z_b + Z_b Z_c + Z_c Z_a}{Z_c}$
- $Z_{bc} = \dfrac{Z_a Z_b + Z_b Z_c + Z_c Z_a}{Z_a}$
- $Z_{ca} = \dfrac{Z_a Z_b + Z_b Z_c + Z_c Z_a}{Z_b}$
- $Z_a = Z_b = Z_c$인 경우 : $Z_{\triangle} = 3 Z_{\mathrm{Y}}$

5 대칭 3상 전력

(1) **유효전력** : $P = 3V_p I_p \cos\theta = \sqrt{3}\, V_l I_l \cos\theta = 3I_p^2 R$[W]

(2) **무효전력** : $P_r = 3V_p I_p \sin\theta = \sqrt{3}\, V_l I_l \sin\theta = 3I_p^2 X$[Var]

(3) **피상전력** : $P_a = 3V_p I_p = \sqrt{3}\, V_l I_l = 3I_p^2 Z = \sqrt{P^2 + P_r^2}$[VA]

6 Y결선과 △결선의 비교

(1) Y → △ 변환

① 임피던스의 비 : $\dfrac{Z_\triangle}{Z_Y} = 3$배

② 선전류의 비 : $\dfrac{I_\triangle}{I_Y} = 3$배

③ 소비전력의 비 : $\dfrac{P_\triangle}{P_Y} = 3$배

(2) △ → Y 변환

① 임피던스의 비 : $\dfrac{Z_Y}{Z_\triangle} = \dfrac{1}{3}$배

② 선전류의 비 : $\dfrac{I_Y}{I_\triangle} = \dfrac{1}{3}$배

③ 소비전력의 비 : $\dfrac{P_Y}{P_\triangle} = \dfrac{1}{3}$배

7 2전력계법

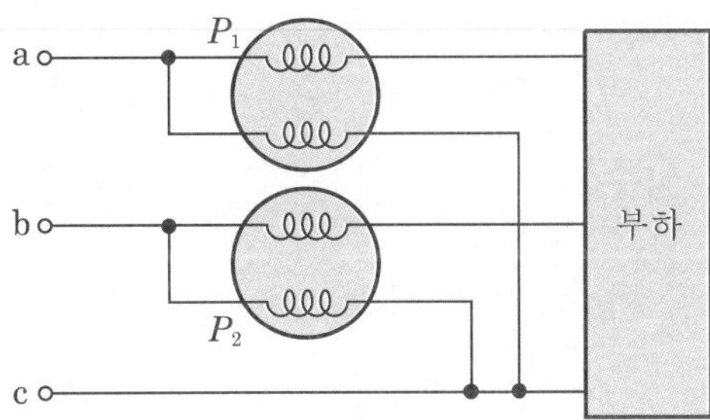

(1) **유효전력** : $P = P_1 + P_2$[W]

(2) **무효전력** : $P_r = \sqrt{3}(P_1 - P_2)$[Var]

(3) **피상전력** : $P_a = 2\sqrt{P_1^2 + P_2^2 - P_1 P_2}$[VA]

(4) 역률 : $\cos\theta = \dfrac{P}{P_a} = \dfrac{P_1 + P_2}{2\sqrt{P_1^2 + P_2^2 - P_1 P_2}}$

* 2전력계법에서 전력계의 지시값에 따른 역률

① 하나의 전력계가 0인 경우의 역률($P_1 = 0$, P_2 = 존재)

역률 : $\cos\theta = 0.5$

② 하나의 전력계가 다른 쪽 전력계 지시의 2배인 경우의 역률($P_2 = 2P_1$)

역률 : $\cos\theta = 0.866$

③ 하나의 전력계가 다른 쪽 전력계 지시의 3배인 경우의 역률($P_2 = 3P_1$)

역률 : $\cos\theta = 0.756$

8 V결선

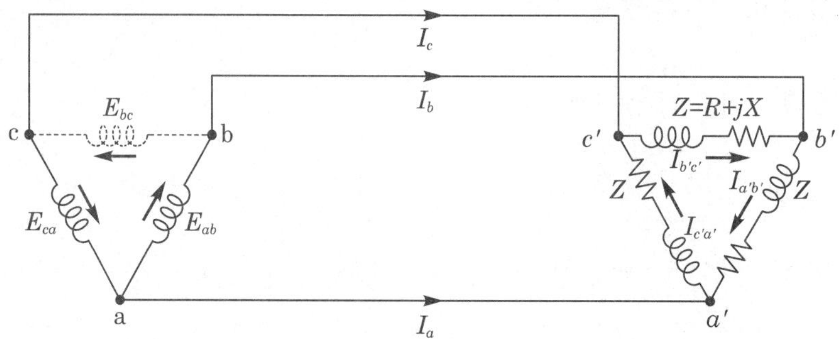

(1) V결선의 출력 : $P = \sqrt{3}\,EI\cos\theta$[W]

여기서, E : 선간전압, I : 선전류

(2) V결선의 변압기 이용률 : $U = \dfrac{\sqrt{3}\,EI\cos\theta}{2EI\cos\theta} = \dfrac{\sqrt{3}}{2} = 0.866$

(3) 출력비 : $\dfrac{P_{\mathrm{V}}}{P_{\triangle}} = \dfrac{\sqrt{3}\,EI\cos\theta}{3EI\cos\theta} = \dfrac{1}{\sqrt{3}} = 0.577$

9 다상 교류회로(n : 상수)

(1) 성형 결선 : $V_l = 2\sin\dfrac{\pi}{n} V_p \angle \dfrac{\pi}{2}\left(1 - \dfrac{2}{n}\right)$[V]

(2) 환상 결선 : $I_l = 2\sin\dfrac{\pi}{n} I_p \angle -\dfrac{\pi}{2}\left(1 - \dfrac{2}{n}\right)$[A]

(3) 다상 교류의 전력 : $P = n\,V_p I_p \cos\theta = \dfrac{n}{2\sin\dfrac{\pi}{n}} V_l I_l \cos\theta$[W]

10 교류의 회전자계

(1) **단상 교류가 만드는 회전자계** : 교번자계

(2) **대칭 3상 교류가 만드는 회전자계** : 원형 회전자계

(3) **비대칭 3상 교류가 만드는 회전자계** : 타원형 회전자계

11 중성점의 전위

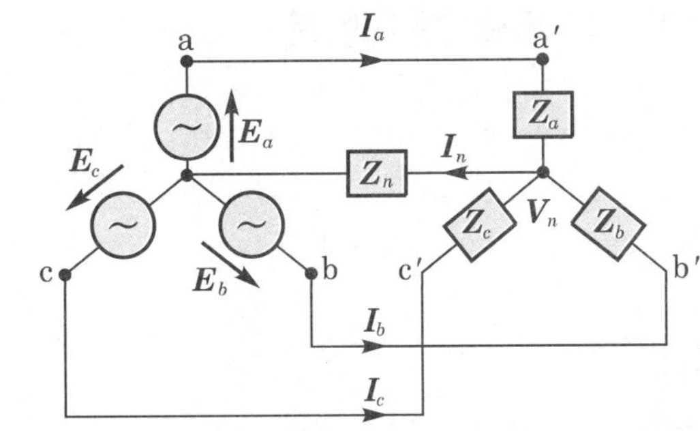

$$V_n = \frac{E_a Y_a + E_b Y_b + E_c Y_c}{Y_a + Y_b + Y_c + Y_n} = \frac{\frac{E_a}{Z_a} + \frac{E_b}{Z_b} + \frac{E_c}{Z_c}}{\frac{1}{Z_a} + \frac{1}{Z_b} + \frac{1}{Z_c} + \frac{1}{Z_n}} \text{[V]}$$

불평형 Y부하의 중성점의 전위(V_n)는 밀만의 정리가 성립된다.

핵심 08 대칭 좌표법

1 비대칭 3상 전압의 대칭분

(1) **영상분 전압** : $V_0 = \frac{1}{3}(V_a + V_b + V_c)$

(2) **정상분 전압** : $V_1 = \frac{1}{3}(V_a + aV_b + a^2 V_c)$

(3) **역상분 전압** : $V_2 = \frac{1}{3}(V_a + a^2 V_b + aV_c)$

* 연산자

- $a = -\frac{1}{2} + j\frac{\sqrt{3}}{2}$
- $a^2 = -\frac{1}{2} - j\frac{\sqrt{3}}{2}$

2 각 상의 비대칭 전압

비대칭 전압 V_a, V_b, V_c를 대칭분 전압 V_0, V_1, V_2로 표시하면

(1) $V_a = V_0 + V_1 + V_2$

(2) $V_b = V_0 + a^2 V_1 + a V_2$

(3) $V_c = V_0 + a V_1 + a^2 V_2$

3 대칭 3상 전압을 a상 기준으로 한 대칭분

(1) **영상 전압** : $V_0 = \frac{1}{3}(V_a + V_b + V_c) = 0$

(2) **정상 전압** : $V_1 = \frac{1}{3}(V_a + a V_b + a^2 V_c) = V_a$

(3) **역상 전압** : $V_2 = \frac{1}{3}(V_a + a^2 V_b + a V_c) = 0$

대칭 3상 전압의 대칭분은 영상분, 역상분의 전압은 0이고, 정상분만 V_a로 존재한다.

4 불평형률

대칭분 중 정상분에 대한 역상분의 비로 비대칭을 나타내는 척도가 된다.

$$\text{불평형률} = \frac{\text{역상분}}{\text{정상분}} \times 100[\%] = \frac{V_2}{V_1} \times 100[\%] = \frac{I_2}{I_1} \times 100[\%]$$

5 3상 교류 발전기의 기본식

(1) **영상분** : $V_0 = -Z_0 I_0$

(2) **정상분** : $V_1 = E_a - Z_1 I_1$

(3) **역상분** : $V_2 = -Z_2 I_2$

여기서, E_a : a상의 유기기전력

Z_0 : 영상 임피던스

Z_1 : 정상 임피던스

Z_2 : 역상 임피던스

6 1선 지락 고장

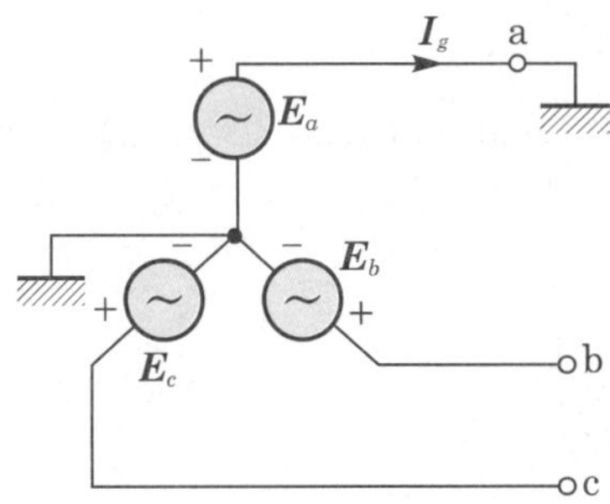

(1) 고장 조건 : $V_a = 0, \ I_b = I_c = 0$

(2) 대칭분 전류 : $I_0 = I_1 = I_2 = \dfrac{E_a}{Z_0 + Z_1 + Z_2}$

(3) 지락전류 : $I_g = I_a = I_0 + I_1 + I_2 = 3I_0 = \dfrac{3E_a}{Z_0 + Z_1 + Z_2}$

핵심 09 비정현파 교류

1 비정현파의 푸리에 급수에 의한 전개

$$y(t) = a_0 + \sum_{n=1}^{\infty} a_n \cos n\omega t + \sum_{n=1}^{\infty} b_n \sin n\omega t$$

2 대칭성

항목 \ 대칭	반파 대칭	정현 대칭	여현 대칭	반파·정현 대칭	반파·여현 대칭
함수식	$y(x) = -y(\pi + x)$	$y(x) = -y(2\pi - x)$ $y(x) = -y(-x)$	$y(x) = y(2\pi - x)$ $y(x) = y(-x)$		
특징	홀수항의 sin, cos항 존재	sin항만 존재	직류 성분과 cos항이 존재	홀수항의 sin항만 존재	홀수항의 cos항만 존재

3 비정현파의 실효값

$$V=\sqrt{V_0^{\,2}+V_1^{\,2}+V_2^{\,2}+V_3^{\,2}+\cdots}$$

직류 성분 및 기본파와 각 고조파의 실효값의 제곱의 합의 제곱근

4 왜형률

$$\text{왜형률}=\frac{\text{전 고조파의 실효값}}{\text{기본파의 실효값}}$$

5 비정현파의 전력

(1) 유효전력

$$P=V_0I_0+\sum_{n=1}^{\infty}V_nI_n\cos\theta_n=I_0^{\,2}R+I_1^{\,2}R+I_2^{\,2}R+\cdots[\mathrm{W}]$$

* 비정현파 전력 계산 시 유의사항
  ① 직류는 유효전력만 존재하므로 무효전력식에는 직류 성분 V_0, I_0는 포함되지 않는다.
  ② 주파수가 같은 성분끼리 전력을 각각 구하여 모두 합한다.
  ③ 주파수가 서로 다르면 전력은 0이 된다.

(2) 무효전력 : $P_r=\sum_{n=1}^{\infty}V_nI_n\sin\theta_n[\mathrm{Var}]$

(3) 피상전력 : $P_a=VI=\sqrt{V_0^{\,2}+V_1^{\,2}+V_2^{\,2}+V_3^{\,2}+\cdots}\times\sqrt{I_0^{\,2}+I_1^{\,2}+I_2^{\,2}+I_3^{\,2}+\cdots}[\mathrm{VA}]$

(4) 역률 : $\cos\theta=\dfrac{P}{P_a}=\dfrac{P}{VI}$

6 비정현파의 직렬회로 해석

(1) $R-L$ 직렬회로

n고조파의 임피던스 : $Z_n=R+jn\omega L=\sqrt{R^2+(n\omega L)^2}$

(2) $R-C$ 직렬회로

n고조파의 임피던스 : $Z_n=R-j\dfrac{1}{n\omega C}=\sqrt{R^2+\left(\dfrac{1}{n\omega C}\right)^2}$

(3) $R-L-C$ 직렬회로

① n고조파의 공진 조건 : $n\omega L=\dfrac{1}{n\omega C}$

② n고조파의 공진주파수 : $f_0=\dfrac{1}{2\pi n\sqrt{LC}}[\mathrm{Hz}]$

핵심 10 2단자망

1 구동점 임피던스($Z(s)$)

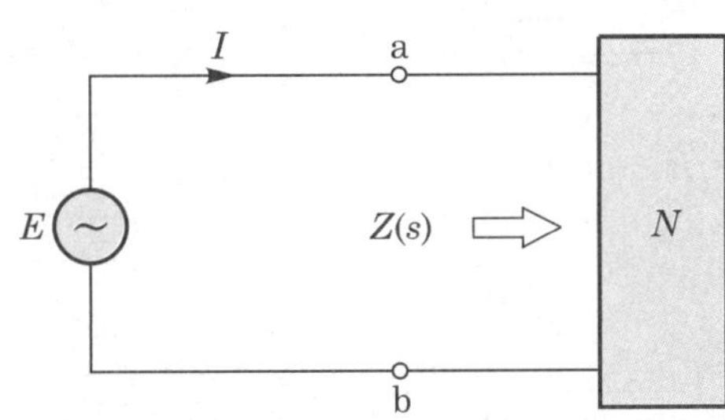

$R=R,\ X_L=j\omega L=sL,\ X_C=\dfrac{1}{j\omega C}=\dfrac{1}{sC}$

2 영점과 극점

(1) 영점

① $Z(s)$가 0이 되기 위한 s의 값
② $Z(s)$가 0이 되려면 $Z(s)$의 분자가 0이 되어야 한다.
③ 영점은 회로 단락상태가 된다.

(2) 극점

① $Z(s)$가 ∞가 되기 위한 s의 값
② $Z(s)$가 ∞가 되려면 $Z(s)$의 분모가 0이 되어야 한다.
③ 극점은 회로 개방상태가 된다.

3 2단자 회로망 구성법

2단자 회로망 구성 시 임피던스 $Z(s)$의 s는 인덕턴스 L을 의미하고 $\dfrac{1}{s}$은 C를 의미하며, L의 크기는 s의 계수가 되고 C의 크기는 $\dfrac{1}{s}$의 s의 계수가 된다. 반대로 어드미턴스 $Y(s)$의 경우에는 s는 C를 의미하고 $\dfrac{1}{s}$은 L를 의미하며 C의 크기는 s의 계수, L의 크기는 $\dfrac{1}{s}$의 s의 계수가 된다.

4 정저항 회로

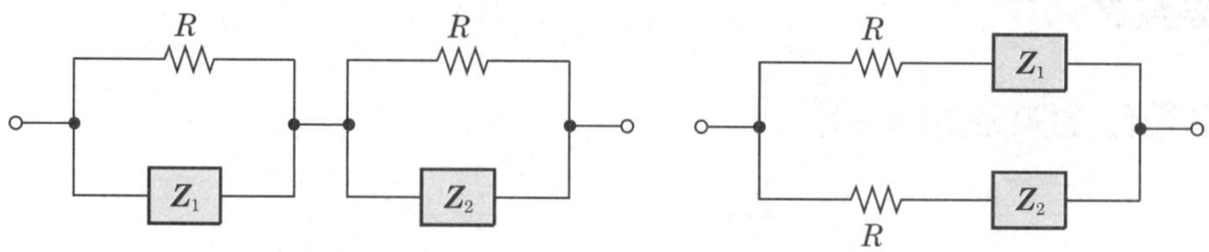

정저항 조건 : $Z_1 Z_2 = R^2$

핵심 11 4단자망

1 임피던스 파라미터(parameter)

$$\begin{bmatrix} V_1 \\ V_2 \end{bmatrix} = \begin{bmatrix} Z_{11} & Z_{12} \\ Z_{21} & Z_{22} \end{bmatrix} \begin{bmatrix} I_1 \\ I_2 \end{bmatrix}$$

$V_1 = Z_{11} I_1 + Z_{12} I_2$

$V_2 = Z_{21} I_1 + Z_{22} I_2$

* 임피던스 parameter를 구하는 방법

$Z_{11} = \left. \dfrac{V_1}{I_1} \right|_{I_2 = 0}$: 개방 구동점 임피던스

$Z_{22} = \left. \dfrac{V_2}{I_2} \right|_{I_1 = 0}$: 개방 구동점 임피던스

$Z_{12} = \left. \dfrac{V_1}{I_2} \right|_{I_1 = 0}$: 개방 전달 임피던스

$Z_{21} = \left. \dfrac{V_2}{I_1} \right|_{I_2 = 0}$: 개방 전달 임피던스

2 어드미턴스 파라미터(parameter)

$$\begin{bmatrix} I_1 \\ I_2 \end{bmatrix} = \begin{bmatrix} Y_{11} & Y_{12} \\ Y_{21} & Y_{22} \end{bmatrix} \begin{bmatrix} V_1 \\ V_2 \end{bmatrix}$$

$I_1 = Y_{11} V_1 + Y_{12} V_2$

$I_2 = Y_{21} V_1 + Y_{22} V_2$

* 어드미턴스 parameter를 구하는 방법

$Y_{11} = \left. \dfrac{I_1}{V_1} \right|_{V_2 = 0}$: 단락 구동점 어드미턴스

$$Y_{22} = \left. \frac{I_2}{V_2} \right|_{V_1 = 0}$$: 단락 구동점 어드미턴스

$$Y_{12} = \left. \frac{I_1}{V_2} \right|_{V_1 = 0}$$: 단락 전달 어드미턴스

$$Y_{21} = \left. \frac{I_2}{V_1} \right|_{V_2 = 0}$$: 단락 전달 어드미턴스

3 4단자 정수($ABCD$ parameter)

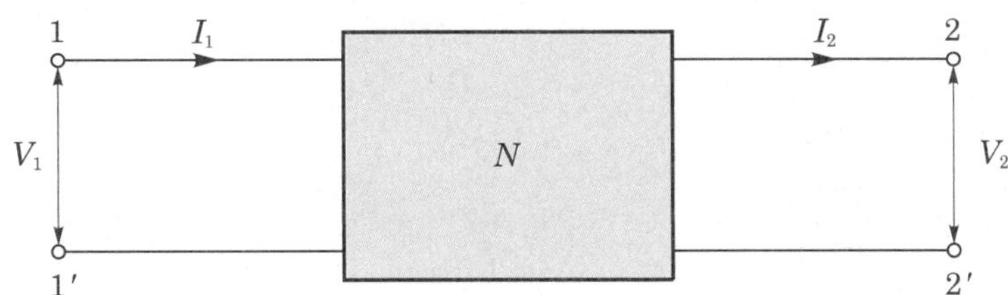

$$\begin{bmatrix} V_1 \\ I_1 \end{bmatrix} = \begin{bmatrix} A & B \\ C & D \end{bmatrix} \begin{bmatrix} V_2 \\ I_2 \end{bmatrix}$$

$$V_1 = AV_2 + BI_2$$
$$I_1 = CV_2 + DI_2$$

(1) 4단자 정수를 구하는 방법(물리적 의미)

$$A = \left. \frac{V_1}{V_2} \right|_{I_2 = 0}$$: 출력 단자를 개방했을 때의 전압 이득

$$B = \left. \frac{V_1}{I_2} \right|_{V_2 = 0}$$: 출력 단자를 단락했을 때의 전달 임피던스

$$C = \left. \frac{I_1}{V_2} \right|_{I_2 = 0}$$: 출력 단자를 개방했을 때의 전달 어드미턴스

$$D = \left. \frac{I_1}{I_2} \right|_{V_2 = 0}$$: 출력 단자를 단락했을 때의 전류 이득

(2) 4단자 정수의 성질 : $\begin{vmatrix} A & B \\ C & D \end{vmatrix} = AD - BC = 1$

4 각종 회로의 4단자 정수

(1) 직렬 Z만의 회로

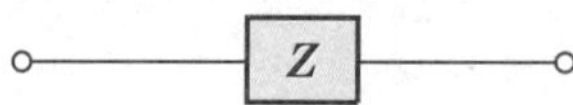

$$\begin{bmatrix} A & B \\ C & D \end{bmatrix} = \begin{bmatrix} 1 & Z \\ 0 & 1 \end{bmatrix}$$

(2) 병렬 Z만의 회로

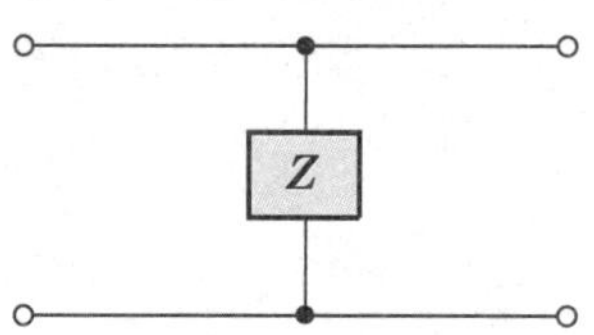

$$\begin{bmatrix} A & B \\ C & D \end{bmatrix} = \begin{bmatrix} 1 & 0 \\ \dfrac{1}{Z} & 1 \end{bmatrix}$$

(3) T형 회로의 4단자 정수

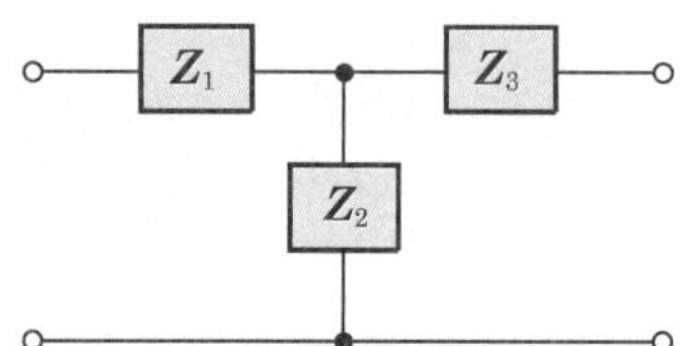

$$\begin{bmatrix} A & B \\ C & D \end{bmatrix} = \begin{bmatrix} 1+\dfrac{Z_1}{Z_2} & \dfrac{Z_1 Z_2 + Z_2 Z_3 + Z_3 Z_1}{Z_2} \\ \dfrac{1}{Z_2} & 1+\dfrac{Z_3}{Z_2} \end{bmatrix}$$

(4) π형 회로의 4단자 정수

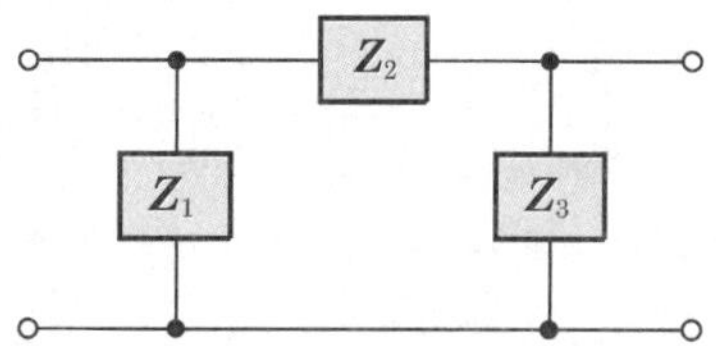

$$\begin{bmatrix} A & B \\ C & D \end{bmatrix} = \begin{bmatrix} 1+\dfrac{Z_2}{Z_3} & Z_2 \\ \dfrac{Z_1+Z_2+Z_3}{Z_1 Z_3} & 1+\dfrac{Z_2}{Z_1} \end{bmatrix}$$

(5) 이상 변압기의 4단자 정수

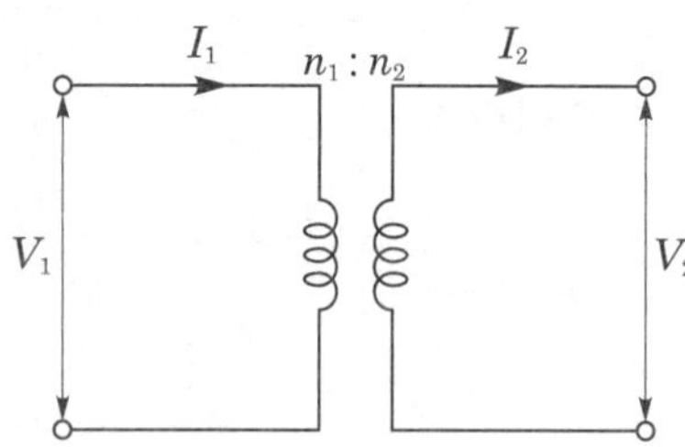

권수비 $a = \dfrac{n_1}{n_2}$

$$\begin{bmatrix} A & B \\ C & D \end{bmatrix} = \begin{bmatrix} a & 0 \\ 0 & \dfrac{1}{a} \end{bmatrix}$$

5 영상 파라미터

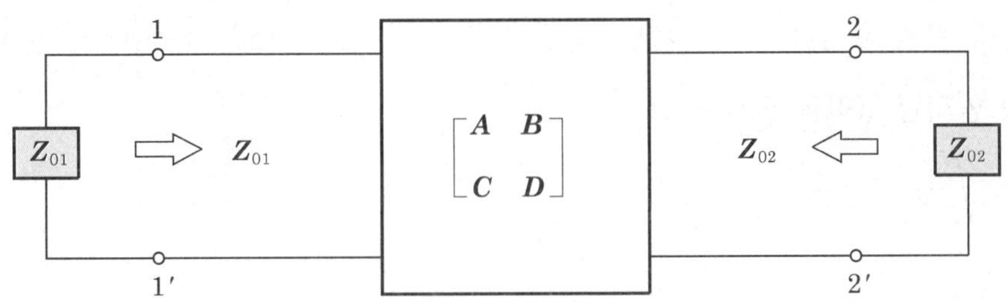

(1) 영상 임피던스

$$Z_{01}Z_{02}=\frac{B}{C},\ \frac{Z_{01}}{Z_{02}}=\frac{A}{D}$$

$$Z_{01}=\sqrt{\frac{AB}{CD}},\ Z_{02}=\sqrt{\frac{BD}{AC}}$$

대칭회로이면 $A=D$의 관계가 되므로 $Z_{01}=Z_{02}=\sqrt{\frac{B}{C}}$

(2) 영상 전달정수 θ

$$\theta=\log_e(\sqrt{AD}+\sqrt{BC})=\cosh^{-1}\sqrt{AD}=\sinh^{-1}\sqrt{BC}$$

(3) 영상 파라미터와 4단자 정수와의 관계

$$A=\sqrt{\frac{Z_{01}}{Z_{02}}}\cosh\theta,\ B=\sqrt{Z_{01}Z_{02}}\sinh\theta$$

$$C=\frac{1}{\sqrt{Z_{01}Z_{02}}}\sinh\theta,\ D=\sqrt{\frac{Z_{02}}{Z_{01}}}\cosh\theta$$

핵심 12 분포정수회로

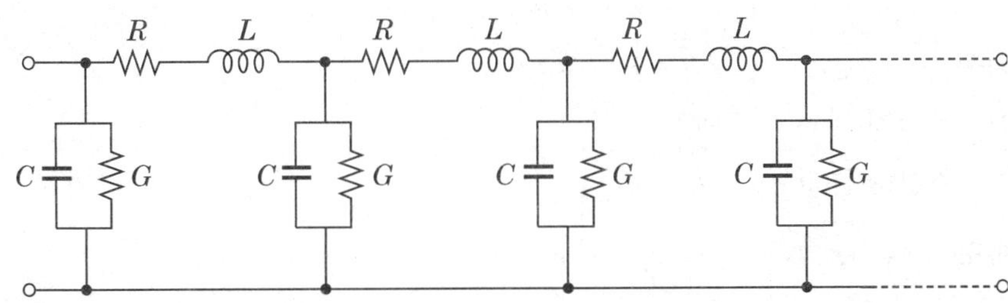

1 특성 임피던스와 전파정수

선로의 직렬 임피던스 $\boldsymbol{Z} = R + j\omega L[\Omega/\mathrm{m}]$, 병렬 어드미턴스 $\boldsymbol{Y} = G + j\omega C[\mho/\mathrm{m}]$

(1) 특성 임피던스(파동 임피던스)

$$\boldsymbol{Z}_0 = \sqrt{\frac{\boldsymbol{Z}}{\boldsymbol{Y}}} = \sqrt{\frac{R + j\omega L}{G + j\omega C}}\ [\Omega]$$

(2) 전파정수

$$\gamma = \sqrt{\boldsymbol{ZY}} = \sqrt{(R + j\omega L)\cdot(G + j\omega C)} = \alpha + j\beta$$

여기서, α : 감쇠정수

β : 위상정수

2 무손실 선로

(1) 조건 : $R = 0$, $G = 0$

(2) 특성 임피던스 : $Z_0 = \sqrt{\frac{Z}{Y}} = \sqrt{\frac{R + j\omega L}{G + j\omega C}} = \sqrt{\frac{L}{C}}\ [\Omega]$

(3) 전파정수 : $\gamma = \sqrt{ZY} = \sqrt{(R + j\omega L)(G + j\omega C)} = j\omega\sqrt{LC} = \alpha + j\beta$

여기서, 감쇠정수 $\alpha = 0$

위상정수 $\beta = \omega\sqrt{LC}$

(4) 파장 : $\lambda = \frac{2\pi}{\beta} = \frac{1}{f\sqrt{LC}}\ [\mathrm{m}]$

(5) 전파속도 : $v = \lambda f = \frac{\omega}{\beta} = \frac{1}{\sqrt{LC}}\ [\mathrm{m/s}]$

3 무왜형 선로

(1) 조건 : $\frac{R}{L} = \frac{G}{C}$ 또는 $LG = RC$

(2) 특성 임피던스 : $Z_0 = \sqrt{\frac{Z}{Y}} = \sqrt{\frac{R + j\omega L}{G + j\omega C}} = \sqrt{\frac{L}{C}}\ [\Omega]$

(3) 전파정수 : $\gamma = \sqrt{ZY} = \sqrt{RG} + j\omega\sqrt{LC} = \alpha + j\beta$

여기서, 감쇠정수 $\alpha = \sqrt{RG}$

위상정수 $\beta = \omega\sqrt{LC}$

(4) 전파속도 : $v = \lambda f = \frac{\omega}{\beta} = \frac{1}{\sqrt{LC}}\ [\mathrm{m/s}]$

4 유한장 선로 해석

(1) 분포정수회로의 전파 방정식

$$V_S = AV_R + BI_R = \cosh\gamma l\, V_R + Z_0 \sinh\gamma l\, I_R$$

$$I_S = CV_R + DI_R = \frac{1}{Z}\sinh\gamma l\, V_R + \cosh\gamma l I_R$$

여기서, V_S, I_S : 송전단 전압과 전류

V_R, I_R : 수전단 전압과 전류

(2) 특성 임피던스

$$Z_0 = \sqrt{Z_{SS} \cdot Z_{SO}}\,[\Omega]$$

여기서, Z_{SS} : 수전단을 단락하고 송전단에서 측정한 임피던스

Z_{SO} : 수전단을 개방하고 송전단에서 측정한 임피던스

(3) 전압 반사계수

반사계수 $\rho = \dfrac{Z_L - Z_0}{Z_L + Z_0}$

여기서, Z_L : 부하 임피던스

Z_0 : 특성 임피던스

핵심 13 라플라스 변환

1 정의식

어떤 시간 함수 $f(t)$를 복소 함수 $F(s)$로 바꾸는 것

$$F(s) = \mathcal{L}[f(t)]$$

$$= \int_0^\infty f(t)e^{-st}\,dt$$

2 기본 함수의 라플라스 변환표

구 분	함수명	$f(t)$	$F(s)$
1	단위 임펄스 함수	$\delta(t)$	1
2	단위 계단 함수	$u(t)=1$	$\frac{1}{s}$
3	지수 감쇠 함수	e^{-at}	$\frac{1}{s+a}$
4	단위 램프 함수	t	$\frac{1}{s^2}$
5	포물선 함수	t^2	$\frac{2}{s^3}$
6	n차 램프 함수	t^n	$\frac{n!}{s^{n+1}}$
7	정현파 함수	$\sin\omega t$	$\frac{\omega}{s^2+\omega^2}$
8	여현파 함수	$\cos\omega t$	$\frac{s}{s^2+\omega^2}$
9	쌍곡 정현파 함수	$\sinh at$	$\frac{a}{s^2-a^2}$
10	쌍곡 여현파 함수	$\cosh at$	$\frac{s}{s^2-a^2}$

3 라플라스 변환 기본 정리

선형 정리	$\mathcal{L}[af_1(t)\pm bf_2(t)]=aF_1(s)\pm bF_2(s)$
복소추이 정리	$\mathcal{L}[e^{\pm at}f(t)]=F(s\mp a)$
복소 미분 정리	$\mathcal{L}[tf(t)]=-\frac{d}{ds}F(s)$
시간추이 정리	$\mathcal{L}[f(t-a)]=e^{-as}F(s)$
실미분 정리	$\mathcal{L}\left[\frac{d}{dt}f(t)\right]=sF(s)-f(0)$
실적분 정리	$\mathcal{L}\left[\int f(t)\,dt\right]=\frac{1}{s}F(s)+\frac{1}{s}f^{(-1)}(0)$
초기값 정리	$f(0)=\lim_{t\to 0}f(t)=\lim_{s\to\infty}sF(s)$
최종값 정리(정상값 정리)	$f(\infty)=\lim_{t\to\infty}f(t)=\lim_{s\to 0}sF(s)$

4 복소추이 적용 함수의 라플라스 변환표

구 분	함수명	$f(t)$	$F(s)$
1	지수 감쇠 램프 함수	te^{-at}	$\dfrac{1}{(s+a)^2}$
2	지수 감쇠 포물선 함수	t^2e^{-at}	$\dfrac{2}{(s+a)^3}$
3	지수 감쇠 n차 램프 함수	t^ne^{-at}	$\dfrac{n!}{(s+a)^{n+1}}$
4	지수 감쇠 정현파 함수	$e^{-at}\sin\omega t$	$\dfrac{\omega}{(s+a)^2+\omega^2}$
5	지수 감쇠 여현파 함수	$e^{-at}\cos\omega t$	$\dfrac{s+a}{(s+a)^2+\omega^2}$
6	지수 감쇠 쌍곡 정현파 함수	$e^{-at}\sinh\omega t$	$\dfrac{\omega}{(s+a)^2-\omega^2}$
7	지수 감쇠 쌍곡 여현파 함수	$e^{-at}\cosh\omega t$	$\dfrac{s+a}{(s+a)^2-\omega^2}$

5 기본 함수의 역라플라스 변환표

구 분	$F(s)$	$f(t)$	구 분	$F(s)$	$f(t)$
1	1	$\delta(t)$	7	$\dfrac{1}{(s+a)^2}$	te^{-at}
2	$\dfrac{1}{s}$	$u(t)=1$	8	$\dfrac{n!}{(s+a)^{n+1}}$	t^ne^{-at}
3	$\dfrac{1}{s^2}$	t	9	$\dfrac{\omega}{s^2+\omega^2}$	$\sin\omega t$
4	$\dfrac{2}{s^3}$	t^2	10	$\dfrac{s}{s^2+\omega^2}$	$\cos\omega t$
5	$\dfrac{n!}{s^{n+1}}$	t^n	11	$\dfrac{\omega}{(s+a)^2+\omega^2}$	$e^{-at}\sin\omega t$
6	$\dfrac{1}{s+a}$	e^{-at}	12	$\dfrac{s+a}{(s+a)^2+\omega^2}$	$e^{-at}\cos\omega t$

6 부분 분수에 의한 역라플라스 변환

(1) 실수 단근인 경우

$$F(s)=\frac{Z(s)}{(s-p_1)(s-p_2)}=\frac{K_1}{(s-p_1)}+\frac{K_2}{(s-p_2)}$$

* 유수 정리

$$K_1=(s-p_1)F(s)\big|_{s=p_1}=\frac{Z(s)}{(s-p_2)}\bigg|_{s=p_1}$$

$$K_2=(s-p_2)F(s)\big|_{s=p_2}=\frac{Z(s)}{(s-p_1)}\bigg|_{s=p_2}$$

(2) 중복근이 있는 경우

$$F(s)=\frac{1}{(s+1)^2(s+2)}=\frac{K_{11}}{(s+1)^2}+\frac{K_{12}}{(s+1)}+\frac{K_2}{(s+2)}$$

* 유수 정리

$$K_{11}=\frac{1}{s+2}\bigg|_{s=-1}=1$$

$$K_{12}=\frac{d}{ds}\frac{1}{s+2}\bigg|_{s=-1}=\frac{-1}{(s+2)^2}\bigg|_{s=-1}=-1$$

$$K_2=\frac{1}{(s+1)^2}\bigg|_{s=-2}=1$$

$$F(s)=\frac{1}{(s+1)^2}-\frac{1}{s+1}+\frac{1}{s+2}$$

$$f(t)=te^{-t}-e^{-t}+e^{-2t}$$

핵심 14 전달함수

1 전달함수의 정의

모든 초기값을 0으로 했을 때 입력신호의 라플라스 변환과 출력신호의 라플라스 변환의 비

전달함수 $G(s)=\dfrac{\mathcal{L}[c(t)]}{\mathcal{L}[r(t)]}=\dfrac{C(s)}{R(s)}$

2 전기회로의 전달함수

(1) 전압비 전달함수인 경우

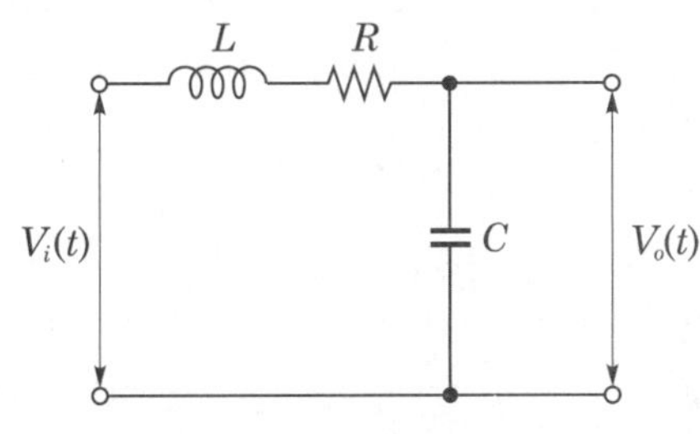

$$G(s)=\frac{V_o(s)}{V_i(s)}=\frac{\text{출력 임피던스}}{\text{입력 임피던스}}=\frac{\frac{1}{Cs}}{Ls+R+\frac{1}{Cs}}$$

(2) 전류에 대한 전압비 전달함수인 경우

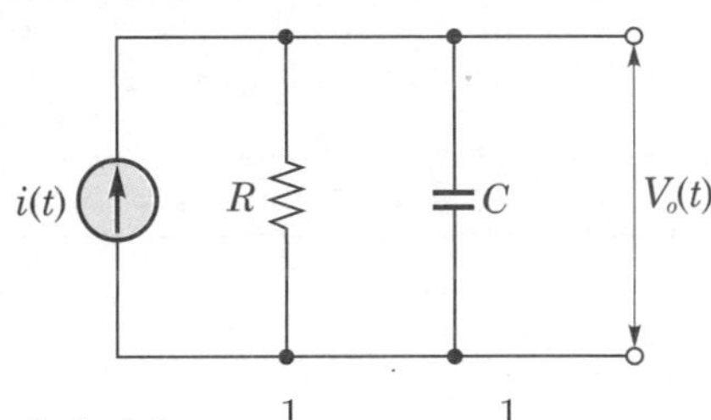

$$G(s)=\frac{V(s)}{I(s)}=\text{합성 임피던스}=\frac{1}{Y(s)}=\frac{1}{\frac{1}{R}+Cs}$$

(3) 전압에 대한 전류비 전달함수인 경우

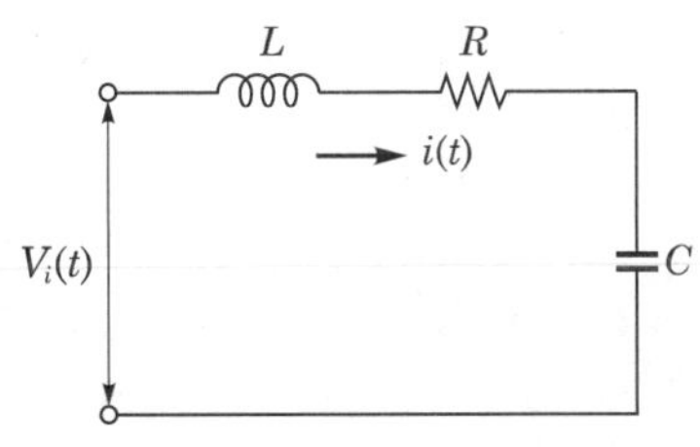

$$G(s)=\frac{I(s)}{V_i(s)}=\text{합성 어드미턴스}=\frac{1}{Z(s)}=\frac{1}{Ls+R+\frac{1}{Cs}}$$

3 제어요소의 전달함수

비례요소	$G(s)=K$
미분요소	$G(s)=Ks$ C, e_i, R, e_o ▌미분회로▐
적분요소	$G(s)=\dfrac{K}{s}$ R, e_i, C, e_o ▌적분회로▐
1차 지연요소	$G(s)=\dfrac{K}{Ts+1}$
2차 지연요소	$G(s)=\dfrac{K{\omega_n}^2}{s^2+2\delta\omega_n s+{\omega_n}^2}$
부동작 시간요소	$G(s)=Ke^{-Ls}$

4 자동제어계의 시간 응답

(1) **임펄스 응답** : 단위 임펄스 입력의 입력신호에 대한 응답

(2) **인디셜 응답** : 단위 계단 입력의 입력신호에 대한 응답

(3) **경사 응답** : 단위 램프 입력의 입력신호에 대한 응답

핵심 15 과도 현상

1 $R-L$ 직렬의 직류회로

(1) 직류전압을 인가하는 경우

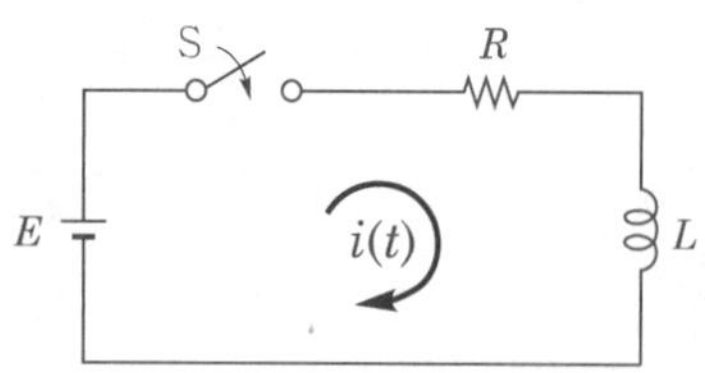

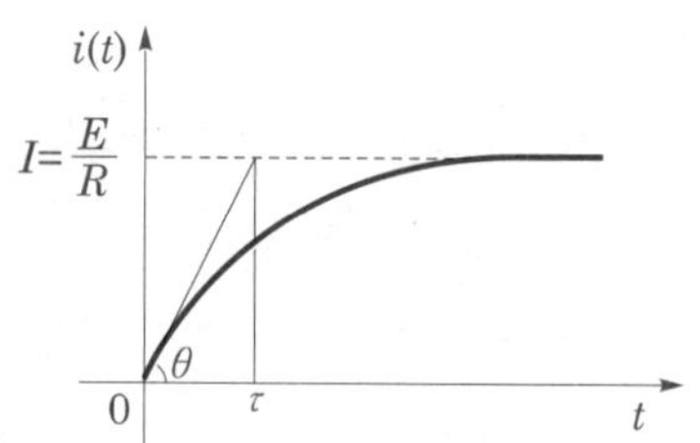

① 전류 : $i(t) = \frac{E}{R}\left(1 - e^{-\frac{R}{L}t}\right)$[A]

② 시정수 : $\tau = \frac{L}{R}$[s]

③ 특성근$= -\frac{1}{\text{시정수}} = -\frac{R}{L}$

④ 시정수에서의 전류값 : $i(\tau) = 0.632\frac{E}{R}$[A]

(2) 직류전압을 제거하는 경우

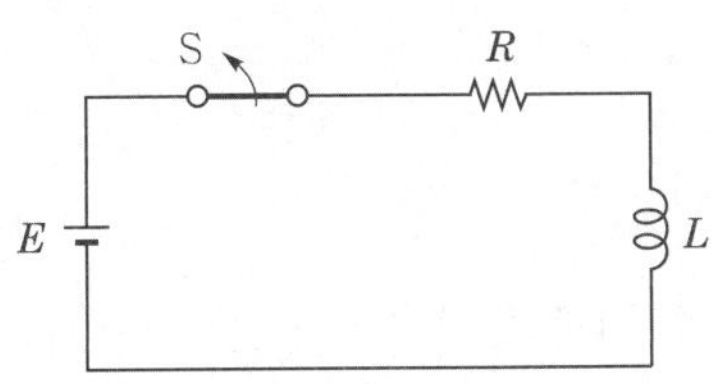

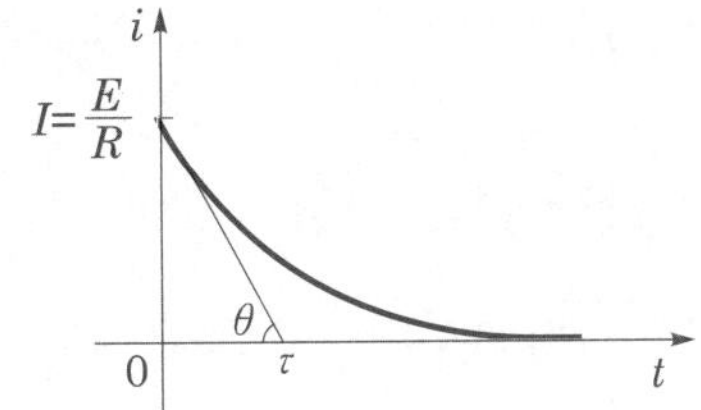

① 전류 : $i(t) = \frac{E}{R}e^{-\frac{R}{L}t}$[A]

② 시정수 : $\tau = \frac{L}{R}$[s]

③ 시정수에서의 전류값 : $i(\tau) = 0.368\frac{E}{R}$[A]

2 $R-C$ 직렬의 직류회로

(1) 직류전압을 인가하는 경우

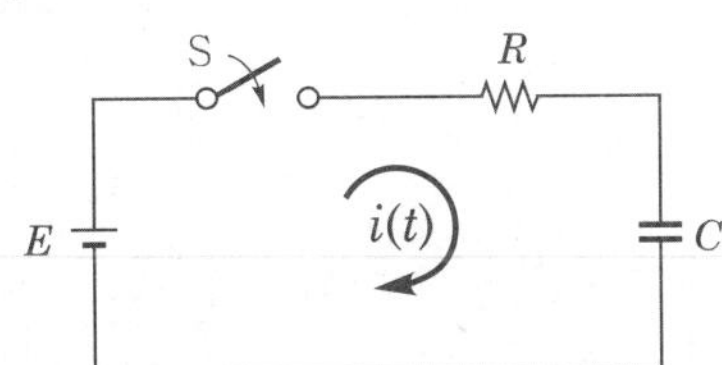

① 전류 : $i(t) = -\frac{E}{R}e^{-\frac{1}{RC}t}$[A]

② 시정수 : $\tau = RC$[s]

③ 전하 : $q(t) = CE\left(1 - e^{-\frac{1}{RC}t}\right)$[C]

(2) 직류전압을 제거하는 경우

① 전류 : $i(t) = -\frac{E}{R}e^{-\frac{1}{RC}t}$[A]

② 시정수 : $\tau = RC$[s]

③ 전하 : $q(t) = CEe^{-\frac{1}{RC}t}$[C]

3 $L-C$ 직렬회로 직류전압 인가 시

(1) 전류 : $i(t)=E\sqrt{\dfrac{C}{L}}\sin\dfrac{1}{\sqrt{LC}}t$[A]

(2) 전하 : $q(t)=CE\left(1-\cos\dfrac{1}{\sqrt{LC}}t\right)$[C]

(3) C의 단자 전압 : $V_C=\dfrac{q}{C}=E\left(1-\cos\dfrac{1}{\sqrt{LC}}t\right)$[V]

C의 양단의 전압 V_C의 최대 전압은 인가 전압의 2배까지 되어 고전압 발생 회로로 이용된다.

4 $R-L-C$ 직렬회로 직류전압 인가 시

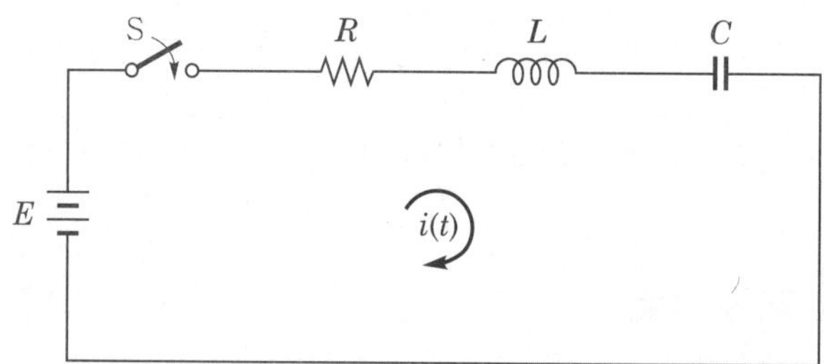

* 진동 여부 판별식

① $R^2-4\dfrac{L}{C}=\left(\dfrac{R}{2L}\right)^2-\dfrac{1}{LC}=0$: 임계진동

② $R^2-4\dfrac{L}{C}=\left(\dfrac{R}{2L}\right)^2-\dfrac{1}{LC}>0$: 비진동

③ $R^2-4\dfrac{L}{C}=\left(\dfrac{R}{2L}\right)^2-\dfrac{1}{LC}<0$: 진동

5 R, L, C 소자의 시간에 대한 특성

소 자	$t=0$	$t=\infty$
R	R	R
L	개방상태	단락상태
C	단락상태	개방상태

6 $R-L$ 직렬회로에 교류전압을 인가하는 경우

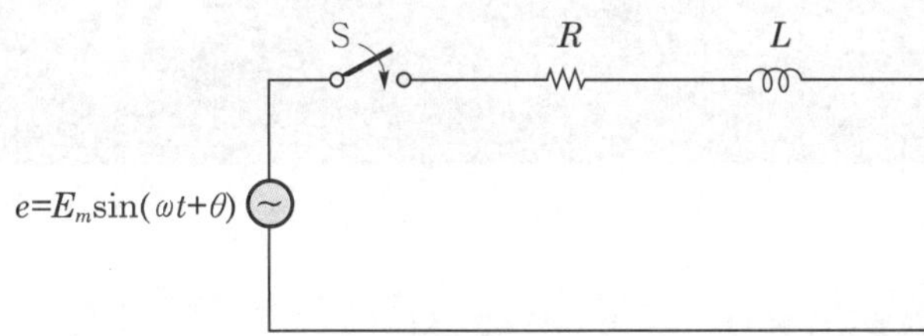

전류 $i=\dfrac{E_m}{Z}\left[\sin(\omega t+\theta-\phi)-e^{-\frac{R}{L}t}\sin(\theta-\phi)\right]$

과도전류가 생기지 않을 조건은 $\theta=\phi=\tan^{-1}\dfrac{\omega L}{R}$

05 CHAPTER 제어공학

핵심 01 자동제어계의 요소 및 구성

1 자동제어계의 종류

(1) 개루프제어계의 특징

① 구조가 간단하고 설치비가 저렴하다.
② 입력과 출력을 비교하는 장치가 없어 오차를 교정할 수가 없다.

(2) 피드백제어계의 특징

① 목표값을 정확히 달성할 수 있다.
② 시스템 특성 변화에 대한 입력 대 출력의 감도가 감소한다.
③ 대역폭이 증가한다.
④ 제어계가 복잡해지고 제어기의 가격이 비싸다.
⑤ 반드시 필요한 장치는 입력과 출력을 비교하는 장치이며 출력을 검출하는 센서가 필요하다.

2 궤환(feedback)제어계의 구성

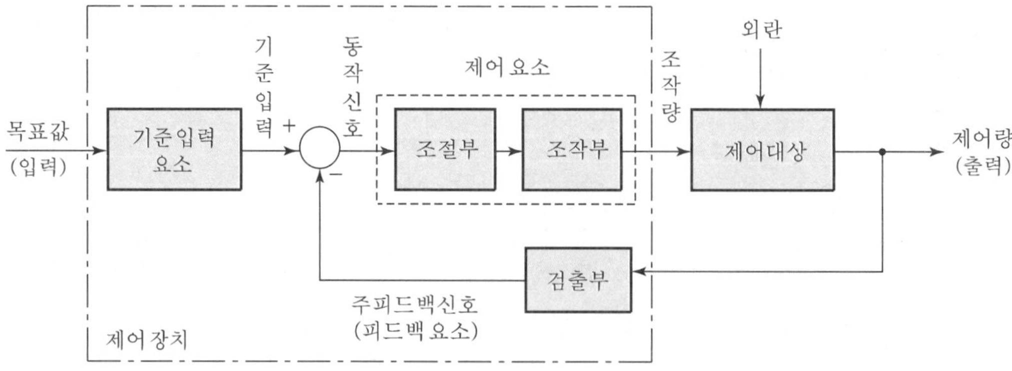

3 자동제어계의 제어량에 의한 분류

(1) 서보기구

물체의 위치, 방위, 자세 등을 제어량으로 하는 추치제어

(2) 프로세스제어

제어량인 온도, 유량, 압력, 액위, 농도, 밀도 등 공정제어의 제어량

(3) 자동조정제어

전압, 전류, 주파수, 회전속도, 힘 등 전기적, 기계적 양을 주로 제어

4 자동제어계의 목표값 설정에 의한 분류

(1) 정치제어

목표값이 시간적 변화에 따라 항상 일정한 제어

(2) 추치제어

목표값이 시간적 변화에 따라 변화하는 것

① 추종제어 : 목표값이 시간적으로 임의로 변하는 경우의 제어
  예 유도미사일, 추적용 레이더

② 프로그램제어 : 목표값의 변화가 미리 정해져 있어 그 정해진 대로 변화시키는 것
  예 무인열차, 무인자판기, 엘리베이터

③ 비율제어 : 목표값이 다른 것과 일정한 비율을 유지하도록 제어

5 자동제어계의 제어동작에 의한 분류

(1) 비례동작(P동작)

$x_o = K_P x_i$

① 잔류편차(offset)가 발생한다.

② 속응성(응답속도)이 나쁘다.

(2) 적분동작(I동작)

$$x_o = \frac{1}{T_I}\int x_i dt$$

잔류편차(offset)를 없앨 수 있다.

(3) 미분동작(D동작)

$$x_o = T_D \frac{dx_i}{dt}$$

오차가 커지는 것을 미연에 방지한다.

(4) 비례적분동작(PI동작)

$$x_o = K_P\left(x_i + \frac{1}{T_I}\int x_i dt\right)$$

정상특성을 개선하여 잔류편차(offset)를 제거한다.

(5) 비례미분동작(PD동작)

$$x_o = K_P\left(x_i + T_D\frac{dx_i}{dt}\right)$$

속응성(응답속도) 개선에 사용된다.

(6) 비례적분미분동작(PID동작)

$$x_o = K_P\left(x_i + \frac{1}{T_I}\int x_i dt + T_D\frac{dx_i}{dt}\right)$$

잔류편차(offset)를 제거하고 속응성(응답속도)도 개선되므로 안정한 최적 제어이다.

핵심 02 전달함수

1 전달함수의 정의

모든 초기값을 0으로 했을 때 입력신호의 라플라스 변환과 출력신호의 라플라스 변환의 비

전달함수 $G(s) = \frac{\mathcal{L}[c(t)]}{\mathcal{L}[r(t)]} = \frac{C(s)}{R(s)}$

2 전기계와 물리계의 유추해석

전기계	병진운동계	회전운동계
전하 : Q	변위 : y	각변위 : θ
전류 : I	속도 : v	각속도 : ω
전압 : E	힘 : F	토크 : T
저항 : R	마찰저항 : B	회전마찰 : B
인덕턴스 : L	질량 : M	관성모멘트 : J
정전용량 : C	스프링상수 : K	비틀림강도 : K

핵심 03 블록선도와 신호흐름선도

1 블록선도의 기본기호

명 칭	심 벌	내 용
전달요소	$G(s)$	입력신호를 받아서 적당히 변환된 출력신호를 만드는 부분으로 네모 속에는 전달함수를 기입한다.
화살표	$A(s) \rightarrow G(s) \rightarrow B(s)$	신호의 흐르는 방향을 표시하며 $A(s)$는 입력, $B(s)$는 출력이므로 $B(s)=G(s)\cdot A(s)$로 나타낼 수 있다.
가합점	$A(s)$, $B(s)$, $C(s)$, $+$, $\pm$	두 가지 이상의 신호가 있을 때 이들 신호의 합과 차를 만드는 부분으로 $B(s)=A(s)\pm C(s)$가 된다.
인출점 (분기점)	$A(s)$, $B(s)$, $C(s)$	한 개의 신호를 두 계통으로 분기하기 위한 점으로 $A(s)=B(s)=C(s)$가 된다.

2 블록선도의 기본접속

(1) 직렬접속

$$G(s)=\frac{C(s)}{R(s)}=G_1(s)\cdot G_2(s)$$

(2) 병렬접속

$$G(s)=\frac{C(s)}{R(s)}=G_1(s)\pm G_2(s)$$

(3) 피드백접속(궤환접속)

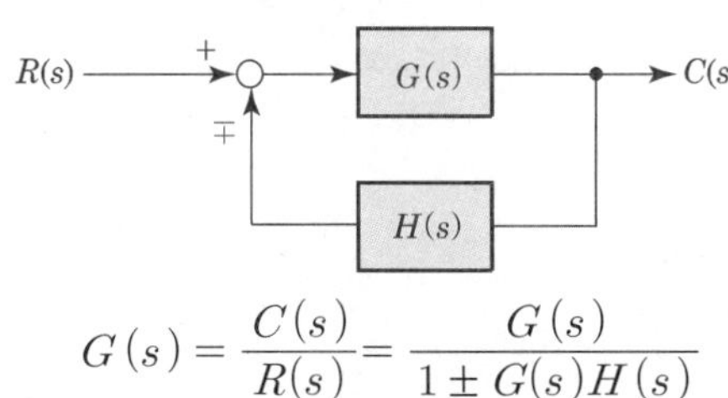

$$G(s)=\frac{C(s)}{R(s)}=\frac{G(s)}{1\pm G(s)H(s)}$$

3 블록선도의 등가변환

구 분	블록선도	블록선도의 등가변환
가합점의 앞으로 이동	$R(s)$, G, $+$, $\pm$, $C(s)$, $B(s)$	$R(s)$, $+$, $\pm$, G, $C(s)$, $B(s)$, $\frac{1}{G}$
가합점의 뒤로 이동	$R(s)$, $+$, $\pm$, G, $C(s)$, $B(s)$	$R(s)$, G, $+$, $\pm$, $C(s)$, $B(s)$, G
인출점의 앞으로 이동	$R(s)$, G, $C(s)$, $C(s)$	$R(s)$, G, $C(s)$, G, $C(s)$
인출점의 뒤로 이동	$R(s)$, G, $C(s)$, $R(s)$	$R(s)$, G, $C(s)$, $\frac{1}{G}$, $R(s)$

4 블록선도의 용어

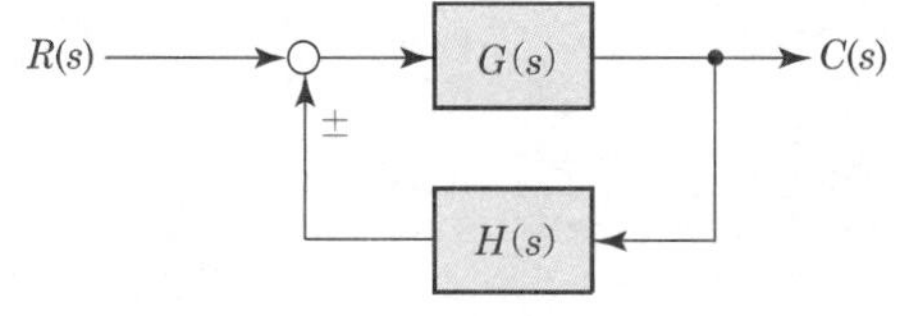

전달함수 $\dfrac{C(s)}{R(s)} = \dfrac{G(s)}{1 \mp G(s)H(s)}$

(1) $H(s)$: 피드백 전달함수

(2) $G(s)H(s)$: 개루프 전달함수

(3) $H(s) = 1$**인 경우** : 단위 궤환제어계

(4) **특성방정식 :** 전달함수의 분모가 0이 되는 방정식

$$1 \mp G(s)H(s) = 0$$

(5) **영점(O) :** 전달함수의 분자가 0이 되는 s의 근

(6) **극점(×)** : 전달함수의 분모가 0이 되는 s의 근

5 신호흐름선도의 이득공식

메이슨(Mason)의 정리 : $M(s) = \dfrac{C}{R} = \dfrac{\sum_{k=1}^{n} G_k \Delta_k}{\Delta}$

(1) G_k : k번째의 전향경로(forword path)이득

(2) Δ_k : k번째의 전향경로와 접하지 않은 부분에 대한 Δ의 값

$\Delta = 1 - \sum L_{n1} + \sum L_{n2} - \sum L_{n3} + \cdots$

(3) $\sum L_{n1}$: 개개의 폐루프의 이득의 합

(4) $\sum L_{n2}$: 2개 이상 접촉하지 않는 loop 이득의 곱의 합

(5) $\sum L_{n3}$: 3개 이상 접촉하지 않는 loop 이득의 곱의 합

6 증폭기

(1) 이상적인 연산증폭기의 특성

① 입력임피던스 : $Z_i = \infty$

② 출력임피던스 : $Z_o = 0$

③ 전압이득 : $A = \infty$

(2) 연산증폭기의 종류

① 가산기

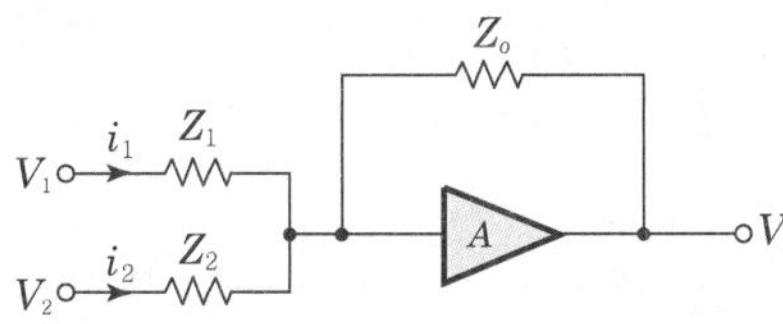

$$V_o = -Z_o\left(\frac{V_1}{Z_1} + \frac{V_2}{Z_2}\right)$$

② 미분기

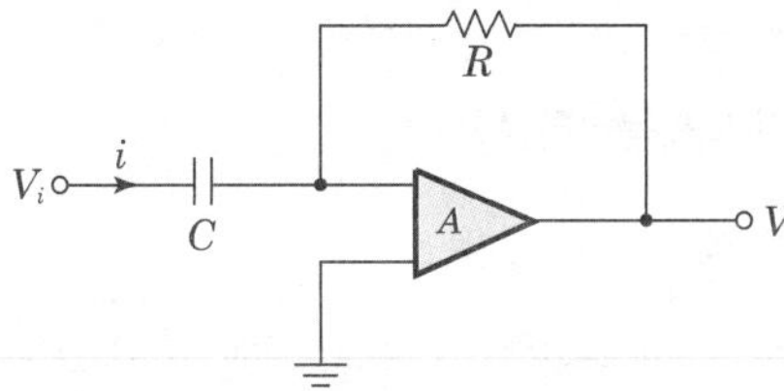

$$V_o = -RC\frac{dV_i}{dt}$$

③ 적분기

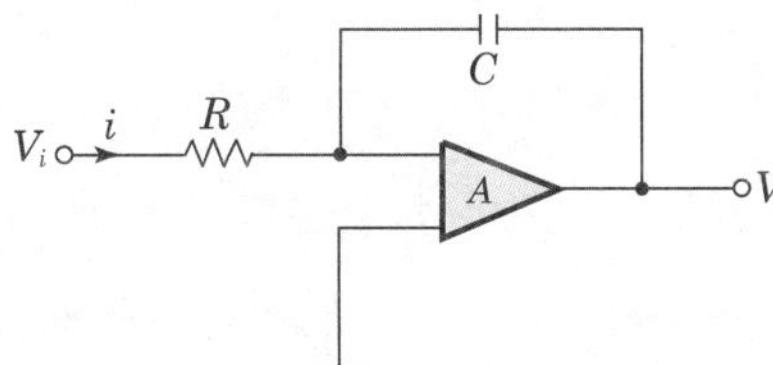

$$V_o = -\frac{1}{RC}\int V_i dt$$

핵심 04 제어계의 과도응답 및 정상편차

1 과도응답

(1) **임펄스응답** : $y(t)=\mathcal{L}^{-1}[Y(s)]=\mathcal{L}^{-1}[G(s)\cdot 1]$

(2) **계단(인디셜)응답** : $y(t)=\mathcal{L}^{-1}[Y(s)]=\mathcal{L}^{-1}\left[G(s)\cdot \dfrac{1}{s}\right]$

(3) **경사(램프)응답** : $y(t)=\mathcal{L}^{-1}[Y(s)]=\mathcal{L}^{-1}\left[G(s)\cdot \dfrac{1}{s^2}\right]$

2 시간응답특성

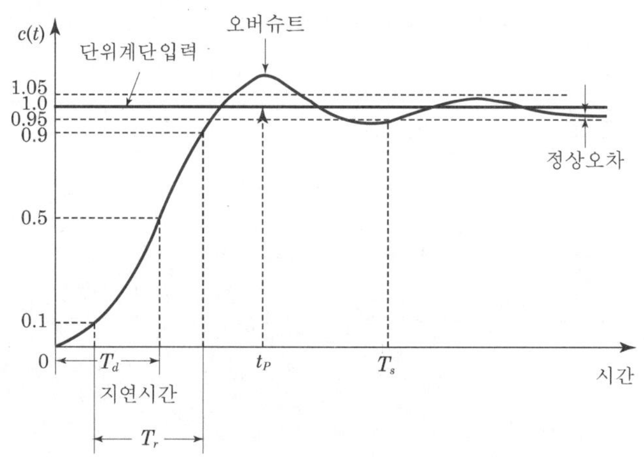

▌대표적인 계단응답의 과도응답특성▐

(1) **오버슈트(overshoot)** : 입력과 출력 사이의 최대 편차량

(2) **지연시간(delay time)** : 응답이 최초로 목표값의 50[%]가 되는 데 요하는 시간

(3) **감쇠비(decay ratio)** : 과도응답의 소멸되는 속도를 나타내는 양

$$감쇠비=\frac{제2오버슈트}{최대\ 오버슈트}$$

(4) **상승시간(rise time)** : 응답이 목표값의 10[%]부터 90[%]까지 도달하는 데 요하는 시간

(5) **정정시간(settling time)** : 응답이 목표값의 ±5[%] 이내에 도달하는 데 요하는 시간

3 특성방정식의 근의 위치와 응답곡선

s 평면상의 근 위치	응답곡선
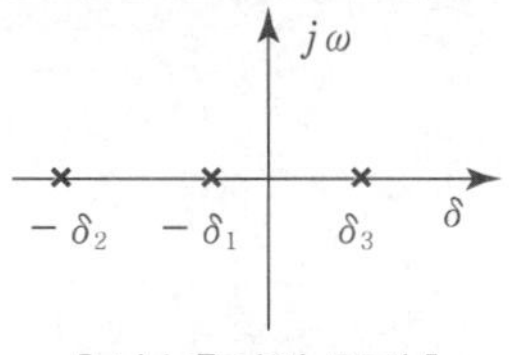 ▌실수축상에 존재▌	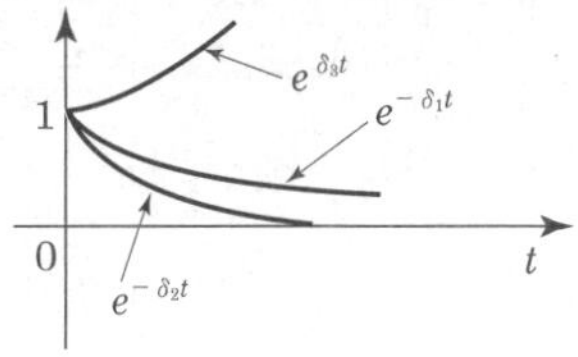
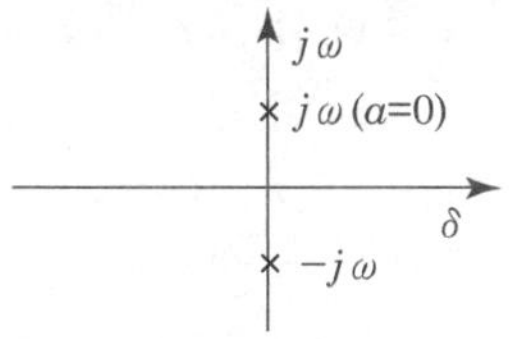 ▌허수축상에 존재▌	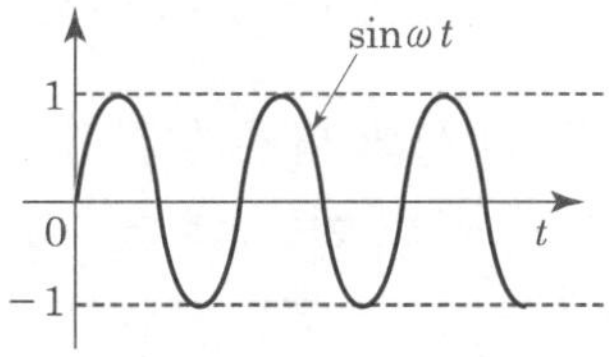
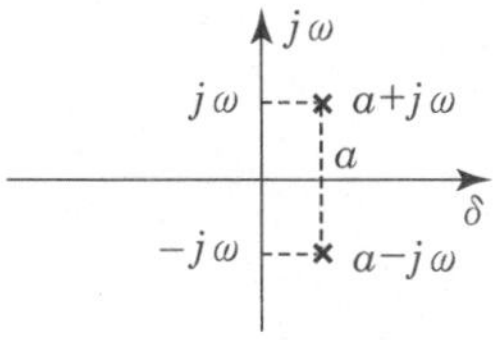 ▌우반부에 존재▌	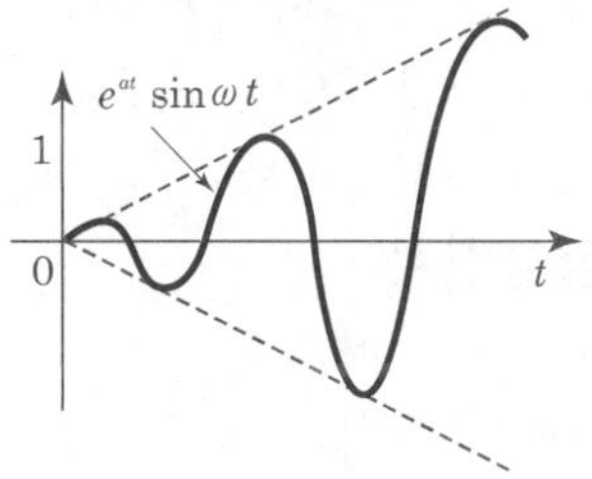 진동이 점점 증가되므로 불안정하다.
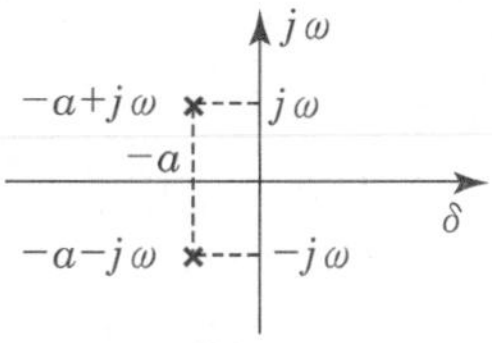 ▌좌반부에 존재▌	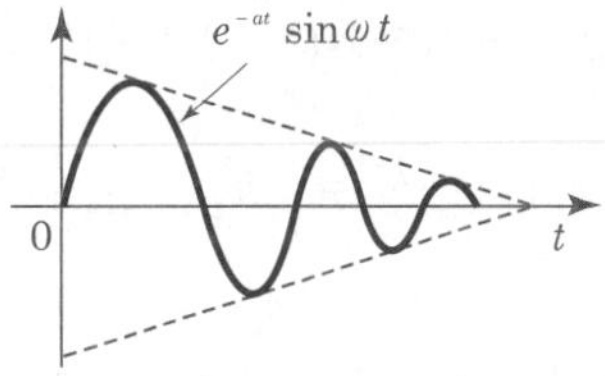 진동이 점점 적어지므로 안정하다.

따라서, 특성방정식의 근(극점)의 위치에 따른 안정특성은 다음과 같다.

(1) **특성방정식의 근(극점)이 좌반부에 존재** : 안정

(2) **특성방정식의 근(극점)이 우반부에 존재** : 불안정

(3) **특성방정식의 근(극점)이 허수축상에 존재** : 임계안정

4 2차계의 과도응답

$$G(s) = \frac{C(s)}{R(s)} = \frac{\omega_n^2}{s^2 + 2\delta\omega_n s + \omega_n^2}$$

(1) 특성방정식

$$s^2 + 2\delta\omega_n s + \omega_n^2 = 0$$

(2) 특성방정식의 근

$s_1,\ s_2 = -\delta\omega_n \pm j\omega_n\sqrt{1-\delta^2} = -\sigma \pm j\omega$

① δ : 제동비 또는 감쇠계수

② ω_n : 자연주파수 또는 고유주파수

③ $\sigma = \delta\omega_n$: 제동계수

④ $\tau = \dfrac{1}{\sigma} = \dfrac{1}{\delta\omega_n}$: 시정수

⑤ $\omega = \omega_n\sqrt{1-\delta^2}$: 실제 주파수 또는 감쇠 진동주파수

(3) 제동비(δ)에 따른 응답

① $\delta < 1$인 경우 : 부족제동

② $\delta = 1$인 경우 : 임계제동

③ $\delta > 1$인 경우 : 과제동

④ $\delta = 0$인 경우 : 무제동

5 정상편차

$$e_{ss} = \lim_{s \to 0} s\left[\frac{R(s)}{1+G(s)}\right]$$

(1) 정상위치편차(e_{ssp}) : $e_{ssp} = \dfrac{1}{1+K_p}$

위치편차상수 : $K_p = \lim\limits_{s \to 0} G(s)$

(2) 정상속도편차(e_{ssv}) : $e_{ssv} = \dfrac{1}{K_v}$

속도편차상수 : $K_v = \lim\limits_{s \to 0} s\,G(s)$

(3) 정상가속도편차(e_{ssa}) : $e_{ssa} = \dfrac{1}{K_a}$

가속도편차상수 : $K_a = \lim\limits_{s \to 0} s^2\,G(s)$

6 제어계의 형 분류

개루프(loop) 전달함수 $G(s)H(s)$의 원점에서의 극점의 수

$G(s)H(s) = \dfrac{K}{s^n}$

(1) $n=0$일 때 0형 제어계 : $G(s)H(s)=K$

(2) $n=1$일 때 1형 제어계 : $G(s)H(s)=\dfrac{K}{s}$

(3) $n=2$일 때 2형 제어계 : $G(s)H(s)=\dfrac{K}{s^2}$

7 제어계의 형에 따른 정상편차와 편차상수

제어계 형	편차상수			정상편차			비 고
	K_p	K_v	K_a	위치편차	속도편차	가속도편차	
0	K	0	0	$\dfrac{R}{1+K}$	∞	∞	• 계단입력 : $\dfrac{R}{s}$ • 속도입력 : $\dfrac{R}{s^2}$ • 가속도입력 : $\dfrac{R}{s^3}$
1	∞	K	0	0	$\dfrac{R}{K}$	∞	
2	∞	∞	K	0	0	$\dfrac{R}{K}$	
3	∞	∞	∞	0	0	0	

8 감도

폐루프 전달함수 T의 미분감도 : $S_K^T=\dfrac{K}{T}\dfrac{dT}{dK}$

핵심 05 주파수응답

1 제어요소의 벡터궤적

(1) 미분요소 : $G(s)=s$

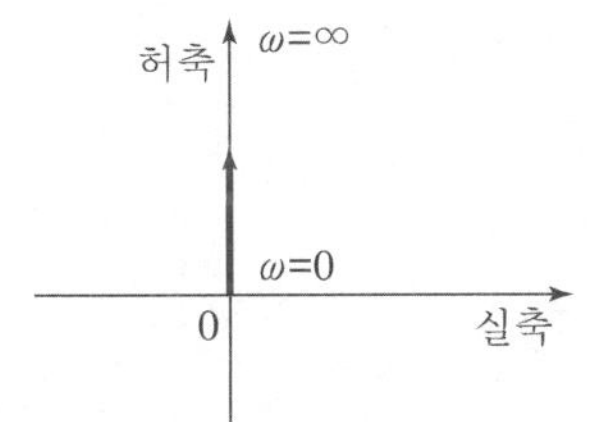

(2) 적분요소 : $G(s)=\dfrac{1}{s}$

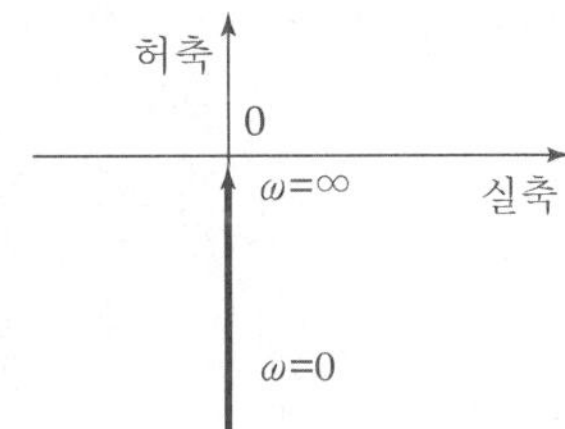

(3) 1차 지연요소 : $G(s) = \frac{1}{1+Ts}$

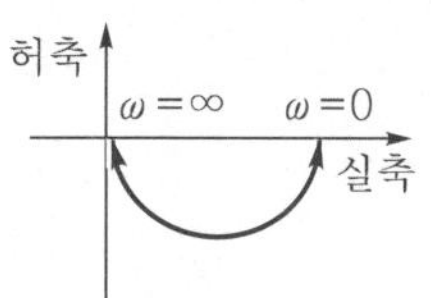

(4) 부동작시간 요소 : $G(s) = e^{-Ls}$

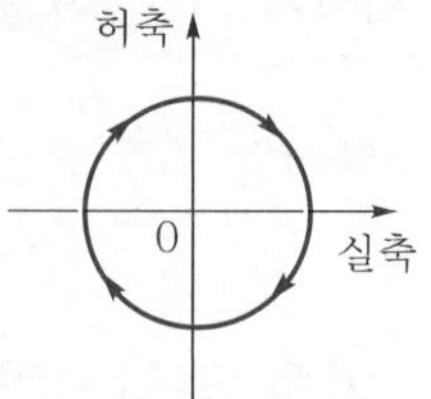

2 1형 제어계의 벡터궤적

(1) $G(s) = \frac{K}{s(1+Ts)}$ 의 벡터궤적

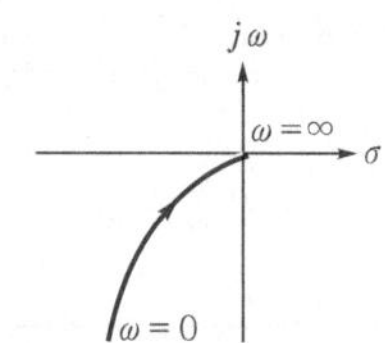

(2) $G(s) = \frac{K}{s(1+T_1 s)(1+T_2 s)}$ 의 벡터궤적

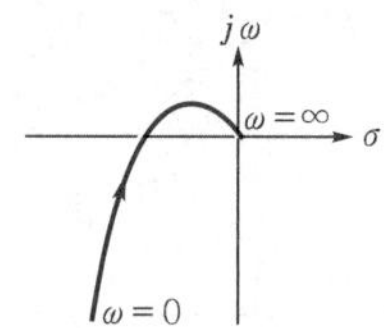

3 보드선도

(1) 미분요소 : $G(s) = s$

이득 : $g = 20\log_{10}|G(j\omega)| = 20\log_{10}\omega$

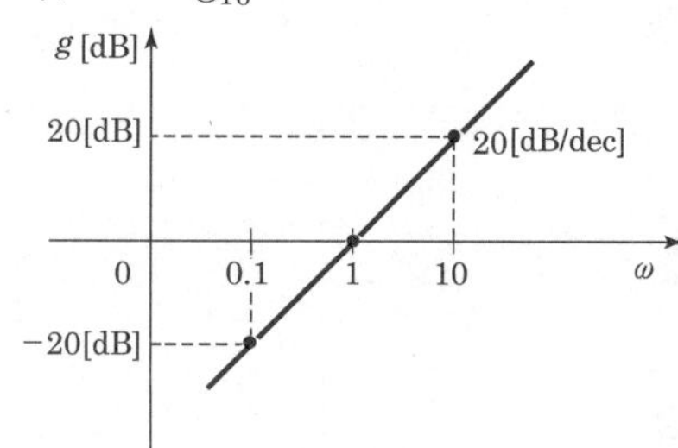

(2) 적분요소 : $G(s) = \frac{1}{s}$

이득 : $g = 20\log_{10}|G(j\omega)| = -20\log_{10}\omega$

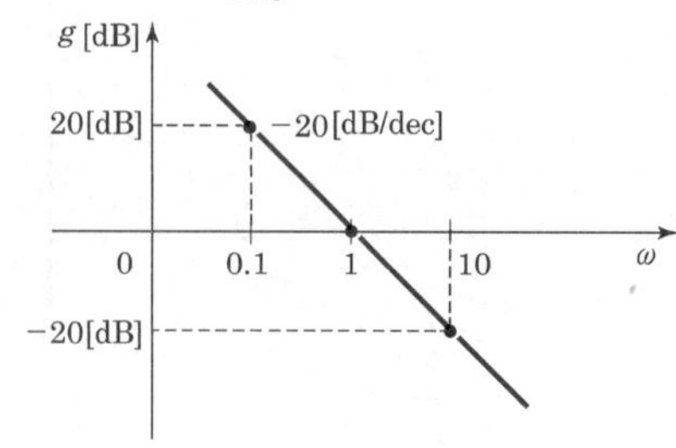

(3) **1차 앞선요소** : $G(s) = 1 + Ts$

이득 : $g = 20\log|G(j\omega)| = 20\log|1 + j\omega T|$

$= 20\log\sqrt{1+\omega^2 T^2}$ [dB]

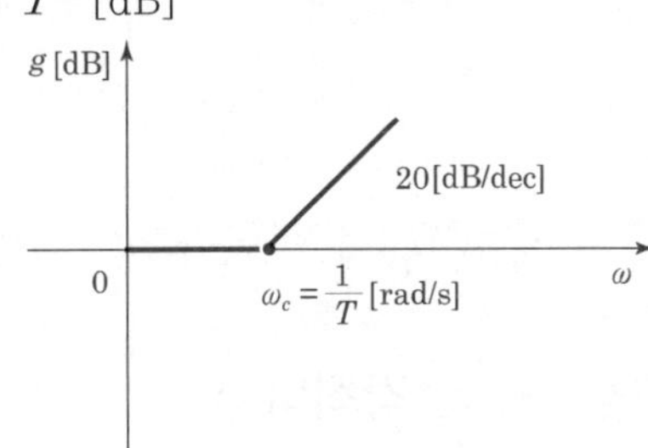

(4) **1차 지연요소** : $G(s) = \dfrac{1}{1+Ts}$

이득 : $g = 20\log|G(j\omega)| = 20\log_{10}\left|\dfrac{1}{1+j\omega T}\right|$

$= 20\log_{10}\dfrac{1}{\sqrt{1+(\omega T)^2}}$ [dB]

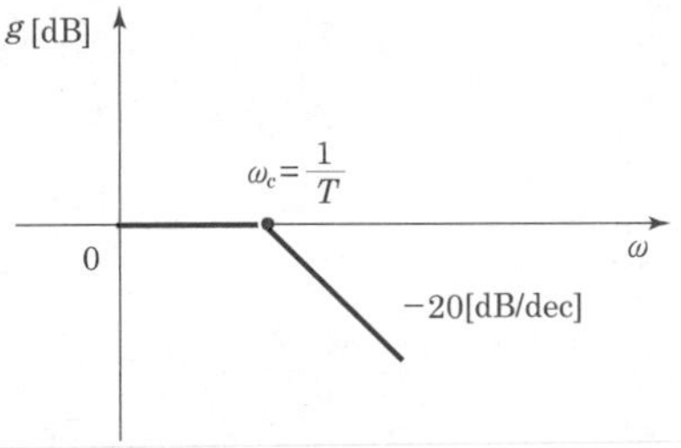

4 주파수특성에 관한 제정수

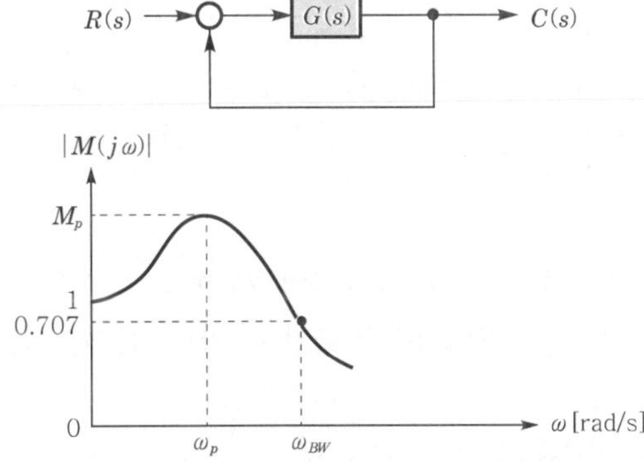

(1) **공진정점(M_p)**

최적 M_p의 값은 1.1과 1.5 사이(보통 1.3)

(2) **공진주파수(ω_p)**

공진정점이 일어나는 주파수

(3) **대역폭(BW : band width)**

폐루프 주파수 전달함수의 크기 $|M(j\omega)|=0.707\left(\frac{1}{\sqrt{2}}\right)$, 즉 이득 $g=-3$[dB]일 때의 주파수

(4) **분리도**

분리도가 예리하면 큰 공진정점(M_p)을 동반하므로 불안정하기가 쉽다.

5 2차 제어계의 공진정점 M_p와 감쇠비 δ

2차 제어계의 전달함수

$$M(s)=\frac{C(s)}{R(s)}=\frac{{\omega_n}^2}{s^2+2\delta\omega_n s+{\omega_n}^2}$$

(1) **공진정점** : $M_p=\dfrac{1}{2\delta\sqrt{1-\delta^2}}$

(2) **공진주파수** : $\omega_p=\omega_n\sqrt{1-2\delta^2}$

핵심 06 안정도

1 안정도 판별

(1) **특성방정식의 근의 위치에 따른 안정도**

특성방정식의 근, 즉 극점의 위치가 복소평면의 좌반부에 존재 시에는 제어계는 안정하고 우반부에 극점의 위치가 존재하면 불안정하게 된다.

(2) **안정 필요조건**

① 특성방정식의 모든 차수가 존재하여야 한다.
② 특성방정식의 모든 차수의 계수부호가 같아야 한다. 즉, 부호 변화가 없어야 한다.

2 라우스의 안정도 판별법

라우스의 표에서 제1열의 원소부호를 조사

(1) **제1열의 부호 변화가 없다** : 안정

특성방정식의 근이 s평면상의 좌반부에 존재한다.

(2) 제1열의 부호 변화가 있다 : 불안정

제1열의 부호 변화의 횟수만큼 특성방정식의 근이 s평면상의 우반부에 존재하는 근의 수가 된다.

3 나이퀴스트의 안정도 판별법

개루프 전달함수 $G(s)H(s)$의 나이퀴스트선도를 그리고 이것을 ω 증가하는 방향으로 따라갈 때 $(-1,\ +j0)$점이 왼쪽(좌측)에 있으면 제어계는 안정하고 $(-1,\ +j0)$점이 오른쪽(우측)에 있으면 제어계는 불안정하다.

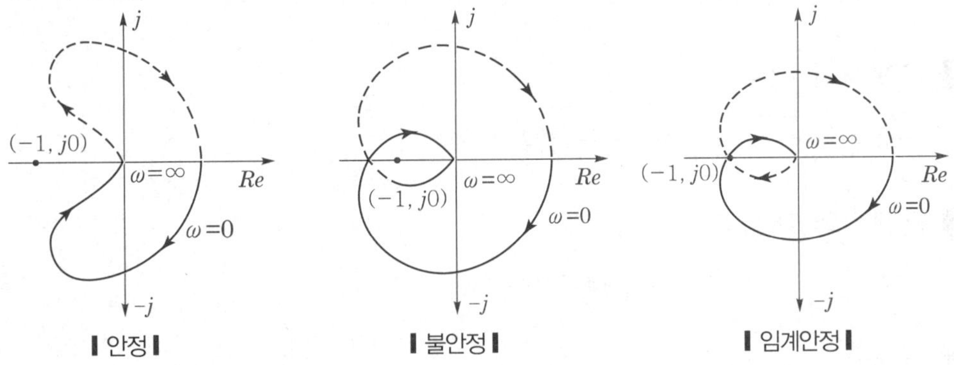

▍안정▍ ▍불안정▍ ▍임계안정▍

4 이득여유와 위상여유

(1) 이득여유(GM)

$$GM = 20\log\frac{1}{|GH_c|_{\omega=\omega_c}}\,[\mathrm{dB}]$$

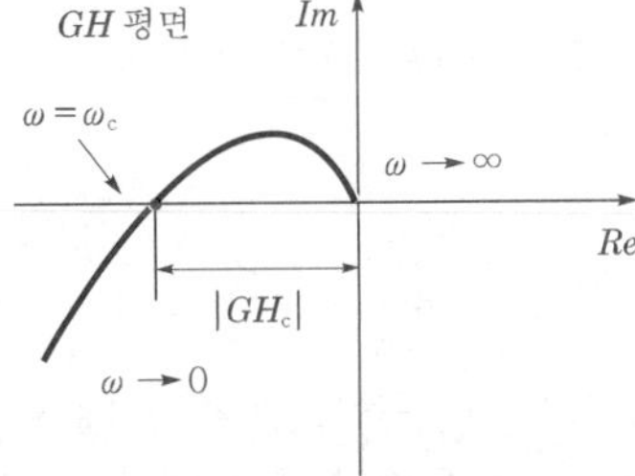

(2) 위상여유(PM)

단위원과 나이퀴스트선도와의 교차점을 이득교차점이라 하며, 이득교차점을 표시하는 벡터가 부(−)의 실축과 만드는 각

(3) 안정계에 요구되는 여유

① 이득여유$(GM) = 4 \sim 12$[dB]

② 위상여유$(PM) = 30 \sim 60°$

핵심 07 근궤적 – 근궤적 작도법

1 근궤적의 출발점

근궤적은 $G(s)H(s)$의 극점으로부터 출발한다.

2 근궤적의 종착점

근궤적은 $G(s)H(s)$의 영점에서 끝난다.

3 근궤적의 개수

근궤적의 개수는 z와 p 중 큰 것과 일치한다.

4 근궤적의 대칭성

근궤적은 실수축에 대하여 대칭이다.

5 근궤적의 점근선

점근선의 각도 : $a_k = \dfrac{(2K+1)\pi}{p-z}$

여기서, $K=0,\ 1,\ 2,\ \cdots\ (K=p-z$까지)

6 점근선의 교차점

$$\sigma = \frac{\sum G(s)H(s)\text{의 극점} - \sum G(s)H(s)\text{의 영점}}{p-z}$$

7 실수축상의 근궤적

$G(s)H(s)$의 실극과 실영점으로 실축이 분할될 때 어느 구간에서 오른쪽으로 실축상의 극점과 영점을 헤아려 갈 때 만일 총수가 홀수이면 그 구간에 근궤적이 존재하고, 짝수이면 존재하지 않는다.

8 근궤적과 허수축 간의 교차점

라우스 –후르비츠의 판별법으로부터 구할 수 있다.

9 실수축상에서의 분지점(이탈점)

분지점은 $\dfrac{dK}{ds}=0$인 조건을 만족하는 s의 근을 의미한다.

핵심 08 상태공간 해석 및 샘플값제어

1 상태방정식

계통방정식이 n차 미분방정식일 때 이것을 n개의 1차 미분방정식으로 바꾸어서 행렬을 이용하여 표현한 것

$\dot{x}(t) = Ax(t) + Br(t)$

여기서, A : 시스템행렬(계수행렬)

B : 제어행렬

2 상태천이행렬

$\Phi(t) = \mathcal{L}^{-1}[(sI-A)^{-1}]$

3 특성방정식

$|sI-A| = 0$

특성방정식의 근을 고유값이라 한다.

4 기본 함수의 z 변환표

시간함수	s 변환	z 변환
단위 임펄스 함수 $\delta(t)$	1	1
단위 계단 함수 $u(t)$	$\frac{1}{s}$	$\frac{z}{z-1}$
단위 램프 함수 t	$\frac{1}{s^2}$	$\frac{Tz}{(z-1)^2}$
지수 감쇠 함수 e^{-at}	$\frac{1}{s+a}$	$\frac{z}{z-e^{-aT}}$
지수 감쇠 램프 함수 te^{-at}	$\frac{1}{(s+a)^2}$	$\frac{Tze^{-aT}}{(z-e^{-aT})^2}$
정현파 함수 $\sin\omega t$	$\frac{\omega}{s^2+\omega^2}$	$\frac{z\sin\omega T}{z^2-2z\cos\omega T+1}$
여현파 함수 $\cos\omega t$	$\frac{s}{s^2+\omega^2}$	$\frac{z(z-\cos\omega T)}{z^2-2z\cos\omega T+1}$
$1-e^{-at}$	$\frac{a}{s(s+a)}$	$\frac{(1-e^{-aT})z}{(z-1)(z-e^{-aT})}$

5 z 변환의 정리

(1) 초기값 정리 : $\lim_{k \to 0} r(kT) = \lim_{z \to \infty} R(z)$

(2) 최종값 정리 : $\lim_{k \to \infty} r(kT) = \lim_{z \to 1} (1 - z^{-1}) R(z)$

$$= \lim_{z \to 1} \left(1 - \frac{1}{z}\right) R(z)$$

6 역 z 변환

역 z변환은 부분 분수를 이용하며 $\frac{R(z)}{z}$의 형태를 이용하여 구한다.

7 복소(s)평면과 z 평면과의 관계

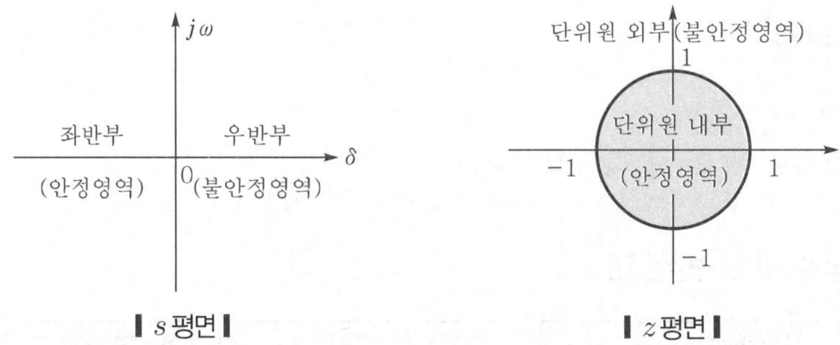

▌s 평면▐ ▌z 평면▐

제어계가 안정되기 위해서는 제어계의 z변환 특성방정식 $1+GH(z)=0$의 근이 $|z|=1$인 단위원 내에만 존재하여야 하고, 이들 특성근이 하나라도 $|z|=1$의 단위원 밖에 위치하면 불안정한 계를 이룬다. 또한 단위원주상에 위치할 때는 임계안정을 나타낸다.

핵심 09 시퀀스제어

1 시퀀스 기본회로

회 로	논리식	논리회로
AND회로	$X = A \cdot B$	A, B → X
OR회로	$X = A + B$	A, B → X
NOT회로	$X = \overline{A}$	A → X

회 로	논리식	논리회로
NAND회로	$X=\overline{A \cdot B}$	A B X
NOR회로	$X=\overline{A+B}$	A B X

2 Exclusive OR회로

(1) 유접점회로

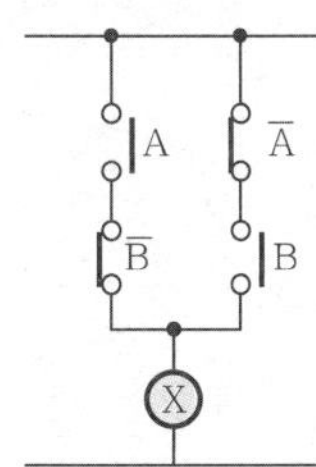

(2) 논리식

$$X=\overline{A}\cdot B+A\cdot\overline{B}=\overline{AB}(A+B)=A\oplus B$$

(3) 논리회로

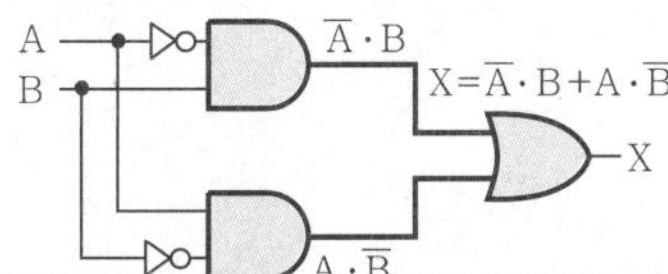

3 불대수의 정리

(1) $A+A=A$
(2) $\overline{A}\cdot\overline{A}=\overline{A}$
(3) $\overline{A}+\overline{A}=\overline{A}$
(4) $A\cdot A=A$
(5) $\overline{A}+A=1$
(6) $A\cdot\overline{A}=0$
(7) $A+0=A$
(8) $A\cdot 0=0$
(9) $A\cdot 1=A$

4 드모르간의 정리

(1) $\overline{A+B}=\overline{A}\cdot\overline{B}$

(2) $\overline{A\cdot B}=\overline{A}+\overline{B}$

5 부정의 법칙

(1) $\overline{\overline{A}}=A$

(2) $\overline{\overline{A\cdot B}}=A\cdot B$

(3) $\overline{\overline{A+B}}=A+B$

6 카르노맵의 간이화

(1) 진리표의 변수의 개수에 따라 2변수, 3변수, 4변수의 카르노맵을 작성한다.

(2) 카르노맵에서 가능하면 옥텟 → 쿼드 → 페어의 순으로 큰 루프로 묶는다.

(3) 맵에서 1은 필요에 따라서 여러 번 사용해도 된다.

(4) 만약에 어떤 그룹의 1이 다른 그룹에도 해당될 때에는 그 그룹은 생략해도 된다.

(5) 각 그룹을 AND로, 전체를 OR로 결합하여 논리곱의 합 형식의 논리함수로 만든다.

MEMO

06 CHAPTER 전기설비기술기준

핵심 01 저압 전기설비

1 공통 및 일반사항

(1) 전압의 구분

① 저압 : 교류는 1[kV] 이하, 직류는 1.5[kV] 이하인 것
② 고압 : 교류는 1[kV]를, 직류는 1.5[kV]를 초과하고 7[kV] 이하인 것
③ 특고압 : 7[kV]를 초과하는 것

(2) 안전 원칙

① 전기설비는 감전, 화재 그 밖에 사람에게 위해(危害)를 주거나 물건에 손상을 줄 우려가 없도록 시설하여야 한다.
② 전기설비는 사용목적에 적절하고 안전하게 작동하여야 하며, 그 손상으로 인하여 전기 공급에 지장을 주지 않도록 시설하여야 한다.
③ 전기설비는 다른 전기설비, 그 밖의 물건의 기능에 전기적 또는 자기적인 장해를 주지 않도록 시설하여야 한다.

(3) 전선의 식별(교류)

상(문자)	색상
L1	갈색
L2	흑색
L3	회색
N	청색
보호도체	녹색 – 노란색

(4) 저압 절연전선

① 비닐절연전선
② 저독성 난연 폴리올레핀절연전선
③ 저독성 난연 가교폴리올레핀절연전선
④ 고무절연전선

(5) 용어 정의

① 보호접지 : 고장 시 감전에 대한 보호를 목적으로 기기의 한 점 또는 여러 점을 접지하는 것

② **계통접지** : 전력계통에서 돌발적으로 발생하는 이상현상에 대비하여 대지와 계통을 연결하는 것으로, 중성점을 대지에 접속하는 것
③ **기본보호(직접접촉에 대한 보호)** : 정상운전 시 기기의 충전부에 직접 접촉함으로써 발생할 수 있는 위험으로부터 인축을 보호하는 것
④ **고장보호(간접접촉에 대한 보호)** : 고장 시 기기의 노출도전부에 간접 접촉함으로써 발생할 수 있는 위험으로부터 인축을 보호하는 것
⑤ **보호도체(PE)** : 감전에 대한 보호 등 안전을 위해 제공되는 도체
⑥ **접지도체** : 계통, 설비 또는 기기의 한 점과 접지극 사이의 도전성 경로 또는 그 경로의 일부가 되는 도체
⑦ **리플프리직류** : 교류를 직류로 변환할 때 리플성분의 실효값이 10[%] 이하로 포함된 직류
⑧ **관등회로** : 방전등용 안정기 또는 방전등용 변압기로부터 방전관까지의 전로
⑨ **단독운전** : 전력계통의 일부가 전력계통의 전원과 전기적으로 분리된 상태에서 분산형 전원에 의해서만 운전되는 상태
⑩ **단순 병렬운전** : 자가용 발전설비 또는 저압 소용량 일반용 발전설비를 배전계통에 연계하여 운전하되, 생산한 전력의 전부를 자체적으로 소비하기 위한 것으로서 생산한 전력이 연계계통으로 송전되지 않는 병렬 형태
⑪ **분산형 전원** : 중앙급전 전원과 구분되는 것으로서 전력소비지역 부근에 분산하여 배치 가능한 전원(비상용 예비전원 제외. 신·재생에너지 발전설비, 전기저장장치 포함)
⑫ **스트레스전압** : 지락고장 중에 접지부분 또는 기기나 장치의 외함과 기기나 장치의 다른 부분 사이에 나타나는 전압
⑬ **제2차 접근상태** : 가공 전선이 다른 시설물과 접근하는 경우에 그 가공 전선이 다른 시설물의 위쪽 또는 옆쪽에서 수평거리로 3[m] 미만인 곳에 시설되는 상태
⑭ **지중관로** : 지중전선로·지중약전류전선로·지중광섬유케이블선로·지중에 시설하는 수관 및 가스관과 이와 유사한 것 및 이들에 부속하는 지중함 등
⑮ **전로** : 통상의 사용상태에서 전기가 통하고 있는 곳
⑯ **전기철도용 급전선** : 전기철도용 변전소로부터 다른 전기철도용 변전소 또는 전차선에 이르는 전선
⑰ **전기철도용 급전선로** : 전기철도용 급전선 및 이를 지지하거나 수용하는 시설물
⑱ **겸용도체**
   ㉠ PEN : 교류회로에서 중성선 겸용 보호도체
   ㉡ PEM : 직류회로에서 중간선 겸용 보호도체
   ㉢ PEL : 직류회로에서 선도체 겸용 보호도체
⑲ **저압 절연전선**
   ㉠ 450/750[V] 비닐절연전선
   ㉡ 450/750[V] 저독성 난연 폴리올레핀절연전선
   ㉢ 450/750[V] 저독성 난연 가교폴리올레핀절연전선
   ㉣ 450/750[V] 고무절연전선

(6) 전선의 접속

① 전기저항을 증가시키지 아니하도록 접속
② 세기를 20[%] 이상 감소시키지 아니할 것
③ 절연효력이 있는 것으로 충분히 피복
④ 코드 접속기·접속함 기타의 기구 사용
⑤ 전기적 부식이 생기지 않도록 할 것

2 전로의 절연

(1) 전로의 절연

① 전로의 절연 원칙
㉠ 전로는 대지로부터 절연
㉡ 절연하지 않아도 되는 경우 : 접지점, 시험용 변압기, 전기로 등

② 전로의 절연저항
㉠ 누설전류 $I_g \leq$ 최대공급전류(I_m)의 $\dfrac{1}{2,000}$[A]
㉡ 정전이 어려운 경우 I_g가 1[mA] 이하이면 적합

③ 저압 전로의 절연성능
㉠ 개폐기 또는 과전류차단기로 구분할 수 있는 전로마다 측정. 정한 값 이하
㉡ 기기 등은 측정 전에 분리
(분리가 어려운 경우 : 시험전압 250[V] DC, 절연저항값 1[MΩ] 이상)

전로의 사용전압[V]	DC시험전압[V]	절연저항[MΩ]
SELV 및 PELV	250	0.5
FELV, 500[V] 이하	500	1.0
500[V] 초과	1,000	1.0

(2) 절연내력시험

① 시험방법
㉠ 전로와 대지에 정한 시험전압, 10분간
㉡ 케이블의 직류시험 : 정한 시험전압의 2배, 10분간

② 정한 시험전압

전로의 종류(최대사용전압)		시험전압
7[kV] 이하		1.5배(최저 500[V])
중성선 다중 접지하는 것		0.92배
7[kV] 초과 60[kV] 이하		1.25배(최저 10.5[kV])
60[kV] 초과	중성점 비접지식	1.25배
	중성점 접지식	1.1배(최저 75[kV])
	중성점 직접 접지식	0.72배
170[kV] 초과 중성점 직접 접지		0.64배

(3) 변압기 절연내력시험

① 접지하는 곳
  ㉠ 시험되는 권선의 중성점 단자
  ㉡ 다른 권선의 임의의 1단자
  ㉢ 철심 및 외함

② 시험하는 곳 : 시험되는 권선의 중성점 단자 이외의 임의의 1단자와 대지 간

(4) 정류기 절연내력시험

60[kV] 이하	직류측의 최대사용전압의 1배의 교류전압 (최저 0.5[kV])	충전부분과 외함 10분간
60[kV] 초과	• 교류측의 1.1배의 교류전압 • 직류측의 1.1배의 직류전압	교류 및 직류 고전압측 단자와 대지 간 10분간

3 접지시스템

(1) 접지시스템의 구분 및 종류

① 접지시스템 구분 : 계통접지, 보호접지, 피뢰시스템 접지
② 접지시스템 시설 종류 : 단독(독립)접지, 공통접지, 통합접지

(2) 접지시스템의 시설

① 구성요소 : 접지극, 접지도체, 보호도체 및 기타 설비
② 접지극의 시설
  ㉠ 다음의 방법 중 하나 또는 복합하여 시설
    • 콘크리트에 매입된 기초 접지극
    • 토양에 매설된 기초 접지극
    • 토양에 수직 또는 수평으로 직접 매설된 금속전극
    • 케이블의 금속외장 및 그 밖에 금속피복
    • 지중 금속구조물(배관 등)
    • 대지에 매설된 철근콘크리트의 용접된 금속 보강재
  ㉡ 접지극의 매설
    • 토양을 오염시키지 않아야 하며, 가능한 다습한 부분에 설치
    • 지하 0.75[m] 이상 매설
    • 철주의 밑면으로부터 0.3[m] 이상 또는 금속체로부터 1[m] 이상
③ 수도관 접지극 사용
  ㉠ 지중에 매설되어 있고 대지와의 전기저항값이 3[Ω] 이하
  ㉡ 내경 75[mm] 이상에서 내경 75[mm] 미만인 수도관 분기
    • 5[m] 이하 : 3[Ω]
    • 5[m] 초과 : 2[Ω]

(3) 접지도체와 보호도체

① 접지도체 : 절연전선, 케이블

㉠ 보호도체의 최소 단면적 이상

㉡ 큰 고장전류가 접지도체를 통하여 흐르지 않을 경우
구리 : 6[mm^2] 이상, 철제 : 50[mm^2] 이상

㉢ 접지도체에 피뢰시스템이 접속되는 경우
구리 : 16[mm^2] 이상, 철제 : 50[mm^2] 이상

㉣ 고정 전기설비
- 특고압·고압 전기설비 : 6[mm^2] 이상
- 중성점 접지도체 : 16[mm^2] 이상
(단, 7[kV] 이하, 중성선 다중 접지 : 6[mm^2] 이상)

㉤ 이동 전기기기의 금속제외함
- 특고압·고압 : 10[mm^2] 이상
- 저압 : 다심 1개 도체 0.75[mm^2] 이상, 연동연선 1개 도체 1.5[mm^2] 이상

㉥ 지하 0.75[m]부터 지표상 2[m]까지 부분은 합성수지관 또는 몰드로 덮어야 한다.

② 보호도체 : 나도체, 절연도체, 케이블

㉠ 최소 단면적

상도체 단면적 S([mm^2], 구리)	보호도체([mm^2], 구리)
$S \leq 16$	S
$16 < S \leq 135$	16
$S > 35$	$S/2$

- 고장지속시간 5초 이하 : 단면적 $S = \dfrac{\sqrt{I^2 t}}{k}$ [mm^2]
- 기계적 손상에 대해 보호
  - 보호되는 경우 : 구리 2.5[mm^2], 알루미늄 16[mm^2] 이상
  - 보호되지 않는 경우 : 구리 4[mm^2], 알루미늄 16[mm^2] 이상

㉡ 보호도체의 보강 : 10[mA] 이상, 구리 10[mm^2], 알루미늄 16[mm^2] 이상

㉢ 보호도체와 계통도체 겸용(PEN)
- 겸용도체는 고정된 전기설비에서만 사용
- 구리 10[mm^2] 또는 알루미늄 16[mm^2] 이상

(4) 등전위본딩도체

① 가장 큰 보호접지도체 단면적의 0.5배 이상
구리 도체 6[mm^2], 알루미늄 도체 16[mm^2], 강철 도체 50[mm^2]

② 보조 보호등전위본딩도체 : 보호도체의 0.5배 이상

(5) 주접지단자

① 다음의 도체 접속

㉠ 등전위본딩도체

㉡ 접지도체

ⓒ 보호도체

ⓓ 기능성 접지도체

② 각 접지도체는 개별적으로 분리, 접지저항 편리하게 측정

(6) 저압수용가 접지

① 중성선 또는 접지측 전선에 추가 접지 : 건물 철골 3[Ω] 이하

② 접지도체는 공칭단면적 6[mm^2] 이상

③ 주택 등 저압수용장소 접지

ⓐ TN-C-S 방식 적용

ⓑ 감전보호용 등전위본딩

ⓒ 겸용도체(PEN) : 구리 10[mm^2] 이상

4 고압 · 특고압 접지계통

(1) 변압기 중성점 접지

① 중성점 접지저항값

ⓐ 1선 지락전류로 150을 나눈 값과 같은 저항값

ⓑ 저압 전로의 대지전압이 150[V] 초과하는 경우

- 1초 초과 2초 이내 차단하는 장치 설치할 때 300을 나눈 값
- 1초 이내 차단하는 장치 설치할 때 600을 나눈 값

② 지락전류 : 실측치, 선로정수 계산

(2) 공통접지 및 통합접지

① 대지전위상승(EPR) 요건의 스트레스 전압

ⓐ 고장지속시간 5초 이하 : 1,200[V] 이하

ⓑ 고장지속시간 5초 초과 : 250[V] 이하

② 저압설비 허용상용주파 과전압

지락고장시간[초]	과전압[V]	비 고
> 5	$U_0 + 250$	U_0는 선간전압
≤ 5	$U_0 + 1,200$	

③ 서지보호장치 설치

(3) 기계기구의 철대 및 외함의 접지

① 외함에는 접지공사 시행

② 접지공사를 하지 아니해도 되는 경우

ⓐ 사용전압이 직류 300[V], 교류 대지전압 150[V] 이하

ⓑ 목재 마루, 절연성의 물질, 절연대, 고무 합성수지 등의 절연물, 2중 절연

ⓒ 절연변압기(2차 전압 300[V] 이하, 정격용량 3[kVA] 이하)

㉣ 인체감전보호용 누전차단기 설치
- 정격감도전류 30[mA] 이하(위험한 장소, 습기있는 곳 15[mA])
- 동작시간 0.03초 이하, 전류동작형

(4) 혼촉에 의한 위험방지시설

① 고압 또는 특고압과 저압의 혼촉 : 변압기 중성점 또는 1단자에 접지공사

② 특고압 전로와 저압 전로를 결합 : 접지저항값이 10[Ω] 이하

③ 가공 공동지선(가공 접지도체)

㉠ 인장강도 5.26[kN] 이상 또는 직경 4[mm] 이상 경동선의 가공 접지도체를 저압 가공전선에 준하여 시설

㉡ 변압기시설 장소에서 200[m]

㉢ 변압기를 중심으로 지름 400[m]

㉣ 합성 전기저항치는 1[km]마다 규정의 접지저항값 이하

㉤ 각 접지선의 접지저항치 : $R = \frac{150}{I} \times n \leq 300[\Omega]$

④ 저압 가공전선의 1선을 겸용

(5) 혼촉방지판이 있는 변압기에 접속하는 저압 옥외전선의 시설 등

① 저압전선은 1구내 시설

② 전선은 케이블

③ 병가하지 말 것(고압 케이블은 병가 가능)

(6) 특고압과 고압의 혼촉 등에 의한 위험방지시설

① 고압측 단자 가까운 1극에 사용전압의 3배 이하에 방전하는 장치 시설

② 피뢰기를 고압 전로의 모선에 시설하면 정전방전 장치 생략

(7) 전로의 중성점 접지

① 목적 : 보호장치의 확실한 동작 확보, 이상전압 억제, 대지전압 저하

② 접지도체 : 공칭단면적 16[mm^2] 이상 연동선(저압 6[mm^2] 이상)

5 감전보호용 등전위본딩

(1) 등전위본딩의 적용

건축물 · 구조물에서 접지도체, 주접지단자와 다음의 도전성 부분은 등전위본딩한다.

① 수도관 · 가스관 등 외부에서 내부로 인입되는 금속배관

② 건축물 · 구조물의 철근, 철골 등 금속보강재

③ 일상생활에서 접촉이 가능한 금속제 난방배관 및 공조설비 등 계통 외 도전부

(2) 등전위본딩 시설

① 건축물 · 구조물의 외부에서 내부로 들어오는 각종 금속제 배관

㉠ 1개소에 집중하여 인입하고, 수용장소 인입구 부근에서 서로 접속하여 등전위본딩 바에 접속

㉡ 대형 건축물 등으로 1개소에 집중하여 인입하기 어려운 경우에는 본딩도체를 1개의 본딩 바에 연결

② 수도관 · 가스관의 경우 내부로 인입된 최초의 밸브 후단

③ 금속보강재

(3) 등전위본딩도체

① 보호등전위본딩도체 : 가장 큰 보호접지도체 단면적의 1/2 이상
구리 도체 6[mm^2], 알루미늄 도체 16[mm^2], 강철 도체 50[mm^2]

② 보조 보호등전위본딩도체 : 보호도체의 1/2 이상

③ 기계적 손상에 대해 보호

㉠ 기계적 보호가 되는 경우 : 구리 2.5[mm^2], 알루미늄 16[mm^2] 이상

㉡ 기계적 보호가 되지 않는 경우 : 구리 4[mm^2], 알루미늄 16[mm^2] 이상

6 피뢰시스템

(1) 적용범위

① 지상 높이 20[m] 이상인 것

② 전기설비 및 전자설비 중 낙뢰로부터 보호가 필요한 설비

(2) 피뢰시스템의 구성

① 직격뢰로부터 대상물을 보호하기 위한 외부피뢰시스템

② 간접뢰 및 유도뢰로부터 대상물을 보호하기 위한 내부피뢰시스템

(3) 외부피뢰시스템

① 수뢰부시스템

㉠ 수뢰부

- 돌침, 수평도체, 메시도체
- 자연적 구성부재 이용

㉡ 수뢰부시스템의 배치

- 보호각법, 회전구체법, 메시법
- 건축물 · 구조물의 뾰족한 부분, 모서리 등에 우선하여 배치

㉢ 지상 높이 60[m]를 초과하는 측격뢰 보호용 수뢰부시스템

- 상층부의 높이가 60[m]를 넘는 경우는 최상부로부터 전체 높이의 20[%] 부분에 한하여 시설
- 피뢰시스템 등급 Ⅳ 이상

㉣ 건축물 · 구조물과 분리되지 않은 수뢰부시스템의 시설

- 불연성 재료 : 지붕표면에 시설
- 높은 가연성 재료
  - 초가지붕 : 0.15[m] 이상
  - 다른 재료의 가연성 재료인 경우 : 0.1[m] 이상

② 인하도선

㉠ 인하도선시스템

• 복수의 인하도선을 병렬로 구성
다만, 건축물·구조물과 분리된 피뢰시스템인 경우 예외

• 경로의 길이 최소

㉡ 인하도선 배치 방법

• 건축물과 분리된 피뢰시스템
– 뇌전류의 경로가 보호대상물에 접촉하지 않도록 함
– 각 지주마다 1조 이상의 인하도선 시설
– 수평도체 또는 메시도체인 경우 지지 구조물마다 1조 이상의 인하도선 시설

• 건축물과 분리되지 않은 피뢰시스템
– 벽이 불연성 재료 : 벽의 표면 또는 내부에 시설
(단, 벽이 가연성 재료 : 0.1[m] 이상 이격, 불가능하면 100[mm^2] 이상)
– 인하도선의 수는 2조 이상
– 보호대상 건축물·구조물의 투영에 따른 둘레에 가능한 한 균등한 간격으로 배치
– 병렬 인하도선의 최대 간격 : Ⅰ·Ⅱ등급 10[m], Ⅲ등급 15[m], Ⅳ등급 20[m]

③ 접지극시스템

㉠ A형 접지극(수평 또는 수직 접지극) 또는 B형 접지극(환상도체 또는 기초 접지극) 중 하나 또는 조합

㉡ 접지극시스템의 접지저항이 10[Ω] 이하인 경우 최소 길이 이하

㉢ 접지극은 지표면에서 0.75[m] 이상 깊이로 매설

(4) 내부피뢰시스템

① 전기전자설비 보호

㉠ 전기적 절연

㉡ 접지와 본딩

㉢ 서지보호장치 시설

② 피뢰설비의 등전위본딩 : 건축물·구조물에는 지하 0.5[m]와 높이 20[m]마다 환상도체를 설치한다.

㉠ 금속제 설비의 등전위본딩

㉡ 인입설비의 등전위본딩

㉢ 등전위본딩 바

7 계통접지와 보호설비

(1) 계통접지의 방식

① 계통접지 구성

㉠ 보호도체 및 중성선의 접속 방식에 따른 접지계통

㉡ TN 계통, TT 계통, IT 계통

② TN 계통

T : 전원측의 한 점을 대지로 직접 접속

N : 노출도전부를 전원계통의 접지점에 직접 접속(중성점 또는 선도체)

PE 도체로 접속시키는 방식으로 중성선 및 보호도체(PE 도체)의 배치 및 접속방식에 따라 다음과 같이 분류

㉠ TN-S 계통 : 별도의 중성선 또는 PE 도체 사용

㉡ TN-C 계통 : 중성선과 보호도체의 기능을 동일 도체로 겸용한 PEN 도체 사용

㉢ TN-C-S 계통 : 계통의 일부분에서 PEN 도체 사용 또는 중성선과 별도의 PE 도체 사용

③ TT 계통

T : 전원측의 한 점을 대지로 직접 접속

T : 노출도전부를 대지로 직접 접속. 전원계통의 접지와는 무관

전원의 접지전극과 전기적으로 독립적인 접지극에 접속

④ IT 계통

I : 모든 충전부를 대지로부터 절연. 또는 높은 임피던스를 통해 대지에 접속

T : 노출도전부를 대지로 직접 접속. 전원계통의 접지와는 무관

단독 또는 일괄적으로 계통의 PE 도체에 접속

구 분	전원측의 한 점	설비의 노출도전부
TN 계통	대지로 직접	전원계통의 접지점 이용
TT 계통	대지로 직접	대지로 직접
IT 계통	대지로부터 절연	대지로 직접

(2) 감전에 대한 보호

① 안전을 위한 전압 규정

㉠ 교류전압 : 실효값

㉡ 직류전압 : 리플프리

② **보호대책** : 기본보호, 고장보호, 추가적 보호

③ **누전차단기 시설** : 50[V]를 초과하는 기계기구로 사람이 쉽게 접촉할 우려가 있는 곳

④ **누전차단기 시설 생략하는 곳**

㉠ 기계기구를 발전소·변전소·개폐소에 시설하는 경우

㉡ 기계기구를 건조한 곳에 시설하는 경우

㉢ 대지전압 150[V] 이하 물기가 있는 곳 이외의 곳에 시설하는 경우

㉣ 이중절연구조의 기계기구를 시설하는 경우

㉤ 전원측에 절연변압기(2차 300[V] 이하)를 시설하고 부하측의 전로에 접지하지 아니하는 경우

㉥ 고무·합성수지 기타 절연물로 피복된 경우

⑤ **특별저압** : 교류 50[V] 이하, 직류 120[V] 이하

(3) 과전류차단기의 시설

① 전선과 기기 등을 과전류로부터 보호

② 과전류차단기의 시설 제한
㉠ 접지공사의 접지도체
㉡ 다선식 전로의 중성선
㉢ 전로의 일부에 접지공사를 한 저압 가공전선로의 접지측 전선

(4) 보호장치의 특성

① 과전류차단기로 저압 전로에 사용하는 범용의 퓨즈

정격전류	시 간	정격전류의 배수	
		불용단전류	용단전류
4[A] 이하	60분	1.5배	2.1배
4[A] 초과 16[A] 미만	60분	1.5배	1.9배
16[A] 이상 63[A] 이하	60분	1.25배	1.6배
63[A] 초과 160[A] 이하	120분	1.25배	1.6배
160[A] 초과 400[A] 이하	180분	1.25배	1.6배
400[A] 초과	240분	1.25배	1.6배

② 과전류차단기로 저압 전로에 사용하는 배선차단기

▌과전류트립 동작시간 및 특성▌

정격전류	시 간	산업용		주택용	
		부동작전류	동작전류	부동작전류	동작전류
63[A] 이하	60분	1.05배	1.3배	1.13배	1.45배
63[A] 초과	120분				

(5) 고압 및 특고압 전로의 과전류차단기 시설

① 포장 퓨즈 : 1.3배 견디고, 2배에 120분 안에 용단
② 비포장 퓨즈 : 1.25배 견디고, 2배에 2분 안에 용단

(6) 과부하전류에 대한 보호

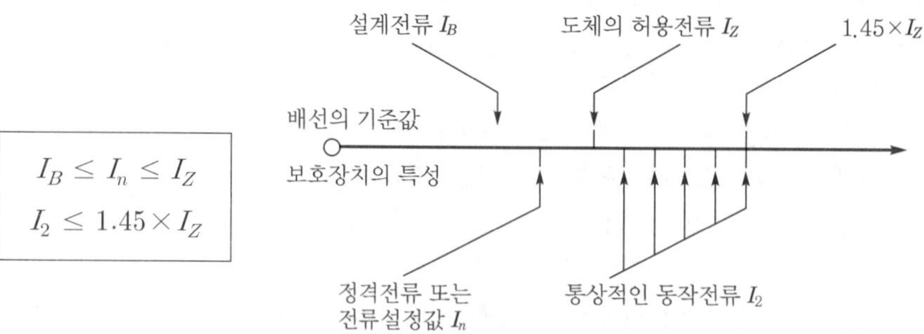

▌과부하 보호설계 조건도▌

(7) 과부하 및 단락 보호장치의 설치위치

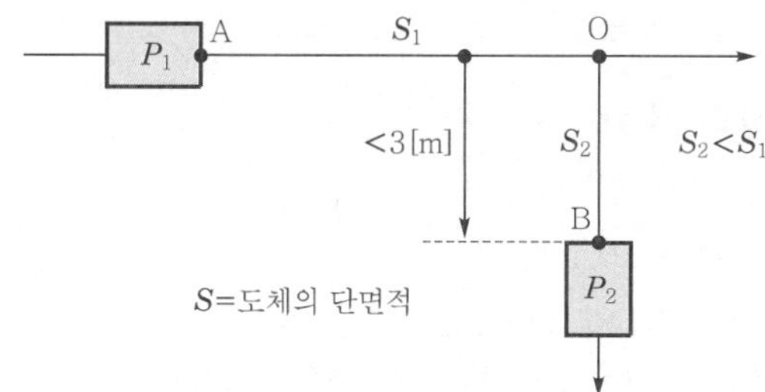

(8) 케이블 등의 단락전류 지속시간

$$t=\left(\frac{kS}{I}\right)^2$$

(9) 저압 전로 중의 전동기 보호용 과전류 보호장치의 시설

① 옥내에 시설하는 전동기(정격출력 0.2[kW] 이하 제외)에는 전동기가 손상될 우려가 있는 과전류가 생겼을 때

② 보호장치의 시설 생략하는 경우

㉠ 운전 중 상시 취급자가 감시할 수 있는 위치에 시설하는 경우

㉡ 전동기가 손상될 수 있는 과전류가 생길 우려가 없는 경우

㉢ 단상 전동기로서 과전류차단기 16[A](배선차단기 20[A]) 이하인 경우

8 저압 사용장소 일반

(1) 저압 옥내배선의 사용전선

① 2.5[mm^2] 이상 연동선

② 전광표시장치 · 제어회로 등 : 1.5[mm^2] 이상 전선관, 몰드, 덕트에 넣을 것

③ 0.75[mm^2] 이상 코드 또는 캡타이어 케이블, 전구선

(2) 중성선의 단면적

① 선도체의 단면적 이상

② 구리선 16[mm^2], 알루미늄선 25[mm^2] 이하

③ 선도체의 $1.45 \times I_B$(회로 설계전류)

(3) 나전선의 사용 제한

① 옥내 저압전선에는 나전선의 사용금지

② 나전선 사용 가능한 경우

㉠ 애자공사

- 전기로용 전선
- 전선의 피복 절연물이 부식하는 장소에 시설하는 전선
- 취급자 이외의 자가 출입할 수 없도록 설비한 장소에 시설하는 전선

㉡ 버스덕트공사 및 라이팅덕트공사에 의해 시설하는 경우
㉢ 접촉 전선을 시설하는 경우

(4) 옥내전로의 대지전압의 제한

① 대지전압 300[V] 이하
② 사람이 접촉할 우려가 없도록 시설
(사람이 접촉할 우려가 있으면 대지전압 150[V] 이하)
③ 백열전등 또는 방전등용 안정기는 저압의 옥내배선과 직접 접속하여 시설
④ 전구소켓은 키나 그 밖의 점멸기구가 없을 것

(5) 허용전류 – 절연물의 허용온도

절연물의 종류	최고허용온도[℃]
열가소성 물질[폴리염화비닐(PVC)]	70(도체)
열경화성 물질[가교폴리에틸렌(XLPE) 또는 에틸렌프로필렌고무(EPR)혼합물]	90(도체)
무기물(열가소성 물질 피복 또는 나도체로 사람이 접촉할 우려가 있는 것)	70(시스)
무기물(사람의 접촉에 노출되지 않고, 가연성 물질과 접촉할 우려가 없는 나도체)	105(시스)

9 저압 배선공사

(1) 애자공사

① 절연전선(옥외용, 인입용 제외)
② 전선 상호 간격 : 6[cm] 이상
③ 전선과 조영재 사이 이격거리
㉠ 400[V] 이하 : 2.5[cm] 이상
㉡ 400[V] 초과 : 4.5[cm](건조한 장소 2.5[cm]) 이상
④ 애자 선정 : 절연성, 난연성 및 내수성
⑤ 전선 지지점 간 거리
㉠ 조영재 면에 따라 붙일 경우 : 2[m] 이하
㉡ 조영재 면에 따라 붙이지 않을 경우 : 6[m] 이하

(2) 전선관 시스템

① 전선관 공통사항
㉠ 전선은 연선(옥외용 제외) 사용, 연동선 10[mm^2], 알루미늄선 16[mm^2] 이하 단선 사용
㉡ 전선관 내 전선 접속점 없도록 시설
㉢ 관단은 매끄럽게(부싱 사용) 할 것
② 합성수지관공사
㉠ 관을 삽입하는 깊이 : 관 외경 1.2배(접착제 사용 0.8배)
㉡ 관 지지점 간 거리 : 1.5[m] 이하

③ 금속관공사

㉠ 관의 두께 : 콘크리트에 매설 1.2[mm] 이상

㉡ 박강전선관 이상 사용

㉢ 관의 접속 : 나사 5턱 이상

④ 가요전선관공사

㉠ 전선관 내 접속점이 없도록 하고, 2종 금속제 가요전선관일 것

㉡ 1종 금속제 가요전선관은 두께 0.8[mm] 이상

(3) 케이블트렁킹시스템(몰드공사)

① 절연전선(옥외용 제외)

② 전선 접속점이 없도록 할 것

③ 홈의 폭 및 깊이 3.5[cm] 이하
(단, 사람이 쉽게 접촉할 위험이 없으면 5[cm] 이하)

(4) 케이블덕팅시스템(덕트공사)

① 전선 단면적의 총합은 덕트의 내부 단면적의 20[%] 이하
(제어회로 배선만 넣은 경우 50[%] 이하)

② 폭 4[cm], 두께 1.2[mm] 이상

③ 지지점 간 거리 3[m](수직 6[m]) 이하

(5) 버스바트렁킹시스템(버스덕트공사)

① 도체 선정

㉠ 단면적 20[mm^2] 이상의 띠 모양, 지름 5[mm] 이상의 관 모양

㉡ 단면적 30[mm^2] 이상의 띠 모양의 알루미늄

② 지지점 간 거리 3[m](수직 6[m])

(6) 파워트랙시스템(라이팅덕트공사)

지지점 간 거리는 2[m] 이하

(7) 케이블공사

① 케이블 및 캡타이어 케이블

② 콘크리트 안에는 전선에 접속점을 만들지 아니할 것

③ 전선을 넣는 방호장치의 금속제 부분에 접지공사

④ 지지점 간의 거리를 케이블은 2[m] 이하

(8) 케이블트레이공사

① 종류 : 사다리형, 펀칭형, 메시형, 바닥밀폐형

② 케이블 트레이의 안전율은 1.5 이상

(9) 옥내 저압 접촉전선 배선

① 애자공사, 버스덕트공사, 절연트롤리공사

② 전선의 바닥에서의 높이는 3.5[m] 이상

③ 전선과 건조물 이격거리는 위쪽 2.3[m] 이상, 옆쪽 1.2[m] 이상

④ 전선

㉠ 400[V] 초과 : 인장강도 11.2[kN], 지름 6[mm], 단면적 28[mm^2] 이상

㉡ 400[V] 이하 : 인장강도 3.44[kN], 지름 3.2[mm], 단면적 8[mm^2] 이상

⑤ 전선의 지지점 간의 거리는 6[m] 이하

(10) 옥내에 시설하는 저압용 배 · 분전반 등의 시설

① 기구 및 전선은 쉽게 점검할 수 있도록 다음과 같이 시설

㉠ 취급자 이외의 사람이 쉽게 출입할 수 없도록 설치

㉡ 한 개의 분전반에는 한 가지 전원(1회선의 간선)만 공급

㉢ 주택용 분전반은 독립된 장소에 시설

㉣ 불연성 또는 난연성이 있도록 시설

② 전기계량기, 계기함은 쉽게 점검 및 보수할 수 있는 위치에 시설, 계기함은 내연성에 적합한 재료

10 조명설비

(1) 조명설비 일반

① 등기구 설치 시 고려사항

㉠ 기동전류

㉡ 고조파전류

㉢ 보상

㉣ 누설전류

㉤ 최초 점화전류

㉥ 전압강하

② 가연성 재료로부터 적절한 간격을 유지하고 설치

㉠ 정격용량 100[W] 이하 : 0.5[m]

㉡ 정격용량 100[W] 초과 300[W] 이하 : 0.8[m]

㉢ 정격용량 300[W] 초과 500[W] 이하 : 1.0[m]

㉣ 정격용량 500[W] 초과 : 1.0[m] 초과

③ 코드 사용

㉠ 조명용 전원코드 또는 이동전선은 단면적 0.75[mm^2] 이상

㉡ 건조한 상태로 사용하는 진열장 등의 내부에 배선할 경우는 고정배선

㉢ 사용전압 400[V] 이하의 전로에 사용

(2) 콘센트의 시설

① 배선용 꽂음 접속기에 적합한 제품 사용 시 시설방법

㉠ 노출형 : 조영재에 견고하게 부착

㉡ 매입형 : 난연성 박스 속에 시설

㉢ 바닥에 시설하는 경우 : 방수구조의 플로어박스 설치

② 욕실, 화장실 등 인체가 물에 젖어있는 상태에서 전기사용장소의 시설기준

㉠ 인체감전보호용 누전차단기(15[mA] 이하, 0.03초 이하 전류동작형) 또는 절연변압기(정격용량 3[kVA] 이하)로 보호된 전로에 접속하거나, 인체감전보호용 누전차단기가 부착된 콘센트를 시설

㉡ 콘센트는 접지극이 있는 방적형 콘센트 사용하고 접지

(3) 점멸기의 시설

① 점멸기는 전로의 비접지측에 시설

② 욕실은 점멸기를 시설하지 말 것

③ 가정용 전등은 매 등기구마다 점멸이 가능하도록 할 것

④ 공장·사무실·학교·상점은 전등군마다 점멸이 가능하도록 시설

⑤ 객실수가 30실 이상인 호텔이나 여관의 각 객실의 조명용 전원에는 출입문 개폐용 기구 또는 집중제어방식을 이용한 자동 또는 반자동의 점멸이 가능한 장치를 할 것

⑥ 가로등, 보안등 또는 옥외에 시설하는 공중전화기를 위한 조명등용 분기회로에는 주광센서를 설치

(4) 타임스위치(센서등)

① 호텔 객실의 입구등 : 1분 이내 소등

② 일반주택 및 아파트 각 호실의 현관등 : 3분 이내 소등

③ 센서등 사용

(5) 코드 및 이동전선

① 조명용 전원코드 또는 이동전선은 단면적 0.75[mm^2] 이상의 코드 또는 캡타이어 케이블

② 건조한 상태로 사용하는 진열장 등의 내부에 배선할 경우는 고정배선

③ 코드는 사용전압 400[V] 이하의 전로에 사용

(6) 관등회로의 공사방법

시설장소의 구분		공사방법
전개된 장소	건조한 장소	애자공사·합성수지몰드공사, 금속몰드공사
	기타의 장소	애자공사
점검할 수 있는 은폐된 장소	건조한 장소	금속몰드공사

(7) 방전등 접지

① 금속제 부분 접지공사

② 접지공사 생략하는 경우

㉠ 대지전압 150[V] 이하 건조한 장소

㉡ 사용전압이 400[V] 이하 또는 변압기의 정격 2차 단락전류 혹은 회로의 동작전류가 50[mA] 이하의 것으로 안정기를 외함에 넣고, 이것을 조명기구와 전기적으로 접속되지 않도록 시설할 경우

(8) 네온방전등

① 네온변압기 1차측 대지전압 300[V] 이하
② 네온변압기는 2차측을 직렬 또는 병렬로 접속하여 사용하지 말 것
③ 네온변압기를 우선 외에 시설할 경우는 옥외형 사용
④ 관등회로의 배선은 애자공사로 시설
　㉠ 네온전선 사용
　㉡ 배선은 외상을 받을 우려가 없고 사람이 접촉될 우려가 없는 노출장소에 시설
　㉢ 전선 지지점 간의 거리는 1[m] 이하
　㉣ 전선 상호 간의 이격거리는 6[cm] 이상
⑤ 관등회로의 유리관
　㉠ 두께 1[mm] 이상
　㉡ 유리관 지지점 간 거리 0.5[m] 이하

(9) 수중조명등

① 수중에 방호장치 시설
② 1차 전압 400[V] 이하, 2차 전압 150[V] 이하 절연변압기
③ 절연변압기 2차측 전로는 접지하지 말 것
④ 2차 전압
　㉠ 30[V] 이하 : 접지공사 한 혼촉방지판 사용
　㉡ 30[V] 초과 : 지락 시 자동차단 누전차단기 시설
⑤ 전선은 단면적 2.5[mm^2]

(10) 교통신호등

① 사용전압 : 300[V] 이하
② 공칭단면적 2.5[mm^2] 연동선을 인장강도 3.7[kN]의 금속선 또는 지름 4[mm] 이상의 철선을 2가닥 이상 꼰 금속선에 매달 것
③ 인하선 : 지표상 2.5[m] 이상

11 특수설비

(1) 전기울타리

① 전기울타리는 사람이 쉽게 출입하지 아니하는 곳에 시설
② 사용전압 : 250[V] 이하
③ 전선 : 인장강도 1.38[kN] 이상, 지름 2[mm] 이상 경동선
④ 기둥과 이격거리 2.5[cm] 이상, 수목과 거리 30[cm] 이상

(2) 전기욕기

① 사용전압 : 1차 대지전압 300[V] 이하, 2차 사용전압 10[V] 이하
② 전극까지 배선 2.5[mm^2] 이상 연동선

③ 케이블 및 단면적 1.5[mm^2] 이상 캡타이어 케이블은 전선관에 넣어 고정
④ 욕탕 안의 전극 간 거리는 1[m] 이상

(3) 전기온상 등

① 대지전압 : 300[V] 이하
② 전선 : 전기온상선
③ 발열선 온도 : 80[℃] 이하

(4) 제1종 엑스선 발생장치의 전선 간격

① 100[kV] 이하 : 45[cm] 이상
② 100[kV] 초과 : 45[cm]에 10[kV] 단수마다 3[cm]를 더한 값

(5) 전격살충기

① 지표상 또는 마루 위 3.5[m] 이상의 높이에 시설
② 다른 시설물 또는 식물 사이의 이격거리는 30[cm] 이상

(6) 유희용 전차

① 절연변압기의 1차 전압 : 400[V] 이하
② 전원장치의 2차측 단자의 최대사용전압은 직류 60[V] 이하, 교류 40[V] 이하
③ 접촉전선은 제3레일 방식에 의해 시설

(7) 아크용접기

① 용접변압기
  ㉠ 절연변압기일 것
  ㉡ 1차측 전로의 대지전압 : 300[V] 이하
  ㉢ 1차측 전로에는 개폐기 시설
② 전선은 용접용 케이블 사용

(8) 도로 등의 전열장치

① 발열선에 전기를 공급하는 전로의 대지전압은 300[V] 이하
② 발열선은 미네랄인슐레이션 케이블 또는 제2종 발열선을 사용
③ 발열선 온도 : 80[℃] 이하

(9) 파이프라인 등의 전열장치

① 사용전압 : 400[V] 이하
② 발열체는 그 온도가 피 가열 액체의 발화온도의 80[%] 이하
③ 누전차단기 시설

(10) 비행장 등화배선

① 매설깊이 : 항공기 이동지역 50[cm], 그 밖의 지역 75[cm] 이상
② 저압배선 : 공칭단면적 4[mm^2] 이상 연동선

(11) 소세력회로

① 1·2차 전압

㉠ 1차 : 대지전압 300[V] 이하 절연변압기

㉡ 2차 : 사용전압 60[V] 이하

② 절연변압기 2차 단락전류 및 과전류차단기의 정격전류

사용전압의 구분	2차 단락전류	과전류차단기 정격전류
15[V] 이하	8[A]	5[A]
15[V] 초과 30[V] 이하	5[A]	3[A]
30[V] 초과 60[V] 이하	3[A]	1.5[A]

③ 전선은 케이블인 경우 이외에는 단면적 1[mm^2] 이상 연동선

④ 가공으로 시설하는 경우 : 지름 1.2[mm] 경동선 또는 지름 3.2[mm] 아연도금철선으로 매달아 시설

(12) 전기부식방지시설

① 사용전압 : 직류 60[V] 이하

② 지중에 매설하는 양극의 매설깊이 : 75[cm] 이상

③ 수중에는 양극과 주위 1[m] 이내 임의점과의 사이의 전위차는 10[V] 이하

④ 1[m] 간격의 임의의 2점 간의 전위차는 5[V] 이하

⑤ 2차측 배선

㉠ 가공 : 2.0[mm] 절연 경동선

㉡ 지중 : 4.0[mm^2]의 연동선(양극 2.5[mm^2])

(13) 전기자동차 전원설비

① 전용의 개폐기 및 과전류차단기를 각 극에 시설, 지락 차단

② 옥내에 시설하는 저압용 배선기구의 시설

③ 충전 케이블을 거치할 수 있는 거치대 또는 충분한 수납공간 : 옥내 0.45[m] 이상, 옥외 0.6[m] 이상

④ 충전 케이블 인출부

㉠ 옥내용 : 지면에서 0.45[m] 이상 1.2[m] 이내

㉡ 옥외용 : 지면에서 0.6[m] 이상

12 특수장소

(1) 폭연성 분진 및 가연성 가스 등의 위험장소

금속관공사, 케이블공사(캡타이어 케이블 제외)

① 금속관공사

㉠ 박강 전선관 이상의 강도

㉡ 패킹을 사용하여 먼지가 내부에 침입하지 아니하도록 시설

ⓒ 5턱 이상 나사조임

ⓓ 분진 방폭형 유연성 부속을 사용

② 케이블공사

ⓐ 개장된 케이블 또는 미네럴인슈레이션 케이블을 사용하는 경우 이외에는 관 기타의 방호장치

ⓑ 먼지가 내부에 침입하지 아니하도록 시설

(2) 가연성 분진 및 위험물 등의 위험장소

합성수지관공사(두께 2[mm] 미만 제외) · 금속관공사 또는 케이블공사

(3) 화약류 저장소 등의 위험장소

① 전로에 대지전압은 300[V] 이하

② 전기기계기구는 전폐형

③ 케이블이 손상될 우려가 없도록 시설

(4) 전시회, 쇼 및 공연장의 전기설비

① 무대 · 무대마루 밑 · 오케스트라 박스 · 영사실 기타 사람이나 무대 도구가 접촉할 우려가 있는 곳에 시설하는 저압 옥내배선, 전구선 또는 이동전선은 사용전압이 400[V] 이하

② 배선 케이블은 구리 도체로 최소 단면적이 1.5[mm^2]

③ 플라이 덕트(fly duct : 조명걸이장치)

ⓐ 절연전선(옥외용 제외)

ⓑ 덕트는 두께 0.8[mm] 이상의 철판

ⓒ 안쪽 면은 전선의 피복을 손상하지 아니하도록 돌기 등이 없는 것

ⓓ 안쪽 면과 외면은 도금 또는 도장을 한 것

ⓔ 덕트의 끝부분은 막을 것

④ 진열장 안의 배선의 지지점 간 거리는 1[m] 이하

(5) 터널, 갱도, 기타 이와 유사한 장소

① 사람이 상시 통행하는 터널 안의 배선의 시설

ⓐ 전선 2.5[mm^2]의 연동선, 노면상 2.5[m] 이상

ⓑ 입구에 전용 개폐기 시설

② 광산, 기타 갱도 안의 시설

ⓐ 저압 배선은 케이블공사 시설(사용전압 400[V] 이하 2.5[mm^2] 연동선)

ⓑ 고압배선은 케이블 사용

ⓒ 입구에 전용 개폐기 시설

③ 터널 등의 전구선 또는 이동전선 등의 시설

단면적 0.75[mm^2] 이상

(6) 터널 안 전선로 시설

구 분	전선의 굵기	노면상 높이
저압	2.30[kN], 2.6[mm] 이상 경동선의 절연전선, 애자공사, 케이블	2.5[m]
고압	5.26[kN], 4[mm] 이상 경동선의 절연전선, 애자공사, 케이블	3[m]

(7) 의료장소

① 적용범위

㉠ 그룹 0 : 장착부를 사용하지 않는 의료장소

㉡ 그룹 1 : 장착부를 환자의 신체 외부 또는 심장 부위를 제외한 환자의 신체 내부에 삽입시켜 사용하는 의료장소

㉢ 그룹 2 : 장착부를 환자의 심장 부위에 삽입 또는 접촉시켜 사용하는 의료장소

② 의료장소별 접지계통

㉠ 그룹 0 : TT 계통 또는 TN 계통

㉡ 그룹 1 : TT 계통 또는 TN 계통

㉢ 그룹 2 : 의료 IT 계통
(다만, 이동식 X-레이 장치, 정격출력이 5[kVA] 이상인 대형 기기용 회로, 생명유지장치가 아닌 일반 의료용 전기기기에 전력을 공급하는 회로 등에는 TT 계통 또는 TN 계통 적용 가능)

㉣ 주배전반 이후의 부하계통에서는 TN-C 계통으로 시설하지 말 것

③ 의료장소의 안전을 위한 보호설비

㉠ 비단락보증 절연변압기

- 이중 또는 강화절연
- 2차측 전로는 접지하지 말 것
- 함 속에 설치하여 충전부가 노출되지 않도록 하고 의료장소의 내부 또는 가까운 외부에 설치
- 2차측 정격전압은 교류 250[V] 이하로 하며 공급방식은 단상 2선식, 정격출력은 10[kVA] 이하
- 3상은 비단락보증 3상 절연변압기를 사용
- 과부하 전류 및 초과 온도를 지속적으로 감시하는 장치를 적절한 장소에 설치

㉡ 의료 IT 계통의 절연상태를 지속적으로 계측, 감시하는 장치 설치

④ 의료장소 내의 접지설비

㉠ 접지설비 : 접지극, 접지도체, 등전위본딩 바, 보호도체, 등전위본딩도체

㉡ 의료장소마다 등전위본딩 바를 설치(바닥면적 합계가 50[m^2] 이하인 경우에는 등전위본딩 바를 공용)

㉢ 의료장소 내에서 사용하는 모든 전기설비 및 의료용 전기기기의 노출도전부는 보호도체에 의하여 기준접지 바에 각각 접속되도록 할 것

㉣ 그룹 2의 의료장소 : 등전위본딩 시행

ⓜ 접지도체
- 공칭단면적은 등전위본딩 바에 접속된 보호도체 중 가장 큰 것 이상
- 철골 또는 2조 이상의 주철근을 접지도체의 일부분으로 활용 가능
- 450/750[V] 일반용 단심 비닐절연전선으로서 절연체의 색이 녹/황의 줄무늬이거나 녹색 사용

⑤ 의료장소 내의 비상전원

㉠ 절환시간 0.5초 이내에 비상전원을 공급하는 장치 또는 기기
- 0.5초 이내에 전력공급이 필요한 생명유지장치
- 그룹 1 또는 그룹 2의 의료장소의 수술등, 내시경, 수술실 테이블, 기타 필수 조명

㉡ 절환시간 15초 이내에 비상전원을 공급하는 장치 또는 기기
- 15초 이내에 전력공급이 필요한 생명유지장치
- 그룹 2의 의료장소에 최소 50[%]의 조명, 그룹 1의 의료장소에 최소 1개의 조명

㉢ 절환시간 15초를 초과하여 비상전원을 공급하는 장치 또는 기기 : 병원기능을 유지하기 위한 기본 작업에 필요한 조명

핵심 02 고압 · 특고압 전기설비

1 기본 원칙

(1) 전기적 요구사항

① 중성점 접지방식의 선정 시 고려사항

㉠ 전원공급의 연속성

㉡ 지락고장에 의한 기기의 손상 제한

㉢ 고장부위의 선택적 차단

㉣ 고장위치의 감지

ⓜ 접촉 및 보폭전압

ⓑ 유도성 간섭

ⓢ 운전 및 유지보수 측면

② 전압 등급

계통 공칭전압 및 최대 운전전압을 결정

③ 정상 운전전류 및 정격주파수

설비의 모든 부분은 정의된 운전조건에서의 전류를 견디고, 정격주파수에 적합

④ 단락전류와 지락전류
단락전류로부터 발생하는 열적 및 기계적 영향에 견디고, 지락 자동차단 및 지락상태 자동표시장치에 의해 보호

(2) 기계적 요구사항

① 예상되는 기계적 충격
② 계산된 최대 도체 인장력
③ 빙설로 인한 하중
④ 풍압하중
⑤ 개폐 전자기력
⑥ 단락 시 전자기력에 의한 기계적 영향
⑦ 인장 애자련이 설치된 구조물은 최악의 하중이 가해지는 애자나 도체(케이블)의 손상으로 인한 도체 인장력의 상실
⑧ 지진하중

2 전선로

(1) 유도장해의 방지

① 고저압 가공전선의 유도장해 방지
㉠ 고저압 가공전선로와 병행하는 경우 : 약전류 전선과 2[m] 이상 이격
㉡ 가공약전류전선에 장해를 줄 우려가 있는 경우
- 이격거리 증가
- 교류식인 경우는 가공전선을 적당한 거리에서 연가
- 인장강도 5.26[kN] 이상의 것 또는 직경 4[mm]의 경동선을 2가닥 이상을 시설하고 접지

② 특고압 가공전선로의 유도장해 방지
㉠ 사용전압이 60[kV] 이하 : 전화선로 길이 12[km]마다 유도전류 2[μA] 이하
㉡ 사용전압이 60[kV]를 초과 : 전화선로 길이 40[km]마다 유도전류 3[μA] 이하
㉢ 극저주파 전자계 : 지표상 1[m]에서 전계가 3.5[kV/m] 이하, 자계가 83.3[μT] 이하
㉣ 직류 특고압 가공전선로
- 직류전계는 지표면에서 25[kV/m] 이하
- 직류자계는 지표상 1[m]에서 400,000[μT] 이하

㉤ 전력보안통신설비는 가공전선로로부터의 정전유도작용 또는 전자유도작용에 의하여 사람에 위험을 줄 우려가 없도록 시설

(2) 지지물의 철탑오름 및 전주오름 방지

발판 볼트 등은 지표상 1.8[m] 이상 시설

(3) 풍압하중의 종별과 적용

① 풍압하중의 종별

㉠ 갑종 풍압하중

구 분		풍압하중
지지물	원형 지지물	588[Pa]
	철주(강관)	1,117[Pa]
	철탑(강관)	1,255[Pa]
전선	다도체	666[Pa]
	기타(단도체)	745[Pa]
애자장치		1,039[Pa]
완금류		1,196[Pa]

㉡ 을종 풍압하중 : 두께 6[mm], 비중 0.9의 빙설에 부착한 경우 갑종 풍압하중의 50[%] 적용

㉢ 병종 풍압하중

- 갑종 풍압하중의 50[%]
- 인가가 많이 연접되어 있는 장소

② 풍압하중 적용

구 분	고온계	저온계
빙설이 많은 지방	갑종	을종
빙설이 적은 지방	갑종	병종

(4) 가공전선로 지지물의 기초

목주 · 철주 · 철근콘크리트주 및 철탑

① 기초 안전율 2 이상

(이상 시 상정하중에 대한 철탑의 기초 1.33 이상)

② 기초 안전율 2 이상을 고려하지 않는 경우

㉠ A종(16[m] 이하, 설계하중 6.8[kN]인 철근콘크리트주)

- 길이 15[m] 이하 : 길이의 1/6 이상
- 길이 15[m] 초과 : 2.5[m] 이상
- 근가 시설

㉡ B종

- 설계하중 6.8[kN] 초과 9.8[kN] 이하 : 기준보다 30[cm] 더한 값
- 설계하중 9.81[kN] 초과 : 기준보다 50[cm] 더한 값

③ 목주의 안전율

㉠ 저압 : 풍압하중의 1.2배, 고압 : 1.3, 특고압 : 1.5

㉡ 고저압 보안공사 : 1.5, 특고압 보안공사 : 2.0

(5) 철주 또는 철탑의 구성 등

강판 · 형강 · 평강 · 봉강 · 강관 또는 리벳재

(6) 지선의 시설

① 지선의 사용

철탑은 지선을 이용하여 강도를 분담시켜서는 안 됨

② 지선의 시설

㉠ 지선의 안전율 : 2.5 이상

㉡ 허용인장하중 : 4.31[kN]

㉢ 소선 3가닥 이상 연선

㉣ 소선 지름 2.6[mm] 이상 금속선

㉤ 지중 부분 및 지표상 30[cm]까지 부분에는 내식성 철봉

㉥ 도로횡단 지선높이 : 지표상 5[m] 이상

(7) 구내인입선

① 저압 가공인입선

㉠ 인장강도 2.30[kN] 이상, 지름 2.6[mm] 경동선(단, 지지점 간 거리 15[m] 이하, 지름 2[mm] 경동선)

㉡ 절연전선, 다심형 전선, 케이블

㉢ 전선 높이

- 도로 횡단 : 노면상 5[m]
- 철도 횡단 : 레일면상 6.5[m]
- 횡단보도교 위 : 노면상 3[m]
- 기타 : 지표상 4[m]

② 저압 연접 인입선

㉠ 분기하는 점으로부터 100[m] 이하

㉡ 폭 5[m]를 초과하는 도로를 횡단하지 아니할 것

㉢ 옥내를 통과하지 아니할 것

③ 고압 가공인입선

㉠ 인장강도 8.01[kN] 이상 고압 절연전선, 특고압 절연전선 또는 지름 5[mm]의 경동선 또는 케이블

㉡ 지표상 5[m] 이상

㉢ 케이블, 위험표시를 하면 지표상 3.5[m]까지로 감할 수 있음

㉣ 연접 인입선은 시설하여서는 아니 됨

④ 특고압 인입선

100[kV] 이하, 케이블 사용

(8) 옥측전선로의 시설

① 저압 옥측전선로 시설

㉠ 공사 종류

- 애자공사(전개된 장소에 한함)
- 합성수지관공사
- 금속관공사(목조 이외의 조영물)

- 버스덕트공사(목조 이외의 조영물)
- 케이블공사(연피 케이블, 알루미늄피 케이블 또는 무기물절연(MI) 케이블을 사용하는 경우에는 목조 이외의 조영물)

㉡ 애자공사
- 단면적 4[mm^2] 이상의 연동 절연전선
- 시설장소별 조영재 사이의 이격거리

시설장소	전선 상호 간의 간격		전선과 조영재 사이의 이격거리	
	사용전압 400[V] 이하	사용전압 400[V] 초과	사용전압 400[V] 이하	사용전압 400[V] 초과
비나 이슬에 젖지 않는 장소	0.06[m]	0.06[m]	0.025[m]	0.025[m]
비나 이슬에 젖는 장소	0.06[m]	0.12[m]	0.025[m]	0.045[m]

- 전선 지지점 간의 거리 : 2[m] 이하
- 애자는 절연성 · 난연성 · 내수성
- 식물과 이격거리 0.2[m] 이상

② 고압 옥측전선로의 시설

㉠ 전선은 케이블일 것

㉡ 케이블은 견고한 관 또는 트라프에 넣거나 사람이 접촉할 우려가 없도록 시설

㉢ 케이블 지지점 간 거리 : 2[m](수직으로 붙일 경우 6[m]) 이하

㉣ 금속제에는 이들의 방식조치를 한 부분 및 대지와의 사이의 전기저항값이 10[Ω] 이하인 부분을 제외하고는 접지공사를 할 것

③ 특고압 옥측전선로의 시설

사용전압이 100[kV] 이하

(9) 옥상전선로

① 저압 옥상전선로의 시설

㉠ 인장강도 2.30[kN] 이상 또는 2.6[mm]의 경동선

㉡ 전선은 절연전선일 것

㉢ 절연성 · 난연성 및 내수성이 있는 애자 사용

㉣ 지지점 간의 거리 : 15[m] 이하

㉤ 전선과 저압 옥상전선로를 시설하는 조영재와의 이격거리 2[m] 이상

㉥ 전선은 바람 등에 의하여 식물에 접촉하지 아니하도록 시설

② 고압 옥상전선로의 시설

㉠ 전선은 케이블 사용

㉡ 케이블 이외의 것을 사용할 경우
- 조영재 사이의 이격거리를 1.2[m] 이상
- 고압 옥측전선로의 규정에 준하여 시설

㉢ 전선이 다른 시설물과 접근 교차하는 경우 이격거리 60[cm] 이상

㉣ 전선은 식물에 접촉하지 아니하도록 시설

③ 특고압 옥상전선로의 시설

특고압 옥상전선로(특고압의 인입선의 옥상부분 제외)는 시설하여서는 아니 됨

3 가공전선 시설

(1) 가공 케이블의 시설

① 조가용선

㉠ 인장강도 5.93[kN](특고압 13.93[kN]), 단면적 22[mm^2] 이상인 아연도강연선

㉡ 접지공사

② 행거 간격 0.5[m], 금속테이프 0.2[m] 이하

(2) 가공전선의 세기 · 굵기 및 종류

① 전선의 종류

㉠ 저압 가공전선 : 절연전선, 다심형 전선, 케이블, 나전선(중성선에 한함)

㉡ 고압 가공전선 : 고압 절연전선, 특고압 절연전선 또는 케이블

② 전선의 굵기 및 종류

㉠ 400[V] 이하 : 3.43[kN], 3.2[mm](절연전선 2.3[kN], 2.6[mm] 이상)

㉡ 400[V] 초과 저압 또는 고압 가공전선

- 시가지 인장강도 8.01[kN] 또는 지름 5[mm] 이상
- 시가지 외 인장강도 5.26[kN] 또는 지름 4[mm] 이상

㉢ 특고압 가공전선 : 인장강도 8.71[kN], 단면적 22[mm^2] 이상 경동연선

(3) 가공전선의 안전율

경동선 또는 내열 동합금선은 2.2 이상, 그 밖의 전선은 2.5 이상

(4) 가공전선의 높이

① 고 · 저압

㉠ 지표상 5[m] 이상(교통에 지장이 없는 경우 4[m] 이상)

㉡ 도로 횡단 : 지표상 6[m] 이상

㉢ 철도 또는 궤도를 횡단 : 레일면상 6.5[m] 이상

㉣ 횡단보도교 위에 시설 : 노면상 3.5[m](저압 절연전선 3[m])

㉤ 다리의 하부 : 저압의 전기철도용 급전선은 지표상 3.5[m] 이상

② 특고압

사용전압	지표상의 높이
35[kV] 이하	• 지표상 : 5[m] • 철도, 궤도 횡단 : 6.5[m] • 도로 횡단 : 6[m] • 횡단보도교의 위 : 특고압 절연전선, 케이블인 경우 4[m]
35[kV] 초과 160[kV] 이하	• 지표상 : 6[m] • 철도, 궤도 횡단 : 6.5[m] • 산지(山地) 등 사람이 쉽게 들어갈 수 없는 장소 : 5[m] • 횡단보도교의 위 : 케이블인 경우 5[m]
160[kV] 초과	• 지표상 6[m](철도, 궤도 횡단 6.5[m], 산지 5[m])에 160[kV]를 초과하는 10[kV] 또는 그 단수마다 0.12[m]를 더한 값

(5) 가공지선

① 고압 가공전선로 : 인장강도 5.26[kN], 지름 4[mm] 나경동선

② 특고압 가공전선로 : 인장강도 8.01[kN], 지름 5[mm] 나경동선, 22[mm^2] 이상 나경동연선, 아연도강연선 22[mm^2] 또는 OPGW 전선

(6) 가공전선의 병행 설치(병가)

① 고압 가공전선 병가

㉠ 저압을 고압 아래로 하고 별개의 완금류에 시설

㉡ 고압과 저압 사이의 이격거리는 50[cm] 이상

㉢ 고압 케이블 사이의 이격거리는 30[cm] 이상

② 특고압 가공전선 병가

㉠ 사용전압이 35[kV] 이하 : 이격거리 1.2[m] 이상
단, 특고압전선이 케이블이면 50[cm]까지 감할 수 있다.

㉡ 사용전압이 35[kV]를 넘고 100[kV] 미만인 경우

- 제2종 특고압 보안공사
- 이격거리는 2[m](케이블 1[m]) 이상
- 특고압 가공전선 굵기 : 인장강도 21.67[kN] 이상 연선 또는 50[mm^2] 이상 경동선

(7) 가공전선과 가공약전류전선과의 공용설치(공가)

① 저·고압 공가

㉠ 목주의 안전율 : 1.5 이상

㉡ 가공전선을 위로 하고 별개의 완금류에 시설

㉢ 상호 이격거리

- 저압 : 75[cm] 이상
- 고압 : 1.5[m] 이상

② 특고압 공가 : 35[kV] 이하

㉠ 제2종 특고압 보안공사

㉡ 인장강도 21.67[kN], 단면적 50[mm^2] 이상 경동연선

㉢ 이격거리 : 2[m](케이블 50[cm])

㉣ 별개의 완금류에 시설

㉤ 전기적 차폐층이 있는 통신용 케이블일 것

(8) 경간 제한

지지물 종류	경 간
목주·A종	150[m] 이하
B종	250[m] 이하
철탑	600[m] 이하

[경간을 늘릴 수 있는 경우]

① 고압 : 인장강도 8.71[kN], 단면적 22[mm^2] 경동연선

② 특고압 : 인장강도 21.67[kN], 단면적 50[mm^2] 경동연선

③ 목주·A종 300[m] 이하, B종 500[m] 이하

(9) 저·고압 보안공사

① 전선

인장강도 8.01[kN], 지름 5[mm](400[V] 이하 5.26[kN] 이상 또는 4[mm]) 경동선

② 경간

㉠ 경간 제한

지지물 종류	경 간
목주·A종	100[m] 이하
B종	150[m] 이하
철탑	400[m] 이하

㉡ 표준경간 적용

- 저압 : 인장강도 8.71[kN], 단면적 22[mm^2] 이상 경동연선 사용
- 고압 : 인장강도 14.51[kN], 단면적 38[mm^2] 이상 경동연선 사용

(10) 특고압 보안공사

종 류	제1종	제2종	제3종
적용	35[kV] 넘고 2차 접근	35[kV] 이하 2차 접근, 다른 시설물과 2차 접근, 병가, 공가	1차 접근상태, 특고압 전선상호
전선	• 100[kV] 미만 : 55[mm^2] (21.67[kN]) • 300[kV] 미만 : 150[mm^2] (58.84[kN]) • 300[kV] 이상 : 200[mm^2] (77.47[kN])	연선 (55[mm^2], 21.67[kN])	연선 (22[mm^2], 8.71[kN])
경간	• A종 : 사용할 수 없음 • B종 : 150[m] 이하 • 철탑 : 400[m] 이하	100[mm^2], 38.05[kN] → 표준경간 • A종 : 100[m] • B종 : 200[m] • 철탑 : 400[m]	38[mm^2], 14.51[kN] → A종 : 표준경간 55[mm^2], 21.67[kN] → 표준경간
애자장치	• 50[%] 충격섬락전압값에 대하여 다른 부분 애자장치의 값의 110[%] (사용전압 130[kV] 초과 105[%]) • 아크혼을 붙인 현수애자·장간애자 또는 라인포스트애자를 사용한 것 • 2련 이상의 현수애자 또는 장간애자를 사용한 것		
기타	지락, 단락 시 전로 차단 • 100[kV] 미만 : 3초 • 100[kV] 이상 : 2초	목주의 안전율 2.0 이상	

(11) 가공전선과 건조물의 접근

① 저·고압 가공전선과 건조물의 조영재 사이의 이격거리

구 분	접근형태	이격거리
상부 조영재	위쪽	2[m](절연전선, 케이블 1[m])
	옆쪽 또는 아래쪽	1.2[m]

② 특고압 가공전선과 건조물 등과 접근 교차

접근 \ 구분		가공전선		35[kV] 이하	
		35[kV] 이하	35[kV] 초과	절연전선	케이블
건조물 상부조영재	위쪽	3[m]	$3+0.15N$	2.5[m]	1.2[m]
	옆, 아래			1.5[m]	0.5[m]
도로 등				수평 1.2[m]	

(12) 가공전선의 이격거리

① 저압 또는 고압 가공전선은 식물에 접촉하지 않도록 시설

② 저압 가공전선 상호 간의 접근 또는 교차

㉠ 이격거리 0.6[m] 이상

㉡ 절연전선, 케이블 0.3[m] 이상

㉢ 지지물과 전선 0.3[m] 이상

③ 고압 가공전선 등과 저압 가공전선 등의 접근 또는 교차

㉠ 고압 보안공사

㉡ 고압 가공전선과 저압 가공전선 등 또는 그 지지물 사이의 이격거리

종 류	이격거리
저압	0.6[m](고압 절연전선 또는 케이블 0.3[m])
고압	0.8[m](케이블 0.4[m])

④ 고압 가공전선 상호 간 : 0.8[m] 이상
(단, 한쪽의 전선이 케이블인 경우 0.4[m] 이상)

⑤ 특고압 가공전선의 이격거리

사용전압	이격거리
60[kV] 이하	2[m] 이상
60[kV] 초과	$2+0.12N$[m]

여기서, N : 60[kV] 초과하는 10[kV] 단수

(13) 가공전선과 교류 전차선 등의 접근 또는 교차

① 케이블 : 단면적 38[mm^2] 이상인 아연도강연선으로 인장강도 19.61[kN] 이상인 것으로 조가하여 시설

② 경동연선 : 인장강도 14.51[kN], 단면적 38[mm^2] 경동연선

③ 가공전선로의 경간

㉠ 목주·A종 : 60[m] 이하

㉡ B종 : 120[m] 이하

(14) 농사용 저압 가공전선로

① 사용전압이 저압일 것
② 전선은 인장강도 1.38[kN] 이상, 지름 2[mm] 이상 경동선
③ 지표상 3.5[m] 이상(사람이 쉽게 출입하지 않으면 3[m])
④ 경간은 30[m] 이하

(15) 구내에 시설하는 저압 가공전선로

① 1구내 시설, 사용전압 400[V] 이하
② 가공전선 : 1.38[kN], 지름 2[mm] 이상 경동선
③ 경간 : 30[m] 이하

4 특고압 가공전선로

(1) 시가지 등에서 특고압 가공전선로의 시설

① 애자장치 : 50[%]의 충격섬락전압값이 타 부분의 110[%](130[kV] 초과 105[%]) 이상
② 지지물의 경간

지지물 종류	경 간
A종	75[m]
B종	150[m]
철탑	400[m](전선 수평 간격 4[m] 미만 : 250[m])

③ 전선의 굵기

사용전압 구분	전선 단면적
100[kV] 미만	21.67[kN], 55[mm^2] 경동연선
100[kV] 이상	58.84[kN], 150[mm^2] 경동연선
170[kV] 초과	240[mm^2] ACSR

④ 전선의 지표상 높이

사용전압 구분	지표상 높이
35[kV] 이하	10[m](특고압 절연전선 8[m])
35[kV] 초과	10[m]에 35[kV] 초과하는 10[kV] 단수마다 0.12[m] 더한 값

⑤ 지기나 단락이 생긴 경우 : 100[kV] 초과하는 것은 1초 안에 동작하는 자동차단장치 시설

(2) 특고압 가공전선과 지지물 등의 이격거리

사용전압	이격거리	사용전압	이격거리
15[kV] 미만	15[cm]	80[kV] 미만	45[cm]
25[kV] 미만	20[cm]	130[kV] 미만	65[cm]
35[kV] 미만	25[cm]	160[kV] 미만	90[cm]
50[kV] 미만	30[cm]	200[kV] 미만	110[cm]
60[kV] 미만	35[cm]	230[kV] 미만	130[cm]
70[kV] 미만	40[cm]	230[kV] 이상	160[cm]

(3) 특고압 가공전선로의 철주 · 철근콘크리트주 또는 철탑의 종류

① 직선형 : 3도 이하
② 각도형 : 3도 초과
③ 인류형 : 인류하는 곳
④ 내장형 : 경간 차 큰 곳

(4) 상시 상정하중

① 풍압이 직각 방향 하중과 전선로의 방향 하중 중 큰 쪽 채택
㉠ 수직하중 : 자중, 빙설하중
㉡ 수평 횡하중 : 수평 횡분력
㉢ 수평 종하중 : 풍압하중
② 불평균 장력에 의한 수평 종하중 가산
㉠ 인류형 : 상정 최대 장력과 같은 불평균 장력
㉡ 내장형 : 상정 최대 장력의 33[%]와 같은 불평균 장력의 수평 종분력
㉢ 직선형 : 상정 최대 장력의 3[%]와 같은 불평균 장력의 수평 종분력
㉣ 각도형 : 상정 최대 장력의 10[%]와 같은 불평균 장력의 수평 종분력

(5) 이상 시 상정하중

① 수직하중 : 상시 상정하중
② 수평 횡하중 : 풍압하중, 수평 횡분력, 절단에 의하여 생기는 비틀림 힘
③ 수평 종하중 : 절단에 의하여 생기는 수평 종분력 및 비틀림 힘

(6) 특고압 가공전선로의 내장형 등의 지지물 시설

직선형의 철탑을 연속하여 10기 이상 사용하는 부분에는 10기 이하마다 내장 애자장치가 되어 있는 철탑 1기를 시설

(7) 특고압 가공전선과 도로 등의 접근 · 교차

① 제1차 접근상태로 시설
㉠ 제3종 특고압 보안공사에 의하여 시설
㉡ 특고압 가공전선과 도로 등과 접근 또는 교차 시 이격거리

구 분	이격거리
35[kV] 이하	3[m]
35[kV] 초과	$3+0.15N$

② 제2차 접근상태로 시설
㉠ 제2종 특고압 보안공사에 의하여 시설
㉡ 특고압 가공전선 중 도로 등에서 수평거리 3[m] 미만으로 시설되는 부분의 길이가 연속하여 100[m] 이하이고 또한 1 경간 안에서의 그 부분의 길이의 합계가 100[m] 이하일 것
③ 특고압 가공전선이 도로 등과 교차
㉠ 제2종 특고압 보안공사에 의하여 시설

㉡ 보호망 시설
- 금속제 망상장치
- 특고압 가공전선의 바로 아래 : 인장강도 8.01[kN], 지름 5[mm] 경동선
- 기타 부분에 시설 : 인장강도 5.26[kN], 지름 4[mm] 경동선
- 보호망 상호 간격 : 가로, 세로 각 1.5[m] 이하

(8) 25[kV] 이하인 특고압 가공전선로 시설

① 지락이나 단락 시 : 2초 이내 전로 차단

② 중성선 다중 접지 및 중성선 시설

㉠ 접지도체 : 단면적 6[mm^2]의 연동선

㉡ 접지한 곳 상호 간의 거리

구 분	접지 간격
15[kV] 이하	300[m] 이하
15[kV]초과 25[kV] 이하	150[m] 이하

㉢ 1[km] 마다의 중성선과 대지 사이 합성 전기저항값

구 분	각 접지점 저항	합성 저항
15[kV] 이하	300[Ω]	30[Ω]
15[kV] 초과 25[kV] 이하	300[Ω]	15[Ω]

㉣ 중성선은 저압 가공전선 규정에 준하여 시설

㉤ 저압 접지측 전선이나 중성선과 공용 가능

③ 경간 제한

지지물의 종류	경 간
목주 · A종	100[m]
B종	150[m]
철탑	400[m]

④ 건조물의 조영재 사이의 이격거리

건조물의 조영재	접근형태	전선의 종류	이격거리
상부 조영재	위쪽	나전선	3.0[m]
		특고압 절연전선	2.5[m]
		케이블	1.2[m]
	옆쪽 아래쪽	나전선	1.5[m]
		특고압 절연전선	1.0[m]
		케이블	0.5[m]

⑤ 도로, 횡단보도교, 철도, 궤도와 접근하는 경우

㉠ 이격거리는 3[m] 이상

㉡ 도로 등의 아래쪽에서 접근하여 시설될 때에는 상호 간의 이격거리

전선의 종류	이격거리
나전선	1.5[m]
특고압 절연전선	1.0[m]
케이블	0.5[m]

⑥ 특고압 가공전선이 삭도와 접근 또는 교차하는 경우

전선의 종류	이격거리
나전선	2.0[m]
특고압 절연전선	1.0[m]
케이블	0.5[m]

⑦ 특고압 가공전선로가 상호 간 접근 또는 교차하는 경우

사용전선의 종류	이격거리
어느 한쪽 또는 양쪽이 나전선인 경우	1.5[m]
양쪽이 특고압 절연전선인 경우	1.0[m]
한쪽이 케이블이고 다른 한쪽이 케이블이거나 특고압 절연전선인 경우	0.5[m]

⑧ 특고압 가공전선과 저압 또는 고압의 가공전선을 동일 지지물에 병가하여 시설하는 경우 : 이격거리는 1[m] 이상(케이블 0.5[m])

⑨ 식물 사이의 이격거리 : 1.5[m] 이상

5 지중 및 기타 전선로 시설

(1) 지중전선로

① 지중전선로 시설
- ㉠ 케이블 사용
- ㉡ 관로식, 암거식, 직접 매설식
- ㉢ 매설깊이
  - 관로식, 직접 매설식 : 1[m] 이상
  - 중량물의 압력을 받을 우려가 없는 곳 : 0.6[m] 이상

② 지중함 시설
- ㉠ 견고하고, 차량 기타 중량물의 압력에 견디는 구조
- ㉡ 지중함은 고인 물 제거
- ㉢ 지중함 크기 1[m^3] 이상
- ㉣ 지중함의 뚜껑은 시설자 이외의 자가 쉽게 열 수 없도록 시설

③ 지중약전류전선의 유도장해의 방지
누설전류 또는 유도작용에 의하여 통신상의 장해를 주지 아니하도록 기설 약전류전선로로부터 충분히 이격

④ 지중전선과 지중약전류전선 등 또는 관과의 접근 또는 교차
- ㉠ 상호 간의 이격거리
  - 저고압 지중전선 30[cm] 이상
  - 특고압 지중전선 60[cm] 이상
- ㉡ 가연성이나 유독성의 유체를 내포하는 관과 접근하거나 교차하는 경우 이격거리 : 1[m] 이하

(2) 수상 전선로의 시설

① 사용전압 : 저압 또는 고압

② 사용하는 전선

㉠ 저압 : 클로로프렌 캡타이어 케이블

㉡ 고압 : 고압용 캡타이어 케이블

㉢ 부대(浮臺)는 쇠사슬 등으로 견고하게 연결

㉣ 지락이 생겼을 때에 자동적으로 전로를 차단하는 장치 시설

㉤ 전선은 부대의 위에 지지하여 시설하고 또한 그 절연피복을 손상하지 아니하도록 시설

③ 전선 접속점 높이

㉠ 육상 : 5[m] 이상(도로상 이외 저압 4[m])

㉡ 수면상 : 고압 5[m], 저압 4[m] 이상

④ 전용 개폐기 및 과전류차단기를 각 극에 시설

(3) 교량에 시설하는 고압 전선로

① 교량의 윗면에 시설하는 경우 전선의 높이는 교량의 노면상 5[m] 이상

② 전선은 케이블일 것. 단, 철도 또는 궤도 전용의 교량에는 인장강도 5.26[kN] 이상의 것 또는 지름 4[mm] 이상의 경동선 사용

③ 전선과 조영재 사이의 이격거리는 30[cm] 이상

6 기계 · 기구 시설 및 옥내배선

(1) 특고압 배전용 변압기 시설

① 사용전선 : 특고압 절연전선 또는 케이블

② 1차 전압은 35[kV] 이하, 2차 전압은 저압 또는 고압

③ 특고압측에 개폐기 및 과전류차단기 시설

(2) 특고압을 직접 저압으로 변성하는 변압기

① 전기로용 변압기

② 소내용 변압기

③ 배전용 변압기

④ 접지저항값 10[Ω] 이하 금속제 혼촉방지판이 있는 변압기

⑤ 교류식 전기철도용 신호회로에 전기를 공급하는 변압기

(3) 고압용 기계기구의 시설

① 울타리의 높이와 거리 합계 5[m] 이상

② 지표상 4.5[m](시가지 외 4[m]) 이상

(4) 특고압용 기계기구의 시설

사용전압	울타리 높이와 거리의 합계, 지표상 높이
35[kV] 이하	5[m]
160[kV] 이하	6[m]
160[kV] 초과	6[m]에 160[kV] 초과하는 10[kV] 또는 그 단수마다 12[cm] 더한 값

(5) 고주파 이용 전기설비의 장해방지

측정장치로 2회 이상 연속하여 10분간 측정하였을 때에 각각 측정값의 최댓값에 대한 평균값이 −30[dB](1[mW]를 0[dB]로 한다)일 것

(6) 아크를 발생하는 기구의 시설 시 이격거리

① **고압용** : 1[m] 이상

② **특고압용** : 2[m] 이상

(7) 절연유의 구외 유출 방지

사용전압이 100[kV] 이상의 중성점 직접 접지식 전로에 접속하는 변압기

(8) 개폐기의 시설

① 각 극에 시설

② 개폐상태 표시장치

③ 자물쇠장치 등 방지장치

④ 단로기 등 개로 방지하기 위한 조치

㉠ 부하전류의 유무를 표시한 장치

㉡ 전화기 기타의 지령장치

㉢ 터블렛

(9) 지락차단장치 등의 시설

① 발전소·변전소 또는 이에 준하는 곳의 인출구

② 다른 전기사업자로부터 공급받는 수전점

③ 배전용 변압기(단권 변압기 제외)의 시설 장소

(10) 피뢰기 시설

① 시설 장소

㉠ 발전소·변전소의 가공전선 인입구 및 인출구

㉡ 특고압 가공전선로 배전용 변압기의 고압측 및 특고압측

㉢ 고압 및 특고압 가공전선로로부터 공급을 받는 수용장소

㉣ 가공전선로와 지중전선로가 접속되는 곳

② **접지저항값** : 10[Ω] 이하

(11) 수소냉각식 발전기 등의 시설

① 기밀구조
② 수소가 대기압에서 폭발하는 경우에 생기는 압력에 견디는 강도를 가지는 것
③ 순도가 85[%] 이하로 저하될 경우 경보하는 장치 시설
④ 압력을 계측하는 장치 및 그 압력이 현저히 변동한 경우에 이를 경보하는 장치 시설
⑤ 온도를 계측하는 장치 시설
⑥ 유리제의 점검창 등은 쉽게 파손되지 아니하는 구조
⑦ 수소를 통하는 관은 동관 또는 이음매 없는 강판이어야 하며 또한 수소가 대기압에서 폭발하는 경우에 생기는 압력에 견디는 강도의 것일 것

(12) 압축공기계통

① 최고 사용압력의 1.5배의 수압(1.25배의 기압)을 연속하여 10분간 가했을 때 견디고 새지 아니할 것
② 1회 이상의 용량
③ 관은 용접에 의한 잔류응력이 생기거나 나사의 조임에 의하여 무리한 하중이 걸리지 아니하도록 할 것
④ 압력이 저하한 경우에 자동적으로 압력을 회복하는 장치 시설
⑤ 사용압력의 1.5배 이상 3배 이하의 최고 눈금이 있는 압력계 시설

(13) 고압 옥내배선

① 애자공사, 케이블공사, 케이블트레이공사
② 애자공사(건조하고 전개된 장소에 한함)
㉠ 전선은 6[mm^2] 이상 연동선
㉡ 전선 지지점 간 거리 6[m] 이하. 조영재의 면을 따라 붙이는 경우 2[m] 이하
㉢ 전선 상호 간격 8[cm], 전선과 조영재 사이 이격거리 5[cm]
㉣ 애자는 절연성·난연성 및 내수성의 것일 것
㉤ 저압 옥내배선과 쉽게 식별되도록 시설
③ 고압 옥내배선과 다른 시설물과 이격거리는 15[cm] 이상

(14) 옥내 고압용 이동전선의 시설

① 전선은 고압용의 캡타이어 케이블일 것
② 이동전선과 전기사용기계기구와는 볼트 조임

(15) 특고압 옥내 전기설비의 시설

① 사용전압 100[kV] 이하. 다만, 케이블트레이공사에 의하여 시설하는 경우에는 35[kV] 이하
② 전선은 케이블일 것

7 발전소, 변전소, 개폐소

(1) 발전소 등의 울타리 · 담 등의 시설

① 울타리 · 담 등의 높이는 2[m] 이상

② 지표면과 울타리 · 담 등의 하단 사이의 간격은 0.15[m] 이하

③ 발전소 등의 울타리 · 담 등의 시설 시 이격거리

사용전압의 구분	울타리 · 담 등의 높이와 울타리 · 담 등으로부터 충전부분까지의 거리의 합계
35[kV] 이하	5[m]
35[kV] 초과 160[kV] 이하	6[m]
160[kV] 초과	6[m]에 160[kV]를 초과하는 10[kV] 또는 그 단수마다 0.12[m]를 더한 값

(2) 고압 또는 특고압 가공전선과 금속제의 울타리 · 담 등이 교차하는 경우

금속제의 울타리 · 담 등에는 교차점과 좌 · 우로 45[m] 이내의 개소에 접지공사

(3) 특고압 전로의 상 및 접속 상태 표시

① 보기 쉬운 곳에 상별 표시

② 회선수가 2 이하 또는 단일모선인 경우에는 예외

(4) 발전기 등의 보호장치

① 차단하는 장치를 시설해야 하는 경우

㉠ 과전류나 과전압이 생긴 경우

㉡ 용량 500[kVA] 이상의 발전기를 구동하는 수차의 압유장치 유압이 저하한 경우

㉢ 용량 100[kVA] 이상의 발전기를 구동하는 풍차의 압유장치 유압이 저하한 경우

㉣ 용량 2,000[kVA] 이상인 수차 발전기의 베어링 온도가 상승한 경우

㉤ 용량 10,000[kVA] 이상인 발전기의 내부에 고장이 생긴 경우

㉥ 정격출력이 10,000[kW] 초과하는 증기터빈의 베어링 온도가 상승한 경우

② 상용전원으로 쓰이는 축전지

과전류가 생겼을 경우에 자동적으로 이를 전로로부터 차단하는 장치 시설

(5) 특고압용 변압기의 보호장치

뱅크용량	동작조건	장치의 종류
5,000[kVA] 이상 10,000[kVA] 미만	내부 고장	자동차단장치 경보장치
10,000[kVA] 이상	내부 고장	자동차단장치
타냉식 변압기	온도 상승	경보장치

(6) 조상설비의 보호장치

설비종별	뱅크용량	자동차단
전력용 커패시터 및 분로리액터	500[kVA] 초과 15,000[kVA] 미만	내부 고장 과전류
	15,000[kVA] 이상	내부 고장 과전류 과전압
조상기	15,000[kVA] 이상	내부 고장

(7) 계측장치의 측정사항

① 주요 변압기의 전압 및 전류 또는 전력. 특고압용 변압기의 온도
② 발전기의 베어링 및 고정자의 온도
③ 동기검정장치
④ 정격출력이 10,000[kW]를 초과하는 증기터빈에 접속하는 발전기의 진동의 진폭

(8) 상주 감시를 하지 아니하는 변전소의 시설

① 변전제어소 또는 기술원이 상주하는 장소에 경보장치를 시설해야 할 경우
㉠ 차단기가 자동적으로 차단한 경우
㉡ 주요 변압기의 전원측 전로가 무전압으로 된 경우
㉢ 제어회로의 전압이 현저히 저하한 경우
㉣ 옥내변전소에 화재가 발생한 경우
㉤ 출력 3,000[kVA]를 초과하는 특고압용 변압기는 온도가 현저히 상승한 경우
㉥ 타냉식 변압기는 냉각장치가 고장난 경우
㉦ 조상기는 내부에 고장이 생긴 경우
㉧ 조상기 안의 수소의 순도가 90[%] 이하로 저하한 경우
㉨ 절연가스의 압력이 현저히 저하한 경우
② 조상기 안의 수소의 순도가 85[%] 이하로 저하한 경우 자동적 차단하는 장치를 시설

핵심 03 전력보안통신설비

1 전력보안통신설비 시설 장소

(1) 송전선로, 배전선로 : 필요한 곳

(2) 발전소, 변전소 및 변환소

① 원격감시제어가 되지 않는 곳
② 2개 이상의 급전소 상호 간

③ 필요한 곳
④ 긴급연락이 필요한 곳
⑤ 발전소 · 변전소 및 개폐소와 기술원 주재소 간

(3) 중앙급전사령실, 정보통신실

2 전력보안통신선의 시설 높이와 이격거리

(1) 가공통신선의 높이

① 도로 위에 시설 : 지표상 5[m](교통 지장 없는 경우 4.5[m])
② 철도 횡단 : 레일면상 6.5[m]
③ 횡단보도교 위 : 노면상 3[m]

(2) 가공전선로의 지지물에 시설하는 통신선의 높이

① 도로 횡단 : 노면상 6[m] 이상(교통 지장 없는 경우 5[m])
② 철도 · 궤도 횡단 : 레일면상 6.5[m] 이상
③ 횡단보도교의 위
㉠ 저압, 고압의 가공전선로 : 노면상 3.5[m]
(통신선이 절연전선, 첨가통신용 케이블 3[m])
㉡ 특고압 가공전선로 : 광섬유 케이블 노면상 4[m]
㉢ 기타 : 지표상 5[m] 이상

(3) 특고압 가공전선로의 지지물에 시설하는 통신선 또는 이에 직접 접속하는 통신선이 도로 · 횡단보도교 · 철도의 레일 또는 삭도와 교차하는 경우 통신선

① 절연전선 : 연선 단면적 16[mm^2](단선의 경우 지름 4[mm])
② 경동선 : 인장강도 8.01[kN] 이상의 것 또는 연선의 경우 단면적 25[mm^2](단선의 경우 지름 5[mm])

3 가공전선과 첨가 통신선과의 이격거리

① 통신선을 아래에 시설
② 고압 및 저압 가공전선 : 0.6[m](케이블 0.3[m])
③ 특고압 가공전선 : 1.2[m](중성선 0.6[m])
④ 25[kV] 이하 중성선 다중 접지 선로 : 0.75[m]
⑤ 특고압 가공전선이 케이블인 경우에 통신선이 절연전선인 경우 0.3[m]

4 특고압 가공전선로의 지지물에 시설하는 통신선

① 통신선이 도로 · 횡단보도교 · 철도의 레일 또는 삭도와 교차하는 경우 : 단면적 16[mm^2](단선은 지름 4[mm])의 절연전선(인장강도 8.01[kN] 이상) 또는 단면적 25[mm^2](지름 5[mm])의 경동선

② 통신선과 삭도 또는 다른 가공약전류전선 등 사이의 이격거리는 0.8[m](통신선이 케이블 0.4[m]) 이상
③ 통신선에 직접 접속하는 옥내 통신선의 시설은 400[V] 초과의 저압 옥내배선의 규정에 준하여 시설
④ 통신선에는 특고압용 제1종 보안장치, 특고압용 제2종 보안장치를 시설

5 조가선 시설기준

① 단면적 38[mm^2] 이상의 아연도강연선 사용
② 매 500[m]마다 단면적 16[mm^2](단선은 지름 4[mm]) 이상의 연동선과 접지선 서비스 커넥터 등을 이용하여 접지할 것
③ 독립접지 시공

6 특고압 가공전선로 첨가설치 통신선의 시가지 인입 제한

① 특고압용 제1종 보안장치, 특고압용 제2종 보안장치
② 인장강도 5.26[kN] 이상, 단면적 16[mm^2](단선은 지름 4[mm]) 이상의 절연전선 또는 광섬유 케이블
③ 보안장치의 표준

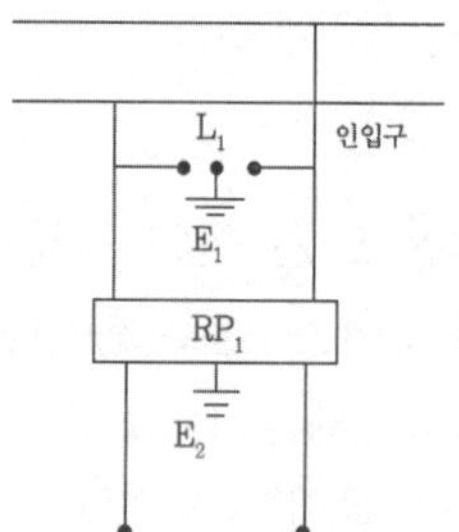

- RP_1 : 자복성 릴레이 보안기
- L_1 : 교류 1[kV] 피뢰기
- E_1 및 E_2 : 접지

7 전력선 반송 통신용 결합장치의 보안장치

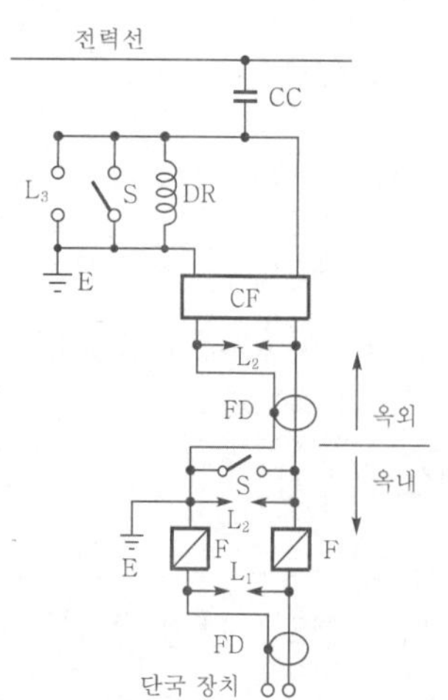

- FD : 동축케이블
- F : 정격전류 10[A] 이하의 포장 퓨즈
- DR : 전류용량 2[A] 이상의 배류 선륜
- L_1 : 교류 300[V] 이하에서 동작하는 피뢰기
- L_2 : 동작전압이 교류 1.3[kV]를 초과하고 1.6[kV] 이하로 조정된 방전갭
- L_3 : 동작전압이 교류 2[kV]를 초과하고 3[kV] 이하로 조정된 구상 방전갭
- S : 접지용 개폐기
- CF : 결합 필터
- CC : 결합 커패시터(결합 안테나를 포함함)
- E : 접지

8 가공통신 인입선 시설

(1) 가공통신선

① 차량이 통행하는 노면상의 높이는 4.5[m] 이상

② 조영물의 붙임점에서의 지표상의 높이는 2.5[m] 이상

(2) 특고압 가공전선로의 지지물에 시설하는 가공 통신 인입선 부분의 높이 및 다른 가공약전류전선 등 사이의 이격거리

① 노면상의 높이는 5[m] 이상

② 조영물의 붙임점에서의 지표상의 높이는 3.5[m] 이상

③ 다른 가공약전류전선 등 사이의 이격거리는 0.6[m] 이상

9 지중통신선로설비 시설의 통신선

지중 공가설비로 사용하는 광케이블 및 동축케이블은 지름 22[mm] 이하

10 무선용 안테나 등을 지지하는 철탑 등의 시설

① 목주의 풍압하중에 대한 안전율은 1.5 이상

② 철주・철근콘크리트주 또는 철탑의 기초 안전율은 1.5 이상

핵심 04 전기철도

1 전기철도의 선로일반

(1) 용어

① **전기철도설비** : 전철 변전설비, 급전설비, 부하설비(전기철도차량 설비 등)로 구성

② **급전방식** : 변전소에서 전기철도차량에 전력을 공급하는 방식으로 급전방식에 따라 직류식, 교류식으로 분류

③ **가선방식** : 전기철도차량에 전력을 공급하는 전차선의 가선방식으로 가공식, 강체식, 제3레일식으로 분류

④ **전차선 기울기** : 연접하는 2개의 지지점에서, 레일면에서 측정한 전차선 높이의 차와 경간 길이와의 비율

⑤ **전차선 높이** : 지지점에서 레일면과 전차선 간의 수직거리

⑥ **전차선 편위** : 팬터그래프 집전판의 편마모를 방지하기 위하여 전차선을 레일면 중심 수직선으로부터 한쪽으로 치우친 정도의 치수(좌우로 각각 200[mm] 표준, 지그재그 편위)

⑦ **장기 과전압** : 지속시간이 20[ms] 이상인 과전압

(2) 전기철도의 전기방식(전력수급조건)

① 공칭전압(수전전압)[kV] : 교류 3상 22.9, 154, 345

② 수전선로의 계통구성에는 3상 단락전류, 3상 단락용량, 전압강하, 전압불평형 및 전압왜형율, 플리커 등을 고려하여 시설

③ 수전선로는 지형적 여건 등 시설조건에 따라 가공 또는 지중 방식으로 시설하며, 비상시를 대비하여 예비선로를 확보

(3) 전차선로의 전압

① 직류방식

750[V], 1,500[V]

② 교류방식

㉠ 급전선과 전차선 간 공칭전압 : 50[kV]

㉡ 급전선과 레일 및 전차선과 레일 사이 : 25[kV]

(4) 전기철도의 변전방식

① 변전소 등의 구성

㉠ 고장 범위 한정, 고장전류 차단, 단전 범위 한정할 수 있도록 계통별 및 구간별로 분리

㉡ 고장 자동 분리, 예비설비 사용

② 변전소의 용량

㉠ 급전구간별 정상적인 열차부하조건에서 1시간 최대출력 또는 순시 최대출력을 기준으로 결정, 연장급전 등 부하의 증가를 고려

㉡ 현재의 부하와 장래의 수송수요 및 고장 등을 고려하여 변압기 뱅크 구성

③ 변전소의 설비

㉠ 계통을 구성하는 각종 기기 : 운용 및 유지보수성, 시공성, 내구성, 효율성, 친환경성, 안전성 및 경제성 등을 종합적으로 고려하여 선정

㉡ 급전용 변압기의 적용원칙

- 직류 전기철도 : 3상 정류기용 변압기
- 교류 전기철도 : 3상 스코트결선 변압기

㉢ 차단기 : 계통의 장래계획을 감안하여 용량을 결정하고, 회로의 특성에 따라 기종과 동작책무 및 차단시간을 선정

㉣ 개폐기 : 선로 중 중요한 분기점, 고장발견이 필요한 장소, 빈번한 개폐를 필요로 하는 곳에 설치하며, 개폐상태의 표시, 쇄정장치 등을 설치

㉤ 제어용 교류전원 : 상용과 예비의 2계통으로 구성

㉥ 제어반 : 디지털계전기방식을 원칙

(5) 전차선 가선방식

가공방식, 강체방식, 제3레일방식

(6) 전차선로의 충전부와 건조물 간의 절연이격거리

시스템 종류	공칭전압[V]	동적[mm]		정적[mm]	
		비오염	오염	비오염	오염
직류	750	25	25	25	25
	1,500	100	110	150	160
단상교류	25,000	170	220	270	320

(7) 전차선로의 충전부와 차량 간의 절연이격

시스템 종류	공칭전압[V]	동적[mm]	정적[mm]
직류	750	25	25
	1,500	100	150
단상교류	25,000	170	270

(8) 급전선로

① 급전선은 나전선을 적용하여 가공식으로 가설을 원칙

② 가공식은 전차선의 높이 이상으로 전차선로 지지물에 병가하며, 나전선의 접속은 직선 접속을 원칙

③ 신설 터널 내 급전선을 가공으로 설계할 경우 지지물의 취부는 C찬넬 또는 매입전을 이용하여 고정

④ 선상승강장, 인도교, 과선교 또는 교량 하부 등에 설치할 때에는 최소 절연이격거리 이상을 확보

(9) 귀선로

① 귀선로는 비절연보호도체, 매설접지도체, 레일 등으로 구성하여 단권변압기 중성점과 공통접지에 접속

② 비절연보호도체의 위치는 통신유도장해 및 레일전위의 상승의 경감을 고려하여 결정

③ 귀선로는 사고 및 지락 시에도 충분한 허용전류용량을 확보

(10) 전차선 및 급전선의 높이

시스템 종류	공칭전압[V]	동적[mm]	정적[mm]
직류	750	4,800	4,400
	1,500	4,800	4,400
단상교류	25,000	4,800	4,570

(11) 전차선의 편위

① 전차선의 편위는 오버랩이나 분기 구간 등 특수 구간을 제외하고 레일면에 수직인 궤도 중심선으로부터 좌우로 각각 200[mm]를 표준으로 하며, 팬터그래프 집전판의 고른 마모를 위하여 지그재그 편위

② 제3레일방식에서 전차선의 편위는 차량의 집전장치의 집전범위를 벗어나지 않아야 함

(12) 전차선로 설비의 안전율

① 합금전차선 : 2.0 이상
② 경동선 : 2.2 이상
③ 조가선 : 2.5 이상
④ 복합체 자재(고분자 애자 포함) : 2.5 이상
⑤ 지지물 기초 : 2.0 이상

(13) 전차선 등과 식물 사이의 이격거리

교류 전차선 등 충전부와 식물 사이의 이격거리는 5[m] 이상

2 전기철도차량설비

(1) 절연구간

① 교류 구간
변전소 및 급전구분소 앞에서 서로 다른 위상 또는 공급점이 다른 전원이 인접하게 될 경우 전원이 혼촉되는 것을 방지
② 전기철도차량의 교류-교류 절연구간을 통과하는 방식
㉠ 역행 운전방식
㉡ 타행 운전방식
㉢ 변압기 무부하 전류방식
㉣ 전력소비 없이 통과하는 방식
③ 교류-직류(직류-교류) 절연구간
㉠ 교류 구간과 직류 구간의 경계지점에 시설
㉡ 전기철도차량은 노치 오프(notch off) 상태로 주행
④ 절연구간의 소요길이 결정요소
㉠ 구간 진입 시의 아크시간
㉡ 잔류전압의 감쇄시간
㉢ 팬터그래프 배치간격
㉣ 열차속도 등에 따라 결정

(2) 팬터그래프 형상

전차선과 접촉되는 팬터그래프는 헤드, 기하학적 형상, 집전범위, 집전판의 길이, 최대넓이, 헤드의 왜곡 등을 고려하여 제작

(3) 피뢰기 설치장소

① 설치장소
㉠ 변전소 인입측 및 급전선 인출측
㉡ 가공전선과 직접 접속하는 지중케이블에서 낙뢰에 의해 절연파괴의 우려가 있는 케이블 단말
② 피뢰기는 가능한 한 보호하는 기기와 가깝게 시설하되 누설전류 측정이 용이하도록 지지대와 절연하여 설치

(4) 피뢰기의 선정

① 피뢰기는 밀봉형을 사용하고 유효 보호거리를 증가시키기 위하여 방전개시전압 및 제한전압이 낮은 것을 사용

② 유도뢰서지에 대하여 2선 또는 3선의 피뢰기 동시동작이 우려되는 변전소 근처의 단락전류가 큰 장소에는 속류차단능력이 크고 또한 차단성능이 회로조건의 영향을 받을 우려가 적은 것을 사용

(5) 전기철도차량의 역률

전기철도차량이 전차선로와 접촉한 상태에서 견인력을 끄고 보조전력을 가동한 상태로 정지해 있는 경우, 가공 전차선로의 유효전력이 200[kW] 이상일 경우 총 역률은 0.8보다는 작아서는 안 된다.

(6) 레일 전위의 위험에 대한 보호 – 전기철도 급전시스템의 최대 허용 접촉전압

시간 조건	교류(실효값)	직 류
순시조건($t \leq 0.5$초)	670[V]	535[V]
일시적 조건 (0.5초 $< t \leq 300$초)	65[V]	150[V]
영구적 조건($t > 300$초)	60[V]	120[V]

(7) 레일 전위의 접촉전압 감소방법

① 교류 전기철도 급전시스템
㉠ 접지극 추가 사용
㉡ 등전위본딩
㉢ 전자기적 커플링을 고려한 귀선로의 강화
㉣ 전압제한소자 적용
㉤ 보행 표면의 절연
㉥ 단락전류를 중단시키는 데 필요한 트래핑 시간의 감소

② 직류 전기철도 급전시스템
㉠ 고장조건에서 레일 전위를 감소시키기 위해 전도성 구조물 접지의 보강
㉡ 전압제한소자 적용
㉢ 귀선도체의 보강
㉣ 보행 표면의 절연
㉤ 단락전류를 중단시키는 데 필요한 트래핑 시간의 감소

(8) 전식방지대책

① 전식방식 또는 전식예방을 위해서 고려해야 할 방법
㉠ 변전소 간 간격 축소
㉡ 레일본드의 양호한 시공
㉢ 장대레일 채택
㉣ 절연도상 및 레일과 침목 사이에 절연층의 설치

② 매설 금속체측의 누설전류에 의한 전식의 피해가 예상되는 곳에서 고려해야 할 방법
㉠ 배류장치 설치
㉡ 절연코팅
㉢ 매설 금속체 접속부 절연
㉣ 저준위 금속체 접속
㉤ 궤도와의 이격거리 증대
㉥ 금속판 도체로 차폐

핵심 05 분산형 전원

1 전기저장장치

(1) 일반사항

① 시설장소의 요구사항
㉠ 충분한 공간을 확보하고 조명설비를 시설
㉡ 환기시설을 갖추고 적정한 온도와 습도를 유지하도록 시설
㉢ 침수의 우려가 없도록 시설
㉣ 충분한 내열성을 확보

② 옥내전로의 대지전압 제한
㉠ 대지전압은 직류 600[V] 이하
㉡ 지락이 생겼을 때 자동적으로 전로 차단 장치 시설
㉢ 사람이 접촉할 우려가 없는 은폐된 장소에 합성수지관공사, 금속관공사 및 케이블공사에 의하여 시설

(2) 전기저장장치의 시설

① 전기배선
㉠ 전선은 공칭단면적 2.5[mm^2] 이상의 연동선
㉡ 옥내배선 규정에 준하여 시설

② 제어 및 보호장치
㉠ 전기저장장치가 비상용 예비전원 용도를 겸하는 경우 갖춰야 할 시설기준
- 상용전원이 정전되었을 때 비상용 부하에 전기를 안정적으로 공급할 수 있는 시설
- 충전용량을 상시 보존하도록 시설

㉡ 전기저장장치의 접속점에는 쉽게 개폐할 수 있는 곳에 개방상태를 육안으로 확인할 수 있는 전용의 개폐기를 시설

㉢ 전기저장장치 이차전지의 차단장치 동작
- 과전압 또는 과전류가 발생한 경우
- 제어장치에 이상이 발생한 경우
- 이차전지 모듈의 내부 온도가 급격히 상승할 경우

㉣ 과전류차단기를 설치하는 경우 "직류용" 표시

㉤ 전로가 차단되었을 때에 경보하는 장치 시설

(3) 계통 연계용 보호장치의 시설

① 분산형 전원설비의 이상 또는 고장
② 연계한 전력계통의 이상 또는 고장
③ 단독운전 상태

2 태양광발전설비

(1) 태양전지 모듈의 직렬군 최대개방전압이 직류 750[V] 초과 1,500[V] 이하인 시설장소의 안전조치

① 태양전지 모듈을 지상에 설치하는 경우는 울타리·담 등을 시설
② 태양전지 모듈을 일반인이 쉽게 출입할 수 있는 옥상 등에 시설하는 경우는 식별이 가능하도록 위험 표시
③ 태양전지 모듈을 일반인이 쉽게 출입할 수 없는 옥상·지붕에 설치하는 경우는 모듈 프레임 등 쉽게 식별할 수 있는 위치에 위험 표시
④ 태양전지 모듈을 주차장 상부에 시설하는 경우는 차량의 출입 등에 의한 구조물, 모듈 등의 손상이 없도록 조치

(2) 전기배선(간선)

① 기구에 전선을 접속하는 경우
㉠ 나사조임
㉡ 기계적·전기적으로 안전하게 접속
㉢ 접속점에 장력이 가해지지 않도록 할 것
② 바람, 결빙, 온도, 태양방사와 같이 예상되는 외부 영향을 견디도록 시설
③ 출력배선은 극성별로 확인할 수 있도록 표시
④ 전선은 공칭단면적 2.5[mm^2] 이상의 연동선

(3) 어레이 출력 개폐기

① 부하측의 태양전지 어레이에서 전력변환장치에 이르는 전로에는 그 접속점에 근접하여 개폐기 기타 이와 유사한 기구(부하전류를 개폐할 수 있는 것)를 시설
② 어레이 출력 개폐기는 점검이나 조작이 가능한 곳에 시설

(4) 과전류 및 지락 보호장치

① 모듈을 병렬로 접속하는 전로에는 그 전로에 단락전류가 발생할 경우에 전로를 보호하는 과전류차단기 또는 기타 기구를 시설

② 태양전지 발전설비의 직류 전로에 지락이 발생했을 때 자동적으로 전로를 차단하는 장치를 시설

(5) 접지설비

① 태양전지 모듈의 프레임은 지지물과 전기적으로 완전하게 접속

② 수상에 시설하는 태양전지 모듈 등의 금속제는 접지를 해야 하고, 접지 시 접지극을 수중에 띄우거나, 수중 바닥에 노출된 상태로 시설하는 것은 금지

(6) 태양광설비의 계측장치

전압, 전류 및 전력을 계측하는 장치를 시설

3 풍력발전설비

(1) 화재방호설비 시설

500[kW] 이상의 풍력터빈은 나셀 내부의 화재 발생 시, 이를 자동으로 소화할 수 있는 화재방호설비를 시설

(2) 풍력설비 간선의 시설

① 공칭단면적 2.5[mm^2] 이상

② 출력배선 : CV선 또는 TFR-CV선

(3) 풍력터빈의 피뢰설비

① 수뢰부를 풍력터빈 선단부분 및 가장자리 부분에 배치하되 뇌격전류에 의한 발열에 용손(溶損)되지 않도록 재질, 크기, 두께 및 형상 등을 고려할 것

② 인하도선은 쉽게 부식되지 않는 금속선으로서 뇌격전류를 안전하게 흘릴 수 있는 충분한 굵기여야 하며, 가능한 직선으로 시설할 것

③ 풍력터빈 내부의 계측 센서용 케이블은 금속관 또는 차폐케이블 등을 사용하여 뇌유도 과전압으로부터 보호할 것

④ 풍력터빈에 설치한 피뢰설비(리셉터, 인하도선 등)의 기능저하로 인해 다른 기능에 영향을 미치지 않을 것

(4) 계측장치의 시설

① 회전속도계

② 나셀(nacelle) 내의 진동을 감시하기 위한 진동계

③ 풍속계

④ 압력계

⑤ 온도계

MEMO

MEMO

33년간 기출문제 완전 분석

필기

전기기사

핵심기출 300제

전수기 · 임한규 · 정종연 지음

Ⅱ 핵심기출 300제 / 최근 기출문제

BM (주)도서출판 성안당

도서 A/S 안내

성안당에서 발행하는 모든 도서는 저자와 출판사, 그리고 독자가 함께 만들어 나갑니다.

좋은 책을 펴내기 위해 많은 노력을 기울이고 있습니다. 혹시라도 내용상의 오류나 오탈자 등이 발견되면 "좋은 책은 나라의 보배"로서 우리 모두가 함께 만들어 간다는 마음으로 연락주시기 바랍니다. 수정 보완하여 더 나은 책이 되도록 최선을 다하겠습니다.

성안당은 늘 독자 여러분들의 소중한 의견을 기다리고 있습니다. 좋은 의견을 보내주시는 분께는 성안당 쇼핑몰의 포인트(3,000포인트)를 적립해 드립니다.

잘못 만들어진 책이나 부록 등이 파손된 경우에는 교환해 드립니다.

저자 문의 : jeon6363@hanmail.net(전수기)

본서 기획자 e-mail : coh@cyber.co.kr(최옥현)

홈페이지 : http://www.cyber.co.kr 전화 : 031) 950-6300

핵심기출 300제 차례

"할 수 있다고 믿는 사람은 그렇게 되고,
할 수 없다고 믿는 사람 역시 그렇게 된다."

- 샤를 드골 -

1990년~최근

자주 출제되는 핵심기출 300제

01 전기자기학

02 전력공학

03 전기기기

04 회로이론

05 제어공학

06 전기설비기술기준

01 CHAPTER 전기자기학

001

핵심이론 찾아보기▶핵심 01-3

기사 82년 출제

두 벡터 $A = 2i + 2j + 4k$, $B = 4i - 2j + 6k$일 때, $A \times B$는? (단, i, j, k는 x, y, z방향의 단위벡터이다.)

① 28

② $8i - 4j + 24k$

③ $6i + j + 10k$

④ $20i + 4j - 12k$

해설

$$A \times B = \begin{vmatrix} i & j & k \\ 2 & 2 & 4 \\ 4 & -2 & 6 \end{vmatrix} = i\begin{vmatrix} 2 & 4 \\ -2 & 6 \end{vmatrix} - j\begin{vmatrix} 2 & 4 \\ 4 & 6 \end{vmatrix} + k\begin{vmatrix} 2 & 2 \\ 4 & -2 \end{vmatrix} = 20i + 4j - 12k$$

답 ④

002

핵심이론 찾아보기▶핵심 01-5

기사 17년 출제

점전하에 의한 전위 함수가 $V = \dfrac{1}{x^2 + y^2}$[V]일 때 grad V는?

① $-\dfrac{ix + jy}{(x^2 + y^2)^2}$

② $-\dfrac{i2x + j2y}{(x^2 + y^2)^2}$

③ $-\dfrac{i2x}{(x^2 + y^2)^2}$

④ $-\dfrac{j2y}{(x^2 + y^2)^2}$

해설

$$\text{grad}\, V = \nabla V = \left(\frac{\partial}{\partial x}i + \frac{\partial}{\partial y}j + \frac{\partial}{\partial z}k\right)V = \frac{\partial V}{\partial x}i + \frac{\partial V}{\partial y}j + \frac{\partial V}{\partial z}k$$

$$\frac{\partial V}{\partial x} = \frac{\partial}{\partial x}\left(\frac{1}{x^2 + y^2}\right) = \frac{-2x}{(x^2 + y^2)^2},\quad \frac{\partial V}{\partial y} = \frac{\partial}{\partial y}\left(\frac{1}{x^2 + y^2}\right) = \frac{-2y}{(x^2 + y^2)^2}$$

$$\therefore\ \text{grad}\, V = -\frac{2x}{(x^2 + y^2)^2}i - \frac{2y}{(x^2 + y^2)^2}j = -\frac{i2x + j2y}{(x^2 + y^2)^2}$$

답 ②

003

핵심이론 찾아보기▶핵심 01-5

기사 18년 / 산업 16년 출제

전계 E의 x, y, z성분을 E_x, E_y, E_z라 할 때 div E는?

① $\dfrac{\partial E_x}{\partial x} + \dfrac{\partial E_y}{\partial y} + \dfrac{\partial E_z}{\partial z}$

② $i\dfrac{\partial E_x}{\partial x} + j\dfrac{\partial E_y}{\partial y} + k\dfrac{\partial E_z}{\partial z}$

③ $\dfrac{\partial^2 E_x}{\partial x^2} + \dfrac{\partial^2 E_y}{\partial y^2} + \dfrac{\partial^2 E_z}{\partial z^2}$

④ $i\dfrac{\partial^2 E_x}{\partial x^2} + j\dfrac{\partial^2 E_y}{\partial y^2} + k\dfrac{\partial^2 E_z}{\partial z^2}$

해설

$$\text{div}\, E = \nabla \cdot E = \left(i\frac{\partial}{\partial x} + j\frac{\partial}{\partial y} + k\frac{\partial}{\partial z}\right) \cdot (iE_x + jE_y + kE_z) = \frac{\partial E_x}{\partial x} + \frac{\partial E_y}{\partial y} + \frac{\partial E_z}{\partial z}$$

답 ①

004

핵심이론 찾아보기▶핵심 01-6

기사 19·88년 / 산업 90년 출제

스토크스(Stokes) 정리를 표시하는 식은?

① $\int_s \boldsymbol{A} \cdot ds = \int_v \text{div}\, \boldsymbol{A} \cdot dv$　② $\oint_c \boldsymbol{A} \cdot dl = \int_v \text{div}\, \boldsymbol{A} dv$

③ $\oint_c \boldsymbol{A} \cdot dl = \int_s (\text{rot}\, \boldsymbol{A})_n \cdot ds$　④ $\int_s \boldsymbol{A} \cdot ds = \int_s \text{rot}\, \boldsymbol{A} \cdot ds$

해설 스토크스의 정리는 선적분을 면적분으로 변환하는 정리로 선적분을 면적분으로 변환 시 rot를 붙여 간다.

$$\oint_c \boldsymbol{A} \cdot dl = \int_s \text{rot}\, \boldsymbol{A} \cdot ds = \int_s \text{curl}\, \boldsymbol{A} \cdot ds = \int_s \nabla \times \boldsymbol{A} \cdot ds$$

답 ③

005

핵심이론 찾아보기▶핵심 01-6

기사 01·90년 출제

$\int_s \boldsymbol{E} \cdot ds = \int_{vol} \nabla \cdot \boldsymbol{E}\, dv$**는 다음 중 어느 것에 해당하는가?**

① 발산의 정리　② 가우스의 정리　③ 스토크스의 정리　④ 암페어의 법칙

해설 발산의 정리는 면적분을 체적적분으로 변환하는 정리로 면적분을 체적적분으로 변환 시 div를 붙여 간다.

$$\int_s \boldsymbol{E} \cdot ds = \int_v \text{div}\, \boldsymbol{E} dv = \int_v \nabla \cdot \boldsymbol{E} dv$$

답 ①

006

핵심이론 찾아보기▶핵심 01-응용

기사 22년 출제

구좌표계에서 $\nabla^2 r$**의 값은 얼마인가? (단,** $r = \sqrt{x^2 + y^2 + z^2}$**)**

① $\frac{1}{r}$　② $\frac{2}{r}$　③ r　④ $2r$

해설 구좌표계의 변수(r, θ, ϕ)

$$\nabla^2 r = \frac{1}{r^2}\frac{\partial}{\partial r}\left(r^2 \frac{\partial r}{\partial r}\right) + \frac{1}{r^2 \sin\theta}\frac{\partial}{\partial \theta}\left(\sin\theta \frac{\partial r}{\partial \theta}\right) + \frac{1}{r^2 \sin^2\theta}\frac{\partial^2 r}{\partial \phi^2} = \frac{1}{r^2}\frac{\partial}{\partial r} r^2 = \frac{1}{r^2} 2r = \frac{2}{r}$$

답 ②

007

핵심이론 찾아보기▶핵심 02-1

기사 15년 출제

진공 중에 +20[μC]과 −3.2[μC]인 2개의 점전하가 1.2[m] 간격으로 놓여 있을 때 두 전하 사이에 작용하는 힘[N]과 작용력은 어떻게 되는가?

① 0.2[N], 반발력　② 0.2[N], 흡인력　③ 0.4[N], 반발력　④ 0.4[N], 흡인력

해설
$$F = \frac{Q_1 Q_2}{4\pi\varepsilon_0 r^2} = 9 \times 10^9 \times \frac{Q_1 Q_2}{r^2} = 9 \times 10^9 \times \frac{(20 \times 10^{-6}) \times (-3.2 \times 10^{-6})}{(1.2)^2} = -0.4[\text{N}]$$

서로 다른 종류의 전하 사이에는 흡인력이 작용한다. 즉, 쿨롱의 힘이 −로 표시된다.

답 ④

008

핵심이론 찾아보기▶핵심 02-1 　　기사 22년 출제

진공 중 한 변의 길이가 0.1[m]인 정삼각형의 3정점 A, B, C에 각각 2.0×10^{-6}[C]의 점전하가 있을 때, 점 A의 전하에 작용하는 힘은 몇 [N]인가?

① $1.8\sqrt{2}$ ② $1.8\sqrt{3}$ ③ $3.6\sqrt{2}$ ④ $3.6\sqrt{3}$

해설 $F_{BA}=F_{CA}=\dfrac{1}{4\pi\varepsilon_0}\cdot\dfrac{Q_1Q_2}{r^2}=9\times10^9\cdot\dfrac{(2.0\times10^{-6})^2}{(0.1)^2}=3.6[\text{N}]$

$F=2F_{BA}\cdot\cos30°=2\times3.6\times\dfrac{\sqrt{3}}{2}=3.6\sqrt{3}\,[\text{N}]$

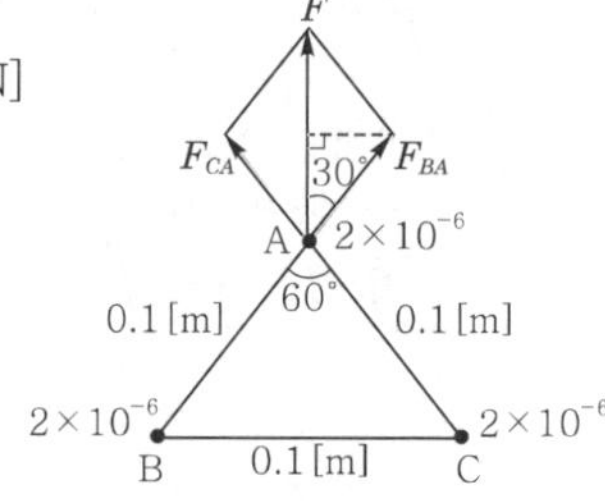

답 ④

009

핵심이론 찾아보기▶핵심 02-1 　　기사 22·14·94년 출제

점 (0, 1)[m] 되는 곳에 -2×10^{-9}[C]의 점전하가 있다. 점 (2, 0)[m]에 있는 1[C]에 작용하는 힘은 몇 [N]인가?

① $-\dfrac{36}{5\sqrt{5}}\boldsymbol{a}_x+\dfrac{18}{5\sqrt{5}}\boldsymbol{a}_y$ ② $-\dfrac{18}{5\sqrt{5}}\boldsymbol{a}_x+\dfrac{36}{5\sqrt{5}}\boldsymbol{a}_y$

③ $-\dfrac{36}{3\sqrt{5}}\boldsymbol{a}_x+\dfrac{18}{3\sqrt{5}}\boldsymbol{a}_y$ ④ $\dfrac{36}{5\sqrt{5}}\boldsymbol{a}_x-\dfrac{18}{5\sqrt{5}}\boldsymbol{a}_y$

해설 $\boldsymbol{r}=(2-0)\boldsymbol{a}_x+(0-1)\boldsymbol{a}_y=2\boldsymbol{a}_x-\boldsymbol{a}_y[\text{m}]$

$r=\sqrt{2^2+(-1)^2}=\sqrt{5}\,[\text{m}]$

$\therefore\ \boldsymbol{r}_o=\dfrac{1}{\sqrt{5}}(2\boldsymbol{a}_x-\boldsymbol{a}_y)[\text{m}]$

$\because\ \boldsymbol{F}=9\times10^9\times\dfrac{-2\times10^{-9}\times1}{(\sqrt{5})^2}\times\dfrac{1}{\sqrt{5}}(2\boldsymbol{a}_x-\boldsymbol{a}_y)=-\dfrac{36}{5\sqrt{5}}\boldsymbol{a}_x+\dfrac{18}{5\sqrt{5}}\boldsymbol{a}_y[\text{N}]$

답 ①

010

핵심이론 찾아보기▶핵심 02-2 　　기사 95·90년 출제

전계의 단위가 아닌 것은?

① [N/C] ② [V/m]

③ $\left[\text{C/J}\cdot\dfrac{1}{\text{m}}\right]$ ④ [A·Ω/m]

해설 [N/C]=[N·m/C·m]=[J/C·m]=[W·s/C·m]=[V·A·s/A·s·m]=[V/m]
=[A·Ω/m]=[개/m²]

답 ③

011 핵심이론 찾아보기▶핵심 02-3

기사 14·01년 출제

전기력선의 성질에 대하여 틀린 것은?

① 전하가 없는 곳에서 전기력선은 발생, 소멸이 없다.
② 전기력선은 그 자신만으로 폐곡선이 되는 일은 없다.
③ 전기력선은 등전위면과 수직이다.
④ 전기력선은 도체 내부에 존재한다.

해설 전기력선은 도체 내부에 존재하지 않는다.

답 ④

012 핵심이론 찾아보기▶핵심 02-4

기사 18년 출제

점전하에 의한 전계는 쿨롱의 법칙을 사용하면 되지만 분포되어 있는 전하에 의한 전계를 구할 때는 무엇을 이용하는가?

① 렌츠의 법칙 ② 가우스의 정리 ③ 라플라스 방정식 ④ 스토크스의 정리

해설 전하가 임의의 분포, 즉 선, 면적, 체적 분포로 하고 있을 때 폐곡면 내의 전하에 대한 폐곡면을 통과하는 전기력선의 수 또는 전속과의 관계를 수학적으로 표현한 식을 가우스 정리라 한다

답 ②

013 핵심이론 찾아보기▶핵심 02-4

기사 91년 출제

어떤 폐곡면 내에 +8[μC]의 전하와 −3[μC]의 전하가 있을 경우, 이 폐곡면에서 나오는 전기력선의 총수는?

① 5.65×10^5 ② 10^7 ③ 10^5 ④ 9.65×10^5

해설 전기력선의 총수를 N이라 하면

$$N=\frac{1}{\varepsilon_0}\sum_{i=1}^{n}Q_i=\frac{(8-3)\times10^{-6}}{8.855\times10^{-12}}=\frac{5\times10^6}{8.855}=5.65\times10^5\text{개}$$

답 ①

014 핵심이론 찾아보기▶핵심 02-5

기사 03·00·97년 출제

진공 내의 점 [3, 0, 0)[m]에 4×10^{-9}[C]의 전하가 있다. 이때에 점 (6, 4, 0)[m]의 전계 세기 [V/m] 및 전계의 방향을 표시하는 단위 벡터는?

① $\frac{36}{25}$, $\frac{1}{5}(3i+4j)$
② $\frac{36}{125}$, $\frac{1}{5}(3i+4j)$
③ $\frac{36}{25}$, $\frac{1}{5}(i+j)$
④ $\frac{36}{125}$, $\frac{1}{5}(i+j)$

해설 그림과 같이 전하 4×10^{-9}[C]이 존재하는 점 A와 점 P 사이의 거리 r은

$r=\overrightarrow{AP}=(6-3)i+(4-0)j=3i+4j\,[\mathrm{m}]$

$r=\sqrt{3^2+4^2}=5\,[\mathrm{m}]$

P점의 전계 세기 $\boldsymbol{E}$는

$$E=\frac{Q}{4\pi\varepsilon_0 r^2}=9\times10^9\times\frac{Q}{r^2}=9\times10^9\times\frac{4\times10^{-9}}{5^2}$$
$$=\frac{36}{25}[\mathrm{V/m}]$$

전계 방향의 단위 벡터 r_0는

$$r_0=\frac{\boldsymbol{E}}{E}=\frac{\boldsymbol{r}}{r}=\frac{3i+4j}{5}$$
$$=\frac{1}{5}(3\boldsymbol{i}+4\boldsymbol{j})[\mathrm{m}]$$

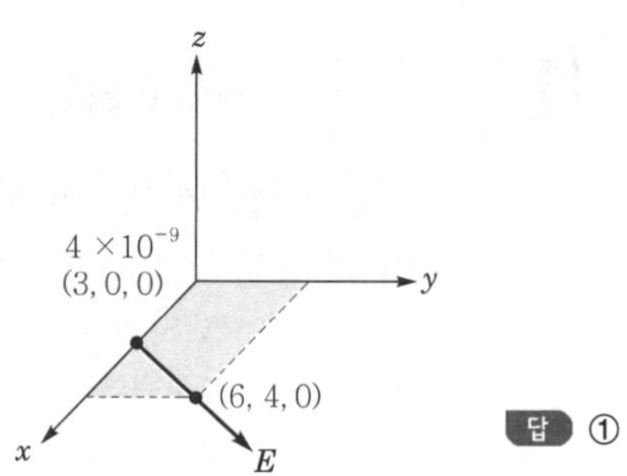

답 ①

015

핵심이론 찾아보기▶핵심 02-5

기사 15·89년 출제

무한장 선로에 균일하게 전하가 분포된 경우, 선로로부터 r[m] 떨어진 점에서의 전계 세기 E[V/m]는 얼마인가? (단, 선전하밀도는 ρ_L[C/m]이다.)

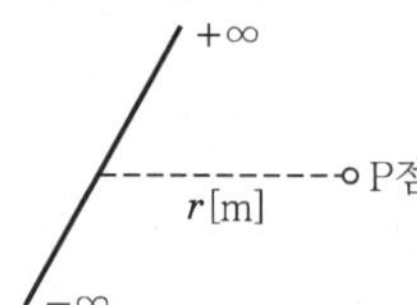

① $\boldsymbol{E}=\dfrac{\rho_L}{2\pi\varepsilon_0 r}$
② $\boldsymbol{E}=\dfrac{\rho_L}{4\pi\varepsilon_0 r}$
③ $\boldsymbol{E}=\dfrac{\rho_L}{2\pi\varepsilon_0 r^2}$
④ $\boldsymbol{E}=\dfrac{{\rho_L}^2}{2\pi\varepsilon_0 r}$

해설 가우스의 법칙에 의해서 $\displaystyle\int_S \boldsymbol{E}\cdot \boldsymbol{n}dS=\frac{\rho_L l}{\varepsilon_0}$

$$\boldsymbol{E}\cdot 2\pi r\cdot l=\frac{\rho_L l}{\varepsilon_0}$$
$$\therefore\ \boldsymbol{E}=\frac{\rho_L}{2\pi\varepsilon_0 r}[\mathrm{V/m}]$$

답 ①

016

핵심이론 찾아보기▶핵심 02-5

기사 18년 출제

전하밀도 ρ_s[C/m^2]인 무한판상 전하 분포에 의한 임의 점의 전장에 대하여 틀린 것은?

① 전장의 세기는 매질에 따라 변한다.
② 전장의 세기는 거리 r에 반비례한다.
③ 전장은 판에 수직방향으로만 존재한다.
④ 전장의 세기는 전하밀도 ρ_s에 비례한다.

해설 $\boldsymbol{E}=\dfrac{\rho_s}{2\varepsilon_0}[\mathrm{V/m}]$

전장의 세기는 거리에 관계없이 일정하다.

답 ②

017 핵심이론 찾아보기▶핵심 02-5 기사 82년 출제

$x=0$ 및 $x=a$인 무한 평면에 각각 면전하 $-\rho_s$[C/m^2], ρ_s[C/m^2]가 있는 경우, $x>a$인 영역에서 전계 E는?

① $\boldsymbol{E}=0$
② $\boldsymbol{E}=\dfrac{\rho_s}{2\pi\varepsilon_0}a_x$
③ $\boldsymbol{E}=\dfrac{\rho_s}{2\pi\varepsilon_0}$
④ $\boldsymbol{E}=\dfrac{\rho_s}{\varepsilon_0}a_x$

해설 $x>a$인 영역은 평행판 외부의 전계의 세기이므로 0이다.

답 ①

018 핵심이론 찾아보기▶핵심 02-5 기사 16년 출제

반지름이 3[m]인 구에 공간 전하밀도가 1[C/m^3] 분포되어 있을 경우 구의 중심으로부터 1[m]인 곳의 전계는 몇 [V]인가?

① $\dfrac{1}{2\varepsilon_0}$ ② $\dfrac{1}{3\varepsilon_0}$ ③ $\dfrac{1}{4\varepsilon_0}$ ④ $\dfrac{1}{5\varepsilon_0}$

해설 전하가 균일하게 분포된 구도체의 내부 전계의 세기

$$E=\frac{rQ}{4\pi\varepsilon_0 a^3}=\frac{r}{4\pi\varepsilon_0 a^3}\rho\frac{4}{3}\pi a^3=\frac{\rho r}{3\varepsilon_0}=\frac{1r}{3\varepsilon_0}=\frac{r}{3\varepsilon_0}[\text{V/m}]$$

$r=1$[m]인 곳의 전계

$$\therefore\ E_i=\frac{1}{3\varepsilon_0}[\text{V}]$$

답 ②

019 핵심이론 찾아보기▶핵심 02-6 기사 07·91년 출제

무한장의 직선 도체에 선전하밀도 ρ[C/m]로 전하가 충전될 때 이 직선 도체에서 r[m]만큼 떨어진 점의 전위는?

① ρ이다. ② $\rho\cdot r$이다. ③ 0(zero)이다. ④ 무한대(∞)이다.

해설

$$V=-\int_{\infty}^{r}\boldsymbol{E}\cdot d\boldsymbol{r}=-\int_{\infty}^{r}\frac{\rho}{2\pi\varepsilon_0 r}d\boldsymbol{r}=\frac{-\rho}{2\pi\varepsilon_0}[\ln r]_{\infty}^{r}=\frac{\rho}{2\pi\varepsilon_0}[\ln r]_{r}^{\infty}=\infty$$

답 ④

020 핵심이론 찾아보기▶핵심 02-6 기사 19년 출제

30[V/m]의 전계 내의 80[V] 되는 점에서 1[C]의 전하를 전계 방향으로 80[cm] 이동한 경우, 그 점의 전위[V]는?

① 9 ② 24 ③ 30 ④ 56

해설

전위차 $V_{AB}=-\int_b^a Edr=E\times r=30\times 0.8=24[\text{V}]$

B점의 전위 $V_B=V_A-V_{AB}=80-24=56[\text{V}]$

답 ④

021

핵심이론 찾아보기▶핵심 02-6

기사 17년 출제

한 변의 길이가 $\sqrt{2}$[m]인 정사각형의 4개 꼭짓점에 $+10^{-9}$[C]의 점전하가 각각 있을 때 이 사각형의 중심에서의 전위[V]는?

① 0 ② 18 ③ 36 ④ 72

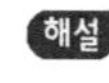

$V_1 = \dfrac{Q}{4\pi\varepsilon_0 r} = 9\times10^9\times\dfrac{Q}{r} = 9\times10^9\times\dfrac{10^{-9}}{1} = 9$[V]

사각형 중심의 합성 전위 V_0는 전하가 4개 존재하므로

$\therefore\ V_0 = 4V_1 = 4\times9 = 36$[V]

답 ③

022

핵심이론 찾아보기▶핵심 02-7

기사 09·97년 출제

그림과 같이 동심구 도체에서 도체 1의 전하가 $Q_1 = 4\pi\varepsilon_0$[C], 도체 2의 전하가 $Q_2 = 0$일 때, 도체 1의 전위는 몇 [V]인가? (단, $a = 10$[cm], $b = 15$[cm], $c = 20$[cm]라 한다.)

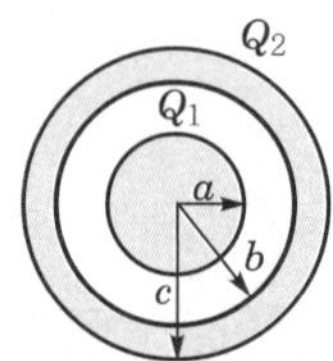

① $\dfrac{1}{12}$ ② $\dfrac{13}{60}$ ③ $\dfrac{25}{3}$ ④ $\dfrac{65}{3}$

해설

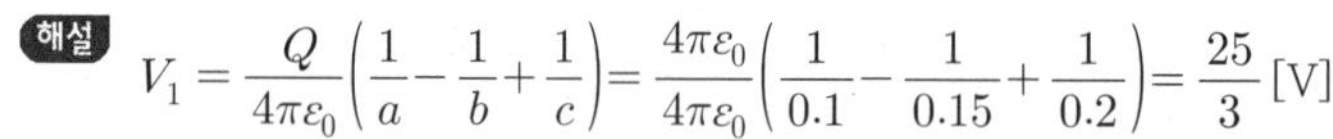

$V_1 = \dfrac{Q}{4\pi\varepsilon_0}\left(\dfrac{1}{a} - \dfrac{1}{b} + \dfrac{1}{c}\right) = \dfrac{4\pi\varepsilon_0}{4\pi\varepsilon_0}\left(\dfrac{1}{0.1} - \dfrac{1}{0.15} + \dfrac{1}{0.2}\right) = \dfrac{25}{3}$[V]

답 ③

023

핵심이론 찾아보기▶핵심 02-8

기사 22·20년 출제

전위경도 V와 전계 E의 관계식은?

① $E = \text{grad}\,V$ ② $E = \text{div}\,V$ ③ $E = -\text{grad}\,V$ ④ $E = -\text{div}\,V$

해설 전계의 세기 $E = -\text{grad}\,V = -\nabla V$[V/m]

전위경도는 전계의 세기와 크기는 같고, 방향은 반대 방향이다.

답 ③

024

핵심이론 찾아보기▶핵심 02-8

기사 17년 출제

$V = x^2$[V]로 주어지는 전위 분포일 때 $x = 20$[cm]인 점의 전계는?

① $+x$방향으로 40[V/m] ② $-x$방향으로 40[V/m]
③ $+x$방향으로 0.4[V/m] ④ $-x$방향으로 0.4[V/m]

해설 $E=-\mathrm{grad}\,V=-\nabla V=-\left(\frac{\partial}{\partial x}\boldsymbol{i}+\frac{\partial}{\partial y}\boldsymbol{j}+\frac{\partial}{\partial z}\boldsymbol{k}\right)\cdot x^2=-2x\boldsymbol{i}[\mathrm{V/m}]$

$\therefore\ [E]_{x=0.2}=0.4\boldsymbol{i}[\mathrm{V/m}]$

$\because$ 전계는 $-x$방향으로 0.4[V/m]이다.

답 ④

025

핵심이론 찾아보기▶핵심 02-8 기사 13년 출제

전위함수가 $V=2x+5yz+3$일 때, 점 (2, 1, 0)에서의 전계 세기[V/m]는?

① $-\boldsymbol{i}-\boldsymbol{j}5-\boldsymbol{k}3$ ② $\boldsymbol{i}-\boldsymbol{j}2+\boldsymbol{k}3$ ③ $-\boldsymbol{i}2-\boldsymbol{k}5$ ④ $\boldsymbol{j}4+\boldsymbol{k}3$

해설 전위 경도

$$\boldsymbol{E}=-\mathrm{grad}\,V=-\nabla V=-\left(\boldsymbol{i}\frac{\partial}{\partial x}+\boldsymbol{j}\frac{\partial}{\partial y}+\boldsymbol{k}\frac{\partial}{\partial z}\right)\cdot V$$

$$=-\left(\frac{\partial}{\partial x}\boldsymbol{i}+\frac{\partial}{\partial y}\boldsymbol{j}+\frac{\partial}{\partial z}\boldsymbol{k}\right)(2x+5yz+3)$$

$$=-(2\boldsymbol{i}+5z\boldsymbol{j}+5y\boldsymbol{k})\,[\mathrm{V/m}]$$

$\therefore\ [\boldsymbol{E}]_{x=2,\,y=1,\,z=0}=-2\boldsymbol{i}-5\boldsymbol{k}[\mathrm{V/m}]$

답 ③

026

핵심이론 찾아보기▶핵심 02-9 기사 15·96·95·94·87년 / 산업 13·99년 출제

다음 식들 중에 옳지 못한 것은?

① 라플라스(Laplace)의 방정식 : $\nabla^2 V=0$

② 발산(divergence) 정리 : $\int_s \boldsymbol{E}\cdot n dS=\int_v \mathrm{div}\,\boldsymbol{E}dv$

③ 푸아송(Poisson)의 방정식 : $\nabla^2 V=\frac{\rho}{\varepsilon_0}$

④ 가우스(Gauss)의 정리 : $\mathrm{div}\,\boldsymbol{D}=\rho$

해설 푸아송의 방정식

$$\mathrm{div}\,\boldsymbol{E}=\nabla\cdot\boldsymbol{E}=\nabla\cdot(-\nabla V)=-\nabla^2 V=\frac{\rho}{\varepsilon_0}$$

$\therefore\ \nabla^2 V=-\frac{\rho}{\varepsilon_0}$

답 ③

027

핵심이론 찾아보기▶핵심 02-9 기사 05·89년 출제

전위함수 $V=x^2+y^2$[V]를 형성하는 전하 분포에서 1[m^3] 안의 전하[C/m^3]를 구하면?

① $-4\varepsilon_0$ ② $-5\varepsilon_0$ ③ $-6\varepsilon_0$ ④ $-7\varepsilon_0$

해설 푸아송의 방정식

$$\nabla^2 V=\frac{\partial^2 V}{\partial x^2}+\frac{\partial^2 V}{\partial y^2}+\frac{\partial^2 V}{\partial z^2}=2+2+0=-\frac{\rho}{\varepsilon_0}$$

$\therefore\ \rho=-4\varepsilon_0[\mathrm{C/m^3}]$

답 ①

028

핵심이론 찾아보기▶핵심 02-9 기사 14·92년 출제

어떤 공간의 비유전율은 2.0이고 전위 V는 다음 식으로 주어진다고 한다.

$$V(x,\ y) = \frac{1}{x} + 2xy^2$$

점 $\left(\frac{1}{2},\ 2\right)$에서의 전하밀도 ρ는 약 몇 [pC/m³]인가?

① -20 ② -40
③ -160 ④ -320

해설 Poisson의 방정식 $\nabla^2 V = -\frac{\rho}{\varepsilon}$에서

$\rho = -\varepsilon(\nabla^2 V) = -\varepsilon(18) = -18\varepsilon = -18\varepsilon_0\varepsilon_s$

$= -18\times 8.854\times 10^{-12}\times 2.0 \fallingdotseq -320\times 10^{-12}[\mathrm{C/m^3}] = -320[\mathrm{pC/m^3}]$

답 ④

029

핵심이론 찾아보기▶핵심 02-10 기사 20년 출제

전위함수 $V = x^2 + y^2$[V]일 때 점 (3, 4)[m]에서의 등전위선의 반지름은 몇 [m]이며 전기력선 방정식은 어떻게 되는가?

① 등전위선의 반지름 : 3, 전기력선 방정식 : $y = \frac{3}{4}x$

② 등전위선의 반지름 : 4, 전기력선 방정식 : $y = \frac{4}{3}x$

③ 등전위선의 반지름 : 5, 전기력선 방정식 : $x = \frac{4}{3}y$

④ 등전위선의 반지름 : 5, 전기력선 방정식 : $x = \frac{3}{4}y$

해설
- 등전위선의 반지름 $r = \sqrt{x^2+y^2} = \sqrt{3^2+4^2} = 5[\mathrm{m}]$
- 전기력선 방정식 $E = -\mathrm{grad}\,V = -2x\boldsymbol{i} - 2y\boldsymbol{j}[\mathrm{V/m}]$

$\frac{dx}{Ex} = \frac{dy}{Ey}$에서 $\frac{1}{-2x}dx = \frac{1}{-2y}dy$

$1nx = 1ny + 1nc,\ x = cy$

$c = \frac{x}{y} = \frac{3}{4} \qquad \therefore\ x = \frac{3}{4}y$

답 ④

030 핵심이론 찾아보기▶핵심 02-11

기사 05·95·92년 출제

그림과 같이 반지름 a[m]인 원형 도선에 전하가 선밀도 λ[C/m]로 균일하게 분포되어 있다. 그 중심에 수직인 z축상에 있는 점 P의 전계 세기[V/m]는?

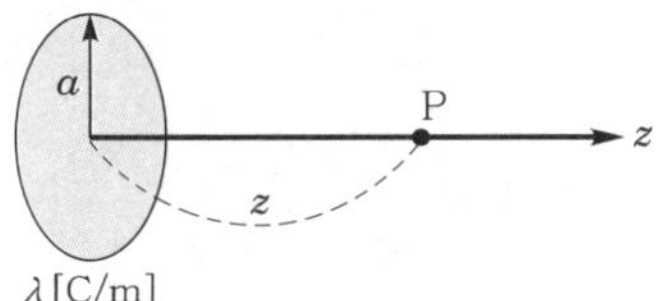

① $\dfrac{\pi z a}{2\varepsilon_0(a^2+z^2)^{\frac{3}{2}}}$ ② $\dfrac{\lambda z a}{2\varepsilon_0(a^2+z^2)^{\frac{3}{2}}}$

③ $\dfrac{\lambda z a}{4\pi\varepsilon_0(a^2+z^2)^{\frac{3}{2}}}$ ④ $\dfrac{\lambda z a}{4\varepsilon_0(a^2+z^2)^{\frac{3}{2}}}$

해설 $\boldsymbol{E}=\boldsymbol{E}_z=-\dfrac{\partial V}{\partial z}=-\dfrac{\partial}{\partial z}\left(\dfrac{a\lambda}{2\varepsilon_0\sqrt{a^2+z^2}}\right)=\dfrac{a\lambda z}{2\varepsilon_0(a^2+z^2)^{\frac{3}{2}}}$[V/m]

답 ②

031 핵심이론 찾아보기▶핵심 02-12

기사 05·02·91년 / 산업 02년 출제

전기 쌍극자가 만드는 전계는? (단, M은 쌍극자 능률이다.)

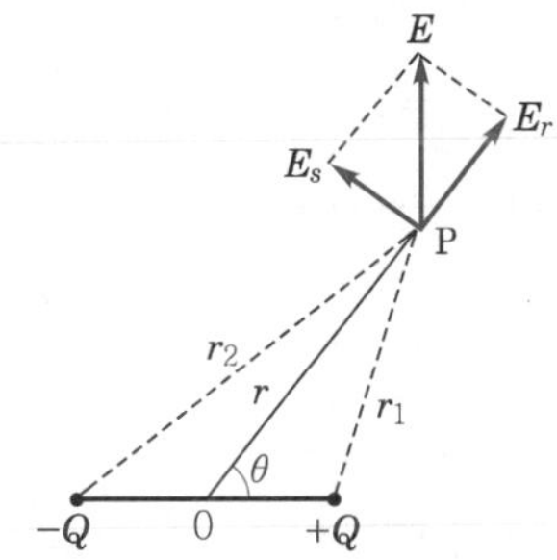

① $\boldsymbol{E}_r=\dfrac{M}{2\pi\varepsilon_0 r^3}\sin\theta$, $\boldsymbol{E}_\theta=\dfrac{M}{4\pi\varepsilon_0 r^3}\cos\theta$ ② $\boldsymbol{E}_r=\dfrac{M}{4\pi\varepsilon_0 r^3}\sin\theta$, $\boldsymbol{E}_\theta=\dfrac{M}{4\pi\varepsilon_0 r^3}\cos\theta$

③ $\boldsymbol{E}_r=\dfrac{M}{2\pi\varepsilon_0 r^3}\cos\theta$, $\boldsymbol{E}_\theta=\dfrac{M}{4\pi\varepsilon_0 r^3}\sin\theta$ ④ $\boldsymbol{E}_r=\dfrac{M}{4\pi\varepsilon_0 r^3}\omega$, $\boldsymbol{E}_\theta=\dfrac{M}{4\pi\varepsilon_0 r^3}(1-\omega)$

해설 $V=\dfrac{M\cos\theta}{4\pi\varepsilon_0 r^2}$[V]

- r방향 성분 $\boldsymbol{E}_r=-\dfrac{\partial V}{\partial r}=-\dfrac{M\cos\theta}{4\pi\varepsilon_0}\dfrac{\partial}{\partial r}\left(\dfrac{1}{r^2}\right)=\dfrac{2M\cos\theta}{4\pi\varepsilon_0 r^3}=\dfrac{M}{2\pi\varepsilon_0 r^3}\cos\theta$[V/m]
- θ방향 성분 $\boldsymbol{E}_\theta=-\dfrac{1}{r}\dfrac{\partial V}{\partial\theta}=-\dfrac{1}{4\pi\varepsilon_0 r^3}\dfrac{\partial}{\partial\theta}(\cos\theta)=\dfrac{M}{4\pi\varepsilon_0 r^3}\sin\theta$[V/m]

답 ③

032

핵심이론 찾아보기▶핵심 02-12 기사 13·11·90년 / 산업 94·93년 출제

전기 쌍극자에 의한 전계의 세기는 쌍극자로부터의 거리 r에 대해서 어떠한가?

① r에 반비례한다. ② r^2에 반비례한다.

③ r^3에 반비례한다. ④ r^4에 반비례한다.

해설
- 전기 쌍극자에 의한 전계 $\boldsymbol{E}=\dfrac{M\sqrt{1+3\cos^2\theta}}{4\pi\varepsilon_0 r^3}[\mathrm{V/m}] \propto \dfrac{1}{r^3}$
- 전기 쌍극자에 의한 전위 $V=\dfrac{M\cos\theta}{4\pi\varepsilon_0 r^2}[\mathrm{V}] \propto \dfrac{1}{r^2}$

답 ③

033

핵심이론 찾아보기▶핵심 02-응용 기사 12·03년 / 산업 89년 출제

반지름 a 인 원판형 전기 2중층(세기 M)의 축상 x[m] 되는 거리에 있는 점 P(정전하측)의 전위[V]는?

① $\dfrac{M}{2\varepsilon_0}\left(1-\dfrac{a}{\sqrt{x^2+a^2}}\right)$ ② $\dfrac{M}{\varepsilon_0}\left(1-\dfrac{a}{\sqrt{x^2+a^2}}\right)$

③ $\dfrac{M}{2\varepsilon_0}\left(1-\dfrac{x}{\sqrt{x^2+a^2}}\right)$ ④ $\dfrac{M}{\varepsilon_0}\left(1-\dfrac{x}{\sqrt{x^2+a^2}}\right)$

해설 점 P의 전위 V_P는

$$V_P=\frac{M}{4\pi\varepsilon_0}\omega[\mathrm{V}]$$

점 P에서 원판 도체를 본 입체각 ω는

$$\omega=2\pi(1-\cos\theta)=2\pi\left(1-\frac{x}{\sqrt{a^2+x^2}}\right)$$

가 되므로

$$\therefore\ V_P=\frac{M}{4\pi\varepsilon_0}\cdot 2\pi\left(1-\frac{x}{\sqrt{a^2+x^2}}\right)$$

$$=\frac{M}{2\varepsilon_0}\left(1-\frac{x}{\sqrt{a^2+x^2}}\right)[\mathrm{V}]$$

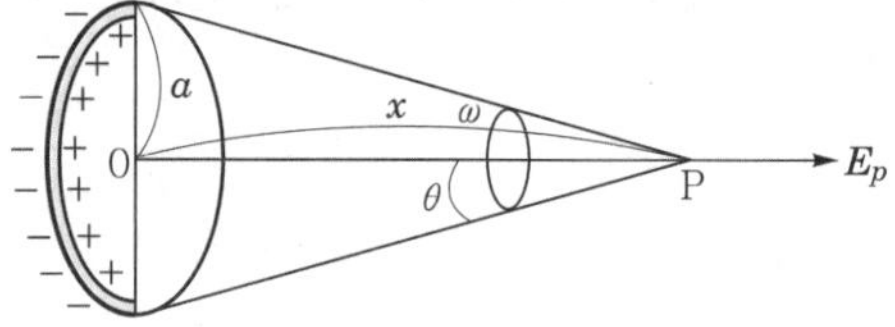

답 ③

034

핵심이론 찾아보기▶핵심 02-응용 기사 22년 출제

진공 내 전위함수가 $V=x^2+y^2$[V]로 주어졌을 때, $0\leq x\leq 1$, $0\leq y\leq 1$, $0\leq z\leq 1$인 공간에 저장되는 정전에너지[J]는?

① $\dfrac{4}{3}\varepsilon_0$ ② $\dfrac{2}{3}\varepsilon_0$

③ $4\varepsilon_0$ ④ $2\varepsilon_0$

해설 $W=\int_v \frac{1}{2}\varepsilon_0 E^2 dv$

전계의 세기

$$E=-\text{grad}\,V=-\nabla\cdot V=-\left(i\frac{\partial}{\partial x}+j\frac{\partial}{\partial y}+k\frac{\partial}{\partial z}\right)\cdot(x^2+y^2)=-i2x-j2y$$

$$\therefore\ W=\frac{1}{2}\varepsilon_0\int_0^1\int_0^1\int_0^1(-i2x-j2y)^2dxdydz=\frac{1}{2}\varepsilon_0\int_0^1\int_0^1\int_0^1(4x^2+4y^2)dxdydz$$

$$=\frac{1}{2}\varepsilon_0\int_0^1\int_0^1\left[\frac{4}{3}x^3+4y^2x\right]_0^1dydz=\frac{1}{2}\varepsilon_0\int_0^1\left[\frac{4}{3}y+\frac{4}{3}y^3\right]_0^1dz=\frac{1}{2}\varepsilon_0\left[\frac{8}{3}z\right]_0^1$$

$$=\frac{4}{3}\varepsilon_0$$

답 ①

035

핵심이론 찾아보기▶핵심 02-응용 기사 93년 / 산업 15·90년 출제

자유 공간 내에서 전계가 $E=(\sin x\boldsymbol{a}_x+\cos x\boldsymbol{a}_y)e^{-y}$로 주어졌을 때, 전하밀도 ρ[C/m³]는?

① 0 ② e^{-y}

③ $\cos x\cdot e^{-y}$ ④ $\sin x\cdot e^{-y}$

해설 가우스 정리의 미분형

$$\rho=\nabla\cdot D=\nabla\cdot\varepsilon_0\boldsymbol{E}=\varepsilon_0\left(\frac{\partial}{\partial x}e^{-y}\sin x+\frac{\partial}{\partial y}e^{-y}\cos x\right)=\varepsilon_0(e^{-y}\cos x-e^{-y}\cos x)=0$$

답 ①

036

핵심이론 찾아보기▶핵심 02-13 기사 94·88년 출제

도체에 정(+)의 전하를 주었을 때, 다음 중 옳지 않은 것은?

① 도체 표면에서 수직으로 전기력선을 발산한다.

② 도체 내에 있는 공동면에도 전하가 분포한다.

③ 도체 외측 측면에만 전하가 분포한다.

④ 도체 표면의 곡률 반지름이 작은 곳에 전하가 많이 모인다.

해설 도체 내부의 전계는 0이다.

답 ②

037

핵심이론 찾아보기▶핵심 02-13 기사 14·10·08·93·86년 출제

대전된 도체 표면의 전하밀도는 도체 표면의 모양에 따라 어떻게 되는가?

① 곡률 반경이 크면 커진다. ② 곡률 반경이 크면 작아진다.

③ 평면일 때 가장 크다. ④ 표면 모양에 무관하다.

해설 곡률이 클 경우, 즉 곡률 반경이 작은 경우에 도체 표면의 전하밀도는 커진다.

답 ②

038

핵심이론 찾아보기▶핵심 03-1 기사 00·96·88년 / 산업 10·06년 출제

각각 $\pm Q$[C]으로 대전된 두 개의 도체 간의 전위차를 전위계수로 표시하면?

① $(p_{11}+p_{12}+p_{22})Q$ ② $(p_{11}+2p_{12}+p_{22})Q$ ③ $(p_{11}-p_{12}+p_{22})Q$ ④ $(p_{11}-2p_{12}+p_{22})Q$

해설 $Q_1=Q$, $Q_2=-Q$이므로

$V_1=p_{11}Q_1+p_{12}Q_2=p_{11}Q-p_{12}Q$[V]

$V_2=p_{21}Q_1+p_{22}Q_2=p_{21}Q-p_{22}Q$[V]

두 도체 간의 전위차 V는 $p_{12}=p_{21}$이므로

$\therefore\ V=V_1-V_2=(p_{11}Q-p_{12}Q)-(p_{21}Q-p_{22}Q)=(p_{11}Q-p_{12}Q-p_{21}Q+p_{22}Q)$

$=(p_{11}-2p_{12}+p_{22})Q$ [V]

답 ④

039

핵심이론 찾아보기▶핵심 03-1 기사 91년 / 산업 83·82·81년 출제

2개의 도체를 $+Q$[C]과 $-Q$[C]으로 대전했을 때, 이 두 도체 간의 정전용량을 전위계수로 표시하면 어떻게 되는가?

① $\dfrac{p_{11}p_{22}-p_{12}^{\ 2}}{p_{11}+2p_{12}+p_{22}}$ ② $\dfrac{p_{11}p_{22}+p_{12}^{\ 2}}{p_{11}+2p_{12}+p_{22}}$ ③ $\dfrac{1}{p_{11}+2p_{12}+p_{22}}$ ④ $\dfrac{1}{p_{11}-2p_{12}+p_{22}}$

해설 $Q_1=Q$[C], $Q_2=-Q$[C]이므로

$V_1=p_{11}Q_1+p_{12}Q_2=p_{11}Q-p_{12}Q$[V]

$V_2=p_{21}Q_1+p_{22}Q_2=p_{21}Q-p_{22}Q$[V]

$\therefore\ V=V_1-V_2=(p_{11}-2p_{12}+p_{22})Q$[V]

전위계수로 표시한 정전용량 C는

$\therefore\ C=\dfrac{Q}{V}=\dfrac{Q}{V_1-V_2}=\dfrac{1}{p_{11}-2p_{12}+p_{22}}$[F]

답 ④

040

핵심이론 찾아보기▶핵심 03-1 기사 21년 출제

진공 중에 서로 떨어져 있는 두 도체 A, B가 있다. 도체 A에만 1[C]의 전하를 줄 때, 도체 A, B의 전위가 각각 3[V], 2[V]이었다. 지금 도체 A, B에 각각 1[C]과 2[C]의 전하를 주면 도체 A의 전위는 몇 [V]인가?

① 6 ② 7 ③ 8 ④ 9

해설 각 도체의 전위

$V_1=P_{11}Q_1+P_{12}Q_2$, $V_2=P_{21}Q_1+P_{22}Q_2$에서 A 도체에만 1[C]의 전하를 주면

$V_1=P_{11}\times1+P_{12}\times0=3$

$\therefore\ P_{11}=3$

$V_2=P_{21}\times1+P_{22}\times0=2$

$\therefore\ P_{21}(=P_{12})=2$

A, B에 각각 1[C], 2[C]을 주면 A 도체의 전위는 $V_1=3\times1+2\times2=7$[V]

답 ②

041 핵심이론 찾아보기▶핵심 03-2

기사 07년 / 산업 89년 출제

용량계수와 유도계수의 설명 중 옳지 않은 것은?

① 유도계수는 항상 0이거나 0보다 작다. ② 용량계수는 항상 0보다 크다.

③ $q_{11} \geqq -(q_{21}+q_{31}+\cdots+q_{n1})$ ④ 용량계수와 유도계수는 항상 0보다 크다.

해설 ① 유도계수 q_{rs}는 0이거나 0보다 작다. $(q_{rs} \leqq 0)$
② 용량계수 q_{rr}은 0보다 크다. $(q_{rr} > 0)$
③ 용량계수 $q_{11} \geqq -(q_{21}+q_{31}+\cdots+q_{n1})$이다.

답 ④

042 핵심이론 찾아보기▶핵심 03-3

기사 94·91·89년 / 산업 01·00·94년 출제

모든 전기장치에 접지시키는 근본적인 이유는?

① 지구의 용량이 커서 전위가 거의 일정하기 때문이다.
② 편의상 지면을 영전위로 보기 때문이다.
③ 영상전하를 이용하기 때문이다.
④ 지구는 전류를 잘 통하기 때문이다.

해설 지구는 정전용량이 크므로 많은 전하가 축적되어도 지구의 전위는 일정하다. 따라서, 모든 전기장치를 접지시키고 대지를 실용상 영전위로 한다.

답 ①

043 핵심이론 찾아보기▶핵심 03-4

기사 18·05·02년 출제

공기 중에 있는 지름 6[cm]인 단일 도체구의 정전용량은 몇 [pF]인가?

① 0.33 ② 3.3 ③ 0.67 ④ 6.7

해설 $C=4\pi\varepsilon_0 a=\dfrac{1}{9\times10^9}\cdot a=\dfrac{1}{9\times10^9}\times(3\times10^{-2})=3.3\times10^{-12}[\mathrm{F}]=3.3[\mathrm{pF}]$

답 ②

044 핵심이론 찾아보기▶핵심 03-4

기사 98·95·94년 / 산업 01년 출제

내구의 반지름 a, 외구의 반지름 b인 두 동심구 사이의 정전용량[F]은?

① $2\pi\varepsilon_0\dfrac{ab}{b-a}$ ② $4\pi\varepsilon_0\left(\dfrac{1}{a}-\dfrac{1}{b}\right)$ ③ $\dfrac{4\pi\varepsilon_0}{\dfrac{1}{a}-\dfrac{1}{b}}$ ④ $2\pi\varepsilon_0\left(\dfrac{1}{a}-\dfrac{1}{b}\right)$

전위차 $V_{ab}=-\displaystyle\int_b^a E dr=-\int_b^a \frac{Q}{4\pi\varepsilon_0 r^2}dr=\frac{Q}{4\pi\varepsilon_0}\left(\frac{1}{a}-\frac{1}{b}\right)[\mathrm{V}]$

$$C=\frac{Q}{V_{ab}}=\frac{Q}{\dfrac{Q}{4\pi\varepsilon_0}\left(\dfrac{1}{a}-\dfrac{1}{b}\right)}=\frac{4\pi\varepsilon_0}{\dfrac{1}{a}-\dfrac{1}{b}}$$

$$=\frac{4\pi\varepsilon_0 ab}{b-a}[\mathrm{F}]$$

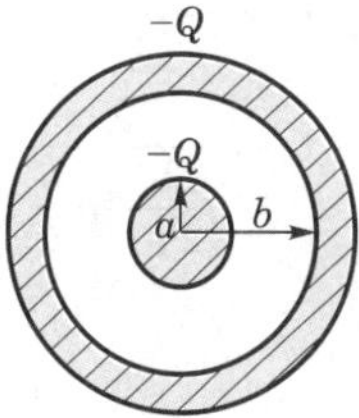

답 ③

045

핵심이론 찾아보기▶핵심 03-4 기사 91년 출제

두 개의 동심구에 대한 내구의 반지름 $a=10$[cm], 외구의 내반지름 $b=20$[cm], 외구의 반지름 $c=30$[cm]인 동심 콘덴서의 정전용량은 몇 [pF]인가?

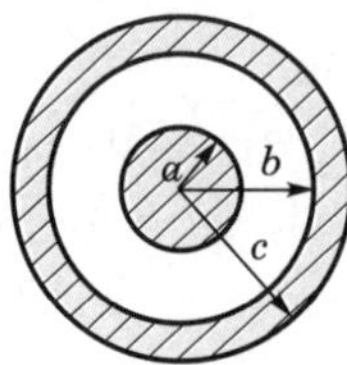

① 11 ② 15 ③ 18 ④ 22

해설 $C=\dfrac{4\pi\varepsilon_0 ab}{b-a}=\dfrac{ab}{9\times10^9(b-a)}=\dfrac{10\times10^{-2}\times20\times10^{-2}}{9\times10^9\times(20-10)\times10^{-2}}=22[\text{pF}]$

답 ④

046

핵심이론 찾아보기▶핵심 03-4 기사 18·00·97·94·90년 / 산업 95년 출제

동심구형 콘덴서의 내외 반지름을 각각 5배로 증가시키면 정전용량은 몇 배로 증가하는가?

① 5 ② 10

③ 15 ④ 20

해설 동심구형 콘덴서의 정전용량 $C=\dfrac{4\pi\varepsilon_0 ab}{b-a}$[F]

내외구의 반지름을 5배로 증가한 후의 정전용량을 C라 하면

$C'=\dfrac{4\pi\varepsilon_0(5a\times5b)}{5b-5a}=\dfrac{25\times4\pi\varepsilon_0 ab}{5(b-a)}=5C$ [F]

답 ①

047

핵심이론 찾아보기▶핵심 03-4 기사 17년 출제

그림과 같은 길이가 1[m]인 동축 원통 사이의 정전용량[F/m]은?

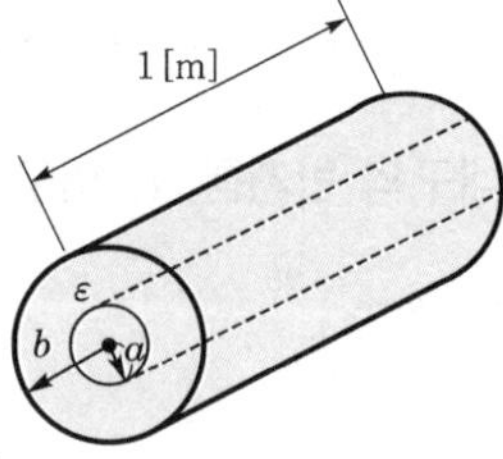

① $C=\dfrac{2\pi}{\varepsilon\ln\dfrac{b}{a}}$ ② $C=\dfrac{\varepsilon}{2\pi\ln\dfrac{b}{a}}$

③ $C=\dfrac{2\pi\varepsilon}{\ln\dfrac{b}{a}}$ ④ $C=\dfrac{2\pi\varepsilon}{\ln\dfrac{a}{b}}$

해설 $C=\dfrac{Q}{V_{AB}}$ ($Q=\lambda L$에서 $L=1$[m]인 단위길이이므로 $Q=\lambda$)

$C=\dfrac{\lambda}{\dfrac{\lambda}{2\pi\varepsilon}\ln\dfrac{b}{a}}=\dfrac{2\pi\varepsilon}{\ln\dfrac{b}{a}}$[F/m]

답 ③

048 핵심이론 찾아보기▶핵심 03-4

기사 00·88년 출제

내원통 반지름 10[cm], 외원통 반지름 20[cm]인 동축원통 도체의 정전용량[pF/m]은?

① 100　② 90　③ 80　④ 70

$$C=\frac{2\pi\varepsilon_0}{\ln\frac{b}{a}}[\mathrm{F/m}]=\frac{0.02416}{\log\frac{b}{a}}[\mu\mathrm{F/km}]=\frac{24.16}{\log\frac{b}{a}}[\mathrm{pF/m}]$$

$$\therefore\ C=\frac{24.16}{\log\frac{0.2}{0.1}}=\frac{24.16}{\log 2}=\frac{24.16}{0.301}\fallingdotseq 80[\mathrm{pF/m}]$$

답 ③

049 핵심이론 찾아보기▶핵심 03-4

기사 95년 출제

공기 중에 1변이 40[cm]인 정방형 전극을 가진 평행판 콘덴서가 있다. 극판의 간격을 4[mm]로 할 때, 극판 간에 100[V]의 전위차를 주면 축적되는 전하[C]는?

① 3.54×10^{-9}　② 3.54×10^{-8}　③ 6.54×10^{-9}　④ 6.54×10^{-8}

해설 **평행 평판간의 정전용량**

$$C=\frac{\varepsilon_0 S}{d}[\mathrm{F}]$$

$$C=\frac{\varepsilon_0 S}{d}=\frac{8.855\times10^{-12}\times(0.4\times0.4)}{4\times10^{-3}}=35.42\times10^{-11}[\mathrm{F}]$$

$$\therefore\ Q=CV=35.42\times10^{-11}\times100=3.542\times10^{-8}[\mathrm{C}]$$

답 ②

050 핵심이론 찾아보기▶핵심 03-4

기사 95년 / 산업 02·99·97·86년 출제

그림과 같이 반지름 r[m], 중심 간격 x[m]인 평행 원통 도체가 있다. $x \gg r$ 이라 할 때 원통 도체의 단위길이당 정전용량은 몇 [F/m]인가?

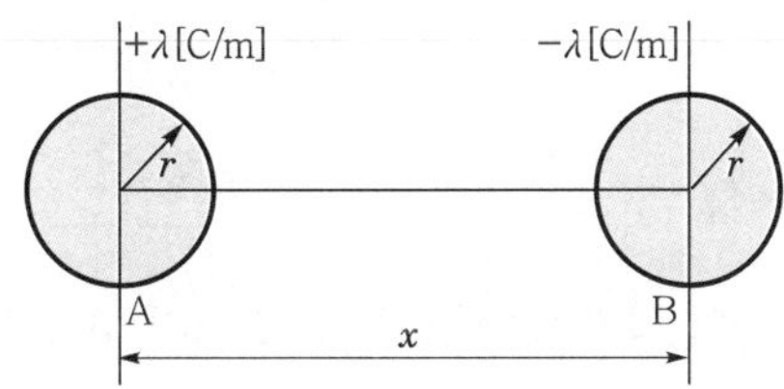

① $\dfrac{2\pi\varepsilon_0}{\ln\frac{r}{x}}$　② $\dfrac{2\pi\varepsilon_0}{\ln\frac{x}{r}}$　③ $\dfrac{\pi\varepsilon_0}{\ln\frac{r}{x}}$　④ $\dfrac{\pi\varepsilon_0}{\ln\frac{x}{r}}$

해설 **평행 왕복 도선 간의 정전용량**

$$C=\frac{\pi\varepsilon_0}{\ln\frac{d-a}{a}}[\mathrm{F/m}]$$

$d\gg a$인 경우 $C=\dfrac{\pi\varepsilon_0}{\ln\frac{d}{a}}[\mathrm{F/m}]=\dfrac{12.08}{\log\frac{d}{a}}[\mathrm{pF/m}]$

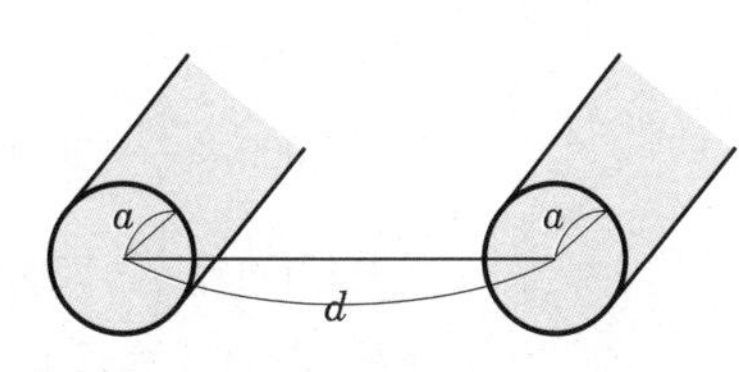

단위길이당 정전용량 $C=\dfrac{\pi\varepsilon_0}{\ln\dfrac{x}{r}}$[F/m]$=\dfrac{12.08}{\log_{10}\dfrac{x}{r}}$[pF/m]

답 ④

051

핵심이론 찾아보기▶핵심 03-4

기사 01년 출제

도선의 반지름이 a 이고, 두 도선 중심 간의 간격이 d인 평행 2선 선로의 정전용량에 대한 설명으로 옳은 것은?

① 정전용량 C는 $\ln\dfrac{d}{a}$에 직접 비례한다.
② 정전용량 C는 $\ln\dfrac{d}{a}$에 반비례한다.
③ 정전용량 C는 $\ln\dfrac{a}{b}$에 직접 비례한다.
④ 정전용량 C는 $\ln\dfrac{a}{b}$에 반비례한다.

해설 $C=\dfrac{\pi\varepsilon_0}{\ln\dfrac{d}{a}}$[F/m]

즉, 정전용량 C는 $\ln\dfrac{d}{a}$에 반비례한다.

답 ②

052

핵심이론 찾아보기▶핵심 03-5

기사 11년 / 산업 90·80년 출제

$C_1=1[\mu F]$, $C_2=2[\mu F]$, $C_3=3[\mu F]$인 3개의 콘덴서를 직렬 연결하여 600[V]의 전압을 가할 때, C_1 양단 사이에 걸리는 전압[V]은?

① 약 55
② 약 327
③ 약 164
④ 약 382

해설 합성 정전용량 $\dfrac{1}{C_0}=\dfrac{1}{C_1}+\dfrac{1}{C_2}+\dfrac{1}{C_3}=1+\dfrac{1}{2}+\dfrac{1}{3}=\dfrac{11}{6}$

$\therefore\ C_0=\dfrac{6}{11}[\mu F]$

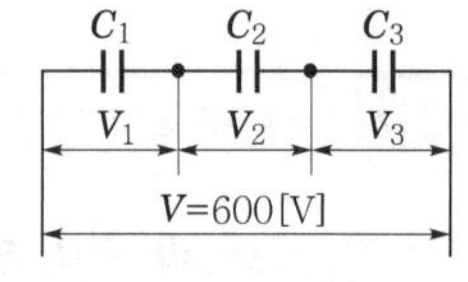

C_1 양단의 전압 : $V_1=\dfrac{C_0}{C_1}V=\dfrac{6}{11}V=\dfrac{6}{11}\times 600 \fallingdotseq 327$[V]

답 ②

053

핵심이론 찾아보기▶핵심 03-6

기사 22·21·14·03·98·96년 / 산업 12년 출제

내압이 1[kV]이고 용량이 각각 0.01[μF], 0.02[μF], 0.04[μF]인 콘덴서를 직렬로 연결했을 때의 전체 내압[V]은?

① 3,000
② 1,750
③ 1,700
④ 1,500

해설 각 콘덴서에 가해지는 전압을 V_1, V_2, V_3[V]라 하면

$V_1 : V_2 : V_3=\dfrac{1}{0.01}:\dfrac{1}{0.02}:\dfrac{1}{0.04}=4:2:1$

$\therefore\ V_1=1{,}000$[V]

$V_2=1{,}000\times\dfrac{2}{4}=500$[V]

$V_3=1{,}000\times\dfrac{1}{4}=250$[V]

$\therefore$ 전체 내압 : $V=V_1+V_2+V_3=1{,}000+500+250=1{,}750$[V]

답 ②

054

핵심이론 찾아보기▶핵심 03-6 기사 18·09년 / 산업 09·88·80년 출제

내압 1,000[V], 정전용량 3[μF], 내압 500[V], 정전용량 5[μF], 내압 250[V], 정전용량 6[μF]인 3개의 콘덴서를 직렬로 접속하고 양단에 가한 전압을 서서히 증가시키면 최초로 파괴되는 콘덴서는?

① 3[μF] ② 5[μF] ③ 6[μF] ④ 동시에 파괴된다.

해설 각 콘덴서에 축적할 수 있는 전하량은

$Q_{1\max} = C_1 V_{1\max} = 3\times10^{-6}\times1{,}000 = 3\times10^{-3}$[C]

$Q_{2\max} = C_2 V_{2\max} = 5\times10^{-6}\times500 = 2.5\times10^{-3}$[C]

$Q_{3\max} = C_3 V_{2\max} = 6\times10^{-6}\times250 = 1.5\times10^{-3}$[C]

$\therefore$ $Q_{\max}$가 가장 적은 C_3(6[μF])가 가장 먼저 절연파괴 된다.

답 ③

055

핵심이론 찾아보기▶핵심 03-7 기사 15년 출제

5,000[μF]의 콘덴서를 60[V]로 충전시켰을 때, 콘덴서에 축적되는 에너지는 몇 [J]인가?

① 5 ② 9 ③ 45 ④ 90

해설 $W = \frac{1}{2}CV^2 = \frac{1}{2}\times5{,}000\times10^{-6}\times60^2 = 9$[J]

답 ②

056

핵심이론 찾아보기▶핵심 03-7 기사 91·90년 / 산업 11·97년 출제

정전용량 1[μF], 2[μF]의 콘덴서에 각각 2×10^{-4}[C] 및 3×10^{-4}[C]의 전하를 주고 극성을 같게 하여 병렬로 접속할 때, 콘덴서에 축적된 에너지[J]는 얼마인가?

① 약 0.025 ② 약 0.303 ③ 약 0.042 ④ 약 0.525

해설 총전하 : $Q = Q_1 + Q_2 = 5\times10^{-4}$[C]

합성 정전용량 : $C = C_1 + C_2 = (1+2)\times10^{-6} = 3\times10^{-6}$[F]

$\therefore$ $W = \frac{Q^2}{2C} = \frac{(5\times10^{-4})^2}{2\times3\times10^{-6}} = 0.042$[J]

답 ③

057

핵심이론 찾아보기▶핵심 03-7 기사 99년 출제

공기 중에 고립된 지름 1[m]인 반구 도체를 10^6[V]로 충전한 다음, 이 에너지를 10^{-5}초 사이에 방전한 경우의 평균 전력[kW]은?

① 700 ② 1,389 ③ 2,780 ④ 5,560

해설 고립된 반구 도체구의 정전용량 C는 공기 중에서 $C = \frac{4\pi\varepsilon_0 a}{2} = 2\pi\varepsilon_0 a$[F]

평균 전력 P는

$\therefore$ $P = \frac{W}{t} = \frac{\frac{1}{2}CV^2}{t} = \frac{\frac{1}{2}\times2\pi\times8.855\times10^{-12}\times0.5\times(10^6)^2}{10^{-5}} ≒ 1{,}389$[kW]

답 ②

058

핵심이론 찾아보기▶핵심 03-8 기사 22년 출제

간격이 3[cm]이고 면적이 30[cm^2]인 평판의 공기 콘덴서에 220[V]의 전압을 가하면 두 판 사이에 작용하는 힘은 약 몇 [N]인가?

① 6.3×10^{-6} ② 7.14×10^{-7} ③ 8×10^{-5} ④ 5.75×10^{-4}

해설 정전응력 $f=\frac{1}{2}\varepsilon_0E^2=\frac{1}{2}\varepsilon_0\left(\frac{v}{d}\right)^2$[N/m]

힘 $F=fs=\frac{1}{2}\times8.855\times10^{-12}\times\left(\frac{220}{3\times10^{-2}}\right)^2\times30\times10^{-4}=7.14\times10^{-7}$[N]

답 ②

059

핵심이론 찾아보기▶핵심 04-1 기사 05년 출제

비유전율 ε_s의 설명으로 틀린 것은?

① 진공의 비유전율은 0이다.
② 공기의 비유전율은 약 1 정도이다.
③ ε_s는 항상 1보다 큰 값이다.
④ ε_s는 절연물의 종류에 따라 다르다.

해설
- 진공의 비유전율은 1이며, 공기의 비유전율도 약 1이 된다.
- 비유전율 ε_s는 1보다 크다.
- 비유전율 ε_s는 재질에 따라 다르다.

답 ①

060

핵심이론 찾아보기▶핵심 04-2 기사 12·99·95·89년 / 산업 96년 출제

공기 중 두 전하 사이에 작용하는 힘이 5[N]이었다. 두 전하 사이에 유전체를 넣었더니 힘이 2[N]으로 되었다면 유전체의 비유전율은 얼마인가?

① 15 ② 10 ③ 5 ④ 2.5

해설 $\boldsymbol{F}_0=\frac{Q_1Q_2}{4\pi\varepsilon_0r^2}$[N] (공기 중에서), $\boldsymbol{F}=\frac{Q_1Q_2}{4\pi\varepsilon_0\varepsilon_sr^2}$[N] (유전체 중에서)

$$\frac{\boldsymbol{F}_0}{\boldsymbol{F}}=\frac{\frac{Q_1Q_2}{4\pi\varepsilon_0r^2}}{\frac{Q_1Q_2}{4\pi\varepsilon_0\varepsilon_sr^2}}=\varepsilon_s \quad \therefore \text{ 비유전율 } \varepsilon_s=\frac{\boldsymbol{F}_0}{\boldsymbol{F}}=\frac{5}{2}=2.5$$

답 ④

061

핵심이론 찾아보기▶핵심 04-2 기사 18년 출제

유전율이 ε인 유전체 내에 있는 점전하 Q에서 발산되는 전기력선의 수는 총 몇 개인가?

① Q ② $\frac{Q}{\varepsilon_0\varepsilon_s}$ ③ $\frac{Q}{\varepsilon_s}$ ④ $\frac{Q}{\varepsilon_0}$

해설 진공상태에서 단위 정전하(+1[C])는 $\frac{1}{\varepsilon_0}$개의 전기력선이 출입한다.

유전율이 ε인 유전체 내에 있는 점전하 Q[C]에서는 $\frac{Q}{\varepsilon}\left(=\frac{Q}{\varepsilon_0\varepsilon_s}\right)$개의 전기력선이 출입한다.

답 ②

062 핵심이론 찾아보기▶핵심 04-2

기사 22년 출제

유전율 ε, 전계의 세기 E인 유전체의 단위체적당 축적되는 정전에너지는?

① $\frac{E}{2\varepsilon}$　② $\frac{\varepsilon E}{2}$　③ $\frac{\varepsilon E^2}{2}$　④ $\frac{\varepsilon^2 E^2}{2}$

해설 정전에너지 $w_E=\frac{W_E}{V}$[J/m^3] (전계 중의 단위체적당 축적에너지)

$$w_E=\frac{1}{2}DE=\frac{1}{2}\varepsilon E^2=\frac{D^2}{2\varepsilon}\text{[J/m}^3\text{]}$$

답 ③

063 핵심이론 찾아보기▶핵심 04-2

기사 16년 출제

평행판 콘덴서에 어떤 유전체를 넣었을 때 전속밀도가 4.8 ×10^{-7}[C/m^2]이고, 단위체적당 정전에너지가 5.3×10^{-3}[J/m^3]이었다. 이 유전체의 유전율은 몇 [F/m]인가?

① 1.15×10^{-11}　② 2.17×10^{-11}　③ 3.19×10^{-11}　④ 4.21×10^{-11}

해설 정전에너지

$$W=\frac{D^2}{2\varepsilon}\text{[J/m}^3\text{]}$$

$$\therefore\ \varepsilon=\frac{D^2}{2W}=\frac{(4.8\times10^{-7})^2}{2\times5.3\times10^{-3}}=2.17\times10^{-11}\text{[F/m]}$$

답 ②

064 핵심이론 찾아보기▶핵심 04-3

기사 83년 / 산업 80년 출제

정전용량이 6[μF]인 평행 평판 콘덴서의 극판 면적의 $\frac{2}{3}$에 비유전율 3인 운모를 그림과 같이 삽입했을 때, 콘덴서의 정전용량은 몇 [μF]가 되는가?

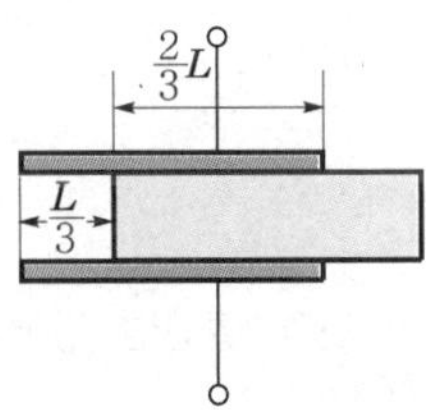

① 14　② 45　③ $\frac{10}{3}$　④ $\frac{12}{7}$

해설 $C=C_1+C_2=\frac{1}{3}C_0+\frac{2}{3}\varepsilon_s C_0=\frac{(1+2\varepsilon_s)}{3}C_0=\frac{(1+2\times3)}{3}\times6=14[\mu\text{F}]$

답 ①

065

핵심이론 찾아보기▶핵심 04-3 　　기사 12·09년 / 산업 14·03·91년 출제

면적 S[m²], 간격 d[m]인 평행판 콘덴서에 그림과 같이 두께 d_1, d_2[m]이며, 유전율 ε_1, ε_2 [F/m]인 두 유전체를 극판 간에 평행으로 채웠을 때, 정전용량[F]은 얼마인가?

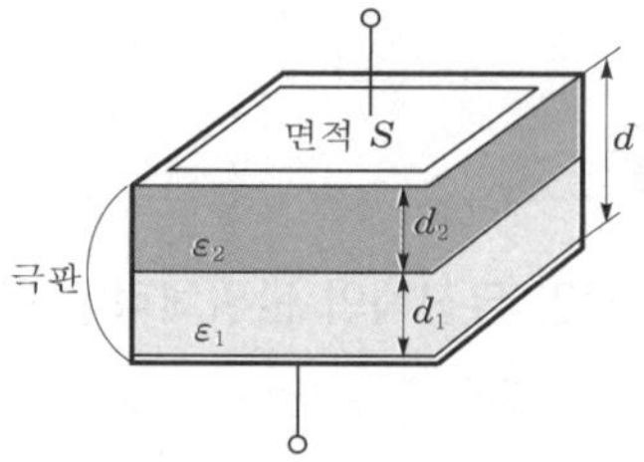

① $\dfrac{S}{\dfrac{d_1}{\varepsilon_1}+\dfrac{d_2}{\varepsilon_2}}$　　② $\dfrac{\varepsilon_1\varepsilon_2 S}{d}$

③ $\dfrac{\varepsilon_1 S}{d_1}+\dfrac{\varepsilon_2 S}{d_2}$　　④ $\dfrac{S}{\dfrac{d_1}{\varepsilon_2}+\dfrac{d_2}{\varepsilon_1}}$

해설 유전율이 ε_1, ε_2인 유전체의 정전용량을 C_1, C_2라 하면

$C_1=\dfrac{\varepsilon_1 S}{d_1}$[F]

$C_2=\dfrac{\varepsilon_2 S}{d_2}$[F]

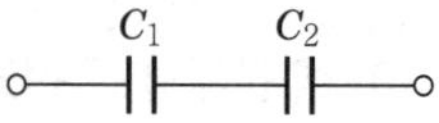

$\therefore$ 합성 정전용량 $C=\dfrac{1}{\dfrac{1}{C_1}+\dfrac{1}{C_2}}=\dfrac{S}{\dfrac{d_1}{\varepsilon_1}+\dfrac{d_2}{\varepsilon_2}}$[F]

답 ①

066

핵심이론 찾아보기▶핵심 04-3 　　기사 22·17년 출제

정전용량이 C_0[F]인 평행판 공기 콘덴서가 있다. 이것의 극판에 평행으로 판 간격 d[m]의 $\dfrac{1}{2}$ 두께인 유리판을 삽입하였을 때의 정전용량[F]은? (단, 유리판의 유전율은 ε[F/m]이라 한다.)

① $\dfrac{2C_0}{1+\dfrac{1}{\varepsilon}}$　　② $\dfrac{C_0}{1+\dfrac{1}{\varepsilon}}$

③ $\dfrac{2C_0}{1+\dfrac{\varepsilon_0}{\varepsilon}}$　　④ $\dfrac{C_0}{1+\dfrac{\varepsilon}{\varepsilon_0}}$

해설 공기 콘덴서에 유전체를 판 간격 절반만 평행하게 채운 경우이므로

$C=\dfrac{2C_0}{1+\dfrac{1}{\varepsilon_s}}=\dfrac{2\varepsilon_s C_0}{\varepsilon_s+1}=\dfrac{2C_0}{1+\dfrac{\varepsilon_0}{\varepsilon}}$[F]

답 ③

067 핵심이론 찾아보기▶핵심 04-3

기사 19년 출제

정전용량이 1[μF]이고, 판의 간격이 d인 공기 콘덴서가 있다. 두께 $\frac{1}{2}d$, 비유전율 $\varepsilon_r=2$인 유전체를 그 콘덴서의 한 전극면에 접촉하여 넣었을 때 전체의 정전용량[μF]은?

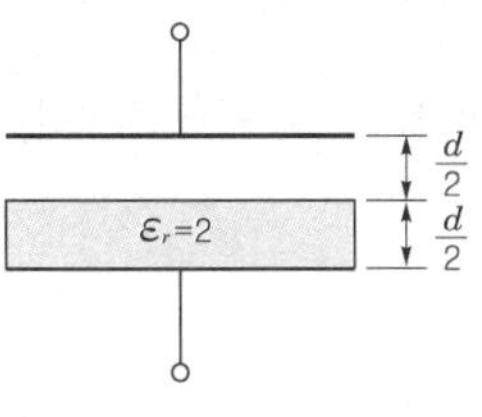

① 2　② $\frac{1}{2}$　③ $\frac{4}{3}$　④ $\frac{5}{3}$

해설 공기 콘덴서에 유전체를 판 간격 절반만 평행하게 채운 경우이므로 문제 조건에서

$C_0=\frac{\varepsilon_0 S}{d}=1[\mu\text{F}]$이다.

$$\therefore\ C=\frac{2C_0}{1+\frac{1}{\varepsilon_r}}=\frac{2\times1}{1+\frac{1}{2}}=\frac{4}{3}[\mu\text{F}]$$

답 ③

068 핵심이론 찾아보기▶핵심 04-3

기사 22년 출제

평행 극판 사이 간격이 d[m]이고 정전용량이 0.3[μF]인 공기 커패시터가 있다. 그림과 같이 두 극판 사이에 비유전율이 5인 유전체를 절반 두께 만큼 넣었을 때 이 커패시터의 정전용량은 몇 [μF]이 되는가?

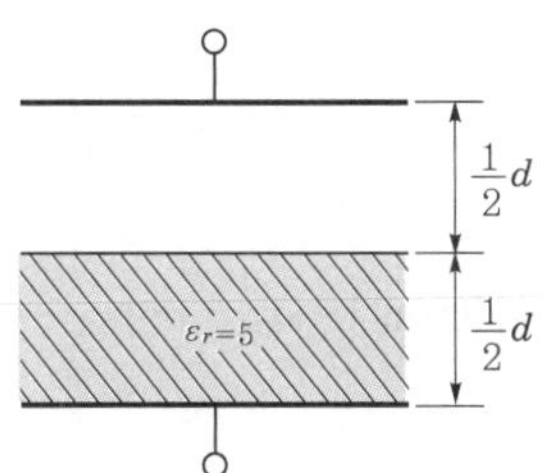

① 0.01　② 0.05　③ 0.1　④ 0.5

해설 유전체를 절반만 평행하게 채운 경우

정전용량 : $C=\frac{2C_0}{1+\frac{1}{\varepsilon_r}}=\frac{2\times0.3}{1+\frac{1}{5}}=0.5[\mu\text{F}]$

답 ④

069

핵심이론 찾아보기▶핵심 04-4 기사 95년 / 산업 90·82년 출제

유전율 $\varepsilon_0\varepsilon_s$의 유전체 내에 전하 Q에서 나오는 전기력선 수는?

① Q개 ② $\dfrac{Q}{\varepsilon_0\varepsilon_s}$개 ③ $\dfrac{Q}{\varepsilon_0}$개 ④ $\dfrac{Q}{\varepsilon_s}$개

해설 Q[C]에서 나오는 전기력선 수는 $\dfrac{Q}{\varepsilon_0\varepsilon_s}$개이다.

답 ②

070

핵심이론 찾아보기▶핵심 04-4 기사 19년 출제

어떤 대전체가 진공 중에서 전속이 Q[C]이었다. 이 대전체를 비유전율 10인 유전체 속으로 가져갈 경우에 전속[C]은?

① Q ② $10Q$ ③ $\dfrac{Q}{10}$ ④ $10\varepsilon_0 Q$

해설 전속은 주위의 매질과 관계없이 일정하므로 유전체 중에서의 전속은 공기 중의 Q[C]과 같다.

답 ①

071

핵심이론 찾아보기▶핵심 04-5 기사 16년 출제

베이클라이트 중의 전속밀도가 D[C/m^2]일 때의 분극의 세기는 몇 [C/m^2]인가? (단, 베이클라이트의 비유전율은 ε_r 이다.)

① $D(\varepsilon_r-1)$ ② $D\left(1+\dfrac{1}{\varepsilon_r}\right)$

③ $D\left(1-\dfrac{1}{\varepsilon_r}\right)$ ④ $D(\varepsilon_r+1)$

해설 분극의 세기

$$P=D-\varepsilon_0 E=D\left(1-\frac{1}{\varepsilon_r}\right)[\text{C/m}^2]$$

답 ③

072

핵심이론 찾아보기▶핵심 04-5 기사 20·17년 출제

전계 E[V/m], 전속밀도 D[C/m^2], 유전율 $\varepsilon=\varepsilon_0\varepsilon_s$[F/m], 분극의 세기 P[C/m^2] 사이의 관계는?

① $P=D+\varepsilon_0 E$ ② $P=D-\varepsilon_0 E$

③ $P=\dfrac{D+E}{\varepsilon_0}$ ④ $P=\dfrac{D-E}{\varepsilon_0}$

해설 $D=\varepsilon_0 E+P$

$$\therefore\ P=D-\varepsilon_0 E=\varepsilon_0\varepsilon_s E-\varepsilon_0 E=\varepsilon_0(\varepsilon_s-1)E[\text{C/m}^2]$$

답 ②

073 핵심이론 찾아보기▶핵심 04-5

기사 05·97년 / 산업 07·83년 출제

비유전율 $\varepsilon_s = 5$인 유전체 내의 한 점에서 전계의 세기가 $E = 10^4$[V/m]일 때, 이 점의 분극의 세기 P[C/m^2]는?

① $\dfrac{10^{-5}}{9\pi}$ ② $\dfrac{10^{-9}}{9\pi}$ ③ $\dfrac{10^{-5}}{18\pi}$ ④ $\dfrac{10^{-9}}{18\pi}$

해설 진공의 유전율 $\varepsilon_0 = \dfrac{1}{4\pi \times 9 \times 10^9} = \dfrac{10^{-9}}{36\pi}$[F/m]

분극의 세기 $P = D - \varepsilon_0 E = \varepsilon_0(\varepsilon_s - 1)E = \dfrac{10^{-9}}{36\pi} \times (5-1) \times 10^4 = \dfrac{10^{-5}}{9\pi}$[C/m^2]

답 ①

074 핵심이론 찾아보기▶핵심 04-6

기사 19년 출제

서로 다른 두 유전체 사이의 경계면에 전하분포가 없다면 경계면 양쪽에서의 전계 및 전속밀도는?

① 전계 및 전속밀도의 접선성분은 서로 같다.
② 전계 및 전속밀도의 법선성분은 서로 같다.
③ 전계의 법선성분이 서로 같고, 전속밀도의 접선성분이 서로 같다.
④ 전계의 접선성분이 서로 같고, 전속밀도의 법선성분이 서로 같다.

해설 **유전체의 경계면 조건**
전계 세기의 접선성분이 서로 같고, 전속밀도의 법선성분이 서로 같다.

답 ④

075 핵심이론 찾아보기▶핵심 04-6

기사 21·16년 출제

두 종류의 유전율(ε_1, ε_2)을 가진 유전체 경계면에 진전하가 존재하지 않을 때 성립하는 경계조건을 옳게 나타낸 것은? (단, θ_1, θ_2는 각각 유전체 경계면의 법선 벡터와 E_1, E_2가 이루는 각이다.)

① $E_1\sin\theta_1 = E_2\sin\theta_2$, $D_1\sin\theta_1 = D_2\sin\theta_2$, $\dfrac{\tan\theta_1}{\tan\theta_2} = \dfrac{\varepsilon_2}{\varepsilon_1}$

② $E_1\cos\theta_1 = E_2\cos\theta_2$, $D_1\sin\theta_1 = D_2\sin\theta_2$, $\dfrac{\tan\theta_1}{\tan\theta_2} = \dfrac{\varepsilon_2}{\varepsilon_1}$

③ $E_1\sin\theta_1 = E_2\sin\theta_2$, $D_1\cos\theta_1 = D_2\cos\theta_2$, $\dfrac{\tan\theta_1}{\tan\theta_2} = \dfrac{\varepsilon_1}{\varepsilon_2}$

④ $E_1\cos\theta_1 = E_2\cos\theta_2$, $D_1\cos\theta_1 = D_2\cos\theta_2$, $\dfrac{\tan\theta_1}{\tan\theta_2} = \dfrac{\varepsilon_1}{\varepsilon_2}$

해설 **유전체의 경계면 조건**

- 전계는 경계면에서 수평성분이 서로 같다. $E_1\sin\theta_1 = E_2\sin\theta_2$
- 전속밀도는 경계면에서 수직성분이 서로 같다. $D_1\cos\theta_1 = D_2\cos\theta_2$
- 위의 비를 취하면 $\dfrac{E_1\sin\theta_1}{D_1\cos\theta_1} = \dfrac{E_2\sin\theta_2}{D_2\cos\theta_2}$

여기서, $D_1 = \varepsilon_1 E_1$, $D_2 = \varepsilon_2 E_2$

$$\therefore \frac{\tan\theta_1}{\tan\theta_2} = \frac{\varepsilon_1}{\varepsilon_2}$$

답 ③

076

핵심이론 찾아보기▶핵심 04-6 | 기사 17년 출제

매질 1(ε_1)은 나일론(비유전율 $\varepsilon_s = 4$)이고 매질 2(ε_2)는 진공일 때 전속밀도 D가 경계면에서 각각 θ_1, θ_2의 각을 이룰 때, $\theta_2 = 30°$라면 θ_1의 값은?

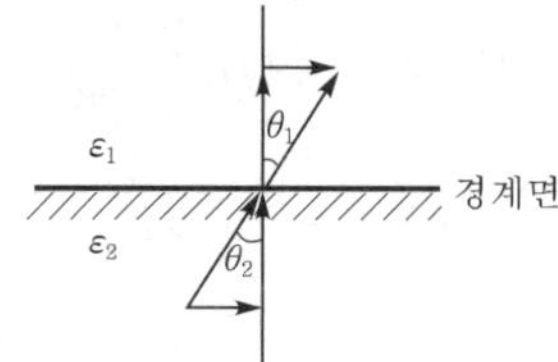

① $\tan^{-1}\frac{4}{\sqrt{3}}$　② $\tan^{-1}\frac{\sqrt{3}}{4}$　③ $\tan^{-1}\frac{\sqrt{3}}{2}$　④ $\tan^{-1}\frac{2}{\sqrt{3}}$

해설 유전체의 경계면 조건

$$\frac{\tan\theta_1}{\tan\theta_2} = \frac{\varepsilon_1}{\varepsilon_2}$$

$$\tan\theta_1 \varepsilon_2 = \tan\theta_2 \varepsilon_1$$

$$\tan\theta_1 = \frac{\varepsilon_1}{\varepsilon_2}\tan\theta_2$$

$$\therefore \theta_1 = \tan^{-1}\left(\frac{\varepsilon_1}{\varepsilon_2}\tan\theta_2\right) = \tan^{-1}\left(\frac{4}{1}\tan 30°\right) = \tan^{-1}\frac{4}{\sqrt{3}}$$

답 ①

077

핵심이론 찾아보기▶핵심 04-6 | 기사 07·90년 출제

유전체 A, B의 접합면에 전하가 없을 때, 각 유전체 중의 전계 방향이 그림과 같고 $E_A = 100$[V/m]이면 E_B[V/m]는?

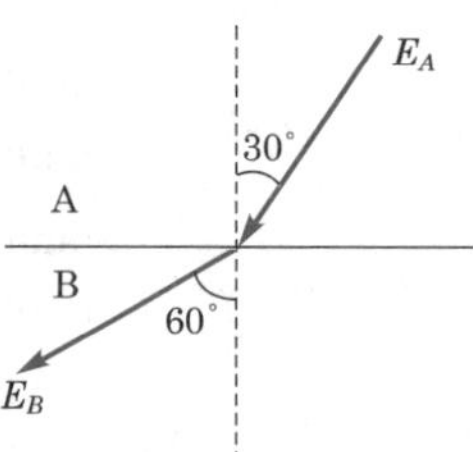

① $100\sqrt{3}$　② $\frac{100}{\sqrt{3}}$　③ 100×3　④ $\frac{100}{3}$

해설 $\theta_1 = 30°$, $\theta_2 = 60°$이므로 $E_A \sin\theta_1 = E_B \sin\theta_2$

$$\therefore E_B = E_A \frac{\sin\theta_1}{\sin\theta_2} = 100 \times \frac{\sin 30°}{\sin 60°} = \frac{100}{\sqrt{3}}\text{[V/m]}$$

답 ②

078 핵심이론 찾아보기▶핵심 04-6

기사 22·21년 출제

평등 전계 중에 유전체구에 의한 전속분포가 그림과 같이 되었을 때 ε_1과 ε_2의 크기 관계는?

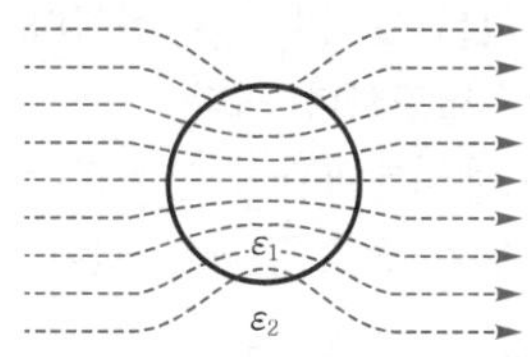

① $\varepsilon_1 > \varepsilon_2$ ② $\varepsilon_1 < \varepsilon_2$ ③ $\varepsilon_1 = \varepsilon_2$ ④ $\varepsilon_1 \leq \varepsilon_2$

해설 유전체의 경계면 조건에서 전속은 유전율이 큰 쪽으로 모이려는 성질이 있으므로 $\varepsilon_1 > \varepsilon_2$의 관계가 있다.

답 ①

079 핵심이론 찾아보기▶핵심 04-6

기사 22년 출제

전계가 유리에서 공기로 입사할 때 입사각 θ_1과 굴절각 θ_2의 관계와 유리에서의 전계 E_1과 공기에서의 전계 E_2의 관계는?

① $\theta_1 > \theta_2$, $E_1 > E_2$ ② $\theta_1 < \theta_2$, $E_1 > E_2$
③ $\theta_1 > \theta_2$, $E_1 < E_2$ ④ $\theta_1 < \theta_2$, $E_1 < E_2$

해설 유리의 유전율 $\varepsilon_1 = \varepsilon_0 \varepsilon_s$ $(\varepsilon_s > 1)$
공기의 유전율 $\varepsilon_2 = \varepsilon_0$ (공기의 비유전율 $\varepsilon_s = 1.000586 \fallingdotseq 1$)
$\varepsilon_1 > \varepsilon_2$이므로 유전체의 경계면 조건에서 $\varepsilon_1 > \varepsilon_2$이면 $\theta_1 > \theta_2$이며, 전계는 경계면에서 수평성분이 서로 같으므로 $E_1 \sin\theta_1 = E_2 \sin\theta_2$이다.
$\therefore$ $\varepsilon_1 > \varepsilon_2$이면 $\theta_1 > \theta_2$이고, $E_1 < E_2$이다.

답 ③

080 핵심이론 찾아보기▶핵심 04-7

기사 92·91·90년 / 산업 94·90년 출제

$\varepsilon_1 > \varepsilon_2$의 유전체 경계면에 전계가 수직으로 입사할 때, 경계면에 작용하는 힘과 방향에 대한 설명이 옳은 것은?

① $f = \dfrac{1}{2}\left(\dfrac{1}{\varepsilon_2} - \dfrac{1}{\varepsilon_1}\right) D^2$의 힘이 ε_1에서 ε_2로 작용

② $f = \dfrac{1}{2}\left(\dfrac{1}{\varepsilon_1} - \dfrac{1}{\varepsilon_2}\right) E^2$의 힘이 ε_2에서 ε_1으로 작용

③ $f = \dfrac{1}{2}(\varepsilon_2 - \varepsilon_1) D^2$의 힘이 ε_1에서 ε_2로 작용

④ $f = \dfrac{1}{2}(\varepsilon_1 - \varepsilon_2) D^2$의 힘이 ε_2에서 ε_1으로 작용

해설 전계가 경계면에 수직이므로 $f = \dfrac{1}{2}(E_2 - E_1) D = \dfrac{1}{2}\left(\dfrac{1}{\varepsilon_2} - \dfrac{1}{\varepsilon_1}\right) D^2[\text{N/m}^2]$인 인장응력이 작용한다.
$\varepsilon_1 > \varepsilon_2$이므로 ε_1에서 ε_2로 작용한다.

답 ①

081

핵심이론 찾아보기▶핵심 04-8 기사 04·95년 출제

패러데이관에 관한 설명으로 옳지 않은 것은?

① 패러데이관은 진전하가 없는 곳에서 연속적이다.
② 패러데이관의 밀도는 전속밀도보다 크다.
③ 진전하가 없는 점에서는 패러데이관이 연속적이다.
④ 패러데이관 양단에 정·부의 단위 전하가 있다.

해설 패러데이관의 밀도는 전속밀도와 같다.

답 ②

082

핵심이론 찾아보기▶핵심 04-8 기사 21·18년 출제

패러데이관(Faraday tube)의 성질에 대한 설명으로 틀린 것은?

① 패러데이관 중에 있는 전속수는 그 관 속에 진전하가 없으면 일정하며 연속적이다.
② 패러데이관의 양단에는 양 또는 음의 단위 진전하가 존재하고 있다.
③ 패러데이관 한 개의 단위 전위차당 보유에너지는 $\frac{1}{2}$[J]이다.
④ 패러데이관의 밀도는 전속밀도와 같지 않다.

해설 **패러데이관의 성질**
- 패러데이관 내의 전속선의 수는 일정하다.
- 패러데이관 양단에는 정·부의 단위 전하가 있다.
- 패러데이관의 밀도는 전속밀도와 같다.
- 단위 전위차당 패러데이관의 보유에너지는 $\frac{1}{2}$[J]이다.

답 ④

083

핵심이론 찾아보기▶핵심 04-9 기사 05·82년 출제

그림과 같이 단심 연피 케이블의 내외 도체를 단절연(graded insulation)할 경우, 두 도체 간의 절연내력을 최대로 하기 위한 조건은? (단, ε_1, ε_2는 각각의 유전율이다.)

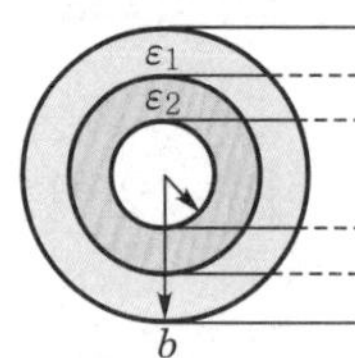

① $\varepsilon_1 < \varepsilon_2$
② $\varepsilon_1 > \varepsilon_2$
③ $\varepsilon_1 = \varepsilon_2$
④ 유전율과는 관계없다.

해설 절연내력을 최대로 하기 위해 중심에 가까울수록 유전율이 큰 물질을 채운다.

답 ①

084 핵심이론 찾아보기▶핵심 05-1

기사 81년 / 산업 11·99·98·93년 출제

점전하 Q[C]에 의한 무한 평면도체의 영상전하는?

① $-Q$[C]보다 작다. ② Q[C]보다 크다. ③ $-Q$[C]과 같다. ④ Q[C]과 같다.

해설 무한 평면도체에 의한 영상전하는 점전하와 크기와 같고 부호는 반대이다.
무한 평면도체는 전위가 0이므로 그 조건을 만족하는 영상전하는 $-Q$[C]이고, 거리는 $+Q$[C]과 반대 방향으로 점전하 Q[C]과 무한 평면도체와의 거리와 같다.
무한 평면도체의 전위 V는

$$V=\frac{Q}{4\pi\varepsilon_0}\left(\frac{1}{r}-\frac{1}{r}\right)=0$$

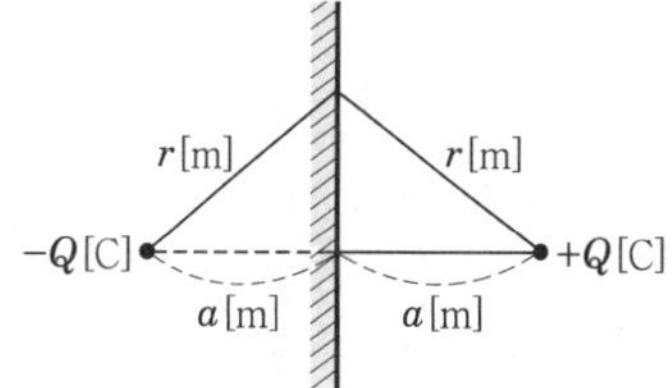

답 ③

085 핵심이론 찾아보기▶핵심 05-1

기사 13·05·02년 / 산업 12·99·91년 출제

무한 평면도체로부터 거리 a[m]인 곳에 점전하 Q[C]이 있을 때, Q[C]과 무한 평면도체 간의 작용력[N]은? (단, 공간 매질의 유전율은 ε[F/m]이다.)

① $\dfrac{Q^2}{2\pi\varepsilon_0 a^2}$ ② $\dfrac{-Q^2}{16\pi\varepsilon_0 a^2}$ ③ $\dfrac{Q^2}{4\pi\varepsilon_0 a^2}$ ④ $\dfrac{-Q^2}{16\pi\varepsilon a^2}$

해설 $\boldsymbol{F}=\dfrac{Q\cdot(-Q)}{4\pi\varepsilon(2a)^2}$[N]

점전하 Q[C]과 무한 평면도체 간의 작용력[N]은 점전하 Q[C]과 영상전하 $-Q$[C]과의 작용력[N]이므로 $\boldsymbol{F}=\dfrac{-Q^2}{4\pi\varepsilon(2a)^2}=\dfrac{-Q^2}{16\pi\varepsilon a^2}$[N] (흡인력)

매질이 공기 ε_0가 아닌 ε임에 주의한다.

답 ④

086 핵심이론 찾아보기▶핵심 05-1

기사 18·15년 출제

평면도체 표면에서 d[m]의 거리에 점전하 Q[C]이 있을 때 이 전하를 무한 원까지 운반하는 데 필요한 일은 몇 [J]인가?

① $\dfrac{Q^2}{4\pi\varepsilon_0 d}$ ② $\dfrac{Q^2}{8\pi\varepsilon_0 d}$ ③ $\dfrac{Q^2}{16\pi\varepsilon_0 d}$ ④ $\dfrac{Q^2}{32\pi\varepsilon_0 d}$

해설 점전하 Q[C]과 무한 평면도체 간에 작용하는 힘 F는

$$F=\frac{-Q^2}{4\pi\varepsilon_0(2d)^2}=\frac{-Q^2}{16\pi\varepsilon_0 d^2}\text{[N]}$$

일 $W=\displaystyle\int_d^\infty F\cdot dr=\frac{Q^2}{16\pi\varepsilon_0}\int_d^\infty\frac{1}{d^2}dr$[J]

$$=\frac{Q^2}{16\pi\varepsilon_0}\left[-\frac{1}{d}\right]_d^\infty=\frac{Q^2}{16\pi\varepsilon_0 d}\text{[J]}$$

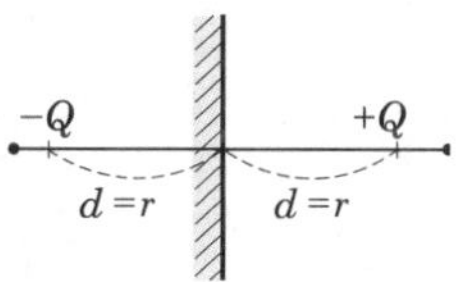

답 ③

087

핵심이론 찾아보기▶핵심 05-1

기사 17년 출제

그림과 같이 무한 평면도체 앞 a[m] 거리에 점전하 Q[C]가 있다. 점 0에서 x[m]인 P 점의 전하밀도 σ[C/m²]는?

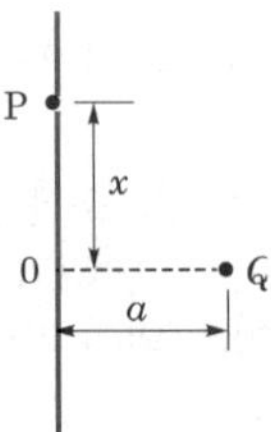

① $\dfrac{Q}{4\pi}\cdot\dfrac{a}{(a^2+x^2)^{\frac{3}{2}}}$　② $\dfrac{Q}{2\pi}\cdot\dfrac{a}{(a^2+x^2)^{\frac{3}{2}}}$

③ $\dfrac{Q}{4\pi}\cdot\dfrac{a}{(a^2+x^2)^{\frac{2}{3}}}$　④ $\dfrac{Q}{2\pi}\cdot\dfrac{a}{(a^2+x^2)^{\frac{2}{3}}}$

해설 무한 평면도체면상 점 $(0,\ x)$의 전계의 세기 E는 $E=-\dfrac{Qa}{2\pi\varepsilon_0(a^2+x^2)^{\frac{3}{2}}}$[V/m]

도체 표면상의 면전하밀도 σ는 $\sigma=D=\varepsilon_0 E=-\dfrac{Qa}{2\pi(a^2+x^2)^{\frac{3}{2}}}$[C/m²]

답 ②

088

핵심이론 찾아보기▶핵심 05-1

기사 82년 / 산업 22·13·92·82년 출제

무한 평면도체로부터 거리 a[m]인 곳에 점전하 Q[C]이 있을 때, 이 무한 평면도체 표면에 유도되는 면밀도가 최대인 점의 전하밀도는 몇 [C/m²]인가?

① $-\dfrac{Q}{2\pi a^2}$　② $-\dfrac{Q^2}{4\pi a^2}$

③ $-\dfrac{Q}{\pi a^2}$　④ 0

해설 최대전하밀도

$$\rho_{s\max}=-\frac{Q}{2\pi a^2}\,[\text{C/m}^2]$$

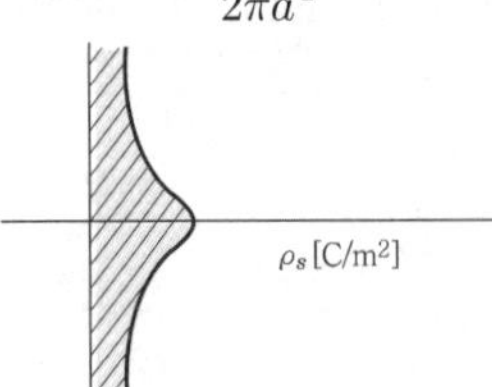

답 ①

089

핵심이론 찾아보기▶핵심 05-2

기사 16년 출제

대지면 높이 h[m]로 평행하게 가설된 매우 긴 선전하(선전하밀도 λ[C/m])가 지면으로부터 받는 힘[N/m]은?

① h에 비례한다. ② h에 반비례한다. ③ h^2에 비례한다. ④ h^2에 반비례한다.

해설 $f = -\lambda E = -\lambda \cdot \dfrac{\lambda}{2\pi\varepsilon_0(2h)} = -\dfrac{\lambda^2}{4\pi\varepsilon_0 h}$[N/m] $\propto \dfrac{1}{h}$

답 ②

090

핵심이론 찾아보기▶핵심 05-2

기사 85년 출제

대지면에 높이 h[m]로 평행 가설된 매우 긴 선전하가 지면으로부터 단위길이당 받는 힘[N/m]은? (단, 선전하밀도는 ρ_l[C/m]라 한다.)

① $-18\times10^9\cdot\dfrac{{\rho_l}^2}{h}$ ② $-18\times10^9\cdot\dfrac{\rho_l}{h}$ ③ $-9\times10^9\cdot\dfrac{{\rho_l}^2}{h}$ ④ $-9\times10^9\cdot\dfrac{\rho_l}{h}$

해설

힘 $F = -\rho_l E = -\rho_l \cdot \dfrac{\rho_l}{2\pi\varepsilon_0(2h)} = -\dfrac{{\rho_l}^2}{4\pi\varepsilon_0 h} = -9\times10^9\cdot\dfrac{{\rho_l}^2}{h}$[N/m]

답 ③

091

핵심이론 찾아보기▶핵심 05-응용

기사 21년 출제

직교하는 무한 평판도체와 점전하에 의한 영상전하는 몇 개 존재하는가?

① 2 ② 3 ③ 4 ④ 5

해설 영상전하의 개수 $n = \dfrac{360°}{\theta} - 1 = \dfrac{360°}{90°} - 1 = 3$개

여기서, θ : 무한 평면도체 사이의 각

답 ②

092

핵심이론 찾아보기▶핵심 05-3

기사 22·19년 / 산업 14·09년 출제

접지된 구도체와 점전하 간에 작용하는 힘은?

① 항상 흡인력이다. ② 항상 반발력이다.
③ 조건적 흡인력이다. ④ 조건적 반발력이다.

해설 점전하가 Q[C]일 때 접지 구도체의 영상전하 $Q' = -\dfrac{a}{d}Q$[C]으로 이종의 전하 사이에 작용하는 힘으로 쿨롱의 법칙에서 항상 흡인력이 작용한다.

답 ①

093

핵심이론 찾아보기▶핵심 05-3 기사 02·01·97년 출제

반지름 a인 접지 도체구의 중심에서 $d > a$ 되는 곳에 점전하 Q가 있다. 구도체에 유기되는 영상전하 및 그 위치(중심에서의 거리)는 각각 얼마인가?

① $+\frac{a}{d}Q$이며 $\frac{a^2}{d}$이다.
② $-\frac{a}{d}Q$이며 $\frac{a^2}{d}$이다.
③ $+\frac{d}{a}Q$이며 $\frac{d^2}{a}$이다.
④ $+\frac{d}{d}Q$이며 $\frac{d^2}{a}$이다.

해설
- 영상전하의 위치 : 구 중심에서 $\frac{a^2}{d}$인 점
- 영상전하의 크기 : $Q' =-\frac{a}{d}Q[\mathrm{C}]$

답 ②

094

핵심이론 찾아보기▶핵심 05-3 기사 97년 / 산업 08·07·00년 출제

반지름 a[m]인 접지 도체구 중심으로부터 d[m]($> a$)인 곳에 점전하 Q[C]이 있으면 구 도체에 유기되는 전하량[C]은?

① $-\frac{a}{d}Q$
② $\frac{a}{d}Q$
③ $-\frac{d}{a}Q$
④ $\frac{d}{a}Q$

해설 영상점 P′의 위치는

$\mathrm{OP'} = \frac{a^2}{d}[\mathrm{m}]$

영상전하의 크기는

$\therefore\ Q' =-\frac{a}{d}Q[\mathrm{C}]$

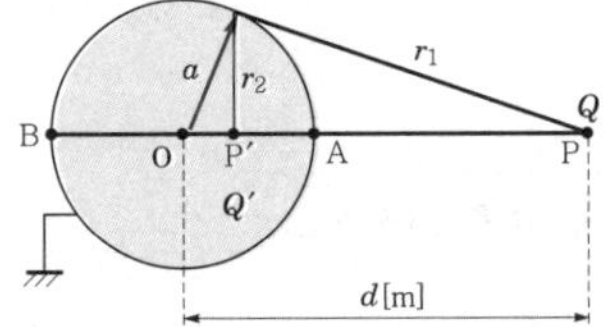

답 ①

095

핵심이론 찾아보기▶핵심 05-3 기사 22년 출제

반지름이 a[m]인 접지된 구도체와 구도체의 중심에서 거리 d[m] 떨어진 곳에 점전하가 존재할 때, 점전하에 의한 접지된 구도체에서의 영상전하에 대한 설명으로 틀린 것은?

① 영상전하는 구도체 내부에 존재한다.
② 영상전하는 점전하와 구도체 중심을 이은 직선상에 존재한다.
③ 영상전하의 전하량과 점전하의 전하량은 크기는 같고 부호는 반대이다.
④ 영상전하의 위치는 구도체의 중심과 점전하 사이 거리(d[m])와 구도체의 반지름(a[m])에 의해 결정된다.

해설 구도체의 영상전하는 점전하와 구도체 중심을 이은 직선상의 구도체 내부에 존재하며

영상전하 $Q' =-\frac{a}{d}Q[\mathrm{C}]$

위치는 구도체 중심에서 $x = \frac{a^2}{d}[\mathrm{m}]$에 존재한다.

답 ③

096

핵심이론 찾아보기▶핵심 06-1 기사 18년 출제

1[μA]의 전류가 흐르고 있을 때, 1초 동안 통과하는 전자수는 약 몇 개인가? (단, 전자 1개의 전하는 1.602×10^{-19}[C]이다.)

① 6.24×10^{10} ② 6.24×10^{11} ③ 6.24×10^{12} ④ 6.24×10^{13}

해설 통과 전자수

$$n=\frac{Q}{e}=\frac{It}{e}=\frac{1\times10^{-6}\times1}{1.602\times10^{-19}}=6.24\times10^{12}\text{개}$$

답 ③

097

핵심이론 찾아보기▶핵심 06-2 기사 19년 출제

전기저항에 대한 설명으로 틀린 것은?

① 저항의 단위는 옴[Ω]을 사용한다.
② 저항률(ρ)의 역수를 도전율이라고 한다.
③ 금속선의 저항 R은 길이 l에 반비례한다.
④ 전류가 흐르고 있는 금속선에 있어서 임의의 두 점 간의 전위차는 전류에 비례한다.

해설
- 전위차 $V=IR$ [V=A·Ω]
- 저항 $R=\rho\dfrac{l}{S}=\dfrac{l}{kS}$ [Ω]

(여기서, ρ : 저항률, k : 도전율)

답 ③

098

핵심이론 찾아보기▶핵심 06-3 기사 17년 출제

정상 전류계에서 J는 전류밀도, σ는 도전율, ρ는 고유저항, E는 전계의 세기일 때, 옴의 법칙의 미분형은?

① $J=\sigma E$ ② $J=\dfrac{E}{\sigma}$ ③ $J=\rho E$ ④ $J=\rho\sigma E$

해설 전류 $I=\dfrac{V}{R}=\dfrac{El}{\rho\dfrac{l}{S}}=\dfrac{E}{\rho}S$[A]

전류밀도 $J=\dfrac{I}{S}=\dfrac{E}{\rho}=\sigma E$[A/m^2]

답 ①

099

핵심이론 찾아보기▶핵심 06-응용 기사 21년 출제

정상 전류계에서 $\nabla\cdot i=0$에 대한 설명으로 틀린 것은?

① 도체 내에 흐르는 전류는 연속이다.
② 도체 내에 흐르는 전류는 일정하다.
③ 단위시간당 전하의 변화가 없다.
④ 도체 내에 전류가 흐르지 않는다.

해설 전류 $I=\int_s i\,n\,ds=\int_v \text{div}\,i\,dv=0$

$\text{div}\,i=\nabla\cdot i=0$

전류는 발생과 소멸이 없고 연속, 일정하다는 의미이다. 답 ④

100

핵심이론 찾아보기▶핵심 06-5 기사 19년 출제

평행판 콘덴서의 극판 사이에 유전율 ε, 저항률 ρ인 유전체를 삽입하였을 때, 두 전극 간의 저항 R과 정전용량 C의 관계는?

① $R=\rho\varepsilon C$ ② $RC=\dfrac{\varepsilon}{\rho}$ ③ $RC=\rho\varepsilon$ ④ $RC\rho\varepsilon=1$

해설 저항 $R=\rho\dfrac{l}{S}[\Omega]$, 정전용량 $C=\dfrac{\varepsilon S}{l}[\text{F}]$

따라서, $RC=\rho\dfrac{l}{S}\cdot\dfrac{\varepsilon S}{l}=\rho\varepsilon$ 답 ③

101

핵심이론 찾아보기▶핵심 06-5 기사 20·18·14년 출제

반지름 a[m]의 반구형 도체를 대지 표면에 그림과 같이 묻었을 때 접지저항 $R[\Omega]$은? (단, $\rho[\Omega\cdot\text{m}]$는 대지의 고유저항이다.)

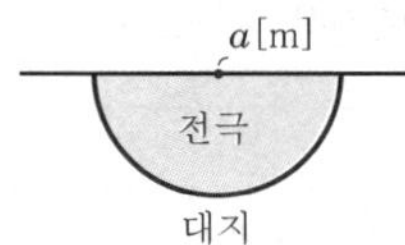

① $\dfrac{\rho}{2\pi a}$ ② $\dfrac{\rho}{4\pi a}$ ③ $2\pi a\rho$ ④ $4\pi a\rho$

해설 반지름 a[m]인 구의 정전용량은 $4\pi\varepsilon a$[F]이므로 반구의 정전용량 C는 $C=2\pi\varepsilon a$[F]이다.

$RC=\rho\varepsilon$

$R=\dfrac{\rho\varepsilon}{C}=\dfrac{\rho\varepsilon}{2\pi\varepsilon a}=\dfrac{\rho}{2\pi a}\,[\Omega]$ 답 ①

102

핵심이론 찾아보기▶핵심 06-5 기사 17년 출제

액체 유전체를 포함한 콘덴서 용량이 C[F]인 것에 V[V]의 전압을 가했을 경우에 흐르는 누설전류[A]는? (단, 유전체의 유전율은 ε[F/m], 고유저항은 $\rho[\Omega\cdot\text{m}]$이다.)

① $\dfrac{\rho\varepsilon}{CV}$ ② $\dfrac{C}{\rho\varepsilon V}$ ③ $\dfrac{CV}{\rho\varepsilon}$ ④ $\dfrac{\rho\varepsilon V}{C}$

해설 $RC=\rho\varepsilon$에서 $R=\dfrac{\rho\varepsilon}{C}$이므로 $I=\dfrac{V}{R}=\dfrac{CV}{\rho\varepsilon}=\dfrac{CV}{\rho\varepsilon_0\varepsilon_s}$[A] 답 ③

CHAPTER

103 핵심이론 찾아보기▶핵심 06-5 기사 21년 출제

내구의 반지름이 2[cm], 외구의 반지름이 3[cm]인 동심 구도체 간에 고유저항이 1.884×10^2[Ω · m]인 저항물질로 채워져 있을 때, 내외구 간의 합성저항은 약 몇 [Ω]인가?

① 2.5 ② 5.0 ③ 250 ④ 500

해설 정전용량 $C=\dfrac{4\pi\varepsilon}{\dfrac{1}{a}-\dfrac{1}{b}}$[F]

저항 $R=\dfrac{\rho\varepsilon}{C}=\dfrac{\rho}{4\pi}\left(\dfrac{1}{a}-\dfrac{1}{b}\right)=\dfrac{1.884\times10^2}{4\pi}\left(\dfrac{1}{2}-\dfrac{1}{3}\right)\times10^2=249.9\fallingdotseq250[\Omega]$

답 ③

104 핵심이론 찾아보기▶핵심 06-5 기사 19년 출제

유전율이 ε, 도전율이 σ, 반경이 r_1, $r_2(r_1<r_2)$, 길이가 l인 동축 케이블에서 저항 R은 얼마인가?

① $\dfrac{2\pi rl}{\ln\dfrac{r_2}{r_1}}$ ② $\dfrac{2\pi\varepsilon l}{\dfrac{1}{r_1}-\dfrac{1}{r_2}}$

③ $\dfrac{1}{2\pi\sigma l}\ln\dfrac{r_2}{r_1}$ ④ $\dfrac{1}{2\pi rl}\ln\dfrac{r_2}{r_1}$

해설 **동축 케이블의 정전용량**

$C=\dfrac{2\pi\varepsilon l}{\ln\dfrac{r_2}{r_1}}$

$RC=\rho\varepsilon$ 관계에서

저항 $R=\dfrac{\rho\varepsilon}{C}=\dfrac{\rho\varepsilon}{\dfrac{2\pi\varepsilon l}{\ln\dfrac{r_2}{r_1}}}=\dfrac{\rho}{2\pi l}\ln\dfrac{r_2}{r_1}=\dfrac{1}{2\pi\sigma l}\ln\dfrac{r_2}{r_1}[\Omega]$

답 ③

105 핵심이론 찾아보기▶핵심 06-6 기사 17년 출제

제벡(Seebeck)효과를 이용한 것은?

① 광전지 ② 열전대

③ 전자 냉동 ④ 수정 발진기

해설 **제벡효과**

서로 다른 두 금속 A, B를 접속하고 다른 쪽에 전압계를 연결하여 접속부를 가열하면 전압이 발생하는 것을 알 수 있다. 이와 같이 서로 다른 금속을 접속하고 접속점을 서로 다른 온도를 유지하면 기전력이 생겨 일정한 방향으로 전류가 흐른다. 이러한 현상을 제벡효과(Seebeck effect)라 한다. 즉, 온도차에 의한 열기전력 발생을 말한다.

답 ②

106 핵심이론 찾아보기▶핵심 06-6 기사 15년 출제

두 종류의 금속 접합면에 전류를 흘리면 접속점에서 열의 흡수 또는 발생이 일어나는 현상은?

① 제벡효과 ② 펠티에 효과 ③ 톰슨효과 ④ 코일의 상대 위치

해설 펠티에 효과는 두 종류의 금속으로 폐회로를 만들어 전류를 흘리면 두 접속점에서 열이 흡수(온도 강하)되거나 발생(온도 상승)하는 현상이다. 답 ②

107 핵심이론 찾아보기▶핵심 06-6 기사 21년 출제

동일한 금속 도선의 두 점 사이에 온도차를 주고 전류를 흘렸을 때 열의 발생 또는 흡수가 일어나는 현상은?

① 펠티에(Peltier) 효과 ② 볼타(Volta) 효과
③ 제백(Seebeck) 효과 ④ 톰슨(Thomson) 효과

해설 톰슨(Thomson) 효과는 동일 금속선의 두 점 사이에 온도차를 주고 전류를 흘리면 열의 발생과 흡수가 일어나는 현상을 말한다. 답 ④

108 핵심이론 찾아보기▶핵심 06-6 기사 18년 출제

다음이 설명하고 있는 것은?

> 수정, 로셸염 등에 열을 가하면 분극을 일으켜 한쪽 끝에 양(+) 전기, 다른 쪽 끝에 음(−) 전기가 나타나며, 냉각할 때에는 역분극이 생긴다.

① 강유전성 ② 압전기 현상
③ 파이로(Pyro) 전기 ④ 톰슨(Thomson) 효과

해설 압전 현상을 일으키는 수정, 전기석, 로셸염, 티탄산바륨의 결정은 가열하면 분극이 생기고, 냉각하면 그 반대 극성의 분극이 생기는 현상이 있다. 이 전기를 파이로 전기(Pyro electricity)라고 한다. 답 ③

109 핵심이론 찾아보기▶핵심 06-6 기사 17년 출제

기계적인 변형력을 가할 때, 결정체의 표면에 전위차가 발생되는 현상은?

① 볼타효과 ② 전계효과 ③ 압전효과 ④ 파이로 효과

해설 **압전효과**
유전체 결정에 기계적 변형을 가하면 결정 표면에 양, 음의 전하가 나타나서 대전한다. 또 반대로 이들 결정을 전장 안에 놓으면 결정 속에서 기계적 변형이 생긴다. 이와 같은 현상을 압전기 현상이라 한다. 답 ③

110 핵심이론 찾아보기▶핵심 06-6

기사 20·13·09년 출제

압전기 현상에서 분극이 응력과 같은 방향으로 발생하는 현상을 무슨 효과라 하는가?

① 종효과 ② 횡효과 ③ 역효과 ④ 간접 효과

해설 압전효과에서 분극 현상이 응력과 같은 방향으로 발생하면 종효과, 수직 방향으로 나타나면 횡효과라 한다.

답 ①

111 핵심이론 찾아보기▶핵심 07-1

기사 17년 출제

유전율 $\varepsilon=8.855\times10^{-12}$[F/m]인 진공 중을 전자파가 전파할 때 진공 중의 투자율[H/m]은?

① 7.58×10^{-5} ② 7.58×10^{-7} ③ 12.56×10^{-5} ④ 12.56×10^{-7}

해설 진공의 투자율

$$6.33\times10^{4}=\frac{1}{4\pi\mu_0}$$

$$\therefore\ \mu_0=\frac{1}{4\pi\times6.33\times10^{4}}=4\pi\times10^{-7}=12.56\times10^{-7}[\text{H/m}]$$

답 ④

112 핵심이론 찾아보기▶핵심 07-1

기사 90년 출제

공기 중에서 가상 점자극 m_1[Wb]과 m_2[Wb]를 r[m] 떼어 놓았을 때, 두 자극 간의 작용력이 F[N]이었다면 이때의 거리 r[m]는?

① $\sqrt{\dfrac{m_1m_2}{F}}$ ② $\dfrac{6.33\times10^4\times m_1m_2}{F}$

③ $\sqrt{\dfrac{6.33\times10^4\times m_1m_2}{F}}$ ④ $\sqrt{\dfrac{9\times10^4\times m_1m_2}{F}}$

해설

$$F=\frac{m_1m_2}{4\pi\mu_o r^2}=6.33\times10^4\times\frac{m_1m_2}{r^2}[\text{N}]$$

$$\therefore\ r=\sqrt{\frac{6.33\times10^4\times m_1m_2}{F}}[\text{m}]$$

답 ③

113 핵심이론 찾아보기▶핵심 07-2

기사 22·89년 출제

합리화 MKS 단위계로 자계의 세기 단위는?

① [AT/m] ② [Wb/m^2] ③ [Wb/m] ④ [AT/m^2]

해설 $H=\dfrac{F}{m}$[N/Wb]=[N·m/Wb·m]=[J/Wb/m]=[AT/m]

답 ①

114

핵심이론 찾아보기▶핵심 07-2 기사 16년 출제

진공 중의 자계 10[AT/m]인 점에 5×10^{-3}[Wb]의 자극을 놓으면 그 자극에 작용하는 힘[N]은?

① 5×10^{-2}
② 5×10^{-3}
③ 2.5×10^{-2}
④ 2.5×10^{-3}

해설 $F=mH=5\times10^{-3}\times10=5\times10^{-2}$[N]

답 ①

115

핵심이론 찾아보기▶핵심 07-3 기사 10·03·85년 출제

진공 중에서 4π[Wb]의 자하(磁荷)로부터 발산되는 총 자력선의 수는?

① 4π
② 10^7
③ $4\pi\times10^7$
④ $\dfrac{10^7}{4\pi}$

해설 진공 중에서 m[Wb]의 자하로부터 나오는 자력선의 수는 $\dfrac{m}{\mu_0}$배이다.

$$\phi=\frac{m}{\mu_0}=\frac{4\pi}{\mu_0}=\frac{4\pi}{4\pi\times10^{-7}}=10^7\text{개}$$

답 ②

116

핵심이론 찾아보기▶핵심 07-4 기사 14·06년 / 산업 12년 출제

단면적 4[cm^2]의 철심에 6×10^{-4}[Wb]의 자속을 통하게 하려면 2,800[AT/m]의 자계가 필요하다. 이 철심의 비투자율은?

① 43 ② 75 ③ 12 ④ 426

해설 $B=\mu_0\mu_s H[\text{Wb/m}^2]$

$$\therefore\ \mu_s=\frac{B}{\mu_0 H}=\frac{\frac{\phi}{S}}{\mu_0 H}=\frac{\phi}{\mu_0 HS}=\frac{6\times10^{-4}}{4\pi\times10^{-7}\times2{,}800\times4\times10^{-4}}\fallingdotseq 426$$

답 ④

117

핵심이론 찾아보기▶핵심 07-5 기사 19년 출제

자위의 단위에 해당되는 것은?

① [A] ② [J/C] ③ [N/Wb] ④ [Gauss]

해설 자계와 자위의 관계
$U=H\times r$[A/m · m]=[A]

답 ①

118 핵심이론 찾아보기▶핵심 07-6

기사 15년 출제

자기 쌍극자에 의한 자위 U[A]에 해당되는 것은? (단, 자기 쌍극자의 자기 모멘트는 M[Wb·m], 쌍극자의 중심으로부터의 거리는 r[m], 쌍극자의 정방향과의 각도는 θ라 한다.)

① $6.33\times10^4\times\dfrac{M\sin\theta}{r^3}$　② $6.33\times10^4\times\dfrac{M\sin\theta}{r^2}$

③ $6.33\times10^4\times\dfrac{M\cos\theta}{r^3}$　④ $6.33\times10^4\times\dfrac{M\cos\theta}{r^2}$

해설 자위 $U=\dfrac{M}{4\pi\mu_0 r^2}\cos\theta=6.33\times10^4\dfrac{M\cos\theta}{r^2}$[A]

답 ④

119 핵심이론 찾아보기▶핵심 07-6

기사 11년 출제

자석의 세기 0.2[Wb], 길이 10[cm]인 막대 자석의 중심에서 60°의 각을 가지며 40[cm]만큼 떨어진 점 A의 자위는 몇 [A]인가?

① 1.97×10^3　② 3.96×10^3

③ 9.58×10^3　④ 7.92×10^3

해설 $U=6.33\times10^4\dfrac{M\cos\theta}{r^2}=6.33\times10^4\dfrac{0.2\times0.1\times\cos60°}{(40\times10^{-2})^2}=3.961\times10^3$[A]

답 ②

120 핵심이론 찾아보기▶핵심 07-7

기사 19년 출제

자극의 세기가 8×10^{-6}[Wb], 길이가 3[cm]인 막대자석을 120[AT/m]의 평등자계 내에 자력선과 30°의 각도로 놓으면 이 막대자석이 받는 회전력은 몇 [N·m]인가?

① 1.44×10^{-4}　② 1.44×10^{-5}

③ 3.02×10^{-4}　④ 3.02×10^{-5}

해설 회전력

$T=mHl\sin\theta=8\times10^{-6}\times120\times3\times10^{-2}\sin30°=1.44\times10^{-5}$[N·m]

답 ②

121 핵심이론 찾아보기▶핵심 07-7

기사 00년 출제

1×10^{-6}[Wb·m]의 자기 모멘트를 가진 봉 자석을 자계의 수평성분이 10[AT/m]인 곳에 자기 자오면으로부터 90° 회전시키는 데 필요한 일[J]은?

① 3×10^{-5}　② 2.5×10^{-6}　③ 10^{-5}　④ 10^{-8}

해설 막대자석을 θ만큼 회전시킬 때 필요한 일

$W=MH(1-\cos\theta)$[J]$=1\times10^{-6}\times10\times(1-\cos90°)=10^{-5}$[J]

답 ③

122 핵심이론 찾아보기▶핵심 07-8

기사 18년 출제

다음 중 전류에 의한 자계의 방향을 결정하는 법칙은?

① 렌츠의 법칙 ② 플레밍의 왼손법칙
③ 플레밍의 오른손법칙 ④ 앙페르의 오른나사법칙

해설 전류에 의한 자계의 방향은 앙페르의 오른나사법칙에 따르며 다음 그림과 같은 방향이다.

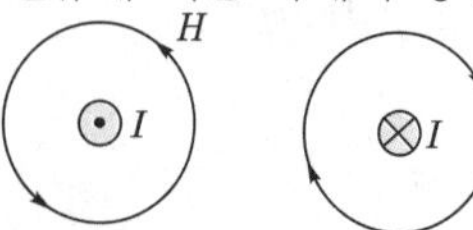

답 ④

123 핵심이론 찾아보기▶핵심 07-10

기사 22·19년 출제

그림과 같이 평행한 무한장 직선 도선에 I[A], $4I$[A]인 전류가 흐른다. 두 선 사이의 점 P에서 자계의 세기가 0이라고 하면 $\frac{a}{b}$는?

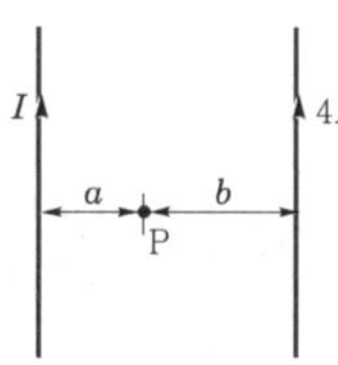

① 2 ② 4 ③ $\frac{1}{2}$ ④ $\frac{1}{4}$

해설 $H_1 = \frac{I}{2\pi a}$, $H_2 = \frac{4I}{2\pi b}$

자계의 세기가 0일 때 $H_1 = H_2$

$\frac{I}{2\pi a} = \frac{4I}{2\pi b}$

$\frac{1}{a} = \frac{4}{b}$

$\therefore \frac{a}{b} = \frac{1}{4}$

답 ④

124 핵심이론 찾아보기▶핵심 07-10

기사 19년 출제

무한장 직선형 도선에 I[A]의 전류가 흐를 경우 도선으로부터 R[m] 떨어진 점의 자속밀도 B[Wb/m^2]는?

① $B = \frac{\mu I}{2\pi R}$ ② $B = \frac{I}{2\pi\mu R}$
③ $B = \frac{\mu I}{4\pi R}$ ④ $B = \frac{I}{4\pi\mu R}$

해설 자계의 세기 $H = \dfrac{I}{2\pi R}$[AT/m], 자속밀도 $B = \mu H = \dfrac{\mu I}{2\pi R}$[Wb/m^2]

답 ①

CHAPTER

125

핵심이론 찾아보기▶핵심 07-10

기사 15·05년 출제

무한장 직선 도체가 있다. 이 도체로부터 수직으로 0.1[m] 떨어진 점의 자계 세기가 180[AT/m]이다. 이 도체로부터 수직으로 0.3[m] 떨어진 점의 자계 세기는 몇 [AT/m]인가?

① 20
② 60
③ 180
④ 540

해설 무한장 직선 도체로부터 $r_1 = 0.1$[m], $r_2 = 0.3$[m]인 자계의 세기를 H_1, H_2라 하면

$$H_1 = \frac{I}{2\pi r_1}\text{[AT/m]}$$

$$\therefore\ I = 2\pi r_1 H_1 = 2\pi \times 0.1 \times 180\text{[A]}$$

$$\therefore\ H_2 = \frac{I}{2\pi r_2} = \frac{2\pi \times 0.1 \times 180}{2\pi \times 0.3} = 60\text{[AT/m]}$$

답 ②

126

핵심이론 찾아보기▶핵심 07-10

기사 92년 출제

전류 분포가 균일한 반지름 a[m]인 무한장 원주형 도선에 1[A]의 전류를 흘렸더니, 도선 중심에서 $\dfrac{a}{2}$[m] 되는 점에서의 자계 세기가 $\dfrac{1}{2\pi}$[AT/m]였다. 이 도선의 반지름은 몇 [m]인가?

① 4
② 2
③ $\dfrac{1}{2}$
④ $\dfrac{1}{4}$

해설

도체 내부 자계의 세기 $H_i = \dfrac{Ir}{2\pi a^2} = \dfrac{I\left(\dfrac{a}{2}\right)}{2\pi a^2} = \dfrac{I}{4\pi a}$[AT/m]

문제 조건에서 $H_i = \dfrac{1}{2\pi}$[A/m], $I = 1$[A]이므로

$$H_i = \frac{1}{2\pi} = \frac{I}{4\pi a}$$

$$\therefore\ a = \frac{I}{2} = \frac{1}{2}\text{[m]}$$

답 ③

127 핵심이론 찾아보기▶핵심 07-10 기사 15년 출제

그림과 같은 동축 원통의 왕복 전류 회로가 있다. 도체 단면에 고르게 퍼진 일정 크기의 전류가 내부 도체로 흘러 들어가고 외부 도체로 흘러나올 때, 전류에 의해 생기는 자계에 대하여 틀린 것은?

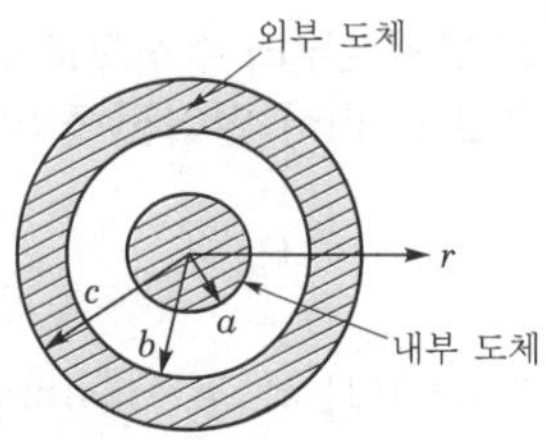

① 외부 공간($r > c$)의 자계는 영(0)이다.
② 내부 도체 내($r < a$)에 생기는 자계의 크기는 중심으로부터 거리에 비례한다.
③ 외부 도체 내($b < r < c$)에 생기는 자계의 크기는 중심으로부터 거리에 관계없이 일정하다.
④ 두 도체 사이(내부 공간, $a < r < b$)에 생기는 자계의 크기는 중심으로부터 거리에 반비례한다.

해설
- 내부 도체의 자계의 세기($r < a$) : $H_i = \dfrac{rI}{2\pi a^2}$[AT/m]
- 내·외 도체 사이의 자계의 세기($a < r < b$) : $H = \dfrac{I}{2\pi r}$[AT/m]
- 외부 도체의 자계의 세기($b < r < c$) : $H = \dfrac{I}{2\pi r}\left(1 - \dfrac{r^2 - b^2}{c^2 - b^2}\right)$[AT/m]

  자계의 크기는 중심으로부터의 거리에 반비례한다.
- 외부 도체와의 공간의 자계의 세기 : $H_o = 0$[AT/m]

답 ③

128 핵심이론 찾아보기▶핵심 07-10 기사 20·02년 / 산업 06·95·87년 출제

환상 솔레노이드(solenoid) 내의 자계 세기[AT/m]는? (단, N은 코일의 감긴 수, a는 환상 솔레노이드의 평균 반지름이다.)

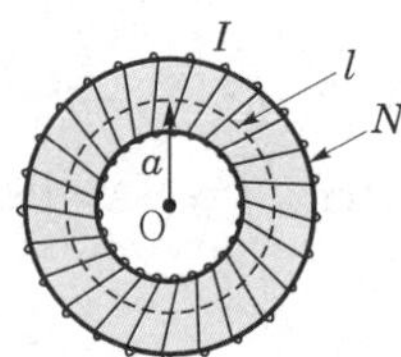

① $\dfrac{2\pi a}{NI}$ ② $\dfrac{NI}{2\pi a}$ ③ $\dfrac{NI}{\pi a}$ ④ $\dfrac{NI}{4\pi a}$

해설 위 그림과 같이 반지름 a[m]인 적분으로 잡고 앙페르의 주회적분법칙을 적용하면

$\oint \boldsymbol{H} \cdot dl = H \cdot 2\pi a = NI$

$\therefore H = \dfrac{NI}{2\pi a} = \dfrac{NI}{l} = n_0 I$[AT/m]

여기서, N은 환상 솔레노이드의 권수이고, n_0는 단위길이당의 권수이다.

답 ②

129 핵심이론 찾아보기▶핵심 07-10

기사 13·00년 / 산업 04·02년 출제

같은 길이의 도선으로 M 회와 N 회 감은 원형 동심 코일에 각각 같은 전류를 흘릴 때, M 회 감은 코일의 중심 자계는 N 회 감은 코일의 몇 배인가?

① $\dfrac{N}{M}$　② $\dfrac{N^2}{M^2}$　③ $\dfrac{M}{N}$　④ $\dfrac{M^2}{N^2}$

해설 원형 코일의 반지름 r, 권수 N_0, 전류 I라 하면 중심 자계의 세기 H는 $H=\dfrac{N_0 I}{2r}$[AT/m]

코일의 권수 M일 때 원형 코일의 반지름 r_1은 $2\pi r_1 M=l$에서 $r_1=\dfrac{l}{2\pi M}$[M]

중심 자장의 세기 H_1은 $H_1=\dfrac{MI}{\dfrac{2l}{2\pi M}}=\dfrac{\pi M^2 I}{l}$[AT/m]이고, 같은 방법으로 코일의 권수 N

일 때의 중심 자장의 세기 H_2는 $H_2=\dfrac{\pi N^2 I}{l}$[AT/m]

$$\frac{H_1}{H_2}=\frac{\dfrac{\pi M^2 I}{l}}{\dfrac{\pi N^2 l}{l}}=\frac{M^2}{N^2}\text{[배]}$$

답 ④

130 핵심이론 찾아보기▶핵심 07-10

기사 95·87·85년 출제

단위길이당 권수가 n 인 무한장 솔레노이드에 I[A]의 전류가 흐를 때, 다음 설명 중 옳은 것은?

① 솔레노이드 내부는 평등자계이다.
② 외부와 내부의 자계 세기는 같다.
③ 외부 자계의 세기는 nI[AT/m]이다.
④ 내부 자계의 세기는 nI^2[AT/m]이다.

해설 무한장 솔레노이드 내부 자계의 세기는 평등자계이며, 그 크기는 $H_i=nI$[AT/m]이다.

답 ①

131 핵심이론 찾아보기▶핵심 07-10

기사 17년 출제

다음 설명 중 옳은 것은?

① 무한 직선 도선에 흐르는 전류에 의한 도선 내부에서 자계의 크기는 도선의 반경에 비례한다.
② 무한 직선 도선에 흐르는 전류에 의한 도선 외부에서 자계의 크기는 도선의 중심과의 거리에 무관하다.
③ 무한장 솔레노이드 내부 자계의 크기는 코일에 흐르는 전류의 크기에 비례한다.
④ 무한장 솔레노이드 내부 자계의 크기는 단위길이당 권수의 제곱에 비례한다.

해설 **무한장 솔레노이드**

- 외부 자계의 세기 : $H_o=0$[AT/m]
- 내부 자계의 세기 : $H_i=nI$[AT/m]

여기서, n : 단위길이당 권수
즉, 내부 자계의 세기는 평등자계이며, 코일의 전류에 비례한다.

답 ③

132

핵심이론 찾아보기▶핵심 07-10 기사 82년 출제

길이 10[cm], 권선수가 500인 솔레노이드 코일에 10[A]의 전류를 흘려 줄 때, 솔레노이드 내의 자계 세기[AT/m]는? (단, 솔레노이드 내부의 자계 세기는 균일하다고 생각한다.)

① 50 ② 500 ③ 5,000 ④ 50,000

해설 길이 10[cm]에 권수가 500회이므로

$n_o = 500$[회/10cm] $= 10 \times 500$[회/m]

$\therefore\ H = n_o I = 10 \times 500 \times 10 = 50{,}000$[AT/m]

답 ④

133

핵심이론 찾아보기▶핵심 07-12 기사 96년 출제

전류 I[A]가 흐르는 반지름 a[m]인 원형 코일의 중심선상 x[m]인 점 P의 자계 세기[AT/m]는?

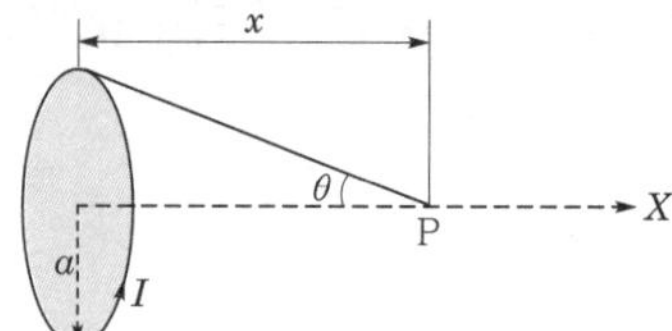

① $\dfrac{a^2 I}{2(a^2+x^2)}$ ② $\dfrac{a^2 I}{2(a^2+x^2)^{1/2}}$

③ $\dfrac{a^2 I}{2(a^2+x^2)^2}$ ④ $\dfrac{a^2 I}{2(a^2+x^2)^{3/2}}$

해설

- 원형 전류 중심축상 자계의 세기 : $H = \dfrac{a^2 I}{2(a^2+x^2)^{\frac{3}{2}}}$[AT/m]
- 원형 전류 중심에서의 자계의 세기 : $H_0 = \dfrac{I}{2a}$[AT/m]

답 ④

134

핵심이론 찾아보기▶핵심 07-12 기사 16년 출제

반지름 a[m]인 원형 코일에 전류 I[A]가 흘렀을 때 코일 중심에서의 자계의 세기[AT/m]는?

① $\dfrac{I}{4\pi a}$ ② $\dfrac{I}{2\pi a}$

③ $\dfrac{I}{4a}$ ④ $\dfrac{I}{2a}$

해설

원형 전류 중심축상의 자계의 세기 $H = \dfrac{a^2 I}{2(a^2+x^2)^{\frac{3}{2}}}$[AT/m]

원형 중심의 자계의 세기는 $x=0$인 지점이므로 $H = \dfrac{I}{2a}$[AT/m]

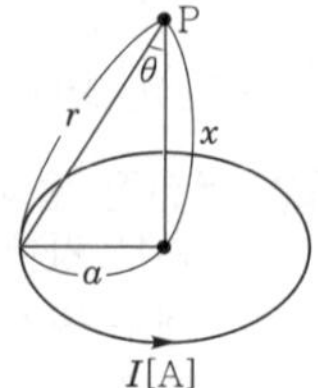

답 ④

135 핵심이론 찾아보기▶핵심 07-12

기사 22년 출제

그림과 같이 반지름 10[cm]인 반원과 그 양단으로부터 직선으로 된 도선에 10[A]의 전류가 흐를 때, 중심 0에서의 자계의 세기와 방향은?

R, $R=10$[cm], $I=10$[A], 0

① 2.5[AT/m], 방향 ⊙ ② 25[AT/m], 방향 ⊙
③ 2.5[AT/m], 방향 ⊗ ④ 25[AT/m], 방향 ⊗

해설 **반원의 자계의 세기**

$$H=\frac{I}{2R}\times\frac{1}{2}=\frac{I}{4R}\,[\mathrm{AT/m}]$$

앙페르의 오른 나사 법칙에 의해 들어가는 방향(⊗)으로 자계가 형성된다.

$$\therefore\ H=\frac{10}{4\times10\times10^{-2}}=25\,[\mathrm{AT/m}]$$

답 ④

136 핵심이론 찾아보기▶핵심 07-13

기사 16년 출제

한 변의 길이가 l[m]인 정삼각형 회로에 전류 I[A]가 흐르고 있을 때 삼각형의 중심에서의 자계의 세기[AT/m]는?

① $\frac{\sqrt{2}\,I}{3\pi l}$ ② $\frac{9I}{\pi l}$
③ $\frac{2\sqrt{2}\,I}{3\pi l}$ ④ $\frac{9I}{2\pi l}$

해설 한 변 AB의 자계의 세기

$$H_{AB}=\frac{3I}{2\pi l}\,[\mathrm{AT/m}]$$

∴ 정삼각형 중심 자계의 세기

$$H=3H_{AB}=\frac{9I}{2\pi l}\,[\mathrm{AT/m}]$$

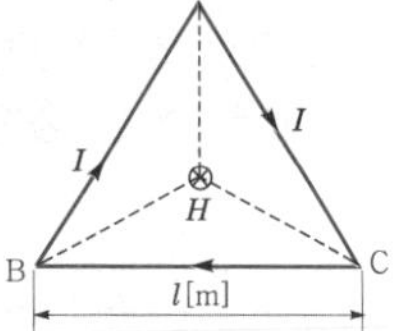

답 ④

137 핵심이론 찾아보기▶핵심 07-13

기사 16년 출제

한 변의 길이가 3[m]인 정삼각형의 회로에 2[A]의 전류가 흐를 때 정삼각형 중심에서의 자계의 크기는 몇 [AT/m]인가?

① $\frac{1}{\pi}$ ② $\frac{2}{\pi}$ ③ $\frac{3}{\pi}$ ④ $\frac{4}{\pi}$

해설 **정삼각형 중심 자계의 세기**

$$H=\frac{9I}{2\pi l}=\frac{9\times2}{2\pi\times3}=\frac{3}{\pi}\,[\mathrm{AT/m}]$$

답 ③

138

핵심이론 찾아보기▶핵심 07-⑬ 기사 20·19년 출제

진공 중에서 한 변이 a[m]인 정사각형 단일 코일이 있다. 코일에 I[A]의 전류를 흘릴 때 정사각형 중심에서 자계의 세기는 몇 [AT/m]인가?

① $\dfrac{2\sqrt{2}\,I}{\pi a}$　② $\dfrac{I}{\sqrt{2}\,a}$　③ $\dfrac{I}{2a}$　④ $\dfrac{4I}{a}$

해설 한 변의 길이가 a[m]인 경우

한 변의 자계의 세기 : $H_1 = \dfrac{I}{\pi a\sqrt{2}}$[AT/m]

∴ 정사각형 중심 자계의 세기 : $H = 4H_1 = 4 \cdot \dfrac{I}{\pi a\sqrt{2}} = \dfrac{2\sqrt{2}\,I}{\pi a}$[AT/m]

답 ①

139

핵심이론 찾아보기▶핵심 07-⑬ 산업 99년 출제

길이 40[cm]인 철선을 정사각형으로 만들고 직류 5[A]를 흘렸을 때, 그 중심에서의 자계 세기 [AT/m]는?

① 40　② 45　③ 80　④ 85

해설 40[cm]인 철선으로 정사각형을 만들면 한 변의 길이는 10[cm]이므로

$H = \dfrac{2\sqrt{2}\,I}{\pi l} = \dfrac{2\sqrt{2}\times 5}{\pi\times 0.1} = 45$[AT/m]

답 ②

140

핵심이론 찾아보기▶핵심 07-⑬ 기사 99년 출제

한 변의 길이가 2[m]인 정방형 코일에 3[A]의 전류가 흐를 때, 코일 중심에서의 자속밀도는 몇 [Wb/m^2]인가? (단, 진공 중에서임)

① 7×10^{-6}　② 1.7×10^{-6}　③ 7×10^{-5}　④ 17×10^{-5}

해설 $H_0 = \dfrac{2\sqrt{2}\,I}{\pi l} = \dfrac{2\sqrt{2}\times 3}{\pi\times 2} = \dfrac{3\sqrt{2}}{\pi}$[AT/m]

∴ $B = \mu_0 H_0 = 4\pi\times 10^{-7}\times\dfrac{3\sqrt{2}}{\pi} = 1.7\times 10^{-6}$[Wb/m^2]

답 ②

141

핵심이론 찾아보기▶핵심 07-⑬ 기사 10·04년 출제

8[m] 길이의 도선으로 만들어진 정방형 코일에 π[A]가 흐를 때, 중심에서의 자계 세기[AT/m]는?

① $\sqrt{2}/2$　② $\sqrt{2}$　③ $2\sqrt{2}$　④ $4\sqrt{2}$

해설 정사각형 중심 자계의 세기

$\boldsymbol{H}_0 = \dfrac{2\sqrt{2}\,I}{\pi l}$[AT/m]

8[m] 길이의 도선으로 정사각형을 만들면 한 변의 길이는 2[m]이다.

$$H_0 = 4 \times \frac{I}{\sqrt{2}\,\pi l} = \frac{2\sqrt{2}\,I}{\pi l}$$
$$= \frac{2\sqrt{2} \times \pi}{\pi \times 2}$$
$$= \sqrt{2}\,[\text{AT/m}]$$

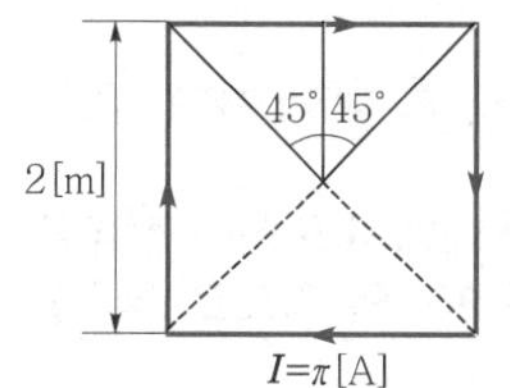

답 ②

142 핵심이론 찾아보기▶핵심 07-13

기사 16년 출제

한 변이 L[m] 되는 정사각형의 도선 회로에 전류 I[A]가 흐르고 있을 때 회로 중심에서의 자속밀도는 몇 [Wb/m²]인가?

① $\frac{2\sqrt{2}}{\pi}\mu_0\frac{L}{I}$　② $\frac{\sqrt{2}}{\pi}\mu_0\frac{I}{L}$　③ $\frac{2\sqrt{2}}{\pi}\mu_0\frac{I}{L}$　④ $\frac{4\sqrt{2}}{\pi}\mu_0\frac{L}{I}$

해설 한 변의 길이가 L [m]인 경우

- 한 변의 자계의 세기 : $H_1 = \frac{I}{\pi L\sqrt{2}}$ [AT/m]
- 정사각형 중심 자계의 세기 : $H = 4H_1 = 4 \cdot \frac{I}{\pi L\sqrt{2}} = \frac{2\sqrt{2}\,I}{\pi L}$ [AT/m]

∴ 자속밀도 $B = \mu_0 H = \mu_0\frac{2\sqrt{2}\,I}{\pi L} = \frac{2\sqrt{2}}{\pi}\mu_0\frac{I}{L}$ [Wb/m²]

답 ③

143 핵심이론 찾아보기▶핵심 07-14

기사 18년 출제

균일한 자장 내에서 자장에 수직으로 놓여 있는 직선 도선이 받는 힘에 대한 설명 중 옳은 것은?

① 힘은 자장의 세기에 비례한다.
② 힘은 전류의 세기에 반비례한다.
③ 힘은 도선 길이의 $\frac{1}{2}$승에 비례한다.
④ 자장의 방향에 상관없이 일정한 방향으로 힘을 받는다.

해설 **직선 도선이 받는 힘**

$F = IlB\sin\theta = \mu_0 HIl\sin\theta \propto \mu_0 HIl$

즉, 힘은 자장의 세기(H), 전류(I), 도선의 길이(l)에 비례한다.

답 ①

144 핵심이론 찾아보기▶핵심 07-14

기사 00년 출제

1[Wb/m²]의 자속밀도에 수직으로 놓인 10[cm]의 도선에 10[A]의 전류가 흐를 때, 도선이 받는 힘[N]은?

① 10　② 1　③ 0.1　④ 0.5

해설 $B = 1$[Wb/m²], $\theta = 90°$, $l = 0.1$[cm], $I = 10$[A]이므로

$F = IBl\sin\theta = 10 \times 1 \times 0.1 \times \sin 90° = 1$[N]

답 ②

145

핵심이론 찾아보기▶핵심 07-14 기사 13·00년 출제

자계 내에서 도선에 전류를 흘려보낼 때, 도선의 자계에 대해 60°의 각으로 놓았을 때 작용하는 힘은 30°의 각으로 놓았을 때 작용하는 힘의 몇 배인가?

① 1.2 ② 1.7 ③ 2.4 ④ 3.6

해설 자계와 전류 간의 작용력 $F = IBl\sin\theta$[N]에서 $\theta_1 = 60°$, $\theta_2 = 30°$일 때의 작용력을 F_1, F_2라 하면

$F_2 = IBl\sin 60°$[N]

$F_2 = IBl\sin 30°$[N]

$\dfrac{F_1}{F_2} = \dfrac{\sin 60°}{\sin 30°} = \dfrac{\sqrt{3}/2}{1/2} = \sqrt{3} = 1.732$

$\therefore\ F_1 = 1.732 F_2$[N]

답 ②

146

핵심이론 찾아보기▶핵심 07-14 기사 13년 / 산업 13·12·01년 출제

전하 q[C]이 진공 중의 자계 H[A/m]에 수직 방향으로 v[m/s]의 속도로 움직일 때, 받는 힘[N]은? (단, 진공 중의 투자율은 μ_0이다.)

① $\dfrac{qH}{\mu_0 v}$ ② qvH

③ $\dfrac{1}{\mu_0}qvH$ ④ $\mu_0 qvH$

해설 하전 입자가 받는 힘

$\boldsymbol{F} = Il\boldsymbol{B}\sin\theta$ 에서 Il 은 qv 이므로

$\therefore\ \boldsymbol{F} = qv\boldsymbol{B}\sin\theta$

$\boldsymbol{F} = qv\boldsymbol{B}\sin 90° = qv\boldsymbol{B} = qv\mu_0 H$[N]

답 ④

147

핵심이론 찾아보기▶핵심 07-14 기사 15년 출제

2[C]의 점전하가 전계 $\boldsymbol{E} = 2\boldsymbol{a}_x + \boldsymbol{a}_y - 4\boldsymbol{a}_z$[V/m] 및 자계 $\boldsymbol{B} = -2\boldsymbol{a}_x + 2\boldsymbol{a}_y - \boldsymbol{a}_z$[Wb/m²] 내에서 $v = 4\boldsymbol{a}_x - \boldsymbol{a}_y - 2\boldsymbol{a}_z$[m/s]의 속도로 운동하고 있을 때, 점전하에 작용하는 힘 $\boldsymbol{F}$는 몇 [N]인가?

① $-14\boldsymbol{a}_x + 18\boldsymbol{a}_y + 6\boldsymbol{a}_z$ ② $14\boldsymbol{a}_x - 18\boldsymbol{a}_y - 6\boldsymbol{a}_z$

③ $-14\boldsymbol{a}_x + 18\boldsymbol{a}_y + 4\boldsymbol{a}_z$ ④ $14\boldsymbol{a}_x + 18\boldsymbol{a}_y + 4\boldsymbol{a}_z$

해설 로렌츠의 힘

$$\boldsymbol{F} = q(\boldsymbol{E} + v \times \boldsymbol{B}) = 2(2\boldsymbol{a}_x + \boldsymbol{a}_y - 4\boldsymbol{a}_z) + 2\{(4\boldsymbol{a}_x - \boldsymbol{a}_y - 2\boldsymbol{a}_z) \times (-2\boldsymbol{a}_x + 2\boldsymbol{a}_y - \boldsymbol{a}_z)\}$$

$$= 2(2\boldsymbol{a}_x + \boldsymbol{a}_y - 4\boldsymbol{a}_z) + 2\begin{vmatrix} \boldsymbol{a}_x & \boldsymbol{a}_y & \boldsymbol{a}_z \\ 4 & -1 & -2 \\ -2 & 2 & -1 \end{vmatrix} = 2(2\boldsymbol{a}_x + \boldsymbol{a}_y - 4\boldsymbol{a}_z) + 2(5\boldsymbol{a}_x + 8\boldsymbol{a}_y + 6\boldsymbol{a}_z)$$

$$= 14\boldsymbol{a}_x + 18\boldsymbol{a}_y + 4\boldsymbol{a}_z \text{ [N]}$$

답 ④

148 핵심이론 찾아보기▶핵심 07-15

기사 17년 출제

평등자계 내에 전자가 수직으로 입사하였을 때 전자의 운동을 바르게 나타낸 것은?

① 구심력은 전자속도에 반비례한다.
② 원심력은 자계의 세기에 반비례한다.
③ 원운동을 하고, 반지름은 자계의 세기에 비례한다.
④ 원운동을 하고, 반지름은 전자의 회전속도에 비례한다.

해설
- 구심력$=evB$[N] : 전자속도 v에 비례한다.
- 원심력$=\frac{mv^2}{r}$[N] : 전자속도 v^2에 비례한다.
- 원운동 원 반지름 $r=\frac{mv}{eB}$[m] : 전자의 회전속도 v에 비례한다.

답 ④

149 핵심이론 찾아보기▶핵심 07-15

산업 18년 출제

자계의 세기가 H인 자계 중에 직각으로 속도 v로 발사된 전하 Q가 그리는 원의 반지름 r[m]은?

① $\frac{mv}{QH}$
② $\frac{mv^2}{QH}$
③ $\frac{mv}{\mu HQ}$
④ $\frac{mv^2}{\mu HQ}$

해설 **원운동 원 반지름($e=Q$[C])**

$r=\frac{mv}{eB}=\frac{mv}{QB}=\frac{mv}{Q\mu H}$[m]

답 ③

150 핵심이론 찾아보기▶핵심 07-15

기사 09·91년 / 산업 10·83년 출제

v[m/s]의 속도로 전자가 B[Wb/m^2]의 평등자계에 직각으로 들어가면 원운동을 한다. 이때 각속도 ω[rad/s] 및 주기 T[s]는? (단, 전자의 질량은 m, 전자의 전하는 e이다.)

① $\omega=\frac{m}{eB}$, $T=\frac{eB}{2\pi m}$
② $\omega=\frac{eB}{m}$, $T=\frac{2\pi m}{eB}$
③ $\omega=\frac{mv}{eB}$, $T=\frac{2\pi m}{mv}$
④ $\omega=\frac{em}{B}$, $T=\frac{2\pi m}{Bv}$

해설 **전자의 원운동**

구심력=원심력, $evB=\frac{mv^2}{r}$

- 회전반경 : $r=\frac{mv}{eB}$ [m]
- 각속도 : $\omega=\frac{eB}{m}$ [rad/s]
- 주기 : $T=\frac{2\pi m}{eB}$ [s]

답 ②

151 핵심이론 찾아보기▶핵심 07-15

산업 16년 출제

자속밀도가 B인 곳에 전하 Q, 질량 m인 물체가 자속밀도 방향과 수직으로 입사한다. 속도를 2배로 증가시키면, 원운동의 주기는 몇 배가 되는가?

① $\frac{1}{2}$ ② 1 ③ 2 ④ 4

해설 원운동의 주기($e=Q$[C])

$$T=\frac{1}{f}=\frac{2\pi}{\omega}=\frac{2\pi m}{eB}=\frac{2\pi m}{QB}\text{[s]}$$

∴ 주기는 속도 증가와 관계가 없다.

답 ②

152 핵심이론 찾아보기▶핵심 07-16

산업 07·81년 출제

그림과 같이 d[m] 떨어진 두 평형 도선에 I[A]의 전류가 흐를 때, 도선 단위길이당 작용하는 힘 F[N/m]는?

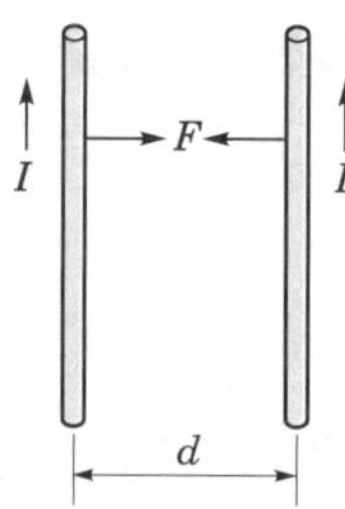

① $\frac{\mu_0 I}{2\pi d}$ ② $\frac{\mu_0 I^2}{2\pi d^2}$ ③ $\frac{\mu_0 I^2}{2\pi d}$ ④ $\frac{\mu_0 I^2}{2d}$

해설

$I_1=I_2=I$이므로 단위길이당 작용하는 힘은 $F=\frac{\mu_0 I_1 I_2}{2\pi d}=\frac{\mu_0 I^2}{2\pi d}$[N/m]

같은 방향의 전류이므로 흡인력이 작용한다.

답 ③

153 핵심이론 찾아보기▶핵심 07-16

기사 18년 출제

공기 중에서 1[m] 간격을 가진 두 개의 평행도체 전류의 단위길이에 작용하는 힘은 몇 [N/m]인가? (단, 전류는 1[A]라고 한다.)

① 2×10^{-7} ② 4×10^{-7} ③ $2\pi\times10^{-7}$ ④ $4\pi\times10^{-7}$

해설 평행 전류 도선 간 단위길이당 작용하는 힘

$$F=\frac{\mu_0 I_1 I_2}{2\pi d}=\frac{2I_1 I_2}{d}\times10^{-7}\text{[N/m]}$$

$I_1=I_2=1$[A]이고 $d=1$[m]이므로

∴ $F=2\times10^{-7}$[N/m]

답 ①

154 핵심이론 찾아보기▶핵심 07-16

산업 09년 출제

서로 같은 방향으로 전류가 흐르고 있는 나란한 두 도선 사이에는 어떤 힘이 작용하는가?

① 서로 미는 힘　　② 서로 당기는 힘
③ 하나는 밀고, 하나는 당기는 힘　　④ 회전하는 힘

해설 플레밍의 왼손법칙에서 같은 방향의 전류 간에는 흡인력이 작용하고, 서로 다른 방향의 전류 간에는 반발력이 작용한다.

답 ②

155 핵심이론 찾아보기▶핵심 07-16

기사 05·03·95·87년 출제

평행 도선에 같은 크기의 왕복 전류가 흐를 때, 두 도선 사이에 작용하는 힘과 관계되는 것 중 옳은 것은?

① 간격의 제곱에 반비례　　② 간격의 제곱에 반비례하고 투자율에 반비례
③ 전류의 제곱에 비례　　④ 주위 매질의 투자율에 반비례

해설
$$F = \frac{\mu_0 I_1 I_2}{2\pi d} = \frac{\mu_0 I^2}{2\pi d}\,[\mathrm{N/m}]$$
전류 제곱에 비례, 투자율에 비례, 간격에 반비례한다.

답 ③

156 핵심이론 찾아보기▶핵심 07-16

기사 00·83년 출제

평행 왕복 두 선의 전류 간의 전자력은? (단, 두 도선 간의 거리를 r[m]라 한다.)

① $\frac{1}{r}$에 비례, 반발력　　② r에 비례, 반발력
③ $\frac{1}{r^2}$에 비례, 반발력　　④ r^2에 비례, 반발력

해설 $I_1 = I_2 = I$ 이므로
$$F = \frac{\mu_0 I_1 I_2}{2\pi r} = \frac{2I^2}{r} \times 10^{-7}[\mathrm{N/m}] \propto \frac{1}{r}$$
즉, r에 반비례, $\frac{1}{r}$에 비례하며 왕복 전류이므로 반발력이다.

답 ①

157 핵심이론 찾아보기▶핵심 07-16

기사 00·85년 출제

진공 중에서 2[m] 떨어진 2개의 무한 평행 도선에 단위길이당 10^{-7}[N]의 반발력이 작용할 때, 그 도선들에 흐르는 전류는?

① 각 도선에 2[A]가 반대 방향으로 흐른다.
② 각 도선에 2[A]가 같은 방향으로 흐른다.
③ 각 도선에 1[A]가 반대 방향으로 흐른다.
④ 각 도선에 1[A]가 같은 방향으로 흐른다.

해설 $F=\dfrac{\mu_o I_1 I_2}{2\pi r}=\dfrac{2I^2}{r}\times 10^{-7}$ [N/m]에서 $F=10^{-7}$ [N/m], $r=2$[m]이므로

$$I=\sqrt{\frac{Fr}{2\times 10^{-7}}}=\sqrt{\frac{10^{-7}\times 2}{2\times 10^{-7}}}=\sqrt{1}=1[A]$$

반발력이므로 각 도선에 전류는 반대 방향으로 흐른다.

답 ③

158

핵심이론 찾아보기▶핵심 07-16

기사 07년 출제

그림과 같이 직류 전원에서 부하에 공급하는 전류는 50[A]이고 전원 전압은 480[V]이다. 도선이 10[cm] 간격으로 평행하게 배선되어 있다면 1[m]당 두 도선 사이에 작용하는 힘은 몇 [N]이며, 어떻게 작용하는가?

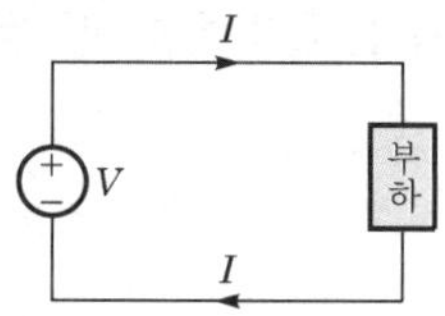

① 5×10^{-3}, 흡인력
② 5×10^{-3}, 반발력
③ 5×10^{-2}, 흡인력
④ 5×10^{-2}, 반발력

해설 • 평행하는 두 도선 사이에 작용하는 힘

$F=\dfrac{2I_1I_2}{r}\times 10^{-7}$[N]에서 $F=\dfrac{2\times 50^2\times 10^{-7}}{0.1}=5\times 10^{-3}$[N]

• 두 도체에 흐르는 전류 방향이 서로 반대 방향이므로 두 도체 사이에는 반발력이 작용

답 ②

159

핵심이론 찾아보기▶핵심 08-1

기사 12년 / 산업 96·95년 출제

물질의 자화 현상은?

① 전자의 이동
② 전자의 공전
③ 전자의 자전
④ 분자의 운동

해설 물체가 자화되는 근원은 전류, 즉 전자의 운동이다. 원자를 구성하는 전자는 원자핵의 주위를 궤도 운동함과 동시에 전자 자신이 자전 운동(spin)하고 있다.

답 ③

160

핵심이론 찾아보기▶핵심 08-1

기사 21·09년 / 산업 07·00·98년 출제

강자성체가 아닌 것은?

① 철
② 니켈
③ 백금
④ 코발트

해설 • 강자성체 : 철(Fe), 니켈(Ni), 코발트(Co) 및 이들의 합금
• 역(반)자성체 : 비스무트(Bi), 탄소(C), 규소(Si), 은(Ag), 납(Pb), 아연(Zn), 황(S), 구리(Cu)

답 ③

161

핵심이론 찾아보기▶핵심 08-1 기사 01·95·93년 출제

다음 자성체 중 반자성체가 아닌 것은?

① 창연 ② 구리 ③ 금 ④ 알루미늄

해설 **반자성체**($\mu_s < 1$) : 동, 납, 게르마늄, 안티몬, 아연

답 ④

162

핵심이론 찾아보기▶핵심 08-1 기사 14·99·95·89년 / 산업 14·11년 출제

비투자율 μ_s는 역자성체(逆磁性體)에서 다음 어느 값을 갖는가?

① $\mu_s = 1$ ② $\mu_s < 1$ ③ $\mu_s > 1$ ④ $\mu_s = 0$

해설
비투자율 $\mu_s = \dfrac{\mu}{\mu_0} = 1 + \dfrac{\chi_m}{\mu_0}$에서
$\mu_s > 1$, 즉 $\chi_m > 0$이면 상자성체
$\mu_s < 1$, 즉 $\chi_m < 0$이면 역자성체

답 ②

163

핵심이론 찾아보기▶핵심 08-2 기사 98·97·89·86년 / 산업 13년 출제

인접 영구 자기 쌍극자가 크기는 같으나 방향이 서로 반대 방향으로 배열된 자성체를 어떤 자성체라 하는가?

① 반자성체 ② 상자성체 ③ 강자성체 ④ 반강자성체

해설 자성체의 지구(spin) 배열 상태를 나타내면 다음과 같다.

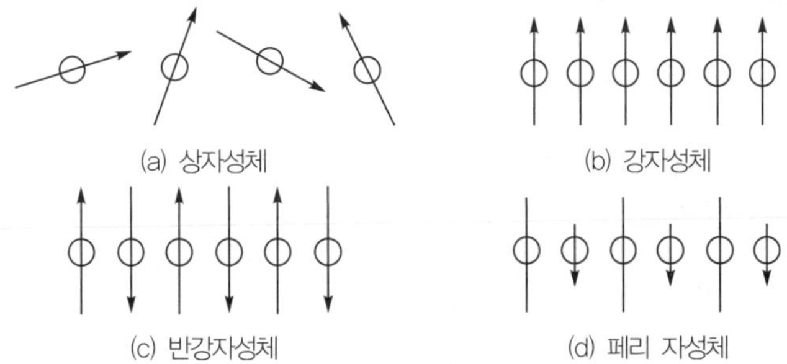

(a) 상자성체 (b) 강자성체

(c) 반강자성체 (d) 페리 자성체

답 ④

164

핵심이론 찾아보기▶핵심 08-2 기사 97·91년 출제

아래 그림들은 전자 자기 모멘트의 크기와 배열 상태를 그 차이에 따라서 배열한 것인데 강자성체에 속하는 것은?

①

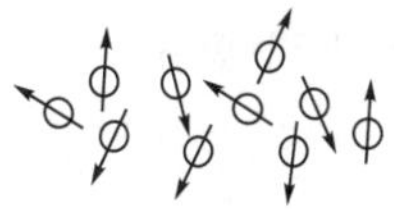

②

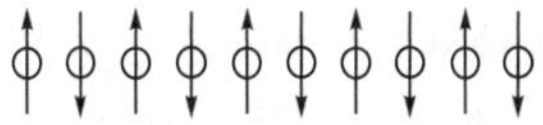

③

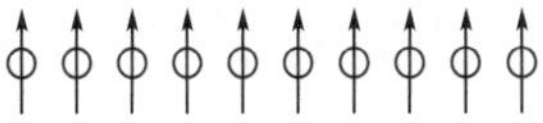

④

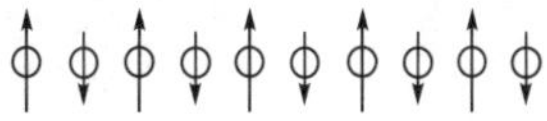

해설 ①은 상자성체, ②는 반강자성체, ③은 강자성체, ④는 페리 자성체이다. 답 ③

165

핵심이론 찾아보기▶핵심 08-3 기사 15년 출제

비투자율 350인 환상 철심 중의 평균 자계의 세기가 280[AT/m]일 때, 자화의 세기는 약 몇 [Wb/m^2]인가?

① 0.12 ② 0.15 ③ 0.18 ④ 0.21

해설 **자화의 세기**
$J=\mu_0(\mu_s-1)H=4\pi\times10^{-7}(350-1)\times280=0.12[\text{Wb/m}^2]$ 답 ①

166

핵심이론 찾아보기▶핵심 08-3 기사 19년 출제

환상 철심의 평균 자계의 세기가 3,000[AT/m]이고, 비투자율이 600인 철심 중의 자화의 세기는 약 몇 [Wb/m^2]인가?

① 0.75 ② 2.26 ③ 4.52 ④ 9.04

해설 **자화의 세기 J[Wb/m^2]**
$J=\mu_0(\mu_s-1)H=4\pi\times10^{-7}\times(600-1)\times3{,}000=2.26[\text{Wb/m}^2]$ 답 ②

167

핵심이론 찾아보기▶핵심 08-3 기사 19년 출제

다음의 관계식 중 성립할 수 없는 것은? (단, μ는 투자율, χ는 자화율, μ_0는 진공의 투자율, J는 자화의 세기이다.)

① $J=\chi B$ ② $B=\mu H$ ③ $\mu=\mu_0+\chi$ ④ $\mu_s=1+\dfrac{\chi}{\mu_0}$

해설
- 자화의 세기 : $J=\mu_0(\mu_s-1)H=\chi H$
- 자속밀도 : $B=\mu_0 H+J=(\mu_0+\chi)H=\mu_0\mu_s H=\mu H$
- 비투자율 : $\mu_s=1+\dfrac{\chi}{\mu_0}$

답 ①

168

핵심이론 찾아보기▶핵심 08-3 기사 13년 출제

자화의 세기로 정의할 수 있는 것은?

① 단위체적당 자기 모멘트 ② 단위면적당 자위밀도
③ 자화선밀도 ④ 자력선밀도

해설 자성체에서 단위체적당의 자기 모멘트를 자화의 세기 또는 자화도라 한다.
$\boldsymbol{J}=\mu_0(\mu_s-1)\boldsymbol{H}[\text{Wb/m}^2]$ 답 ①

169

핵심이론 찾아보기▶핵심 08-3

기사 16년 출제

자성체의 자화의 세기 $J=8$[kA/m], 자화율 $\chi=0.02$일 때 자속밀도는 약 몇 [T]인가?

① 7,000 ② 7,500 ③ 8,000 ④ 8,500

해설 $B=\mu_0 H+J$

자화의 세기 $J=B-\mu_0 H=\chi H$[Wb/m^2]

$H=\dfrac{J}{\chi}$[A/m]

$\therefore\ B=\mu_0\dfrac{J}{\chi}+J=J\left(1+\dfrac{\mu_0}{\chi}\right)=8\times10^3\left(1+\dfrac{4\pi\times10^{-7}}{0.02}\right)\fallingdotseq 8{,}000[\text{Wb/m}^2]=8{,}000[\text{T}]$

답 ③

170

핵심이론 찾아보기▶핵심 08-3

기사 15년 출제

투자율을 μ라 하고, 공기 중의 투자율 μ_0와 비투자율 μ_s의 관계에서 $\mu_s=\dfrac{\mu}{\mu_0}=1+\dfrac{\chi}{\mu_0}$로 표현된다. 이에 대한 설명으로 알맞은 것은? (단, χ는 자화율이다.)

① $\chi>0$인 경우 역자성체 ② $\chi<0$인 경우 상자성체

③ $\mu_s>1$인 경우 비자성체 ④ $\mu_s<1$인 경우 역자성체

해설 비투자율 $\mu_s=\dfrac{\mu}{\mu_0}=1+\dfrac{\chi}{\mu_0}$에서

- $\mu_s>1$, 즉 $\chi>0$이면 상자성체
- $\mu_s<1$, 즉 $\chi<0$이면 역자성체

답 ④

171

핵심이론 찾아보기▶핵심 08-3

기사 19년 출제

강자성체의 세 가지 특성에 포함되지 않는 것은?

① 자기 포화 특성 ② 와전류 특성

③ 고투자율 특성 ④ 히스테리시스 특성

해설 **강자성체의 세 가지 특성**

- 고투자율 특성
- 자기 포화 특성
- 히스테리시스 특성

답 ②

172

핵심이론 찾아보기▶핵심 08-3

기사 12·05·99·96·91·90년 / 산업 13·12·07·03·01·95·90년 출제

강자성체의 자속밀도 B의 크기와 자화 세기 J의 크기 사이의 관계로 옳은 것은?

① J는 B보다 약간 크다. ② J는 B보다 대단히 크다.

③ J는 B보다 약간 작다. ④ J는 B보다 대단히 작다.

해설 자화의 세기

$B = \mu_0 H + J = 4\pi \times 10^{-7} H + J$

$\therefore \ J = B - \mu_0 H$ [Wb/m^2]

따라서, J는 B보다 약간 작다.

답 ③

173

핵심이론 찾아보기▶핵심 08-4

기사 18년 출제

히스테리시스 곡선에서 히스테리시스 손실에 해당하는 것은?

① 보자력의 크기
② 잔류자기의 크기
③ 보자력과 잔류자기의 곱
④ 히스테리시스 곡선의 면적

해설 히스테리시스 루프를 일주할 때마다 그 면적에 상당하는 에너지가 열에너지로 손실되는 데, 교류의 경우 단위체적당 에너지 손실이 되고 이를 히스테리시스 손실이라고 한다.

답 ④

174

핵심이론 찾아보기▶핵심 08-4

기사 15년 출제

영구자석에 관한 설명으로 틀린 것은?

① 한 번 자화된 다음에는 자기를 영구적으로 보존하는 자석이다.
② 보자력이 클수록 자계가 강한 영구자석이 된다.
③ 잔류 자속밀도가 클수록 자계가 강한 영구자석이 된다.
④ 자석 재료로 폐회로를 만들면 강한 영구자석이 된다.

해설 영구자석의 재료는 히스테리시스 곡선의 면적이 크고 잔류자기와 보자력이 모두 커야 하며, 자석 재료에 큰 자계를 가해야 자화되어 영구자석이 된다.

답 ④

175

핵심이론 찾아보기▶핵심 08-4

기사 15년 출제

전자석에 사용하는 연철(soft iron)은 다음 어느 성질을 갖는가?

① 잔류자기, 보자력이 모두 크다.
② 보자력이 크고, 잔류자기가 작다.
③ 보자력이 크고, 히스테리시스 곡선의 면적이 작다.
④ 보자력과 히스테리시스 곡선의 면적이 모두 작다.

해설
- 자석(일시자석)의 재료는 잔류자기가 크고, 보자력이 작아야 한다.
- 영구자석의 재료는 잔류자기와 보자력이 모두 커야 한다.

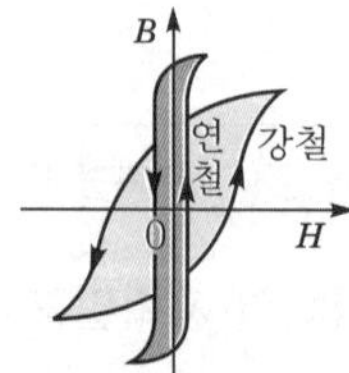

답 ④

176 핵심이론 찾아보기▶핵심 08-4

기사 17년 출제

규소 강판과 같은 자심 재료의 히스테리시스 곡선의 특징은?

① 보자력이 큰 것이 좋다.
② 보자력과 잔류자기가 모두 큰 것이 좋다.
③ 히스테리시스 곡선의 면적이 큰 것이 좋다.
④ 히스테리시스 곡선의 면적이 작은 것이 좋다.

해설 • 전자석(일시자석)의 재료는 잔류자기가 크고, 보자력이 작아야 한다.
• 영구자석의 재료는 잔류자기와 보자력이 모두 커야 한다.
∴ 자심 재료는 히스테리시스 곡선의 면적이 작은 것이 좋고, 영구자석의 재료는 히스테리시스 곡선의 면적이 큰 것이 좋다.

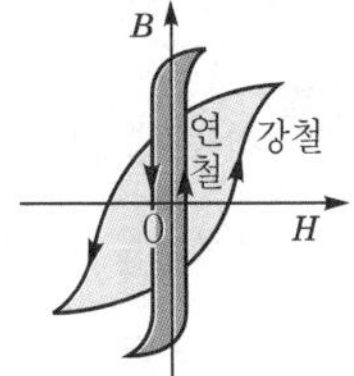

답 ④

177 핵심이론 찾아보기▶핵심 08-4

산업 19년 출제

전기기기의 철심(자심) 재료로 규소 강판을 사용하는 이유는?

① 동손을 줄이기 위해
② 와전류손을 줄이기 위해
③ 히스테리시스손을 줄이기 위해
④ 제작을 쉽게 하기 위해

해설 철심 재료에 규소를 함유하는 이유는 히스테리시스손을 줄이기 위함이고, 얇은 강판을 성층 철심하는 목적은 와전류손을 경감하기 위해서이다.

답 ③

178 핵심이론 찾아보기▶핵심 08-5

기사 01·00·98·88년 / 산업 10년 출제

감자력은?

① 자계에 반비례한다.
② 자극의 세기에 반비례한다.
③ 자화의 세기에 비례한다.
④ 자속에 반비례한다.

해설 **외부 자계 H_o 중에 자성체를 놓을 때, 자성체 중의 자계를 H라 하면**

감자력 $H' = H_o - H = \frac{N}{\mu_0} J\,[\mathrm{AT/m}] \propto J$

답 ③

179 핵심이론 찾아보기▶핵심 08-5

기사 16년 출제

감자력이 0인 것은?

① 구자성체
② 환상 철심
③ 타원 자성체
④ 굵고 짧은 막대 자성체

해설 환상 철심은 무단이므로 감자력이 0이다.

답 ②

180

핵심이론 찾아보기▶핵심 08-5 기사 11년 / 산업 11·04·01·95·93년 출제

투자율이 μ이고, 감자율 N인 자성체를 외부 자계 H_o 중에 놓았을 때에 자성체의 자화 세기 J[Wb/m²]를 구하면?

① $\dfrac{\mu_0(\mu_s+1)}{1+N(\mu_s+1)}H_o$

② $\dfrac{\mu_0\mu_s}{1+N(\mu_s+1)}H_o$

③ $\dfrac{\mu_0\mu_s}{1+N(\mu_s-1)}H_o$

④ $\dfrac{\mu_0(\mu_s-1)}{1+N(\mu_s-1)}H_o$

해설 감자력 $H'=H_o-H$라 하면 자성체의 내부 자계 $H=H_o-H'=H_o-\dfrac{NJ}{\mu_0}$[AT/m]

여기서, $J=\chi_m H$, $\chi_m=\mu_0(\mu_s-1)$[Wb/m²]이므로

$\therefore\ J=\dfrac{\chi_m}{1+\dfrac{\chi_m N}{\mu_0}}H_o=\dfrac{\mu_0(\mu_s-1)}{1+N(\mu_s-1)}H_o$ [Wb/m²]

답 ④

181

핵심이론 찾아보기▶핵심 08-6 기사 13·12·07년 출제

두 자성체 경계면에서 정자계가 만족하는 것은?

① 자계의 법선성분이 같다.

② 자속밀도의 접선성분이 같다.

③ 경계면상의 두 점 간의 자위차가 같다.

④ 자속은 투자율이 작은 자성체에 모인다.

해설 ① 자계의 접선성분이 같다. ($H_1\sin\theta_1=H_2\sin\theta_2$)

② 자속밀도의 법선성분이 같다. ($B_1\cos\theta_1=B_2\cos\theta_2$)

③ 경계면상의 두 점 간의 자위차는 같다.

④ 자속은 투자율이 높은 쪽으로 모이려는 성질이 있다.

답 ③

182

핵심이론 찾아보기▶핵심 08-6 기사 18년 출제

자성체 경계면에 전류가 없을 때의 경계 조건으로 틀린 것은?

① 자계 H의 접선성분 $H_{1t}=H_{2t}$

② 자속밀도 B의 법선성분 $B_{1n}=B_{2n}$

③ 경계면에서의 자력선의 굴절 $\dfrac{\tan\theta_1}{\tan\theta_2}=\dfrac{\mu_1}{\mu_2}$

④ 전속밀도 D의 법선성분 $D_{1n}=D_{2n}=\dfrac{\mu_2}{\mu_1}$

해설 ④ 유전체의 경계면 조건이다.

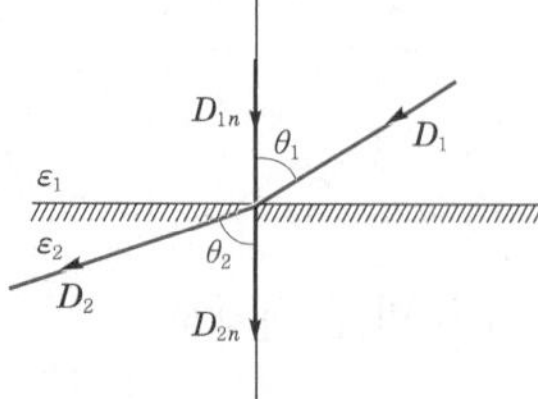

전속밀도는 경계면에서 수직성분(=법선성분)이 서로 같다.

$D_1\cos\theta_1=D_2\cos\theta_2$

$D_{1n}=D_{2n}$

답 ④

183 핵심이론 찾아보기▶핵심 08-7

기사 17년 출제

300회 감은 코일에 3[A]의 전류가 흐를 때의 기자력[AT]은?

① 10 ② 90 ③ 100 ④ 900

해설 기자력 $F=R_m\phi=NI$[AT]

$\therefore\ F=300\times3=900$[AT]

답 ④

184 핵심이론 찾아보기▶핵심 08-7

기사 19년 출제

자기회로의 자기저항에 대한 설명으로 옳은 것은?

① 투자율에 반비례한다.
② 자기회로의 단면적에 비례한다.
③ 자기회로의 길이에 반비례한다.
④ 단면적에 반비례하고, 길이의 제곱에 비례한다.

해설 자기저항 $R_m=\dfrac{l}{\mu S}$

여기서, l : 자기회로 길이, μ : 투자율, S : 철심의 단면적

답 ①

185 핵심이론 찾아보기▶핵심 08-7

기사 17년 출제

자기회로에 관한 설명으로 옳은 것은?

① 자기회로의 자기저항은 자기회로의 단면적에 비례한다.
② 자기회로의 기자력은 자기저항과 자속의 곱과 같다.
③ 자기저항 R_{m1}과 R_{m2}을 직렬 연결 시 합성 자기저항은 $\dfrac{1}{R_m}=\dfrac{1}{R_{m1}}+\dfrac{1}{R_{m2}}$이다.
④ 자기회로의 자기저항은 자기회로의 길이에 반비례한다.

해설 **자기 옴의 법칙**

- 자속 : $\phi=\dfrac{F}{R_m}$[Wb]
- 기자력 : $F=R_m\phi=NI$[AT]
- 자기저항 : $R_m=\dfrac{l}{\mu S}$[AT/Wb]

즉, 기자력(F)은 자기저항(R_m)과 자속(ϕ)의 곱과 같다.
자기저항은 자기회로의 단면적에 반비례하고, 길이에 비례한다.

답 ②

186 핵심이론 찾아보기▶핵심 08-7

기사 07·99년 출제

어떤 막대꼴 철심이 있다. 단면적이 0.5[m²], 길이가 0.8[m], 비투자율이 20이다. 이 철심의 자기저항[AT/Wb]은?

① 6.37×10^4 ② 4.45×10^4 ③ 3.6×10^4 ④ 9.7×10^5

해설 자기 옴의 법칙

- 자속 : $\phi = \dfrac{F}{R_m}$ [Wb]
- 기자력 : $F = NI$ [AT]
- 자기저항 : $R_m = \dfrac{l}{\mu S}$ [AT/Wb]

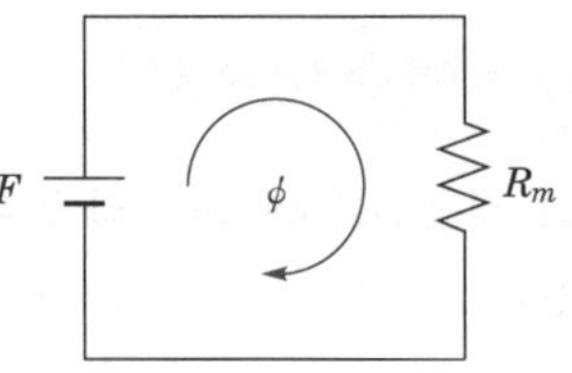

$$R_m = \frac{l}{\mu S} = \frac{l}{\mu_0 \mu_s S} = \frac{0.8}{4\pi \times 10^{-7} \times 20 \times 0.5} = 6.37 \times 10^4 \text{[AT/Wb]}$$

답 ①

187

핵심이론 찾아보기▶핵심 08-7 　　　　기사 91년 출제

공심 환상 솔레노이드의 단면적이 10[cm²], 평균 길이가 20[cm], 코일의 권수가 500회, 코일에 흐르는 전류가 2[A]일 때, 솔레노이드의 내부 자속[Wb]은 약 얼마인가?

① $4\pi \times 10^{-4}$　② $4\pi \times 10^{-6}$　③ $2\pi \times 10^{-4}$　④ $2\pi \times 10^{-6}$

해설
$$\phi = \frac{F}{R_m} = \frac{NI}{R_m} = \frac{NI}{\dfrac{l}{\mu_0 S}} = \frac{\mu_0 SNI}{l} = \frac{4\pi \times 10^{-7} \times 10 \times 10^{-4} \times 500 \times 2}{20 \times 10^{-2}} = 2\pi \times 10^{-6} \text{[Wb]}$$

답 ④

188

핵심이론 찾아보기▶핵심 08-7 　　　　기사 85년 출제

그림과 같이 비투자율 $\mu_s = 1{,}000$, 단면적 10[cm²], 길이 2[m]인 환상 철심이 있을 때, 이 철심에 코일을 2,000회 감아 0.5[A]의 전류를 흘릴 때에 철심 내의 자속은 몇 [Wb]인가?

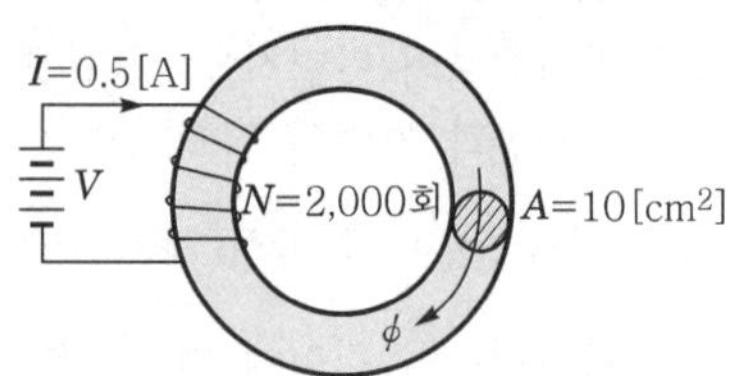

① 1.26×10^{-3}　② 1.26×10^{-4}　③ 6.28×10^{-3}　④ 6.28×10^{-4}

해설
$$\phi = \frac{F}{R_m} = \frac{NI}{R_m} = \frac{NI}{\dfrac{l}{\mu_0 \mu_s S}} = \frac{\mu_0 \mu_s SNI}{l} = \frac{4\pi \times 10^{-7} \times 1{,}000 \times 10 \times 10^{-4} \times 2{,}000 \times 0.5}{2}$$
$$= 2\pi \times 10^{-4} = 6.28 \times 10^{-4} \text{[Wb]}$$

답 ④

189

핵심이론 찾아보기▶핵심 08-7 　　　　기사 19년 출제

단면적 S, 길이 l, 투자율 μ인 자성체의 자기회로에 권선을 N회 감아서 I의 전류를 흐르게 할 때 자속은?

① $\dfrac{\mu SI}{Nl}$　② $\dfrac{\mu NI}{Sl}$　③ $\dfrac{NIl}{\mu S}$　④ $\dfrac{\mu SNI}{l}$

해설 기자력 $F = NI$[AT]

자기저항 $R_m = \dfrac{l}{\mu S}$

자속 $\phi = \dfrac{F}{R_m} = \dfrac{NI}{\dfrac{l}{\mu S}} = \dfrac{\mu SNI}{l}$[Wb]

답 ④

190

핵심이론 찾아보기▶핵심 08-8

기사 04·88년 출제

전기회로에서 도전도[℧/m]에 대응하는 것은 자기회로에서 무엇인가?

① 자속 ② 기자력 ③ 투자율 ④ 자기저항

해설 **전기회로와 자기회로의 값 비교**

자기회로	전기회로
자속 ϕ[Wb]	전류 I[A]
자계 H[A/m]	전계 E[V/m]
기자력 F[AT]	기전력 e[V]
자속밀도 B[Wb/m^2]	전류밀도 i[A/m^2]
투자율 μ[AT]	도전율 k[℧/m]
자기저항 R_m[AT/Wb]	전기저항 R[Ω]

답 ③

191

핵심이론 찾아보기▶핵심 08-8

기사 96·90년 / 산업 17년 출제

자기회로의 퍼미언스(permeance)에 대응하는 전기회로의 요소는?

① 도전율 ② 컨덕턴스(conductance)
③ 정전용량 ④ 엘라스턴스(elastance)

해설 자기저항의 역수는 퍼미언스이고, 전기저항의 역수는 컨덕턴스이다.

답 ②

192

핵심이론 찾아보기▶핵심 08-8

기사 19년 출제

자기회로와 전기회로의 대응으로 틀린 것은?

① 자속 ↔ 전류 ② 기자력 ↔ 기전력
③ 투자율 ↔ 유전율 ④ 자계의 세기 ↔ 전계의 세기

해설

자기회로	전기회로
기자력 $F = NI$	기전력 E
자기저항 $R_m = \dfrac{l}{\mu S}$	전기저항 $R = \dfrac{l}{kS}$
자속 $\phi = \dfrac{F}{R_m}$	전류 $I = \dfrac{E}{R}$
투자율 μ	도전율 k
자계의 세기 H	전계의 세기 E

답 ③

193

핵심이론 찾아보기▶핵심 08-8 기사 18년 출제

자기회로에서 키르히호프의 법칙으로 알맞은 것은? (단, R : 자기저항, ϕ : 자속, N : 코일 권수, I : 전류이다.)

① $\sum_{i=1}^{n} \phi_i = \infty$
② $\sum_{i=1}^{n} N_i \phi_i = 0$
③ $\sum_{i=1}^{n} R_i \phi_i = \sum_{i=1}^{n} N_i I_i$
④ $\sum_{i=1}^{n} R_i \phi_i = \sum_{i=1}^{n} N_i L_i$

해설 임의의 폐자기 회로망에서 기자력의 총화는 자기저항과 자속의 곱의 총화와 같다.

$\sum_{i=1}^{n} N_i I_i = \sum_{i=1}^{n} R_i \phi_i$

답 ③

194

핵심이론 찾아보기▶핵심 08-9 기사 04·02년 / 산업 22·14·98·92년 출제

코일로 감겨진 자기회로에서 철심의 투자율을 μ라 하고 회로의 길이를 l이라 할 때, 그 회로의 일부에 미소 공극 l_g를 만들면 회로의 자기저항은 처음의 몇 배가 되는가? (단, $l \gg l_g$ 이다.)

① $1+\frac{\mu l}{\mu_0 l_g}$
② $1+\frac{\mu_0 l_g}{\mu l}$
③ $1+\frac{\mu_0 l}{\mu l_g}$
④ $1+\frac{\mu l_g}{\mu_0 l}$

해설 공극이 없을 때의 자기저항 R은 $R=\frac{l+l_g}{\mu S} \fallingdotseq \frac{l}{\mu S}$[Ω] $(\because l \gg l_g)$

미소 공극 l_g가 있을 때의 자기저항 R'는 $R'=\frac{l_g}{\mu_0 S}+\frac{l}{\mu S}$[Ω]

$\therefore \frac{R'}{R}=1+\frac{\frac{l_g}{\mu_0 S}}{\frac{l}{\mu S}}=1+\frac{\mu l_g}{\mu_0 l}=1+\mu_s \frac{l_g}{l}$

답 ④

195

핵심이론 찾아보기▶핵심 08-9 기사 07·05·98·83·82년 출제

길이 1[m]의 철심(μ_s =1,000) 자기회로에 1[mm]의 공극이 생겼을 때, 전체의 자기저항은 약 몇 배로 증가되는가? (단, 각 부의 단면적은 일정하다.)

① 1.5
② 2
③ 2.5
④ 3

해설 공극이 있는 경우와 공극이 없는 경우의 자기저항의 비교

- 공극이 없는 경우 : $R=\frac{l}{\mu S}$ [AT/Wb]
- 공극이 있는 경우 : $R'=\frac{l}{\mu S}\left(1+\frac{l_g}{l}\mu_s\right)$ [AT/Wb]

$\therefore \frac{R'}{R}=1+\frac{l_g \mu_s}{l}$ [배]

$\frac{R'}{R}=1+\frac{\mu l_g}{\mu_0 l}=1+\mu_s \frac{l_g}{l}=1+1{,}000\times\frac{1\times10^{-3}}{1}=1+1=2$배

답 ②

196 핵심이론 찾아보기▶핵심 08-9

기사 16년 출제

철심부의 평균 길이가 l_2, 공극의 길이가 l_1, 단면적이 S인 자기회로이다. 자속밀도를 B [Wb/m²]로 하기 위한 기자력[AT]은?

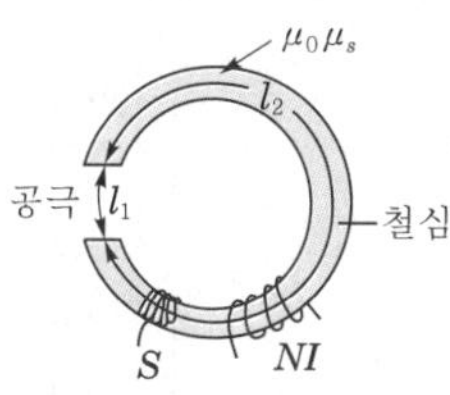

① $\dfrac{\mu_0}{B}\left(l_1+\dfrac{\mu_s}{l_2}\right)$
② $\dfrac{B}{\mu_0}\left(l_2+\dfrac{l_1}{\mu_s}\right)$
③ $\dfrac{\mu_0}{B}\left(l_2+\dfrac{\mu_s}{l_1}\right)$
④ $\dfrac{B}{\mu_0}\left(l_1+\dfrac{l_2}{\mu_s}\right)$

해설 공극이 있는 경우 합성 자기저항 $R_m=R_{l_1}+R_{l_2}=\dfrac{l_1}{\mu_0 S}+\dfrac{l_2}{\mu S}$[AT/Wb]

기자력 $F=NI=R_m\phi=R_m\cdot BS$[AT]

$\therefore\ F=R_mBS=\left(\dfrac{l_1}{\mu_0 S}+\dfrac{l_2}{\mu S}\right)BS=\dfrac{B}{\mu_0}\left(l_1+\dfrac{l_2}{\mu_s}\right)$[AT]

답 ④

197 핵심이론 찾아보기▶핵심 08-10

기사 17년 출제

투자율 μ[H/m], 자계의 세기 H[AT/m], 자속밀도 B[Wb/m²]인 곳의 자계에너지 밀도[J/m³]는?

① $\dfrac{B^2}{2\mu}$
② $\dfrac{H^2}{2\mu}$
③ $\dfrac{1}{2}\mu H$
④ BH

해설 $W=\dfrac{1}{2}\mu H^2=\dfrac{1}{2}BH=\dfrac{B^2}{2\mu}$[J/m³]

답 ①

198 핵심이론 찾아보기▶핵심 08-10

산업 11·09·03·99·96·87년 출제

전자석의 흡인력은 자속밀도를 B라 할 때, 어떻게 되는가?

① B에 비례
② $B^{3/2}$에 비례
③ $B^{1.6}$에 비례
④ B^2에 비례

해설 전자석의 흡인력 $F_x=\dfrac{B^2}{2\mu_0}S$[N] (흡인력)

단위면적당 흡인력 $f=\dfrac{F}{S}=\dfrac{B^2}{2\mu_0}=\dfrac{1}{2}HB=\dfrac{1}{2}\mu_0 H^2$[N/m²]

답 ④

199 핵심이론 찾아보기▶핵심 08-11 기사 16년 출제

그림과 같이 진공 중에 자극 면적이 2[cm²], 간격이 0.1[cm]인 자성체 내에서 포화 자속밀도가 2[Wb/m²]일 때 두 자극면 사이에 작용하는 힘의 크기는 약 몇 [N]인가?

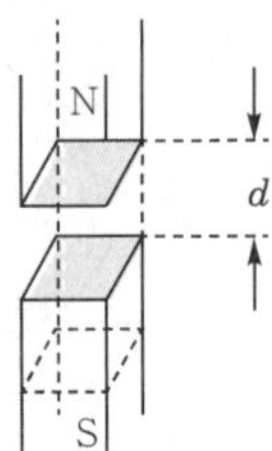

① 53 ② 106 ③ 159 ④ 318

해설 $F=\dfrac{B^2}{2\mu_0}S=\dfrac{2^2\times2\times10^{-4}}{2\times4\pi\times10^{-7}}=318.47$[N]

답 ④

200 핵심이론 찾아보기▶핵심 08-11 기사 01·99년 출제

그림과 같이 gap의 단면적 S[m²]의 전자석에 자속밀도 B[Wb/m²]의 자속이 발생될 때, 철편을 흡입하는 힘은 몇 [N]인가?

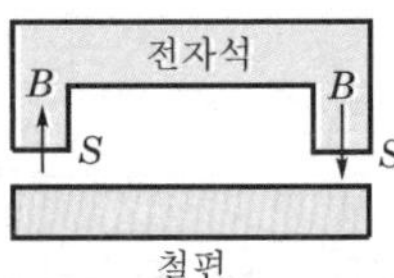

① $\dfrac{B^2S}{2\mu_0}$ ② $\dfrac{B^2S}{\mu_0}$ ③ $\dfrac{B^2S^2}{\mu_0}$ ④ $\dfrac{2B^2S^2}{\mu_0}$

해설 공극이 2개가 있으므로 철편에 작용하는 힘 F는 $F=\dfrac{B^2S}{2\mu_0}\times2=\dfrac{B^2S}{\mu_0}$[N]

답 ②

201 핵심이론 찾아보기▶핵심 08-11 기사 02·83년 출제

단면적 $S=100\times10^{-4}$[m²]인 전자석에 자속밀도 $B=2$[Wb/m²]인 자속이 발생할 때, 철편을 흡인하는 힘[N]은?

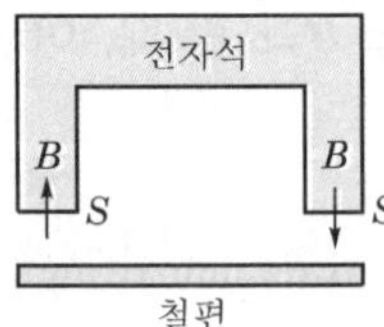

① $\dfrac{\pi}{2}\times10^5$ ② $\dfrac{1}{2\pi}\times10^5$ ③ $\dfrac{1}{\pi}\times10^5$ ④ $\dfrac{2}{\pi}\times10^5$

해설 공극이 두 곳에 있으므로

$\therefore F=\dfrac{B^2}{2\mu_0}S\times2=\dfrac{2^2\times100\times10^{-4}}{2\times4\pi\times10^{-7}}\times2=\dfrac{1}{\pi}\times10^5$[N]

답 ③

202 핵심이론 찾아보기▶핵심 09-1

기사 12·95년 / 산업 83년 출제

패러데이의 법칙에 대한 설명으로 가장 적합한 것은?

① 전자유도에 의해 회로에 발생되는 기전력은 자속 쇄교수의 시간에 대한 증가율에 비례한다.
② 전자유도에 의해 회로에 발생되는 기전력은 자속의 변화를 방해하는 반대 방향으로 기전력이 유도된다.
③ 정전유도에 의해 회로에 발생하는 기자력은 자속의 변화 방향으로 유도된다.
④ 전자유도에 의해 회로에 발생하는 기전력은 자속 쇄교수의 시간에 대한 감쇠율에 비례한다.

해설 전자유도에서 회로에 발생하는 기전력 e[V]는 쇄교 자속 ϕ[Wb]가 시간적으로 변화하는 비율과 같다.

$e = -\dfrac{d\phi}{dt}$ [V]

답 ④

203 핵심이론 찾아보기▶핵심 09-1

기사 00년 출제

전자유도에 의해서 회로에 발생하는 기전력에 관련되는 두 개의 법칙은?

① Gauss 법칙과 Ohm 법칙
② Flemming 법칙과 Ohm 법칙
③ Faraday 법칙과 Lenz의 법칙
④ Ampere 법칙과 Biot-Savart 법칙

해설 $e = -N\dfrac{d\phi}{dt}$의 식에서 (−)를 규명한 것은 Lenz의 법칙이고, e의 크기를 정한 것은 Faraday의 법칙이다.

답 ③

204 핵심이론 찾아보기▶핵심 09-1

기사 18년 출제

다음 (㉠), (㉡)에 대한 법칙으로 알맞은 것은?

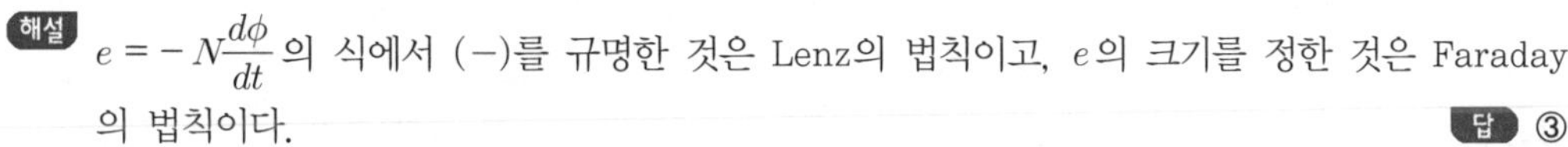
전자유도에 의하여 회로에 발생되는 기전력은 쇄교 자속수의 시간에 대한 감소 비율에 비례한다는 (㉠)에 따르고 특히, 유도된 기전력의 방향은 (㉡)에 따른다.

① ㉠ 패러데이의 법칙 ㉡ 렌츠의 법칙
② ㉠ 렌츠의 법칙 ㉡ 패러데이의 법칙
③ ㉠ 플레밍의 왼손법칙 ㉡ 패러데이의 법칙
④ ㉠ 패러데이의 법칙 ㉡ 플레밍의 왼손법칙

해설
- 패러데이의 법칙 – 유도기전력의 크기

  $e = -N\dfrac{d\phi}{dt}$ [V]
- 렌츠의 법칙 – 유도기전력의 방향

  전자유도에 의해 발생하는 기전력은 자속의 증감을 방해하는 방향으로 발생된다.

답 ①

205

핵심이론 찾아보기▶핵심 09-1 기사 91년 출제

100회 감은 코일과 쇄교하는 자속이 $\frac{1}{10}$초 동안에 0.5[Wb]에서 0.3[Wb]로 감소했다. 이때, 유기되는 기전력은 몇 [V]인가?

① 20 ② 200 ③ 80 ④ 800

해설 $e=-N\frac{d\phi}{dt}=-100\times\frac{0.3-0.5}{0.1}=200[\mathrm{V}]$

답 ②

206

핵심이론 찾아보기▶핵심 09-1 기사 90·86·82년 출제

패러데이 법칙 중 옳지 않은 것은?

① $e=-\frac{d\phi_m}{dt}$ ② $e=-N\frac{d\phi_m}{dt}$

③ $e=\int_s\frac{\partial B}{\partial t}\cdot dS$ ④ $e=-\frac{1}{N}\cdot\frac{d\phi_m}{dt}$

해설 일반적으로 N회의 코일에 자속 ϕ_m이 쇄교할 때에는 쇄교 자속이 $N\phi_m$이 되므로 이 코일의 유도기전력 e는 $e=-N\frac{d\phi_m}{dt}$[V]로 표시된다.

$\int_s\frac{\partial B}{\partial t}\cdot dS$[V]는 패러데이 법칙의 적분형이다.

답 ④

207

핵심이론 찾아보기▶핵심 09-1 기사 17년 출제

폐회로에 유도되는 유도기전력에 관한 설명으로 옳은 것은?

① 유도기전력은 권선수의 제곱에 비례한다.
② 렌츠의 법칙은 유도기전력의 크기를 결정하는 법칙이다.
③ 자계가 일정한 공간 내에서 폐회로가 운동하여도 유도기전력이 유도된다.
④ 전계가 일정한 공간 내에서 폐회로가 운동하여도 유도기전력이 유도된다.

해설 $e=-N\frac{d\phi}{dt}$[V]

렌츠의 법칙은 기전력의 방향(−)을 결정하며 자계가 일정한 공간 내에서 폐회로가 운동하면 유도기전력이 유도된다.

답 ③

208

핵심이론 찾아보기▶핵심 09-3 기사 00년 / 산업 14·02·01년 출제

자속 ϕ[Wb]가 $\phi=\phi_m\cos 2\pi ft$[Wb]로 변화할 때, 이 자속과 쇄교하는 권수 N[회]의 코일에 발생하는 기전력은 몇 [V]인가?

① $2\pi fN\phi_m\cos 2\pi ft$ ② $-2\pi fN\phi_m\cos 2\pi ft$

③ $2\pi fN\phi_m\sin 2\pi ft$ ④ $-2\pi fN\phi_m\sin 2\pi ft$

해설 $e = -N\dfrac{d\phi}{dt} = -N \cdot \dfrac{d}{dt}(\phi_m \cos 2\pi ft) = 2\pi f N\phi_m \sin 2\pi ft$ [V]

답 ③

209

핵심이론 찾아보기▶핵심 09-3

기사 15년 출제

정현파 자속으로 하여 기전력이 유기될 때 자속의 주파수가 3배로 증가하면 유기기전력은 어떻게 되는가?

① 3배 증가 ② 3배 감소 ③ 9배 증가 ④ 9배 감소

해설 $\phi = \phi_m \sin 2\pi ft$[Wb]라 하면 유기기전력 e는

$$e = -N\frac{d\phi}{dt} = -N\frac{d}{dt}(\phi_m \sin 2\pi ft) = -2\pi f N\phi_m \cos 2\pi ft = 2\pi f N\phi_m \sin\left(2\pi ft - \frac{\pi}{2}\right)[\text{V}]$$

$\therefore\ e \propto f$

따라서, 주파수가 3배로 증가하면 유기기전력도 3배로 증가한다.

답 ①

210

핵심이론 찾아보기▶핵심 09-3

산업 99·96·95년 출제

$\phi = \phi_m\ \sin\omega t$[Wb]인 정현파로 변화하는 자속이 권수 N인 코일과 쇄교할 때에 유기기전력의 위상은 자속에 비해 어떠한가?

① $\dfrac{\pi}{2}$만큼 빠르다. ② $\dfrac{\pi}{2}$만큼 늦다. ③ π만큼 빠르다. ④ 동위상이다.

해설 $e = -N\dfrac{d\phi}{dt} = -N\dfrac{d}{dt}(\phi_m \sin\omega t) = -N\omega\phi_m \cos\omega t = E_m \sin\left(\omega t - \dfrac{\pi}{2}\right)$[V] $(\because\ E_m = N\omega\phi_m)$

즉, e는 ϕ보다 $\dfrac{\pi}{2}$만큼 늦다.

답 ②

211

핵심이론 찾아보기▶핵심 09-3

기사 00·99년 출제

N회의 권선에 최댓값 1[V], 주파수 f[Hz]인 기전력을 유지시키기 위한 쇄교 자속의 최댓값 [Wb]은?

① $\dfrac{f}{2\pi N}$ ② $\dfrac{2N}{\pi f}$ ③ $\dfrac{1}{2\pi fN}$ ④ $\dfrac{N}{2\pi f}$

해설 $E_m = 1$[V]이므로 $E_m = 2\pi f N\phi_m$[V]

$\therefore\ \phi_m = \dfrac{E}{2\pi fN} = \dfrac{1}{2\pi fN}$[Wb]

답 ③

212

핵심이론 찾아보기▶핵심 09-5

기사 18년 출제

자속밀도 10[Wb/m^2] 자계 중에 10[cm] 도체를 자계와 30°의 각도로 30[m/s]로 움직일 때, 도체에 유기되는 기전력은 몇 [V]인가?

① 15 ② $15\sqrt{3}$ ③ 1,500 ④ $1{,}500\sqrt{3}$

해설 $e = vBl\sin\theta = 30 \times 10 \times 0.1\sin 30° = 15[\mathrm{V}]$

답 ①

213 핵심이론 찾아보기▶핵심 09-5 기사 16년 출제

자속밀도가 10[Wb/m^2]인 자계 내에 길이 4[cm]의 도체를 자계와 직각으로 놓고 이 도체를 0.4초 동안 1[m]씩 균일하게 이동하였을 때 발생하는 기전력은 몇 [V]인가?

① 1 ② 2 ③ 3 ④ 4

해설 기전력 $e = Blv\sin\theta$

여기서, $v = \dfrac{1}{0.4} = 2.5[\mathrm{m/s}]$, $\theta = 90°$이므로

$\therefore\ e = 10 \times 4 \times 10^{-2} \times 2.5 \times \sin 90° = 1[\mathrm{V}]$

답 ①

214 핵심이론 찾아보기▶핵심 09-5 기사 05·04·01·00년 출제

자계 중에 이것과 직각으로 놓인 도체에 I[A]의 전류를 흘릴 때, F[N]의 힘이 작용하였다. 이 도체를 v[m/s]의 속도로 자계와 직각으로 운동시킬 때의 기전력 e[V]는 얼마인가?

① $\dfrac{Fv}{I^2}$ ② $\dfrac{Fv}{I}$ ③ $\dfrac{Fv^2}{I}$ ④ $\dfrac{Fv}{2I}$

해설 $F = BIl[\mathrm{N}]$에서 Bl을 구하면 $Bl = \dfrac{F}{I}[\mathrm{Wb/m}]$이므로 유기기전력 e는

$\therefore\ e = vBl = \dfrac{Fv}{I}[\mathrm{V}]$

답 ②

215 핵심이론 찾아보기▶핵심 09-5 산업 14·06년 출제

전자유도 작용과 관계가 없는 것은?

① 가습기 ② 지진계 ③ 유량계 ④ 송화기

해설 변압기, 전동기, 송화기, 유량계, 지진계 등은 전자유도 작용의 원리를 이용한 것들이다.

답 ①

216 핵심이론 찾아보기▶핵심 09-6 기사 19년 출제

도전도 $k = 6 \times 10^{17}$[℧/m], 투자율 $\mu = \dfrac{6}{\pi} \times 10^{-7}$[H/m]인 평면도체 표면에 10[kHz]의 전류가 흐를 때, 침투깊이 δ[m]는?

① $\dfrac{1}{6} \times 10^{-7}$ ② $\dfrac{1}{8.5} \times 10^{-7}$ ③ $\dfrac{36}{\pi} \times 10^{-6}$ ④ $\dfrac{36}{\pi} \times 10^{-10}$

해설 침투깊이

$$\delta = \frac{1}{\sqrt{\pi f k \mu}} = \frac{1}{\sqrt{\pi \times 10 \times 10^3 \times 6 \times 10^{17} \times \dfrac{6}{\pi} \times 10^{-7}}} = \frac{1}{6} \times 10^{-7}[\mathrm{m}]$$

답 ①

217

핵심이론 찾아보기▶핵심 09-6 기사 16년 출제

표피효과에 대한 설명으로 옳은 것은?

① 주파수가 높을수록 침투깊이가 얇아진다.
② 투자율이 크면 표피효과가 적게 나타난다.
③ 표피효과에 따른 표피 저항은 단면적에 비례한다.
④ 도전율이 큰 도체에는 표피효과가 적게 나타난다.

해설 **표피효과 침투깊이**

$$\delta = \sqrt{\frac{1}{\pi f \mu k}}\,[\mathrm{m}] = \sqrt{\frac{\rho}{\pi f \mu}}$$

즉, 주파수 f, 도전율 k, 투자율 μ가 클수록 δ가 작아지므로 표피효과가 커진다. 답 ①

218

핵심이론 찾아보기▶핵심 09-6 기사 16년 출제

도전율 σ, 투자율 μ인 도체에 교류 전류가 흐를 때 표피효과의 영향에 대한 설명으로 옳은 것은?

① σ가 클수록 작아진다. ② μ가 클수록 작아진다.
③ μ_s가 클수록 작아진다. ④ 주파수가 높을수록 커진다.

해설 표피효과 침투깊이 $\delta = \sqrt{\frac{1}{\pi f \mu \sigma}}\,[\mathrm{m}] = \sqrt{\frac{\rho}{\pi f \mu}}$

즉, 주파수 f, 도전율 σ, 투자율 μ가 클수록 δ가 작아지므로 표피효과가 커진다. 답 ④

219

핵심이론 찾아보기▶핵심 09-6 기사 05년 출제

주파수의 증가에 대하여 가장 급속히 증가하는 것은?

① 표피효과의 두께의 역수 ② 히스테리시스 손실
③ 교번 자속에 의한 기전력 ④ 와전류 손실

해설
- 표피 두께 : $\delta = \frac{1}{\sqrt{\pi f \sigma \mu}}$: $\delta \propto \frac{1}{\sqrt{f}}$
- 히스테리시스 손실 : $W_h = \eta_h f B^{1.6}$: $W_h \propto f$
- 기전력 : $e = N\phi_m (2\pi f)\cos\omega t$: $e \propto f$
- 와전류 손실 : $W_e = \eta_e f^2 B^2$: $W_e \propto f^2$

따라서 와전류 손실은 $W_e \propto f^2$의 관계에서 주파수에 가장 큰 영향을 받는다. 답 ④

220

핵심이론 찾아보기▶핵심 09-7 기사 03년 출제

DC 전압을 가하면 전류는 도선 중심 쪽으로 흐르려고 한다. 이러한 현상을 무슨 효과라 하는가?

① Skin효과 ② Pinch효과 ③ 압전기효과 ④ Peltier효과

해설 액체 도체에 전류를 흘리면 전류의 방향과 수직방향으로 원형 자계가 생겨서 전류가 흐르는 액체에는 구심력의 전자력이 작용한다. 그 결과 액체 단면은 수축하여 저항이 커지기 때문에 전류의 흐름은 작게 된다. 전류의 흐름이 작게 되면 수축력이 감소하여 액체 단면은 원상태로 복귀하고 다시 전류가 흐르게 되어 수축력이 작용한다. 이와 같은 현상을 핀치효과라 한다. 답 ②

221

핵심이론 찾아보기▶핵심 09-8 기사 16년 출제

전류가 흐르고 있는 도체와 직각방향으로 자계를 가하게 되면 도체 측면에 정·부의 전하가 생기는 것을 무슨 효과라 하는가?

① 톰슨(Thomson)효과
② 펠티에(Peltier)효과
③ 제벡(Seebeck)효과
④ 홀(Hall)효과

해설 ① 톰슨효과 : 동종의 금속에서도 각 부에서 온도가 다르면 그 부분에서 열의 발생 또는 흡수가 일어나는 효과를 말한다.
② 펠티에효과 : 서로 다른 두 금속에서 다른 쪽 금속으로 전류를 흘리면 열의 발생 또는 흡수가 일어나는데 이 현상을 펠티에효과라 한다.
③ 제벡효과 : 서로 다른 두 금속 A, B를 접속하고 다른 쪽에 전압계를 연결하여 접속부를 가열하면 전압이 발생하는 것을 알 수 있다. 이와 같이 서로 다른 금속을 접속하고 접속점을 서로 다른 온도를 유지하면 기전력이 생겨 일정한 방향으로 전류가 흐른다. 이러한 현상을 제벡효과라 한다. 즉, 온도차에 의한 열기전력 발생을 말한다.
④ 홀(Hall)효과 : 전기가 흐르고 있는 도체에 자계를 가하면 플레밍의 왼손법칙에 의하여 도체 내부의 전하가 횡방향으로 힘을 받아 도체 측면에 (+), (-)의 전하가 나타나는 현상이다.

답 ④

222

핵심이론 찾아보기▶핵심 10-1 기사 19년 출제

인덕턴스의 단위에서 1[H]는?

① 1[A]의 전류에 대한 자속이 1[Wb]인 경우이다.
② 1[A]의 전류에 대한 유전율이 1[F/m]이다.
③ 1[A]의 전류가 1초간에 변화하는 양이다.
④ 1[A]의 전류에 대한 자계가 1[AT/m]인 경우이다.

해설 자속 $\phi = LI[\text{Wb}]$

인덕턴스 $L = \frac{\phi}{I}\left[\text{H}=\frac{\text{Wb}}{\text{A}}\right]$에서 1[H]는 1[A]의 전류에 의한 1[Wb]의 자속을 유도하는 계수이다.

답 ①

223

핵심이론 찾아보기▶핵심 10-1 기사 17년 출제

인덕턴스의 단위[H]와 같지 않은 것은?

① [J/A·s]
② [Ω·s]
③ [Wb/A]
④ $[\text{J/A}^2]$

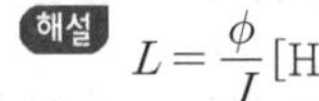

해설 $L = \frac{\phi}{I}[\text{H}]$

$$\therefore [\text{H}] = \left[\frac{\text{Wb}}{\text{A}}\right] = \left[\frac{\text{V}}{\text{A}}\cdot\text{s}\right] = \left[\frac{\text{VAs}}{\text{A}^2}\right] = \left[\frac{\text{J}}{\text{A}^2}\right]$$

답 ①

224

핵심이론 찾아보기▶핵심 10-1

기사 15년 / 산업 18년 출제

다음 중 [Ω · s]와 같은 단위는?

① [F] ② [F/m]
③ [H] ④ [H/m]

해설 $e=L\dfrac{di}{dt}$에서 $L=e\dfrac{dt}{di}$이므로 $[\text{V}]=\left[\text{H}\cdot\dfrac{\text{A}}{\text{s}}\right]$

$\therefore\ [\text{H}]=\left[\dfrac{\text{V}}{\text{A}}\cdot\text{s}\right]=[\Omega\cdot\text{s}]\quad \therefore\ [\text{Henry}]=[\text{Ohm}\cdot\text{s}]$

답 ③

225

핵심이론 찾아보기▶핵심 10-1

기사 19년 출제

자기 인덕턴스의 성질을 옳게 표현한 것은?

① 항상 0이다.
② 항상 정(正)이다.
③ 항상 부(負)이다.
④ 유도되는 기전력에 따라 정(正)도 되고 부(負)도 된다.

해설 자기 인덕턴스 L은 항상 정(正)이다.

답 ②

226

핵심이론 찾아보기▶핵심 10-1

기사 15년 출제

어느 철심에 도선을 250회 감고 여기에 4[A]의 전류를 흘릴 때 발생하는 자속이 0.02[Wb]이었다. 이 코일의 자기 인덕턴스는 몇 [H]인가?

① 1.05 ② 1.25 ③ 2.5 ④ $\sqrt{2}\pi$

해설 $N\phi=LI,\ L=\dfrac{N\phi}{I}=\dfrac{250\times 0.02}{4}=1.25[\text{H}]$

답 ②

227

핵심이론 찾아보기▶핵심 10-1

기사 91·83년 출제

어느 코일에 흐르는 전류가 0.01[s] 간에 1[A] 변화하여 60[V]의 기전력이 유기되었다. 이 코일의 자기 인덕턴스[H]는?

① 0.4 ② 0.6 ③ 1.0 ④ 1.2

해설 $e=L\dfrac{di}{dt}[\text{V}]$

$\therefore\ L=e\dfrac{dt}{di}=60\times\dfrac{0.01}{1}=0.6[\text{H}]$

답 ②

228

핵심이론 찾아보기▶핵심 10-1 기사 19년 출제

자기 유도계수가 20[mH]인 코일에 전류를 흘릴 때 코일과의 쇄교 자속수가 0.2[Wb]였다면 코일에 축적된 에너지는 몇 [J]인가?

① 1 ② 2 ③ 3 ④ 4

해설 인덕턴스의 축적에너지(W_L)

$$W_L = \frac{1}{2}LI^2 = \frac{1}{2}\phi I = \frac{\phi^2}{2L} = \frac{0.2^2}{2\times 20\times 10^{-3}} = \frac{4\times 10^{-2}}{4\times 10^{-2}} = 1[\text{J}]$$

답 ①

229

핵심이론 찾아보기▶핵심 10-1 기사 19년 출제

4[A] 전류가 흐르는 코일과 쇄교하는 자속수가 4[Wb]이다. 이 전류 회로에 축적되어 있는 자기 에너지[J]는?

① 4 ② 2 ③ 8 ④ 16

해설 인덕턴스의 축적에너지

$$W_L = \frac{1}{2}\phi I = \frac{1}{2}\times 4\times 4 = 8[\text{J}]$$

답 ③

230

핵심이론 찾아보기▶핵심 10-1 기사 19년 출제

권선수가 N회인 코일에 전류 I[A]를 흘릴 경우, 코일에 ϕ[Wb]의 자속이 지나간다면 이 코일에 저장된 자계에너지[J]는?

① $\frac{1}{2}N\phi^2 I$ ② $\frac{1}{2}N\phi I$ ③ $\frac{1}{2}N^2\phi I$ ④ $\frac{1}{2}N\phi I^2$

해설 코일에 저장되는 에너지는 인덕턴스의 축적에너지이므로 $N\phi = LI$에서 $L = \frac{N\phi}{I}$이다.

$$\therefore\ W_L = \frac{1}{2}LI^2 = \frac{1}{2}\frac{N\phi}{I}I^2 = \frac{1}{2}N\phi I[\text{J}]$$

답 ②

231

핵심이론 찾아보기▶핵심 10-2 기사 18년 출제

그림과 같이 일정한 권선이 감겨진 권선수 N회, 단면적 S[m²], 평균 자로의 길이 l[m]인 환상 솔레노이드에 전류 I[A]를 흘렸을 때 이 환상 솔레노이드의 자기 인덕턴스[H]는? (단, 환상 철심의 투자율은 μ이다.)

① $\frac{\mu^2 N}{l}$ ② $\frac{\mu SN}{l}$

③ $\frac{\mu^2 SN}{l}$ ④ $\frac{\mu SN^2}{l}$

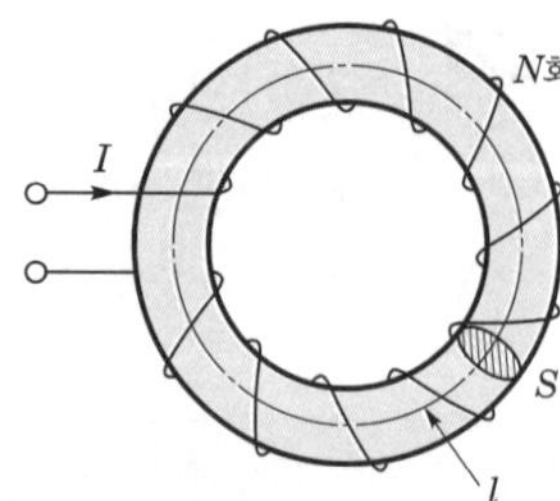

해설 자속 $\phi = BS = \mu HS = \dfrac{\mu SNI}{l}$[Wb]

$\therefore$ 자기 인덕턴스 $L = \dfrac{N\phi}{I} = \dfrac{\mu SN^2}{l}$[H]

답 ④

232 핵심이론 찾아보기▶핵심 10-2

기사 19년 출제

어떤 환상 솔레노이드의 단면적이 S이고, 자로의 길이가 l, 투자율이 μ라고 한다. 이 철심에 균등하게 코일을 N회 감고 전류를 흘렸을 때 자기 인덕턴스에 대한 설명으로 옳은 것은?

① 투자율 μ에 반비례한다.
② 권선수 N^2에 비례한다.
③ 자로의 길이 l에 비례한다.
④ 단면적 S에 반비례한다.

해설 자기 인덕턴스 $L = \dfrac{\mu SN^2}{l}$[H]

면적 S, 권수 N^2에 비례하고, 자로의 평균 길이 l에 반비례한다.

답 ②

233 핵심이론 찾아보기▶핵심 10-2

기사 99년 출제

1,000회의 코일을 감은 환상 철심 솔레노이드의 단면적이 3[cm²], 평균 길이가 4π[cm]이고, 철심의 비투자율이 500일 때, 자기 인덕턴스[H]는?

① 1.5
② 15
③ $\dfrac{15}{4\pi} \times 10^6$
④ $\dfrac{15}{4\pi} \times 10^{-5}$

해설 **자기 인덕턴스**

$$L = \frac{N\phi}{I} = \frac{\mu SN^2}{l}\text{[H]}$$

$$L = \frac{\mu SN^2}{l} = \frac{\mu_0 \mu_s SN^2}{l} = \frac{4\pi \times 10^{-7} \times 500 \times 3 \times 10^{-4} \times 1{,}000^2}{4\pi \times 10^{-2}} = 1.5\text{[H]}$$

답 ①

234 핵심이론 찾아보기▶핵심 10-2

기사 17년 출제

N회 감긴 환상 솔레노이드의 단면적이 S[m²]이고 평균 길이가 l[m]이다. 이 코일의 권수를 반으로 줄이고 인덕턴스를 일정하게 하려면?

① 길이를 $\dfrac{1}{2}$로 줄인다.
② 길이를 $\dfrac{1}{4}$로 줄인다.
③ 길이를 $\dfrac{1}{8}$로 줄인다.
④ 길이를 $\dfrac{1}{16}$로 줄인다.

해설 **환상 솔레노이드의 인덕턴스**

$$L = \frac{\mu SN^2}{l}\text{[H]}$$

인덕턴스는 코일의 권수 N^2에 비례하므로 권수를 $\dfrac{1}{2}$배로 하면 인덕턴스는 $\dfrac{1}{4}$배가 되므로 길이를 $\dfrac{1}{4}$로 줄이면 인덕턴스가 일정하게 된다.

답 ②

235

핵심이론 찾아보기▶핵심 10-2　　기사 07·03년 출제

단면적 S, 평균 반지름 r, 권회수 N인 토로이드(toroid) 코일에 누설 자속이 없는 경우, 자기 인덕턴스의 크기는?

① 권선수의 제곱에 비례하고 단면적에 반비례한다.
② 권선수 및 단면적에 비례한다.
③ 권선수의 제곱 및 단면적에 비례한다.
④ 권선수의 제곱 및 평균 반지름에 비례한다.

해설 $L=\dfrac{\mu SN^2}{l}[\mathrm{H}] \propto SN^2$

답 ③

236

핵심이론 찾아보기▶핵심 10-2　　기사 09·07·04년 출제

N회 감긴 환상 코일의 단면적이 S[m^2]이고, 평균 길이가 l[m]이다. 이 코일의 권수를 반으로 줄이고 인덕턴스를 일정하게 하려면?

① 길이를 $\dfrac{1}{4}$배로 한다.
② 단면적을 2배로 한다.
③ 전류의 세기를 2배로 한다.
④ 전류의 세기를 4배로 한다.

해설 환상 코일의 자기 인덕턴스 L은 $L=\dfrac{\mu SN^2}{l}[\mathrm{H}]$에서 권수를 $\dfrac{1}{2}$로 하면 L은 $\dfrac{1}{4}$배가 되므로 인덕턴스를 일정하게 하려면 길이 l을 $\dfrac{1}{4}$배로 한다.

답 ①

237

핵심이론 찾아보기▶핵심 10-2　　기사 94년 / 산업 98년 출제

권수가 N인 철심이 든 환상 솔레노이드가 있다. 철심의 투자율을 일정하다고 하면, 이 솔레노이드의 자기 인덕턴스 L[H]은? (단, 여기서 R_m은 철심의 자기저항이고, 솔레노이드에 흐르는 전류를 I라 한다.)

① $L=\dfrac{R_m}{N^2}$　② $L=\dfrac{N^2}{R_m}$　③ $L=R_mN^2$　④ $L=\dfrac{N}{R_m}$

해설
$$L=\frac{N\phi}{I}=\frac{N\cdot\dfrac{F}{R_m}}{I}=\frac{N\cdot\dfrac{NI}{R_m}}{I}=\frac{N^2}{R_m}[\mathrm{H}]$$

답 ②

238

핵심이론 찾아보기▶핵심 10-2　　기사 19·18년 출제

단면적이 S[m^2], 단위길이에 대한 권수가 n[회/m]인 무한히 긴 솔레노이드의 단위길이당 자기 인덕턴스[H/m]는?

① $\mu\cdot S\cdot n$　② $\mu\cdot S\cdot n^2$　③ $\mu\cdot S^2\cdot n$　④ $\mu\cdot S^2\cdot n^2$

해설 • 내부 자계의 세기 : $H = nI$ [AT/m]
• 내부 자속 : $\phi = B \cdot S = \mu HS = \mu nIS$ [Wb]
• 자기 인덕턴스 : $L = \dfrac{n\phi}{I} = \mu Sn^2$ [H/m]

투자율 μ, 단위 m당 권수 n^2, 면적 S에 비례한다.

답 ②

239

핵심이론 찾아보기▶핵심 10-2　　기사 92년 / 산업 09년 출제

지름이 40[mm]인 원형 종이관에 일정하게 2,000회의 코일이 감겨 있는 솔레노이드의 인덕턴스는 몇 [mH]인가? (단, 솔레노이드의 길이는 50[cm], 투자율은 μ_0라고 한다.)

① 12.6　② 25.2　③ 50.4　④ 75.6

해설

$$L = L_o l = \mu_0 n^2 S \cdot l = \mu_0 \left(\frac{N}{l}\right)^2 \cdot \pi a^2 \cdot l = \mu_0 \pi a^2 \frac{N^2}{l}$$

$$= 4\pi \times 10^{-7} \times \pi \times (2 \times 10^{-2})^2 \times \frac{2{,}000^2}{0.5} = 12.6 \times 10^{-3}[\text{H}] = 12.6[\text{mH}]$$

답 ①

240

핵심이론 찾아보기▶핵심 10-2　　산업 22·14·82년 출제

단면의 지름이 D[m], 권수가 n[T/m]인 무한장 솔레노이드에 전류 I[A]를 흘렸을 때, 길이 l[m]에 대한 인덕턴스 L[H]은?

① $4\pi^2 \mu_s n D^2 l \times 10^{-7}$　② $4\pi \mu_s n^2 D^2 l \times 10^{-7}$
③ $\pi^2 \mu_s n D^2 l \times 10^{-7}$　④ $\pi^2 \mu_s n^2 D^2 l \times 10^{-7}$

해설

$$L = L_o l = \mu_0 \mu_s n^2 Sl = 4\pi \times 10^{-7} \times \mu_s n^2 \times \left(\frac{1}{4}\pi D^2\right) \times l = \pi^2 \mu_s n^2 D^2 l \times 10^{-7}[\text{H}]$$

답 ④

241

핵심이론 찾아보기▶핵심 10-2　　기사 92·87년 / 산업 04·98년 출제

균일 분포 전류 I[A]가 반지름 a[m]인 비자성 원형 도체에 흐를 때, 단위길이당 도체 내부 인덕턴스[H/m]의 크기는? (단, 도체의 투자율을 μ_0로 가정한다.)

① $\dfrac{\mu_0}{2\pi}$　② $\dfrac{\mu_0}{4\pi}$　③ $\dfrac{\mu_0}{6\pi}$　④ $\dfrac{\mu_0}{8\pi}$

해설 동선의 경우는 $\mu \fallingdotseq \mu_0$이므로 $L_i = \dfrac{\mu}{8\pi} = \dfrac{\mu_0}{8\pi}$ [H/m]

답 ④

242

핵심이론 찾아보기▶핵심 10-2　　산업 13년 출제

반지름 a[m]인 원통 도체가 있다. 이 원통 도체의 길이가 l[m]일 때, 내부 인덕턴스[H]는 얼마인가? (단, 원통 도체의 투자율은 μ[H/m]이다.)

① $\dfrac{\mu}{4\pi}$　② $\dfrac{\mu}{4\pi} l$　③ $\dfrac{\mu}{8\pi}$　④ $\dfrac{\mu}{8\pi} l$

해설 • 단위길이당 내부 인덕턴스 : $L=\frac{\mu}{8\pi}$[H/m]

• 원통 도체 내부의 인덕턴스 : $L=\frac{\mu}{8\pi}\cdot l$[H]

답 ④

243

핵심이론 찾아보기▶핵심 10-2 기사 15년 출제

지름 2[mm], 길이 25[m]인 동선의 내부 인덕턴스는 몇 [μH]인가?

① 1.25 ② 2.5 ③ 5.0 ④ 25

해설 $L=\frac{\mu}{8\pi}l$[H], $\mu \fallingdotseq \mu_0$(동선의 경우)이므로

$$L=\frac{\mu_0}{8\pi}l=\frac{4\pi\times10^{-7}}{8\pi}\times25=12.5\times10^{-7}[\text{H}]=1.25[\mu\text{H}]$$

답 ①

244

핵심이론 찾아보기▶핵심 10-2 기사 98·97·95·87년 출제

무한히 긴 원주 도체의 내부 인덕턴스의 크기는 어떻게 결정되는가?

① 도체의 인덕턴스는 0이다.
② 도체의 기하학적 모양에 따라 결정된다.
③ 주위와 자계의 세기에 따라 결정된다.
④ 도체의 재질에 따라 결정된다.

해설 원주 도체의 단위길이당 인덕턴스는 $L_i=\frac{\mu}{8\pi}[\text{H/m}]\propto\mu$이므로 전류나 반지름과는 관계가 없고 투자율에 비례한다.
만일 전류가 전부 표면에만 흐르는 경우 내부 인덕턴스는 0이다.

답 ④

245

핵심이론 찾아보기▶핵심 10-2 기사 15·04·01년 출제

내도체의 반지름이 a[m]이고, 외도체의 내반지름이 b[m], 외반지름이 c[m]인 동축 케이블의 단위길이당 자기 인덕턴스는 몇 [H/m]인가?

① $\frac{\mu_0}{2\pi}\ln\frac{b}{a}$ ② $\frac{\mu_0}{\pi}\ln\frac{b}{a}$

③ $\frac{2\pi}{\mu_0}\ln\frac{b}{a}$ ④ $\frac{\pi}{\mu_0}\ln\frac{b}{a}$

해설 도체 사이의 자기 인덕턴스 L은

$$\therefore\ L=\frac{\phi}{I}=\frac{\mu_0}{2\pi}\ln\frac{b}{a}[\text{H/m}]$$

도체 내의 인덕턴스는 $\mu/8\pi$[H/m]

$$\therefore\ L=\frac{\mu_0}{2\pi}\ln\frac{b}{a}+\frac{\mu}{8\pi}=\frac{1}{2\pi}\left(\mu_0\ln\frac{b}{a}+\frac{\mu}{4}\right)[\text{H/m}]$$

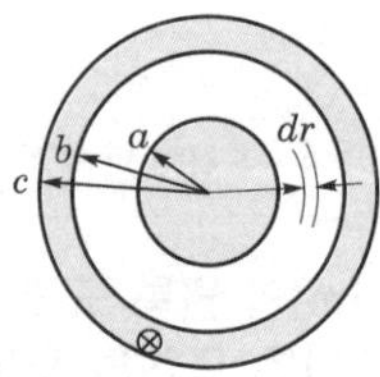

답 ①

246

핵심이론 찾아보기▶핵심 10-2 기사 17년 출제

내부 도체 반지름이 10[mm], 외부 도체의 내반지름이 20[mm]인 동축 케이블에서 내부 도체 표면에 전류 I가 흐르고, 얇은 외부 도체에 반대방향인 전류가 흐를 때 단위길이당 외부 인덕턴스는 약 몇 [H/m]인가?

① 0.28×10^{-7} ② 1.39×10^{-7} ③ 2.03×10^{-7} ④ 2.78×10^{-7}

해설 인덕턴스

$$L=\frac{\phi}{I}=\frac{\mu_0}{2\pi}\ln\frac{b}{a}=\frac{4\pi\times10^{-7}}{2\pi}\ln\frac{20}{10}=1.39\times10^{-7}[\text{H/m}]$$

답 ②

247

핵심이론 찾아보기▶핵심 10-2 기사 15년 출제

내경의 반지름이 1[mm], 외경의 반지름이 3[mm]인 동축 케이블의 단위길이당 인덕턴스는 약 몇 [μH/m]인가? (단, 이때 $\mu_r=1$이며, 내부 인덕턴스는 무시한다.)

① 0.12 ② 0.22 ③ 0.32 ④ 0.42

$$L=\frac{\mu}{2\pi}\ln\frac{b}{a}[\text{H/m}]=\frac{\mu\cdot\mu_s}{2\pi}\ln\frac{b}{a}=\frac{4\pi\times10^{-7}\times1}{2\pi}\ln\frac{(3\times10^{-3})}{(1\times10^{-3})}$$
$$=0.22\times10^{-6}[\text{H/m}]=0.22[\mu\text{H/m}]$$

답 ②

248

핵심이론 찾아보기▶핵심 10-2 기사 91년 / 산업 14년 출제

반지름 a[m], 선간 거리 d[m]인 평행 왕복 도선 간의 자기 인덕턴스[H/m]는 다음 중 어떤 값에 비례하는가?

① $\dfrac{\pi\mu_0}{\ln\dfrac{d}{a}}$ ② $\dfrac{\pi\mu_0}{\ln\dfrac{a}{d}}$ ③ $\dfrac{\mu_0}{2\pi}\ln\dfrac{a}{d}$ ④ $\dfrac{\mu_0}{\pi}\ln\dfrac{d}{a}$

해설 평행 왕복 도선 사이의 인덕턴스($d\gg a$인 경우)

$$L=\frac{\phi}{I}=\frac{\mu_0}{\pi}\ln\frac{d}{a}[\text{H/m}]$$

답 ④

249

핵심이론 찾아보기▶핵심 10-3 기사 13·08·02년 출제

그림과 같이 단면적이 균일한 환상 철심에 권수 N_1인 A 코일과 권수 N_2인 B 코일이 있을 때, A 코일의 자기 인덕턴스가 L_1[H]라면 두 코일의 상호 인덕턴스 M[H]는? (단, 누설 자속은 0이다.)

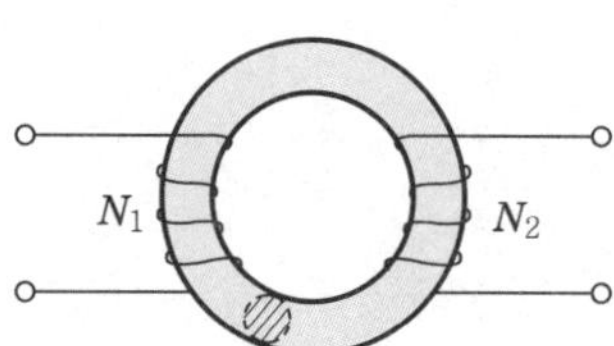

① $\dfrac{L_1N_1}{N_2}$ ② $\dfrac{N_2}{L_1N_1}$

③ $\dfrac{N_1}{L_1N_2}$ ④ $\dfrac{L_1N_2}{N_1}$

해설 자기 인덕턴스 $L_1 = \frac{N_1^2}{R_m}$[H]

상호 인덕턴스 $M = \frac{N_1 N_2}{R_m}$[H]이므로 $R_m = \frac{N_1^2}{L_1}$ 을 M 에 대입하면

$\therefore M = \frac{N_1 N_2}{R_m} = \frac{N_1 N_2}{\frac{N_1^2}{L_1}} = \frac{L_1 N_2}{N_1}$[H]

답 ④

250 핵심이론 찾아보기▶핵심 10-3 기사 12·95년 출제

원형 단면의 비자성 재료에 권수 $N_1 = 1{,}000$의 코일이 균일하게 감긴 환상 솔레노이드의 자기 인덕턴스가 $L_1 = 1$[mH]이다. 그 위에 권수 $N_2 = 1{,}200$의 코일이 감겨져 있다면 이때의 상호 인덕턴스는 몇 [mH]인가? (단, 결합계수 $k = 1$이다.)

① 1.20 ② 1.44 ③ 1.62 ④ 1.82

해설 $\therefore M = \frac{N_1 N_2}{R_m} = L_1 \frac{N_2}{N_1} = 1 \times 10^{-3} \times \frac{1{,}200}{1{,}000} = 1.2 \times 10^{-3}[\text{H}] = 1.2[\text{mH}]$

답 ①

251 핵심이론 찾아보기▶핵심 10-3 기사 05·96·90·86년 출제

그림과 같이 단면적 S[m²], 평균 자로 길이 l[m], 투자율 μ[H/m]인 철심에 N_1, N_2 권선을 감은 무단(無端) 솔레노이드가 있다. 누설 자속을 무시할 때, 권선의 상호 인덕턴스[H]는?

① $\frac{\mu N_1 N_2 S}{l^2}$ ② $\frac{\mu N_1 N_2 S}{l}$

③ $\frac{\mu N_1 N_2^2 S}{l}$ ④ $\frac{\mu N_1 N_2 S^2}{l}$

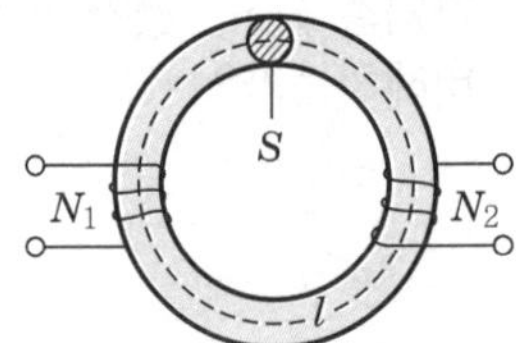

해설 상호 인덕턴스

$M = M_{12} = M_{21} = \frac{N_1 N_2}{R_m} = \frac{\mu S N_1 N_2}{l}$[H]

답 ②

252 핵심이론 찾아보기▶핵심 10-3 기사 18년 출제

그림과 같이 단면적 $S = 10$[cm²], 자로의 길이 $l = 20\pi$[cm], 비유전율 $\mu_s = 1{,}000$인 철심에 $N_1 = N_2 = 100$인 두 코일을 감았다. 두 코일 사이의 상호 인덕턴스는 몇 [mH]인가?

① 0.1
② 1
③ 2
④ 20

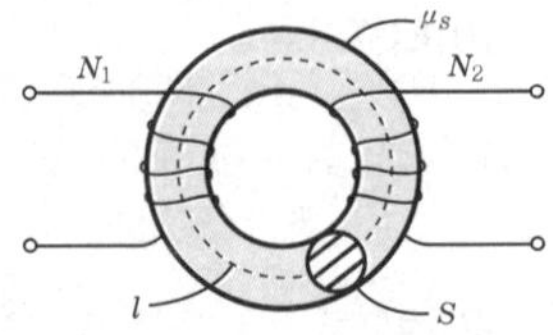

해설 상호 인덕턴스

$$M = \frac{\mu S N_1 N_2}{l} = \frac{\mu_0 \mu_s S N_1 N_2}{l} = \frac{4\pi \times 10^{-7} \times 1{,}000 \times (10 \times 10^{-2})^2 \times 100 \times 100}{20\pi \times 10^{-2}} = 20[\text{mH}]$$

답 ④

253

핵심이론 찾아보기▶핵심 10-3 기사 19년 출제

환상 철심에 권수 3,000회 A 코일과 권수 200회 B 코일이 감겨져 있다. A 코일의 자기 인덕턴스가 360[mH]일 때 A, B 두 코일의 상호 인덕턴스는 몇 [mH]인가? (단, 결합계수는 1이다.)

① 16 ② 24 ③ 36 ④ 72

해설

$$L_1 = \frac{{N_A}^2}{R_m}[\text{H}],\ R_m = \frac{{N_A}^2}{L_1}$$

상호 인덕턴스

$$M = \frac{N_A N_B}{R_m}[\text{H}] = L_A \cdot \frac{N_B}{N_A} = 360 \times \frac{200}{3{,}000} = 24[\text{mH}]$$

답 ②

254

핵심이론 찾아보기▶핵심 10-4 기사 21·03·02·01년 / 산업 07년 출제

자기 인덕턴스 L_1, L_2와 상호 인덕턴스 M과의 결합계수는 어떻게 표시되는가?

① $\dfrac{\sqrt{L_1 L_2}}{M}$ ② $\dfrac{M}{\sqrt{L_1 L_2}}$

③ $\dfrac{M}{L_1 L_2}$ ④ $\dfrac{L_1 L_2}{M}$

해설 결합계수 $k = \dfrac{M}{\sqrt{L_1 L_2}}$ $(-1 \leq k \leq 1)$

답 ②

255

핵심이론 찾아보기▶핵심 10-4 산업 21·07·06년 출제

자기 인덕턴스가 L_1, L_2이고 상호 인덕턴스가 M인 두 회로의 결합계수가 1이면 다음 중 옳은 것은?

① $L_1 L_2 = M$ ② $L_1 L_2 < M^2$

③ $L_1 L_2 > M^2$ ④ $L_1 L_2 = M^2$

해설 결합계수 k가 1이면 $k = \dfrac{M}{\sqrt{L_1 L_2}}$에서 $M = \sqrt{L_1 L_2}$

$\therefore\ M^2 = L_1 L_2$

답 ④

256 핵심이론 찾아보기▶핵심 10-4

기사 09년 출제

서로 결합하고 있는 두 코일 C_1과 C_2의 자기 인덕턴스가 각각 L_{c_1}, L_{c_2}라고 한다. 이 둘을 직렬로 연결하여 합성 인덕턴스값을 얻은 후 두 코일 간 상호 인덕턴스의 크기($|M|$)를 얻고자 한다. 직렬로 연결할 때 두 코일 간 자속이 서로 가해져서 보강되는 방향이 있고, 서로 상쇄되는 방향이 있다. 전자의 경우 얻은 합성 인덕턴스의 값이 L_1, 후자의 경우 얻은 합성 인덕턴스의 값이 L_2일 때 다음 중 알맞은 식은?

① $L_1 < L_2$, $|M| = \dfrac{L_2 + L_1}{4}$
② $L_1 > L_2$, $|M| = \dfrac{L_1 + L_2}{4}$
③ $L_1 < L_2$, $|M| = \dfrac{L_2 - L_1}{4}$
④ $L_1 > L_2$, $|M| = \dfrac{L_1 - L_2}{4}$

해설 $L_1 = L_{c_1} + L_{c_2} + 2M$

$L_2 = L_{c_1} + L_{c_2} - 2M$

$L_1 - L_2 = 4M$

$\therefore L_1 > L_2$, $|M| = \dfrac{L_1 - L_2}{4}$

답 ④

257 핵심이론 찾아보기▶핵심 10-4

기사 19년 출제

두 개의 코일에서 각각의 자기 인덕턴스가 $L_1 = 0.35$[H], $L_2 = 0.5$[H]이고, 상호 인덕턴스 $M = 0.1$[H]이라고 하면 이때 코일의 결합계수는 약 얼마인가?

① 0.175
② 0.239
③ 0.392
④ 0.586

해설 결합계수 $K = \dfrac{M}{\sqrt{L_1 L_2}} = \dfrac{0.1}{\sqrt{0.35 \times 0.5}} = 0.239$

답 ②

258 핵심이론 찾아보기▶핵심 10-5

산업 09·99년 출제

서로 결합된 2개의 코일을 직렬로 연결하면 합성 자기 인덕턴스가 20[mH]이고 한쪽 코일의 연결을 반대로 하면 8[mH]가 되었다. 두 코일의 상호 인덕턴스는 몇 [mH]인가?

① 3
② 6
③ 9
④ 12

해설 $L_+ = L_1 + L_2 + 2M = 20$[mH]

$L_- = L_1 + L_2 - 2M = 8$[mH]에서

M에 관해서 풀면

$\therefore M = \dfrac{L_+ - L_-}{4} = \dfrac{20 - 8}{4} = 3$[mH]

답 ①

259

핵심이론 찾아보기▶핵심 10-5 　　　　산업 14·83년 출제

10[mH]의 두 자기 인덕턴스가 있다. 결합계수를 0.1로부터 0.9까지 변화시킬 수 있다면 이것을 접속시켜 얻을 수 있는 합성 인덕턴스의 최댓값과 최솟값의 비는?

① 9 : 1　　② 13 : 1　　③ 16 : 1　　④ 19 : 1

해설 합성 인덕턴스 $L = L_1 + L_2 \pm 2M = L_1 + L_2 \pm 2k\sqrt{L_1 L_2}$ [H]에서 합성 인덕턴스의 최솟값, 최댓값의 비는 결합계수 k가 가장 큰 경우($k=0.9$)에 제일 크다.

$k=0.9$, $M = k\sqrt{L_1 L_2} = 0.9\sqrt{10\times 10} = 9$[mH]이므로

$L_{+\max} = L_1 + L_2 + 2M = 10 + 10 + 2\times 9 = 38$[mH]

$L_{-\min} = L_1 + L_2 - 2M = 10 + 10 - 2\times 9 = 2$[mH]

$\therefore\ L_{+\max} : L_{-\min} = 38 : 2 = 19 : 1$

답 ④

260

핵심이론 찾아보기▶핵심 10-5 　　　　기사 89·85·83년 출제

그림과 같은 두 개의 코일이 있을 때 $L_1 = 20$[mH], $L_2 = 40$[mH], 결합계수 $k = 0.5$이다. 지금 이 두 개의 코일을 직렬로 접속하여 0.5[A]의 전류를 흘릴 때, 이 합성 코일에 저축되는 에너지[J]는?

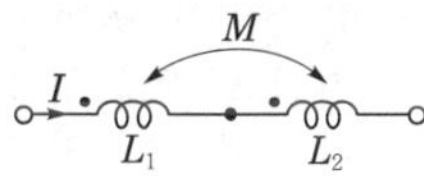

① 1.1×10^{-4}　　② 2.2×10^{-4}　　③ 1.1×10^{-2}　　④ 2.2×10^{-2}

해설 $M = k\sqrt{L_1 L_2} = 0.5\sqrt{20\times 40\times 10^{-6}} = 0.5\times 28.2843 = 14.14$[mH], 가동 결합이므로

$\therefore\ W = \frac{1}{2}(L_1 + L_2 + 2M)I^2 = \frac{1}{2}\times(20+40+2\times 14.14)\times 10^{-3}\times 0.5^2 = 1.1\times 10^{-2}$[J]

답 ③

261

핵심이론 찾아보기▶핵심 10-5 　　　　기사 96년 출제

하나의 철심 위에 인덕턴스가 10[H]인 두 코일을 같은 방향으로 감아서 직렬 연결한 후에 5[A]의 전류를 흘리면 여기에 축적되는 에너지는 몇 [J]인가? (단, 두 코일의 결합계수는 0.8이다.)

① 50　　② 350　　③ 450　　④ 2,250

해설 두 코일의 자속이 서로 같은 방향으로 가동 결합

$M = k\sqrt{L_1 L_2} = 0.8\sqrt{10\times 10} = 8$[H]

$\therefore\ W = \frac{1}{2}(L_1 + L_2 + 2M)I^2 = \frac{1}{2}\times(10+10+2\times 8)\times 5^2 = 450$[J]

답 ③

262

핵심이론 찾아보기▶핵심 11-1 　　　　기사 19년 출제

변위전류와 가장 관계가 깊은 것은?

① 도체　　② 반도체　　③ 유전체　　④ 자성체

해설 변위전류는 유전체 중의 속박 전자의 위치 변화에 의한 전류, 즉 전속밀도의 시간적 변화이다.

답 ③

263

핵심이론 찾아보기▶핵심 11-1

기사 12·07년 / 산업 11년 출제

유전체에서 변위전류를 발생하는 것은?

① 분극전하밀도의 시간적 변화 ② 전속밀도의 시간적 변화
③ 자속밀도의 시간적 변화 ④ 분극전하밀도의 공간적 변화

해설 **변위전류밀도**

$$i_d = \frac{\partial D}{\partial t} [\mathrm{A/m^2}]$$

즉, 전속밀도의 시간적 변화를 변위전류라 한다.

답 ②

264

핵심이론 찾아보기▶핵심 11-1

산업 06·04·00년 출제

전도 전자나 구속 전자의 이동에 의하지 않는 전류는?

① 전도전류 ② 대류전류
③ 분극전류 ④ 변위전류

해설 ① 전도전류 : 도체 내에서 전계의 작용으로 자유 전자의 이동으로 생기는 것
② 대류전류 : 진공 내에 전자, 전해액 중의 이온 등과 같은 하전 입자의 운동에 의한 것
③ 분극전류 : 분극전하의 시간적 변화에 의한 것
④ 변위전류 : 전속밀도의 시간적 변화에 의한 것으로 하전체에 의하지 않는 전류
변위전류는 전속밀도의 시간적 변화에 의한 것이므로 전자의 이동에 의하지 않는 전류이다.

답 ④

265

핵심이론 찾아보기▶핵심 11-1

기사 19년 출제

자유 공간의 변위전류가 만드는 것은?

① 전계 ② 전속
③ 자계 ④ 분극 지력선

해설 변위전류는 유전체 중의 속박 전자의 위치 변화에 따른 전류로 주위에 자계를 만든다.

답 ③

266

핵심이론 찾아보기▶핵심 11-1

기사 16년 출제

변위전류밀도와 관계없는 것은?

① 전계의 세기 ② 유전율
③ 자계의 세기 ④ 전속밀도

해설 변위전류밀도 $i_d = \frac{\partial D}{\partial t} = \varepsilon \frac{\partial E}{\partial t} [\mathrm{A/m^2}]$

∴ 변위전류밀도는 전속밀도(D), 전계의 세기(E), 유전율(ε)과 관계 있다.

답 ③

267

핵심이론 찾아보기▶핵심 11-1

기사 21년 / 산업 19년 출제

간격 d[m]인 두 평행판 전극 사이에 유전율 ε인 유전체를 넣고 전극 사이에 전압 $e = E_m \sin\omega t$ [V]를 가했을 때 변위전류밀도[A/m²]는?

① $\dfrac{\varepsilon\omega E_m \cos\omega t}{d}$　② $\dfrac{\varepsilon E_m \cos\omega t}{d}$

③ $\dfrac{\varepsilon\omega E_m \sin\omega t}{d}$　④ $\dfrac{\varepsilon E_m \sin\omega t}{d}$

해설 **변위전류밀도**

$$i_d = \frac{\partial D}{\partial t} = \varepsilon\frac{\partial E}{\partial t} = \frac{\varepsilon}{d}\frac{\partial}{\partial t}E_m \sin\omega t = \frac{\varepsilon\omega}{d}E_m \cos\omega t\,[\text{A/m}^2]$$

답 ①

268

핵심이론 찾아보기▶핵심 11-1

기사 16년 출제

극판 간격 d[m], 면적 S[m²], 유전율 ε[F/m]이고, 정전용량이 C[F]인 평행판 콘덴서에 $v = V_m \sin\omega t$[V]의 전압을 가할 때의 변위전류[A]는?

① $\omega C V_m \cos\omega t$　② $C V_m \sin\omega t$

③ $-C V_m \sin\omega t$　④ $-\omega C V_m \cos\omega t$

해설 변위전류밀도 $i_d = \dfrac{\partial \boldsymbol{D}}{\partial t} = \varepsilon\dfrac{\partial \boldsymbol{E}}{\partial t} = \varepsilon\dfrac{\partial}{\partial t}\left(\dfrac{v}{d}\right) = \dfrac{\varepsilon}{d}\dfrac{\partial}{\partial t}(V_m \sin\omega t) = \dfrac{\varepsilon\omega V_m \cos\omega t}{d}[\text{A/m}^2]$

변위전류 $I_d = i_d \cdot S = \dfrac{\varepsilon\omega V_m \cos\omega t}{d} \cdot \dfrac{Cd}{\varepsilon} = \omega C V_m \cos\omega t\,[\text{A}]$

답 ①

269

핵심이론 찾아보기▶핵심 11-1

기사 09·95·90년 출제

간격 d[m]인 두 개의 평행판 전극 사이에 유전율 ε [F/m]의 유전체가 있을 때, 전극 사이에 전압 $v = V_m \sin\omega t$[V]를 가하면 변위전류는 몇 [A]가 되겠는가? (단, 여기서 극판의 면적은 S[m²]이고 콘덴서의 정전용량은 C[F]라 한다.)

① $\dfrac{V_m}{\omega C}\sin\left(\omega t + \dfrac{\pi}{2}\right)$　② $\omega C V_m \sin\omega t$

③ $\omega C V_m \sin\left(\omega t + \dfrac{\pi}{2}\right)$　④ $-\omega C V_m \cos\omega t$

해설 **변위전류밀도**

$$\boldsymbol{i}_d = \frac{\partial \boldsymbol{D}}{\partial t}[\text{A/m}^2] = \varepsilon\frac{\partial \boldsymbol{E}}{\partial t}[\text{A/m}^2]$$

$C = \dfrac{\varepsilon S}{d}$, $\boldsymbol{E} = \dfrac{v}{d}$, $\boldsymbol{D} = \varepsilon\boldsymbol{E}$이므로

$$\boldsymbol{i}_D = \frac{\partial \boldsymbol{D}}{\partial t} = \varepsilon\frac{\partial \boldsymbol{E}}{\partial t} = \varepsilon\frac{\partial}{\partial t}\left(\frac{v}{d}\right) = \frac{\varepsilon}{d}\frac{\partial}{\partial t}(V_m \sin\omega t) = \frac{\varepsilon\omega V_m \cos\omega t}{d}[\text{A/m}^2]$$

$$\therefore I_D = \boldsymbol{i}_D \cdot S = \frac{\varepsilon\omega V_m \cos\omega t}{d} \cdot \frac{Cd}{\varepsilon} = \omega C V_m \cos\omega t = \omega C V_m \sin\left(\omega t + \frac{\pi}{2}\right)[\text{A}]$$

답 ③

270

핵심이론 찾아보기▶핵심 11-1 　　　　산업 12·01·83·82년 출제

공기 중에서 E[V/m]의 전계를 i_D[A/m²]의 변위전류로 흐르게 하려면 주파수[Hz]는 얼마가 되어야 하는가?

① $f=\dfrac{i_D}{2\pi\varepsilon \boldsymbol{E}}$　② $f=\dfrac{i_D}{4\pi\varepsilon \boldsymbol{E}}$

③ $f=\dfrac{\varepsilon i_D}{2\pi^2 \boldsymbol{E}}$　④ $f=\dfrac{i_D \boldsymbol{E}}{4\pi^2\varepsilon}$

해설 전계 $\boldsymbol{E}$를 페이저(phasor)로 표시하면 $\boldsymbol{E}=E_o e^{j\omega t}$[V/m]가 되므로

$$i_D=\frac{\partial \boldsymbol{D}}{\partial t}=\varepsilon\frac{\partial \boldsymbol{E}}{\partial t}=\varepsilon\frac{\partial}{\partial t}(E_o e^{j\omega t})=j\omega\varepsilon E_o e^{j\omega t}=j\omega\varepsilon \boldsymbol{E}[\text{A/m}^2]$$

$\omega=2\pi f$[rad/s]를 $|i_D|$에 대입하면 $i_D=2\pi f\varepsilon \boldsymbol{E}$[A/m²]

$$\therefore\ f=\frac{i_D}{2\pi\varepsilon \boldsymbol{E}}[\text{Hz}]$$

답 ①

271

핵심이론 찾아보기▶핵심 11-1 　　　　기사 00·93년 출제

도전율 σ, 유전율 ε인 매질에 교류전압을 가할 때, 전도전류와 변위전류의 크기가 같아지는 주파수[Hz]는?

① $f=\dfrac{\sigma}{2\pi\varepsilon}$　② $f=\dfrac{\varepsilon}{2\pi\sigma}$

③ $f=\dfrac{2\pi\varepsilon}{\sigma}$　④ $f=\dfrac{2\pi\sigma}{\varepsilon}$

해설 변위전류와 전도전류의 크기가 같아지는 주파수

$$f=\frac{\sigma}{2\pi\varepsilon}[\text{Hz}]$$

답 ①

272

핵심이론 찾아보기▶핵심 11-1 　　　　기사 15년 출제

투자율 $\mu=\mu_0$, 굴절률 $n=2$, 전도율 $\sigma=0.5$의 특성을 갖는 매질 내부의 한 점에서 전계가 $E=10\cos(2\pi ft)a_x$로 주어질 경우 전도전류밀도와 변위전류밀도의 최댓값의 크기가 같아지는 전계의 주파수 f[GHz]는?

① 1.75　② 2.25

③ 5.75　④ 10.25

해설
- 전도전류밀도 : $i_c=\sigma E$
- 변위전류밀도 : $i_d=\varepsilon\omega E$
- 변위전류밀도와 전도전류밀도가 같아지는 주파수는 $i_c=i_d$에서 $f=\dfrac{\sigma}{2\pi\varepsilon}$[Hz]

$$\therefore\ f=\frac{\sigma}{2\pi\varepsilon}=\frac{\sigma}{2\pi(n^2\varepsilon_0)^2}=\frac{0.5}{2\pi\times 2^2\times 8.855\times 10^{-12}}=2.25\times 10^9[\text{Hz}]=2.25[\text{GHz}]$$

답 ②

273

핵심이론 찾아보기▶핵심 11-2

기사 12·07·05·04·81년 출제

미분 방정식 형태로 나타낸 맥스웰의 전자계 기초 방정식은?

① $\text{rot}\,\boldsymbol{E} = -\dfrac{\partial \boldsymbol{B}}{\partial t}$, $\text{rot}\,\boldsymbol{H} = \boldsymbol{i} + \dfrac{\partial \boldsymbol{D}}{\partial t}$, $\text{div}\,\boldsymbol{D} = 0$, $\text{div}\,\boldsymbol{B} = 0$

② $\text{rot}\,\boldsymbol{E} = -\dfrac{\partial \boldsymbol{B}}{\partial t}$, $\text{rot}\,\boldsymbol{H} = \boldsymbol{i} + \dfrac{\partial \boldsymbol{B}}{\partial t}$, $\text{div}\,\boldsymbol{D} = \rho$, $\text{div}\,\boldsymbol{B} = \boldsymbol{H}$

③ $\text{rot}\,\boldsymbol{E} = -\dfrac{\partial \boldsymbol{B}}{\partial t}$, $\text{rot}\,\boldsymbol{H} = \boldsymbol{i} + \dfrac{\partial \boldsymbol{D}}{\partial t}$, $\text{div}\,\boldsymbol{D} = \rho$, $\text{div}\,\boldsymbol{B} = 0$

④ $\text{rot}\,\boldsymbol{E} = -\dfrac{\partial \boldsymbol{B}}{\partial t}$, $\text{rot}\,\boldsymbol{H} = \boldsymbol{i}$, $\text{div}\,\boldsymbol{D} = 0$, $\text{div}\,\boldsymbol{B} = 0$

해설 **맥스웰의 전자계 기초 방정식**

- $\text{rot}\,\boldsymbol{E} = \nabla \times \boldsymbol{E} = -\dfrac{\partial \boldsymbol{B}}{\partial t} = -\mu \dfrac{\partial \boldsymbol{H}}{\partial t}$ (패러데이 전자유도법칙의 미분형)
- $\text{rot}\,\boldsymbol{H} = \nabla \times \boldsymbol{H} = \boldsymbol{i} + \dfrac{\partial \boldsymbol{D}}{\partial t}$ (앙페르 주회적분법칙의 미분형)
- $\text{div}\,\boldsymbol{D} = \nabla \cdot \boldsymbol{D} = \rho$ (가우스 정리의 미분형)
- $\text{div}\,\boldsymbol{B} = \nabla \cdot \boldsymbol{B} = 0$ (가우스 정리의 미분형)

답 ③

274

핵심이론 찾아보기▶핵심 11-2

산업 19년 출제

맥스웰 전자방정식에 대한 설명으로 틀린 것은?

① 폐곡면을 통해 나오는 전속은 폐곡면 내의 전하량과 같다.
② 폐곡면을 통해 나오는 자속은 폐곡면 내의 자극의 세기와 같다.
③ 폐곡선에 따른 전계의 선적분은 폐곡선 내를 통하는 자속의 시간 변화율과 같다.
④ 폐곡선에 따른 자계의 선적분은 폐곡선 내를 통하는 전류와 전속의 시간적 변화율을 더한 것과 같다.

해설 $\text{div}\,\boldsymbol{B} = \nabla \cdot \boldsymbol{B} = 0$

자기력선은 스스로 폐루프를 이루고 있다는 것을 의미한다.

$\phi = \int B \cdot ds = \int \text{div}\, B dv = 0$

폐곡면을 통해 나오는 자속은 0이 된다.

답 ②

275

핵심이론 찾아보기▶핵심 11-2

기사 16년 출제

다음 식 중에서 틀린 것은?

① 가우스의 정리 : $\text{div}\, D = \rho$
② 푸아송의 방정식 : $\nabla^2 V = \dfrac{\rho}{\varepsilon}$
③ 라플라스의 방정식 : $\nabla^2 V = 0$
④ 발산의 정리 : $\oint_s A \cdot ds = \int_v \text{div} A dv$

해설 맥스웰의 전자계 기초 방정식

- rot $E = \nabla \times E = -\dfrac{\partial B}{\partial t} = -\mu \dfrac{\partial H}{\partial t}$ (패러데이 전자유도법칙의 미분형)
- rot $H = \nabla \times H = i + \dfrac{\partial D}{\partial t}$ (앙페르 주회적분법칙의 미분형)
- div $D = \nabla \cdot D = \rho$ (가우스 정리의 미분형)
- div $B = \nabla \cdot B = 0$ (가우스 정리의 미분형)
- $\nabla^2 V = -\dfrac{\rho}{\varepsilon_0}$ (푸아송의 방정식)
- $\nabla^2 V = 0$ (라플라스 방정식)

답 ②

276

핵심이론 찾아보기▶핵심 11-2 기사 17년 출제

일반적인 전자계에서 성립되는 기본 방정식이 아닌 것은? (단, i는 전류밀도, ρ는 공간 전하밀도이다.)

① $\nabla \times H = i + \dfrac{\partial D}{\partial t}$ ② $\nabla \times E = -\dfrac{\partial B}{\partial t}$

③ $\nabla \cdot D = \rho$ ④ $\nabla \cdot B = \mu H$

해설 맥스웰의 전자계 기초 방정식

- rot $E = \nabla \times E = -\dfrac{\partial B}{\partial t} = -\mu \dfrac{\partial H}{\partial t}$ (패러데이 전자유도법칙의 미분형)
- rot $H = \nabla \times H = i + \dfrac{\partial D}{\partial t}$ (앙페르 주회적분법칙의 미분형)
- div $D = \nabla \cdot D = \rho$ (정전계 가우스 정리의 미분형)
- div $B = \nabla \cdot B = 0$ (정자계 가우스 정리의 미분형)

답 ④

277

핵심이론 찾아보기▶핵심 11-2 기사 06·04·99년 출제

Maxwell의 전자파 방정식이 아닌 것은?

① $\oint_c H \cdot dl = nI$ ② $\oint_c E \cdot dl = \int_s \left(-\dfrac{\partial B}{\partial t}\right) dS$

③ $\oint_s D \cdot dS = \int_v \rho dv$ ④ $\oint_s B \cdot dS = 0$

해설 $\oint_c H \cdot dl = I + \int_s \dfrac{\partial D}{\partial t} ds$

답 ①

278

핵심이론 찾아보기▶핵심 11-2 기사 15·09년 출제

맥스웰의 전자방정식 중 패러데이 법칙에서 유도된 식은? (단, D : 전속밀도, ρ_v : 공간 전하밀도, B : 자속밀도, E : 전계의 세기, J : 전류밀도, H : 자계의 세기)

① div $D = \rho_v$ ② div $B = 0$

③ $\nabla \times H = J + \dfrac{\partial D}{\partial t}$ ④ $\nabla \times E = -\dfrac{\partial B}{\partial t}$

해설 $\text{rot}\,\boldsymbol{E} = \nabla \times \boldsymbol{E} = -\frac{\partial \boldsymbol{B}}{\partial t} = -\mu\frac{\partial \boldsymbol{H}}{\partial t}$ (패러데이 전자유도법칙의 미분형)

답 ④

279

핵심이론 찾아보기▶핵심 11-3

기사 10년 / 산업 10·08·96·83·82년 출제

전자파의 진행 방향은?

① 전계 $\boldsymbol{E}$의 방향과 같다.
② 자계 $\boldsymbol{H}$의 방향과 같다.
③ $\boldsymbol{E}\times\boldsymbol{H}$의 방향과 같다.
④ $\boldsymbol{H}\times\boldsymbol{E}$의 방향과 같다.

해설 전자파의 진행 방향은 $\boldsymbol{E}$에서 $\boldsymbol{H}$로 나사를 돌릴 때 나사의 진행 방향, 즉 $\boldsymbol{E}\times\boldsymbol{H}$의 방향이다.

답 ③

280

핵심이론 찾아보기▶핵심 11-3

기사 14년 출제

유전율 ε, 투자율 μ인 매질 내에서 전자파의 속도[m/s]는?

① $\sqrt{\frac{\mu}{\varepsilon}}$
② $\sqrt{\mu\varepsilon}$
③ $\sqrt{\frac{\varepsilon}{\mu}}$
④ $\frac{3\times10^8}{\sqrt{\varepsilon_s\mu_s}}$

해설 $v = \frac{1}{\sqrt{\varepsilon\mu}} = \frac{1}{\sqrt{\varepsilon_0\,\mu_0}}\cdot\frac{1}{\sqrt{\varepsilon_s\,\mu_s}} = C_0\frac{1}{\sqrt{\varepsilon_s\,\mu_s}} = \frac{3\times10^8}{\sqrt{\varepsilon_s\,\mu_s}}$ [m/s]

답 ④

281

핵심이론 찾아보기▶핵심 11-3

기사 18년 출제

평면파 전파가 $E = 30\cos(10^9 t + 20z)j$[V/m]로 주어졌다면 이 전자파의 위상속도는 몇 [m/s]인가?

① 5×10^7
② $\frac{1}{3}\times10^8$
③ 10^9
④ $\frac{2}{3}$

해설 $v = f\cdot\lambda = f\times\frac{2\pi}{\beta} = \frac{\omega}{\beta} = \frac{10^9}{20} = 5\times10^7$[m/s]

답 ①

282

핵심이론 찾아보기▶핵심 11-3

기사 19년 출제

진공 중에서 빛의 속도와 일치하는 전자파의 전파속도를 얻기 위한 조건으로 옳은 것은?

① $\varepsilon_r=0,\ \mu_r=0$
② $\varepsilon_r=1,\ \mu_r=1$
③ $\varepsilon_r=0,\ \mu_r=1$
④ $\varepsilon_r=1,\ \mu_r=0$

해설 빛의 속도 $c = \frac{1}{\sqrt{\varepsilon_0\mu_0}}$ [m/s]

전파속도 $v = \frac{1}{\sqrt{\varepsilon\mu}} = \frac{1}{\sqrt{\varepsilon_0\mu_0}}\cdot\frac{1}{\sqrt{\varepsilon_r\mu_r}}$

$c=v$의 조건 $\varepsilon_r=1,\ \mu_r=1$

답 ②

283

핵심이론 찾아보기▶핵심 11-3 기사 03년 출제

진공 중에서 전자파의 진행속도[m/s]는?

① 3×10^7 ② 3×10^8 ③ 3×10^9 ④ 3×10^{10}

해설 $\varepsilon_0 = \dfrac{1}{4\pi\times9\times10^9}$, $\mu_0 = 4\pi\times10^{-7}$이므로

$$v = \frac{1}{\sqrt{\varepsilon_0\mu_0}} = \frac{1}{\sqrt{\dfrac{1}{4\pi\times9\times10^9}\times4\pi\times10^{-7}}} = 3\times10^8[\text{m/s}]$$

답 ②

284

핵심이론 찾아보기▶핵심 11-3 기사 02·98·94년 출제

물(비유전율 80, 비투자율 1)속에서의 전자파 전파속도[m/s]는?

① 3×10^{10} ② 3×10^8 ③ 3.35×10^{10} ④ 3.35×10^7

해설

$$v = \frac{1}{\sqrt{\varepsilon\mu}} = \frac{1}{\sqrt{\varepsilon_0\mu_0}}\cdot\frac{1}{\sqrt{\varepsilon_s\mu_s}} = \frac{C_o}{\sqrt{\varepsilon_s\mu_s}} = \frac{3\times10^8}{\sqrt{80\times1}} = 3.35\times10^7[\text{m/s}]$$

답 ④

285

핵심이론 찾아보기▶핵심 11-3 기사 97년 출제

유전율 $\varepsilon = 8.855\times10^{-12}$[F/m]인 진공 중을 전자파가 전파할 때, 진공 중의 투자율은?

① 12.5×10^{-7}[H/m] ② 15.2×10^{-9}[H/emu]

③ 9.5×10^{-7}[Wb^2/N] ④ 10.5×10^{-7}[Wb^2/N·m]

해설 진공 중은 $\varepsilon = \varepsilon_0$, $\mu = \mu_0$이며 전파속도는 빛의 속도와 같으므로

$$C_0 = \frac{1}{\sqrt{\varepsilon_0\mu_0}} = 3\times10^8[\text{m/s}]$$

$$\therefore\ \mu_0 = \frac{1}{\varepsilon_0 C_0^{\ 2}} = \frac{1}{8.855\times10^{-12}\times(3\times10^8)^2} = 12.56\times10^{-7}[\text{H/m}]$$

답 ①

286

핵심이론 찾아보기▶핵심 11-3 기사 07년 출제

전계와 자계와의 관계에서 고유 임피던스는?

① $\dfrac{1}{\sqrt{\varepsilon\mu}}$ ② $\sqrt{\dfrac{\varepsilon}{\mu}}$ ③ $\sqrt{\dfrac{\mu}{\varepsilon}}$ ④ $\sqrt{\varepsilon\mu}$

해설 고유 임피던스

$$\eta = \frac{\boldsymbol{E}}{\boldsymbol{H}} = \sqrt{\frac{\mu}{\varepsilon}} = \sqrt{\frac{\mu_0}{\varepsilon_0}}\cdot\sqrt{\frac{\mu_s}{\varepsilon_s}} = 377\sqrt{\frac{\mu_s}{\varepsilon_s}}\ [\Omega]$$

답 ③

287

핵심이론 찾아보기▶핵심 11-3　　기사 07·96·93년 출제

자유 공간의 고유 임피던스[Ω]는? (단, ε_0는 유전율, μ_0는 투자율이다.)

① $\sqrt{\frac{\varepsilon_0}{\mu_0}}$　② $\sqrt{\frac{\mu_0}{\varepsilon_0}}$　③ $\sqrt{\varepsilon_0\mu_0}$　④ $\sqrt{\frac{1}{\varepsilon_0\mu_0}}$

해설 전계 및 자계 크기의 비(고유 임피던스)

$$\eta = \frac{\boldsymbol{E}}{\boldsymbol{H}} = \sqrt{\frac{\mu}{\varepsilon}} = \sqrt{\frac{\mu_0}{\varepsilon_0}} \cdot \sqrt{\frac{\mu_s}{\varepsilon_s}} = 120\pi\sqrt{\frac{\mu_s}{\varepsilon_s}} = 377\sqrt{\frac{\mu_s}{\varepsilon_s}}\ [\Omega]$$

자유 공간의 고유 임피던스는 $\eta_0 = \sqrt{\frac{\mu_0}{\varepsilon_0}} = 377[\Omega]$

답 ②

288

핵심이론 찾아보기▶핵심 11-3　　기사 22·09·89년 출제

$\varepsilon_r = 80$, $\mu_r = 1$인 매질의 전자파의 고유 임피던스(intrinsic impedance)[Ω]는 얼마인가?

① 41.9　② 33.9　③ 21.9　④ 13.9

해설

$$\eta = \frac{E}{H} = \sqrt{\frac{\mu}{\varepsilon}} = \sqrt{\frac{\mu_0}{\varepsilon_0}} \cdot \sqrt{\frac{\mu_r}{\varepsilon_r}} = 120\pi\sqrt{\frac{\mu_r}{\varepsilon_r}} = 377\sqrt{\frac{\mu_r}{\varepsilon_r}} = 377\times\sqrt{\frac{1}{80}} = 41.9[\Omega]$$

답 ①

289

핵심이론 찾아보기▶핵심 11-3　　산업 11·88·83년 출제

다음 중 전계와 자계와의 관계는?

① $\sqrt{\mu}H = \sqrt{\varepsilon}E$　② $\sqrt{\mu\varepsilon} = EH$

③ $\sqrt{\varepsilon}H = \sqrt{\mu}E$　④ $\mu^{\varepsilon} = EH$

해설

$$\eta = \frac{E}{H} = \sqrt{\frac{\mu}{\varepsilon}}$$

$\therefore\ \sqrt{\mu}H = \sqrt{\varepsilon}E$

답 ①

290

핵심이론 찾아보기▶핵심 11-3　　기사 18년 출제

전계 $E = \sqrt{2}E_e\sin\omega\left(t - \frac{x}{c}\right)$[V/m]의 평면 전자파가 있다. 진공 중에서 자계의 실효값은 몇 [A/m]인가?

① $0.707\times10^{-3}E_e$　② $1.44\times10^{-3}E_e$

③ $2.65\times10^{-3}E_e$　④ $5.37\times10^{-3}E_e$

해설

$$H_e = \sqrt{\frac{\varepsilon_0}{\mu_0}}E_e = \frac{1}{120\pi}E_e = 2.65\times10^{-3}E_e\ [\text{A/m}]$$

답 ③

291 핵심이론 찾아보기▶핵심 11-3

기사 15년 출제

평면 전자파에서 전계의 세기가 $E=5\sin\omega\left(t-\dfrac{x}{v}\right)[\mu\text{V/m}]$인 공기 중에서의 자계의 세기는 몇 $[\mu\text{A/m}]$인가?

① $-\dfrac{5\omega}{v}\cos\omega\left(t-\dfrac{x}{v}\right)$ ② $5\omega\cos\omega\left(t-\dfrac{x}{v}\right)$

③ $4.8\times10^{2}\sin\omega\left(t-\dfrac{x}{v}\right)$ ④ $1.3\times10^{-2}\sin\omega\left(t-\dfrac{x}{v}\right)$

해설

$$H=\sqrt{\frac{\varepsilon_0}{\mu_0}}E=\sqrt{\frac{8.854\times10^{-12}}{4\pi\times10^{-7}}}E=\frac{1}{377}E=0.27\times10^{-2}E$$

$$=0.27\times10^{-2}E=0.27\times10^{-2}\times5\sin\omega\left(t-\frac{x}{v}\right)$$

$$=1.3\times10^{-2}\sin\omega\left(t-\frac{x}{v}\right)[\mu\text{A/m}]$$

답 ④

292 핵심이론 찾아보기▶핵심 11-3

기사 17년 출제

영역 1의 유전체 $\varepsilon_{r1}=4$, $\mu_{r1}=1$, $\sigma_1=0$과 영역 2의 유전체 $\varepsilon_{r2}=9$, $\mu_{r2}=1$, $\sigma_2=0$일 때 영역 1에서 영역 2로 입사된 전자파에 대한 반사계수는?

① −0.2 ② −5.0 ③ 0.2 ④ 0.8

해설

고유 임피던스(파동 임피던스) $\eta=\dfrac{E}{H}=\sqrt{\dfrac{\mu}{\varepsilon}}$

$$\eta_1=\sqrt{\frac{\mu_{r_1}}{\varepsilon_{r_1}}}=\sqrt{\frac{1}{4}}=0.5$$

$$\eta_2=\sqrt{\frac{\mu_{r_2}}{\varepsilon_{r_2}}}=\sqrt{\frac{1}{9}}=0.33$$

$\therefore$ 반사계수 $\rho=\dfrac{\eta_2-\eta_1}{\eta_2+\eta_1}=\dfrac{0.33-0.5}{0.33+0.5}=-0.2$

답 ①

293 핵심이론 찾아보기▶핵심 11-4

기사 17년 출제

전계 E[V/m], 자계 H[AT/m]의 전자계가 평면파를 이루고, 자유 공간으로 단위시간에 전파될 때 단위면적당 전력밀도[W/m²]의 크기는?

① EH^2 ② EH ③ $\dfrac{1}{2}EH^2$ ④ $\dfrac{1}{2}EH$

해설

$$P=\frac{W}{S}=\boldsymbol{E}\times\boldsymbol{H}=EH\sin\theta=EH\sin90^\circ=EH\,[\text{W/m}^2]$$

답 ②

294 핵심이론 찾아보기▶핵심 11-4

기사 13·09·05·00·97·96·92년 / 산업 14·03·97·96·87년 출제

전계 E[V/m] 및 자계 H[AT/m]인 전자파가 자유 공간 중을 빛의 속도로 전파될 때, 단위시간에 단위면적을 지나는 에너지는 몇 [W/m²]인가? (단, C는 빛의 속도를 나타낸다.)

① EH ② EH^2 ③ E^2H ④ $\frac{1}{2}CE^2H^2$

해설 $P = w \times v = \sqrt{\varepsilon\mu}\,EH \times \frac{1}{\sqrt{\varepsilon\mu}} = EH\,[\mathrm{W/m^2}]$

답 ①

295 핵심이론 찾아보기▶핵심 11-4

기사 01년 출제

10[kW]의 전력으로 송신하는 전파 안테나에서 10[km] 떨어진 점의 전계 세기는 몇 [V/m]인가?

① 1.73×10^{-3} ② 1.73×10^{-2} ③ 5.5×10^{-3} ④ 5.5×10^{-2}

해설 $P = \frac{W}{S} = \frac{W}{4\pi r^2} = \frac{10 \times 10^3}{4\pi \times (10 \times 10^3)^2} = 0.0796 \times 10^{-4}\,[\mathrm{W/m^2}]$

$P = HE = \sqrt{\frac{\varepsilon_0}{\mu_0}}\,E^2 = \frac{1}{377}E^2$이므로 $0.0796 \times 10^{-4} = \frac{1}{377}E^2$

$\therefore\ E = 5.5 \times 10^{-2}\,[\mathrm{V/m}]$

답 ④

296 핵심이론 찾아보기▶핵심 11-4

기사 08·05년 출제

자계 실효값이 1[mA/m]인 평면 전자파가 공기 중에서 이에 수직되는 수직 단면적 10[m²]를 통과하는 전력[W]은?

① 3.77×10^{-3} ② 3.77×10^{-4} ③ 3.77×10^{-5} ④ 3.77×10^{-6}

해설 $W = PS = EHS = \sqrt{\frac{\mu_0}{\varepsilon_0}}\,H^2 S = 377 \times (10^{-3})^2 \times 10 = 3.77 \times 10^{-3}\,[\mathrm{W}]$

답 ①

297 핵심이론 찾아보기▶핵심 11-응용

기사 10·03년 출제

다음에서 무손실 전송 회로의 특성 임피던스를 나타낸 것은?

① $Z_0 = \sqrt{\frac{C}{L}}$ ② $Z_0 = \sqrt{\frac{L}{C}}$ ③ $Z_0 = \frac{1}{\sqrt{LC}}$ ④ $Z_0 = \sqrt{LC}$

해설 선로의 특성 임피던스는 $Z_0 = \sqrt{\frac{R + j\omega L}{G + j\omega C}}\,[\Omega]$

주파수가 충분히 높은 무손실 회로에서는 $Z_0 = \sqrt{\frac{L}{C}}\,[\Omega]$

답 ②

298

핵심이론 찾아보기▶핵심 11-응용 기사 96년 출제

내도체의 반지름이 a[m], 외도체의 내반지름이 b[m]인 동축 케이블이 있다. 도체 사이에 있는 매질의 유전율은 ε[F/m], 투자율은 μ[H/m]이다. 이 케이블의 특성 임피던스[Ω]는?

① $\dfrac{1}{2\pi}\sqrt{\dfrac{\mu}{\varepsilon}}\log\dfrac{b}{a}$
② $\sqrt{\dfrac{\mu}{\varepsilon}}\log\dfrac{b}{a}$
③ $\log\dfrac{b}{a}/2\pi\sqrt{\varepsilon\mu}$
④ $2\pi\left(\sqrt{\mu\varepsilon}\cdot\log\dfrac{b}{a}\right)$

해설 $Z=\sqrt{\dfrac{L}{C}}=\dfrac{1}{2\pi}\sqrt{\dfrac{\mu}{\varepsilon}}\log\dfrac{b}{a}[\Omega]$

$\left(단,\ C=\dfrac{2\pi\varepsilon}{\log\dfrac{b}{a}}[\mathrm{F/m}],\ L=\dfrac{\mu}{2\pi}\log\dfrac{b}{a}[\mathrm{H/m}]\right)$

답 ①

299

핵심이론 찾아보기▶핵심 11-응용 기사 14·07년 출제

다음 중 정전계와 정자계의 대응 관계가 성립되는 것은?

① $\mathrm{div}\,D=\rho_v \rightarrow \mathrm{div}\,B=\rho_m$
② $\nabla^2 V=-\dfrac{\rho_v}{\varepsilon_0} \rightarrow \nabla^2 A=-\dfrac{i}{\mu_0}$
③ $W=\dfrac{1}{2}CV^2 \rightarrow W=\dfrac{1}{2}LI^2$
④ $F=9\times10^9\dfrac{Q_1Q_2}{R^2}a_R \rightarrow F=6.33\times10^{-4}\dfrac{m_1m_2}{R^2}a_R$

해설 정전계와 정자계의 대응 관계

㉠ $\mathrm{div}\,D=\rho_v \rightarrow \mathrm{div}\,B=0$

㉡ $\nabla^2 V=-\dfrac{\rho_v}{\epsilon_0} \rightarrow \nabla^2 A=-\mu_0 i$

㉢ $F=9\times10^9\dfrac{Q_1Q_2}{R^2}a_R \rightarrow F=6.33\times10^4\dfrac{m_1m_2}{R^2}a_R$

㉣ 정전에너지 $W=\dfrac{1}{2}CV^2$ → 자계에너지 $W=\dfrac{1}{2}LI^2$

답 ③

300 핵심이론 찾아보기▶**핵심 11-응용** 기사 22년 출제

벡터 퍼텐셜 $A = 3x^2ya_x + 2xa_y - z^3a_z$[Wb/m]일 때의 자계의 세기 H[A/m]는? (단, μ는 투자율이라 한다.)

① $\frac{1}{\mu}(2-3x^2)a_y$ ② $\frac{1}{\mu}(3-2x^2)a_y$

③ $\frac{1}{\mu}(2-3x^2)a_z$ ④ $\frac{1}{\mu}(3-2x^2)a_z$

해설 $B = \mu H = \text{rot } A = \nabla \times A$($A$는 벡터 퍼텐셜, H는 자계의 세기)

$\therefore H = \frac{1}{\mu}(\nabla \times A)$

$$\nabla \times A = \begin{vmatrix} a_x & a_y & a_z \\ \frac{\partial}{\partial x} & \frac{\partial}{\partial y} & \frac{\partial}{\partial z} \\ 3x^2y & 2x & -z^3 \end{vmatrix} = (2-3x^2)a_z$$

$\because$ 자계의 세기 $H = \frac{1}{\mu}(2-3x^2)a_z$

답 ③

02 CHAPTER 전력공학

001 핵심이론 찾아보기▶핵심 01-1 기사 14·10·01년 / 산업 94년 출제

가공전선로에 사용하는 전선의 구비조건으로 옳지 않은 것은?

① 비중(밀도)이 클 것 ② 도전율이 높을 것
③ 기계적인 강도가 클 것 ④ 내구성이 있을 것

해설 비중이 적을 것, 즉 전선은 가벼울수록 좋다. 답 ①

002 핵심이론 찾아보기▶핵심 01-2 기사 14·99·96년 / 산업 03·93년 출제

ACSR은 동일한 길이에서 동일한 전기저항을 갖는 경동연선에 비하여 어떠한가?

① 바깥지름은 크고, 중량은 크다.
② 바깥지름은 크고, 중량은 작다.
③ 바깥지름은 작고, 중량은 크다.
④ 바깥지름은 작고, 중량은 작다.

해설 강심알루미늄연선(ACSR)은 경동연선에 비해 직경은 1.4~1.6배, 비중은 0.8배, 기계적 강도는 1.5~2배 정도이다. 그러므로 ACSR은 동일한 길이, 동일한 저항을 갖는 경동연선에 비해 바깥지름은 크고 중량은 작다. 답 ②

003 핵심이론 찾아보기▶핵심 01-3 기사 03년 출제

다음은 누구의 법칙인가?

> 전선의 단위길이 내에서 연간에 손실되는 전력량에 대한 전기요금과 단위길이의 전선값에 대한 금리, 감가상각비 등의 연간 경비의 합계가 같게 되는 전선 단면적이 가장 경제적인 전선의 단면적이다.

① 뉴크의 법칙 ② 켈빈의 법칙
③ 플레밍의 법칙 ④ 스틸의 법칙

해설 경제적인 전선 단면적을 구하는 데에는 켈빈의 법칙(Kelvin's law)이 있다. 즉, 전선의 단위길이 내에서 연간 손실 전력량에 대한 요금과 단위길이의 전선비에 대한 금리(interest) 및 감가상각비가 같게 되는 전선의 굵기가 가장 경제적이라는 법칙이다. 답 ②

004

핵심이론 찾아보기▶핵심 01-3　　기사 11·03·94년 / 산업 97년 출제

다음 중 켈빈(Kelvin) 법칙이 적용되는 것은?

① 경제적인 송전전압을 결정하고자 할 때
② 일정한 부하에 대한 계통 손실을 최소화하고자 할 때
③ 경제적 송전선의 전선의 굵기를 결정하고자 할 때
④ 화력발전소군의 총 연료비가 최소가 되도록 각 발전기의 경제 부하 배분을 하고자 할 때

해설 전선 단위길이의 시설비에 대한 1년간 이자와 감가상각비 등을 계산한 값과 단위길이의 1년간 손실 전력량을 요금으로 환산한 금액이 같아질 때 전선의 굵기가 가장 경제적이다.

$$\sigma = \sqrt{\frac{WMP}{\rho N}} = \sqrt{\frac{8.89 \times 55MP}{N}}\ [\mathrm{A/mm^2}]$$

여기서, σ : 경제적인 전류밀도 $[\mathrm{A/mm^2}]$
W : 전선 중량 $8.89 \times 10^{-3}[\mathrm{kg/mm^2 \cdot m}]$
M : 전선 가격 [원/kg]
P : 전선비에 대한 연경비 비율
ρ : 저항률 $\frac{1}{55}[\Omega \cdot \mathrm{mm^2/m}]$
N : 전력량의 가격 [원/kW/년]

답 ③

005

핵심이론 찾아보기▶핵심 01-3　　기사 19·18·17년 출제

옥내 배선의 전선 굵기를 결정할 때 고려해야 할 사항으로 틀린 것은?

① 허용전류　② 전압강하
③ 배선방식　④ 기계적 강도

해설 전선 굵기 결정 시 고려사항은 허용전류, 전압강하, 기계적 강도이다.

답 ③

006

핵심이론 찾아보기▶핵심 01-4　　기사 15·14·99년 / 산업 96년 출제

경간 200[m]의 지지점이 수평인 가공전선로가 있다. 전선 1[m]의 하중은 2[kg], 풍압하중은 없는 것으로 하고 전선의 인장하중은 4,000[kg], 안전율을 2.2로 하면 이도[m]는?

① 4.7　② 5
③ 5.5　④ 6

해설

$$D = \frac{WS^2}{8T} = \frac{2 \times 200^2}{8 \times \frac{4,000}{2.2}} = 5.5[\mathrm{m}]$$

답 ③

007 핵심이론 찾아보기▶핵심 01-4

기사 10년 / 산업 89년 출제

경간 200[m]의 가공전선로가 있다. 전선 1[m]당의 하중은 2.0[kg], 풍압하중은 없는 것으로 하면 인장하중 4,000[kg]의 전선을 사용할 때 이도 및 전선의 실제 길이는 각각 몇 [m]인가? (단, 안전율은 2.0으로 한다.)

① 이도 : 5, 길이 : 200.33　② 이도 : 5.5, 길이 : 200.3
③ 이도 : 7.5, 길이 : 222.3　④ 이도 : 10, 길이 : 201.33

해설
- 이도 $D=\dfrac{WS^2}{8T}=\dfrac{2\times 200^2}{8\times\dfrac{4,000}{2}}=5[\text{m}]$
- 전선의 실제 길이 $L=S+\dfrac{8D^2}{3S}=200+\dfrac{8\times 5^2}{3\times 200}=200.33[\text{m}]$

답 ①

008 핵심이론 찾아보기▶핵심 01-4

기사 22·10년 / 산업 97년 출제

그림과 같이 지지점 A, B, C에는 고저차가 없으며, 경간 AB와 BC 사이에 전선이 가설되어 그 이도가 12[cm]이었다고 한다. 지금 지지점 B에서 전선이 떨어져 전선의 이도가 D로 되었다면 D는 몇 [cm]가 되겠는가?

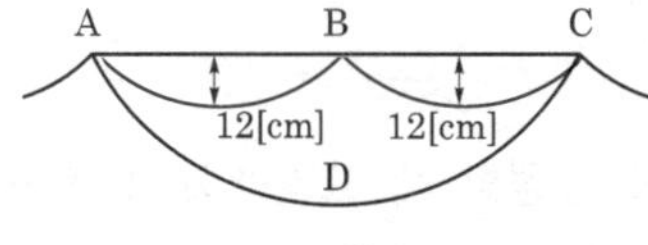

① 18　② 24　③ 30　④ 36

해설 전선의 실제 길이는 같으므로 떨어지기 전의 실제 길이와 떨어진 후의 실제 길이를 계산한다.
즉, 경간 AB와 BC를 S라 하면,

$$L=\left(S+\frac{8{D_1}^2}{3S}\right)\times 2=2S+\frac{8{D_2}^2}{3\times 2S}\text{에서 } 4{D_1}^2={D_2}^2 \quad \therefore\ D_2=2D_1$$

$D_2=2D_1=2\times 12=24[\text{cm}]$

답 ②

009 핵심이론 찾아보기▶핵심 01-4

기사 21년 출제

경간이 200[m]인 가공전선로가 있다. 사용 전선의 길이는 경간보다 약 몇 [m] 더 길어야 하는가? (단, 전선의 1[m]당 하중은 2[kg], 인장하중은 4,000[kg]이고, 풍압하중은 무시하며, 전선의 안전율은 2이다.)

① 0.33　② 0.61　③ 1.41　④ 1.73

해설 이도 $D=\dfrac{WS^2}{8T}=\dfrac{2\times 200^2}{8\times\left(\dfrac{4,000}{2}\right)}=5[\text{m}]$

실제 전선 길이 $L=S+\dfrac{8D^2}{3S}$이므로 경간(S)보다 $\dfrac{8D^2}{3S}$만큼 전선의 길이는 길어진다.

$\therefore\ \dfrac{8D^2}{3S}=\dfrac{8\times 5^2}{3\times 200}=0.33[\text{m}]$

답 ①

010 핵심이론 찾아보기▶핵심 01-4

기사 04·95·93년 출제

온도가 t[℃] 상승했을 때의 이도[m]는? (단, 온도 변화 전의 이도를 D_1[m], 경간을 S[m], 전선의 온도계수를 a라 한다.)

① $\sqrt{D_1^{\,2}+\frac{3}{8}atS}$　② $\sqrt{D_1^{\,2}-\frac{3}{8}a^2tS}$
③ $\sqrt{D_1^{\,2}+\frac{3}{8}atS^2}$　④ $\sqrt{D_1^{\,2}+\frac{3}{8}at^2S}$

해설 **온도 변화에 대한 이도와 전선 길이**

- 이도 $D_2=\sqrt{D_1^{\,2}\pm\frac{3}{8}atS^2}$ [m]
- 전선 길이 $L_2=L_1\pm atS$ [m]

여기서, t : 온도 변화[℃]
a : 선팽창계수 ⇒ 1[℃]에 대해 경동선 0.000017, Al선 0.000023

답 ③

011 핵심이론 찾아보기▶핵심 01-5

기사 00년 / 산업 00년 출제

빙설이 많은 지방에서 특고압 가공전선의 이도(dip)를 계산할 때 전선 주위에 부착하는 빙설의 두께와 비중은 일반적인 경우 각각 얼마로 상정하는가?

① 두께 : 10[mm], 비중 : 0.9　② 두께 : 6[mm], 비중 : 0.9
③ 두께 : 10[mm], 비중 : 1　④ 두께 : 6[mm], 비중 : 1

해설 빙설(눈과 얼음)은 전선이나 가섭선에 온도가 낮은 저온계인 경우 부착하게 되는데 두께를 6[mm], 비중을 0.9로 하여 빙설하중이나 풍압하중 등을 계산하도록 되어 있다.

답 ②

012 핵심이론 찾아보기▶핵심 01-6

기사 18년 / 산업 16·11·09·08·01·94·89년 출제

송전선에 댐퍼(damper)를 다는 이유는?

① 전선의 진동 방지　② 전선의 이탈 방지
③ 코로나의 방지　④ 현수애자의 경사 방지

해설 진동방지대책으로 댐퍼(damper), 아머로드를 설치한다.

답 ①

013 핵심이론 찾아보기▶핵심 01-6

기사 95년 / 산업 21·09·08·96·93년 출제

3상 수직 배치인 선로에서 오프셋(off-set)을 주는 이유는?

① 전선의 진동 억제　② 단락 방지
③ 철탑 중량 감소　④ 전선의 풍압 감소

해설 전선 도약으로 생기는 상하 전선 간의 단락을 방지하기 위해 오프셋(off-set)을 준다.

답 ②

014

핵심이론 찾아보기▶핵심 01-7 기사 11년 / 산업 21·01·00·95년 출제

애자가 갖추어야 할 구비조건으로 옳은 것은?

① 온도의 급변에 잘 견디고 습기도 잘 흡수하여야 한다.
② 지지물에 전선을 지지할 수 있는 충분한 기계적 강도를 갖추어야 한다.
③ 비, 눈, 안개 등에 대해서도 충분한 절연저항을 가지며 누설전류가 많아야 한다.
④ 선로전압에는 충분한 절연내력을 가지며, 이상전압에는 절연내력이 매우 작아야 한다.

해설 애자는 온도의 급변에 잘 견디고, 습기나 물기 등은 잘 흡수하지 않아야 한다.

답 ②

015

핵심이론 찾아보기▶핵심 01-7 기사 13·04·00년 출제

송전선로에 사용되는 애자의 특성이 나빠지는 원인으로 볼 수 없는 것은?

① 애자 각 부분의 열팽창 상이
② 전선 상호 간의 유도장해
③ 누설전류에 의한 편열
④ 시멘트의 화학 팽창 및 동결 팽창

해설 **애자의 열화 원인**
- 제조상의 결함
- 애자 각 부분의 열팽창 및 온도 상이
- 시멘트의 화학 팽창 및 동결 팽창
- 전기적인 스트레스
- 누설전류에 의한 편열
- 코로나

답 ②

016

핵심이론 찾아보기▶핵심 01-8 기사 17년 출제

현수애자에 대한 설명으로 틀린 것은?

① 애자를 연결하는 방법에 따라 클레비스형과 볼소켓형이 있다.
② 큰 하중에 대하여는 2연 또는 3연으로 하여 사용할 수 있다.
③ 애자의 연결 개수를 가감함으로써 임의의 송전전압에 사용할 수 있다.
④ 2~4층의 갓 모양의 자기편을 시멘트로 접착하고 그 자기를 주철제 베이스로 지지한다.

해설 ④번은 핀애자를 설명한 것이다.

답 ④

017

핵심이론 찾아보기▶핵심 01-9 기사 22년 / 산업 13·08·00·93년 출제

가공전선로에 사용되는 애자련 중 전압 부담이 최소인 것은?

① 철탑에 가까운 곳
② 전선에 가까운 곳
③ 철탑으로부터 $\frac{1}{3}$ 길이에 있는 것
④ 중앙에 있는 것

해설 철탑에 사용하는 현수애자의 전압 부담은 전선 쪽에 가까운 것이 제일 크고 철탑 쪽에서 $\frac{1}{3}$ 정도 길이에 있는 현수애자의 전압 부담이 제일 작다.

답 ③

018

핵심이론 찾아보기▶핵심 01-9 | 기사 19년 출제

아킹 혼(arcing horn)의 설치 목적은?

① 이상전압 소멸
② 전선의 진동 방지
③ 코로나 손실 방지
④ 섬락사고에 대한 애자 보호

해설 **아킹 혼, 소호각(환)의 역할**
- 이상전압으로부터 애자련의 보호
- 애자전압 부담의 균등화
- 애자의 열적 파괴(섬락 포함) 방지

답 ④

019

핵심이론 찾아보기▶핵심 01-9 | 기사 17년 출제

초호각(arcing horn)의 역할은?

① 풍압을 조절한다.
② 송전효율을 높인다.
③ 애자의 파손을 방지한다.
④ 고주파수의 섬락전압을 높인다.

해설 초호환, 차폐환 등은 송전선로 애자의 전압 분포를 균등화하고, 섬락이 발생할 때 애자의 파손을 방지한다.

답 ③

020

핵심이론 찾아보기▶핵심 01-10 | 기사 95년 출제

애자의 전기적 특성에서 가장 높은 전압은?

① 건조섬락전압
② 주수섬락전압
③ 충격섬락전압
④ 유중파괴전압

해설 **현수애자 250[mm]형 섬락전압[kV]**
- 건조섬락전압 : 80[kV]
- 주수섬락전압 : 50[kV]
- 충격섬락전압 : 125[kV]
- 유중파괴전압 : 140[kV]

답 ④

021

핵심이론 찾아보기▶핵심 01-10 | 기사 97·96년 출제

250[mm] 현수애자 한 개의 건조섬락전압은 80[kV]이다. 이것을 10개 직렬로 접속한 애자련의 건조섬락전압이 590[kV]일 때 연능률(string efficiency)은?

① 1.35
② 13.5
③ 0.74
④ 7.4

해설

$$\eta = \frac{V_n}{nV_1} = \frac{590}{10 \times 80} = 0.74$$

답 ③

022

핵심이론 찾아보기▶핵심 01-11 기사 94년 / 산업 89년 출제

지상 높이 h[m]인 곳에 수평 하중 P[kg]을 받는 목주에 지선을 설치할 때 지선 l[m]가 받는 장력은 몇 [kg]인가?

① $\dfrac{l}{h}P$ ② $\dfrac{\sqrt{l^2-h^2}}{h}P$ ③ $\dfrac{l}{\sqrt{l^2-h^2}}P$ ④ $\dfrac{l}{l^2-h^2}P$

해설

$$\cos\theta = \frac{d}{l} = \frac{\sqrt{l^2-h^2}}{l}$$

$$T_o = \frac{P}{\cos\theta} = \frac{P}{\dfrac{\sqrt{l^2-h^2}}{l}} = \frac{l}{\sqrt{l^2-h^2}} \times P$$

답 ③

023

핵심이론 찾아보기▶핵심 01-12 기사 97년 출제

지중 케이블의 사고점 탐색법이 아닌 것은?

① 머레이 루프법(muray loop method) ② 펄스로 하는 방법
③ 탐색 코일로 하는 방법 ④ 등면적법

해설 등면적법은 안정도를 계산하는 데 사용하는 방법이다.

답 ④

024

핵심이론 찾아보기▶핵심 01-13 기사 19년 출제

케이블의 전력손실과 관계가 없는 것은?

① 철손 ② 유전체손
③ 시스손 ④ 도체의 저항손

해설 전력 케이블의 손실은 저항손, 유전체손, 연피손(시스손)이 있다.

답 ①

025

핵심이론 찾아보기▶핵심 01-14 기사 13·02·95년 / 산업 12·01·99년 출제

지중선 계통은 가공선 계통에 비하여 인덕턴스와 정전용량은 어떠한가?

① 인덕턴스, 정전용량이 모두 크다. ② 인덕턴스, 정전용량이 모두 작다.
③ 인덕턴스는 크고, 정전용량은 작다. ④ 인덕턴스는 작고, 정전용량은 크다.

해설 지중전선로는 가공전선로보다 인덕턴스는 약 $\dfrac{1}{6}$ 정도이고, 정전용량은 100배 정도이다.

답 ④

026

핵심이론 찾아보기▶핵심 02-1 기사 00년 출제

송전선로의 선로정수가 아닌 것은 다음 중 어느 것인가?

① 저항 ② 리액턴스 ③ 정전용량 ④ 누설 컨덕턴스

해설 선로정수는 R, L, C, G를 말한다.
리액턴스는 유도 리액턴스와 용량 리액턴스로 선로정수가 아니다.

답 ②

027

핵심이론 찾아보기▶핵심 02-1 기사 07년 출제

송·배전선로는 저항 R, 인덕턴스 L, 정전용량(커패시턴스) C, 누설 컨덕턴스 G라는 4개의 정수로 이루어진 연속된 전기회로이다. 이들 정수를 선로정수(line constant)라고 부르는데 이것은 (㉠), (㉡) 등에 따라 정해진다. 다음 중 (㉠), (㉡)에 알맞은 내용은?

① ㉠ 전압·전선의 종류, ㉡ 역률
② ㉠ 전선의 굵기·전압, ㉡ 전류
③ ㉠ 전선의 배치·전선의 종류, ㉡ 전류
④ ㉠ 전선의 종류·전선의 굵기, ㉡ 전선의 배치

해설 선로정수는 전선의 배치, 종류, 굵기 등에 따라 정해지고 전선의 배치에 가장 많은 영향을 받는다.

답 ④

028

핵심이론 찾아보기▶핵심 02-2 기사 13·02·96년 / 산업 19·07·98년 출제

전선에서 전류의 밀도가 도선의 중심으로 들어갈수록 작아지는 현상은?

① 페란티 효과
② 접지효과
③ 표피효과
④ 근접효과

해설 표피효과란 전류의 밀도가 도선 중심으로 들어갈수록 줄어드는 현상으로, 전선이 굵을수록, 주파수가 높을수록 커진다.

답 ③

029

핵심이론 찾아보기▶핵심 02-2 기사 13년 / 산업 18·14·99년 출제

현수애자 4개를 1련으로 한 66[kV] 송전선로가 있다. 현수애자 1개의 절연저항이 1,500[MΩ]이라면 표준 경간을 200[m]로 할 때 1[km]당의 누설 컨덕턴스[℧]는?

① 0.83×10^{-9}
② 0.83×10^{-6}
③ 0.83×10^{-3}
④ 0.83×10

해설 현수애자 1련의 저항 $r = 1.500 \times 10^6 \times 4 = 6 \times 10^9[\Omega]$
표준 경간이 200[m]이므로 병렬로 5련이 설치되므로
$$\therefore G = \frac{1}{R} = \frac{1}{\frac{r}{5}} = \frac{1}{\frac{6}{5} \times 10^9} = \frac{5}{6} \times 10^{-9} = 0.83 \times 10^{-9}[℧]$$

답 ①

030

핵심이론 찾아보기▶핵심 02-2 기사 18·15년 출제

그림과 같은 선로의 등가선간거리는 몇 [m]인가?

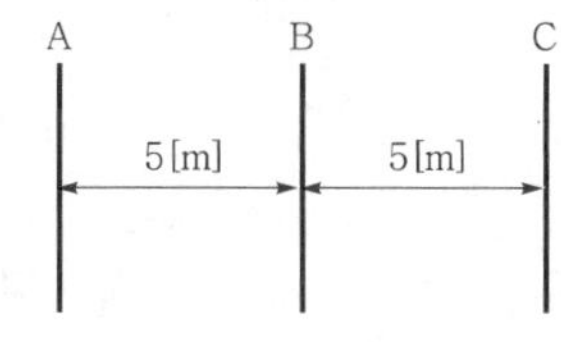

① 5
② $5\sqrt{2}$
③ $5\sqrt[3]{2}$
④ $10\sqrt[3]{2}$

해설 등가선간거리
$D_e = \sqrt[3]{D \cdot D \cdot 2D} = \sqrt[3]{5 \times 5 \times 2 \times 5} = 5\sqrt[3]{2}$

답 ③

031

핵심이론 찾아보기▶핵심 02-2

기사 00·95·94년 / 산업 15·12·97년 출제

반지름 r[m]인 전선 A, B, C가 그림과 같이 수평으로 D[m] 간격으로 배치되고 3선이 완전 연가된 경우 각 선의 인덕턴스는?

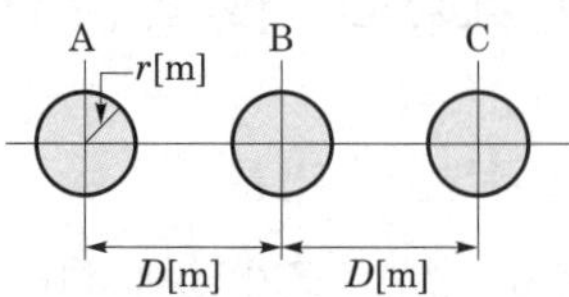

① $L = 0.05 + 0.4605\log_{10}\dfrac{D}{r}$
② $L = 0.05 + 0.4605\log_{10}\dfrac{\sqrt{2}\,D}{r}$
③ $L = 0.05 + 0.4605\log_{10}\dfrac{\sqrt{3}\,D}{r}$
④ $L = 0.05 + 0.4605\log_{10}\dfrac{\sqrt[3]{2}\,D}{r}$

해설 등가선간거리 $D_e = \sqrt[3]{D \cdot D \cdot 2D} = \sqrt[3]{2} \cdot D$

$\therefore$ 인덕턴스 $L = 0.05 + 0.4605\log_{10}\dfrac{\sqrt[3]{2} \cdot D}{r}$[mH/km]

답 ④

032

핵심이론 찾아보기▶핵심 02-2

기사 19년 출제

송·배전선로에서 도체의 굵기는 같게 하고 도체 간의 간격을 크게 하면 도체의 인덕턴스는?

① 커진다.
② 작아진다.
③ 변함이 없다.
④ 도체의 굵기 및 도체 간의 간격과는 무관하다.

해설 인덕턴스 $L = 0.05 + 0.4605\log_{10}\dfrac{D}{r}$[mH/km]이므로 도체 간격(여기서, D : 등가선간거리)을 크게 하면 인덕턴스는 증가한다.

답 ①

033

핵심이론 찾아보기▶핵심 02-2

기사 18년 출제

반지름 r[m]이고 소도체 간격 s 인 4복도체 송전선로에서 전선 A, B, C가 수평으로 배열되어 있다. 등가선간거리가 D[m]로 배치되고 완전 연가된 경우 송전선로의 인덕턴스는 몇 [mH/km]인가?

① $0.4605\log_{10}\dfrac{D}{\sqrt{rs^2}} + 0.0125$
② $0.4605\log_{10}\dfrac{D}{\sqrt[2]{rs}} + 0.025$
③ $0.4605\log_{10}\dfrac{D}{\sqrt[3]{rs^2}} + 0.0167$
④ $0.4605\log_{10}\dfrac{D}{\sqrt[4]{rs^3}} + 0.0125$

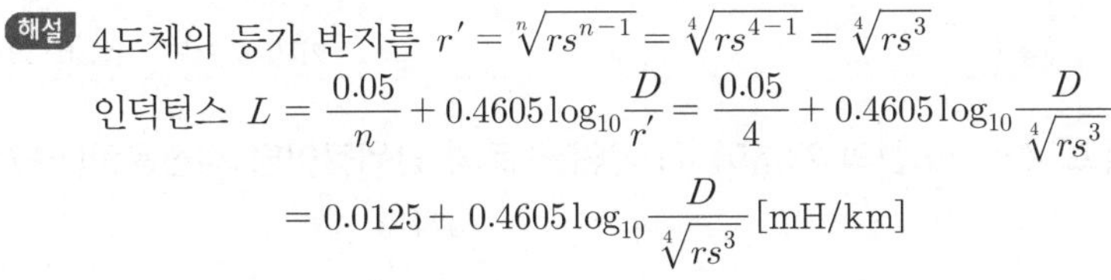

해설 4도체의 등가 반지름 $r' = \sqrt[n]{rs^{n-1}} = \sqrt[4]{rs^{4-1}} = \sqrt[4]{rs^3}$

인덕턴스 $L = \dfrac{0.05}{n} + 0.4605\log_{10}\dfrac{D}{r'} = \dfrac{0.05}{4} + 0.4605\log_{10}\dfrac{D}{\sqrt[4]{rs^3}}$

$= 0.0125 + 0.4605\log_{10}\dfrac{D}{\sqrt[4]{rs^3}}\,[\text{mH/km}]$

답 ④

034

핵심이론 찾아보기▶**핵심 02-2**

기사 09년 / 산업 04년 출제

복도체 선로가 있다. 소도체의 지름이 8[mm], 소도체 사이의 간격이 40[cm]일 때, 등가 반지름[cm]은?

① 2.8　② 3.6　③ 4.0　④ 5.7

해설 복도체의 등가 반지름 $r_e = \sqrt[n]{r \cdot s^{n-1}}$ 이므로 복도체인 경우 $r_e = \sqrt{r \cdot s}$

∴ 등가 반지름 $r_e = \sqrt{\dfrac{8}{2} \times 10^{-1} \times 40} = 4[\text{cm}]$

답 ③

035

핵심이론 찾아보기▶**핵심 02-2**

기사 09·94년 / 산업 22·01·00년 출제

그림과 같이 송전선이 4도체인 경우 소선 상호 간의 등가 평균거리는?

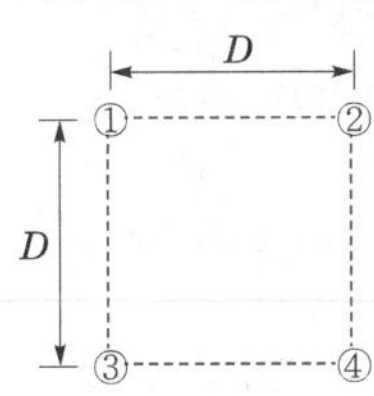

① $\sqrt[3]{2}D$　② $\sqrt[4]{2}D$

③ $\sqrt[6]{2}D$　④ $\sqrt[8]{2}D$

해설 등가 평균거리 $D_o = \sqrt[n]{D_1 \cdot D_2 \cdot D_3 \cdots D_n}$

대각선의 길이는 $\sqrt{2}D$이므로

$D_o = \sqrt[6]{D_{12} \cdot D_{24} \cdot D_{34} \cdot D_{13} \cdot D_{23} \cdot D_{14}} = \sqrt[6]{D \cdot D \cdot D \cdot D \cdot \sqrt{2}D \cdot \sqrt{2}D} = D \cdot \sqrt[6]{2}$

답 ③

036

핵심이론 찾아보기▶**핵심 02-2**

기사 14년 / 산업 96년 출제

3선식 3각형 배치의 송전선로가 있다. 선로가 연가되어 각 선간의 정전용량은 0.009[μF/km], 각 선의 대지정전용량은 0.003[μF/km]라고 하면 1선의 작용정전용량[μF/km]은?

① 0.03　② 0.018　③ 0.012　④ 0.006

해설 $C = C_s + 3C_m = 0.003 + 3 \times 0.009 = 0.03[\mu\text{F/km}]$

답 ①

037

핵심이론 찾아보기▶핵심 02-2 기사 16·94년 / 산업 11·03·94년 출제

선간거리 $2D$[m]이고, 선로 도선의 지름이 d[m]인 선로의 단위길이당 정전용량[μF/km]은?

① $C=\dfrac{0.02413}{\log_{10}\dfrac{4D}{d}}$ ② $C=\dfrac{0.02413}{\log_{10}\dfrac{2D}{d}}$

③ $C=\dfrac{0.02413}{\log_{10}\dfrac{D}{d}}$ ④ $C=\dfrac{0.2413}{\log_{10}\dfrac{4D}{d}}$

해설 $C=\dfrac{0.02413}{\log_{10}\dfrac{D}{r}}=\dfrac{0.02413}{\log_{10}\dfrac{2D}{\frac{d}{2}}}=\dfrac{0.02413}{\log_{10}\dfrac{4D}{d}}[\mu\text{F/km}]$

답 ①

038

핵심이론 찾아보기▶핵심 02-2 기사 11·02·98년 / 산업 01년 출제

가공 송전선로에서 선간거리를 도체 반지름으로 나눈 값$(D\div r)$이 클수록 어떠한가?

① 인덕턴스 L과 정전용량 C는 둘 다 커진다.
② 인덕턴스는 커지나 정전용량은 작아진다.
③ 인덕턴스와 정전용량은 둘 다 작아진다.
④ 인덕턴스는 작아지나 정전용량은 커진다.

해설 $L=0.05+0.4605\log_{10}\dfrac{D}{r}$ $\quad\therefore L\propto\log_{10}\dfrac{D}{r}$

$C=\dfrac{0.02413}{\log_{10}\dfrac{D}{r}}$ $\quad\therefore C\propto\dfrac{1}{\log_{10}\dfrac{D}{r}}$

답 ②

039

핵심이론 찾아보기▶핵심 02-3 기사 99·94년 / 산업 11년 출제

정전용량 0.01[μF/km], 길이 173.2[km], 선간전압 60,000[V], 주파수 60[Hz]인 송전선로의 충전전류[A]는 얼마인가?

① 6.3 ② 12.5 ③ 22.6 ④ 37.2

해설 충전전류 $I_c=\dfrac{E}{Z}=\omega CE=2\pi fCE=2\pi\times 60\times 0.01\times 10^{-6}\times 173.2\times\dfrac{60{,}000}{\sqrt{3}}=22.6[\text{A}]$

답 ③

040

핵심이론 찾아보기▶핵심 02-3 기사 11·96·92년 출제

3상 전원에 접속된 △결선의 콘덴서를 Y결선으로 바꾸면 진상용량은 몇 배로 되는가?

① $\sqrt{3}$ ② $\dfrac{1}{3}$ ③ 3 ④ $\dfrac{1}{\sqrt{3}}$

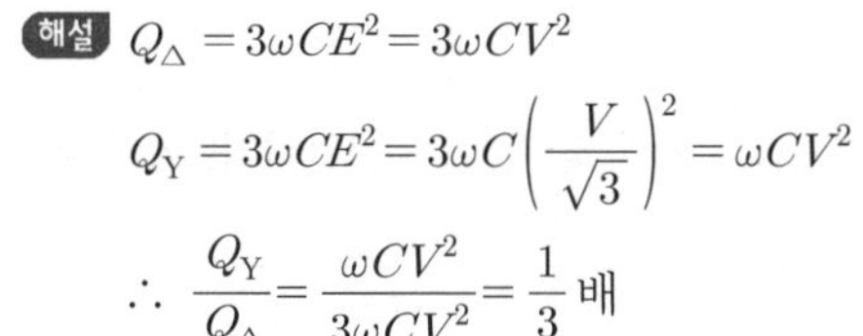

해설 $Q_\triangle = 3\omega CE^2 = 3\omega CV^2$

$$Q_Y = 3\omega CE^2 = 3\omega C\left(\frac{V}{\sqrt{3}}\right)^2 = \omega CV^2$$

$$\therefore \ \frac{Q_Y}{Q_\triangle} = \frac{\omega CV^2}{3\omega CV^2} = \frac{1}{3}\text{배}$$

답 ②

041

핵심이론 찾아보기▶**핵심 02-4** 기사 03·96·95년 / 산업 21·19·16·14·11·03·01·00·99년 출제

3상 3선식 송전선로를 연가하는 목적은?

① 전압강하를 방지하기 위하여 ② 송전선을 절약하기 위하여
③ 미관상 ④ 선로정수를 평형시키기 위하여

해설 연가란 선로정수 평형을 위해 송전단에서 수전단까지 전체 선로구간을 3의 배수 등분하여 전선의 위치를 바꾸어 주는 것을 말한다.

답 ④

042

핵심이론 찾아보기▶**핵심 02-4** 기사 19·16년 / 산업 12년 출제

연가의 효과로 볼 수 없는 것은?

① 선로정수의 평형 ② 대지정전용량의 감소
③ 통신선의 유도장해의 감소 ④ 직렬 공진의 방지

해설 연가는 전선로 각 상의 선로정수를 평형되도록 선로 전체의 길이를 3의 배수 등분하여 각 상의 전선 위치를 바꾸어 주는 것으로 통신선에 대한 유도장해 방지 및 직렬 공진에 의한 이상전압 발생을 방지한다.

답 ②

043

핵심이론 찾아보기▶**핵심 02-5** 기사 03·00·99·94년 출제

3상 3선식 송전선로에서 코로나의 임계전압 E_0[kV]의 계산식은? (단, $d = 2r =$ 전선의 지름[cm], $D =$ 전선(3선)의 평균 선간거리[cm]이다.)

① $E_0 = 24.3\, d\log_{10}\dfrac{D}{r}$ ② $E_0 = 24.3\, d\log_{10}\dfrac{r}{D}$

③ $E_0 = \dfrac{24.3}{d\log_{10}\dfrac{D}{r}}$ ④ $E_0 = \dfrac{24.3}{d\log_{10}\dfrac{r}{D}}$

해설 코로나 임계전압 $E_0 = 24.3\, m_0 m_1 \delta\, d\log_{10}\dfrac{D}{r}$ [kV]

답 ①

044

핵심이론 찾아보기▶**핵심 02-5** 기사 08·98년 / 산업 21년 출제

다음 중 송전선로의 코로나 임계전압이 높아지는 경우가 아닌 것은?

① 상대공기밀도가 작다. ② 전선의 반경과 선간거리가 크다.
③ 날씨가 맑다. ④ 낡은 전선을 새 전선으로 교체했다.

해설 임계전압 $E_0 = 24.3 m_0 m_1 \delta d \log_{10}\frac{D}{r}$[kV]

임계전압은 도체 표면계수(m_0), 날씨계수(m_1), 도체 굵기(d), 선간거리(D), 상대공기밀도(δ) 등이 크면 임계전압이 높아진다.

답 ①

045

핵심이론 찾아보기▶핵심 02-5

기사 19년 출제

다음 중 송전선로의 코로나 임계전압이 높아지는 경우가 아닌 것은?

① 날씨가 맑다.
② 기압이 높다.
③ 상대공기밀도가 낮다.
④ 전선의 반지름과 선간거리가 크다.

해설 코로나 임계전압 $E_0 = 24.3\, m_0 m_1 \delta d \log_{10}\frac{D}{r}$[kV]이므로 상대공기밀도($\delta$)가 높아야 한다.

코로나를 방지하려면 임계전압을 높여야 하므로 전선 굵기를 크게 하고, 전선 간 거리를 증가시켜야 한다.

답 ③

046

핵심이론 찾아보기▶핵심 02-5

기사 17년 출제

코로나 현상에 대한 설명이 아닌 것은?

① 전선을 부식시킨다.
② 코로나 현상은 전력의 손실을 일으킨다.
③ 코로나 방전에 의하여 전파 장해가 일어난다.
④ 코로나 손실은 전원 주파수의 $\left(\frac{2}{3}\right)^2$에 비례한다.

해설 **코로나 손실**

$$P_l = \frac{241}{\delta}(f+25)\sqrt{\frac{d}{2D}}\,(E-E_0)^2 \times 10^{-5}\text{[kW/km/선]}$$

코로나 손실은 전원 주파수에 비례한다.

답 ④

047

핵심이론 찾아보기▶핵심 02-6

기사 18년 출제

다음 중 송전선로에 복도체를 사용하는 주된 목적은?

① 인덕턴스를 증가시키기 위하여
② 정전용량을 감소시키기 위하여
③ 코로나 발생을 감소시키기 위하여
④ 전선 표면의 전위경도를 증가시키기 위하여

해설 **다도체(복도체)의 특징**

- 같은 도체 단면적의 단도체보다 인덕턴스와 리액턴스가 감소하고 정전용량이 증가하여 송전용량을 크게 할 수 있다.
- 전선 표면의 전위경도를 저감시켜 코로나 임계전압을 높게 하므로 코로나손을 줄일 수 있다.
- 전력 계통의 안정도를 증대시킨다.

답 ③

048

핵심이론 찾아보기▶핵심 02-6 기사 13·04년 / 산업 18·01년 출제

복도체를 사용할 때의 장점에 해당되지 않는 것은?

① 코로나손(corona loss) 경감
② 인덕턴스가 감소하고, 커패시턴스가 증가
③ 안정도가 상승하고 충전용량이 증가
④ 정전 반발력에 의한 전선 진동이 감소

해설 복도체는 같은 방향의 전류가 소도체에 흐르므로 소도체 간에는 흡인력이 작용한다. **답** ④

049

핵심이론 찾아보기▶핵심 02-6 기사 21·19·16년 출제

초고압 송전선로에 단도체 대신 복도체를 사용할 경우 틀린 것은?

① 전선의 작용 인덕턴스를 감소시킨다.
② 선로의 작용정전용량을 증가시킨다.
③ 전선 표면의 전위경도를 저감시킨다.
④ 전선의 코로나 임계전압을 저감시킨다.

해설 **복도체 및 다도체의 특징**

- 동일한 단면적의 단도체보다 인덕턴스와 리액턴스가 감소하고 정전용량이 증가하여 송전용량을 크게 할 수 있다.
- 전선 표면의 전위경도를 저감시켜 코로나 임계전압을 증가시키고, 코로나손을 줄일 수 있다.
- 전력 계통의 안정도를 증대시키고, 초고압 송전선로에 채용한다.
- 페란티 효과에 의한 수전단 전압 상승 우려가 있다.
- 강풍, 빙설 등에 의한 전선의 진동 또는 동요가 발생할 수 있고, 단락사고 시 소도체가 충돌할 수 있다.

답 ④

050

핵심이론 찾아보기▶핵심 02-6 기사 20·02·94년 출제

복도체에서 2본의 전선이 서로 충돌하는 것을 방지하기 위하여 2본의 전선 사이에 적당한 간격을 두어 설치하는 것은?

① 아머로드 ② 댐퍼 ③ 아킹 혼 ④ 스페이서

해설 복도체에서 도체 간 흡인력에 의한 충돌 발생을 방지하기 위해 스페이서를 설치한다. **답** ④

051

핵심이론 찾아보기▶핵심 03-1 기사 17·02·99년 / 산업 04년 출제

수전단 전압 3.3[kV], 역률 0.85[lag]인 부하 300[kW]에 공급하는 선로가 있다. 이때 송전단 전압은 약 몇 [V]인가?

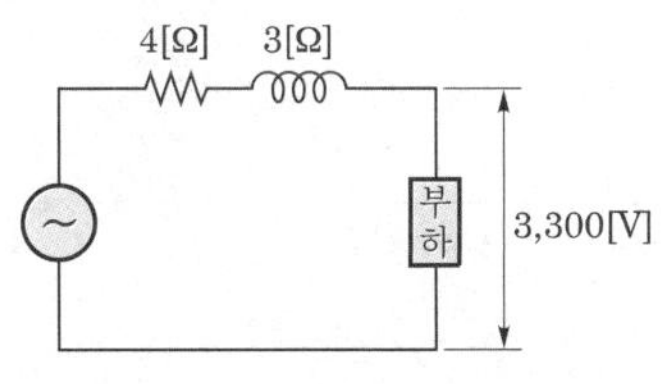

① 약 3,420
② 약 3,560
③ 약 3,680
④ 약 3,830

해설 부하전력 $P = VI\cos\theta$에서 $I = \dfrac{P}{V\cos\theta} = \dfrac{3\times10^5}{3{,}300\times0.85} = 107[\text{A}]$

송전단 전압 $V_s = V_R + I(R\cos\theta + X\sin\theta) = 3{,}300 + 107(4\times0.85 + 3\times\sqrt{1-0.85^2})$
$= 3{,}832.9 \fallingdotseq 3{,}830[\text{V}]$

답 ④

052

핵심이론 찾아보기▶핵심 03-1 기사 16년 출제

송전단 전압이 66[kV]이고, 수전단 전압이 62[kV]로 송전 중이던 선로에서 부하가 급격히 감소하여 수전단 전압이 63.5[kV]가 되었다. 전압강하율은 약 몇 [%]인가?

① 2.28 ② 3.94 ③ 6.06 ④ 6.45

해설 전압강하율

$$\varepsilon = \frac{V_s - V_r}{V_r}\times100[\%] = \frac{66-63.5}{63.5}\times100 = 3.937[\%]$$

답 ②

053

핵심이론 찾아보기▶핵심 03-1 기사 12년 출제

3상 3선식 송전선이 있다. 1선당의 저항은 8[Ω], 리액턴스는 12[Ω]이며, 수전단의 전력이 1,000[kW], 전압이 10[kV], 역률이 0.8일 때, 이 송전선의 전압강하율[%]은?

① 14 ② 15 ③ 17 ④ 19

해설 부하전력 $P = \sqrt{3}\,VI\cos\theta$에서 $I = \dfrac{P}{\sqrt{3}\,V\cos\theta} = \dfrac{10^6}{\sqrt{3}\times10^4\times0.8} = 72.17[\text{A}]$

전압강하율 $\varepsilon = \dfrac{\sqrt{3}\,I(R\cos\theta + X\sin\theta)}{V_R}\times100 = \dfrac{\sqrt{3}\times72.17\times(8\times0.8+12\times0.6)}{10\times10^3}\times100$
$= 17[\%]$

답 ③

054

핵심이론 찾아보기▶핵심 03-1 기사 08년 / 산업 90년 출제

3상 3선식 송전선로에서 송전전력 P[kW], 송전전압 V[kV], 전선의 단면적 A[mm^2], 송전거리 l[km], 전선의 고유저항 ρ[Ω−mm^2/m], 역률 $\cos\theta$일 때 선로 손실 P_l[kW]은?

① $\dfrac{\rho l P^2}{A V^2 \cos^2\theta}$ ② $\dfrac{\rho l P^2}{A^2 V \cos^2\theta}$

③ $\dfrac{\rho l P^2\times10^3}{A V^2 \cos^2\theta}$ ④ $\dfrac{\rho l P^2}{A V^2 \cos\theta}$

해설 선로 손실

$$P_l = 3I^2R = 3\cdot\left(\frac{P}{\sqrt{3}\cdot V\cdot\cos\theta}\right)^2\cdot\rho\times10^{-6}\times\frac{l\times10^3}{A\times10^{-6}}\times10^{-3}[\text{kW}] = \frac{\rho l P^2}{A V^2\cos^2\theta}[\text{kW}]$$

답 ①

055

핵심이론 찾아보기▶핵심 03-1

기사 18·16·13·10·94·93년 / 산업 00년 출제

송전전력, 송전거리, 전선의 비중 및 전선 손실률이 일정하다고 하면 전선의 단면적 A는 다음 중 어느 것에 비례하는가? (단, V는 송전전압이다.)

① V ② V^2 ③ $\frac{1}{V^2}$ ④ $\frac{1}{V}$

해설 송전전력 P, 송전거리 l, 전선의 저항 R과 비중, 전력손실 P_l, 부하 역률 $\cos\theta$가 일정하면, 전선 단면적은 $A \propto \frac{1}{V^2}$이다.

답 ③

056

핵심이론 찾아보기▶핵심 03-1

기사 16년 출제

154[kV] 송전선로의 전압을 345[kV]로 승압하고 같은 손실률로 송전한다고 가정하면 송전전력은 승압 전의 약 몇 배 정도인가?

① 2 ② 3 ③ 4 ④ 5

해설 전력 $P \propto V^2$하므로 $\left(\frac{345}{154}\right)^2 = 5$배로 된다.

답 ④

057

핵심이론 찾아보기▶핵심 03-2

기사 19년 출제

송전선 중간에 전원이 없을 경우에 송전단의 전압 $E_s = AE_r + BI_r$이 된다. 수전단의 전압 E_r의 식으로 옳은 것은? (단, I_s, I_r은 송전단 및 수전단의 전류이다.)

① $E_r = AE_s + CI_s$ ② $E_r = BE_s + AI_s$

③ $E_r = DE_s - BI_s$ ④ $E_r = CE_s - DI_s$

해설 $\begin{bmatrix} E_s \\ I_s \end{bmatrix} = \begin{bmatrix} A & B \\ C & D \end{bmatrix}\begin{bmatrix} E_r \\ I_r \end{bmatrix}$에서 $\begin{bmatrix} E_r \\ I_r \end{bmatrix} = \begin{bmatrix} A & B \\ C & D \end{bmatrix}^{-1}\begin{bmatrix} E_s \\ I_s \end{bmatrix} = \frac{1}{AD-BC}\begin{bmatrix} D & -B \\ -C & A \end{bmatrix}\begin{bmatrix} E_s \\ I_s \end{bmatrix}$

$AD-BC=1$이므로 $\begin{bmatrix} E_r \\ I_r \end{bmatrix} = \begin{bmatrix} D & -B \\ -C & A \end{bmatrix}\begin{bmatrix} E_s \\ I_s \end{bmatrix}$

수전단 전압 $E_r = DE_s - BI_s$

수전단 전류 $I_r = -CE_s + AI_s$

답 ③

058

핵심이론 찾아보기▶핵심 03-2

기사 18·13·05·90년 출제

송전선로의 일반 회로정수가 $A=0.7$, $B=j190$, $D=0.9$라 하면 C의 값은?

① $-j\,1.95\times10^{-3}$ ② $j\,1.95\times10^{-3}$

③ $-j\,1.95\times10^{-4}$ ④ $j\,1.95\times10^{-4}$

해설 $AD-BC=1$에서 $C = \frac{AD-1}{B} = \frac{0.7\times0.9-1}{j\,190} = j\,0.00195 = j\,1.95\times10^{-3}$

답 ②

059

핵심이론 찾아보기▶핵심 03-2 　　기사 17·11·97년 출제

그림과 같은 회로의 일반 회로정수로서 옳지 않은 것은?

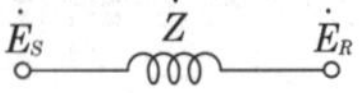

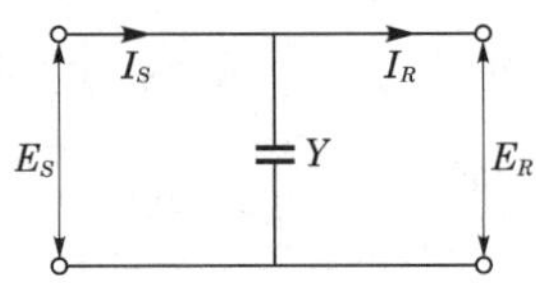

① $\dot{A}=1$ ② $\dot{B}=Z+1$ ③ $\dot{C}=0$ ④ $\dot{D}=1$

해설 직렬 임피던스 회로의 4단자 정수

$$\begin{bmatrix} A & B \\ C & D \end{bmatrix} = \begin{bmatrix} 1 & Z \\ 0 & 1 \end{bmatrix}$$

답 ②

060

핵심이론 찾아보기▶핵심 03-2 　　기사 12·04·93년 출제

그림 중 4단자 정수 A, B, C, D는? (여기서, E_S, I_S는 송전단 전압 및 전류, E_R, I_R는 수전단 전압 및 전류이고, Y는 병렬 어드미턴스이다.)

① 1, 0, Y, 1 ② 1, Y, 0, 1 ③ 1, Y, 1, 0 ④ 1, 0, 0, 1

해설 병렬 어드미턴스 회로의 4단자 정수

$$\begin{bmatrix} A & B \\ C & D \end{bmatrix} = \begin{bmatrix} 1 & 0 \\ Y & 1 \end{bmatrix}$$

답 ①

061

핵심이론 찾아보기▶핵심 03-2 　　기사 16년 출제

중거리 송전선로의 특성은 무슨 회로로 다루어야 하는가?

① RL 집중정수회로
② RLC 집중정수회로
③ 분포정수회로
④ 특성 임피던스 회로

해설
- 단거리 송전선로 : RL 집중정수회로
- 중거리 송전선로 : RLC 집중정수회로
- 장거리 송전선로 : $RLCG$ 분포정수회로

답 ②

062

핵심이론 찾아보기▶핵심 03-2 　　기사 19·12년 / 산업 03·00·98·94년 출제

중거리 송전선로의 T형 회로에서 송전단 전류 I_S는? (단, Z, Y는 선로의 직렬 임피던스와 병렬 어드미턴스이고, E_R는 수전단 전압, I_R는 수전단 전류이다.)

① $I_R\left(1+\dfrac{ZY}{2}\right)+E_RY$

② $E_R\left(1+\dfrac{ZY}{2}\right)+ZI_R\left(1+\dfrac{ZY}{4}\right)$

③ $E_R\left(1+\dfrac{ZY}{2}\right)+ZI_R$

④ $I_R\left(1+\dfrac{ZY}{2}\right)+E_RY\left(1+\dfrac{ZY}{4}\right)$

해설

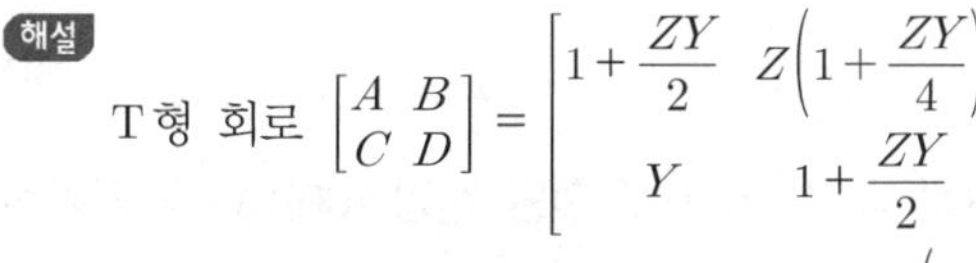

T형 회로 $\begin{bmatrix} A & B \\ C & D \end{bmatrix} = \begin{bmatrix} 1+\dfrac{ZY}{2} & Z\left(1+\dfrac{ZY}{4}\right) \\ Y & 1+\dfrac{ZY}{2} \end{bmatrix}$

송전단 전류 $I_S = CE_R + DI_R = Y \cdot E_R + \left(1+\dfrac{ZY}{2}\right)I_R$

답 ①

063 핵심이론 찾아보기▶핵심 03-2

기사 15년 출제

중거리 송전선로의 π형 회로에서 송전단 전류 I_s는? (단, Z, Y는 선로의 직렬 임피던스와 병렬 어드미턴스이고, E_r, I_r은 수전단 전압과 전류이다.)

① $\left(1+\dfrac{ZY}{2}\right)E_r + ZI_r$

② $\left(1+\dfrac{ZY}{2}\right)E_r + Z\left(1+\dfrac{ZY}{4}\right)I_r$

③ $\left(1+\dfrac{ZY}{2}\right)I_r + YE_r$

④ $\left(1+\dfrac{ZY}{2}\right)I_r + Y\left(1+\dfrac{ZY}{4}\right)E_r$

해설

π형 회로의 4단자 정수 $\begin{bmatrix} A & B \\ C & D \end{bmatrix} = \begin{bmatrix} 1+\dfrac{ZY}{2} & Z \\ Y\left(1+\dfrac{ZY}{4}\right) & 1+\dfrac{ZY}{2} \end{bmatrix}$

송전단 전류 $I_s = CE_r + DI_r = Y\left(1+\dfrac{ZY}{4}\right)E_r + \left(1+\dfrac{ZY}{2}\right)I_r$

답 ④

064 핵심이론 찾아보기▶핵심 03-2

기사 16년 출제

그림과 같이 정수가 서로 같은 평행 2회선 송전선로의 4단자 정수 중 B에 해당되는 것은?

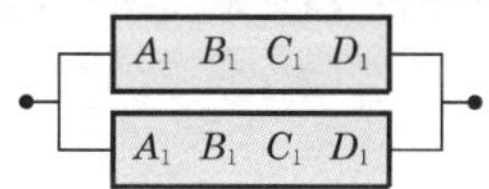

① $4B_1$　② $2B_1$　③ $\dfrac{1}{2}B_1$　④ $\dfrac{1}{4}B_1$

해설

평행 2회선 4단자 정수 $\begin{bmatrix} A & B \\ C & D \end{bmatrix} = \begin{bmatrix} A_1 & \dfrac{1}{2}B_1 \\ 2C_1 & D_1 \end{bmatrix}$

답 ③

065 핵심이론 찾아보기▶핵심 03-2

기사 19년 출제

일반 회로정수가 A, B, C, D이고 송전단 전압이 E_s인 경우 무부하 시 수전단 전압은?

① $\dfrac{E_s}{A}$　② $\dfrac{E_s}{B}$　③ $\dfrac{A}{C}E_s$　④ $\dfrac{C}{A}E_s$

해설

무부하 시 수전단 전류 $I_r=0$이므로 송전단 전압 $E_s = AE_r$로 되어 수전단 전압 $E_r = \dfrac{E_s}{A}$가 된다.

답 ①

066

핵심이론 찾아보기▶핵심 03-2 기사 17년 출제

4단자 정수 $A=D=0.8$, $B=j1.0$인 3상 송전선로에 송전단 전압 160[kV]를 인가할 때 무부하 시 수전단 전압은 몇 [kV]인가?

① 154 ② 164 ③ 180 ④ 200

해설 무부하 시이므로 수전단 전류 $I_r=0$이므로

송전단 전압 $E_s=AE_r$에서

수전단 전압 $E_r=\dfrac{E_s}{A}=\dfrac{160}{0.8}=200$[kV]

답 ④

067

핵심이론 찾아보기▶핵심 03-2 기사 16년 출제

송전선로에 충전전류가 흐르면 수전단 전압이 송전단 전압보다 높아지는 현상과 이 현상의 발생 원인으로 가장 옳은 것은?

① 페란티 효과, 선로의 인덕턴스 때문
② 페란티 효과, 선로의 정전용량 때문
③ 근접효과, 선로의 인덕턴스 때문
④ 근접효과, 선로의 정전용량 때문

해설 경부하 또는 무부하인 경우에는 선로의 정전용량에 의한 충전전류의 영향이 크게 작용해서 진상전류가 흘러 수전단 전압이 송전단 전압보다 높게 되는 것을 페란티 효과(Ferranti effect)라 하고, 이것의 방지대책으로는 분로(병렬) 리액터를 설치한다.

답 ②

068

핵심이론 찾아보기▶핵심 03-3 기사 17년 / 산업 17년 출제

장거리 송전선로의 특성을 표현한 회로로 옳은 것은?

① 분산부하회로
② 분포정수회로
③ 집중정수회로
④ 특성 임피던스 회로

해설 장거리 송전선로의 송전 특성은 분포정수회로로 해석한다.

답 ②

069

핵심이론 찾아보기▶핵심 03-3 기사 19·14·13·03·98년 출제

송전선의 특성 임피던스는 저항과 누설 컨덕턴스를 무시하면 어떻게 표시되는가? (단, L은 선로의 인덕턴스, C는 선로의 정전용량이다.)

① $\sqrt{\dfrac{L}{C}}$
② $\sqrt{\dfrac{C}{L}}$
③ $\dfrac{L}{C}$
④ $\dfrac{C}{L}$

해설 특성 임피던스 $Z_0=\sqrt{\dfrac{Z}{Y}}=\sqrt{\dfrac{R+j\omega L}{G+j\omega C}}=\sqrt{\dfrac{L}{C}}$ [Ω]

답 ①

070 핵심이론 찾아보기▶핵심 03-3 기사 14·02·98·97년 출제

파동 임피던스가 500[Ω]인 가공 송전선 1[km]당의 인덕턴스 L과 정전용량 C는 얼마인가?

① $L=1.67$[mH/km], $C=0.0067$[μF/km]
② $L=2.12$[mH/km], $C=0.167$[μF/km]
③ $L=1.67$[mH/km], $C=0.0167$[μF/km]
④ $L=0.0067$[mH/km], $C=1.67$[μF/km]

해설 특성 임피던스 $Z_0 = \sqrt{\frac{L}{C}} \fallingdotseq 138\log_{10}\frac{D}{r}$[Ω]이므로

$Z_0 = 138\log_{10}\frac{D}{r} = 500$[Ω]에서 $\log_{10}\frac{D}{r} = \frac{500}{138}$이다.

$\therefore\ L = 0.05+0.4605\log_{10}\frac{D}{r} = 0.05+0.4605\times\frac{500}{138} = 1.67$[mH/km]

$C = \frac{0.02413}{\log_{10}\frac{D}{r}} = \frac{0.02413}{\frac{500}{138}} = 6.67\times10^{-3}$[μF/km]

답 ①

071 핵심이론 찾아보기▶핵심 03-3 기사 00·99년 출제

송전선로의 수전단을 개방할 경우, 송전단 전류 I_S는 어떤 식으로 표시되는가? (단, 송전단 전압을 V_S, 선로의 임피던스를 Z, 선로의 어드미턴스를 Y라 한다.)

① $I_S = \sqrt{\frac{Y}{Z}}\tanh\sqrt{ZY}\,V_S$
② $I_S = \sqrt{\frac{Z}{Y}}\tanh\sqrt{ZY}\,V_S$
③ $I_S = \sqrt{\frac{Y}{Z}}\cosh\sqrt{ZY}\,V_S$
④ $I_S = \sqrt{\frac{Z}{Y}}\cosh\sqrt{ZY}\,V_S$

해설 **수전단 개방 시 송전단 전류**

$I_S = \frac{C}{A}E_S = \sqrt{\frac{Y}{Z}}\tanh\gamma V_S = \sqrt{\frac{Y}{Z}}\tanh\sqrt{ZY}\,V_S$

여기서, $\gamma = \sqrt{ZY}$: 전파정수

답 ①

072 핵심이론 찾아보기▶핵심 03-3 기사 19년 출제

송전선의 특성 임피던스와 전파정수는 어떤 시험으로 구할 수 있는가?

① 뇌파시험
② 정격 부하시험
③ 절연강도 측정시험
④ 무부하 시험과 단락시험

해설 특성 임피던스 $Z_0 = \sqrt{\frac{Z}{Y}}$[Ω]

전파정수 $\dot{\gamma} = \sqrt{ZY}$[rad]

그러므로 단락 임피던스와 개방 어드미턴스가 필요하므로 단락시험과 무부하 시험을 한다.

답 ④

073 핵심이론 찾아보기▶핵심 03-4

기사 11년 / 산업 12·04·03년 출제

62,000[kW]의 전력을 60[km] 떨어진 지점에 송전하려면 전압은 몇 [kV]로 하면 좋은가?

① 66 ② 110 ③ 140 ④ 154

해설 송전전압[kV] $= 5.5\sqrt{0.6l + \frac{P}{100}} = 5.5\sqrt{0.6 \times 60 + \frac{62{,}000}{100}} = 140$[kV]

답 ③

074 핵심이론 찾아보기▶핵심 03-5

기사 15년 출제

다음 154[kV] 송전선로에서 송전거리가 154[km]라 할 때 송전용량계수법에 의한 송전용량은 몇 [kW]인가? (단, 송전용량계수는 1,200으로 한다.)

① 61,600 ② 92,400 ③ 123,200 ④ 184,800

해설 송전용량 계산(송전용량계수법)

$$P = K\frac{{V_r}^2}{l} = 1{,}200 \times \frac{154^2}{154} = 184{,}800\ [\text{kW}]$$

답 ④

075 핵심이론 찾아보기▶핵심 03-5

기사 22·14·95년 출제

송전단 전압 161[kV], 수전단 전압 154[kV], 상차각 60°, 리액턴스 65[Ω]일 때 선로 손실을 무시하면 전력은 약 몇 [MW]인가?

① 330 ② 322 ③ 279 ④ 161

해설 $P = \frac{161 \times 154}{65} \times \sin 60° = 330$[MW]

답 ①

076 핵심이론 찾아보기▶핵심 03-1

기사 19년 출제

그림과 같은 2기 계통에 있어서 발전기에서 전동기로 전달되는 전력 P는? (단, $X = X_G + X_L + X_M$이고 E_G, E_M은 각각 발전기 및 전동기의 유기기전력, δ는 E_G와 E_M 간의 상차각이다.)

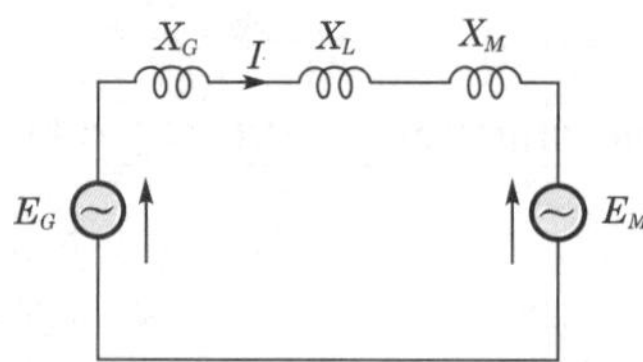

① $P = \frac{E_G}{XE_M}\sin\delta$

② $P = \frac{E_G E_M}{X}\sin\delta$

③ $P = \frac{E_G E_M}{X}\cos\delta$

④ $P = XE_G E_M \cos\delta$

해설

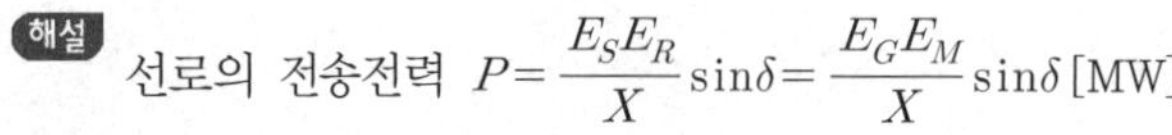

선로의 전송전력 $P = \frac{E_S E_R}{X}\sin\delta = \frac{E_G E_M}{X}\sin\delta$ [MW]

답 ②

077

핵심이론 찾아보기▶핵심 03-6 기사 02·98·94년 / 산업 21·19·04·99·97·96년 출제

송수 양단의 전압을 E_S, E_R라 하고 4단자 정수를 A, B, C, D라 할 때 전력원선도의 반지름은?

① $\dfrac{E_S E_R}{A}$　　② $\dfrac{E_S E_R}{B}$

③ $\dfrac{E_S E_R}{C}$　　④ $\dfrac{E_S E_R}{D}$

해설 전력원선도의 가로축에는 유효전력, 세로축에는 무효전력을 나타내고, 그 반지름은 $r = \dfrac{E_S E_R}{B}$ 이다.

답 ②

078

핵심이론 찾아보기▶핵심 03-6 기사 22·19·12·04·01·99·94년 / 산업 10·04·93년 출제

전력원선도에서 알 수 없는 것은?

① 전력　　② 손실

③ 역률　　④ 코로나 손실

해설 사고 시의 과도안정 극한전력, 코로나 손실은 전력원선도에서는 알 수 없다.

답 ④

079

핵심이론 찾아보기▶핵심 03-7 기사 17년 출제

조상설비가 아닌 것은?

① 정지형 무효전력 보상장치　　② 자동고장구간개폐기

③ 전력용 콘덴서　　④ 분로 리액터

해설 자동고장구간개폐기는 선로의 고장구간을 자동으로 분리하는 장치로 조상설비가 아니다.

답 ②

080

핵심이론 찾아보기▶핵심 03-7 기사 17년 출제

㉠ 동기조상기와 ㉡ 전력용 콘덴서를 비교한 것으로 옳은 것은?

① 시송전 : ㉠ 불가능, ㉡ 가능　　② 전력손실 : ㉠ 작다, ㉡ 크다

③ 무효전력 조정 : ㉠ 계단적, ㉡ 연속적　　④ 무효전력 : ㉠ 진상·지상용, ㉡ 진상용

해설 **전력용 콘덴서와 동기조상기의 비교**

동기조상기	전력용 콘덴서
진상 및 지상용	진상용
연속적 조정	계단적 조정
회전기로 손실이 큼	정지기로 손실이 작음
시송전 가능	시송전 불가
송전 계통 주로 사용	배전 계통 주로 사용

답 ④

081

핵심이론 찾아보기▶핵심 03-7 기사 15년 / 산업 22년 출제

전력 계통에서 무효전력을 조정하는 조상설비 중 전력용 콘덴서를 동기조상기와 비교할 때 옳은 것은?

① 전력손실이 크다.
② 지상 무효전력분을 공급할 수 있다.
③ 전압조정을 계단적으로 밖에 못한다.
④ 송전선로를 시송전할 때 선로를 충전할 수 있다.

해설 **전력용 콘덴서와 동기조상기의 비교**

전력용 콘덴서	동기조상기
지상부하에 사용	진상·지상 부하 모두 사용
계단적 조정	연속적 조정
정지기로 손실이 적음	회전기로 손실이 큼
시송전 가능	시송전 불가
배전 계통 주로 사용	송전 계통 주로 사용

답 ③

082

핵심이론 찾아보기▶핵심 03-7 기사 22·18년 출제

동기조상기에 대한 설명으로 틀린 것은?

① 시송전이 불가능하다.
② 전압조정이 연속적이다.
③ 중부하 시에는 과여자로 운전하여 앞선 전류를 취한다.
④ 경부하 시에는 부족 여자로 운전하여 뒤진 전류를 취한다.

해설 동기조상기는 경부하 시 부족 여자로 지상을, 중부하 시 과여자로 진상을 취하는 것으로, 연속적 조정 및 시송전이 가능하지만 손실이 크고, 시설비가 고가이므로 송전 계통에서 전압조정용으로 이용된다.

답 ①

083

핵심이론 찾아보기▶핵심 03-8 기사 17년 출제

어떤 공장의 소모 전력이 100[kW]이며, 이 부하의 역률이 0.6일 때, 역률을 0.9로 개선하기 위한 전력용 콘덴서의 용량은 약 몇 [kVA]인가?

① 75 ② 80
③ 85 ④ 90

해설 역률 개선용 콘덴서 용량 Q_c[kVA]

$$Q_c = P(\tan\theta_1 - \tan\theta_2) = P\left(\frac{\sqrt{1-\cos^2\theta_1}}{\cos\theta_1} - \frac{\sqrt{1-\cos^2\theta_2}}{\cos\theta_2}\right) = 100\left(\frac{0.8}{0.6} - \frac{\sqrt{1-0.9^2}}{0.9}\right)$$

$\fallingdotseq 85$[kVA]

답 ③

084

핵심이론 찾아보기▶핵심 03-8

기사 11·03·00년 / 산업 00년 출제

피상전력 K[kVA], 역률 $\cos\theta$인 부하를 역률 100[%]로 하기 위한 병렬 콘덴서의 용량[kVA]은?

① $K\sqrt{1-\cos^2\theta}$

② $K\tan\theta$

③ $K\cos\theta$

④ $\dfrac{K\sqrt{1-\cos^2\theta}}{\cos\theta}$

해설 역률이 100[%]($\cos\theta_2=1$)이므로 $Q_C=K\cdot\cos\theta\left(\dfrac{\sin\theta}{\cos\theta}-\dfrac{0}{1}\right)=K\sqrt{1-\cos^2\theta}$

답 ①

085

핵심이론 찾아보기▶핵심 03-8

기사 19년 출제

한 대의 주상 변압기에 역률(뒤짐) $\cos\theta_1$, 유효전력 P_1[kW]의 부하와 역률(뒤짐) $\cos\theta_2$, 유효전력 P_2[kW]의 부하가 병렬로 접속되어 있을 때 주상 변압기 2차측에서 본 부하의 종합 역률은 어떻게 되는가?

① $\dfrac{P_1+P_2}{\dfrac{P_1}{\cos\theta_1}+\dfrac{P_2}{\cos\theta_2}}$

② $\dfrac{P_1+P_2}{\dfrac{P_1}{\sin\theta_1}+\dfrac{P_2}{\sin\theta_2}}$

③ $\dfrac{P_1+P_2}{\sqrt{(P_1+P_2)^2+(P_1\tan\theta_1+P_2\tan\theta_2)^2}}$

④ $\dfrac{P_1+P_2}{\sqrt{(P_1+P_2)^2+(P_1\sin\theta_1+P_2\sin\theta_2)^2}}$

해설
- 합성 유효전력 : P_1+P_2
- 합성 무효전력 : $P_1\tan\theta_1+P_2\tan\theta_2$
- 합성 피상전력 : $\sqrt{(P_1+P_2)^2+(P_1\tan\theta_1+P_2\tan\theta_2)^2}$
- 합성(종합) 역률 : $\dfrac{P_1+P_2}{\sqrt{(P_1+P_2)^2+(P_1\tan\theta_1+P_2\tan\theta_2)^2}}$

답 ③

086

핵심이론 찾아보기▶핵심 03-8

기사 13·96·94년 / 산업 11년 출제

전력용 콘덴서 회로에 직렬 리액터를 접속시키는 목적은 무엇인가?

① 콘덴서 개방 시의 방전 촉진

② 콘덴서에 걸리는 전압의 저하

③ 제3고조파의 침입 방지

④ 제5고조파 이상의 고조파의 침입 방지

해설 송전선에 콘덴서를 연결하면 제3고조파는 Δ결선으로 제거되지만 제5고조파가 발생되므로 제5고조파 제거를 위해 직렬 리액터를 삽입한다.

답 ④

087

핵심이론 찾아보기▶핵심 03-8 | 기사 20·15년 출제

전력용 콘덴서를 변전소에 설치할 때 직렬 리액터를 설치하고자 한다. 직렬 리액터의 용량을 결정하는 식은? (단, f_0는 전원의 기본 주파수, C는 역률 개선용 콘덴서의 용량, L은 직렬 리액터의 용량)

① $2\pi f_0 L = \dfrac{1}{2\pi f_0 C}$　② $2\pi(3f_0)L = \dfrac{1}{2\pi(3f_0)C}$

③ $2\pi(5f_0)L = \dfrac{1}{2\pi(5f_0)C}$　④ $2\pi(7f_0)L = \dfrac{1}{2\pi(7f_0)C}$

해설 직렬 리액터의 용량은 제5고조파를 직렬 공진시킬 수 있는 용량이어야 하므로 $5\omega L = \dfrac{1}{5\omega C}$이다.

$\therefore\ 2\pi(5f_0)L = \dfrac{1}{2\pi(5f_0)C}$

답 ③

088

핵심이론 찾아보기▶핵심 03-8 | 기사 15년 / 산업 22년 출제

제5고조파 전류의 억제를 위해 전력용 콘덴서에 직렬로 삽입하는 유도 리액턴스의 값으로 적당한 것은?

① 전력용 콘덴서 용량의 약 6[%] 정도　② 전력용 콘덴서 용량의 약 12[%] 정도

③ 전력용 콘덴서 용량의 약 18[%] 정도　④ 전력용 콘덴서 용량의 약 24[%] 정도

해설 직렬 리액터의 용량은 전력용 콘덴서 용량의 이론상 4[%]이지만, 주파수 변동 등을 고려하여 실제는 5~6[%] 정도 사용한다.

답 ①

089

핵심이론 찾아보기▶핵심 03-9 | 기사 03년 / 산업 15·11·94년 출제

정태안정 극한전력이란?

① 부하가 서서히 증가할 때의 극한전력　② 부하가 갑자기 변할 때의 극한전력

③ 부하가 갑자기 사고가 났을 때의 극한전력　④ 부하가 변하지 않을 때의 극한전력

해설 부하를 서서히 증가시켜 송전 가능한 최대 전력을 정태안정 극한전력이라 한다.

답 ①

090

핵심이론 찾아보기▶핵심 03-9 | 기사 13·99년 출제

송전선의 안정도를 증진시키는 방법으로 맞는 것은?

① 발전기의 단락비를 작게 한다.　② 선로의 회선수를 감소시킨다.

③ 전압 변동을 작게 한다.　④ 리액턴스가 큰 변압기를 사용한다.

해설 안정도 증진방법 중에서 발전기의 단락비를 크게 하여야 하고, 선로 회선수는 다회선 방식을 채용하거나 복도체 방식을 사용하고, 선로의 리액턴스는 작아야 한다.

답 ③

091 핵심이론 찾아보기▶핵심 03-9

기사 18년 출제

송전선에서 재폐로 방식을 사용하는 목적은 무엇인가?

① 역률 개선 ② 안정도 증진
③ 유도장해의 경감 ④ 코로나 발생 방지

해설 고속도 재폐로 방식은 재폐로 차단기를 이용하여 사고 시 고장구간을 신속하게 분리하고, 건전한 구간은 자동으로 재투입을 시도하는 장치로 전력 계통의 안정도 향상을 목적으로 한다.

답 ②

092 핵심이론 찾아보기▶핵심 03-9

기사 22·18·16·15·99·97년 / 산업 18·15년 출제

송전 계통의 안정도를 향상시키는 방법이 아닌 것은?

① 직렬 리액턴스를 증가시킨다. ② 전압변동률을 적게 한다.
③ 고장시간, 고장전류를 적게 한다. ④ 동기기간의 임피던스를 감소시킨다.

해설 계통 안정도 향상 대책 중에서 직렬 리액턴스는 송·수전 전력과 반비례하므로 크게 하면 안 된다.

답 ①

093 핵심이론 찾아보기▶핵심 04-1

기사 17년 / 산업 21년 출제

송전선로의 중성점을 접지하는 목적이 아닌 것은?

① 송전용량의 증가 ② 과도 안정도의 증진
③ 이상전압 발생의 억제 ④ 보호계전기의 신속, 확실한 동작

해설 **중성점 접지 목적**

- 이상전압의 발생을 억제하여 전위 상승을 방지하고, 전선로 및 기기의 절연 수준을 경감시킨다.
- 지락 고장 발생 시 보호계전기의 신속하고 정확한 동작을 확보한다.
- 통신선의 유도장해를 방지하고, 과도 안정도를 향상시킨다(PC 접지).

답 ①

094 핵심이론 찾아보기▶핵심 04-2

기사 12·99·96년 / 산업 22·09년 출제

비접지방식을 직접접지방식과 비교한 것 중 옳지 않은 것은?

① 전자유도장해가 경감된다. ② 지락전류가 작다.
③ 보호계전기의 동작이 확실하다. ④ △결선을 하여 영상전류를 흘릴 수 있다.

해설 비접지방식은 직접접지방식에 비해 보호계전기 동작이 확실하지 않다.

답 ③

095

핵심이론 찾아보기▶핵심 04-2

기사 17년 출제

△−△ 결선된 3상 변압기를 사용한 비접지방식의 선로가 있다. 이때 1선 지락 고장이 발생하면 다른 건전한 2선의 대지전압은 지락 전의 몇 배까지 상승하는가?

① $\frac{\sqrt{3}}{2}$
② $\sqrt{3}$
③ $\sqrt{2}$
④ 1

해설 중성점 비접지방식에서 1선 지락전류는 고장상의 전압보다 진상이므로 건전상의 전압이 $\sqrt{3}$ 배로 상승한다.

답 ②

096

핵심이론 찾아보기▶핵심 04-2

기사 16년 출제

단상 변압기 3대를 △결선으로 운전하던 중 1대의 고장으로 V결선한 경우 V결선과 △결선의 출력비는 약 몇 [%]인가?

① 52.2
② 57.7
③ 66.7
④ 86.6

해설 V결선과 △결선의 출력비

$$\frac{P_V}{P_\triangle} = \frac{\sqrt{3}P_1}{3P_1} \times 100[\%] = 57.7[\%]$$

답 ②

097

핵심이론 찾아보기▶핵심 04-2

기사 16년 출제

150[kVA] 단상 변압기 3대를 △−△ 결선으로 사용하다가 1대의 고장으로 V−V 결선하여 사용하면 약 몇 [kVA] 부하까지 걸 수 있겠는가?

① 200
② 220
③ 240
④ 260

해설 $P_V = \sqrt{3}P_1 = \sqrt{3} \times 150 = 260[\text{kVA}]$

답 ④

098

핵심이론 찾아보기▶핵심 04-2

기사 19년 출제

비접지식 3상 송·배전 계통에서 1선 지락 고장 시 고장 전류를 계산하는 데 사용되는 정전용량은?

① 작용정전용량
② 대지정전용량
③ 합성정전용량
④ 선간정전용량

해설 ① 작용정전용량 : 정상운전 중 충전전류 계산
② 대지정전용량 : 1선 지락전류 계산
④ 선간정전용량 : 정전유도전압 계산

답 ②

099 핵심이론 찾아보기▶핵심 04-2

기사 17년 출제

비접지식 송전선로에 있어서 1선 지락 고장이 생겼을 경우 지락점에 흐르는 전류는?

① 직류 전류
② 고장상의 영상전압과 동상의 전류
③ 고장상의 영상전압보다 90° 빠른 전류
④ 고장상의 영상전압보다 90° 늦은 전류

해설 비접지식 송전선로에서 1선 지락사고 시 고장전류는 대지정전용량에 흐르는 충전전류 $I=j\omega CE$[A]이므로 고장점의 영상전압보다 90° 앞선 전류이다.

답 ③

100 핵심이론 찾아보기▶핵심 04-3

기사 16년 출제

송전선로에서 1선 지락 시에 건전상의 전압 상승이 가장 적은 접지방식은?

① 비접지방식
② 직접접지방식
③ 저항접지방식
④ 소호 리액터 접지방식

해설 중성점 직접접지방식은 중성점의 전위를 대지전압으로 하므로 1선 지락 발생 시 건전상 전위 상승이 거의 없다.

답 ②

101 핵심이론 찾아보기▶핵심 04-3

기사 02·99년 출제

1선 지락 시 전압 상승을 상규 대지전압의 1.4배 이하로 억제하기 위한 유효접지에서는 다음과 같은 조건을 만족하여야 한다. 다음 중 옳은 것은? (단, R_0 : 영상저항, X_0 : 영상 리액턴스, X_1 : 정상 리액턴스)

① $\dfrac{R_0}{X_1} \leqq 1,\ 0 \geqq \dfrac{X_1}{X_0} \geqq 3$
② $\dfrac{R_0}{X_1} \leqq 1,\ 0 \geqq \dfrac{X_0}{X_1} \geqq 3$
③ $\dfrac{R_0}{X_1} \leqq 1,\ 0 \leqq \dfrac{X_0}{X_1} \leqq 3$
④ $\dfrac{R_0}{X_1} \geqq 1,\ 0 \leqq \dfrac{X_0}{X_1} \leqq 3$

해설 중성점 접지에 연결하는 R, X는 영상분 전류가 흐르는 곳이므로 R_0, X_0이다.
유효접지(전압 상승이 1.3배 이하)가 되기 위해서는 R_0, X_0는 작아야 한다.

답 ③

102 핵심이론 찾아보기▶핵심 04-3

기사 16년 출제

중성점 직접접지방식에 대한 설명으로 틀린 것은?

① 계통의 과도 안정도가 나쁘다.
② 변압기의 단절연(段絶緣)이 가능하다.
③ 1선 지락 시 건전상의 전압은 거의 상승하지 않는다.
④ 1선 지락전류가 적어 차단기의 차단 능력이 감소된다.

해설 중성점 직접접지방식은 1상 지락사고일 경우 지락전류가 대단히 크기 때문에 보호계전기의 동작이 확실하고, 계통에 주는 충격이 커서 과도 안정도가 나쁘다. 또한 중성점의 전위는 대지전위이므로 저감 절연 및 변압기 단절연이 가능하다.

답 ④

103

핵심이론 찾아보기▶핵심 04-3

기사 03년 / 산업 11·99·94년 출제

송전 계통의 접지에 대하여 기술하였다. 다음 중 옳은 것은?

① 소호 리액터 접지방식은 선로의 정전용량과 직렬 공진을 이용한 것으로 지락전류가 타방식에 비해 좀 큰 편이다.
② 고저항접지방식은 이중고장을 발생시킬 확률이 거의 없으며 비접지방식보다는 많은 편이다.
③ 직접접지방식을 채용하는 경우 이상전압이 낮기 때문에 변압기 선정 시 단절연이 가능하다.
④ 비접지방식을 택하는 경우 지락전류 차단이 용이하고 장거리 송전을 할 경우 이중고장의 발생을 예방하기 좋다.

해설 직접접지방식은 중성점 전위가 낮아 변압기 단절연에 유리하다. 그러나 사고 시 큰 전류에 의한 통신선에 대한 유도장해가 발생한다.

답 ③

104

핵심이론 찾아보기▶핵심 04-3

기사 16년 출제

22.9[kV−Y] 3상 4선식 중성선 다중접지 계통의 특성에 대한 내용으로 틀린 것은?

① 1선 지락사고 시 1상 단락전류에 해당하는 큰 전류가 흐른다.
② 전원의 중성점과 주상 변압기의 1차 및 2차를 공통의 중성선으로 연결하여 접지한다.
③ 각 상에 접속된 부하가 불평형일 때도 불완전 1선 지락 고장의 검출 감도가 상당히 예민하다.
④ 고·저압 혼촉 사고 시에는 중성선에 막대한 전위 상승을 일으켜 수용가에 위험을 줄 우려가 있다.

해설 다중접지 계통의 중성점 접지저항은 대단히 작은 값으로 부하 불평형일 경우 중성선에 흐르는 불평형 전류가 존재하므로 불완전 지락 고장의 검출 감도가 떨어진다.

답 ③

105

핵심이론 찾아보기▶핵심 04-4

기사 22·18년 출제

소호 리액터를 송전 계통에 사용하면 리액터의 인덕턴스와 선로의 정전용량이 어떤 상태로 되어 지락전류를 소멸시키는가?

① 병렬 공진　② 직렬 공진　③ 고임피던스　④ 저임피던스

해설 소호 리액터 접지방식은 L, C 병렬 공진을 이용하여 지락전류를 소멸시킨다.

답 ①

106

핵심이론 찾아보기▶핵심 04-4

기사 22·19년 출제

1선 지락 시에 지락전류가 가장 작은 송전 계통은?

① 비접지식　② 직접접지식　③ 저항접지식　④ 소호 리액터 접지식

해설 소호 리액터 접지식은 $L-C$ 병렬 공진을 이용하므로 지락전류가 최소로 되어 유도장해가 적고, 고장 중에도 계속적인 송전이 가능하고, 고장이 스스로 복구될 수 있어 과도 안정도가 좋지만 보호장치의 동작이 불확실하다.

답 ④

107

핵심이론 찾아보기▶핵심 04-4 기사 16년 출제

송전 계통에서 1선 지락 시 유도장해가 가장 작은 중성점 접지방식은?

① 비접지방식 ② 저항접지방식
③ 직접접지방식 ④ 소호 리액터 접지방식

해설 1선 지락 시 유도장해가 가장 큰 접지방식은 직접접지방식이고, 가장 작은 접지방식은 소호 리액터 접지방식이다.

답 ④

108

핵심이론 찾아보기▶핵심 04-4 기사 01·96년 출제

1상의 대지정전용량 0.5[μF], 주파수 60[Hz]인 3상 송전선이 있다. 이 선로에 소호 리액터를 설치하려 한다. 소호 리액터의 공진 리액턴스[Ω]값은?

① 약 565 ② 약 1,370 ③ 약 1,770 ④ 약 3,570

해설
$$\omega L = \frac{1}{3\omega C} = \frac{1}{3\times 2\pi \times 60 \times 0.5 \times 10^{-6}} = 1{,}768.3[\Omega]$$

답 ③

109

핵심이론 찾아보기▶핵심 04-4 기사 11년 / 산업 94년 출제

1상의 대지정전용량 0.53[μF], 주파수 60[Hz]인 3상 송전선의 소호 리액터의 공진 탭[Ω]은 얼마인가? (단, 소호 리액터를 접속시키는 변압기의 1상당의 리액턴스는 9[Ω]이다.)

① 1,665 ② 1,668 ③ 1,671 ④ 1,674

해설 소호 리액터
$$\omega L = \frac{1}{3\omega C} - \frac{X_t}{3} = \frac{1}{3\times 2\pi \times 60 \times 0.53 \times 10^{-6}} - \frac{9}{3} = 1{,}665.2[\Omega]$$

답 ①

110

핵심이론 찾아보기▶핵심 04-4 기사 04·99·96년 출제

어떤 선로의 양단에 같은 크기(즉, 용량)의 소호 리액터를 설치한 3상 1회선 송전선로에서 전원 측으로부터 선로 긍장의 1/4지점에 1선 지락 고장이 일어났을 경우 영상전류의 분포는?

①
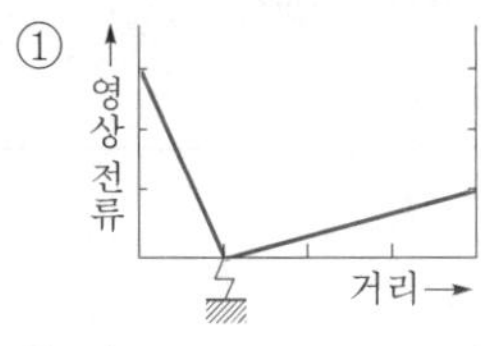

②
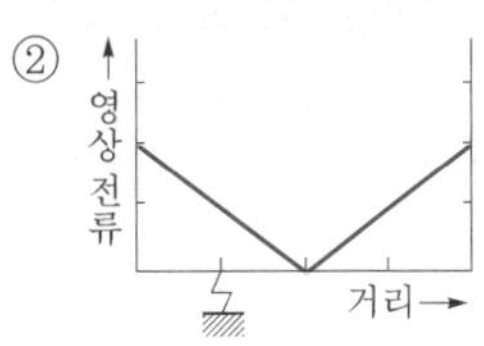

③
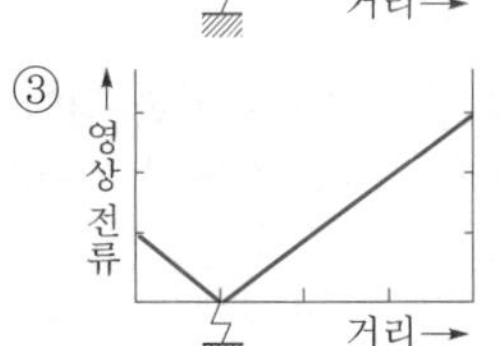

④
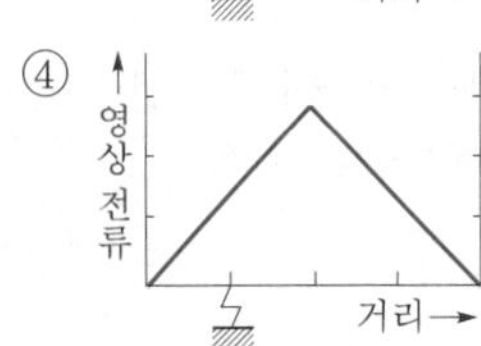

해설 선로에 따라 흐르는 영상 전류 분포 상태는 지락 사고점의 위치에 관계없다.

답 ②

111

핵심이론 찾아보기▶핵심 04-4

기사 03·01·00년 출제

소호 리액터 접지방식에서 10[%] 정도의 과보상을 한다고 할 때 사용되는 탭의 일반적인 것은?

① $\omega L > \dfrac{1}{3\omega C}$

② $\omega L < \dfrac{1}{3\omega C}$

③ $\omega L > \dfrac{1}{3\omega^2 C}$

④ $\omega L < \dfrac{1}{3\omega^2 C}$

해설 소호 리액터는 완전 보상, 부족 보상 상태에서는 사용하지 않고, 과보상 상태에서만 사용한다.
과보상 상태 ⇒ $I_L > I_C$인 상태 ⇒ $\omega L < \dfrac{1}{3\omega C}$ 인 상태

답 ②

112

핵심이론 찾아보기▶핵심 04-4

기사 02년 / 산업 11·93년 출제

소호 리액터 접지 계통에서 리액터의 탭을 완전 공진 상태에서 약간 벗어나도록 조설하는 이유는?

① 접지 계전기의 동작을 확실하게 하기 위하여
② 전력손실을 줄이기 위하여
③ 통신선에 대한 유도장해를 줄이기 위하여
④ 직렬 공진에 의한 이상전압의 발생을 방지하기 위하여

해설 유도장해가 적고, 1선 지락 시 계속적인 송전이 가능하고, 고장이 스스로 복구될 수 있으나, 보호장치의 동작이 불확실하고, 단선 고장 시에는 직렬 공진 상태가 되어 이상전압을 발생시킬 수 있으므로 완전 공진을 시키지 않고 소호 리액터에 탭을 설치하여 공진에서 약간 벗어난 상태(과보상)로 한다.

답 ④

113

핵심이론 찾아보기▶핵심 04-4

기사 98년 출제

다음 접지방식 중 1선 지락전류가 큰 순서대로 바르게 나열된 것은 무엇인가?

㉠ 직접 접지 3상 3선식 방식	㉡ 저항 접지 3상 3선식 방식
㉢ 리액터 접지 3상 3선식 방식	㉣ 다중 접지 3상 4선식 방식

① ㉣, ㉠, ㉡, ㉢
② ㉣, ㉡, ㉠, ㉢
③ ㉠, ㉣, ㉡, ㉢
④ ㉡, ㉠, ㉢, ㉣

해설 지락전류는 접지저항이 최소인 직접 접지 방식이 최대이고, 병렬 공진을 이용한 리액터 접지가 최소이다. 특히 다중 접지는 접지저항이 대단히 작아 지락전류가 가장 크다고 할 수 있다.

답 ①

114

핵심이론 찾아보기▶핵심 04-5 기사 15년 출제

3상 송전선로의 각 상의 대지정전용량을 C_a, C_b 및 C_c라 할 때, 중성점 비접지 시의 중성점과 대지 간의 전압은? (단, E는 상전압이다.)

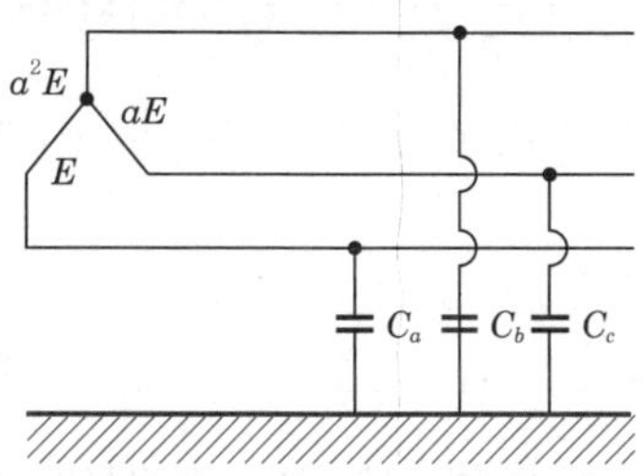

① $(C_a+C_b+C_c)E$

② $\dfrac{\sqrt{C_aC_b+C_bC_c+C_cC_a}}{C_a+C_b+C_c}E$

③ $\dfrac{\sqrt{C_a(C_a-C_b)+C_b(C_b-C_c)+C_c(C_c-C_a)}}{C_a+C_b+C_c}E$

④ $\dfrac{\sqrt{C_a(C_b-C_c)+C_b(C_c-C_a)+C_c(C_a-C_b)}}{C_a+C_b+C_c}E$

해설 3상 대칭 송전선에서는 정상운전 상태에서 중성점의 전위가 항상 0이어야 하지만 실제에 있어서는 선로 각 선의 대지정전용량이 차이가 있으므로 중성점에는 전위가 나타나게 되며 이것을 중성점 잔류전압이라고 한다.

$$E_n = \frac{\sqrt{C_a(C_a-C_b)+C_b(C_b-C_c)+C_c(C_c-C_a)}}{C_a+C_b+C_c}\cdot E[\mathrm{V}]$$

답 ③

115

핵심이론 찾아보기▶핵심 04-6 기사 12·02·00년 / 산업 01년 출제

3상 송전선로와 통신선이 병행되어 있는 경우에 통신유도장해로서 통신선에 유도되는 정전 유도 전압은?

① 통신선의 길이에 비례한다.
② 통신선의 길이의 자승에 비례한다.
③ 통신선의 길이에 반비례한다.
④ 통신선의 길이에 관계없다.

해설 3상 정전유도전압 $E_o = \dfrac{\sqrt{C_a(C_a-C_b)+C_b(C_b-C_c)+C_c(C_c-C_b)}}{C_a+C_b+C_c+C_o}\times\dfrac{V}{\sqrt{3}}$

정전유도전압은 통신선의 병행 길이와는 관계가 없다.

답 ④

116

핵심이론 찾아보기▶핵심 04-6 기사 91년 출제

통신유도장해 방지대책의 일환으로 전자유도전압을 계산함에 이용되는 인덕턴스 계산식은?

① Peek 식
② Peterson 식
③ Carson－Pollaczek 식
④ Still 식

해설 ① Peek 식 : 코로나손 계산 $P=\frac{241}{\delta}(f+25)\sqrt{\frac{r}{2D}}(E-E_o)^2\times10^{-5}$[kW/km/선]

② Peterson 식 : 소호 리액터 코일

③ Carson－Pollaczek 식 : 상호 인덕턴스(M) 계산

$M \fallingdotseq 0.2\log_e\frac{2}{r\cdot d\sqrt{4\pi\omega\sigma}}+0.1-j\frac{\pi}{20}$[mH/km]

④ still 식 : 경제적인 송전 전압 계산 $kV=5.5\sqrt{0.6l+\frac{P}{100}}$

답 ③

117

핵심이론 찾아보기▶핵심 04-6 기사 13·95년 출제

통신선과 평행인 주파수 60[Hz]의 3상 1회선 송전선에서 1선 지락으로(영상전류가 100[A] 흐르고) 있을 때 통신선에 유기되는 전자유도전압[V]은? (단, 영상전류는 송전선 전체에 걸쳐 같으며, 통신선과 송전선의 상호 인덕턴스는 0.05[mH/km]이고, 그 평행길이는 50[km]이다.)

① 162 ② 192

③ 242 ④ 283

해설 $E_m=j\omega M\cdot 3I_0$, 50[km]의 상호 인덕턴스=0.05×50

$\therefore\ E_m=2\pi\times60\times0.05\times10^{-3}\times50\times3\times100=282.7$[V]

답 ④

118

핵심이론 찾아보기▶핵심 04-6 기사 16년 출제

전력선에 의한 통신선로의 전자유도장해의 발생 요인은 주로 무엇 때문인가?

① 영상전류가 흘러서 ② 부하전류가 크므로

③ 상호정전용량이 크므로 ④ 전력선의 교차가 불충분하여

해설 **전자유도전압**

$E_m=j\omega Ml(I_a+I_b+I_c)=j\omega Ml\times3I_0$

여기서, $3I_0$: 3×영상전류=지락전류=기유도전류

답 ①

119

핵심이론 찾아보기▶핵심 04-7 기사 17년 출제

유도장해를 방지하기 위한 전력선측의 대책으로 틀린 것은?

① 차폐선을 설치한다.

② 고속도 차단기를 사용한다.

③ 중성점 전압을 가능한 높게 한다.

④ 중성점 접지에 고저항을 넣어서 지락전류를 줄인다.

해설 중성점 전압이 높게 되면 건전상의 전위가 상승하여 고장전류가 증가하므로 유도장해가 커지게 된다.

답 ③

120 핵심이론 찾아보기▶핵심 04-7 기사 03·94년 출제

전력선측의 유도장해 방지대책이 아닌 것은?

① 전력선과 통신선의 이격거리를 증대한다.
② 전력선의 연가를 충분히 한다.
③ 배류코일을 사용한다.
④ 차폐선을 설치한다.

해설 배류코일로 통신선을 접지해서 유도전류를 대지로 흘려준다. 따라서 배류코일은 통신선측 유도장해 방지대책이다.

답 ③

121 핵심이론 찾아보기▶핵심 05-1 기사 17년 출제

그림과 같은 3상 송전 계통에서 송전단 전압은 3,300[V]이다. 점 P에서 3상 단락사고가 발생했다면 발전기에 흐르는 단락전류는 약 몇 [A]인가?

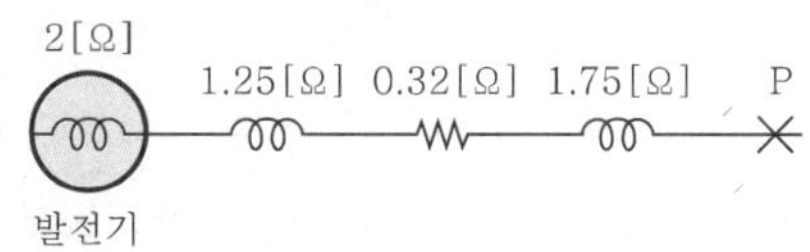

① 320 ② 330 ③ 380 ④ 410

해설

$$I_s = \frac{E}{Z} = \frac{\frac{3,300}{\sqrt{3}}}{\sqrt{0.32^2 + (2+1.25+1.75)^2}} = 380.2[\text{A}]$$

답 ③

122 핵심이론 찾아보기▶핵심 05-2 기사 18년 출제

%임피던스와 관련된 설명으로 틀린 것은?

① 정격전류가 증가하면 %임피던스는 감소한다.
② 직렬 리액터가 감소하면 %임피던스도 감소한다.
③ 전기 기계의 %임피던스가 크면 차단기의 용량은 작아진다.
④ 송전 계통에서는 임피던스의 크기를 [Ω]값 대신에 [%]값으로 나타내는 경우가 많다.

해설 %임피던스는 정격전류 및 정격용량에는 비례하고, 차단전류 및 차단용량에는 반비례하므로 정격전류가 증가하면 %임피던스는 증가한다.

답 ①

123 핵심이론 찾아보기▶핵심 05-2 기사 03·93년 출제

66[kV] 3상 1회선 송전선로 1선의 리액턴스가 30[Ω], 전류가 200[A]일 때, %리액턴스는?

① $\frac{100\sqrt{3}}{11}$ ② $\frac{100}{11}$ ③ $\frac{11}{100\sqrt{3}}$ ④ $\frac{11}{100}$

해설

$$\%X = \frac{XI_n}{E} \times 100 = \frac{30 \times 200}{\frac{66,000}{\sqrt{3}}} \times 100 = \frac{100\sqrt{3}}{11}[\%]$$

답 ①

124

핵심이론 찾아보기▶핵심 05-2　　　기사 13·93년 / 산업 91년 출제

3상 송전선로의 선간전압을 100[kV], 3상 기준 용량을 10,000[kVA]로 할 때, 선로 리액턴스(1선당) 100[Ω]을 %임피던스로 환산하면 얼마인가?

① 1　　② 10
③ 0.33　　④ 3.33

해설 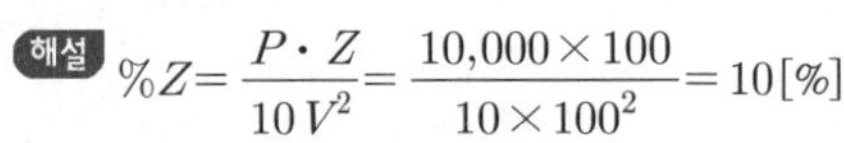

$\%Z=\dfrac{P\cdot Z}{10V^2}=\dfrac{10,000\times 100}{10\times 100^2}=10[\%]$

답 ②

125

핵심이론 찾아보기▶핵심 05-2　　　기사 21년 출제

기준 선간전압 23[kV], 기준 3상 용량 5,000[kVA], 1선의 유도 리액턴스가 15[Ω]일 때 %리액턴스는?

① 28.36[%]　　② 14.18[%]
③ 7.09[%]　　④ 3.55[%]

해설 $\%X=\dfrac{P\cdot X}{10V^2}=\dfrac{5,000\times 15}{10\times 23^2}=14.18[\%]$

답 ②

126

핵심이론 찾아보기▶핵심 05-2　　　기사 15년 출제

66[kV] 송전선로에서 3상 단락 고장이 발생하였을 경우 고장점에서 본 등가 정상 임피던스가 자기용량(40[MVA]) 기준으로 20[%]일 경우 고장전류는 정격전류의 몇 배가 되는가?

① 2　　② 4
③ 5　　④ 8

해설 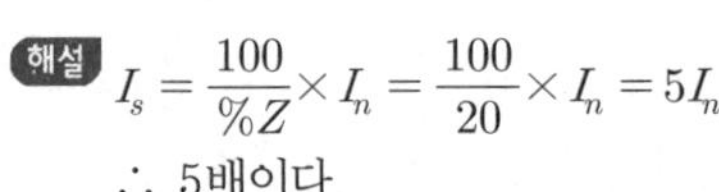

$I_s=\dfrac{100}{\%Z}\times I_n=\dfrac{100}{20}\times I_n=5I_n$

∴ 5배이다.

답 ③

127

핵심이론 찾아보기▶핵심 05-2　　　기사 19년 출제

10,000[kVA] 기준으로 등가 임피던스가 0.4[%]인 발전소에 설치될 차단기의 차단용량은 몇 [MVA]인가?

① 1,000　　② 1,500
③ 2,000　　④ 2,500

해설 차단용량

$P_s=\dfrac{100}{\%Z}P_n=\dfrac{100}{0.4}\times 10,000\times 10^{-3}=2,500[\text{MVA}]$

답 ④

128

핵심이론 찾아보기▶핵심 05-2 기사 15년 출제

전압 V_1[kV]에 대한 %리액턴스값이 X_{p1}이고, 전압 V_2[kV]에 대한 %리액턴스값이 X_{p2}일 때, 이들 사이의 관계로 옳은 것은?

① $X_{p1}=\frac{{V_1}^2}{V_2}X_{p2}$ ② $X_{p1}=\frac{V_2}{{V_1}^2}X_{p2}$ ③ $X_{p1}=\left(\frac{V_2}{V_1}\right)^2 X_{p2}$ ④ $X_{p1}=\left(\frac{V_1}{V_2}\right)^2 X_{p2}$

해설 $\%Z=\frac{PZ}{10V^2}$에서 $\%Z\propto\frac{1}{V^2}$이므로 $\frac{Z_{p2}}{Z_{p1}}=\frac{{V_1}^2}{{V_2}^2}$

$\therefore X_{p1}=\left(\frac{V_2}{V_1}\right)^2 X_{p2}$

답 ③

129

핵심이론 찾아보기▶핵심 05-2 기사 01·95·90년 출제

그림에서 A점의 차단기 용량으로 가장 적당한 것은?

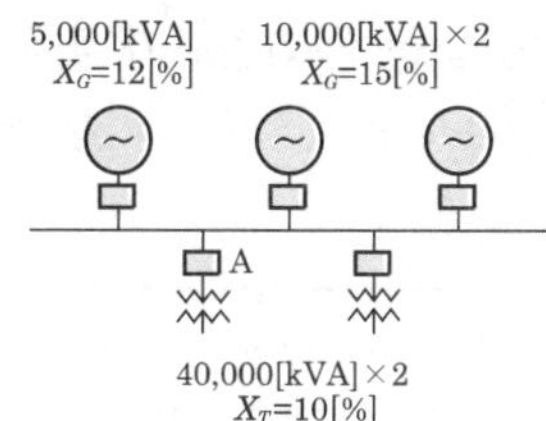

① 50[MVA] ② 100[MVA] ③ 150[MVA] ④ 200[MVA]

해설 기준 용량을 10,000[kVA]로 설정하면

5,000[kVA] 발전기 $\%X_G\times\frac{10,000}{5,000}\times 12=24[\%]$

A 차단기 전원측에는 발전기가 병렬 접속이므로 합성 $\%Z_g=\frac{1}{\frac{1}{24}+\frac{1}{15}+\frac{1}{15}}=5.71[\%]$

$\therefore P_s=\frac{100}{5.71}\times 10,000\times 10^{-3}=175[\text{MVA}]$

차단기 용량은 단락용량을 기준 이상으로 한 값으로 200[MVA]이다.

답 ④

130

핵심이론 찾아보기▶핵심 05-3 기사 18·03년 / 산업 13년 출제

A, B 및 C상 전류를 각각 I_a, I_b 및 I_c라 할 때, $I_x=\frac{1}{3}(I_a+a^2I_b+aI_c)$, $a=-\frac{1}{2}+j\frac{\sqrt{3}}{2}$으로 표시되는 I_x는 어떤 전류인가?

① 정상전류 ② 역상전류
③ 영상전류 ④ 역상전류와 영상전류의 합계

해설 역상전류 $I_2=\frac{1}{3}(I_a+a^2I_b+aI_c)=\frac{1}{3}(I_a+I_b\angle-120°+I_c\angle-240°)$

답 ②

131

핵심이론 찾아보기▶핵심 05-3 기사 09년 출제

불평형 3상 전압을 V_a, V_b, V_c라 하고 $a=\epsilon^{j\frac{2\pi}{3}}$ 라 할 때, $V_x = \frac{1}{3}(V_a + aV_b + a^2 V_c)$이다. 여기에서 V_x는?

① 정상전압 ② 단락전압 ③ 영상전압 ④ 지락전압

해설 대칭분 전압

- 영상전압 $V_0 = \frac{1}{3}(V_a + V_b + V_c)$
- 정상전압 $V_1 = \frac{1}{3}(V_a + aV_b + a^2 V_c)$
- 역상전압 $V_2 = \frac{1}{3}(V_a + a^2 V_b + aV_c)$

답 ①

132

핵심이론 찾아보기▶핵심 05-5 기사 21·17년 출제

송전선로의 고장전류 계산에 영상 임피던스가 필요한 경우는?

① 1선 지락 ② 3상 단락 ③ 3선 단선 ④ 선간단락

해설 각 사고별 대칭좌표법 해석

1선 지락	정상분	역상분	영상분
선간단락	정상분	역상분	×
3상 단락	정상분	×	×

그러므로 영상 임피던스가 필요한 경우는 1선 지락이다.

답 ①

133

핵심이론 찾아보기▶핵심 05-5 기사 20·19년 / 산업 21년 출제

3상 무부하 발전기의 1선 지락 고장 시에 흐르는 지락전류는? (단, E는 접지된 상의 무부하 기전력이고 Z_0, Z_1, Z_2는 발전기의 영상, 정상, 역상 임피던스이다.)

① $\frac{E}{Z_0+Z_1+Z_2}$ ② $\frac{\sqrt{3}E}{Z_0+Z_1+Z_2}$ ③ $\frac{3E}{Z_0+Z_1+Z_2}$ ④ $\frac{E^2}{Z_0+Z_1+Z_2}$

해설 1선 지락 시에는 $I_0 = I_1 = I_2$이므로 지락 고장전류 $I_g = I_0 + I_1 + I_2 = \frac{3E}{Z_0+Z_1+Z_2}$

답 ③

134

핵심이론 찾아보기▶핵심 05-5 기사 13·05년 / 산업 08년 출제

1선 접지 고장을 대칭좌표법으로 해석할 경우 필요한 것은?

① 정상 임피던스도(Diagram) 및 역상 임피던스도
② 정상 임피던스도
③ 정상 임피던스도 및 역상 임피던스도
④ 정상 임피던스도, 역상 임피던스도 및 영상 임피던스도

해설 지락전류 $I_g = \dfrac{3E_a}{Z_0+Z_1+Z_2}$[A]이므로 영상·정상·역상 임피던스가 모두 필요하다. 답 ④

135 핵심이론 찾아보기▶핵심 05-6

기사 22·18·12·08년 출제

3상 송전선로에서 선간단락이 발생하였을 때 다음 중 옳은 것은?

① 역상전류만 흐른다.
② 정상전류와 역상전류가 흐른다.
③ 역상전류와 영상전류가 흐른다.
④ 정상전류와 영상전류가 흐른다.

해설 선간단락 고장해석은 정상전류와 역상전류가 흐른다. 답 ②

136 핵심이론 찾아보기▶핵심 05-7

기사 17년 출제

그림과 같은 회로의 영상, 정상, 역상 임피던스 Z_0, Z_1, Z_2는?

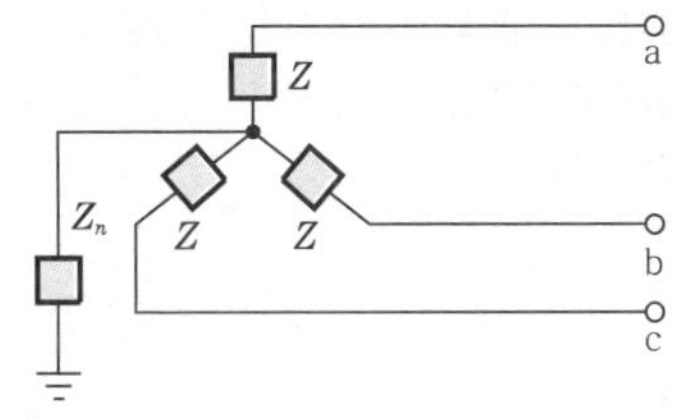

① $Z_0 = Z+3Z_n$, $Z_1 = Z_2 = Z$
② $Z_0 = 3Z_n$, $Z_1 = Z$, $Z_2 = 3Z$
③ $Z_0 = 3Z+Z_n$, $Z_1 = 3Z$, $Z_2 = Z$
④ $Z_0 = Z+Z_n$, $Z_1 = Z_2 = Z+3Z_n$

해설 영상 임피던스 $Z_0 = Z+3Z_n$(중성점 임피던스 3배)
정상 임피던스(Z_1)=역상 임피던스(Z_2)=Z(중성점 임피던스 무시) 답 ①

137 핵심이론 찾아보기▶핵심 05-7

기사 98·95년 출제

송전선로의 정상, 역상 및 영상 임피던스를 각각 Z_1, Z_2 및 Z_0라 하면, 다음 어떤 관계가 성립되는가?

① $Z_1 = Z_2 = Z_0$
② $Z_1 = Z_2 > Z_0$
③ $Z_1 > Z_2 = Z_0$
④ $Z_1 = Z_2 < Z_0$

해설 송전선로는 $Z_1 = Z_2$이고, Z_0는 Z_1보다 크다. 답 ④

138

핵심이론 찾아보기▶핵심 05-7

기사 16년 출제

그림과 같은 전력 계통의 154[kV] 송전선로에서 고장 지락 임피던스 Z_{gf}를 통해서 1선 지락 고장이 발생되었을 때 고장점에서 본 영상 %임피던스는? (단, 그림에 표시한 임피던스는 모두 동일 용량, 100[MVA] 기준으로 환산한 %임피던스이다.)

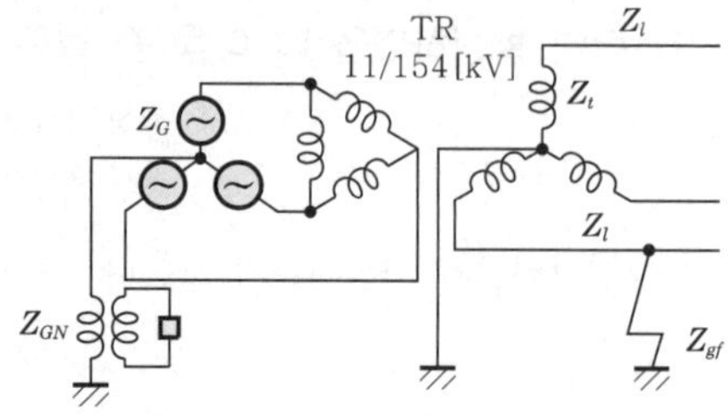

① $Z_0 = Z_l + Z_t + Z_G$
② $Z_0 = Z_l + Z_t + Z_{gf}$
③ $Z_0 = Z_l + Z_t + 3Z_{gf}$
④ $Z_0 = Z_l + Z_t + Z_{gf} + Z_G + Z_{GN}$

해설 영상 임피던스는 변압기 내부 임피던스(Z_t)와 선로 임피던스(Z_l) 그리고 지락 발생한 1상의 임피던스($3Z_{gf}$)의 합계로 된다.
즉, $Z_0 = Z_l + Z_t + 3Z_{gf}$이다.

답 ③

139

핵심이론 찾아보기▶핵심 05-7

기사 17년 출제

송전 계통의 한 부분이 그림과 같이 3상 변압기로 1차측은 △로, 2차측은 Y로 중성점이 접지되어 있을 경우, 1차측에 흐르는 영상전류는?

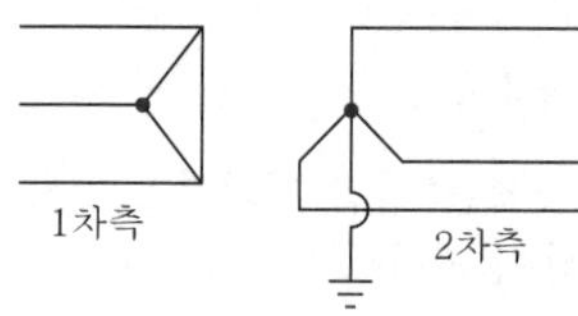

① 1차측 선로에서 ∞이다.
② 1차측 선로에서 반드시 0이다.
③ 1차측 변압기 내부에서는 반드시 0이다.
④ 1차측 변압기 내부와 1차측 선로에서 반드시 0이다.

해설 영상전류는 중성점이 접지되어 있는 2차측에는 선로와 변압기 내부 및 중성선과 비접지인 1차측 내부에는 흐르지만 1차측 선로에는 흐르지 않는다.

답 ②

140

핵심이론 찾아보기▶핵심 06-1

기사 15년 출제

송·배전 계통에 발생하는 이상전압의 내부적 원인이 아닌 것은?

① 선로의 개폐
② 직격뢰
③ 아크 접지
④ 선로의 이상상태

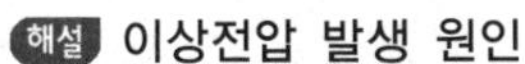

해설 이상전압 발생 원인
- 내부적 원인 : 개폐 서지, 아크 지락, 연가 불충분 등
- 외부적 원인 : 뇌(직격뢰 및 유도뢰)

답 ②

141

핵심이론 찾아보기▶핵심 06-1 기사 20·17년 출제

개폐 서지의 이상전압을 감쇄할 목적으로 설치하는 것은?

① 단로기 ② 차단기 ③ 리액터 ④ 개폐저항기

해설 차단기의 작동으로 인한 개폐 서지에 의한 이상전압을 억제하기 위한 방법으로 개폐저항기를 사용한다.

답 ④

142

핵심이론 찾아보기▶핵심 06-1 기사 16년 출제

전력 계통에서 내부 이상전압의 크기가 가장 큰 경우는?

① 유도성 소전류 차단 시 ② 수차 발전기의 부하 차단 시
③ 무부하 선로 충전전류 차단 시 ④ 송전선로의 부하 차단기 투입 시

해설 전력 계통에서 가장 큰 내부 이상전압은 개폐 서지로 무부하일 때 선로의 충전전류를 차단할 때이다.

답 ③

143

핵심이론 찾아보기▶핵심 06-2 기사 12·97·94년 출제

서지파(진행파)가 서지 임피던스 Z_1의 선로측에서 서지 임피던스 Z_2의 선로측으로 입사할 때 투과계수[투과파(침입파) 전압÷입사파 전압] b를 나타내는 식은?

① $b=\dfrac{Z_2-Z_1}{Z_1+Z_2}$ ② $b=\dfrac{2Z_2}{Z_1+Z_2}$ ③ $b=\dfrac{Z_1-Z_2}{Z_1+Z_2}$ ④ $b=\dfrac{2Z_1}{Z_1+Z_2}$

해설 투과파 계수 $\gamma=\dfrac{2Z_2}{Z_2+Z_1}$

답 ②

144

핵심이론 찾아보기▶핵심 06-2 기사 12·91년 출제

파동 임피던스 $Z_1=400[\Omega]$인 선로 종단에 파동 임피던스 $Z_2=1{,}200[\Omega]$의 변압기가 접속되어 있다. 지금 선로에서 파고 $e_1=800[\text{kV}]$인 전압이 입사했다면, 접속점에서 전압의 반사파의 파고값[kV]은?

① 400 ② 800 ③ 1,200 ④ 1,600

해설 $e_2=\dfrac{1{,}200-400}{1{,}200+400}\times 800=400[\text{kV}]$

답 ①

145 핵심이론 찾아보기▶핵심 06-2

기사 19·15·09·02·94년 / 산업 09·93년 출제

임피던스 Z_1, Z_2 및 Z_3를 그림과 같이 접속한 선로의 A쪽에서 전압파 E가 진행해 왔을 때, 접속점 B에서 무반사로 되기 위한 조건은?

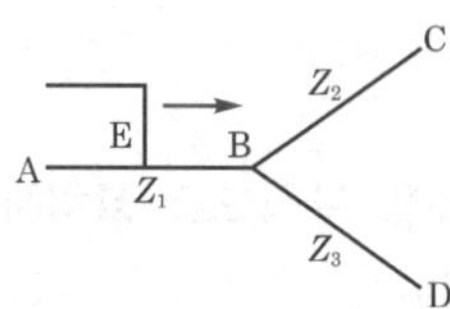

① $Z_1 = Z_2 + Z_3$ ② $\frac{1}{Z_3} = \frac{1}{Z_1} + \frac{1}{Z_2}$ ③ $\frac{1}{Z_1} = \frac{1}{Z_2} + \frac{1}{Z_3}$ ④ $\frac{1}{Z_2} = \frac{1}{Z_1} + \frac{1}{Z_3}$

해설 무반사 조건은 변이점 B에서 입사쪽과 투과쪽의 특성 임피던스가 동일하여야 한다.
즉, $\frac{1}{Z_1} = \frac{1}{Z_2} + \frac{1}{Z_3}$ 로 한다.

답 ③

146 핵심이론 찾아보기▶핵심 06-2

기사 01·99·93년 출제

파동 임피던스 $Z_1 = 500[\Omega]$, $Z_2 = 300[\Omega]$인 두 무손실 선로 사이에 그림과 같이 저항 R을 접속한다. 제1선로에서 구형파가 진행하여 왔을 때 무반사로 하기 위한 R의 값은 몇 $[\Omega]$인가?

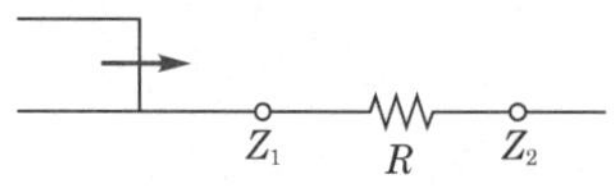

① 100 ② 200 ③ 300 ④ 500

해설 Z_1과 $(R+Z_2)$가 접속된 점에 반사율 $\beta = \frac{(R+Z_2)-Z_1}{Z_1+(R+Z_2)}$ 에서 무반사($\beta = 0$)이려면
$Z_1 = (R+Z_2)$ 이어야 하므로 $R = Z_1 - Z_2 = 500 - 300 = 200[\Omega]$ 이다.

답 ②

147 핵심이론 찾아보기▶핵심 06-3

기사 21·18년 출제

직격뢰에 대한 방호설비로 가장 적당한 것은?

① 복도체 ② 가공지선 ③ 서지 흡수기 ④ 정전 방전기

해설 가공지선은 직격뢰로부터 전선로를 보호한다.

답 ②

148 핵심이론 찾아보기▶핵심 06-3

기사 22·17년 출제

가공지선의 설치 목적이 아닌 것은?

① 전압강하의 방지 ② 직격뢰에 대한 차폐
③ 유도뢰에 대한 정전 차폐 ④ 통신선에 대한 전자유도장해 경감

해설 가공지선의 설치 목적은 뇌격으로부터 전선과 기기 등을 보호하고, 유도장해를 경감시킨다.

답 ①

149 핵심이론 찾아보기▶핵심 06-3

기사 19년 / 산업 22년 출제

가공지선에 대한 설명 중 틀린 것은?

① 유도뢰 서지에 대하여도 그 가설구간 전체에 사고 방지의 효과가 있다.
② 직격뢰에 대하여 특히 유효하며, 탑 상부에 시설하므로 뇌는 주로 가공지선에 내습한다.
③ 송전선의 1선 지락 시 지락전류의 일부가 가공지선에 흘러 차폐작용을 하므로 전자유도장해를 적게 할 수 있다.
④ 가공지선 때문에 송전선로의 대지정전용량이 감소하므로 대지 사이에 방전할 때 유도전압이 특히 커서 차폐효과가 좋다.

해설 가공지선의 설치로 송전선로의 대지정전용량이 증가하므로 유도전압이 적게 되어 차폐효과가 있다.

답 ④

150 핵심이론 찾아보기▶핵심 06-3

기사 14·96년 / 산업 11년 출제

가공지선에 대한 다음 설명 중 옳은 것은?

① 차폐각은 보통 15~30° 정도로 하고 있다.
② 차폐각이 클수록 벼락에 대한 차폐효과가 크다.
③ 가공지선을 2선으로 하면 차폐각이 작아진다.
④ 가공지선으로는 연동선을 주로 사용한다.

해설 가공지선의 차폐각은 30~45° 정도이고, 차폐각은 작을수록 보호효율이 크고, 사용 전선은 주로 ACSR을 사용한다.

답 ③

151 핵심이론 찾아보기▶핵심 06-4

기사 15년 출제

접지봉으로 탑각의 접지저항값을 희망하는 접지저항값까지 줄일 수 없을 때 사용하는 것은?

① 가공지선　　② 매설지선
③ 크로스 본드선　　④ 차폐선

해설 뇌전류가 철탑으로부터 대지로 흐를 경우, 철탑 전위의 파고값이 전선을 절연하고 있는 애자련의 절연파괴 전압 이상으로 될 경우 철탑으로부터 전선을 향해 역섬락이 발생하므로 이것을 방지하기 위해서는 매설지선을 시설하여 철탑의 탑각 접지저항을 작게 하여야 한다.

답 ②

152 핵심이론 찾아보기▶핵심 06-4

기사 22·17년 출제

송전선로에 매설지선을 설치하는 주된 목적은?

① 철탑 기초의 강도를 보강하기 위하여
② 직격뢰로부터 송전선을 차폐 보호하기 위하여
③ 현수애자 1련의 전압 부담을 균일화하기 위하여
④ 철탑으로부터 송전선로의 역섬락을 방지하기 위하여

해설 뇌전류가 철탑으로부터 대지로 흐를 경우, 철탑 전위의 파고값이 전선을 절연하고 있는 애자련이 절연파괴 전압 이상으로 될 경우 철탑으로부터 전선을 향해 역섬락이 발생하므로 이것을 방지하기 위해서는 매설지선을 시설하여 철탑의 탑각 접지저항을 작게 하여야 한다.

답 ④

153

핵심이론 찾아보기▶**핵심 06-4**　　기사 22·20·00·99·98·97·95년 / 산업 22·15·13·02·00·99·95년 출제

송전선로에서 역섬락을 방지하기 위하여 가장 필요한 것은?

① 피뢰기를 설치한다.　　② 소호각을 설치한다.
③ 가공지선을 설치한다.　　④ 탑각 접지저항을 적게 한다.

해설 철탑의 전위=탑각 접지저항×뇌전류이므로 역섬락을 방지하려면 탑각 접지저항을 줄여 뇌전류에 의한 철탑의 전위를 낮추어야 한다.

답 ④

154

핵심이론 찾아보기▶**핵심 06-5**　　기사 14년 / 산업 93년 출제

피뢰기를 가장 적절하게 설명한 것은?

① 동요 전압의 파두, 파미의 파형의 준도를 저감하는 것
② 이상전압이 내습하였을 때 방전하고 기류를 차단하는 것
③ 뇌동요 전압의 파고를 저감하는 것
④ 1선이 지락할 때 아크를 소멸시키는 것

해설 충격파 전압의 파고치를 저감시키고 속류를 차단한다.

답 ②

155

핵심이론 찾아보기▶**핵심 06-5**　　기사 98·96·94·93년 / 산업 10·02년 출제

피뢰기의 구조는?

① 특성요소와 소호 리액터　　② 특성요소와 콘덴서
③ 소호 리액터와 콘덴서　　④ 특성요소와 직렬갭

해설
- 직렬갭 : 평상시에는 개방상태이고, 과전압(이상 충격파)이 인가되면 도통된다.
- 특성요소 : 비직선 전압 전류 특성에 따라 방전 시에는 대전류를 통과시키고, 방전 후에는 속류를 저지 또는 직렬갭으로 차단할 수 있는 정도로 제한하는 특성을 가진다.

답 ④

156

핵심이론 찾아보기▶**핵심 06-5**　　기사 15·09·04·96년 출제

전력용 피뢰기에서 직렬갭(gap)의 주된 사용 목적은?

① 방전 내량을 크게 하고, 장시간 사용하여도 열화를 적게 하기 위하여
② 충격방전 개시전압을 높게 하기 위하여
③ 상시는 누설전류를 방지하고, 충격파 방전 종료 후에는 속류를 즉시 차단하기 위하여
④ 충격파 침입 시 대지로 흐르는 방전전류를 크게 하여 제한전압을 낮게 하기 위하여

해설 피뢰기의 직렬갭 역할은 충격파(이상전압)는 대지로 방류하고, 속류는 차단하여 회로를 정상 상태로 한다.

답 ③

157

핵심이론 찾아보기▶핵심 06-6 기사 19년 출제

변전소, 발전소 등에 설치하는 피뢰기에 대한 설명 중 틀린 것은?

① 방전전류는 뇌충격 전류의 파고값으로 표시한다.
② 피뢰기의 직렬갭은 속류를 차단 및 소호하는 역할을 한다.
③ 정격전압은 상용 주파수 정현파 전압의 최고 한도를 규정한 순시값이다.
④ 속류란 방전 현상이 실질적으로 끝난 후에도 전력 계통에서 피뢰기에 공급되어 흐르는 전류를 말한다.

해설 피뢰기의 충격방전 개시전압은 피뢰기의 단자 간에 충격전압을 인가하였을 경우 방전을 개시하는 전압으로 파고값(최댓값)으로 표시하고, 정격전압은 속류를 차단하는 최고의 전압으로 실효값으로 나타낸다.

답 ③

158

핵심이론 찾아보기▶핵심 06-6 기사 18년 출제

피뢰기의 충격방전 개시전압은 무엇으로 표시하는가?

① 직류전압의 크기 ② 충격파의 평균치
③ 충격파의 최대치 ④ 충격파의 실효치

해설 피뢰기의 충격방전 개시전압은 피뢰기의 단자 간에 충격전압을 인가하였을 경우 방전을 개시하는 전압으로 파고치(최댓값)로 표시한다.

답 ③

159

핵심이론 찾아보기▶핵심 06-6 기사 10년 / 산업 21년 출제

피뢰기에서 속류를 끊을 수 있는 최고의 교류전압은?

① 정격전압 ② 제한전압
③ 차단전압 ④ 방전개시전압

해설 제한전압은 충격방전전류를 통하고 있을 때의 단자 전압이고, 정격전압은 속류를 차단하는 최고의 전압이다.

답 ①

160

핵심이론 찾아보기▶핵심 06-6 기사 16년 / 산업 21·17·16년 출제

피뢰기의 제한전압이란?

① 충격파의 방전개시전압 ② 상용 주파수의 방전개시전압
③ 전류가 흐르고 있을 때의 단자 전압 ④ 피뢰기 동작 중 단자 전압의 파고값

해설 피뢰기 시 동작하여 방전전류가 흐르고 있을 때 피뢰기 양단자 간 전압의 파고값을 제한전압이라 한다.

답 ④

161 핵심이론 찾아보기▶핵심 06-6

기사 17년 출제

피뢰기가 방전을 개시할 때의 단자 전압의 순시값을 방전개시전압이라 한다. 방전 중의 단자 전압의 파고값을 무엇이라 하는가?

① 속류
② 제한전압
③ 기준 충격 절연강도
④ 상용주파 허용 단자 전압

해설 피뢰기가 동작하고 있을 때 단자에 허용하는 파고값은 제한전압이다.

답 ②

162 핵심이론 찾아보기▶핵심 06-6

기사 17년 출제

피뢰기의 구비조건이 아닌 것은?

① 상용주파 방전개시전압이 낮을 것
② 충격방전 개시전압이 낮을 것
③ 속류차단능력이 클 것
④ 제한전압이 낮을 것

해설 **피뢰기의 구비조건**

- 충격방전 개시전압이 낮을 것
- 상용주파 방전개시전압 및 정격전압이 높을 것
- 방전 내량이 크면서 제한전압은 낮을 것
- 속류차단능력이 충분할 것

답 ①

163 핵심이론 찾아보기▶핵심 06-7

기사 15년 출제

송전 계통에서 절연 협조의 기본이 되는 것은?

① 애자의 섬락전압
② 권선의 절연내력
③ 피뢰기의 제한전압
④ 변압기 부싱의 섬락전압

해설 피뢰기 제한전압(뇌전류 방전 시 직렬갭 양단에 걸린 전압)을 절연 협조에 기본이 되는 전압으로 하고, 피뢰기의 제1보호 대상은 변압기로 한다.

답 ③

164 핵심이론 찾아보기▶핵심 06-7

기사 20·15년 출제

송전 계통의 절연 협조에 있어 절연 레벨을 가장 낮게 잡고 있는 기기는?

① 차단기
② 피뢰기
③ 단로기
④ 변압기

해설 절연 협조는 계통 기기에서 경제성을 유지하고 운용에 지장이 없도록 기준 충격 절연강도(BIL ; Basic-impulse Insulation Level)를 만들어 기기 절연을 표준화하고 통일된 절연체계를 구성할 목적으로 선로애자가 가장 높고, 피뢰기를 가장 낮게 한다.

답 ②

165
핵심이론 찾아보기▶핵심 07-1 기사 17년 출제

보호계전기의 구비조건으로 틀린 것은?

① 고장상태를 신속하게 선택할 것
② 조정범위가 넓고 조정이 쉬울 것
③ 보호동작이 정확하고 감도가 예민할 것
④ 접점의 소모가 크고, 열적·기계적 강도가 클 것

해설 보호계전기의 접점은 다빈도의 동작에도 소모가 적어야 한다. **답** ④

166
핵심이론 찾아보기▶핵심 07-2 기사 20·15년 출제

고장 즉시 동작하는 특성을 갖는 계전기는?

① 순한시 계전기 ② 정한시 계전기
③ 반한시 계전기 ④ 반한시성 정한시 계전기

해설 **순한시 계전기(instantaneous time-limit relay)**
정정값 이상의 전류는 크기에 관계없이 바로 동작하는 고속도 계전기이다. **답** ①

167
핵심이론 찾아보기▶핵심 07-2 기사 18년 출제

최소 동작전류 이상의 전류가 흐르면 한도를 넘는 양(量)과는 상관없이 즉시 동작하는 계전기는?

① 순한시 계전기 ② 반한시 계전기
③ 정한시 계전기 ④ 반한시성 정한시 계전기

해설 **순한시 계전기**
정정값 이상의 전류는 크기에 관계없이 바로 동작하는 고속도 계전기이다. **답** ①

168
핵심이론 찾아보기▶핵심 07-2 기사 21·18년 / 산업 17년 출제

동작 전류의 크기가 커질수록 동작시간이 짧게 되는 특성을 가진 계전기는?

① 순한시 계전기 ② 정한시 계전기
③ 반한시 계전기 ④ 반한시성 정한시 계전기

해설 **반한시 계전기**
정정된 값 이상의 전류가 흐를 때 동작시간은 전류값이 크면 동작시간이 짧아지고, 전류값이 적으면 느리게 동작하는 계전기 **답** ③

169

핵심이론 찾아보기▶핵심 07-2 기사 22·19·15년 출제

보호계전기의 반한시·정한시 특성은?

① 동작전류가 커질수록 동작시간이 짧게 되는 특성
② 최소 동작전류 이상의 전류가 흐르면 즉시 동작하는 특성
③ 동작전류의 크기에 관계없이 일정한 시간에 동작하는 특성
④ 동작전류가 커질수록 동작시간이 짧아지며, 어떤 전류 이상이 되면 동작전류의 크기에 관계없이 일정한 시간에서 동작하는 특성

해설 **반한시·정한시 계전기**
어느 전류값까지는 반한시성이고, 그 이상이면 정한시 특성을 갖는 계전기

답 ④

170

핵심이론 찾아보기▶핵심 07-3 기사 99·94년 출제

과부하 또는 외부의 단락사고 시에 동작하는 계전기는?

① 차동계전기 ② 과전압 계전기 ③ 과전류 계전기 ④ 부족전압계전기

해설 과부하 또는 단락사고 시 흐르는 전류는 대단히 크기 때문에 기기 및 전선은 보호하기 위해 과전류 계전장치를 하여 전로를 차단한다.

답 ③

171

핵심이론 찾아보기▶핵심 07-3 기사 19·15년 출제

선택지락계전기의 용도를 옳게 설명한 것은?

① 단일 회선에서 지락 고장 회선의 선택 차단
② 단일 회선에서 지락전류의 방향 선택 차단
③ 병행 2회선에서 지락 고장 회선의 선택 차단
④ 병행 2회선에서 지락 고장의 지속시간 선택 차단

해설 병행 2회선 송전선로의 지락사고 차단에 사용하는 계전기는 고장난 회선을 선택하는 선택지락계전기를 사용한다.

답 ③

172

핵심이론 찾아보기▶핵심 07-3 기사 17년 출제

보호계전기와 그 사용 목적이 잘못된 것은?

① 비율차동계전기 : 발전기 내부 단락 검출용
② 전압평형계전기 : 발전기 출력측 PT 퓨즈 단선에 의한 오작동 방지
③ 역상 과전류 계전기 : 발전기 부하 불평형 회전자 과열 소손
④ 과전압 계전기 : 과부하 단락사고

해설 과전압 계전기는 지락 등 사고 시 중성점의 전압을 검출하여 작동하는 계전기이므로 과부하 단락과는 관련이 없다.

답 ④

173

핵심이론 찾아보기▶핵심 07-3 기사 20·17년 출제

송·배전선로에서 선택지락계전기(SGR)의 용도는?

① 다회선에서 접지 고장 회선의 선택 ② 단일 회선에서 접지전류의 대·소 선택
③ 단일 회선에서 접지전류의 방향 선택 ④ 단일 회선에서 접지사고의 지속시간 선택

해설 동일 모선에 2개 이상의 다회선을 가진 비접지 배전 계통에서 지락(접지)사고의 보호에는 선택지락계전기(SGR)가 사용된다.

답 ①

174

핵심이론 찾아보기▶핵심 07-3 기사 17년 출제

모선 보호용 계전기로 사용하면 가장 유리한 것은?

① 거리방향계전기 ② 역상 계전기 ③ 재폐로 계전기 ④ 과전류 계전기

해설 모선 보호 계전방식에는 전류차동 계전방식, 전압차동 계전방식, 위상 비교 계전방식, 방향 비교 계전방식, 거리방향 계전방식 등이 있다.

답 ①

175

핵심이론 찾아보기▶핵심 07-3 기사 18년 출제

모선보호에 사용되는 계전방식이 아닌 것은?

① 위상비교방식 ② 선택접지 계전방식
③ 방향거리 계전방식 ④ 전류차동 보호방식

해설 모선보호 계전방식에는 전류차동방식, 전압차동방식, 위상비교방식, 방향비교방식, 거리방향방식 등이 있다. 선택접지 계전방식은 송전선로 지락보호 계전방식이다

답 ②

176

핵심이론 찾아보기▶핵심 07-3 기사 16년 출제

보호계전기의 보호방식 중 표시선 계전방식이 아닌 것은?

① 방향비교방식 ② 위상비교방식
③ 전압반향방식 ④ 전류순환방식

해설 표시선(pilot wire) 계전방식은 송전선 보호범위 내의 사고에 대하여 고장점의 위치에 관계없이 선로 양단을 신속하게 차단하는 계전방식으로 방향비교방식, 전압반향방식, 전류순환방식 등이 있다.

답 ②

177

핵심이론 찾아보기▶핵심 07-4 기사 22·18년 / 산업 17년 출제

발전기 또는 주변압기의 내부 고장 보호용으로 가장 널리 쓰이는 것은?

① 거리계전기 ② 과전류 계전기 ③ 비율차동계전기 ④ 방향단락계전기

해설 비율차동계전기는 발전기나 변압기의 내부 고장 보호에 적용한다.

답 ③

178 핵심이론 찾아보기▶핵심 07-4 기사 18년 출제

변압기 등 전력설비 내부 고장 시 변류기에 유입하는 전류와 유출하는 전류의 차로 동작하는 보호계전기는?

① 차동계전기 ② 지락계전기 ③ 과전류 계전기 ④ 역상전류 계전기

해설 유입하는 전류와 유출하는 전류의 차로 동작하는 것은 차동계전기이다. 답 ①

179 핵심이론 찾아보기▶핵심 07-4 기사 18년 출제

3상 결선 변압기의 단상 운전에 의한 소손 방지 목적으로 설치하는 계전기는?

① 차동계전기 ② 역상 계전기 ③ 단락계전기 ④ 과전류 계전기

해설 3상 운전 변압기의 단상 운전을 방지하기 위한 계전기는 역상(결상) 계전기를 사용한다.

답 ②

180 핵심이론 찾아보기▶핵심 07-4 기사 21·11·01·00·97·94·90년 출제

환상 선로의 단락 보호에 사용하는 계전 방식은?

① 선택접지 계전방식 ② 과전류 계전방식
③ 방향단락 계전방식 ④ 비율차동 계전방식

해설 송전선로의 환상선로 단락보호는 방향단락 계전방식과 방향거리 계전방식이 있다. 답 ③

181 핵심이론 찾아보기▶핵심 07-4 기사 20·12·09·99·97년 / 산업 10년 출제

전원이 2군데 이상 있는 환상선로의 단락보호에 사용되는 계전기는?

① 과전류 계전기(OCR)
② 방향단락계전기(DSR)와 과전류 계전기(OCR)의 조합
③ 방향단락계전기(DSR)
④ 방향거리계전기(DZR)

해설 계전기에서 본 임피던스의 크기로 전선로의 단락 여부를 판단하는 계전기
= 방향거리계전기(DZR) 답 ④

182 핵심이론 찾아보기▶핵심 07-5 기사 22·18·16년 / 산업 22·16년 출제

차단기의 정격차단시간은?

① 고장 발생부터 소호까지의 시간 ② 가동 접촉자 시동부터 소호까지의 시간
③ 트립코일 여자부터 소호까지의 시간 ④ 가동 접촉자 개구부터 소호까지의 시간

해설 차단기의 정격차단시간은 트립코일이 여자하는 순간부터 아크가 소멸하는 시간으로 약 3~8[Hz] 정도이다. 답 ③

183 핵심이론 찾아보기▶핵심 07-5 기사 03년 / 산업 96년 출제

차단기의 차단시간은?

① 개극시간을 말하며 대개 3~8사이클이다.
② 개극시간과 아크시간을 합친 것을 말하며 3~8사이클이다.
③ 아크시간을 말하며 8사이클 이하이다.
④ 개극과 아크시간에 따라 3사이클 이하이다.

해설 차단시간은 트립코일의 여자 순간부터 아크가 접촉자에서 완전 소멸하여 절연을 회복할 때까지의 시간으로 3~8사이클이지만 특별고압설비에는 3~5사이클이다.

답 ②

184 핵심이론 찾아보기▶핵심 07-5 기사 19년 출제

부하 전류의 차단에 사용되지 않는 것은?

① DS ② ACB ③ OCB ④ VCB

해설 단로기(DS)는 소호능력이 없으므로 통전 중의 전로를 개폐할 수 없다. 그러므로 무부하 선로의 개폐에 이용하여야 한다.

답 ①

185 핵심이론 찾아보기▶핵심 07-6 기사 18년 / 산업 22년 출제

배전 계통에서 사용하는 고압용 차단기의 종류가 아닌 것은?

① 기중차단기(ACB) ② 공기차단기(ABB)
③ 진공차단기(VCB) ④ 유입차단기(OCB)

해설 기중차단기(ACB)는 대기압에서 소호하고, 교류 저압 차단기이다.

답 ①

186 핵심이론 찾아보기▶핵심 07-6 기사 17년 출제

차단기와 아크 소호 원리가 바르지 않은 것은?

① OCB : 절연유에 분해가스 흡부력 이용
② VCB : 공기 중 냉각에 의한 아크 소호
③ ABB : 압축공기를 아크에 불어 넣어서 차단
④ MBB : 전자력을 이용하여 아크를 소호 실내로 유도하여 냉각

해설 진공차단기(VCB)의 소호 원리는 고진공(10^{-4}[mmHg])에서 전자의 고속도 확산을 이용하여 아크를 차단한다.

답 ②

187 핵심이론 찾아보기▶핵심 07-6 기사 96·95년 / 산업 00·96·93년 출제

다음 차단기 중 투입과 차단을 다같이 압축공기의 힘으로 하는 것은?

① 유입차단기 ② 팽창차단기 ③ 제호차단기 ④ 임펄스차단기

해설 차단기 소호 매질
유입차단기(OCB) – 절연유, 공기차단기(ABB) – 압축공기, 자기차단기(MBB) – 차단전류에 의한 자계, 진공차단기(VCB) – 고진공상태, 가스차단기(GCB) – SF_6(육불화황)
공기차단기를 임펄스차단기라고도 한다. 답 ④

188

핵심이론 찾아보기▶핵심 07-6 기사 17년 출제

전력 계통에서 사용되고 있는 GCB(Gas Circuit Breaker)용 가스는?

① N_2 가스 ② SF_6 가스 ③ 아르곤 가스 ④ 네온 가스

해설 가스차단기(GCB)에 사용되는 가스는 육불화황(SF_6)이다. 답 ②

189

핵심이론 찾아보기▶핵심 07-6 기사 19년 출제

변전소의 가스차단기에 대한 설명으로 틀린 것은?

① 근거리 차단에 유리하지 못하다.
② 불연성이므로 화재의 위험성이 적다.
③ 특고압 계통의 차단기로 많이 사용된다.
④ 이상전압의 발생이 적고, 절연 회복이 우수하다.

해설 가스차단기(GCB)는 공기차단기(ABB)에 비교하면 밀폐된 구조로 소음이 없고, 공기보다 절연내력(2~3배) 및 소호능력(100~ 200배)이 우수하고, 근거리(전류가 흐르는 거리, 즉 임피던스[Ω]가 작아 고장전류가 크다는 의미) 전류에도 안정적으로 차단되고, 과전압 발생이 적고, 아크 소멸 후 절연 회복이 신속한 특성이 있다. 답 ①

190

핵심이론 찾아보기▶핵심 07-6 기사 22·09년 / 산업 19·13년 출제

다음 중 재점호가 가장 일어나기 쉬운 차단전류는?

① 동상전류 ② 지상전류 ③ 진상전류 ④ 단락전류

해설 재점호는 무부하 선로의 충전전류 때문에 전로를 차단할 때 소호되지 않고 아크가 남아있는 것을 말한다. 답 ③

191

핵심이론 찾아보기▶핵심 07-6 기사 22·18·11·99·92년 / 산업 15·14·12·99년 출제

SF_6 가스차단기에 대한 설명으로 옳지 않은 것은?

① 공기에 비하여 소호능력이 약 100배 정도 된다.
② 절연거리를 적게 할 수 있어 차단기 전체를 소형, 경량화 할 수 있다.
③ SF_6 가스를 이용한 것으로서 독성이 있으므로 취급에 유의하여야 한다.
④ SF_6 가스 자체는 불활성 기체이다.

해설 SF_6 가스는 유독가스가 발생하지 않는다. 답 ③

192

핵심이론 찾아보기▶핵심 07-7

기사 21·18년 출제

부하 전류의 차단능력이 없는 것은?

① DS ② NFB ③ OCB ④ VCB

해설 단로기(DS)는 소호장치가 없으므로 통전 중인 전로를 개폐하여서는 안 된다.

답 ①

193

핵심이론 찾아보기▶핵심 07-7

기사 11·98·93년 / 산업 15년 출제

그림과 같은 배전선이 있다. 부하에 급전 및 정전할 때 조작방법으로 옳은 것은?

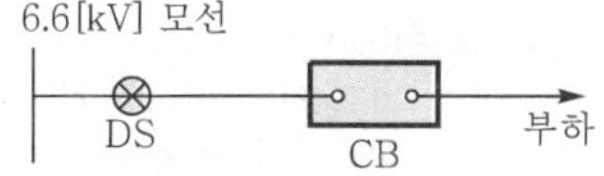

① 급전 및 정전할 때는 항상 DS, CB 순으로 한다.
② 급전 및 정전할 때는 항상 CB, DS 순으로 한다.
③ 급전 시는 DS, CB 순이고, 정전 시는 CB, DS 순이다.
④ 급전 시는 CB, DS 순이고, 정전 시는 DS, CB 순이다.

해설 단로기(DS)는 통전 중의 전로를 개폐할 수 없으므로 차단기(CB)가 열려 있을 때만 조작할 수 있다. 그러므로 급전 시에는 DS, CB 순으로 하고, 차단 시에는 CB, DS 순으로 하여야 한다.

답 ③

194

핵심이론 찾아보기▶핵심 07-7

기사 19·16년 출제

인터록(interlock)의 기능에 대한 설명으로 옳은 것은?

① 조작자의 의중에 따라 개폐되어야 한다.
② 차단기가 열려 있어야 단로기를 닫을 수 있다.
③ 차단기가 닫혀 있어야 단로기를 닫을 수 있다.
④ 차단기와 단로기를 별도로 닫고, 열 수 있어야 한다.

해설 단로기는 소호능력이 없으므로 조작할 때에는 다음과 같이 하여야 한다.
- 회로를 개방시킬 때 : 차단기를 먼저 열고, 단로기를 열어야 한다.
- 회로를 투입시킬 때 : 단로기를 먼저 투입하고, 차단기를 투입하여야 한다.

답 ②

195

핵심이론 찾아보기▶핵심 07-8

기사 18년 출제

최근에 우리나라에서 많이 채용되고 있는 가스절연 개폐설비(GIS)의 특징으로 틀린 것은?

① 대기 절연을 이용한 것에 비해 현저하게 소형화할 수 있으나 비교적 고가이다.
② 소음이 적고 충전부가 완전한 밀폐형으로 되어 있기 때문에 안정성이 높다.
③ 가스압력에 대한 엄중 감시가 필요하며, 내부 점검 및 부품 교환이 번거롭다.
④ 한랭지, 산악지방에서도 액화방지 및 산화방지 대책이 필요없다.

해설 **가스절연 개폐장치(GIS)의 장·단점**

- 장점 : 소형화, 고성능, 고신뢰성, 설치공사기간 단축, 유지보수 간편, 무인운전 등
- 단점 : 육안검사 불가능, 대형 사고 주의, 고가, 고장 시 임시 복구 불가, 액화 및 산화방지 대책이 필요

답 ④

196

핵심이론 찾아보기▶핵심 07-8 　　기사 12·03·98·97·95년 출제

가스절연장치(GIS)의 특징이 아닌 것은?

① 감전 사고 위험 감소 　② 밀폐형이므로 배기 및 소음이 없음
③ 신뢰도가 높음 　④ 변성기와 변류기는 따로 설치

해설 **가스절연 개폐장치(Gas Insulation Switch : GIS)**
금속용기 안에 모선, 변성기, 피뢰기, 개폐장치 등을 내장하고 불활성가스인 SF_6으로 충전 밀폐하여 절연을 향상시켜 사용하는 종합개폐장치로 좁은 면적, 절연 신뢰도 향상, 저소음, 감전 위험 감소 등이 특징이다.
GIS는 모선, 변성기, 피뢰기, 개폐장치를 따로 설치하지 않는다.

답 ④

197

핵심이론 찾아보기▶핵심 07-9 　　기사 00·99·98·93년 / 산업 01년 출제

전력용 퓨즈는 주로 어떤 전류의 차단을 목적으로 사용하는가?

① 충전전류 　② 과부하전류 　③ 단락전류 　④ 과도전류

해설 전력퓨즈(Power fuse)는 변압기, 전동기, PT 및 배전선로 등의 보호차단기로 사용되고 동작원리에 따라 한류형(current limiting fuse)과 방출퓨즈(expulsion)로 구별한다.
전력퓨즈는 차단기와 같이 회로 및 기기의 단락보호용으로 사용한다.

답 ③

198

핵심이론 찾아보기▶핵심 07-9 　　기사 20·18·16·15년 / 산업 21년 출제

한류 리액터를 사용하는 가장 큰 목적은?

① 충전전류의 제한 　② 접지전류의 제한 　③ 누설전류의 제한 　④ 단락전류의 제한

해설 한류 리액터를 사용하는 이유는 단락사고로 인한 단락전류를 제한하여 기기 및 계통을 보호하기 위함이다.

답 ④

199

핵심이론 찾아보기▶핵심 07-10 　　기사 17년 출제

3상으로 표준 전압 3[kV], 800[kW]를 역률 0.9로 수전하는 공장의 수전회로에 시설할 계기용 변류기의 변류비로 적당한 것은? (단, 변류기의 2차 전류는 5[A]이며, 여유율은 1.2로 한다.)

① 10 　② 20 　③ 30 　④ 40

해설 변류기 1차 전류 $I_1 = \dfrac{800}{\sqrt{3}\times 3\times 0.9}\times 1.2 = 205[\mathrm{A}]$

$\therefore$ 200[A]를 적용하므로 변류비는 $\dfrac{200}{5} = 40$

답 ④

200 핵심이론 찾아보기▶핵심 07-10 기사 18년 / 산업 19·18년 출제

변류기 개방 시 2차측을 단락하는 이유는?

① 2차측 절연 보호 ② 측정오차 방지
③ 2차측 과전류 보호 ④ 1차측 과전류 방지

해설 운전 중 변류기 2차측이 개방되면 부하전류가 모두 여자전류가 되어 2차 권선에 대단히 높은 전압이 인가하여 2차측 절연이 파괴된다. 그러므로 2차측에 전류계 등 기구가 연결되지 않을 때에는 단락을 하여야 한다.

답 ①

201 핵심이론 찾아보기▶핵심 07-11 기사 22·19년 출제

비접지 계통의 지락사고 시 계전기에 영상전류를 공급하기 위하여 설치하는 기기는?

① PT ② CT
③ ZCT ④ GPT

해설
- ZCT : 지락사고가 발생하면 영상전류를 검출하여 계전기에 공급한다.
- GPT : 지락사고가 발생하면 영상전압을 검출하여 계전기에 공급한다.

답 ③

202 핵심이론 찾아보기▶핵심 07-11 기사 17년 / 산업 21년 출제

영상 변류기를 사용하는 계전기는?

① 과전류 계전기 ② 과전압 계전기
③ 부족전압계전기 ④ 선택지락계전기

해설 영상 변류기(ZCT)는 지락사고 발생 시 영상전류를 검출하여 과전류 지락계전기(OCGR), 선택지락계전기(SGR) 등을 동작시킨다.

답 ④

203 핵심이론 찾아보기▶핵심 07-12 기사 19년 출제

직류 송전방식에 관한 설명으로 틀린 것은?

① 교류 송전방식보다 안정도가 낮다.
② 직류 계통과 연계 운전 시 교류 계통의 차단용량은 작아진다.
③ 교류 송전방식에 비해 절연계급을 낮출 수 있다.
④ 비동기 연계가 가능하다.

해설 **직류 송전방식**
- 무효분이 없어 손실이 없고 역률이 항상 1이며 송전 효율이 좋다.
- 파고치가 없으므로 절연계급을 낮출 수 있다.
- 전압강하와 전력손실이 적고, 안정도가 높아진다.
- 비동기 연계가 가능하다.

답 ①

204

핵심이론 찾아보기▶핵심 07-12　　기사 99·94년 출제

직류 송전방식이 교류 송전방식에 비하여 유리한 점이 아닌 것은?

① 표피효과에 의한 송전 손실이 없다.　② 통신선에 대한 유도 잡음이 적다.
③ 선로의 절연이 용이하다.　④ 정류가 필요없고 승압 및 강압이 쉽다.

해설 부하와 발전 부분은 교류방식이고, 송전 부분에서만 직류방식이기 때문에 정류장치가 필요하고, 직류에서는 직접 승압, 강압이 불가능하므로 교류로 변환 후 변압을 할 수 있다. 답 ④

205

핵심이론 찾아보기▶핵심 08-1　　기사 18년 출제

배전선로의 용어 중 틀린 것은?

① 궤전점 : 간선과 분기선의 접속점
② 분기선 : 간선으로 분기되는 변압기에 이르는 선로
③ 간선 : 급전선에 접속되어 부하로 전력을 공급하거나 분기선을 통하여 배전하는 선로
④ 급전선 : 배전용 변전소에서 인출되는 배전선로에서 최초의 분기점까지의 전선으로 도중에 부하가 접속되어 있지 않은 선로

해설 배전선로에서 간선과 분기선의 접속점을 부하점이라고 한다. 답 ①

206

핵심이론 찾아보기▶핵심 08-2　　기사 19년 출제

고압 배전선로 구성방식 중 고장 시 자동적으로 고장 개소의 분리 및 건전선로에 폐로하여 전력을 공급하는 개폐기를 가지며, 수요분포에 따라 임의의 분기선으로부터 전력을 공급하는 방식은?

① 환상식　② 망상식　③ 뱅킹식　④ 가지식(수지식)

해설 **환상식(loop system)**
배전 간선을 환상(loop)선으로 구성하고, 분기선을 연결하는 방식으로 한쪽의 공급선에 이상이 생기더라도, 다른 한쪽에 의해 공급이 가능하고 손실과 전압강하가 적고, 수요분포에 따라 임의의 분기선을 내어 전력을 공급하는 방식으로 부하가 밀집된 도시에서 적합하다.
답 ①

207

핵심이론 찾아보기▶핵심 08-2　　기사 03·95·90년 출제

루프(Loop) 배전방식에 대한 설명으로 옳은 것은?

① 전압강하가 작은 이점이 있다.　② 시설비가 적게 드는 반면에 전력손실이 크다.
③ 부하밀도가 적은 농·어촌에 적당하다.　④ 고장시 정전 범위가 넓은 결점이 있다.

해설 **환상식(Loop System)**
배전 간선을 환상(Loop)선으로 구성하고, 분기선을 연결하는 방식으로 한쪽의 공급선에 이상이 생기더라도, 다른 쪽에 의해 공급이 가능하고 손실과 전압강하가 적어, 부하가 밀집된 도시에서 적합하다. 답 ①

208 핵심이론 찾아보기▶핵심 08-2

기사 18년 출제

저압 배전 계통을 구성하는 방식 중 캐스케이딩(cas- cading)을 일으킬 우려가 있는 방식은?

① 방사상 방식
② 저압 뱅킹 방식
③ 저압 네트워크 방식
④ 스포트 네트워크 방식

해설 캐스케이딩(cascading) 현상은 저압 뱅킹 방식에서 변압기 또는 선로의 사고에 의해서 뱅킹 내의 건전한 변압기의 일부 또는 전부가 연쇄적으로 차단되는 현상으로, 방지책은 변압기의 1차측에 퓨즈, 저압선의 중간에 구분 퓨즈를 설치한다.

답 ②

209 핵심이론 찾아보기▶핵심 08-2

기사 11·06년 / 산업 11년 출제

저압 뱅킹(banking) 방식에 대한 설명으로 옳은 것은?

① 깜박임(light flicker) 현상이 심하게 나타난다.
② 저압 간선의 전압강하는 줄여지나 전력손실은 줄일 수 없다.
③ 캐스케이딩(cascading) 현상의 염려가 있다.
④ 부하의 증가에 대한 융통성이 없다.

해설 **저압 뱅킹 방식(Banking System)**

㉠ 용도 : 수용 밀도가 큰 지역
㉡ 장점
- 수지상식과 비교할 때 전압강하와 전력손실이 적다.
- 플리커(Fliker)가 경감된다.
- 변압기 용량 및 저압선 동량이 절감된다.
- 부하 증가에 대한 탄력성이 향상된다.
- 고장보호방법이 적당할 때 공급 신뢰도는 향상된다.

㉢ 단점
- 보호 방식이 복잡하다.
- 시설비가 비싸다.
- 캐스케이딩(Cascading) 현상이 생긴다.

답 ③

210 핵심이론 찾아보기▶핵심 08-2

기사 17년 출제

네트워크 배전방식의 설명으로 옳지 않은 것은?

① 전압 변동이 적다.
② 배전 신뢰도가 높다.
③ 전력손실이 감소한다.
④ 인축의 접촉사고가 적어진다.

해설 **네트워크 방식(network system)**

- 무정전 공급이 가능하다.
- 전압 변동이 적다.
- 손실이 감소된다.
- 부하 증가에 대한 적응성이 좋다.
- 건설비가 비싸다.
- 역류개폐장치(network protector)가 필요하다.

답 ④

211

핵심이론 찾아보기▶핵심 08-2 　　기사 21·15년 출제

망상(network) 배전방식의 장점이 아닌 것은?

① 전압 변동이 적다.
② 인축의 접지사고가 적어진다.
③ 부하의 증가에 대한 융통성이 크다.
④ 무정전 공급이 가능하다.

해설 **network system(망상식)의 특징**
- 무정전 공급이 가능하다.
- 전압 변동이 적고, 손실이 최소이다.
- 부하 증가에 대한 적응성이 좋다.
- 시설비가 고가이다.
- 인축에 대한 사고가 증가한다.
- 역류개폐장치(network protector)가 필요하다.

답 ②

212

핵심이론 찾아보기▶핵심 08-2 　　기사 18년 출제

망상(network) 배전방식에 대한 설명으로 옳은 것은?

① 전압 변동이 대체로 크다.
② 부하 증가에 대한 융통성이 적다.
③ 방사상 방식보다 무정전 공급의 신뢰도가 더 높다.
④ 인축에 대한 감전사고가 적어서 농촌에 적합하다.

해설 망상식(network system) 배전방식은 무정전 공급이 가능하며 전압 변동이 적고 손실이 감소되며, 부하 증가에 대한 적응성이 좋으나, 건설비가 비싸고, 인축에 대한 사고가 증가하고, 보호장치인 네트워크 변압기와 네트워크 변압기의 2차측에 설치하는 계전기와 기중차단기로 구성되는 역류개폐장치(network protector)가 필요하다.

답 ③

213

핵심이론 찾아보기▶핵심 08-2 　　기사 17년 출제

배전전압, 배전거리 및 전력손실이 같다는 조건에서 단상 2선식 전기방식의 전선 총 중량을 100[%]라 할 때 3상 3선식 전기방식은 몇 [%]인가?

① 33.3　② 37.5　③ 75.0　④ 100.0

해설 전선 총 중량은 단상 2선식을 기준으로 단상 3선식은 $\frac{3}{8}$, 3상 3선식은 $\frac{3}{4}$, 3상 4선식은 $\frac{1}{3}$ 이다.

답 ③

214

핵심이론 찾아보기▶핵심 08-3 　　기사 04·00년 / 산업 00년 출제

단상 3선식에 사용되는 밸런서의 특성이 아닌 것은?

① 여자 임피던스가 작다.
② 누설 임피던스가 작다.
③ 권수비가 1 : 1이다.
④ 단권 변압기이다.

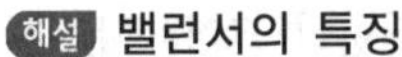

해설 **밸런서의 특징**

- 여자 임피던스가 크다.
- 누설 임피던스가 작다.
- 권수비가 1 : 1인 단권 변압기이다.

답 ①

215

핵심이론 찾아보기▶**핵심 08-3** 기사 19·15년 출제

같은 선로와 같은 부하에서 교류 단상 3선식은 단상 2선식에 비하여 전압강하와 배전효율은 어떻게 되는가?

① 전압강하는 적고, 배전효율은 높다. ② 전압강하는 크고, 배전효율은 낮다.
③ 전압강하는 적고, 배전효율은 낮다. ④ 전압강하는 크고, 배전효율은 높다.

해설 단상 3선식은 단상 2선식에 비하여 동일 전력일 경우 전류가 $\frac{1}{2}$이므로 전압강하는 적어지고, 1선당 전력은 1.33배이므로 배전효율은 높다.

답 ①

216

핵심이론 찾아보기▶**핵심 08-3** 기사 16년 출제

우리나라 22.9[kV] 배전선로에서 가장 많이 사용하는 배전방식과 중성점 접지방식은?

① 3상 3선식, 비접지 ② 3상 4선식, 비접지
③ 3상 3선식, 다중접지 ④ 3상 4선식, 다중접지

해설
- 송전선로 : 중성점 직접접지, 3상 3선식
- 배전선로 : 중성점 다중접지, 3상 4선식

답 ④

217

핵심이론 찾아보기▶**핵심 08-3** 기사 15년 / 산업 16년 출제

공통 중성선 다중접지 3상 4선식 배전선로에서 고압측(1차측) 중성선과 저압측(2차측) 중성선을 전기적으로 연결하는 목적은?

① 저압측의 단락사고를 검출하기 위함
② 저압측의 접지사고를 검출하기 위함
③ 주상 변압기의 중성선측 부싱(bushing)을 생략하기 위함
④ 고·저압 혼촉 시 수용가에 침입하는 상승 전압을 억제하기 위함

해설 3상 4선식 중성선 다중접지식 선로에서 1차(고압)측 중성선과 2차(저압)측 중성선을 전기적으로 연결하여 저·고압 혼촉사고가 발생할 경우 저압 수용가에 침입하는 상승 전압을 억제하기 위함이다.

답 ④

218

핵심이론 찾아보기▶**핵심 08-3** 기사 22년 출제

밸런서의 설치가 가장 필요한 배전방식은?

① 단상 2선식 ② 단상 3선식
③ 3상 3선식 ④ 3상 4선식

해설 단상 3선식에서는 양측 부하의 불평형에 의한 부하, 전압의 불평형이 크기 때문에 일반적으로는 이러한 전압 불평형을 줄이기 위한 대책으로서 저압선의 말단에 밸런서(Balancer)를 설치하고 있다.

답 ②

219

핵심이론 찾아보기▶**핵심 08-3**

기사 97년 출제

단상 3선식에 대한 설명 중 옳지 않은 것은?

① 불평형 부하 시 중성선 단선 사고가 나면 전압 상승이 일어난다.
② 불평형 부하 시 중성선에 전류가 흐르므로 중성선에 퓨즈를 삽입한다.
③ 선간전압 및 선로전류가 같을 때 1선당 공급전력은 단상 2선식의 133[%]이다.
④ 전력손실이 동일할 경우 전선 총 중량은 단상 2선식의 37.5[%]이다.

해설 **단상 3선식과 단상 2선식의 비교**

- 전압강하, 전력손실이 평형 부하의 경우 1/4로 감소한다.
- 소요 전선량이 적다.
- 110[V] 부하와 220[V] 부하의 사용이 가능하다.
- 상시의 부하에 불평형이 있으면 부하 전압은 불평형으로 된다.
- 중성선이 단선하면 불평형 부하일 경우 부하 전압에 심한 불평형이 발생한다.
- 중성점과 전압선(외선)이 단락하면 단락하지 않은 쪽의 부하 전압이 이상 상승한다.

답 ②

220

핵심이론 찾아보기▶**핵심 08-3**

기사 18년 출제

선간전압, 부하 역률, 선로 손실, 전선 중량 및 배전거리가 같다고 할 경우 단상 2선식과 3상 3선식의 공급전력의 비(단상/3상)는?

① $\frac{3}{2}$　② $\frac{1}{\sqrt{3}}$　③ $\sqrt{3}$　④ $\frac{\sqrt{3}}{2}$

해설

1선당 전력의 비(단상/3상)는 $\dfrac{\dfrac{VI}{2}}{\dfrac{\sqrt{3}\,VI}{3}} = \dfrac{3}{2\sqrt{3}} = \dfrac{\sqrt{3}}{2}$

답 ④

221

핵심이론 찾아보기▶**핵심 08-4**

기사 20·04년 / 산업 12년 출제

송전전력, 부하 역률, 송전거리, 전력손실 및 선간전압이 같을 경우 3상 3선식에서 전선 한 가닥에 흐르는 전류는 단상 2선식에서 전선 한 가닥에 흐르는 경우의 몇 배가 되는가?

① $\frac{1}{\sqrt{3}}$배　② $\frac{2}{3}$배　③ $\frac{3}{4}$배　④ $\frac{4}{9}$배

해설 전력과 전압 등이 일정하므로 $VI_1\cos\theta = \sqrt{3}\,VI_3\cos\theta$에서 $I_1 = \sqrt{3}\,I_3$이므로 $I_3 = \frac{1}{\sqrt{3}}I_1$이다.

답 ①

222 핵심이론 찾아보기▶핵심 08-4 기사 00년 출제

선간전압, 배전거리, 선로 손실 및 전력 공급을 같게 할 경우 단상 2선식과 3상 3선식에서 전선 한 가닥의 저항비(단상/3상)는?

① $\frac{1}{\sqrt{2}}$ ② $\frac{1}{\sqrt{3}}$ ③ $\frac{1}{3}$ ④ $\frac{1}{2}$

해설 $\sqrt{3}\,VI_3\cos\theta = VI_1\cos\theta$에서 $\sqrt{3}\,I_3 = I_1$
동일한 손실이므로 $3I_3{}^2R_3 = 2I_1{}^2R_1$
$\therefore\ 3I_3{}^2R_3 = 2(\sqrt{3}\,I_3)^2R_1$이므로 $R_3 = 2R_1$ 즉, $\frac{R_1}{R_3} = \frac{1}{2}$이다.

답 ④

223 핵심이론 찾아보기▶핵심 08-4 기사 13·11년 / 산업 11·03·02·96년 출제

배전선로의 전기방식 중 전선의 중량(전선 비용)이 가장 적게 소요되는 방식은? (단, 배전전압, 거리, 전력 및 선로 손실 등은 같다.)

① 단상 2선식 ② 단상 3선식
③ 3상 3선식 ④ 3상 4선식

해설 단상 2선식을 기준으로 동일한 조건이면 3상 4선식의 전선 중량이 제일 적다.

답 ④

224 핵심이론 찾아보기▶핵심 08-4 기사 04·99년 / 산업 21·11년 출제

송전전력, 부하 역률, 송전거리, 전력손실 및 선간전압을 동일하게 하였을 경우 3상 3선식에 요하는 전선 총량은 단상 2선식에 필요로 하는 전선량의 몇 배인가?

① $\frac{1}{2}$ ② $\frac{2}{3}$ ③ $\frac{3}{4}$ ④ 1

해설 전선의 중량은 전선의 저항에 반비례하므로, 저항의 비 $\frac{R_1}{R_3} = \frac{1}{2}$이다.
따라서 $\frac{3W_3}{2W_1} = \frac{3}{2}\times\frac{R_1}{R_3} = \frac{3}{2}\times\frac{1}{2} = \frac{3}{4}$배

답 ③

225 핵심이론 찾아보기▶핵심 08-4 기사 22·17년 출제

송전전력, 부하 역률, 송전거리, 전력손실, 선간전압이 동일할 때 3상 3선식에 의한 소요 전선량은 단상 2선식의 몇 [%]인가?

① 50 ② 67 ③ 75 ④ 87

해설 소요 전선량은 단상 2선식 기준으로 단상 3선식은 37.5[%], 3상 3선식은 75[%], 3상 4선식은 33.3[%]이다.

답 ③

226

핵심이론 찾아보기▶핵심 08-4 기사 16년 출제

3상 3선식의 전선 소요량에 대한 3상 4선식의 전선 소요량의 비는 얼마인가? (단, 배전거리, 배전전력 및 전력손실은 같고, 4선식의 중성선의 굵기는 외선의 굵기와 같으며, 외선과 중성선 간의 전압은 3선식의 선간전압과 같다.)

① $\frac{4}{9}$ ② $\frac{2}{3}$ ③ $\frac{3}{4}$ ④ $\frac{1}{3}$

해설

전선 소요량비$=\dfrac{3\phi 4\mathrm{W}}{3\phi 3\mathrm{W}}=\dfrac{\frac{1}{3}}{\frac{3}{4}}=\dfrac{4}{9}$

답 ①

227

핵심이론 찾아보기▶핵심 08-5 기사 21년 / 산업 21년 출제

배전전압을 3,000[V]에서 5,200[V]로 높이면 수송전력이 같다고 할 경우에 전력손실은 몇 [%]로 되는가?

① 25 ② 50 ③ 33.3 ④ 1

해설

전력손실 $P_l \propto \dfrac{1}{V^2}$ 이므로 $\dfrac{\frac{1}{5{,}200^2}}{\frac{1}{3{,}000^2}}=\left(\dfrac{3{,}000}{5{,}200}\right)^2=0.333$ ∴ 33.3[%]

답 ③

228

핵심이론 찾아보기▶핵심 08-5 기사 21년 / 산업 21년 출제

부하전력 및 역률이 같을 때 전압을 n 배 승압하면 전압강하와 전력손실은 어떻게 되는가?

① 전압강하 : $\frac{1}{n}$, 전력손실 : $\frac{1}{n^2}$

② 전압강하 : $\frac{1}{n^2}$, 전력손실 : $\frac{1}{n}$

③ 전압강하 : $\frac{1}{n}$, 전력손실 : $\frac{1}{n}$

④ 전압강하 : $\frac{1}{n^2}$, 전력손실 : $\frac{1}{n^2}$

해설 전압강하 $e=\sqrt{3}\,I(R\cos\theta+X\sin\theta)=\sqrt{3}\times\dfrac{P}{\sqrt{3}\,V\cos\theta}(R\cos\theta+X\sin\theta)$

$=\dfrac{P}{V}(R+X\tan\theta)\propto\dfrac{1}{V}$

전력손실 $P_c=3I^2R=3\times\left(\dfrac{P}{\sqrt{3}\,V\cos\theta}\right)^2\times\rho\dfrac{l}{A}=\dfrac{P^2}{V^2\cos^2\theta}\times\rho\dfrac{l}{A}\propto\dfrac{1}{V^2}$

답 ①

229

핵심이론 찾아보기▶핵심 08-5 기사 18년 출제

부하 역률이 0.8인 선로의 저항 손실은 0.9인 선로의 저항 손실에 비해서 약 몇 배 정도 되는가?

① 0.97 ② 1.1 ③ 1.27 ④ 1.5

해설

저항 손실 $P_c \propto \dfrac{1}{\cos^2\theta}$ 이므로 $\dfrac{\dfrac{1}{0.8^2}}{\dfrac{1}{0.9^2}} = \left(\dfrac{0.9}{0.8}\right)^2 \fallingdotseq 1.27$

답 ③

230

핵심이론 찾아보기▶핵심 08-5 | 기사 21년 출제

단상 2선식 배전선로의 말단에 지상 역률 cosθ인 부하 P[kW]가 접속되어 있고 선로 말단의 전압은 V[V]이다. 선로 한 가닥의 저항을 R[Ω]이라 할 때 송전단의 공급전력[kW]은?

① $P+\dfrac{P^2R}{V\cos\theta}\times 10^3$
② $P+\dfrac{2P^2R}{V\cos\theta}\times 10^3$
③ $P+\dfrac{P^2R}{V^2\cos^2\theta}\times 10^3$
④ $P+\dfrac{2P^2R}{V^2\cos^2\theta}\times 10^3$

해설 **선로의 손실**

$P_l = 2I^2R = 2\times\left(\dfrac{P}{V\cos\theta}\right)^2 R\,[\mathrm{W}]$

송전단 전력은 수전단 전력과 선로의 손실의 합이며, 문제의 단위가 전력 P[kW], 전압 V[V] 이므로 $P_s = P_r + P_l = P + 2\times\dfrac{P^2R}{V^2\cos^2\theta}\times 10^3\,[\mathrm{kW}]$

답 ④

231

핵심이론 찾아보기▶핵심 08-6 | 기사 18년 출제

단상 2선식의 교류 배전선이 있다. 전선 한 줄의 저항은 0.15[Ω], 리액턴스는 0.25[Ω]이다. 부하는 무유도성으로 100[V], 3[kW]일 때 급전점의 전압은 약 몇 [V]인가?

① 100 ② 110 ③ 120 ④ 130

해설 급전점 전압 $V_s = V_r + I(R\cos\theta_r + X\sin\theta_r) = 100 + \dfrac{3{,}000}{100}\times 0.15\times 2 = 109 \fallingdotseq 110[\mathrm{V}]$

답 ②

232

핵심이론 찾아보기▶핵심 08-6 | 기사 87년 출제

왕복선의 저항 2[Ω], 유도 리액턴스 8[Ω]의 단상 2선식 배전선로의 전압강하를 보상하기 위하여 용량 리액턴스 6[Ω]의 콘덴서를 선로에 직렬로 삽입하였을 때 부하단 전압은 몇 [V]인가? (단, 전원은 6,900[V], 부하전류는 200[A], 역률은 80%(뒤짐)라 한다.)

① 6,340 ② 6,600 ③ 5,430 ④ 5,050

해설 수전단 전압

$V_R = V_S - I(R\cos\theta + X\sin\theta) = V_S - I\{R\cos\theta + (X_L - X_C)\sin\theta\}$
$= 6{,}900 - 200\{2\times 0.8 + (8-6)\times 0.6\} = 6{,}340[\mathrm{V}]$

답 ①

233

핵심이론 찾아보기▶핵심 08-6 기사 18년 출제

전선의 굵기가 균일하고 부하가 송전단에서 말단까지 균일하게 분포되어 있을 때 배전선 말단에서 전압강하는? (단, 배전선 전체 저항 R, 송전단의 부하전류는 I이다.)

① $\frac{1}{2}RI$　② $\frac{1}{\sqrt{2}}RI$

③ $\frac{1}{\sqrt{3}}RI$　④ $\frac{1}{3}RI$

해설

구 분	말단에 집중부하	균등부하분포
전압강하	IR	$\frac{1}{2}IR$
전력손실	I^2R	$\frac{1}{3}I^2R$

답 ①

234

핵심이론 찾아보기▶핵심 08-6 기사 22·18·15·11년 / 산업 21·13년 출제

선로에 따라 균일하게 부하가 분포된 선로의 전력손실은 이들 부하가 선로의 말단에 집중적으로 접속되어 있을 때보다 어떻게 되는가?

① 2배로 된다.　② 3배로 된다.

③ $\frac{1}{2}$로 된다.　④ $\frac{1}{3}$로 된다.

해설

구 분	말단에 집중부하	균등부하분포
전압강하	IR	$\frac{1}{2}IR$
전력손실	I^2R	$\frac{1}{3}I^2R$

답 ④

235

핵심이론 찾아보기▶핵심 08-6 기사 01년 출제

500[m]의 거리에 100개의 가로등을 같은 간격으로 배치하였다. 전등 하나의 소요 전류는 1[A], 전선의 단면적은 38[mm^2], 도전율은 55[℧]라 한다. 한쪽 끝에서 110[V]로 급전할 때 최종 전등에 가해지는 전압[V]은?

① 82　② 84　③ 86　④ 88

해설 선로상에 균일하게 부하가 분포 시 전체 전압강하는 전체 부하가 선로의 $\frac{1}{2}$인 점에 위치한 것과 같다.

전압강하 $e = I_t R_t = (nI)\times\left(\frac{2l\times 0.5}{\sigma A}\right) = (100\times 1)\times\left(\frac{2\times 500\times 0.5}{55\times 38}\right) = 23.9[\text{V}]$

최종 전등 전압 $= 110 - 23.9 = 86.1[\text{V}]$

답 ③

236 핵심이론 찾아보기▶핵심 08-7 기사 21·20년 출제

전력설비의 수용률[%]을 나타낸 것은?

① $수용률=\dfrac{평균전력[kW]}{부하설비용량[kW]}\times 100$

② $수용률=\dfrac{부하설비용량[kW]}{평균전력[kW]}\times 100$

③ $수용률=\dfrac{최대수용전력[kW]}{부하설비용량[kW]}\times 100$

④ $수용률=\dfrac{부하설비용량[kW]}{최대수용전력[kW]}\times 100$

해설
- $수용률=\dfrac{최대수용전력[kW]}{부하설비용량[kW]}\times 100[\%]$
- $부하율=\dfrac{평균부하전력[kW]}{최대수용전력[kW]}\times 100[\%]$
- $부등률=\dfrac{개개의\ 최대수용전력의\ 합[kW]}{합성\ 최대수용전력[kW]}$

답 ③

237 핵심이론 찾아보기▶핵심 08-7 기사 19년 출제

어느 수용가의 부하설비는 전등설비가 500[W], 전열설비가 600[W], 전동기 설비가 400[W], 기타 설비가 100[W]이다. 이 수용가의 최대수용전력이 1,200[W]이면 수용률은 몇 [%]인가?

① 55 ② 65 ③ 75 ④ 85

해설 $수용률=\dfrac{최대수용전력[kW]}{부하설비용량[kW]}\times 100[\%]=\dfrac{1,200}{500+600+400+100}\times 100=75[\%]$

답 ③

238 핵심이론 찾아보기▶핵심 08-7 기사 21년 출제

최대수용전력이 3[kW]인 수용가가 3세대, 5[kW]인 수용가가 6세대라고 할 때, 이 수용가군에 전력을 공급할 수 있는 주상 변압기의 최소 용량[kVA]은? (단, 역률은 1, 수용가 간의 부등률은 1.3이다.)

① 25 ② 30 ③ 35 ④ 40

해설 변압기의 용량 $P_t=\dfrac{3\times 3+5\times 6}{1.3\times 1}=30[kVA]$

답 ②

239 핵심이론 찾아보기▶핵심 08-7 기사 20년 출제

다음 중 그 값이 항상 1 이상인 것은?

① 부등률 ② 부하율 ③ 수용률 ④ 전압강하율

해설 $부등률=\dfrac{각\ 부하의\ 최대수용전력의\ 합[kW]}{합성\ 최대전력[kW]}$으로 이 값은 항상 1 이상이다.

답 ①

240

핵심이론 찾아보기▶핵심 08-7

기사 11·02년 / 산업 18·17·13·12년 출제

배전선로의 전기적 특성 중 그 값이 1 이상인 것은?

① 전압강하율 ② 부등률
③ 부하율 ④ 수용률

해설 $\text{부등률} = \dfrac{\text{각 수용가의 최대수용전력의 합[kW]}}{\text{합성(종합)최대전력[kW]}}$ 으로 이 값은 항상 1보다 크다.

답 ②

241

핵심이론 찾아보기▶핵심 08-7

기사 18년 출제

설비용량이 360[kW], 수용률이 0.8, 부등률이 1.2일 때 최대수용전력은 몇 [kW]인가?

① 120 ② 240 ③ 360 ④ 480

해설 최대수용전력 $P_m = \dfrac{360 \times 0.8}{1.2} = 240\,[\text{kW}]$

답 ②

242

핵심이론 찾아보기▶핵심 08-7

기사 16·12·03년 출제

각 수용가의 수용설비용량이 50[kW], 100[kW], 80[kW], 60[kW], 150[kW]이며, 각각의 수용률이 0.6, 0.6, 0.5, 0.5, 0.4일 때 부하의 부등률이 1.3이라면 변압기 용량은 약 몇 [kVA]가 필요한가? (단, 평균 부하 역률은 80[%]라고 한다.)

① 142 ② 165 ③ 183 ④ 212

해설 **변압기 용량**

$$P_T = \frac{50 \times 0.6 + 100 \times 0.6 + 80 \times 0.5 + 60 \times 0.5 + 150 \times 0.4}{1.3 \times 0.8} = 212\,[\text{kVA}]$$

답 ④

243

핵심이론 찾아보기▶핵심 08-7

기사 16년 출제

연간 전력량이 E[kWh]이고, 연간 최대전력이 W[kW]인 연부하율은 몇 [%]인가?

① $\dfrac{E}{W} \times 100$ ② $\dfrac{\sqrt{3}\,W}{E} \times 100$

③ $\dfrac{8{,}760\,W}{E} \times 100$ ④ $\dfrac{E}{8{,}760\,W} \times 100$

해설

$$\text{연부하율} = \frac{\dfrac{E}{365 \times 24}}{W} \times 100 = \frac{E}{8{,}760\,W} \times 100\,[\%]$$

답 ④

244

핵심이론 찾아보기▶핵심 08-7 기사 03·02·00·95년 출제

정격 10[kVA]의 주상 변압기가 있다. 이것의 2차측 일부하 곡선이 다음 그림과 같을 때 1일의 부하율은 몇 [%]인가?

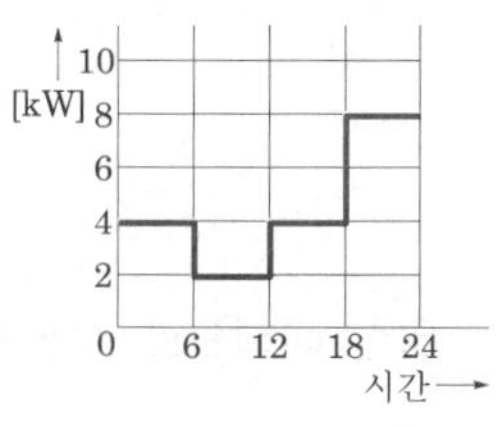

① 52.3 ② 54.3 ③ 56.3 ④ 58.3

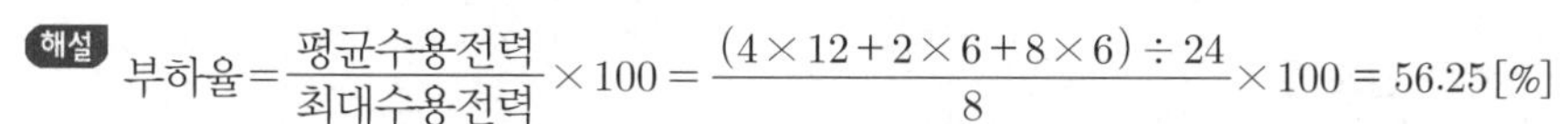

해설 $부하율 = \frac{평균수용전력}{최대수용전력} \times 100 = \frac{(4 \times 12 + 2 \times 6 + 8 \times 6) \div 24}{8} \times 100 = 56.25[\%]$

답 ③

245

핵심이론 찾아보기▶핵심 08-7 기사 15·12·93년 / 산업 16년 출제

수용가군 총합의 부하율은 각 수용가의 수용분 및 수용가 사이의 부등률이 변화할 때 옳은 것은?

① 부등률과 수용률에 비례한다.
② 부등률에 비례하고, 수용률에 반비례한다.
③ 수용률에 비례하고, 부등률에 반비례한다.
④ 부등률과 수용률에 반비례한다.

해설 $부하율 = \frac{평균전력}{설비용량의 합계} \times \frac{부등률}{수용률}$이므로 부등률에 비례하고, 수용률에 반비례한다.

답 ②

246

핵심이론 찾아보기▶핵심 08-7 산업 98년 출제

배전선로에서 손실계수 H와 부하율 F 사이에 성립하는 식은? (단, 부하율 $F > 1$이다.)

① $H > F^2$
② $H < F^2$
③ $H = F^2$
④ $H > F$

해설 손실계수 H와 부하율 F의 관계는 부하율이 좋으면 $H \fallingdotseq F$이고, 부하율이 나쁘면 $H \fallingdotseq F^2$이다. 따라서 $0 \leqq F^2 \leqq H \leqq F \leqq 1$ 관계가 성립된다.
즉, $H > F^2$, $H < F$이다.

답 ①

247

핵심이론 찾아보기▶핵심 08-7 산업 17년 출제

다음 중 배전선로의 부하율이 F일 때 손실계수 H와의 관계로 옳은 것은?

① $H = F$
② $H = \frac{1}{F}$
③ $H = F^3$
④ $0 \leq F^2 \leq H \leq F \leq 1$

해설 손실계수 H는 최대전력손실에 대한 평균전력손실의 비로 일반적으로 손실계수 $H=\alpha F+(1-\alpha)F^2$의 실험식을 사용한다. 이때 손실정수 $\alpha=0.1\sim0.3$이고, F는 부하율이다. 부하율이 좋으면 $H \fallingdotseq F$이고 부하율이 나쁘면 $H=F^2$이다. 손실계수 H와 부하율 F와의 관계는 다음 식이 성립된다.
$0 \leq F^2 \leq H \leq F \leq 1$

답 ④

248

핵심이론 찾아보기▶핵심 08-8

기사 16년 출제

배전선로의 손실을 경감하기 위한 대책으로 적절하지 않은 것은?

① 누전차단기 설치
② 배전전압의 승압
③ 전력용 콘덴서 설치
④ 전류밀도의 감소와 평형

해설 **전력손실 감소대책**
- 가능한 높은 전압 사용
- 굵은 전선 사용으로 전류밀도 감소
- 높은 도전율을 가진 전선 사용
- 송전거리 단축
- 전력용 콘덴서 설치
- 노후설비 신속 교체

답 ①

249

핵심이론 찾아보기▶핵심 08-8

기사 15년 / 산업 21년 출제

배전 계통에서 전력용 콘덴서를 설치하는 목적으로 가장 타당한 것은?

① 배전선의 전력손실 감소
② 전압강하 증대
③ 고장 시 영상전류 감소
④ 변압기 여유율 감소

해설 배전 계통에서 전력용 콘덴서를 설치하는 것은 부하의 지상 무효전력을 진상시켜 역률을 개선하여 전력손실을 줄이는 데 주목적이 있다.

답 ①

250

핵심이론 찾아보기▶핵심 08-8

기사 22·21·15년 출제

전력 계통의 전압을 조정하는 가장 보편적인 방법은?

① 발전기의 유효전력 조정
② 부하의 유효전력 조정
③ 계통의 주파수 조정
④ 계통의 무효전력 조정

해설 전력 계통의 전압조정은 계통의 무효전력을 흡수하는 커패시터나 리액터를 사용하여야 한다.

답 ④

251

핵심이론 찾아보기▶핵심 08-8

기사 00년 / 산업 13·03년 출제

어떤 콘덴서 3개를 선간전압 3,300[V], 주파수 60[Hz]의 선로에 △로 접속하여 60[kVA]가 되도록 하려면 콘덴서 1개의 정전용량[μF]은 얼마로 하여야 하는가?

① 5
② 50
③ 0.5
④ 500

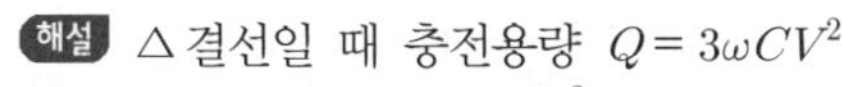

해설 △결선일 때 충전용량 $Q=3\omega CV^2$

$$\therefore\ C=\frac{60\times10^3}{3\times2\pi\times60\times3{,}300^2}\times10^6=4.87\fallingdotseq5[\mu\text{F}]$$

답 ①

252

핵심이론 찾아보기▶**핵심 08-8**

기사 09년 / 산업 22·13·12년 출제

역률 0.8(지상)의 5,000[kW]의 부하에 전력용 콘덴서를 병렬로 접속하여 합성 역률을 0.9로 개선하고자 할 경우 소요되는 콘덴서의 용량[kVA]으로 적당한 것은 어느 것인가?

① 820　② 1,080　③ 1,350　④ 2,160

해설
$$Q=5{,}000\left(\frac{\sqrt{1-0.8^2}}{0.8}-\frac{\sqrt{1-0.9^2}}{0.9}\right)=1{,}350[\text{kVA}]$$

답 ③

253

핵심이론 찾아보기▶**핵심 08-8**

기사 09·01·96년 출제

3상 배전선로의 말단에 역률 80[%](뒤짐), 160[kW]의 평형 3상 부하가 있다. 부하점에 부하와 병렬로 전력용 콘덴서를 접속하여 선로 손실을 최소로 하기 위해 필요한 콘덴서 용량[kVA]은? (단, 여기서 부하단 전압은 변하지 않는 것으로 한다.)

① 96　② 120　③ 128　④ 200

해설 선로 손실을 최소로 하려면 역률을 1로 개선해야 한다.

$$\therefore\ Q_c=P(\tan\theta_1-\tan\theta_2)=P(\tan\theta-0)=P\frac{\sin\theta}{\cos\theta}=160\times\frac{0.6}{0.8}=120[\text{kVA}]$$

답 ②

254

핵심이론 찾아보기▶**핵심 08-8**

기사 19년 출제

역률 80[%], 500[kVA]의 부하설비에 100[kVA]의 진상용 콘덴서를 설치하여 역률을 개선하면 수전점에서의 부하는 약 몇 [kVA]가 되는가?

① 400　② 425　③ 450　④ 475

해설 역률 개선 후 수전점의 부하(개선 후 피상전력)

$$P_a'=\sqrt{\text{유효전력}^2+(\text{무효전력}-\text{진상용량})^2}=\sqrt{(500\times0.8)^2+(500\times0.6-100)^2}$$
$$=447.2\fallingdotseq450[\text{kVA}]$$

답 ③

255

핵심이론 찾아보기▶**핵심 08-8**

기사 20·16년 출제

수전단의 전력원 방정식이 $P_r^{\ 2}+(Q_r+400)^2=250{,}000$으로 표현되는 전력 계통에서 가능한 최대로 공급할 수 있는 부하전력(P_r)과 이때 전압을 일정하게 유기하는 데 필요한 무효전력(Q_r)은 각각 얼마인가?

① $P_r=500$, $Q_r=-400$　② $P_r=400$, $Q_r=500$

③ $P_r=300$, $Q_r=100$　④ $P_r=200$, $Q_r=-300$

해설 전압을 일정하게 유지하려면 전부하 상태이므로 무효전력을 조정하기 위해서는 조상설비용량이 -400으로 되어야 한다. 그러므로 부하전력 $P_r=500$, 무효전력 $Q_r=-400$이 되어야 한다

답 ①

256

핵심이론 찾아보기▶핵심 08-8

기사 21년 출제

역률 0.8, 출력 320[kW]인 부하에 전력을 공급하는 변전소의 역률 개선을 위해 전력용 콘덴서 140[kVA]를 설치했을 때 합성 역률은?

① 0.93 ② 0.95
③ 0.97 ④ 0.99

해설 $P=320[\text{kW}]$

$P_r=\dfrac{320}{0.8}\times 0.6=240[\text{kVar}]$

전력용 콘덴서 140[kVA]를 설치하면

무효전력 $P_r{}'=240-140=100[\text{kVA}]$가 되므로

$\therefore$ 합성 역률 $\cos\theta=\dfrac{P}{\sqrt{P^2+P_r{}'^2}}=\dfrac{320}{\sqrt{320^2+100^2}}\fallingdotseq 0.95$

답 ②

257

핵심이론 찾아보기▶핵심 08-9

기사 19년 출제

다중접지 계통에 사용되는 재폐로 기능을 갖는 일종의 차단기로서 과부하 또는 고장전류가 흐르면 순시 동작하고, 일정시간 후에는 자동적으로 재폐로하는 보호기기는?

① 라인퓨즈 ② 리클로저
③ 섹셔널라이저 ④ 고장구간 자동개폐기

해설 **리클로저(recloser)**

선로에 고장이 발생하였을 때 고장전류를 검출하여 지정된 시간 내에 고속차단하고 자동 재폐로 동작을 수행하여 고장구간을 분리하거나 재송전하는 장치이다.

답 ②

258

핵심이론 찾아보기▶핵심 08-9

기사 20·15년 출제

22.9[kV−Y] 가공 배전선로에서 주공급 선로의 정전사고 시 예비전원 선로로 자동 전환되는 개폐장치는?

① 기중부하개폐기 ② 고장구간 자동개폐기
③ 자동선로 구분개폐기 ④ 자동부하 전환개폐기

해설 자동부하 전환개폐기(ALTS)는 주전원 정전 시나 전압이 감소될 때 예비전원으로 자동 전환되어 무정전 전원 공급을 수행하는 개폐기를 말한다

답 ④

259

핵심이론 찾아보기▶핵심 08-9　　기사 21·15년 / 산업 22년 출제

선로 고장 시 고장전류를 차단할 수 없어 리클로저와 같이 차단기능이 있는 후비보호장치와 직렬로 설치되어야 하는 장치는?

① 배선용 차단기　　② 유입개폐기
③ 컷 아웃 스위치　　④ 섹셔널라이저

해설 섹셔널라이저(sectionalizer)는 고장 발생 시 차단기능이 없으므로 고장을 차단하는 후비보호장치(리클로저)와 직렬로 설치하여 고장구간을 분리시키는 개폐기이다.

답 ④

260

핵심이론 찾아보기▶핵심 08-9　　기사 19년 출제

공통 중성선 다중접지방식의 배전선로에서 recloser(R), sectionalizer(S), line fuse(F)의 보호협조가 가장 적합한 배열은? (단, 보호 협조는 변전소를 기준으로 한다.)

① S－F－R　　② S－R－F　　③ F－S－R　　④ R－S－F

해설 리클로저(recloser)는 선로에 고장이 발생하였을 때 고장전류를 검출하여 지정된 시간 내에 고속차단하고 자동 재폐로 동작을 수행하여 고장구간을 분리하거나 재송전하는 장치이다.
섹셔널라이저(sectionalizer)는 부하전류는 개폐할 수 있지만 고장전류를 차단할 수 없으므로 리클로저와 직렬로 설치하여야 한다.
그러므로 변전소 차단기 → 리클로저 → 섹셔널라이저 → 라인퓨즈로 구성한다.

답 ④

261

핵심이론 찾아보기▶핵심 08-9　　기사 21년 출제

배전선로의 주상 변압기에서 고압측－저압측에 주로 사용되는 보호 장치의 조합으로 적합한 것은?

① 고압측 : 컷 아웃 스위치, 저압측 : 캐치 홀더
② 고압측 : 캐치 홀더, 저압측 : 컷 아웃 스위치
③ 고압측 : 리클로저, 저압측 : 라인 퓨즈
④ 고압측 : 라인 퓨즈, 저압측 : 리클로저

해설 **주상 변압기 보호 장치**
- 1차(고압)측 : 피뢰기, 컷 아웃 스위치
- 2차(저압)측 : 캐치 홀더, 중성점 접지

답 ①

262

핵심이론 찾아보기▶핵심 08-10　　기사 21·17년 출제

배전용 변전소의 주변압기로 주로 사용되는 것은?

① 강압 변압기　　② 체승 변압기
③ 단권 변압기　　④ 3권선 변압기

해설 발전소에 있는 주변압기는 체승용으로 되어 있고, 변전소의 주변압기는 강압용으로 되어 있다.

답 ①

263

핵심이론 찾아보기▶핵심 08-10 기사 15년 출제

폐쇄형 배전반을 사용하는 주된 이유는 무엇인가?

① 보수의 편리
② 사람에 대한 안전
③ 기기의 안전
④ 사고 파급 방지

해설 폐쇄형 배전반은 완전 밀폐형으로 충전부분의 노출이 없어 사람에 대한 감전의 위험이 적다.

답 ②

264

핵심이론 찾아보기▶핵심 08-10 기사 18년 출제

배전선의 전압조정장치가 아닌 것은?

① 승압기
② 리클로저
③ 유도전압조정기
④ 주상 변압기 탭절환장치

해설 리클로저(recloser)는 선로에 고장이 발생하였을 때 고장전류를 검출하여 지정된 시간 내에 고속차단하고 자동 재폐로 동작을 수행하여 고장구간을 분리하거나 재송전하는 장치이므로 전압조정장치가 아니다.

답 ②

265

핵심이론 찾아보기▶핵심 08-10 산업 18년 출제

단상 승압기 1대를 사용하여 승압할 경우 승압 전의 전압을 E_1이라 하면, 승압 후의 전압 E_2는 어떻게 되는가? $\left(\text{단, 승압기의 변압비는 } \dfrac{\text{전원측 전압}}{\text{부하측 전압}} = \dfrac{e_1}{e_2} \text{이다.}\right)$

① $E_2 = E_1 + e_1$
② $E_2 = E_1 + e_2$
③ $E_2 = E_1 + \dfrac{e_2}{e_1}E_1$
④ $E_2 = E_1 + \dfrac{e_1}{e_2}E_1$

해설 승압 후 전압

$$E_2 = E_1\left(1 + \frac{e_2}{e_1}\right) = E_1 + \frac{e_2}{e_1}E_1$$

답 ③

266

핵심이론 찾아보기▶핵심 08-10 기사 17년 출제

승압기에 의하여 전압 V_e에서 V_h로 승압할 때, 2차 정격전압 e, 자기용량 W인 단상 승압기가 공급할 수 있는 부하 용량은?

① $\dfrac{V_h}{e} \times W$
② $\dfrac{V_e}{e} \times W$
③ $\dfrac{V_e}{V_h - V_e} \times W$
④ $\dfrac{V_h - V_e}{V_e} \times W$

해설 승압기 자기용량 $W = \dfrac{e}{V_h} \times$부하 용량이므로, 여기서 부하의 용량을 구하면 $\dfrac{V_h}{e} \times W$이다.

답 ①

267

핵심이론 찾아보기▶핵심 08-10

기사 20년 출제

수전용 변전설비의 1차측 차단기의 차단용량은 주로 어느 것에 의하여 정해지는가?

① 수전 계약용량
② 부하설비의 단락용량
③ 공급측 전원의 단락용량
④ 수전 전력의 역률과 부하율

해설 차단기의 차단용량은 공급측 전원의 단락용량을 기준으로 정해진다.

답 ③

268

핵심이론 찾아보기▶핵심 09-1

기사 20·15년 출제

수력발전소를 건설할 때 낙차를 취하는 방법으로 적합하지 않은 것은?

① 수로식
② 댐식
③ 유역 변경식
④ 역조정지식

해설 수력발전소 분류에서 낙차를 얻는 방식은 댐식, 수로식, 댐수로식, 유역 변경식 등이 있고, 유량 사용 방법은 유입식, 저수지식, 조정지식, 양수식(역조정지식) 등이 있다.

답 ④

269

핵심이론 찾아보기▶핵심 09-1

기사 18년 출제

수력발전소의 취수방법에 따른 분류로 틀린 것은?

① 댐식
② 수로식
③ 역조정지식
④ 유역 변경식

해설 수력발전소 분류에서 낙차를 얻는 방식(취수방법)은 댐식, 수로식, 댐수로식, 유역 변경식 등이 있고, 유량 사용 방법은 유입식, 저수지식, 조정지식, 양수식(역조정지식) 등이 있다.

답 ③

270

핵심이론 찾아보기▶핵심 09-1

기사 20년 출제

전력 계통의 경부하 시나 또는 다른 발전소의 발전 전력에 여유가 있을 때 이 잉여 전력을 이용하여 전동기로 펌프를 돌려서 물을 상부의 저수지에 저장하였다가 필요에 따라 이 물을 이용해서 발전하는 발전소는?

① 조력발전소
② 양수식 발전소
③ 유역 변경식 발전소
④ 수로식 발전소

해설 **양수식 발전소**
잉여 전력을 이용하여 하부 저수지의 물을 상부 저수지로 양수하여 저장하였다가 첨두부하 등에 이용하는 발전소이다.

답 ②

271

핵심이론 찾아보기▶핵심 09-1

기사 20년 출제

수력발전소의 형식을 취수방법, 운용방법에 따라 분류할 수 있다. 다음 중 취수방법에 따른 분류가 아닌 것은?

① 댐식
② 수로식
③ 조정지식
④ 유역 변경식

해설 수력발전소 분류에서 낙차를 얻는 방식(취수방법)은 댐식, 수로식, 댐수로식, 유역 변경식 등이 있고, 유량 사용 방법은 유입식, 저수지식, 조정지식, 양수식(역조정지식) 등이 있다.

답 ③

272

핵심이론 찾아보기▶핵심 09-1 기사 16년 출제

유효낙차 75[m], 최대사용수량 200[m^3/s], 수차 및 발전기의 합성 효율이 70[%]인 수력발전소의 최대 출력은 약 몇 [MW]인가?

① 102.9 ② 157.3 ③ 167.5 ④ 177.8

해설 출력

$P = 9.8HQ\eta = 9.8 \times 75 \times 200 \times 0.7 \times 10^{-3} = 102.9\,[\text{MW}]$

답 ①

273

핵심이론 찾아보기▶핵심 09-1 기사 22·19년 출제

유효낙차 100[m], 최대사용수량 20[m^3/s], 수차효율 70[%]인 수력발전소의 연간 발전 전력량은 약 몇 [kWh]인가? (단, 발전기의 효율은 85[%]라고 한다.)

① 2.5×10^7 ② 5×10^7
③ 10×10^7 ④ 20×10^7

해설 연간 발전 전력량 $W = P \cdot T\,[\text{kWh}]$

$W = P \cdot T = 9.8HQ\eta \cdot T = 9.8 \times 100 \times 20 \times 0.7 \times 0.85 \times 365 \times 24 = 10.2 \times 10^7\,[\text{kWh}]$

답 ③

274

핵심이론 찾아보기▶핵심 09-1 기사 19년 출제

총 낙차 300[m], 사용수량 20[m^3/s]인 수력발전소의 발전기 출력은 약 몇 [kW]인가? (단, 수차 및 발전기 효율은 각각 90[%], 98[%]라 하고, 손실낙차는 총 낙차의 6[%]라고 한다.)

① 48,750 ② 51,860
③ 54,170 ④ 54,970

해설 발전기 출력 $P = 9.8HQ\eta\,[\text{kW}]$

$P = 9.8 \times 300 \times (1 - 0.06) \times 20 \times 0.9 \times 0.98 = 48{,}750\,[\text{kW}]$

답 ①

275

핵심이론 찾아보기▶핵심 09-1 기사 15년 출제

유효낙차 400[m]의 수력발전소에서 펠톤 수차의 노즐에서 분출하는 물의 속도를 이론값의 0.95배로 한다면 물의 분출속도는 약 몇 [m/s]인가?

① 42.3 ② 59.5 ③ 62.6 ④ 84.1

해설 물의 분출속도

$v = k\sqrt{2gH} = 0.95 \times \sqrt{2 \times 9.8 \times 400} \fallingdotseq 84.1\,[\text{m/s}]$

답 ④

276

핵심이론 찾아보기▶핵심 09-1

산업 19년 출제

어떤 수력발전소의 수압관에서 분출되는 물의 속도와 직접적인 관련이 없는 것은?

① 수면에서의 연직거리　　② 관의 경사
③ 관의 길이　　④ 유량

해설 물의 분출속도 $v=\sqrt{2gH}$ [m/s]로 계산되고, 여기서 H는 낙차(수두)이므로 관의 경사에 의한 연직거리와 유량(단면적×속도)에 의해 결정되고, 관의 길이와는 관계가 없다.

답 ③

277

핵심이론 찾아보기▶핵심 09-1

산업 17년 출제

갈수량이란 어떤 유량을 말하는가?

① 1년 365일 중 95일간은 이보다 낮아지지 않는 유량
② 1년 365일 중 185일간은 이보다 낮아지지 않는 유량
③ 1년 365일 중 275일간은 이보다 낮아지지 않는 유량
④ 1년 365일 중 355일간은 이보다 낮아지지 않는 유량

해설 **갈수량**
1년 365일 중 355일은 이것보다 내려가지 않는 유량과 수위

답 ④

278

핵심이론 찾아보기▶핵심 09-1

기사 21년 출제

그림과 같은 유황 곡선을 가진 수력 지점에서 최대 사용수량 OC로 1년간 계속 발전하는 데 필요한 저수지의 용량은?

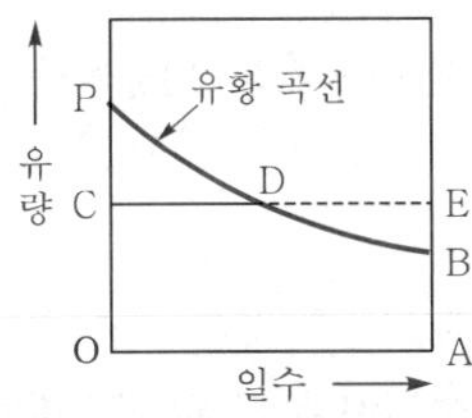

① 면적 OCPBA　　② 면적 OCDBA　　③ 면적 DEB　　④ 면적 PCD

해설 그림에서 유황 곡선이 PDB이고 1년간 OC의 유량으로 발전하면, D점 이후의 일수는 유량이 DEB에 해당하는 만큼 부족하므로 저수지를 이용하여 필요한 유량을 확보하여야 한다.

답 ③

279

핵심이론 찾아보기▶핵심 09-1

기사 16년 출제

취수구에 제수문을 설치하는 목적은?

① 유량을 조정한다.　　② 모래를 배제한다.
③ 낙차를 높인다.　　④ 홍수위를 낮춘다.

해설 취수구에 설치한 모든 수문은 유량을 조절한다.

답 ①

280 핵심이론 찾아보기▶핵심 09-1 기사 19·16년 출제

수력발전소에서 흡출관을 사용하는 목적은?

① 압력을 줄인다. ② 유효낙차를 늘린다.
③ 속도 변동률을 작게 한다. ④ 물의 유선을 일정하게 한다.

해설 흡출관은 중낙차 또는 저낙차용으로 적용되는 반동 수차에서 낙차를 증대시킬 목적으로 사용된다.

답 ②

281 핵심이론 찾아보기▶핵심 09-1 기사 20년 출제

반동 수차의 일종으로 주요 부분은 러너, 안내 날개, 스피드링 및 흡출관 등으로 되어 있으며 50~500[m] 정도의 중낙차 발전소에 사용되는 수차는?

① 카플란 수차 ② 프란시스 수차 ③ 펠턴 수차 ④ 튜블러 수차

해설 ① 카플란 수차 : 저낙차용(약 50[m] 이하)
② 프란시스 수차 : 중낙차용(약 50 ~ 500[m])
③ 펠턴 수차 : 고낙차용(약 500[m] 이상)
④ 튜블러 수차 : 15[m] 이하의 조력발전용

답 ②

282 핵심이론 찾아보기▶핵심 09-1 기사 17년 출제

조속기의 폐쇄시간이 짧을수록 옳은 것은?

① 수격작용은 작아진다. ② 발전기의 전압 상승률은 커진다.
③ 수차의 속도 변동률은 작아진다. ④ 수압관 내의 수압 상승률은 작아진다.

해설 조속기의 폐쇄시간이 짧을수록 속도 변동률은 작아지고, 수압 상승률은 커진다.

답 ③

283 핵심이론 찾아보기▶핵심 09-1 기사 17년 출제

수차 발전기에 제동권선을 설치하는 주된 목적은?

① 정지시간 단축 ② 회전력의 증가
③ 과부하 내량의 증대 ④ 발전기 안정도의 증진

해설 제동권선은 조속기의 난조를 방지하여 발전기의 안정도를 향상시킨다.

답 ④

284 핵심이론 찾아보기▶핵심 09-1 기사 12·03년 출제

최대 출력 25,600[kW], 유효낙차 100[m], 회전수 300[rpm]의 수축 프란시스 수차의 특유 속도[rpm]는 얼마인가?

① 138 ② 142 ③ 148 ④ 152

해설
수차의 특유 속도 $N_s = N \cdot \dfrac{P^{\frac{1}{2}}}{H^{\frac{5}{4}}}$ [rpm]

$N_s = 300 \times \dfrac{25,600^{\frac{1}{2}}}{100^{\frac{5}{4}}} = 300 \times \dfrac{\sqrt{25,600}}{100\sqrt{10}} = 152[\text{rpm}]$

답 ④

285

핵심이론 찾아보기▶핵심 09-1 기사 12년 / 산업 08년 출제

캐비테이션(Cavitation) 현상에 의한 결과로 적당하지 않은 것은?

① 수차 러너의 부식 ② 수차 레버 부분의 진동
③ 흡출관의 진동 ④ 수차 효율의 증가

해설 **공동 현상(캐비테이션) 장해**
- 수차의 효율, 출력 등 저하
- 유수에 접한 러너나 버킷 등에 침식 작용 발생
- 소음 발생
- 흡출관 입구에서 수압의 변동이 심함

답 ④

286

핵심이론 찾아보기▶핵심 09-2 기사 07·88년 / 산업 22·11·99년 출제

다음 그림과 같은 열 사이클은?

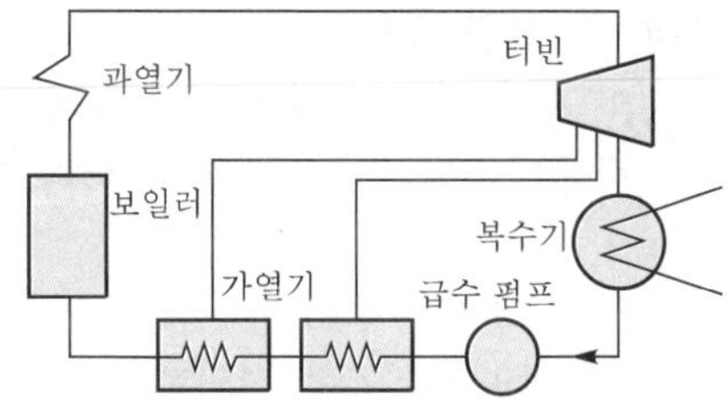

① 재열 사이클 ② 재생 사이클 ③ 재생 재열 사이클 ④ 기본 사이클

해설 그림은 보일러 입구에 급수 가열기가 터빈 중간에 추기하는 설비가 있으므로 재생 사이클이다.
- 재생 사이클 : 터빈 중간에 증기를 추기하여 보일러용 급수를 가열하는 사이클
- 재열 사이클 : 고압 터빈 출구에서 증기를 모두 추출하여 재열기로 가열시킨 다음 저압 터빈으로 공급하는 열 사이클

답 ②

287

핵심이론 찾아보기▶핵심 09-2 기사 19년 출제

터빈(turbine)의 임계속도란?

① 비상 조속기를 동작시키는 회전수
② 회전자의 고유 진동수와 일치하는 위험 회전수
③ 부하를 급히 차단하였을 때의 순간 최대 회전수
④ 부하 차단 후 자동적으로 정정된 회전수

해설 터빈 임계속도란 회전날개를 포함한 모터 전체의 고유 진동수와 회전속도에 따른 진동수가 일치하여 공진이 발생되는 지점의 회전속도를 임계속도라 한다. 터빈속도가 변화될 때 임계속도에 도달하면 공진의 발생으로 진동이 급격히 증가한다.

답 ②

288

핵심이론 찾아보기▶핵심 09-2 기사 18년 출제

화력발전소에서 가장 큰 손실은?

① 소내용 동력 ② 송풍기 손실
③ 복수기에서의 손실 ④ 연돌 배출가스 손실

해설 화력발전소의 가장 큰 손실은 복수기의 냉각 손실로 전열량의 약 50[%] 정도가 소비된다.

답 ③

289

핵심이론 찾아보기▶핵심 09-2 기사 15년 출제

기력발전소 내의 보조기 중 예비기를 가장 필요로 하는 것은?

① 미분탄 송입기 ② 급수 펌프 ③ 강제 통풍기 ④ 급탄기

해설 화력발전소 설비 중 급수 펌프는 예비기를 포함하여 2대 이상 확보하여야 한다.

답 ②

290

핵심이론 찾아보기▶핵심 09-2 기사 20년 출제

증기 사이클에 대한 설명 중 틀린 것은?

① 랭킨 사이클의 열효율은 초기 온도 및 초기 압력이 높을수록 효율이 크다.
② 재열 사이클은 저압 터빈에서 증기가 포화상태에 가까워졌을 때 증기를 다시 가열하여 고압 터빈으로 보낸다.
③ 재생 사이클은 증기 원동기 내에서 증기의 팽창 도중에서 증기를 추출하여 급수를 예열한다.
④ 재열 재생 사이클은 재생 사이클과 재열 사이클을 조합해 병용하는 방식이다.

해설 재열 사이클이란 고압 터빈 내에서 습증기가 되기 전에 증기를 모두 추출해 재열기를 이용하여 재가열시켜 저압 터빈을 돌려 열효율을 향상시키는 열사이클이다.

답 ②

291

핵심이론 찾아보기▶핵심 09-2 기사 15년 출제

보일러 급수 중의 염류 등이 굳어서 내벽에 부착되어 보일러 열 전도와 물의 순환을 방해하며 내면의 수관벽을 과열시켜 파열을 일으키게 하는 원인이 되는 것은?

① 스케일 ② 부식 ③ 포밍 ④ 캐리오버

해설 **스케일**
급수에 포함된 염류가 보일러 물의 증발에 의해 농축되고 가열되어서 용해도가 작은 것부터 순차적으로 침전하여 보일러 벽에 부착하는 현상이다.

답 ①

292

핵심이론 찾아보기▶핵심 09-2

기사 15년 출제

발전 전력량 E[kWh], 연료 소비량 W[kg], 연료의 발열량 C[kcal/kg]인 화력발전소의 열효율 η[%]은?

① $\dfrac{860E}{WC}\times 100$　② $\dfrac{E}{WC}\times 100$　③ $\dfrac{E}{860\,WC}\times 100$　④ $\dfrac{9.8E}{WC}\times 100$

해설 발전소 열효율 $\eta=\dfrac{860\,W}{mH}\times 100[\%]$

여기서, W : 전력량[kWh]

m : 소비된 연료량[kg]

H : 연료의 열량[kcal/kg]

답 ①

293

핵심이론 찾아보기▶핵심 09-2

기사 21년 출제

어느 화력발전소에서 40,000[kWh]를 발전하는 데 발열량 860[kcal/kg]의 석탄이 60톤 사용된다. 이 발전소의 열효율[%]은 약 얼마인가?

① 56.7　② 66.7　③ 76.7　④ 86.7

해설 열효율 $\eta=\dfrac{860\,W}{mH}\times 100=\dfrac{860\times 40{,}000}{60\times 10^3\times 860}\times 100=66.7[\%]$

답 ②

294

핵심이론 찾아보기▶핵심 09-3

기사 17년 출제

다음 (㉠), (㉡), (㉢)에 들어갈 내용으로 옳은 것은?

> 원자력이란 일반적으로 무거운 원자핵이 핵분열하여 가벼운 핵으로 바뀌면서 발생하는 핵분열에너지를 이용하는 것이고, (㉠) 발전은 가벼운 원자핵을(과) (㉡)하여 무거운 핵으로 바꾸면서 (㉢) 전·후의 질량 결손에 해당하는 방출에너지를 이용하는 방식이다.

① ㉠ 원자핵 융합, ㉡ 융합, ㉢ 결합　② ㉠ 핵결합, ㉡ 반응, ㉢ 융합
③ ㉠ 핵융합, ㉡ 융합, ㉢ 핵반응　④ ㉠ 핵반응, ㉡ 반응, ㉢ 결합

해설 핵융합 발전은 가벼운 원자핵을 융합하여 무거운 핵으로 바꾸면서 핵반응 전·후의 질량 결손에 해당하는 방출에너지를 이용한다

답 ③

295

핵심이론 찾아보기▶핵심 09-3

기사 21년 출제

비등수형 원자로의 특징에 대한 설명으로 틀린 것은?

① 증기발생기가 필요하다.
② 저농축 우라늄을 연료로 사용한다.
③ 노심에서 비등을 일으킨 증기가 직접 터빈에 공급되는 방식이다.
④ 가압수형 원자로에 비해 출력 밀도가 낮다.

해설 비등수형 원자로의 특징
- 원자로의 내부 증기를 직접 터빈에서 이용하기 때문에 증기발생기(열교환기)가 필요 없다.
- 증기가 직접 터빈으로 들어가기 때문에 증기 누출을 철저히 방지해야 한다.
- 순환 펌프로서는 급수 펌프만 있으면 되므로 소내용 동력이 적다.
- 노심의 출력밀도가 낮기 때문에 같은 노출력의 원자로에서는 노심 및 압력용기가 커진다.
- 원자력 용기 내에 기수분리기와 증기건조기가 설치되므로 용기의 높이가 커진다.
- 연료는 저농축 우라늄(2~3[%])을 사용한다.

답 ①

296

핵심이론 찾아보기▶핵심 09-3 기사 20년 출제

원자력발전소에서 비등수형 원자로에 대한 설명으로 틀린 것은?

① 연료로 농축 우라늄을 사용한다.
② 냉각재로 경수를 사용한다.
③ 물을 원자로 내에서 직접 비등시킨다.
④ 가압수형 원자로에 비해 노심의 출력밀도가 높다.

해설 비등수형 원자로의 특징
- 원자로의 내부 증기를 직접 터빈에서 이용하기 때문에 증기발생기(열교환기)가 필요 없다.
- 증기가 직접 터빈으로 들어가기 때문에 증기 누출을 철저히 방지해야 한다.
- 순환 펌프로 급수 펌프만 있으면 되므로 소내용 동력이 작다.
- 노심의 출력밀도가 낮기 때문에 같은 노출력의 원자로에서는 노심 및 압력용기가 커진다.
- 원자력 용기 내에 기수분리기와 증기건조기가 설치되므로 용기의 높이가 커진다.
- 연료는 저농축 우라늄(2 ~ 3[%])을 사용한다.

답 ④

297

핵심이론 찾아보기▶핵심 09-3 기사 17년 출제

원자로의 감속재에 대한 설명으로 틀린 것은?

① 감속능력이 클 것
② 원자 질량이 클 것
③ 사용 재료로 경수를 사용
④ 고속 중성자를 열 중성자로 바꾸는 작용

해설 감속재는 고속 중성자를 열 중성자까지 감속시키기 위한 것으로, 중성자 흡수가 적고 탄성 산란에 의해 감속이 크다. 중수, 경수, 베릴륨, 흑연 등이 사용된다.

답 ②

298

핵심이론 찾아보기▶핵심 09-3 기사 15년 출제

원자로의 냉각재가 갖추어야 할 조건이 아닌 것은?

① 열용량이 적을 것
② 중성자의 흡수가 적을 것
③ 열전도율 및 열전달계수가 클 것
④ 방사능을 띠기 어려울 것

해설 냉각재는 원자로에서 발생한 열에너지를 외부로 꺼내기 위한 매개체로 경수, 중수, 탄산가스, 헬륨, 액체 금속 유체(나트륨) 등으로 열용량이 커야 한다.

답 ①

CHAPTER 2

299 핵심이론 찾아보기▶핵심 09-3

기사 08년 / 산업 08·00년 출제

다음 물질 중 제어봉 재료는?

① 하프늄 ② 스테인리스강 ③ 나트륨 ④ 경수

해설 제어봉 재료는 카드뮴(Cd), 붕소(B), 하프늄(Hf) 등이 있다. 답 ①

300 핵심이론 찾아보기▶핵심 09-3

기사 17년 출제

증식비가 1보다 큰 원자로는?

① 경수로 ② 흑연로 ③ 중수로 ④ 고속 증식로

해설 고속 증식로는 중성자가 고속이므로 증식비가 커진다. 답 ④

03 CHAPTER 전기기기

001

핵심이론 찾아보기▶핵심 01-13 기사 93년 출제

보통 전기기계에서는 규소 강판을 성층하여 사용하는 경우가 많다. 성층하는 이유는 다음 중 어느 것을 줄이기 위한 것인가?

① 히스테리시스손 ② 와전류손 ③ 동손 ④ 기계손

해설 철손(P_i)은 히스테리시스손(P_h)과 와류손(P_e)의 합이며, 다음과 같다.

$P_h = \sigma_h \cdot f B_m^{\ 1.6}[\mathrm{W/m^3}]$

$P_e = \sigma_e (t\, k_f\, f B_m)^2 [\mathrm{W/m^3}]$

여기서, σ_h, σ_e : 히스테리시스, 와류 상수

f : 주파수(직류기는 회전 속도에 비례)[Hz]

B_m : 최대 자속밀도[Wb/m^2]

t : 강판의 두께[mm]

k_f : 파형률

히스테리시스손을 감소하기 위하여 철에 규소를 함유(1~1.4[%])시키고, 와류손을 감소하기 위하여 얇은 강판(t=0.35~0.5[mm])을 성층하여 사용한다.

답 ②

002

핵심이론 찾아보기▶핵심 01-2 기사 12년 출제

다음 권선법 중 직류기에서 주로 사용되는 것은?

① 폐로권, 환상권, 2층권 ② 폐로권, 고상권, 2층권
③ 개로권, 환상권, 단층권 ④ 개로권, 고상권, 2층권

해설 **직류기의 전기자 권선법**

- 환상권
- 고상권
  - 개로권
  - 폐로권
    - 단층권
    - 2층권
      - 중권
      - 파권

답 ②

003

핵심이론 찾아보기▶핵심 01-2 기사 13년 출제

직류 분권 발전기의 전기자 권선을 단중 중권으로 감으면?

① 브러시수는 극수와 같아야 한다. ② 균압선이 필요 없다.
③ 높은 전압, 작은 전류에 적당하다. ④ 병렬 회로수는 항상 2이다.

해설 직류 분권 발전기의 전기자 권선을 단중 중권으로 감으면 병렬 회로수와 브러시수는 극수와 같고, 저전압, 대전류에 유효하며 균압환이 필요하다.

답 ①

004

핵심이론 찾아보기▶핵심 01-2 기사 12년 출제

전기자 도체의 굵기, 권수가 모두 같을 때 단중 중권에 비해 단중 파권 권선의 이점은?

① 전류는 커지며 저전압이 이루어진다.
② 전류는 적으나 저전압이 이루어진다.
③ 전류는 적으나 고전압이 이루어진다.
④ 전류가 커지며 고전압이 이루어진다.

해설 직류기의 전기자 권선법은 고상권, 폐로권, 2층권을 사용하며 단중 중권과 단중 파권으로 분류된다. 여기서 단중 중권은 병렬권으로 저전압 대전류, 단중 파권은 직렬권으로 고전압 소전류가 얻어진다.

답 ③

005

핵심이론 찾아보기▶핵심 01-2 기사 16년 출제

직류기 권선법에 대한 설명 중 틀린 것은?

① 단중 파권은 균압환이 필요하다.
② 단중 중권의 병렬 회로수는 극수와 같다.
③ 저전류・고전압 출력은 파권이 유리하다.
④ 단중 파권의 유기 전압은 단중 중권의 $\frac{P}{2}$이다.

해설 중권으로 하면 병렬 회로 사이에 순환 전류가 흐르지 않도록 균압환을 설치한다.

답 ①

006

핵심이론 찾아보기▶핵심 01-1 기사 21년 출제

직류기에서 계자 자속을 만들기 위하여 전자석의 권선에 전류를 흘리는 것을 무엇이라 하는가?

① 보극
② 여자
③ 보상 권선
④ 자화 작용

해설 직류기에서 계자 자속을 만들기 위하여 전자석의 권선에 전류를 흘려서 자화하는 것을 여자(excited)라고 한다.

답 ②

007

핵심이론 찾아보기▶핵심 01-3 기사 18년 출제

직류 발전기의 유기기전력과 반비례하는 것은?

① 자속
② 회전수
③ 전체 도체수
④ 병렬 회로수

해설 **직류 발전기의 유기기전력**

$$E=\frac{Z}{a}p\phi\frac{N}{60}[\text{V}]\propto\frac{1}{a}$$

여기서, Z : 총 도체수, a : 병렬 회로수(중권 $a=p$, 파권 $a=2$)
p : 극수, ϕ : 극당 자속, N : 분당 회전수

답 ④

008

핵심이론 찾아보기▶핵심 01-3 기사 20년 출제

극수 8, 중권 직류기의 전기자 총 도체수 960, 매극 자속 0.04[Wb], 회전수 400[rpm]이라면 유기기전력은 몇 [V]인가?

① 256 ② 327 ③ 425 ④ 625

해설 유기기전력 $E=\frac{Z}{a}p\phi\frac{N}{60}=\frac{960}{8}\times 8\times 0.04\times\frac{400}{60}=256[\text{V}]$

답 ①

009

핵심이론 찾아보기▶핵심 01-3 기사 20년 출제

4극, 중권, 총 도체수 500, 극당 자속이 0.01[Wb]인 직류 발전기가 100[V]의 기전력을 발생시키는 데 필요한 회전수는 몇 [rpm]인가?

① 800 ② 1,000 ③ 1,200 ④ 1,600

해설 기전력 $E=\frac{Z}{a}p\phi\frac{N}{60}[\text{V}]$

회전수 $N=E\cdot\frac{60a}{pZ\phi}=100\times\frac{60\times 4}{4\times 500\times 0.01}=1,200[\text{rpm}]$

답 ③

010

핵심이론 찾아보기▶핵심 01-3 기사 21년 출제

극수 4이며 전기자 권선은 파권, 전기자 도체수가 250인 직류 발전기가 있다. 이 발전기가 1,200[rpm]으로 회전할 때 600[V]의 기전력을 유기하려면 1극당 자속은 몇 [Wb]인가?

① 0.04 ② 0.05 ③ 0.06 ④ 0.07

해설 유기기전력 $E=\frac{Z}{a}p\phi\frac{N}{60}[\text{V}]$

자속 $\phi=E\cdot\frac{60a}{pZN}=600\times\frac{60\times 2}{4\times 250\times 1,200}=0.06[\text{Wb}]$

답 ③

011

핵심이론 찾아보기▶핵심 01-3 기사 14년 출제

계자 저항 50[Ω], 계자 전류 2[A], 전기자 저항 3[Ω]인 분권 발전기가 무부하 정격 속도로 회전할 때 유기기전력[V]은?

① 106 ② 112 ③ 115 ④ 120

해설 단자 전압 $V=E-I_aR_a=I_fr_f=2\times 50=100[\text{V}]$

전기자 전류 $I_a=I+I_f=I_f=2[\text{A}]$($\because$ 무부하 $I=0$)

유기기전력 $E=V+I_aR_a=100+2\times 3=106[\text{V}]$

답 ①

012

핵심이론 찾아보기▶핵심 01-6 기사 12년 출제

정격이 5[kW], 100[V], 50[A], 1,800[rpm]인 타여자 직류 발전기가 있다. 무부하 시의 단자 전압[V]은? (단, 계자 전압 50[V], 계자 전류 5[A], 전기자 저항 0.2[Ω], 브러시의 전압강하는 2[V]이다.)

① 100 ② 112 ③ 115 ④ 120

해설 직류 발전기의 무부하 단자 전압

$V_0(E) = V + I_a R_a + e_b = 100 + 50 \times 0.2 + 2 = 112$[V]

답 ②

013

핵심이론 찾아보기▶핵심 01-6 기사 13년 출제

정격 속도로 회전하고 있는 무부하의 분권 발전기가 있다. 계자 저항 40[Ω], 계자 전류 3[A], 전기자 저항이 2[Ω]일 때 유기기전력[V]은?

① 126 ② 132 ③ 156 ④ 185

해설 단자 전압 $V = I_f r_f = 3 \times 40 = 120$[V]

전기자 전류 $I_a = I + I_f = I_f = 3$[A](무부하 $I = 0$)

유기기전력 $E = V + I_a R_a = 120 + 3 \times 2 = 126$[V]

답 ①

014

핵심이론 찾아보기▶핵심 01-6 기사 20년 출제

직류 발전기에 P[N · m/s]의 기계적 동력을 주면 전력은 몇 [W]로 변환되는가? (단, 손실은 없으며, i_a는 전기자 도체의 전류, e는 전기자 도체의 유도기전력, Z는 총 도체수이다.)

① $P = i_a e Z$ ② $P = \frac{i_a e}{Z}$ ③ $P = \frac{i_a Z}{e}$ ④ $P = \frac{eZ}{i_a}$

해설 유기기전력 $E = e\frac{Z}{a}$[V]

여기서, a : 병렬 회로수

전기자 전류 $I_a = i_a \cdot a$[A]

전력 $P = E \cdot I_a = e\frac{Z}{a} \cdot i_a \cdot a = eZi_a$[W]

답 ①

015

핵심이론 찾아보기▶핵심 01-4 기사 16년 출제

직류 발전기의 전기자 반작용의 영향이 아닌 것은?

① 주자속이 증가한다.
② 전기적 중성축이 이동한다.
③ 정류 작용에 악영향을 준다.
④ 정류자편 사이의 전압이 불균일하게 된다.

해설 직류기의 전기자 반작용은 편자(偏磁) 작용이 되기 때문에 자로의 포화로 인한 총 자속의 감소(유기 전압, 즉 단자 전압이 저하한다.)와 중성축의 이동 및 정류자편 간의 유기 전압 불균일 등이 일어난다. 전기자 반작용의 방지책으로 보상 권선이나 보극을 설치한다. 답 ①

016

핵심이론 찾아보기▶핵심 01-4 기사 21년 출제

직류 발전기의 전기자 반작용에 대한 설명으로 틀린 것은?

① 전기자 반작용으로 인하여 전기적 중성축을 이동시킨다.
② 정류자 편간 전압이 불균일하게 되어 섬락의 원인이 된다.
③ 전기자 반작용이 생기면 주자속이 왜곡되고 증가하게 된다.
④ 전기자 반작용이란, 전기자 전류에 의하여 생긴 자속이 계자에 의해 발생되는 주자속에 영향을 주는 현상을 말한다.

해설 전기자 반작용은 전기자 전류에 의한 자속이 계자 자속의 분포에 영향을 주는 것으로 다음과 같은 영향이 있다.
- 전기적 중성축의 이동
  - 발전기 : 회전 방향으로 이동
  - 전동기 : 회전 반대 방향으로 이동
- 주자속이 감소한다.
- 정류자 편간 전압이 국부적으로 높아져 섬락을 일으킨다.

답 ③

017

핵심이론 찾아보기▶핵심 01-4 기사 94년 / 산업 94·91년 출제

직류 발전기의 전기자 반작용을 설명함에 있어서 그 영향을 없애는 데 가장 유효한 것은?

① 균압환 ② 탄소 브러시 ③ 보상 권선 ④ 보극

해설 보상 권선을 설치하여 전기자 전류와 크기는 같고, 반대 방향의 전류를 흘려주면 전기자 반작용을 원천적으로 상쇄하여 준다.
보극은 중성축 부근의 전기자 반작용을 없애주어 정류를 개선하는 데는 유효하지만, 보상 권선에는 비교가 되지 않는다. 균압환은 국부 전류가 브러시를 통하여 흐르지 못하게 하는 작용을 하며 탄소 브러시는 저항 정류 시에 사용되는 것이다. 답 ③

018

핵심이론 찾아보기▶핵심 01-5 기사 12년 출제

보극이 없는 직류기에서 브러시를 부하에 따라 이동시키는 이유는?

① 공극 자속의 일그러짐을 없애기 위하여
② 유기기전력을 없애기 위하여
③ 전기자 반작용의 감자 분력을 없애기 위하여
④ 정류 작용을 잘 되게 하기 위하여

해설 보극이 없는 직류기에서는 정류를 잘 되게 하기 위하여 브러시를 이동시켜야 하는데, 발전기의 경우에는 그의 회전 방향으로 브러시를 이동시키고, 전동기에서는 그의 회전과 반대 방향으로 이동시킨다. 답 ④

019

핵심이론 찾아보기▶핵심 01-4 기사 17년 출제

직류 발전기의 유기기전력이 230[V], 극수가 4, 정류자 편수가 162인 정류자 편간 평균 전압은 약 몇 [V]인가? (단, 권선법은 중권이다.)

① 5.68 ② 6.28 ③ 9.42 ④ 10.2

해설 직류 발전기의 정류자 편간 전압(권선법 중권)

$e=\frac{P \cdot E}{K}=\frac{4\times 230}{162}=5.679[V]$

여기서, P : 극수
E : 유기기전력
K : 정류자 편수

답 ①

020

핵심이론 찾아보기▶핵심 01-4 기사 16년 출제

6극 직류 발전기의 정류자 편수가 132, 유기기전력이 210[V], 직렬 도체수가 132개이고, 중권이다. 정류자 편간 전압은 약 몇 [V]인가?

① 4 ② 9.5 ③ 12 ④ 16

해설 정류자 편간 전압 $e=\frac{pE}{k}=\frac{6\times 210}{132}=9.54[V]$

여기서, k : 정류자 편수
p : 극수
E : 유기기전력

답 ②

021

핵심이론 찾아보기▶핵심 01-5 기사 17년 출제

직류기에서 정류 코일의 자기 인덕턴스를 L이라 할 때 정류 코일의 전류가 정류 주기 T_c 사이에 I_c에서 $-I_c$로 변한다면 정류 코일의 리액턴스 전압[V]의 평균값은?

① $L\frac{T_c}{2I_c}$ ② $L\frac{I_c}{2T_c}$ ③ $L\frac{2I_c}{T_c}$ ④ $L\frac{I_c}{T_c}$

해설 정류 주기 T_c[초] 동안 전류가 $2I_c$[A] 변화하므로

렌츠의 법칙(Lenz's law) $e=-L\frac{di}{dt}$[V]에 의해 평균 리액턴스 전압 $e=L\frac{2I_c}{T_c}$[V]이다.

답 ③

022

핵심이론 찾아보기▶핵심 01-5 기사 19년 출제

직류기 발전기에서 양호한 정류(整流)를 얻는 조건으로 틀린 것은?

① 정류 주기를 크게 할 것
② 리액턴스 전압을 크게 할 것
③ 브러시의 접촉 저항을 크게 할 것
④ 전기자 코일의 인덕턴스를 작게 할 것

해설 직류 발전기의 정류 개선책

- 평균 리액턴스 전압이 작을 것 $\left(e = L\dfrac{2I_c}{T_c}[\mathrm{V}]\right)$
- 정류 주기(T_c)가 클 것
- 인덕턴스(L)가 작을 것
- 브러시의 접촉 저항이 클 것

답 ②

023

핵심이론 찾아보기▶핵심 01-5

기사 19년 출제

직류 발전기의 정류 초기에 전류 변화가 크며 이때 발생되는 불꽃 정류로 옳은 것은?

① 과정류 ② 직선 정류 ③ 부족 정류 ④ 정현파 정류

해설 직류 발전기의 정류 곡선에서 정류 초기에 전류 변화가 큰 곡선을 과정류라 하며 초기에 불꽃이 발생한다.

답 ①

024

핵심이론 찾아보기▶핵심 01-5

기사 17년 출제

직류기에 보극을 설치하는 목적은?

① 정류 개선 ② 토크의 증가 ③ 회전수 일정 ④ 기동 토크의 증가

해설 주자극 중간에 보극을 설치하면 평균 리액턴스 전압을 효과적으로 상쇄시킬 수 있으므로 불꽃이 없는 정류를 할 수 있고, 전기적 중성축의 이동을 방지할 수 있다.

답 ①

025

핵심이론 찾아보기▶핵심 01-5

기사 14년 출제

직류기의 정류 작용에 관한 설명으로 틀린 것은?

① 리액턴스 전압을 상쇄시키기 위해 보극을 둔다.
② 정류 작용은 직선 정류가 되도록 한다.
③ 보상 권선은 정류 작용에 큰 도움이 된다.
④ 보상 권선이 있으면 보극은 필요 없다.

해설 보상 권선은 정류 작용에 도움은 되나 전기자 반작용을 방지하는 것이 주 목적이며 양호한 정류(전압 정류)를 위해서는 보극을 설치하여야 한다.

답 ④

026

핵심이론 찾아보기▶핵심 01-5

기사 22·00·95·82년 출제

불꽃 없는 정류를 하기 위해 평균 리액턴스 전압(A)과 브러시 접촉면 전압강하(B) 사이에 필요한 조건은?

① A>B ② A<B ③ A=B ④ A, B에 관계없다.

해설 정류 작용상 불꽃이 없는 정류를 하기 위하여 브러시 접촉면의 전압강하가 클수록 좋다.

답 ②

027

핵심이론 찾아보기▶핵심 01-6 　　기사 14년 출제

직류 발전기의 단자 전압을 조정하려면 어느 것을 조정하여야 하는가?

① 기동 저항　② 계자 저항　③ 방전 저항　④ 전기자 저항

해설 단자 전압 $V=E-I_aR_a$

유기기전력 $E=\dfrac{Z}{a}p\phi\dfrac{N}{60}=K\phi N$

유기기전력이 자속(ϕ)에 비례하므로 단자 전압은 계자 권선에 저항을 연결하여 조정한다.

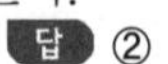

답 ②

028

핵심이론 찾아보기▶핵심 01-6 　　기사 17년 출제

분권 발전기의 회전 방향을 반대로 하면 일어나는 현상은?

① 전압이 유기된다.
② 발전기가 소손된다.
③ 잔류 자기가 소멸된다.
④ 높은 전압이 발생한다.

해설 직류 분권 발전기의 회전 방향이 반대로 되면 전기자의 유기기전력 극성이 반대로 되고, 분권 회로의 여자 전류가 반대로 흘러서 잔류 자기를 소멸시키기 때문에 전압이 유기되지 않으므로 발전되지 않는다.

답 ③

029

핵심이론 찾아보기▶핵심 01-6 　　기사 21년 출제

직류 발전기의 특성 곡선에서 각 축에 해당하는 항목으로 틀린 것은?

① 외부 특성 곡선 : 부하 전류와 단자 전압
② 부하 특성 곡선 : 계자 전류와 단자 전압
③ 내부 특성 곡선 : 무부하 전류와 단자 전압
④ 무부하 특성 곡선 : 계자 전류와 유도기전력

해설 직류 발전기는 여러 종류가 있으며 서로 다른 특성이 있다. 그 특성을 쉽게 이해하도록 나타낸 것을 특성 곡선이라 하고 다음과 같이 구분한다.

- 무부하 특성 곡선 : 계자 전류와 유도기전력
- 부하 특성 곡선 : 계자 전류와 단자 전압
- 외부 특성 곡선 : 부하 전류와 단자 전압

답 ③

030

핵심이론 찾아보기▶핵심 01-8 　　기사 22년 출제

직류 발전기의 병렬 운전에서 부하 분담의 방법은?

① 계자 전류와 무관하다.
② 계자 전류를 증가시키면 부하 분담은 증가한다.
③ 계자 전류를 감소시키면 부하 분담은 증가한다.
④ 계자 전류를 증가시키면 부하 분담은 감소한다.

해설 단자 전압 $V=E-I_aR_a$가 일정하여야 하므로 계자 전류를 증가시키면 기전력이 증가하게 되고, 따라서 부하 분담 전류(I)도 증가하게 된다.

답 ②

031

핵심이론 찾아보기▶핵심 01-6

기사 15년 출제

직류 분권 발전기를 서서히 단락 상태로 하면 어떤 상태로 되는가?

① 과전류로 소손된다.
② 과전압이 된다.
③ 소전류가 흐른다.
④ 운전이 정지된다.

해설 분권 발전기의 부하 전류가 증가하면 전기자 저항 강하와 전기자 반작용에 의한 감자 현상으로 단자 전압이 떨어지고, 단락 상태로 되면 계자 전류(I_f)가 0이 되어 잔류 전압에 의한 단락 전류가 되므로 소전류가 흐른다.

답 ③

032

핵심이론 찾아보기▶핵심 01-7

기사 16년 출제

정격 200[V], 10[kW] 직류 분권 발전기의 전압변동률은 몇 [%]인가? (단, 전기자 및 분권 계자 저항은 각각 0.1[Ω], 100[Ω]이다.)

① 2.6
② 3.0
③ 3.6
④ 4.5

해설 $P=10[\text{kW}]$, $V=200[\text{V}]$, $R_a=0.1[\Omega]$, $R_f=100[\Omega]$이므로

$$I_a=I+I_f=\frac{P}{V}+\frac{V}{R_f}=\frac{10\times10^3}{200}+\frac{200}{100}=52[\text{A}]$$

전압변동률 ε은

$$\therefore\ \varepsilon=\frac{E-V}{V}\times100=\frac{I_aR_a}{V}\times100=\frac{52\times0.1}{200}\times100=2.6[\%]$$

답 ①

033

핵심이론 찾아보기▶핵심 01-8

기사 18년 출제

직류 복권 발전기의 병렬 운전에 있어 균압선을 붙이는 목적은 무엇인가?

① 손실을 경감한다.
② 운전을 안정하게 한다.
③ 고조파의 발생을 방지한다.
④ 직권 계자 간의 전류 증가를 방지한다.

해설 직류 발전기의 병렬 운전 시 직권 계자 권선이 있는 발전기(직권 발전기, 복권 발전기)의 안정된(한쪽 발전기로 부하가 집중되는 현상을 방지) 병렬 운전을 하기 위해 균압선을 설치한다.

답 ②

034

핵심이론 찾아보기▶핵심 01-10

기사 14년 출제

220[V], 10[A], 전기자 저항이 1[Ω], 회전수가 1,800[rpm]인 전동기의 역기전력은 몇 [V]인가?

① 90
② 140
③ 175
④ 210

해설 역기전력 $E=V-I_aR_a=220-10\times1=210[\text{V}]$

답 ④

035

핵심이론 찾아보기▶핵심 01-11 기사 17년 출제

직류 전동기에서 정속도(constant speed) 전동기라고 볼 수 있는 전동기는?

① 직권 전동기 ② 타여자 전동기
③ 화동 복권 전동기 ④ 차동 복권 전동기

해설 타여자 전동기 및 분권 전동기는 부하 변동에 의한 속도 변화가 작으므로 정속도 전동기로 볼 수 있다.

답 ②

036

핵심이론 찾아보기▶핵심 01-11 기사 13년 출제

속도 특성 곡선 및 토크 특성 곡선을 나타낸 전동기는?

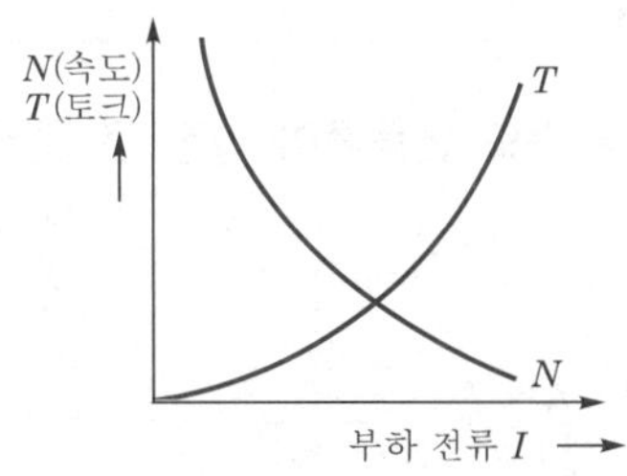

① 직류 분권 전동기 ② 직류 직권 전동기
③ 직류 복권 전동기 ④ 타여자 전동기

해설 직류 직권 전동기의 회전 속도는 부하 전류에 반비례하고, 토크는 부하 전류의 제곱에 비례하므로 속도 및 토크 특성 곡선은 쌍곡선과 포물선이 된다.

답 ②

037

핵심이론 찾아보기▶핵심 01-11 기사 15년 출제

전기 철도에 가장 적합한 직류 전동기는?

① 분권 전동기 ② 직권 전동기
③ 복권 전동기 ④ 자여자 분권 전동기

해설 직류 직권 전동기의 속도-토크 특성은 저속도일 때 큰 토크가 발생하고 속도가 상승하면 토크가 작게 된다. 전차의 주행 특성은 이것과 유사하여 기동 시에는 큰 토크를 필요로 하고 주행 시의 토크는 작아도 된다.

답 ②

038

핵심이론 찾아보기▶핵심 01-12 기사 11년 출제

직류 분권 전동기의 기동 시에는 계자 저항기의 저항값을 어떻게 해 두어야 하는가?

① 0(영)으로 해 둔다. ② 최대로 해 둔다.
③ 중위(中位)로 해 둔다. ④ 끊어 놔둔다.

해설 직류 전동기의 기동 시 기동 전류는 제한하고, 기동 토크를 크게 하기 위해 기동 저항(R_s)은 최대, 계자 저항(R_F)은 0으로 놓는다.

답 ①

039 핵심이론 찾아보기▶핵심 01-⑫

기사 22·11년 출제

직류 분권 전동기의 정격전압이 300[V], 전부하 전기자 전류 50[A], 전기자 저항 0.2[Ω]이다. 이 전동기의 기동 전류를 전부하 전류의 120[%]로 제한시키기 위한 기동 저항값은 몇 [Ω]인가?

① 3.5 ② 4.8 ③ 5.0 ④ 5.5

해설 기동 전류 $I_s = \dfrac{V-E}{R_a+R_s} = 1.2I_a = 1.2\times 50 = 60[\text{A}]$

기동시 역기전력 $E=0$이므로

기동 저항 $R_s = \dfrac{V}{1.2I_a} - R_a = \dfrac{300}{1.2\times 50} - 0.2 = 4.8[\Omega]$

답 ②

040 핵심이론 찾아보기▶핵심 01-⑫

기사 22·14년 출제

다음 직류 전동기 중에서 속도 변동률이 가장 큰 것은?

① 직권 전동기 ② 분권 전동기
③ 차동 복권 전동기 ④ 가동 복권 전동기

해설 직류 직권 전동기 $I=I_f=I_a$

회전 속도 $N=K\dfrac{V-I_a(R_a+r_f)}{\phi} \propto \dfrac{1}{\phi} \propto \dfrac{1}{I}$이므로 부하가 변화하면 속도 변동률이 가장 크다.

답 ①

041 핵심이론 찾아보기▶핵심 01-⑫

기사 92년 출제

직류 직권 전동기에서 위험한 상태로 놓인 것은?

① 정격전압, 무여자 ② 저전압, 과여자
③ 전기자에 고저항이 접속 ④ 계자에 저저항 접속

해설 직권 전동기의 회전 속도 : $N=K\dfrac{V-I_a(R_a+r_f)}{\phi} \propto \dfrac{1}{\phi} \propto \dfrac{1}{I_f}$이고

정격전압, 무부하(무여자) 상태에서 $I=I_f \fallingdotseq 0$이므로

$N \propto \dfrac{1}{0} = \infty$로 되어 위험 속도에 도달한다.

직류 직권 전동기는 부하가 변화하면 속도가 현저하게 변하는 특성(직권 특성)을 가지므로 무부하에 가까워지면 속도가 급격하게 상승하여 원심력으로 파괴될 우려가 있다.

답 ①

042 핵심이론 찾아보기▶핵심 01-⑫

기사 17년 출제

직류 분권 전동기를 무부하로 운전 중 계자 회로에 단선이 생긴 경우 발생하는 현상으로 옳은 것은?

① 역전한다. ② 즉시 정지한다.
③ 과속도로 되어 위험하다. ④ 무부하이므로 서서히 정지한다.

해설 운전 중 벨트(belt)가 벗겨지면 무부하 상태로 되어 부하 전류($I = I_a = I_f$), 즉 계자 전류가 거의 0이 되어 무구속 속도(원심력에 의해 전동기 소손할 수 있는 위험 속도)에 도달할 수 있으므로 부하는 반드시 직결하여야 한다.

답 ③

043

핵심이론 찾아보기▶핵심 01-12 기사 17년 출제

직류 전동기의 속도 제어 방법이 아닌 것은?

① 계자 제어법 ② 전압 제어법 ③ 주파수 제어법 ④ 직렬 저항 제어법

해설 **직류 전동기의 속도 제어법**

- 계자 제어
- 저항 제어
- 전압 제어
- 직 · 병렬 제어

답 ③

044

핵심이론 찾아보기▶핵심 01-11 기사 19년 출제

그림은 여러 직류 전동기의 속도 특성 곡선을 나타낸 것이다. ㉠부터 ㉣까지 차례로 옳은 것은?

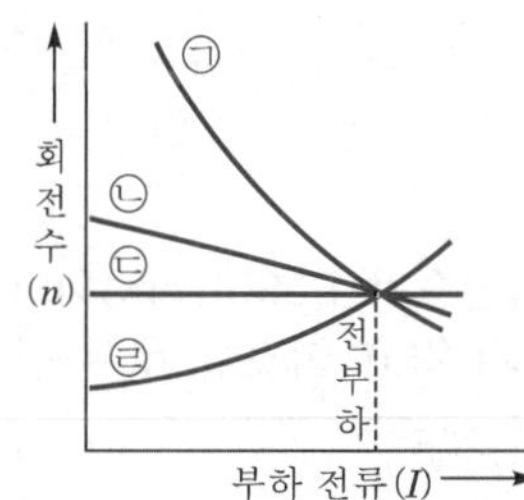

① 차동 복권, 분권, 가동 복권, 직권 ② 직권, 가동 복권, 분권, 차동 복권
③ 가동 복권, 차동 복권, 직권, 분권 ④ 분권, 직권, 가동 복권, 차동 복권

해설 속도 특성 곡선은 ㉠ 직권, ㉡ 가동 복권, ㉢ 분권, ㉣ 차동 복권 순이다.

답 ②

045

핵심이론 찾아보기▶핵심 01-12 기사 20년 출제

직류 전동기의 워드 레오나드 속도 제어 방식으로 옳은 것은?

① 전압 제어 ② 저항 제어 ③ 계자 제어 ④ 직 · 병렬 제어

해설 **직류 전동기의 속도 제어 방식**

- 계자 제어
- 저항 제어
- 직 · 병렬 제어
- 전압 제어
  - 워드 레오나드(Ward leonard) 방식
  - 일그너(Illgner) 방식

답 ①

046 핵심이론 찾아보기▶핵심 01-12 기사 22·13년 출제

직류 전동기에서 정출력 가변 속도의 용도에 적합한 속도 제어법은?

① 일그너 제어 ② 계자 제어 ③ 저항 제어 ④ 전압 제어

해설 회전 속도 $N = k\dfrac{V - I_a R_a}{\phi} \propto \dfrac{1}{\phi}$

출력 $P = E \cdot I_a = \dfrac{Z}{a}P\phi\dfrac{N}{60}I_a \propto \phi N$에서 자속을 변화하여 속도 제어를 하면 출력이 일정하므로 계자 제어를 정출력 제어라 한다.

답 ②

047 핵심이론 찾아보기▶핵심 01-9 기사 13년 출제

직류 분권 전동기의 공급 전압의 극성을 반대로 하면 회전 방향은?

① 변하지 않는다. ② 반대로 된다.
③ 회전하지 않는다. ④ 발전기로 된다.

해설 직류 분권 전동기의 공급 전압의 극성을 반대로 하면 전기자 전류와 계자 전류의 방향이 함께 바뀌므로 플레밍의 왼손 법칙에 의해 회전 방향은 변하지 않는다.

답 ①

048 핵심이론 찾아보기▶핵심 01-10 기사 96·91년 / 산업 11·93년 출제

어느 분권 전동기의 정격 회전수가 1,500[rpm]이다. 속도 변동률이 5[%]라 하면 공급 전압과 계자 저항의 값을 변화시키지 않고 이것을 무부하로 하였을 때의 회전수[rpm]는?

① 1,265 ② 1,365 ③ 1,436 ④ 1,575

해설 $\epsilon = 5[\%]$, $N = 1{,}500[\text{rpm}]$이므로

$\epsilon = \dfrac{N_0 - N}{N} \times 100$

$\therefore N = N_n\left(1 + \dfrac{\epsilon}{100}\right) = 1{,}500 \times \left(1 + \dfrac{5}{100}\right) = 1{,}575[\text{rpm}]$

답 ④

049 핵심이론 찾아보기▶핵심 01-10 기사 22·21년 출제

부하 전류가 크지 않을 때 직류 직권 전동기 발생 토크는? (단, 자기 회로가 불포화인 경우이다.)

① 전류에 비례한다. ② 전류에 반비례한다.
③ 전류의 제곱에 비례한다. ④ 전류의 제곱에 반비례한다.

해설 역기전력 $E = \dfrac{Z}{a}p\phi\dfrac{N}{60}[\text{V}]$

부하 전류 $I = I_a = I_f[\text{A}]$

출력 $P = EI_a[\text{W}]$

자속 $\phi \propto I_f = I$

토크 $T = \dfrac{P}{\omega} = \dfrac{EI_a}{2\pi\dfrac{N}{60}} = \dfrac{pZ}{2\pi a}\phi I_a = KI^2$

답 ③

050

핵심이론 찾아보기▶핵심 01-10 　　　　기사 92년 / 산업 01·91년 출제

직류 전동기에서 전기자 전 도체수 Z, 극수 p, 전기자 병렬 회로수 a, 1극당의 자속 Φ[Wb], 전기자 전류가 I_a[A]일 경우 토크[N·m]를 나타내는 것은?

① $\dfrac{aZ\Phi I_a}{2\pi p}$　② $\dfrac{pZ\Phi I_a}{2\pi a}$　③ $\dfrac{apZI_a}{2\pi\Phi}$　④ $\dfrac{apZ\Phi}{2\pi I_a}$

해설

$$T=\frac{P}{\omega}-\frac{EI_a}{2\pi\frac{N}{60}}=\frac{\frac{Z}{a}p\Phi\frac{N}{60}\cdot I_a}{2\pi\frac{N}{60}}=\frac{Zp}{2\pi a}\Phi I_a[\text{N}\cdot\text{m}]$$

답 ②

051

핵심이론 찾아보기▶핵심 01-10 　　　　기사 15년 출제

전체 도체수는 100, 단중 중권이며 자극수는 4, 자속수는 극당 0.628[Wb]인 직류 분권 전동기가 있다. 이 전동기의 부하 시 전기자에 5[A]가 흐르고 있었다면 이때의 토크[N·m]는?

① 12.5　② 25　③ 50　④ 100

해설 단중 중권이므로 $a=p=4$이다.

$Z=100$, $\phi=0.628$[Wb], $I_a=5$[A]이므로

$$\therefore\ \tau=\frac{pZ}{2\pi a}\phi I_a=\frac{4\times100}{2\pi\times4}\times0.628\times5=50[\text{N}\cdot\text{m}]$$

답 ③

052

핵심이론 찾아보기▶핵심 01-10 　　　　기사 21년 출제

직류 분권 전동기의 전압이 일정할 때 부하 토크가 2배로 증가하면 부하 전류는 약 몇 배가 되는가?

① 1　② 2　③ 3　④ 4

해설 직류 전동기의 토크 $T=\dfrac{PZ}{2\pi a}\phi I_a$에서 분권 전동기의 토크는 부하 전류에 비례하며 또한 부하 전류도 토크에 비례한다.

답 ②

053

핵심이론 찾아보기▶핵심 01-10 　　　　기사 21년 출제

어떤 직류 전동기가 역기전력 200[V], 매분 1,200회전으로 토크 158.76[N·m]를 발생하고 있을 때의 전기자 전류는 약 몇 [A]인가? (단, 기계손 및 철손은 무시한다.)

① 90　② 95　③ 100　④ 105

해설 토크 $T=\dfrac{P}{\omega}=\dfrac{EI_a}{2\pi\frac{N}{60}}$[N·m]

전기자 전류 $I_a=T\cdot\dfrac{2\pi\frac{N}{60}}{E}=158.76\times\dfrac{2\pi\frac{1,200}{60}}{200}=99.75≒100$[A]

답 ③

054
핵심이론 찾아보기▶핵심 01-10

기사 22·17년 출제

직류 전동기의 전기자 전류가 10[A]일 때 5[kg·m]의 토크가 발생하였다. 이 전동기의 계자속이 80[%]로 감소되고, 전기자 전류가 12[A]로 되면 토크는 약 몇 [kg·m]인가?

① 5.2 ② 4.8 ③ 4.3 ④ 3.9

해설 직류 전동기의 토크 $T = \frac{PZ}{2\pi a}\phi I_a \propto \phi I_a$이므로

변화 토크 $T' = 0.8 \times \frac{12}{10} \times 5 = 4.8\,[\text{kg}\cdot\text{m}]$

답 ②

055
핵심이론 찾아보기▶핵심 01-13

기사 22·18년 출제

직류 발전기가 90[%] 부하에서 최대 효율이 된다면 이 발전기의 전부하에 있어서 고정손과 부하손의 비는?

① 1.1 ② 1.0 ③ 0.9 ④ 0.81

해설 직류 발전기의 $\frac{1}{m}$ 부하 시 최대 효율 조건

$P_i = \left(\frac{1}{m}\right)^2 P_c$이므로 $\frac{P_i}{P_c} = \left(\frac{1}{m}\right)^2 = 0.9^2 = 0.81$

답 ④

056
핵심이론 찾아보기▶핵심 01-13

기사 20년 출제

출력 20[kW]인 직류 발전기의 효율이 80[%]이면 전 손실은 약 몇 [kW]인가?

① 0.8 ② 1.25 ③ 5 ④ 45

해설 효율 $\eta = \frac{\text{출력}}{\text{출력}+\text{손실}} \times 100[\%]$

$\frac{\eta}{100} = \eta' = \frac{P}{P+P_l}$

손실 $P_l = \frac{P-\eta' P}{\eta'} = \frac{20-0.8\times 20}{0.8} = 5\,[\text{kW}]$

답 ③

057
핵심이론 찾아보기▶핵심 01-13

기사 17년 출제

직류 전동기의 규약 효율을 나타낸 식으로 옳은 것은?

① $\frac{\text{출력}}{\text{입력}} \times 100[\%]$

② $\frac{\text{입력}}{\text{입력}+\text{손실}} \times 100[\%]$

③ $\frac{\text{출력}}{\text{출력}+\text{손실}} \times 100[\%]$

④ $\frac{\text{입력}-\text{손실}}{\text{입력}} \times 100[\%]$

해설 규약 효율

- $\eta = \frac{\text{입력}-\text{손실}}{\text{입력}} \times 100(\text{전동기})$

- $\eta = \dfrac{\text{출력}}{\text{출력}+\text{손실}} \times 100$ (발전기)

답 ④

058 핵심이론 찾아보기▶핵심 01-13

기사 18년 출제

직류 발전기를 3상 유도 전동기에서 구동하고 있다. 이 발전기에 55[kW]의 부하를 걸 때 전동기의 전류는 약 몇 [A]인가? (단, 발전기의 효율은 88[%], 전동기의 단자 전압은 400[V], 전동기의 효율은 88[%], 전동기의 역률은 82[%]로 한다.)

① 125　② 225　③ 325　④ 425

해설 전동기 출력 P_M는 직류 발전기의 입력과 같으므로

$$P_M = \frac{P_G}{\eta_G} = \sqrt{3}\,VI\cos\theta \cdot \eta_M$$

$$\text{전류 } I = \frac{\dfrac{P_G}{\eta_G}}{\sqrt{3}\,V\cos\theta\eta_M} = \frac{\dfrac{55\times10^3}{0.88}}{\sqrt{3}\times400\times0.82\times0.88} = 125[\text{A}]$$

답 ①

059 핵심이론 찾아보기▶핵심 01-13

기사 19년 출제

직류 발전기에 직결한 3상 유도 전동기가 있다. 발전기의 부하 100[kW], 효율 90[%]이며 전동기 단자 전압 3,300[V], 효율 90[%], 역률 90[%]이다. 전동기에 흘러들어가는 전류는 약 몇 [A]인가?

① 2.4　② 4.8　③ 19　④ 24

해설 3상 유도 전동기의 출력

$$P = \text{발전기의 입력} = \frac{P_L}{\eta_G} = \sqrt{3}\,VI\cos\theta\eta_M$$

$$\text{전동기의 전류 } I = \frac{\dfrac{P_L}{\eta_G}}{\sqrt{3}\,V\cdot\cos\theta\cdot\eta_M} = \frac{\dfrac{100\times10^3}{0.9}}{\sqrt{3}\times3{,}300\times0.9\times0.9} = 24[\text{A}]$$

답 ④

060 핵심이론 찾아보기▶핵심 01-11

기사 21년 출제

직류 분권 전동기의 기동 시에 정격전압을 공급하면 전기자 전류가 많이 흐르다가 회전 속도가 점점 증가함에 따라 전기자 전류가 감소하는 원인은?

① 전기자 반작용의 증가　② 전기자 권선의 저항 증가
③ 브러시의 접촉 저항 증가　④ 전동기의 역기전력 상승

해설 전기자 전류 $I_a = \dfrac{V-E}{R_a}$[A]

역기전력 $E = \dfrac{Z}{a}P\phi\dfrac{N}{60}$[V]이므로 기동 시에는 큰 전류가 흐르다가 속도가 증가함에 따라 역기전력 E가 상승하여 전기자 전류는 감소한다.

답 ④

061

핵심이론 찾아보기▶핵심 01-14

기사 18년 출제

직류기의 온도 상승 시험 방법 중 반환 부하법의 종류가 아닌 것은?

① 카프법 ② 홉킨슨법 ③ 스코트법 ④ 블론델법

해설 온도 상승 시험에서 반환 부하법의 종류는 다음과 같다.
- 카프(Kapp)법
- 홉킨슨(Hopkinson)법
- 블론델(Blondel)법

※ 스코트 결선은 3상에서 2상 전원 변환 결선 방법이다.

답 ③

062

핵심이론 찾아보기▶핵심 01-14

기사 12년 출제

대형 직류 전동기의 토크를 측정하는 데 가장 적당한 방법은?

① 전기 동력계 ② 와전류 제동기
③ 프로니 브레이크법 ④ 앰플리다인

해설 전기 동력계(electric dynamometer)는 특수 직류기로 전기자, 계자 및 계자 프레임에 암(arm)과 스프링 저울이 연결되어 있어 대형 직류 전동기와 원동기의 출력 측정 장치이다.

답 ①

063

핵심이론 찾아보기▶핵심 02-1

기사 14년 출제

우리나라 발전소에 설치되어 3상 교류를 발생하는 발전기는?

① 동기 발전기 ② 분권 발전기 ③ 직권 발전기 ④ 복권 발전기

해설 우리나라 발전소의 3상 교류 발전기는 동기 속도$\left(N_s = \dfrac{120f}{P}\,[\text{rpm}]\right)$로 회전하는 동기 발전기이다.

답 ①

064

핵심이론 찾아보기▶핵심 02-1

기사 18년 출제

그림은 동기 발전기의 구동 개념도이다. 그림에서 ㉡을 발전기라 할 때 ㉢의 명칭으로 적합한 것은?

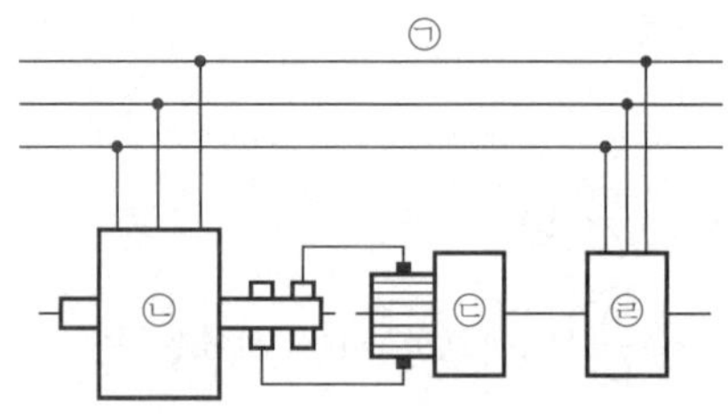

① 전동기 ② 여자기 ③ 원동기 ④ 제동기

해설 동기 발전기의 구동 개념도
- ㉠ : 모선
- ㉡ : 동기 발전기
- ㉢ : 여자기
- ㉣ : 교류 전동기

답 ②

065

핵심이론 찾아보기▶핵심 02-1 　　기사 14년 출제

회전 계자형 동기 발전기에 대한 설명으로 틀린 것은?

① 전기자 권선은 전압이 높고 결선이 복잡하다.
② 대용량의 경우에도 전류는 작다.
③ 계자 회로는 직류의 저압 회로이며 소요 전력도 적다.
④ 계자극은 기계적으로 튼튼하게 만들기 쉽다.

해설 동기 발전기의 전기자는 고전압, 대전류를 발생하므로 회전 전기자형으로 하면 대전력 인출이 어렵고, 구조가 복잡한 반면, 계자극은 기계적으로 튼튼하고 직류 저전압 소전류를 필요로 하여 회전 계자형을 채택한다.

답 ②

066

핵심이론 찾아보기▶핵심 02-2 　　기사 14년 출제

수백~20,000[Hz] 정도의 고주파 발전기에 쓰이는 회전자형은?

① 농형　② 유도자형　③ 회전 전기자형　④ 회전 계자형

해설 동기 발전기는 일반적으로 회전 계자형을 많이 이용하며 회전 유도자형은 계자극과 전기자를 고정시키고 유도자(inductor)인 철심을 고속으로 회전하여 수백~20,000[Hz]의 고주파를 발생하는 교류 발전기이다.

답 ②

067

핵심이론 찾아보기▶핵심 02-2 　　기사 15년 출제

동기 발전기에서 동기 속도와 극수와의 관계를 표시한 것은? (단, N : 동기 속도, P : 극수이다.)

①
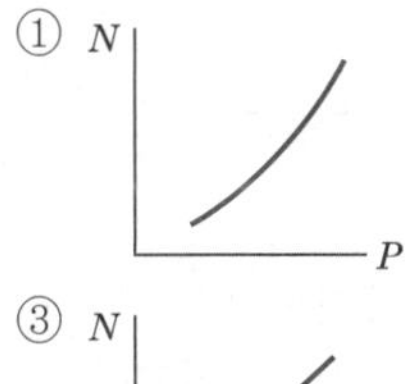

②
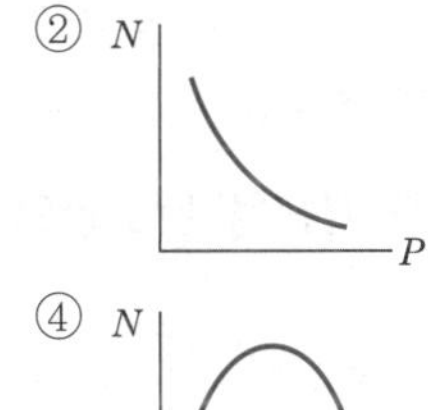

③
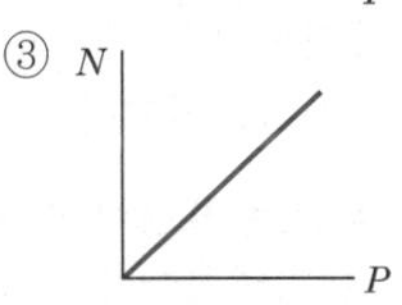

④ N, P

해설
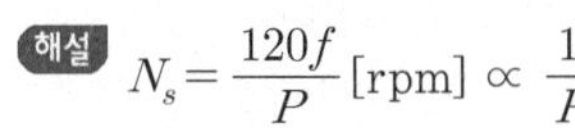

$$N_s = \frac{120f}{P}[\text{rpm}] \propto \frac{1}{P}$$

동기 속도 N_s는 극수 P에 반비례하므로 반비례 곡선이 된다.

답 ②

068 핵심이론 찾아보기▶핵심 02-2 기사 15년 출제

동기 발전기에서 전기자 권선과 계자 권선이 모두 고정되고 유도자가 회전하는 것은?

① 수차 발전기
② 고주파 발전기
③ 터빈 발전기
④ 엔진 발전기

해설 유도자형 발전기는 계자와 전기자를 고정자로 하고 유도자를 회전자로 사용하는 발전기로 고주파 발전기에서 많이 사용되고 있다.

답 ②

069 핵심이론 찾아보기▶핵심 02-2 기사 19년 출제

터빈 발전기의 냉각을 수소 냉각 방식으로 하는 이유로 틀린 것은?

① 풍손이 공기 냉각 시의 약 $\frac{1}{10}$로 줄어든다.
② 열전도율이 좋고 가스 냉각기의 크기가 작아진다.
③ 절연물의 산화 작용이 없으므로 절연 열화가 작아서 수명이 길다.
④ 반폐형으로 하기 때문에 이물질의 침입이 없고 소음이 감소한다.

해설 수소 냉각 방식은 전폐형으로 하기 때문에 이물질 침입이 없고, 소음이 현저하게 감소한다.

답 ④

070 핵심이론 찾아보기▶핵심 02-11 기사 16년 출제

12극의 3상 동기 발전기가 있다. 기계각 15°에 대응하는 전기각은?

① 30°
② 45°
③ 60°
④ 90°

해설 1극당 전기각은 180°이므로

따라서 기계각 15°의 전기각 $\alpha = \frac{P}{2} \times \text{기계각}(\theta) = \frac{12}{2} \times 15° = 90°$

답 ④

071 핵심이론 찾아보기▶핵심 02-3 기사 18년 출제

동기 발전기의 전기자 권선을 분포권으로 하면 어떻게 되는가?

① 난조를 방지한다.
② 기전력의 파형이 좋아진다.
③ 권선의 리액턴스가 커진다.
④ 집중권에 비하여 합성 유기기전력이 증가한다.

해설 동기 발전기의 전기자 권선에서 1극 1상의 홈수가 1개인 경우에는 집중권 2개 이상인 것을 분포권이라 하며 분포권으로 하면 기전력의 파형이 좋아지고 누설 리액턴스가 감소하며 열을 분산시켜 과열 방지에 도움을 주는데 기전력은 집중권보다 감소한다.

답 ②

072 핵심이론 찾아보기▶핵심 02-3 기사 16년 출제

슬롯수 36의 고정자 철심이 있다. 여기에 3상 4극의 2층권으로 권선할 때 매극 매상의 슬롯수와 코일수는?

① 3과 18 ② 9와 36 ③ 3과 36 ④ 8과 18

해설 S : 슬롯수, m : 상수, p : 극수, q : 매극 매상의 슬롯수라 하면

$$q=\frac{S}{pm}=\frac{36}{4\times 3}=3$$

2층권이므로 총 코일수는 전 슬롯수와 동일하다.

답 ③

073 핵심이론 찾아보기▶핵심 02-3 기사 19년 출제

3상 동기 발전기의 매극 매상의 슬롯수를 3이라 할 때, 분포권 계수는?

① $6\sin\frac{\pi}{18}$ ② $3\sin\frac{\pi}{36}$ ③ $\frac{1}{6\sin\frac{\pi}{18}}$ ④ $\frac{1}{12\sin\frac{\pi}{36}}$

해설

$$\text{분포 계수 } K_d=\frac{\sin\frac{\pi}{2m}}{q\sin\frac{\pi}{2mq}}=\frac{\sin\frac{180°}{2\times 3}}{3\sin\frac{\pi}{2\times 3\times 3}}=\frac{1}{6\sin\frac{\pi}{18}}$$

답 ③

074 핵심이론 찾아보기▶핵심 02-3 기사 15년 출제

동기기의 전기자 권선이 매극 매상당 슬롯수가 4, 상수가 3인 권선의 분포 계수는? (단, $\sin 7.5°=0.1305$, $\sin 15°=0.2588$, $\sin 22.5°=0.3827$, $\sin 30°=0.5$)

① 0.487 ② 0.844 ③ 0.866 ④ 0.958

해설

$$\text{분포 계수}(K_d)=\frac{\sin\frac{\pi}{2m}}{q\sin\frac{\pi}{2mq}}=\frac{\sin\frac{\pi}{2\times 3}}{4\sin\frac{\pi}{2\times 3\times 4}}=0.958$$

답 ④

075 핵심이론 찾아보기▶핵심 02-3 기사 22·13년 출제

동기기의 권선법 중 기전력의 파형이 좋게 되는 권선법은?

① 단절권, 분포권 ② 단절권, 집중권
③ 전절권, 집중권 ④ 전절권, 2층권

해설 동기기의 권선법은 중권과 2층권을 사용하며, 기전력의 파형을 개선하기 위해 분포권과 단절권을 사용한다.

답 ①

076

핵심이론 찾아보기▶핵심 02-3 기사 20년 출제

동기 발전기 단절권의 특징이 아닌 것은?

① 코일 간격이 극 간격보다 작다.
② 전절권에 비해 합성 유기기전력이 증가한다.
③ 전절권에 비해 코일 단이 짧게 되므로 재료가 절약된다.
④ 고조파를 제거해서 전절권에 비해 기전력의 파형이 좋아진다.

해설 **동기 발전기의 전기자 권선법**
- 전절권(×) : 코일 간격과 극 간격이 같은 경우
- 단절권(○) : 코일 간격이 극 간격보다 짧은 경우
  - 고조파를 제거하여 기전력의 파형을 개선한다.
  - 동선량 및 기계 치수가 경감된다.
  - 합성 기전력이 감소한다.

답 ②

077

핵심이론 찾아보기▶핵심 02-4 기사 22·15년 출제

3상 동기 발전기에서 그림과 같이 1상의 권선을 서로 똑같은 2조로 나누어서 그 1조의 권선 전압을 E[V], 각 권선의 전류를 I[A]라 하고, 지그재그 Y형(zigzag star)으로 결선하는 경우 선간 전압, 선전류 및 피상 전력은?

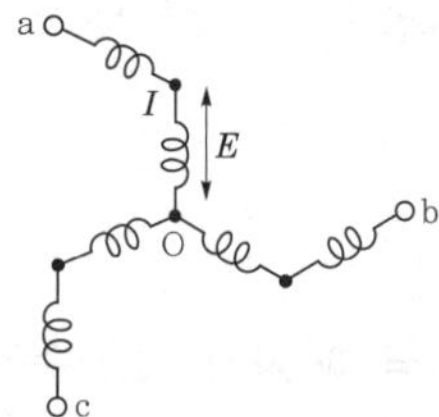

① $3E$, I, $\sqrt{3}\times 3E\times I=5.2EI$
② $\sqrt{3}E$, $2I$, $\sqrt{3}\times\sqrt{3}E\times 2I=6EI$
③ E, $2\sqrt{3}I$, $\sqrt{3}\times E\times 2\sqrt{3}I=6EI$
④ $\sqrt{3}E$, $\sqrt{3}I$, $\sqrt{3}\times\sqrt{3}E\times\sqrt{3}I=5.2EI$

해설 선간전압 $V_l=\sqrt{3}V_p=\sqrt{3}\times\sqrt{3}E_p=3E$[V]
선전류 $I_l=I_p=I$[A]
피상 전력 $P_a=\sqrt{3}V_lI_l=\sqrt{3}\times 3E\times I=5.2EI$ [VA]

답 ①

078

핵심이론 찾아보기▶핵심 02-4 기사 00·94·93년 / 산업 98년 출제

6극 60[Hz] Y결선 3상 동기 발전기의 극당 자속이 0.16[Wb], 회전수 1,200[rpm], 1상의 권수 186, 권선 계수 0.96이면 단자 전압[V]은?

① 13,183
② 12,254
③ 26,366
④ 27,456

해설 1상의 유기기전력(상전압) $E=4.44kf\phi n$
Y결선 시 단자 전압(선간전압)
$V=\sqrt{3}\times 4.44K_wf\phi n=\sqrt{3}\times 4.44\times 0.96\times 60\times 0.16\times 186=13,183$[V]

답 ①

079

핵심이론 찾아보기▶핵심 02-5

기사 10·02·93년 출제

동기 발전기에서 유기기전력과 전기자 전류가 동상인 경우의 전기자 반작용은?

① 교차 자화 작용 ② 증자 작용 ③ 감자 작용 ④ 직축 반작용

해설 동기 발전기의 전기자 반작용은 다음과 같다.

- 전기자 전류 I_a가 유기기전력 E와 동상인 경우(역률 100[%])는 교차 자화 작용으로 주자속을 편자하도록 하는 횡축 반작용을 한다.
- 전기자 전류 I_a가 유기기전력 E보다 $\frac{\pi}{2}$ 뒤지는 경우, 즉 뒤진 역률($\frac{\pi}{2}$ lagging)인 경우에는 감자 작용에 의하여 주자속을 감소시키는 직축 반작용을 한다.
- 전기자 전류 I_a가 유기기전력 E보다 $\frac{\pi}{2}$ 앞서는 경우, 즉 앞선 역률($\frac{\pi}{2}$ leading)인 경우는 증자 작용을 하여 단자 전압을 상승시키는 직축 반작용을 한다.

답 ①

080

핵심이론 찾아보기▶핵심 02-6

기사 21년 출제

동기기의 전기자 저항을 r, 전기자 반작용 리액턴스를 X_a, 누설 리액턴스를 X_l이라고 하면 동기 임피던스를 표시하는 식은?

① $\sqrt{r^2+\left(\frac{X_a}{X_l}\right)^2}$ ② $\sqrt{r^2+X_l^2}$ ③ $\sqrt{r^2+X_a^2}$ ④ $\sqrt{r^2+(X_a+X_l)^2}$

해설 동기 임피던스 $Z_s=r+j(X_a+X_l)$

$|\dot{Z}_s|=\sqrt{r^2+(X_a+X_l)^2}$ [Ω]

답 ④

081

핵심이론 찾아보기▶핵심 02-7

기사 12년 출제

돌극(凸極)형 동기 발전기의 특성이 아닌 것은?

① 직축 리액턴스 및 횡축 리액턴스의 값이 다르다.
② 내부 유기기전력과 관계없는 토크가 존재한다.
③ 최대 출력의 출력각이 90°이다.
④ 리액션 토크가 존재한다.

해설 **돌극형 발전기의 출력식**

$$P=\frac{EV}{x_d}\sin\delta+\frac{V^2(x_d-x_q)}{2x_d\cdot x_q}\sin 2\delta\,[\text{W}]$$

돌극형 동기 발전기의 최대 출력은 그래프(graph)에서와 같이 부하각(δ)이 60°에서 발생한다.

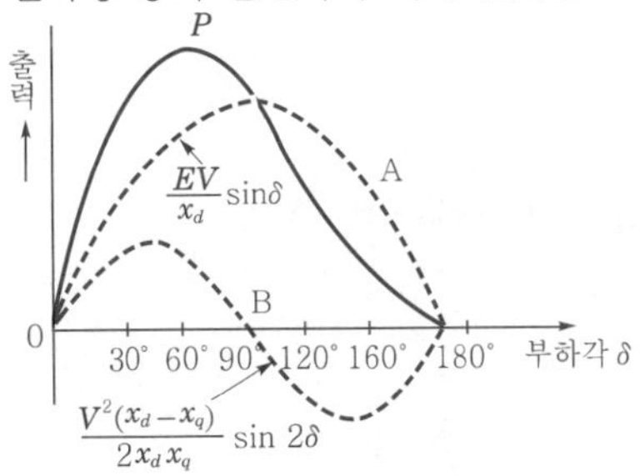

답 ③

082

핵심이론 찾아보기▶핵심 02-7 기사 16년 출제

비철극형 3상 동기 발전기의 동기 리액턴스 $X_s=10$[Ω], 유도기전력 $E=6{,}000$[V], 단자 전압 $V=5{,}000$[V], 부하각 $\delta=30°$일 때 출력은 몇 [kW]인가? (단, 전기자 권선 저항은 무시한다.)

① 1,500 ② 3,500 ③ 4,500 ④ 5,500

해설 출력 $p_3=3\dfrac{EV}{x_s}\sin\delta=3\times\dfrac{6{,}000\times5{,}000}{10}\times\dfrac{1}{2}\times10^{-3}=4{,}500[\mathrm{kW}]$

답 ③

083

핵심이론 찾아보기▶핵심 02-7 기사 18년 출제

돌극형 동기 발전기에서 직축 동기 리액턴스를 X_d, 횡축 동기 리액턴스를 X_q라 할 때의 관계는?

① $X_d < X_q$ ② $X_d > X_q$ ③ $X_d = X_q$ ④ $X_d \ll X_q$

해설 돌극형(철극기) 동기 발전기에서 직축 동기 리액턴스(X_d)는 횡축 동기 리액턴스(X_q)보다 큰 값을 갖는다. 이 철극기에서는 $X_d=X_q=X_s$이다.

답 ②

084

핵심이론 찾아보기▶핵심 02-7 기사 22·17년 출제

비돌극형 동기 발전기 한 상의 단자 전압을 V, 유기기전력을 E, 동기 리액턴스를 X_s, 부하각이 δ이고 전기자 저항을 무시할 때 한 상의 최대 출력[W]은?

① $\dfrac{EV}{X_s}$ ② $\dfrac{3EV}{X_s}$ ③ $\dfrac{E^2V}{X_s}\sin\delta$ ④ $\dfrac{EV^2}{X_s}\sin\delta$

해설 동기 발전기 P상 출력 $P_1=VI\cos\theta=\dfrac{EV}{X_s}\sin\delta[\mathrm{W}]$

부하각 $\delta=90°$일 때 출력이 최대이므로 $P_m=\dfrac{EV}{X_s}[\mathrm{W}]$

답 ①

085

핵심이론 찾아보기▶핵심 02-7 기사 21년 출제

동기 리액턴스 $X_s=10$[Ω], 전기자 권선 저항 $r_a=0.1$[Ω], 3상 중 1상의 유도기전력 $E=6{,}400$[V], 단자 전압 $V=4{,}000$[V], 부하각 $\delta=30°$이다. 비철극기인 3상 동기 발전기의 출력은 약 몇 [kW]인가?

① 1,280 ② 3,840 ③ 5,560 ④ 6,650

해설 1상 출력 $P_1=\dfrac{EV}{Z_s}\sin\delta[\mathrm{W}]$

3상 출력 $P_3=3P_1=3\times\dfrac{6{,}400\times4{,}000}{10}\times\dfrac{1}{2}\times10^{-3}=3{,}840[\mathrm{kW}]$

답 ②

086

핵심이론 찾아보기▶핵심 02-7

기사 17년 출제

원통형 회전자를 가진 동기 발전기는 부하각 δ가 몇 도일 때 최대 출력을 낼 수 있는가?

① 0° ② 30°
③ 60° ④ 90°

해설 돌극형은 부하각 $\delta=60°$ 부근에서 최대 출력을 내고, 비돌극기(원통형 회전자)는 $\delta=90°$에서 최대가 된다.

돌극기 출력 $P=\dfrac{E\cdot V}{x_d \sin\delta}+\dfrac{V^2(x_d-x_q)}{2x_d\cdot x_q}\sin 2\delta\,[\mathrm{W}]$

비돌극기 출력 $P=\dfrac{EV}{x_s}\sin\delta\,[\mathrm{W}]$

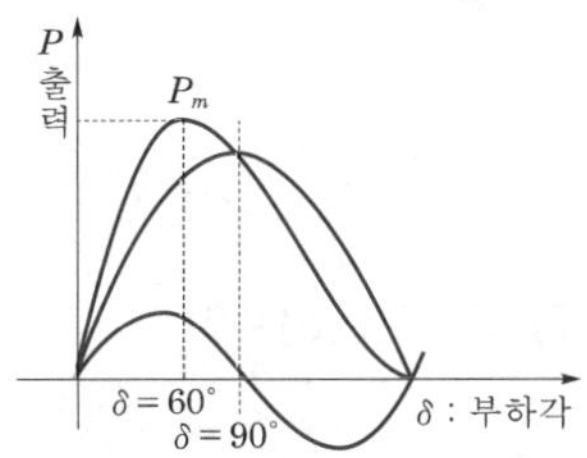

▌돌극기 출력 그래프▐

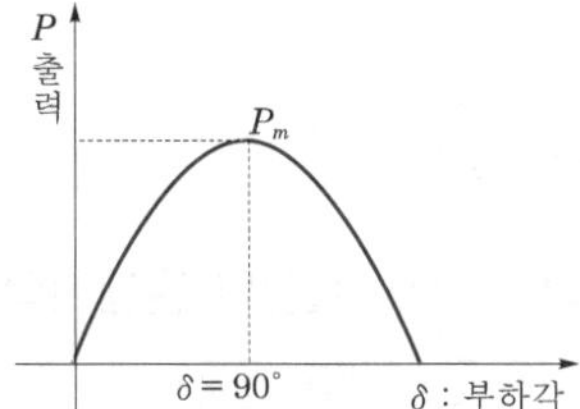

▌비돌극기 출력 그래프▐

답 ④

087

핵심이론 찾아보기▶핵심 02-9

기사 16년 출제

동기 발전기의 단락비를 계산하는 데 필요한 시험은?

① 부하 시험과 돌발 단락 시험 ② 단상 단락 시험과 3상 단락 시험
③ 무부하 포화 시험과 3상 단락 시험 ④ 정상, 역상, 영상 리액턴스의 측정 시험

해설 **동기 발전기의 단락비를 산출**
- 무부하 포화 특성 시험
- 3상 단락 시험

∴ 단락비 $K_s=\dfrac{I_{f0}}{I_{fs}}$

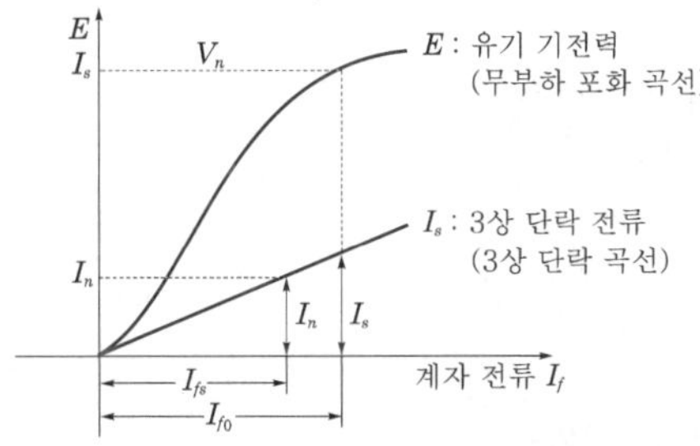

답 ③

088

핵심이론 찾아보기▶핵심 02-9 　　기사 17년 출제

정격출력 5,000[kVA], 정격전압 3.3[kV], 동기 임피던스가 매상 1.8[Ω]인 3상 동기 발전기의 단락비는 약 얼마인가?

① 1.1　　② 1.2　　③ 1.3　　④ 1.4

해설 퍼센트 동기 임피던스 $\%Z_s = \dfrac{P_n Z_s}{10V^2}$ [%]

단위법 동기 임피던스 $Z_s' = \dfrac{\%Z}{100} = \dfrac{P_n Z_s}{10^3 V^2}$ [p.u]

단락비 $K_s = \dfrac{1}{Z_s'} = \dfrac{10^3 V^2}{P_n Z_s} = \dfrac{10^3 \times 3.3^2}{5{,}000 \times 1.8} = 1.21$

답 ②

089

핵심이론 찾아보기▶핵심 02-8 　　기사 17년 출제

동기 발전기의 단락비가 1.2이면 이 발전기의 %동기 임피던스[p.u]는?

① 0.12　　② 0.25　　③ 0.52　　④ 0.83

해설 단락비 $K_s = \dfrac{1}{Z_s'[\text{p.u}]}$ (단위법 퍼센트 동기 임피던스)

단위법 $\%Z_s = \dfrac{1}{K_s} = \dfrac{1}{1.2} = 0.83[\text{p.u}]$

답 ④

090

핵심이론 찾아보기▶핵심 02-8 　　기사 22·13년 출제

10,000[kVA], 6,000[V], 60[Hz], 24극, 단락비 1.2인 3상 동기 발전기의 동기 임피던스[Ω]는?

① 1　　② 3　　③ 10　　④ 30

해설 동기 발전기의 단위법 % 동기 임피던스 $Z_s' = \dfrac{PZ_s}{10^3 V^2}$

단락비 $K_s = \dfrac{1}{Z_s'} = \dfrac{10^3 V^2}{PZ_s}$ 에서

동기 임피던스 $Z_s = \dfrac{10^3 V^2}{PK_s} = \dfrac{10^3 \times 6^2}{10{,}000 \times 1.2} = 3[\Omega]$

답 ②

091

핵심이론 찾아보기▶핵심 02-9 　　기사 16년 출제

단락비가 큰 동기기에 대한 설명으로 옳은 것은?

① 안정도가 높다.　　② 기계가 소형이다.

③ 전압변동률이 크다.　　④ 전기자 반작용이 크다.

해설 **단락비가 큰 동기 발전기의 특성**

- 동기 임피던스가 작다.
- 전압변동률이 작다.
- 전기자 반작용이 작다(계자기 자력은 크고, 전기자 기자력은 작다).
- 출력이 크다.
- 과부하 내량이 크고, 안정도가 높다.
- 자기 여자 현상이 작다.
- 회전자가 크게 되어 철손이 증가하여 효율이 약간 감소한다.

답 ①

092

핵심이론 찾아보기▶**핵심 02-9**　　기사 22년 출제

동기 발전기에서 무부하 정격전압일 때의 여자 전류를 I_{fo}, 정격 부하 정격전압일 때의 여자 전류를 I_{f1}, 3상 단락 정격전류에 대한 여자 전류를 I_{fs}라 하면 정격 속도에서의 단락비 K는?

① $K=\dfrac{I_{fs}}{I_{fo}}$　② $K=\dfrac{I_{fo}}{I_{fs}}$　③ $K=\dfrac{I_{fs}}{I_{f1}}$　④ $K=\dfrac{I_{f1}}{I_{fs}}$

해설

$$\text{단락비 } K_s=\frac{\text{무부하 정격 전압을 유도하는데 필요한 여자 전류}}{\text{3상 단락 정격 전류를 흘리는데 필요한 여자 전류}}=\frac{I_{fo}}{I_{fs}}=\frac{1}{Z_s'}=\frac{I_s}{I_n}$$

답 ②

093

핵심이론 찾아보기▶**핵심 02-10**　　기사 13·05년 / 산업 97년 출제

동기 발전기의 자기 여자 현상 방지법이 아닌 것은?

① 수전단에 리액턴스를 병렬로 접속한다.
② 발전기 2대 또는 3대를 병렬로 모선에 접속한다.
③ 송전 선로의 수전단에 변압기를 접속한다.
④ 단락비가 작은 발전기로 충전한다.

해설 **자기 여자 현상의 방지책**

- 발전기 2대 또는 3대를 병렬로 모선에 접속한다.
- 수전단에 동기 조상기를 접속하고 이것을 부족 여자로 운전한다.
- 송전 선로의 수전단에 변압기를 접속한다.
- 수전단에 리액턴스를 병렬로 접속한다.
- 전기자 반작용은 적고, 단락비를 크게 한다.

답 ④

094

핵심이론 찾아보기▶**핵심 02-10**　　기사 13년 출제

무부하의 장거리 송전 선로에 동기 발전기를 접속하는 경우, 송전 선로의 자기 여자 현상을 방지하기 위해서 동기 조상기를 사용하였다. 이때 동기 조상기의 계자 전류를 어떻게 하여야 하는가?

① 계자 전류를 0으로 한다.　② 부족 여자로 한다.
③ 과여자로 한다.　④ 역률이 1인 상태에서 일정하게 한다.

해설 동기 발전기의 자기 여자 현상은 진상(충전) 전류에 의해 무부하 단자 전압이 상승하는 작용으로 동기 조상기가 리액터 작용을 할 수 있도록 부족 여자로 운전하여야 한다.

답 ②

095

핵심이론 찾아보기▶핵심 02-11 기사 20년 출제

동기 발전기를 병렬 운전하는 데 필요하지 않은 조건은?

① 기전력의 용량이 같을 것
② 기전력의 파형이 같을 것
③ 기전력의 크기가 같을 것
④ 기전력의 주파수가 같을 것

해설 **동기 발전기의 병렬 운전 조건**
- 기전력의 크기가 같을 것
- 기전력의 위상이 같을 것
- 기전력의 주파수가 같을 것
- 기전력의 파형이 같을 것

답 ①

096

핵심이론 찾아보기▶핵심 02-11 기사 15년 출제

병렬 운전을 하고 있는 두 대의 3상 동기 발전기 사이에 무효 순환 전류가 흐르는 경우는?

① 여자 전류의 변화
② 부하의 증가
③ 부하의 감소
④ 원동기 출력 변화

해설 동기 발전기의 병렬 운전 시에 기전력의 크기가 같지 않으면 무효 순환 전류를 발생하여 기전력의 차를 0으로 하는 작용을 한다. 또한 병렬 운전 중 한쪽의 여자 전류를 증가시켜, 즉 유기기전력을 증가시켜도 단지 무효 순환 전류가 흘러서 여자를 강하게 한 발전기의 역률은 낮아지고 다른 발전기의 역률은 높게 되어 두 발전기의 역률만 변할 뿐 유효 전력의 분담은 바꿀 수 없다.

답 ①

097

핵심이론 찾아보기▶핵심 02-11 기사 22·19년 출제

동기 발전기의 병렬 운전 중 위상차가 생기면 어떤 현상이 발생하는가?

① 무효 횡류가 흐른다.
② 무효 전력이 생긴다.
③ 유효 횡류가 흐른다.
④ 출력이 요동하고 권선이 가열된다.

해설 동기 발전기의 병렬 운전 시 유기기전력에 위상차가 생기면 유효 횡류(동기화 전류)가 흐른다.

답 ③

098

핵심이론 찾아보기▶핵심 02-11 기사 18년 출제

유도기전력의 크기가 서로 같은 A, B 2대의 동기 발전기를 병렬 운전할 때, A 발전기의 유기기전력 위상이 B보다 앞설 때 발생하는 현상이 아닌 것은?

① 동기화력이 발생한다.
② 고조파 무효 순환 전류가 발생된다.
③ 유효 전류인 동기화 전류가 발생된다.
④ 전기자 동손을 증가시키며 과열의 원인이 된다.

해설 동기 발전기의 병렬 운전 시 유기기전력의 위상차가 생기면 동기화 전류(유효 순환 전류)가 흘러 동손이 증가하여 과열의 원인이 되고, 수수 전력과 동기화력이 발생하여 기전력의 위상이 일치하게 된다.

답 ②

099

핵심이론 찾아보기▶**핵심 02-11**

기사 22·21년 출제

8극, 900[rpm] 동기 발전기와 병렬 운전하는 6극 동기 발전기의 회전수는 몇 [rpm]인가?

① 900　　② 1,000

③ 1,200　　④ 1,400

해설 동기 속도 $N_s = \dfrac{120f}{P}$ 에서

주파수 $f = N_s \dfrac{P}{120} = 900 \times \dfrac{8}{120} = 60[\text{Hz}]$

동기 발전기의 병렬 운전 시 주파수가 같아야 하므로

$P = 6$극의 회전수 $N_s = \dfrac{120f}{P} = \dfrac{120 \times 60}{6} = 1{,}200[\text{rpm}]$

답 ③

100

핵심이론 찾아보기▶**핵심 02-11**

기사 12년 출제

동기 발전기의 병렬 운전 중 여자 전류를 증가시키면 그 발전기는?

① 전압이 높아진다.
② 출력이 커진다.
③ 역률이 좋아진다.
④ 역률이 나빠진다.

해설 동기 발전기의 병렬 운전 중 여자 전류를 증가시키면 그 발전기는 무효 전력이 증가하여 역률이 나빠지고, 상대 발전기는 무효 전력이 감소하여 역률이 좋아진다.

답 ④

101

핵심이론 찾아보기▶**핵심 02-11**

기사 14년 출제

병렬 운전 중인 A, B 두 동기 발전기 중에서 A 발전기의 여자를 B 발전기보다 강하게 하였을 경우 B 발전기는?

① 90° 앞선 전류가 흐른다.
② 90° 뒤진 전류가 흐른다.
③ 동기화 전류가 흐른다.
④ 부하 전류가 증가한다.

해설 동기 발전기의 병렬 운전 중 A 발전기의 여자 전류를 증가하면 기전력의 크기가 다르게 되어 무효 순환 전류가 흐르는데 A 발전기는 90° 뒤진 전류, B 발전기는 90° 앞선 전류가 흐른다.

답 ①

102

핵심이론 찾아보기▶핵심 02-11

기사 21년 출제

기전력(1상)이 E_0이고 동기 임피던스(1상)가 Z_s인 2대의 3상 동기 발전기를 무부하로 병렬 운전시킬 때 각 발전기의 기전력 사이에 δ_s의 위상차가 있으면 한쪽 발전기에서 다른 쪽 발전기로 공급되는 1상당의 전력[W]은?

① $\dfrac{E_0}{Z_s}\sin\delta_s$　② $\dfrac{E_0}{Z_s}\cos\delta_s$　③ $\dfrac{{E_0}^2}{2Z_s}\sin\delta_s$　④ $\dfrac{{E_0}^2}{2Z_s}\cos\delta_s$

해설 동기화 전류 $I_s = \dfrac{2E_0}{2Z_s}\sin\dfrac{\delta_s}{2}$[A]

수수 전력 $P = E_0 I_s \cos\dfrac{\delta_s}{2} = \dfrac{2{E_0}^2}{2Z_s}\sin\dfrac{\delta_s}{2}\cdot\cos\dfrac{\delta_s}{2} = \dfrac{{E_0}^2}{2Z_s}\sin\delta_s$[W]

가법 정리 $\sin\left(\dfrac{\delta_s}{2}+\dfrac{\delta_s}{2}\right) = 2\sin\dfrac{\delta_s}{2}\cdot\cos\dfrac{\delta_s}{2}$

답 ③

103

핵심이론 찾아보기▶핵심 02-8

기사 19년 출제

동기 발전기의 돌발 단락 시 발생되는 현상으로 틀린 것은?

① 큰 과도 전류가 흘러 권선 소손
② 단락 전류는 전기자 저항으로 제한
③ 코일 상호간 큰 전자력에 의한 코일 파손
④ 큰 단락 전류 후 점차 감소하여 지속 단락 전류 유지

해설
- 돌발 단락 전류 $I_s = \dfrac{E}{r_a + jx_l} \fallingdotseq \dfrac{E}{jx_l}$
- 영구 단락 전류 $I_s = \dfrac{E}{r_a + j(x_a + x_l)} = \dfrac{E}{jx_s}\,(r_a \ll x_s = x_a + x_l)$
- 돌발 단락 시 초기에는 단락 전류를 제한하는 것이 누설 리액턴스(x_l)뿐이므로 큰 단락 전류가 흐르다가 수초 후 반작용 리액턴스(x_a)가 발생되어 작은 영구(지속) 단락 전류가 흐른다.

답 ②

104

핵심이론 찾아보기▶핵심 02-8

기사 16년 출제

정격 출력 10,000[kVA], 정격전압 6,600[V], 정격 역률 0.6인 3상 동기 발전기가 있다. 동기 리액턴스 0.6[p.u]인 경우의 전압변동률[%]은?

① 21　② 31　③ 40　④ 52

해설

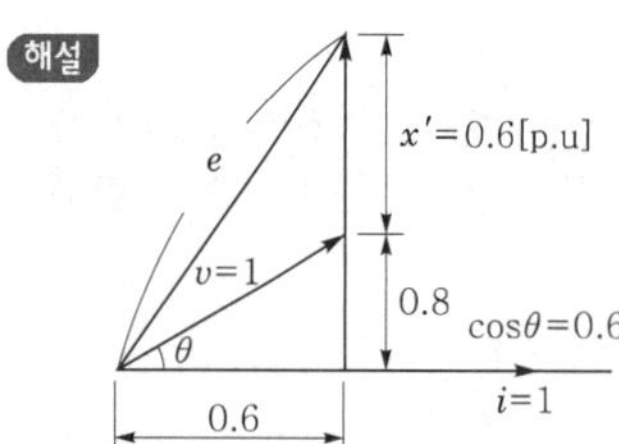

단위법으로 산출한 기전력 e

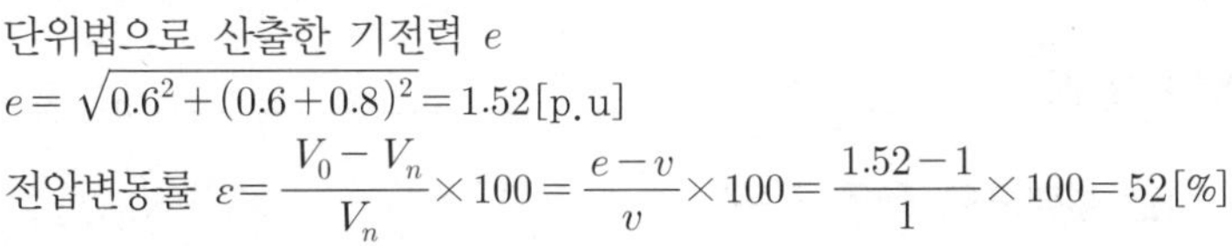

$$e=\sqrt{0.6^2+(0.6+0.8)^2}=1.52[\text{p.u}]$$

$$\text{전압변동률 } \varepsilon=\frac{V_0-V_n}{V_n}\times 100=\frac{e-v}{v}\times 100=\frac{1.52-1}{1}\times 100=52[\%]$$

답 ④

105 핵심이론 찾아보기▶핵심 02-12

기사 13년 출제

부하 급변 시 부하각과 부하 속도가 진동하는 난조 현상을 일으키는 원인이 아닌 것은?

① 원동기의 조속기 감도가 너무 예민한 경우
② 자속의 분포가 기울어져 자속의 크기가 감소한 경우
③ 전기자 회로의 저항이 너무 큰 경우
④ 원동기의 토크에 고조파가 포함된 경우

해설 부하 급변 시 부하각과 회전 속도가 진동하는 현상을 난조라 하고, 원인은 다음과 같다.
- 전기자 회로의 저항이 너무 큰 경우
- 원동기의 조속기 감도가 너무 예민한 경우
- 원동기의 토크에 고조파가 포함된 경우

답 ②

106 핵심이론 찾아보기▶핵심 02-12

기사 20년 출제

동기 발전기에 설치된 제동 권선의 효과로 틀린 것은?

① 난조 방지
② 과부하 내량의 증대
③ 송전선의 불평형 단락 시 이상 전압 방지
④ 불평형 부하 시 전류·전압 파형의 개선

해설 **제동 권선의 효능**
- 난조 방지
- 단락 사고 시 이상 전압 발생 억제
- 불평형 부하 시 전압 파형 개선
- 기동 토크 발생

답 ②

107 핵심이론 찾아보기▶핵심 02-12

기사 20년 출제

동기기의 안정도를 증진시키는 방법이 아닌 것은?

① 단락비를 크게 할 것
② 속응 여자 방식을 채용할 것
③ 정상 리액턴스를 크게 할 것
④ 영상 및 역상 임피던스를 크게 할 것

해설 **동기기의 안정도 향상책**
- 단락비가 클 것
- 동기 임피던스(리액턴스)가 작을 것
- 속응 여자 방식을 채택할 것
- 관성 모멘트가 클 것
- 조속기 동작이 신속할 것
- 영상 및 역상 임피던스가 클 것

답 ③

108

핵심이론 찾아보기▶핵심 02-13 기사 17년 출제

동기 전동기에 대한 설명으로 옳은 것은?

① 기동 토크가 크다.
② 역률 조정을 할 수 있다.
③ 가변속 전동기로서 다양하게 응용된다.
④ 공극이 매우 작아 설치 및 보수가 어렵다.

해설 동기 전동기는 동기 속도$\left(N_s = \dfrac{120f}{P}[\text{rpm}]\right)$로 회전하는 정속도 전동기이며 유도 전동기와 비교해 공극이 크고, 기동 토크는 작고, 역률을 항상 1로 운전할 수 있는 교류 전동기이다.

답 ②

109

핵심이론 찾아보기▶핵심 02-13 기사 16년 출제

동기 전동기의 기동법 중 자기동법(self-starting method)에서 계자 권선을 저항을 통해서 단락시키는 이유는?

① 기동이 쉽다.
② 기동 권선으로 이용한다.
③ 고전압의 유도를 방지한다.
④ 전기자 반작용을 방지한다.

해설 기동기에 계자 회로를 연 채로 고정자에 전압을 가하면 권수가 많은 계자 권선이 고정자 회전 자계를 끊으므로 계자 회로에 매우 높은 전압이 유기될 염려가 있으므로 계자 권선을 여러 개로 분할하여 열어 놓거나 또는 저항을 통하여 단락시켜 놓아야 한다.

답 ③

110

핵심이론 찾아보기▶핵심 02-13 기사 21년 출제

동기 전동기에 대한 설명으로 틀린 것은?

① 동기 전동기는 주로 회전 계자형이다.
② 동기 전동기는 무효 전력을 공급할 수 있다.
③ 동기 전동기는 제동 권선을 이용한 기동법이 일반적으로 많이 사용된다.
④ 3상 동기 전동기의 회전 방향을 바꾸려면 계자 권선 전류의 방향을 반대로 한다.

해설 3상 동기 전동기의 회전 방향을 바꾸려면 전기자(고정자) 권선의 3선 중 2선의 결선을 반대로 한다.

답 ④

111

핵심이론 찾아보기▶핵심 02-13 기사 13년 출제

다음 전동기 중 역률이 가장 좋은 전동기는?

① 동기 전동기
② 반발 기동 전동기
③ 농형 유도 전동기
④ 교류 정류자 전동기

해설 동기 전동기는 계자 전류를 변화하면 역률을 진상 및 지상으로 조정할 수 있으며, 또한 역률을 1로 하여 운전할 수 있다.

답 ①

112 핵심이론 찾아보기▶핵심 02-13

기사 18년 출제

동기 전동기에서 전기자 반작용을 설명한 것 중 옳은 것은?

① 공급 전압보다 앞선 전류는 감자 작용을 한다.
② 공급 전압보다 뒤진 전류는 감자 작용을 한다.
③ 공급 전압보다 앞선 전류는 교차 자화 작용을 한다.
④ 공급 전압보다 뒤진 전류는 교차 자화 작용을 한다.

해설 **동기 전동기의 전기자 반작용**
- 횡축 반작용 : 전기자 전류와 전압이 동위상일 때
- 직축 반작용 : 직축 반작용은 동기 발전기와 반대 현상
  - 증자 작용 : 전류가 전압보다 뒤질 때
  - 감자 작용 : 전류가 전압보다 앞설 때

답 ①

113 핵심이론 찾아보기▶핵심 02-14

기사 19년 출제

동기 전동기의 위상 특성 곡선(V곡선)에 대한 설명으로 옳은 것은?

① 출력을 일정하게 유지할 때 부하 전류와 전기자 전류의 관계를 나타낸 곡선
② 역률을 일정하게 유지할 때 계자 전류와 전기자 전류의 관계를 나타낸 곡선
③ 계자 전류를 일정하게 유지할 때 전기자 전류와 출력 사이의 관계를 나타낸 곡선
④ 공급 전압 V와 부하가 일정할 때 계자 전류의 변화에 대한 전기자 전류의 변화를 나타낸 곡선

해설 동기 전동기의 위상 특성 곡선(V곡선)은 공급 전압과 부하가 일정한 상태에서 계자 전류(여자 전류)의 변화에 대한 전기자 전류의 크기와 위상 관계를 나타낸 곡선이다.

답 ④

114 핵심이론 찾아보기▶핵심 02-14

기사 14년 출제

동기 전동기의 위상 특성 곡선을 나타낸 것은? (단, P를 출력, I_f를 계자 전류, I_a를 전기자 전류, $\cos\phi$를 역률로 한다.)

① $I_f - I_a$ 곡선, P는 일정
② $P - I_a$ 곡선, I_f는 일정
③ $P - I_f$ 곡선, I_a는 일정
④ $I_f - I_a$ 곡선, $\cos\phi$는 일정

해설 동기 전동기의 위상 특성 곡선은 공급 전압과 출력(부하)이 일정한 상태에서 계자 전류(I_f : 횡축)와 전기자 전류(I_a : 종축) 및 위상($\cos\theta$)의 관계를 나타낸 곡선이다.

답 ①

115 핵심이론 찾아보기▶핵심 02-14

기사 11년 출제

동기 전동기의 위상 특성 곡선에서 공급 전압 및 부하를 일정하게 유지하면서 여자(계자) 전류(勵磁電流)를 변화시키면?

① 속도가 변한다.
② 토크(torque)가 변한다.
③ 전기자 전류가 변하고 역률이 변한다.
④ 별다른 변화가 없다.

해설 동기 전동기의 출력 $P_3 = \sqrt{3}\, VI\cos\theta = \dfrac{V_0 E}{x_s}\sin\delta[\text{W}]$

공급 전압과 출력(부하)이 일정 상태에서 여자 전류를 변화하면 전기자 전류의 크기와 역률 및 부하각(δ)이 변화한다.

답 ③

116

핵심이론 찾아보기▶핵심 02-14 기사 21년 출제

전압이 일정한 모선에 접속되어 역률 1로 운전하고 있는 동기 전동기를 동기 조상기로 사용하는 경우 여자 전류를 증가시키면 이 전동기는 어떻게 되는가?

① 역률은 앞서고, 전기자 전류는 증가한다.
② 역률은 앞서고, 전기자 전류는 감소한다.
③ 역률은 뒤지고, 전기자 전류는 증가한다.
④ 역률은 뒤지고, 전기자 전류는 감소한다.

해설 동기 전동기를 동기 조상기로 사용하여 역률 1로 운전 중 여자 전류를 증가시키면 전기자 전류는 전압보다 앞선 전류가 흘러 콘덴서 작용을 하며 증가한다.

답 ①

117

핵심이론 찾아보기▶핵심 02-14 기사 20년 출제

동기 전동기에 일정한 부하를 걸고 계자 전류를 0[A]에서부터 계속 증가시킬 때 관련 설명으로 옳은 것은? (단, I_a는 전기자 전류이다.)

① I_a는 증가하다가 감소한다.
② I_a가 최소일 때 역률이 1이다.
③ I_a가 감소 상태일 때 앞선 역률이다.
④ I_a가 증가 상태일 때 뒤진 역률이다.

해설 동기 전동기의 공급 전압과 부하가 일정 상태에서 계자 전류를 변화하면 전기자 전류와 역률이 변화한다. 역률 $\cos\theta = 1$일 때 전기자 전류는 최소이고, 역률 1을 기준으로 하여 계자 전류를 감소하면 뒤진 역률, 증가하면 앞선 역률이 되며 전기자 전류는 증가한다.

답 ②

118

핵심이론 찾아보기▶핵심 02-14 기사 14년 출제

동기 조상기의 계자를 과여자로 해서 운전할 경우 틀린 것은?

① 콘덴서로 작용한다.
② 위상이 뒤진 전류가 흐른다.
③ 송전선의 역률을 좋게 한다.
④ 송전선의 전압강하를 감소시킨다.

해설 동기 조상기를 송전 선로에 연결하고 계자 전류를 증가하여 과여자로 운전하면 진상 전류가 흘러 콘덴서 작용을 하며 선로의 역률 개선 및 전압강하를 경감시킨다.

답 ②

119

핵심이론 찾아보기▶핵심 02-14 기사 18년 출제

동기 조상기의 여자 전류를 줄이면?

① 콘덴서로 작용
② 리액터로 작용
③ 진상 전류로 됨
④ 저항손의 보상

해설 동기 조상기가 역률 1인 상태에서 여자 전류를 감소하면 전압보다 뒤진 전류가 흘러 리액터 작용을 하고, 여자 전류를 증가하면 앞선 전류가 흘러 콘덴서 작용을 한다.

답 ②

120 핵심이론 찾아보기▶핵심 02-14 기사 12년 출제

동기 조상기의 회전수는 무엇에 의하여 결정되는가?

① 효율 ② 역률 ③ 토크 속도 ④ $N_s = \frac{120f}{P}$의 속도

해설 동기 조상기는 동기 전동기를 무부하로 운전하여 여자 전류의 변화로 역률을 조정하는 장치로 동기 속도로 회전한다.

동기 속도 $N_s = \frac{120f}{P}$[rpm]

답 ④

121 핵심이론 찾아보기▶핵심 02-14 기사 21년 출제

동기 조상기의 구조상 특징으로 틀린 것은?

① 고정자는 수차 발전기와 같다.
② 안전 운전용 제동 권선이 설치된다.
③ 계자 코일이나 자극이 대단히 크다.
④ 전동기 축은 동력을 전달하는 관계로 비교적 굵다.

해설 동기 조상기는 전압 조정과 역률 개선을 위하여 송전 계통에 접속한 무부하 동기 전동기로 동력을 전달하기 위한 기계가 아니므로 축은 굵게 할 필요가 없다. 답 ④

122 핵심이론 찾아보기▶핵심 03-5 기사 12년 출제

변압기의 성층 철심 강판 재료의 규소 함유량은 대략 몇 [%]인가?

① 8 ② 6 ③ 4 ④ 2

해설
- 변압기의 철심은 히스테리시스손과 와류손을 줄이기 위하여 얇은 규소 강판을 성층하여 철심을 조립한다.
- 규소의 함유량은 4~4.5[%] 정도이고, 두께가 0.35[mm]인 강판을 절연하여 사용한다.

답 ③

123 핵심이론 찾아보기▶핵심 03-1 기사 18년 출제

이상적인 변압기의 무부하에서 위상 관계로 옳은 것은?

① 자속과 여자 전류는 동위상이다.
② 자속은 인가 전압보다 90° 앞선다.
③ 인가 전압은 1차 유기기전력보다 90° 앞선다.
④ 1차 유기기전력과 2차 유기기전력의 위상은 반대이다.

해설 이상적인 변압기는 철손, 동손 및 누설 자속이 없는 변압기로서, 자화 전류와 여자 전류가 같아져 자속과 여자 전류는 동위상이다. 답 ①

124

핵심이론 찾아보기▶핵심 03-2 기사 22·19년 출제

전력용 변압기에서 1차에 정현파 전압을 인가하였을 때, 2차에 정현파 전압이 유기되기 위해서는 1차에 흘러들어가는 여자 전류는 기본파 전류 외에 주로 몇 고조파 전류가 포함되는가?

① 제2고조파 ② 제3고조파 ③ 제4고조파 ④ 제5고조파

해설 변압기의 철심에는 자속이 변화하는 경우 히스테리시스 현상이 있으므로 정현파 전압을 유도하려면 여자 전류에는 기본파 전류 외에 제3고조파 전류가 포함된 첨두파가 되어야 한다.

답 ②

125

핵심이론 찾아보기▶핵심 03-2 기사 17년 출제

변압기에 있어서 부하와는 관계없이 자속만을 발생시키는 전류는?

① 1차 전류 ② 자화 전류 ③ 여자 전류 ④ 철손 전류

해설 변압기에서 부하와 관계없이 철손을 발생시키는 전류는 철손 전류, 자속을 발생시키는 전류는 자화 전류, 철손 전류와 자화 전류를 합하여 여자 전류 또는 무부하 전류라 한다.

답 ②

126

핵심이론 찾아보기▶핵심 03-2 기사 21년 출제

1차 전압은 3,300[V]이고 1차측 무부하 전류는 0.15[A], 철손은 330[W]인 단상 변압기의 자화 전류는 약 몇 [A]인가?

① 0.112 ② 0.145 ③ 0.181 ④ 0.231

해설 무부하 전류 $I_0 = \dot{I}_i + \dot{I}_\phi = \sqrt{{I_i}^2 + {I_\phi}^2}$ [A]

철손 전류 $I_i = \dfrac{P_i}{V_1} = \dfrac{330}{3{,}300} = 0.1$[A]

∴ 자화 전류 $I_\phi = \sqrt{{I_0}^2 - {I_i}^2} = \sqrt{0.15^2 - 0.1^2} = 0.112$[A]

답 ①

127

핵심이론 찾아보기▶핵심 03-2 기사 22·13년 출제

권수비 $a = \dfrac{6{,}600}{220}$, 60[Hz], 변압기의 철심 단면적 0.02[m²], 최대 자속밀도 1.2[Wb/m²]일 때 1차 유기기전력은 약 몇 [V]인가?

① 1,407 ② 3,521 ③ 42,198 ④ 49,814

해설 1차 유기기전력 $E_1 = 4.44 f N_1 \phi_m = 4.44 f N_1 B_m \cdot S = 4.44 \times 60 \times 6{,}600 \times 1.2 \times 0.02$
$= 42{,}197.76[V] \fallingdotseq 42.198[V]$

답 ③

128

핵심이론 찾아보기▶핵심 03-2 기사 20년 출제

단면적 10[cm²]인 철심에 200회의 권선을 감고, 이 권선에 60[Hz], 60[V]의 교류 전압을 인가하였을 때 철심의 최대 자속밀도는 약 몇 [Wb/m²]인가?

① 1.126×10^{-3} ② 1.126 ③ 2.252×10^{-3} ④ 2.252

해설 전압 $V=4.44fN\phi_m=4.44fNB_m\cdot S$[V]

최대 자속밀도 $B_m=\dfrac{V}{4.44fNS}=\dfrac{60}{4.44\times60\times200\times10\times10^{-4}}=1.126$[Wb/m²]

 ②

129

핵심이론 찾아보기▶핵심 03-3 기사 18년 출제

변압기의 권수를 N이라고 할 때 누설 리액턴스는?

① N에 비례한다. ② N^2에 비례한다.
③ N에 반비례한다. ④ N^2에 반비례한다.

해설
변압기의 누설 인덕턴스 $L=\dfrac{\mu N^2 S}{l}$[H]

누설 리액턴스 $x=\omega L=2\pi f\dfrac{\mu N^2 S}{l}\propto N^2$

답 ②

130

핵심이론 찾아보기▶핵심 03-2 기사 15년 출제

변압기 여자 회로의 어드미턴스 Y_0[℧]를 구하면? (단, I_0는 여자 전류, I_i는 철손 전류, I_ϕ는 자화 전류, g_0는 컨덕턴스, V_1는 인가 전압이다.)

① $\dfrac{I_0}{V_1}$ ② $\dfrac{I_i}{V_1}$ ③ $\dfrac{I_\phi}{V_1}$ ④ $\dfrac{g_0}{V_1}$

해설
여자 어드미턴스$(Y_0)=\sqrt{{g_0}^2+{b_0}^2}=\dfrac{I_0}{V_1}$[℧]

답 ①

131

핵심이론 찾아보기▶핵심 03-2 기사 12년 출제

1차 전압 2,200[V], 무부하 전류 0.088[A]인 변압기의 철손이 110[W]이었다. 자화 전류는 약 몇 [A]인가?

① 0.055 ② 0.038 ③ 0.072 ④ 0.088

해설 철손 $P_i=V_1I_i$에서

철손 전류 $I_i=\dfrac{P_i}{V_1}=\dfrac{110}{2,200}=0.05$[A]

여자 전류 $I_o=\sqrt{{I_i}^2+{I_\phi}^2}$ 에서

자화 전류 $I_\phi=\sqrt{{I_o}^2-{I_i}^2}=\sqrt{0.088^2-0.05^2}=0.0724$[A]

답 ③

132 핵심이론 찾아보기▶핵심 03-1 기사 11년 출제

1차 전압 6,600[V], 권수비 30인 단상 변압기로 전등 부하에 30[A]를 공급할 때의 입력[kW]은? (단, 변압기의 손실은 무시한다.)

① 4.4 ② 5.5 ③ 6.6 ④ 7.7

해설 권수비 $a=\frac{I_2}{I_1}$에서 $I_1=\frac{I_2}{a}=\frac{30}{30}=1[\text{A}]$

전등 부하의 역률 $\cos\theta=1$이므로

입력 $P_1=V_1I_1\cos\theta=6{,}600\times1\times1\times10^{-3}=6.6[\text{kW}]$

답 ③

133 핵심이론 찾아보기▶핵심 03-3 기사 11년 출제

어떤 변압기 1차 환산 임피던스 $Z_{12}=484[\Omega]$이고, 이것을 2차로 환산하면 $Z_{21}=1[\Omega]$이다. 2차 전압이 400[V]이면 1차 전압[V]은?

① 8,800 ② 6,000 ③ 3,000 ④ 1,500

해설 2차측 임피던스를 1차측으로 환산하면

$Z_{21}=\frac{Z_{12}}{a^2}$이므로 $a^2=\frac{Z_{12}}{Z_{21}}=\frac{484}{1}$

권수비 $a=\sqrt{484}=22=\frac{V_1}{V_2}$

$\therefore V_1=aV_2=22\times400=8{,}800[\text{V}]$

답 ①

134 핵심이론 찾아보기▶핵심 03-1 기사 19년 출제

그림과 같은 변압기 회로에서 부하 R_2에 공급되는 전력이 최대로 되는 변압기의 권수비 a는?

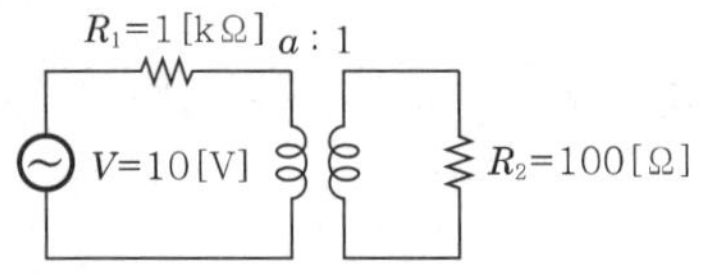

① $\sqrt{5}$ ② $\sqrt{10}$ ③ 5 ④ 10

해설 최대 전력 발생 조건은 내부 저항(R_1)과 1차로 환산한 부하 저항(a^2R_2)이 같을 때이다.

즉, $R_1=a^2R_2$

권수비 $a=\sqrt{\frac{R_1}{R_2}}=\sqrt{\frac{10^3}{100}}=\sqrt{10}$

답 ②

135 핵심이론 찾아보기▶핵심 03-3 기사 17년 출제

변압기의 무부하 시험, 단락 시험에서 구할 수 없는 것은?

① 철손 ② 동손 ③ 절연 내력 ④ 전압변동률

해설 변압기의 무부하 시험에서 무부하 전류(여자 전류), 무부하손(철손), 여자 어드미턴스를 구하고 단락 시험에서 동손과 전압변동률을 구할 수 있다.

답 ③

CHAPTER

136

핵심이론 찾아보기▶핵심 03-3

기사 22년 출제

변압기의 등가회로 구성에 필요한 시험이 아닌 것은?

① 단락 시험 ② 부하 시험

③ 무부하 시험 ④ 권선 저항 측정

해설 **변압기의 등가회로 작성에 필요한 시험**

- 무부하 시험
- 단락 시험
- 권선 저항 측정

답 ②

137

핵심이론 찾아보기▶핵심 03-3

기사 17년 출제

3,000/200[V] 변압기의 1차 임피던스가 225[Ω]이면 2차 환산 임피던스는 약 몇 [Ω]인가?

① 1.0 ② 1.5 ③ 2.1 ④ 2.8

해설 1차측 임피던스를 2차측으로 환산하면

$$Z_1' = \frac{1}{a^2} Z_1 = \frac{1}{\left(\frac{3,000}{200}\right)^2} \times 225 = 1.0\,[\Omega]$$

답 ①

138

핵심이론 찾아보기▶핵심 03-4

기사 14년 출제

부하의 역률이 0.6일 때 전압변동률이 최대로 되는 변압기가 있다. 역률 1.0일 때의 전압변동률이 3[%]라고 하면 역률 0.8에서의 전압변동률은 몇 [%]인가?

① 4.4 ② 4.6 ③ 4.8 ④ 5.0

해설 부하 역률 100[%]일 때 $\varepsilon_{100} = p = 3[\%]$

최대 전압변동률 $\varepsilon_{\max}$ 은 부하 역률 $\cos\phi_m$ 일 때이므로

$$\cos\phi_m = \frac{p}{\sqrt{p^2 + q^2}} = 0.6$$

$$\frac{3}{\sqrt{3^2 + q^2}} = 0.6$$

$\therefore\ q = 4[\%]$

부하 역률이 80[%]일 때

$\therefore\ \varepsilon_{80} = p\cos\phi + q\sin\phi = 3 \times 0.8 + 4 \times 0.6 = 4.8[\%]$

또한 최대 전압변동률($\varepsilon_{\max}$)

$\therefore\ \varepsilon_{\max} = \sqrt{p^2 + q^2} = \sqrt{3^2 + 4^2} = 5[\%]$

답 ③

139

핵심이론 찾아보기▶핵심 03-4 기사 18년 출제

역률 100[%]일 때의 전압변동률 ε은 어떻게 표시되는가?

① %저항 강하 ② %리액턴스 강하 ③ %서셉턴스 강하 ④ %임피던스 강하

해설 전압변동률 $\varepsilon = p\cos\theta + q\sin\theta$
$\cos\theta = 1$, $\sin\theta = 0$이므로
$\varepsilon = p$: %저항 강하

답 ①

140

핵심이론 찾아보기▶핵심 03-4 기사 19년 출제

변압기의 백분율 저항 강하가 3[%], 백분율 리액턴스 강하가 4[%]일 때 뒤진 역률 80[%]인 경우의 전압변동률[%]은?

① 2.5 ② 3.4 ③ 4.8 ④ −3.6

해설 전압변동률 $\varepsilon = p\cos\theta + q\sin\theta = 3\times0.8 + 4\times0.6 = 4.8[\%]$

답 ③

141

핵심이론 찾아보기▶핵심 03-4 기사 20년 출제

3[kVA], 3,000/200[V]의 변압기의 단락 시험에서 임피던스 전압 120[V], 동손 150[W]라 하면 %저항 강하는 몇 [%]인가?

① 1 ② 3 ③ 5 ④ 7

해설 퍼센트 저항 강하

$$P = \frac{I \cdot r}{V}\times100 = \frac{I^2 r}{VI}\times100 = \frac{150}{3\times10^3}\times100 = 5[\%]$$

답 ③

142

핵심이론 찾아보기▶핵심 03-4 기사 11년 출제

변압기의 %저항 강하와 %누설 리액턴스 강하가 3[%]와 4[%]이다. 부하의 역률이 지상 60[%]일 때, 이 변압기의 전압변동률[%]은?

① 4.8 ② 4 ③ 5 ④ 1.4

해설 변압기의 전압변동률 $\varepsilon = p\cos\theta \pm q\sin\theta$에서 지상 역률이므로
$\varepsilon = 3\times0.6 + 4\times0.8 = 5[\%]$

답 ③

143

핵심이론 찾아보기▶핵심 03-4 기사 98·94·93·92년 / 산업 97·92·90년 출제

권수비 60인 단상 변압기의 전부하 2차 전압 200[V], 전압변동률 3[%]일 때 1차 단자 전압[V]은?

① 12,180 ② 12,360 ③ 12,720 ④ 12,930

해설 전압변동률 $\epsilon = \frac{V_{20} - V_{2n}}{V_{2n}}\times100$, $\acute{\epsilon} = \frac{\epsilon}{100} = 0.03$

$V_{20} = V_{2n}(1+\acute{\epsilon})$

1차 단자 전압 $V_1 = a \cdot V_{20} = a \cdot V_{2n}(1+\acute{\epsilon}) = 60 \times 200 \times (1+0.03) = 12{,}360[\text{V}]$ 답 ②

CHAPTER 3

144 핵심이론 찾아보기▶핵심 03-4

기사 14년 출제

10[kVA], 2,000/100[V] 변압기 1차 환산 등가 임피던스가 6.2+ j7[Ω]일 때 %임피던스 강하[%]는?

① 약 9.4 ② 약 8.35 ③ 약 6.75 ④ 약 2.3

해설

1차 정격전류 $I_1 = \dfrac{P}{V_1} = \dfrac{10 \times 10^3}{2{,}000} = 5[\text{A}]$

퍼센트 임피던스 강하 $\%Z = \dfrac{IZ}{V} \times 100 = \dfrac{5 \times \sqrt{6.2^2 + 7^2}}{2{,}000} \times 100 \fallingdotseq 2.33[\%]$ 답 ④

145 핵심이론 찾아보기▶핵심 03-4

기사 15년 출제

5[kVA] 3,300/210[V], 단상 변압기의 단락 시험에서 임피던스 전압 120[V], 동손 150[W]라 하면 퍼센트 저항 강하는 몇 [%]인가?

① 2 ② 3 ③ 4 ④ 5

해설 **퍼센트 저항 강하(p)**

$$p = \frac{I_{1n} \cdot r_{12}}{V_{1n}} \times 100 = \frac{\text{동손}(P_c)}{\text{정격용량}(P_n)} \times 100$$

$$\therefore\ p = \frac{150}{5 \times 10^3} \times 100 = 3$$

답 ②

146 핵심이론 찾아보기▶핵심 03-4

기사 21년 출제

변압기의 전압변동률에 대한 설명으로 틀린 것은?

① 일반적으로 부하 변동에 대하여 2차 단자 전압의 변동이 작을수록 좋다.
② 전부하 시와 무부하 시의 2차 단자 전압이 서로 다른 정도를 표시하는 것이다.
③ 인가 전압이 일정한 상태에서 무부하 2차 단자 전압에 반비례한다.
④ 전압변동률은 전등의 광도, 수명, 전동기의 출력 등에 영향을 미친다.

해설

전압변동률 $\varepsilon = \dfrac{V_{20} - V_{2n}}{V_{2n}} \times 100[\%]$

전압변동률은 작을수록 좋고, 전기 기계 기구의 출력과 수명 등에 영향을 주며, 2차 정격전압(전부하 전압)에 반비례한다. 답 ③

147 핵심이론 찾아보기▶핵심 03-4

기사 20년 출제

변압기의 %Z가 커지면 단락 전류는 어떻게 변화하는가?

① 커진다. ② 변동없다. ③ 작아진다. ④ 무한대로 커진다.

해설 퍼센트 임피던스 강하($\%Z$)

$$\%Z = \frac{IZ}{V} \times 100 = \frac{I}{\frac{V}{Z}} \times 100 = \frac{I_n}{I_s} \times 100[\%]$$

단락 전류 $I_s = \frac{100}{\%Z} I_n [\mathrm{A}]$

답 ③

148

핵심이론 찾아보기▶핵심 03-4

기사 92·90년 / 산업 05·04·00·98·91·90년 출제

임피던스 전압강하 5[%]인 변압기가 운전 중 단락되었을 때, 단락 전류는 정격전류의 몇 배인가?

① 15배 ② 20배 ③ 25배 ④ 30배

해설 $\frac{I_{1s}}{I_{1n}} = \frac{100}{z}$

$\therefore\ I_{1s} = \frac{100}{5} I_{1n} = \frac{100}{5} \times I_{1n} = 20 I_{1n}$

답 ②

149

핵심이론 찾아보기▶핵심 03-4

기사 21년 출제

변압기의 주요 시험 항목 중 전압변동률 계산에 필요한 수치를 얻기 위한 필수적인 시험은?

① 단락 시험 ② 내전압 시험 ③ 변압비 시험 ④ 온도 상승 시험

해설 변압기의 전압변동률 계산에 필요한 수치인 임피던스 전압과 임피던스 와트를 얻기 위한 시험은 단락 시험이다.

답 ①

150

핵심이론 찾아보기▶핵심 03-4

기사 21년 출제

변압기 단락 시험에서 변압기의 임피던스 전압이란?

① 1차 전류가 여자 전류에 도달했을 때의 2차측 단자 전압
② 1차 전류가 정격전류에 도달했을 때의 2차측 단자 전압
③ 1차 전류가 정격전류에 도달했을 때의 변압기 내의 전압강하
④ 1차 전류가 2차 단락 전류에 도달했을 때의 변압기 내의 전압강하

해설 변압기의 임피던스 전압이란, 변압기 2차측을 단락하고 1차 공급 전압을 서서히 증가시켜 단락 전류가 1차 정격전류에 도달했을 때의 변압기 내의 전압강하이다.

답 ③

151

핵심이론 찾아보기▶핵심 03-5

기사 21년 출제

변압기유에 요구되는 특성으로 틀린 것은?

① 점도가 클 것 ② 응고점이 낮을 것
③ 인화점이 높을 것 ④ 절연 내력이 클 것

해설 변압기유(oil)의 구비 조건

- 절연 내력이 클 것
- 점도가 낮을 것
- 인화점이 높고, 응고점이 낮을 것
- 화학 작용과 침전물이 없을 것

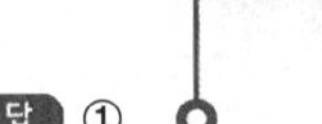

답 ①

152

핵심이론 찾아보기▶핵심 03-5 기사 15년 출제

변압기에서 콘서베이터의 용도는?

① 통풍 장치 ② 변압유의 열화 방지
③ 강제 순환 ④ 코로나 방지

해설 콘서베이터는 변압기의 기름이 공기와 접촉되면, 불용성 침전물이 생기는 것을 방지하기 위해서 변압기의 상부에 설치된 원통형의 유조(기름통)로서, 그 속에는 $\frac{1}{2}$ 정도의 기름이 들어있고 주변압기 외함 내의 기름과는 가는 파이프로 연결되어 있다. 변압기 부하의 변화에 따르는 호흡 작용에 의한 변압기 기름의 팽창, 수축이 콘서베이터의 상부에서 행하여지게 되므로 높은 온도의 기름이 직접 공기와 접촉하는 것을 방지하여 기름의 열화를 방지하는 것이다.

답 ②

153

핵심이론 찾아보기▶핵심 03-4 기사 22·11년 출제

일정 전압 및 일정 파형에서 주파수가 상승하면 변압기 철손은 어떻게 변하는가?

① 증가한다. ② 감소한다.
③ 불변이다. ④ 증가와 감소를 반복한다.

해설 공급 전압이 일정한 상태에서 와전류손은 주파수와 관계없이 일정하고, 히스테리시스손은 주파수에 반비례하므로 철손의 80[%]가 히스테리시스손인 관계로 철손은 주파수에 반비례한다.

답 ②

154

핵심이론 찾아보기▶핵심 03-4 기사 17년 출제

정격전압, 정격 주파수가 6,600/220[V], 60[Hz], 와류손이 720[W]인 단상 변압기가 있다. 이 변압기를 3,300[V], 50[Hz]의 전원에 사용하는 경우 와류손은 약 몇 [W]인가?

① 120 ② 150 ③ 180 ④ 200

해설 $V=4.44fN\phi_m$에서 자속밀도 $B_m \propto \frac{V}{f}$한다. $(B_m \propto \phi_m)$

와전류손 $P_e=\sigma_e(tk_f \cdot fB_m)^2 \propto \left(f \cdot \frac{V}{f}\right)^2 \propto V^2$

$\therefore\ P_e'=720\times\left(\frac{3,300}{6,600}\right)^2=180[\text{W}]$

답 ③

155

핵심이론 찾아보기▶핵심 03-4 기사 02년 / 산업 12년 출제

전부하에 있어 철손과 동손의 비율이 1 : 2인 변압기의 효율이 최대인 부하는 전부하의 대략 몇 [%]인가?

① 50 ② 60 ③ 70 ④ 80

해설 $\frac{1}{m}$ 부하시 철손(무부하손)은 P_i[W]

동손(부하손)은 $P_{c\frac{1}{m}} = \left(\frac{1}{m}\right)^2 P_c$[W]이고, 최대 효율의 조건은 무부하손=부하손이므로

$P_i = \left(\frac{1}{m}\right)^2 P_c$에서 $\frac{1}{m} = \sqrt{\frac{P_i}{P_c}}$ 이다.

$P_i : P_c = 1 : 2$

$\frac{1}{m} = \sqrt{\frac{P_i}{P_c}} = \sqrt{\frac{1}{2}} = 0.707$

약 70[%] 부하에서 효율이 최대가 된다.

답 ③

156

핵심이론 찾아보기▶핵심 03-4 기사 14·99·91년 / 산업 04·98·92년 출제

변압기의 철손이 P_i[kW], 전부하 동손이 P_c[kW]인 때 정격 출력의 $\frac{1}{m}$인 부하를 걸었을 때, 전 손실[kW]은 얼마인가?

① $(P_i + P_c)\left(\frac{1}{m}\right)^2$ ② $P_i\left(\frac{1}{m}\right)^2 + P_c$

③ $P_i + P_c\left(\frac{1}{m}\right)^2$ ④ $P_i + P_c\left(\frac{1}{m}\right)$

해설 철손(P_i)은 고정손이므로 일정하고, 동손(P_c)은 전류의 제곱에 비례하므로

손실 : $P_l = P_i + \left(\frac{1}{m}\right)^2 P_c$[kW]

철손 P_i는 부하에 관계 없이 일정하고 동손 P_c는 $I_2^2 r$로 부하 전류 I_2의 제곱에 비례하므로 $\frac{1}{m}$로 부하가 감소하면 동손 P_c는 $\left(\frac{1}{m}\right)^2$으로 감소한다.

$$\frac{1}{m} \text{ 부하 효율 } \eta_{\frac{1}{m}} = \frac{\frac{1}{m}V_2 I_2 \cos\theta_2}{\frac{1}{m}V_2 I_2 \cos\theta_2 + P_i + \left(\frac{1}{m}\right)^2 P_c} \times 100$$

따라서, 전 손실은

$\therefore\ P_i + P_c\left(\frac{1}{m}\right)^2$[kW]

답 ③

157

핵심이론 찾아보기▶핵심 03-4 기사 19년 출제

$\frac{3}{4}$ 부하에서 효율이 최대인 주상 변압기의 전부하 시 철손과 동손의 비는?

① 8 : 4 ② 4 : 8 ③ 9 : 16 ④ 16 : 9

해설 최대 효율의 조건

$P_i = \left(\frac{1}{m}\right)^2 P_c$이므로 손실이 $\frac{P_i}{P_c} = \left(\frac{1}{m}\right)^2 = \left(\frac{3}{4}\right)^2 = \frac{9}{16}$

$\therefore P_i : P_c = 9 : 16$

답 ③

158

핵심이론 찾아보기▶핵심 03-1 기사 20년 출제

210/105[V]의 변압기를 그림과 같이 결선하고 고압측에 200[V]의 전압을 가하면 전압계의 지시는 몇 [V]인가? (단, 변압기는 가극성이다.)

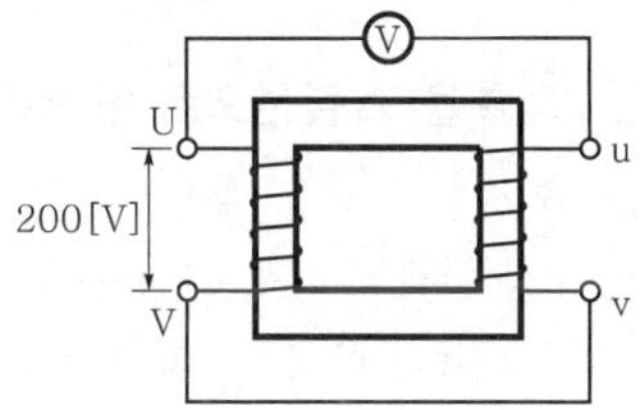

① 100 ② 200 ③ 300 ④ 400

해설

권수비 $a = \frac{E_1}{E_2} = \frac{V_1}{V_2} = \frac{210}{105} = 2$

$E_1 = V_1 = 200[\text{V}]$, $E_2 = \frac{E_1}{a} = \frac{200}{2} = 100[\text{V}]$

- 감극성 : $V = E_1 - E_2 = 200 - 100 = 100[\text{V}]$
- 가극성 : $V = E_1 + E_2 = 200 + 100 = 300[\text{V}]$

답 ③

159

핵심이론 찾아보기▶핵심 03-6 기사 18년 출제

3상 변압기를 1차 Y, 2차 Δ로 결선하고 1차에 선간전압 3,300[V]를 가했을 때의 무부하 2차 선간전압은 몇 [V]인가? (단, 전압비는 30 : 1이다.)

① 63.5 ② 110 ③ 173 ④ 190.5

해설

1차 상전압 $E_1 = \frac{V_l}{\sqrt{3}} = \frac{3,300}{\sqrt{3}} = 1,905.25[\text{V}]$

권수비 $a = \frac{E_1}{E_2}$에서 $E_2 = \frac{E_1}{a} = \frac{1,905.25}{30} = 63.5[\text{V}]$

2차 선간전압 $V_2 = E_2 = 63.5[\text{V}]$

답 ①

160

핵심이론 찾아보기▶핵심 03-6 기사 22·15년 출제

3대의 단상 변압기를 $\triangle - \text{Y}$로 결선하고 1차 단자 전압 V_1, 1차 전류 I_1이라 하면 2차 단자 전압 V_2와 2차 전류 I_2의 값은? (단, 권수비는 a이고, 저항, 리액턴스, 여자 전류는 무시한다.)

① $V_2 = \sqrt{3}\dfrac{V_1}{a}$, $I_2 = \sqrt{3}aI_1$
② $V_2 = V_1$, $I_2 = \dfrac{a}{\sqrt{3}}I_1$
③ $V_2 = \sqrt{3}\dfrac{V_1}{a}$, $I_2 = \dfrac{a}{\sqrt{3}}I_1$
④ $V_2 = \dfrac{V_1}{a}$, $I_2 = I_1$

해설
- 2차 단자 전압(선간전압) $V_2 = \sqrt{3}\ V_{2p} = \sqrt{3}\dfrac{V_1}{a}$
- 2차 전류 $I_2 = aI_{1p} = a\dfrac{I_1}{\sqrt{3}}$

 답 ③

161

핵심이론 찾아보기▶핵심 03-6 기사 13년 출제

변압기의 1차측을 Y결선, 2차측을 △결선으로 한 경우 1차와 2차 간의 전압의 위상 변위는?

① 0° ② 30° ③ 45° ④ 60°

해설 변압기 1차측 상전압(E_1)은 2차측 상전압(선간전압)과 동상이며 1차측 Y결선이므로 선간전압(V_1)은 상전압보다 30° 앞선다. 따라서 1차와 2차 전압의 위상 변위는 30°이다.

답 ②

162

핵심이론 찾아보기▶핵심 03-6 기사 21년 출제

3,300/220[V]의 단상 변압기 3대를 △ - Y 결선하고 2차측 선간에 15[kW]의 단상 전열기를 접속하여 사용하고 있다. 결선을 △ - △로 변경하는 경우 이 전열기의 소비 전력은 몇 [kW]로 되는가?

① 5 ② 12 ③ 15 ④ 21

해설 변압기를 $\triangle - \text{Y}$결선에서 $\triangle - \triangle$결선으로 변경하면 부하의 공급 전압이 $\dfrac{1}{\sqrt{3}}$로 감소하고 소비 전력은 전압의 제곱에 비례하므로 다음과 같다.

$$P' = P \times \left(\frac{1}{\sqrt{3}}\right)^2 = 15 \times \left(\frac{1}{\sqrt{3}}\right)^2 = 5[\text{kW}]$$

답 ①

163

핵심이론 찾아보기▶핵심 03-6 기사 14년 출제

변압기의 결선 방식에 대한 설명으로 틀린 것은?

① △-△ 결선에서 1상분의 고장이 나면 나머지 2대로써 V결선 운전이 가능하다.
② Y-Y 결선에서 1차, 2차 모두 중성점을 접지할 수 있으며, 고압의 경우 이상 전압을 감소시킬 수 있다.
③ Y-Y 결선에서 중성점을 접지하면 제5고조파 전류가 흘러 통신선에 유도 장해를 일으킨다.
④ Y-△ 결선에서 1상에 고장이 생기면 전원 공급이 불가능해진다.

해설 변압기의 결선에서 Y−Y 결선을 하면 제3고조파의 통로가 없어 기전력이 왜형파가 되며 중성점을 접지하면 대지를 귀로로 하여 제3고조파 순환 전류가 흘러 통신 유도 장해를 일으킨다. 답 ③

164 핵심이론 찾아보기▶핵심 03-6 기사 19년 출제

2대의 변압기로 V결선하여 3상 변압하는 경우 변압기 이용률은 약 몇 [%]인가?

① 57.8 ② 66.6 ③ 86.6 ④ 100

해설 V결선 출력 $P_V = \sqrt{3}P_1$

이용률$=\dfrac{\sqrt{3}P_1}{2P_1}=0.866=86.6[\%]$

답 ③

165 핵심이론 찾아보기▶핵심 03-6 기사 14년 출제

△결선 변압기의 한 대가 고장으로 제거되어 V결선으로 전력을 공급할 때, 고장 전 전력에 대하여 몇 [%]의 전력을 공급할 수 있는가?

① 81.6 ② 75.0 ③ 66.7 ④ 57.7

해설 △결선 출력 $P_\triangle = 3P_1[\text{W}]$

V결선 출력 $P_V = \sqrt{3}P_1[\text{W}]$

출력비 $\dfrac{P_V}{P_\triangle}=\dfrac{\sqrt{3}P_1}{3P_1}=\dfrac{1}{\sqrt{3}}=0.577=57.7[\%]$

답 ④

166 핵심이론 찾아보기▶핵심 03-7 기사 19년 출제

단상 변압기의 병렬 운전 시 요구 사항으로 틀린 것은?

① 극성이 같을 것
② 정격 출력이 같을 것
③ 정격전압과 권수비가 같을 것
④ 저항과 리액턴스의 비가 같을 것

해설 단상 변압기 병렬 운전의 조건은 다음과 같다.
- 극성이 같을 것
- 1·2차 정격전압과 권수비가 같을 것
- 퍼센트 임피던스가 같을 것
- 저항과 리액턴스의 비가 같을 것

답 ②

167 핵심이론 찾아보기▶핵심 03-7 기사 21년 출제

3상 변압기를 병렬 운전하는 조건으로 틀린 것은?

① 각 변압기의 극성이 같을 것
② 각 변압기의 %임피던스 강하가 같을 것
③ 각 변압기의 1차 및 2차 정격전압과 변압비가 같을 것
④ 각 변압기의 1차와 2차 선간전압의 위상 변위가 다를 것

해설 3상 변압기의 병렬 운전 조건
- 각 변압기의 극성이 같을 것
- 1차, 2차 정격전압과 변압비(권수비)가 같을 것
- %임피던스 강하가 같을 것
- 변압기의 저항과 리액턴스 비가 같을 것
- 상회전 방향과 위상 변위(각 변위)가 같을 것

답 ④

168

핵심이론 찾아보기▶핵심 03-7 기사 22·16년 출제

단상 변압기를 병렬 운전할 경우 부하 전류의 분담은?

① 용량에 비례하고 누설 임피던스에 비례
② 용량에 비례하고 누설 임피던스에 반비례
③ 용량에 반비례하고 누설 리액턴스에 비례
④ 용량에 반비례하고 누설 리액턴스의 제곱에 비례

해설 단상 변압기의 부하 분담은 A, B 2대의 변압기 정격전류를 I_A, I_B라 하고 정격전압을 V_n이라 하고 %임피던스를 $z_a=\%I_AZ_a$, $z_b=\%I_BZ_b$로 표시하면

$$z_a=\frac{Z_aI_A}{V_n}\times 100,\ z_b=\frac{Z_bI_B}{V_n}\times 100$$

단, $I_aZ_a=I_bZ_b$이므로

$$\therefore\ \frac{I_a}{I_b}=\frac{z_b}{z_a}=\frac{Z_bV_n}{I_B}\times\frac{I_A}{Z_aV_n}=\frac{P_AZ_b}{P_BZ_a}$$

여기서, P_A : A 변압기의 정격용량, P_B : B 변압기의 정격용량
I_a : A 변압기의 부하 전류, I_b : B 변압기의 부하 전류

답 ②

169

핵심이론 찾아보기▶핵심 03-7 기사 20년 출제

3,300/220[V] 변압기 A, B의 정격용량이 각각 400[kVA], 300[kVA]이고, %임피던스 강하가 각각 2.4[%]와 3.6[%]일 때 그 2대의 변압기에 걸 수 있는 합성 부하 용량은 몇 [kVA]인가?

① 550 ② 600
③ 650 ④ 700

해설 부하 분담비 $\frac{P_a}{P_b}=\frac{\%Z_b}{\%Z_a}\cdot\frac{P_A}{P_B}=\frac{3.6}{2.4}\times\frac{400}{300}=2$

B변압기 부하 분담 용량 $P_b=\frac{P_A}{2}=\frac{400}{2}=200[\text{kVA}]$

합성 부하 분담 용량 $P=P_a+P_b=400+200=600[\text{kVA}]$

답 ②

170

핵심이론 찾아보기▶핵심 03-7

기사 20년 출제

3상 변압기의 병렬 운전 조건으로 틀린 것은?

① 각 군의 임피던스가 용량에 비례할 것
② 각 변압기의 백분율 임피던스 강하가 같을 것
③ 각 변압기의 권수비가 같고 1차와 2차의 정격전압이 같을 것
④ 각 변압기의 상회전 방향 및 1차와 2차 선간전압의 위상 변위가 같을 것

해설 **3상 변압기의 병렬 운전 조건**

- 1차, 2차의 정격전압과 권수비가 같을 것
- 퍼센트 임피던스 강하가 같을 것
- 변압기의 저항과 리액턴스 비가 같을 것
- 상회전 방향과 위상 변위가 같을 것

답 ①

171

핵심이론 찾아보기▶핵심 03-7

기사 17년 출제

3상 변압기를 병렬 운전하는 경우 불가능한 조합은?

① △−Y와 Y−△
② △−△와 Y−Y
③ △−Y와 △−Y
④ △−Y와 △−△

해설 3상 변압기 병렬 운전의 결선 조합은 다음과 같다.

병렬 운전 가능	병렬 운전 불가능
△−△와 △−△	△−△와 △−Y
Y−Y와 Y−Y	△−Y와 Y−Y
Y−△와 Y−△	
△−Y와 △−Y	
△−△와 Y−Y	
△−Y와 Y−△	

답 ④

172

핵심이론 찾아보기▶핵심 03-8

기사 22·15년 출제

3상 전원을 이용하여 2상 전압을 얻고자 할 때 사용하는 결선 방법은?

① Scott 결선 ② Fork 결선 ③ 환상 결선 ④ 2중 3각 결선

해설 Scott 결선, Wood bridge 결선, Meyer 결선은 3상에서 2상을 얻는 결선이다.

답 ①

173

핵심이론 찾아보기▶핵심 03-8

기사 12년 출제

변압기 결선 방식 중 3상에서 6상으로 변환할 수 없는 것은?

① 환상 결선
② 2중 3각 결선
③ 포크 결선
④ 우드 브리지 결선

해설 • 변압기의 상수 변환에서 3상을 6상으로 변환하는 방법은 다음과 같다.
- 2중 Y결선
- 2중 △결선
- 환상 결선
- 대각 결선
- 포크 결선

• 우드 브리지 결선은 3상을 2상으로 변환하는 방식이다.

답 ④

174

핵심이론 찾아보기▶핵심 03-9 기사 20년 출제

단권 변압기의 설명으로 틀린 것은?

① 분로 권선과 직렬 권선으로 구분된다.
② 1차 권선과 2차 권선의 일부가 공통으로 사용된다.
③ 3상에는 사용할 수 없고 단상으로만 사용한다.
④ 분로 권선에서 누설 자속이 없기 때문에 전압변동률이 작다.

해설 단권 변압기는 1차 권선과 2차 권선의 일부가 공동으로 사용되는 분포 권선과 직렬 권선으로 구분되며 단상과 3상 모두 사용된다.

답 ③

175

핵심이론 찾아보기▶핵심 03-9 기사 20년 출제

용량 1[kVA], 3,000/200[V]의 단상 변압기를 단권 변압기로 결선해서 3,000/3,200[V]의 승압기로 사용할 때 그 부하 용량[kVA]은?

① $\frac{1}{16}$ ② 1   ③ 15   ④ 16

해설 $\frac{\text{자기 용량 } P}{\text{부하 용량 } W} = \frac{V_h - V_l}{V_h}$

부하 용량 $W = P\frac{V_h}{V_h - V_l} = 1 \times \frac{3,200}{3,200 - 3,000} = 16[\text{kVA}]$

답 ④

176

핵심이론 찾아보기▶핵심 03-9 기사 19년 출제

1차 전압 V_1, 2차 전압 V_2인 단권 변압기를 Y결선했을 때, 등가 용량과 부하 용량의 비는? (단, $V_1 > V_2$이다.)

① $\frac{V_1 - V_2}{\sqrt{3}\, V_1}$ ② $\frac{V_1 - V_2}{V_1}$ ③ $\frac{V_1^2 - V_2^2}{\sqrt{3}\, V_1 V_2}$ ④ $\frac{\sqrt{3}(V_1 - V_2)}{2V_1}$

해설 단권 변압기를 Y결선했을 때 부하 용량(W)에 대한 등가 용량(P)의 비는 다음과 같다.

$\frac{P(\text{등가 용량})}{W(\text{부하 용량})} = \frac{V_h - V_l}{V_h} = \frac{V_1 - V_2}{V_1}$

답 ②

177

핵심이론 찾아보기▶핵심 03-9 기사 16년 출제

평형 3상 회로의 전류를 측정하기 위해서 변류비 200 : 5의 변류기를 그림과 같이 접속하였더니 전류계의 지시가 1.5[A]이었다. 1차 전류는 몇 [A]인가?

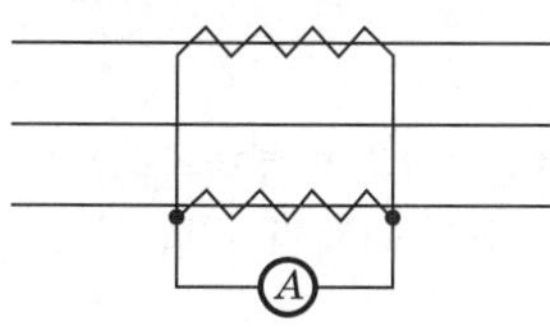

① 60 ② $60\sqrt{3}$
③ 30 ④ $30\sqrt{3}$

해설 다음 그림 (a)와 같이 각 선전류를 I_U, I_V, I_W, 변류기의 2차 전류를 I_u, I_w라 하면 평형 3상 회로이므로 그림 (b)와 같은 벡터도로 되고 회로도 및 벡터도에서 알 수 있는 바와 같이 전류계 Ⓐ에 흐르는 전류는 $I_u+I_w=I_U\times\frac{5}{200}+I_W\times\frac{5}{200}=\frac{I_U+I_W}{40}=-\frac{I_V}{40}$가 되고,

그 크기는 1.5[A]이므로 $\frac{I_V}{40}=1.5$[A]

$\therefore\ I_V=1.5\times40=60$[A]

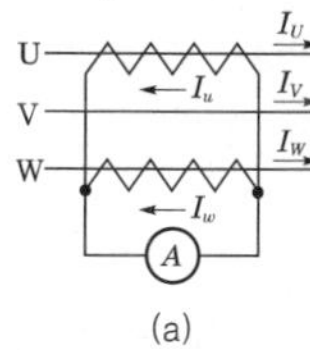

(a)

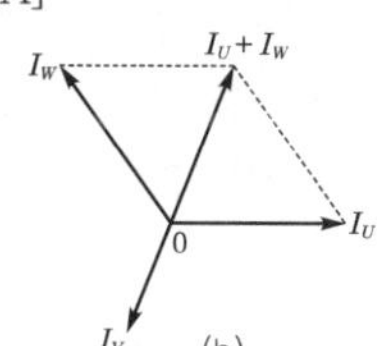

(b)

답 ①

178

핵심이론 찾아보기▶핵심 03-9 기사 14년 출제

평형 3상 전류를 측정하려고 $\frac{60}{5}$[A]의 변류기 2대를 그림과 같이 접속했더니 전류계에 2.5[A]가 흘렀다. 1차 전류는 몇 [A]인가?

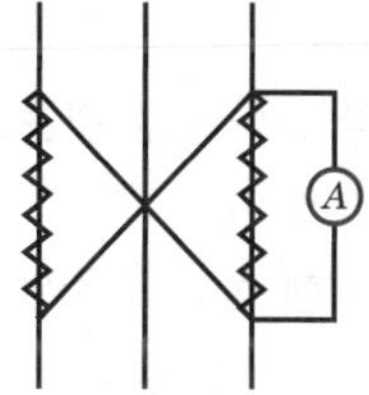

① 5
② $5\sqrt{3}$
③ 10
④ $10\sqrt{3}$

해설 변류비(CT비)$=\frac{I_1}{I_2}=\frac{60}{5}$[A]

그림에서 변류기가 차동 접속으로 되어 있어 전류계의 지시값은 2차 전류의 $\sqrt{3}$ 배가 된다.

$\therefore$ 1차 전류 $I_1=\frac{60}{5}\times2.5\times\frac{1}{\sqrt{3}}=10\sqrt{3}$[A]

답 ④

179

핵심이론 찾아보기▶핵심 03-9 기사 21년 출제

전류계를 교체하기 위해 우선 변류기 2차측을 단락시켜야 하는 이유는?

① 측정 오차 방지 ② 2차측 절연 보호
③ 2차측 과전류 보호 ④ 1차측 과전류 방지

해설 변류기 2차측을 개방하면 1차측의 부하 전류가 모두 여자 전류가 되어 큰 자속의 변화로 고전압이 유도되며 2차측 절연 파괴의 위험이 있다. 답 ②

180

핵심이론 찾아보기▶핵심 03-10 기사 17년 출제

변압기의 보호 방식 중 비율 차동 계전기를 사용하는 경우는?

① 고조파 발생을 억제하기 위하여 ② 과여자 전류를 억제하기 위하여
③ 과전압 발생을 억제하기 위하여 ④ 변압기 상간 단락 보호를 위하여

해설 비율 차동 계전기는 입력 전류와 출력 전류 관계비에 의해 동작하는 계전기로서 변압기의 내부 고장(상간 단락, 권선 지락 등)으로부터 보호를 위해 사용한다. 답 ④

181

핵심이론 찾아보기▶핵심 03-3 기사 17년 출제

변압기의 절연 내력 시험 방법이 아닌 것은?

① 가압 시험 ② 유도 시험 ③ 무부하 시험 ④ 충격 전압 시험

해설 변압기의 절연 내력 시험은 충전 부분과 대지 사이 또는 충전 부분 상호 간의 절연 강도를 보증하기 위한 시험으로 가압 시험, 유도 시험, 충격 전압 시험 등 세 가지 종류로 구별한다. 답 ③

182

핵심이론 찾아보기▶핵심 03-9 기사 19년 출제

몰드 변압기의 특징으로 틀린 것은?

① 자기 소화성이 우수하다. ② 소형 경량화가 가능하다.
③ 건식 변압기에 비해 소음이 적다. ④ 유입 변압기에 비해 절연 레벨이 낮다.

해설 몰드 변압기는 철심에 감겨진 권선에 절연 특성이 좋은 에폭시 수지를 고진공에서 몰딩하여 만든 변압기로서 건식 변압기의 단점을 보완하고, 유입 변압기의 장점을 갖고 있으며 유입 변압기에 비해 절연 레벨이 높다. 답 ④

183

핵심이론 찾아보기▶핵심 04-1 기사 14년 출제

유도 전동기의 동작 원리로 옳은 것은?

① 전자 유도와 플레밍의 왼손 법칙 ② 전자 유도와 플레밍의 오른손 법칙
③ 정전 유도와 플레밍의 왼손 법칙 ④ 정전 유도와 플레밍의 오른손 법칙

해설 유도 전동기의 동작 원리는 전자 유도 현상에 의해 회전자 권선에 전류가 흐르고, 자계 중에서 도체에 전류가 흐르면 플레밍의 왼손 법칙에 의해 힘이 작용하여 회전자가 회전한다.

답 ①

184

핵심이론 찾아보기▶핵심 04-1 기사 13년 출제

유도 전동기에서 권선형 회전자에 비해 농형 회전자의 특성이 아닌 것은?

① 구조가 간단하고 효율이 좋다.
② 견고하고 보수가 용이하다.
③ 대용량에서 기동이 용이하다.
④ 중·소형 전동기에 사용된다.

해설 유도 전동기는 회전자에 따라 농형 회전자와 권선형 회전자로 분류된다. 농형은 회전자의 구조가 간단하고 튼튼하며, 취급이 쉽고 운전 중 성능이 좋다. 권선형은 회전자의 구조는 복잡하나 기동 특성이 양호하고 속도 제어를 원활하게 할 수 있다.

답 ③

185

핵심이론 찾아보기▶핵심 04-2 기사 22·11년 출제

회전자가 슬립 s로 회전하고 있을 때, 고정자와 회전자의 실효 권수비를 α라 하면 고정자 기전력 E_1과 회전자 기전력 E_{2s}와의 비는?

① $\dfrac{\alpha}{s}$
② $s\alpha$
③ $(1-s)\alpha$
④ $\dfrac{\alpha}{1-s}$

해설
실효 권수비 $\alpha = \dfrac{E_1}{E_2}$
슬립 s로 회전 시 $E_{2s} = sE_2$
회전 시 권수비 $\alpha = \dfrac{E_1}{E_{2s}} = \dfrac{E_1}{sE_2} = \dfrac{\alpha}{s}$

답 ①

186

핵심이론 찾아보기▶핵심 04-2 기사 21년 출제

3상 유도 전동기에서 회전자가 슬립 s로 회전하고 있을 때 2차 유기 전압 E_{2s} 및 2차 주파수 f_{2s}와 s와의 관계는? (단, E_2는 회전자가 정지하고 있을 때 2차 유기기전력이며 f_1은 1차 주파수이다.)

① $E_{2s} = sE_2$, $f_{2s} = sf_1$
② $E_{2s} = sE_2$, $f_{2s} = \dfrac{f_1}{s}$
③ $E_{2s} = \dfrac{E_2}{s}$, $f_{2s} = \dfrac{f_1}{s}$
④ $E_{2s} = (1-s)E_2$, $f_{2s} = (1-s)f_1$

해설 **3상 유도 전동기가 슬립 s로 회전 시**
2차 유기 전압 $E_{2s} = sE_2$[V]
2차 주파수 $f_{2s} = sf_1$[Hz]

답 ①

187 핵심이론 찾아보기▶핵심 04-2 기사 21년 출제

4극, 60[Hz]인 3상 유도 전동기가 있다. 1,725[rpm]으로 회전하고 있을 때, 2차 기전력의 주파수[Hz]는?

① 2.5 ② 5 ③ 7.5 ④ 10

해설 동기 속도 $N_s = \dfrac{120f}{P} = \dfrac{120 \times 60}{4} = 1,800[\text{rpm}]$

슬립 $s = \dfrac{N_s - N}{N_s} = \dfrac{1,800 - 1,725}{1,800} = 0.0416$

2차 주파수 $f_{2s} = sf_1 = 0.0416 \times 60 = 2.5[\text{Hz}]$

답 ①

188 핵심이론 찾아보기▶핵심 04-2 기사 18년 출제

10극 50[Hz] 3상 유도 전동기가 있다. 회전자도 3상이고 회전자가 정지할 때 2차 1상 간의 전압이 150[V]이다. 이것을 회전자계와 같은 방향으로 400[rpm]으로 회전시킬 때 2차 전압은 몇 [V]인가?

① 50 ② 75 ③ 100 ④ 150

해설 동기 속도 $N_s = \dfrac{120f}{P} = \dfrac{120 \times 50}{10} = 600[\text{rpm}]$

$s = \dfrac{N_s - N}{N_s} = \dfrac{600 - 400}{600} = \dfrac{1}{3}$

2차 유도 전압 $E_{2s} = sE_2 = \dfrac{1}{3} \times 150 = 50[\text{V}]$

답 ①

189 핵심이론 찾아보기▶핵심 04-2 기사 11년 출제

유도 전동기가 회전자 속도 n[rpm]으로 회전할 때, 회전자 전류에 의해 생기는 회전 자계는 고정자의 회전 자계 속도 n_s와 어떤 관계인가?

① n_s와 같다. ② n_s보다 작다.
③ n_s보다 크다. ④ n 속도이다.

해설 3상 유도 전동기의 고정자에 교류 전원을 공급하면, 회전 자계가 발생하고, 전동기의 회전 방향, 회전 자계의 진행 방향으로 회전한다.

답 ①

190 핵심이론 찾아보기▶핵심 04-2 기사 11년 출제

출력 P_o, 2차 동손 P_{2c} , 2차 입력 P_2 및 슬립 s인 유도 전동기에서의 관계는?

① $P_2 : P_{2c} : P_o = 1 : s : (1-s)$ ② $P_2 : P_{2c} : P_o = 1 : (1-s) : s$
③ $P_2 : P_{2c} : P_o = 1 : s^2 : (1-s)$ ④ $P_2 : P_{2c} : P_o = 1 : (1-s) : s^2$

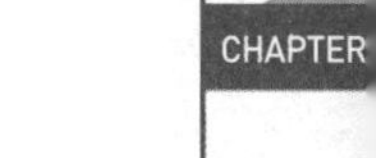

해설
- 2차 입력 : $P_2 = I_2^{\,2} \cdot \dfrac{r_2}{s}$
- 2차 동손 : $P_{2c} = I_2^{\,2} \cdot r_2$
- 출력 : $P_o = I_2^{\,2} \cdot R = I_2^{\,2}\dfrac{1-s}{s}$

$\therefore\ P_2 : P_{2c} : P_o = \dfrac{1}{s} : 1 : \dfrac{1-s}{s} = 1 : s : 1-s$

답 ①

191 핵심이론 찾아보기▶핵심 04-2 기사 15년 출제

3상 유도 전동기의 2차 입력 P_2, 슬립이 s일 때의 2차 동손 P_{2c}는?

① $P_{2c} = \dfrac{P_2}{s}$ ② $P_{2c} = sP_2$ ③ $P_{2c} = s^2 P_2$ ④ $P_{2c} = (1-s)P_2$

해설 $P_2 : P_{2c} = 1 : s$

$\therefore\ P_{2c} = sP_2$

답 ②

192 핵심이론 찾아보기▶핵심 04-2 기사 16년 출제

정격 출력 7.5[kW]의 3상 유도 전동기가 전부하 운전에서 2차 저항손이 300[W]이다. 슬립은 약 몇 [%]인가?

① 3.85 ② 4.61 ③ 7.51 ④ 9.42

해설 $P = 7.5[\text{kW}]$, $P_{2c} = 300[\text{W}] = 0.3[\text{kW}]$이므로 $P_2 = P + P_{2c} = 7.5 + 0.3 = 7.8[\text{kW}]$

$\therefore\ s = \dfrac{P_{2c}}{P_2} = \dfrac{0.3}{7.8} \fallingdotseq 0.0385 = 3.85[\%]$

답 ①

193 핵심이론 찾아보기▶핵심 04-2 기사 22·17년 출제

3상 유도기에서 출력의 변환식으로 옳은 것은?

① $P_o = P_2 + P_{2c} = \dfrac{N}{N_s}P_2 = (2-s)P_2$

② $(1-s)P_2 = \dfrac{N}{N_s}P_2 = P_o - P_{2c} = P_o - sP_2$

③ $P_o = P_2 - P_{2c} = P_2 - sP_2 = \dfrac{N}{N_s}P_2 = (1-s)P_2$

④ $P_o = P_2 + P_{2c} = P_2 + sP_2 = \dfrac{N}{N_s}P_2 = (1+s)P_2$

해설 2차 입력 : 출력 : 2차 동손비

$P_2 : P_o : P_{2c} = 1 : 1-s : s$

출력 $P_o = P_2 - P_{2c} = P_2 - sP_2 = \dfrac{N}{N_s}P_2 = (1-s)P_2$

답 ③

194

핵심이론 찾아보기▶핵심 04-2 기사 21년 출제

50[Hz], 12극의 3상 유도 전동기가 10[HP]의 정격 출력을 내고 있을 때, 회전수는 약 몇 [rpm]인가? (단, 회전자 동손은 350[W]이고, 회전자 입력은 회전자 동손과 정격 출력의 합이다.)

① 468 ② 478 ③ 488 ④ 500

해설 2차 입력 $P_2 = P + P_{2c} = 746 \times 10 + 350 = 7{,}810[\text{W}]$

슬립 $s = \dfrac{P_{2c}}{P_2} = \dfrac{350}{7{,}810} = 0.0448$

회전수 $N = N_s(1-s) = \dfrac{120f}{P}(1-s) = \dfrac{120 \times 50}{12} \times (1-0.0448) = 477.6 \fallingdotseq 478[\text{rpm}]$

195

핵심이론 찾아보기▶핵심 04-2 기사 97년 / 산업 98년 출제

슬립 5[%]인 유도 전동기의 등가 부하 저항은 2차 저항의 몇 배인가?

① 19 ② 20 ③ 29 ④ 40

해설 등가 저항(기계적 출력 정수) R

$$R = \frac{r_2}{s} - r_2 = \left(\frac{1}{s} - 1\right)r_2 = \frac{1-s}{s}r_2 = \frac{1-0.05}{0.05} \cdot r_2 = 19r_2$$

답 ①

196

핵심이론 찾아보기▶핵심 04-2 기사 11년 출제

60[Hz], 4극의 유도 전동기 슬립이 3[%]인 때의 매분 회전수[rpm]는?

① 1,260 ② 1,440 ③ 1,455 ④ 1,746

해설 동기 속도 $N_s = \dfrac{120f}{P} = \dfrac{120 \times 60}{4} = 1{,}800[\text{rpm}]$

회전 속도 $N = N_s(1-s) = 1{,}800 \times (1-0.03) = 1{,}746[\text{rpm}]$

답 ④

197

핵심이론 찾아보기▶핵심 04-2 기사 16년 출제

주파수 60[Hz], 슬립 0.2인 경우 회전자 속도가 720[rpm]일 때 유도 전동기의 극수는?

① 4 ② 6 ③ 8 ④ 12

해설 회전 속도 $N = N_s(1-s)$

동기 속도 $N_s = \dfrac{N}{1-s} = \dfrac{720}{1-0.2} = 900[\text{rpm}]$

$N_s = \dfrac{120f}{P}$에서 극수 $P = \dfrac{120f}{N_s} = \dfrac{120 \times 60}{900} = 8$극

답 ③

198 핵심이론 찾아보기▶핵심 04-2 기사 13년 출제

유도 전동기로 동기 전동기를 기동하는 경우, 유도 전동기의 극수는 동기기의 그것보다 2극 적은 것을 사용하는데 그 이유로 옳은 것은? (단, s는 슬립이며 N_s는 동기 속도이다.)

① 같은 극수로는 유도기는 동기 속도보다 sN_s만큼 느리므로
② 같은 극수로는 유도기는 동기 속도보다 $(1-s)N_s$만큼 느리므로
③ 같은 극수로는 유도기는 동기 속도보다 sN_s만큼 빠르므로
④ 같은 극수로는 유도기는 동기 속도보다 $(1-s)N_s$만큼 빠르므로

해설 극수가 같은 경우 유도 전동기의 회전 속도 $N=N_s(1-s)=N_s-sN_s$이므로 sN_s만큼 느리다.

 ①

199 핵심이론 찾아보기▶핵심 04-2 기사 20년 출제

3상 유도 전동기의 기계적 출력 P[kW], 회전수 N[rpm]인 전동기의 토크[N·m]는?

① $0.46\dfrac{P}{N}$ ② $0.855\dfrac{P}{N}$ ③ $975\dfrac{P}{N}$ ④ $9{,}549.3\dfrac{P}{N}$

해설 전동기의 토크 $T=\dfrac{P}{\omega}=\dfrac{P}{2\pi\dfrac{N}{60}}=\dfrac{60\times10^3}{2\pi}\dfrac{P}{N}=9{,}549.3\dfrac{P}{N}$[N·m]

답 ④

200 핵심이론 찾아보기▶핵심 04-2 기사 12년 출제

60[Hz] 6극 10[kW]인 유도 전동기가 슬립 5[%]로 운전할 때, 2차의 동손이 500[W]이다. 이 전동기의 전부하 시의 토크[kg·m]는?

① 약 4.3 ② 약 8.5 ③ 약 41.8 ④ 약 83.5

해설 회전 속도 $N=N_s(1-s)=\dfrac{120f}{P}(1-s)=\dfrac{120\times6}{6}\times(1-0.05)=1{,}140$[rpm]

토크 $\tau=\dfrac{1}{9.8}\cdot\dfrac{P}{2\pi\dfrac{N}{60}}=\dfrac{1}{9.8}\times\dfrac{10{,}000}{2\pi\times\dfrac{1{,}140}{60}}=8.54$[kg·m]

답 ②

201 핵심이론 찾아보기▶핵심 04-2 기사 01년 / 산업 22·03·97·94년 출제

권선형 유도 전동기의 슬립 s에 있어서의 2차 전류[A]는? (단, E_2, x_2는 전동기 정지 시의 2차 유기 전압과 2차 리액턴스로 하고, r_2는 2차 저항으로 한다.)

① $\dfrac{E_2}{\sqrt{\left(\dfrac{r_2}{s}\right)^2+{x_2}^2}}$ ② $\dfrac{sE^2}{\sqrt{{r_2}^2\dfrac{{x_2}^2}{s}}}$ ③ $\dfrac{E_2}{\left(\dfrac{r_2}{1-s}\right)^2+x_2}$ ④ $\dfrac{E_2}{\sqrt{(sr_2)^2+{x_2}^2}}$

해설 2차 유기기전력 $E_2' = sE_2$[V]

2차 임피던스 $Z_2 = r_2 + jsx_2$[Ω]

2차 전류 $I_2 = \dfrac{E_2'}{Z_2} = \dfrac{sE_2}{r_2 + jsx_2} = \dfrac{E_2}{\dfrac{r_2}{s} + jx_2}$

$= \dfrac{E_2}{\sqrt{\left(\dfrac{r_2}{s}\right)^2 + x_2^2}}$[A]

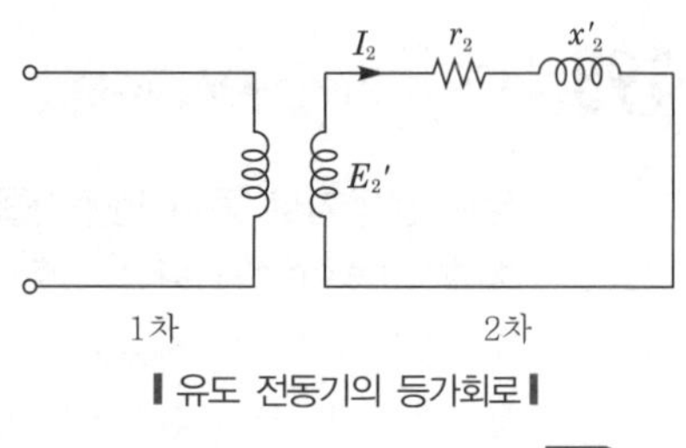

▎유도 전동기의 등가회로▎

답 ①

202

핵심이론 찾아보기▶핵심 04-3 　　기사 14년 출제

3상 유도 전동기에서 회전력과 단자 전압의 관계는?

① 단자 전압과 무관하다.
② 단자 전압에 비례한다.
③ 단자 전압의 2승에 비례한다.
④ 단자 전압의 2승에 반비례한다.

해설

동기 와트로 표시한 토크 $T_s = P_2 = \dfrac{V_1^2 \dfrac{r_2}{s}}{\left(r_1 + \dfrac{r_2}{s}\right)^2 + (x_1 + x_2)^2}$

회전력(토크) $T \propto V_1^2$

답 ③

203

핵심이론 찾아보기▶핵심 04-3 　　기사 91년 / 산업 92년 출제

유도 전동기의 특성에서 토크와 2차 입력, 동기 속도의 관계는?

① 토크는 2차 입력과 동기 속도의 자승에 비례한다.
② 토크는 2차 입력에 비례하고, 회전 속도에 반비례한다.
③ 토크는 2차 입력에 비례하고, 동기 속도에 반비례한다.
④ 토크는 2차 입력과 동기 속도의 곱에 비례한다.

해설 $P_0 = (1-s)P_2,\ N = (1-s)N_s$

$T = \dfrac{P}{\omega} = \dfrac{P_0}{2\pi\dfrac{N}{60}} = \dfrac{(1-s)P_2}{2\pi\dfrac{(1-s)N_s}{60}} = \dfrac{P_2}{2\pi\dfrac{N_s}{60}} \propto \dfrac{P_2}{N_s}$

답 ③

204

핵심이론 찾아보기▶핵심 04-3 　　기사 16년 출제

3상 권선형 유도 전동기의 토크 속도 곡선이 비례 추이한다는 것은 그 곡선이 무엇에 비례해서 이동하는 것을 말하는가?

① 슬립　② 회전수　③ 2차 저항　④ 공급 전압의 크기

해설 토크의 비례 추이는 토크 특성 곡선이 2차 합성 저항$(r_2 + R)$에 정비례하여 이동하는 것을 말한다.

답 ③

205

핵심이론 찾아보기▶핵심 04-3

기사 22·13년 출제

비례 추이를 하는 전동기는?

① 단상 유도 전동기
② 권선형 유도 전동기
③ 동기 전동기
④ 정류자 전동기

해설 비례 추이는 3상 권선형 유도 전동기의 회전자(2차 권선)에 슬립링을 통하여 저항을 연결하고, 2차 합성 저항을 변화하면 일정(같은) 토크에서 슬립이 비례하여 변화한다. 따라서 토크 특성 곡선이 비례하여 이동하는 것이다.

답 ②

206

핵심이론 찾아보기▶핵심 04-3

기사 21년 출제

3상 권선형 유도 전동기 기동 시 2차측에 외부 가변 저항을 넣는 이유는?

① 회전수 감소
② 기동 전류 증가
③ 기동 토크 감소
④ 기동 전류 감소와 기동 토크 증가

해설 3상 권선형 유도 전동기의 기동 시 2차측의 외부에서 가변 저항을 연결하는 목적은 비례 추이 원리를 이용하여 기동 전류를 감소하고 기동 토크를 증가시키기 위해서이다.

답 ④

207

핵심이론 찾아보기▶핵심 04-3

기사 21년 출제

60[Hz], 6극의 3상 권선형 유도 전동기가 있다. 이 전동기의 정격 부하 시 회전수는 1,140[rpm]이다. 이 전동기를 같은 공급 전압에서 전부하 토크로 기동하기 위한 외부 저항은 몇 [Ω]인가? (단, 회전자 권선은 Y결선이며 슬립링 간의 저항은 0.1[Ω]이다.)

① 0.5 ② 0.85 ③ 0.95 ④ 1

해설 동기 속도 $N_s = \dfrac{120f}{P} = \dfrac{120 \times 60}{6} = 1{,}200\,[\text{rpm}]$

슬립 $s = \dfrac{N_s - N}{N_s} = \dfrac{1{,}200 - 1{,}140}{1{,}200} = 0.05$

2차 1상 저항 $r_2 = \dfrac{\text{슬립링 간의 저항}}{2} = \dfrac{0.1}{2} = 0.05\,[\Omega]$

동일 토크의 조건 $\dfrac{r_2}{s} = \dfrac{r_2 + R}{s'}$에서 $\dfrac{0.05}{0.05} = \dfrac{0.05 + R}{1}$

$\therefore\ R = 0.95\,[\Omega]$

답 ③

208

핵심이론 찾아보기▶핵심 04-3

기사 22·17년 출제

슬립 s_t에서 최대 토크를 발생하는 3상 유도 전동기에 2차측 한 상의 저항을 r_2라 하면 최대 토크로 기동하기 위한 2차측 한 상에 외부로부터 가해 주어야 할 저항[Ω]은?

① $\dfrac{1-s_t}{s_t}r_2$ ② $\dfrac{1+s_t}{s_t}r_2$ ③ $\dfrac{r_2}{1-s_t}$ ④ $\dfrac{r_2}{s_t}$

해설 최대 토크를 발생할 때의 슬립과 2차 저항을 s_t, r_2, 기동 시의 슬립과 외부 삽입 저항을 s_s, R이라 하면 $\dfrac{r_2}{s_t}=\dfrac{r_2+R}{s_s}$

기동 시 $s_s=1$이므로 $\dfrac{r_2}{s_t}=\dfrac{r_2+R}{1}$

$\therefore\ R=\dfrac{r_2}{s_t}-r_2=\left(\dfrac{1}{s_t}-1\right)r_2=\left(\dfrac{1-s_t}{s_t}\right)r_2\,[\Omega]$

답 ①

209

핵심이론 찾아보기▶핵심 04-3 　　기사 22·17년 출제

3상 권선형 유도 전동기에서 2차측 저항을 2배로 하면 그 최대 토크는 어떻게 되는가?

① 불변이다.　② 2배 증가한다.

③ $\dfrac{1}{2}$로 감소한다.　④ $\sqrt{2}$배 증가한다.

해설

$$T_{sm}=\frac{{V_1}^2}{2\left\{r_1+\sqrt{{r_1}^2+(x_1+{x_2}')^2}\right\}}\neq r_2$$

최대 토크는 일정하다.

답 ①

210

핵심이론 찾아보기▶핵심 04-3 　　기사 18년 출제

3상 권선형 유도 전동기의 전부하 슬립 5[%], 2차 1상의 저항 0.5[Ω]이다. 이 전동기의 기동 토크를 전부하 토크와 같도록 하려면 외부에서 2차에 삽입할 저항[Ω]은?

① 8.5　② 9　③ 9.5　④ 10

해설 **유도 전동기의 동기 와트로 표시한 토크**

$$T_s=\frac{{V_1}^2\dfrac{{r_2}'}{s}}{\left(r_1+\dfrac{{r_2}'}{s}\right)^2+(x_1+{x_2}')^2}$$ 에서 동일 토크 조건은 $\dfrac{r_2}{s}=\dfrac{r_2+R}{s'}$이다.

$\dfrac{0.5}{0.05}=\dfrac{0.5+R}{1}$

$\therefore\ R=10-0.5=9.5\,[\Omega]$

답 ③

211

핵심이론 찾아보기▶핵심 04-3 　　기사 12년 출제

3상 유도 전동기의 특성에서 비례 추이하지 않는 것은?

① 출력　② 1차 전류　③ 역률　④ 2차 전류

해설

2차 전류 $I_2=\dfrac{E_2}{\sqrt{\left(\dfrac{r_2}{s}\right)^2+{x_2}^2}}$

1차 전류 $I_1={I_1}'+I_0\fallingdotseq {I_1}'$

$$I_1 = \frac{1}{\alpha\beta} I_2 = \frac{1}{\alpha\beta} \cdot \frac{E_2}{\sqrt{\left(\frac{r_2}{s}\right)^2 + {x_2}^2}}$$

동기 와트(2차 입력) $P_2 = {I_2}^2 \cdot \frac{r_2}{s}$

2차 역률 $\cos\theta_2 = \frac{r_2}{Z_2} = \frac{r_2}{\sqrt{{r_2}^2 + (sx_2)^2}} = \frac{\frac{r_2}{s}}{\sqrt{\left(\frac{r_2}{s}\right)^2 + {x_2}^2}}$

$\left(\frac{r_2}{s}\right)$가 들어 있는 함수는 비례 추이를 할 수 있다. 따라서 출력, 효율, 2차 동손 등은 비례 추이가 불가능하다.

답 ①

212 핵심이론 찾아보기▶핵심 04-3

기사 16년 출제

유도 전동기의 최대 토크를 발생하는 슬립을 s_t, 최대 출력을 발생하는 슬립을 s_p라 하면 대소 관계는?

① $s_p = s_t$ ② $s_p > s_t$

③ $s_p < s_t$ ④ 일정치 않다.

해설
$$s_t = \frac{{r_2}'}{\sqrt{{r_1}^2 + (x_1 + {x_2}')^2}} \fallingdotseq \frac{{r_2}'}{{x_2}'} = \frac{r_2}{x_2}$$

$$s_p = \frac{{r_2}'}{{r_2}' + \sqrt{(r_1 + {r_2}')^2 + (x_1 + {x_2}')^2}} \fallingdotseq \frac{{r_2}'}{{r_2}' + Z}$$

$$\frac{{r_2}'}{{x_2}'} > \frac{{r_2}'}{{r_2}' + Z}$$

$$\therefore\ s_t > s_p$$

답 ③

213 핵심이론 찾아보기▶핵심 04-5

기사 01·96·94·84·83·82·80년 / 산업 13·09·05·03·00·96·85년 출제

3상 유도 전동기의 원선도를 그리려면 등가회로의 상수를 구할 때에 몇 가지 실험이 필요하다. 시험이 아닌 것은?

① 무부하 시험 ② 구속 시험

③ 고정자 권선의 저항 측정 ④ 슬립 측정

해설 **원선도 작성 시 필요한 시험**

- 무부하 시험
- 구속 시험
- 권선의 저항 측정

답 ④

214

핵심이론 찾아보기▶핵심 04-5 　　기사 16년 출제

3상 유도 전동기 원선도에서 역률[%]을 표시하는 것은?

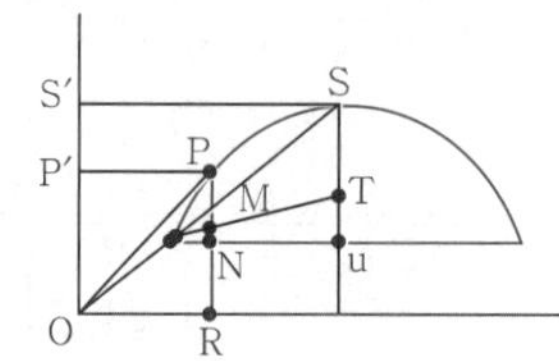

① $\dfrac{\overline{OS'}}{\overline{OS}}\times 100$　② $\dfrac{\overline{SS'}}{\overline{OS}}\times 100$　③ $\dfrac{\overline{OP'}}{\overline{OP}}\times 100$　④ $\dfrac{\overline{OS}}{\overline{OP}}\times 100$

해설 원선도에서 선분 $\overline{OP'}$는 전압, 선분 $\overline{OP}$는 전류를 나타내므로

역률 $\cos\theta = \dfrac{\overline{OP'}}{\overline{OP}}\times 100[\%]$

답 ③

215

핵심이론 찾아보기▶핵심 04-5 　　기사 19년 출제

E를 전압, r을 1차로 환산한 저항, x를 1차로 환산한 리액턴스라고 할 때 유도 전동기의 원선도에서 원의 지름을 나타내는 것은?

① $E\cdot r$　② $E\cdot x$　③ $\dfrac{E}{x}$　④ $\dfrac{E}{r}$

해설 유도 전동기의 원선도에서 원의 지름 D는 저항 $R=0$일 때의 전류$\left(I=\dfrac{E}{R+jx}\right)$이므로

$D\propto\dfrac{E}{x}$로 나타낸다.

답 ③

216

핵심이론 찾아보기▶핵심 04-4 　　기사 12년 출제

유도 전동기의 2차 효율은? (단, s는 슬립이다.)

① $\dfrac{1}{s}$　② s　③ $1-s$　④ s^2

해설 2차 효율 $\eta_2=\dfrac{P_o}{P_2}=\dfrac{(1-s)P_2}{P_2}=1-s$

답 ③

217

핵심이론 찾아보기▶핵심 04-4 　　기사 12년 출제

동기 각속도 ω_0, 회전자 각속도 ω인 유도 전동기의 2차 효율은?

① $\dfrac{\omega_0}{\omega}$　② $\dfrac{\omega}{\omega_0}$　③ $\dfrac{\omega_0-\omega}{\omega_0}$　④ $\dfrac{\omega_0-\omega}{\omega}$

해설

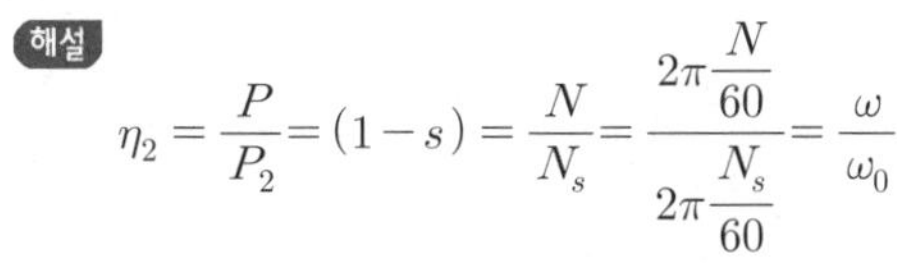

$$\eta_2 = \frac{P}{P_2} = (1-s) = \frac{N}{N_s} = \frac{2\pi\frac{N}{60}}{2\pi\frac{N_s}{60}} = \frac{\omega}{\omega_0}$$

답 ②

218

핵심이론 찾아보기▶핵심 04-6 | 기사 18년 출제

3상 농형 유도 전동기의 기동 방법으로 틀린 것은?

① Y-△ 기동 ② 전전압 기동 ③ 리액터 기동 ④ 2차 저항에 의한 기동

해설 **3상 유도 전동기의 기동법**

- 농형
  - 전전압 기동 P=5[HP] 이하
  - Y-△ 기동 P=5~15[kW]
  - 리액터 기동
  - 기동 보상기 기동법 P=20[kW] 이상
- 권선형
  - 2차 저항 기동
  - 게르게스(Gorges) 기동

답 ④

219

핵심이론 찾아보기▶핵심 04-6 | 기사 16년 출제

3상 유도 전동기의 기동법 중 Y-△ 기동법으로 기동 시 1차 권선의 각 상에 가해지는 전압은 기동 시 및 운전 시 각각 정격전압의 몇 배가 가해지는가?

① 1, $\frac{1}{\sqrt{3}}$ ② $\frac{1}{\sqrt{3}}$, 1 ③ $\sqrt{3}$, $\frac{1}{\sqrt{3}}$ ④ $\frac{1}{\sqrt{3}}$, $\sqrt{3}$

해설 기동 시 고정자 권선의 결선이 Y결선이므로 상전압은 $\frac{1}{\sqrt{3}}V_0$이고, 운전 시 △결선이 되어 상전압과 선간전압은 동일하다.

답 ②

220

핵심이론 찾아보기▶핵심 04-6 | 기사 19년 출제

유도 전동기의 기동 시 공급하는 전압을 단권 변압기에 의해서 일시 강하시켜서 기동 전류를 제한하는 기동 방법은?

① Y-△ 기동 ② 저항 기동
③ 직접 기동 ④ 기동 보상기에 의한 기동

해설 농형 유도 전동기의 기동에서 소형은 전전압 기동, 중형은 Y-△ 기동, 대용량은 강압용 단권 변압기를 이용한 기동 보상기법을 사용한다.

답 ④

221

핵심이론 찾아보기▶핵심 04-6 | 기사 12년 출제

다음 중 권선형 유도 전동기의 기동법은?

① 분상 기동법 ② 2차 저항 기동법 ③ 콘덴서 기동법 ④ 반발 기동법

해설 3상 권선형 유도 전동기의 기동법
- 2차 저항 기동법
- 게르게스(Gorges) 기동법

답 ②

222

핵심이론 찾아보기▶핵심 04-6

기사 17년 출제

농형 유도 전동기에 주로 사용되는 속도 제어법은?

① 극수 제어법 ② 종속 제어법 ③ 2차 여자 제어법 ④ 2차 저항 제어법

해설 농형 유도 전동기의 속도 제어법은 주파수 제어, 극수 변환 제어가 있고, 권선형 유도 전동기의 속도 제어법은 2차 저항 제어, 2차 여자 제어, 종속 제어가 있다.

답 ①

223

핵심이론 찾아보기▶핵심 04-6

기사 16년 출제

VVVF(Variable Voltage Variable Frequency)는 어떤 전동기의 속도 제어에 사용되는가?

① 동기 전동기 ② 유도 전동기 ③ 직류 복권 전동기 ④ 직류 타여자 전동기

해설 VVVF(Variable Voltage Variable Frequency) 제어는 유도 전동기의 주파수 변환에 의한 속도 제어이다.

답 ②

224

핵심이론 찾아보기▶핵심 04-6

기사 18년 출제

권선형 유도 전동기 저항 제어법의 단점 중 틀린 것은?

① 운전 효율이 낮다.
② 부하에 대한 속도 변동이 작다.
③ 제어용 저항기는 가격이 비싸다.
④ 부하가 적을 때는 광범위한 속도 조정이 곤란하다.

해설 권선형 유도 전동기의 2차 저항 제어는 구조가 간결하여 조작이 용이하며 기동기로 사용할 수 있는 장점이 있으나, 전류 용량이 큰 저항기로 가격이 비싸고 운전 효율이 낮으며 저속에서 광범위한 속도 조정이 곤란하다.

답 ②

225

핵심이론 찾아보기▶핵심 04-6

기사 18년 출제

유도 전동기의 2차 여자 제어법에 대한 설명으로 틀린 것은?

① 역률을 개선할 수 있다.
② 권선형 전동기에 한하여 이용된다.
③ 동기 속도 이하로 광범위하게 제어할 수 있다.
④ 2차 저항손이 매우 커지며 효율이 저하된다.

해설 유도 전동기의 2차 여자 제어법은 2차(회전자)에 슬립 주파수 전압을 외부에서 공급하여 속도를 제어하는 방법으로 권선형에서만 사용이 가능하며 역률을 개선할 수 있고, 광범위로 원활하게 제어할 수 있으며 효율도 양호하다.

답 ④

226 핵심이론 찾아보기▶핵심 04-6 기사 16년 출제

유도 전동기의 1차 전압 변화에 의한 속도 제어시 SCR을 사용하여 변화시키는 것은?

① 토크 ② 전류 ③ 주파수 ④ 위상각

해설 유도 전동기의 1차 전압 변화에 의한 속도 제어에는 리액터 제어, 이그나이트론 또는 SCR에 의한 제어가 있으며 SCR은 점호각의 위상 제어에 의해 도전 시간을 변화시켜 출력 전압의 평균값을 조정할 수 있다.

답 ④

227 핵심이론 찾아보기▶핵심 04-6 기사 19년 출제

유도 전동기의 속도 제어를 인버터 방식으로 사용하는 경우 1차 주파수에 비례하여 1차 전압을 공급하는 이유는?

① 역률을 제어하기 위해 ② 슬립을 증가시키기 위해
③ 자속을 일정하게 하기 위해 ④ 발생 토크를 증가시키기 위해

해설 1차 전압 $V_1 = 4.44 f N \phi_m k_w$

유도 전동기의 토크는 자속에 비례하고 속도 제어 시 일정한 토크를 얻기 위해서는 자속이 일정하여야 한다.

그러므로 주파수 제어를 할 경우 자속을 일정하게 하기 위해서 1차 공급 전압을 주파수에 비례하여 변화한다.

답 ③

228 핵심이론 찾아보기▶핵심 04-6 기사 17년 출제

60[Hz]인 3상 8극 및 2극의 유도 전동기를 차동 종속으로 접속하여 운전할 때의 무부하 속도 [rpm]는?

① 720 ② 900 ③ 1,000 ④ 1,200

해설 2대의 권선형 유도 전동기를 차동 종속으로 접속하여 운전할 때

무부하 속도 $N = \dfrac{120f}{P_1 - P_2} = \dfrac{120 \times 60}{8-2} = 1{,}200\,[\text{rpm}]$

답 ④

229 핵심이론 찾아보기▶핵심 04-6 기사 20년 출제

전부하로 운전하고 있는 50[Hz], 4극의 권선형 유도 전동기가 있다. 전부하에서 속도를 1,440[rpm]에서 1,000[rpm]으로 변화시키자면 2차에 약 몇 [Ω]의 저항을 넣어야 하는가? (단, 2차 저항은 0.02[Ω]이다.)

① 0.147 ② 0.18 ③ 0.02 ④ 0.024

해설 동기 속도 $N_s = \dfrac{120f}{P} = \dfrac{120 \times 50}{4} = 1{,}500\,[\text{rpm}]$

슬립 $s = \dfrac{N_s - N}{N_s} = \dfrac{1{,}500 - 1{,}440}{1{,}500} = 0.04$

$$s' = \frac{N_s - N'}{N_s} = \frac{1{,}500 - 1{,}000}{1{,}500} = \frac{1}{3}$$

동일 토크 조건 : $\frac{r_2}{s} = \frac{r_2 + R}{s'}$

$\frac{0.02}{0.04} = \frac{0.02 + R}{\frac{1}{3}}$ 에서

$R = 0.167 - 0.02 = 0.147[\Omega]$

답 ①

230

핵심이론 찾아보기▶핵심 04-6

기사 21년 출제

60[Hz], 600[rpm]의 동기 전동기에 직결된 기동용 유도 전동기의 극수는?

① 6　② 8　③ 10　④ 12

해설 동기 전동기의 극수 $P = \frac{120f}{N_s} = \frac{120 \times 60}{600} = 12$[극]

기동용 유도 전동기는 동기 속도보다 sN_s만큼 속도가 늦으므로 동기 전동기의 극수에서 2극 적은 10극을 사용해야 한다.

답 ③

231

핵심이론 찾아보기▶핵심 04-6

기사 19년 출제

유도 전동기의 회전 속도를 N[rpm], 동기 속도를 N_s[rpm]이라 하고 순방향 회전 자계의 슬립을 s라고 하면, 역방향 회전 자계에 대한 회전자 슬립은?

① $s-1$　② $1-s$

③ $s-2$　④ $2-s$

해설 역회전 시 슬립 $s' = \frac{N_s - (-N)}{N_s} = \frac{N_s + N}{N_s} = \frac{N_s + N_s}{N_s} - \frac{N_s - N}{N_s} = 2 - s$

답 ④

232

핵심이론 찾아보기▶핵심 04-6

기사 11년 출제

유도 전동기의 부하를 증가시키면 역률은?

① 좋아진다.　② 나빠진다.

③ 변함이 없다.　④ 1이 된다.

해설 유도 전동기의 무부하 전류 $I_0 = I_i + I_\phi \fallingdotseq I_\phi$[A]

유도 전동기의 출력 $P = I_2^{\,2}R = I_2^{\,2}\left(\frac{1-s}{s}\right)r_2$[W]

유도 전동기의 무부하 상태에서는 자화 전류(지상 전류)에 의해 역률이 떨어지나 부하가 증가하면 저항 성분의 유효 전류의 증가로 역률이 좋아진다.

답 ①

233 핵심이론 찾아보기▶핵심 04-6

기사 20년 출제

유도 전동기에서 공급 전압의 크기가 일정하고 전원 주파수만 낮아질 때 일어나는 현상으로 옳은 것은?

① 철손이 감소한다.　② 온도 상승이 커진다.
③ 여자 전류가 감소한다.　④ 회전 속도가 증가한다.

해설 **유도 전동기의 공급 전압 일정 상태에서의 현상**

- 철손 $P_i \propto \dfrac{1}{f}$
- 여자 전류 $I_0 \propto \dfrac{1}{f}$
- 회전 속도 $N = N_s(1-s) = \dfrac{120f}{P}(1-s) \propto f$
- 손실이 증가하면 온도는 상승한다.

답 ②

234 핵심이론 찾아보기▶핵심 04-6

기사 14년 출제

3상 유도 전동기의 슬립이 $s<0$인 경우를 설명한 것으로 틀린 것은?

① 동기 속도 이상이다.　② 유도 발전기로 사용된다.
③ 유도 전동기 단독으로 동작이 가능하다.　④ 속도를 증가시키면 출력이 증가한다.

해설 슬립 $s = \dfrac{N_s - N}{N_s}$ 이므로 유도 전동기의 회전자 속도(N)가 동기 속도(N_s)보다 빠르면($s<0$) 유도 발전기가 되며 회전자를 회전시키기 위해서는 원동기가 필요하다.

답 ③

235 핵심이론 찾아보기▶핵심 04-6

기사 17년 출제

유도 전동기의 안정 운전의 조건은? (단, T_m : 전동기 토크, T_L : 부하 토크, n : 회전수)

① $\dfrac{dT_m}{dn} < \dfrac{dT_L}{dn}$　② $\dfrac{dT_m}{dn} = \dfrac{d{T_L}^2}{dn}$　③ $\dfrac{dT_m}{dn} > \dfrac{dT_L}{dn}$　④ $\dfrac{dT_m}{dn} \neq \dfrac{d{T_L}^2}{dn}$

해설

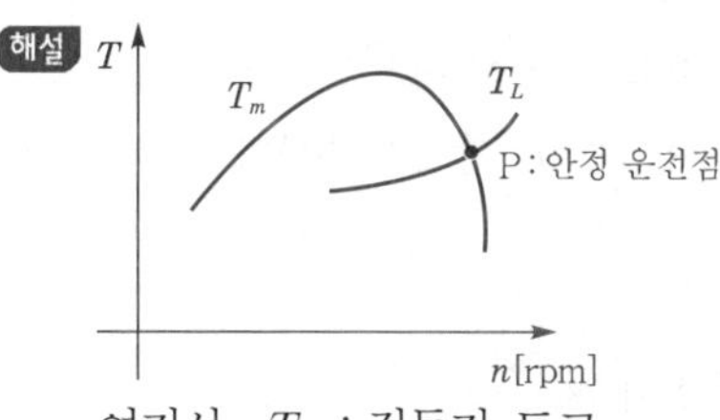

여기서, T_m : 전동기 토크
T_L : 부하의 반항 토크

안정된 운전을 위해서는 $\dfrac{dT_m}{dn} < \dfrac{dT_L}{dn}$ 이어야 한다.

즉, 부하의 반항 토크 기울기가 전동기 토크 기울기보다 큰 점에서 안정 운전을 한다.

답 ①

236 핵심이론 찾아보기▶**핵심 04-응용** 기사 21년 출제

3상 유도 전동기에서 고조파 회전 자계가 기본파 회전 방향과 역방향인 고조파는?

① 제3고조파 ② 제5고조파
③ 제7고조파 ④ 제13고조파

해설 3상 유도 전동기의 고조파에 의한 회전 자계의 방향과 속도는 다음과 같다.

- $h_1 = 2mn + 1 = 7,\ 13,\ 19,\ \cdots$

  기본파와 같은 방향, $\dfrac{1}{h_1}$배로 회전

- $h_2 = 2mn - 1 = 5,\ 11,\ 17,\ \cdots$

  기본파와 반대 방향, $\dfrac{1}{h_2}$배로 회전

- $h_0 = mn \pm 0 = 3,\ 9,\ 15,\ \cdots$

  회전 자계가 발생하지 않는다.

답 ②

237 핵심이론 찾아보기▶**핵심 04-2** 기사 21년 출제

유도 전동기의 슬립을 측정하려고 한다. 다음 중 슬립의 측정법이 아닌 것은?

① 수화기법 ② 직류 밀리볼트계법
③ 스트로보스코프법 ④ 프로니 브레이크법

해설 **유도 전동기의 슬립 측정법**

- 수화기법
- 직류 밀리볼트계법
- 스트로보스코프법

답 ④

238 핵심이론 찾아보기▶**핵심 04-2** 기사 20년 출제

유도 전동기를 정격 상태로 사용 중 전압이 10[%] 상승할 때 특성 변화로 틀린 것은? (단, 부하는 일정 토크라고 가정한다.)

① 슬립이 작아진다. ② 역률이 떨어진다.
③ 속도가 감소한다. ④ 히스테리시스손과 와류손이 증가한다.

해설
- 슬립 $s \propto \dfrac{1}{{V_1}^2}$: 슬립이 감소한다.
- 회전 속도 $N = N_s(1-s)$: 회전 속도가 상승한다.
- 최대 자속 $\phi_m = \dfrac{V_1}{4.44fN_1}$: 최대 자속이 증가하여 역률이 저하, 철손이 증가한다.

답 ③

239 핵심이론 찾아보기▶핵심 04-4

기사 21년 출제

10[kW], 3상, 380[V] 유도 전동기의 전부하 전류는 약 몇 [A]인가? (단, 전동기의 효율은 85[%], 역률은 85[%]이다.)

① 15 ② 21 ③ 26 ④ 36

해설 출력 $P=\sqrt{3}\,VI\cos\theta\cdot\eta\times10^{-3}$[kW]

전부하 전류 $I=\dfrac{P}{\sqrt{3}\,V\cos\theta\cdot\eta\times10^{-3}}=\dfrac{10\times10^{3}}{\sqrt{3}\times380\times0.85\times0.85}=21$[A]

답 ②

240 핵심이론 찾아보기▶핵심 04-7

기사 17년 출제

일반적인 농형 유도 전동기에 비하여 2중 농형 유도 전동기의 특징으로 옳은 것은?

① 손실이 적다. ② 슬립이 크다.
③ 최대 토크가 크다. ④ 기동 토크가 크다.

해설 2중 농형 유도 전동기는 저항이 크고, 리액턴스가 작은 기동 권선과 저항이 작고, 리액턴스가 큰 운전용 권선을 갖고 있어 보통 농형에 비하여 기동 전류가 작고, 기동 토크가 큰 특수 농형 유도 전동기이다.

답 ④

241 핵심이론 찾아보기▶핵심 04-6

기사 14년 출제

유도 전동기에 게르게스(Gorges) 현상이 생기는 슬립은 대략 얼마인가?

① 0.25 ② 0.50 ③ 0.70 ④ 0.80

해설 3상 권선형 유도 전동기가 운전 중에 회전자의 1상이 단선되면 역방향의 회전 자계가 발생하여 슬립 $s=0.5$ 정도에서 안정 운전이 되어버리는 것을 게르게스(Gorges) 현상이라고 한다.

답 ②

242 핵심이론 찾아보기▶핵심 04-2

기사 20년 출제

단상 유도 전동기를 2전동기설로 설명하는 경우 정방향 회전 자계의 슬립이 0.2이면, 역방향 회전 자계의 슬립은 얼마인가?

① 0.2 ② 0.8 ③ 1.8 ④ 2.0

해설 슬립 $s=\dfrac{N_s-N}{N_s}=0.2$

역회전 시 슬립 $s'=\dfrac{N_s-(-N)}{N_s}=\dfrac{N_s+N}{N_s}=\dfrac{2N_s-(N_s-N)}{N_s}=2-\dfrac{N_s-N}{N_s}=2-s$
$=2-0.2=1.8$

답 ③

243

핵심이론 찾아보기▶핵심 04-8 기사 14년 출제

단상 유도 전동기의 기동 방법 중 기동 토크가 가장 큰 것은?

① 반발 기동형 ② 분상 기동형
③ 셰이딩 코일형 ④ 콘덴서 분산 기동형

해설 단상 유도 전동기의 기동 토크가 큰 것부터 차례로 배열하면 다음과 같다.
- 반발 기동형
- 콘덴서 기동형
- 분상 기동형
- 셰이딩(shading) 코일형

답 ①

244

핵심이론 찾아보기▶핵심 04-8 기사 13년 출제

브러시의 위치를 이동시켜 회전 방향을 역회전시킬 수 있는 단상 유도 전동기는?

① 반발 기동형 전동기 ② 셰이딩 코일형 전동기
③ 분상 기동형 전동기 ④ 콘덴서 전동기

해설 단상 유도 전동기에서 셰이딩 코일형은 회전 방향이 일정하고, 분상 기동형과 콘덴서 전동기는 기동 권선의 결선을 반대로 하면 역회전하며, 반발 기동형은 브러시의 위치를 90° 이동하면 반대 방향으로 회전한다.

답 ①

245

핵심이론 찾아보기▶핵심 04-8 기사 13년 출제

단상 유도 전압 조정기에서 1차 전원 전압을 V_1이라 하고, 2차 유도 전압을 E_2라고 할 때 부하 단자 전압을 연속적으로 가변할 수 있는 조정 범위는?

① $0 \sim V_1$까지 ② V_1+E_2까지
③ V_1-E_2까지 ④ V_1+E_2에서 V_1-E_2까지

해설 유도 전압 조정기의 2차 전압 $V_2=V_1+E_2\cos\alpha$[V]에서 회전각 $\alpha=0\sim180°$로 조정할 수 있으므로 2차 전압의 조정 범위는 V_1+E_2에서 V_1-E_2[V]이다.

답 ④

246

핵심이론 찾아보기▶핵심 04-8 기사 21년 출제

단상 유도 전압 조정기에서 단락 권선의 역할은?

① 철손 경감 ② 절연 보호
③ 전압강하 경감 ④ 전압 조정 용이

해설 단상 유도 전압 조정기의 단락 권선은 누설 리액턴스를 감소하여 전압강하를 적게 한다.

답 ③

247 핵심이론 찾아보기▶핵심 04-9

기사 16년 출제

3상 유도 전압 조정기의 동작 원리 중 가장 적당한 것은?

① 두 전류 사이에 작용하는 힘이다.
② 교번 자계의 전자 유도 작용을 이용한다.
③ 충전된 두 물체 사이에 작용하는 힘이다.
④ 회전 자계에 의한 유도 작용을 이용하여 2차 전압의 위상 전압 조정에 따라 변화한다.

해설 3상 유도 전압 조정기의 원리는 회전 자계에 의한 유도 작용을 이용하여 2차 권선 전압의 위상을 조정함에 따라 2차 선간전압이 변화한다.

답 ④

248 핵심이론 찾아보기▶핵심 04-9

기사 19년 출제

유도 발전기의 동작 특성에 관한 설명 중 틀린 것은?

① 병렬로 접속된 동기 발전기에서 여자를 취해야 한다.
② 효율과 역률이 낮으며 소출력의 자동 수력 발전기와 같은 용도에 사용된다.
③ 유도 발전기의 주파수를 증가하려면 회전 속도를 동기 속도 이상으로 회전시켜야 한다.
④ 선로에 단락이 생긴 경우에는 여자가 상실되므로 단락 전류는 동기 발전기에 비해 적고 지속 시간도 짧다.

해설 유도 발전기의 주파수는 전원의 주파수로 정하고 회전 속도와는 관계가 없다.

답 ③

249 핵심이론 찾아보기▶핵심 05-2

기사 97년 / 산업 89·83·82년 출제

수은 정류기의 역호 발생의 큰 원인은?

① 내부 저항의 저하
② 전원 주파수의 저하
③ 전원 전압의 상승
④ 과부하 전류

해설 **역호의 원인**

- 과부하에 의한 과전류
- 과열
- 과냉
- 화성의 불충분
- 양극의 수은 방울 부착

답 ④

250 핵심이론 찾아보기▶핵심 05-3

기사 21년 출제

단상 반파 정류 회로에서 직류 전압의 평균값 210[V]를 얻는데 필요한 변압기 2차 전압의 실효값은 약 몇 [V]인가? (단, 부하는 순저항이고, 정류기의 전압강하 평균값은 15[V]로 한다.)

① 400
② 433
③ 500
④ 566

해설 단상 반파 정류 회로에서

직류 전압 평균값 $E_d = \dfrac{\sqrt{2}E}{\pi} - e = 0.45E - e$

전압의 실효값 $E = \dfrac{(E_d + e)}{0.45} = \dfrac{210+15}{0.45} = 500[V]$

답 ③

251

핵심이론 찾아보기▶핵심 05-3 기사 16년 출제

단상 전파 정류에서 공급 전압이 E 일 때 무부하 직류 전압의 평균값은? (단, 브리지 다이오드를 사용한 전파 정류 회로이다.)

① $0.90E$ ② $0.45E$ ③ $0.75E$ ④ $1.17E$

해설 브리지 정류 회로이므로 단상 정류 회로이다.
부하 양단의 직류 전압 e_d의 평균값 E_{d0}는

$\therefore E_{d0} = \dfrac{2}{\pi}\int_0^{\pi}\sqrt{2}E\sin\theta d\theta = \dfrac{2\sqrt{2}}{\pi}E \fallingdotseq 0.90E[V]$

답 ①

252

핵심이론 찾아보기▶핵심 05-3 기사 17년 출제

다이오드 2개를 이용하여 전파 정류를 하고, 순저항 부하에 전력을 공급하는 회로가 있다. 저항에 걸리는 직류분 전압이 90[V]라면 다이오드에 걸리는 최대 역전압[V]의 크기는?

① 90 ② 242.8 ③ 254.5 ④ 282.8

해설 직류 전압 $E_d = \dfrac{2\sqrt{2}}{\pi}E = 0.9E$

교류 전압 $E = \dfrac{E_d}{0.9} = \dfrac{90}{0.9} = 100[V]$

최대 역전압(PIV) $V_{in} = 2 \cdot E_m = 2\sqrt{2}E = 2\sqrt{2} \times 100 = 282.8[V]$

답 ④

253

핵심이론 찾아보기▶핵심 05-3 기사 92년 출제

다음 그림의 회로에서 저항 부하에 전류를 흘릴 때, 부하측의 파형은?

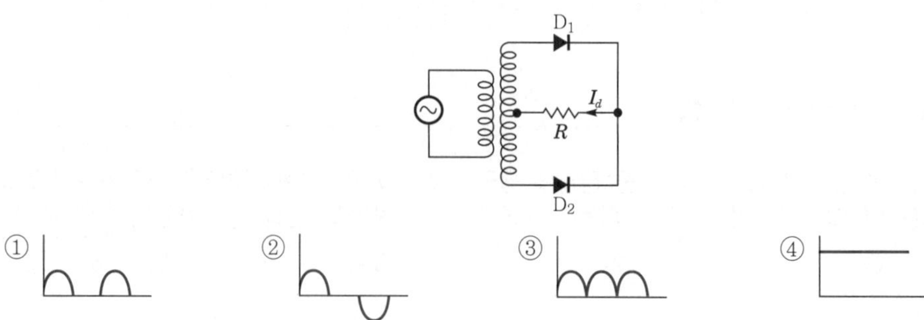

해설 단상 전파 정류이다.

답 ③

254

핵심이론 찾아보기▶핵심 05-3

기사 22년 출제

정류기의 직류측 평균 전압이 2,000[V]이고 리플률이 3[%]일 경우, 리플 전압의 실효값[V]은?

① 20 ② 30 ③ 50 ④ 60

해설 맥동률(리플률) ν[%]

$$\nu=\frac{\text{출력 전압의 교류 성분 실효값}}{\text{출력 전압의 직류 성분}}\times 100[\%]$$

리플 전압(교류 성분 전압) 실효값 E

$E=\nu\cdot E_d=0.03\times 2{,}000=60[\text{V}]$

답 ④

255

핵심이론 찾아보기▶핵심 05-3

기사 12년 출제

반도체 정류기에서 첨두 역방향 내 전압이 가장 큰 것은?

① 셀렌 정류기 ② 게르마늄 정류기 ③ 실리콘 정류기 ④ 아산화동 정류기

해설 반도체 정류 소자의 첨두 역방향 내 전압은 셀렌(Se) 약 40[V], 게르마늄(Ge) 25~400[V], 실리콘(Si) 25~1,200[V]이다.

답 ③

256

핵심이론 찾아보기▶핵심 05-3

기사 12년 출제

Y결선 한 변압기의 2차측에 다이오드 6개로 3상 전파의 정류 회로를 구성하고 저항 R을 걸었을 때의 3상 전파 직류 전류의 평균치 I[A]는? (단, E는 교류측의 선간전압이다.)

① $\frac{6\sqrt{2}}{2\pi}\frac{E}{R}$ ② $\frac{3\sqrt{6}}{2\pi}\frac{E}{R}$ ③ $\frac{3\sqrt{6}}{\pi}\frac{E}{R}$ ④ $\frac{6\sqrt{2}}{\pi}\frac{E}{R}$

해설

직류 전압 $E_d=\dfrac{\sqrt{2}\sin\frac{\pi}{m}}{\frac{\pi}{m}}E=\dfrac{\sqrt{2}\sin\frac{\pi}{6}}{\frac{\pi}{6}}E=\dfrac{6\sqrt{2}}{2\pi}E[\text{V}]$

직류 전류 평균값 $I_d=\dfrac{E_d}{R}=\dfrac{6\sqrt{2}E}{2\pi R}[\text{A}]$

(단, m은 상(phase)수로 3상 전파 정류는 6상 반파 정류에 해당하여 $m=6$이다.)

답 ①

257

핵심이론 찾아보기▶핵심 05-3

기사 20년 출제

평형 6상 반파 정류 회로에서 297[V]의 직류 전압을 얻기 위한 입력측 각 상전압은 약 몇 [V]인가? (단, 부하는 순수 저항 부하이다.)

① 110 ② 220 ③ 380 ④ 440

해설 6상 반파 정류 회로=3상 전파 정류 회로

직류 전압 $E_d=\dfrac{6\sqrt{2}}{2\pi}E=1.35E$

교류 전압 $E=\dfrac{E_d}{1.35}=\dfrac{297}{1.35}=220[\text{V}]$

답 ②

258

핵심이론 찾아보기▶핵심 05-4 　　　　기사 11년 출제

다이오드를 이용한 저항 부하의 단상 반파 정류 회로에서 맥동률(리플률)은?

① 0.48　　② 1.11　　③ 1.21　　④ 1.41

해설 단상 반파 정류의 맥동률(ν)

$$\nu = \frac{\text{출력 전압의 교류 성분 실효값}}{\text{출력 전압의 직류 성분}} = \sqrt{\left(\frac{E-E_d}{E_d}\right)^2} = \sqrt{\left(\frac{E}{E_d}\right)^2 - 1} = \sqrt{\left(\frac{\frac{V_m}{2}}{\frac{V_m}{\pi}}\right)^2 - 1}$$

$$= \sqrt{\frac{\pi^2}{4} - 1} = 1.21 = 121[\%]$$

답 ③

259

핵심이론 찾아보기▶핵심 05-4 　　　　기사 10·92·91년 / 산업 10·98년 출제

사이리스터(thyristor) 단상 전파 정류 파형에서의 저항 부하 시 맥동률[%]은?

① 17　　② 48　　③ 52　　④ 83

해설

$$\nu = \frac{\sqrt{E^2 - E_d^2}}{E_d} \times 100 = \sqrt{\left(\frac{E}{E_d}\right)^2 - 1} \times 100 = \sqrt{\left(\frac{\frac{E_m}{\sqrt{2}}}{\frac{2E_m}{\pi}}\right)^2 - 1} \times 100 = \sqrt{\left(\frac{\pi}{2\sqrt{2}}\right)^2 - 1} \times 100$$

$$= \sqrt{\frac{\pi^2}{8} - 1} \times 100 \fallingdotseq 0.48 \times 100 = 48[\%]$$

답 ②

260

핵심이론 찾아보기▶핵심 05-4 　　　　기사 09년 / 산업 05년 출제

단상 반파 정류 회로인 경우 정류 효율은 몇 [%]인가?

① 12.6　　② 40.6　　③ 60.6　　④ 81.2

해설

$$\eta = \frac{P_{dc}}{P_{ac}} \times 100 = \frac{\left(\frac{I_m}{\pi}\right)^2 R_L}{\left(\frac{I_m}{2}\right)^2 R_L} \times 100 = \frac{4}{\pi^2} \times 100 \fallingdotseq 40.6[\%]$$

답 ②

261

핵심이론 찾아보기▶핵심 05-4 　　　　기사 19년 출제

정류 회로에서 상의 수를 크게 했을 경우 옳은 것은?

① 맥동 주파수와 맥동률이 증가한다.
② 맥동률과 맥동 주파수가 감소한다.
③ 맥동 주파수는 증가하고 맥동률은 감소한다.
④ 맥동률과 주파수는 감소하나 출력이 증가한다.

해설 정류 회로에서 상(phase)수를 크게 하면 맥동 주파수는 증가하고 맥동률은 감소한다.

답 ③

262 핵심이론 찾아보기▶핵심 05-5

기사 05년 출제

다음 중 SCR의 기호가 맞는 것은? (단, A는 anode의 약자, K는 cathode의 약자이며 G는 gate의 약자이다.)

①
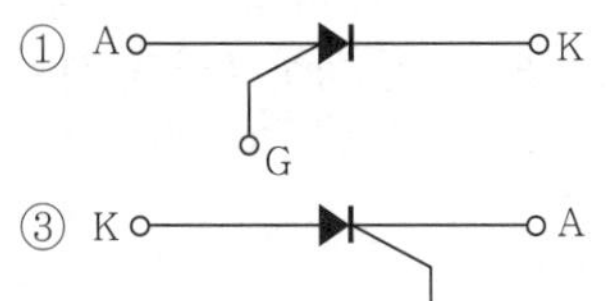

②
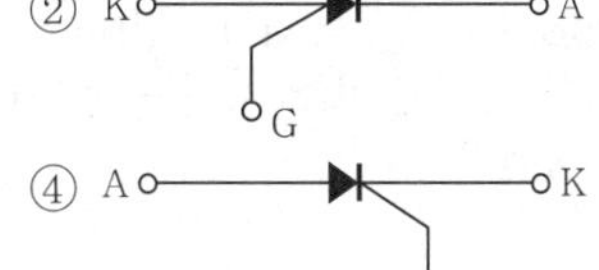

③ K A G

④ A K G

해설

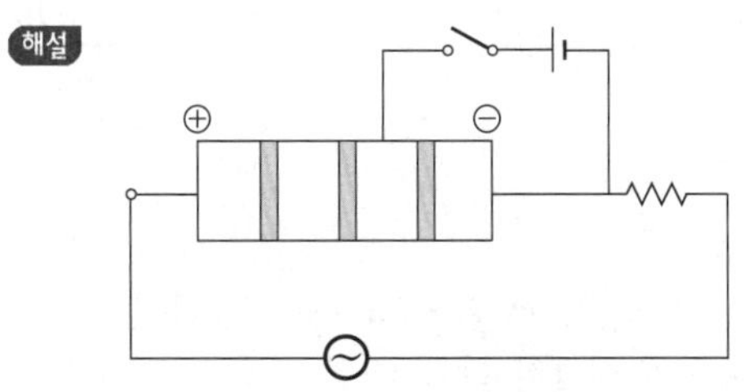

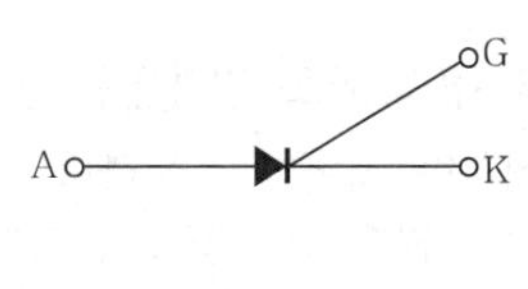

▎SCR 구조와 회로▕ ▎기호(symbol)▕

SCR은 P게이트 SCR과 N게이트 SCR이 있으나 현재는 P게이트 SCR이 주로 사용된다.
①은 N게이트 SCR, ④는 P게이트 SCR이다.

답 ④

263 핵심이론 찾아보기▶핵심 05-5

기사 17년 출제

사이리스터에서 게이트 전류가 증가하면?

① 순방향 저지 전압이 증가한다.
② 순방향 저지 전압이 감소한다.
③ 역방향 저지 전압이 증가한다.
④ 역방향 저지 전압이 감소한다.

해설

순전류
I_{g2} I_{g1} $I_{g0}=0$
브레이크 오버 전압
순전압 →
$I_{g2} > I_{g1} > I_{g0}$

SCR(사이리스터)이 OFF(차단)에서 ON(전도) 상태로 들어가기 위한 전압을 순방향 브레이크 오버 전압이라 하면, 게이트 전류가 증가하면 브레이크 오버 전압은 감소한다.

답 ②

264

핵심이론 찾아보기▶핵심 05-5 기사 18년 출제

실리콘 제어 정류기(SCR)의 설명 중 틀린 것은?

① P－N－P－N 구조로 되어 있다.
② 인버터 회로에 이용될 수 있다.
③ 고속도의 스위치 작용을 할 수 있다.
④ 게이트에 (+)와 (－)의 특성을 갖는 펄스를 인가하여 제어한다.

해설 SCR(Silicon Controlled Rectifier)은 P－N－P－N 4층 구조의 단일 방향 3단자 사이리스터이며 게이트에 +의 펄스 파형을 인가하면 턴온(turn on)되는 고속 스위칭 소자로 인버터 회로에도 이용된다.

답 ④

265

핵심이론 찾아보기▶핵심 05-5 기사 12년 출제

실리콘 정류 소자(SCR)와 관계없는 것은?

① 교류 부하에서만 제어가 가능하다.
② 아크가 생기지 않으므로 열의 발생이 적다.
③ 턴온(turn on)시키기 위해서 필요한 최소의 순전류를 래칭(latching) 전류라 한다.
④ 게이트 신호를 인가할 때부터 도통할 때까지의 시간이 짧다.

해설 실리콘 정류 소자(SCR)는 직류와 교류를 모두 제어할 수 있다.

답 ①

266

핵심이론 찾아보기▶핵심 05-5 기사 12년 출제

사이리스터의 래칭(latching) 전류에 관한 설명으로 옳은 것은?

① 게이트를 개방한 상태에서 사이리스터 도통 상태를 유지하기 위한 최소 전류
② 게이트 전압을 인가한 후에 급히 제거한 상태에서 도통 상태가 유지되는 최소의 순전류
③ 사이리스터의 게이트를 개방한 상태에서 전압이 상승하면 급히 증가하게 되는 순전류
④ 사이리스터가 턴온하기 시작하는 전류

해설 게이트 개방 상태에서 SCR이 도통되고 있을 때 그 상태를 유지하기 위한 최소의 순전류를 유지 전류(holding current)라 하고, 턴온되려고 할 때는 이 이상의 순전류가 필요하며, 확실히 턴온시키기 위해서 필요한 최소의 순전류를 래칭 전류라 한다.

답 ④

267

핵심이론 찾아보기▶핵심 05-3 기사 20년 출제

전원 전압이 100[V]인 단상 전파 정류 제어에서 점호각이 30°일 때 직류 평균 전압은 약 몇 [V]인가?

① 54 ② 64 ③ 84 ④ 94

해설 **직류 전압(평균값)** $E_{d\alpha}$

$$E_{d\alpha}=E_{do}\cdot\frac{1+\cos\alpha}{2}=\frac{2\sqrt{2}\,E}{\pi}\left(\frac{1+\cos 30^\circ}{2}\right)=\frac{2\sqrt{2}\times 100}{\pi}\left(\frac{1+\frac{\sqrt{3}}{2}}{2}\right)=83.97[\mathrm{V}]$$

답 ③

268 핵심이론 찾아보기▶핵심 05-3

기사 19년 출제

그림과 같은 회로에서 V(전원 전압의 실효치)=100[V], 점호각 $\alpha=30°$인 때의 부하 시의 직류 전압 $E_{d\alpha}$[V]는 약 얼마인가? (단, 전류가 연속하는 경우이다.)

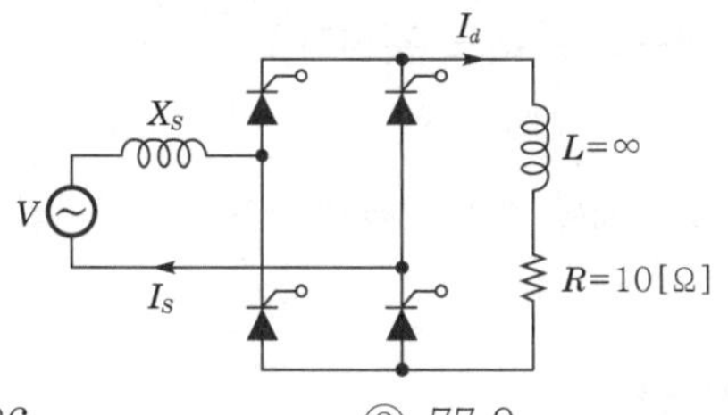

① 90 ② 86 ③ 77.9 ④ 100

해설 유도성 부하($L=\infty$), 점호각 $\alpha=30°$일 때

직류 전압 $E_{d\alpha}=\dfrac{2\sqrt{2}}{\pi}V\cos\alpha=\dfrac{2\sqrt{2}}{\pi}\times 100\times\dfrac{\sqrt{3}}{2}=77.9[\text{V}]$

답 ③

269 핵심이론 찾아보기▶핵심 05-5

기사 11년 출제

반도체 사이리스터에 의한 제어는 어느 것을 변화시키는 것인가?

① 전류 ② 주파수 ③ 토크 ④ 위상각

해설 반도체 사이리스터(thyristor)에 의한 전압을 제어하는 경우 위상각 또는 점호각을 변화시킨다.

답 ④

270 핵심이론 찾아보기▶핵심 05-5

기사 99년 출제

다음 그림과 같이 SCR을 이용하여 교류 전력을 제어할 때, 전압 제어가 가능한 범위는? (단, α : 부하 시의 제어각, γ : 부하 임피던스각)

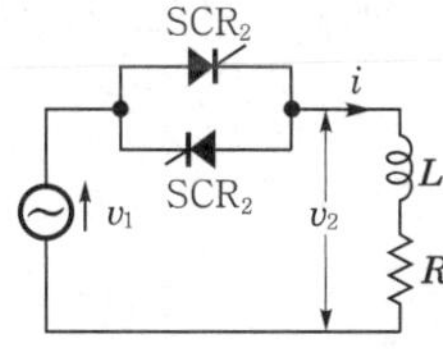

① $\alpha > \gamma$
② $\alpha = \gamma$
③ $\alpha < \gamma$
④ α, γ에 관계없이 가능하다.

해설 SCR을 이용하여 전력 제어할 때 전압 제어가 가능한 범위는 부하 임피던스각보다 큰 범위에서 가능하다.

답 ①

271 핵심이론 찾아보기▶핵심 05-5

기사 16년 출제

3단자 사이리스터가 아닌 것은?

① SCR ② GTO ③ SCS ④ TRIAC

해설 SCS(Silicon Controlled Switch)는 1방향성 4단자 사이리스터이다. 답 ③

272

핵심이론 찾아보기▶핵심 05-5 기사 22·18년 출제

2방향성 3단자 사이리스터는 어느 것인가?

① SCR ② SSS ③ SCS ④ TRIAC

해설 트라이액(TRIAC)은 교류 제어용 쌍방향 3단자 사이리스터(thyristor)이다. 답 ④

273

핵심이론 찾아보기▶핵심 05-5 기사 15년 출제

게이트 조작에 의해 부하 전류 이상으로 유지 전류를 높일 수 있어 게이트 턴온, 턴오프가 가능한 사이리스터는?

① SCR ② GTO ③ LASCR ④ TRIAC

해설 SCR, LASCR, TRIAC의 게이트는 턴온(turn on)을 하고, GTO는 게이트에 흐르는 전류를 점호할 때와 반대로 흐르게 함으로써 소자를 소호시킬 수 있다. 답 ②

274

핵심이론 찾아보기▶핵심 05-5 기사 20년 출제

다음 중 GTO 사이리스터의 특징으로 틀린 것은?

① 각 단자의 명칭은 SCR 사이리스터와 같다.
② 온(on) 상태에서는 양방향 전류 특성을 보인다.
③ 온(on) 드롭(drop)은 약 2 ~ 4[V]가 되어 SCR 사이리스터보다 약간 크다.
④ 오프(off) 상태에서는 SCR 사이리스터처럼 양방향 전압 저지 능력을 갖고 있다.

해설 GTO(Gate Turn Off) 사이리스터는 단일 방향(역저지) 3단자 소자이며 (−) 신호를 게이트에 가하면 온 상태에서 오프 상태로 턴오프시키는 기능을 가지고 있다.

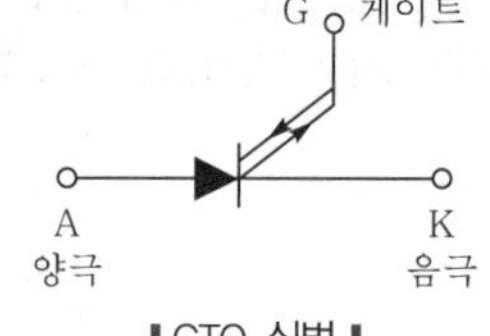

▌GTO 심벌▐

답 ②

275

핵심이론 찾아보기▶핵심 05-5 기사 21년 출제

BJT에 대한 설명으로 틀린 것은?

① Bipolar Junction Thyristor의 약자이다.
② 베이스 전류로 컬렉터 전류를 제어하는 전류 제어 스위치이다.
③ MOSFET, IGBT 등의 전압 제어 스위치보다 훨씬 큰 구동 전력이 필요하다.
④ 회로 기호 B, E, C는 각각 베이스(Base), 이미터(Emitter), 컬렉터(Collector)이다.

해설 BJT는 Bipolar Junction Transistor의 약자이며, 베이스 전류로 컬렉터 전류를 제어하는 스위칭 소자이다. 답 ①

276

핵심이론 찾아보기▶핵심 05-5 기사 20년 출제

IGBT(Insulated Gate Bipolar Transistor)에 대한 설명으로 틀린 것은?

① MOSFET와 같이 전압 제어 소자이다.
② GTO 사이리스터와 같이 역방향 전압 저지 특성을 갖는다.
③ 게이트와 이미터 사이의 입력 임피던스가 매우 낮아 BJT보다 구동하기 쉽다.
④ BJT처럼 On-drop이 전류에 관계없이 낮고 거의 일정하며, MOSFET보다 훨씬 큰 전류를 흘릴 수 있다.

해설 IGBT는 MOSFET의 고속 스위칭과 BJT의 고전압, 대전류 처리 능력을 겸비한 역전압 제어용 소자로서, 게이트와 이미터 사이의 임피던스가 크다. 답 ③

277

핵심이론 찾아보기▶핵심 05-5 기사 21년 출제

사이클로 컨버터(cyclo converter)에 대한 설명으로 틀린 것은?

① DC-DC buck 컨버터와 동일한 구조이다.
② 출력 주파수가 낮은 영역에서 많은 장점이 있다.
③ 시멘트 공장의 분쇄기 등과 같이 대용량 저속 교류 전동기 구동에 주로 사용된다.
④ 교류를 교류로 직접 변환하면서 전압과 주파수를 동시에 가변하는 전력 변환기이다.

해설 사이클로 컨버터는 교류를 직접 다른 주파수의 교류로 전압과 주파수를 동시에 가변하는 전력 변환기이고, DC-DC buck 컨버터는 직류를 직류로 변환하는 직류 변압기이다. 답 ①

278

핵심이론 찾아보기▶핵심 05-5 기사 17년 출제

직류를 다른 전압의 직류로 변환하는 전력 변환 기기는?

① 초퍼　② 인버터　③ 사이클로 컨버터　④ 브리지형 인버터

해설 초퍼(chopper)는 ON·OFF를 고속으로 반복할 수 있는 스위치로 직류를 다른 전압의 직류로 변환하는 전력 변환 기기이다. 답 ①

279

핵심이론 찾아보기▶핵심 05-5 기사 21년 출제

부스트(boost) 컨버터의 입력 전압이 45[V]로 일정하고, 스위칭 주기가 20[kHz], 듀티비(duty ratio)가 0.6, 부하 저항이 10[Ω]일 때 출력 전압은 몇 [V]인가? (단, 인덕터에는 일정한 전류가 흐르고 커패시터 출력 전압의 리플 성분은 무시한다.)

① 27　② 67.5　③ 75　④ 112.5

해설 **부스트(boost) 컨버터의 출력 전압 V_o**

$$V_o = \frac{1}{1-D} V_i = \frac{1}{1-0.6} \times 45 = 112.5[\text{V}]$$

여기서, D : 듀티비(Duty ratio)
부스트 컨버터 : 직류 → 직류로 승압하는 변환기

답 ④

280

핵심이론 찾아보기▶핵심 05-5 기사 21년 출제

다이오드를 사용한 정류 회로에서 다이오드를 여러 개 직렬로 연결하면 어떻게 되는가?

① 전력 공급의 증대
② 출력 전압의 맥동률을 감소
③ 다이오드를 과전류로부터 보호
④ 다이오드를 과전압으로부터 보호

해설 정류 회로에서 다이오드를 여러 개 직렬로 접속하면 다이오드를 과전압으로부터 보호하며, 여러 개 병렬로 접속하면 과전류로부터 보호한다.

답 ④

281

핵심이론 찾아보기▶핵심 05-5 기사 16년 출제

다이오드를 사용하는 정류 회로에서 과대한 부하 전류로 인하여 다이오드가 소손될 우려가 있을 때 가장 적절한 조치는 어느 것인가?

① 다이오드를 병렬로 추가한다.
② 다이오드를 직렬로 추가한다.
③ 다이오드 양단에 적당한 값의 저항을 추가한다.
④ 다이오드 양단에 적당한 값의 콘덴서를 추가한다.

해설 다이오드를 병렬로 접속하면 과전류로부터 보호할 수 있다. 즉, 부하 전류가 증가하면 다이오드를 여러 개 병렬로 접속한다.

답 ①

282

핵심이론 찾아보기▶핵심 04-10 기사 22·18년 출제

단상 직권 정류자 전동기의 전기자 권선과 계자 권선에 대한 설명으로 틀린 것은?

① 계자 권선의 권수를 적게 한다.
② 전기자 권선의 권수를 크게 한다.
③ 변압기 기전력을 적게 하여 역률 저하를 방지한다.
④ 브러시로 단락되는 코일 중의 단락 전류를 많게 한다.

해설 단상 직권 정류자 전동기는 역률 및 정류 개선을 위해 계자 권선의 권수를 적게 하고, 전기자 권선의 권수를 크게 하며 단락 전류를 제한하기 위하여 변압기 기전력을 작게 하고, 고저항 도선을 사용한다.

답 ④

283

핵심이론 찾아보기▶핵심 04-10 기사 12년 출제

75[W] 정도 이하의 소출력 단상 직권 정류자 전동기의 용도로 적합하지 않은 것은?

① 소형 공구 ② 치과 의료용 ③ 믹서 ④ 공작 기계

해설 소출력 단상 직권 정류자 전동기는 직류·교류 양용 전동기로 소형 공구용, 치과 의료용, 가정용 전동기로 유효하다.

답 ④

284

핵심이론 찾아보기▶핵심 04-10

기사 16년 출제

그림은 단상 직권 정류자 전동기의 개념도이다. C를 무엇이라고 하는가?

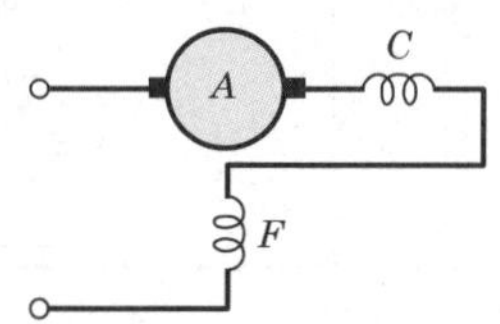

① 제어 권선 ② 보상 권선 ③ 보극 권선 ④ 단층 권선

해설 보상 권선은 전기자 기자력을 상쇄하여 역률 저하를 방지한다.

답 ②

285

핵심이론 찾아보기▶핵심 04-10

기사 14년 출제

단상 직권 정류자 전동기에서 주자속의 최대치를 ϕ_m, 자극수를 P, 전기자 병렬 회로수를 a, 전기자 전 도체수를 Z, 전기자의 속도를 N[rpm]이라 하면 속도 기전력의 실효값 E_r[V]은? (단, 주자속은 정현파이다.)

① $E_r = \sqrt{2}\,\dfrac{P}{a}Z\dfrac{N}{60}\phi_m$

② $E_r = \dfrac{1}{\sqrt{2}}\dfrac{P}{a}ZN\phi_m$

③ $E_r = \dfrac{P}{a}Z\dfrac{N}{60}\phi_m$

④ $E_r = \dfrac{1}{\sqrt{2}}\dfrac{P}{a}Z\dfrac{N}{60}\phi_m$

해설 단상 직권 정류자 전동기는 직·교 양용 전동기로 속도 기전력의 실효값

$$E_r = \frac{1}{\sqrt{2}}\frac{P}{a}Z\frac{N}{60}\phi_m[\mathrm{V}]$$

$\left(\text{직류 전동기의 역기전력 } E = \dfrac{P}{a}Z\dfrac{N}{60}\phi[\mathrm{V}]\right)$

답 ④

286

핵심이론 찾아보기▶핵심 04-10

기사 22·18년 출제

단상 직권 정류자 전동기에서 보상 권선과 저항 도선의 작용을 설명한 것으로 틀린 것은?

① 역률을 좋게 한다.
② 변압기 기전력을 크게 한다.
③ 전기자 반작용을 감소시킨다.
④ 저항 도선은 변압기 기전력에 의한 단락 전류를 적게 한다.

해설 단상 직권 정류자 전동기의 보상 권선은 전기자 반작용을 감소시키고 역률을 좋게 하며 저항 도선은 변압기 기전력에 의한 단락 전류를 적게 한다.

답 ②

287

핵심이론 찾아보기▶핵심 04-10

기사 18년 출제

단상 직권 전동기의 종류가 아닌 것은?

① 직권형 ② 아트킨손형 ③ 보상 직권형 ④ 유도 보상 직권형

해설 단상 직권 정류자 전동기의 종류

직권형	보상 직권형	유도 보상 직권형

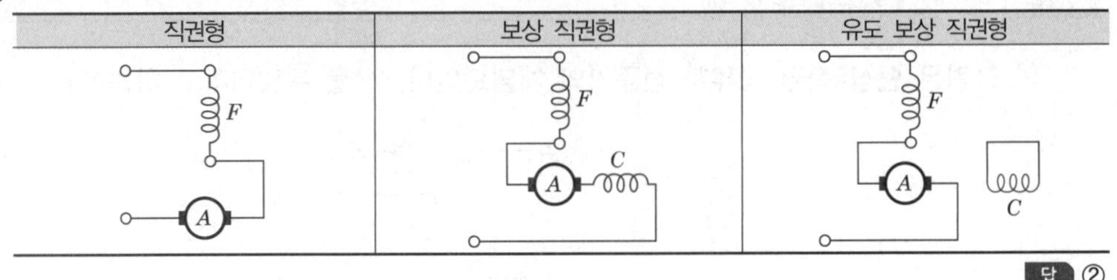

답 ②

288

핵심이론 찾아보기▶핵심 04-10 기사 21년 출제

단상 정류자 전동기의 일종인 단상 반발 전동기에 해당되는 것은?

① 시라게 전동기 ② 반발 유도 전동기
③ 아트킨손형 전동기 ④ 단상 직권 정류자 전동기

해설 직권 정류자 전동기에서 분화된 단상 반발 전동기의 종류는 아트킨손형(Atkinson type), 톰슨형(Thomson type) 및 데리형(Deri type)이 있다.

답 ③

289

핵심이론 찾아보기▶핵심 04-10 기사 22·18년 출제

3상 직권 정류자 전동기에 중간 변압기를 사용하는 이유로 적당하지 않은 것은?

① 중간 변압기를 이용하여 속도 상승을 억제할 수 있다.
② 회전자 전압을 정류 작용에 맞는 값으로 선정할 수 있다.
③ 중간 변압기를 사용하여 누설 리액턴스를 감소할 수 있다.
④ 중간 변압기의 권수비를 바꾸어 전동기 특성을 조정할 수 있다.

해설 3상 직권 정류자 전동기의 중간 변압기를 사용하는 목적은 다음과 같다.
- 전원 전압을 정류 작용에 맞는 값으로 선정할 수 있다.
- 중간 변압기의 권수비를 바꾸어 전동기의 특성을 조정할 수 있다.
- 중간 변압기를 사용하여 철심을 포화하여 두면 속도 상승을 억제할 수 있다.

답 ③

290

핵심이론 찾아보기▶핵심 04-10 기사 20년 출제

3상 분권 정류자 전동기에 속하는 것은?

① 톰슨 전동기 ② 데리 전동기
③ 시라게 전동기 ④ 아트킨손 전동기

해설 시라게 전동기(schrage motor)는 권선형 유도 전동기의 회전자에 정류자를 부착시킨 구조로, 3상 분권 정류자 전동기 중에서 특성이 가장 우수한 전동기이다.

답 ③

291

핵심이론 찾아보기▶**핵심 04-11** 기사 20년 출제

스텝 모터에 대한 설명으로 틀린 것은?

① 가속과 감속이 용이하다.
② 정·역 및 변속이 용이하다.
③ 위치 제어 시 각도 오차가 작다.
④ 브러시 등 부품수가 많아 유지 보수 필요성이 크다.

해설 스텝 모터(step motor)는 펄스 구동 방식의 전동기로 피드백(feed back)이 없이 아주 정밀한 위치 제어와 정·역 및 변속이 용이한 전동기이다.

답 ④

292

핵심이론 찾아보기▶**핵심 04-11** 기사 19년 출제

스텝각이 2°, 스테핑 주파수(pulse rate)가 1,800[pps]인 스테핑 모터의 축속도[rps]는?

① 8　② 10　③ 12　④ 14

해설 스테핑 모터의 축속도 $n = \frac{\beta \times f_p}{360} = \frac{2 \times 1,800}{360°} = 10[\text{rps}]$

답 ②

293

핵심이론 찾아보기▶**핵심 04-11** 기사 17년 출제

일반적인 전동기에 비하여 리니어 전동기(linear motor)의 장점이 아닌 것은?

① 구조가 간단하여 신뢰성이 높다.
② 마찰을 거치지 않고 추진력이 얻어진다.
③ 원심력에 의한 가속 제한이 없고 고속을 쉽게 얻을 수 있다.
④ 기어, 벨트 등 동력 변환 기구가 필요 없고 직접 원운동이 얻어진다.

해설 리니어 모터는 원형 모터를 펼쳐 놓은 형태로 마찰을 거치지 않고 추진력을 얻으며 직접 동력을 전달받아 직선 위를 움직이므로 가·감속이 용이하고 신뢰성이 높아 고속 철도에서 자기 부상차의 추진용으로 개발이 진행되고 있다.

답 ④

294

핵심이론 찾아보기▶**핵심 04-12** 기사 22·16년 출제

회전형 전동기와 선형 전동기(LInear Motor)를 비교한 설명 중 틀린 것은?

① 선형의 경우 회전형에 비해 공극의 크기가 작다.
② 선형의 경우 직접적으로 직선 운동을 얻을 수 있다.
③ 선형의 경우 회전형에 비해 부하 관성의 영향이 크다.
④ 선형의 경우 전원의 상 순서를 바꾸어 이동 방향을 변경한다.

해설 선형 유도 전동기(LIM)의 렌츠의 법칙에 의해 직접적으로 직선 운동을 얻을 수 있으며, 1차측 전원의 상순을 바꾸어 이동 방향을 바꿀 수 있으며 회전형에 비해 공극의 크기가 크다.

답 ①

295

핵심이론 찾아보기▶핵심 04-13 기사 20년 출제

서보 모터의 특징에 대한 설명으로 틀린 것은?

① 발생 토크는 입력 신호에 비례하고, 그 비가 클 것
② 직류 서보 모터에 비하여 교류 서보 모터의 시동 토크가 매우 클 것
③ 시동 토크는 크나 회전부의 관성 모멘트가 작고, 전기적 시정수가 짧을 것
④ 빈번한 시동, 정지, 역전 등의 가혹한 상태에 견디도록 견고하고, 큰 돌입 전류에 견딜 것

해설 • 제어용 서보 모터(servo motor)는 시동 토크가 크고 관성 모멘트가 작으며 속응성이 좋고 시정수가 짧아야 한다.
• 시동 토크는 교류 서보 모터보다 직류 서보 모터가 크다.

답 ②

296

핵심이론 찾아보기▶핵심 04-13 기사 20년 출제

2상 교류 서보 모터를 구동하는 데 필요한 2상 전압을 얻는 방법으로 널리 쓰이는 방법은?

① 2상 전원을 직접 이용하는 방법
② 환상 결선 변압기를 이용하는 방법
③ 여자 권선에 리액터를 삽입하는 방법
④ 증폭기 내에서 위상을 조정하는 방법

해설 제어용 서보 모터(servo motor)는 2상 교류 서보 모터 또는 직류 서보 모터가 있으며 2상 교류 서보 모터의 주권선에는 상용 주파의 교류 전압 E_r, 제어 권선에는 증폭기 내에서 위상을 조정하는 입력 신호 E_c가 공급된다.

답 ④

297

핵심이론 찾아보기▶핵심 04-13 기사 21년 출제

일반적인 DC 서보 모터의 제어에 속하지 않는 것은?

① 역률 제어 ② 토크 제어 ③ 속도 제어 ④ 위치 제어

해설 DC 서보 모터(servo motor)는 위치 제어, 속도 제어 및 토크 제어에 광범위하게 사용된다.

답 ①

298

핵심이론 찾아보기▶핵심 04-11 기사 22·13년 출제

다음은 스텝 모터(step motor)의 장점을 나열한 것이다. 틀린 것은?

① 피드백 루프가 필요 없이 오픈 루프로 손쉽게 속도 및 위치 제어를 할 수 있다.
② 디지털 신호를 직접 제어할 수 있으므로 컴퓨터 등 다른 디지털 기기와 인터페이스가 쉽다.
③ 가속, 감속이 용이하며 정·역전 및 변속이 쉽다.
④ 위치 제어를 할 때 각도 오차가 크고 누적된다.

해설 스테핑 모터는 아주 정밀한 디지털 펄스 구동 방식의 전동기로서 정·역 및 변속이 용이하고 제어 범위가 넓으며 각도의 오차가 적고 축적되지 않으며 정지 위치를 유지하는 힘이 크다. 적용 분야는 타이프 라이터나 프린터의 캐리지(carriage), 리본(ribbon) 프린터 헤드, 용지 공급의 위치 정렬, 로봇 등이 있다.

답 ④

299

핵심이론 찾아보기▶**핵심 01-응용**

기사 14년 출제

정류자형 주파수 변환기의 특성이 아닌 것은?

① 유도 전동기의 2차 여자용 교류 여자기로 사용된다.

② 회전자는 정류자와 3개의 슬립링으로 구성되어 있다.

③ 정류자 위에는 한 개의 자극마다 전기각 $\frac{\pi}{3}$ 간격으로 3조의 브러시로 구성되어 있다.

④ 회전자는 3상 회전 변류기의 전기자와 거의 같은 구조이다.

해설 정류자형 주파수 변환기는 유도 전동기의 2차 교류 여자기로 사용되며, 회전자의 구조는 3상 회전 변류기와 같고 3개의 슬립링과 $\frac{2\pi}{3}$ 간격의 3조 브러시로 구성되어 있다.

답 ③

300

핵심이론 찾아보기▶**핵심 04-13**

기사 12년 출제

브러시리스 DC 서보 모터의 특징으로 틀린 것은?

① 단위 전류당 발생 토크가 크고 효율이 좋다.

② 토크 맥동이 작고, 안정된 제어가 용이하다.

③ 기계적 시간 상수가 크고 응답이 느리다.

④ 기계적 접점이 없고 신뢰성이 높다.

해설 DC 서보 모터는 기계적 시간 상수(시정수)가 작고 응답이 빠른 특성을 갖고 있다.

답 ③

04 CHAPTER 회로이론

001

핵심이론 찾아보기▶핵심 01-1

기사 21·16년 출제

$i = 3t^2 + 2t$[A]의 전류가 도선을 30초간 흘렀을 때 통과한 전체 전기량[Ah]은?

① 4.25 ② 6.75 ③ 7.75 ④ 8.25

해설 $Q = \int_0^{30} (3t^2 + 2t)\, dt = [t^3 + t^2]_0^{30} = 27,900\,[\text{A} \cdot \text{s}] = \frac{27,900}{3,600} = 7.75\,[\text{Ah}]$

답 ③

002

핵심이론 찾아보기▶핵심 01-3

기사 97년 / 산업 90년 출제

1[kg·m/s]는 몇 [W]인가? (단, [kg]은 질량이다.)

① 1 ② 0.98 ③ 9.8 ④ 98

해설 $P = \frac{W}{t}[\text{J/s}] = [\text{N} \cdot \text{m/s}] = [\text{W}]$

$1[\text{kg} \cdot \text{m/s}] = 9.8[\text{N} \cdot \text{m/s}] = 9.8[\text{W}]$

답 ③

003

핵심이론 찾아보기▶핵심 01-5

기사 92년 출제

내부저항 0.1[Ω]인 건전지 10개를 직렬로 접속하고 이것을 한 조로 하여 5조 병렬접속하면 합성 내부저항[Ω]은?

① 5 ② 1 ③ 0.5 ④ 0.2

해설 합성내부저항 $\frac{1}{r} = \frac{1}{1} + \frac{1}{1} + \frac{1}{1} + \frac{1}{1} + \frac{1}{1} = 5[\mho]$

$\therefore\ r = \frac{1}{R} = 0.2[\Omega]$

답 ④

004

핵심이론 찾아보기▶핵심 01-5

기사 16·14·13·95·92·90년 / 산업 96년 출제

$R = 1$[Ω]의 저항을 그림과 같이 무한히 연결할 때, a, b간의 합성저항은?

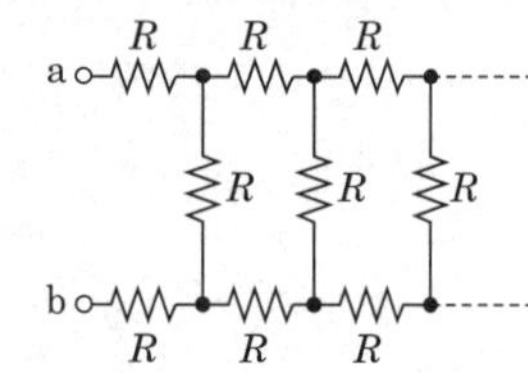

① 0 ② 1 ③ ∞ ④ $1+\sqrt{3}$

해설 그림의 등가회로에서

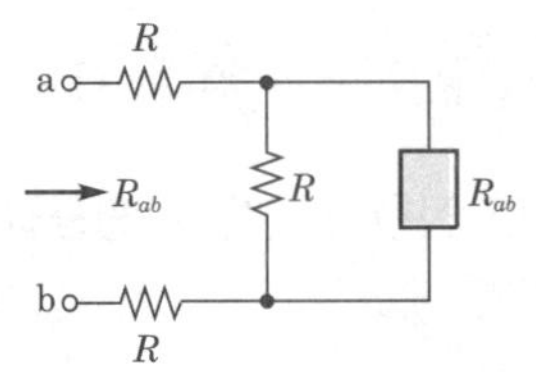

$R_{ab}=2R+\dfrac{R\cdot R_{ab}}{R+R_{ab}}$

$R\cdot R_{ab}+R_{ab}{}^2=2R^2+2R\cdot R_{ab}+R\cdot R_{ab}$

$R_{ab}{}^2-2R\cdot R_{ab}-2R^2=0$

$\therefore\ R_{ab}=R\pm\sqrt{R^2+2R^2}=R(1\pm\sqrt{3})$

여기서, $R_{ab}>0$이어야 하고 $R=1[\Omega]$인 경우이므로

$R_{ab}=R(1+\sqrt{3})[\Omega]$

$\therefore\ R_{ab}=1\times(1+\sqrt{3})=1+\sqrt{3}[\Omega]$

답 ④

005 핵심이론 찾아보기▶핵심 01-8

기사 89년 출제

어떤 전압계의 측정 범위를 20배로 하려면 배율기의 저항 R_m을 전압계의 저항 R_s의 몇 배로 하여야 하는가?

① 30 ② 10 ③ 19 ④ 29

해설 배율 $m=1+\dfrac{R_m}{R_s}$, $20=1+\dfrac{R_m}{R_s}$

$\therefore\ \dfrac{R_m}{R_s}=19$배

답 ③

006 핵심이론 찾아보기▶핵심 02-1

기사 15년 출제

어느 소자에 걸리는 전압은 $v=3\cos 3t$[V]이고, 흐르는 전류 $i=-2\sin(3t+10°)$[A]이다. 전압과 전류 간의 위상차는?

① 10° ② 30° ③ 70° ④ 100°

해설
- 전압 : $v=3\cos 3t=3\sin(3t+90°)$
- 전류 : $i=-2\sin(3t+10°)=2\sin(3t+190°)$

$\therefore$ 위상차 $\theta=190°-90°=100°$

답 ④

007 핵심이론 찾아보기▶핵심 02-1

기사 14년 / 산업 16년 출제

2개의 교류전압 $v_1=141\sin(120\pi t-30°)$[V]와 $v_2=150\cos(120\pi t-30°)$[V]의 위상차를 시간으로 표시하면 몇 초인가?

① $\dfrac{1}{60}$ ② $\dfrac{1}{120}$ ③ $\dfrac{1}{240}$ ④ $\dfrac{1}{360}$

해설 위상차 $\theta=60°-(-30°)=90°=\dfrac{\pi}{2}$

$\therefore$ 시간 $t=\dfrac{T}{4}=\dfrac{1}{4f}=\dfrac{1}{4\times 60}=\dfrac{1}{240}$[s]

답 ③

008

핵심이론 찾아보기▶핵심 02-2

기사 03·92년 / 산업 00·96·93년 출제

어떤 정현파 전압의 평균값이 191[V]이면 최댓값[V]은?

① 약 150 ② 약 250 ③ 약 300 ④ 약 400

해설 $V_{av} = \frac{2}{\pi} V_m = 0.637 V_m$

$\therefore \ V_m = \frac{191}{0.637} \fallingdotseq 300[\text{V}]$

답 ③

009

핵심이론 찾아보기▶핵심 02-2

기사 11·04·93년 출제

삼각파의 최댓값이 1이라면 실효값, 평균값은 각각 얼마인가?

① $\frac{1}{\sqrt{2}}$, $\frac{1}{\sqrt{3}}$ ② $\frac{1}{\sqrt{3}}$, $\frac{1}{2}$ ③ $\frac{1}{\sqrt{2}}$, $\frac{1}{2}$ ④ $\frac{1}{\sqrt{2}}$, $\frac{1}{3}$

해설 삼각파의 실효값과 평균값, 최댓값과의 관계

실효값 $V = \frac{1}{\sqrt{3}} V_m$, 평균값 $V_{av} = \frac{1}{2} V_m$, 최댓값 $V_m = 1$이므로

실효값 $V = \frac{1}{\sqrt{3}}$, 평균값 $V_{av} = \frac{1}{2}$

답 ②

010

핵심이론 찾아보기▶핵심 02-2

기사 16·13·00·92·89년 / 산업 11년 출제

그림과 같은 파형의 파고율은?

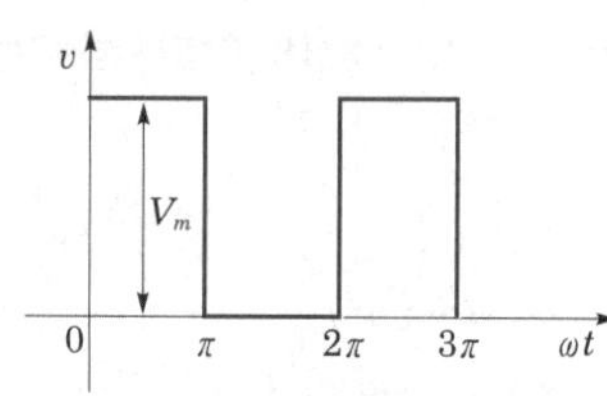

① $\sqrt{2}$ ② $\sqrt{3}$ ③ 2 ④ 3

해설 파고율 $= \frac{\text{최댓값}}{\text{실효값}} = \frac{V_m}{\frac{V_m}{\sqrt{2}}} = \sqrt{2}$

답 ①

011

핵심이론 찾아보기▶핵심 02-2

기사 03년 / 산업 20·15·07·05·03·01·94·93년 출제

구형파의 파형률과 파고율은?

① 1, 0 ② 2, 0 ③ 1, 1 ④ 0, 1

해설 구형파는 평균값, 실효값, 최댓값이 모두 같다.

파형률 $= \frac{\text{실효값}}{\text{평균값}}$, 파고율 $= \frac{\text{최댓값}}{\text{실효값}}$ 이므로 구형파는 파형률, 파고율이 모두 1이 된다.

답 ③

012 핵심이론 찾아보기▶핵심 02-4

기사 88년 / 산업 15년 출제

$V_1 = 100\angle\tan^{-1}\dfrac{4}{3}$, $V_2 = 50\angle\tan^{-1}\dfrac{3}{4}$일 때 $V_1 + V_2$는 얼마인가?

① $90+j120$ ② $100+j110$ ③ $110+j100$ ④ $120+j90$

해설 위상각 $\theta=\tan^{-1}\dfrac{4}{3}$, $\theta=\tan^{-1}\dfrac{3}{4}$을 직각삼각형을 이용하면

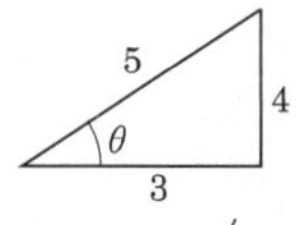

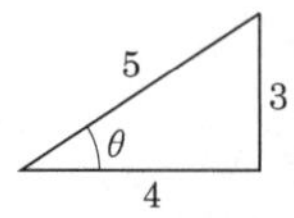

$$V_1=100\angle\tan^{-1}\frac{4}{3}=100(\cos\theta+j\sin\theta)=100\left(\frac{3}{5}+j\frac{4}{5}\right)=60+j80$$

$$V_2=50\angle\tan^{-1}\frac{3}{4}=50(\cos\theta+j\sin\theta)=50\left(\frac{4}{5}+j\frac{3}{5}\right)=40+j30$$

$$\therefore\ V_1+V_2=(60+j80)+(40+j30)=100+j110$$

답 ②

013 핵심이론 찾아보기▶핵심 03-2

기사 16·14년 / 산업 17년 출제

인덕턴스 $L=20$[mH]인 코일에 실효값 $V=50$[V], 주파수 $f=60$[Hz]인 정현파 전압을 인가했을 때 코일에 축적되는 평균 자기에너지는 약 몇 [J]인가?

① 6.3 ② 4.4 ③ 0.63 ④ 0.44

해설 $W=\dfrac{1}{2}LI^2=\dfrac{1}{2}L\left(\dfrac{V}{\omega L}\right)^2=\dfrac{1}{2}\times20\times10^{-3}\times\left(\dfrac{50}{377\times20\times10^{-3}}\right)^2=0.44[\text{J}]$

답 ④

014 핵심이론 찾아보기▶핵심 03-3

기사 19·15·11년 출제

어떤 콘덴서를 300[V]로 충전하는 데 9[J]의 에너지가 필요하였다. 이 콘덴서의 정전용량은 몇 [μF]인가?

① 100 ② 200 ③ 300 ④ 400

해설 정전에너지

$$W=\frac{1}{2}CV^2$$

$$\therefore\ C=\frac{2W}{V^2}=\frac{2\times9}{300^2}\times10^6=200[\mu\text{F}]$$

답 ②

015 핵심이론 찾아보기▶핵심 03-3

기사 19년 출제

커패시터와 인덕터에서 물리적으로 급격히 변화할 수 없는 것은?

① 커패시터와 인덕터에서 모두 전압
② 커패시터와 인덕터에서 모두 전류
③ 커패시터에서 전류, 인덕터에서 전압
④ 커패시터에서 전압, 인덕터에서 전류

해설 $V_L = L\dfrac{di}{dt}$ 이므로 L에서 전류가 급격히 변하면 전압이 ∞가 되어야 하므로 모순이 생긴다. 따라서 L에서는 전류가 급격히 변할 수 없다.

답 ④

016

핵심이론 찾아보기▶핵심 03-4 기사 10·94년 출제

$R-L$ 직렬회로에 $v=100\sin(120\pi t)$[V]의 전원을 연결하여 $i=2\sin(120\pi t-45°)$[A]의 전류가 흐르도록 하려면 저항 R[Ω]의 값은?

① 50 ② $\dfrac{50}{\sqrt{2}}$ ③ $50\sqrt{2}$ ④ 100

해설 임피던스 $Z=\dfrac{V_m}{I_m}=\dfrac{100}{2}=50[\Omega]$, 전압 전류의 위상차 45°이므로

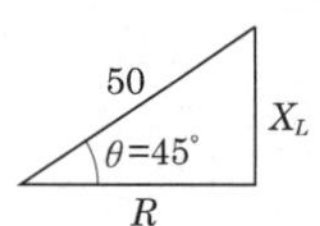

따라서 임피던스 3각형에서

$\therefore\ R=50\cos45°=\dfrac{50}{\sqrt{2}}[\Omega]$

답 ②

017

핵심이론 찾아보기▶핵심 03-4 기사 11·92년 출제

R=20[Ω], L=0.1[H]의 직렬회로에 60[Hz], 115[V]의 교류전압이 인가되어 있다. 인덕턴스에 축적되는 자기 에너지의 평균값은 몇 [J]인가?

① 0.364 ② 3.64 ③ 0.752 ④ 4.52

해설 자기 에너지 $W=\dfrac{1}{2}LI^2=\dfrac{1}{2}\times0.1\times\left(\dfrac{115}{\sqrt{20^2+(2\times3.14\times60\times0.1)^2}}\right)^2=0.364[\text{J}]$

답 ①

018

핵심이론 찾아보기▶핵심 03-6 기사 14년 출제

다음 회로에서 전압 V를 가하니 20[A]의 전류가 흘렀다고 한다. 이 회로의 역률은?

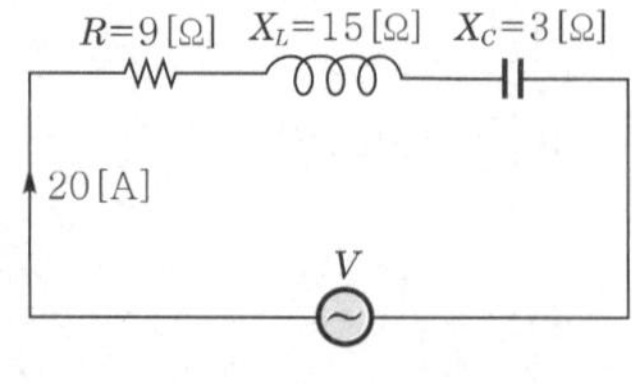

① 0.8 ② 0.6 ③ 1.0 ④ 0.9

해설 합성 임피던스 $Z=R+j(X_L-X_C)=9+j(15-3)=9+j12$

$\therefore$ 역률 $\cos\theta=\dfrac{R}{Z}=\dfrac{9}{\sqrt{9^2+12^2}}=0.6$

답 ②

019 핵심이론 찾아보기▶핵심 03-6 기사 17·14·94년 출제

정현파 교류전원 $v = V_m \sin(\omega t + \theta)$[V]가 인가된 $R-L-C$ 직렬회로에 있어서 $\omega L > \frac{1}{\omega C}$ 일 경우, 이 회로에 흐르는 전류 i는 인가 전압 v와 위상이 어떻게 되는가?

① $\tan^{-1}\frac{\omega L - \frac{1}{\omega C}}{R}$ 앞선다.　② $\tan^{-1}\frac{\omega L - \frac{1}{\omega C}}{R}$ 뒤진다.

③ $\tan^{-1}R\left(\omega L - \frac{1}{\omega C}\right)$ 앞선다.　④ $\tan^{-1}R\left(\omega L - \frac{1}{\omega C}\right)$ 뒤진다.

해설 $\omega L > \frac{1}{\omega C}$ 인 경우이므로 유도성 회로, 따라서 전류 i는 인가 전압 v보다 θ만큼 뒤진다.

이때 $\theta = \tan^{-1}\frac{\omega L - \frac{1}{\omega C}}{R}$ 이 된다.

답 ②

020 핵심이론 찾아보기▶핵심 03-7 기사 89년 출제

저항 30[Ω]과 유도 리액턴스 40[Ω]을 병렬로 접속하고 120[V]의 교류전압을 가했을 때 회로의 역률값은?

① 0.6　② 0.7　③ 0.8　④ 0.9

해설 $\cos\theta = \frac{X_L}{\sqrt{R^2 + X_L^2}} = \frac{40}{\sqrt{30^2 + 40^2}} = 0.8$

답 ③

021 핵심이론 찾아보기▶핵심 03-8 기사 07·04년 출제

$e_s(t) = 3e^{-5t}$인 경우 그림과 같은 회로의 임피던스는?

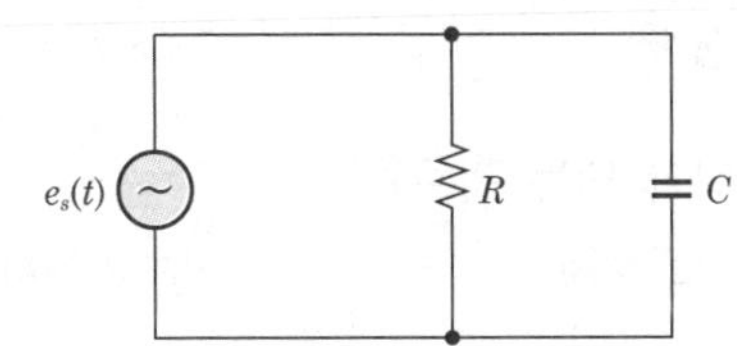

① $\frac{j\omega RC}{1 + j\omega RC}$　② $\frac{1}{1 + RC}$　③ $\frac{R}{1 - 5RC}$　④ $\frac{1 + j\omega RC}{R}$

해설 임피던스 $\boldsymbol{Z} = \frac{1}{\boldsymbol{Y}}$, $e_s(t) = 3e^{-5t}$인 경우이므로 $j\omega = -5$이다.

임피던스 $\boldsymbol{Z} = \frac{1}{\boldsymbol{Y}} = \frac{1}{\frac{1}{R} + j\omega C} = \frac{R}{1 + j\omega CR}$

여기서, $j\omega = -5$이므로 $\boldsymbol{Z} = \frac{R}{1 - 5CR}$

답 ③

022

핵심이론 찾아보기▶핵심 03-8 기사 00·98년 출제

회로에서 i_C값[A]을 구하면?

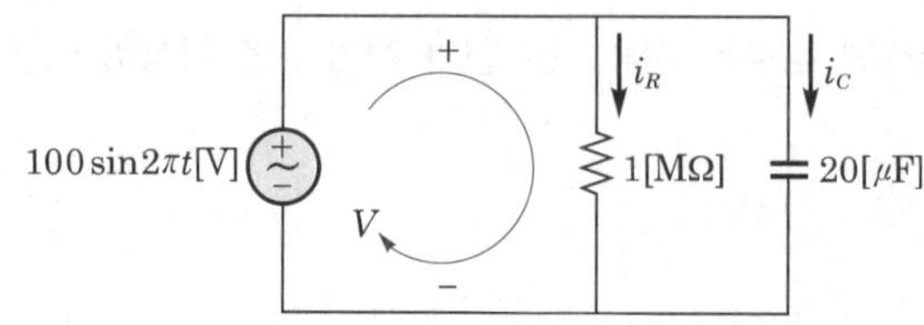

① $4\pi \times 10^{-3}\cos 2\pi t$ ② $4\pi \times 10^{-4}\sin 2\pi t$
③ $4\pi \times 10^{-3}\sin 2\pi t$ ④ $4\pi \times 10^{-4}\cos 2\pi t$

해설 $i_C = C\dfrac{de(t)}{dt} = 20 \times 10^{-6} \times \dfrac{d}{dt}100\sin 2\pi t = 4\pi \times 10^{-3}\cos 2\pi t$[A]

답 ①

023

핵심이론 찾아보기▶핵심 03-9 기사 17년 출제

그림과 같은 회로에서 전류 I[A]는?

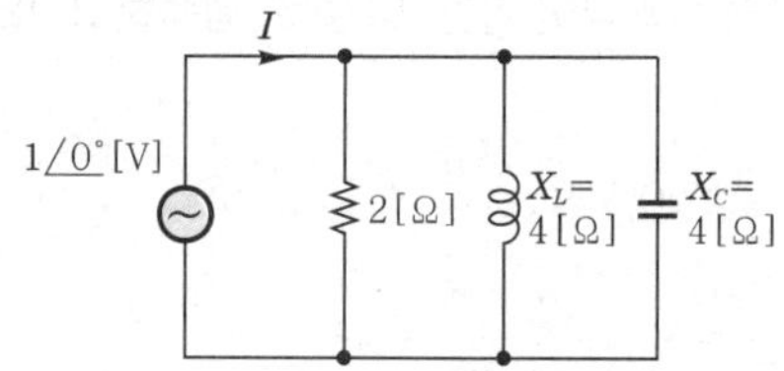

① 0.2 ② 0.5 ③ 0.7 ④ 0.9

해설 $\dot{I} = \dot{I}_R + \dot{I}_L + \dot{I}_C = \dfrac{V}{R} - j\dfrac{V}{X_L} + j\dfrac{V}{X_C} = \dfrac{1}{2} - j\dfrac{1}{4} + j\dfrac{1}{4} = \dfrac{1}{2} = 0.5$[A]

답 ②

024

핵심이론 찾아보기▶핵심 03-10 기사 96년 출제

직렬 공진회로에서 최대가 되는 것은?

① 전류 ② 저항 ③ 리액턴스 ④ 임피던스

해설 임피던스 최소 상태의 회로이므로 전류는 최대 상태가 된다.

답 ①

025

핵심이론 찾아보기▶핵심 03-10 기사 18년 출제

R=100[Ω], X_C=100[Ω]이고 L만을 가변할 수 있는 RLC 직렬회로가 있다. 이때 f= 500[Hz], E=100[V]를 인가하여 L을 변화시킬 때 L의 단자 전압 E_L의 최댓값은 몇 [V]인가? (단, 공진회로이다.)

① 50 ② 100 ③ 150 ④ 200

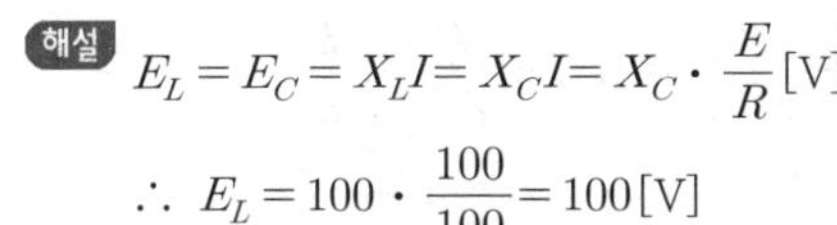

해설 $E_L = E_C = X_L I = X_C I = X_C \cdot \dfrac{E}{R}$[V]

$\therefore\ E_L = 100 \cdot \dfrac{100}{100} = 100$[V]

답 ②

026

핵심이론 찾아보기▶핵심 03-10 기사 09·07·03년 출제

$R=2$[Ω], $L=10$[mH], $C=4$[μF]의 직렬 공진회로의 Q는?

① 25 ② 45 ③ 65 ④ 85

해설 $Q = \dfrac{1}{R}\sqrt{\dfrac{L}{C}} = \dfrac{1}{2}\sqrt{\dfrac{10\times10^{-3}}{4\times10^{-6}}} = 25$

답 ①

027

핵심이론 찾아보기▶핵심 03-10 기사 11년 출제

자체 인덕턴스 $L=0.02$[mH]와 선택도 $Q=60$일 때 코일의 주파수 $f=2$[MHz]였다. 이 코일의 저항[Ω]은?

① 2.2 ② 3.2 ③ 4.2 ④ 5.2

해설 선택도 $Q = S = \dfrac{\omega_0 L}{R}$, 저항 $R = \dfrac{\omega_0 L}{Q} = \dfrac{2\pi\times2\times10^6\times0.02\times10^{-3}}{60} = 4.18 \fallingdotseq 4.2$[Ω]

답 ③

028

핵심이론 찾아보기▶핵심 03-11 기사 04년 / 산업 04년 출제

어떤 $R-L-C$ 병렬회로가 병렬 공진되었을 때 합성 전류는?

① 최소가 된다. ② 최대가 된다.
③ 전류는 흐르지 않는다. ④ 전류는 무한대가 된다.

해설 어드미턴스가 최소 상태가 되므로 임피던스는 최대가 되어 전류는 최소 상태가 된다.

답 ①

029

핵심이론 찾아보기▶핵심 03-12 기사 13년 / 산업 87년 출제

저항 R, 인덕턴스 L인 교류 부하에서 병렬로 C를 연결하여 합성 역률이 1이 되도록 하려고 한다. C의 값을 구하면?

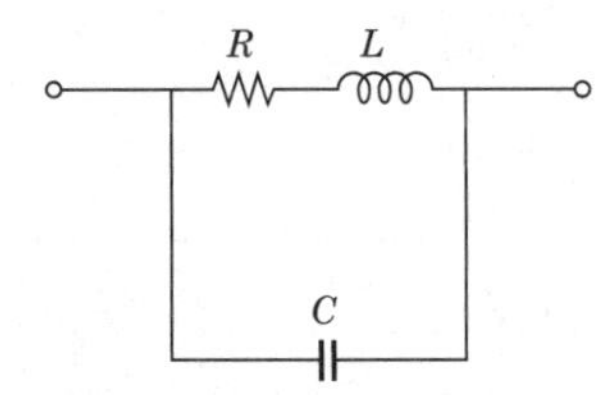

① $\dfrac{1}{\omega^2 L}$ ② $\dfrac{1}{2\pi\sqrt{LC}}$ ③ $\dfrac{L}{R^2+\omega^2L^2}$ ④ $\dfrac{\omega L}{R^2+\omega^2L^2}$

해설 $Y = j\omega C + \dfrac{1}{R + j\omega L} = j\omega C + \dfrac{R - j\omega L}{(R + j\omega L)(R - j\omega L)} = j\omega C + \dfrac{R - j\omega L}{R^2 + \omega^2 L^2}$

$= \dfrac{R}{R^2 + \omega^2 L^2} + j\left(\omega C - \dfrac{\omega L}{R^2 + \omega^2 L^2}\right)$

합성 역률이 1이 되기 위한 공진 조건 $\omega C = \dfrac{\omega L}{R^2 + \omega^2 L^2}$은 어드미턴스의 허수부가 0이 되는 회로

$\therefore\ \omega C - \dfrac{\omega L}{R^2 + \omega^2 L^2} = 0$

$\because\ C = \dfrac{L}{R^2 + \omega^2 L^2}$

답 ③

030

핵심이론 찾아보기▶핵심 03-12 기사 17년 출제

다음과 같은 회로의 공진 시 어드미턴스는?

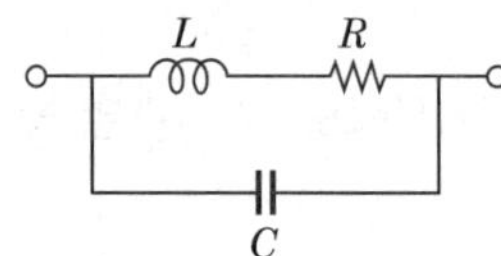

① $\dfrac{RL}{C}$ ② $\dfrac{RC}{L}$ ③ $\dfrac{L}{RC}$ ④ $\dfrac{R}{LC}$

해설 $Y = j\omega C + \dfrac{1}{R + j\omega L} = j\omega C + \dfrac{R - j\omega L}{(R + j\omega L)(R - j\omega L)}$

$= j\omega C + \dfrac{R - j\omega L}{R^2 + \omega^2 L^2} = \dfrac{R}{R^2 + \omega^2 L^2} + j\left(\omega C - \dfrac{\omega L}{R^2 + \omega^2 L^2}\right)$

- 공진 조건 $\omega C = \dfrac{\omega L}{R^2 + \omega^2 L^2}$
- 공진 시 공진 어드미턴스 $Y_0 = \dfrac{R}{R^2 + \omega^2 L^2} = \dfrac{R}{\dfrac{L}{C}} = \dfrac{RC}{L}$ [℧]

답 ②

031

핵심이론 찾아보기▶핵심 04-1 기사 18·14년 출제

어떤 소자에 걸리는 전압과 전류가 아래와 같을 때 이 소자에서 소비되는 전력[W]은 얼마인가?

- $v(t) = 100\sqrt{2}\cos\left(314t - \dfrac{\pi}{6}\right)$[V]
- $i(t) = 3\sqrt{2}\cos\left(314t + \dfrac{\pi}{6}\right)$[A]

① 100 ② 150 ③ 250 ④ 300

해설 $P = VI\cos\theta = 100 \times 3 \times \cos 60° = 150$[W]

답 ②

032 핵심이론 찾아보기▶핵심 04-1

기사 15년 출제

그림과 같은 회로에 주파수 60[Hz], 교류전압 200[V]의 전원이 인가되었다. R의 전력 손실을 $L=0$인 때의 $\frac{1}{2}$로 하면, L의 크기는 약 몇 [H]인가? (단, $R=600[\Omega]$이다.)

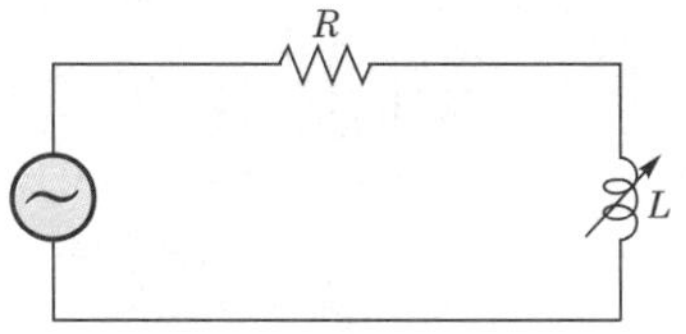

① 0.59　② 1.59
③ 3.62　④ 4.62

해설 $\frac{V^2}{R}\times\frac{1}{2}=\left(\frac{V}{\sqrt{R^2+\omega^2L^2}}\right)^2\cdot R$

$2R^2=R^2+\omega^2L^2$

$R^2=\omega^2L^2$

제곱해서 크기가 같으면 제곱하기 전의 크기도 같다.

따라서, $L=\frac{R}{\omega}=\frac{R}{2\pi f}=\frac{600}{2\pi\times 60}\fallingdotseq 1.59[\mathrm{H}]$

답 ②

033 핵심이론 찾아보기▶핵심 04-1

기사 10년 / 산업 05·03·94·86년 출제

22[kVA]의 부하가 역률 0.8이라면 무효전력[kVar]은?

① 16.6　② 17.6
③ 15.2　④ 13.2

해설 $P_r=VI\sin\theta=22\times 0.6=13.2[\mathrm{kVar}]$

답 ④

034 핵심이론 찾아보기▶핵심 04-1

기사 18년 출제

어떤 회로에 전압을 115[V] 인가하였더니 유효전력이 230[W], 무효전력이 345[Var]를 지시한다면 회로에 흐르는 전류는 약 몇 [A]인가?

① 2.5　② 5.6
③ 3.6　④ 4.5

해설 피상전력 $P_a=\sqrt{P^2+{P_r}^2}=\sqrt{(230)^2+(345)^2}=414.6[\mathrm{VA}]$

$I=\frac{P_a}{V}=\frac{414.6}{115}=3.6[\mathrm{A}]$

답 ③

035 핵심이론 찾아보기▶핵심 04-1

기사 19년 출제

길이에 따라 비례하는 저항값을 가진 어떤 전열선에 E_0[V]의 전압을 인가하면 P_0[W]의 전력이 소비된다. 이 전열선을 잘라 원래 길이의 $\frac{2}{3}$로 만들고 E[V]의 전압을 가한다면 소비전력 P[W]는?

① $P=\frac{P_0}{2}\left(\frac{E}{E_0}\right)^2$ ② $P=\frac{3P_0}{2}\left(\frac{E}{E_0}\right)^2$ ③ $P=\frac{2P_0}{3}\left(\frac{E}{E_0}\right)^2$ ④ $P=\frac{\sqrt{3}P_0}{2}\left(\frac{E}{E_0}\right)^2$

해설

전기저항 $R=\rho\frac{l}{s}$로 전선의 길이에 비례하므로 $\frac{P}{P_0}=\frac{\frac{E^2}{\frac{2}{3}R}}{\frac{E_0^2}{R}}$

$\therefore P=\frac{3P_0}{2}\left(\frac{E}{E_0}\right)^2$

답 ②

036 핵심이론 찾아보기▶핵심 04-2

기사 12·96·94년 / 산업 10년 출제

어떤 회로의 유효전력이 80[W], 무효전력이 60[Var]이면 역률은 몇 [%]인가?

① 50 ② 70 ③ 80 ④ 90

해설 $P_a=\sqrt{P^2+P_r^{\,2}}=\sqrt{80^2+60^2}=100$

$\therefore \cos\theta=\frac{P}{P_a}=\frac{80}{100}=0.8$

$\therefore$ 80[%]

답 ③

037 핵심이론 찾아보기▶핵심 04-3

기사 22·93·87년 출제

다음의 회로에서 $I_1=2e^{-j\pi/3}$, $I_2=5e^{j\pi/3}$, $I_3=1$이다. 이 단상 회로에서의 평균 전력[W] 및 무효전력[Var]은?

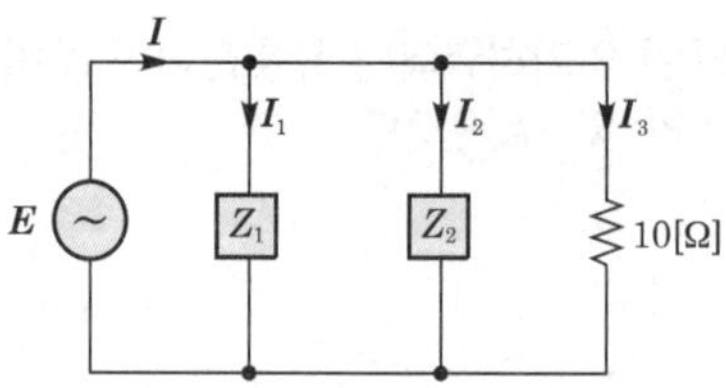

① 10, −9.75 ② 20, 19.5 ③ 20, −19.5 ④ 45, 26

해설

$I=I_1+I_2+I_3=2e^{-j\frac{\pi}{3}}+5e^{j\frac{\pi}{3}}+1=2\left(\cos\frac{\pi}{3}-j\sin\frac{\pi}{3}\right)+5\left(\cos\frac{\pi}{3}+j\sin\frac{\pi}{3}\right)+1$

$=4.5+j2.6$[A]

$E=I_3R=1\times10=10$[V]

$\therefore P_a=E\cdot I=10(4.5+j2.6)=45+j26$[VA]

답 ④

038

핵심이론 찾아보기▶핵심 04-5

기사 16·11년 출제

그림과 같이 전압 V와 저항 R로 구성되는 회로 단자 A－B 간에 적당한 저항 R_L을 접속하여 R_L에서 소비되는 전력을 최대로 하게 했다. 이때 R_L에서 소비되는 전력 P는?

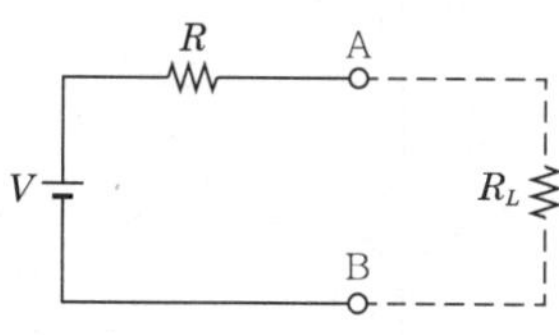

① $\dfrac{V^2}{4R}$

② $\dfrac{V^2}{2R}$

③ R

④ $2R$

해설 최대전력 전달조건 $R_L = R$이므로

최대전력 $P_{\max} = I^2 \cdot R_L\big|_{R_L=R} = \left(\dfrac{V}{(R+R_L)}\right)^2 \cdot R_L\bigg|_{R_L=R} = \dfrac{V^2}{4R}$[W]

답 ①

039

핵심이론 찾아보기▶핵심 04-5

기사 05년 출제

최댓값 V_0, 내부 임피던스 $Z_0 = R_0 + jX_0(R_0 > 0)$인 전원에서 공급할 수 있는 최대전력[W]은?

① $\dfrac{{V_0}^2}{8R_0}$

② $\dfrac{{V_0}^2}{4R_0}$

③ $\dfrac{{V_0}^2}{2R_0}$

④ $\dfrac{{V_0}^2}{2\sqrt{2}R_0}$

해설 실효값 $V = \dfrac{1}{\sqrt{2}}V_0$

$$P_{\max} = \frac{V^2}{4R_0} = \frac{\left(\dfrac{V_0}{\sqrt{2}}\right)^2}{4R_0} = \frac{{V_0}^2}{8R_0}\text{[W]}$$

답 ①

040

핵심이론 찾아보기▶핵심 04-5

산업 15·12·10·01년 출제

내부 임피던스 $Z_g = 0.3 + j2$[Ω]인 발전기에 임피던스 $Z_l = 1.7 + j3$[Ω]인 선로를 연결하여 부하에 전력을 공급한다. 부하 임피던스 Z_0[Ω]가 어떤 값을 취할 때 부하에 최대전력이 전송되는가?

① $2-j5$

② $2+j5$

③ 2

④ $\sqrt{2^2+5^2}$

해설 전원 내부 임피던스 $Z_s = Z_g + Z_l = 0.3+j2+1.7+j3 = 2+j5$[Ω]

최대전력 전달조건 $Z_0 = \overline{Z_s} = 2-j5$[Ω]

답 ①

041

핵심이론 찾아보기▶핵심 05-1

기사 05·04년 / 산업 17·04·88년 출제

그림과 같은 회로에서 $i_1 = I_m \sin\omega t$일 때 개방된 2차 단자에 나타나는 유기 기전력 e_2는 몇 [V]인가?

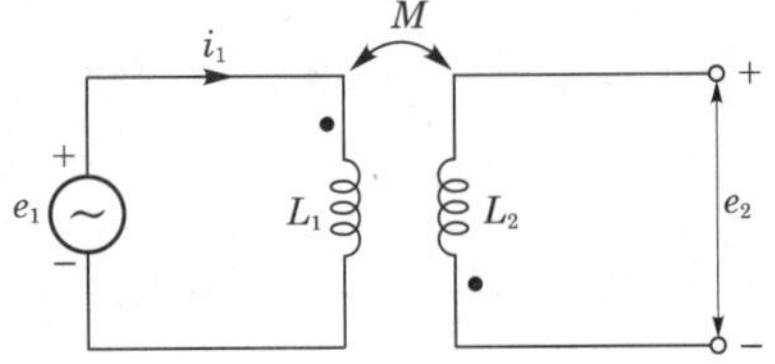

① $\omega M \sin\omega t$ ② $\omega M \cos\omega t$
③ $\omega M I_m \sin(\omega t - 90°)$ ④ $\omega M I_m \sin(\omega t + 90°)$

해설 차동결합이므로 2차 유도기전력

$$e_2 = -M\frac{di_1}{dt} = -M\frac{d}{dt}I_m \sin\omega t = -\omega M I_m \cos\omega t = \omega M I_m \sin(\omega t - 90°)\,[\text{V}]$$

답 ③

042

핵심이론 찾아보기▶핵심 05-1

기사 02·00·99·98년 / 산업 06·02·01·92·90년 출제

코일이 두 개 있다. 한 코일의 전류가 매초 15[A]일 때 다른 코일에는 7.5[V]의 기전력이 유기된다. 두 코일의 상호 인덕턴스[H]는?

① 1 ② $\frac{1}{2}$ ③ $\frac{1}{4}$ ④ 0.75

해설 $e_1 = M\frac{di_2}{dt}$에서 $7.5 = M \times \frac{15}{1}$

$\therefore M = \frac{7.5}{15} = \frac{1}{2}\,[\text{H}]$

답 ②

043

핵심이론 찾아보기▶핵심 05-2

기사 16·14년 출제

직렬로 유도결합된 회로이다. 단자 a−b에서 본 등가 임피던스 Z_{ab}를 나타낸 식은?

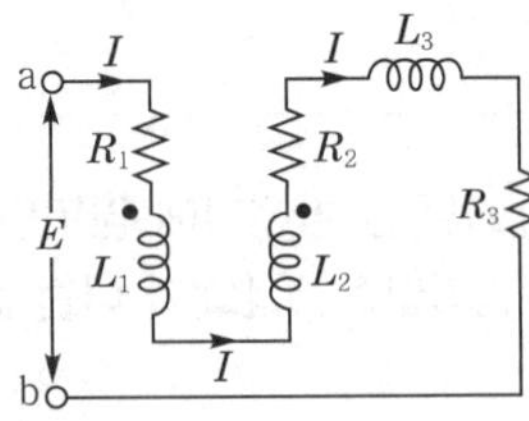

① $R_1 + R_2 + R_3 + j\omega(L_1 + L_2 - 2M)$
② $R_1 + R_2 + j\omega(L_1 + L_2 + 2M)$
③ $R_1 + R_2 + R_3 + j\omega(L_1 + L_2 + L_3 + 2M)$
④ $R_1 + R_2 + R_3 + j\omega(L_1 + L_2 + L_3 - 2M)$

해설 직렬 차동결합이므로 합성 인덕턴스 $L_0 = L_1 + L_2 - 2M$[H]
따라서 등가 직렬 임피던스
$Z = R_1 + j\omega(L_1 + L_2 - 2M) + R_2 + j\omega L_3 + R_3 = R_1 + R_2 + R_3 + j\omega(L_1 + L_2 + L_3 - 2M)$ 답 ④

044 핵심이론 찾아보기▶핵심 05-2

기사 95·87년 출제

서로 결합하고 있는 두 코일 A와 B를 같은 방향으로 감아서 직렬로 접속하면 합성 인덕턴스가 10[mH]가 되고, 반대로 연결하면 합성 인덕턴스가 40[%] 감소한다. A코일의 자기 인덕턴스가 5[mH]라면 B코일의 자기 인덕턴스는 몇 [mH]인가?

① 10 ② 8 ③ 5 ④ 3

해설 **인덕턴스 직렬접속의 합성 인덕턴스**
① 가동결합(가극성) : $L_o = L_1 + L_2 + 2M$[H]
② 차동결합(감극성) : $L_o = L_1 + L_2 - 2M$[H]
합성 인덕턴스 10[mH]는 직렬 가동결합이므로
$10 = L_A + L_B + 2M$[H] ·········· ㉠
반대로 연결하면 차동결합이 되고 합성 인덕턴스가 40[%] 감소하면 6[mH]가 된다.
$6 = L_A + L_B - 2M$[H] ·········· ㉡
㉠-㉡ 식에서
$M = 1$[mH]
$\therefore\ L_B = 10 - L_A - 2M = 10 - 5 - 2 = 3$[mH]

답 ④

045 핵심이론 찾아보기▶핵심 05-3

기사 17·04·97·91년 / 산업 14·13·99·91년 출제

그림과 같은 회로에서 합성 인덕턴스는?

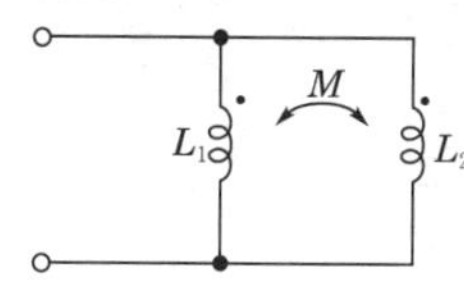

① $\dfrac{L_1L_2 + M^2}{L_1 + L_2 - 2M}$ ② $\dfrac{L_1L_2 - M^2}{L_1 + L_2 - 2M}$ ③ $\dfrac{L_1L_2 + M^2}{L_1 + L_2 + 2M}$ ④ $\dfrac{L_1L_2 - M^2}{L_1 + L_2 + 2M}$

해설 병렬 가동결합이므로 $L = M + \dfrac{(L_1 - M)(L_2 - M)}{(L_1 - M) + (L_2 - M)} = \dfrac{L_1L_2 - M^2}{L_1 + L_2 - 2M}$

답 ②

046 핵심이론 찾아보기▶핵심 05-4

기사 90년 출제

자기 인덕턴스 L_1, L_2가 각각 4[mH], 9[mH]인 두 코일이 이상 결합되었다면 상호 인덕턴스 M[mH]은?

① 6 ② 6.5 ③ 9 ④ 36

해설 이상 결합되었을 경우 결합계수 $k = 1$이다.
$k = \dfrac{M}{\sqrt{L_1L_2}}$ 에서
$\therefore\ M = k\sqrt{L_1L_2} = 1\sqrt{4 \times 9} = 6$[mH]

답 ①

047 핵심이론 찾아보기▶핵심 05-4

기사 07·00년 출제

20[mH]의 두 자기 인덕턴스가 있다. 결합계수를 0.1부터 0.9까지 변화시킬 수 있다면 이것을 접속시켜 얻을 수 있는 합성 인덕턴스의 최댓값과 최솟값의 비는?

① 9 : 1
② 13 : 1
③ 16 : 1
④ 19 : 1

해설 합성 인덕턴스 $L_0 = L_1 + L_2 \pm 2M$[H]이므로

$L_0 = 40 \pm 2M$[mH]

결합계수 $k = \frac{M}{\sqrt{L_1 L_2}}$, 따라서 $M = k\sqrt{L_1 L_2} = 20k$

합성 인덕턴스의 최대, 최솟값의 비이므로 결합계수 $k = 0.9$가 된다.

고로 $L_0 = 40 \pm 2 \times 20 \times 0.9 = 40 \pm 36$[mH]

합성 인덕턴스의 최댓값 : 76[mH]

합성 인덕턴스의 최솟값 : 4[mH]

∴ 최댓값과 최솟값의 비 = 76 : 4 = 19 : 1

답 ④

048 핵심이론 찾아보기▶핵심 05-5

기사 15년 출제

전원측 저항 1[kΩ], 부하 저항 10[Ω]일 때, 이것에 변압비 n : 1의 이상 변압기를 사용하여 정합을 취하려 한다. n의 값으로 옳은 것은?

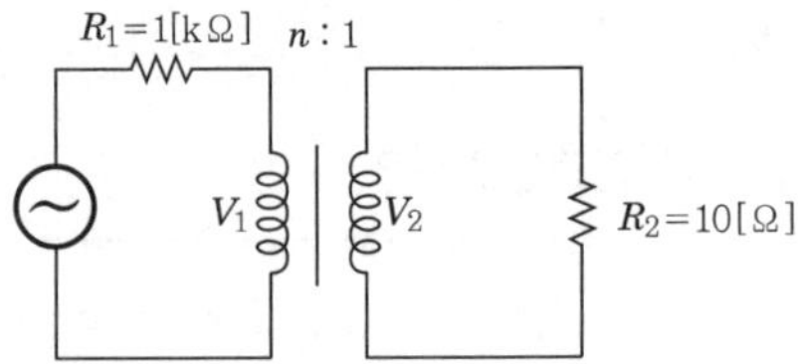

① 1
② 10
③ 100
④ 1,000

해설 권수비 $a = \frac{n_1}{n_2} = \frac{V_1}{V_2} = \frac{I_2}{I_1} = \sqrt{\frac{Z_g}{Z_L}}$

여기서, Z_g : 전원 내부 임피던스, Z_L : 부하 임피던스

$\therefore \frac{n_1}{n_2} = \sqrt{\frac{R_1}{R_2}}$

$\because \frac{n}{1} = \sqrt{\frac{1,000}{10}}$

$n = 10$

답 ②

049

핵심이론 찾아보기▶핵심 05-6

기사 20년 출제

다음 그림의 교류 브리지 회로가 평형이 되는 조건은?

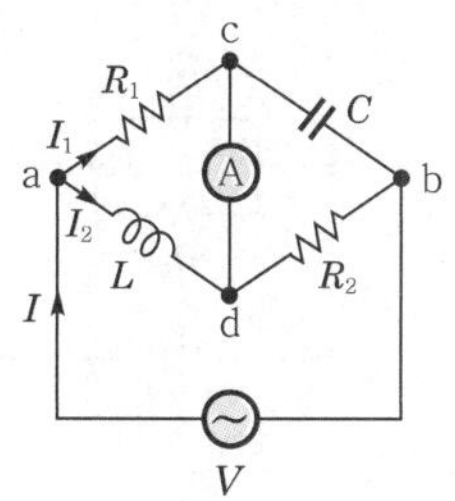

① $L = \dfrac{R_1 R_2}{C}$ ② $L = \dfrac{C}{R_1 R_2}$

③ $L = R_1 R_2 C$ ④ $L = \dfrac{R_2}{R_1} C$

해설 **브리지 평형 조건**

$$R_1 R_2 = j\omega L \frac{1}{j\omega C}$$

$$R_1 R_2 = \frac{L}{C}$$

$$\therefore\ L = R_1 R_2 C$$

답 ③

050

핵심이론 찾아보기▶핵심 05-7

기사 06년 / 산업 92년 출제

$R-L$ 직렬회로에서 주파수가 변할 때 임피던스 궤적은?

① 4사분면 내의 직선 ② 2사분면 내의 직선

③ 1사분면 내의 반원 ④ 1사분면 내의 직선

해설

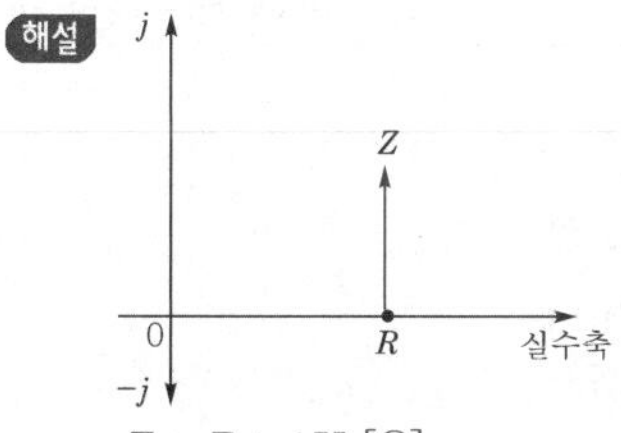

$Z = R + jX_L[\Omega]$

주파수가 변화하면 X_L을 가변하는 것이므로

$X_L = 0$인 경우 $Z = R\,[\Omega]$

$X_L = \infty$ 인 경우 $Z = R + j\infty\,[\Omega]$

$\therefore$ 1상한 내의 직선

답 ④

051

핵심이론 찾아보기▶핵심 06-1 　　기사 11·89년 출제

그림에서 전지 E_1, E_2를 흐르는 전류가 0일 때 기전력 E_1, E_2 및 R_1, R_2의 관계는?

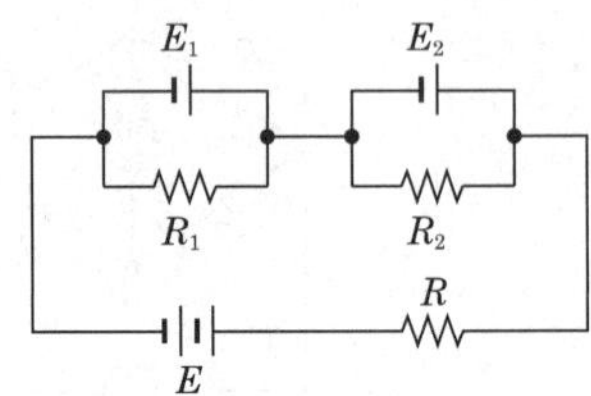

① $E_1E_2 = R_1R_2$　　② $E_1R_1 = E_2R_2$

③ $E_1R_2 = E_2R_1$　　④ $E_1{}^2E_2 = R_1{}^2R_2$

해설

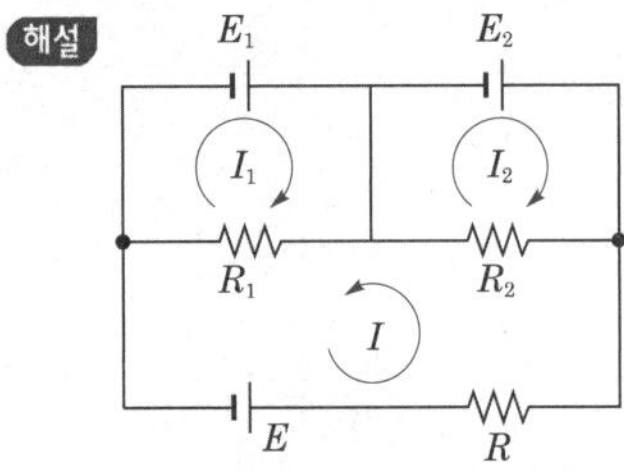

그림과 같이 폐로 전류 방향을 가정하면 키르히호프의 전압 법칙에 의해,

$E_1 = (I_1 + I)R_1$, $E_2 = (I_2 + I)R_2$

여기서, $I_1 = I_2 = 0$이므로,

$E_1 = IR_1$, $E_2 = IR_2$

$$I = \frac{E_1}{R_1} = \frac{E_2}{R_2}$$

$\therefore\ E_1R_2 = E_2R_1$

답 ③

052

핵심이론 찾아보기▶핵심 06-2 　　기사 01·95·88년 / 산업 10·94년 출제

이상적인 전압원·전류원에 관하여 옳은 것은?

① 전압원의 내부저항은 ∞이고, 전류원의 내부저항은 0이다.

② 전압원의 내부저항은 0이고, 전류원의 내부저항은 ∞이다.

③ 전압원, 전류원의 내부저항은 흐르는 전류에 따라 변한다.

④ 전압원의 내부저항은 일정하고, 전류원의 내부저항은 일정하지 않다.

해설 전압원은 내부저항이 작을수록 이상적이고, 전류원은 내부저항이 클수록 이상적이다.
이상 전압원은 내부저항이 0이고, 이상 전류원은 내부저항이 ∞이다.

답 ②

053

핵심이론 찾아보기▶핵심 06-3 기사 04·94년 출제

그림 (a)를 그림 (b)와 같은 등가 전류원으로 변화할 때 I[A]와 R[Ω]은?

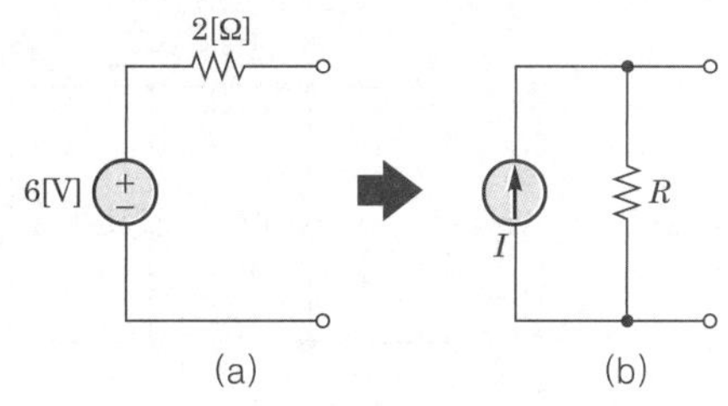

① $I=6$, $R=2$
② $I=3$, $R=5$
③ $I=4$, $R=0.5$
④ $I=3$, $R=2$

해설 $I=\dfrac{V}{R}=\dfrac{6}{2}=3[\text{A}]$

$R=2[\Omega]$

답 ④

054

핵심이론 찾아보기▶핵심 06-4 기사 97·91년 / 산업 07·05·04·95·90년 출제

선형 회로에 가장 관계가 있는 것은?

① 키르히호프의 법칙
② 중첩의 원리
③ $V=RI^2$
④ 패러데이의 전자 유도 법칙

해설 중첩의 정리는 선형 회로에서만 성립된다.

답 ②

055

핵심이론 찾아보기▶핵심 06-4 기사 07·03년 / 산업 15년 출제

그림과 같은 회로에서 2[Ω]의 단자 전압[V]은?

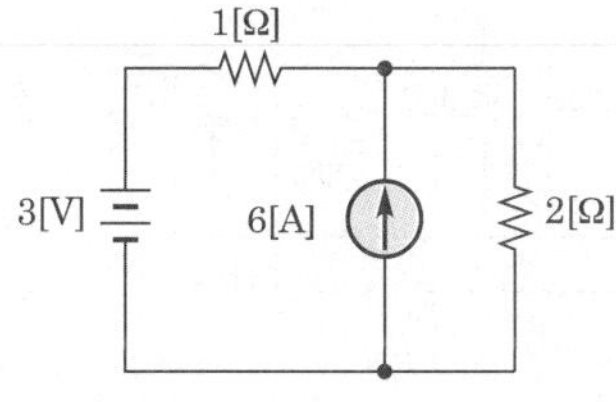

① 3
② 4
③ 6
④ 8

해설 3[V]에 의한 전류 $I_1=\dfrac{3}{1+2}=1[\text{A}]$

6[A]에 의한 전류 $I_2=\dfrac{1}{1+2}\times 6=2[\text{A}]$

2[Ω]에 흐르는 전전류 $I=I_1+I_2=1+2=3[\text{A}]$

$\therefore\ V=IR=3\times 2=6[\text{V}]$

답 ③

056

핵심이론 찾아보기▶핵심 06-4　　기사 21·93·91년 / 산업 99년 출제

그림에서 저항 1[Ω]에 흐르는 전류 I[A]를 구하면?

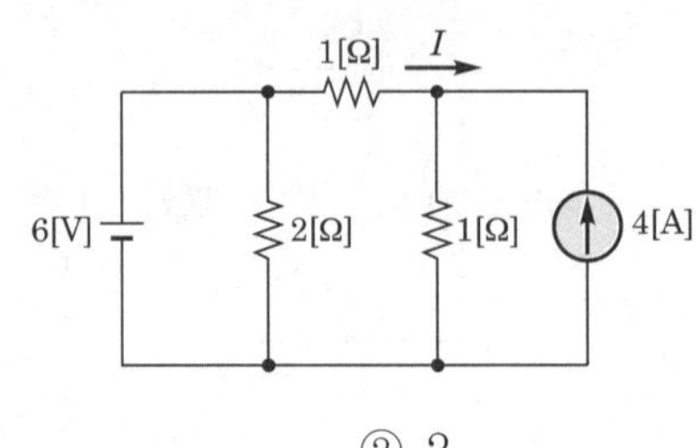

① 3　　② 2
③ 1　　④ −1

해설 6[V] 전압원에 의한 전류 $I_1 = \frac{2}{2+2} \times 6 = 3$[A]

4[A] 전류원에 의한 전류 $I_2 = 2$[A]

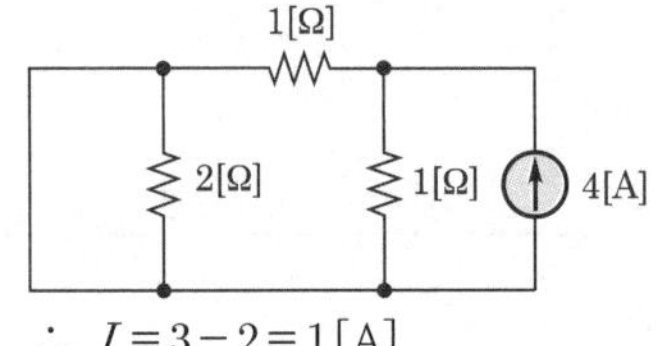

$\therefore\ I = 3 - 2 = 1$[A]

답 ③

057

핵심이론 찾아보기▶핵심 06-5　　기사 91·90년 / 산업 98·87년 출제

그림 (a)와 같은 회로를 (b)와 같은 등가 전압원과 직렬 저항으로 변환시켰을 때 E_S[V] 및 R_S[Ω]의 값은?

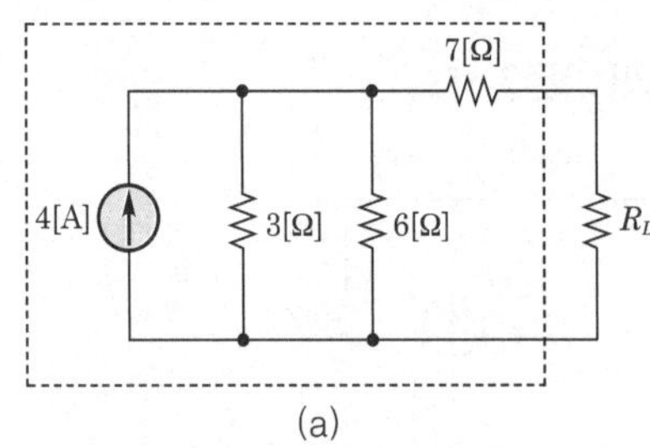

(a)

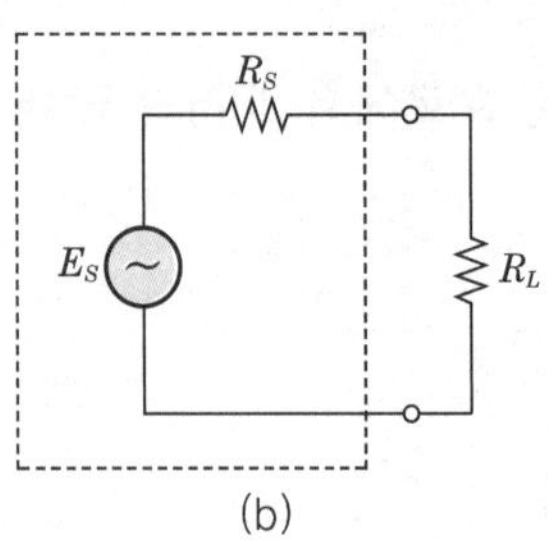

(b)

① 12, 7　　② 8, 9
③ 36, 7　　④ 12, 13

해설

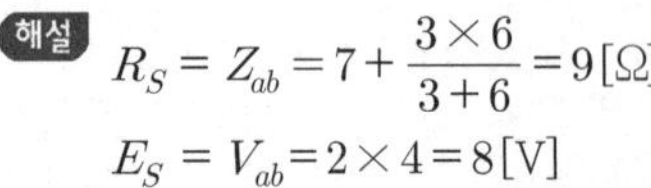

$R_S = Z_{ab} = 7 + \frac{3 \times 6}{3+6} = 9$[Ω]

$E_S = V_{ab} = 2 \times 4 = 8$[V]

답 ②

058 핵심이론 찾아보기▶핵심 06-5

산업 88·85년 출제

그림과 같은 회로에서 테브난 정리를 이용하기 위해 단자 a, b에서 본 저항 R_{ab}[Ω]은?

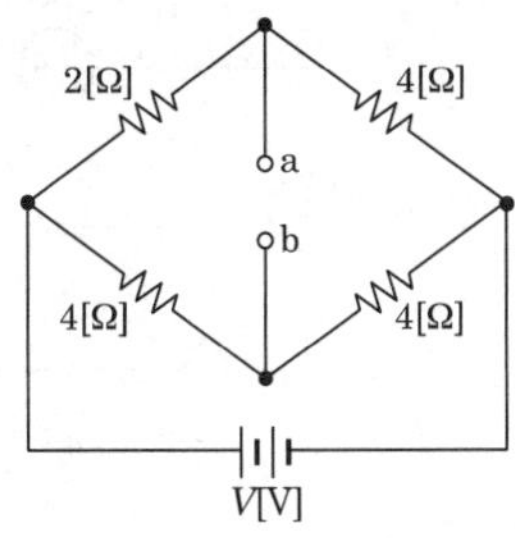

① $\frac{24}{7}$　　② $\frac{10}{3}$

③ 14　　④ 24

해설 $R_{ab} = \frac{2\times4}{2+4} + \frac{4\times4}{4+4} = \frac{10}{3}$[Ω]

답 ②

059 핵심이론 찾아보기▶핵심 06-5

기사 14년 / 산업 16·04·99·91년 출제

그림에서 저항 0.2[Ω]에 흐르는 전류[A]는?

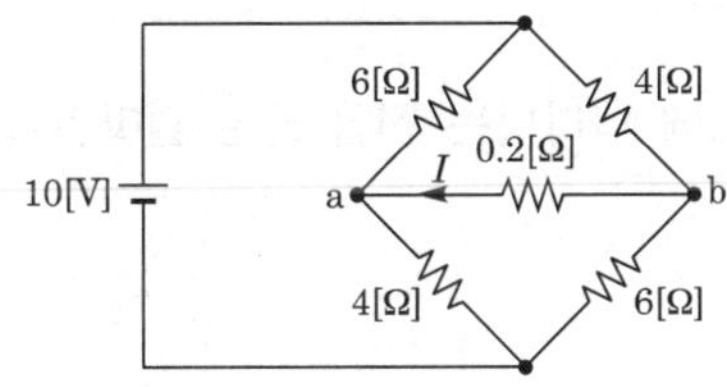

① 0.1　　② 0.2

③ 0.3　　④ 0.4

해설

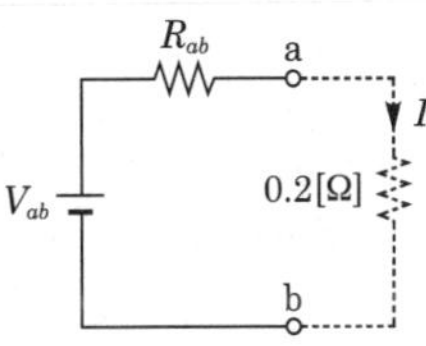

$I = \frac{V_{ab}}{Z_{ab}+Z_L}$[A]

$Z_{ab} = \frac{6\times4}{6+4} + \frac{4\times6}{4+6} = 4.8$[Ω]

$V_{ab} = 6[V] - 4[V] = 2[V]$

$\therefore\ I = \frac{2}{4.8+0.2} = 0.4$[A]

답 ④

060

핵심이론 찾아보기▶핵심 06-5 기사 05·90년 / 산업 89년 출제

다음 회로의 a, b 단자에서 $v-i$ 특성을 옳게 나타낸 것은?

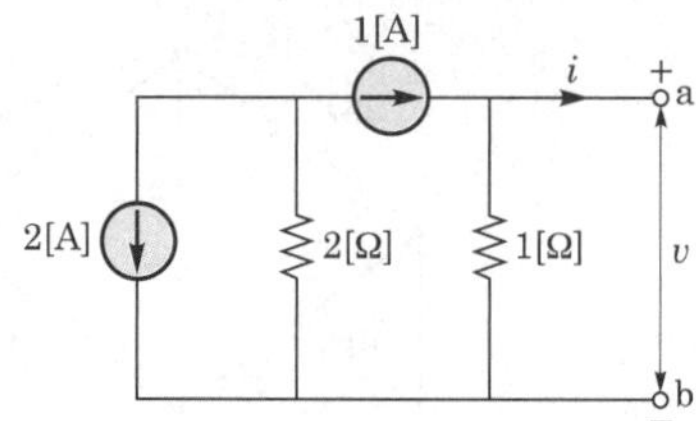

① $v=i+1$ ② $v=1-i$

③ $v=i+2$ ④ $v=i-\frac{1}{2}$

해설 전류원을 전압원으로 등가 변환한 그림과 같은 등가회로에서,

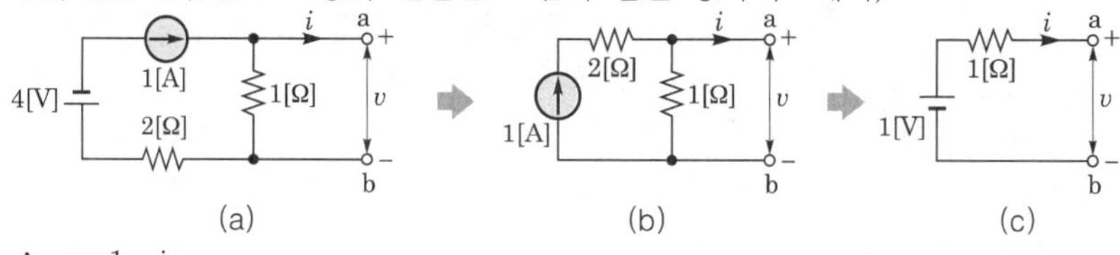

$\therefore\ v=1-i$

답 ②

061

핵심이론 찾아보기▶핵심 06-6 기사 20·94·90년 / 산업 95·92년 출제

다음 회로의 단자 a, b에 나타나는 전압[V]은 얼마인가?

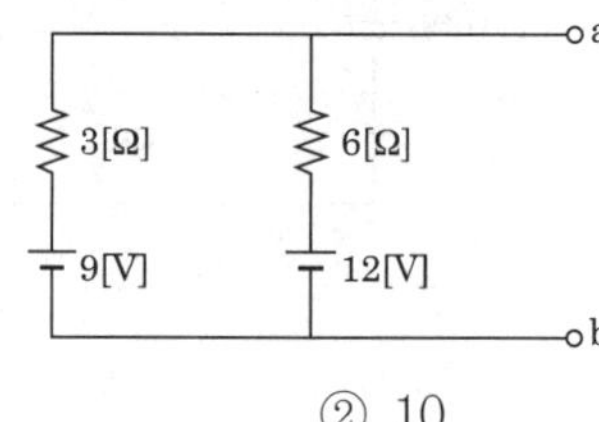

① 9 ② 10

③ 12 ④ 3

해설 밀만의 정리

$$V_{ab}=\frac{\sum_{k=1}^{n} I_k}{\sum_{k=1}^{n} Y_k}\,[\mathrm{V}]$$

$$V_{ab}=\frac{\frac{9}{3}+\frac{12}{6}}{\frac{1}{3}+\frac{1}{6}}=10\,[\mathrm{V}]$$

답 ②

062 핵심이론 찾아보기▶핵심 06-6

기사 90년 / 산업 88년 출제

같은 회로에서 $E_1=110$[V], $E_2=120$[V], $R_1=1$[Ω], $R_2=2$[Ω]일 때 a, b 단자에 5[Ω]의 R_3를 접속하였을 때 a, b 간의 전압 V_{ab}[V]는?

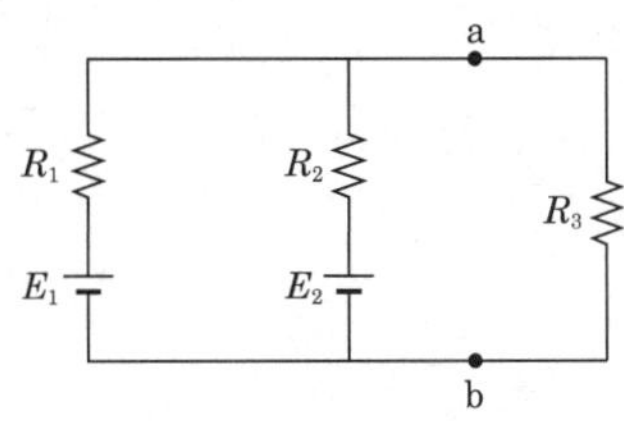

① 85　　② 90　　③ 100　　④ 105

해설 밀만의 정리

$$V_{ab}=\frac{\sum_{k=1}^{n} I_k}{\sum_{k=1}^{n} Y_k}\text{[V]}$$

$$V_{ab}=\frac{\frac{E_1}{R_1}+\frac{E_2}{R_2}}{\frac{1}{R_1}+\frac{1}{R_2}+\frac{1}{R_3}}=\frac{\frac{110}{1}+\frac{120}{2}}{\frac{1}{1}+\frac{1}{2}+\frac{1}{5}}=\frac{1,700}{17}=100\text{[V]}$$

답 ③

063 핵심이론 찾아보기▶핵심 06-7

기사 89년 출제

어떤 그래프의 가지의 수는 14개이고, 마디의 수가 7개일 때 보목의 수는?

① 8　　② 10　　③ 7　　④ 12

해설 보목의 수 $=b-(n-1)=14-(7-1)=8$개

답 ①

064 핵심이론 찾아보기▶핵심 07-2

기사 04년 / 산업 12·11·07·00·96·88년 출제

각 상의 임피던스가 $Z=6+j8$[Ω]인 평형 Y부하에 선간전압 220[V]인 대칭 3상 전압이 가해졌을 때 선전류는 약 몇 [A]인가?

① 11.7　　② 12.7　　③ 13.7　　④ 14.7

해설 선전류 $I_l=I_p=\frac{V_p}{Z}=\frac{220/\sqrt{3}}{\sqrt{8^2+6^2}}=12.7$[A]

답 ②

065

핵심이론 찾아보기▶핵심 07-2　　　기사 10·07·04·03년 / 산업 15·13·12·08·06년 출제

각 상의 임피던스가 $Z=16+j12$[Ω]인 평형 3상 Y부하에 정현파 상전류 10[A]가 흐를 때 이 부하의 선간전압의 크기[V]는?

① 200　② 600　③ 220　④ 346

해설 선간전압 $V_l=\sqrt{3}\,V_p=\sqrt{3}\,I_pZ=\sqrt{3}\times 10\times\sqrt{16^2+12^2}=346$[V]

답 ④

066

핵심이론 찾아보기▶핵심 07-2　　　기사 19년 / 산업 00·98년 출제

평형 3상 3선식 회로가 있다. 부하는 Y결선이고 $V_{ab}=100\sqrt{3}\angle 0°$[V]일 때 $I_a=20\angle -120°$[A]이었다. Y결선된 부하 한 상의 임피던스는 몇 [Ω]인가?

① $5\angle 60°$　② $5\sqrt{3}\angle 60°$　③ $5\angle 90°$　④ $5\sqrt{3}\angle 90°$

해설

$$Z=\frac{V_p}{I_p}=\frac{\frac{100\sqrt{3}}{\sqrt{3}}\angle 0°-30°}{20\angle -120°}=\frac{100\angle -30°}{20\angle -120°}=5\angle 90°\,[\Omega]$$

답 ③

067

핵심이론 찾아보기▶핵심 07-2　　　기사 17년 출제

성형(Y) 결선의 부하가 있다. 선간전압 300[V]의 3상 교류를 가했을 때 선전류가 40[A]이고, 역률이 0.8이라면 리액턴스는 약 몇 [Ω]인가?

① 1.66　② 2.60　③ 3.56　④ 4.33

해설

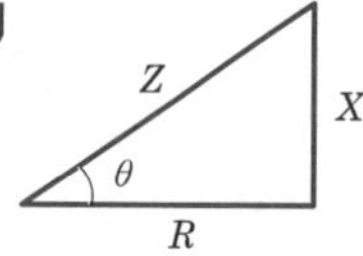

임피던스 $Z=\dfrac{V_p}{I_p}=\dfrac{\frac{300}{\sqrt{3}}}{40}=4.33$[Ω]

리액턴스 $X=Z\sin\theta=4.33\times 0.6 ≒ 2.60$[Ω]

답 ②

068

핵심이론 찾아보기▶핵심 07-3　　　기사 12·09년 / 산업 04년 출제

각 상의 임피던스 $Z=6+j8$[Ω]인 평형 △부하에 선간전압이 220[V]인 대칭 3상 전압을 가할 때의 선전류[A]를 구하면?

① 22　② 13　③ 11　④ 38

해설 △결선이므로 $I_l=\sqrt{3}\,I_p=\sqrt{3}\dfrac{220}{\sqrt{6^2+8^2}} ≒ 38$[A]

답 ④

069 핵심이론 찾아보기▶핵심 07-3 기사 02·92·91·89·88년 출제

△결선의 상전류가 각각 $I_{ab}=4\angle -36°$, $I_{bc}=4\angle -156°$, $I_{ca}=4\angle -276°$이다. 선전류 I_c는 약 얼마인가?

① $4\angle -306°$ ② $6.93\angle -306°$ ③ $6.93\angle -276°$ ④ $4\angle -276°$

해설 선전류 $I_l=\sqrt{3}I_p\angle -30°$

$I_c=\sqrt{3}I_{ca}\angle -30°=\sqrt{3}\times 4\angle -276°-30°=6.93\angle -306°$

답 ②

070 핵심이론 찾아보기▶핵심 07-3 기사 09·07·05·95·90년 출제

△결선된 3상 회로에서 상전류가 다음과 같다. 선전류 I_1, I_2, I_3 중에서 그 크기가 가장 큰 것은 몇 [A]인가?

$$I_{12}=4\angle -36°[A]$$
$$I_{23}=4\angle -156°[A]$$
$$I_{31}=4\angle 84°[A]$$

① 2.31 ② 4.0 ③ 6.93 ④ 8.0

해설 평형 전류이므로 선전류 $I_l=\sqrt{3}I_p$로 동일하다.

$\therefore\ I_1=I_2=I_3=4\sqrt{3}=6.93[A]$

답 ③

071 핵심이론 찾아보기▶핵심 07-3 기사 15·11·98·85년 / 산업 98·89년 출제

평형 3상 회로에서 그림과 같이 변류기를 접속하고 전류계 A를 연결했을 때 전류계 A에 흐르는 전류는 몇 [A]인가?

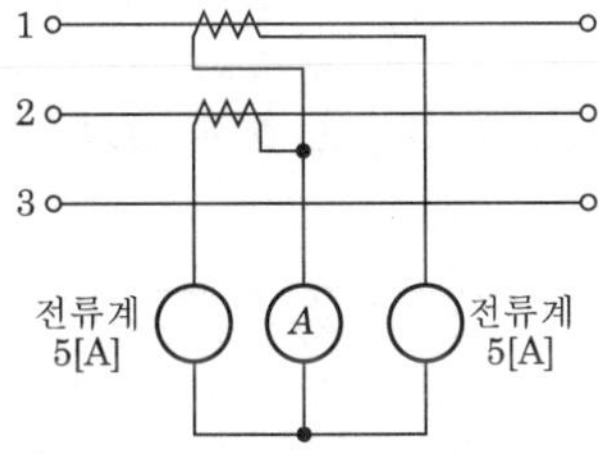

① 0 ② 5.33 ③ 8.66 ④ 10.22

해설 3상 전류의 벡터도

$I_A=I_1-I_2$

$I_A=2I_1\cos 30°=\sqrt{3}I_1=\sqrt{3}\times 5=8.66[A]$

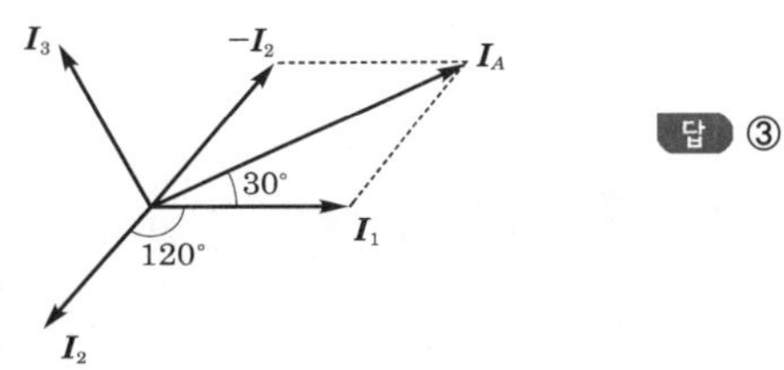

답 ③

072

핵심이론 찾아보기▶핵심 07-4

기사 08·04·01년 / 산업 15년 출제

그림과 같은 회로의 단자 a, b, c에 대칭 3상 전압을 가하여 각 선전류를 같게 하려면 R의 값[Ω]을 얼마로 하면 되는가?

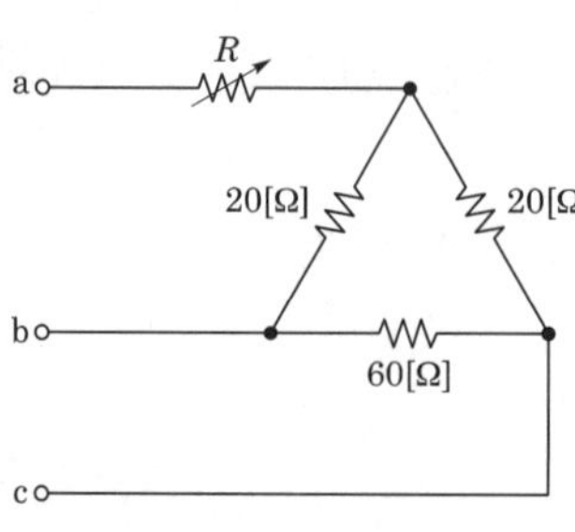

① 2
② 8
③ 16
④ 24

해설 △ → Y로 등가 변환하면

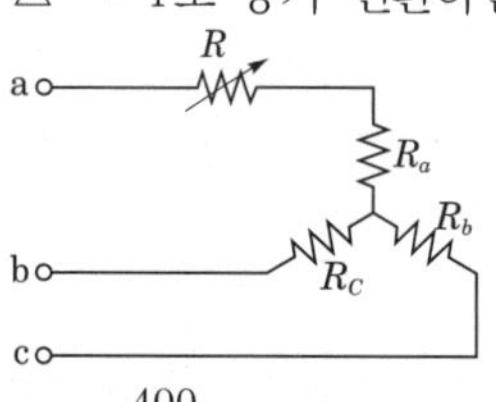

$$R_a = \frac{400}{100} = 4[\Omega]$$

$$R_b = \frac{1,200}{100} = 12[\Omega]$$

$$R_c = \frac{1,200}{100} = 12[\Omega]$$

∴ 각 선에 흐르는 전류가 같으려면 각 상의 저항이 같아야 하므로 $R = 8[\Omega]$

답 ②

073

핵심이론 찾아보기▶핵심 07-4

기사 03·85년 / 산업 10·05·92년 출제

그림과 같이 6개의 저항 $r[\Omega]$을 접속한 것에 평형 3상 전압 V를 인가하였을 때 전류 I[A]는?

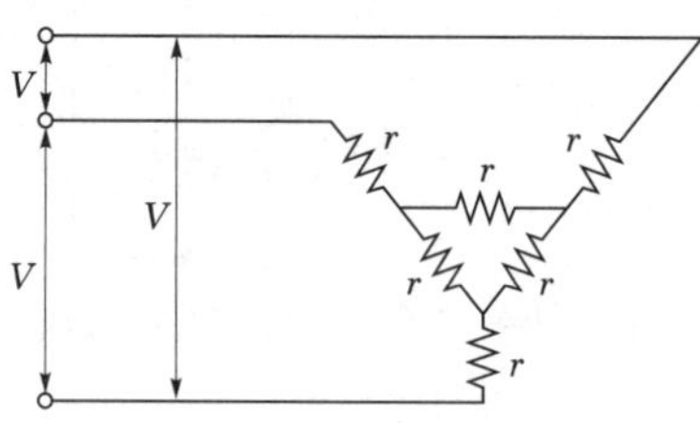

① $\dfrac{V}{5r}$
② $\dfrac{V}{4r}$
③ $\dfrac{V}{3r}$
④ $\dfrac{\sqrt{3}\,V}{4r}$

해설 △결선을 Y결선으로 등가 변환하면

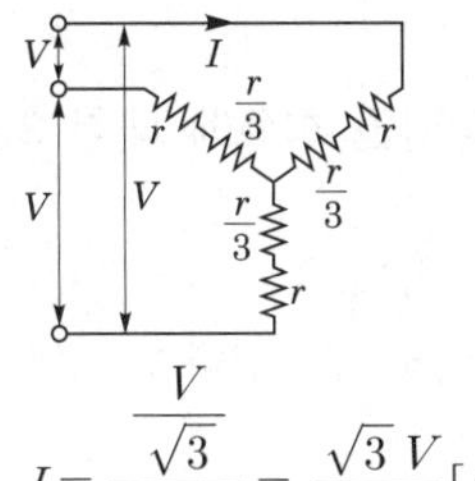

$$I = \frac{\frac{V}{\sqrt{3}}}{r+\frac{r}{3}} = \frac{\sqrt{3}\,V}{4r}[\text{A}]$$

답 ④

074

핵심이론 찾아보기▶핵심 07-4 기사 04년 / 산업 14년 출제

10[Ω]의 저항 3개를 Y로 결선한 것을 등가 △결선으로 환산한 저항의 크기[Ω]는?

① 20 ② 30 ③ 40 ④ 60

해설 Y결선의 임피던스가 같은 경우 △결선으로 등가 변환하면 $Z_\triangle = 3Z_Y$가 된다.

$\therefore\ Z_\triangle = 3Z_Y = 3\times 10 = 30[\Omega]$

답 ②

075

핵심이론 찾아보기▶핵심 07-4 기사 90년 출제

10[kV], 3[A]의 3상 교류 발전기는 Y결선이다. 이것을 △결선으로 변경하면 그 정격전압[kV] 및 전류[A]는 얼마인가?

① $\frac{10}{\sqrt{3}}$, $3\sqrt{3}$ ② $10\sqrt{3}$, $3\sqrt{3}$ ③ $10\sqrt{3}$, $\sqrt{3}$ ④ $\frac{10}{\sqrt{3}}$, $\sqrt{3}$

해설 상전압, 상전류는 그대로 변경하므로 △결선의 $I_l = \sqrt{3}\,I_p$이고 $V_l = V_p$를 적용하면 다음과 같다.

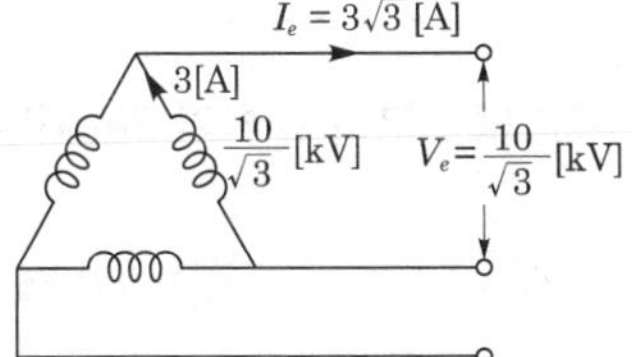

답 ①

076

핵심이론 찾아보기▶핵심 07-5 기사 89년 출제

1상의 임피던스가 $14 + j48[\Omega]$인 △부하에 대칭 선간전압 200[V]를 가한 경우의 3상 전력은 몇 [W]인가?

① 672 ② 692 ③ 712 ④ 732

해설 $P = 3I_p^{\,2}\cdot R = 3\left(\frac{200}{50}\right)^2\times 14 = 672[\text{W}]$

답 ①

077

핵심이론 찾아보기▶핵심 07-5

기사 14년 출제

평형 3상 △결선 부하의 각 상의 임피던스가 $Z = 8 + j6[\Omega]$인 회로에 대칭 3상 전원 전압 100[V]를 가할 때 무효율과 무효전력[Var]은?

① 무효율 : 0.6, 무효전력 : 1,800
② 무효율 : 0.6, 무효전력 : 2,400
③ 무효율 : 0.8, 무효전력 : 1,800
④ 무효율 : 0.8, 무효전력 : 2,400

해설 무효율 $\sin\theta = \dfrac{X}{Z} = \dfrac{6}{\sqrt{8^2+6^2}} = 0.6$

무효전력 $P_r = 3I_p^{\,2}X = 3\times\left(\dfrac{100}{\sqrt{8^2+6^2}}\right)^2 \times 6 = 1{,}800[\text{Var}]$

답 ①

078

핵심이론 찾아보기▶핵심 07-5

기사 18년 출제

선간전압이 220[V]인 대칭 3상 전원에 평형 3상 부하가 접속되어 있다. 부하 1상의 저항은 10[Ω], 유도 리액턴스 15[Ω], 용량 리액턴스 5[Ω]가 직렬로 접속된 것이다. 부하가 △결선일 경우, 선로 전류[A]와 3상 전력[W]은 약 얼마인가?

① $I_l = 10\sqrt{6}$, $P_3 = 6{,}000$
② $I_l = 10\sqrt{6}$, $P_3 = 8{,}000$
③ $I_l = 10\sqrt{3}$, $P_3 = 6{,}000$
④ $I_l = 10\sqrt{3}$, $P_3 = 8{,}000$

해설 한 상의 임피던스 $Z = 10 + j15 - j5 = 10 + j10$

- 선전류 $I_l = \sqrt{3}\,I_p = \sqrt{3}\,\dfrac{200}{\sqrt{10^2+10^2}} = \sqrt{3}\,\dfrac{20}{\sqrt{2}} = 10\sqrt{6}\,[\text{A}]$
- 3상 전력 $P = 3\,I_p^{\,2}R = 3\left(\dfrac{200}{\sqrt{10^2+10^2}}\right)^2 \times 10 \fallingdotseq 6{,}000[\text{W}]$

답 ①

079

핵심이론 찾아보기▶핵심 07-5

기사 85년 / 산업 09·00·98년 출제

대칭 3상 Y부하에서 각 상의 임피던스가 $Z = 3 + j4[\Omega]$이고, 부하 전류가 20[A]일 때 피상전력[VA]은?

① 1,800 ② 2,000 ③ 2,400 ④ 6,000

해설 피상전력 $P_a = \sqrt{3}\,V_l \cdot I_l = 3I_p^{\,2} \cdot Z = 3\times 20^2 \times \sqrt{3^2+4^2} = 6{,}000[\text{VA}]$

답 ④

080

핵심이론 찾아보기▶핵심 07-5

기사 02·01·00·94년 / 산업 98년 출제

부하 단자 전압이 220[V]인 15[kW]의 3상 대칭 부하에 3상 전력을 공급하는 선로 임피던스가 $1.3 + j2[\Omega]$일 때, 부하가 뒤진 역률 60[%]이면 선전류는 몇 [A]인가?

① 약 $26.2 + j19.7$
② 약 $39.36 - j52.48$
③ 약 $39.39 - j29.54$
④ 약 $19.7 - j26.4$

해설 유효전력 $P=\sqrt{3}\,V_l I_l \cos\theta$에서

$$I_l=\frac{P}{\sqrt{3}\,V_l\cos\theta}=\frac{15{,}000}{\sqrt{3}\times 220\times 0.6}=65.6[\mathrm{A}]$$

$$\therefore\ I_l=65.6(\cos\theta-j\sin\theta)=65.6(0.6-j0.8)=39.36-j52.48[\mathrm{A}]$$

답 ②

081

핵심이론 찾아보기▶핵심 07-5

기사 13·07·91년 출제

△결선된 대칭 3상 부하가 있다. 역률이 0.8(지상)이고, 소비전력이 1,800[W]이다. 선로의 저항 0.5[Ω]에서 발생하는 선로손실이 50[W]이면 부하 단자 전압[V]은?

① 627 ② 876 ③ 302 ④ 225

해설 선로손실 $P_l=3I^2R$, $I^2=\frac{P_l}{3R}=\frac{50}{3\times 0.5}=\frac{100}{3}$

$$\therefore\ I=\frac{10}{\sqrt{3}}$$

$$V=\frac{P}{\sqrt{3}\,I\cos\theta}=\frac{1{,}800}{\sqrt{3}\times\frac{10}{\sqrt{3}}\times 0.8}=225[\mathrm{V}]$$

답 ④

082

핵심이론 찾아보기▶핵심 07-5

기사 05·93·87년 출제

3상 평형 부하에 선간전압 200[V]의 평형 3상 정현파 전압을 인가했을 때 선전류는 8.6[A]가 흐르고 무효전력이 1,788[Var]이었다. 역률은 얼마인가?

① 0.6 ② 0.7 ③ 0.8 ④ 0.9

해설 $P_a=\sqrt{3}\,V_lI_l=\sqrt{3}\times 200\times 8.6\,[\mathrm{VA}]$

$P_r=1{,}788[\mathrm{Var}]$

무효율 $\sin\theta=\frac{P_r}{P_a}=\frac{1{,}788}{\sqrt{3}\times 200\times 8.6}=0.6$

$\therefore$ 역률 $\cos\theta=\sqrt{1-\sin^2 a}=\sqrt{1-0.6^2}=0.8$

답 ③

083

핵심이론 찾아보기▶핵심 07-6

기사 03·91·90년 출제

R[Ω]인 3개의 저항을 같은 전원에 △결선으로 접속시킬 때와 Y결선으로 접속시킬 때 선전류의 크기비$\left(\frac{I_\triangle}{I_Y}\right)$는?

① $\frac{1}{3}$ ② $\sqrt{6}$ ③ $\sqrt{3}$ ④ 3

해설 △결선의 선전류 $I_{\triangle} = \sqrt{3}\,I_p = \sqrt{3}\,\frac{V}{R}$[A]

Y결선의 선전류 $I_Y = I_p = \frac{V}{\sqrt{3}\,R}$[A]

$$\therefore\ \frac{I_{\triangle}}{I_Y} = \frac{\frac{\sqrt{3}\,V}{R}}{\frac{V}{\sqrt{3}\,R}} = 3$$

답 ④

084

핵심이론 찾아보기▶핵심 07-7 　　기사 10·91년 / 산업 00년 출제

2개의 전력계에 의한 3상 전력 측정 시 전 3상 전력[W]은?

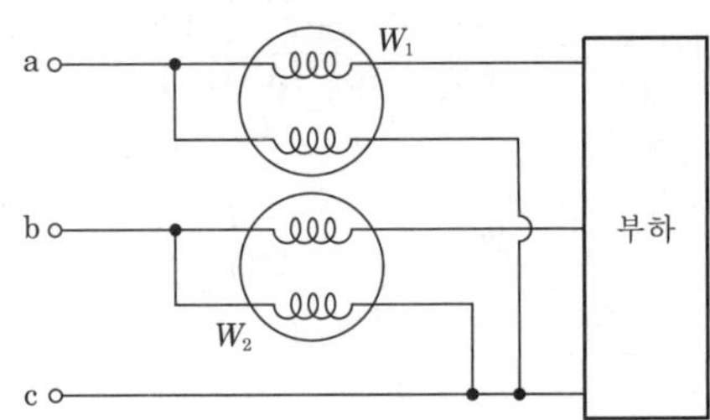

① $\sqrt{3}(|W_1|+|W_2|)$　② $3(|W_1|+|W_2|)$　③ $|W_1|+|W_2|$　④ $\sqrt{W_1^{\,2}+W_2^{\,2}}$

해설 3상 전력 $P = W_1 + W_2$[W]

3상 무효전력 $P_r = \sqrt{3}(W_1 - W_2)$[Var]

답 ③

085

핵심이론 찾아보기▶핵심 07-7 　　기사 93년 출제

2전력계법으로 평형 3상 전력을 측정하였더니 한쪽의 지시가 800[W], 다른 쪽의 지시가 1,600[W]이었다. 피상전력[VA]은 얼마인가?

① 2,971　② 2,871　③ 2,771　④ 2,671

해설 피상전력 $P_a = \sqrt{P^2 + P_r^{\,2}} = 2\sqrt{P_1^{\,2} + P_2^{\,2} - P_1 P_2}$

$= 2\sqrt{800^2 + 1{,}600^2 - 800 \times 1{,}600} = 2{,}771$[VA]

답 ③

086

핵심이론 찾아보기▶핵심 07-7 　　기사 03년 / 산업 90·87년 출제

두 대의 전력계를 사용하여 평형 부하의 3상 부하의 3상 회로의 역률을 측정하려고 한다. 전력계의 지시가 각각 P_1, P_2라 할 때 이 회로의 역률은?

① $\frac{\sqrt{P_1 + P_2}}{P_1 + P_2}$

② $\frac{P_1 + P_2}{P_1^{\,2} + P_2^{\,2} - 2P_1 P_2}$

③ $\frac{P_1 + P_2}{2\sqrt{P_1^{\,2} + P_2^{\,2} - P_1 P_2}}$

④ $\frac{2P_1 P_2}{\sqrt{P_1^{\,2} + P_2^{\,2} - P_1 P_2}}$

해설 역률 $\cos\theta = \dfrac{P}{P_a} = \dfrac{P}{\sqrt{P^2 + P_r^2}} = \dfrac{P_1 + P_2}{2\sqrt{P_1^2 + P_2^2 - P_1 P_2}}$

답 ③

087

핵심이론 찾아보기▶**핵심 07-7** 산업 04년 출제

3상 전력을 측정하는 데 두 전력계 중에서 하나가 0이었다. 이때의 역률은 어떻게 되는가?

① 0.5 ② 0.8 ③ 0.6 ④ 0.4

해설 역률 $\cos\theta = \dfrac{P}{P_a} = \dfrac{P_1 + P_2}{2\sqrt{P_1^2 + P_2^2 - P_1 P_2}}$

$P_2 = 0$이므로 $\cos\theta = \dfrac{P_1}{2}$

$\cos\theta = \dfrac{1}{2} = 0.5$

답 ①

핵심이론 찾아보기▶**핵심 07-7** 기사 93년 / 산업 07·03년 출제

단상 전력계 2개로써 평형 3상 부하의 전력을 측정하였더니 각각 300[W]와 600[W]를 나타내었다면 부하 역률은? (단, 전압과 전류는 정현파이다.)

① 0.5 ② 0.577
③ 0.637 ④ 0.867

해설 역률 $\cos\theta = \dfrac{P}{P_a} = \dfrac{P}{\sqrt{P^2 + P_r^2}} = \dfrac{P_1 + P_2}{2\sqrt{P_1^2 + P_2^2 - P_1 P_2}} = \dfrac{300 + 600}{2\sqrt{300^2 + 600^2 - 300 \times 600}}$

$= 0.867$

※ 하나의 전력계가 다른 전력계 지시값의 배인 경우. 즉, $P_2 = 2P_1$인 경우

역률 $\cos\theta = \dfrac{\sqrt{3}}{2} = 0.867$이 된다.

답 ④

089

핵심이론 찾아보기▶**핵심 07-7** 기사 12·92년 출제

2개의 전력계로 평형 3상 부하의 전력을 측정하였더니 한쪽의 지시가 다른 쪽 전력계 지시의 3배였다면 부하의 역률은?

① 0.75 ② 1 ③ 3 ④ 0.4

해설 역률 $\cos\theta = \dfrac{P}{P_a} = \dfrac{P}{\sqrt{P^2 + P_r^2}} = \dfrac{P_1 + P_2}{2\sqrt{P_1^2 + P_2^2 - P_1 P_2}}$

$P_2 = 3P_1$의 관계이므로 $\cos\theta = \dfrac{P_1 + (3P_1)}{2\sqrt{P_1^2 + (3P_1)^2 - P_1(3P_1)}} = 0.75$

답 ①

090 핵심이론 찾아보기▶핵심 07-7

기사 19년 출제

2전력계법을 이용한 평형 3상 회로의 전력이 각각 500[W] 및 300[W]로 측정되었을 때, 부하의 역률은 약 몇 [%]인가?

① 70.7 ② 87.7 ③ 89.2 ④ 91.8

해설 역률 $\cos\theta = \dfrac{P}{P_a} = \dfrac{P_1+P_2}{2\sqrt{P_1^2+P_2^2-P_1P_2}}$

$= \dfrac{500+300}{2\sqrt{500^2+300^2-500\times300}} \times 100[\%] \fallingdotseq 91.8[\%]$

답 ④

091 핵심이론 찾아보기▶핵심 07-7

기사 97년 / 산업 97·88년 출제

대칭 3상 전압을 공급한 유도 전동기가 있다. 전동기에 그림과 같이 2개의 전력계 W_1 및 W_2, 전압계 V, 전류계 A를 접속하니 각 계기의 지시가 $W_1=5.96$[kW], $W_2=1.31$[kW], $V=200$[V], $A=30$[A]이었다. 이 전동기의 역률은 몇 [%]인가?

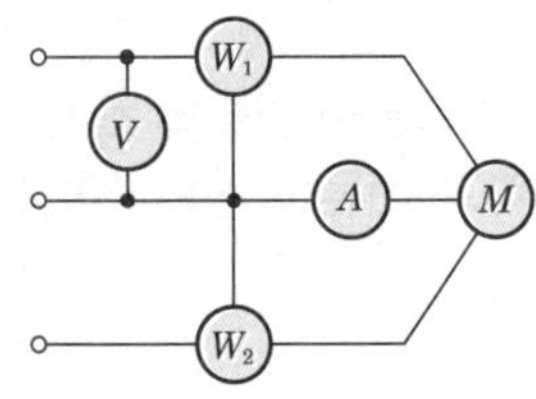

① 60 ② 70 ③ 80 ④ 90

해설 역률 $\cos\theta = \dfrac{P}{P_a} = \dfrac{P}{\sqrt{P^2+P_r^{\,2}}} = \dfrac{P}{\sqrt{3}\,VI}$

전력계의 지시값이 W_1, W_2이므로 역률 $\cos\theta = \dfrac{W_1+W_2}{\sqrt{3}\,VI} = \dfrac{5{,}960+1{,}310}{\sqrt{3}\times200\times30} = 0.7$

$\therefore$ 70[%]

답 ②

092 핵심이론 찾아보기▶핵심 07-7

기사 20·89·85년 / 산업 12년 출제

선간전압 V_l[V]의 3상 평형 전원에 대칭 3상 저항 부하 R[Ω]이 그림과 같이 접속되었을 때 a, b 두 상 간에 접속된 전력계의 지시값이 W[W]라 하면 c상의 전류[A]는?

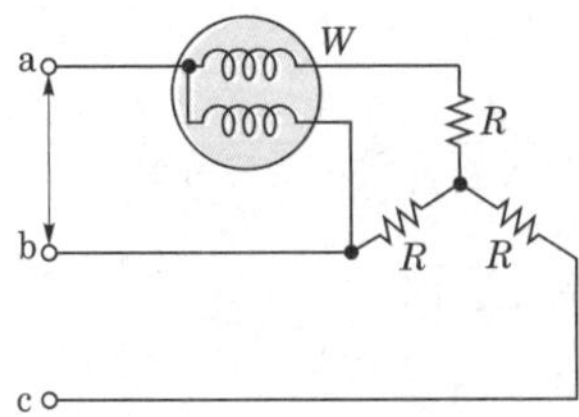

① $\dfrac{\sqrt{3}\,W}{V_l}$ ② $\dfrac{3W}{V_l}$ ③ $\dfrac{W}{\sqrt{3}\,V_l}$ ④ $\dfrac{2W}{\sqrt{3}\,V_l}$

해설 3상 전력 : $P=2W$[W]

대칭 3상이므로 $I_a=I_b=I_c$이다.

따라서 $2W=\sqrt{3}\,V_l I_l\cos\theta$ 에서 R 만의 부하므로 역률 $\cos\theta=1$

$\therefore\ I=\dfrac{2W}{\sqrt{3}\,V_l}$[A]

답 ④

093

핵심이론 찾아보기▶핵심 07-8 기사 20·98·90년 / 산업 14·07년 출제

단상 변압기 3개를 △결선하여 부하에 전력을 공급하고 있다. 변압기 1개의 고장으로 V결선으로 한 경우 공급할 수 있는 전력과 고장 전 전력과의 비율[%]은?

① 57.7 ② 66.7 ③ 75.0 ④ 86.6

해설 △결선 시 전력 : $P_\triangle=3VI\cos\theta$

V결선 시 전력 : $P_V=\sqrt{3}\,VI\cos\theta$

$$\frac{P_V}{P_\triangle}=\frac{\sqrt{3}\,VI\cos\theta}{3VI\cos\theta}=\frac{\sqrt{3}}{3}=\frac{1}{\sqrt{3}}=0.577$$

$\therefore$ 57.7[%]

답 ①

094

핵심이론 찾아보기▶핵심 07-8 기사 82년 출제

V결선 변압기 이용률[%]은?

① 57.7 ② 86.6 ③ 80 ④ 100

해설 V결선 변압기 이용률 : $U=\dfrac{\sqrt{3}\,VI}{2VI}=\dfrac{\sqrt{3}}{2}=0.866$

$\therefore$ 86.6[%]

답 ②

095

핵심이론 찾아보기▶핵심 07-9 기사 00·99·92년 / 산업 90년 출제

12상 Y결선 상전압이 100[V]일 때 단자 전압[V]은?

① 75.88 ② 25.88 ③ 100 ④ 51.76

해설 단자 전압 $V_l=2\sin\dfrac{\pi}{n}\cdot V_p=2\sin\dfrac{\pi}{12}\times100=51.76$[V]

답 ④

096

핵심이론 찾아보기▶핵심 07-9 기사 15·12년 / 산업 03·98·92년 출제

대칭 n상에서 선전류와 상전류 사이의 위상차[rad]는?

① $\dfrac{\pi}{2}\left(1-\dfrac{2}{n}\right)$ ② $2\left(1-\dfrac{2}{n}\right)$ ③ $\dfrac{n}{2}\left(1-\dfrac{2}{\pi}\right)$ ④ $\dfrac{\pi}{2}\left(1-\dfrac{n}{2}\right)$

해설 대칭 n상 선전류와 상전류와의 위상차 $\theta=-\dfrac{\pi}{2}\left(1-\dfrac{2}{n}\right)$

답 ①

097 핵심이론 찾아보기▶핵심 07-9 기사 19년 출제

대칭 6상 성형(star) 결선에서 선간전압 크기와 상전압 크기의 관계로 옳은 것은? (단, V_l : 선간전압 크기, V_p : 상전압 크기)

① $V_l = V_p$ ② $V_l = \sqrt{3}\,V_p$ ③ $V_l = \dfrac{1}{\sqrt{3}}V_p$ ④ $V_l = \dfrac{2}{\sqrt{3}}V_p$

해설 대칭 6상이므로 $n=6$

$\therefore\ V_l = 2\sin\dfrac{\pi}{6}V_p = V_p$

답 ①

098 핵심이론 찾아보기▶핵심 07-9 기사 19·13·11·06년 / 산업 18·14·06년 출제

대칭 5상 기전력의 선간전압과 상기전력의 위상차는 얼마인가?

① 27° ② 36° ③ 54° ④ 72°

해설 위상차 $\theta = \dfrac{\pi}{2}\left(1-\dfrac{2}{n}\right) = \dfrac{\pi}{2}\left(1-\dfrac{2}{5}\right) = 54°$

답 ③

099 핵심이론 찾아보기▶핵심 07-10 기사 18·14년 출제

공간적으로 서로 $\dfrac{2\pi}{n}$[rad]의 각도를 두고 배치한 n개의 코일에 대칭 n상 교류를 흘리면 그 중심에 생기는 회전자계의 모양은?

① 원형 회전자계 ② 타원형 회전자계
③ 원통형 회전자계 ④ 원추형 회전자계

해설 • 대칭 3상(n상)이 만드는 회전자계 : 원형 회전자계
• 비대칭 3상(n상)이 만드는 회전자계 : 타원형 회전자계

답 ①

100 핵심이론 찾아보기▶핵심 07-11 기사 14·04·88년 / 산업 13·88년 출제

그림과 같은 불평형 Y형 회로에 평형 3상 전압을 가할 경우 중성점의 전위는?

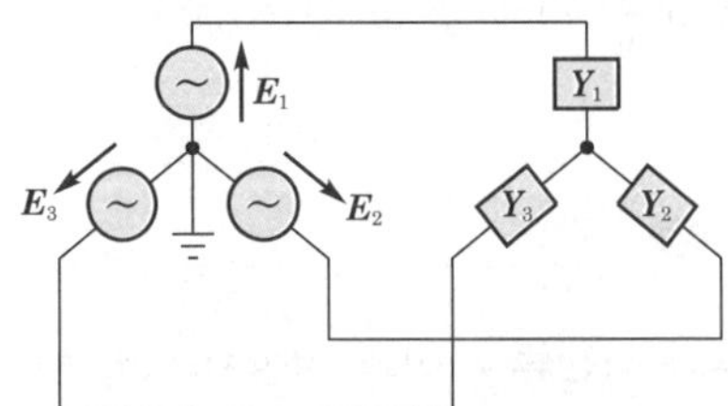

① $\dfrac{E_1+E_2+E_3}{Z_1+Z_2+Z_3}$ ② $\dfrac{E_1Z_1+E_2Z_2+E_3Z_3}{Z_1+Z_2+Z_3}$

③ $\dfrac{E_1+E_2+E_3}{Y_1+Y_2+Y_3}$ ④ $\dfrac{E_1Y_1+E_2Y_2+E_3Y_3}{Y_1+Y_2+Y_3}$

해설 중성점의 전위는 밀만의 정리가 성립된다.

$$V_n = \frac{\sum_{k=1}^{n} I_k}{\sum_{k=1}^{n} Y_k}[\text{V}] = \frac{Y_1E_1 + Y_2E_2 + Y_3E_3}{Y_1 + Y_2 + Y_3}$$

답 ④

101 핵심이론 찾아보기▶핵심 08-1 기사 95·86년 / 산업 11·05·99·98년 출제

대칭 좌표법에서 사용되는 용어 중 3상에 공통인 성분을 표시하는 것은?

① 정상분 ② 영상분 ③ 역상분 ④ 공통분

해설
- 영상분 : 3상 공통인 성분
- 정상분 : 상순이 a−b−c인 성분
- 역상분 : 상순이 a−c−b인 성분

3상에 공통인 성분이므로 영상분이다.

답 ②

102 핵심이론 찾아보기▶핵심 08-1 기사 00·95·90년 / 산업 10년 출제

3상 3선식에서는 회로의 평형, 불평형 또는 부하의 Δ, Y에 불구하고, 세 전류의 합은 0이므로 선전류의 (   )은 0이다. 다음에서 (   ) 안에 들어갈 말은?

① 영상분 ② 정상분 ③ 역상분 ④ 상전압

해설 영상분 : 3상 공통인 성분

답 ①

103 핵심이론 찾아보기▶핵심 08-1 기사 13·06·04년 / 산업 06·04·02·00년 출제

3상 Δ부하에서 각 선전류를 I_a, I_b, I_c라 할 때, 전류의 영상분 I_0는?

① 1 ② 0 ③ −1 ④ $\sqrt{3}$

해설 비접지식에서는 영상분은 존재하지 않는다.

답 ②

104 핵심이론 찾아보기▶핵심 08-1 기사 17년 출제

비접지 3상 Y회로에서 전류 $I_a = 15 + j2$[A], $I_b = -20 - j14$[A]일 경우 I_c[A]는?

① $5 + j12$ ② $-5 + j12$ ③ $5 - j12$ ④ $-5 - j12$

해설 영상분 $I_0 = \frac{1}{3}(I_a + I_b + I_c)$

3상 공통인 성분 영상분은 접지식 3상에는 존재하나 비접지 3상 Y회로에는 존재하지 않으므로 $I_0 = 0$가 된다.

따라서 비접지식 3상은 $I_a + I_b + I_c = 0$이다.

$\therefore I_c = -(I_a + I_b) = -\{(15 + j2) + (-20 - j14)\} = 5 + j12$[A]

답 ①

105 핵심이론 찾아보기▶핵심 08-1 기사 21·17년 출제

3상 △부하에서 각 선전류를 I_a, I_b, I_c라 하면 전류의 영상분[A]은? (단, 회로는 평형상태이다.)

① ∞ ② 1
③ $\frac{1}{3}$ ④ 0

해설 비접지식에서는 영상분은 존재하지 않는다(단, 회로는 평형상태이다).

답 ④

106 핵심이론 찾아보기▶핵심 08-1 기사 19년 출제

3상 불평형 전압 V_a, V_b, V_c가 주어진다면, 정상분 전압은? (단, $a = e^{\frac{j2\pi}{3}} = 1\angle 120°$이다.)

① $V_a + a^2 V_b + a V_c$ ② $V_a + a V_b + a^2 V_c$
③ $\frac{1}{3}(V_a + a^2 V_b + a V_c)$ ④ $\frac{1}{3}(V_a + a V_b + a^2 V_c)$

해설 대칭분 전압

- 영상 전압 : $V_0 = \frac{1}{3}(V_a + V_b + V_c)$
- 정상 전압 : $V_1 = \frac{1}{3}(V_a + a V_b + a^2 V_c)$
- 역상 전압 : $V_2 = \frac{1}{3}(V_a + a^2 V_b + a V_c)$

답 ④

107 핵심이론 찾아보기▶핵심 08-1 기사 99년 출제

대칭 좌표법을 이용하여 3상 회로의 각 상전압을 다음과 같이 쓴다. 이와 같이 표시될 때 정상분 전압 V_{a1} 표시를 올바르게 계산한 것은? (단, 상수는 a, b, c이다.)

$$\boldsymbol{V}_a = \boldsymbol{V}_{a0} + \boldsymbol{V}_{a1} + \boldsymbol{V}_{a2}$$
$$\boldsymbol{V}_b = \boldsymbol{V}_{a0} + \boldsymbol{V}_{a1}\angle -120° + \boldsymbol{V}_{a2}\angle +120°$$
$$\boldsymbol{V}_c = \boldsymbol{V}_{a0} + \boldsymbol{V}_{a1}\angle +120° + \boldsymbol{V}_{a2}\angle -120°$$

① $\frac{1}{3}(\boldsymbol{V}_a + \boldsymbol{V}_b + \boldsymbol{V}_c)$ ② $\frac{1}{3}(\boldsymbol{V}_a + \boldsymbol{V}_b\angle 120° + \boldsymbol{V}_c\angle -120°)$
③ $\frac{1}{3}(\boldsymbol{V}_a + \boldsymbol{V}_b\angle -120° + \boldsymbol{I}_c\angle +120°)$ ④ $\frac{1}{3}(\boldsymbol{V}_a\angle +120° + \boldsymbol{V}_b + \boldsymbol{V}_c\angle -120°)$

해설 정상 전압 $\boldsymbol{V}_1 = \frac{1}{3}(\boldsymbol{V}_a + a\boldsymbol{V}_b + a^2\boldsymbol{V}_c) = \frac{1}{3}(\boldsymbol{V}_a + \boldsymbol{V}_b\angle 120° + \boldsymbol{V}_c\angle -120°)$

답 ②

108 핵심이론 찾아보기▶핵심 08-1

기사 22·96·94년 출제

불평형 전류 $I_a = 400 - j650$[A], $I_b = -230 - j700$[A], $I_c = -150 + j600$[A]일 때 정상분 I_1[A]은?

① $6.66 - j250$　　② $-179 - j177$
③ $572 - j223$　　④ $223 - j572$

해설 정상 전류 $I_1 = \frac{1}{3}(I_a + aI_b + a^2 I_c)$

$$= \frac{1}{3}\left\{(400 - j650) + \left(-\frac{1}{2} + j\frac{\sqrt{3}}{2}\right)(-230 - j700) + \left(-\frac{1}{2} - j\frac{\sqrt{3}}{2}\right)(-150 + j600)\right\}$$

$$= 572 - j223[\text{A}]$$

답 ③

109 핵심이론 찾아보기▶핵심 08-3

기사 04·97·95·90년 출제

대칭 3상 전압 V_a, V_b, V_c를 a상을 기준으로 한 대칭분은?

① $V_0 = 0$, $V_1 = V_a$, $V_2 = aV_a$　　② $V_0 = V_a$, $V_1 = V_a$, $V_2 = V_a$
③ $V_0 = 0$, $V_1 = 0$, $V_2 = a^2 V_a$　　④ $V_0 = 0$, $V_1 = V_a$, $V_2 = 0$

해설 대칭 3상 전압을 a상 기준으로 한 대칭분

$$V_0 = \frac{1}{3}(V_a + V_b + V_c) = \frac{1}{3}(V_a + a^2 V_a + a V_a) = \frac{V_a}{3}(1 + a^2 + a) = 0$$

$$V_1 = \frac{1}{3}(V_a + aV_b + a^2 V_c) = \frac{1}{3}(V_a + a^3 V_a + a^3 V_a) = \frac{V_a}{3}(1 + a^3 + a^3) = V_a$$

$$V_2 = \frac{1}{3}(V_a + a^2 V_b + aV_c) = \frac{1}{3}(V_a + a^4 V_a + a^2 V_a) = \frac{V_a}{3}(1 + a^4 + a^2) = 0$$

답 ④

110 핵심이론 찾아보기▶핵심 08-3

기사 04년 / 산업 08·04·97·94·92년 출제

대칭 좌표법에 관한 설명 중 잘못된 것은?

① 불평형 3상 회로 비접지식 회로에서는 영상분이 존재한다.
② 대칭 3상 전압에서 영상분은 0이 된다.
③ 대칭 3상 전압은 정상분만 존재한다.
④ 불평형 3상 회로의 접지식 회로에서는 영상분이 존재한다.

해설 비접지식 회로에서는 영상분이 존재하지 않는다.
대칭 3상 전압의 대칭분은 영상분·역상분은 0이고, 정상분만 V_a로 존재한다.

답 ①

111

핵심이론 찾아보기▶핵심 08-3 기사 14·08년 / 산업 12·92·85년 출제

대칭 3상 전압이 a상 V_a[V], b상 $V_b = a^2 V_a$[V], c상 $V_c = a V_a$[V]일 때 a상을 기준으로 한 대칭분 전압 중 정상분 V_1은 어떻게 표시되는가?

① $\frac{1}{3}V_a$ ② V_a
③ aV_a ④ $a^2 V_a$

해설 $V_1 = \frac{1}{3}(V_a + aV_b + a^2 V_c) = \frac{1}{3}(V_a + a^3 V_a + a^3 V_a) = V_a$

답 ②

112

핵심이론 찾아보기▶핵심 08-4 기사 18·03년 / 산업 19·16·13·12·01·00·97·95·94년 출제

3상 불평형 전압에서 불평형률이란?

① $\frac{\text{역상 전압}}{\text{영상 전압}} \times 100[\%]$ ② $\frac{\text{정상 전압}}{\text{역상 전압}} \times 100[\%]$
③ $\frac{\text{역상 전압}}{\text{정상 전압}} \times 100[\%]$ ④ $\frac{\text{영상 전압}}{\text{정상 전압}} \times 100[\%]$

해설 $\text{전압 불평형률} = \frac{\text{역상 전압}}{\text{정상 전압}} \times 100[\%]$

답 ③

113

핵심이론 찾아보기▶핵심 08-4 기사 15·06·03·00·97·94·93년 / 산업 09·06·02·96년 출제

3상 불평형 전압에서 역상 전압이 50[V]이고, 정상 전압이 250[V], 영상 전압이 20[V]이면 전압의 불평형률은 몇 [%]인가?

① 10 ② 15
③ 20 ④ 25

해설 $\text{불평형률} = \frac{\text{역상 전압}}{\text{정상 전압}} \times 100[\%]$

$\therefore \frac{50}{250} \times 100 = 20[\%]$

답 ③

114

핵심이론 찾아보기▶핵심 08-4 기사 07년 / 산업 07년 출제

3상 회로의 선간전압이 각각 80[V], 50[V], 50[V]일 때 전압의 불평형률[%]은?

① 39.6 ② 57.3
③ 73.6 ④ 86.7

해설 $V_a = 80[\text{V}]$, $V_b = -40 - j30[\text{V}]$, $V_c = -40 + j30[\text{V}]$

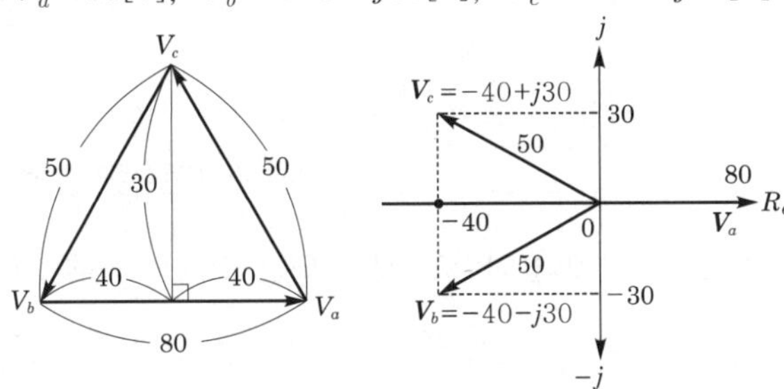

$$V_1 = \frac{1}{3}(V_a + a\,V_b + a^2\,V_c)$$
$$= \frac{1}{3}\left\{80 + \left(-\frac{1}{2} + j\frac{\sqrt{3}}{2}\right)(-40 - j30) + \left(-\frac{1}{2} - j\frac{\sqrt{3}}{2}\right)(-40 + j30)\right\}$$
$$= 57.3[\text{V}]$$
$$V_2 = \frac{1}{3}(V_a + a^2\,V_b + a\,V_c)$$
$$= \frac{1}{3}\left\{80 + \left(-\frac{1}{2} - j\frac{\sqrt{3}}{2}\right)(-40 - j30) + \left(-\frac{1}{2} + j\frac{\sqrt{3}}{2}\right)(-40 + j30)\right\}$$
$$= 22.7[\text{V}]$$
$$\therefore \text{ 불평형률} = \frac{V_2}{V_1} \times 100 = \frac{22.7}{57.3} \times 100 = 39.6[\%]$$

답 ①

115 핵심이론 찾아보기▶핵심 08-5

기사 13·05년 / 산업 07·04·00년 출제

대칭 3상 교류 발전기의 기본식 중 알맞게 표현된 것은? (단, V_0는 영상분 전압, V_1은 정상분 전압, V_2는 역상분 전압이다.)

① $V_0 = E_0 - Z_0 I_0$　② $V_1 = -Z_1 I_1$　③ $V_2 = Z_2 I_2$　④ $V_1 = E_a - Z_1 I_1$

해설 발전기 기본식

$V_0 = -Z_0 I_0$

$V_1 = E_a - Z_1 I_1$

$V_2 = -Z_2 I_2$

답 ④

116 핵심이론 찾아보기▶핵심 08-6

기사 85년 출제

그림과 같이 중성점을 접지한 3상 교류 발전기의 a상이 지락되었을 때의 조건으로 맞는 것은?

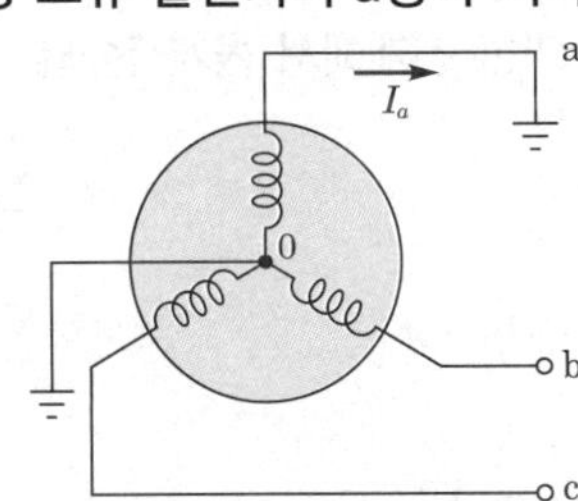

① $I_0 = I_1 = I_2$　② $V_0 = V_1 = V_2$　③ $I_1 = -I_2$, $I_0 = 0$　④ $V_1 = -V_2$, $V_0 = 0$

해설 1선 지락은 대칭분의 전류가 같아지는 고장이고, 2선 지락은 대칭분의 전압이 같아지는 고장이다.

답 ①

117

핵심이론 찾아보기▶핵심 08-6 기사 08·94년 / 산업 14·08·02·99·94년 출제

단자 전압의 각 대칭분 V_0, V_1, V_2가 0이 아니고 같게 되는 고장의 종류는?

① 1선 지락 ② 선간 단락 ③ 2선 지락 ④ 3선 단락

해설 2선 지락 고장은 대칭분의 전압이 0이 아니면서 같아지는 고장이다.

답 ③

118

핵심이론 찾아보기▶핵심 09-1 기사 12·92년 출제

비사인파의 일반적인 구성이 아닌 것은?

① 삼각파 ② 직류분 ③ 기본파 ④ 고조파

해설 비정현파=직류분+기본파+고조파

답 ①

119

핵심이론 찾아보기▶핵심 09-1 기사 91·84년 / 산업 89년 출제

그림과 같은 반파 정류파를 푸리에 급수로 전개할 때 직류분은?

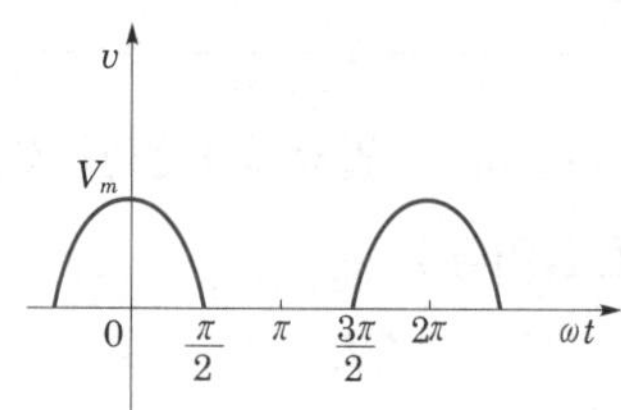

① V_m ② $\frac{V_m}{2}$ ③ $\frac{\pi}{2}$ ④ $\frac{V_m}{\pi}$

해설 직류 성분 a_o는 평균값이므로 반파의 평균값 $\frac{V_m}{\pi}$이 된다.

답 ④

120

핵심이론 찾아보기▶핵심 09-1 기사 12년 / 산업 14·02·85년 출제

비정현파의 푸리에 급수에 의한 전개에서 옳게 전개한 $f(t)$는?

① $\sum_{n=1}^{\infty} a_n \sin n\omega t + \sum_{n=1}^{\infty} b_n \cos n\omega t$

② $\sum_{n=1}^{\infty} a_n \sin n\omega t + \sum_{n=1}^{\infty} b_n \sin n\omega t$

③ $a_0 + \sum_{n=1}^{\infty} a_n \cos n\omega t + \sum_{n=1}^{\infty} b_n \sin n\omega t$

④ $\sum_{n=1}^{\infty} a_n \cos n\omega t + \sum_{n=1}^{\infty} b_n \cos n\omega t$

해설

$$f(t) = a_0 + \sum_{n=1}^{\infty} a_n \cos n\omega t + \sum_{n=1}^{\infty} b_n \sin n\omega t$$

답 ③

121 핵심이론 찾아보기▶**핵심 09-2** 기사 82년 출제

반파 대칭의 왜형파 푸리에 급수에서 옳게 표현된 것은? (단, $f(t)=\sum_{n=1}^{\infty} a_n \sin n\omega t + a_0 + \sum_{n=1}^{\infty} b_n \cos n\omega t$ 라 한다.)

① $a_0=0$, $b_n=0$이고, 홀수항의 a_n만 남는다.
② $a_0=0$이고, a_n 및 홀수항의 b_n만 남는다.
③ $a_0=0$이고, 홀수항의 a_n, b_n만 남는다.
④ $a_0=0$이고, 모든 고조파분의 a_n, b_n만 남는다.

해설 홀수항의 sin, cos항 존재. 즉, a_n, b_n 계수가 존재한다.

답 ③

122 핵심이론 찾아보기▶**핵심 09-2** 기사 83년 출제

반파 대칭의 왜형파에 포함되는 고조파는 어느 파에 속하는가?

① 제2고조파
② 제4고조파
③ 제5고조파
④ 제6고조파

해설 홀수항의 sin, cos항만 존재하므로 짝수항은 모두 0이 된다.

답 ③

123 핵심이론 찾아보기▶**핵심 09-2** 기사 13년 / 산업 06·99년 출제

비정현파에 있어서 정현 대칭의 조건은?

① $f(t)=f(-t)$
② $f(t)=-f(-t)$
③ $f(t)=-f(t)$
④ $f(t)=-f\left(t+\dfrac{T}{2}\right)$

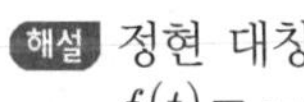

해설 정현 대칭

$f(t)=-f(2\pi-t)$

$f(t)=-f(-t)$

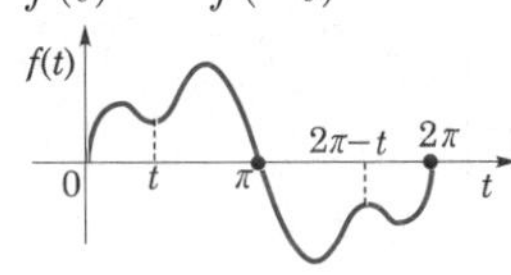

답 ②

124 핵심이론 찾아보기▶핵심 09-2 기사 94년 / 산업 90년 출제

그림과 같은 파형을 실수 푸리에 급수로 전개할 때에는?

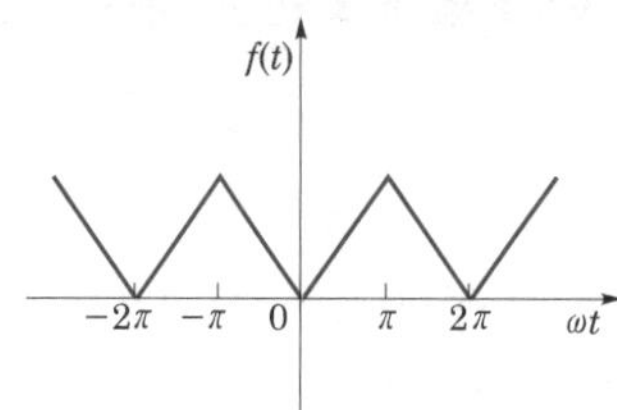

① sin항은 없다.
② cos항은 없다.
③ sin항, cos항 모두 있다.
④ sin항, cos항을 쓰면 유한수의 항으로 전개된다.

해설 여현 대칭이므로 직류 성분과 cos항이 존재한다. 즉, sin항은 없다. **답** ①

125 핵심이론 찾아보기▶핵심 09-2 기사 83년 출제

반파 및 정현 대칭인 비정현파 전압의 표시식으로 옳은 것은?

① $a_1 \sin \omega t + a_2 \sin 2\omega t + a_3 \sin 3\omega t + \cdots$
② $b_0 + b_1 \cos \omega t + b_2 \cos 2\omega t + b_3 \cos 3\omega t + \cdots$
③ $a_1 \sin \omega t + a_3 \sin 3\omega t + a_5 \sin 5\omega t + \cdots$
④ $b_1 \cos \omega t + b_3 \cos 3\omega t + b_5 \cos 5\omega t + \cdots$

해설 반파 및 정현 대칭은 홀수항의 sin항만 존재한다. **답** ③

126 핵심이론 찾아보기▶핵심 09-2 기사 96년 출제

그림과 같은 왜형파를 푸리에 급수로 전개할 때 옳은 것은?

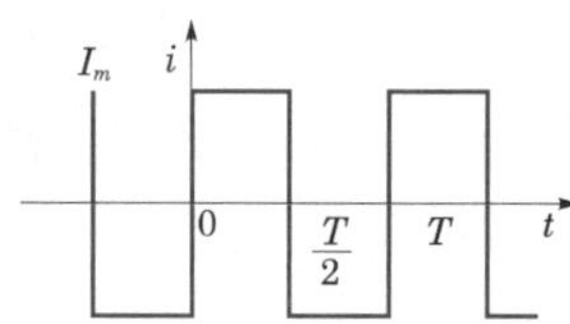

① 우수파만 포함한다.
② 기수파만 포함한다.
③ 우수파, 기수파 모두 포함한다.
④ 푸리에 급수로 전개할 수 없다.

해설 반파 및 정현 대칭이므로 홀수항의 정현 성분만 존재한다. **답** ②

127 핵심이론 찾아보기▶핵심 09-3 기사 01·91·90년 출제

비정현파의 전압 $v = \sqrt{2} \cdot 100\sin\omega t + \sqrt{2} \cdot 50\sin 2\omega t + \sqrt{2} \cdot 30\sin 3\omega t$ [V]일 때 실효 전압[V]은?

① $100 + 50 + 30 = 180$
② $\sqrt{100 + 50 + 30} = 13.4$
③ $\sqrt{100^2 + 50^2 + 30^2} = 115.8$
④ $\dfrac{\sqrt{100^2 + 50^2 + 30^2}}{3} = 38.6$

해설 $V = \sqrt{{V_1}^2 + {V_2}^2 + {V_3}^2} = \sqrt{100^2 + 50^2 + 30^2} = 115.8[\mathrm{V}]$

답 ③

128

핵심이론 찾아보기▶핵심 09-3 기사 97년 / 산업 92년 출제

순시값 $i = 30\sin\omega t + 50\sin(3\omega t + 60°)$[A]의 실효값은 몇 [A]인가?

① 29.1
② 41.2
③ 50.4
④ 58.2

해설 $I = \sqrt{\left(\frac{30}{\sqrt{2}}\right)^2 + \left(\frac{50}{\sqrt{2}}\right)^2} = 41.2[\mathrm{A}]$

답 ②

129

핵심이론 찾아보기▶핵심 09-3 기사 96·87년 출제

$v = 3 + 10\sqrt{2}\sin\omega t + 4\sqrt{2}\sin\left(3\omega t + \frac{\pi}{3}\right) + 10\sqrt{2}\sin\left(5\omega t - \frac{\pi}{6}\right)$일 때 실효값[V]은?

① 11.6
② 15
③ 31
④ 42.6

해설 실효값 $V = \sqrt{3^2 + 10^2 + 4^2 + 10^2} = 15[\mathrm{V}]$

답 ②

130

핵심이론 찾아보기▶핵심 09-3 기사 06·05·01년 / 산업 01·00·99년 출제

어떤 회로에 흐르는 전류가 $i = 5 + 10\sqrt{2}\sin\omega t + 5\sqrt{2}\sin\left(3\omega t + \frac{\pi}{3}\right)$[A]인 경우 실효값[A]은?

① 10.25
② 11.25
③ 12.25
④ 13.25

해설 실효값 $I = \sqrt{{I_o}^2 + {I_1}^2 + {I_2}^2} = \sqrt{5^2 + 10^2 + 5^2} = 12.25[\mathrm{A}]$

답 ③

131

핵심이론 찾아보기▶핵심 09-4 기사 03·88년 / 산업 15·12·08·05·96·89년 출제

왜형률이란 무엇인가?

① $\frac{\text{전 고조파의 실효값}}{\text{기본파의 실효값}}$
② $\frac{\text{전 고조파의 평균값}}{\text{기본파의 평균값}}$
③ $\frac{\text{제3 고조파의 실효값}}{\text{기본파의 실효값}}$
④ $\frac{\text{우수 고조파의 실효값}}{\text{기수 고조파의 실효값}}$

해설 왜형률이란 비정현파의 일그러짐률을 말한다.

$\text{왜형률} = \frac{\text{전 고조파의 실효값}}{\text{기본파의 실효값}}$

답 ①

132 핵심이론 찾아보기▶핵심 09-4

기사 22·14·01·97·95년 / 산업 89년 출제

다음 왜형파 전류의 왜형률을 구하면 얼마인가?

$$i = 30\sin\omega t + 10\cos 3\omega t + 5\sin 5\omega t\ [\text{A}]$$

① 약 0.46 ② 약 0.26 ③ 약 0.53 ④ 약 0.37

해설

왜형률 $D = \dfrac{\sqrt{\left(\dfrac{10}{\sqrt{2}}\right)^2 + \left(\dfrac{5}{\sqrt{2}}\right)^2}}{\dfrac{30}{\sqrt{2}}} \fallingdotseq 0.37$

답 ④

133 핵심이론 찾아보기▶핵심 09-4

기사 11·07·82년 출제

비정현파 전류 $i(t) = 56\sin\omega t + 25\sin 2\omega t + 30\sin(3\omega t + 30°) + 40\sin(4\omega t + 60°)$로 주어질 때 왜형률은 어느 것으로 표시되는가?

① 약 0.8 ② 약 1 ③ 약 0.5 ④ 약 1.414

해설

왜형률 $D = \dfrac{\sqrt{\left(\dfrac{25}{\sqrt{2}}\right)^2 + \left(\dfrac{30}{\sqrt{2}}\right)^2 + \left(\dfrac{40}{\sqrt{2}}\right)^2}}{\dfrac{56}{\sqrt{2}}} \fallingdotseq 1$

답 ②

134 핵심이론 찾아보기▶핵심 09-4

기사 07·00·98년 출제

기본파의 40[%]인 제3고조파와 30[%]인 제5고조파를 포함하는 전압파의 왜형률은?

① 0.3 ② 0.5 ③ 0.7 ④ 0.9

해설

왜형률 $D = \dfrac{\sqrt{40^2 + 30^2}}{100} = 0.5$

답 ②

135 핵심이론 찾아보기▶핵심 09-5

기사 90년 출제

비정현파의 전력식에서 옳지 않은 것은?

① $P = V_o I_o + \sum_{n=1}^{\infty} V_n I_n \cos\theta_n [\text{W}]$

② $P_a = VI [\text{VA}]$

③ $\cos\theta = \dfrac{P}{VI}$

④ $P_r = \sum_{n=1}^{\infty} V_n I_n \cos\theta_n [\text{Var}]$

해설

$P_r = \sum_{n=1}^{\infty} V_n I_n \sin\theta_n [\text{Var}]$

답 ④

136 핵심이론 찾아보기▶핵심 09-5 　　기사 04·92년 출제

어떤 회로의 단자 전압 $v=100\sin\omega t+40\sin 2\omega t+30\sin(3\omega t+60°)$[V]이고 전압강하의 방향으로 흐르는 전류가 $i=10\sin(\omega t-60°)+2\sin(3\omega t+105°)$[A]일 때 회로에 공급되는 평균 전력[W]은?

① 530　② 630　③ 371.2　④ 271.2

해설 $P=V_1 I\cos\theta_1+V_3 I_3\cos\theta^3=\frac{100}{\sqrt{2}}\times\frac{10}{\sqrt{2}}\cos 60°+\frac{30}{\sqrt{2}}\times\frac{2}{\sqrt{2}}\cos 45°=271.2[\text{W}]$ 　답 ④

137 핵심이론 찾아보기▶핵심 09-5 　　기사 93년 출제

5[Ω]의 저항에 흐르는 전류가 $i=5+14.14\sin 100t+7.07\sin 200t$ [A]일 때 저항에서 소비되는 평균 전력[W]은?

① 150　② 250　③ 625　④ 750

해설 소비전력 $P=I_0^{\,2}R+I_1^{\,2}R+I_2^{\,2}R+\cdots[\text{W}]$

$P=I_0^{\,2}R+I_1^{\,2}R+I_2^{\,2}R=5^2\times 5+10^2\times 5+5^2\times 5=750[\text{W}]$ 　답 ④

138 핵심이론 찾아보기▶핵심 09-5 　　기사 20·95·90년 / 산업 14·95년 출제

$R=4$[Ω], $\omega L=3$[Ω]의 직렬회로에 $v=\sqrt{2}\,100\sin\omega t+50\sqrt{2}\sin 3\omega t$ [V]를 가할 때 이 회로의 소비전력[W]은?

① 1,000　② 1,414　③ 1,560　④ 1,703

해설 $I_1=\frac{V_1}{Z_1}=\frac{V_1}{\sqrt{R^2+(\omega L)^2}}=\frac{100}{\sqrt{4^2+3^2}}=20[\text{A}]$

$I_3=\frac{V_3}{Z_3}=\frac{V_3}{\sqrt{R^2+(3\omega L)^2}}=\frac{50}{\sqrt{4^2+9^2}}=5.07[\text{A}]$

$\therefore\ P=I_1^{\,2}R+I_3^{\,2}R=20^2\times 4+5.07^2\times 4\fallingdotseq 1{,}703.06[\text{W}]$ 　답 ④

139 핵심이론 찾아보기▶핵심 09-5 　　기사 91·86년 출제

$v=100\sin(\omega t+30°)-50\sin(3\omega t+60°)+25\sin 5\omega t$[V], $i=20\sin(\omega t-30°)+15\sin(3\omega t+30°)+10\cos(5\omega t-60°)$[A]인 식의 비정현파 전압 전류로부터 전력[W]과 피상전력[VA]은 얼마인가?

① $P=283.5$, $P_a=1{,}542$　② $P=385.2$, $P_a=2{,}021$

③ $P=404.9$, $P_a=3{,}284$　④ $P=491.3$, $P_a=4{,}141$

해설 $P=V_1I_1\cos\theta_1+V_3I_3\cos\theta_3+V_5I_5\cos\theta_5$

$=\frac{100}{\sqrt{2}}\cdot\frac{20}{\sqrt{2}}\cos 60°-\frac{50}{\sqrt{2}}\cdot\frac{15}{\sqrt{2}}\cos 30°+\frac{25}{\sqrt{2}}\cdot\frac{10}{\sqrt{2}}\cos 30°\fallingdotseq 283.5[\text{W}]$

$$P_a = V \cdot I = \sqrt{\frac{100^2+50^2+25^2}{2}} \times \sqrt{\frac{20^2+15^2+10^2}{2}} = 1,542[\text{VA}]$$

답 ①

140

핵심이론 찾아보기▶핵심 09-5

기사 21·87년 출제

비정현파 기전력 및 전류의 값이 $v = 100\sin\omega t - 50\sin(3\omega t + 30°) + 20\sin(5\omega t + 45°)$ **[V],** $i = 20\sin(\omega t + 30°) + 10\sin(3\omega t - 30°) + 5\cos 5\omega t$ **[A]라면 전력[W] 및 역률은?**

① 825, 48.6　② 776.4, 59.7　③ 1,120, 77.4　④ 1,850, 89.6

해설

$$P = \frac{100}{\sqrt{2}} \cdot \frac{20}{\sqrt{2}}\cos 30° - \frac{50}{\sqrt{2}} \cdot \frac{10}{\sqrt{2}}\cos 60° + \frac{20}{\sqrt{2}} \cdot \frac{5}{\sqrt{2}}\cos 45° = 776.4[\text{W}]$$

$$P_a = V \cdot I = \sqrt{\frac{100^2+50^2+20^2}{2}} \times \sqrt{\frac{20^2+10^2+5^2}{2}} = 1,300.86$$

$$\cos\theta = \frac{P}{P_a} = \frac{776.4}{1,300.86} = 0.597$$

답 ②

141

핵심이론 찾아보기▶핵심 09-6

기사 19·10·99년 / 산업 03·00년 출제

왜형파 전압 $v = 100\sqrt{2}\sin\omega t + 75\sqrt{2}\sin 3\omega t + 20\sqrt{2}\sin 5\omega t$ **[V]를** $R-L$ **직렬회로에 인가할 때에 제3고조파 전류의 실효값[A]은? (단,** $R=4[\Omega]$, $\omega L = 1[\Omega]$**이다.)**

① 75　② 20　③ 4　④ 15

해설

제3고조파 전류 $I_3 = \dfrac{V_3}{Z_3} = \dfrac{V_3}{\sqrt{R^2+(3\omega L)^2}} = \dfrac{75}{\sqrt{4^2+3^2}} = 15[\text{A}]$

답 ④

142

핵심이론 찾아보기▶핵심 09-6

기사 94년 / 산업 00년 출제

$R=3[\Omega]$, $\omega L = 4[\Omega]$**의 직렬회로에** $v = 60 + \sqrt{2} \cdot 100\sin\left(\omega t - \frac{\pi}{6}\right)$ **[V]를 가할 때 전류의 실효값은 대략 몇 [A]인가?**

① 24.2　② 26.3　③ 28.3　④ 30.2

해설

$$I_o = \frac{V_o}{R} = \frac{60}{3} = 20[\text{A}]$$

$$I_1 = \frac{V_1}{Z_1} = \frac{V_1}{\sqrt{R^2+(\omega L)^2}} = \frac{100}{\sqrt{3^2+4^2}} + \frac{100}{5} = 20[\text{A}]$$

$$\therefore\ I = \sqrt{{I_o}^2 + {I_1}^2} = \sqrt{20^2+20^2} \fallingdotseq 28.3[\text{A}]$$

답 ③

143

핵심이론 찾아보기▶핵심 09-6

기사 14·01년 출제

$R-L-C$ **직렬 공진회로에서 제3고조파의 공진주파수** f**[Hz]는?**

① $\dfrac{1}{2\pi\sqrt{LC}}$　② $\dfrac{1}{3\pi\sqrt{LC}}$　③ $\dfrac{1}{6\pi\sqrt{LC}}$　④ $\dfrac{1}{9\pi\sqrt{LC}}$

해설 n고조파의 공진 조건 $n\omega L = \dfrac{1}{n\omega C}$, $n^2\omega^2 LC = 1$

공진주파수 $f = \dfrac{1}{2\pi n\sqrt{LC}}$ [Hz]

$\therefore\ f = \dfrac{1}{2\pi 3\sqrt{LC}} = \dfrac{1}{6\pi\sqrt{LC}}$

답 ③

144

핵심이론 찾아보기▶핵심 10-1 기사 20·17·99·91년 출제

그림과 같은 회로의 구동점 임피던스 Z_{ab}[Ω]는?

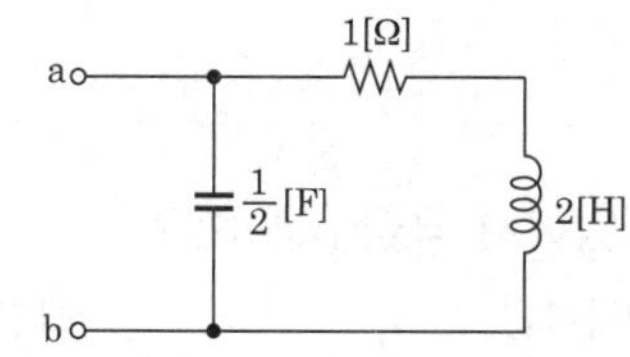

① $\dfrac{2(2s+1)}{2s^2+s+2}$ ② $\dfrac{2s+1}{2s^2+s+2}$ ③ $\dfrac{2(2s-1)}{2s^2+s+2}$ ④ $\dfrac{2s^2+s+2}{2(2s+1)}$

해설 $Z(s) = \dfrac{\dfrac{2}{s}(1+2s)}{\dfrac{2}{s}+(1+2s)} = \dfrac{2(2s+1)}{2s^2+s+2}$ [Ω]

답 ①

145

핵심이론 찾아보기▶핵심 10-1 기사 97년 출제

그림과 같은 회로의 2단자 임피던스 $Z(s)$는? (단, $s=j\omega$)

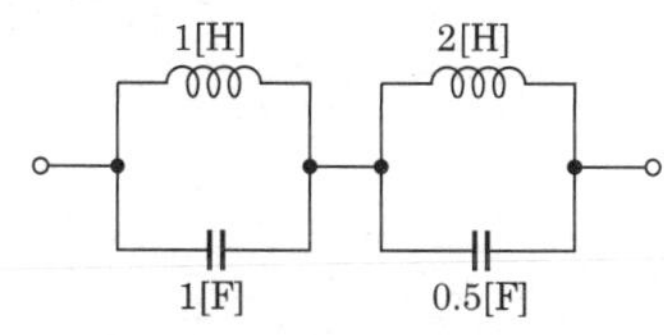

① $\dfrac{s}{s^2+1}$ ② $\dfrac{0.5s}{s^2+1}$ ③ $\dfrac{3s}{s^2+1}$ ④ $\dfrac{2s}{s^2+1}$

해설 $Z(s) = \dfrac{s\cdot\dfrac{1}{s}}{s+\dfrac{1}{s}} + \dfrac{2s\cdot\dfrac{2}{s}}{2s+\dfrac{2}{s}} = \dfrac{s}{s^2+1} + \dfrac{2s}{s^2+1} = \dfrac{3s}{s^2+1}$

답 ③

146

핵심이론 찾아보기▶핵심 10-2 기사 04·88년 / 산업 08·97년 출제

구동점 임피던스에 있어서 영점(zero)은?

① 전류가 흐르지 않는 경우이다.
② 회로를 개방한 것과 같다.
③ 회로를 단락한 것과 같다.
④ 전압이 가장 큰 상태이다.

해설 $Z(s)=0$이 되는 s의 근으로 회로 단락상태를 의미한다. 답 ③

147

핵심이론 찾아보기▶핵심 10-2 기사 12·06·03년 출제

2단자 임피던스 함수 $Z(s)$가 $Z(s)=\dfrac{s+3}{(s+4)(s+5)}$일 때의 영점은?

① 4, 5 ② −4, −5 ③ 3 ④ −3

해설 영점은 $Z(s)$의 분자=0의 근 $s+3=0$, $s=-3$ 답 ④

148

핵심이론 찾아보기▶핵심 10-2 기사 14·97·88년 출제

구동점 임피던스 함수에 있어서 극점(pole)은?

① 단락 회로 상태를 의미한다.
② 개방 회로 상태를 의미한다.
③ 아무 상태도 아니다.
④ 전류가 많이 흐르는 상태를 의미한다.

해설 극점은 $Z(s)=\infty$가 되는 s의 근으로 회로 개방 상태를 의미한다. 답 ②

149

핵심이론 찾아보기▶핵심 10-2 기사 92년 / 산업 13년 출제

2단자 임피던스 함수 $Z(s)$가 $Z(s)=\dfrac{(s+2)(s+3)}{(s+4)(s+5)}$일 때 극점은?

① −2, −3 ② −3, −4 ③ −1, −2, −3 ④ −4, −5

해설 영점은 $Z(s)=0$이 되는 s의 근
$(s+4)(s+5)=0$
$\therefore\ s=-4,\ -5$ 답 ④

150

핵심이론 찾아보기▶핵심 10-2 기사 12·92년 출제

2단자 임피던스 함수 $Z(s)$가 $Z(s)=\dfrac{(s+1)(s+2)}{(s+3)(s+4)}$일 때 영점(zero)과 극점을 옳게 표시한 것은?

	영점	극점
①	−1, −2	−3, −4
②	1, 2	3, 4
③	없다.	−1, −2, −3, −4
④	−1, −2, −3, −4	없다.

해설 극점은 $Z(s)$의 분모=0의 근
$(s+3)(s+4)=0$ $\therefore\ s=-3,\ -4$
영점은 $Z(s)$의 분자=0의 근
$(s+1)(s+2)=0$ $\therefore\ s=-1,\ -2$ 답 ①

151 핵심이론 찾아보기▶**핵심 10-3** 기사 96년 / 산업 14·12년 출제

임피던스 함수가 $Z(s)=\dfrac{4s+2}{s}$로 표시되는 2단자 회로망은 다음 중 어느 것인가? (단, $s=j\omega$이다.)

①
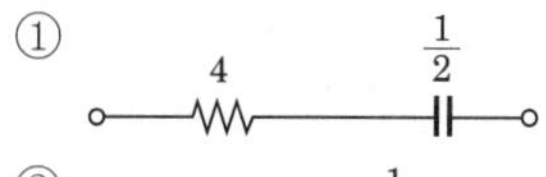

② $\frac{1}{4}$, 2

③ 4, $\frac{1}{2}$

④ $\frac{1}{4}$, $\frac{1}{2}$

해설 $Z(s)=\dfrac{4s+2}{s}=4+\dfrac{2}{s}=4+\dfrac{1}{\dfrac{1}{2}s}$

답 ①

152 핵심이론 찾아보기▶**핵심 10-3** 기사 00·97·93년 출제

리액턴스 함수가 $Z(\lambda)=\dfrac{4\lambda}{\lambda^2+9}$로 표시되는 리액턴스 2단자망은 다음 중 어느 것인가?

①
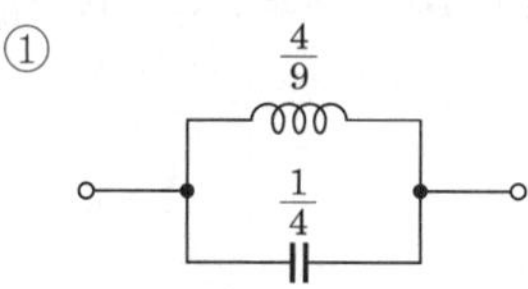

②
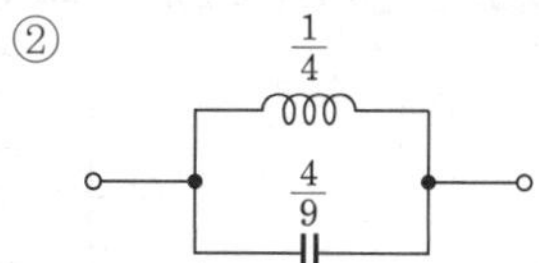

③
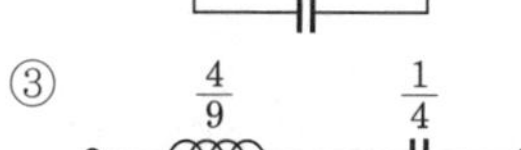

④ $\frac{1}{4}$, $\frac{4}{9}$

해설 $Z(\lambda)=\dfrac{4\lambda}{\lambda^2+9}=\dfrac{1}{(\lambda^2+9)/4\lambda}=\dfrac{1}{\dfrac{1}{4}\lambda+\dfrac{1}{\dfrac{4}{9}\lambda}}$

답 ①

153 핵심이론 찾아보기▶**핵심 10-4** 기사 10년 / 산업 09·04·99년 출제

그림과 같은 회로에서 $L=4$[mH], $C=0.1$[μF]일 때 이 회로가 정저항 회로가 되려면 R[Ω]의 값은 얼마이어야 하는가?

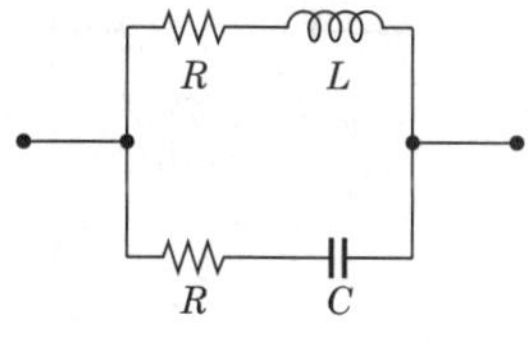

① 100 ② 400 ③ 300 ④ 200

해설 정저항 조건 $Z_1\cdot Z_2=R^2$에서 $R^2=\dfrac{L}{C}$

$\therefore\ R=\sqrt{\dfrac{L}{C}}=\sqrt{\dfrac{4\times10^{-3}}{0.1\times10^{-6}}}=200[\Omega]$

답 ④

154

핵심이론 찾아보기▶핵심 10-4 기사 10·94년 출제

그림과 같은 회로가 정저항 회로가 되기 위한 저항 R[Ω]의 값은? (단, L=2[mH], C=10[μF]이다.)

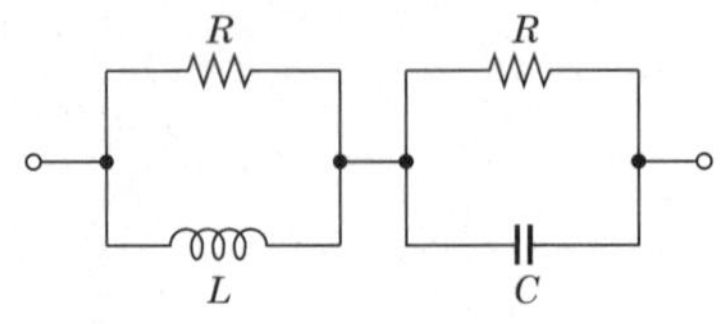

① 8 ② 14 ③ 20 ④ 28

해설 $Z_1 \cdot Z_2 = R^2$에서 $sL \cdot \dfrac{1}{sC} = R^2$, $R^2 = \dfrac{L}{C}$

$\therefore\ R = \sqrt{\dfrac{L}{C}} = \sqrt{\dfrac{2\times 10^{-3}}{10\times 10^{-6}}} = 14.14[\Omega]$

답 ②

155

핵심이론 찾아보기▶핵심 10-4 기사 84년 / 산업 10·06년 출제

그림과 같은 회로가 정저항 회로가 되기 위한 L[H]의 값은? (단, R=10[Ω], C=100[μF]이다.)

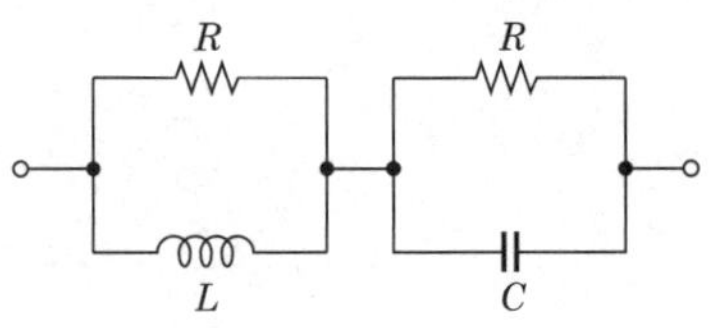

① 10 ② 2 ③ 0.1 ④ 0.01

해설 정저항 조건 $Z_1 \cdot Z_2 = R^2$에서 $R^2 = \dfrac{L}{C}$

$\therefore\ L = R^2 C = 10^2 \times 100 \times 10^{-6} = 0.01[\mathrm{H}]$

답 ④

156

핵심이론 찾아보기▶핵심 10-4 기사 92년 / 산업 16·10·00년 출제

그림이 정저항 회로로 되려면 C[μF]는?

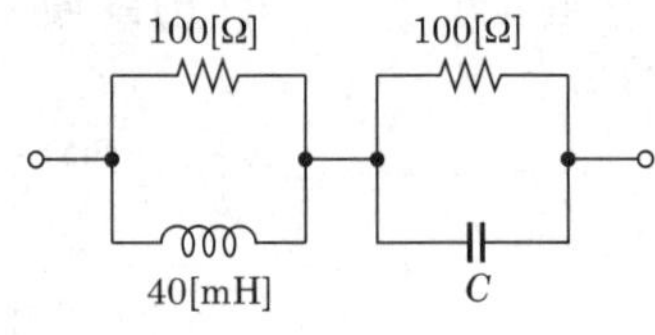

① 4 ② 6 ③ 8 ④ 10

해설 정저항 조건 $Z_1 \cdot Z_2 = R^2$, $sL \cdot \dfrac{1}{sC} = R^2$

$\therefore\ R^2 = \dfrac{L}{C}$

$\because\ C = \dfrac{L}{R^2} = \dfrac{40\times 10^{-3}}{100^2} = 4\times 10^{-6} = 4[\mu\mathrm{F}]$

답 ①

157 핵심이론 찾아보기▶핵심 10-4

기사 17년 출제

그림과 같은 회로에서 스위치 S를 닫았을 때, 과도분을 포함하지 않기 위한 $R[\Omega]$은?

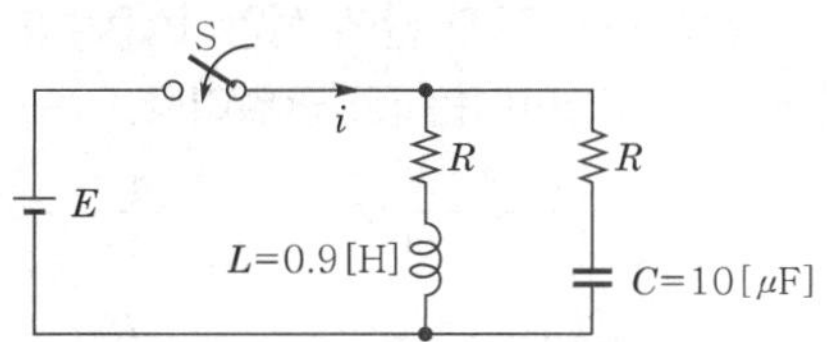

① 100 ② 200 ③ 300 ④ 400

해설 $R = \sqrt{\dfrac{L}{C}} = \sqrt{\dfrac{0.9}{10\times 10^{-6}}} = 300[\Omega]$

답 ③

158 핵심이론 찾아보기▶핵심 10-4

기사 12·99년 출제

그림과 같은 (a), (b) 회로가 역회로의 관계가 있으려면 L의 값[mH]은?

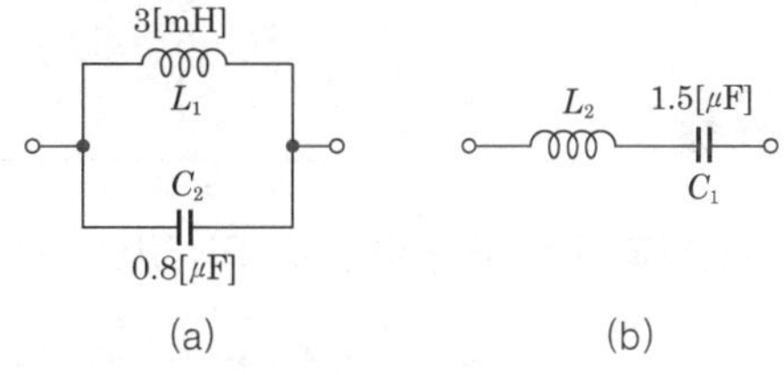

① 0.4 ② 0.8 ③ 1.2 ④ 1.6

해설 역회로 조건 $Z_1 \cdot Z_2 = K^2$ (Z_1, Z_2는 쌍대 관계)

$$L_2 = K^2 C_2 = \frac{L_1}{C_1} C_2 = \frac{3\times 10^{-3}}{1.5\times 10^{-6}} \times 0.8 \times 10^{-6} = 1.6[\text{mH}]$$

답 ④

159 핵심이론 찾아보기▶핵심 10-4

기사 18년 출제

그림 (a)와 그림 (b)가 역회로 관계에 있으려면 L의 값은 몇 [mH]인가?

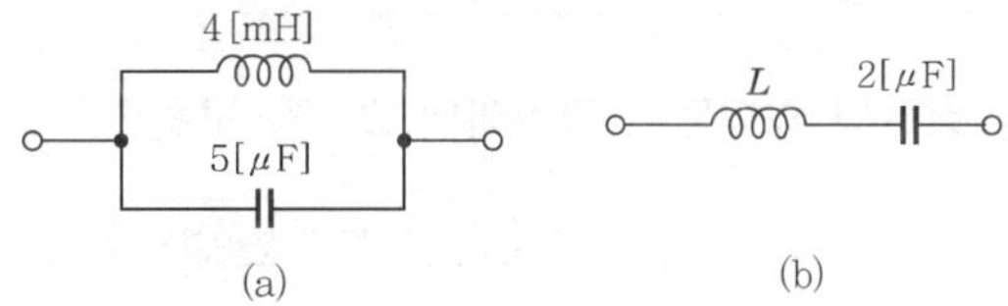

① 1 ② 2 ③ 5 ④ 10

해설 역회로 조건 $Z_1 Z_2 = K^2$

$$L = K^2 C = \frac{L_1}{C_1} C = \frac{4\times 10^{-3}}{2\times 10^{-6}} \times 5 \times 10^{-6} = 10[\text{mH}]$$

답 ④

160

핵심이론 찾아보기▶핵심 11-1 기사 11·82년 출제

그림과 같은 Z-파라미터로 표시되는 4단자망의 1-1′ 단자 간에 4[A], 2-2′ 단자 간에 1[A]의 정전류원을 연결하였을 때의 1-1′ 단자 간에 전압 V_1[V]과 2-2′ 단자 간의 전압 V_2[V]가 바르게 구하여진 것은? (단, Z-파라미터는 [Ω]단위이다.)

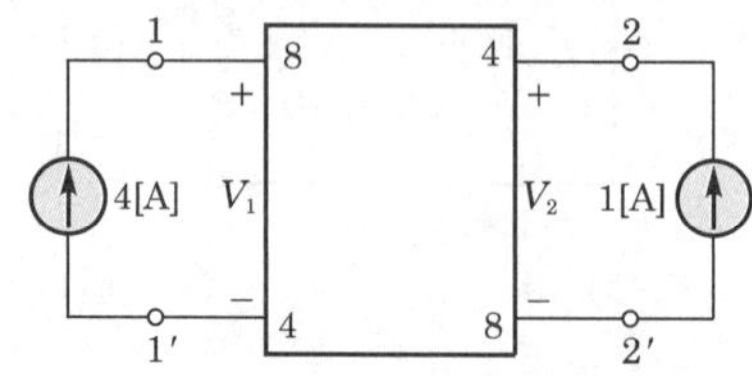

① 18, 12 ② 36, −24 ③ 36, 24 ④ 24, 36

해설
$$\begin{bmatrix} V_1 \\ V_2 \end{bmatrix} = \begin{bmatrix} Z_{11} & Z_{12} \\ Z_{21} & Z_{22} \end{bmatrix} \begin{bmatrix} I_1 \\ I_2 \end{bmatrix}$$

$$\begin{bmatrix} V_1 \\ V_2 \end{bmatrix} = \begin{bmatrix} 8 & 4 \\ 4 & 8 \end{bmatrix} \begin{bmatrix} 4 \\ 1 \end{bmatrix} = \begin{bmatrix} 36 \\ 24 \end{bmatrix}$$

$\therefore\ V_1 = 36[\mathrm{V}],\ V_2 = 24[\mathrm{V}]$

답 ③

161

핵심이론 찾아보기▶핵심 11-1 기사 09·82년 출제

그림과 같은 회로에서 임피던스 파라미터 Z_{11}의 값[Ω]은?

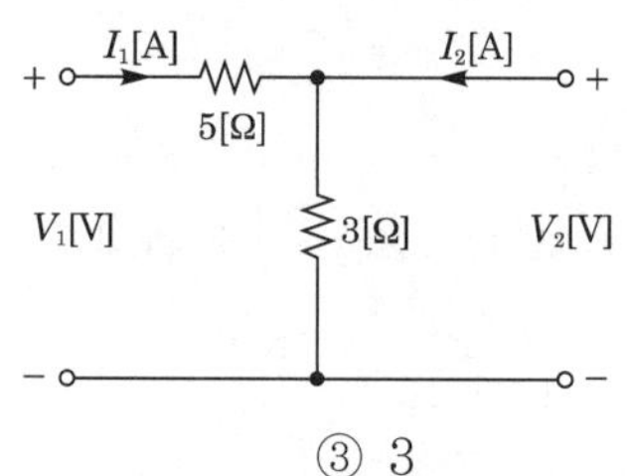

① 8 ② 5 ③ 3 ④ 2

해설 개방 구동점 임피던스 $Z_{11} = 5 + 3 = 8[\Omega]$

답 ①

162

핵심이론 찾아보기▶핵심 11-1 기사 12·07·99·91년 / 산업 98년 출제

그림과 같은 T형 회로의 임피던스 파라미터 Z_{11}을 구하면?

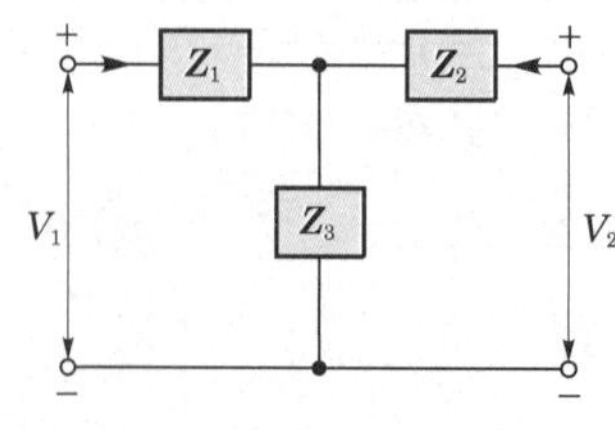

① Z_3 ② $Z_1 + Z_2$ ③ $Z_2 + Z_3$ ④ $Z_1 + Z_3$

해설 개방 구동점 임피던스 $Z_{11} = Z_1 + Z_3$

답 ④

163 핵심이론 찾아보기▶핵심 11-2 기사 14·88년 출제

어떤 2단자 쌍회로망의 Y-파라미터가 그림과 같다. a−a′ 단자 간에 V_1=36[V], b−b′ 단자 간에 V_2=24[V]의 정전압원을 연결하였을 때 I_1, I_2의 값은 각각 몇 [A]인가? (단, Y-파라미터는 [℧]단위임)

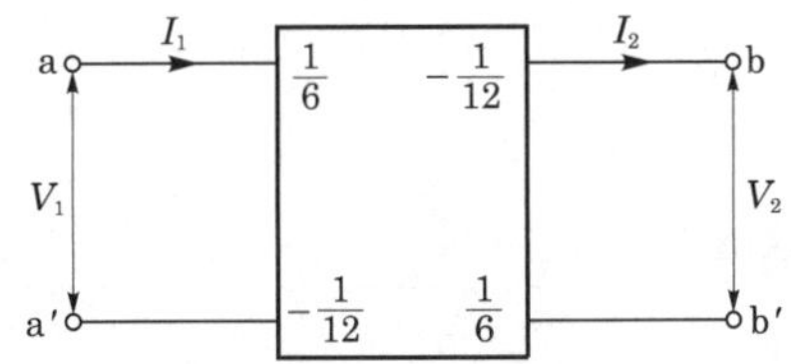

① $I_1=4$, $I_2=5$　② $I_1=5$, $I_2=4$　③ $I_1=1$, $I_2=4$　④ $I_1=4$, $I_2=1$

해설

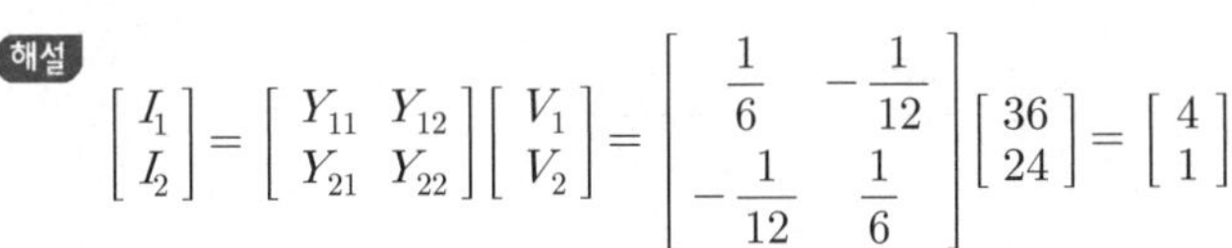

$$\begin{bmatrix} I_1 \\ I_2 \end{bmatrix} = \begin{bmatrix} Y_{11} & Y_{12} \\ Y_{21} & Y_{22} \end{bmatrix} \begin{bmatrix} V_1 \\ V_2 \end{bmatrix} = \begin{bmatrix} \frac{1}{6} & -\frac{1}{12} \\ -\frac{1}{12} & \frac{1}{6} \end{bmatrix} \begin{bmatrix} 36 \\ 24 \end{bmatrix} = \begin{bmatrix} 4 \\ 1 \end{bmatrix}$$

답 ④

164 핵심이론 찾아보기▶핵심 11-2 기사 14년 출제

4단자 정수 A, B, C, D로 출력측을 개방시켰을 때 입력측에서 본 구동점 임피던스 $Z_{11}=\left.\frac{V_1}{I_1}\right|_{I_2=0}$ 을 표시한 것 중 옳은 것은?

① $Z_{11}=\frac{A}{C}$　② $Z_{11}=\frac{B}{D}$　③ $Z_{11}=\frac{A}{B}$　④ $Z_{11}=\frac{B}{C}$

해설 임피던스 파라미터와 4단자 정수와의 관계

$$Z_{11}=\frac{A}{C}$$

$$Z_{12}=Z_{21}=\frac{1}{C}$$

$$Z_{22}=\frac{D}{C}$$

답 ①

165 핵심이론 찾아보기▶핵심 11-2 기사 83년 출제

그림과 같은 4단자 회로망에서 어드미턴스 파라미터 중 Y_{11}, Y_{12}의 값[Ω]은 얼마인가?

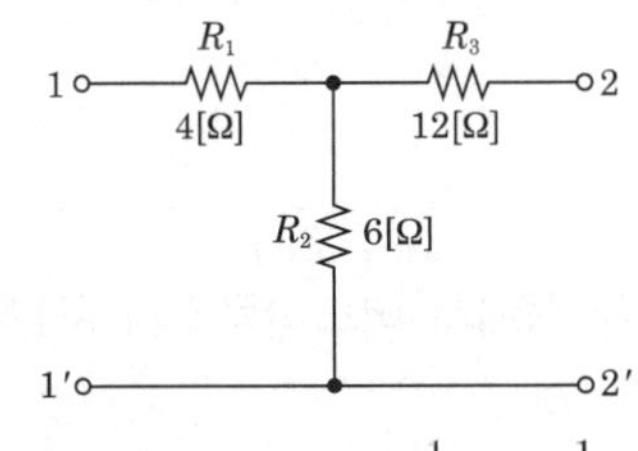

① 10, 18　② 22, −12　③ $\frac{1}{8}$, $-\frac{1}{24}$　④ $\frac{5}{12}$, $\frac{1}{4}$

해설 4단자 정수 $\begin{bmatrix} A & B \\ C & D \end{bmatrix} = \begin{bmatrix} 1 & 4 \\ 0 & 1 \end{bmatrix} \begin{bmatrix} 1 & 0 \\ \frac{1}{6} & 1 \end{bmatrix} \begin{bmatrix} 1 & 12 \\ 0 & 1 \end{bmatrix} = \begin{bmatrix} \frac{5}{3} & 24 \\ \frac{1}{6} & 3 \end{bmatrix}$

$Y_{11} = \frac{D}{B} = \frac{3}{24} = \frac{1}{8}[\Omega]$

$Y_{12} = \frac{1}{B} = \frac{1}{24}[\Omega]$

답 ③

166 핵심이론 찾아보기▶핵심 11-2 기사 85년 / 산업 13년 출제

그림에서 4단자망의 개방 순방향 전달 임피던스 $Z_{21}[\Omega]$과 단락 순방향 전달 어드미턴스 $Y_{21}[℧]$은?

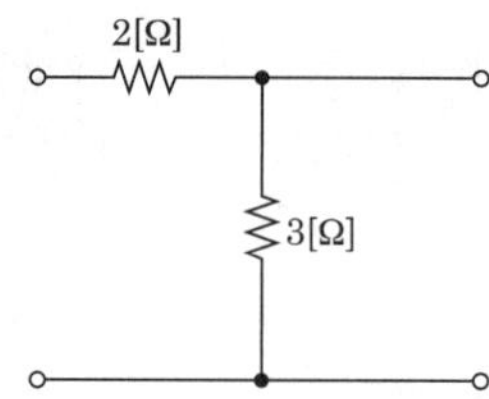

① $Z_{21}=5$, $Y_{21}=-\frac{1}{2}$
② $Z_{21}=3$, $Y_{21}=-\frac{1}{3}$
③ $Z_{21}=3$, $Y_{21}=-\frac{1}{2}$
④ $Z_{21}=3$, $Y_{21}=-\frac{5}{6}$

해설 $Z_{11} = 2+3[\Omega]$, $Z_{22} = 3[\Omega]$, $Z_{12} = Z_{21} = 3[\Omega]$

$Y_{11} = \frac{1}{2}[℧]$, $Y_{22} = \frac{1}{2}+\frac{1}{3}[℧]$, $Y_{12} = Y_{21} = \frac{1}{2}[℧]$

답 ③

167 핵심이론 찾아보기▶핵심 11-2 기사 94·87년 출제

그림과 같은 4단자망에서 존재하지 않는 파라미터는?

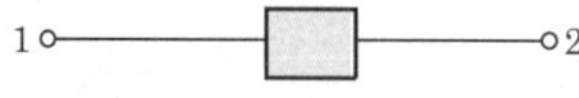

① Z행렬　② Y행렬　③ F행렬　④ H행렬

해설 폐로가 없으므로 임피던스 파라미터는 존재하지 않는다.

답 ①

168 핵심이론 찾아보기▶핵심 11-3 기사 10·09·97년 / 산업 10·07·97·95·90년 출제

4단자 정수 A, B, C, D 중에서 어드미턴스의 차원을 가진 정수는 어느 것인가?

① A　② B　③ C　④ D

해설 $A = \left.\dfrac{V_1}{V_2}\right|_{I_2=0}$: 출력을 개방했을 때 전압 이득

$B = \left.\dfrac{V_1}{I_2}\right|_{V_2=0}$: 출력을 단락했을 때 전달 임피던스

$C = \left.\dfrac{I_1}{V_2}\right|_{I_2=0}$: 출력을 개방했을 때 전달 어드미턴스

$D = \left.\dfrac{I_1}{I_2}\right|_{V_2=0}$: 출력 단자를 단락했을 때의 전류 이득

답 ③

169

핵심이론 찾아보기▶핵심 11-3 기사 07·04·00년 출제

4단자망의 파라미터 정수에 관한 설명 중 옳지 않은 것은?

① A, B, C, D 파라미터 중 A 및 D는 차원(dimension)이 없다.
② h 파라미터 중 h_{12} 및 h_{21}은 차원이 없다.
③ A, B, C, D 파라미터 중 B는 어드미턴스, C는 임피던스의 차원을 갖는다.
④ h 파라미터 중 h_{11}은 임피던스, h_{22}는 어드미턴스의 차원을 갖는다.

해설 B는 전달 임피던스, C는 전달 어드미턴스의 차원을 갖는다.

답 ③

170

핵심이론 찾아보기▶핵심 11-3 기사 10년 / 산업 10·03·96·88년 출제

어떤 회로망의 4단자 정수가 $A=8$, $B=j2$, $D=3+j2$이면 이 회로망의 C는 얼마인가?

① $24+j14$ ② $3-j4$ ③ $8-j11.5$ ④ $4+j6$

해설 4단자 정수의 성질 $AD-BC=1$

$$\therefore\ C=\frac{AD-1}{B}=\frac{8(3+j2)-1}{j2}=8-j11.5$$

답 ③

171

핵심이론 찾아보기▶핵심 11-4 기사 99년 / 산업 05·00·98·88년 출제

그림과 같은 L형 회로의 4단자 정수는 어떻게 되는가?

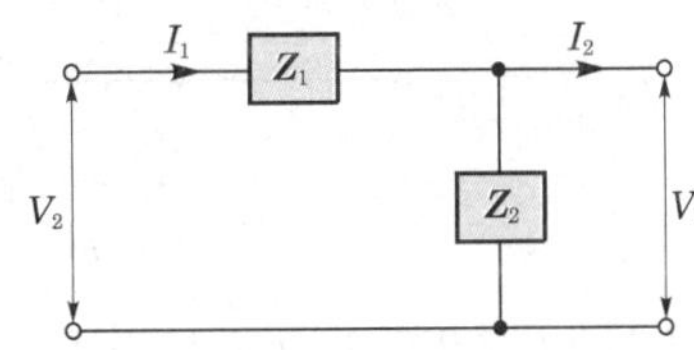

① $A=Z_1$, $B=1+\dfrac{Z_1}{Z_2}$, $C=\dfrac{1}{Z_2}$, $D=1$
② $A=1$, $B=\dfrac{1}{Z_2}$, $C=1+\dfrac{1}{Z_2}$, $D=Z_1$
③ $A=1+\dfrac{Z_1}{Z_2}$, $B=Z_1$, $C=\dfrac{1}{Z_2}$, $D=1$
④ $A=\dfrac{1}{Z_2}$, $B=1$, $C=Z_1$, $D=1+\dfrac{Z_1}{Z_2}$

해설

$$\begin{bmatrix} A & B \\ C & D \end{bmatrix} = \begin{bmatrix} 1 & Z_1 \\ 0 & 1 \end{bmatrix}\begin{bmatrix} 1 & 0 \\ \dfrac{1}{Z_2} & 1 \end{bmatrix} = \begin{bmatrix} 1+\dfrac{Z_1}{Z_2} & Z_1 \\ \dfrac{1}{Z_2} & 1 \end{bmatrix}$$

답 ③

172

핵심이론 찾아보기▶핵심 11-4

기사 14년 / 산업 99년 출제

그림과 같은 T형 회로에서 4단자 정수 중 D의 값은?

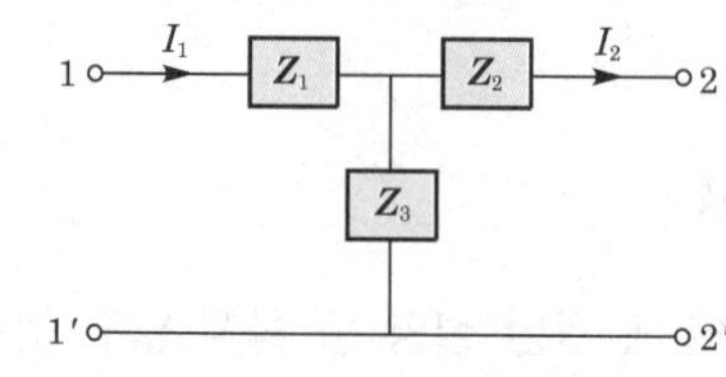

① $1+\dfrac{Z_1}{Z_3}$

② $\dfrac{Z_1Z_2}{Z_3}+Z_2+Z_1$

③ $\dfrac{1}{Z_3}$

④ $1+\dfrac{Z_2}{Z_3}$

해설

$$\begin{bmatrix} A & B \\ C & D \end{bmatrix} = \begin{bmatrix} 1 & Z_1 \\ 0 & 1 \end{bmatrix}\begin{bmatrix} 1 & 0 \\ \dfrac{1}{Z_3} & 1 \end{bmatrix}\begin{bmatrix} 1 & Z_2 \\ 0 & 1 \end{bmatrix}$$

$$= \begin{bmatrix} 1+\dfrac{Z_1}{Z_3} & Z_1 \\ \dfrac{1}{Z_3} & 1 \end{bmatrix}\begin{bmatrix} 1 & Z_2 \\ 1 & 0 \end{bmatrix} = \begin{bmatrix} 1+\dfrac{Z_1}{Z_3} & Z_2\left(1+\dfrac{Z_1}{Z_3}\right)+Z_1 \\ \dfrac{1}{Z_3} & \dfrac{Z_2}{Z_3}+1 \end{bmatrix}$$

답 ④

173

핵심이론 찾아보기▶핵심 11-4

기사 08·05·87년 / 산업 12·00·93·87년 출제

그림 같은 4단자 회로의 4단자 정수 중 D의 값은?

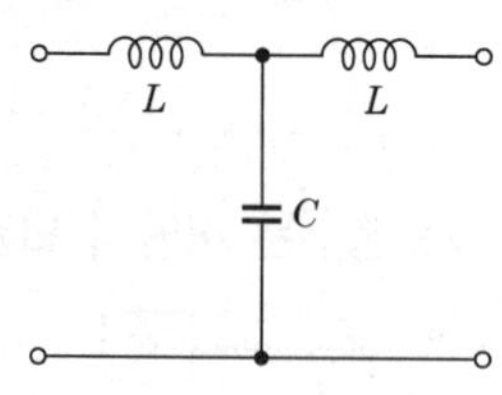

① $1-\omega^2LC$

② $j\omega L(2-\omega^2LC)$

③ $j\omega C$

④ $j\omega L$

해설 $\begin{bmatrix} A & B \\ C & D \end{bmatrix} = \begin{bmatrix} 1 & j\omega L \\ 0 & 1 \end{bmatrix}\begin{bmatrix} 1 & 0 \\ j\omega C & 1 \end{bmatrix}\begin{bmatrix} 1 & j\omega L \\ 0 & 1 \end{bmatrix} = \begin{bmatrix} 1-\omega^2LC & j\omega L(2-\omega^2LC) \\ j\omega C & 1-\omega^2LC \end{bmatrix}$

답 ①

174

핵심이론 찾아보기▶핵심 11-4

기사 21·00·98년 / 산업 10·03년 출제

그림과 같은 H형 회로의 4단자 정수 중 A의 값은?

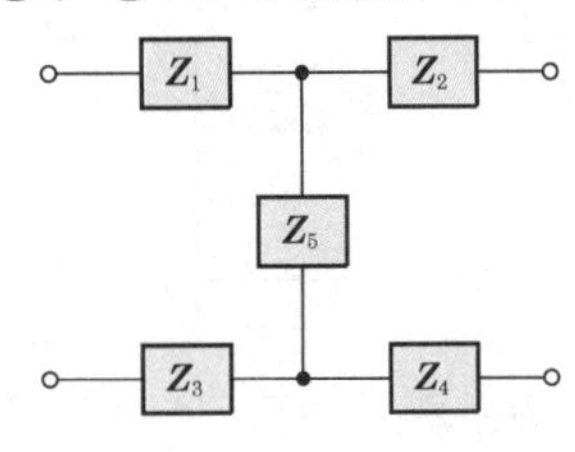

① Z_5

② $\dfrac{Z_5}{Z_2+Z_4+Z_5}$

③ $\dfrac{1}{Z_5}$

④ $\dfrac{Z_1+Z_3+Z_5}{Z_5}$

해설

$$\begin{bmatrix} A & B \\ C & D \end{bmatrix} = \begin{bmatrix} 1 & Z_1+Z_3 \\ 0 & 1 \end{bmatrix} \begin{bmatrix} 1 & 0 \\ \dfrac{1}{Z_5} & 1 \end{bmatrix} \begin{bmatrix} 1 & Z_2+Z_4 \\ 0 & 1 \end{bmatrix}$$

$$= \begin{bmatrix} \dfrac{Z_1+Z_3+Z_5}{Z_5} & Z_1+Z_3+\dfrac{(Z_2+Z_4)(Z_1+Z_3+Z_5)}{Z_5} \\ \dfrac{1}{Z_5} & \dfrac{Z_2+Z_4+Z_5}{Z_5} \end{bmatrix}$$

답 ④

175

핵심이론 찾아보기▶핵심 11-4

기사 03·00년 / 산업 10·06·98년 출제

그림과 같은 π 형 회로의 4단자 정수 D의 값은?

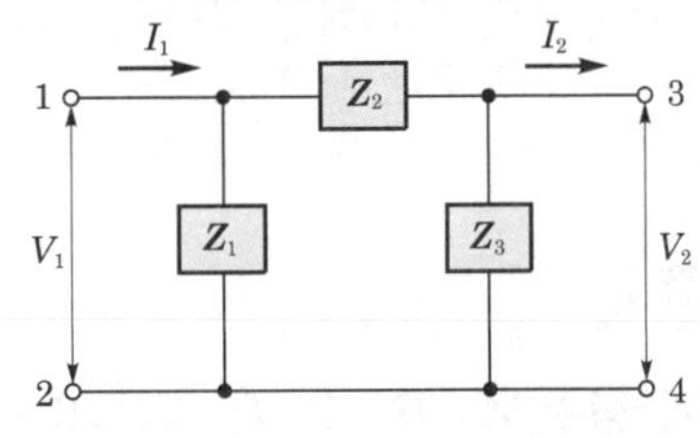

① Z_2

② $1+\dfrac{Z_2}{Z_1}$

③ $\dfrac{1}{Z_1}+\dfrac{1}{Z_3}$

④ $1+\dfrac{Z_2}{Z_3}$

해설

$$\begin{bmatrix} A & B \\ C & D \end{bmatrix} = \begin{bmatrix} 1 & 0 \\ \dfrac{1}{Z_1} & 1 \end{bmatrix} \begin{bmatrix} 1 & Z_2 \\ 0 & 1 \end{bmatrix} \begin{bmatrix} 1 & 0 \\ \dfrac{1}{Z_3} & 1 \end{bmatrix} = \begin{bmatrix} 1+\dfrac{Z_2}{Z_3} & Z_2 \\ \dfrac{Z_1+Z_2+Z_3}{Z_1 \cdot Z_3} & 1+\dfrac{Z_2}{Z_1} \end{bmatrix}$$

답 ②

176 핵심이론 찾아보기▶핵심 11-4 기사 91년 출제

그림과 같이 종속 접속된 4단자망의 합성 4단자 정수 중 옳지 않은 것은?

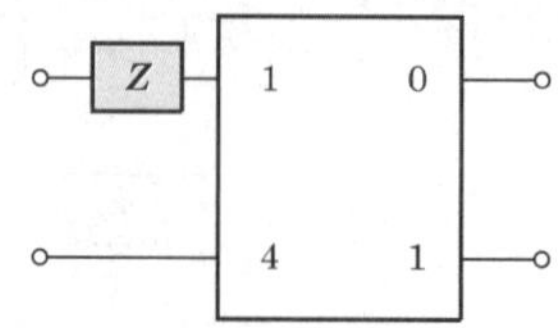

① $A = 1+4Z$ ② $B = Z$ ③ $C = 4$ ④ $D = 1+Z$

해설 $\begin{bmatrix} A & B \\ C & D \end{bmatrix} = \begin{bmatrix} 1 & Z \\ 0 & 1 \end{bmatrix}\begin{bmatrix} 1 & 0 \\ 4 & 1 \end{bmatrix} = \begin{bmatrix} 1+4Z & Z \\ 4 & 1 \end{bmatrix}$

답 ④

177 핵심이론 찾아보기▶핵심 11-4 기사 02·01·99·92년 / 산업 99·96·93년 출제

그림의 회로에서 각주파수를 ω[rad/s]라 하면 4단자 정수 A와 C는 어떻게 되는가?

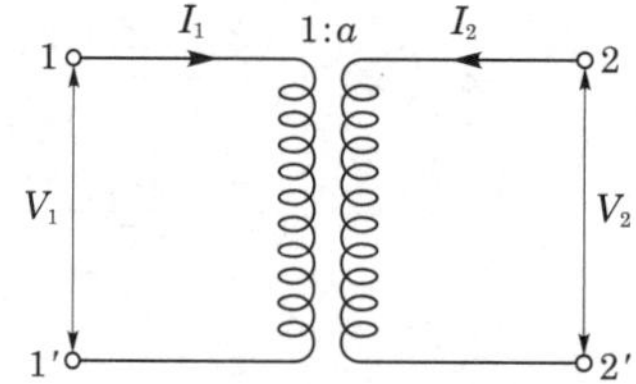

① $A=\frac{1}{a}$, $C=0$ ② $A=a$, $C=0$ ③ $A=0$, $C=\frac{1}{a}$ ④ $A=0$, $C=a$

해설 권수비 : $\frac{n_1}{n_2}=\frac{1}{a}$이므로 $\begin{bmatrix} A & B \\ C & D \end{bmatrix} = \begin{bmatrix} \frac{1}{a} & 0 \\ 0 & a \end{bmatrix}$

답 ①

178 핵심이론 찾아보기▶핵심 11-4 기사 13·07·01·99·92년 / 산업 07·03·87년 출제

다음 결합 회로의 4단자 정수 A, B, C, D 파라미터 행렬은?

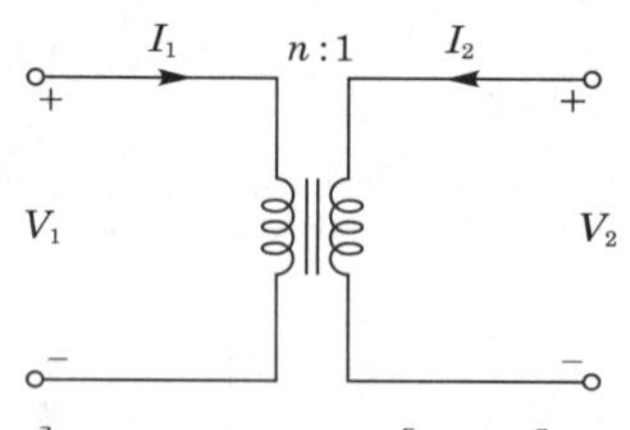

① $\begin{bmatrix} n & 0 \\ 0 & \frac{1}{n} \end{bmatrix}$ ② $\begin{bmatrix} 1 & n \\ \frac{1}{n} & 0 \end{bmatrix}$ ③ $\begin{bmatrix} 0 & n \\ \frac{1}{n} & 1 \end{bmatrix}$ ④ $\begin{bmatrix} \frac{1}{n} & 0 \\ 0 & n \end{bmatrix}$

해설 $\begin{bmatrix} A & B \\ C & D \end{bmatrix} = \begin{bmatrix} a & 0 \\ 0 & \frac{1}{a} \end{bmatrix} = \begin{bmatrix} n & 0 \\ 0 & \frac{1}{n} \end{bmatrix}$

답 ①

179 핵심이론 찾아보기▶핵심 11-4

기사 95년 / 산업 11·96년 출제

그림과 같이 10[Ω]의 저항에 감은 비가 10 : 1의 결합 회로를 연결했을 때 4단자 정수 A, B, C, D는?

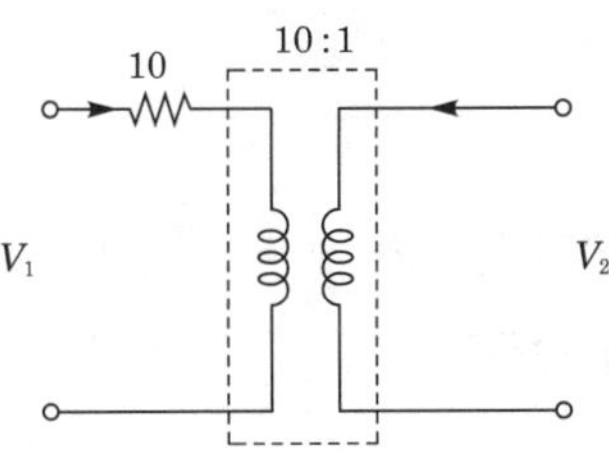

① $A=10,\ B=1,\ C=0,\ D=\frac{1}{10}$ ② $A=1,\ B=10,\ C=0,\ D=10$

③ $A=10,\ B=1,\ C=0,\ D=10$ ④ $A=10,\ B=0,\ C=0,\ D=\frac{1}{10}$

해설

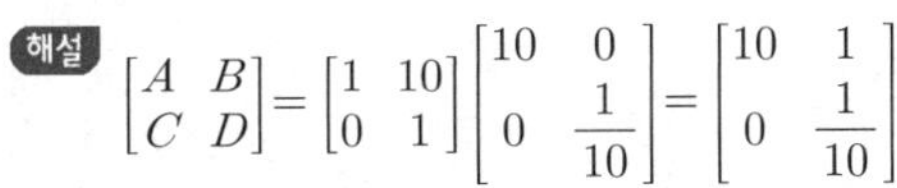

$$\begin{bmatrix} A & B \\ C & D \end{bmatrix} = \begin{bmatrix} 1 & 10 \\ 0 & 1 \end{bmatrix} \begin{bmatrix} 10 & 0 \\ 0 & \frac{1}{10} \end{bmatrix} = \begin{bmatrix} 10 & 1 \\ 0 & \frac{1}{10} \end{bmatrix}$$

답 ①

180 핵심이론 찾아보기▶핵심 11-4

기사 90년 출제

다음 그림은 이상적인 gyrator로서 4단자 정수 A, B, C, D 파라미터 행렬은? (단, 저항은 r이다.)

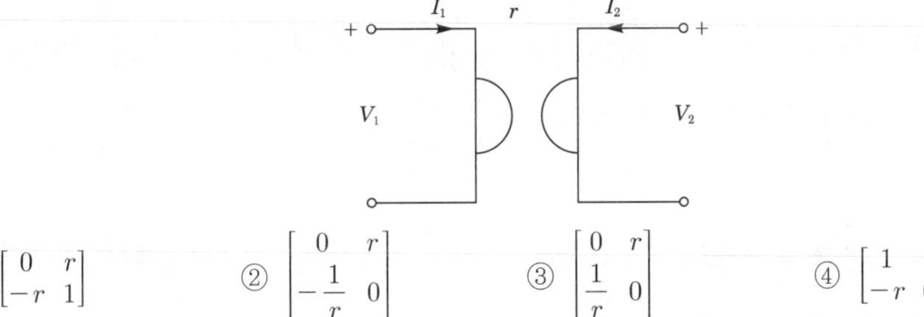

① $\begin{bmatrix} 0 & r \\ -r & 1 \end{bmatrix}$ ② $\begin{bmatrix} 0 & r \\ -\frac{1}{r} & 0 \end{bmatrix}$ ③ $\begin{bmatrix} 0 & r \\ \frac{1}{r} & 0 \end{bmatrix}$ ④ $\begin{bmatrix} 1 & r \\ -r & 0 \end{bmatrix}$

해설

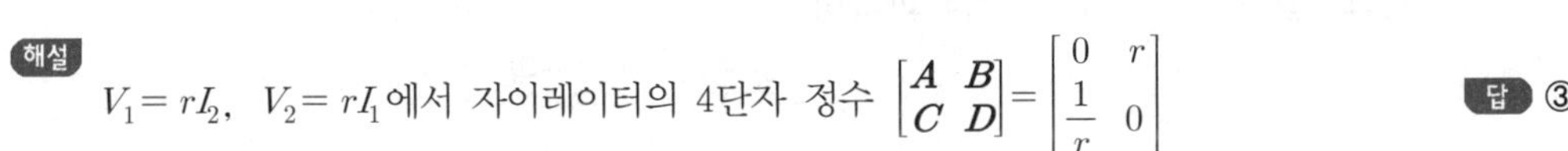

$V_1 = rI_2$, $V_2 = rI_1$에서 자이레이터의 4단자 정수 $\begin{bmatrix} \boldsymbol{A} & \boldsymbol{B} \\ \boldsymbol{C} & \boldsymbol{D} \end{bmatrix} = \begin{bmatrix} 0 & r \\ \frac{1}{r} & 0 \end{bmatrix}$

답 ③

181 핵심이론 찾아보기▶핵심 11-5

기사 19년 출제

4단자 회로망에서 4단자 정수가 A, B, C, D일 때, 영상 임피던스 $\frac{Z_{01}}{Z_{02}}$은?

① $\frac{D}{A}$ ② $\frac{B}{C}$ ③ $\frac{C}{B}$ ④ $\frac{A}{D}$

해설 영상 임피던스

$Z_{01}=\sqrt{\dfrac{AB}{CD}},\ Z_{02}=\sqrt{\dfrac{BD}{AC}},\ Z_{01}\cdot Z_{02}=\dfrac{B}{C},\ \dfrac{Z_{01}}{Z_{02}}=\dfrac{A}{D}$

답 ④

182

핵심이론 찾아보기▶핵심 11-5 기사 12·96년 / 산업 95·94·91·87년 출제

L형 4단자 회로망에서 4단자 정수가 $A=\dfrac{15}{4}$, $D=1$이고, 영상 임피던스 $Z_{02}=\dfrac{12}{5}$[Ω]일 때 영상 임피던스 Z_{01}[Ω]의 값은?

① 12 ② 9 ③ 8 ④ 6

해설 $Z_{01}\cdot Z_{02}=\dfrac{B}{C},\ \dfrac{Z_{01}}{Z_{02}}=\dfrac{A}{D}$에서

$Z_{01}=\dfrac{A}{D}Z_{02}=\dfrac{\frac{15}{4}}{1}\times\dfrac{12}{5}=\dfrac{180}{20}=9$[Ω]

답 ②

183

핵심이론 찾아보기▶핵심 11-5 기사 05·03·91·90년 출제

어떤 4단자망의 입력 단자 1, 1′ 사이의 영상 임피던스 Z_{01}과 출력 단자 2, 2′ 사이의 영상 임피던스 Z_{02}가 같게 되려면 4단자 정수 사이에 어떠한 관계가 있어야 하는가?

① $AD=BC$ ② $AB=CD$ ③ $A=D$ ④ $B=C$

해설 영상 임피던스 $Z_{01}=\sqrt{\dfrac{AB}{CD}},\ Z_{02}=\sqrt{\dfrac{BD}{AC}}$에서 Z_{01}과 Z_{02}가 같게 되려면

$A=D$인 관계가 되면 $Z_{01}=Z_{02}=\sqrt{\dfrac{B}{C}}$가 된다.

답 ③

184

핵심이론 찾아보기▶핵심 11-5 기사 17년 / 산업 18·14·00·95·91년 출제

그림과 같은 T형 회로의 영상 파라미터 θ는?

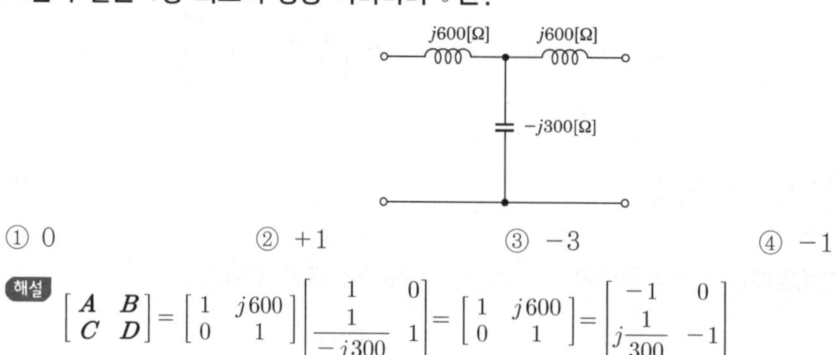

① 0 ② +1 ③ −3 ④ −1

해설 $\begin{bmatrix}A & B\\ C & D\end{bmatrix}=\begin{bmatrix}1 & j600\\ 0 & 1\end{bmatrix}\begin{bmatrix}1 & 0\\ \dfrac{1}{-j300} & 1\end{bmatrix}=\begin{bmatrix}1 & j600\\ 0 & 1\end{bmatrix}=\begin{bmatrix}-1 & 0\\ j\dfrac{1}{300} & -1\end{bmatrix}$

$\therefore\ \theta=\cosh^{-1}\sqrt{AD}=\cosh^{-1}1=0$

답 ①

185 핵심이론 찾아보기▶핵심 11-5

기사 09 · 04년 출제

4단자 정수 $A=\frac{5}{3}$, $B=800[\Omega]$, $C=\frac{1}{450}[\mho]$, $D=\frac{5}{3}$일 때, 전달정수 θ는 얼마인가?

① $\log_e 5$ ② $\log_e 4$ ③ $\log_e 3$ ④ $\log_e 2$

해설 $\theta=\log_e(\sqrt{AD}+\sqrt{BC})=\log_e\left(\sqrt{\frac{5}{3}\times\frac{5}{3}}+\sqrt{\frac{800}{450}}\right)=\log_e 3$

답 ③

186 핵심이론 찾아보기▶핵심 11-5

기사 90년 / 산업 99 · 89년 출제

영상 임피던스 및 전달정수 Z_{01}, Z_{02}, θ와 4단 회로망의 정수 A, B, C, D와의 관계식 중 옳지 않은 것은?

① $\boldsymbol{A}=\sqrt{\frac{\boldsymbol{Z}_{01}}{\boldsymbol{Z}_{02}}}\cosh\theta$

② $\boldsymbol{B}=\sqrt{\boldsymbol{Z}_{01}\boldsymbol{Z}_{02}}\sinh\theta$

③ $\boldsymbol{C}=\frac{1}{\sqrt{\boldsymbol{Z}_{01}\boldsymbol{Z}_{02}}}\cosh\theta$

④ $\boldsymbol{D}=\sqrt{\frac{\boldsymbol{Z}_{02}}{\boldsymbol{Z}_{01}}}\cosh\theta$

해설 $\boldsymbol{C}=\frac{1}{\sqrt{\boldsymbol{Z}_{01}\boldsymbol{Z}_{02}}}\sinh\theta$

답 ③

187 핵심이론 찾아보기▶핵심 11-5

기사 91년 출제

T형 4단자 회로망에서 영상 임피던스 $Z_{01}=75[\Omega]$, $Z_{02}=3[\Omega]$이고 전달정수가 0일 때 이 회로의 4단자 정수 A의 값은?

① 2 ② 3 ③ 4 ④ 5

해설 $A=\sqrt{\frac{Z_{01}}{Z_{02}}}\cosh\theta=\sqrt{\frac{75}{3}}\cosh 0=\sqrt{25}=5$

답 ④

188 핵심이론 찾아보기▶핵심 11-5

기사 94 · 89년 출제

그림과 같은 정 K형 고역 필터에서 공칭 임피던스가 600[Ω]이고 차단 주파수가 40[kHz]일 때 L[mH], C[μF]는?

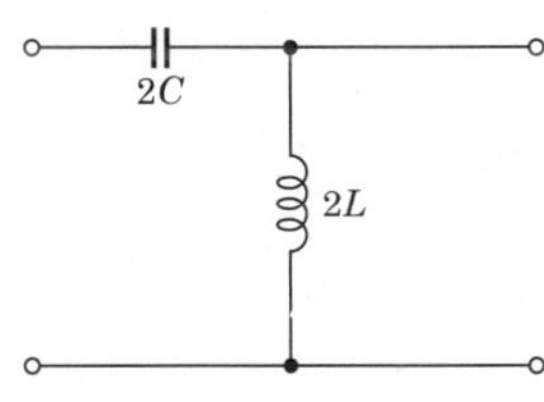

① $L=1.119$, $C=0.0033$

② $L=1.19$, $C=0.0033$

③ $L=11.9$, $C=0.0033$

④ $L=11.9$, $C=0.033$

해설 $C=\dfrac{1}{4\pi f_c K}=\dfrac{1}{4\pi\times 40\times 10^3\times 600}\fallingdotseq 0.0033[\mu\mathrm{F}]$

$L=\dfrac{K}{4\pi f_c}=K^2C=600^2\times 0.0033\times 10^{-6}\fallingdotseq 1.19[\mathrm{mH}]$

답 ②

189

핵심이론 찾아보기▶핵심 12-1

기사 17·11·06·98·93년 출제

단위길이당 임피던스 및 어드미턴스가 각각 Z 및 Y인 전송선로의 특성 임피던스는?

① $\sqrt{ZY}$
② $\sqrt{\dfrac{Z}{Y}}$
③ $\sqrt{\dfrac{Y}{Z}}$
④ $\dfrac{Y}{Z}$

해설 $Z=R+j\omega L[\Omega/\mathrm{m}]$

$Y=G+j\omega C[\mho/\mathrm{m}]$

$\therefore\ Z_0=\sqrt{\dfrac{Z}{Y}}=\sqrt{\dfrac{R+j\omega L}{G+j\omega C}}\,[\Omega]$

답 ②

190

핵심이론 찾아보기▶핵심 12-1

기사 99·90년 출제

선로의 단위길이의 분포 인덕턴스, 저항, 정전용량, 누설 컨덕턴스를 각각 L, r, C 및 g로 할 때 특성 임피던스는?

① $(r+j\omega L)(g+j\omega C)$
② $\sqrt{(r+j\omega L)(g+j\omega C)}$
③ $\sqrt{\dfrac{r+j\omega L}{g+j\omega C}}$
④ $\sqrt{\dfrac{g+j\omega C}{r+j\omega L}}$

해설 $Z_0=\sqrt{\dfrac{Z}{Y}}=\sqrt{\dfrac{r+j\omega L}{g+j\omega C}}\,[\Omega]$

답 ③

191

핵심이론 찾아보기▶핵심 12-1

기사 21·20·15년 출제

단위길이당 인덕턴스 및 커패시턴스가 각각 L 및 C일 때, 전송선로의 특성 임피던스는? (단, 무손실 선로이다.)

① $\sqrt{\dfrac{L}{C}}$
② $\sqrt{\dfrac{C}{L}}$
③ $\dfrac{L}{C}$
④ $\dfrac{C}{L}$

해설 무손실 선로에서는 $R=0$, $G=0$이므로

$Z_0=\sqrt{\dfrac{Z}{Y}}=\sqrt{\dfrac{R+j\omega L}{G+j\omega C}}=\sqrt{\dfrac{L}{C}}\,[\Omega]$

답 ①

192 핵심이론 찾아보기▶핵심 12-1 기사 14년 출제

분포정수회로에 직류를 흘릴 때 특성 임피던스는? (단, 단위길이당의 직렬 임피던스 $Z=R+j\omega L[\Omega]$, 병렬 어드미턴스 $Y=G+j\omega C[℧]$이다.)

① $\sqrt{\dfrac{L}{C}}$ ② $\sqrt{\dfrac{L}{R}}$ ③ $\sqrt{\dfrac{G}{C}}$ ④ $\sqrt{\dfrac{R}{G}}$

해설 직류는 주파수가 0[Hz]이므로 $\omega=2\pi f=0$[rad/s]가 된다.
따라서 특성 임피던스 $Z_0=\sqrt{\dfrac{Z}{Y}}=\sqrt{\dfrac{R+j\omega L}{G+j\omega C}}$ [Ω]에서 직류 인가 시 특성 임피던스는 $\omega=0$이므로 $Z_0=\sqrt{\dfrac{R}{G}}$ [Ω]이 된다

답 ④

193 핵심이론 찾아보기▶핵심 12-1 기사 07·05·96·89·87년 출제

단위길이당 임피던스 및 어드미턴스가 각각 Z 및 Y인 전송선로의 전파정수 γ는?

① $\sqrt{\dfrac{Z}{Y}}$ ② $\sqrt{\dfrac{Y}{Z}}$ ③ $\sqrt{YZ}$ ④ YZ

해설 전파정수 $\gamma=\sqrt{Z\cdot Y}=\sqrt{(R+j\omega L)(G+j\omega C)}$

답 ③

194 핵심이론 찾아보기▶핵심 12-1 기사 16·11·85년 출제

분포정수회로에서 선로의 특성 임피던스를 Z_0, 전파정수를 γ라 할 때 선로의 직렬 임피던스는?

① $\dfrac{Z_0}{\gamma}$ ② $\dfrac{\gamma}{Z_0}$ ③ $\sqrt{\gamma Z_0}$ ④ $Z_0\cdot\gamma$

해설 $Z_0\cdot\gamma=\sqrt{\dfrac{Z}{Y}}\cdot\sqrt{Z\cdot Y}=Z$

답 ④

195 핵심이론 찾아보기▶핵심 12-1 기사 12·87년 출제

선로의 저항 R과 컨덕턴스 G가 동시에 0이 되었을 때 전파정수 γ와 관계 있는 것은?

① $\gamma=j\omega\sqrt{LC}$ ② $\gamma=j\omega\sqrt{\dfrac{C}{L}}$

③ $C=\dfrac{Y^2}{(j\omega)^2L}$ ④ $\beta=j\omega Y\sqrt{LC}$

해설 $\gamma=\sqrt{Z\cdot Y}=\sqrt{(R+j\omega L)(G+j\omega C)}=j\omega\sqrt{LC}$
감쇠정수 $\alpha=0$, 위상정수 $\beta=\omega\sqrt{LC}$

답 ①

196

핵심이론 찾아보기▶핵심 12-1 　　기사 14·03·99·95년 출제

분포정수회로에서 위상정수가 β 라 할 때 파장 λ는?

① $2\pi\beta$　　② $\frac{2\pi}{\beta}$　　③ $4\pi\beta$　　④ $\frac{4\pi}{\beta}$

해설 파장 $\lambda = \frac{2\pi}{\beta}$[m]

파장은 위상차가 2π가 되는 거리를 말한다.

답 ②

197

핵심이론 찾아보기▶핵심 12-1 　　기사 99·95년 출제

위상정수 $\beta=6.28$[rad/km]일 때 파장[km]은?

① 1　　② 2　　③ 3　　④ 4

해설 파장 $\lambda = \frac{2\pi}{\beta} = \frac{2\pi}{6.28} = 1$[km]

답 ①

198

핵심이론 찾아보기▶핵심 12-1 　　기사 10·90·85년 출제

위상정수가 $\frac{\pi}{8}$[rad/m]인 선로의 1[MHz]에 대한 전파속도[m/s]는?

① 1.6×10^7　　② 9×10^7　　③ 10×10^7　　④ 11×10^7

해설 전파속도 $v = \frac{\omega}{\beta} = \frac{2\times\pi\times1\times10^6}{\frac{\pi}{8}} = 1.6\times10^7$[m/s]

답 ①

199

핵심이론 찾아보기▶핵심 12-1 　　기사 14·96년 출제

무한장이라고 생각할 수 있는 평행 2회선 선로에 주파수 4[MHz]의 전압을 가하면 전압 위상은 1[m]에 대하여 얼마[rad/m]나 늦는가? (단, 여기서 위상속도는 3×10^8[m/s]로 한다.)

① 약 0.0734　　② 약 0.0834　　③ 약 0.0034　　④ 약 0.0634

해설 $\beta = \frac{\omega}{v} = \frac{2\pi\times4\times10^6}{3\times10^8} \fallingdotseq 0.0834$[rad/m]

답 ②

200

핵심이론 찾아보기▶핵심 12-2 　　기사 12·08·06·04·00·99·98·96·95·91년 / 산업 10년 출제

전송선로에서 무손실일 때, $L=96$[mH], $C=0.6$[μF]이면 특성 임피던스[Ω]는?

① 500　　② 400　　③ 300　　④ 200

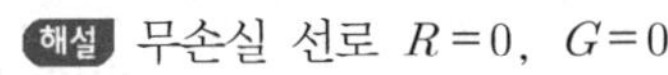

해설 무손실 선로 $R=0$, $G=0$

$$\therefore\ Z_0=\sqrt{\frac{Z}{Y}}=\sqrt{\frac{R+j\omega L}{G+j\omega C}}=\sqrt{\frac{L}{C}}=\sqrt{\frac{96\times10^{-3}}{0.6\times10^{-6}}}=400[\Omega]$$

답 ②

201

핵심이론 찾아보기▶**핵심 12-2**

기사 07·04·91·90·88년 출제

무손실 선로의 분포정수회로에서 감쇠정수 α와 위상정수 β의 값은?

① $\alpha=\sqrt{RG},\ \beta=\omega\sqrt{LC}$

② $\alpha=0,\ \beta=\omega\sqrt{LC}$

③ $\alpha=\sqrt{RG},\ \beta=0$

④ $\alpha=0,\ \beta=\dfrac{1}{\sqrt{LC}}$

해설 $\gamma=\sqrt{(R+j\omega L)(G+j\omega C)}=j\omega\sqrt{LC}$

$\therefore$ 감쇠정수 $\alpha=0$, 위상정수 $\beta=\omega\sqrt{LC}$

답 ②

202

핵심이론 찾아보기▶**핵심 12-2**

기사 01·98년 출제

무손실 선로가 되기 위한 조건 중 옳지 않은 것은?

① $Z_0=\sqrt{\dfrac{L}{C}}$

② $\gamma=\sqrt{ZY}$

③ $\alpha=\omega\sqrt{LC}$

④ $v=\dfrac{1}{\sqrt{LC}}$

해설 무손실 선로

- $Z_0=\sqrt{\dfrac{Z}{Y}}=\sqrt{\dfrac{L}{C}}[\Omega]$
- $\gamma=\sqrt{Z\cdot Y}=\sqrt{(R+j\omega L)(G+j\omega C)}=j\omega\sqrt{LC}$

  $\alpha=0,\ \beta=\omega\sqrt{LC}$
- $v=\dfrac{1}{\sqrt{LC}}[\text{m/sec}]$

답 ③

203

핵심이론 찾아보기▶**핵심 12-2**

기사 98년 출제

무손실 분포정수선로에 대한 설명 중 옳지 않은 것은?

① 전파정수 γ는 $j\omega\sqrt{LC}$이다.

② 진행파의 전파속도는 $\sqrt{LC}$이다.

③ 특성 임피던스는 $\sqrt{\dfrac{L}{C}}$이다.

④ 파장은 $\dfrac{1}{f\sqrt{LC}}$이다.

해설 전파속도 $v=f\cdot\lambda=\dfrac{1}{\sqrt{LC}}[\text{m/sec}]$

답 ②

204 핵심이론 찾아보기▶핵심 12-3 기사 13·87년 출제

분포정수회로가 무왜 선로로 되는 조건은? (단, 선로의 단위길이당 저항을 R, 인덕턴스를 L, 정전용량을 C, 누설 컨덕턴스를 G라 한다.)

① $RC=LG$
② $RL=CG$
③ $R=\sqrt{\frac{L}{C}}$
④ $R=\sqrt{LC}$

해설 일그러짐이 없는 선로 즉, 무왜형 선로 조건 $RC=LG$

답 ①

205 핵심이론 찾아보기▶핵심 12-3 기사 96년 출제

분포정수회로에서 선로정수가 R, L, C, G이고 무왜 조건이 $RC=GL$과 같은 관계가 성립될 때 선로의 특성 임피던스 $Z_0[\Omega]$는?

① $\sqrt{CL}$
② $\frac{1}{\sqrt{CL}}$
③ $\sqrt{RG}$
④ $\sqrt{\frac{L}{C}}$

해설 $Z_0=\sqrt{\frac{Z}{Y}}=\sqrt{\frac{R+j\omega L}{G+j\omega C}}=\sqrt{\frac{L}{C}}\,[\Omega]$

답 ④

206 핵심이론 찾아보기▶핵심 12-3 기사 11·00·97년 출제

분포정수회로에서 무왜형 조건이 성립하면 어떻게 되는가?

① 감쇠량이 최소로 된다.
② 감쇠량은 주파수에 비례한다.
③ 전파속도가 최대로 된다.
④ 위상정수는 주파수에 무관하여 일정하다.

해설
- 전파정수 : $\gamma=\sqrt{Z\cdot Y}=\sqrt{(R+j\omega L)(G+j\omega C)}=\sqrt{RG}+j\omega\sqrt{LC}$
- 감쇠량 : $\alpha=\sqrt{RG}$로 최소가 된다.

답 ①

207 핵심이론 찾아보기▶핵심 12-3 기사 12·93년 출제

무왜형 선로를 설명한 것 중 맞는 것은?

① 특성 임피던스가 주파수의 함수이다.
② 감쇠정수는 0이다.
③ $LR=CG$의 관계가 있다.
④ 위상속도 v는 주파수에 관계 없이 일정하다.

해설 무왜형 선로 조건 $\frac{R}{L}=\frac{G}{C}$, $RC=LG$

답 ④

208 핵심이론 찾아보기▶핵심 12-3

기사 17·04·99·98·91년 출제

다음 분포전송회로에 대한 서술에서 옳지 않은 것은?

① $\dfrac{R}{L}=\dfrac{G}{C}$인 회로를 무왜형 회로라 한다.

② $R=G=0$인 회로를 무손실 회로라 한다.

③ 무손실 회로, 무왜형 회로의 감쇠정수는 $\sqrt{RG}$이다.

④ 무손실 회로, 무왜형 회로에서의 위상속도는 $\dfrac{1}{\sqrt{CL}}$이다.

해설 무손실 선로 $\gamma=\sqrt{\boldsymbol{Z}\cdot\boldsymbol{Y}}=\sqrt{(R+j\omega L)(G+j\omega C)}=j\omega\sqrt{LC}$

감쇠정수 $\alpha=0$, 위상정수 $\beta=\omega\sqrt{LC}$

답 ③

209 핵심이론 찾아보기▶핵심 12-4

기사 97년 출제

특성 임피던스 50[Ω], 감쇠정수 0, 위상정수 $\dfrac{\pi}{3}$[rad/m], 선로의 길이 2[m]인 분포정수회로의 4단자 정수 A를 구하면?

① $1-j\dfrac{1}{2}$　② $\dfrac{\sqrt{3}}{2}$　③ $-\dfrac{1}{2}$　④ $-\dfrac{\sqrt{3}}{2}$

해설 $\boldsymbol{A}=\cosh\gamma l=\cosh\left(j\dfrac{2}{3}\pi\right)=\cos\dfrac{2}{3}\pi=-\dfrac{1}{2}$

답 ③

210 핵심이론 찾아보기▶핵심 12-4

기사 88년 출제

특성 임피던스가 Z_0인 어떤 유한장 선로의 종단을 개방했을 때의 입력 임피던스를 Z_F, 단락했을 때의 입력 임피던스를 Z_S라고 하면 선로의 입력 임피던스 Z_F는?

① $\dfrac{\boldsymbol{Z}_0^{\ 2}}{\boldsymbol{Z}_S}$　② $\dfrac{\boldsymbol{Z}_S}{\boldsymbol{Z}_0}$　③ $\dfrac{\boldsymbol{Z}_0}{\boldsymbol{Z}_S}$　④ $\boldsymbol{Z}_0-\boldsymbol{Z}_S$

해설 $Z_0=\sqrt{\boldsymbol{Z}_{SS}\cdot\boldsymbol{Z}_{SO}}$ [Ω]

여기서, $\boldsymbol{Z}_{SS}$: 수전단을 단락하고 송전단에서 본 임피던스

$\boldsymbol{Z}_{SO}$: 수전단을 개방하고 송전단에서 본 임피던스

$\therefore\ \boldsymbol{Z}_0=\sqrt{\boldsymbol{Z}_F\cdot\boldsymbol{Z}_S}$　양변을 제곱하면 $\boldsymbol{Z}_0^{\ 2}=\boldsymbol{Z}_F\cdot\boldsymbol{Z}_S$

$\therefore\ \boldsymbol{Z}_F=\dfrac{\boldsymbol{Z}_0^{\ 2}}{\boldsymbol{Z}_S}$

답 ①

211 핵심이론 찾아보기▶핵심 12-4

기사 07·04·91년 출제

분포전송선로의 특성 임피던스가 100[Ω]이고 부하 저항이 300[Ω]이면 전압반사계수는?

① 2　② 1.5　③ 1.0　④ 0.5

해설 전압반사계수 $\beta = \dfrac{Z_L - Z_0}{Z_L + Z_0}$

$\beta = \dfrac{300-100}{300+100} = \dfrac{200}{400} = 0.5$

답 ④

212

핵심이론 찾아보기▶핵심 12-4

기사 93·91년 출제

전송 회로에서 특성 임피던스 Z_0와 부하 저항 Z_L가 같으면 부하에서의 반사계수는?

① 0.5 ② 1 ③ 0 ④ 0.3

해설 반사계수 $\beta = \dfrac{Z_0 - Z_L}{Z_0 + Z_L}$

$Z_0 = Z_L$이면 $\beta = 0$

답 ③

213

핵심이론 찾아보기▶핵심 12-4

기사 09년 출제

전송선로의 특성 임피던스가 100[Ω]이고, 부하 저항이 400[Ω]일 때 전압 정재파비 S는 얼마인가?

① 0.25 ② 0.6 ③ 1.67 ④ 4

해설 전압 정재파비 $\delta = \dfrac{1+\rho}{1-\rho}$

반사계수 $\rho = \dfrac{Z_L - Z_0}{Z_L + Z_0}$이므로 $\rho = \dfrac{400-100}{400+100} = 0.6$

$\therefore\ \delta = \dfrac{1+0.6}{1-0.6} = 4$

답 ④

214

핵심이론 찾아보기▶핵심 13-1

기사 02·99·89·88년 출제

함수 $f(t)$의 라플라스 변환은 어떤 식으로 정의되는가?

① $\int_{-\infty}^{\infty} f(t)e^{st}dt$ ② $\int_{-\infty}^{\infty} f(t)e^{-st}dt$

③ $\int_{0}^{\infty} f(t)e^{-st}dt$ ④ $\int_{0}^{\infty} f(t)e^{st}dt$

해설 라플라스 변환은 시간의 함수를 주파수 함수로 바꾸는 식

$\mathcal{L}[f(t)] = F(s) = \int_{0}^{\infty} f(t)e^{-st}dt$

답 ③

215

핵심이론 찾아보기▶핵심 13-2 기사 03년 출제

그림과 같은 단위 임펄스 $\delta(t)$의 라플라스 변환은?

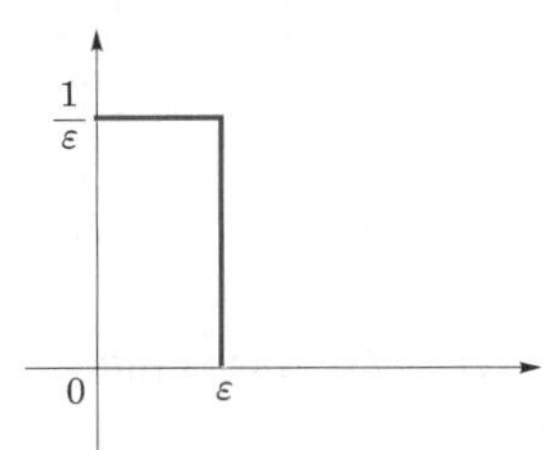

① 1 ② $\frac{1}{s}$ ③ $\frac{1}{s^2}$ ④ $e^{-\delta}$

해설 단위 임펄스 함수 $f(t)$의 Laplace 변환 $\mathcal{L}[f(t)]=1$

답 ①

216

핵심이론 찾아보기▶핵심 13-2 기사 10년 / 산업 13·95·91년 출제

$e^{j\omega t}$ 의 라플라스 변환은?

① $\frac{1}{s-j\omega}$ ② $\frac{1}{s+j\omega}$ ③ $\frac{1}{s^2+\omega^2}$ ④ $\frac{\omega}{s^2+\omega^2}$

해설 $\boldsymbol{F}(s)=\mathcal{L}[e^{j\omega t}]=\frac{1}{s-j\omega}$

답 ①

217

핵심이론 찾아보기▶핵심 13-2 기사 09·08·96·88년 출제

$f(t)=1-e^{-at}$ 의 라플라스 변환은?

① $\frac{1}{s+a}$ ② $\frac{1}{s(s+a)}$ ③ $\frac{a}{s}$ ④ $\frac{a}{s(s+a)}$

해설 $\boldsymbol{F}(s)=\mathcal{L}[f(t)]=\mathcal{L}[1-e^{-at}]=\frac{1}{s}-\frac{1}{s+a}=\frac{s+a-s}{s(s+a)}=\frac{a}{s(s+a)}$

답 ④

218

핵심이론 찾아보기▶핵심 13-2 기사 14년 / 산업 12·06·96·95·89년 출제

$f(t)=\sin t\cos t$를 라플라스로 변환하면?

① $\frac{1}{s^2+4}$ ② $\frac{1}{s^2+2}$ ③ $\frac{1}{(s+2)^2}$ ④ $\frac{1}{(s+4)^2}$

해설 삼각 함수 가법 정리에 의해서

$\sin(t+t)=2\sin t\cos t$

$\therefore \sin t\cos t=\frac{1}{2}\sin 2t$

$\because \boldsymbol{F}(s)=\mathcal{L}[\sin t\cos t]=\mathcal{L}\left[\frac{1}{2}sin2t\right]=\frac{1}{2}\times\frac{2}{s^2+2^2}=\frac{1}{s^2+4}$

답 ①

219

핵심이론 찾아보기▶핵심 13-2 기사 02·83년 출제

$\sin(\omega t+\theta)$를 라플라스로 변환하면?

① $\dfrac{\omega\sin\theta}{s^2+\omega^2}$ ② $\dfrac{\omega\cos\theta}{s^2+\omega^2}$

③ $\dfrac{\cos\theta+\sin\theta}{s^2+\omega^2}$ ④ $\dfrac{\omega\cos\theta+s\sin\theta}{s^2+\omega^2}$

해설 $f(t)=\sin(\omega t+\theta)=\sin\omega t\cos\theta+\cos\omega t\sin\theta$

$\therefore\ \mathcal{L}[f(t)]=\mathcal{L}[\sin\omega t\cos\theta]+\mathcal{L}[\cos\omega t\sin\theta]=\dfrac{\omega}{s^2+\omega^2}\cos\theta+\dfrac{s}{s^2+\omega^2}\sin\theta=\dfrac{\omega\cos\theta+s\sin\theta}{s^2+\omega^2}$

답 ④

220

핵심이론 찾아보기▶핵심 13-2 기사 96년 출제

$\cosh\omega t$를 라플라스 변환하면?

① $\dfrac{\omega^2}{s^2-\omega^2}$ ② $\dfrac{s}{s^2-\omega^2}$

③ $\dfrac{s}{s^2+\omega^2}$ ④ $\dfrac{\omega}{s^2+\omega^2}$

해설 $\cosh\omega t=\dfrac{e^{\omega t}+e^{-\omega t}}{2}=\dfrac{1}{2}\left(\dfrac{1}{s-\omega}+\dfrac{1}{s+\omega}\right)=\dfrac{1}{2}\left(\dfrac{2s}{s^2-\omega^2}\right)=\dfrac{s}{s^2-\omega^2}$

답 ②

221

핵심이론 찾아보기▶핵심 13-3 기사 00·92년 / 산업 07·02·01·91년 출제

그림과 같은 단위 계단 함수는?

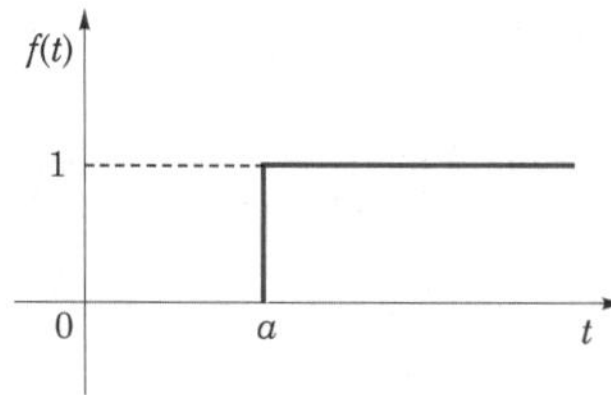

① $u(t)$ ② $u(t-a)$

③ $u(a-t)$ ④ $-u(t-a)$

해설 $f(t)=u(t-a)$

답 ②

222 핵심이론 찾아보기▶핵심 13-3

기사 92년 출제

그림과 같은 파형의 시간 함수는 어떻게 표시되는가? (단, $u(t)$는 단위 계단 함수를 나타낸다.)

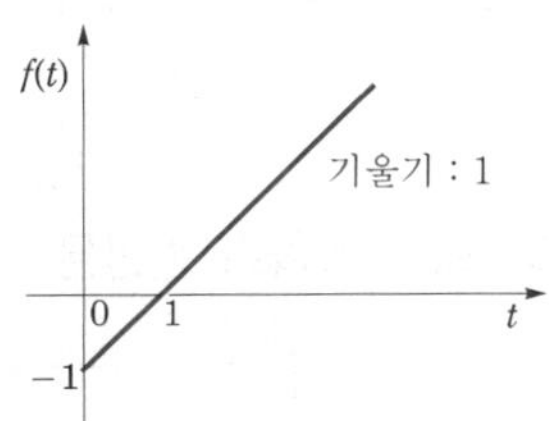

① $f(t)=t\cdot u(t)$　　② $f(t)=(t-1)\cdot u(t)$

③ $f(t)=t\cdot u(t-1)$　　④ $f(t)=(t-1)\cdot u(t-1)$

해설 $f(t)=(t-1)u(t)$

답 ②

223 핵심이론 찾아보기▶핵심 13-3

기사 15년 출제

다음 파형의 라플라스 변환은?

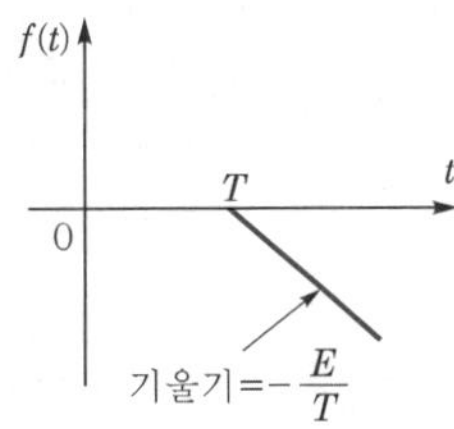

① $-\frac{E}{Ts^2}e^{-Ts}$　　② $\frac{E}{Ts^2}e^{-Ts}$　　③ $-\frac{E}{Ts^2}e^{Ts}$　　④ $\frac{E}{Ts^2}e^{Ts}$

해설 $f(t)=-\frac{E}{T}(t-T)u(t-T)$

시간추이 정리를 적용하면 $F(s)=-\frac{E}{Ts^2}e^{-Ts}$

답 ①

224 핵심이론 찾아보기▶핵심 13-3

기사 17년 출제

그림과 같은 구형파의 라플라스 변환은?

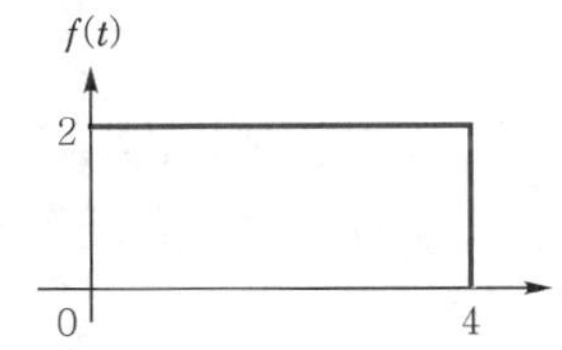

① $\frac{2}{s}(1-e^{4s})$　　② $\frac{2}{s}(1-e^{-4s})$　　③ $\frac{4}{s}(1-e^{4s})$　　④ $\frac{4}{s}(1-e^{-4s})$

해설 $f(t)=2u(t)-2u(t-4)$

시간추이 정리를 적용하면 $F(s)=\dfrac{2}{s}-\dfrac{2}{s}e^{-4s}=\dfrac{2}{s}(1-e^{-4s})$

답 ②

225

핵심이론 찾아보기▶핵심 13-3

기사 21·85년 / 산업 16·01·98·89년 출제

그림과 같이 높이가 1인 펄스의 라플라스 변환은?

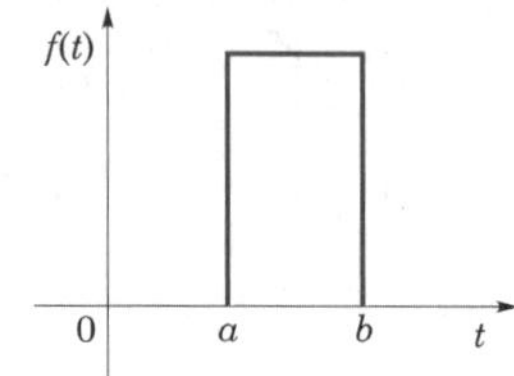

① $\dfrac{1}{s}(e^{-as}+e^{-bs})$

② $\dfrac{1}{s}(e^{-as}-e^{-bs})$

③ $\dfrac{1}{a-b}\left(\dfrac{e^{-as}+e^{-bs}}{s}\right)$

④ $\dfrac{1}{a-b}\left(\dfrac{e^{-as}-e^{-bs}}{s}\right)$

해설 $f(t)=u(t-a)-u(t-b)$

시간추이 정리를 적용하면 $\boldsymbol{F}(s)=\dfrac{e^{-as}}{s}-\dfrac{e^{-bs}}{s}=\dfrac{1}{s}(e^{-as}-e^{-bs})$

답 ②

226

핵심이론 찾아보기▶핵심 13-3

기사 90년 출제

그림과 같은 구형파의 라플라스 변환을 구하면?

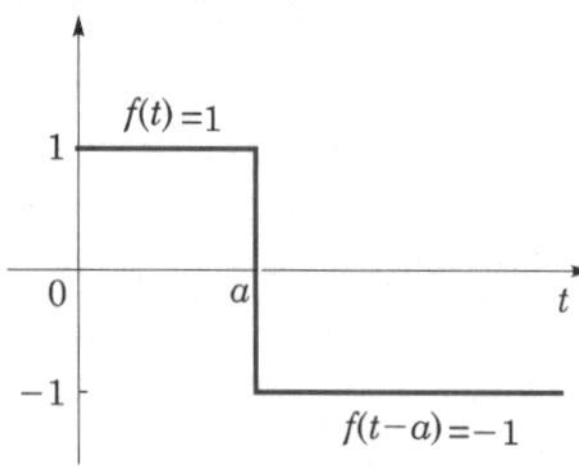

① $\dfrac{1}{s}$

② $\dfrac{e^{-as}}{s}$

③ $\dfrac{1+e^{-as}}{s}$

④ $\dfrac{1-2e^{-as}}{s}$

해설 $f(t)=u(t)-2u(t-a)$이므로 시간추이 정리를 적용하면

$\boldsymbol{F}(s)=\mathcal{L}[f(t)]=\mathcal{L}[u(t)-2u(t-a)]=\dfrac{1}{s}-\dfrac{2}{s}e^{-as}=\dfrac{1-2e^{-as}}{s}$

답 ④

227 핵심이론 찾아보기▶핵심 13-3

기사 00·97·88년 / 산업 11·99·95년 출제

그림과 같은 게이트 함수의 라플라스 변환을 구하면?

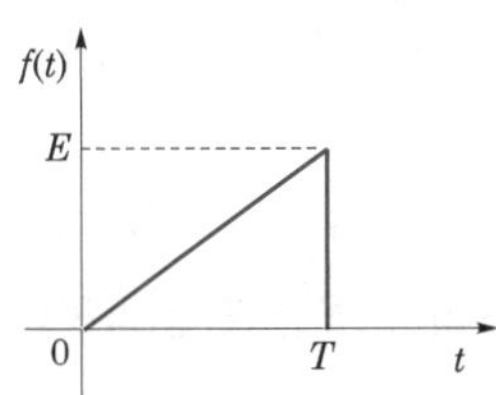

① $\frac{E}{Ts^2}[1-(Ts+1)e^{-Ts}]$　　② $\frac{E}{Ts^2}[1+(Ts+1)e^{-Ts}]$

③ $\frac{E}{Ts^2}(Ts+1)e^{-Ts}$　　④ $\frac{E}{Ts^2}(Ts-1)e^{-Ts}$

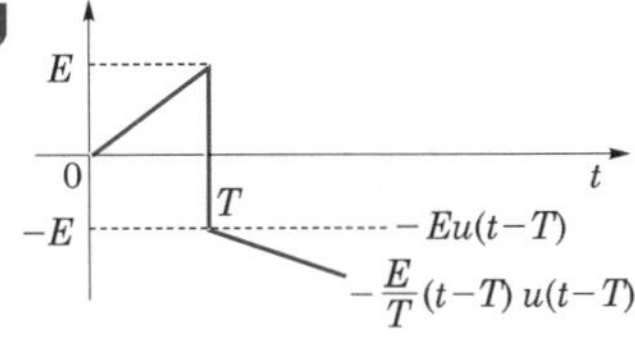

$f(t)=\frac{E}{T}tu(t)-Eu(t-T)-\frac{E}{T}(t-T)u(t-T)$ 이므로 시간추이 정리를 이용하면

$\therefore \boldsymbol{F}(s)=\frac{E}{Ts^2}-\frac{Ee^{-Ts}}{s}-\frac{Ee^{-Ts}}{Ts^2}=\frac{E}{Ts^2}[1-(Ts+1)e^{-Ts}]$

답 ①

228 핵심이론 찾아보기▶핵심 13-3

기사 21·11·90년 출제

그림과 같은 파형의 라플라스 변환은?

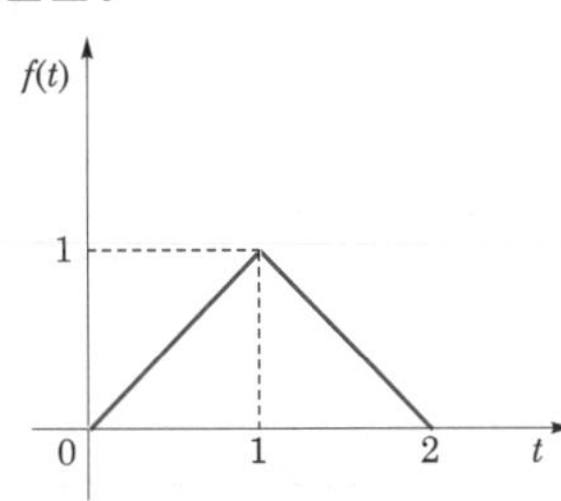

① $1-2e^{-s}+e^{-2s}$　　② $s(1-2e^{-s}+e^{-2s})$

③ $\frac{1}{s}(1-2e^{-s}+e^{-2s})$　　④ $\frac{1}{s^2}(1-2e^{-s}+e^{-2s})$

해설 구간 : $0 \leqq t \leqq 1$에서 $f_1(t)=t$ 이고, 구간 $1 \leqq t \leqq 2$에서 $f_2(t)=2-t$ 이므로

$$\mathcal{L}[f(t)]=\int_0^1 te^{-st}dt+\int_1^2(2-t)e^{-st}dt$$

$$=\left[t\cdot\frac{e^{-st}}{-s}\right]_0^1+\frac{1}{s}\int_0^1 e^{-st}dt+\left[(2-t)\frac{e^{-st}}{-s}\right]_1^2-\frac{1}{s}\int_1^2 e^{-st}dt$$

$$= -\frac{e^{-s}}{s} - \frac{e^{-s}}{s^2} + \frac{1}{s^2} + \frac{e^{-s}}{s} + \frac{e^{-2s}}{s^2} - \frac{e^{-s}}{s^2}$$

$$= \frac{1}{s^2}(1-2e^{-s}+e^{-2s})$$

답 ④

229

핵심이론 찾아보기▶핵심 13-3 기사 17년 출제

콘덴서 C[F]에 단위 임펄스의 전류원을 접속하여 동작시키면 콘덴서의 전압 $V_C(t)$는? (단, $u(t)$는 단위 계단 함수이다.)

① $V_C(t)=C$ ② $V_C(t)=Cu(t)$ ③ $V_C(t)=\frac{1}{C}$ ④ $V_C(t)=\frac{1}{C}u(t)$

해설 콘덴서의 전압 $V_C(t)=\frac{1}{C}\int i(t)\,dt$

라플라스 변환하면 $V_C(s)=\frac{1}{Cs}I(s)$

단위 임펄스 전류원 $i(t)=\delta(t)$

$\therefore\ I(s)=1$

$\because\ V_C(s)=\frac{1}{Cs}$

역라플라스 변환하면 $V_C(t)=\frac{1}{C}u(t)$가 된다.

답 ④

230

핵심이론 찾아보기▶핵심 13-3 기사 99·91년 출제

$\int_0^t f(t)dt$를 라플라스 변환하면?

① $s^2\boldsymbol{F}(s)$ ② $s\boldsymbol{F}(s)$ ③ $\frac{1}{s}\boldsymbol{F}(s)$ ④ $\frac{1}{s^2}\boldsymbol{F}(s)$

해설 실적분 정리 : $\mathcal{L}\left[\int f(t)dt\right]=\frac{1}{s}F(s)$

답 ③

231

핵심이론 찾아보기▶핵심 13-3 기사 00년 / 산업 04년 출제

다음과 같은 2개의 전류 초기값 $i_1(0^+)$, $i_2(0^+)$가 옳게 구해진 것은?

$$\boldsymbol{I}_1(s)=\frac{12(s+8)}{4s(s+6)},\ \boldsymbol{I}_2(s)=\frac{12}{s(s+6)}$$

① 3, 0 ② 4, 0 ③ 4, 2 ④ 3, 4

해설 초기값 정리에 의해 $\lim_{s\to\infty} s\cdot \boldsymbol{I}_1(s)=\lim_{s\to\infty} s\cdot\frac{12(s+8)}{4s(s+6)}=3$

$\lim_{s\to\infty} s\cdot \boldsymbol{I}_2(s)=\lim_{s\to\infty} s\cdot\frac{12}{s(s+6)}=0$

답 ①

232 핵심이론 찾아보기▶핵심 13-3

기사 02·99년 / 산업 03년 출제

$I(s)=\dfrac{2s+5}{s^2+3s+2}$일 때 $i(t)|_{t=0}=i(0)$은 얼마인가?

① 2　② 3　③ 5　④ $\dfrac{5}{2}$

해설 초기값 정리에 의해 $i(0)=\lim\limits_{s\to\infty} sI(s)=\lim\limits_{s\to\infty} s\cdot\dfrac{2s+5}{s^2+3s+2}=2$

답 ①

233 핵심이론 찾아보기▶핵심 13-3

기사 19·15년 출제

$F(s)=\dfrac{2s+15}{s^3+s^2+3s}$일 때 $f(t)$의 최종값은?

① 2　② 3　③ 5　④ 15

해설 최종값 정리에 의해 $\lim\limits_{s\to 0} s\cdot F(s)=\lim\limits_{s\to 0} s\cdot\dfrac{2s+15}{s(s^2+s+3)}=5$

답 ③

234 핵심이론 찾아보기▶핵심 13-3

기사 02년 / 산업 14·11·06·03·99년 출제

어떤 제어계의 출력이 $C(s)=\dfrac{5}{s(s^2+s+2)}$로 주어질 때 출력의 시간 함수 $C(t)$의 정상값은?

① 5　② 2

③ $\dfrac{2}{5}$　④ $\dfrac{5}{2}$

해설 최종값 정리 $\lim\limits_{t\to\infty} f(t)=\lim\limits_{s\to 0} sF(s)$

최종값 정리에 의해 $\lim\limits_{s\to 0} sC(s)=\lim\limits_{s\to 0} s\cdot\dfrac{5}{s(s^2+s+2)}=\dfrac{5}{2}$

답 ④

235 핵심이론 찾아보기▶핵심 13-3

기사 89년 출제

$F(s)=\dfrac{5s+3}{s(s+1)}$의 정상값 $f(\infty)$는?

① 3　② −3

③ 2　④ −2

해설 정상값은 최종값과 같으므로 최종값 정리에 의해

$\lim\limits_{s\to 0} s\cdot F(s)=\lim\limits_{s\to 0} s\dfrac{5s+3}{s(s+1)}=3$

답 ①

236

핵심이론 찾아보기▶핵심 13-4 기사 06년 / 산업 14·95·94년 출제

$f(t)=te^{-at}$일 때 라플라스 변환하면 $F(s)$의 값은?

① $\dfrac{2}{(s+a)^2}$ ② $\dfrac{1}{s(s+a)}$ ③ $\dfrac{1}{(s+a)^2}$ ④ $\dfrac{1}{s+a}$

해설 지수 감쇠 램프 함수의 Laplace 변환

$$\mathcal{L}[te^{-at}]=\frac{1}{(s+a)^2}$$

답 ③

237

핵심이론 찾아보기▶핵심 13-4 기사 04·01·83년 / 산업 13·04·03·00·92년 출제

$e^{-at}\cos\omega t$ 의 라플라스 변환은?

① $\dfrac{s+a}{(s+a)^2+\omega^2}$ ② $\dfrac{\omega}{(s+a)^2+\omega^2}$ ③ $\dfrac{\omega}{(s^2+a^2)^2}$ ④ $\dfrac{s+a}{(s^2+a^2)^2}$

해설 복소 추이 정리를 이용하면

$$\mathcal{L}[e^{-at}\cos\omega t]=\mathcal{L}[\cos\omega t]\big|_{s=s+a}=\frac{s}{s^2+\omega^2}\bigg|_{s=s+a}=\frac{s+a}{(s+a)^2+\omega^2}$$

답 ①

238

핵심이론 찾아보기▶핵심 13-5 기사 12·83년 출제

다음 함수의 역라플라스 변환을 구하면?

$$F(s)=\frac{3s+8}{s^2+9}$$

① $3\cos 3t-\dfrac{8}{3}\sin 3t$
② $3\sin 3t+\dfrac{8}{3}\cos 3t$
③ $3\cos 3t+\dfrac{8}{3}\sin t$
④ $3\cos 3t+\dfrac{8}{3}\sin 3t$

해설

$$F(s)=\frac{3s+8}{s^2+9}=\frac{3s}{s^2+3^2}+\frac{8}{s^2+3^2}=3\left(\frac{s}{s^2+3^2}\right)+\frac{8}{3}\left(\frac{3}{s^2+3^2}\right)$$

$$\therefore\ f(t)=\mathcal{L}^{-1}[F(s)]=3\cos 3t+\frac{8}{3}\sin 3t$$

답 ④

239

핵심이론 찾아보기▶핵심 13-5 기사 11·89년 / 산업 06·85년 출제

$\mathcal{L}^{-1}\left[\dfrac{1}{s^2+2s+5}\right]$ 의 값은?

① $e^{-t}\sin 2t$ ② $\dfrac{1}{2}e^{-t}\sin t$ ③ $\dfrac{1}{2}e^{-t}\sin 2t$ ④ $e^{-t}\sin t$

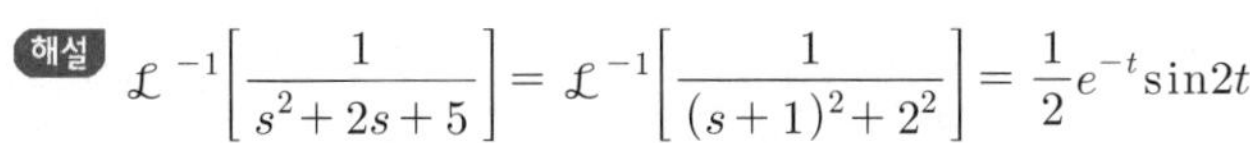

해설 $\mathcal{L}^{-1}\left[\dfrac{1}{s^2+2s+5}\right]=\mathcal{L}^{-1}\left[\dfrac{1}{(s+1)^2+2^2}\right]=\dfrac{1}{2}e^{-t}\sin 2t$

답 ③

240

핵심이론 찾아보기▶핵심 13-6 　　　기사 18년 출제

$F(s)=\dfrac{1}{s(s+a)}$ 의 라플라스 역변환은?

① e^{-at}　② $1-e^{-at}$　③ $a(1-e^{-at})$　④ $\dfrac{1}{a}(1-e^{-at})$

해설 $F(s)=\dfrac{1}{s(s+a)}=\dfrac{1}{as}-\dfrac{1}{a(s+a)}$

$\therefore\ f(t)=\dfrac{1}{a}(1-e^{-at})$

답 ④

241

핵심이론 찾아보기▶핵심 13-6 　　　기사 17년 출제

$F(s)=\dfrac{s+1}{s^2+2s}$ 의 역라플라스 변환은?

① $\dfrac{1}{2}(1-e^{-t})$　② $\dfrac{1}{2}(1-e^{-2t})$　③ $\dfrac{1}{2}(1+e^{t})$　④ $\dfrac{1}{2}(1+e^{-2t})$

해설 $F(s)=\dfrac{s+1}{s^2+2s}=\dfrac{s+1}{s(s+2)}=\dfrac{K_1}{s}+\dfrac{K_2}{s+2}$

$K_1=\left.\dfrac{s+1}{s+2}\right|_{s=0}=\dfrac{1}{2},\ K_2=\left.\dfrac{s+1}{s}\right|_{s=-2}=\dfrac{1}{2}$

$\therefore\ F(s)=\dfrac{1}{2}\cdot\dfrac{1}{s}+\dfrac{1}{2}\cdot\dfrac{1}{s+2}$

$\therefore\ f(t)=\mathcal{L}^{-1}F(s)=\dfrac{1}{2}+\dfrac{1}{2}e^{-2t}=\dfrac{1}{2}(1+e^{-2t})$

답 ④

242

핵심이론 찾아보기▶핵심 13-6 　　　기사 87년 출제

$f(t)=\mathcal{L}^{-1}\left[\dfrac{s^2+3s+10}{s^2+2s+5}\right]$ 은?

① $\delta(t)+e^{-t}(\cos 2t-\sin 2t)$　② $\delta(t)+e^{-t}(\cos 2t+2\sin 2t)$

③ $\delta(t)+e^{-t}(\cos 2t-2\sin 2t)$　④ $\delta(t)+e^{-t}(\cos 2t+\sin 2t)$

해설 $\boldsymbol{F}(s)=\dfrac{s^2+3s+10}{s^2+2s+5}=1+\dfrac{s+5}{s^2+2s+5}=1+\dfrac{s+5}{(s+1)^2+2^2}$

$=1+\dfrac{s+1}{(s+1)^2+2^2}+2\dfrac{2}{(s+1)^2+2^2}$

$\therefore\ \mathcal{L}^{-1}[\boldsymbol{F}(s)]=\delta(t)+e^{-t}\cos 2t+2e^{-t}\sin 2t=\delta(t)+e^{-t}(\cos 2t+2\sin 2t)$

답 ②

243

핵심이론 찾아보기▶핵심 13-6 기사 14년 / 산업 03년 출제

$\dfrac{d^2x(t)}{dt^2}+2\dfrac{dx(t)}{dt}+x(t)=1$에서 $x(t)$는 얼마인가? (단, $x(0)=x'(0)=0$이다.)

① $te^{-t}-e^{-t}$
② $te^{-t}+e^{-t}$
③ $1-te^{-t}-e^{-t}$
④ $1+te^{-t}+e^{-t}$

해설 $s^2\boldsymbol{X}(s)+2s\boldsymbol{X}(s)+\boldsymbol{X}(s)=\dfrac{1}{s}$

$$\boldsymbol{X}(s)=\frac{1}{s(s^2+2s+1)}=\frac{1}{s(s+1)^2}=\frac{1}{s}-\frac{1}{(s+1)^2}-\frac{1}{s+1}$$

$\therefore\ x(t)=1-te^{-t}-e^{-t}$

답 ③

244

핵심이론 찾아보기▶핵심 13-6 기사 05·03·02·99년 출제

$\mathcal{L}^{-1}\left[\dfrac{s}{(s+1)^2}\right]$는?

① $e^{-t}-te^{-t}$
② $e^{-t}+2te^{-t}$
③ $e^{t}-te^{-t}$
④ $e^{-t}+te^{-t}$

해설 $\boldsymbol{F}(s)=\dfrac{K_{11}}{(s+1)^2}+\dfrac{K_{12}}{(s+1)}$

$K_{11}=S|_{s=-1}=-1$

$K_{12}=\dfrac{d}{ds}s\Big|_{s=-1}=1$

$\therefore\ \boldsymbol{F}(s)=\dfrac{-1}{(s+1)^2}+\dfrac{1}{(s+1)}$

$\therefore\ f(t)=-te^{-t}+e^{-t}$

답 ①

245

핵심이론 찾아보기▶핵심 14-1 기사 14년 / 산업 15년 출제

모든 초기값을 0으로 할 때 입력에 대한 출력의 비는?

① 전달함수
② 충격함수
③ 경사함수
④ 포물선 함수

해설 전달함수는 모든 초기값을 0으로 했을 때 입력신호의 라플라스 변환과 출력신호의 라플라스 변환의 비로 정의한다.

답 ①

246 핵심이론 찾아보기▶핵심 14-2

기사 14년 출제

RC 저역 여파기 회로의 전달함수 $G(j\omega)$에서 $\omega = \dfrac{1}{RC}$인 경우 $|G(j\omega)|$의 값은?

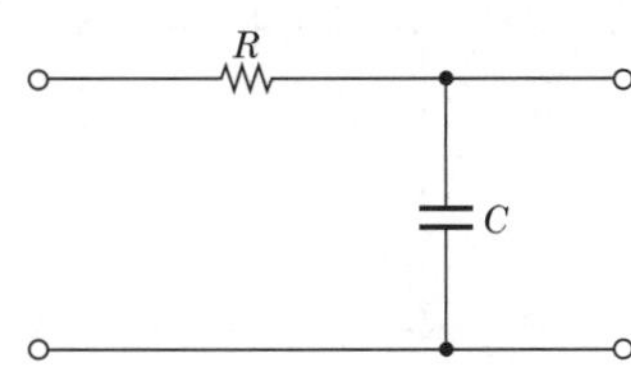

① 1 ② $\dfrac{1}{\sqrt{2}}$

③ $\dfrac{1}{\sqrt{3}}$ ④ $\dfrac{1}{2}$

해설

$$G(s) = \frac{\frac{1}{sC}}{R + \frac{1}{sC}} = \frac{1}{sRC+1}, \quad G(j\omega) = \frac{1}{j\omega RC + 1}$$

$$\therefore \ |G(j\omega)| = \left. \frac{1}{\sqrt{(\omega RC)^2 + 1}} \right|_{\omega = \frac{1}{RC}} = \frac{1}{\sqrt{2}} = 0.707$$

답 ②

247 핵심이론 찾아보기▶핵심 14-2

기사 15년 출제

그림과 같은 전기 회로의 전달함수는? (단, $e_i(t)$는 입력 전압, $e_o(t)$는 출력 전압이다.)

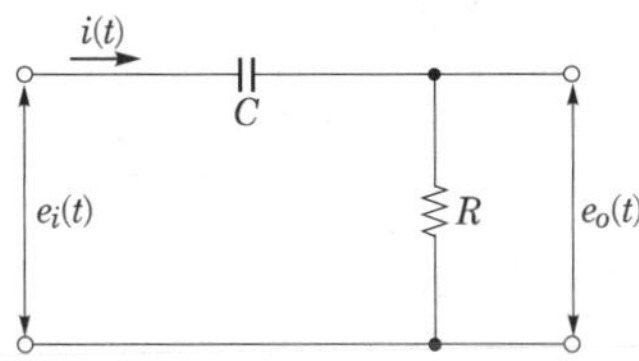

① $\dfrac{1+CRs}{CR}$ ② $\dfrac{1+CRs}{CRs}$

③ $\dfrac{CR}{1+CRs}$ ④ $\dfrac{CRs}{1+CRs}$

해설 전달함수 $G(s) = \dfrac{E_o(s)}{E_i(s)}$

$$= \frac{R}{\frac{1}{Cs} + R} = \frac{CRs}{1+CRs}$$

답 ④

248

핵심이론 찾아보기▶핵심 14-2

기사 12·00·99년 / 산업 96·90년 출제

그림과 같은 회로의 전달함수는 어느 것인가?

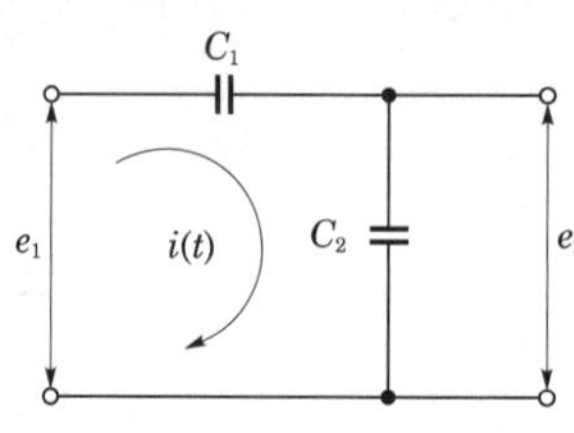

① C_1+C_2

② $\dfrac{C_2}{C_1}$

③ $\dfrac{C_1}{C_1+C_2}$

④ $\dfrac{C_2}{C_1+C_2}$

해설 $G(s)=\dfrac{V_2(s)}{V_1(s)}$

$$=\frac{\dfrac{1}{C_2 s}}{\dfrac{1}{C_1 s}+\dfrac{1}{C_2 s}}=\frac{C_1}{C_2+C_1}$$

답 ③

249

핵심이론 찾아보기▶핵심 14-2

기사 11·07·04·99·94년 출제

그림과 같은 회로의 전달함수 $\dfrac{e_2(s)}{e_1(s)}$ 는?

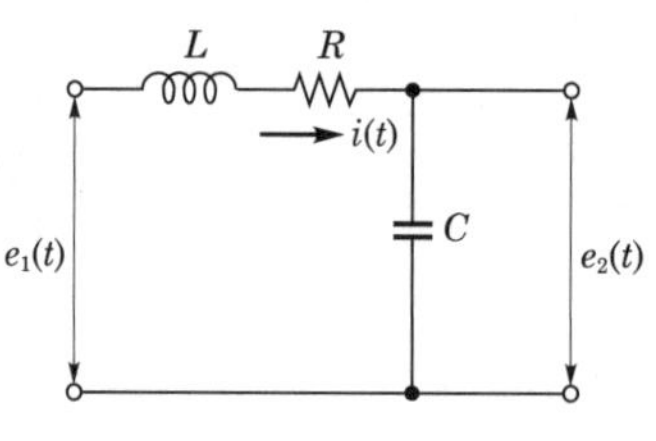

① $\dfrac{1}{LCs^2+RCs+1}$

② $\dfrac{Cs}{LCs^2+RCs+1}$

③ $\dfrac{Ls}{LCs^2+RCs+1}$

④ $\dfrac{LCs^2}{LCs^2+RCs+1}$

해설 $G(s)=\dfrac{V_o(s)}{V_i(s)}$

$$=\frac{\dfrac{1}{Cs}}{Ls+R+\dfrac{1}{Cs}}=\frac{1}{LCs^2+RCs+1}$$

답 ①

250 핵심이론 찾아보기▶핵심 14-2

기사 09·07·91년 / 산업 08년 출제

그림과 같은 회로의 전달함수는? (단, $T_1 = R_2 C$, $T_2 = (R_1 + R_2)C$)

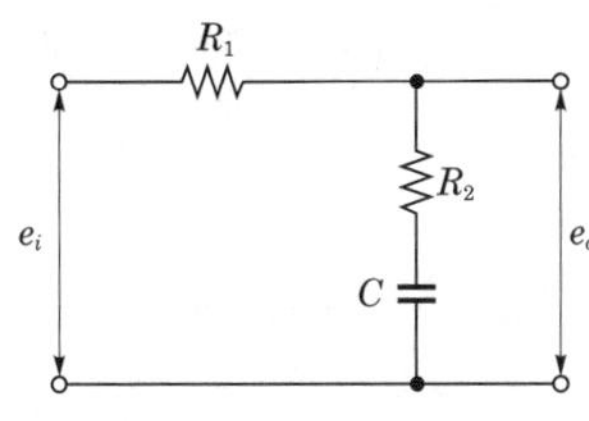

① $\dfrac{T_1}{T_2 s+1}$

② $\dfrac{T_2 s}{T_1 s+1}$

③ $\dfrac{T_1 s+1}{T_2 s+1}$

④ $\dfrac{T_1(T_1 s+1)}{T_2(T_2 s+1)}$

해설

$$G(s) = \frac{V_o(s)}{V_i(s)} = \frac{R_2 + \dfrac{1}{Cs}}{R_1 + R_2 + \dfrac{1}{Cs}} = \frac{R_2 Cs + 1}{(R_1 + R_2)Cs + 1}$$

$T_1 = R_2 C$, $T_2 = (R_1 + R_2)C$이므로

$$G(s) = \frac{R_2 Cs + 1}{(R_1 + R_2)Cs + 1} = \frac{T_1 s + 1}{T_2 s + 1}$$

답 ③

251 핵심이론 찾아보기▶핵심 14-2

기사 08·91년 출제

그림과 같은 회로에서 전압비의 전달함수는?

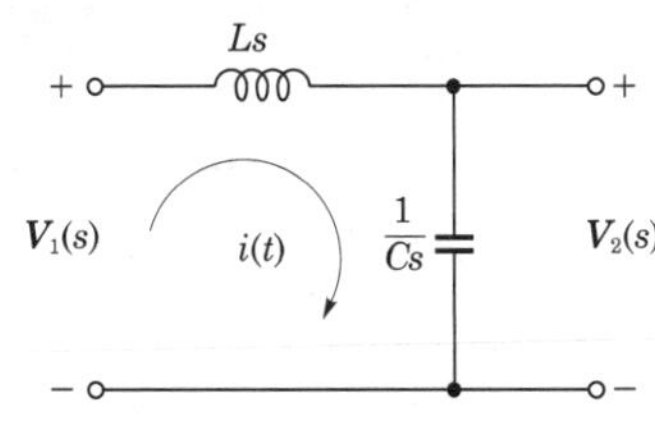

① $\dfrac{1}{\dfrac{1}{Ls} + Cs}$

② $\dfrac{1}{LC + Cs}$

③ $\dfrac{\dfrac{1}{LC}}{s^2 + \dfrac{1}{LC}}$

④ $\dfrac{sC}{s^2(s + LC)}$

해설

$$G(s) = \frac{V_2(s)}{V_1(s)}$$

$$= \frac{\dfrac{1}{Cs}}{Ls + \dfrac{1}{Cs}} = \frac{1}{1 + s^2 LC} = \frac{\dfrac{1}{LC}}{s^2 + \dfrac{1}{LC}}$$

답 ③

252

핵심이론 찾아보기▶핵심 14-2　　기사 20년 출제

다음 회로에서 입력 전압 $v_1(t)$에 대한 출력 전압 $v_2(t)$의 전달함수 $G(s)$는?

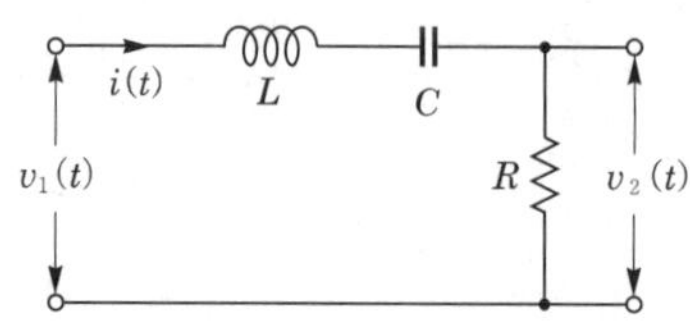

① $\dfrac{RCs}{LCs^2+RCs+1}$　② $\dfrac{RCs}{LCs^2-RCs-1}$

③ $\dfrac{Cs}{LCs^2+RCs+1}$　④ $\dfrac{Cs}{LCs^2-RCs-1}$

해설 전달함수

$$G(s)=\frac{V_2(s)}{V_1(s)}=\frac{R}{Ls+\dfrac{1}{Cs}+R}=\frac{RCs}{LCs^2+RCs+1}$$

답 ①

253

핵심이론 찾아보기▶핵심 14-2　　기사 09·05·95년 출제

그림과 같은 회로의 전압비 전달함수 $H(j\omega)=\dfrac{V_c(j\omega)}{V(j\omega)}$는?

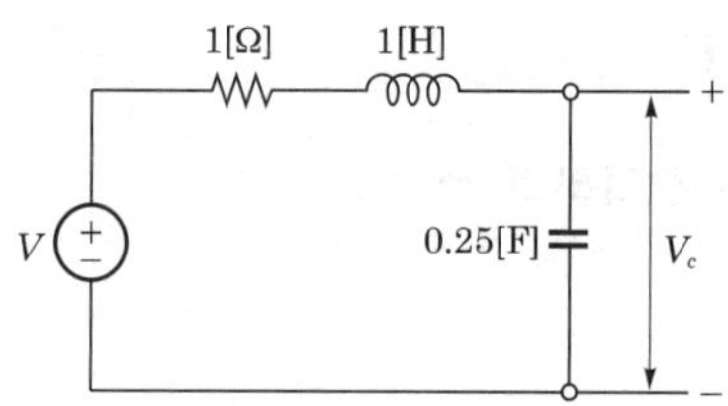

① $\dfrac{2}{(j\omega)^2+j\omega+2}$　② $\dfrac{2}{(j\omega)^2+j\omega+4}$

③ $\dfrac{4}{(j\omega)^2+j\omega+4}$　④ $\dfrac{1}{(j\omega)^2+j\omega+1}$

해설

$$\frac{V_c(j\omega)}{V(j\omega)}=\frac{\dfrac{4}{j\omega}}{1+j\omega+\dfrac{4}{j\omega}}=\frac{4}{(j\omega)^2+j\omega+4}$$

답 ③

254 핵심이론 찾아보기▶핵심 14-2　　　　기사 00년 / 산업 98년 출제

그림과 같은 회로의 전달함수는 얼마인가? $\left(\text{단, } T_1 = R_1 C,\ T_2 = \dfrac{R_2}{R_1 + R_2}\right)$

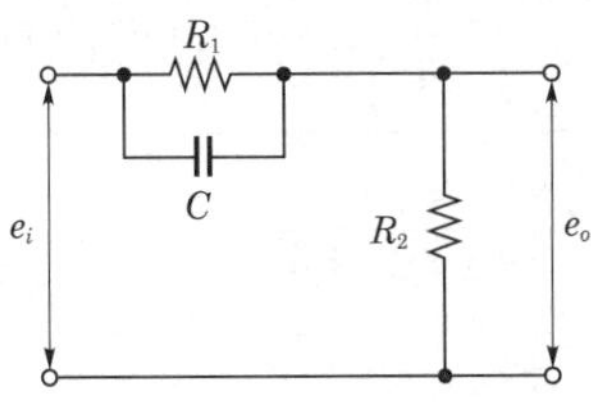

① $\dfrac{1}{1+T_1 s}$　　② $\dfrac{T_2(1+T_1 s)}{1+T_1 T_2 s}$

③ $\dfrac{1+T_1 s}{1+T_2 s}$　　④ $\dfrac{T_2(1+T_1 s)}{T_1(1+T_2 s)}$

해설 $G(s) = \dfrac{V_o(s)}{V_1(s)} = \dfrac{R_2}{\dfrac{R_1}{1+R_1 Cs}+R_2} = \dfrac{R_2}{\dfrac{R_1}{1+T_1 s}+R_2} = \dfrac{R_2(1+T_1 s)}{R_1+R_2+R_2 T_1 s}$

$$= \frac{\dfrac{R_2}{R_1+R_2}(1+T_1 s)}{1+\dfrac{R_2}{R_1+R_2}} = \frac{T_2(1+T_1 s)}{1+T_1 T_2 s}$$

답 ②

255 핵심이론 찾아보기▶핵심 14-2　　　　기사 11·05·96년 출제

그림과 같은 회로에서 입력을 $v(t)$, 출력을 $i(t)$로 했을 때의 입·출력 전달함수는?

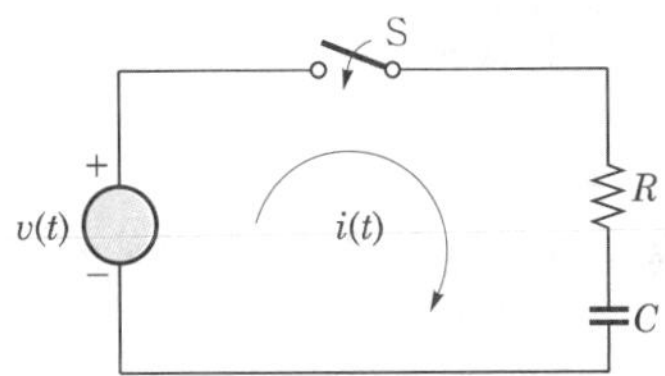

① $\dfrac{s}{R\left(s+\dfrac{1}{RC}\right)}$　　② $\dfrac{1}{RC\left(s+\dfrac{1}{RC}\right)}$

③ $\dfrac{s}{RCs+1}$　　④ $\dfrac{RCs}{RCs+1}$

해설 $\dfrac{I(s)}{V(s)} = Y(s) = \dfrac{1}{Z(s)}$

$$= \frac{1}{R+\dfrac{1}{Cs}} = \frac{s}{Rs+\dfrac{1}{C}} = \frac{s}{R\left(s+\dfrac{1}{RC}\right)}$$

답 ①

256 핵심이론 찾아보기▶핵심 14-2

기사 17년 출제

입력신호 $x(t)$와 출력신호 $y(t)$의 관계가 다음과 같을 때 전달함수는?

$$\frac{d^2}{dt^2}y(t)+5\frac{d}{dt}y(t)+6y(t)=x(t)$$

① $\frac{1}{(s+2)(s+3)}$ ② $\frac{s+1}{(s+2)(s+3)}$ ③ $\frac{s+4}{(s+2)(s+3)}$ ④ $\frac{s}{(s+2)(s+3)}$

해설 $\frac{d^2}{dt^2}y(t)+5\frac{dy(t)}{dt}+6y(t)=x(t)$

라플라스 변환하면 $s^2Y(s)+5sY(s)+6Y(s)=X(s)$

$\therefore\ G(s)=\frac{Y(s)}{X(s)}=\frac{1}{s^2+5s^2+6}=\frac{1}{(s+2)(s+3)}$

답 ①

257 핵심이론 찾아보기▶핵심 14-2

기사 05·03·00년 / 산업 12·98·97·94·93년 출제

어떤 계를 표시하는 미분 방정식이 $\frac{d^2y(t)}{dt^2}+3\frac{dy(t)}{dt}+2y(t)=\frac{dx(t)}{dt}+x(t)$ 라고 한다. $x(t)$는 입력, $y(t)$는 출력이라고 한다면 이 계의 전달함수는 어떻게 표시되는가?

① $\frac{s^2+3s+2}{s+1}$ ② $\frac{2s+1}{s^2+s+1}$ ③ $\frac{s+1}{s^2+3s+2}$ ④ $\frac{s^2+s+1}{2s+1}$

해설 양변을 라플라스 변환하면

$s^2\boldsymbol{Y}(s)+3s\boldsymbol{Y}(s)+2\boldsymbol{Y}(s)=s\boldsymbol{X}(s)+\boldsymbol{X}(s)$

$(s^2+3s+2)\boldsymbol{Y}(s)=(s+1)\boldsymbol{X}(s)$

$\therefore\ \boldsymbol{G}(s)=\frac{\boldsymbol{Y}(s)}{\boldsymbol{X}(s)}=\frac{s+1}{s^2+3s+2}$

답 ③

258 핵심이론 찾아보기▶핵심 14-2

기사 08년 / 산업 91년 출제

어떤 제어계의 전달함수가 $G(s)=\frac{2s+1}{s^2+s+1}$로 표시될 때, 이 계에 입력 $x(t)$를 가했을 경우 출력 $y(t)$를 구하는 미분 방정식은?

① $\frac{d^2y}{dt^2}+\frac{dy}{dt}+y=2\frac{dx}{dt}+x$ ② $\frac{d^2y}{dt^2}-2\frac{dy}{dt}+y=\frac{dx}{dt}+x$

③ $\frac{d^2y}{dt^2}+2\frac{dy}{dt}+y=-\frac{dx}{dt}+x$ ④ $\frac{d^2y}{dt^2}+\frac{dy}{dt}+y^2=\frac{dx}{dt}+x$

해설 $\boldsymbol{G}(s)=\frac{\boldsymbol{Y}(s)}{\boldsymbol{X}(s)}=\frac{2s+1}{s^2+s+1}$

$(s^2+s+1)\boldsymbol{Y}(s)=(2s+1)\boldsymbol{X}(s)$

$\therefore\ \frac{d^2}{dt^2}y(t)+\frac{d}{dt}y(t)+y(t)=2\frac{d}{dt}x(t)+x(t)$

답 ①

259 핵심이론 찾아보기▶핵심 14-2

기사 14년 출제

어떤 2단자 회로에 단위 임펄스 전압을 가할 때 $2e^{-t}+3e^{-2t}$[A]의 전류가 흘렀다. 이를 회로로 구성하면? (단, 각 소자의 단위는 기본 단위로 한다.)

①

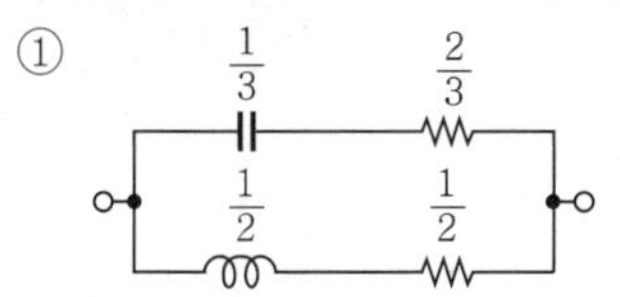

②

③

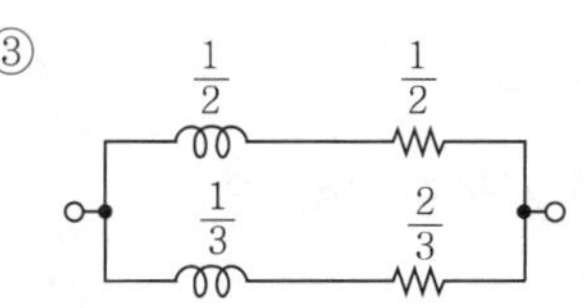

④

해설 $Y(s)=\dfrac{I(s)}{V(s)}=\dfrac{2}{s+1}+\dfrac{3}{s+2}=\dfrac{1}{\dfrac{1}{2}s+\dfrac{1}{2}}+\dfrac{1}{\dfrac{1}{3}s+\dfrac{2}{3}}$

답 ③

260 핵심이론 찾아보기▶핵심 14-3

기사 04년 / 산업 18·17·15·07·03·01·98년 출제

부동작 시간요소의 전달함수는?

① K ② $\dfrac{K}{s}$ ③ Ke^{-Ls} ④ Ks

해설 부동작 시간요소의 전달함수 $G(s)=Ke^{-Ls}$(여기서, L : 부동작 시간)

답 ③

261 핵심이론 찾아보기▶핵심 15-1

기사 98·87년 / 산업 10·94·88년 출제

그림에서 스위치 S를 닫을 때의 전류 $i(t)$[A]는?

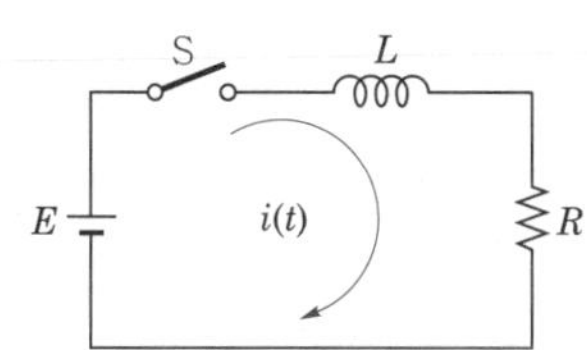

① $\dfrac{E}{R}e^{-\frac{R}{L}t}$ ② $\dfrac{E}{R}\left(1-e^{-\frac{R}{L}t}\right)$ ③ $\dfrac{E}{R}e^{-\frac{L}{R}t}$ ④ $\dfrac{E}{R}\left(1-e^{-\frac{L}{R}t}\right)$

해설
- 직류 인가 시 전류 : $i(t)=\dfrac{E}{R}\left(1-e^{-\frac{R}{L}t}\right)$[A]
- 직류 제거 시 전류 : $i(t)=\dfrac{E}{R}e^{-\frac{R}{L}t}$[A]

답 ②

262

핵심이론 찾아보기▶핵심 15-1 기사 08·03·95년 출제

$R=5[\Omega]$, $L=1[\text{H}]$의 직렬회로에 직류 10[V]를 가할 때 순간의 전류식은?

① $5(1-e^{-5t})$ ② $2e^{-5t}$ ③ $5e^{-5t}$ ④ $2(1-e^{-5t})$

해설 $i(t)=\dfrac{E}{R}\left(1-e^{-\frac{R}{L}t}\right)=\dfrac{10}{5}\left(1-e^{-\frac{5}{1}t}\right)=2(1-e^{-5t})$

답 ④

263

핵심이론 찾아보기▶핵심 15-1 기사 85년 출제

그림 같은 파형에서 전류 $I=4[\text{mA}]$, 위상각 $\theta=45°$일 때 시정수 $\tau[\text{s}]$는?

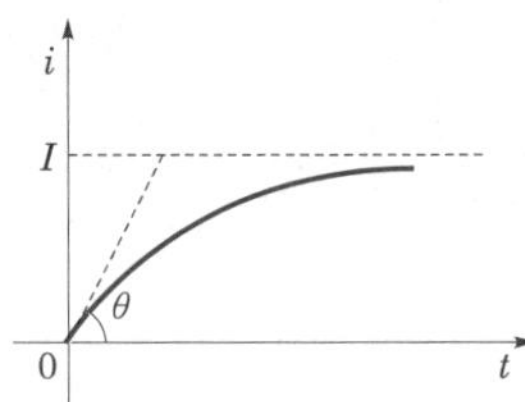

① 0.001 ② 0.002 ③ 0.003 ④ 0.004

해설 $\tan\theta=\dfrac{I}{\tau}$에서 $\tau=\dfrac{I}{\tan\theta}=\dfrac{4\times10^{-3}}{\tan45°}=0.004[\text{sec}]$

답 ④

264

핵심이론 찾아보기▶핵심 15-1 기사 19년 출제

RL 직렬회로에서 $R=20[\Omega]$, $L=40[\text{mH}]$일 때, 이 회로의 시정수[s]는?

① 2×10^{3} ② 2×10^{-3} ③ $\dfrac{1}{2}\times10^{3}$ ④ $\dfrac{1}{2}\times10^{-3}$

해설 시정수 $\tau=\dfrac{L}{R}[\text{s}]$

$\therefore\ \tau=\dfrac{40\times10^{-3}}{20}=2\times10^{-3}[\text{s}]$

답 ②

265

핵심이론 찾아보기▶핵심 15-1 산업 22·15년 출제

RL 직렬회로에서 시정수가 0.03[s], 저항이 14.7[Ω]일 때, 코일의 인덕턴스[mH]는?

① 441 ② 362 ③ 17.6 ④ 2.53

해설 시정수 $\tau=\dfrac{L}{R}[\text{s}]$

$\therefore\ L=\tau\cdot R=0.03\times14.7=0.441[\text{H}]=441[\text{mH}]$

답 ①

266 핵심이론 찾아보기▶핵심 15-1

기사 18년 출제

시정수의 의미를 설명한 것 중 틀린 것은?

① 시정수가 작으면 과도 현상이 짧다.
② 시정수가 크면 정상상태에 늦게 도달한다.
③ 시정수는 τ로 표기하며, 단위는 초[s]이다.
④ 시정수는 과도기간 중 변화해야 할 양의 0.632[%]가 변화하는 데 소요된 시간이다.

해설 시정수 τ값이 커질수록 $e^{-\frac{1}{\tau}t}$의 값이 증가하므로 과도상태는 길어진다. 즉, 시정수와 과도분은 비례관계에 있게 된다.

답 ④

267 핵심이론 찾아보기▶핵심 15-1

기사 91년 출제

$R-L$ 직렬회로가 있어서 직류전압 5[V]를 $t=0$에서 인가하였더니 $i(t)=50(1-e^{-20\times10^{-3}t})$[mA] $(t \geq 0)$이었다. 이 회로의 저항을 처음 값의 2배로 하면 시정수는 얼마가 되겠는가?

① 10[msec]
② 40[msec]
③ 5[sec]
④ 25[sec]

해설 시정수 $\tau=\dfrac{L}{R}=\dfrac{1}{20\times10^{-2}}=50[\text{sec}]$

저항을 2배하면 시정수는 $\dfrac{1}{2}$배로 감소된다.

$\therefore$ 시정수 $\tau=50\times\dfrac{1}{2}=25[\text{sec}]$

답 ④

268 핵심이론 찾아보기▶핵심 15-1

기사 17년 출제

$R_1=R_2=100[\Omega]$이며 $L_1=5[\text{H}]$인 회로에서 시정수는 몇 [s]인가?

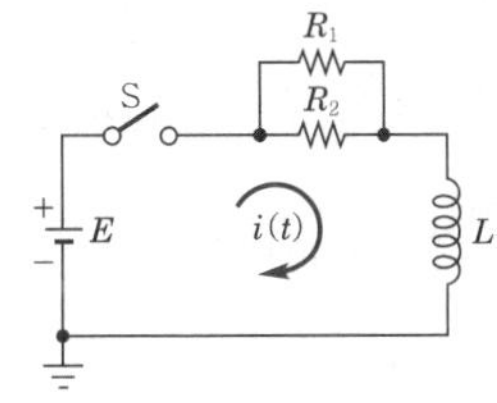

① 0.001
② 0.01
③ 0.1
④ 1

해설 $R-L$ 직렬회로의 시정수(τ)

$$\tau=\frac{L}{R}=\frac{L_1}{\dfrac{R_1R_2}{R_1+R_2}}=\frac{5}{\dfrac{100\times100}{100+100}}=\frac{5}{50}=0.1[\text{s}]$$

답 ③

269

핵심이론 찾아보기▶핵심 15-1

기사 17년 출제

회로에서 10[mH]의 인덕턴스에 흐르는 전류는 일반적으로 $i(t) = A + Be^{-at}$로 표시된다. a의 값은?

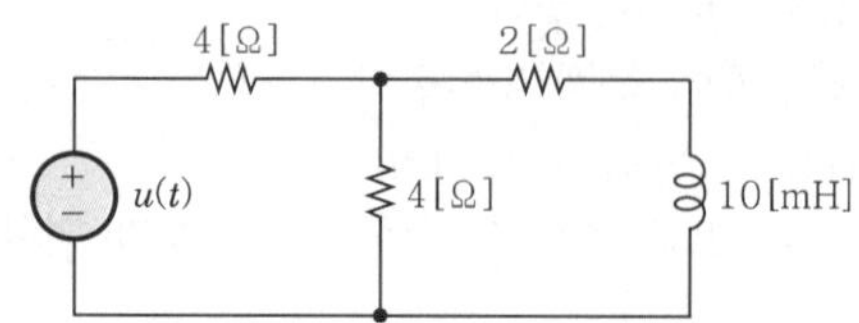

① 100　② 200　③ 400　④ 500

해설 테브난의 등가회로

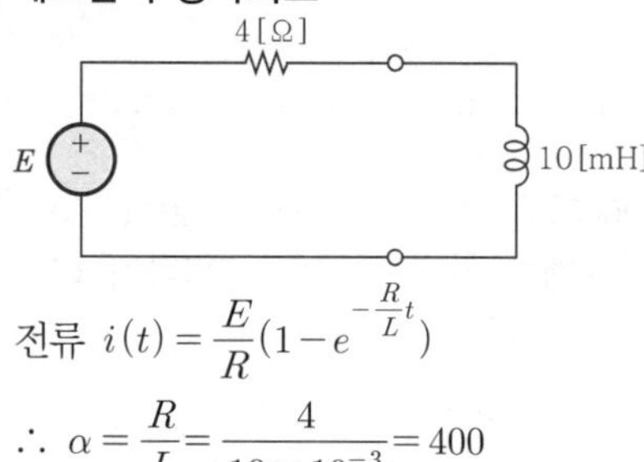

전류 $i(t) = \frac{E}{R}(1 - e^{-\frac{R}{L}t})$

$\therefore\ \alpha = \frac{R}{L} = \frac{4}{10 \times 10^{-3}} = 400$

답 ③

270

핵심이론 찾아보기▶핵심 15-1

기사 16년 출제

인덕턴스 0.5[H], 저항 2[Ω]의 직렬회로에 30[V]의 직류전압을 급히 가했을 때 스위치를 닫은 후 0.1초 후의 전류의 순시값 i[A]와 회로의 시정수 τ[s]는?

① $i = 4.95,\ \tau = 0.25$　② $i = 12.75,\ \tau = 0.35$
③ $i = 5.95,\ \tau = 0.45$　④ $i = 13.95,\ \tau = 0.25$

해설
- 시정수 $\tau = \frac{L}{R} = \frac{0.5}{2} = 0.25$[s]
- 전류 $i(t) = \frac{E}{R}(1 - e^{-\frac{R}{L}t})$에서 $t = 0.1$초이므로

$\therefore\ i(t) = \frac{30}{2}(1 - e^{-\frac{2}{0.5} \times 0.1}) = 4.95$[A]

답 ①

271

핵심이론 찾아보기▶핵심 15-1

기사 08·07·05년 / 산업 02·93년 출제

$R-L$ 직렬회로에서 스위치 S를 닫아 직류전압 E[V]를 회로 양단에 급히 가한 다음 $\frac{L}{R}$[s] 후의 전류 I[A]값은?

① $0.632\frac{E}{R}$　② $0.5\frac{E}{R}$　③ $0.368\frac{E}{R}$　④ $\frac{E}{R}$

해설 $i=\dfrac{E}{R}\left(1-e^{-\frac{R}{L}t}\right)=\dfrac{E}{R}\left(1-e^{-\frac{R}{L}\cdot\frac{L}{R}t}\right)=\dfrac{E}{R}(1-e^{-1})=0.632\dfrac{E}{R}$[A]

답 ①

272

핵심이론 찾아보기▶핵심 15-1 기사 09·99·98년 / 산업 99년 출제

그림과 같은 회로에서 $t=0$에서 스위치를 갑자기 닫은 후 전류 $i(t)$가 0에서 정상 전류의 63.2[%]에 달하는 시간[s]을 구하면?

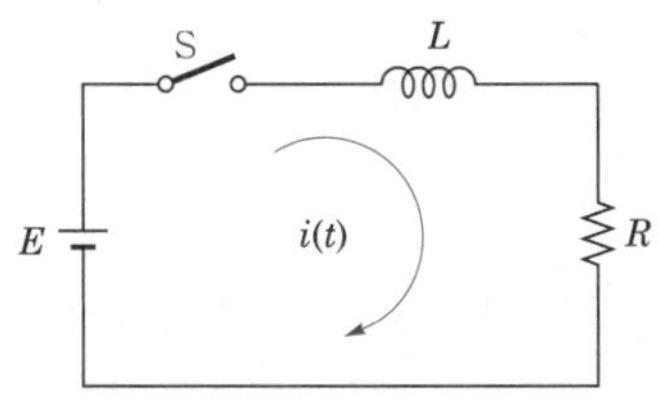

① LR ② $\dfrac{1}{LR}$ ③ $\dfrac{L}{R}$ ④ $\dfrac{R}{L}$

해설 시정수$=\dfrac{L}{R}$

답 ③

273

핵심이론 찾아보기▶핵심 15-1 기사 96년 / 산업 13·09·08·99·97년 출제

그림과 같은 회로에서 $t=0$인 순간에 전압 E를 인가한 경우 인덕턴스 L에 걸리는 전압[V]은?

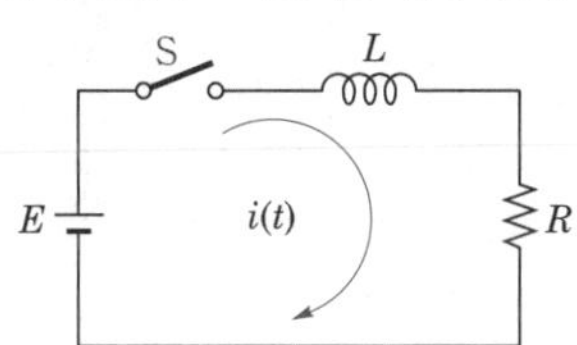

① 0 ② E ③ $\dfrac{LE}{R}$ ④ $\dfrac{E}{R}$

해설 $e_L=L\dfrac{di}{dt}=L\dfrac{d}{dt}\dfrac{E}{R}(1-e^{-\frac{R}{L}t})=Ee^{-\frac{R}{L}t}\Big|_{t=0}=E$[V]

답 ②

274

핵심이론 찾아보기▶핵심 15-1 기사 82년 출제

그림의 회로는 스위치 1의 위치에서 정상 상태에 있었다. $t=0$에서 순간적으로 스위치를 2로 할 때 자연 응답 $i(t)$는?

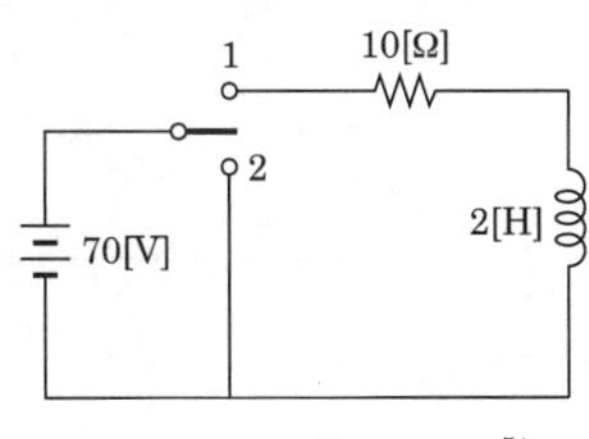

① $7+e^{-5t}$ ② $7e^{-5t}$ ③ $-7e^{-5t}$ ④ $7(1-e^{-5t})$

해설 $i(t)=\frac{E}{R}e^{-\frac{R}{L}t}$ 에서 $i(t)=\frac{70}{10}e^{-\frac{10}{2}t}=7e^{-5t}$

답 ②

275

핵심이론 찾아보기▶핵심 15-1 기사 05·95년 / 산업 93년 출제

$R-L$ 직렬회로에서 그의 양단에 직류전압 E를 연결 후 스위치 S를 개방하면 $\frac{L}{R}$[s] 후의 전류값[A]은?

① $\frac{E}{R}$ ② $0.5\frac{E}{R}$ ③ $0.368\frac{E}{R}$ ④ $0.632\frac{E}{R}$

해설 $i(t)=\frac{E}{R}e^{-\frac{R}{L}t}=\frac{E}{R}e^{-\frac{1}{\tau}t}$ 에서 $t=\tau$ 에서의 전류를 구하면

$i(t)=\frac{E}{R}e^{-1}=0.368\frac{E}{R}$[A]

답 ③

276

핵심이론 찾아보기▶핵심 15-1 기사 99년 출제

그림과 같은 회로에 있어서 스위치 S를 닫을 때 1–1′ 단자에 발생하는 전압은?

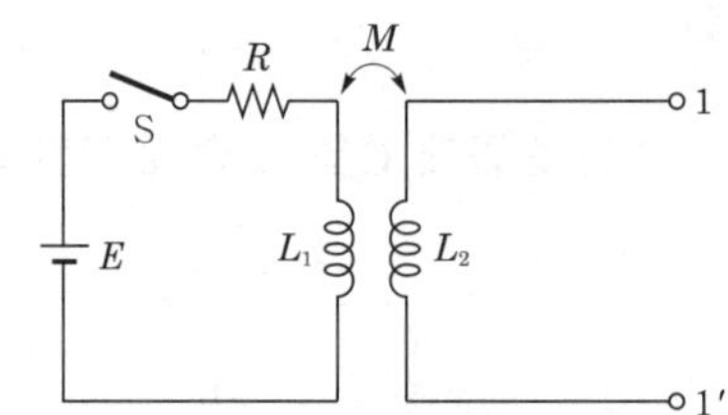

① $\frac{EM}{L_2}e^{-Rt/L_1}$ ② $\frac{EM}{L_1}e^{-Rt/L_1}$ ③ $\frac{EM}{L_2}(1-e^{-Rt/L_1})$ ④ $\frac{EM}{L_1}(1-e^{-Rt/L_1})$

해설 유기 전압 $e=M\frac{di}{dt}=M\frac{d}{dt}\frac{E}{R}\left(1-e^{-\frac{R}{L_1}t}\right)=\frac{ME}{L_1}e^{-\frac{R}{L_1}t}$

답 ②

277

핵심이론 찾아보기▶핵심 15-1 기사 06·94·85년 / 산업 10·94년 출제

그림과 같은 회로에서 스위치 S가 닫힌 상태에서 회로에 정상 전류가 흐르고 있다. 지금 $t=0$에서 스위치 S를 열 때 회로의 전류[A]는?

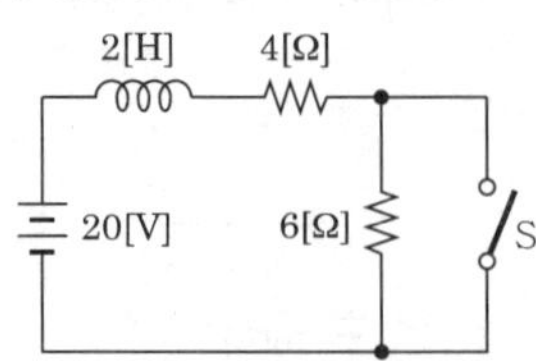

① $2+3e^{-5t}$ ② $2+3e^{-2t}$ ③ $4+2e^{-2t}$ ④ $4+2e^{-5t}$

해설

스위치를 여는 경우 전류 $i(t)=$ 정상값$+Ke^{-\frac{1}{\tau}t}$

정상 전류 $i_s=\dfrac{20}{4+6}=2[\mathrm{A}]$

시정수 $\tau=\dfrac{L}{R}=\dfrac{2}{4+6}=\dfrac{1}{5}[\sec]$

초기 전류 $i(0)=\dfrac{20}{4}=2+K \quad \therefore K=3$

$\therefore i(t)=2+3e^{-5t}[\mathrm{A}]$

답 ①

278 핵심이론 찾아보기▶핵심 15-1

기사 83년 출제

그림과 같은 회로에서 스위치 S는 a에서 정상 상태로 있다가 b로 이동된다. 전류 i[A]를 구하면? (단, $E=100$[V], $R_1=1$[Ω], $R_2=2$[Ω], $L=3$[H])

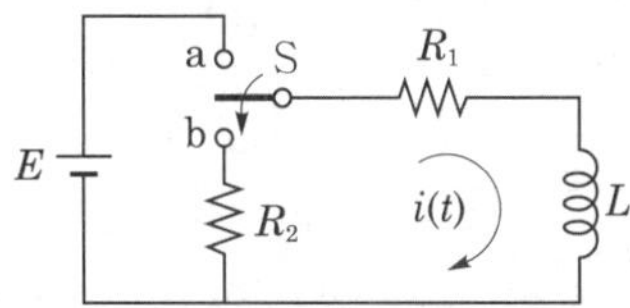

① $100e^{-t}$
② $100e^{t}$
③ $100e^{-3t}$
④ $100e^{\frac{1}{3}t}$

해설

$i(t)=Ke^{-\frac{1}{\tau}t}[\mathrm{A}]$에서

시정수 $\tau=\dfrac{L}{R_1+R_2}=1[\sec]$

초기 전류 $i(0)=\dfrac{E}{R_1}=\dfrac{100}{1}=K$

$\therefore i(t)=100e^{-t}[\mathrm{A}]$

답 ①

279 핵심이론 찾아보기▶핵심 15-2

기사 91년 출제

$R-C$ 직렬회로에 $t=0$일 때 직류전압 10[V]를 인가하면 흐르는 전류[A]는? (단, R=1,000[Ω], C=50[μF]이고 처음부터 정전용량은 전하가 없었다고 한다.)

① $0.01e^{-20t}$
② $0.1(1-e^{-20t})$
③ $0.01e^{20t}$
④ $0.1(1-e^{20t})$

해설

$i(t)=\dfrac{E}{R}e^{-\frac{1}{RC}t}=\dfrac{10}{1{,}000}e^{-\frac{1}{1{,}000\times 50\times 10^{-6}}t}=0.01\,e^{-20t}[\mathrm{A}]$

답 ①

280 핵심이론 찾아보기▶핵심 15-2

기사 01·00·98년 출제

그림의 회로에서 정전용량 C는 초기 전하가 없었다. 지금 $t=0$에서 스위치 S를 닫았을 때, $t=0_+$에서 $i(t)$값[A]을 구하면?

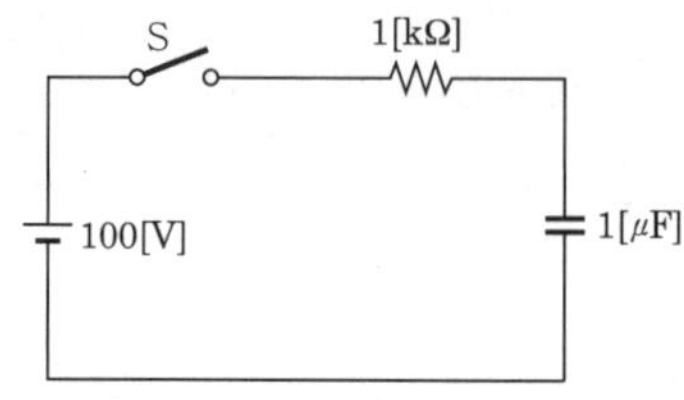

① 0.1
② 0.2
③ 0.4
④ 1

해설

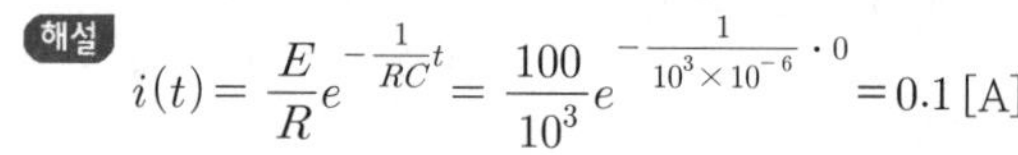

$$i(t)=\frac{E}{R}e^{-\frac{1}{RC}t}=\frac{100}{10^3}e^{-\frac{1}{10^3\times10^{-6}}\cdot 0}=0.1\,[\text{A}]$$

답 ①

281 핵심이론 찾아보기▶핵심 15-2

기사 96년 출제

$R-C$ 직렬회로에 직류전압을 가했을 때 전류값이 초기값의 e^{-1}으로 저하되는 시간은 몇 [s]인가?

① $\frac{1}{RC}$
② $\frac{L}{R}$
③ RC
④ $\frac{C}{R}$

해설 $R-C$ 직렬회로의 시정수 $\tau=RC$[sec]

답 ③

282 핵심이론 찾아보기▶핵심 15-2

기사 99·90년 출제

$R=1$[MΩ], $C=1$[μF]의 직렬회로에 직류 100[V]를 인가했을 때 시정수 τ[s] 및 전류의 초기값 I[A]는 각각 얼마인가?

① 5, 10^{-4}
② 4, 10^{-3}
③ 1, 10^{-4}
④ 2, 10^{-3}

해설 • 시정수 $\tau=RC=1\times10^6\times1\times10^{-6}=1$[sec]

• 초기값 전류 $i=\frac{V}{R}=\frac{100}{1\times10^6}=10^{-4}$[A]

답 ③

283 핵심이론 찾아보기▶핵심 15-2 기사 84년 출제

그림과 같은 회로에서 콘덴서 C는 초기값이 영(zero)이다. $t=0$에서 스위치 S를 닫은 후 0.02[s] 후에 콘덴서에 충전된 전압[V]은?

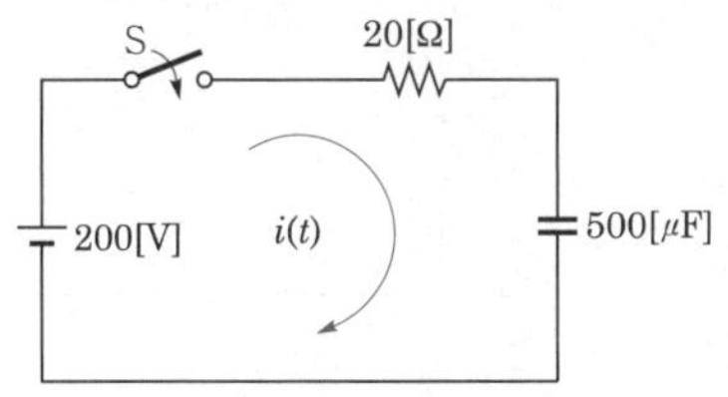

① 173 ② 135
③ 86 ④ 75

해설
$v_c(0.02) = E\left(1-e^{-\frac{1}{RC}t}\right) = 200\left(1-e^{-\frac{0.02}{20\times500\times10^{-6}}}\right) = 200(1-e^{-2}) = 173[\text{V}]$

답 ①

284 핵심이론 찾아보기▶핵심 15-2 기사 18년 출제

그림과 같은 RC 회로에서 스위치를 넣는 순간 전류는? (단, 초기 조건은 0이다.)

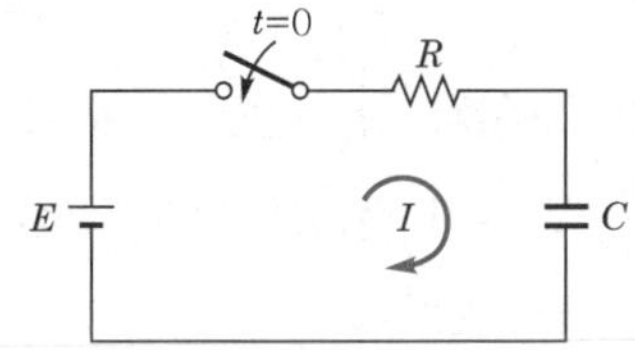

① 불변 전류이다. ② 진동 전류이다.
③ 증가 함수로 나타난다. ④ 감쇠 함수로 나타난다.

해설 전압 방정식 $Ri(t)+\frac{1}{C}\int i(t)dt = E$

라플라스 변환을 이용하여 풀면 전류 $i(t)=\frac{E}{R}e^{-\frac{1}{RC}t}[\text{A}]$

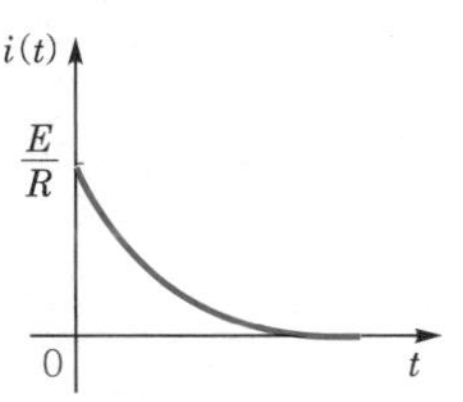

∴ 지수 감쇠 함수가 된다.

답 ④

285 핵심이론 찾아보기▶핵심 15-2 기사 11년 / 산업 96년 출제

그림과 같은 회로에서 스위치 S를 닫을 때 방전 전류 $i(t)$는?

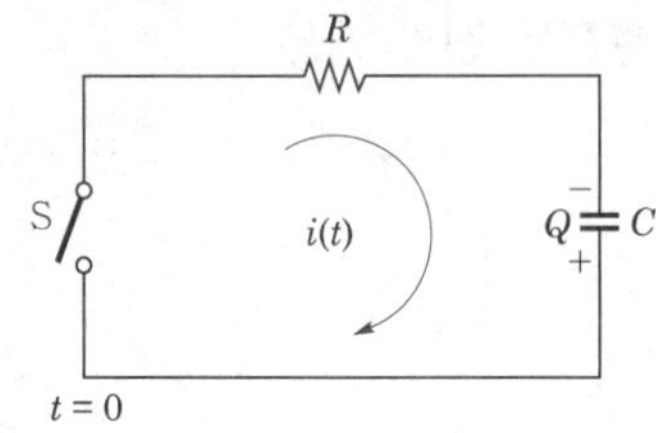

① $-\frac{Q}{RC}e^{-\frac{1}{RC}t}$ ② $\frac{Q}{RC}e^{-\frac{1}{RC}t}$ ③ $-\frac{Q}{RC}\left(1-e^{-\frac{1}{RC}t}\right)$ ④ $\frac{Q}{RC}\left(1+e^{-\frac{1}{RC}t}\right)$

해설

$i(t)=-\frac{E}{R}e^{-\frac{1}{RC}t}=-\frac{Q}{RC}e^{-\frac{1}{RC}t}$

문제에서는 충전 전류의 방향과 방전 전류의 방향이 일치하므로

$\therefore\ i(t)=\frac{Q}{RC}e^{-\frac{1}{RC}t}$

답 ②

286 핵심이론 찾아보기▶핵심 15-2 기사 83년 출제

그림의 회로에서 $t=0$에서 스위치 S를 닫았다. 이 회로의 완전 응답 $i(t)$는? (단, 커패시턴스 C는 그림의 극성으로 $\frac{V}{2}$의 초기 전압을 갖고 있었다.)

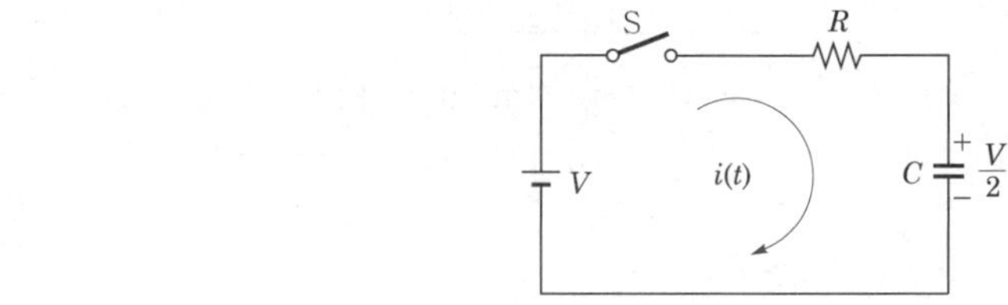

① $\frac{V}{2R}e^{-\frac{1}{RC}t}$ ② $\frac{V}{2R}\left(1-e^{-\frac{1}{RC}t}\right)$ ③ $\frac{V}{R}e^{-\frac{1}{RC}t}$ ④ $\frac{V}{R}\left(1-e^{-\frac{1}{RC}t}\right)$

해설

$i(t)=\frac{V-\frac{V}{2}}{R}e^{-\frac{1}{RC}t}=\frac{V}{2R}e^{-\frac{1}{RC}t}$

답 ①

287 핵심이론 찾아보기▶핵심 15-2 기사 91년 출제

$R-L$ 및 $R-C$ 회로의 과도 상태에 관한 설명 중 옳지 않은 것은?

① $t=0$일 때 C는 단락 상태가 된다.
② 시정수가 크면 정상값에 빨리 도달한다.
③ $t=0$일 때 L은 개방 상태가 된다.
④ 변화하지 않는 저항만의 회로에서는 과도 현상은 없다.

해설 시정수와 과도분은 비례 관계에 있다. 시정수가 크면 과도분이 커지므로 정상값에 느리게 도달된다.

답 ②

288

핵심이론 찾아보기▶핵심 15-2

기사 16년 출제

그림에서 $t=0$에서 스위치 S를 닫았다. 콘덴서에 충전된 초기 전압 $V_C(0)$가 1[V]였다면 전류 $i(t)$를 변환한 값 $I(s)$는?

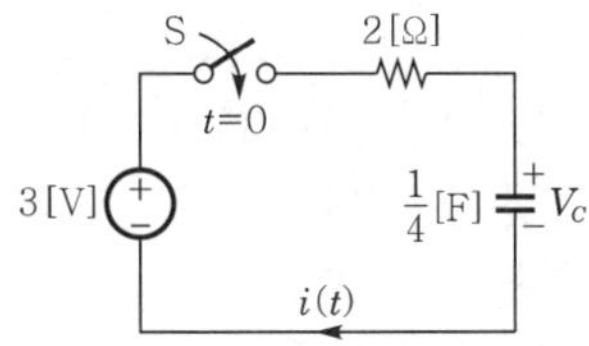

① $\dfrac{3}{2s+4}$

② $\dfrac{3}{s(2s+4)}$

③ $\dfrac{2}{s(s+2)}$

④ $\dfrac{1}{s+2}$

해설 콘덴서에 초기 전압 $V_C(0)$가 있는 경우이므로

전류 $i(t)=\dfrac{E-V_C(0)}{R}e^{-\frac{1}{RC}t}=\dfrac{3-1}{2}e^{-\frac{1}{2\times\frac{1}{4}}t}=e^{-2t}$

$\therefore\ I(s)=\mathcal{L}^{-1}[i(t)]=\dfrac{1}{s+2}$

답 ④

289

핵심이론 찾아보기▶핵심 15-3

기사 13·07·04·00·98·90년 / 산업 14·08·01·97년 출제

그림의 정전용량 C[F]를 충전한 후 스위치 S를 닫아 이것을 방전하는 경우의 과도 전류는? (단, 회로에는 저항이 없다.)

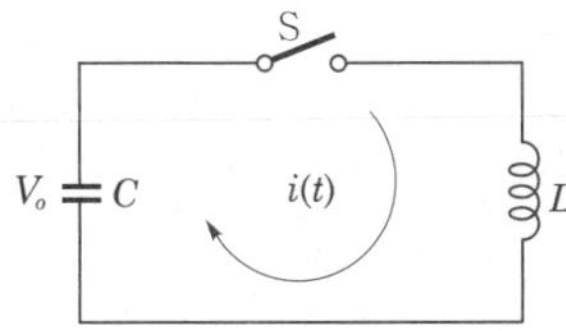

① 불변의 진동 전류

② 감쇠하는 전류

③ 감쇠하는 진동 전류

④ 일정값까지 증가하여 그 후 감쇠하는 전류

해설 $i(t)=V_o\sqrt{\dfrac{C}{L}}\sin\dfrac{1}{\sqrt{LC}}t$[A]

각주파수 $\omega=\dfrac{1}{\sqrt{LC}}$[rad/sec]로 불변 진동 전류가 된다.

답 ①

290

핵심이론 찾아보기▶핵심 15-3 　기사 09·07·99·89년 출제

그림과 같은 직류 $L-C$ 직렬회로에 대한 설명 중 맞는 것은?

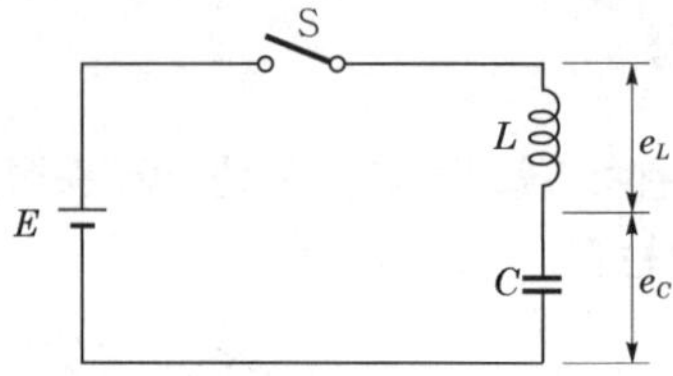

① e_L은 진동 함수이나 e_C는 진동하지 않는다.
② e_L은 최대치가 $2E$까지 될 수 있다.
③ e_C는 최대치가 $2E$까지 될 수 있다.
④ C의 충전 전하 q는 시간 t에 무관계이다.

해설 $e_C = \dfrac{Q}{C} = E\left(1-\cos\dfrac{1}{\sqrt{LC}}t\right)$

C 양단의 전압 V_C의 최대치는 인가 전압의 2배까지 되어 고전압 발생 회로로 이용된다.

답 ③

291

핵심이론 찾아보기▶핵심 15-4 　기사 07·93년 / 산업 07·99·97·91년 출제

$R-L-C$ 직렬회로에서 진동 조건은 어느 것인가?

① $R < 2\sqrt{\dfrac{C}{L}}$　　② $R < 2\sqrt{\dfrac{L}{C}}$
③ $R < 2\sqrt{LC}$　　④ $R < \dfrac{1}{2\sqrt{LC}}$

해설 진동 조건 $\left(\dfrac{R}{2L}\right)^2 - \dfrac{1}{LC} = R^2 - 4\dfrac{L}{C} < 0$

$\therefore\ R < 2\sqrt{\dfrac{L}{C}}$

답 ②

292

핵심이론 찾아보기▶핵심 15-4 　기사 89년 출제

$R-L-C$ 직렬회로에서 저항 $R=1$[kΩ], 인덕턴스 $L=3$[mH]일 때 이 회로가 진동적이기 위한 커패시턴스 C의 값은?

① 12[F] 이상　　② 12[mF] 이상
③ 12[μF] 이상　　④ 12[nF] 이상

해설 진동적이므로 진동 여부 판별식 $R^2 - 4\dfrac{L}{C} < 0$

$\therefore\ C < 4\dfrac{L}{R^2} < \dfrac{4\times3\times10^{-3}}{1{,}000^2} < 12[\text{nF}]$

답 ④

293 핵심이론 찾아보기▶핵심 15-4

기사 96년 출제

다음 회로에서 $E=10$[V], $R=10$[Ω], $L=1$[H], $C=10$[μF], 그리고 $V_C(0)=0$일 때 스위치 S를 닫은 직후 전류의 변화율 $\dfrac{di(0^+)}{dt}$의 값[A/s]은?

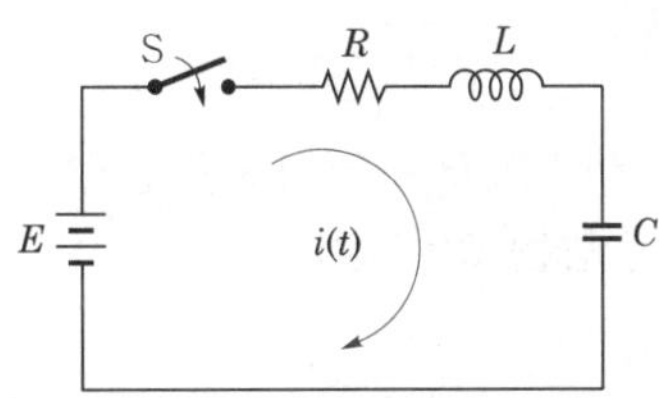

① 0　② 5　③ 10　④ 1

해설 진동 여부 판별식 $R^2-4\dfrac{L}{C}=10^2-4\dfrac{1}{10\times10^{-6}}<0$

따라서 진동인 경우이므로

$$i=\frac{E}{\beta L}e^{-at}\sin\beta t$$

$$\therefore \left.\frac{di}{dt}\right|_{t=0}=\frac{E}{\beta L}\left[-ae^{-at}\sin\beta t+\beta e^{-at}\cos\beta t\right]_{t=0}=\frac{E}{\beta L}\cdot\beta=\frac{E}{L}=\frac{10}{1}=10[\text{A/s}]$$

답 ③

294 핵심이론 찾아보기▶핵심 15-4

산업 88·85년 출제

그림의 회로에서 스위치를 닫을 때, 즉 $t=0^+$일 때 $\dfrac{di_2}{dt}$의 값은 얼마인가?

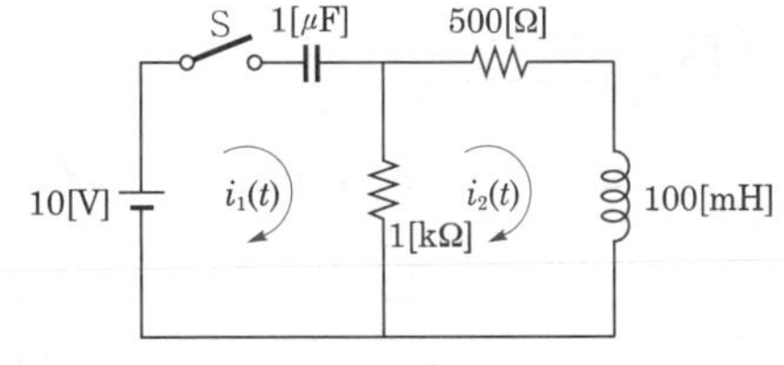

① 1　② 10　③ 100　④ 126

해설

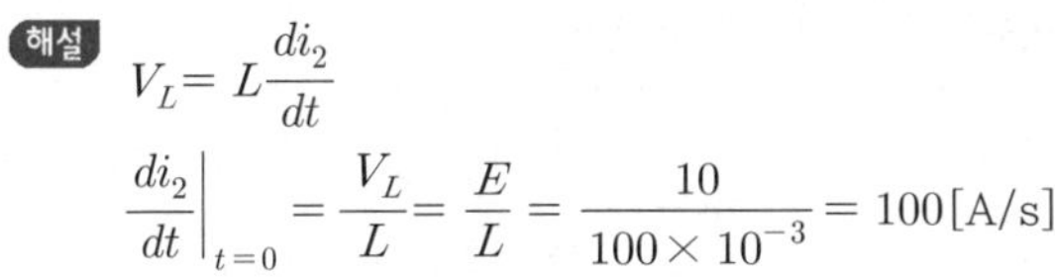

$$V_L=L\frac{di_2}{dt}$$

$$\left.\frac{di_2}{dt}\right|_{t=0}=\frac{V_L}{L}=\frac{E}{L}=\frac{10}{100\times10^{-3}}=100[\text{A/s}]$$

답 ③

295 핵심이론 찾아보기▶핵심 15-4

기사 14·97년 / 산업 98·91년 출제

$R-L-C$ 직렬회로에서 부족 제동인 경우 감쇠진동의 고유주파수는?

① 공진주파수보다 작다.　② 공진주파수보다 크다.
③ 공진주파수와 관계없이 일정하다.　④ 공진주파수와 같이 증가한다.

해설 • $R-L-C$ 직렬회로의 공진주파수 $f_0=\dfrac{1}{2\pi\sqrt{LC}}$ [Hz]

• 감쇠진동 고유주파수 $f_r=\dfrac{1}{2\pi}\sqrt{\dfrac{1}{LC}-\left(\dfrac{R}{2L}\right)^2}$

답 ①

296

핵심이론 찾아보기▶핵심 15-5 기사 14년 출제

다음과 같은 회로에서 $t=0^+$에서 스위치 K를 닫았다. $i_1(0^+)$, $i_2(0^+)$는 얼마인가? (단, C의 초기 전압과 L의 초기 전류는 0이다.)

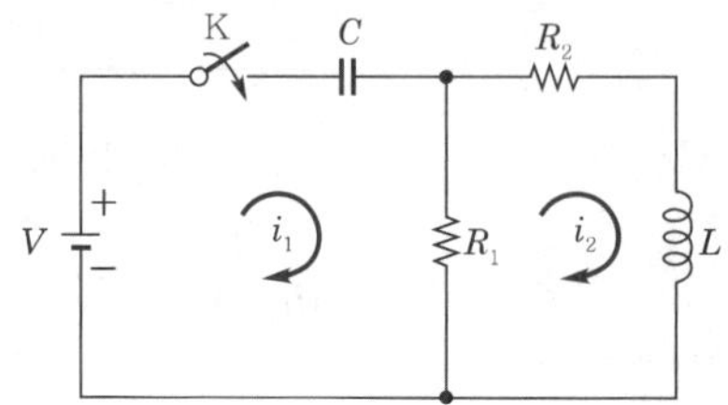

① $i_1(0^+)=0,\ i_2(0^+)=\dfrac{V}{R_2}$

② $i_1(0^+)=\dfrac{V}{R_1},\ i_2(0^+)=0$

③ $i_1(0^+)=0,\ i_2(0^+)=0$

④ $i_1(0^+)=\dfrac{V}{R_1},\ i_2(0^+)=\dfrac{V}{R_2}$

해설 스위치를 닫는 순간 $t=0$에서는 L은 개방 상태, C는 단락 상태가 된다.

$i_1(0^+)=\dfrac{V}{R_1},\ i_2(0^+)=0$

답 ②

297

핵심이론 찾아보기▶핵심 15-5 산업 80년 출제

그림의 회로에서 $t=0$일 때 스위치를 닫았다. $t=\infty$에서 $i_1(t)$, $i_2(t)$의 값은?

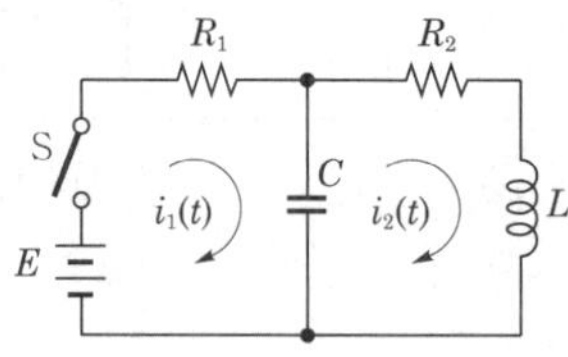

① 0, 0

② $\dfrac{E}{R_1}$, 0

③ $\dfrac{E}{R_1+R_2}$, $\dfrac{E}{R_1+R_2}$

④ $\dfrac{E}{R_1+R_2}$, 0

해설 $t=\infty$에서 L은 단락 상태, C는 개방 상태

$i_1(\infty)=i_2(\infty)=\dfrac{E}{R_1+R_2}$

답 ③

298 핵심이론 찾아보기▶핵심 15-5

기사 22·02·00·99년 출제

그림과 같은 회로에서 스위치 S를 닫았을 때 과도분을 포함하지 않기 위한 R의 값[Ω]은?

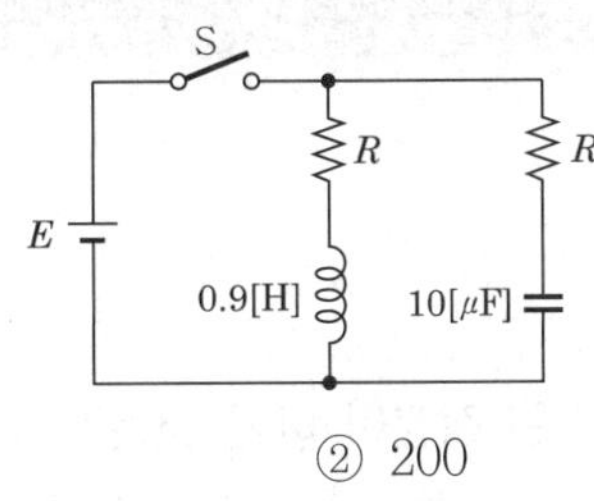

① 100 ② 200
③ 300 ④ 400

해설 과도분을 포함하지 않기 위해서는 정저항 회로가 되면 된다.

정저항 조건 $R=\sqrt{\dfrac{L}{C}}$

$\therefore\ R=\sqrt{\dfrac{L}{C}}=\sqrt{\dfrac{0.9}{10\times10^{-6}}}=300[\Omega]$

답 ③

299 핵심이론 찾아보기▶핵심 15-6

기사 01·94년 출제

6.28[Ω]의 저항과 1[mH]의 인덕턴스를 직렬로 접속한 회로에 1[kHz]의 전류가 흐를 때 과도 전류가 생기지 않으려면 그 전압을 어느 위상에 가하면 되는가?

① $\dfrac{\pi}{3}$ ② $\dfrac{\pi}{6}$

③ $\dfrac{\pi}{12}$ ④ $\dfrac{\pi}{4}$

해설 $R-L$ 직렬회로에 $e=E_n\sin(\omega t+\theta)$의 교류전압을 인가하는 경우

$i=\dfrac{E_m}{Z}\left\{\sin(\omega t+\theta-\phi)-e^{-\frac{R}{L}t}\sin(\theta-\phi)\right\}$

따라서 과도 전류가 생기지 않으려면 $\sin(\theta-\phi)$가 0이어야 한다.

$\therefore\ \theta=\phi=\tan^{-1}\dfrac{\omega L}{R}=\tan^{-1}\dfrac{2\pi\times1{,}000\times1\times10^{-3}}{6.28}=\tan^{-1}1=\dfrac{\pi}{4}$

답 ④

300 핵심이론 찾아보기▶핵심 15-6

기사 14·01·91년 / 산업 91년 출제

$R=30[\Omega]$, $L=79.6[\text{mH}]$의 $R-L$ 직렬회로에 60[Hz], 교류를 인가할 때 과도 현상이 일어나지 않으려면 전압은 어느 위상에서 가해야 하는가?

① 23° ② 30° ③ 45° ④ 60°

해설 $\theta=\phi=\tan^{-1}\dfrac{\omega L}{R}=\tan^{-1}\dfrac{377\times79.6\times10^{-3}}{30}=45°$

답 ③

05 CHAPTER 제어공학

001

핵심이론 찾아보기▶핵심 01-1

기사 94년 출제

다음 중 개루프시스템의 주된 장점이 아닌 것은?

① 원하는 출력을 얻기 위해 보정해 줄 필요가 없다.
② 구성하기 쉽다.
③ 구성 단가가 낮다.
④ 보수 및 유지가 간단하다.

해설 개루프시스템은 원하는 출력을 얻기 위하여 보정해 주어야 하지만, 피드백제어는 입력과 출력을 자동으로 비교하여 원하는 출력을 얻는다.

답 ①

002

핵심이론 찾아보기▶핵심 01-1

기사 16년 출제

폐루프시스템의 특징으로 틀린 것은?

① 정확성이 증가한다.
② 감쇠폭이 증가한다.
③ 발진을 일으키고 불안정한 상태로 되어갈 가능성이 있다.
④ 계의 특성 변화에 대한 입력 대 출력비의 감도가 증가한다.

해설 시스템 특성 변화, 즉 계의 특성 변화에 대한 입력 대 출력의 감도가 감소한다.

답 ④

003

핵심이론 찾아보기▶핵심 01-1

기사 18년 출제

궤환(feedback)제어계의 특징이 아닌 것은?

① 정확성이 증가한다.
② 대역폭이 증가한다.
③ 구조가 간단하고 설치비가 저렴하다.
④ 계(系)의 특성 변화에 대한 입력 대 출력비의 감도가 감소한다.

해설 궤환제어계는 제어계가 복잡해지고 제어기의 가격이 비싸다.

답 ③

004

핵심이론 찾아보기▶핵심 01-1

기사 04·98·97년 출제

피드백제어에서 반드시 필요한 장치는 어느 것인가?

① 구동장치
② 응답속도를 빠르게 하는 장치
③ 안정도를 좋게 하는 장치
④ 입력과 출력을 비교하는 장치

해설 피드백제어에서는 입력(목표값)과 출력(제어량)을 비교하여 제어동작을 일으키는 데 필요한 신호를 만드는 비교부가 반드시 필요하다.

답 ④

CHAPTER

005 핵심이론 찾아보기▶핵심 01-2

기사 91·90년 출제

제어계를 동작시키는 기준으로서 직접 제어계에 가해지는 신호는?

① 기준입력신호 ② 동작신호
③ 조절신호 ④ 주피드백신호

해설 기준입력신호는 제어계를 동작시키는 기준으로 직접 제어계에 가해지는 입력신호이다.

답 ①

006 핵심이론 찾아보기▶핵심 01-2

기사 17년 출제

그림에서 ㉠에 알맞은 신호의 이름은?

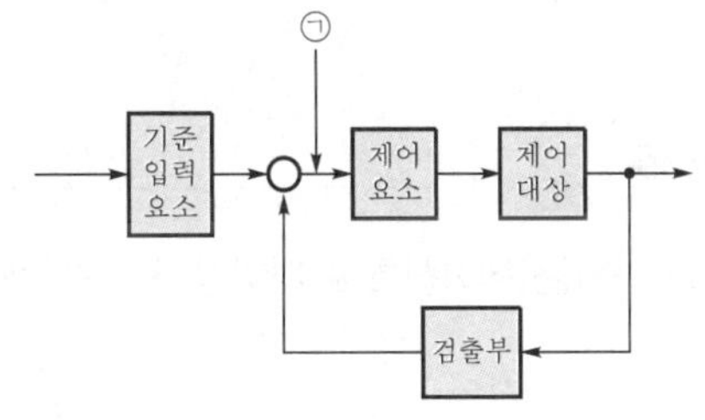

① 조작량 ② 제어량
③ 기준입력 ④ 동작신호

해설 일반적으로 궤환제어계는 제어장치와 제어대상으로부터 형성되는 폐회계로 구성되며 그 기본적 구성은 다음과 같다.

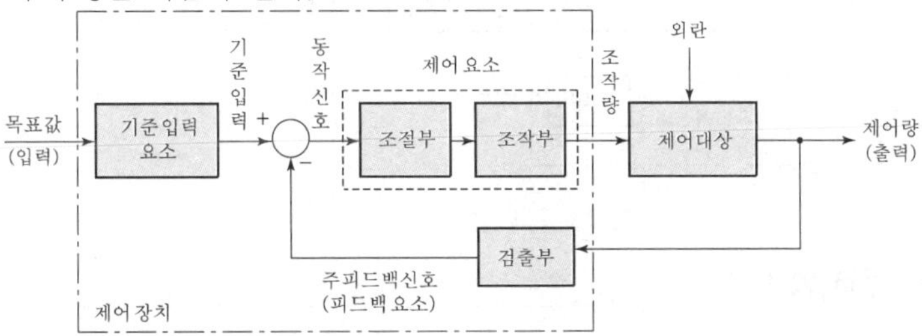

답 ④

007 핵심이론 찾아보기▶핵심 01-2

기사 17년 출제

기준입력과 주궤환량과의 차로서, 제어계의 동작을 일으키는 원인이 되는 신호는?

① 조작신호 ② 동작신호
③ 주궤환신호 ④ 기준입력신호

해설 동작신호란 기준입력과 주피드백신호와의 차로서 제어동작을 일으키는 신호로 편차라고도 한다.

답 ②

008

핵심이론 찾아보기▶핵심 01-2 기사 91·90년 출제

제어계를 동작시키는 기준으로서 직접 제어계에 가해지는 신호는?

① 기준입력신호 ② 동작신호
③ 조절신호 ④ 주피드백신호

해설 기준입력신호는 제어계를 동작시키는 기준으로 직접 제어계에 가해지는 입력 신호이다.

답 ①

009

핵심이론 찾아보기▶핵심 01-2 기사 15·12·85년 출제

제어요소는 무엇으로 구성되는가?

① 비교부와 검출부 ② 검출부와 조작부
③ 검출부와 조절부 ④ 조절부와 조작부

해설 제어요소는 조절부와 조작부로 이루어진다.

답 ④

010

핵심이론 찾아보기▶핵심 01-2 기사 17년 출제

제어장치가 제어대상에 가하는 제어신호로 제어장치의 출력인 동시에 제어대상의 입력인 신호는?

① 목표값 ② 조작량
③ 제어량 ④ 동작신호

해설 궤환제어계

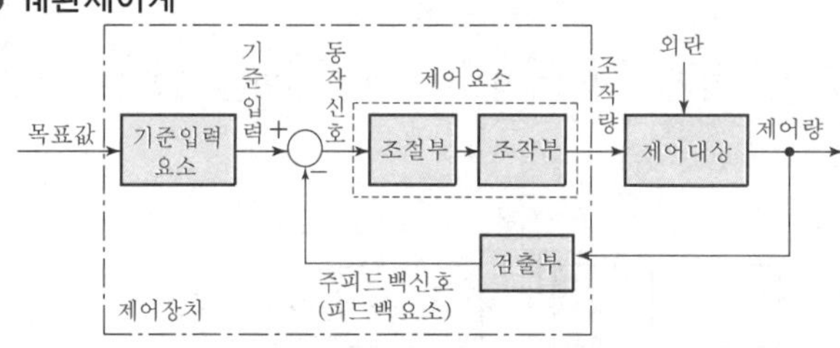

답 ②

011

핵심이론 찾아보기▶핵심 01-2 기사 99·93년 출제

다음 용어 설명 중 옳지 않은 것은?

① 목표값을 제어할 수 있는 신호로 변환하는 장치를 기준입력장치라 한다.
② 목표값을 제어할 수 있는 신호로 변환하는 장치를 조작부라 한다.
③ 제어량을 설정값과 비교하여 오차를 계산하는 장치를 오차검출기라 한다.
④ 제어량을 측정하는 장치를 검출단이라 한다.

해설 조작부는 조절부로부터 받은 신호를 조작량으로 바꾸어 제어대상에 보내주는 부분이다.

답 ②

012 핵심이론 찾아보기▶핵심 01-2 기사 22년 출제

블록선도에서 ⓐ에 해당하는 신호는?

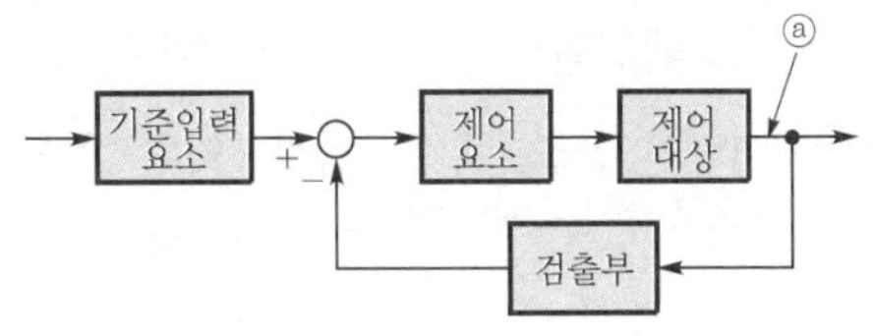

① 조작량 ② 제어량 ③ 기준입력 ④ 동작신호

해설 **제어량**
제어를 받는 제어계의 출력량으로 제어대상에 속하는 양이다.

답 ②

013 핵심이론 찾아보기▶핵심 01-2 기사 00·98년 출제

전기로의 온도를 900[℃]로 일정하게 유지시키기 위하여, 열전온도계의 지시값을 보면서 전압조정기로 전기로에 대한 인가전압을 조절하는 장치가 있다. 이 경우, 열전온도계는 어느 용어에 해당하는가?

① 검출부 ② 조작량 ③ 조작부 ④ 제어량

해설 검출부는 제어량을 검출하고 기준입력신호와 비교시키는 부분이다. 여기서 온도는 제어량, 900[℃]는 목표값, 전압조정기는 제어요소, 열전온도계는 검출부가 된다.

답 ①

014 핵심이론 찾아보기▶핵심 01-3 기사 18년 출제

제어량의 종류에 따른 분류가 아닌 것은?

① 자동조정제어 ② 서보기구 ③ 적응제어 ④ 프로세스제어

해설 **자동제어의 제어량 성질에 의한 분류**
- 프로세스제어
- 서보기구
- 자동조정제어

답 ③

015 핵심이론 찾아보기▶핵심 01-3 기사 05년 출제

서보기구에서 직접 제어되는 제어량은 주로 어느 것인가?

① 압력, 유량, 액위, 온도
② 수분, 화학 성분
③ 위치, 각도
④ 전압, 전류, 회전속도, 회전력

해설 서보기구는 물체의 위치, 방위, 자세 등의 기계적 변위를 제어량으로 해서 목표값의 임의 변화에 추종하도록 구성된 제어계를 말하며, 비행기 및 선박의 방향 제어계, 미사일 발사대의 자동 위치 제어계, 추적용 레이더, 자동 평형 기록계 등이 이에 속한다.

답 ③

016

핵심이론 찾아보기▶핵심 01-3

기사 07·01·00·99년 출제

프로세스제어의 제어량이 아닌 것은?

① 물체의 자세 ② 액위면 ③ 유량 ④ 온도

해설 프로세스제어는 제어량인 온도, 유량, 압력, 액위, 농도, 밀도 등의 플랜트나 생산 공정 중의 상태량을 제어량으로 하는 제어이다.

답 ①

017

핵심이론 찾아보기▶핵심 01-3

기사 01·94·89년 출제

프로세스제어에 속하는 것은?

① 전압 ② 압력 ③ 주파수 ④ 장력

해설 프로세스제어는 온도, 유량, 압력, 액위, 농도, 밀도 등을 제어량으로 하는 제어이다.

답 ②

018

핵심이론 찾아보기▶핵심 01-3

기사 05·95·93년 출제

온도, 유량, 압력 등의 공업 프로세스 상태량을 제어량으로 하는 제어로서 프로세스에 가해지는 외란의 억제를 주목적으로 하는 것은?

① 프로세스제어 ② 자동조정 ③ 서보기구 ④ 정치제어

해설 프로세스제어는 플랜트나 생산 공정 중의 상태량인 온도, 유량, 압력, 액위, 농도, 밀도 등을 제어량으로 하는 제어로서 프로세스에 가해지는 외란의 억제를 주목적으로 한다. 그 예로는 온도·압력 제어 장치 등이 있다.

답 ①

019

핵심이론 찾아보기▶핵심 01-4

기사 00·95년 출제

자동제어의 추치제어 3종이 아닌 것은?

① 프로세스제어 ② 추종제어 ③ 비율제어 ④ 프로그램제어

해설 추치제어에는 추종제어, 프로그램제어, 비율제어가 있다.

답 ①

020

핵심이론 찾아보기▶핵심 01-4

기사 09·98년 출제

다음 제어량에서 추종제어에 속하지 않는 것은?

① 유량 ② 위치 ③ 방위 ④ 자세

해설 추종제어는 목표값이 시간적으로 임의로 변하는 경우의 제어로 서보기구인 물체의 위치·방위·자세가 모두 여기에 속한다.

답 ①

CHAPTER 5

021

핵심이론 찾아보기▶핵심 01-4 기사 01년 출제

무조종사인 엘리베이터의 자동제어는?

① 정치제어 ② 추종제어 ③ 프로그램제어 ④ 비율제어

해설 프로그램제어는 미리 정해진 프로그램에 따라 제어량을 변화시키는 것을 목적으로 하는 제어법이다.

답 ③

022

핵심이론 찾아보기▶핵심 01-4 기사 97·86년 출제

열차의 무인운전을 위한 제어는 어느 것에 속하는가?

① 정치제어 ② 추종제어 ③ 비율제어 ④ 프로그램제어

해설 프로그램제어는 목표값의 변화가 미리 정하여져 있어 그 정하여진 대로 변화하는 것이다.

답 ④

023

핵심이론 찾아보기▶핵심 01-5 기사 18년 출제

일정 입력에 대해 잔류편차가 있는 제어계는 무엇인가?

① 비례제어계 ② 적분제어계 ③ 비례적분제어계 ④ 비례적분미분제어계

해설 잔류편차(offset)는 정상상태에서의 오차를 뜻하며 비례제어(P동작)의 경우에 발생한다.

답 ①

024

핵심이론 찾아보기▶핵심 01-5 기사 17년 출제

제어기에서 적분제어의 영향으로 가장 적합한 것은?

① 대역폭이 증가한다.
② 응답 속응성을 개선시킨다.
③ 작동오차의 변화율에 반응하여 동작한다.
④ 정상상태의 오차를 줄이는 효과를 갖는다.

해설 적분동작은 잔류편차(offset)를 없앨 수 있으나 비례동작보다 안정도가 나쁘므로 단독으로 쓰이는 경우는 없다.

답 ④

025

핵심이론 찾아보기▶핵심 01-5 기사 16년 출제

제어오차가 검출될 때 오차가 변화하는 속도에 비례하여 조작량을 조절하는 동작으로 오차가 커지는 것을 사전에 방지하는 제어동작은?

① 미분동작제어
② 비례동작제어
③ 적분동작제어
④ 온-오프(on-off)제어

해설 **미분동작제어**

레이트동작 또는 단순히 D동작이라 하며 단독으로 쓰이지 않고 비례 또는 비례+적분동작과 함께 쓰인다.

미분동작은 오차(편차)의 증가속도에 비례하여 제어신호를 만들어 오차가 커지는 것을 미리 방지하는 효과를 가지고 있다.

답 ①

026

핵심이론 찾아보기▶핵심 01-5

기사 16년 출제

제어기에서 미분제어의 특성으로 가장 적합한 것은?

① 대역폭이 감소한다.

② 제동을 감소시킨다.

③ 작동오차의 변화율에 반응하여 동작한다.

④ 정상상태의 오차를 줄이는 효과를 갖는다.

해설 미분동작은 자동제어에서 조작부를 편차의 시간 미분값, 즉 편차가 변화하는 빈도에 비례하여 움직이는 작용을 말하며 D동작이라고도 한다.

답 ③

027

핵심이론 찾아보기▶핵심 01-5

기사 00·98년 출제

PI 제어동작은 공정 제어계의 무엇을 개선하기 위해 쓰이고 있는가?

① 속응성 ② 정상특성 ③ 이득 ④ 안정도

해설 PI 제어동작은 정상특성, 즉 제어의 정도를 개선하는 지상요소이다.

답 ②

028

핵심이론 찾아보기▶핵심 01-5

기사 92년 출제

PD 제어동작은 공정제어계의 무엇을 개선하기 위하여 쓰이고 있는가?

① 정밀성 ② 속응성 ③ 안정성 ④ 이득

해설 PD 제어동작은 진상요소이므로 응답 속응성의 개선에 쓰인다.

답 ②

029

핵심이론 찾아보기▶핵심 01-5

기사 94년 출제

비례적분동작을 하는 PI 조절계의 전달함수는?

① $K_P\left(1+\dfrac{1}{T_I s}\right)$

② $K_P+\dfrac{1}{T_I s}$

③ $1+\dfrac{1}{T_I s}$

④ $\dfrac{K_P}{T_I s}$

해설

$$x_o(t)=K_P\left\{x_i(t)+\frac{1}{T_I}\int x_i(t)\,dt\right\}$$

$$X_o(s)=K_P\left(1+\frac{1}{T_I s}\right)X_i(s)$$

$$\therefore\ G(s)=\frac{X_o(s)}{X_i(s)}=K_P\left(1+\frac{1}{T_I s}\right)$$

답 ①

030 핵심이론 찾아보기▶핵심 01-5 기사 88·87년 출제

적분시간이 2분, 비례감도가 5인 PI 조절계의 전달함수는?

① $\dfrac{1+5s}{0.4s}$　② $\dfrac{1+2s}{0.4s}$　③ $\dfrac{1+5s}{2s}$　④ $\dfrac{1+0.4s}{2s}$

해설 PI동작이므로

$$\therefore\ G(s)=K_P\left(1+\frac{1}{T_I s}\right)=5\left(1+\frac{1}{2s}\right)=\frac{1+2s}{0.4s}$$

답 ②

031 핵심이론 찾아보기▶핵심 01-5 기사 05·91년 출제

PD 제어계는 제어계의 과도특성개선을 위해 흔히 사용된다. 이것에 대응하는 보상기는?

① 지·진상 보상기　② 지상 보상기　③ 진상 보상기　④ 동상 보상기

해설 PD동작은 진상요소(진상 보상기)에 대응한다.

답 ③

032 핵심이론 찾아보기▶핵심 01-5 기사 91년 출제

PI 제어동작은 프로세스제어계의 정상특성개선에 흔히 쓰인다. 이것에 대응하는 보상 요소는?

① 지상 보상요소　② 진상 보상요소
③ 지·진상 보상요소　④ 동상 보상요소

해설 PI 제어동작은 정상 특성, 즉 제어의 정도를 개선하는 지상요소이다.

답 ①

033 핵심이론 찾아보기▶핵심 01-5 기사 19년 출제

PD 조절기와 전달함수 $G(s)=1.2+0.02s$ 의 영점은?

① −60　② −50　③ 50　④ 60

해설 영점은 전달함수가 0이 되는 s의 근이다.

$$\therefore\ s=-\frac{1.2}{0.02}=-60$$

답 ①

034 핵심이론 찾아보기▶핵심 01-5 기사 93년 출제

정상특성과 응답 속응성을 동시에 개선시키려면 다음 어느 제어를 사용해야 하는가?

① P제어　② PI제어　③ PD제어　④ PID제어

해설 PID제어는 사이클링과 오프셋도 제거되고 응답속도도 빠르며 안정성도 좋다.

답 ④

035

핵심이론 찾아보기▶핵심 01-5 기사 97년 출제

조작량 $y(t)=4x(t)+\dfrac{d}{dt}x(t)+2\int x(t)dt$ 로 표시되는 PID동작에 있어서 미분시간과 적분시간은?

① 4, 2 ② $\frac{1}{4}$, 2 ③ $\frac{1}{2}$, 4 ④ $\frac{1}{4}$, 4

해설 $y(t)=4x(t)+\dfrac{d}{dt}x(t)+2\int x(t)dt$

$=4\left[x(t)+\dfrac{1}{2}\int x(t)dt+\dfrac{1}{4}\dfrac{d}{dt}x(t)\right]$

비례적분미분 동작(PID동작)의 조작량 $y(t)=K_p\left(x(t)+\dfrac{1}{T_I}\int x(t)dt+T_D\dfrac{dx(t)}{dt}\right)$에서

$\therefore\ K_P=4,\ T_I=2,\ T_D=\dfrac{1}{4}$

답 ②

036

핵심이론 찾아보기▶핵심 01-5 기사 99년 출제

다음 중 불연속 제어에 속하는 것은?

① on－off제어 ② 비례제어 ③ 미분제어 ④ 적분제어

해설 온·오프제어(2위치 제어)는 불연속 동작의 대표적인 것으로 제어량이 목표값에서 어떤 양만큼 벗어나면 미리 정해진 일정한 조작량이 대상에 가해지는 단속적인 제어동작이다.

답 ①

037

핵심이론 찾아보기▶핵심 01-5 기사 15년 출제

다음 중 온도를 전압으로 변환시키는 요소는?

① 차동변압기 ② 열전대 ③ 측온저항 ④ 광전지

해설 ② 열전대 : 온도를 전압으로 변환시키는 요소
③ 측온저항 : 온도를 임피던스로 변환시키는 요소
④ 광전지 : 광을 전압으로 변환시키는 요소

답 ②

038

핵심이론 찾아보기▶핵심 01-5 기사 02·00년 출제

변위 → 압력으로 변환시키는 장치는?

① 벨로스 ② 가변 저항기 ③ 다이어프램 ④ 유압 분사관

해설 ① 압력 → 변위
② 변위 → 임피던스
③ 압력 → 변위
④ 변위 → 압력

답 ④

039 핵심이론 찾아보기▶핵심 02-1

기사 17년 출제

그림과 같은 요소는 제어계의 어떤 요소인가?

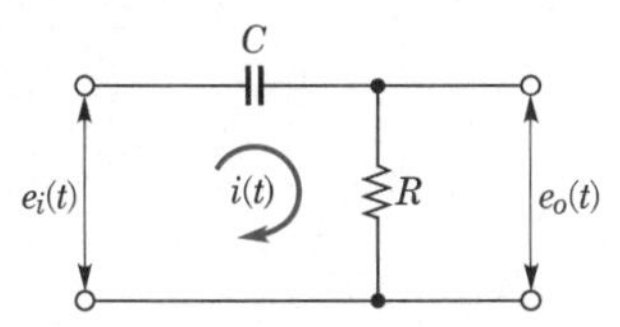

① 적분요소 ② 미분요소 ③ 1차 지연요소 ④ 1차 지연 미분요소

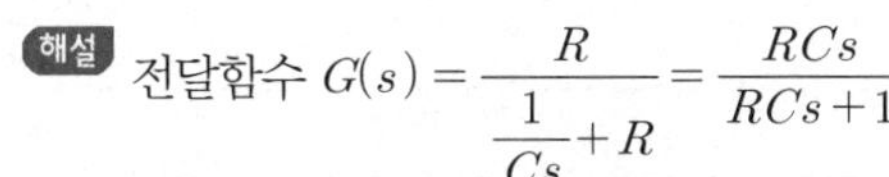

해설 전달함수 $G(s)=\dfrac{R}{\dfrac{1}{Cs}+R}=\dfrac{RCs}{RCs+1}$

$RC \ll 1$인 경우 $G(s) \fallingdotseq RCs$

따라서 1차 지연요소를 포함한 미분요소의 전달함수가 된다.

답 ④

040 핵심이론 찾아보기▶핵심 02-2

기사 90년 출제

질량, 속도, 힘을 전기계로 유추(analogy)하는 경우 옳은 것은?

① 질량 = 임피던스, 속도 = 전류, 힘 = 전압
② 질량 = 인덕턴스, 속도 = 전류, 힘 = 전압
③ 질량 = 저항, 속도 = 전류, 힘 = 전압
④ 질량 = 용량, 속도 = 전류, 힘 = 전압

해설 병진운동계를 전기계로 유추하면 다음과 같다.
- 변위 → 전기량, 힘 → 전압, 속도 → 전류
- 점성마찰계수 → 전기저항, 스프링강도 → 정전용량, 질량 → 인덕턴스

답 ②

041 핵심이론 찾아보기▶핵심 02-2

기사 18년 출제

그림과 같은 스프링 시스템을 전기적 시스템으로 변환했을 때 이에 대응하는 회로는?

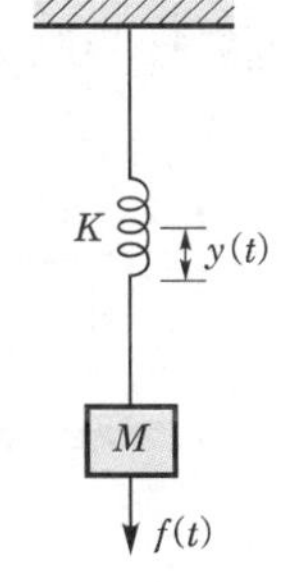

①
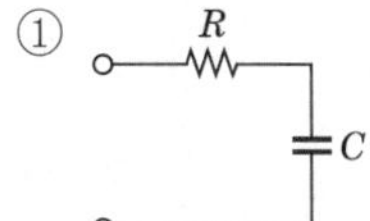

②
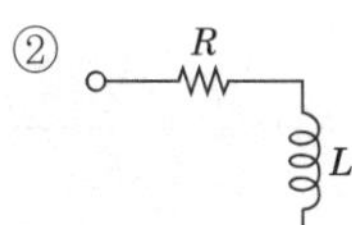

③
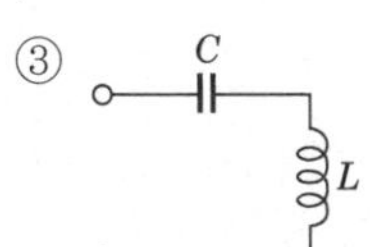

④
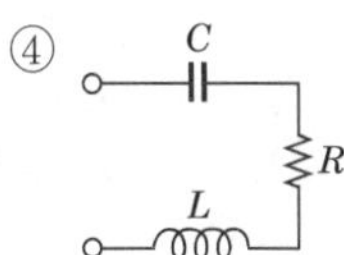

해설 힘 $f(t)$와 변위 $y(t)$와의 관계식은

$$f(t) = M\frac{d^2y(t)}{dt^2} + Ky(t)$$

전기회로로 표시하면 다음과 같다.

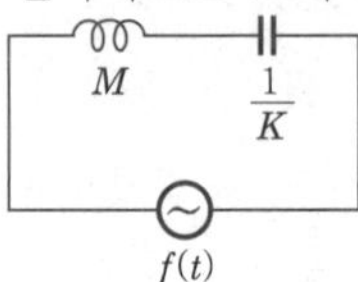

답 ③

042

핵심이론 찾아보기▶핵심 02-2

기사 12년 출제

다음과 같은 계통 방정식을 가진 제어계의 시정수는? (단, J : 관성 능률, f : 마찰 제동 계수, T : 회전력, ω : 각속도이다.)

$$J\frac{d\omega}{dt} + f\omega = T$$

① $\dfrac{f}{J}$　② $\dfrac{T}{j}$　③ $\dfrac{J}{f}$　④ $\dfrac{\omega}{f}$

해설 모든 초기값을 0으로 하고 라플라스 변환하면

$Js\,\omega(s) + f\omega(s) = T(s)$, $(Js+f)\,\omega(s) = T(s)$

$$\therefore \text{ 전달함수 } G(s) = \frac{\omega(s)}{T(s)} = \frac{1}{Js+f} = \frac{\frac{1}{f}}{\frac{J}{f}s+1} = \frac{\frac{1}{f}}{Ts+1}$$

1차 지연요소의 전달함수 $G(s) = \dfrac{K}{Ts+1}$ 이다.

$\because$ 시정수 $T = \dfrac{J}{f}$

답 ③

043

핵심이론 찾아보기▶핵심 02-2

기사 83년 출제

그림과 같은 기계적인 회전운동계에서 토크 $T(t)$를 입력으로, 변위 $\theta(t)$를 출력으로 하였을 때의 전달함수는?

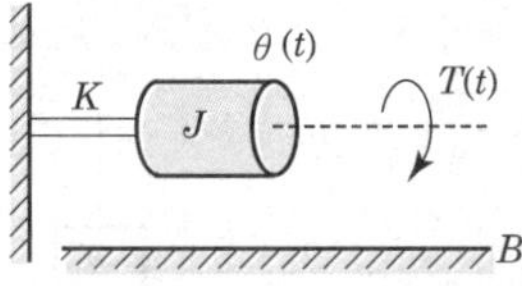

① $\dfrac{1}{Js^2+Bs+K}$　② Js^2+Bs+K

③ $\dfrac{s}{Js^2+Bs+K}$　④ $\dfrac{Js^2+Bs+K}{s}$

해설 토크 $T(t)$와 변위 $\theta(t)$ 사이의 관계

$$J\frac{d^2}{dt^2}\theta(t)+B\frac{d}{dt}\theta(t)+K\theta(t)=T(t)$$

초기값을 0으로 하고 라플라스 변환하면

$$Js^2\theta(s)+Bs\theta(s)+K\theta(s)=T(s)$$

$$\therefore\ G(s)=\frac{\theta(s)}{T(s)}=\frac{1}{Js^2+Bs+K}$$

답 ①

044

핵심이론 찾아보기▶핵심 03-1 기사 16·96년 출제

자동제어의 각 요소를 블록선도로 표시할 때에 각 요소를 전달함수로 표시하고 신호의 전달경로는 무엇으로 표시하는가?

① 전달함수 ② 단자 ③ 화살표 ④ 출력

해설 신호의 흐름는 방향, 즉 신호의 전달경로는 화살표로 표시한다.

$A(s) \longrightarrow$ [$G(s)$] $\longrightarrow B(s)$

$A(s)$는 입력, $B(s)$는 출력이므로 $B(s)=G(s)\cdot A(s)$이다.

답 ③

045

핵심이론 찾아보기▶핵심 03-2 기사 90년 출제

그림과 같은 시스템의 등가 합성 전달함수는?

$X \longrightarrow$ [G_1] $\longrightarrow$ [G_2] $\longrightarrow Y$

① G_1+G_2 ② G_1G_2 ③ $G_1\sqrt{G_2}$ ④ G_1-G_2

해설 $XG_1G_2=Y$

$$\therefore\ G(s)=\frac{Y}{X}=G_1G_2$$

답 ②

046

핵심이론 찾아보기▶핵심 03-2 기사 14·08·04·93·90년 출제

그림과 같은 피드백 회로의 종합 전달함수는?

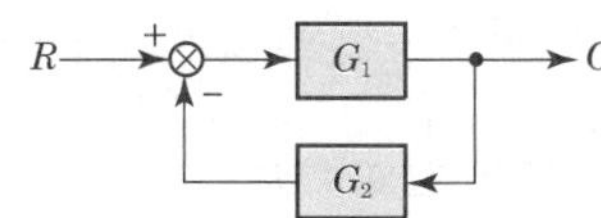

① $\frac{1}{G_1}+\frac{1}{G_2}$ ② $\frac{G_1}{1-G_1G_2}$ ③ $\frac{G_1}{1+G_1G_2}$ ④ $\frac{G_1G_2}{1+G_1G_2}$

해설 블록선도의 등가변환(피드백 접속)

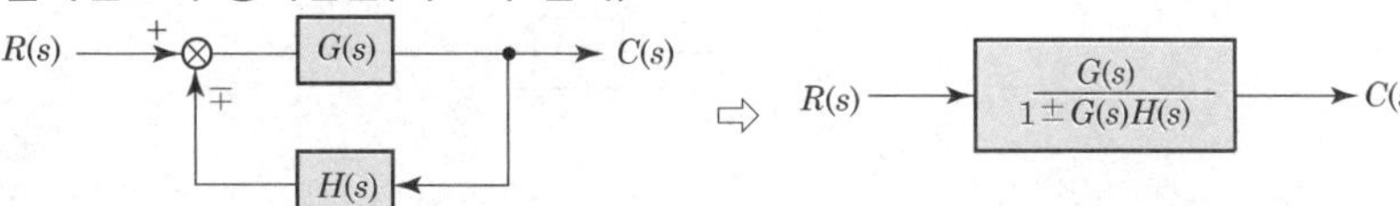

$(R-CG_2)G_1 = C,\ RG_1 = C+CG_1G_2 = C(1+G_1G_2)$

$\therefore\ G(s) = \dfrac{C}{R} = \dfrac{G_1}{1+G_1G_2}$

답 ③

047

핵심이론 찾아보기▶**핵심 03-2**

기사 13·00·96년 출제

다음 시스템의 전달함수 $\dfrac{C}{R}$는?

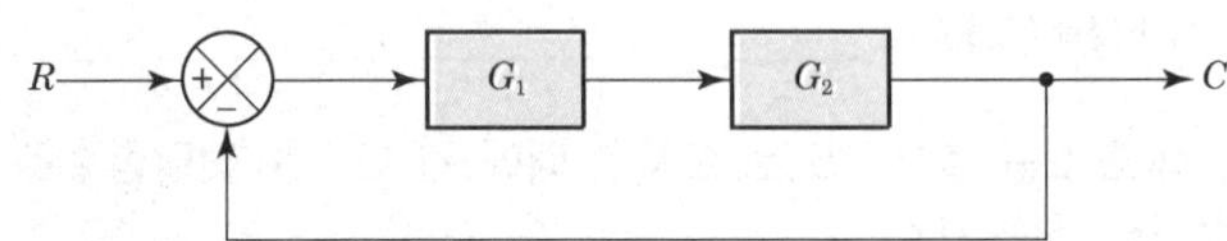

① $\dfrac{C}{R} = \dfrac{G_1G_2}{1+G_1G_2}$　② $\dfrac{C}{R} = \dfrac{G_1G_2}{1-G_1G_2}$　③ $\dfrac{C}{R} = \dfrac{1+G_1G_2}{G_1G_2}$　④ $\dfrac{C}{R} = \dfrac{1-G_1G_2}{G_1G_2}$

해설 $(R-C)G_1G_2 = C$

$RG_1G_2 - CG_1G_2 = C$

$RG_1G_2 = C(1+G_1G_2)$

$\therefore\ G(s) = \dfrac{C}{R} = \dfrac{G_1G_2}{1+G_1G_2}$

답 ①

048

핵심이론 찾아보기▶**핵심 03-2**

기사 96·93년 출제

그림의 블록선도에서 $H=0.1$이면 오차 E[V]는?

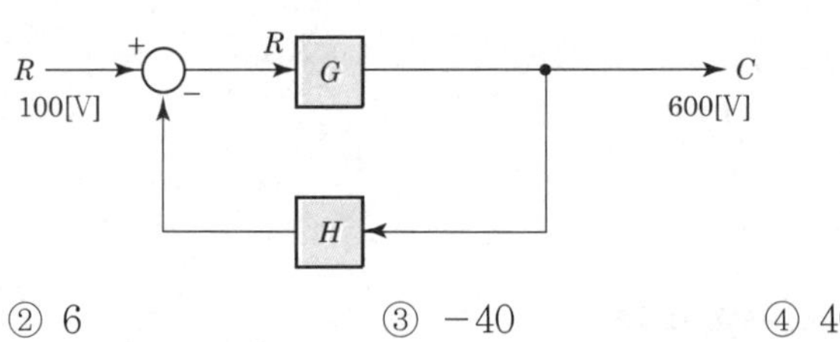

① -6　② 6　③ -40　④ 40

해설 $E = R - CH = 100 - 600 \times 0.1 = 40$[V]

답 ④

049

핵심이론 찾아보기▶**핵심 03-2**

기사 15년 출제

다음 블록선도의 전달함수는?

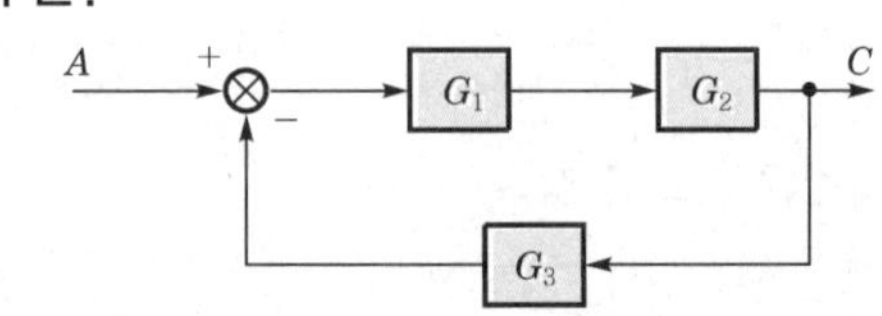

① $\dfrac{G_1G_2}{1-G_1G_2G_3}$　② $\dfrac{G_1G_2}{1+G_1G_2G_3}$　③ $\dfrac{G_1}{1-G_1G_2G_3}$　④ $\dfrac{G_2}{1+G_1G_2G_3}$

해설 $(A-CG_3)G_1G_2=C$

$AG_1G_2=C(1+G_1G_2G_3)$

$\therefore$ 전달함수 $G(s)=\dfrac{C}{A}=\dfrac{G_1G_2}{1+G_1G_2G_3}$

답 ②

050

핵심이론 찾아보기▶**핵심 03-2** 기사 95년 출제

그림의 두 블록선도가 등가인 경우, A 요소의 전달함수는?

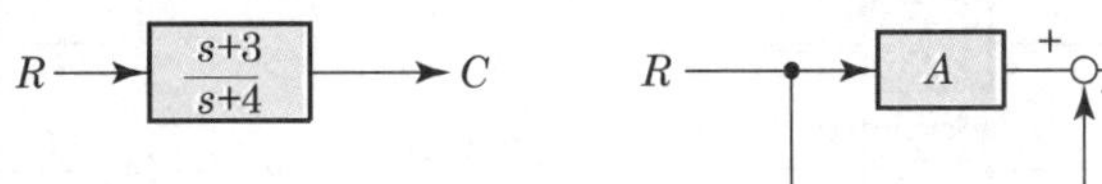

(a) (b)

① $\dfrac{-1}{s+4}$ ② $\dfrac{-2}{s+4}$ ③ $\dfrac{-3}{s+4}$ ④ $\dfrac{-4}{s+4}$

해설 그림 (a)에서 $R\cdot\dfrac{s+3}{s+4}=C \quad \therefore \dfrac{C}{R}=\dfrac{s+3}{s+4}$

그림 (b)에서 $RA+R=C,\ R(A+1)=C \quad \therefore \dfrac{C}{R}=A+1$

$\dfrac{s+3}{s+4}=A+1 \quad \therefore A=\dfrac{s+3}{s+4}-1=\dfrac{-1}{s+4}$

답 ①

051

핵심이론 찾아보기▶**핵심 03-3** 기사 19년 출제

블록선도 변환이 틀린 것은?

①

②

③

④

해설 각 블록선도의 출력을 구하면 다음과 같다.

① $(X_1+X_2)G=X_3$

② $X_1G=X_2$

③ $X_1G=X_2$

④ $X_1G+X_2=X_3$

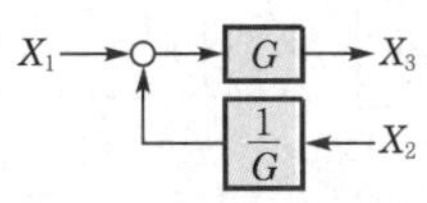

▍④의 등가변환▍

답 ④

052 핵심이론 찾아보기▶핵심 03-3 기사 15년 출제

다음의 블록선도와 같은 것은?

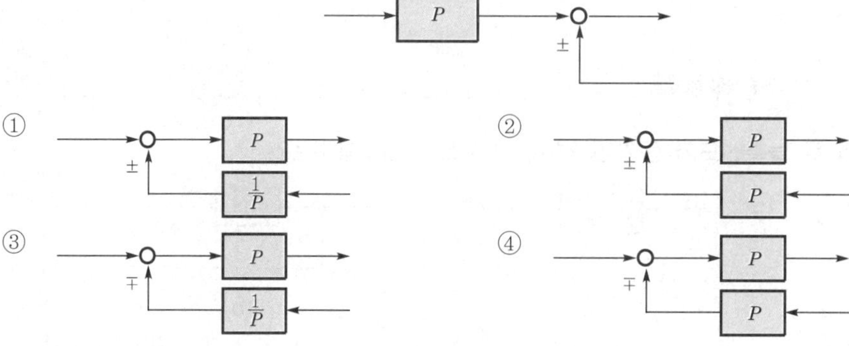

해설 $A \rightarrow [P] \rightarrow \bigcirc \rightarrow B$, ± C

블록선도와 같은 것을 찾기 위해 위와 같이 A, B, C로 놓고 해석하면 $AP \pm C = B$

① $\left(A \pm \dfrac{C}{P}\right) \cdot P = B$

$\therefore\ AP \pm C = B$

② $(A \pm PC) \cdot P = B$

$\therefore\ AP \pm CP^2 = B$

③ $\left(A \mp \dfrac{C}{P}\right) \cdot P = B$

$\therefore\ AP \mp C = B$

④ $(A \mp PC) \cdot P = B$

$\therefore\ AP \mp CP^2 = B$

답 ①

053 핵심이론 찾아보기▶핵심 03-3 기사 13·02·01년 출제

다음 블록선도를 옳게 등가변환한 것은?

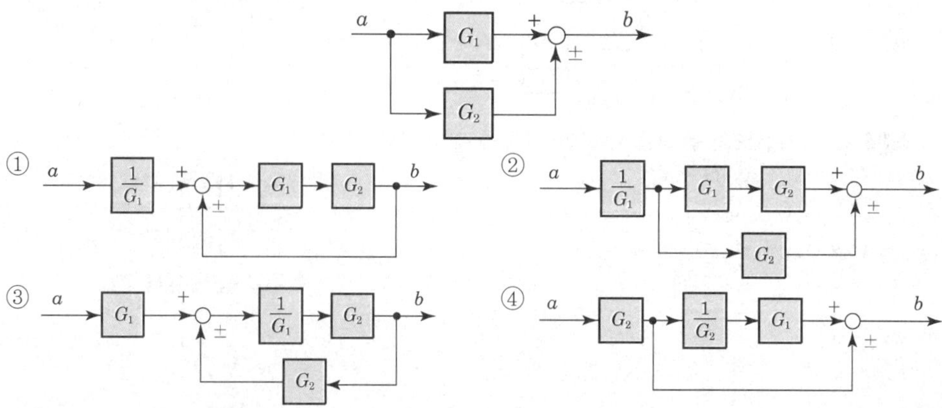

해설 전달함수 $\frac{b}{a} = G_1 \pm G_2$

④번 블록선도 해석

$aG_2 \cdot \frac{1}{G_2} \cdot G_1 \pm aG_2 = b,\ a(G_1 \pm G_2) = b \quad \therefore \frac{b}{a} = G_1 \pm G_2$

답 ④

054 핵심이론 찾아보기▶핵심 03-4

기사 89년 출제

$G(s) = \dfrac{s+1}{s^2+2s-3}$의 특성방정식의 근은 얼마인가?

① $-2,\ 3$
② $1,\ -3$
③ $1,\ 2$
④ 1

해설 특성방정식은 전달함수의 분모=0의 방정식이므로

$s^2+2s-3 = (s-1)(s+3) = 0$

$\therefore s = 1,\ -3$

답 ②

055 핵심이론 찾아보기▶핵심 03-4

기사 00·92년 출제

개루프 전달함수가 $G(s) = \dfrac{s+2}{s(s+1)}$일 때, 폐루프 전달함수는?

① $\dfrac{s+2}{s^2+s}$
② $\dfrac{s+2}{s^2+2s+2}$
③ $\dfrac{s+2}{s^2+s+2}$
④ $\dfrac{s+2}{s^2+2s+4}$

해설 **폐루프 전달함수**

$$G(s) = \frac{C(s)}{R(s)} = \frac{G(s)}{1+G(s)} = \frac{\frac{s+2}{s(s+1)}}{1+\frac{s+2}{s(s+1)}} = \frac{\frac{s+2}{s(s+1)}}{\frac{s(s+1)+s+2}{s(s+1)}} = \frac{s+2}{s^2+2s+2}$$

답 ②

056 핵심이론 찾아보기▶핵심 03-4

기사 99·96·93·87년 출제

단위 피드백계에서 입력과 출력이 같으면 G(전향전달함수)의 값은 얼마인가?

① $|G| = 1$
② $|G| = 0$
③ $|G| = \infty$
④ $|G| = 0.707$

해설 전달함수 $\frac{C}{R} = \frac{G}{1+G} = \frac{1}{\frac{1}{G}+1}$

입력과 출력이 같으면 전달함수 $G(s) = 1$이 되므로 전향전달함수 $G = \infty$이어야 한다.

답 ③

057 핵심이론 찾아보기▶핵심 03-4 기사 99·98·96·94·91년 출제

그림과 같은 계통의 전달함수는?

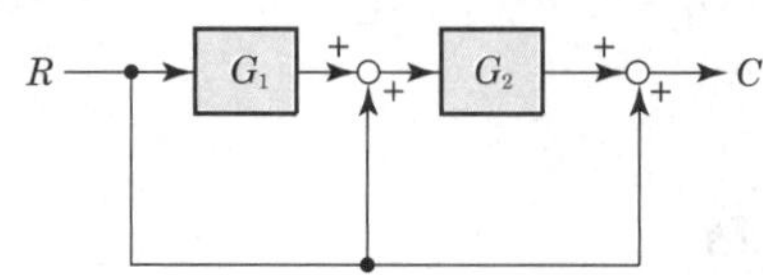

① $1+G_1G_2$ ② $1+G_2+G_1G_2$ ③ $\dfrac{G_1G_2}{1-G_1G_2}$ ④ $\dfrac{G_1G_2}{1-G_1-G_2}$

해설 $(RG_1+R)G_2+R=C$

$R(G_1G_2+G_2+1)=C$

$\therefore\ G(s)=\dfrac{C}{R}=G_1G_2+G_2+1$

답 ②

058 핵심이론 찾아보기▶핵심 03-4 기사 88·83년 출제

그림에서 x를 입력, y를 출력으로 했을 때 전달함수는? (단, $A \gg 1$이다.)

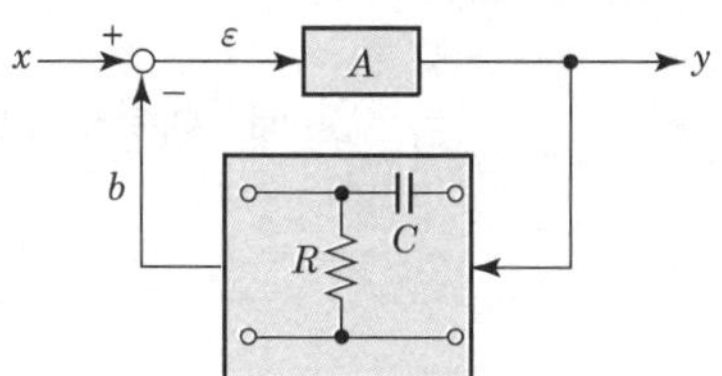

① $G(s)=1+\dfrac{1}{RCs}$ ② $G(s)=\dfrac{RCs}{1+RCs}$ ③ $G(s)=1+RCs$ ④ $G(s)=\dfrac{1}{1+RCs}$

해설

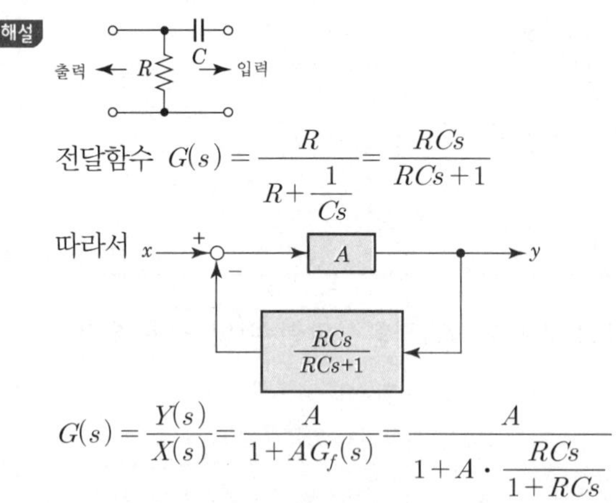

전달함수 $G(s)=\dfrac{R}{R+\dfrac{1}{Cs}}=\dfrac{RCs}{RCs+1}$

따라서

$$G(s)=\frac{Y(s)}{X(s)}=\frac{A}{1+AG_f(s)}=\frac{A}{1+A\cdot\dfrac{RCs}{1+RCs}}$$

$A \gg 1$이므로

$$\therefore\ G(s)=\frac{Y(s)}{X(s)}=\frac{1+RCs}{RCs}=1+\frac{1}{RCs}$$

답 ①

059 핵심이론 찾아보기▶핵심 03-4

기사 09·08·89년 출제

그림과 같이 2중 입력으로 된 블록선도의 출력 C는?

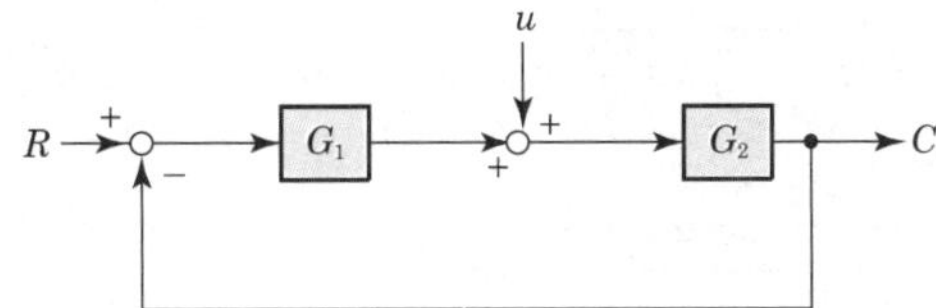

① $\left(\dfrac{G_2}{1-G_1G_2}\right)(G_1R+u)$

② $\left(\dfrac{G_2}{1+G_1G_2}\right)(G_1R+u)$

③ $\left(\dfrac{G_2}{1-G_1G_2}\right)(G_1R-u)$

④ $\left(\dfrac{G_2}{1+G_1G_2}\right)(G_1R-u)$

해설 외란이 있는 경우이므로 입력에서부터 해석해 간다.

$\{(R-C)G_1+u\}G_2=C$

$RG_1G_2-CG_1G_2+uG_2=C$

$RG_1G_2+uG_2=C(1+G_1G_2)$

$\therefore C=\dfrac{G_1G_2}{1+G_1G_2}R+\dfrac{G_2}{1+G_1G_2}u=\dfrac{G_2}{1+G_1G_2}(G_1R+u)$

답 ②

060 핵심이론 찾아보기▶핵심 03-4

기사 00년 출제

그림의 전체 전달함수는?

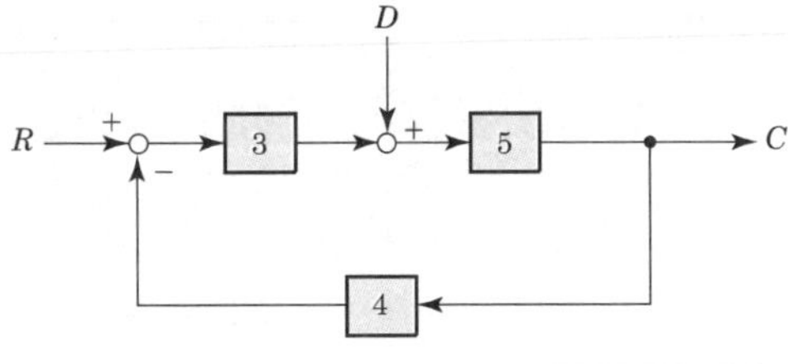

① 0.22 ② 0.33 ③ 1.22 ④ 3.1

해설 그림에서 $3=G_1$, $5=G_2$, $4=H_1$이라 하면

$\{(R-CH_1)G_1+D\}G_2=C$

$RG_1G_2-CH_1G_2G_1+DG_2=C$

$RG_1G_2+DG_2=C(1+H_1G_1G_2)$

$\therefore$ 출력 $C=\dfrac{G_1G_2+G_2}{1+H_1G_1G_2}R$

$G_1=3$, $G_2=5$, $H_1=4$를 대입하면

$\therefore$ 출력 $C=\dfrac{3\cdot5+5}{1+4\cdot3\cdot5}=\dfrac{20}{61}=0.33$

답 ②

061

핵심이론 찾아보기▶핵심 03-4

기사 11·94년 출제

다음 블록선도의 변환에서 (　　)에 맞는 것은?

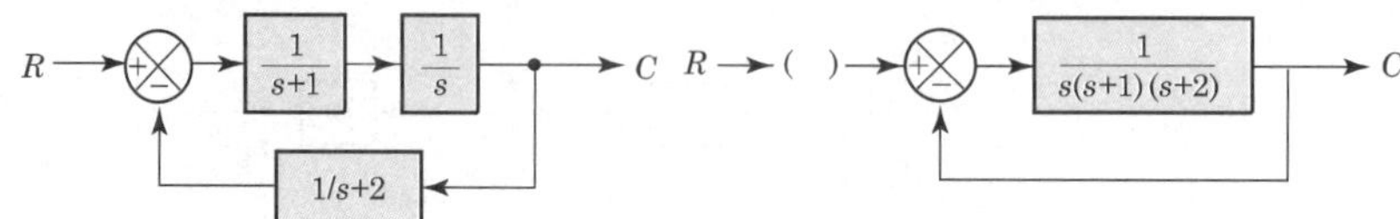

① $s+2$　　② $(s+1)(s+2)$
③ s　　④ $s(s+1)(s+2)$

해설

$$\text{전달함수 } G(s)=\frac{C}{R}=\frac{\frac{1}{s(s+1)}}{1+\frac{1}{s(s+1)(s+2)}}$$

$$\text{전달함수 } G(s)=\frac{C}{R}=\frac{(\quad)\times\frac{1}{s(s+1)(s+2)}}{1+\frac{1}{s(s+1)(s+2)}}$$ 이므로

전달함수 $G(s)$가 같기 위해서는 $(\quad)=s+2$가 된다.

답 ①

062

핵심이론 찾아보기▶핵심 03-4

기사 02년 출제

$r(t)=2$, $G_1=100$, $H_1=0.01$일 때 $c(t)$를 구하면?

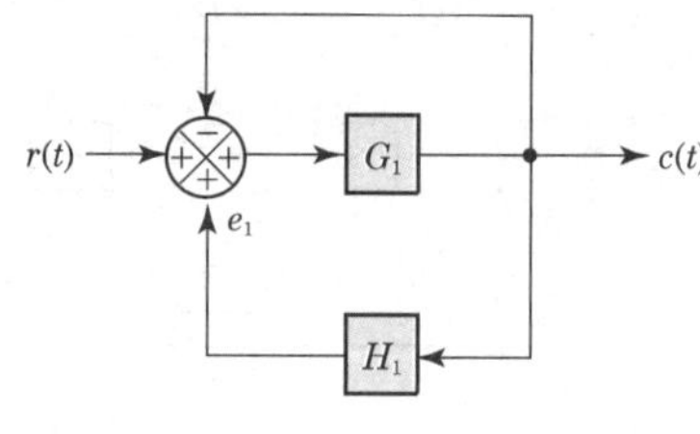

① 2　　② 5
③ 9　　④ 10

해설 $[r(t)+c(t)H_1-c(t)]G_1=c(t)$

$r(t)G_1+c(t)G_1H_1-c(t)G_1=c(t)$

$r(t)G_1=c(t)(1+G_1-G_1H_1)$

$$\therefore \text{ 출력 } c(t)=\frac{r(t)G_1}{1+G_1-G_1H_1}$$

입력 $r(t)=2$, 전달요소 $G_1=100$, $H_1=0.01$을 대입하면

$$\therefore\ c(t)=\frac{2\times 100}{1+100-100\times 0.01}=2$$

답 ①

063 핵심이론 찾아보기▶핵심 03-4

기사 22·21·04·00·98·93년 출제

그림과 같은 블록선도에서 등가합성전달함수 $\frac{C}{R}$는?

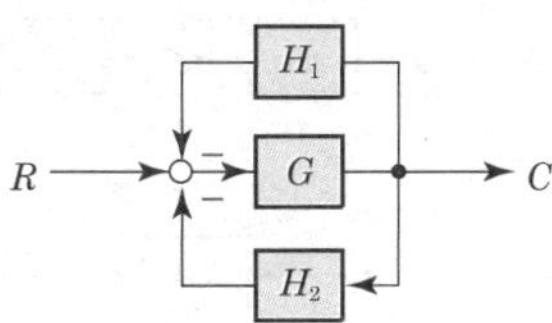

① $\frac{H_1+H_2}{1+G}$
② $\frac{H_1}{1+H_1H_2G}$
③ $\frac{G}{1+H_1+H_2}$
④ $\frac{G}{1+H_1G+H_2G}$

해설 $(R-CH_1-CH_2)G=C$

$RG=C(1+H_1G+H_2G)$

합성전달함수 $G(s)=\frac{C}{R}=\frac{G}{1+H_1G+H_2G}$

답 ④

064 핵심이론 찾아보기▶핵심 03-4

기사 07·98년 출제

그림의 블록선도에서 등가전달함수는?

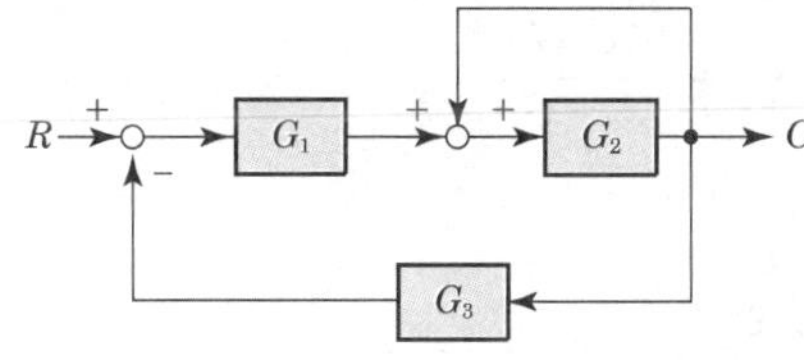

① $\frac{G_1G_2}{1+G_2+G_1G_2G_3}$
② $\frac{G_1G_2}{1-G_2+G_1G_2G_3}$
③ $\frac{G_1G_3}{1-G_2+G_1G_2G_3}$
④ $\frac{G_1G_3}{1+G_2+G_1G_2G_3}$

해설 $\{(R-CG_3)G_1+C\}G_2=C$

$RG_1G_2-CG_1G_2G_3+CG_2=C$

$RG_1G_2=C(1-G_2+G_1G_2G_3)$

$\therefore$ 전달함수 $G(s)=\frac{C}{R}=\frac{G_1G_2}{1-G_2+G_1G_2G_3}$

답 ②

065

핵심이론 찾아보기▶핵심 03-4 기사 19·12·01·99·97·95·94·93년 출제

그림과 같은 블록선도에 대한 등가전달함수를 구하면?

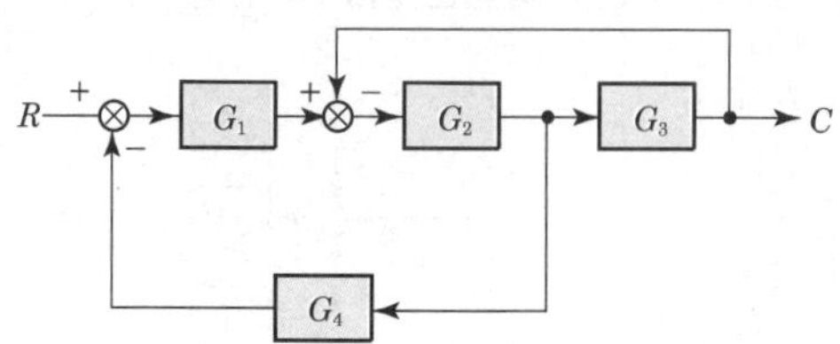

① $\dfrac{G_1G_2G_3}{1+G_2G_3+G_1G_2G_4}$ ② $\dfrac{G_1G_2G_3}{1+G_1G_2+G_1G_2G_3}$

③ $\dfrac{G_1G_2G_3}{1+G_1G_2+G_1G_2G_4}$ ④ $\dfrac{G_1G_2G_3}{1+G_2G_3+G_1G_2G_3}$

해설 G_3 앞의 인출점을 G_3 뒤로 이동하면 다음과 같다.

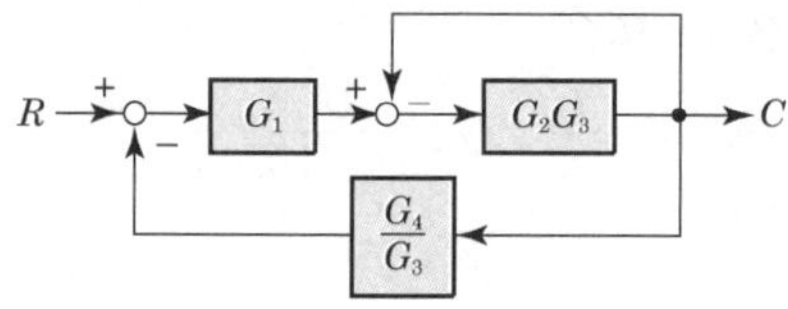

$$\left\{\left(R-C\frac{G_4}{G_3}\right)G_1-C\right\}G_2G_3=C$$

$$RG_1G_2G_3-CG_1G_2G_4-C(G_2G_3)=C$$

$$RG_1G_2G_3=C(1+G_2G_3+G_1G_2G_4)$$

$$\therefore\ G(s)=\frac{C}{R}=\frac{G_1G_2G_3}{1+G_2G_3+G_1G_2G_4}$$

답 ①

066

핵심이론 찾아보기▶핵심 03-4 기사 97년 출제

그림과 같은 피드백 회로의 종합전달함수는?

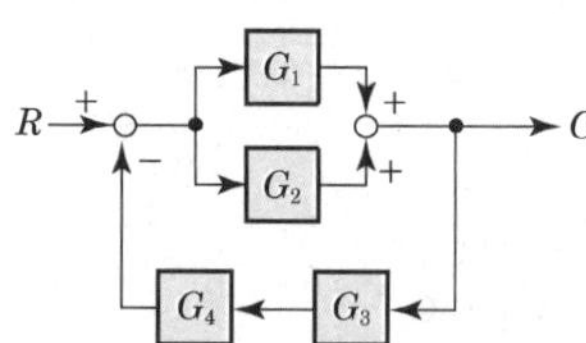

① $\dfrac{G_1G_2}{1+G_1G_2+G_3G_4}$ ② $\dfrac{G_1+G_2}{1+G_1G_3G_4+G_2G_3G_4}$

③ $\dfrac{G_1+G_2}{1+G_1G_2G_3G_4}$ ④ $\dfrac{G_1G_2}{1+G_4G_2+G_3G_1}$

해설 전달함수 $\dfrac{C}{R}$를 구하면

$$(R-CG_4G_3)G_1+(R-CG_4G_3)G_2=C$$

$$RG_1-CG_1G_3G_4+RG_2-CG_2G_3G_4=C$$

$$R(G_1+G_2)-C(G_1G_2G_4+G_2G_3G_4)=C$$

$$R(G_1+G_2)=C(1+G_1G_3G_4+G_2G_3G_4)$$

$$\therefore \text{ 전달함수 } G(s)=\frac{C}{R}=\frac{G_1+G_2}{1+G_1G_3G_4+G_2G_3G_4}$$

답 ②

067 핵심이론 찾아보기▶핵심 03-4

기사 22년 출제

다음 블록선도의 전달함수$\left(\frac{C(s)}{R(s)}\right)$는?

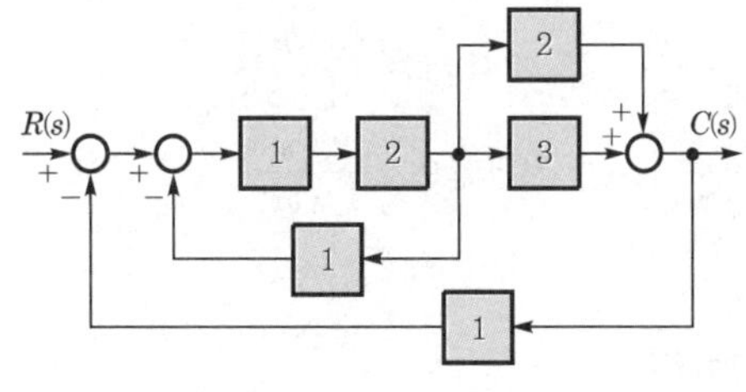

① $\frac{10}{9}$　　② $\frac{10}{13}$

③ $\frac{12}{9}$　　④ $\frac{12}{13}$

해설 전달함수 $\frac{C(s)}{R(s)}=\frac{\text{전향경로이득의 합}}{1-\text{loop이득의 합}}$

- 전향경로이득의 합 : $\{(1\times2\times3)+(1\times2\times2)\}=10$
- 1−loop이득의 합 : $1-\{-(1\times2\times1)-(1\times2\times3\times1)-(1\times2\times2\times1)\}=13$

$\therefore$ 전달함수 $\frac{C(s)}{R(s)}=\frac{10}{13}$

답 ②

068 핵심이론 찾아보기▶핵심 03-5

기사 19년 출제

다음의 신호흐름선도를 메이슨의 공식을 이용하여 전달함수를 구하고자 한다. 이 신호흐름선도에서 루프(loop)는 몇 개인가?

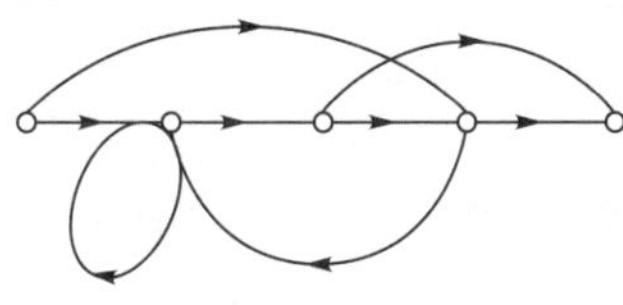

① 0　　② 1

③ 2　　④ 3

해설 루프(loop)는 다음과 같다.

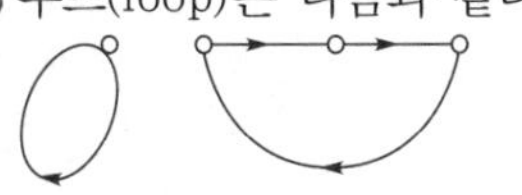

$\therefore$ 루프(loop) 2개

답 ③

069

핵심이론 찾아보기▶핵심 03-5 　　　　기사 10년 출제

$\dfrac{k}{s+a}$인 전달함수를 신호흐름선도로 표시하면?

① k, s, -1, a 　　② s, k, 1, $-a$

③ k, $-1/s$, -1, a 　　④ s, $-k$, 1, $-a$

해설 ① 전달함수 : $\dfrac{-ks}{1-as}$, ② 전달함수 : $\dfrac{sk}{1+ak}$

③ 전달함수 : $\dfrac{k}{s+a}$, ④ 전달함수 : $\dfrac{-sk}{1-ak}$

답 ③

070

핵심이론 찾아보기▶핵심 03-5 　　　　기사 04년 출제

그림의 신호흐름선도에서 $\dfrac{C(s)}{R(s)}$를 구하면?

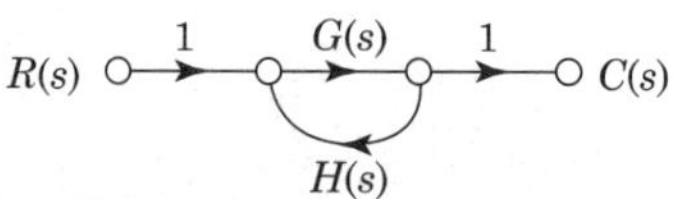

① $\dfrac{G(s)}{1+G(s)H(s)}$　② $\dfrac{G(s)H(s)}{1+G(s)H(s)}$　③ $\dfrac{G(s)}{1-G(s)H(s)}$　④ $\dfrac{G(s)H(s)}{1-G(s)H(s)}$

해설 $G_1 = G(s)$, $\Delta_1 = 1$

$L_{11} = G(s)H(s)$

$\Delta = 1 - L_{11} = 1 - G(s)H(s)$

$\therefore$ 전달함수 $G(s) = \dfrac{C(s)}{R(s)} = \dfrac{G_1\Delta_1}{\Delta} = \dfrac{G(s)}{1-G(s)H(s)}$

답 ③

071

핵심이론 찾아보기▶핵심 03-5 　　　　기사 82년 출제

그림의 신호흐름선도에서 $\dfrac{C}{R}$는?

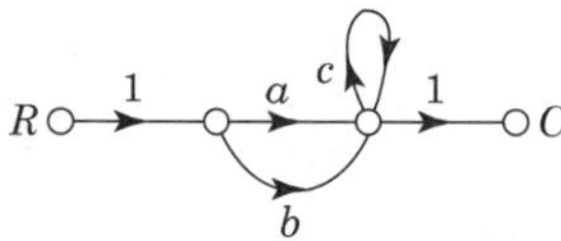

① $\dfrac{ac}{1-b}$　② $\dfrac{a+c}{1-b}$　③ $\dfrac{ab}{1-c}$　④ $\dfrac{a+b}{1-c}$

해설 메이슨의 공식

$$G(s) = \dfrac{\sum_{k=1}^{n} G_k \Delta_k}{\Delta}$$

$\Delta = 1 - \Sigma L_{n1} + \Sigma L_{n2} - \Sigma L_{n3} + \cdots$

그림에서 $G_1 = a$, $\Delta_1 = 1$, $G_2 = b$, $\Delta_2 = 1$, $\Delta = 1 - c$

$\therefore\ G = \dfrac{C}{R} = \dfrac{G_1\Delta_1 + G_2\Delta_2}{\Delta} = \dfrac{a+b}{1-c}$

답 ④

072 핵심이론 찾아보기▶핵심 03-5

기사 11·03·91년 출제

그림의 신호흐름선도에서 $\dfrac{C}{R}$ 값은?

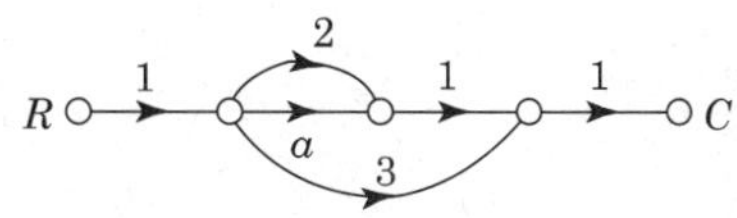

① $a+2$　② $a+3$

③ $a+5$　④ $a+6$

해설 $G_1 = a$, $\Delta_1 = 1$

$G_2 = 2$, $\Delta_2 = 1$

$G_3 = 3$, $\Delta_3 = 1$

$\Delta = 1$

$\therefore$ 전달함수 $G = \dfrac{C}{R} = \dfrac{G_1\Delta_1 + G_2\Delta_2 + G_3\Delta_3}{\Delta} = \dfrac{a+2+3}{1} = a+2+3 = a+5$

답 ③

073 핵심이론 찾아보기▶핵심 03-5

기사 12·09·07·05·04·94년 출제

그림의 신호흐름선도에서 $\dfrac{C}{R}$ 는?

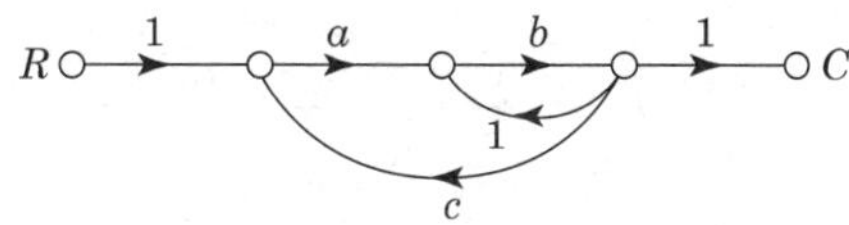

① $\dfrac{ab}{1+b-abc}$　② $\dfrac{ab}{1-b-abc}$

③ $\dfrac{ab}{1-b+abc}$　④ $\dfrac{ab}{1-ab+abc}$

해설 $G_1 = ab$, $\Delta_1 = 1$, $L_{11} = b$, $L_{21} = abc$

$\Delta = 1 - (L_{11} + L_{21}) = 1 - (b + abc) = 1 - b - abc$

$\therefore$ 전달함수 $G = \dfrac{C}{R} = \dfrac{G_1\Delta_1}{\Delta} = \dfrac{ab}{1-b-abc}$

답 ②

074

핵심이론 찾아보기▶핵심 03-5 기사 10·09·97·94년 출제

그림의 신호흐름선도에서 $\frac{C}{R}$를 구하면?

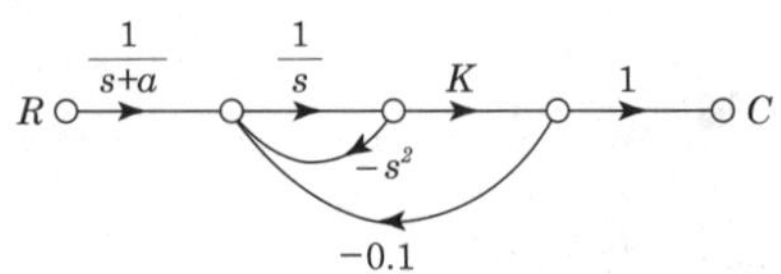

① $(s+a)(s^2+s+0.1K)$

② $(s+a)(s^2-s-0.1K)$

③ $\dfrac{K}{(s+a)(s^2-s-0.1K)}$

④ $\dfrac{K}{(s+a)(s^2+s+0.1K)}$

해설 $G_1=\left(\dfrac{1}{s+a}\right)\cdot\left(\dfrac{1}{s}\right)\cdot K=\dfrac{K}{s(s+a)},\ \Delta_1=1$

$L_{11}=\left(\dfrac{1}{s}\right)\cdot(-s^2)=-s$

$L_{21}=\left(\dfrac{1}{s}\right)\cdot K(-0.1)=-\dfrac{0.1K}{s}$

$\Delta=1-(L_{11}+L_{21})=\dfrac{s^2+s+0.1K}{s}$

∴ 전달함수 $G=\dfrac{C}{R}=\dfrac{G_1\Delta_1}{\Delta}=\dfrac{K}{(s+a)(s^2+s+0.1K)}$

답 ④

075

핵심이론 찾아보기▶핵심 03-5 기사 15·02·00·97년 출제

다음 신호흐름선도의 전달함수는?

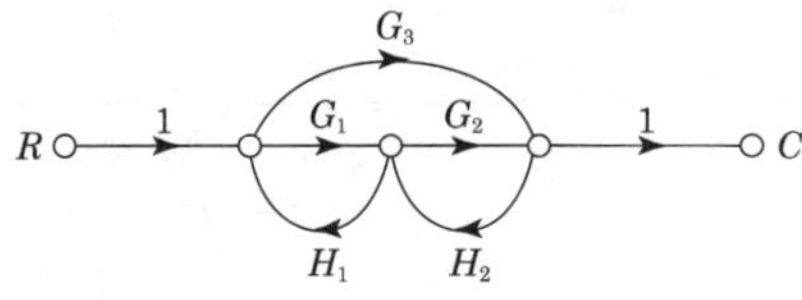

① $\dfrac{G_1G_2+G_3}{1-(G_1H_1+G_2H_2)-(G_3H_1H_2)}$

② $\dfrac{G_1G_2+G_3}{1-(G_2H_1-G_2H_2)}$

③ $\dfrac{G_1G_2-G_3}{1-(G_2H_1-G_2H_2)}$

④ $\dfrac{G_1G_2-G_3}{1-(G_2H_1+G_2H_2)}$

해설 $G_1=G_1G_2,\ \Delta_1=1$

$G_2=G_3,\ \Delta_2=1$

$L_{11}=G_1H_1,\ L_{21}=G_2H_2,\ L_{31}=G_3H_1H_2$

$\Delta=1-(L_{11}+L_{21}+L_{31})=1-(G_1H_1+G_2H_2+G_3H_1H_2)$

∴ 전달함수 $G=\dfrac{C}{R}=\dfrac{G_1\Delta_1+G_2\Delta_2}{\Delta}=\dfrac{G_1G_2+G_3}{1-(G_1H_1+G_2H_2+G_3H_1H_2)}$

$=\dfrac{G_1G_2+G_3}{1-(G_1H_1+G_2H_2)-(G_3H_1H_2)}$

답 ①

076

핵심이론 찾아보기▶핵심 03-5

기사 12년 출제

그림과 같은 신호흐름선도에서 전달함수 $\dfrac{C}{R}$는?

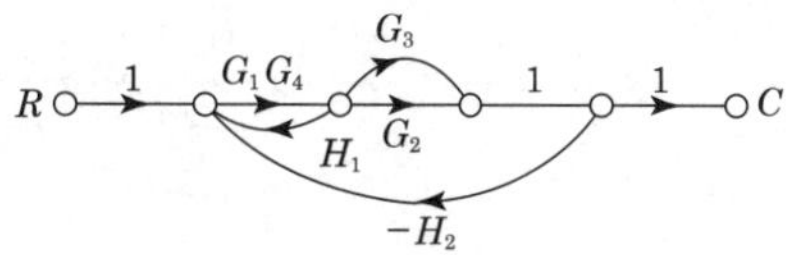

① $\dfrac{G_1G_4(G_2+G_3)}{1+G_1G_4H_1+G_1G_4(G_2+G_3)H_2}$

② $\dfrac{G_1G_4(G_2+G_3)}{1-G_1G_4H_1+G_1G_4(G_2+G_3)H_2}$

③ $\dfrac{G_1G_2+G_3G_4}{1+G_1G_2G_4H_2+G_1G_2H_1}$

④ $\dfrac{G_1G_2+G_3G_4}{1-G_1G_2H_1+G_1G_2G_3H_2}$

해설 $G_1=G_1G_2G_4$, $\Delta_1=1$

$G_2=G_1G_4G_3$, $\Delta_2=1$

$\Delta=1-(L_{11}+L_{21}+L_{31})=1-G_1G_4H_1+G_1G_2G_4H_2+G_1G_3G_4H_2$

$$\therefore \text{ 전달함수 } G(s)=\frac{C}{R}=\frac{G_1\Delta_1+G_2\Delta_2}{\Delta}=\frac{G_1G_2G_4+G_1G_3G_4}{1-G_1G_4H_1+G_1G_2G_4H_2+G_1G_3G_4H_2}$$

$$=\frac{G_1G_4(G_2+G_3)}{1-G_1G_4H_1+G_1G_4(G_2+G_3)H_2}$$

답 ②

077

핵심이론 찾아보기▶핵심 03-5

기사 09년 출제

그림의 신호흐름선도에서 $\dfrac{C(s)}{R(s)}$의 값은?

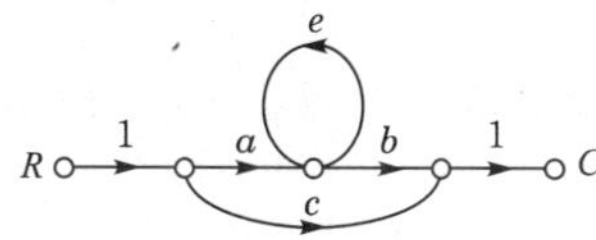

① $\dfrac{ab+c(1-e)}{1-e}$

② $\dfrac{ab+c}{1-e}$

③ $ab+c$

④ $\dfrac{ab+c(1+e)}{1+e}$

해설 전향경로 $n=2$

$G_1=1\times a\times b\times 1=ab$ $\quad\Delta_1=1$

$G_2=1\times c\times 1=c$ $\quad\Delta_2=1-e$

$\Delta=1-e$

$$\therefore G(s)=\frac{ab+c(1-e)}{1-e}$$

답 ①

078 핵심이론 찾아보기▶핵심 03-5 기사 03년 출제

그림과 같은 신호흐름선도에서 $\frac{C}{R}$ 값은?

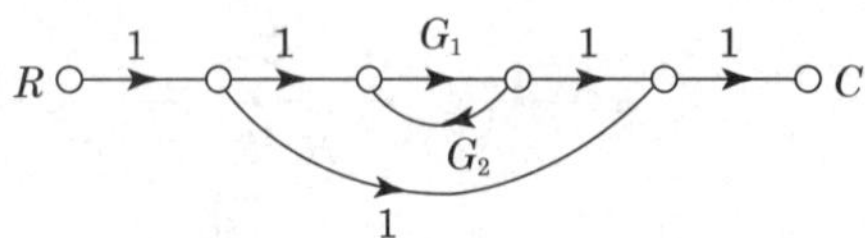

① $\frac{1+G_1+G_1G_2}{1+G_1G_2}$ ② $\frac{1+G_1-G_1G_2}{1-G_1G_2}$ ③ $\frac{1+G_1G_2}{1+G_1+G_1G_2}$ ④ $\frac{1-G_1G_2}{1+G_1-G_1G_2}$

해설 $G_1=G_1,\ \Delta_1=1$

$G_2=1,\ \Delta_2=1-G_1G_2$

$\Delta=1-L_{11}=1-G_1G_2$

$\therefore$ 전달함수 $\frac{C}{R}=\frac{G_1\Delta_1+G_2\Delta_2}{\Delta}=\frac{G_1+(1-G_1G_2)}{1-G_1G_2}=\frac{1+G_1-G_1G_2}{1-G_1G_2}$

답 ②

079 핵심이론 찾아보기▶핵심 03-5 기사 82년 출제

그림과 같은 신호흐름선도에서 전달함수 $\frac{C(s)}{R(s)}$는?

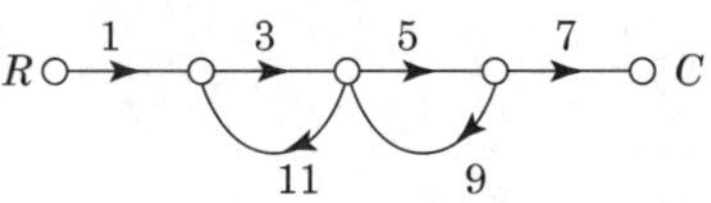

① $-\frac{8}{9}$ ② $\frac{4}{5}$ ③ $-\frac{105}{77}$ ④ $-\frac{105}{78}$

해설 $G_1=1\cdot3\cdot5\cdot7=105,\ \Delta_1=1,\ L_{11}=3\cdot11=33,\ L_{21}=5\cdot9=45$

$\Delta=1-(L_{11}+L_{21})=1-(33+45)=-77$

$\therefore$ 전달함수 $G(s)=\frac{C(s)}{R(s)}=\frac{G_1\Delta_1}{\Delta}=\frac{105}{-77}=-\frac{105}{77}$

답 ③

080 핵심이론 찾아보기▶핵심 03-5 기사 20년 출제

그림의 신호흐름선도에서 전달함수 $\frac{C(s)}{R(s)}$는 어느 것인가?

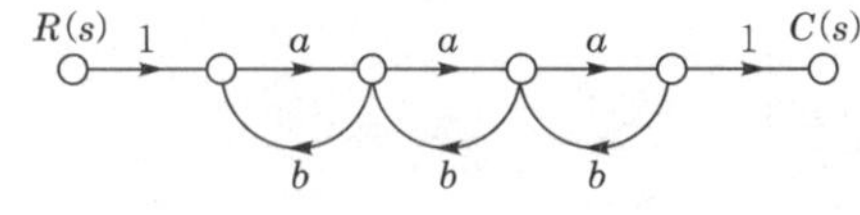

① $\frac{a^3}{(1-ab)^3}$ ② $\frac{a^3}{1-3ab+a^2b^2}$ ③ $\frac{a^3}{1-3ab}$ ④ $\frac{a^3}{1-3ab+2a^2b^2}$

해설
- 전향경로 $n=1$
- 전향경로이득 $G_1=a\times a\times a=a^3$

- $\Delta_1 = 1$
- $\Delta = 1 - \sum L_{n1} + \sum L_{n2}$
- $\sum L_{n1} = ab + ab + ab = 3ab$

  $\sum L_{n2} = ab \times ab = a^2b^2$

$\therefore$ 전달함수 $M = \dfrac{C(s)}{R(s)} = \dfrac{a^3}{1-3ab+a^2b^2}$

답 ②

081

핵심이론 찾아보기▶핵심 03-5

기사 16·11·96년 출제

그림의 신호흐름선도에서 $\dfrac{y_2}{y_1}$의 값은?

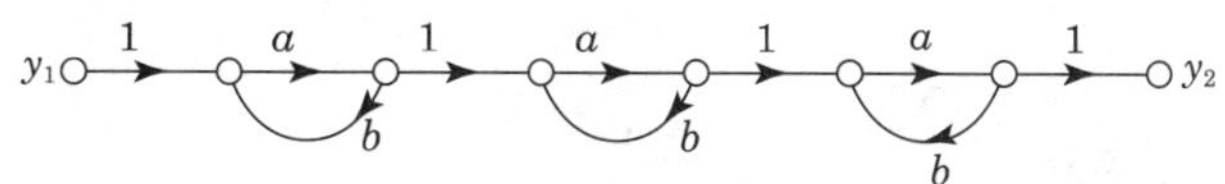

① $\dfrac{a^3}{(1-ab)^3}$　② $\dfrac{a^3}{(1-3ab+a^2b^2)}$　③ $\dfrac{a^3}{1-3ab}$　④ $\dfrac{a^3}{1-3ab+2a^2b^2}$

해설 $G_1 = a \cdot a \cdot a = a^3,\ \Delta_1 = 1$

$\sum L_{n1} = ab + ab + ab = 3ab$

$\Sigma L_{n2} = ab \times ab + ab \times ab + ab \times ab = 3a^2b^2$

$\Sigma L_{n3} = ab \times ab \times ab = a^3b^3$

$\Delta = 1 - 3ab + 3a^2b^2 - a^3b^3 = (1-ab)^3$

$\therefore$ 전달함수 $G(s) = \dfrac{y_2}{y_1} = \dfrac{G_1\Delta_1}{\Delta} = \dfrac{a^3}{(1-ab)^3}$

답 ①

082

핵심이론 찾아보기▶핵심 03-5

기사 22년 출제

그림의 신호흐름선도에서 전달함수 $\dfrac{C(s)}{R(s)}$는?

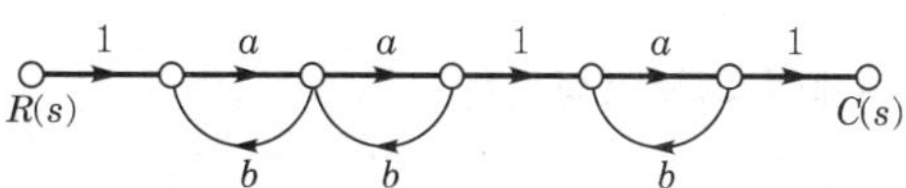

① $\dfrac{a^3}{(1-ab)^3}$　② $\dfrac{a^3}{1-3ab+a^2b^2}$　③ $\dfrac{a^3}{1-3ab}$　④ $\dfrac{a^3}{1-3ab+2a^2b^2}$

해설 전향경로 $n=1$

$G_1 = 1 \times a \times a \times 1 \times a \times 1 = a^3,\ \Delta_1 = 1$

$\Sigma L_{n_1} = ab + ab + ab = 3ab$

$\Sigma L_{n_2} = (ab \times ab) + (ab \times ab) = 2a^2b^2$

$\Delta = 1 - \Sigma L_{n_1} + \Sigma L_{n_2} = 1 - 3ab + 2a^2b^2$

$\therefore$ 전달함수 $\dfrac{C_{(s)}}{R_{(s)}} = \dfrac{G_1\Delta_1}{\Delta} = \dfrac{a^3}{1-3ab+2a^2b^2}$

답 ④

083 핵심이론 찾아보기▶핵심 03-5

기사 22년 출제

그림의 신호흐름선도를 미분방정식으로 표현한 것으로 옳은 것은? (단, 모든 초기값은 0이다.)

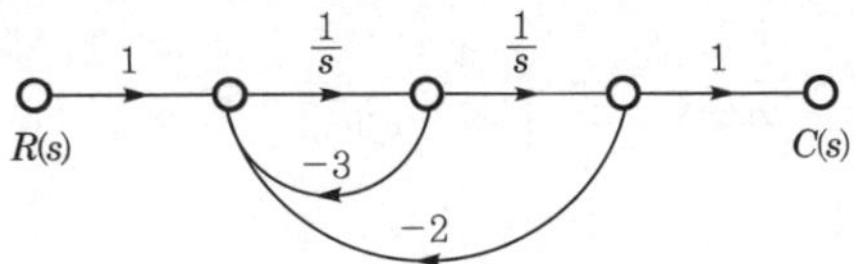

① $\frac{d^2c(t)}{dt^2}+3\frac{dc(t)}{dt}+2c(t)=r(t)$

② $\frac{d^2c(t)}{dt^2}+2\frac{dc(t)}{dt}+3c(t)=r(t)$

③ $\frac{d^2c(t)}{dt^2}-3\frac{dc(t)}{dt}-2c(t)=r(t)$

④ $\frac{d^2c(t)}{dt^2}-2\frac{dc(t)}{dt}-3c(t)=r(t)$

해설

전달함수 $\frac{C(s)}{R(s)}=\frac{\sum_{k=1}^{n} G_k\Delta_k}{\Delta}=\frac{G_1\Delta_1}{\Delta}$

전향경로 $n=1$

$G_1=1\times\frac{1}{s}\times\frac{1}{s}\times 1=\frac{1}{s^2}$

$\Delta_1=1$

$\Delta=1-\left(-\frac{3}{s}-\frac{2}{s^2}\right)=1+\frac{3}{s}+\frac{2}{s^2}$

$\therefore \frac{C(s)}{R(s)}=\frac{\frac{1}{s^2}}{1+\frac{3}{s}+\frac{2}{s^2}}=\frac{1}{s^2+3s+2}$

$(s^2+3s+2)C(s)=R(s)$

역라플라스 변환으로 미분방정식을 구하면 $\frac{d^2c(t)}{dt^2}+3\frac{dc(t)}{dt}+2c(t)=r(t)$

답 ①

084 핵심이론 찾아보기▶핵심 03-5

기사 17년 출제

다음 단위 궤환제어계의 미분방정식은?

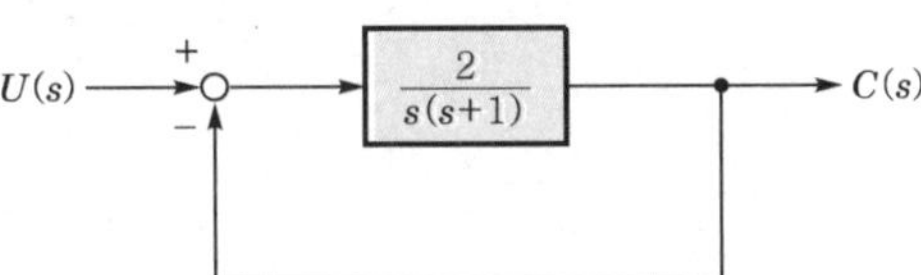

① $\frac{d^2c(t)}{dt^2}+\frac{dc(t)}{dt}+c(t)=2u(t)$

② $\frac{d^2c(t)}{dt^2}+\frac{dc(t)}{dt}+2c(t)=u(t)$

③ $\frac{d^2c(t)}{dt^2}+\frac{dc(t)}{dt}+2c(t)=5u(t)$

④ $\frac{d^2c(t)}{dt^2}+\frac{dc(t)}{dt}+2c(t)=2u(t)$

해설

$$\text{전달함수 } G(s) = \frac{C(s)}{U(s)} = \frac{\frac{2}{s(s+1)}}{1+\frac{2}{s(s+1)}} = \frac{2}{s^2+s+2}$$

$\therefore\ (s^2+s+2)C(s) = 2U(s)$

미분방정식으로 표시하면 다음과 같다.

$$\frac{d^2c(t)}{dt^2} + \frac{dc(t)}{dt} + 2c(t) = 2u(t)$$

답 ④

085 핵심이론 찾아보기▶핵심 03-5

기사 18년 출제

다음의 회로를 블록선도로 그린 것 중 옳은 것은?

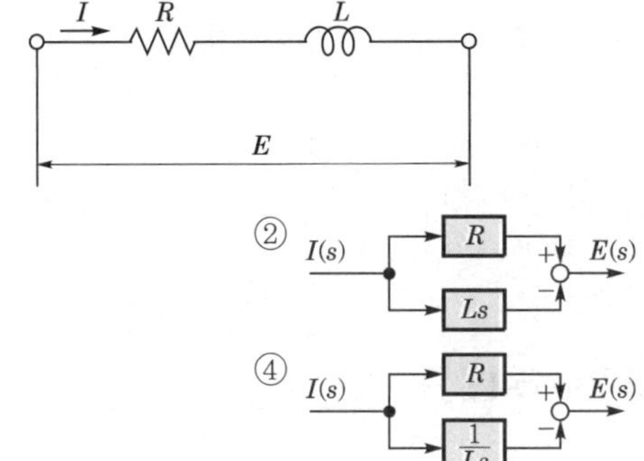

해설 출력 $E = RI + L\dfrac{dI}{dt}$

라플라스 변환하면 $E(s) = RI(s) + Ls\,I(s)$

블록선도로 나타내면 다음과 같다.

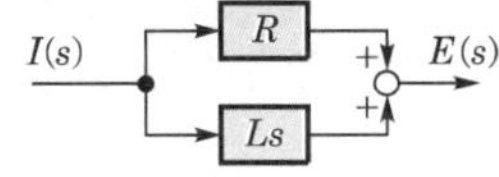

답 ①

086 핵심이론 찾아보기▶핵심 03-6

기사 97년 출제

연산증폭기의 성질에 관한 설명 중 옳지 않은 것은?

① 전압이득이 매우 크다.
② 입력 임피던스가 매우 작다.
③ 전력이득이 매우 크다.
④ 입력 임피던스가 매우 크다.

해설 연산증폭기의 입력 임피던스 $Z_i = \infty$ 이다.

답 ②

087

핵심이론 찾아보기▶핵심 03-6 기사 97·93년 출제

그림과 같이 연산증폭기를 사용한 연산회로의 출력항은 어느 것인가?

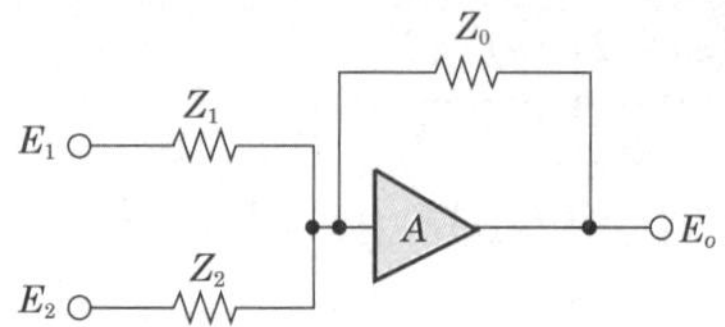

① $E_o = Z_0\left(\frac{E_1}{Z_1} + \frac{E_2}{Z_2}\right)$

② $E_o = -Z_0\left(\frac{E_1}{Z_1} + \frac{E_2}{Z_2}\right)$

③ $E_o = Z_0\left(\frac{E_1}{Z_2} + \frac{E_2}{Z_2}\right)$

④ $E_o = -Z_0\left(\frac{E_1}{Z_2} + \frac{E_2}{Z_2}\right)$

해설 가산기의 출력 $E_o = -Z_0 i$ (i : 입력전류)

입력전류 $i = \frac{E_1}{Z_1} + \frac{E_2}{Z_2}$

$\therefore\ E_o = -Z_0\left(\frac{E_1}{Z_1} + \frac{E_2}{Z_2}\right)$

답 ②

088

핵심이론 찾아보기▶핵심 03-6 기사 03·00·89년 출제

그림과 같이 연산증폭기에서 출력전압 V_o를 나타낸 것은? (단, V_1, V_2, V_3는 입력신호이고, A는 연산증폭기의 이득이다.)

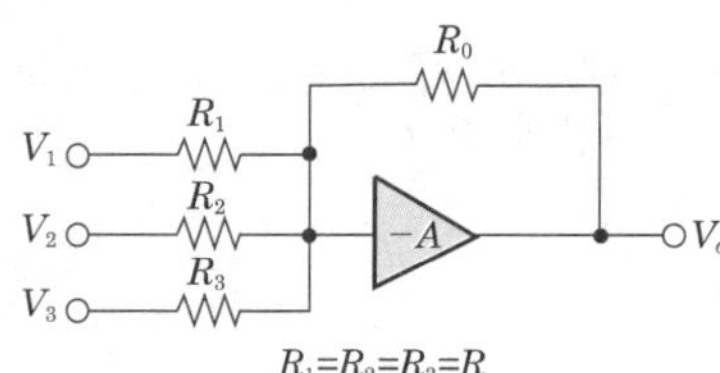

① $V_o = \frac{R_0}{3R}(V_1 + V_2 + V_3)$

② $V_o = \frac{R}{R_0}(V_1 + V_2 + V_3)$

③ $V_o = \frac{R_0}{R}(V_1 + V_2 + V_3)$

④ $V_o = -\frac{R_0}{R}(V_1 + V_2 + V_3)$

해설 출력전압 $V_o = -R_0 i$ (i : 입력전류)

입력전류 $i = \frac{V_1}{R_1} + \frac{V_2}{R_2} + \frac{V_3}{R_3}$ ($R_1 = R_2 = R_3 = R$이므로)

$= \frac{1}{R}(V_1 + V_2 + V_3)$

$\therefore\ V_o = -R_0 \cdot \frac{1}{R}(V_1 + V_2 + V_3) = -\frac{R_0}{R}(V_1 + V_2 + V_3)$

답 ④

089 핵심이론 찾아보기▶핵심 03-6

기사 15·92·87년 출제

이득이 10^7인 연산증폭기 회로에서 출력전압 V_o를 나타내는 식은? (단, V_i는 입력신호이다.)

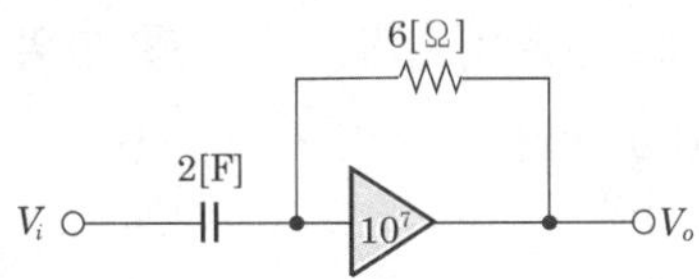

① $V_o = -12\dfrac{dV_i}{dt}$　② $V_o = -8\dfrac{dV_i}{dt}$

③ $V_o = -0.5\dfrac{dV_i}{dt}$　④ $V_o = -\dfrac{1}{8}\dfrac{dV_i}{dt}$

해설 출력전압 $V_o = -RC\dfrac{dV_i}{dt} = -6 \times 2\dfrac{dV_i}{dt} = -12\dfrac{dV_i}{dt}$

답 ①

090 핵심이론 찾아보기▶핵심 03-6

기사 98년 출제

그림의 연산증폭기를 사용한 회로의 기능은?

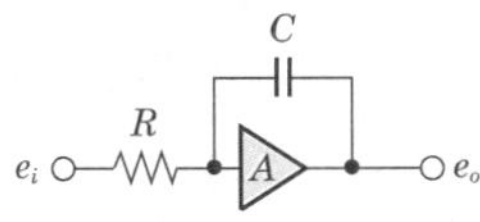

① 가산기　② 미분기　③ 적분기　④ 제한기

해설 적분기 출력 $e_o = -\dfrac{1}{C}\int i\,dt$ (i : 입력전류)

입력전류 $i = \dfrac{e_i}{R}$

$\therefore\ e_o = -\dfrac{1}{RC}\int e_i\,dt$

답 ③

091 핵심이론 찾아보기▶핵심 04-1

기사 19년 출제

제어시스템에서 출력이 얼마나 목표값을 잘 추종하는지를 알아볼 때, 시험용으로 많이 사용되는 신호로 다음 식의 조건을 만족하는 것은?

$$u(t-a) = \begin{cases} 0, & t < a \\ 1, & t \geq a \end{cases}$$

① 사인 함수　② 임펄스 함수　③ 램프 함수　④ 단위 계단 함수

해설 단위 계단 함수는 $f(t) = u(t) = 1$로 표현하며 $t > 0$에서 1을 계속 유지하는 함수이다. $u(t-a)$의 함수는 $u(t)$가 $t = a$만큼 평행 이동된 함수를 말한다.

답 ④

092

핵심이론 찾아보기▶핵심 04-1 　　기사 19년 출제

시간영역에서 자동제어계를 해석할 때 기본 시험 입력에 보통 사용되지 않는 입력은?

① 정속도 입력 ② 정현파 입력 ③ 단위 계단 입력 ④ 정가속도 입력

해설 **시간영역해석 시 시험 입력**
- 계단 입력=위치 입력
- 램프 입력=속도 입력
- 포물선 입력=가속도 입력

정현파 입력은 주파수영역에서 사용될 수 있는 입력이다.

답 ②

093

핵심이론 찾아보기▶핵심 04-1 　　기사 15년 출제

제어계의 입력이 단위 계단 신호일 때 출력응답은?

① 임펄스응답 ② 인디셜응답 ③ 노멀응답 ④ 램프응답

해설
- 임펄스응답 : 입력에 단위 임펄스 함수 신호를 가했을 때의 응답
- 인디셜응답 : 입력에 단위 계단 함수 신호를 가했을 때의 응답
- 경사(램프)응답 : 입력에 단위 램프 함수 신호를 가했을 때의 응답

답 ②

094

핵심이론 찾아보기▶핵심 04-1 　　기사 18년 출제

전달함수 $G(s)=\dfrac{1}{s+a}$ 일 때, 이 계의 임펄스응답 $c(t)$를 나타내는 것은? (단, a는 상수이다.)

①
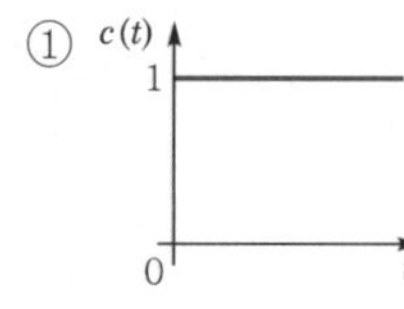

②
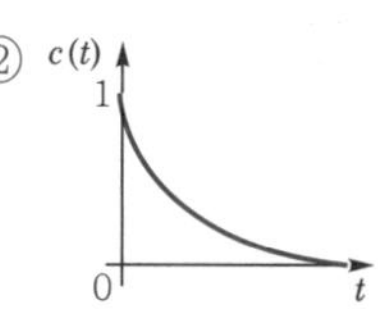

③
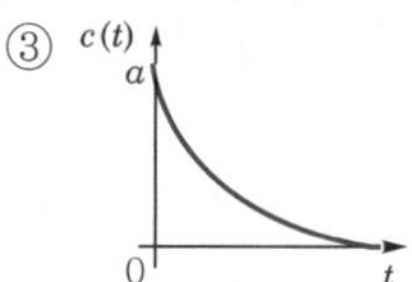

④
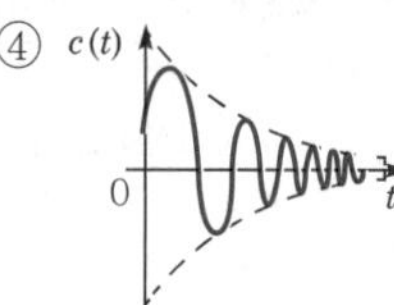

해설 입력 $r(t)=\delta(t)$, $R(s)=1$

전달함수 $G(s)=\dfrac{C(s)}{R(s)}=C(s)$

$\therefore\ c(t)=\mathcal{L}^{-1}[G(s)]=\mathcal{L}^{-1}\left[\dfrac{1}{s+a}\right]=e^{-at}$

임펄스응답 $c(t)$는 지수 감쇠 함수이다.

답 ②

095

핵심이론 찾아보기▶핵심 04-1 　　기사 16년 출제

전달함수 $G(s)=\dfrac{C(s)}{R(s)}=\dfrac{1}{(s+a)^2}$ 인 제어계의 임펄스응답 $c(t)$는?

① e^{-at} ② $1-e^{-at}$ ③ te^{-at} ④ $\dfrac{1}{2}t^2$

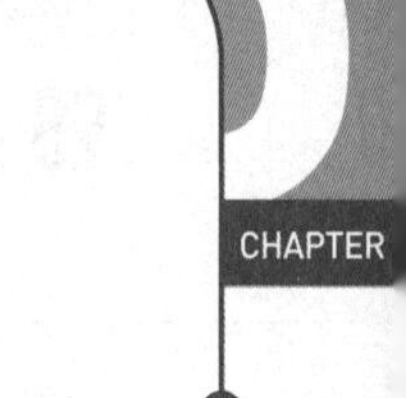

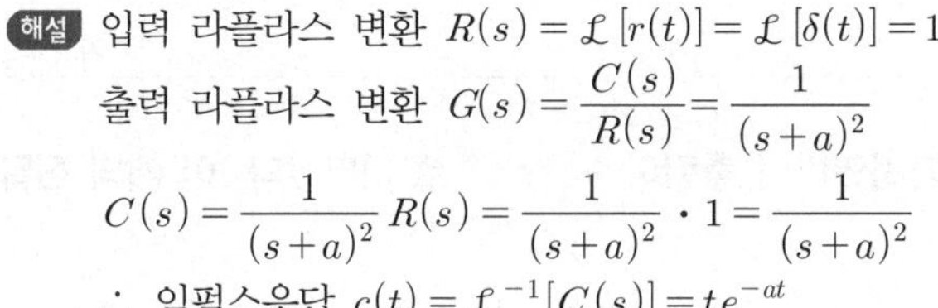

해설 입력 라플라스 변환 $R(s)=\mathcal{L}[r(t)]=\mathcal{L}[\delta(t)]=1$

출력 라플라스 변환 $G(s)=\dfrac{C(s)}{R(s)}=\dfrac{1}{(s+a)^2}$

$C(s)=\dfrac{1}{(s+a)^2}R(s)=\dfrac{1}{(s+a)^2}\cdot 1=\dfrac{1}{(s+a)^2}$

$\therefore$ 임펄스응답 $c(t)=\mathcal{L}^{-1}[C(s)]=te^{-at}$

답 ③

096 핵심이론 찾아보기▶핵심 04-1

기사 17년 출제

전달함수가 $G(s)=\dfrac{Y(s)}{X(s)}=\dfrac{1}{s^2(s+1)}$로 주어진 시스템의 단위 임펄스응답은?

① $y(t)=1-t+e^{-t}$

② $y(t)=1+t+e^{-t}$

③ $y(t)=t-1+e^{-t}$

④ $y(t)=t-1-e^{-t}$

해설 임펄스응답은 입력에 단위 임펄스, 즉 $\delta(t)$를 가할 때의 계의 응답이므로 입력에 따라서 $X(t)=\delta(t)$이다.

따라서 $X(s)=1$이므로 전달함수 $G(s)=Y(s)$

$Y(s)=G(s)=\dfrac{1}{s^2(s+1)}=\dfrac{k_{11}}{s^2}+\dfrac{k_{12}}{s}+\dfrac{k_2}{s+1}$

$k_{11}=\left.\dfrac{1}{s+1}\right|_{s=0}=1$

$k_{12}=\left.\dfrac{d}{ds}\dfrac{1}{s+1}\right|_{s=0}=-1$

$k_2=\left.\dfrac{1}{s^2}\right|_{s=-1}=1$

$\therefore\ Y(s)=\dfrac{1}{s^2}-\dfrac{1}{s}+\dfrac{1}{s+1}$

역라플라스 변환하면 $y(t)=t-1+e^{-t}$

답 ③

097 핵심이론 찾아보기▶핵심 04-1

기사 97년 출제

어떤 계의 단위 임펄스 입력이 가하여질 경우, 출력이 te^{-3t}로 나타났다. 이 계의 전달함수는?

① $\dfrac{t}{(s+1)(s+2)}$

② $t(s+2)$

③ $\dfrac{1}{(s+3)^2}$

④ $\dfrac{1}{(s-3)^2}$

해설 입력 라플라스 변환 $R(s)=\mathcal{L}[r(t)]=\mathcal{L}[\delta(t)]=1$

출력 라플라스 변환 $C(s)=\mathcal{L}[c(t)]=\mathcal{L}[e^{-3t}]=\dfrac{1}{(s+3)^2}$

전달함수 $G(s)=\dfrac{C(s)}{R(s)}=C(s)=\dfrac{1}{(s+3)^2}$

답 ③

098

핵심이론 찾아보기▶핵심 04-1 기사 14·06년 출제

어떤 제어계에 단위 계단 입력을 가하였더니 출력이 $1-e^{-2t}$로 나타났다. 이 계의 전달함수는?

① $\dfrac{1}{s+2}$ ② $\dfrac{2}{s+2}$

③ $\dfrac{1}{s(s+2)}$ ④ $\dfrac{2}{s(s+2)}$

해설 $R(s)=\mathcal{L}[r(t)]=\mathcal{L}[u(t)]=\dfrac{1}{s}$

$C(s)=\mathcal{L}[c(t)]=\mathcal{L}[1-e^{-2t}]=\dfrac{1}{s}-\dfrac{1}{s+2}$

$$\therefore\ G(s)=\frac{C(s)}{R(s)}=\frac{\dfrac{1}{s}-\dfrac{1}{s+2}}{\dfrac{1}{s}}=1-\frac{s}{s+2}=\frac{2}{s+2}$$

답 ②

099

핵심이론 찾아보기▶핵심 04-1 기사 16년 출제

단위 계단 입력에 대한 응답특성이 $c(t)=1-e^{-\frac{1}{T}t}$로 나타나는 제어계는?

① 비례제어계 ② 적분제어계

③ 1차 지연제어계 ④ 2차 지연제어계

해설 단위 계단 입력이므로 $r(t)=u(t)$, $R(s)=\dfrac{1}{s}$

응답, 즉 출력은 $c(t)=1-e^{-\frac{1}{T}t}$이므로 $C(s)=\dfrac{1}{s}-\dfrac{1}{s+\dfrac{1}{T}}$

$$\text{전달함수 } G(s)=\frac{C(s)}{R(s)}=\frac{\dfrac{1}{s}-\dfrac{1}{s+\dfrac{1}{T}}}{\dfrac{1}{s}}=\frac{1}{Ts+1}$$

∴ 1차 지연제어계이다.

답 ③

100

핵심이론 찾아보기▶핵심 04-2 기사 95·93·86년 출제

응답이 최초로 희망값의 50[%]까지 도달하는 데 요하는 시간을 무엇이라고 하는가?

① 상승시간(rising time) ② 지연시간(delay time)

③ 응답시간(response time) ④ 정정시간(settling time)

해설 **지연시간**

응답이 희망값의 50[%]에 도달하는 데 요하는 시간

답 ②

101 핵심이론 찾아보기▶핵심 04-2

기사 22·17년 출제

다음과 같은 시스템에 단위 계단 입력신호가 가해졌을 때 지연시간에 가장 가까운 값[s]은?

$$\frac{C(s)}{R(s)}=\frac{1}{s+1}$$

① 0.5　　② 0.7
③ 0.9　　④ 1.2

해설 **단위 계단 입력신호 응답**

$C(s)=\dfrac{1}{s+1}\cdot R(s)=\dfrac{1}{s(s+1)}=\dfrac{1}{s}-\dfrac{1}{s+1}$

$\therefore\ c(t)=1-e^{-t}$

지연시간 T_d는 응답이 최종값의 50[%]에 도달하는 데 요하는 시간은 다음과 같다.

$0.5=1-e^{-T_d}$

$\dfrac{1}{2}=e^{-T_d}$

$\ln\dfrac{1}{2}=-T_d$

$\ln 1-\ln 2=-T_d$

$\therefore$ 지연시간 $T_d=\ln 2=0.693[\mathrm{s}]\fallingdotseq 0.7[\mathrm{s}]$

답 ②

102 핵심이론 찾아보기▶핵심 04-2

기사 95·93년 출제

과도응답에서 상승시간 t_r은 응답이 최종값의 몇 [%]까지의 시간으로 정의되는가?

① 1 ~ 100　　② 10 ~ 90
③ 20 ~ 80　　④ 30 ~ 70

해설 **상승시간**

응답이 희망값의 10 ~ 90[%]까지 도달하는 데 요하는 시간

답 ②

103 핵심이론 찾아보기▶핵심 04-2

기사 09·04·00·99년 출제

과도응답이 소멸되는 정도를 나타내는 감쇠비(decay ratio)는?

① $\dfrac{\text{최대 오버슈트}}{\text{제2오버슈트}}$　　② $\dfrac{\text{제3오버슈트}}{\text{제2오버슈트}}$

③ $\dfrac{\text{제2오버슈트}}{\text{최대 오버슈트}}$　　④ $\dfrac{\text{제2오버슈트}}{\text{제3오버슈트}}$

해설 감쇠비는 과도응답이 소멸되는 속도를 나타내는 양으로 최대 오버슈트와 다음 주기에 오는 오버슈트의 비이다.

답 ③

104 핵심이론 찾아보기▶핵심 04-2

기사 04년 출제

과도응답에 관한 설명 중 옳지 않은 것은?

① 오버슈트는 응답 중에 생기는 입력과 출력 사이의 최대 편차량을 말한다.
② 지연시간(delay time)이란 응답이 최초로 희망값의 10[%] 진행되는 데 요하는 시간을 말한다.
③ 감쇠비 $=\dfrac{\text{제2오버슈트}}{\text{최대 오버슈트}}$
④ 상승시간(rising time)이란 응답이 희망값의 10[%]에서 90[%]까지 도달하는 데 요하는 시간을 말한다.

해설 **지연시간**
응답이 희망값의 50[%]에 도달하는 데 요하는 시간

답 ②

105 핵심이론 찾아보기▶핵심 04-2

기사 14·07년 출제

다음 과도응답에 관한 설명 중 옳지 않은 것은?

① 지연시간은 응답이 최초로 목표값의 50[%]가 되는 데 소요되는 시간이다.
② 백분율 오버슈트는 최종 목표값과 최대 오버슈트와의 비를 [%]로 나타낸 것이다.
③ 감쇠비는 최종 목표값과 최대 오버슈트와의 비를 나타낸 것이다.
④ 응답시간은 응답이 요구하는 오차 이내로 정착되는 데 걸리는 시간이다.

해설 감쇠비는 최대 오버슈트에 대한 제2의 오버슈트를 나타낸다.

답 ③

106 핵심이론 찾아보기▶핵심 04-3

기사 83년 출제

s 평면상에서 극점의 위치가 그림 S_a의 위치에 있을 때, 이를 시간 영역의 응답으로 옳게 표현한 그림은?

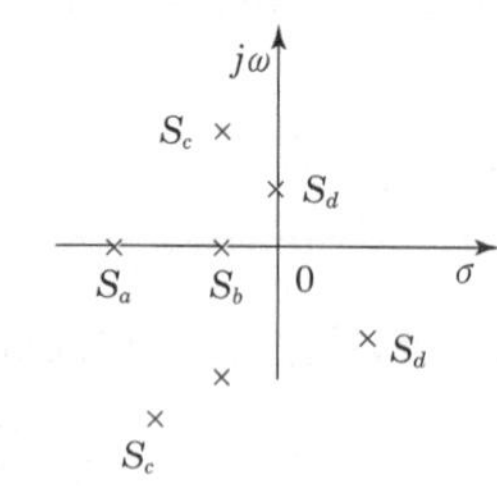

① 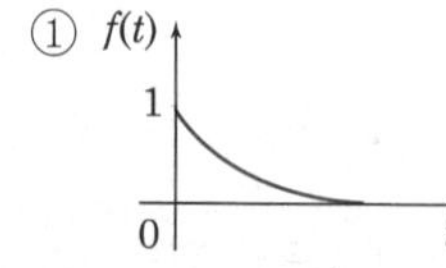

② 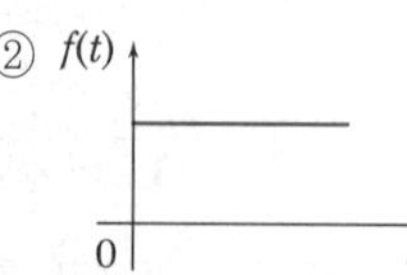

③ 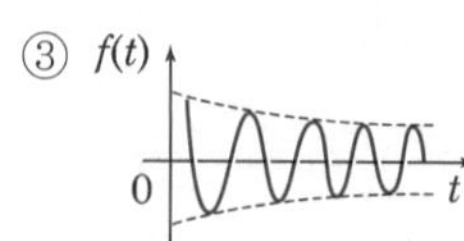

④ 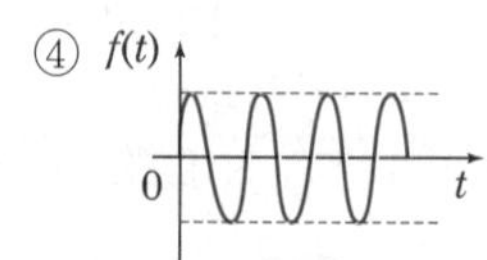

해설 특성방정식의 근이 제동비축상에 있으며, 응답곡선은 지수 감쇠 함수가 된다.

$$F(s)=\frac{1}{s-(-a)}=\frac{1}{s+a}$$

$$\therefore\ f(t)=\mathcal{L}^{-1}[F(s)]=e^{-at}$$

답 ①

107 핵심이론 찾아보기▶핵심 04-3

기사 94년 출제

s 평면(복소 평면)에서의 극점 배치가 그림과 같을 경우, 이 시스템의 시간 영역에서의 동작은?

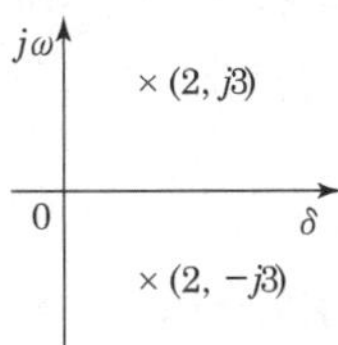

① 감쇠 진동한다.
② 점점 진동이 커진다.
③ 같은 진폭으로 진동한다.
④ 진동하지 않는다.

해설 $F(s)=\dfrac{1}{(s-2-j3)(s-2+j3)}=\dfrac{1}{(s-2)^2+3^2}=\dfrac{1}{3}\cdot\dfrac{3}{(s-2)^2+3^2}$

$\therefore\ f(t)=\mathcal{L}^{-1}[F(s)]=\dfrac{1}{3}e^{2t}\sin 3t$

답 ②

108 핵심이론 찾아보기▶핵심 04-4

기사 92·82년 출제

어떤 제어계의 전달함수의 극점이 그림과 같다. 이 계의 고유 주파수 ω_n과 감쇠율 δ는?

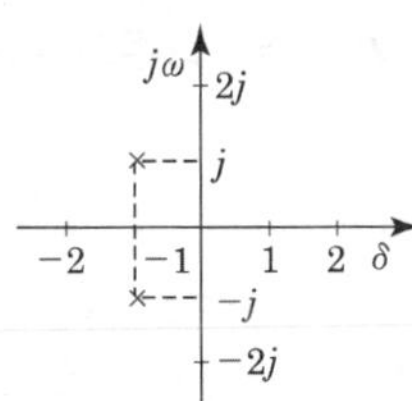

① $\omega_n=\sqrt{2}$, $\delta=\sqrt{2}$
② $\omega_n=2$, $\delta=\sqrt{2}$
③ $\omega_n=\sqrt{2}$, $\delta=\dfrac{1}{\sqrt{2}}$
④ $\omega_n=\dfrac{1}{\sqrt{2}}$, $\delta=\sqrt{2}$

해설

2차계의 전달함수 $G(s)=\dfrac{K\omega_n^2}{s^2+2\delta\omega_n s+\omega_n^2}$

여기서, ω_n : 고유 주파수, δ : 제동비(감쇠율)

특성근은 $s_1=-1+j$, $s_2=-1-j$ 이므로

특성방정식은 $\{(s+1)-j\}\{(s+1)+j\}=0$

$G(s)=\dfrac{\omega_n^2}{s^2+2\delta\omega_n s+\omega_n^2}=\dfrac{\omega_n^2}{\{(s+1)-j\}\{(s+1)+j\}}=\dfrac{\omega_n^2}{(s+1)^2+1}=\dfrac{\omega_n^2}{s^2+2s+2}$

$2\delta\omega_n=2$, $\omega_n^2=2$

$\therefore\ \omega_n=\sqrt{2}$

$\therefore\ \delta=\dfrac{2}{2\omega_n}=\dfrac{2}{2\sqrt{2}}=\dfrac{1}{\sqrt{2}}$

답 ③

109

핵심이론 찾아보기▶핵심 04-4 기사 14·09·00년 출제

개루프 전달함수가 $\dfrac{(s+2)}{(s+1)(s+3)}$ 인 부귀환 제어계의 특성방정식은?

① $s^2+5s+5=0$
② $s^2+5s+6=0$
③ $s^2+6s+5=0$
④ $s^2+4s-3=0$

해설 부귀환 제어계의 페루프 전달함수는

$$\frac{C(s)}{R(s)}=\frac{G(s)}{1+G(s)H(s)}$$

여기서, $G(s)$: 전향 전달함수, $H(s)$: 피드백 전달함수

전달함수의 분모 $1+G(s)H(s)=0$: 특성방정식

$$1+\frac{(s+2)}{(s+1)(s+3)}=0$$

$$(s+1)(s+3)+(s+2)=0$$

$$\therefore\ s^2+5s+5=0$$

답 ①

110

핵심이론 찾아보기▶핵심 04-4 기사 99년 출제

전달함수 $\dfrac{1}{1+6j\omega+9(j\omega)^2}$ 의 고유 각주파수는?

① 9 ② 3 ③ 1 ④ 0.33

해설

전달함수 $G(s)=\dfrac{\omega_n^2}{s^2+2\delta\omega_n s+\omega_n^2}=\dfrac{1}{9s^2+6s+1}=\dfrac{\frac{1}{9}}{s^2+\frac{2}{3}s+\left(\frac{1}{9}\right)}$

$$\therefore\ \omega_n^2=\frac{1}{9}$$

$$\therefore\ \omega_n=\frac{1}{3}=0.33$$

답 ④

111

핵심이론 찾아보기▶핵심 04-4 기사 09·80년 출제

$G(s)=\dfrac{\omega_n^2}{s^2+2\delta\omega_n s+\omega_n^2}$ 인 제어계에서 $\omega_n=2$, $\delta=0$으로 할 때의 단위 임펄스응답은?

① $2\sin 2t$ ② $2\cos 2t$ ③ $\sin 4t$ ④ $\cos\frac{1}{4}t$

해설 임펄스응답이므로 입력

$$R(s)=\mathcal{L}[r(t)]=\mathcal{L}[\delta(t)]=1$$

전달함수 $G(s)=\dfrac{C(s)}{R(s)}=\dfrac{\omega_n^2}{s^2+2\delta\omega_n s+\omega_n^2}=\dfrac{2^2}{s^2+2^2}$

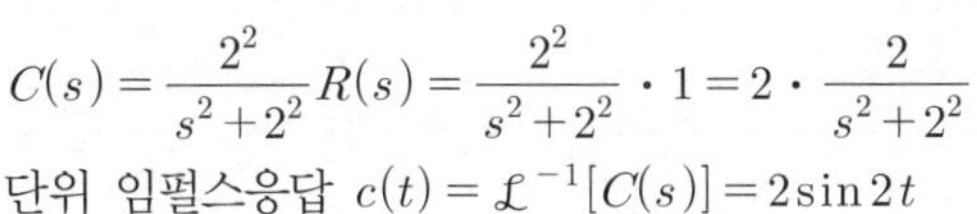

$$C(s) = \frac{2^2}{s^2+2^2}R(s) = \frac{2^2}{s^2+2^2} \cdot 1 = 2 \cdot \frac{2}{s^2+2^2}$$

단위 임펄스응답 $c(t) = \mathcal{L}^{-1}[C(s)] = 2\sin 2t$

답 ①

112

핵심이론 찾아보기▶핵심 04-4 　　기사 18년 출제

특성방정식 $s^2 + 2\zeta\omega_n s + {\omega_n}^2 = 0$에서 감쇠진동을 하는 제동비 ζ의 값은?

① $\zeta > 1$
② $\zeta = 1$
③ $\zeta = 0$
④ $0 < \zeta < 1$

해설 **2차계의 과도응답**

$$G(s) = \frac{C(s)}{R(s)} = \frac{{\omega_n}^2}{s^2 + 2\zeta\omega_n s + {\omega_n}^2}$$

- 특성방정식 : $s^2 + 2\zeta\omega_n s + {\omega_n}^2 = 0$
  근 $s = -\zeta\omega_n \pm j\omega_n\sqrt{1-\zeta^2}$
- $0 < \zeta < 1$이면 근 $s = -\zeta\omega_n \pm j\omega_n\sqrt{1-\zeta^2}$으로 공액복소수근을 가지므로 감쇠진동, 부족제동을 한다.

답 ④

113

핵심이론 찾아보기▶핵심 04-4 　　기사 15년 출제

2차계의 감쇠비 δ가 $\delta > 1$이면 어떤 경우인가?

① 비제동
② 과제동
③ 부족제동
④ 발산

해설 **2차계의 과도응답**

$$G(s) = \frac{C(s)}{R(s)} = \frac{{\omega_n}^2}{s^2 + 2\delta\omega_n s + {\omega_n}^2}$$

- 특성방정식 : $s^2 + 2\delta\omega_n s + {\omega_n}^2 = 0$
  근 $s = -\delta\omega_n \pm j\omega_n\sqrt{1-\delta^2}$
- $\delta > 1$이면 근 $s = -\delta\omega_n \pm \omega_n\sqrt{\delta^2 - 1}$으로 서로 다른 2개의 실근을 가지므로 비진동, 과제동이 된다.

답 ②

114

핵심이론 찾아보기▶핵심 04-4 　　기사 19년 출제

2차계 과도응답에 대한 특성방정식의 근은 s_1, $s_2 = -\zeta\omega_n \pm j\omega_n\sqrt{1-\zeta^2}$이다. 감쇠비 ζ가 $0 < \zeta < 1$ 사이에 존재할 때 나타나는 현상은?

① 과제동
② 무제동
③ 부족제동
④ 임계제동

해설 감쇠비 ζ가 $0 < \zeta < 1$이면 s_1, $s_2 = -\zeta\omega_n \pm j\omega_n\sqrt{1-\zeta^2}$
공액복소수근을 가지므로 감쇠진동, 부족제동을 한다.

답 ③

115

핵심이론 찾아보기▶핵심 04-4 기사 09년 출제

2차계 과도응답의 특성방정식이 $s^2+2\delta\omega_n s+\omega_n{}^2=0$인 경우, s가 서로 다른 2개의 실근을 가졌을 때의 제동은?

① 과제동 ② 부족제동 ③ 임계제동 ④ 무제동

해설 서로 다른 2개의 실근을 가지므로 과제동 비진동한다.

답 ①

116

핵심이론 찾아보기▶핵심 04-4 기사 15·83년 출제

단위부궤환 계통에서 $G(s)$가 다음과 같을 때, $K=2$이면 무슨 제동인가?

$$G(s)=\frac{K}{s(s+2)}$$

① 무제동 ② 임계제동 ③ 과제동 ④ 부족제동

해설 $K=2$일 때, 특성방정식은 $1+G(s)=0$, $1+\dfrac{K}{s(s+2)}=0$

$s(s+2)+K=s^2+2s+2=0$

2차계의 특성방정식 $s^2+2\delta\omega_n s+\omega_n{}^2=0$

$\omega_n=\sqrt{2}$, $2\delta\omega_n=2$

$\therefore$ 제동비 $\delta=\dfrac{2}{2\sqrt{2}}=\dfrac{1}{\sqrt{2}}=0.707$

$\because$ $0<\delta<1$인 경우이므로 부족제동 감쇠진동한다.

답 ④

117

핵심이론 찾아보기▶핵심 04-4 기사 91년 출제

다음 미분방정식으로 표시되는 2차계가 있다. 감쇠율 δ는 얼마인가? (단, y는 출력, x는 입력이다.)

$$\frac{d^2y}{dt^2}+5\frac{dy}{dt}+9y=9x$$

① 5 ② 6 ③ $\dfrac{6}{5}$ ④ $\dfrac{5}{6}$

해설 초기값을 0으로 하고 미분방정식의 양변을 라플라스 변환하면

$(s^2+5s+9)Y(s)=9X(s)$

$G(s)=\dfrac{Y(s)}{X(s)}=\dfrac{9}{s^2+5s+9}$

$\omega_n^2=9$

$\therefore$ $\omega_n=3[\text{rad/s}]$

$2\delta\omega_n=5$

$\therefore$ $\delta=\dfrac{5}{2\omega_n}=\dfrac{2}{2\times 3}=\dfrac{5}{6}$

답 ④

118

핵심이론 찾아보기▶핵심 04-4 　　　　기사 92년 출제

그림과 같은 귀환계의 감쇠계수(제동비)는?

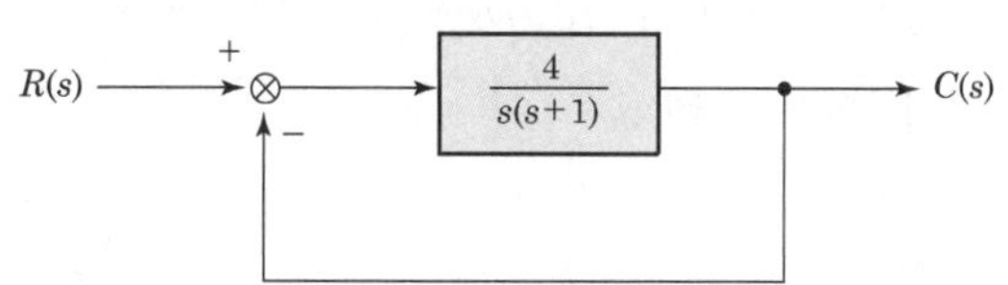

① 1　　　　② $\frac{1}{2}$

③ $\frac{1}{3}$　　　　④ $\frac{1}{4}$

해설

2차계의 전달함수 $G(s) = \frac{K\omega_n^2}{s^2 + 2\delta\omega_n s + \omega_n^2}$

여기서, ω_n : 고유 주파수, δ : 제동비(감쇠율)

폐회로 전달함수 $\frac{C(s)}{R(s)} = \frac{\frac{4}{s+(s+1)}}{1+\frac{4}{s+(s+1)}} = \frac{4}{s^2+s+4}$ 와 $\frac{C(s)}{R(s)} = \frac{\omega_n^2}{s^2+2\delta\omega_n s+\omega_n^2}$ 을 비교하면

$\omega_n^2 = 4$

$\therefore\ \omega_n = 2$

$2\delta\omega_n = 1$

$\therefore\ \delta = \frac{1}{2\omega_n} = \frac{1}{2\times 2} = \frac{1}{4}$

답 ④

119

핵심이론 찾아보기▶핵심 04-4 　　　　기사 13·05·02·00·94년 출제

계의 특성상 감쇠계수가 크면 위상여유가 크고 감쇠성이 강하여 (A)는 좋으나, (B)는(은) 나쁘다. A, B를 올바르게 묶은 것은?

① 이득여유, 안정도　　　　② 오프셋, 안정도

③ 응답성, 이득여유　　　　④ 안정도, 응답성

해설 계의 감쇠계수가 크면 이득여유 및 위상여유가 크고 큰 이득여유 및 위상여유를 가진 계는 적은 이득여유 및 위상여유를 가진 계보다 상대적으로 안정도가 좋은 것으로 된다.

답 ④

120

핵심이론 찾아보기▶핵심 04-5 　　　　기사 01년 출제

제어시스템의 정상상태오차에서 포물선함수 입력에 의한 정상상태오차상수 $K_a = \lim_{s\to 0} s^2 G(s)H(s)$ 로 표현된다. 이때 K_a를 무엇이라고 부르는가?

① 위치오차상수　　　　② 속도오차상수

③ 가속도오차상수　　　　④ 평균오차상수

해설 • 위치편차상수 : $K_p = \lim_{s \to 0} G(s)H(s)$
• 속도편차상수 : $K_v = \lim_{s \to 0} s\,G(s)H(s)$
• 가속도편차상수 : $K_a = \lim_{s \to 0} s^2 G(s)H(s)$
• 단위궤환제어계에서는 $H(s)=1$이다.

답 ③

121

핵심이론 찾아보기▶핵심 04-5 | 기사 86년 출제

개루프 전달함수 $G(s) = \dfrac{1}{s(s^2+5s+6)}$인 단위 귀환계에서 단위 계단 입력을 가하였을 때의 잔류편차(offset)는?

① 0　② $\dfrac{1}{6}$　③ 6　④ ∞

해설 위치편차상수 $K_p = \lim_{s \to 0} G(s) = \lim_{s \to 0} \dfrac{1}{s(s^2+5s+6)} = \infty$

정상위치편차 $e_{ssp} = \dfrac{1}{1+K_p} = \dfrac{1}{1+\infty} = 0$

답 ①

122

핵심이론 찾아보기▶핵심 04-5 | 기사 82·81년 출제

단위 피드백 제어계에서 개루프 전달함수 $G(s)$가 다음과 같이 주어지는 계의 단위 계단 입력에 대한 정상편차는?

$$G(s) = \frac{10}{(s+1)(s+2)}$$

① $\dfrac{1}{3}$　② $\dfrac{1}{4}$　③ $\dfrac{1}{5}$　④ $\dfrac{1}{6}$

해설 $K_p = \lim_{s \to 0} G(s) = \lim_{s \to 0} \dfrac{10}{(s+1)(s+2)} = 5$

∴ 정상위치편차 $e_{ssp} = \dfrac{1}{1+K_p} = \dfrac{1}{1+5} = \dfrac{1}{6}$

답 ④

123

핵심이론 찾아보기▶핵심 04-5 | 기사 16년 출제

단위 피드백제어계의 개루프 전달함수가 $G(s) = \dfrac{1}{(s+1)(s+2)}$일 때 단위 계단 입력에 대한 정상편차는?

① $\dfrac{1}{3}$　② $\dfrac{2}{3}$　③ 1　④ $\dfrac{4}{3}$

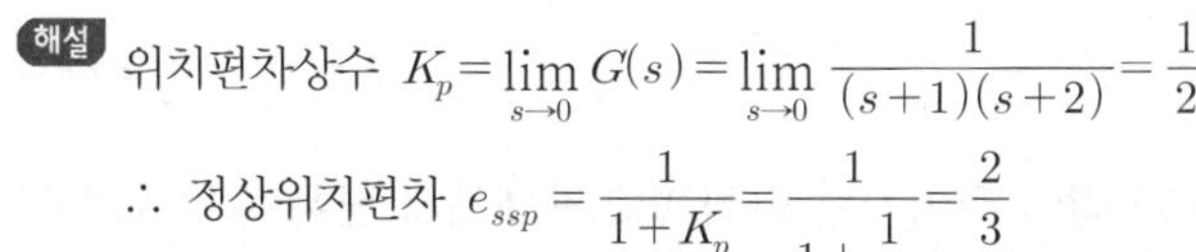

해설 위치편차상수 $K_p = \lim_{s \to 0} G(s) = \lim_{s \to 0} \frac{1}{(s+1)(s+2)} = \frac{1}{2}$

$\therefore$ 정상위치편차 $e_{ssp} = \frac{1}{1+K_p} = \frac{1}{1+\frac{1}{2}} = \frac{2}{3}$

답 ②

124 핵심이론 찾아보기▶핵심 04-5 기사 18년 출제

개루프 전달함수 $G(s)$가 다음과 같이 주어지는 단위 부궤환계가 있다. 단위 계단 입력이 주어졌을 때, 정상상태편차가 0.05가 되기 위해서는 K의 값은 얼마인가?

$$G(s) = \frac{6K(s+1)}{(s+2)(s+3)}$$

① 19 ② 20 ③ 0.95 ④ 0.05

해설
- 정상위치편차 $e_{ssp} = \frac{1}{1+K_p}$
- 정상위치편차상수 $K_p = \lim_{s \to 0} G(s)$

$0.05 = \frac{1}{1+K_p}$

$K_p = \lim_{s \to 0} \frac{6K(s+1)}{(s+2)(s+3)} = K$

$0.05 = \frac{1}{1+K}$

$\therefore K = 19$

답 ①

125 핵심이론 찾아보기▶핵심 04-5 기사 10년 출제

다음 그림에서 전달함수가 0형일 때, 정상위치오차 e_{ssp}는? (단, K_p는 위치오차상수이다.)

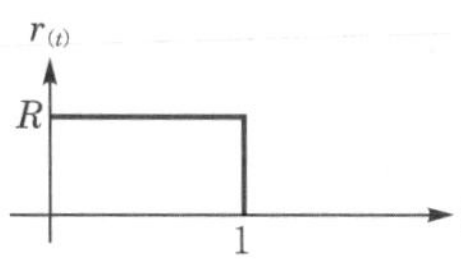

① $e_{sp} = \frac{R}{1+K_p}$ ② $e_{sp} = \frac{R}{1-K_p}$

③ $e_{sp} = \frac{1}{1-K_p}$ ④ $e_{sp} = \frac{1}{1+K_p}$

해설 정상위치편차

$$e_{ssp} = \lim_{s \to 0} \frac{sR(s)}{1+G(s)} = \lim_{s \to 0} \frac{R}{1+G(s)} = \frac{R}{1+\lim_{s \to 0} G(s)} = \frac{R}{1+K_p}$$

답 ①

126

핵심이론 찾아보기▶핵심 04-5 기사 13·10·95년 출제

개루프 전달함수 $G(s)$가 다음과 같이 주어지는 단위 피드백계에서 단위 속도 입력에 대한 정상편차는?

$$G(s)=\frac{10}{s(s+1)(s+2)}$$

① 0.5 ② 0.33
③ 0.25 ④ 0.2

해설 $K_v=\lim_{s\to 0}s\,G(s)=\lim_{s\to 0}s\cdot\frac{10}{s(s+1)(s+2)}=5$

$\therefore$ 정상속도편차 $e_{ssv}=\frac{1}{K_v}=\frac{1}{5}=0.2$

답 ④

127

핵심이론 찾아보기▶핵심 04-5 기사 94년 출제

그림에서 블록선도로 보인 안정한 제어계의 단위 경사 입력에 대한 정상상태오차는?

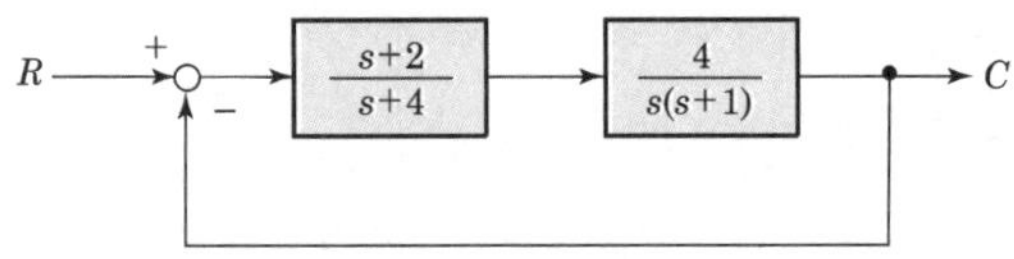

① 0 ② $\frac{1}{4}$
③ $\frac{1}{2}$ ④ ∞

해설 $K_v=\lim_{s\to 0}s\,G(s)=\lim_{s\to 0}s\cdot\frac{4(s+2)}{s(s+1)(s+4)}=2$

$\therefore$ 정상속도편차 $e_{ssv}=\frac{1}{K_v}=\frac{1}{2}$

답 ③

128

핵심이론 찾아보기▶핵심 04-5 기사 82년 출제

다음에서 입력이 $r(t)=5t$ 일 때, 정상편차는 얼마인가?

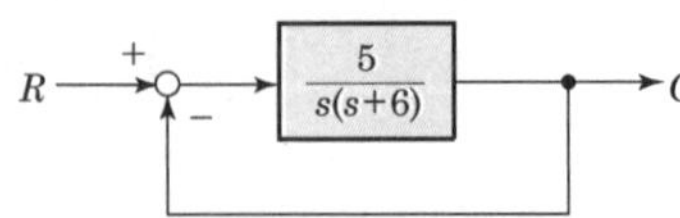

① $e_{ssp}=2$ ② $e_{ssp}=4$
③ $e_{ssp}=6$ ④ $e_{ssp}=\infty$

해설 정상속도편차 $e_{ssv} = \dfrac{R}{K_v}$

여기서, K_v : 속도편차상수

$K_v = \lim\limits_{s \to 0} s\,G(s) = \lim\limits_{s \to 0} s \cdot \dfrac{5}{s(s+6)} = \dfrac{5}{6}$

$r(t) = 5t$, $R = 5$이므로

$\therefore\ e_{ssp} = \dfrac{R}{K_v} = \dfrac{5}{\dfrac{5}{6}} = 6$

답 ③

129 핵심이론 찾아보기▶핵심 04-5

기사 22·21·94년 출제

$G_{c1}(s) = K$, $G_{c2}(s) = \dfrac{1+0.1s}{1+0.2s}$, $G_p(s) = \dfrac{200}{s(s+1)(s+2)}$ 인 그림과 같은 제어계에 단위 램프 입력을 가할 때, 정상편차가 0.01이라면 K의 값은?

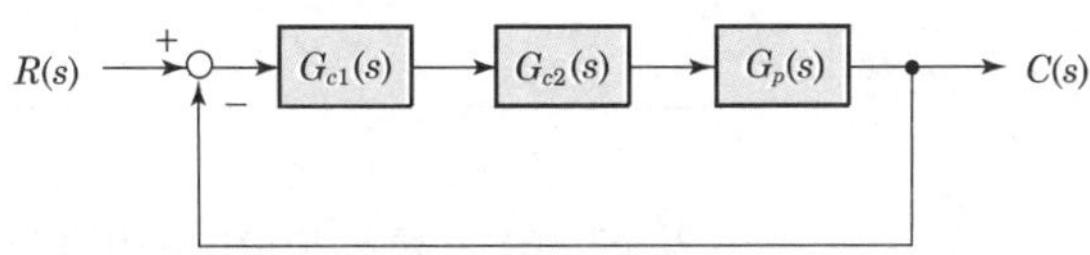

① 0.1　② 1　③ 10　④ 100

해설 $e_{ssv} = \dfrac{1}{\lim\limits_{s \to 0} s\,R(s)} = \dfrac{1}{K_v}$

$K_v = \lim\limits_{s \to 0} s\,G(s) = \lim\limits_{s \to 0} s \cdot \dfrac{200K(1+0.1s)}{s(1+0.2s)(s+1)(s+2)} = 100K$

정상편차가 0.01인 경우 K의 값은 $\dfrac{1}{100K} = 0.01$

$\therefore\ K = 1$

답 ②

130 핵심이론 찾아보기▶핵심 04-5

기사 10·04년 출제

그림과 같은 제어계에서 단위 계단 입력 D가 인가될 때, 외란 D에 의한 정상편차는?

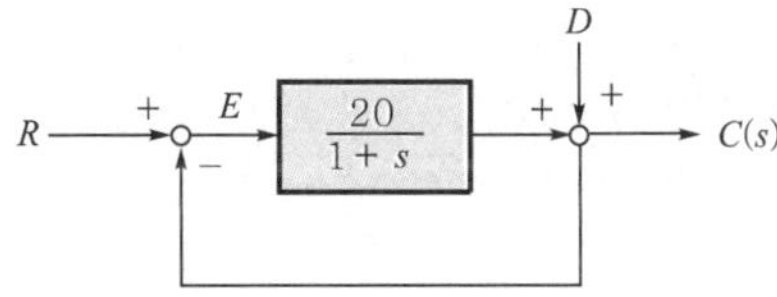

① 20　② 21　③ $\dfrac{1}{20}$　④ $\dfrac{1}{21}$

해설 $R(s) = 0$, $D(s) = \dfrac{1}{s}$일 때

$E(s) = -\left\{D(s) + \dfrac{20}{1+s}E(s)\right\}$

$E(s)\left(1 + \dfrac{20}{1+s}\right) = D(s)$

$$E(s)=\frac{1}{1+\frac{20}{1+s}}\cdot D(s)=\frac{s+1}{s+21}\cdot\frac{1}{s}$$

$$\therefore\ e_{ss}=\lim_{s\to 0}sE(s)=\lim_{s\to 0}s\cdot\frac{s+1}{s+21}\cdot\frac{1}{s}=\lim_{s\to 0}\frac{s+1}{s+21}=\frac{1}{21}$$

답 ④

131

핵심이론 찾아보기▶핵심 04-6 기사 09·94년 출제

$G(s)H(s)=\dfrac{K}{Ts+1}$ 일 때, 이 계통은 어떤 형인가?

① 0형 ② 1형 ③ 2형 ④ 3형

해설 제어계의 형은 개루프 전달함수의 원점에서의 극점의 수이고, 원점에 극점이 존재하지 않으므로 0형 제어계에 해당한다.

답 ①

132

핵심이론 찾아보기▶핵심 04-6 기사 93년 출제

$G(s)H(s)=\dfrac{K(s+1)}{s(s+2)(s+4)}$ 일 때, 이 계통은 어떤 형인가?

① 0형 ② 1형 ③ 2형 ④ 3형

해설 제어계의 형은 개루프의 전달함수의 원점에서의 극점의 수이므로 1형 제어계이다.

답 ②

133

핵심이론 찾아보기▶핵심 04-6 기사 92년 출제

그림과 같은 블록선도로 표시되는 제어계는 무슨 형인가?

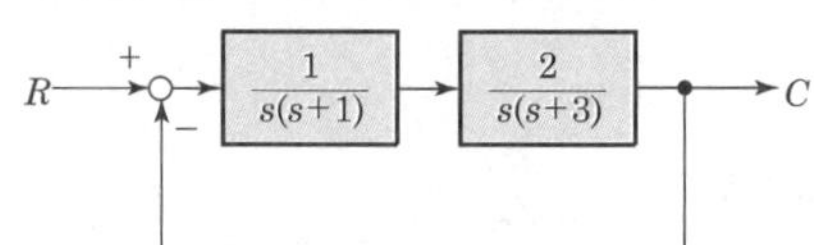

① 0형 ② 1형 ③ 2형 ④ 3형

해설 $G(s)H(s)=\dfrac{2}{s^2(s+1)(s+3)}$

제어계의 형은 원점에서의 극점의 수이므로 2형 제어계이다.

답 ③

134

핵심이론 찾아보기▶핵심 04-6 기사 16년 출제

그림과 같은 블록선도로 표시되는 제어계는 무슨 형인가?

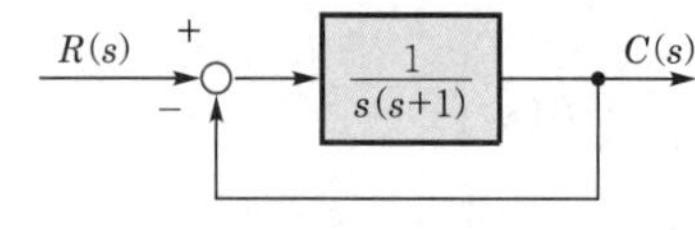

① 0 ② 1 ③ 2 ④ 3

해설 $G(s)H(s)=\dfrac{1}{s(s+1)}$

제어계의 형은 개루프 전달함수의 원점에서 극점의 수이므로 1형 제어계이다. 답 ②

135 핵심이론 찾아보기▶핵심 04-6 기사 93·88년 출제

표준 귀환이 그림과 같이 주어질 때, 계의 형은?

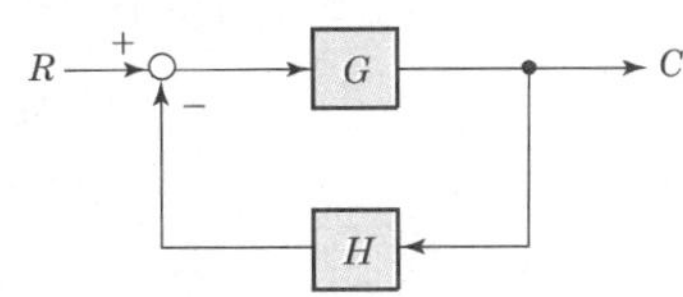

$$G(s)=\frac{24}{(2s+1)(4s+1)},\ H(s)=\frac{4}{4s(3s+1)}$$

① 0 ② 1
③ 2 ④ 3

해설 $G(s)H(s)=\dfrac{96}{4s(2s+1)(4s+1)(3s+1)}=\dfrac{24}{s(2s+1)(4s+1)(3s+1)}$

제어계의 형은 개루프 전달함수의 원점에서의 극점의 수이므로 1형 제어계가 된다. 답 ②

136 핵심이론 찾아보기▶핵심 04-7 기사 94·93년 출제

단위 램프 입력에 대하여 속도편차상수가 유한값을 갖는 제어계의 형은?

① 0형 ② 1형
③ 2형 ④ 3형

해설
- 위치편차상수는 0형 제어계에서 유한값
- 속도편차상수는 1형 제어계에서 유한값
- 가속도편차상수는 2형 제어계에서 유한값

답 ②

137 핵심이론 찾아보기▶핵심 04-7 기사 09·03년 출제

어떤 제어계에서 단위 계단 입력에 대한 정상편차가 유한값이다. 이 계는 무슨 형인가?

① 0형 ② 1형
③ 2형 ④ 3형

해설 단위 계단 입력이므로 정상위치편차이다. 정상위치편차는 0형 제어계에서 유한값을 갖는다.
답 ①

138

핵심이론 찾아보기▶핵심 04-8　　기사 11·87년 출제

그림의 블록선도에서 폐루프 전달함수 $T=\dfrac{C}{R}$에서 H에 대한 감도 S_H^T는?

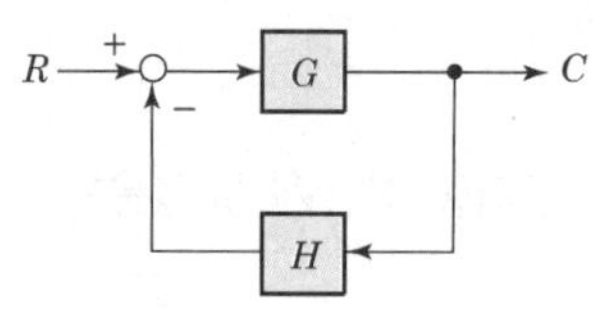

① $\dfrac{-GH}{1+GH}$　② $\dfrac{-H}{(1+GH)^2}$　③ $\dfrac{H}{1+GH}$　④ $\dfrac{-H}{1+GH}$

해설 감도 $S_H^T=\dfrac{H}{T}\cdot\dfrac{dT}{dH}=\dfrac{H}{\dfrac{G}{1+GH}}\cdot\dfrac{d}{dH}\left(\dfrac{G}{1+GH}\right)=-\dfrac{GH}{1+GH}$

답 ①

139

핵심이론 찾아보기▶핵심 04-8　　기사 21·04년 출제

그림과 같은 블록선도의 제어계에서 K_1에 대한 $T=\dfrac{C}{R}$의 감도 $S_{K_1}^T$는?

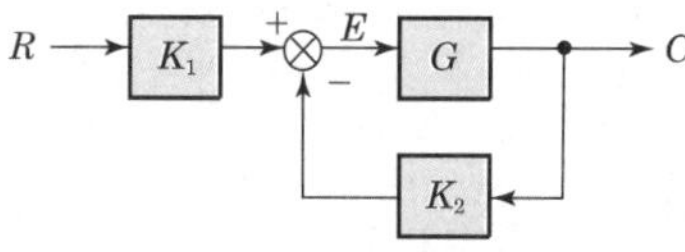

① 0.2　② 0.4　③ 0.8　④ 1

해설 감도 $S_{K_1}^T=\dfrac{K_1}{T}\cdot\dfrac{dT}{dK_1}=\dfrac{1+GK_2}{G}\cdot\dfrac{d}{dK_1}\left(\dfrac{GK_1}{1+GK_2}\right)=1$

답 ④

140

핵심이론 찾아보기▶핵심 04-8　　기사 16년 출제

그림의 블록선도에서 K에 대한 폐루프 전달함수 $T=\dfrac{C(s)}{R(s)}$의 감도 S_K^T는?

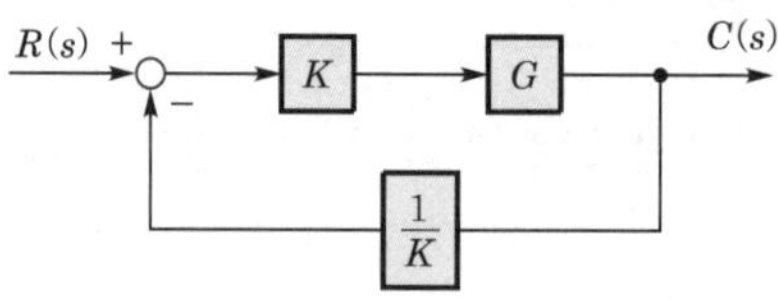

① −1　② −0.5　③ 0.5　④ 1

해설 전달함수 $T=\dfrac{C(s)}{R(s)}=\dfrac{KG}{1+KG\cdot\dfrac{1}{K}}=\dfrac{KG}{1+G}$

$\therefore$ 감도 $S_K^T=\dfrac{K}{T}\dfrac{dT}{dK}=\dfrac{K}{\dfrac{KG}{1+G}}\cdot\dfrac{d}{dK}\left(\dfrac{KG}{1+G}\right)=\dfrac{1+G}{G}\cdot\dfrac{G}{1+G}=1$

답 ④

141 핵심이론 찾아보기▶핵심 04-8

기사 91·90·83년 출제

그림과 같은 계에서 $K_1 = K_2 = 100$일 때, 전달함수 $T = \dfrac{C}{R}$의 K_1에 대한 감도를 구하면?

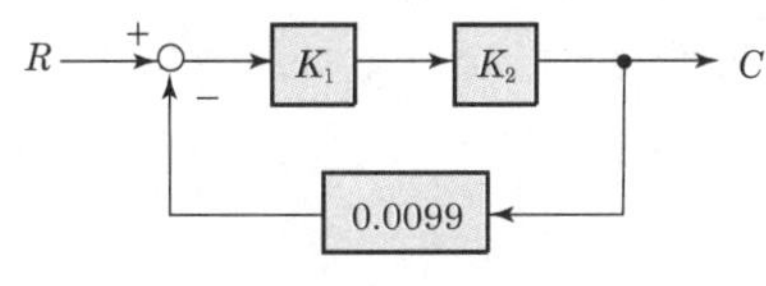

① 0.01
② 0.1
③ 1
④ 0.001

해설 전달함수 $T = \dfrac{C}{R} = \dfrac{K_1K_2}{1+0.0099K_1K_2}$

$$\therefore \text{ 감도 } S_{K_1}^T = \frac{K_1}{T}\cdot\frac{dT}{dK_1} = \frac{1+0.0099K_1K_2}{K_2}\cdot\frac{d}{dK_1}\left(\frac{K_1K_2}{1+0.0099K_1K_2}\right)$$

$$= \frac{1+0.0099K_1K_2}{K_2}\cdot\frac{K_2(1+0.0099K_1K_2)-0.0099K_2(K_1K_2)}{(1+0.0099K_1K_2)^2}$$

$$= \frac{1}{1+0.0099K_1K_2} = \frac{1}{1+0.0099\times100\times100}$$

$$= \frac{1}{100} = 0.01$$

답 ①

142 핵심이론 찾아보기▶핵심 05-1

기사 15년 출제

주파수 전달함수 $G(s) = s$인 미분요소가 있을 때, 이 시스템의 벡터궤적은?

①
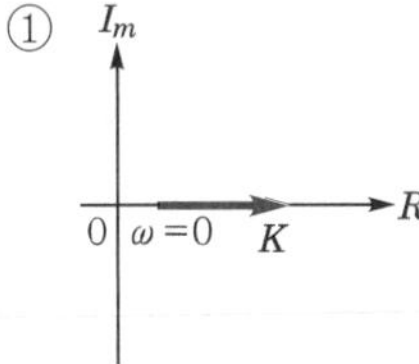

②
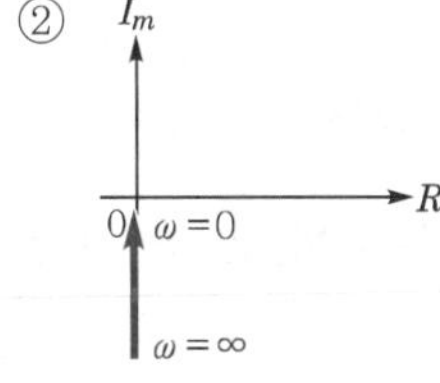

③
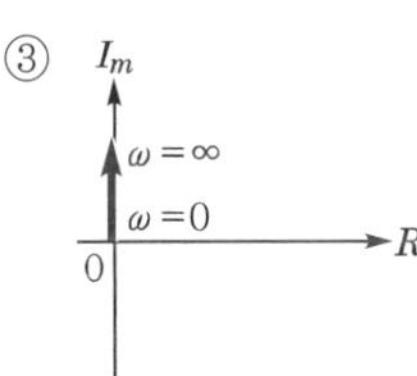

④
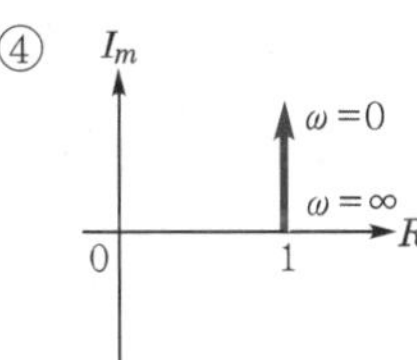

해설 미분요소 $G(s) = s$

$\therefore G(j\omega) = j\omega$

$\omega = 0$에서는 $G(j\omega) = 0$이지만 ω가 점점 증가함에 따라 $j\omega$는 허수축상에서 위로 올라가는 직선이 된다.

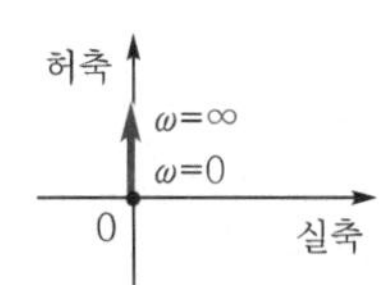

답 ③

143 핵심이론 찾아보기▶핵심 05-1

기사 17년 출제

$G(j\omega)=\dfrac{1}{j\omega T+1}$ 의 크기와 위상각은?

① $G(j\omega)=\sqrt{\omega^2T^2+1}\angle\tan^{-1}\omega T$
② $G(j\omega)=\sqrt{\omega^2T^2+1}\angle-\tan^{-1}\omega T$
③ $G(j\omega)=\dfrac{1}{\sqrt{\omega^2T^2+1}}\angle\tan^{-1}\omega T$
④ $G(j\omega)=\dfrac{1}{\sqrt{\omega^2T^2+1}}\angle-\tan^{-1}\omega T$

해설
- 크기 $|G(j\omega)|=\left|\dfrac{1}{1+j\omega T}\right|=\dfrac{1}{\sqrt{1+(\omega T)^2}}$
- 위상각 $\theta=-\tan^{-1}\dfrac{\omega T}{1}=-\tan^{-1}\omega T$

답 ④

144 핵심이론 찾아보기▶핵심 05-1

기사 00·99·94년 출제

$G(j\omega)=\dfrac{1}{1+j2T}$ 이고, $T=2$[s]일 때 크기 $|G(j\omega)|$와 위상 $\angle G(j\omega)$는 각각 얼마인가?

① 0.44, $-36°$
② 0.44, $36°$
③ 0.24, $-76°$
④ 0.24, $76°$

해설 크기 $G(j\omega)=\dfrac{1}{1+j4}$

$|G(j\omega)|=\dfrac{1}{\sqrt{1+4^2}}=0.24$

위상각 $\theta=\angle G(j\omega)=-\tan^{-1}4=-76°$

답 ③

145 핵심이론 찾아보기▶핵심 05-1

기사 11·95년 출제

그림과 같은 궤적(주파수응답)을 나타내는 계의 전달함수는?

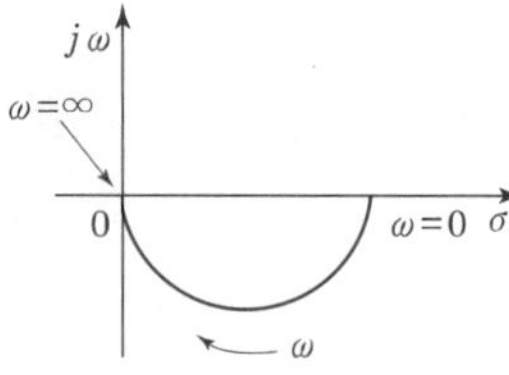

① s
② $\dfrac{1}{s}$
③ $\dfrac{1}{1+Ts}$
④ $\dfrac{{\omega_n}^2}{s^2+2\delta\omega_n s+{\omega_n}^2}$

해설 **1차 지연요소**

- 전달함수 $G(s)=\dfrac{1}{1+Ts}$, $G(j\omega)=\dfrac{1}{1+j\omega T}$
- 크기 $|G(j\omega)|=\dfrac{1}{\sqrt{1+(\omega T)^2}}$
- 위상각 $\theta=-\tan^{-1}\omega T$
  - $\omega=0$인 경우 : 크기$=1$, 위상각 $\theta=0°$
  - $\omega=\infty$인 경우 : 크기$=0$, 위상각 $\theta=-90°$

답 ③

146

핵심이론 찾아보기▶**핵심 05-1**

기사 16년 출제

벡터궤적이 다음과 같이 표시되는 요소는?

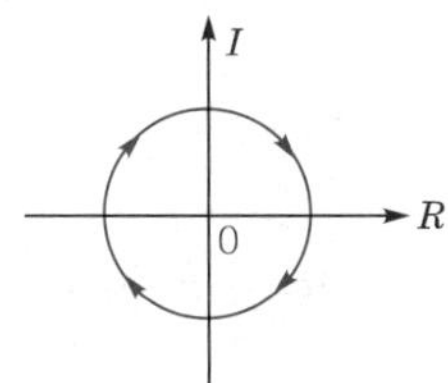

① 비례요소
② 1차 지연요소
③ 2차 지연요소
④ 부동작시간 요소

해설 **부동작시간 요소의 전달함수**

$G(j\omega)=e^{-j\omega L}=\cos\omega L-j\sin\omega L$

크기 $|G(j\omega)|=\sqrt{(\cos\omega L)^2+(\sin\omega L)^2}=1$

∴ 반지름 1인 원

답 ④

147

핵심이론 찾아보기▶**핵심 05-1**

기사 19년 출제

그림의 벡터궤적을 갖는 계의 주파수 전달함수는?

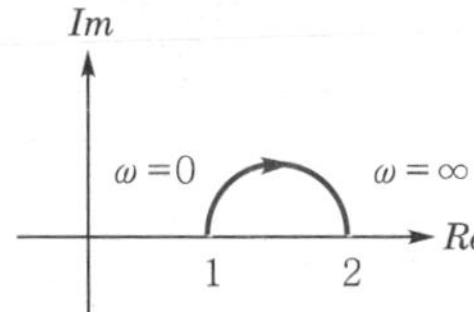

① $\dfrac{1}{j\omega+1}$
② $\dfrac{1}{j2\omega+1}$
③ $\dfrac{j\omega+1}{j2\omega+1}$
④ $\dfrac{j2\omega+1}{j\omega+1}$

해설 $G(j\omega)=\dfrac{1+j\omega T_2}{1+j\omega T_1}$에서 $\omega=0$인 경우 $|G(j\omega)|=1$, $\omega=\infty$인 경우 $|G(j\omega)|=\dfrac{T_2}{T_1}=2$이므로

$T_1 < T_2$이고, 위상각은 (+)값으로 되어 $G(j\omega)=\dfrac{j2\omega+1}{j\omega+1}$이다.

답 ④

148 핵심이론 찾아보기▶핵심 05-2

기사 15년 출제

$G(j\omega) = \dfrac{K}{j\omega(j\omega+1)}$ 의 나이퀴스트선도는? (단, $K>0$이다.)

①
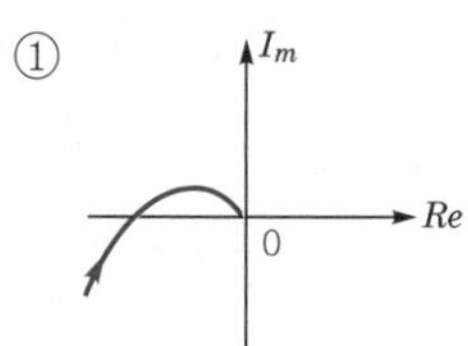

②
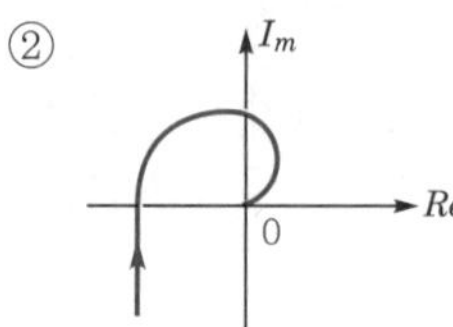

③
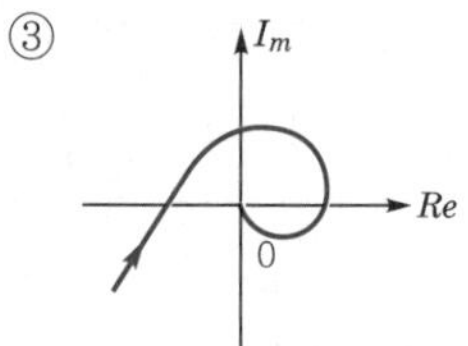

④
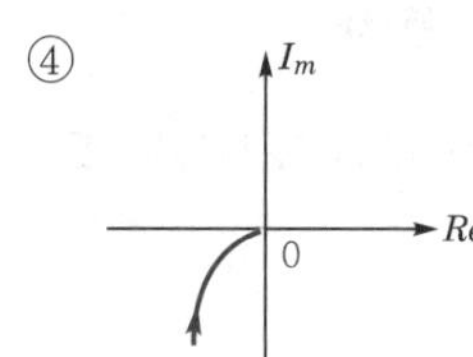

해설 $G(j\omega) = \dfrac{K}{j\omega(1+j\omega)}$ 의 크기 $|G(j\omega)| = \dfrac{K}{\omega\sqrt{1+\omega^2}}$

위상각 $\angle\theta = -(90° + \tan^{-1}\omega)$

- $\omega = 0$인 경우 : 크기 $\dfrac{K}{0} = \infty$, 위상각 $\angle\theta = -90°$
- $\omega = \infty$ 인 경우 : 크기 $\dfrac{K}{\infty} = 0$, 위상각 $\angle\theta = -180°$

∴ 나이퀴스트선도는 제3상한에 그려지게 된다.

답 ④

149 핵심이론 찾아보기▶핵심 05-2

기사 18년 출제

$G(j\omega) = \dfrac{K}{j\omega(j\omega+1)}$ 에 있어서 진폭 A 및 위상각 θ는?

$$\lim_{\omega \to \infty} G(j\omega) = A\angle\theta$$

① $A=0$, $\theta=-90°$
② $A=0$, $\theta=-180°$
③ $A=\infty$, $\theta=-90°$
④ $A=\infty$, $\theta=-180°$

해설 진폭 A는 $G(j\omega)$의 크기이므로 $A = |G(j\omega)| = \dfrac{K}{\omega\sqrt{\omega^2+1}}$

∴ $\omega = \infty$ 인 경우

$$A = |G(j\omega)| = \left.\frac{K}{\omega\sqrt{\omega^2+1}}\right|_{\omega=\infty} = 0$$

$$\angle\theta = -(90° + \tan^{-1}\omega)|_{\omega=\infty} = -180°$$

답 ②

150 핵심이론 찾아보기▶핵심 05-2 기사 80년 출제

$G(s)=\dfrac{K}{(1+T_1s)(1+T_2s)(1+T_3s)}$ 의 벡터궤적은?

①
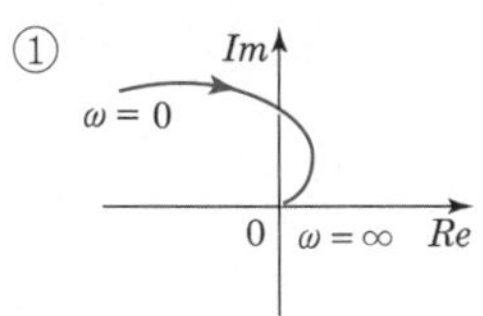

②
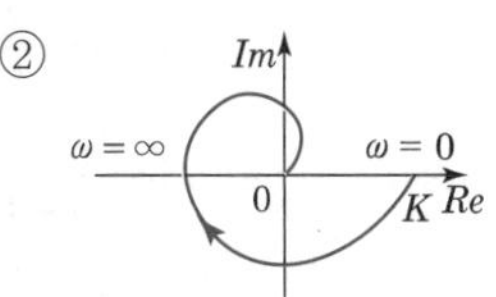

③
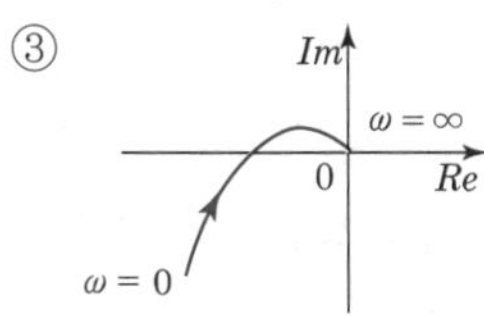

④
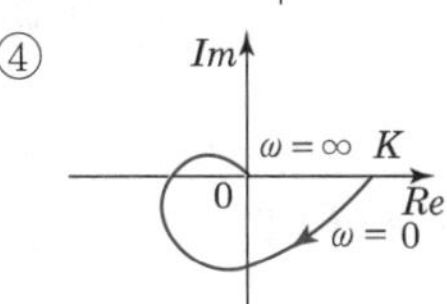

해설 $G(j\omega)=\dfrac{K}{(1+j\omega T_1)(1+j\omega T_2)(1+j\omega T_3)}$

㉠ 크기 $|G(j\omega)|=\dfrac{K}{\sqrt{1+(\omega T_1)^2}\cdot\sqrt{1+(\omega T_2)^2}\cdot\sqrt{1+(\omega T_3)^2}}$

㉡ 위상각 $\angle\theta=-(\tan^{-1}\omega T_1+\tan^{-1}\omega T_2+\tan^{-1}\omega T_3)$

- $\omega=0$인 경우 : 크기 $\dfrac{K}{1}=K$, 위상각 $\angle\theta=0°$
- $\omega=\infty$인 경우 : 크기 $\dfrac{K}{\infty}=0$, 위상각 $\angle\theta=-270°$

답 ④

151 핵심이론 찾아보기▶핵심 05-3 기사 98·82년 출제

$G(j\omega)=j0.01\omega$ 에서 $\omega=0.01$[rad/s]일 때, 이득[dB]은?

① -20 ② -80
③ 40 ④ 20

해설 이득 $g=20\log|G(j\omega)|=20\log|j0.01\omega|=20\log|0.0001j|\fallingdotseq 20\log\dfrac{1}{10^4}=-80$[dB]

답 ②

152 핵심이론 찾아보기▶핵심 05-3 기사 95년 출제

$G(s)=\dfrac{1}{s}$ 에서 $\omega=10$[rad/s]일 때, 이득[dB]은?

① -50 ② -40
③ -30 ④ -20

해설 이득 $g=20\log|G(j\omega)|=20\log\left|\dfrac{1}{j\omega}\right|=20\log\left|\dfrac{1}{j10}\right|\fallingdotseq 20\log\dfrac{1}{10}=-20$[dB]

답 ④

153

핵심이론 찾아보기▶핵심 05-3　　　기사 21·09·02·99·96·94년 출제

주파수 전달함수 $G(j\omega)=\dfrac{1}{j100\omega}$ 인 계산에서 $\omega=0.1$[rad/s]일 때, 이득[dB]과 위상각은?

① -20, $-90°$　　② -40, $-90°$　　③ 20, $-90°$　　④ 40, $-90°$

해설 이득 $g=20\log|G(j\omega)|=20\log\left|\dfrac{1}{j100\omega}\right|=20\log\left|\dfrac{1}{j10}\right| \fallingdotseq 20\log\dfrac{1}{10}=-20[\mathrm{dB}]$

위상각 $\underline{/\theta}=\underline{/G(j\omega)}=\underline{/\dfrac{1}{j100\omega}}=\underline{/\dfrac{1}{j10}}=-90°$

답 ①

154

핵심이론 찾아보기▶핵심 05-3　　　기사 05·95년 출제

$G(s)=\dfrac{1}{s(s+1)}$ 인 선형 제어계에서 $\omega=10$일 때, 주파수 전달함수의 이득[dB]은?

① -10　　② -20　　③ -30　　④ -40

해설 이득 $g=20\log|G(j\omega)|$

$=20\log\left|\dfrac{1}{j\omega(j\omega+1)}\right|=20\log\dfrac{1}{\omega\sqrt{\omega^2+1^2}}$

$=20\log\dfrac{1}{10\sqrt{10^2+1}} \fallingdotseq 20\log\dfrac{1}{100}=-40[\mathrm{dB}]$

답 ④

155

핵심이론 찾아보기▶핵심 05-3　　　기사 13·96년 출제

$G(s)=\dfrac{1}{s(s+10)}$ 인 선형 제어계에서 $\omega=0.1$일 때, 주파수 전달함수의 이득[dB]은?

① -20　　② 0　　③ 20　　④ 40

해설 이득 $g=20\log|G(j\omega)|=20\log\left|\dfrac{1}{j\omega(j\omega+10)}\right|=20\log\left|\dfrac{1}{\omega\sqrt{\omega^2+10^2}}\right|$

$=20\log\dfrac{1}{0.1\sqrt{0.1^2+10^2}} \fallingdotseq 20\log 1$

$=0[\mathrm{dB}]$

답 ②

156

핵심이론 찾아보기▶핵심 05-3　　　기사 93년 출제

$G(s)=s$의 보드선도는?

① $+20$[dB/sec]의 경사를 가지며 위상각 $90°$
② -20[dB/sec]의 경사를 가지며 위상각 $-90°$
③ $+40$[dB/sec]의 경사를 가지며 위상각 $180°$
④ -40[dB/sec]의 경사를 가지며 위상각 $-180°$

해설 보드선도는 가로축에 주파수 ω를 로그 눈금으로 취하고 세로축에 이득 $|G(j\omega)|$의 데시벨값, 혹은 위상각을 취하여 표시한 이득 곡선과 위상 곡선으로 구성된다.

이득 $g = 20\log|G(j\omega)| = 20\log|j\omega| = 20\log\omega$[dB]

- $\omega = 0.1$일 때 $g = -20$[dB]
- $\omega = 1$일 때 $g = 0$[dB]
- $\omega = 10$일 때 $g = 20$[dB]

∴ 이득 20[dB/sec]의 경사를 가지며,
위상각 $\angle\theta = \angle G(j\omega) = \angle(j\omega) = 90°$

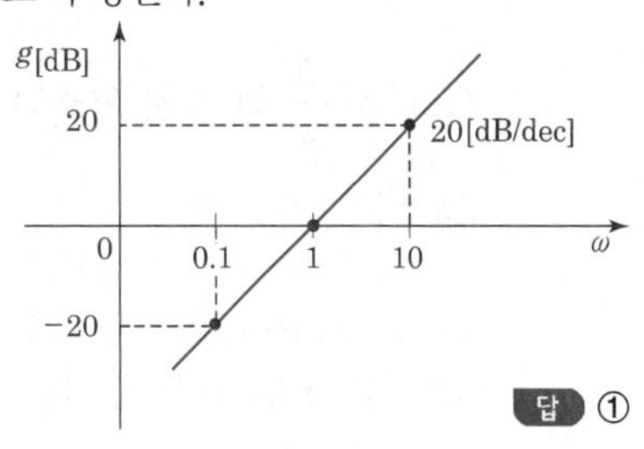

답 ①

157 핵심이론 찾아보기▶핵심 05-3

기사 09·97년 출제

$G(j\omega) = K(j\omega)^2$의 보드선도는?

① −40[dB/dec]의 경사를 가지며 위상각 −180°
② 40[dB/dec]의 경사를 가지며 위상각 180°
③ −20[dB/dec]의 경사를 가지며 위상각 −90°
④ 20[dB/dec]의 경사를 가지며 위상각 90°

해설 이득 $g = 20\log|G(j\omega)| = 20\log|K(j\omega)^2|$
$= 20\log K\omega^2 = 20\log K + 40\log\omega$[dB]

- $\omega = 0.1$일 때 $g = 20\log K - 40$[dB]
- $\omega = 1$일 때 $g = 20\log K$[dB]
- $\omega = 10$일 때 $g = 20\log K + 40$[dB]

∴ 이득 40[dB/dec]의 경사를 가지며,
위상각 $\angle\theta = \angle G(j\omega) = \angle(j\omega)^2 = 180°$

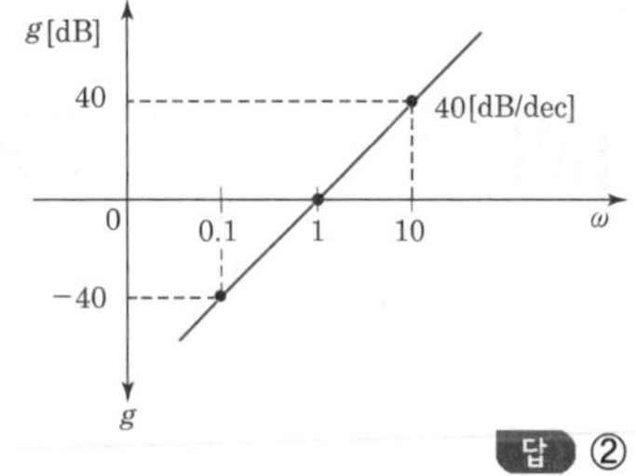

답 ②

158 핵심이론 찾아보기▶핵심 05-3

기사 01·96·91년 출제

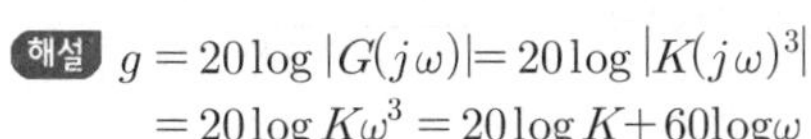

$G(j\omega) = K(j\omega)^3$의 보드선도는?

① 20[dB/dec]의 경사를 가지며 위상각 90°
② 40[dB/dec]의 경사를 가지며 위상각 −90°
③ 60[dB/dec]의 경사를 가지며 위상각 −90°
④ 60[dB/dec]의 경사를 가지며 위상각 270°

해설 $g = 20\log|G(j\omega)| = 20\log|K(j\omega)^3|$
$= 20\log K\omega^3 = 20\log K + 60\log\omega$

- $\omega = 0.1$일 때 $g = 20\log K - 60$[dB]
- $\omega = 1$일 때 $g = 20\log K$[dB]
- $\omega = 10$일 때 $g = 20\log K + 60$[dB]

∴ 60[dB/dec]의 경사를 가지며,
위상각 $\angle\theta = \angle G(j\omega) = \angle(j\omega)^3 = 270°$이다.

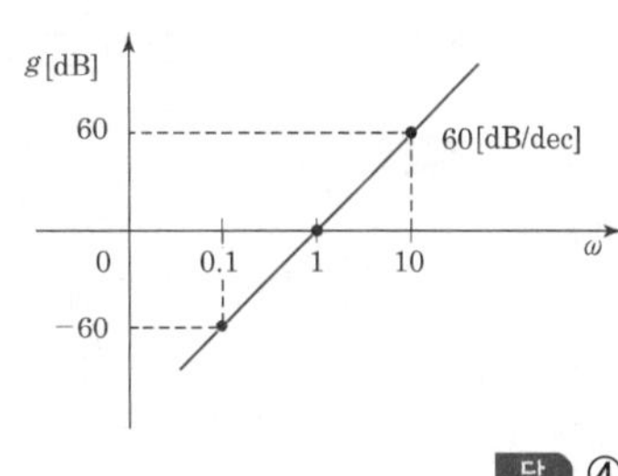

답 ④

159

핵심이론 찾아보기▶핵심 05-3

기사 15·93년 출제

$G(s)=\dfrac{K}{s}$의 적분 요소의 보드선도에서 이득 곡선의 1[dec]당 기울기는?

① +20[dB/sec]의 경사를 가지며 위상각 90°
② −20[dB/sec]의 경사를 가지며 위상각 −90°
③ +40[dB/sec]의 경사를 가지며 위상각 180°
④ −40[dB/sec]의 경사를 가지며 위상각 −180°

해설

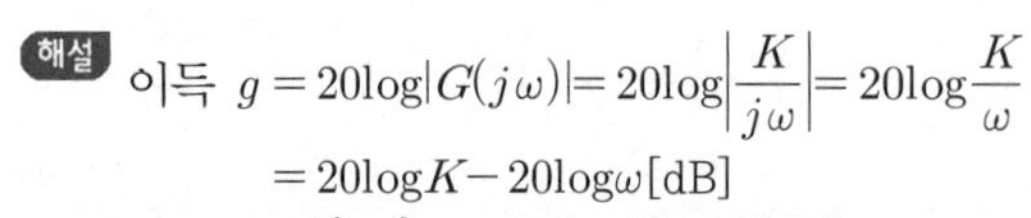

이득 $g=20\log|G(j\omega)|=20\log\left|\dfrac{K}{j\omega}\right|=20\log\dfrac{K}{\omega}$

$=20\log K-20\log\omega$[dB]

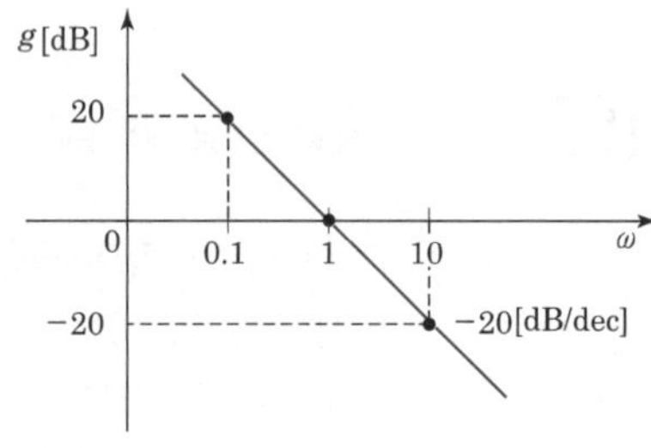

- $\omega=0.1$일 때 $g=20\log K+20$[dB]
- $\omega=1$일 때 $g=20\log K$[dB]
- $\omega=10$일 때 $g=20\log K-20$[dB]

∴ 이득−20[dB/sec]의 경사를 가지며,

위상각 $\angle\theta=\angle G(j\omega)=\angle\dfrac{K}{j\omega}=-90°$

답 ②

160

핵심이론 찾아보기▶핵심 05-3

기사 22년 출제

그림과 같은 보드선도의 이득선도를 갖는 제어시스템의 전달함수는?

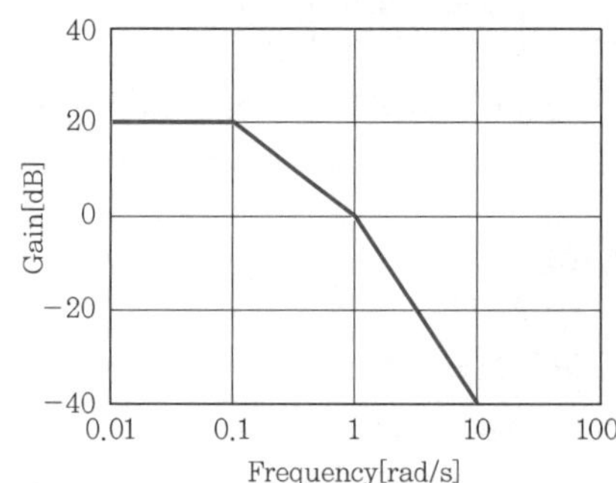

① $G(s)=\dfrac{10}{(s+1)(s+10)}$
② $G(s)=\dfrac{10}{(s+1)(10s+1)}$
③ $G(s)=\dfrac{20}{(s+1)(s+10)}$
④ $G(s)=\dfrac{20}{(s+1)(10s+1)}$

해설 절점주파수 $\omega_c=\dfrac{1}{T}$[rad/s]

보드선도의 절점주파수 $\omega_1=0.1$, $\omega_2=1$이므로 $G(j\omega)=\dfrac{K}{(1+j10\omega_1)(1+j\omega_2)}$

∴ $G(s)=\dfrac{K}{(1+10s)(1+s)}=\dfrac{K}{(s+1)(10s+1)}$

보드선도이득 근사값에 의해 $G(s)=\dfrac{10}{(s+1)(10s+1)}$

답 ②

161 핵심이론 찾아보기▶핵심 05-3

기사 02·01·97년 출제

$G(s) = 1 + 10s$ 의 보드선도에서 이득곡선은?

①
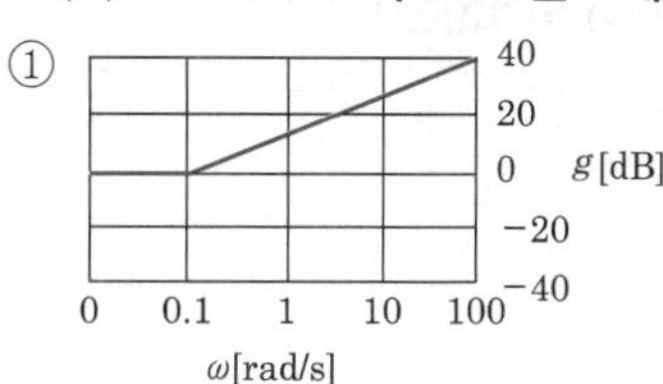

②
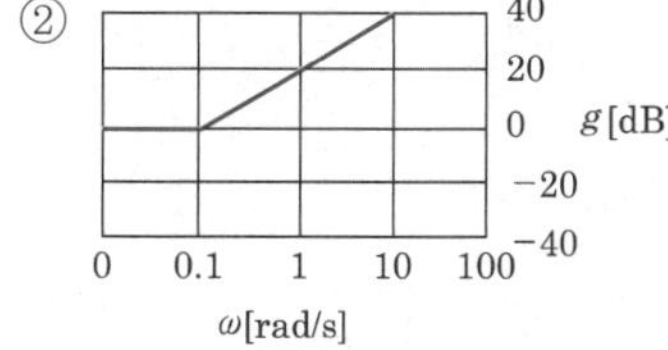

③
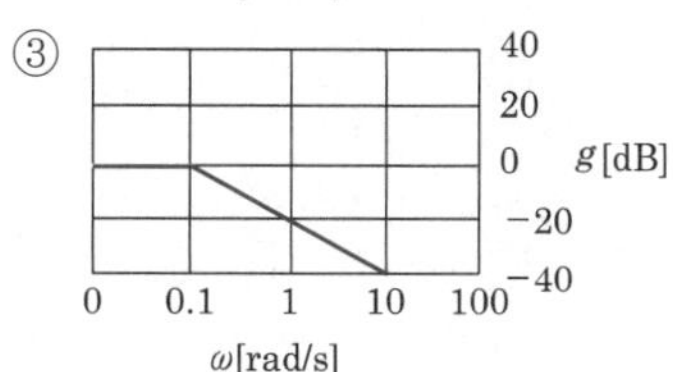

④
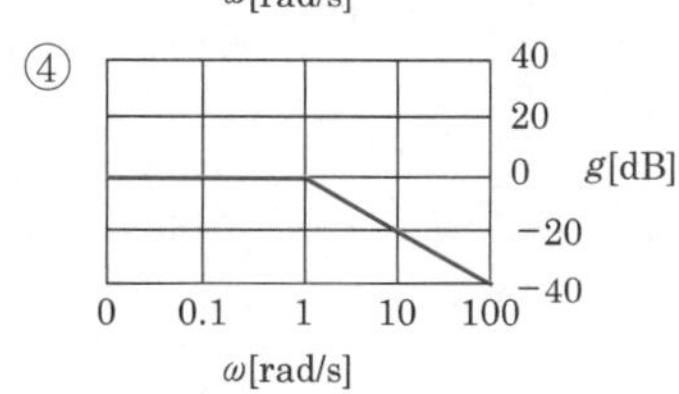

해설 $g = 20\log|G(j\omega)| = 20\log|j10\omega + 1| = 20\log\sqrt{(10\omega)^2 + 1}$

- $\omega \ll 0.1$일 때 $g = 20\log 1 = 0$[dB]
- $\omega \gg 0.1$일 때 $g = 20\log 10\omega$[dB]

∴ 기울기는 20[dB/dec]이고 절점주파수 $\omega_c = \frac{1}{10} = 0.1$[rad/s]이다.

답 ②

162 핵심이론 찾아보기▶핵심 05-3

기사 09·02년 출제

$G(j\omega) = \frac{1}{1 + j10\omega}$ 로 주어지는 절점주파수[rad/s]는?

① 0.1　② 1
③ 10　④ 11

해설 $G(j\omega) = \frac{1}{1 + j10\omega}$, $10\omega_c = 1$

∴ $\omega_c = \frac{1}{10} = 0.1$[rad/s]

답 ①

163 핵심이론 찾아보기▶핵심 05-3

기사 10·94년 출제

$G(s) = \frac{1}{1 + 5s}$ 일 때, 절점에서 절점주파수 ω_c[rad/s]를 구하면?

① 0.1　② 0.5
③ 0.2　④ 5

해설 $G(j\omega) = \frac{1}{1 + j5\omega}$, $5\omega_c = 1$

∴ $\omega_c = \frac{1}{5} = 0.2$[rad/s]

답 ③

164 핵심이론 찾아보기▶핵심 05-3

기사 82년 출제

$G(j\omega)=\dfrac{1}{1+j\omega T}$인 제어계에서 절점주파수일 때의 이득[dB]은?

① 약 −1
② 약 −2
③ 약 −3
④ 약 −4

해설 절점주파수 $\omega_o=\dfrac{1}{T}$

$\therefore G(j\omega)=\dfrac{1}{1+j}$

이득 $g=20\log_{10}\left|\dfrac{1}{1+j}\right|=20\log_{10}\dfrac{1}{\sqrt{2}}=-3[\text{dB}]$

답 ③

165 핵심이론 찾아보기▶핵심 05-3

기사 87·82년 출제

어떤 계통의 보드선도 중 이득선도가 그림과 같을 때, 이에 해당하는 계통의 전달함수는?

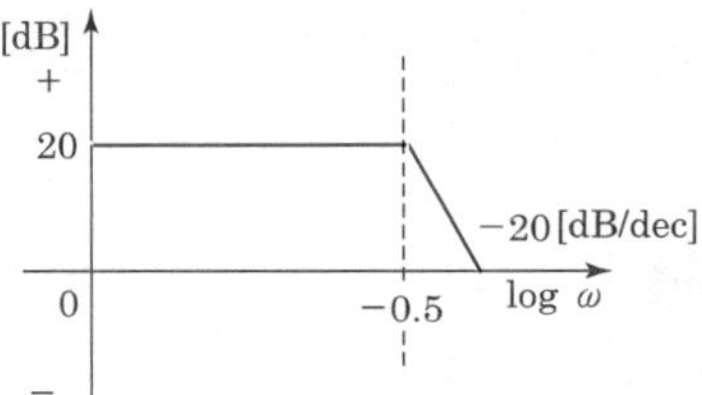

① $\dfrac{20}{5s+1}$
② $\dfrac{10}{2s+1}$
③ $\dfrac{10}{5s+1}$
④ $\dfrac{20}{2s+1}$

해설 1차 지연요소의 전달함수

$G(s)=\dfrac{K}{1+Ts}$, $G(j\omega)=\dfrac{K}{1+j\omega T}$에서

절점주파수 $\omega_c=0.5$이므로 $0.5=\dfrac{1}{T}$

따라서 $T=2$이고 이득 $g=20[\text{dB}]$이므로 $K=10$이 된다.

답 ②

166 핵심이론 찾아보기▶핵심 05-4

기사 05년 출제

주파수특성에 관한 정수 가운데 첨두공진점 M_p 값은 대략 어느 정도로 설계하는 것이 가장 좋은가?

① 0.1 이하
② 0.1 ~ 1.0
③ 1.1 ~ 1.5
④ 1.5 ~ 2.0

해설 M_p가 크면 과도응답 시 오버슈트가 커진다. 제어계에서 최적한 M_p의 값은 대략 1.1 ~ 1.5 이다.

답 ③

167

핵심이론 찾아보기 ▶ 핵심 05-4 기사 03년 출제

폐루프 전달함수 $G(s)=\dfrac{1}{2s+1}$ 인 계의 대역폭(BW)은 몇 [rad]인가?

① 0.5 ② 1 ③ 1.5 ④ 2

해설 $G(j\omega)=\dfrac{1}{2j\omega+1}$

$|G(j\omega)|=\dfrac{1}{\sqrt{(2\omega)^2+1}}$

대역폭을 구하기 위하여 차단주파수를 ω_c라 하면 $\dfrac{1}{\sqrt{(2\omega_c)^2+1}}=\dfrac{1}{\sqrt{2}}$

$\therefore\ BW=\omega_c=0.5[\text{rad}]$

답 ①

168

핵심이론 찾아보기 ▶ 핵심 05-4 기사 13년 출제

$s^2+5s+25=0$의 특성방정식을 갖는 시스템에서 단위 계단 함수 입력 시 최대 오버슈트(maximum overshoot)가 발생하는 시간은 약 몇 [sec]인가?

① 0.726 ② 1.451 ③ 2.902 ④ 0.363

해설 최대 오버슈트 발생 시간 $t_p=\dfrac{\pi}{\omega_n\sqrt{1-\delta^2}}[\text{sec}]$

특성방정식 $s^2+5s+25=0$의 $\omega_n=5[\text{rad/sec}]$, $\delta=\dfrac{1}{2}$

$\therefore\ t_p=\dfrac{\pi}{5\sqrt{1-0.5^2}}=0.726[\text{sec}]$

답 ①

169

핵심이론 찾아보기 ▶ 핵심 05-4 기사 00년 출제

2차 제어계에 있어서 공진정점 M_p가 너무 크면 제어계의 안정도는 어떻게 되는가?

① 불안정하게 된다. ② 안정하게 된다. ③ 불변이다. ④ 조건부 안정이 된다.

해설 공진정점 M_p가 너무 크면 과도응답 시 오버슈트가 커지므로 불안정하게 된다.

답 ①

170

핵심이론 찾아보기 ▶ 핵심 05-4 기사 02·01·99년 출제

분리도가 예리(sharp)해질수록 나타나는 현상은?

① 정상오차가 감소한다.
② 응답속도가 빨라진다.
③ M_p의 값이 감소한다.
④ 제어계가 불안정해진다.

해설 분리도가 예리할수록 큰 공진정점(M_p)을 동반하므로 불안정하기 쉽다.

답 ④

171

핵심이론 찾아보기▶핵심 05-4 기사 15년 출제

전달함수의 크기가 주파수 0에서 최댓값을 갖는 저역 통과 필터가 있다. 최댓값의 70.7[%] 또는 −3[dB]로 되는 크기까지의 주파수로 정의되는 것은?

① 공진주파수 ② 첨두공진점
③ 대역폭 ④ 분리도

해설 **대역폭(band width)**
대역폭의 크기가 $0.707M_0$ 또는 $20\log M_0 - 3$[dB]에서의 주파수로 정의한다. 물리적 의미는 입력신호가 30[%]까지 감소되는 주파수범위이다. 대역폭이 넓으면 넓을수록 응답속도가 빠르다.

답 ③

172

핵심이론 찾아보기▶핵심 05-4 기사 17년 출제

주파수특성의 정수 중 대역폭이 좁으면 좁을수록 이때의 응답속도는 어떻게 되는가?

① 빨라진다. ② 늦어진다.
③ 빨라졌다 늦어진다. ④ 늦어졌다 빨라진다.

해설 대역폭이 넓으면 응답은 빨라지고, 대역폭이 좁으면 응답은 느려진다.

답 ②

173

핵심이론 찾아보기▶핵심 05-5 기사 96년 출제

폐루프 전달함수 $G(s) = \dfrac{{\omega_n}^2}{s^2 + 2\delta\omega_n s + {\omega_n}^2}$ 인 2차계에 대해서 공진치 M_p는?

① $M_p = \omega_n\sqrt{1-2\delta^2}$ ② $M_p = \dfrac{1}{2\delta\sqrt{1-\delta^2}}$
③ $M_p = \omega_n\sqrt{1+\delta^2}$ ④ $M_p = \dfrac{1}{\delta\sqrt{1-2\delta^2}}$

답 ②

174

핵심이론 찾아보기▶핵심 05-5 기사 13·85년 출제

2차계의 주파수 응답과 시간 응답 간의 관계 중 잘못된 것은?

① 안정된 제어계에서 높은 대역폭은 큰 공진 첨두값과 대응된다.
② 최대 오버슈트와 공진 첨두값은 δ(감쇠율)만의 함수로 나타낼 수 있다.
③ ω_n이 일정 시 δ가 증가하면 상승 시간과 대역폭은 증가한다.
④ 대역폭은 영 주파수 이득보다 3[dB] 떨어지는 주파수로 정의된다.

해설 δ가 증가하면 대역폭은 감소한다.

답 ③

175 핵심이론 찾아보기▶핵심 06-1 기사 12년 출제

제어계의 특성방정식이 $a_0s^n + a_1s^{n-1} + \cdots + a_{n-1}s + a_n = 0$으로 했을 때 이 방정식의 근이 전부 복소평면의 좌반 평면에 있고 제어계가 안정하기 위한 필요 충분 조건이 아닌 것은?

① 계수 a_0, a_1, $\cdots$, a_n이 모두 존재할 것
② 계수가 모두 동부호일 것
③ 후르비츠의 행렬식이 전부 정(正)일 것
④ 라우스(Routh)의 행렬식이 전부 정(正)일 것

해설 **제어계가 안정될 때 필요조건**
특성방정식이 모든 차수가 존재하고 각 계수의 부호가 같아야 한다.

답 ④

176 핵심이론 찾아보기▶핵심 06-1 기사 17년 출제

특성방정식의 모든 근이 s 복소평면의 좌반면에 있으면 이 계는 어떠한가?

① 안정
② 준안정
③ 불안정
④ 조건부안정

해설 제어계가 안정하려면 특성방정식의 근이 s평면상(복소평면)의 좌반부에 존재하여야 한다.

답 ①

177 핵심이론 찾아보기▶핵심 06-1 기사 00·92년 출제

특성방정식의 근이 s 복소평면의 음의 반평면에 있으면 이 계는 어떠한가?

① 안정
② 중안정
③ 조건부안정
④ 불안정

해설 제어계가 안정하려면 특성방정식의 근이 s 복소평면의 좌반(음) 평면에 존재해야 한다. 즉, 양의 실수부를 갖는 근이 되어야 한다.

답 ④

178 핵심이론 찾아보기▶핵심 06-1 기사 22·19년 출제

특성방정식 중에서 안정된 시스템인 것은?

① $2s^3 + 3s^2 + 4s + 5 = 0$
② $s^4 + 3s^3 - s^2 + s + 10 = 0$
③ $s^5 + s^3 + 2s^2 + 4s + 3 = 0$
④ $s^4 - 2s^3 - 3s^2 + 4s + 5 = 0$

해설 **제어계가 안정될 때 필요조건**
특성방정식의 모든 차수가 존재하고 각 계수의 부호가 같아야 한다.

답 ①

179 핵심이론 찾아보기▶핵심 06-1 기사 18년 출제

일반적인 제어시스템에서 안정의 조건은?

① 입력이 있는 경우 초기값에 관계없이 출력이 0으로 간다.
② 입력이 없는 경우 초기값에 관계없이 출력이 무한대로 간다.
③ 시스템이 유한한 입력에 대해서 무한한 출력을 얻는 경우
④ 시스템이 유한한 입력에 대해서 유한한 출력을 얻는 경우

해설 일반적인 제어시스템의 안정도는 입력에 대한 시스템의 응답에 의해 정해지므로 유한한 입력에 대해서 유한한 출력이 얻어지는 경우는 시스템이 안정하다고 한다. **답** ④

180

핵심이론 찾아보기▶핵심 06-2 기사 19년 출제

Routh-Hurwitz 표에서 제1열의 부호가 변하는 횟수로부터 알 수 있는 것은?

① s평면의 좌반면에 존재하는 근의 수 ② s평면의 우반면에 존재하는 근의 수
③ s평면의 허수축에 존재하는 근의 수 ④ s평면의 원점에 존재하는 근의 수

해설 제1열의 요소 중에 부호의 변화가 있으면 부호의 변화만큼 s평면의 우반부에 불안정근이 존재한다. **답** ②

181

핵심이론 찾아보기▶핵심 06-2 기사 17년 출제

Routh 안정 판별표에서 수열의 제1열이 다음과 같을 때 이 계통의 특성방정식에 양의 실수부를 갖는 근이 몇 개인가?

1
2
−1
3
1

① 전혀 없다. ② 1개 있다.
③ 2개 있다. ④ 3개 있다.

해설 제1열의 부호 변환의 수가 우반평면에 존재하는 근의 수, 즉 양의 실수부의 근, 불안정근의 수가 된다. 2에서 −1과 −1에서 3으로 부호 변화가 2번 있으므로 양의 실수부를 갖는 근은 2개 존재한다. **답** ③

182

핵심이론 찾아보기▶핵심 06-2 기사 18년 출제

$s^3+11s^2+2s+40=0$에는 양의 실수부를 갖는 근은 몇 개 있는가?

① 1 ② 2
③ 3 ④ 없다.

해설 라우스의 표

$$\begin{array}{c|cc} s^3 & 1 & 2 \\ s^2 & 11 & 40 \\ s^1 & \dfrac{22-40}{11} & 0 \\ s^0 & 40 & \end{array}$$

제1열의 부호 변화가 2번 있으므로 양의 실수부를 갖는 불안정근이 2개가 있다. **답** ②

183

핵심이론 찾아보기▶핵심 06-2 기사 15년 출제

특성방정식이 $s^4+s^3+2s^2+3s+2=0$인 경우 불안정한 근의 수는?

① 0개 ② 1개
③ 2개 ④ 3개

해설 라우스(Routh)의 표

s^4	1	2	2
s^3	1	3	0
s^2	$\frac{2-3}{1}$	$\frac{2-0}{1}$	
s^1	$\frac{-3-2}{-1}$	0	
s^0	2		

∴ 제1열의 부호 변화가 2번 있으므로 불안정한 근의 수가 2개 있다.

답 ③

184

핵심이론 찾아보기▶핵심 06-2 기사 17년 출제

특성방정식 $s^5+2s^4+2s^3+3s^2+4s+1$을 Routh-Hurwitz 판별법으로 분석한 결과로 옳은 것은?

① s평면의 우반면에 근이 존재하지 않기 때문에 안정한 시스템이다.
② s평면의 우반면에 근이 1개 존재하기 때문에 불안정한 시스템이다.
③ s평면의 우반면에 근이 2개 존재하기 때문에 불안정한 시스템이다.
④ s평면의 우반면에 근이 3개 존재하기 때문에 불안정한 시스템이다.

해설 라우스의 표

s^5	1	2	4
s^4	2	3	1
s^3	0.5	3.5	
s^2	−11	1	
s^1	3.55	0	
s^0	1		

제1열의 부호 변화가 2번 있으므로 계는 불안정하며 우반면의 근이 2개 존재한다.

답 ③

185

핵심이론 찾아보기▶핵심 06-2 기사 05·93년 출제

$2s^3+5s^2+5s+1=0$으로 주어진 계의 안정도를 판별하고 우반 평면상의 근을 구하면?

① 임계 상태이며 허수축상에 근이 2개 존재한다.
② 안정하고 우반 평면에 근이 없다.
③ 불안정하며 우반 평면상에 근이 2개이다.
④ 불안정하며 우반 평면상에 근이 1개이다.

해설 라우스의 표

s^3	2	3	0
s^2	5	1	
s^1	$\frac{13}{5}$	0	
s^0	1		

제1열의 부호 변화가 없으므로 제어계는 안정하다.

답 ②

186

핵심이론 찾아보기▶**핵심 06-2** 출제예상

$s^5+2s^4+3s^3+4s^2+5s+6=0$은 양의 실수부를 갖는 근이 몇 개 있는가?

① 0 ② 1 ③ 2 ④ 3

해설 라우스의 표

s^5	1	3	5	
	(2)	(4)	(6)	←(2로 나누면)
s^4	1	2	3	
s^3	1	2	0	
s^2	(0)	(3)	(0)	←제1열의 원소만 0인 경우 0을 미소양의 실수 ε으로 대치
	e	3	0	
s^1	$\frac{2e-3}{e}$	0		
s^0	3			

제1열의 부호 변화가 2번 있으므로 양(+)의 실수부를 가진 근이 2개 있으며 불안정하다.

답 ③

187

핵심이론 찾아보기▶**핵심 06-2** 기사 87년 출제

특성방정식이 다음과 같이 주어질 때, 불안정근의 수는?

$$s^4+s^3-3s^2-s+2=0$$

① 0 ② 1 ③ 2 ④ 3

해설 라우스의 표

s^4	1	-3	2
s^3	1	-1	0
s^2	-2	2	(보조 방정식)
s^1	0	0	

보조 방정식 $f(s)$는 $f(s)=-2s^2+2$
보조 방정식을 s에 관해서 미분하면
$\frac{df(s)}{ds}=-4s$

라우스의 표에서 0인 행에 $\frac{df(s)}{ds}$의 계수로 대치하면

s^4	1	-3	2
s^3	1	-1	
s^2	-2	2	(보조 방정식)
s^1	-4	0	
s^0	2	0	

제1열의 부호 변화가 2번 있으므로 s평면의 우반부에 2개의 근($s=1$의 중근)을 가진다.

답 ③

188 핵심이론 찾아보기▶핵심 06-2

기사 15년 출제

어떤 제어계의 전달함수인 $G(s)=\frac{s}{(s+2)(s^2+2s+2)}$에서 안정성을 판정하면?

① 임계상태 ② 불안정 ③ 안정 ④ 알 수 없다.

해설
- 특성방정식

$(s+2)(s^2+2s+2)=0$

$s^3+4s^2+6s+4=0$

- 라우스의 표

s^3	1	6
s^2	4	4
s^1	$\frac{24-4}{4}$	0
s^0	4	

∴ 제1열의 부호 변화가 없으므로 제어계는 안정하다.

답 ③

189 핵심이론 찾아보기▶핵심 06-2

기사 18년 출제

특성방정식 $s^3+2s^2+Ks+5=0$이 안정하기 위한 K의 값은?

① $K>0$ ② $K<0$ ③ $K>\frac{5}{2}$ ④ $K<\frac{5}{2}$

해설 라우스의 표

s^3	1	K
s^2	2	5
s^1	$\frac{2K-5}{2}$	0
s^0	5	

제1열의 부호 변화가 없으려면 $\frac{2K-5}{2}>0$

$\therefore K>\frac{5}{2}$

답 ③

190

핵심이론 찾아보기▶핵심 06-2 기사 17년 출제

특성방정식 $s^3+2s^2+(k+3)s+10=0$에서 Routh 안정도 판별법으로 판별 시 안정하기 위한 k의 범위는?

① $k>2$ ② $k<2$ ③ $k>1$ ④ $k<1$

해설 라우스의 표

s^3	1	$k+3$
s^2	2	10
s^1	$\dfrac{2(k+3)-10}{2}$	0
s^0	10	

제1열의 부호 변화가 없으려면 $\dfrac{2(k+3)-10}{2}>0 \quad \therefore\ k>2$

답 ①

191

핵심이론 찾아보기▶핵심 06-2 기사 16년 출제

$F(s)=s^3+4s^2+2s+K=0$에서 시스템이 안정하기 위한 K의 범위는?

① $0<K<8$ ② $-8<K<0$ ③ $1<K<8$ ④ $-1<K<8$

해설 라우스의 표

s^3	1	2
s^2	4	K
s^1	$\dfrac{8-K}{4}$	0
s^0	K	

제1열의 부호 변화가 없으려면 $\dfrac{8-K}{4}>0,\ K>0$

$\therefore\ 0<K<8$

답 ①

192

핵심이론 찾아보기▶핵심 06-2 기사 19년 출제

단위궤환제어시스템의 전향경로 전달함수가 $G(s)=\dfrac{K}{s(s^2+5s+4)}$일 때, 이 시스템이 안정하기 위한 K의 범위는?

① $K<-20$ ② $-20<K<0$ ③ $0<K<20$ ④ $20<K$

해설 단위궤환제어이므로 $H(s)=1$이므로 특성방정식은

$$1+\frac{K}{s(s^2+5s+4)}=0$$

$$s(s^2+5s+4)+K=0$$

$$s^3+5s^2+4s+K=0$$

라우스의 표

s^3	1	4
s^2	5	K
s^1	$\frac{20-K}{5}$	0
s^0	K	

제1열의 부호 변화가 없어야 안정하므로

$\frac{20-K}{5} > 0, \ K > 0$

$\therefore \ 0 < K < 20$

답 ③

193

핵심이론 찾아보기▶핵심 06-2 　　기사 22·09·06·04·03·95년 출제

다음 그림과 같은 제어계가 안정하기 위한 K 의 범위는?

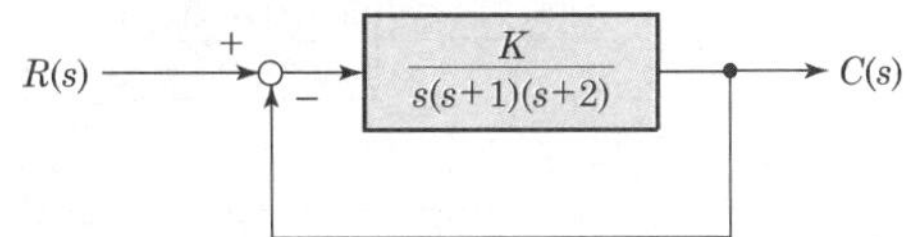

① $K > 0$　　② $K > 6$　　③ $0 < K < 6$　　④ $1 < K < 8$

해설 제어계가 안정하기 위해서는 라우스 표를 작성, 제1열의 부호 변화가 없으면 된다.
특성방정식은

$$1 + G(s)H(s) = 1 + \frac{K}{s(s+1)(s+2)} = 0$$

$$s(s+1)(s+2) + K = s^3 + 3s^2 + 2s + K = 0$$

라우스의 표

s^3	1	2
s^2	3	K
s^1	$\frac{6-K}{3}$	0
s^0	K	

제1열의 부호 변화가 없어야 안정 $\frac{6-K}{3} > 0, \ K > 0$

$\therefore \ 0 < K < 6$

답 ③

194

핵심이론 찾아보기▶핵심 06-2 　　기사 21·13·97년 출제

다음과 같은 단위 궤환 제어계가 안정하기 위한 K 의 범위를 구하면?

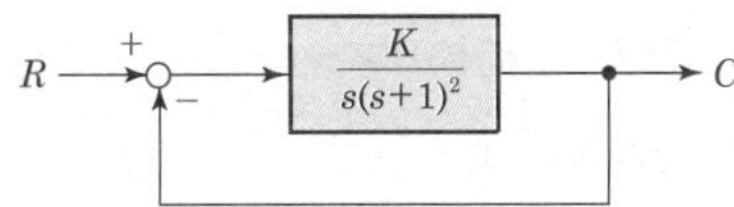

① $K > 0$　　② $K < 1$　　③ $0 < K < 1$　　④ $0 < K < 2$

해설 특성방정식 $1 + G(s)H(s) = 1 + \frac{K}{s(s+1)^2} = 0$

$$s(s+1)^2 + K = s^3 + 2s^2 + s + K = 0$$

라우스의 표

s^3	11	1	0
s^2	2	K	
s^1	$\frac{2-K}{2}$	0	
s^0	K		

제1열의 부호 변화가 없어야 안정하므로 $\frac{2-K}{2} > 0$, $K > 0$

$\therefore\ 0 < K < 2$

답 ④

195 핵심이론 찾아보기▶핵심 06-2

기사 94년 출제

그림과 같은 폐루프 제어계의 안정도는?

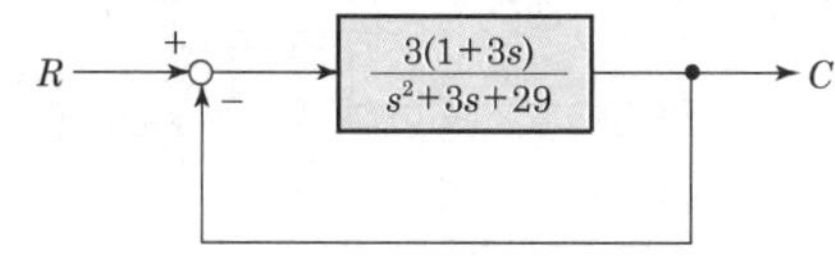

① 안정 ② 불안정 ③ 임계안정 ④ 조건부안정

해설 특성방정식

$$1+G(s)H(s)=1+\frac{3(1+3s)}{s^2+3s+29}=0$$

$$(s^2+3s+29)+3(1+3s)=s^2+12s+32=0$$

라우스의 표

s^2	1	32
s^1	12	0
s^0	32	

제1열의 모든 요소가 같은 부호이므로 안정하다.

답 ①

196 핵심이론 찾아보기▶핵심 06-2

기사 15년 출제

다음은 시스템의 블록선도이다. 이 시스템이 안정한 시스템이 되기 위한 K의 범위는?

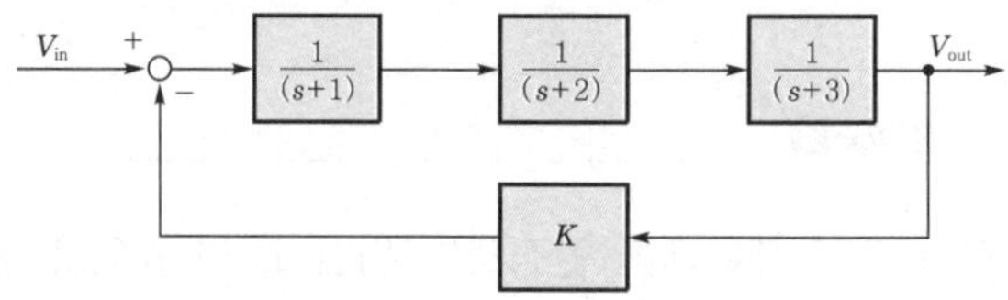

① $-6 < K < 60$ ② $0 < K < 60$ ③ $-1 < K < 3$ ④ $0 < K < 3$

해설 특성방정식 : $1+G(s)H(s)=0$

$$1+\frac{K}{(s+1)(s+2)(s+3)}=0$$

$$s^3+6s^2+11s+6+K=0$$

라우스의 표

s^3	1	11
s^2	6	$6+K$
s^1	$\frac{66-(6+K)}{6}$	0
s^0	$6+K$	

제1열의 부호 변화가 없어야 안정하므로

$\frac{66-(6+K)}{6} > 0$, $K < 60$

$6+K > 0$

$K > -6$

$\therefore\ -6 < K < 60$

답 ①

197

핵심이론 찾아보기▶핵심 06-2

기사 19년 출제

단위궤환제어계의 개루프 전달함수가 $G(s)=\frac{K}{s(s+2)}$ 일 때, K가 $-\infty$로부터 $+\infty$까지 변하는 경우 특성방정식의 근에 대한 설명으로 틀린 것은?

① $-\infty < K < 0$에 대하여 근은 모두 실근이다.

② $0 < K < 1$에 대하여 2개의 근은 모두 음의 실근이다.

③ $K=0$에 대하여 $s_1=0$, $s_2=-2$의 근은 $G(s)$의 극점과 일치한다.

④ $1 < K < \infty$에 대하여 2개의 근은 음의 실수부 중근이다.

해설
- 특성방정식 : $s(s+2)+K=s^2+2s+K=0$
- 특성방정식의 근 : $s=\frac{-1\pm\sqrt{1^2-1\times K}}{1}=-1\pm\sqrt{1-K}$
  - $-\infty < K < 0$이면 특성근 2개가 모두 실근이며, 하나는 양의 실근이고 다른 하나는 음의 실근이다.
  - $0 < K < 1$이면 2개의 특성근은 모두 음의 실근이다.
  - $K=0$이면 특성근 $s_1=0$, $s_2=-2$이므로 특성근은 극점과 일치한다.
  - $1 < K < \infty$이면 2개의 특성근은 음의 실수부를 가지는 공액복소근이다.

답 ④

198

핵심이론 찾아보기▶핵심 06-3

기사 16년 출제

Nyquist 판정법의 설명으로 틀린 것은?

① 안정성을 판정하는 동시에 안정도를 제시해준다.

② 계의 안정도를 개선하는 방법에 대한 정보를 제시해준다.

③ Nyquist선도는 제어계의 오차응답에 관한 정보를 준다.

④ Routh-Hurwitz 판정법과 같이 계의 안정 여부를 직접 판정해준다.

해설 **나이퀴스트선도의 특징**
- Routh-Hurwitz 판별법과 같이 계의 안정도에 관한 정보를 제공한다.
- 시스템의 안정도를 개선할 수 있는 방법을 제시한다.
- 시스템의 주파수응답에 대한 정보를 제시한다.

③ 나이퀴스트선도에서 오차응답에 관한 정보를 얻을 수는 없다.

답 ③

199

핵심이론 찾아보기▶핵심 06-3

기사 13년 출제

나이퀴스트(Nyquist)선도에서 얻을 수 있는 자료 중 틀린 것은?

① 계통의 안정도 개선법을 알 수 있다.
② 상대 안정도를 알 수 있다.
③ 정상 오차를 알 수 있다.
④ 절대 안정도를 알 수 있다.

해설 라우스-후르비츠 판별법은 계통의 안정, 불안정만을 가려내는 데는 편리하지만 안정성의 양부, 안정도의 평가, 비교 등에 대해서는 전혀 정보를 제공하지 않는다. 그러나 나이퀴스트 판별법은 다음과 같은 특징이 있다.

- 절대 안정도에 관하여 라우스-후르비츠 판별법과 같은 정보를 제공한다.
- 시스템의 안정도를 개선할 수 있는 방법을 제시한다.
- 시스템의 주파수 영역 응답에 대한 정보를 제공한다.

답 ③

200

핵심이론 찾아보기▶핵심 06-3

기사 99년 출제

다음의 나이퀴스트선도 중에서 가장 안정한 것은?

①

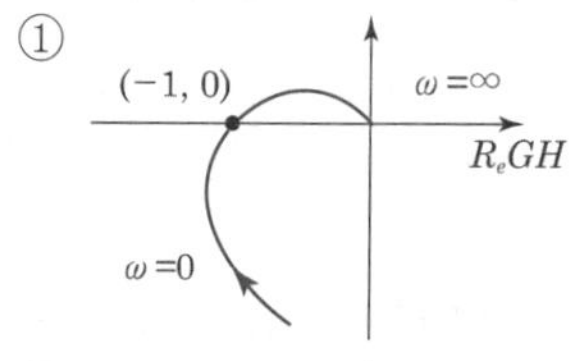

②

(−1, 0)
ω=∞
R_eGH
ω=0

③

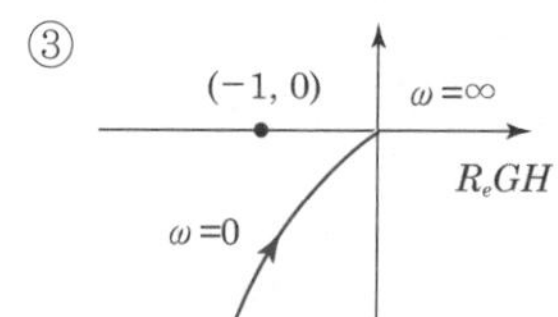

④

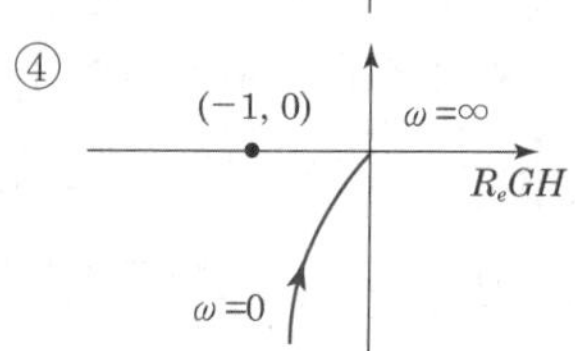

해설 나이퀴스트 벡터도에서 시스템이 안정하기 위한 조건은 $(-1,\ j0)$점이 나이퀴스트 벡터도의 왼쪽에 있어야 한다.

답 ④

201

핵심이론 찾아보기▶핵심 06-4

기사 07년 출제

다음 (　　) 안에 알맞은 것은?

> 계의 이득여유는 보드선도에서 위상곡선이 (　　)의 점에서의 이득값이 된다.

① 90°
② 120°
③ −90°
④ −180°

해설 위상여유는 단위원과 나이퀴스트선도와의 교점을 표시하는 벡터가 부(−)의 실축과 만드는 각이며 이득여유$(GM) = 20\log_{10}\dfrac{1}{|GH_c|}$ [dB]이다.

답 ④

202 핵심이론 찾아보기▶핵심 06-4

기사 10·00·93년 출제

$G(s)H(s)=\dfrac{2}{(s+1)(s+2)}$ 의 이득여유[dB]를 구하면?

① 20 ② −20 ③ 0 ④ 무한대

해설 $G(j\omega)H(j\omega)=\dfrac{2}{(j\omega+1)(j\omega+2)}=\dfrac{2}{-\omega^2+2+j3\omega}$

$|G(j\omega)H(j\omega)|_{\omega_c=0}=\left|\dfrac{2}{-\omega^2+2}\right|_{\omega_c=0}=\dfrac{2}{2}=1$

$\therefore\ GM=20\log\dfrac{1}{|GH_c|}=20\log\dfrac{1}{1}=0[\text{dB}]$

답 ③

203 핵심이론 찾아보기▶핵심 06-4

기사 11·92년 출제

$G(s)H(s)=\dfrac{20}{s(s-1)(s+2)}$ 인 계의 이득여유[dB]는?

① 10 ② 1 ③ −20 ④ −10

해설 $G(j\omega)H(j\omega)=\dfrac{20}{j\omega(j\omega-1)(j\omega+2)}=\dfrac{20}{-\omega^2+j\omega(-\omega^2-2)}$

위 식의 허수부를 0으로 놓으면

$\omega(-\omega^2-2)=0$

$\omega_c\neq 0$이므로 $\omega_c^2=-2$의 값을 대입하면

$|G(j\omega)H(j\omega)|_{\omega_c^2=-2}=\left|\dfrac{20}{-\omega^2}\right|_{\omega_c^2=-2}=\left|\dfrac{20}{2}\right|=10$

$\therefore\ GM=20\log\dfrac{1}{|GH_c|}=20\log\dfrac{1}{10}=-20[\text{dB}]$

답 ③

204 핵심이론 찾아보기▶핵심 06-4

기사 11·98·90년 출제

$G(s)H(s)$가 다음과 같이 주어지는 계가 있다. 이득여유가 40[dB]이면 이때의 K의 값은?

$$G(s)H(s)=\frac{K}{(s+1)(s-2)}$$

① $\dfrac{1}{20}$ ② $\dfrac{1}{30}$ ③ $\dfrac{1}{40}$ ④ $\dfrac{1}{50}$

해설 $GM=20\log\dfrac{1}{|GH_c|}=40[\text{dB}]$

$\log\dfrac{1}{|GH_c|}=2$

$\therefore\ |GH_c|=\dfrac{1}{100}$

$$G(j\omega)H(j\omega)=\frac{K}{(j\omega+1)(j\omega-2)}=\frac{K}{-(\omega^2+2)-j\omega}$$

$$|G(j\omega)H(j\omega)|_{\omega=0}=\left|\frac{K}{-(\omega^2+2)}\right|_{\omega=0}=\frac{K}{2}$$

$$\because\ |GH_c|=\frac{K}{2}=\frac{1}{100}$$

$$\therefore\ K=\frac{1}{50}$$

답 ④

205

핵심이론 찾아보기▶핵심 06-4 기사 18년 출제

단위부궤환제어시스템의 루프전달함수 $G(s)H(s)$가 다음과 같이 주어져 있다. 이득여유가 20[dB]이면 이때의 K의 값은?

$$G(s)H(s)=\frac{K}{(s+1)(s+3)}$$

① $\frac{3}{10}$ ② $\frac{3}{20}$ ③ $\frac{1}{20}$ ④ $\frac{1}{40}$

해설 이득여유 $GM=20\log\frac{1}{|G(j\omega)H(j\omega)|}=20\log\frac{3}{K}$

$$20\log\frac{3}{K}=20\log 10$$

$$\therefore\ K=\frac{3}{10}$$

답 ①

206

핵심이론 찾아보기▶핵심 06-4 기사 00·99·98·97년 출제

$GH(j\omega)=\frac{10}{(j\omega+1)(j\omega+T)}$에서 이득여유를 20[dB]보다 크게 하기 위한 T의 범위는?

① $T>0$ ② $T>10$ ③ $T<0$ ④ $T>100$

해설 $G(j\omega)H(j\omega)=\frac{K}{(j\omega+1)(j\omega+T)}$

$$|G(j\omega)H(j\omega)|_{\omega_c=0}=\left|\frac{10}{-{\omega_c}^2+T}\right|_{\omega_c=0}=\frac{10}{T}$$

이득여유 : $GM=20\log\frac{1}{|GH_c|}=20\log\frac{1}{(10/T)}$

20[dB]보다 크기 위한 조건은

$$20\log\frac{T}{10}>20[\text{dB}],\ \log\frac{T}{10}>1,\ \log\frac{T}{10}>\log_{10}10$$

$$\because\ \frac{T}{10}>10$$

$$\therefore\ T>100$$

답 ④

207
핵심이론 찾아보기▶핵심 06-4 기사 14년 출제

어떤 제어계가 안정하기 위한 이득여유 g_m과 위상여유 ϕ_m은 각각 어떤 조건을 가져야 하는가?

① $g_m > 0,\ \phi_m > 0$ ② $g_m < 0,\ \phi_m < 0$ ③ $g_m < 0,\ \phi_m > 0$ ④ $g_m > 0,\ \phi_m < 0$

해설 **안정계에 요구되는 이득여유와 위상여유**
- 이득여유(g_m)=4~12[dB]
- 위상여유(ϕ_m)=30~60°

답 ①

208
핵심이론 찾아보기▶핵심 06-4 기사 14년 출제

Nyquist선도로부터 결정된 이득여유는 4~12[dB], 위상여유가 30~40°일 때 이 제어계는?

① 불안정 ② 임계안정
③ 인디셜응답 시간이 지날수록 진동은 확대 ④ 안정

해설 **나이퀴스트선도에서 안정계에 요구되는 여유**
- 이득여유(G.M) = 4~12[dB]
- 위상여유(P.M) = 30~60°

답 ④

209
핵심이론 찾아보기▶핵심 06-4 기사 16년 출제

나이퀴스트(nyquist)선도에서의 임계점 $(-1,\ j0)$에 대응하는 보드선도에서의 이득과 위상은?

① 1, 0° ② 0, −90° ③ 0, 90° ④ 0, −180°

해설
- 이득 $g = 20\log_{10}|G| = 20\log 1 = 0$[dB]
- 위상 : −180°

답 ④

210
핵심이론 찾아보기▶핵심 06-4 기사 19년 출제

보드선도에서 이득여유에 대한 정보를 얻을 수 있는 것은?

① 위상곡선 0°에서의 이득과 0[dB]과의 차이
② 위상곡선 180°에서의 이득과 0[dB]과의 차이
③ 위상곡선 −90°에서의 이득과 0[dB]과의 차이
④ 위상곡선 −180°에서의 이득과 0[dB]과의 차이

해설 위상교차점(−180°)에서의 $GH(j\omega)$의 이득값을 이득여유라 하며, 크기가 [dB]로 음수이면 이득여유는 양수이고 계는 안정하다.

답 ④

211
핵심이론 찾아보기▶핵심 07-1 기사 95년 출제

시간 영역에서의 제어계를 해석 설계하는 데 유용한 방법은?

① 나이퀴스트선도법 ② 니콜스선도법 ③ 보드선도법 ④ 근궤적법

해설 제어계의 설계는 시간 영역에서 해석 설계를 할 수 있는 근궤적법이 편리하다.

답 ④

212

핵심이론 찾아보기▶핵심 07-1 기사 19년 출제

페루프 전달함수 $\dfrac{G(s)}{1+G(s)H(s)}$의 극의 위치를 개루프 전달함수 $G(s)H(s)$의 이득상수 K의 함수로 나타내는 기법은?

① 근궤적법 ② 보드선도법 ③ 이득선도법 ④ Nyquist판정법

해설 근궤적법은 개루프 전달함수의 이득정수 K를 0에서 ∞까지 변화시킬 때 특성방정식의 근, 즉 개루프 전달함수의 극 이동궤적을 말한다.

답 ①

213

핵심이론 찾아보기▶핵심 07-1 기사 08·93년 출제

근궤적은 $G(s)H(s)$의 (㉠)에서 출발하여 (㉡)에 종착한다. 다음 중 괄호 안에 알맞은 말은?

① ㉠ 영점, ㉡ 극점 ② ㉠ 극점, ㉡ 영점
③ ㉠ 분지점, ㉡ 극점 ④ ㉠ 극점, ㉡ 분지점

해설 ㉠ 근궤적의 출발점($K=0$)
근궤적은 $G(s)H(s)$의 극으로부터 출발한다.
㉡ 근궤적의 종착점($K=\infty$)
근궤적은 $G(s)H(s)$의 0점에서 끝난다.
근궤적은 $G(s)H(s)$의 극점에서 출발하고, $G(s)H(s)$의 영점에서 종착한다.

답 ②

214

핵심이론 찾아보기▶핵심 07-3 기사 22·17년 출제

전달함수 $G(s)H(s)=\dfrac{K(s+1)}{s(s+1)(s+2)}$일 때 근궤적의 수는?

① 1 ② 2 ③ 3 ④ 4

해설 영점의 개수 $z=1$이고, 극점의 개수 $p=3$이므로 근궤적의 개수는 3개가 된다.

답 ③

215

핵심이론 찾아보기▶핵심 07-3 기사 16년 출제

$G(s)H(s)=\dfrac{K(s+1)}{s^2(s+2)(s+3)}$에서 근궤적의 수는?

① 1 ② 2 ③ 3 ④ 4

해설
- 근궤적의 개수는 z와 p 중 큰 것과 일치한다.
- 영점의 개수 $z=1$, 극점의 개수 $p=4$

∴ 근궤적의 개수는 극점의 개수인 4개이다.

답 ④

216

핵심이론 찾아보기▶핵심 07-3

기사 09·01·99·93년 출제

$G(s)H(s) = \dfrac{K}{s^2(s+1)^2}$ 에서 근궤적의 수는 몇 개인가?

① 4 ② 2 ③ 1 ④ 없다.

해설 근궤적의 개수는 z와 p 중 큰 것과 일치한다.
여기서, z : $G(s)H(s)$의 유한 영점(finite zero)의 개수
p : $G(s)H(s)$의 유한 극점(finite pole)의 개수
영점의 개수 $z=0$, 극점의 개수 $p=4$이므로 근궤적의 수는 4개이다.

답 ①

217

핵심이론 찾아보기▶핵심 07-4

기사 99·95·94·90년 출제

근궤적은 무엇에 대하여 대칭인가?

① 원점 ② 허수축 ③ 실수축 ④ 대칭성이 없다.

해설 근궤적은 실수축에 대칭이다.

답 ③

218

핵심이론 찾아보기▶핵심 07-5

기사 06년 출제

$G(s)H(s) = \dfrac{K(s+1)}{s(s+4)(s^2+2s+2)}$ 로 주어질 때, 특성방정식 $1+G(s)H(s)=0$인 점근선의 각도를 구하면?

① 60°, 180°, 300° ② 60°, 120°, 300° ③ 45°, 180°, 310° ④ 45°, 180°, 315°

해설 실수축상에서 점근선의 수는 $K=p-z=4-1=3$이므로 점근선의 각 a_k는 다음과 같다.

$$a_k = \frac{(2K+1)\pi}{p-z} \quad (\because K=0,\ 1,\ 2)$$

- $K=0$: $\dfrac{(2K+1)\pi}{p-z} = \dfrac{180°}{4-1} = 60°$
- $K=1$: $\dfrac{(2K+1)\pi}{p-z} = \dfrac{540°}{4-1} = 180°$
- $K=2$: $\dfrac{(2K+1)\pi}{p-z} = \dfrac{900°}{4-1} = 300°$

답 ①

219

핵심이론 찾아보기▶핵심 07-6

기사 18년 출제

개루프 전달함수 $G(s)H(s)$가 다음과 같이 주어지는 부궤환계에서 근궤적 점근선의 실수축과의 교차점은?

$$G(s)H(s) = \frac{K}{s(s+4)(s+5)}$$

① 0 ② −1 ③ −2 ④ −3

해설 실수축상에서의 점근선의 교차점

$$\sigma = \frac{\sum G(s)H(s)\text{의 극점} - \sum G(s)H(s)\text{의 영점}}{p-z} = \frac{0-4-5}{3-0} = -3$$

답 ④

220

핵심이론 찾아보기▶핵심 07- 6 기사 16년 출제

$G(s)H(s) = \dfrac{K(s+1)}{s^2(s+2)(s+3)}$ 에서 점근선의 교차점을 구하면?

① $-\dfrac{5}{6}$ ② $-\dfrac{1}{5}$ ③ $-\dfrac{4}{3}$ ④ $-\dfrac{1}{3}$

해설 $$\sigma = \frac{\sum G(s)H(s)\text{의 극점} - \sum G(s)H(s)\text{의 영점}}{p-z} = \frac{(0-2-3)-(-1)}{4-1} = -\frac{4}{3}$$

답 ③

221

핵심이론 찾아보기▶핵심 07- 6 기사 18년 출제

다음 중 개루프 전달함수 $G(s)H(s) = \dfrac{K(s-5)}{s(s-1)^2(s+2)^2}$ 일 때 주어지는 계에서 점근선의 교차점은?

① $-\dfrac{3}{2}$ ② $-\dfrac{7}{4}$ ③ $\dfrac{5}{3}$ ④ $-\dfrac{1}{5}$

해설 $$\sigma = \frac{\sum G(s)H(s)\text{의 극점} - \sum G(s)H(s)\text{의 영점}}{p-z} = \frac{\{0+1+1+(-2)+(-2)\}-5}{5-1} = -\frac{7}{4}$$

답 ②

222

핵심이론 찾아보기▶핵심 07- 6 기사 06년 출제

$G(s)H(s) = \dfrac{K(s+1)}{s(s+4)(s^2+2s+2)}$ 로 주어질 때, 특성방정식 $1+G(s)H(s)=0$ 인 점근선의 각도와 교차점을 구하면?

① $\sigma = -\dfrac{5}{3}$: $a_k = 60°,\ 180°,\ 300°$
② $\sigma = -\dfrac{7}{3}$: $a_k = 60°,\ 180°,\ 300°$
③ $\sigma = -\dfrac{5}{3}$: $a_k = 45°,\ 180°,\ 310°$
④ $\sigma = -\dfrac{7}{5}$: $a_k = 45°,\ 180°,\ 315°$

해설 실수축상에서 점근선의 수는 $K=p-z=4-1=3$이므로 점근선의 각 a_k는

$$a_k=\frac{(2K+1)\pi}{p-z}\ (\because\ K=0,\ 1,\ 2)\text{이므로}$$

$$K=0:\frac{(2K+1)\pi}{p-z}=\frac{180°}{4-1}=60°$$

$$K=1:\frac{(2K+1)\pi}{p-z}=\frac{540°}{4-1}=180°$$

$$K=2:\frac{(2K+1)\pi}{p-z}=\frac{900°}{4-1}=300°$$

점근선의 교차점은

$$\sigma=\frac{\Sigma G(s)H(s)\text{의 극점}-\Sigma G(s)H(s)\text{의 영점}}{p-z}=\frac{0-4+(-1+j)+(-1-j)-(-1)}{3}=-\frac{5}{3}$$

$\therefore\ a_k=60°,\ 180°,\ 300°$

답 ①

223

핵심이론 찾아보기▶핵심 07-7

기사 10·95년 출제

개루프 전달함수 $G(s)H(s)$가 다음과 같을 때, 실수축상의 근궤적 범위는 어떻게 되는가?

$$G(s)H(s)=\frac{K(s+1)}{s(s+2)}$$

① 원점과 (-2) 사이
② 원점에서 점 (-1) 사이와 (-2)에서 $(-\infty)$ 사이
③ (-2)와 $(+\infty)$ 사이
④ 원점에서 $(+2)$ 사이

해설 $G(s)H(s)$의 실극과 실영점으로 실축이 분할될 때 어느 구간에서 오른쪽으로 실축상의 극과 영점을 헤아려 갈 때 만일 총수가 홀수이면 그 구간에 근궤적이 존재하고, 짝수이면 존재하지 않는다.

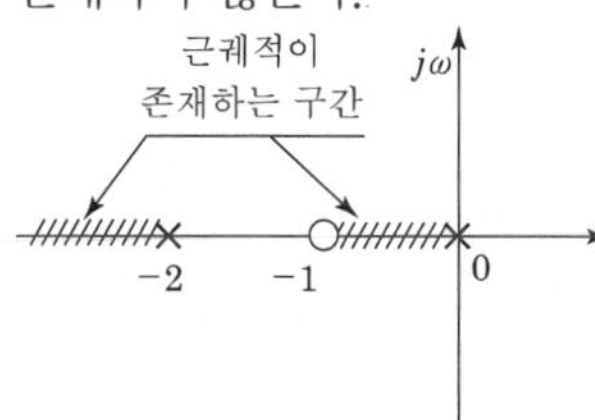

답 ②

224

핵심이론 찾아보기▶핵심 07-8

기사 13년 출제

특성방정식 $s^3+9s^2+20s+K=0$에서 허수축과 교차하는 점 s는?

① $s=\pm j\sqrt{20}$
② $s=\pm j\sqrt{30}$
③ $s=\pm j\sqrt{40}$
④ $s=\pm j\sqrt{50}$

해설 특성방정식 $s^3+9s^2+20s+K=0$

라우스(Routh)표

s^3	1	20
s^2	9	K
s^1	$\dfrac{180-K}{9}$	0
s^0	K	

K의 임계값은 s^1의 제1열 요소를 0으로 놓아 얻을 수 있다.

$\dfrac{180-K}{9}=0 \quad \therefore K=180$

허수축($j\omega$)을 끊은 점에서의 주파수 ω는 보조방정식 $9s^2+K=0$에서 $K=180$을 대입하면

$9s^2+180=0$

$\therefore s=\pm j\sqrt{20}$

답 ①

225

핵심이론 찾아보기▶핵심 07-8 　　기사 17년 출제

근궤적이 s평면의 $j\omega$과 교차할 때 폐루프의 제어계는?

① 안정하다. 　　② 알 수 없다.

③ 불안정하다. 　　④ 임계상태이다.

해설 근궤적이 K의 변화에 따라 허수축을 지나 s평면의 우반평면으로 들어가는 순간은 계의 안정성이 파괴되는 임계점에 해당한다.

답 ④

226

핵심이론 찾아보기▶핵심 07-9 　　기사 14년 출제

$G(s)H(s)=\dfrac{K}{s(s+1)(s+4)}$의 $K \geq 0$에서의 분지점(break away point)은?

① -2.867 　　② 2.867

③ -0.467 　　④ 0.467

해설 이 계의 특성방정식은 다음과 같다.

$1+G(s)H(s)=1+\dfrac{K}{s(s+1)(s+4)}=0$

$\dfrac{s(s+1)(s+4)+K}{s(s+1)(s+4)}=0,\ s^3+5s^2+4s+K=0$

$\therefore K=-(s^3+5s^2+4s)$

s에 관하여 미분하면 $\dfrac{dK}{ds}=-(3s^2+10s+4)=0 \quad \therefore s=\dfrac{-5\pm\sqrt{5^2-3\times4}}{3}=\dfrac{-5\pm\sqrt{13}}{3}$

그러나 근궤적의 범위가 $0\sim-1$, $-4\sim-\infty$이므로

$s=\dfrac{-5-\sqrt{13}}{3}$은 근궤적점이 될 수 없으므로 $s=\dfrac{-5+\sqrt{13}}{3}=-0.467$이 분지점이 된다.

답 ③

227

핵심이론 찾아보기▶핵심 08-1

기사 00·92년 출제

다음 운동방정식으로 표시되는 계의 계수 행렬 A는 어떻게 표시되는가?

$$\frac{d^2c(t)}{dt^2}+3\frac{dc(t)}{dt}+2c(t)=r(t)$$

① $\begin{bmatrix} -2 & -3 \\ 0 & 1 \end{bmatrix}$　② $\begin{bmatrix} 1 & 0 \\ -3 & -2 \end{bmatrix}$　③ $\begin{bmatrix} 0 & 1 \\ -2 & -3 \end{bmatrix}$　④ $\begin{bmatrix} -3 & -2 \\ 1 & 0 \end{bmatrix}$

해설 상태변수 $x_1(t)=c(t)$

$$x_2(t)=\frac{dc(t)}{dt}$$

상태방정식 $\dot{x}_1(t)=x_2(t)$

$$\dot{x}_2(t)=-2x_1(t)-3x_2(t)+r(t)$$

$$\begin{bmatrix} \dot{x}_1(t) \\ \dot{x}_2(t) \end{bmatrix}=\begin{bmatrix} 0 & 1 \\ -2 & -3 \end{bmatrix}\begin{bmatrix} x_1(t) \\ x_2(t) \end{bmatrix}+\begin{bmatrix} 0 \\ 1 \end{bmatrix}r(t)$$

∴ 계수 행렬(시스템 매트릭스) $A=\begin{bmatrix} 0 & 1 \\ -2 & -3 \end{bmatrix}$

답 ③

228

핵심이론 찾아보기▶핵심 08-1

기사 22·07·03·89·83년 출제

다음 방정식으로 표시되는 제어계가 있다. 이 계를 상태방정식 $\dot{x}(t)=Ax(t)+Br(t)$로 나타내면 계수 행렬 A는 어떻게 되는가?

$$\frac{d^3c(t)}{dt^3}+5\frac{d^2c(t)}{dt^2}+\frac{dc(t)}{dt}+2c(t)=r(t)$$

① $\begin{bmatrix} 0 & 1 & 0 \\ 0 & 0 & 1 \\ -2 & -1 & -5 \end{bmatrix}$　② $\begin{bmatrix} 0 & 0 & 1 \\ 1 & 0 & 0 \\ 5 & 1 & 2 \end{bmatrix}$　③ $\begin{bmatrix} 0 & 0 & 1 \\ 1 & 0 & 0 \\ 0 & 5 & 2 \end{bmatrix}$　④ $\begin{bmatrix} 0 & 1 & 0 \\ 1 & 0 & 0 \\ -2 & -1 & 0 \end{bmatrix}$

해설 상태변수 $x_1(t)=c(t)$

$$x_2(t)=\frac{dc(t)}{dt}=\frac{dx_1(t)}{dt}=\dot{x}_1(t)$$

$$x_3(t)=\frac{d^2c(t)}{dt^2}=\frac{dx_2(t)}{dt^2}=\dot{x}_2(t)$$

상태방정식 $\dot{x}_3(t)=-2x_1(t)-x_2(t)-5x_3(t)+r$

$$\therefore \begin{bmatrix} \dot{x}_1(t) \\ \dot{x}_2(t) \\ \dot{x}_3(t) \end{bmatrix}=\begin{bmatrix} 0 & 1 & 0 \\ 0 & 0 & 1 \\ -2 & -1 & -5 \end{bmatrix}\begin{bmatrix} x_1(t) \\ x_2(t) \\ x_3(t) \end{bmatrix}+\begin{bmatrix} 0 \\ 0 \\ 1 \end{bmatrix}r(t)$$

∴ 계수 행렬 $A=\begin{bmatrix} 0 & 1 & 0 \\ 0 & 0 & 1 \\ -2 & -1 & -5 \end{bmatrix}$

답 ①

229

핵심이론 찾아보기▶핵심 08-1 기사 18년 출제

$\frac{d^2}{dt^2}c(t)+5\frac{d}{dt}c(t)+4c(t)=r(t)$와 같은 함수를 상태 함수로 변환하였다. 벡터 A, B의 값으로 적당한 것은?

$$\frac{d}{dt}X(t)=AX(t)+Br(t)$$

① $A=\begin{bmatrix}0 & 1\\-5 & -4\end{bmatrix}$, $B=\begin{bmatrix}0\\1\end{bmatrix}$
② $A=\begin{bmatrix}0 & 1\\5 & 4\end{bmatrix}$, $B=\begin{bmatrix}0\\1\end{bmatrix}$
③ $A=\begin{bmatrix}0 & 1\\-4 & -5\end{bmatrix}$, $B=\begin{bmatrix}0\\1\end{bmatrix}$
④ $A=\begin{bmatrix}0 & 1\\4 & 5\end{bmatrix}$, $B=\begin{bmatrix}0\\1\end{bmatrix}$

해설 상태변수 $x_1(t)=c(t)$

$x_2(t)=\frac{dc(t)}{dt}$

상태방정식 $\dot{x}_1(t)=x_2(t)$

$\dot{x}_2(t)=-4x_1(t)-5x_2(t)+r(t)$

$$\begin{bmatrix}\dot{x}_1(t)\\\dot{x}_2(t)\end{bmatrix}=\begin{bmatrix}0 & 1\\-4 & -5\end{bmatrix}\begin{bmatrix}x_1(t)\\x_2(t)\end{bmatrix}+\begin{bmatrix}0\\1\end{bmatrix}r(t)$$

$\therefore\ A=\begin{bmatrix}0 & 1\\-4 & -5\end{bmatrix}$, $B=\begin{bmatrix}0\\1\end{bmatrix}$

답 ③

230

핵심이론 찾아보기▶핵심 08-1 기사 02·96·91년 출제

다음 계통의 상태방정식을 유도하면? (단, 상태변수를 $x_1=x$, $x_2=\dot{x}$, $x_3=\ddot{x}$로 놓았다.)

$$\dddot{x}+5\ddot{x}+10\dot{x}+5x=2u$$

① $\begin{bmatrix}\dot{x}_1\\\dot{x}_2\\\dot{x}_3\end{bmatrix}=\begin{bmatrix}0 & 1 & 0\\0 & 0 & 1\\-2 & -1 & -5\end{bmatrix}\begin{bmatrix}x_1\\x_2\\x_3\end{bmatrix}+\begin{bmatrix}0\\0\\2\end{bmatrix}u$
② $\begin{bmatrix}\dot{x}_1\\\dot{x}_2\\\dot{x}_3\end{bmatrix}=\begin{bmatrix}0 & 1 & 0\\0 & 0 & 1\\-5 & -10 & -5\end{bmatrix}\begin{bmatrix}x_1\\x_2\\x_3\end{bmatrix}+\begin{bmatrix}0\\0\\2\end{bmatrix}u$
③ $\begin{bmatrix}\dot{x}_1\\\dot{x}_2\\\dot{x}_3\end{bmatrix}=\begin{bmatrix}-5 & 1 & 0\\-10 & 1 & 0\\-5 & 0 & 1\end{bmatrix}\begin{bmatrix}x_1\\x_2\\x_3\end{bmatrix}+\begin{bmatrix}2\\0\\0\end{bmatrix}u$
④ $\begin{bmatrix}\dot{x}_1\\\dot{x}_2\\\dot{x}_3\end{bmatrix}=\begin{bmatrix}-5 & 1 & 0\\-10 & 1 & 0\\-5 & 0 & 1\end{bmatrix}\begin{bmatrix}x_1\\x_2\\x_3\end{bmatrix}+\begin{bmatrix}0\\2\\0\end{bmatrix}u$

해설 상태변수 $x_1=x$

$x_2=\dot{x}_1=\dot{x}$

$x_3=\dot{x}_2=\ddot{x}$

이들 상태변수를 원래의 식에 대입하면

$\dot{x}_3+5x_3+10x_2+5x_1=2u$

상태방정식 $\dot{x}_1=x_2$

$\dot{x}_2=x_3$

$\dot{x}_3=-5x_1-10x_2-5x_3+2u$

$$\therefore \begin{bmatrix} \dot{x}_1 \\ \dot{x}_2 \\ \dot{x}_3 \end{bmatrix} = \begin{bmatrix} 0 & 1 & 0 \\ 0 & 0 & 1 \\ -5 & -10 & -5 \end{bmatrix} \begin{bmatrix} x_1 \\ x_2 \\ x_3 \end{bmatrix} + \begin{bmatrix} 0 \\ 0 \\ 2 \end{bmatrix} u$$

답 ②

231 핵심이론 찾아보기▶핵심 08-1

기사 19년 출제

상태공간 표현식 $\begin{cases} \dot{x} = Ax + Bu \\ y = Cx \end{cases}$ 로 표현되는 선형 시스템에서 $A = \begin{bmatrix} 0 & 1 & 0 \\ 0 & 0 & 1 \\ -2 & -9 & -8 \end{bmatrix}$, $B = \begin{bmatrix} 0 \\ 0 \\ 5 \end{bmatrix}$, $C = [1\ 0\ 0]$, $D = 0$, $x = \begin{bmatrix} x_1 \\ x_2 \\ x_3 \end{bmatrix}$ 이면 시스템 전달함수 $\dfrac{Y(s)}{U(s)}$ 는?

① $\dfrac{1}{s^3+8s^2+9s+2}$

② $\dfrac{1}{s^3+2s^2+9s+8}$

③ $\dfrac{5}{s^3+8s^2+9s+2}$

④ $\dfrac{5}{s^3+2s^2+9s+8}$

해설
$$\begin{bmatrix} \dot{x}_1(t) \\ \dot{x}_2(t) \\ \dot{x}_3(t) \end{bmatrix} = \begin{bmatrix} 0 & 1 & 0 \\ 0 & 0 & 1 \\ -2 & -9 & -8 \end{bmatrix} \begin{bmatrix} x_1(t) \\ x_2(t) \\ x_3(t) \end{bmatrix} + \begin{bmatrix} 0 \\ 0 \\ 5 \end{bmatrix} u(t)$$

$$\frac{d^3x(t)}{dt^3} + 8\frac{d^2x(t)}{dt^2} + 9\frac{dx(t)}{dt} + 2x(t) = 5u(t)$$

$$(s^3+8s^2+9s+2)X(s) = 5U(s)$$

$$X(s) = \frac{5U(s)}{s^3+8s^2+9s+2}$$

출력 $Y(s) = CX(s) = X(s) = \dfrac{5U(s)}{s^3+8s^2+9s+2}$

$\therefore$ 전달함수 : $\dfrac{Y(s)}{U(s)} = \dfrac{X(s)}{U(s)} = \dfrac{5}{s^3+8s^2+9s+2}$

답 ③

232 핵심이론 찾아보기▶핵심 08-2

기사 01·83·82년 출제

천이행렬(transition matrix)에 관한 서술 중 옳지 않은 것은? (단, $\dot{x} = Ax + Bu$ 이다.)

① $\Phi(t) = e^{At}$

② $\Phi(t) = \mathcal{L}^{-1}[s\boldsymbol{I} - \boldsymbol{A}]$

③ 천이행렬은 기본행렬(fundamental matrix)이라고도 한다.

④ $\Phi(s) = [s\boldsymbol{I} - \boldsymbol{A}]^{-1}$

해설 상태천이행렬

$\Phi(t) = \mathcal{L}^{-1}[s\boldsymbol{I} - \boldsymbol{A}]^{-1}$

답 ②

233

핵심이론 찾아보기▶핵심 08-2 기사 19년 출제

n차 선형 시불변시스템의 상태방정식을 $\frac{d}{dt}X(t)=AX(t)+Br(t)$로 표시할 때 상태천이행렬 $\phi(t)(n\times n$ 행렬)에 관하여 틀린 것은?

① $\phi(t)=e^{At}$

② $\frac{d\phi(t)}{dt}=A\cdot\phi(t)$

③ $\phi(t)=\mathcal{L}^{-1}[(sI-A)^{-1}]$

④ $\phi(t)$는 시스템의 정상상태 응답을 나타낸다.

해설 $\phi(t)$는 시스템의 과도응답을 나타낸다.

답 ④

234

핵심이론 찾아보기▶핵심 08-2 기사 00·98년 출제

다음 상태방정식으로 표시되는 제어계의 천이행렬 $\Phi(t)$는?

$$\dot{x}=\begin{bmatrix}0&1\\0&0\end{bmatrix}x+\begin{bmatrix}0\\1\end{bmatrix}u$$

① $\begin{bmatrix}0&t\\1&1\end{bmatrix}$ ② $\begin{bmatrix}0&1\\0&t\end{bmatrix}$ ③ $\begin{bmatrix}1&t\\0&1\end{bmatrix}$ ④ $\begin{bmatrix}0&t\\1&0\end{bmatrix}$

해설 $[s\boldsymbol{I}-\boldsymbol{A}]=\begin{bmatrix}s&0\\0&s\end{bmatrix}-\begin{bmatrix}0&1\\0&0\end{bmatrix}=\begin{bmatrix}s&-1\\0&s\end{bmatrix}$

$$[s\boldsymbol{I}-\boldsymbol{A}]^{-1}\frac{1}{\begin{vmatrix}s&-1\\0&s\end{vmatrix}}\begin{bmatrix}s&1\\0&s\end{bmatrix}=\begin{bmatrix}\frac{1}{s}&\frac{1}{s^2}\\0&\frac{1}{s}\end{bmatrix}$$

∴ 상태천이행렬 $\Phi(t)=\mathcal{L}^{-1}[s\boldsymbol{I}-\boldsymbol{A}]^{-1}$

$$=\mathcal{L}^{-1}\begin{bmatrix}\frac{1}{s}&\frac{1}{s^2}\\0&\frac{1}{s}\end{bmatrix}=\begin{bmatrix}1&t\\0&1\end{bmatrix}$$

답 ③

235

핵심이론 찾아보기▶핵심 08-2 기사 92년 출제

다음은 어떤 실험계의 상태방정식이다. 상태천이행렬 $\Phi(t)$는?

$$\dot{\boldsymbol{x}}(t)=\begin{bmatrix}-2&0\\0&-2\end{bmatrix}\boldsymbol{x}(t)+\begin{bmatrix}0\\1\end{bmatrix}\boldsymbol{u}(t)$$

① $\begin{bmatrix}e^{2t}&0\\0&0\end{bmatrix}$ ② $\begin{bmatrix}e^{2t}&0\\0&e^{2t}\end{bmatrix}$ ③ $\begin{bmatrix}e^{-2t}&0\\0&e^{-2t}\end{bmatrix}$ ④ $\begin{bmatrix}0&e^{-2t}\\e^{-2t}&0\end{bmatrix}$

해설 $\Phi(t)=\mathcal{L}^{-1}[sI-A]^{-1}$

$$[sI-A]=\begin{bmatrix} s & 0 \\ 0 & s \end{bmatrix}-\begin{bmatrix} -2 & 0 \\ 0 & -2 \end{bmatrix}=\begin{bmatrix} s+2 & 0 \\ 0 & s+2 \end{bmatrix}$$

$$[sI-A]^{-1}=\frac{1}{(s+1)^2}\begin{bmatrix} s+2 & 0 \\ 0 & s+2 \end{bmatrix}=\begin{bmatrix} \frac{1}{s+2} & 0 \\ 0 & \frac{1}{s+2} \end{bmatrix}$$

$$\therefore\ \Phi(t)=\mathcal{L}^{-1}\{[sI-A]^{-1}\}=\begin{bmatrix} e^{-2t} & 0 \\ 0 & e^{-2t} \end{bmatrix}$$

답 ③

236 핵심이론 찾아보기▶핵심 08-2

기사 02·93년 출제

어떤 선형 시불변계의 상태방정식이 다음과 같다. 상태천이행렬 $\Phi(t)$는?

$$A=\begin{bmatrix} 0 & 0 \\ -1 & -2 \end{bmatrix},\ B=\begin{bmatrix} 1 \\ 1 \end{bmatrix},\ \dot{x}(t)=Ax(t)+Bu(t)$$

① $\begin{bmatrix} 1 & 0 \\ (e^{-2t}-1) & 1 \end{bmatrix}$ ② $\begin{bmatrix} 1 & 0 \\ (e^{-2t}-1) & e^{-2t} \end{bmatrix}$

③ $\begin{bmatrix} 1 & 0 \\ 2(e^{-2t}-1) & e^{-2t} \end{bmatrix}$ ④ $\begin{bmatrix} 1 & 0 \\ (e^{-2t}-1)/2 & e^{-2t} \end{bmatrix}$

해설 상태 천이 행렬 $\Phi(t)=\mathcal{L}^{-1}[sI-A]^{-1}$

$$[sI-A]=\begin{bmatrix} s & 0 \\ 0 & s \end{bmatrix}-\begin{bmatrix} 0 & 0 \\ -1 & -2 \end{bmatrix}=\begin{bmatrix} s & 0 \\ 1 & s+2 \end{bmatrix}$$

$$[sI-A]^{-1}=\frac{1}{\begin{vmatrix} s & 0 \\ 1 & s+2 \end{vmatrix}}\begin{bmatrix} s+2 & 0 \\ -1 & s \end{bmatrix}=\begin{bmatrix} \frac{1}{s} & 0 \\ -\frac{1}{s(s+2)} & \frac{1}{s+2} \end{bmatrix}$$

$$\therefore\ 상태천이행렬\ \Phi(t)=\mathcal{L}^{-1}\{[sI-A]^{-1}\}=\begin{bmatrix} 1 & 0 \\ (e^{-2t}-1)/2 & e^{-2t} \end{bmatrix}$$

답 ④

237 핵심이론 찾아보기▶핵심 08-2

기사 22·20·12·05·04·99·98·97·88·87년 출제

다음 계통의 상태천이행렬 $\Phi(t)$를 구하면?

$$\begin{bmatrix} \dot{x}_1 \\ \dot{x}_2 \end{bmatrix}=\begin{bmatrix} 0 & 1 \\ -2 & -3 \end{bmatrix}\begin{bmatrix} x_1 \\ x_2 \end{bmatrix}$$

① $\begin{bmatrix} 2e^{-t}-e^{2t} & -e^{-t}-e^{-2t} \\ -2e^{-t}+2e^{2t} & -e^{t}+2e^{2t} \end{bmatrix}$ ② $\begin{bmatrix} 2e^{-t}-e^{2t} & -e^{-t}+e^{-2t} \\ 2e^{t}-2e^{2t} & e^{-t}+2e^{-2t} \end{bmatrix}$

③ $\begin{bmatrix} 2e^{-t}-e^{-2t} & e^{-t}-e^{-2t} \\ -2e^{-t}+2e^{-2t} & -e^{-t}+2e^{-2t} \end{bmatrix}$ ④ $\begin{bmatrix} 2e^{-t}-e^{2t} & -e^{-t}-e^{-2t} \\ -2e^{-t}+2e^{-2t} & -e^{-t}+2e^{-2t} \end{bmatrix}$

해설 $\Phi(t)=\mathcal{L}^{-1}[s\boldsymbol{I}-\boldsymbol{A}]^{-1}$

$$[s\boldsymbol{I}-\boldsymbol{A}]=\begin{bmatrix} s & 0 \\ 0 & s \end{bmatrix}-\begin{bmatrix} 0 & 1 \\ -2 & -3 \end{bmatrix}=\begin{bmatrix} s & -1 \\ 2 & (s+3) \end{bmatrix}$$

$$[s\boldsymbol{I}-\boldsymbol{A}]^{-1}=\frac{1}{\begin{vmatrix} s & -1 \\ 2 & s+3 \end{vmatrix}}\begin{bmatrix} s+3 & 1 \\ -2 & s \end{bmatrix}=\frac{1}{s^2+3s+2}\begin{bmatrix} s+3 & 1 \\ -2 & s \end{bmatrix}=\begin{bmatrix} \dfrac{s+3}{(s+1)(s+2)} & \dfrac{1}{(s+1)(s+2)} \\ \dfrac{-2}{(s+1)(s+2)} & \dfrac{s}{(s+1)(s+2)} \end{bmatrix}$$

$$\therefore\ \Phi(t)=\mathcal{L}^{-1}\{[s\boldsymbol{I}-\boldsymbol{A}]^{-1}\}=\begin{bmatrix} 2e^{-t}-e^{-2t} & e^{-t}-e^{-2t} \\ -2e^{-t}+2e^{-2t} & -e^{-t}+2e^{-2t} \end{bmatrix}$$

답 ③

238

핵심이론 찾아보기▶핵심 08-2 기사 03·00·94년 출제

State transition matrix(상태천이행렬) $\Phi(t)=e^{At}$에서 $t=0$의 값은?

① e ② I ③ e^{-1} ④ 0

해설 $\Phi(t)=e^{At}=I+At+\dfrac{1}{2!}A^2t^2+\cdots$

$t=0$에서의 $\phi(0)=I$

답 ②

239

핵심이론 찾아보기▶핵심 08-2 기사 96·93년 출제

$\boldsymbol{A}=\begin{bmatrix} 0 & 1 \\ -5 & -2 \end{bmatrix}$, $\boldsymbol{B}=\begin{bmatrix} 0 \\ 1 \end{bmatrix}$인 상태방정식 $\dfrac{dx}{dt}=\boldsymbol{A}x(t)+\boldsymbol{B}r(t)$에서 상태천이행렬 $\Phi(t)$는?

① $\begin{bmatrix} e^{-t}\left(\cos 2t+\dfrac{1}{2}\sin 2t\right) & \dfrac{1}{2}e^{-t}\sin 2t \\ -\dfrac{5}{2}e^{-t}\sin 2t & e^{-t}\left(\cos 2t-\dfrac{1}{2}\sin 2t\right) \end{bmatrix}$

② $\begin{bmatrix} e^{-t}\left(\cos 2t-\dfrac{1}{2}\sin 2t\right) & \dfrac{1}{2}e^{-t}\sin 2t \\ -\dfrac{5}{2}e^{-t}\sin 2t & e^{-t}\left(\cos 2t+\dfrac{1}{2}\sin 2t\right) \end{bmatrix}$

③ $\begin{bmatrix} e^{-t}\left(\cos 2t+\dfrac{1}{2}\sin 2t\right) & -\dfrac{2}{5}e^{-t}\sin 2t \\ \dfrac{1}{2}e^{-t}\sin 2t & e^{-t}\left(\cos 2t-\dfrac{1}{2}\sin 2t\right) \end{bmatrix}$

④ $\begin{bmatrix} e^{-t}\left(\cos 2t-\dfrac{1}{2}\sin 2t\right) & -\dfrac{2}{5}e^{-t}\sin 2t \\ \dfrac{1}{2}e^{-t}\sin 2t & e^{-t}\left(\cos 2t+\dfrac{1}{2}\sin 2t\right) \end{bmatrix}$

해설 상태천이행렬 $\Phi(t)=\mathcal{L}^{-1}[s\boldsymbol{I}-\boldsymbol{A}]^{-1}$

$$[s\boldsymbol{I}-\boldsymbol{A}]=\begin{bmatrix} s & 0 \\ 0 & s \end{bmatrix}-\begin{bmatrix} 0 & 1 \\ -5 & -2 \end{bmatrix}=\begin{bmatrix} s & -1 \\ 5 & s+2 \end{bmatrix}$$

$$[s\boldsymbol{I}-\boldsymbol{A}]^{-1}=\frac{1}{\begin{vmatrix} s & -1 \\ 5 & s+2 \end{vmatrix}}\begin{bmatrix} s+2 & 1 \\ -5 & s \end{bmatrix}=\frac{1}{s^2+2s+5}\begin{bmatrix} s+2 & 1 \\ -5 & s \end{bmatrix}$$

$$\therefore\ \Phi(t)=\mathcal{L}^{-1}\{[s\boldsymbol{I}-\boldsymbol{A}]^{-1}\}=\begin{bmatrix} e^{-t}\left(\cos 2t+\dfrac{1}{2}\sin 2t\right) & \dfrac{1}{2}e^{-t}\sin 2t \\ -\dfrac{5}{2}e^{-t}\sin 2t & e^{-t}\left(\cos 2t-\dfrac{1}{2}\sin 2t\right) \end{bmatrix}$$

답 ①

240

핵심이론 찾아보기▶핵심 08-3 기사 12·03·97·89년 출제

상태방정식 $\dot{x}(t) = Ax(t) + Br(t)$인 제어계의 특성방정식은?

① $|sI - A| = 0$ ② $|sI - B| = 0$ ③ $|s(I - A)| = I$ ④ $|sI - B| = I$

해설 특성방정식 $|sI - A| = 0$

답 ①

241

핵심이론 찾아보기▶핵심 08-3 기사 09·07·04·83년 출제

상태방정식 $\dot{x} = Ax + Bu$에서 $A = \begin{bmatrix} 0 & 1 \\ -2 & -3 \end{bmatrix}$일 때, 특성방정식의 근은?

① −2, −3 ② −1, −2 ③ −1, −3 ④ 1, −3

해설 특성방정식 $|sI - A| = 0$

$|sI - A| = \begin{vmatrix} s & -1 \\ 2 & s+3 \end{vmatrix} = s(s+3) + 2 = s^2 + 3s + 2 = 0$

$(s+1)(s+2) = 0$

$\therefore s = -1,\ -2$

답 ②

242

핵심이론 찾아보기▶핵심 08-3 기사 11·94·83년 출제

$A = \begin{bmatrix} 0 & 1 \\ -3 & -2 \end{bmatrix}$, $B = \begin{bmatrix} 4 \\ 5 \end{bmatrix}$인 상태방정식 $\dfrac{dx}{dt} = Ax + Br$ 에서 제어계의 특성방정식은?

① $s^2 + 4s + 3 = 0$ ② $s^2 + 3s + 2 = 0$ ③ $s^2 + 3s + 4 = 0$ ④ $s^2 + 2s + 3 = 0$

해설 $\begin{bmatrix} \dot{x}_1 \\ \dot{x}_2 \end{bmatrix} = \begin{bmatrix} 0 & 1 \\ -3 & -2 \end{bmatrix}\begin{bmatrix} x_1 \\ x_2 \end{bmatrix} + \begin{bmatrix} 4 \\ 5 \end{bmatrix} r$

$|sI - A| = \begin{bmatrix} s & 0 \\ 0 & s \end{bmatrix} - \begin{bmatrix} 0 & 1 \\ -3 & -2 \end{bmatrix} = \begin{bmatrix} s & -1 \\ 3 & s+2 \end{bmatrix} = s(s+2) + 3 = s^2 + 2s + 3 = 0$

$\therefore$ 특성방정식 $s^2 + 2s + 3 = 0$

답 ④

243

핵심이론 찾아보기▶핵심 08-3 기사 99·91년 출제

상태방정식 $\dot{x} = Ax + Bu$ 로 표시되는 계의 특성방정식의 근은? (단, $A = \begin{bmatrix} 0 & 1 \\ -2 & 2 \end{bmatrix}$, $B = \begin{bmatrix} 0 \\ 1 \end{bmatrix}$ 임)

① $1 \pm j2$ ② $-1 \pm j2$ ③ $1 \pm j$ ④ $-1 \pm j$

해설 $|sI - A| = \left| \begin{bmatrix} s & 0 \\ 0 & s \end{bmatrix} - \begin{bmatrix} 0 & 1 \\ -2 & 2 \end{bmatrix} \right| = \begin{vmatrix} s & -1 \\ 2 & s-2 \end{vmatrix} = s^2 - 2s + 2$

$\therefore$ 특성방정식 : $s^2 - 2s + 2 = 0$

$\therefore s = 1 \pm j$

답 ③

244

핵심이론 찾아보기▶핵심 08-3 　　기사 95년 출제

$\begin{bmatrix} 3 & 4 \\ 1 & 3 \end{bmatrix}$의 고유값(eigen value)은?

① 2, 2　　② 1, 5　　③ 1, 3　　④ 2, 1

해설 $|sI-A|=\begin{vmatrix} s-3 & -4 \\ -1 & s-3 \end{vmatrix}=(s-3)^2-4=s^2-6s+5=0$

$(s-1)(s-5)=0$

$\therefore\ s=1,\ 5$

답 ②

245

핵심이론 찾아보기▶핵심 08-3 　　기사 16년 출제

다음과 같은 상태방정식의 고유값 λ_1과 λ_2는?

$$\begin{bmatrix} \dot{x}_1 \\ \dot{x}_2 \end{bmatrix}=\begin{bmatrix} 1 & -2 \\ -3 & 2 \end{bmatrix}\begin{bmatrix} x_1 \\ x_2 \end{bmatrix}+\begin{bmatrix} 2 & -3 \\ -4 & 3 \end{bmatrix}\begin{bmatrix} r_1 \\ r_2 \end{bmatrix}$$

① 4, −1　　② −4, 1　　③ 6, −1　　④ −6, 1

해설 고유값(eigenvalue)은 특성방정식의 근이므로

$|sI-A|=0$ (여기서, $s=\lambda$)

$\left|\begin{bmatrix} \lambda & 0 \\ 0 & \lambda \end{bmatrix}-\begin{bmatrix} 1 & -2 \\ -3 & 2 \end{bmatrix}\right|=0$

$\begin{vmatrix} \lambda-1 & 2 \\ 3 & \lambda-2 \end{vmatrix}=0$

$(\lambda-1)(\lambda-2)-6=0$

$\lambda^2-3\lambda-4=0$

$(\lambda-4)(\lambda+1)=0$

$\therefore\ \lambda=4,-1$

즉, 고유값 λ_1과 λ_2는 4와 −1이다.

답 ①

246

핵심이론 찾아보기▶핵심 08-3 　　기사 16년 출제

다음과 같은 상태방정식으로 표현되는 제어계에 대한 설명으로 틀린 것은?

$$\dot{x}=\begin{bmatrix} 0 & 1 \\ -2 & -3 \end{bmatrix}x+\begin{bmatrix} 1 & 1 \\ 0 & -2 \end{bmatrix}u$$

① 2차 제어계이다.
② x는 (2×1)의 벡터이다.
③ 특성방정식은 $(s+1)(s+2)=0$이다.
④ 제어계는 부족제동(under damped)된 상태에 있다.

해설 특성방정식 $|sI-A|=0$

$\left|\begin{bmatrix} s & 0 \\ 0 & s \end{bmatrix}-\begin{bmatrix} 0 & 1 \\ -2 & -3 \end{bmatrix}\right|=0$

$$\begin{vmatrix} s & -1 \\ 2 & s+3 \end{vmatrix} = 0$$

$\therefore\ s(s+3)+2=0$

$s^2+3s+2=0$

$(s+1)(s+2)=0$

근 $s=-1,\ -2$로 서로 다른 두 실근이므로 과제동한다.

또는 $2\delta\omega_n=3$에서 $\delta=\dfrac{3}{2\sqrt{2}}=1.06$, $\delta>1$이므로 제어계는 과제동상태에 있다. 답 ④

247 핵심이론 찾아보기▶핵심 08-3 기사 09년 출제

다음 중 라플라스 변환값과 z변환값이 같은 함수는?

① t^2 ② t ③ $u(t)$ ④ $\delta(t)$

해설 임펄스함수 $\delta(t)$는 Laplace 변환값도 1이고 z변환값도 1이므로 Laplace 변환값과 z변환값이 같다. 답 ④

248 핵심이론 찾아보기▶핵심 08-4 기사 16년 출제

단위 계단 함수 $u(t)$를 z변환하면?

① 1 ② $\dfrac{1}{z}$ ③ 0 ④ $\dfrac{z}{z-1}$

해설
- 라플라스 변환 : $\mathcal{L}[u(t)]=\dfrac{1}{s}$
- z변환 : $z[u(t)]=\dfrac{z}{z-1}$

답 ④

249 핵심이론 찾아보기▶핵심 08-4 기사 21·18년 출제

단위 계단 함수의 라플라스 변환과 z변환 함수는?

① $\dfrac{1}{s},\ \dfrac{z}{z-1}$ ② $s,\ \dfrac{z}{z-1}$ ③ $\dfrac{1}{s},\ \dfrac{z-1}{z}$ ④ $s,\ \dfrac{z-1}{z}$

해설
- 라플라스 변환 : $\mathcal{L}[u(t)]=\dfrac{1}{s}$
- z변환 : $z[u(t)]=\dfrac{z}{z-1}$

답 ①

250 핵심이론 찾아보기▶핵심 08-4 기사 21·19·15년 출제

함수 e^{-at}의 z변환으로 옳은 것은?

① $\dfrac{z}{z-e^{-aT}}$ ② $\dfrac{z}{z-a}$ ③ $\dfrac{1}{z-e^{-aT}}$ ④ $\dfrac{1}{z-a}$

해설 • e^{-at}의 라플라스 변환 : $\mathcal{L}[e^{-at}]=\dfrac{1}{s+a}$

• e^{-at}의 z변환 : $z[e^{-at}]=\dfrac{z}{z-e^{-aT}}$

답 ①

251

핵심이론 찾아보기▶핵심 08-4

기사 20년 출제

시간함수 $f(t)=\sin\omega t$의 z변환은? (단, T는 샘플링 주기이다.)

① $\dfrac{z\sin\omega T}{z^2+2z\cos\omega T+1}$

② $\dfrac{z\sin\omega T}{z^2-2z\cos\omega T+1}$

③ $\dfrac{z\cos\omega T}{z^2-2z\sin\omega T+1}$

④ $\dfrac{z\cos\omega T}{z^2+2z\sin\omega T+1}$

해설 정현파 함수 $f(t)=\sin\omega t$

z변환 : $F(z)=\dfrac{z\sin\omega T}{z^2-2z\cos\omega T+1}$

답 ②

252

핵심이론 찾아보기▶핵심 08-5

기사 20·15·99·94·90·85년 출제

$e(t)$의 초기값은 $e(t)$의 z변환을 $E(z)$라 했을 때, 다음 어느 방법으로 얻어지는가?

① $\lim\limits_{z\to 0} zE(z)$

② $\lim\limits_{z\to 0} E(z)$

③ $\lim\limits_{z\to\infty} zE(z)$

④ $\lim\limits_{z\to\infty} E(z)$

해설 초기값 정리 $\lim\limits_{t\to 0} e(t)=\lim\limits_{z\to\infty} E(z)$

답 ④

253

핵심이론 찾아보기▶핵심 08-5

기사 21·09년 출제

다음 중 z변환에서 최종치 정리를 나타낸 것은?

① $x(0)=\lim\limits_{z\to\infty} X(z)$

② $x(0)=\lim\limits_{z\to 0} X(z)$

③ $x(\infty)=\lim\limits_{z\to 1}(1-z)X(z)$

④ $x(\infty)=\lim\limits_{z\to 1}(1-z^{-1})X(z)$

해설 최종치 정리 $\lim\limits_{k\to\infty} x(kT)=\lim\limits_{z\to 1}(1-z^{-1})X(z)$

답 ④

254

핵심이론 찾아보기▶핵심 08-6

기사 08·07·00·95·93·83년 출제

z변환함수 $\dfrac{z}{(z-e^{-aT})}$에 대응되는 라플라스 변환과 그에 대응되는 시간함수는?

① $\dfrac{1}{(s+a)^2}$, te^{-at}

② $\dfrac{1}{(1-e^{Ts})}$, $\sum\limits_{n=0}^{\infty}\delta(t-nT)$

③ $\dfrac{a}{s(s+a)}$, $1-e^{-at}$

④ $\dfrac{1}{(s+a)}$, e^{-at}

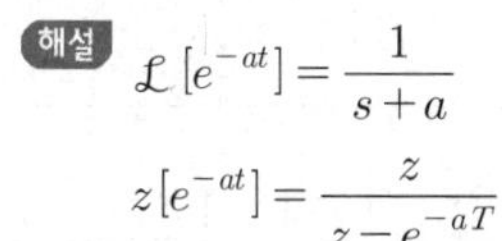

해설 $\mathcal{L}[e^{-at}] = \dfrac{1}{s+a}$

$z[e^{-at}] = \dfrac{z}{z-e^{-aT}}$

답 ④

255

핵심이론 찾아보기▶**핵심 08-6** 기사 20·14년 출제

다음 중 z변환함수 $\dfrac{3z}{(z-e^{-3T})}$에 대응되는 라플라스 변환함수는?

① $\dfrac{1}{(s+3)}$ ② $\dfrac{3}{(s-3)}$

③ $\dfrac{1}{(s-3)}$ ④ $\dfrac{3}{(s+3)}$

해설 $3e^{-3t}$의 z변환 : $z[3e^{-3t}] = \dfrac{3z}{z-e^{-3T}}$

$\therefore\ \mathcal{L}[3e^{-3t}] = \dfrac{3}{s+3}$

답 ④

256

핵심이론 찾아보기▶**핵심 08-6** 기사 22·19년 출제

$R(z) = \dfrac{(1-e^{-aT})z}{(z-1)(z-e^{-aT})}$의 역변환은?

① te^{at} ② te^{-at}

③ $1-e^{-at}$ ④ $1+e^{-at}$

해설 $\dfrac{R(z)}{z}$ 형태로 부분 분수 전개하면

$\dfrac{R(z)}{z} = \dfrac{(1-e^{-aT})}{(z-1)(z-e^{-aT})} = \dfrac{k_1}{z-1} + \dfrac{k_2}{z-e^{-aT}}$

$k_1 = \lim\limits_{z\to 1}\dfrac{1-e^{-aT}}{z-e^{-aT}} = 1$

$k_2 = \lim\limits_{z\to e^{-aT}}\dfrac{1-e^{-aT}}{z-1} = -1$

$\dfrac{R(z)}{z} = \dfrac{1}{z-1} - \dfrac{1}{z-e^{-aT}}$

$R(z) = \dfrac{z}{z-1} - \dfrac{z}{z-e^{-aT}}$

$\therefore\ r(t) = 1-e^{-at}$

답 ③

257

핵심이론 찾아보기▶핵심 08-6 기사 16년 출제

그림과 같은 이산치계의 z변환 전달함수 $\frac{C(z)}{R(z)}$를 구하면? $\left(\text{단, } z\left[\frac{1}{s+a}\right]=\frac{z}{z-e^{-aT}}\right)$

$$r(T) \to T \to \boxed{\frac{1}{s+1}} \to T \to \boxed{\frac{2}{s+2}} \to C(T)$$

① $\frac{2z}{z-e^{-T}}-\frac{2z}{z-e^{-2T}}$ ② $\frac{2z^2}{(z-e^{-T})(z-e^{-2T})}$

③ $\frac{2z}{z-e^{-2T}}-\frac{2z}{z-e^{-T}}$ ④ $\frac{2z}{(z-e^{-T})(z-e^{-2T})}$

해설 $C(z)=G_1(z)G_2(z)R(z)$

$\therefore\ G(z)=\frac{C(z)}{R(z)}=G_1(z)G_2(z)=z\left[\frac{1}{s+1}\right]z\left[\frac{2}{s+2}\right]=\frac{2z^2}{(z-e^{-T})(z-e^{-2T})}$

답 ②

258

핵심이론 찾아보기▶핵심 08-7 기사 15·13·08·95·89년 출제

z변환법을 사용한 샘플값제어계가 안정하려면 $1+GH(z)=0$의 근의 위치는?

① z평면의 좌반면에 존재하여야 한다.
② z평면의 우반면에 존재하여야 한다.
③ $|z|=1$인 단위원 내에 존재하여야 한다.
④ $|z|=1$인 단위원 밖에 존재하여야 한다.

해설 z변환법을 사용한 샘플값제어계 해석

- s평면의 좌반평면(안정) : 특성근이 z평면의 원점에 중심을 둔 단위원 내부
- s평면의 우반평면(불안정) : 특성근이 z평면의 원점에 중심을 둔 단위원 외부
- s평면의 허수축상(임계안정) : 특성근이 z평면의 원점에 중심을 둔 단위원 원주상

답 ③

259

핵심이론 찾아보기▶핵심 08-7 기사 00·94·93·89년 출제

z평면상의 원점에 중심을 둔 단위 원주상에 사상되는 것은 s평면의 어느 성분인가?

① 양의 반평면 ② 음의 반평면 ③ 실수축 ④ 허수축

해설 임계안정
s평면의 허수축상, z평면의 원점에 중심을 둔 단위원 원주상

답 ④

260

핵심이론 찾아보기▶핵심 08-7 기사 18년 출제

이산시스템(discrete data system)에서의 안정도 해석에 대한 설명 중 옳은 것은?

① 특성방정식의 모든 근이 z평면의 음의 반평면에 있으면 안정하다.
② 특성방정식의 모든 근이 z평면의 양의 반평면에 있으면 안정하다.
③ 특성방정식의 모든 근이 z평면의 단위원 내부에 있으면 안정하다.
④ 특성방정식의 모든 근이 z평면의 단위원 외부에 있으면 안정하다.

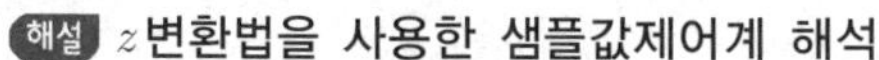

해설 z변환법을 사용한 샘플값제어계 해석
- s평면의 좌반평면(안정) : 특성근이 z평면의 원점에 중심을 둔 단위원 내부
- s평면의 우반평면(불안정) : 특성근이 z평면의 원점에 중심을 둔 단위원 외부
- s평면의 허수축상(임계안정) : 특성근이 z평면의 원점에 중심을 둔 단위원 원주상

답 ③

261
핵심이론 찾아보기▶핵심 08-7 기사 17년 출제

3차인 이산치시스템의 특성방정식의 근이 −0.3, −0.2, +0.5로 주어져 있다. 이 시스템의 안정도는?

① 이 시스템은 안정한 시스템이다.
② 이 시스템은 불안정한 시스템이다.
③ 이 시스템은 임계안정한 시스템이다.
④ 위 정보로서는 이 시스템의 안정도를 알 수 없다.

해설 특성방정식의 근 −0.3, −0.2, +0.5는 모두 $|z|=1$인 단위원 내에 존재하므로 계는 안정하다.

답 ①

262
핵심이론 찾아보기▶핵심 08-7 기사 17년 출제

특성방정식이 다음과 같다. 이를 z변환하여 z평면에 도시할 때 단위원 밖에 놓일 근은 몇 개인가?

$$(s+1)(s+2)(s-3)=0$$

① 0 ② 1 ③ 2 ④ 3

해설 특성방정식

$(s+1)(s+2)(s-3)=0$

$s^3-7s-6=0$

라우스의 표

s^3	1	-7
s^2	$(0)\varepsilon$	-6
	0을 미소 양의 실수 ε으로 대치	
s^1	$\dfrac{-7\varepsilon+6}{\varepsilon}$	
s^0	-6	

제1열의 부호 변화가 한 번 있으므로 불안정근이 1개 있다.

z평면에 도시할 때 단위원 밖에 놓일 근이 s평면의 우반평면, 즉 불안정근이다.

답 ②

263
핵심이론 찾아보기▶핵심 09-1 기사 10년 출제

다음 중 시퀀스(sequence)제어에 대한 설명으로 옳지 않은 것은?

① 조합 논리회로도 사용된다.
② 제어용 계전기가 사용된다.
③ 폐회로 제어계로 사용된다.
④ 시간 지연요소도 사용된다.

해설 시퀀스제어는 미리 정해놓은 순서 또는 일정한 논리에 의하여 정해진 순시에 따라 제어의 각 단계를 순서적으로 진행하는 제어로 개회로 제어계라고 한다.

답 ③

264

핵심이론 찾아보기▶핵심 09-1 기사 93년 출제

다음 논리회로에 나타내는 출력신호는?

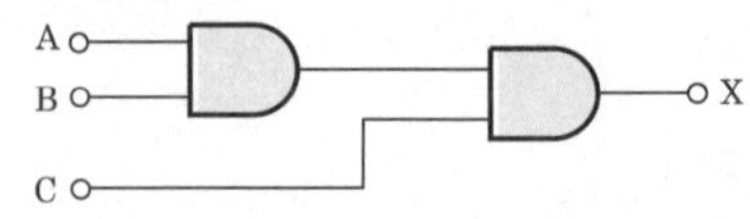

① $A+B+C$ ② $AB+C$
③ $(A+B)C$ ④ ABC

해설 $X=A \cdot B \cdot C$

답 ④

265

핵심이론 찾아보기▶핵심 09-1 기사 07·05·01년 출제

다음 논리심벌이 나타내는 식은?

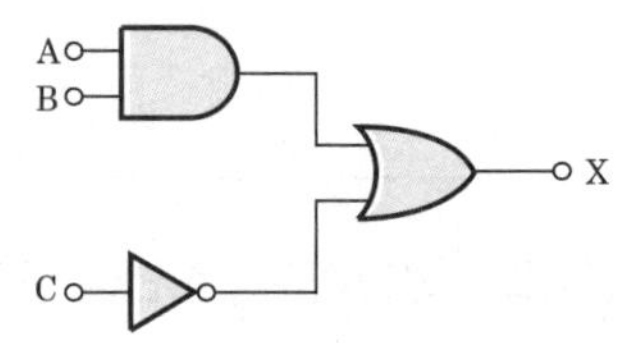

① $X=(A \cdot B)+\overline{C}$ ② $X=(A+B) \cdot \overline{C}$
③ $X=(\overline{A \cdot B})+C$ ④ $X+(\overline{A+B})+C$

해설 $X=(A \cdot B)+\overline{C}$

답 ①

266

핵심이론 찾아보기▶핵심 09-1 기사 07·05·01년 출제

다음 논리회로의 출력 X_o는?

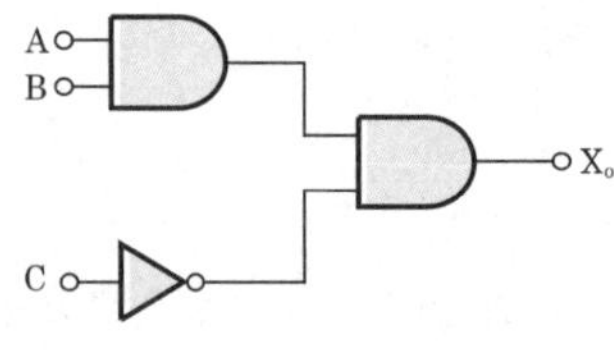

① $A \cdot B \cdot \overline{C}$ ② $(A+B)\overline{C}$
③ $A+B+\overline{C}$ ④ ABC

해설 기본 논리회로

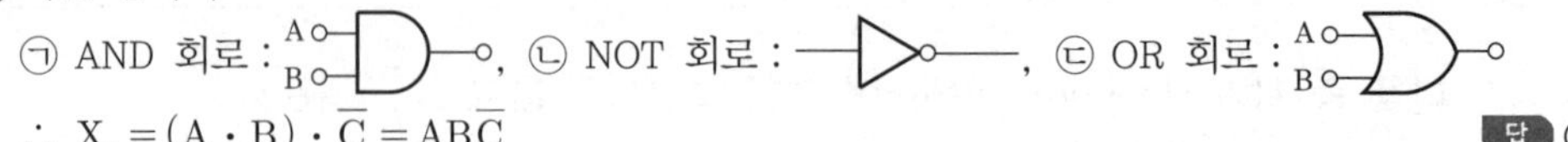

$\therefore X_o=(A \cdot B) \cdot \overline{C}=AB\overline{C}$

답 ①

267

핵심이론 찾아보기▶핵심 09-1 기사 97년 출제

그림의 논리회로의 출력 Y를 옳게 나타내지 못한 것은?

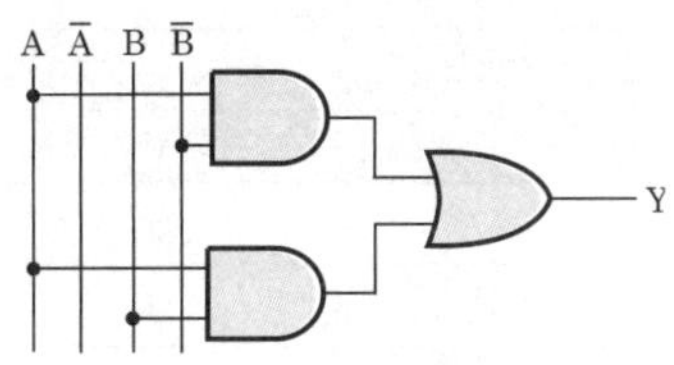

① $Y = A\overline{B} + AB$ ② $Y = A(\overline{B} + B)$

③ $Y = A$ ④ $Y = B$

해설 $Y = A \cdot \overline{B} + A \cdot B = A(\overline{B} + B) = A$

답 ④

268

핵심이론 찾아보기▶핵심 09-1 기사 93·84년 출제

다음은 2값 논리계를 나타낸 것이다. 출력 Y는?

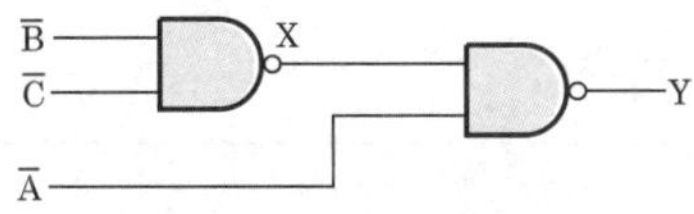

① $Y = A + \overline{B} \cdot \overline{C}$ ② $Y = B + A \cdot C$

③ $Y = \overline{A} + B \cdot C$ ④ $Y = B + \overline{A} \cdot C$

해설 드모르간의 법칙

$\overline{A \cdot B} = \overline{A} + \overline{B}$, $\overline{A + B} = \overline{A} \cdot \overline{B}$, $\overline{\overline{A}} = A$

$\therefore Y = \overline{\overline{\overline{B} \cdot \overline{C}} \cdot \overline{A}} = (\overline{B + C}) + \overline{\overline{A}} = A + \overline{B}\,\overline{C}$

답 ①

269

핵심이론 찾아보기▶핵심 09-1 기사 10·05·03년 출제

다음의 논리회로를 간단히 하면?

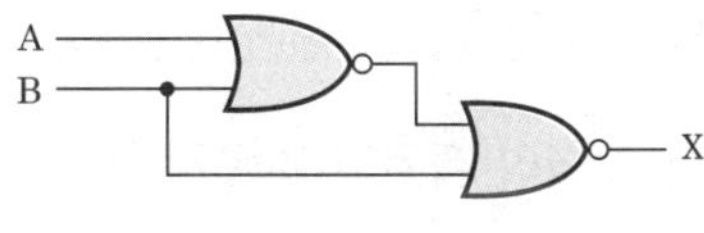

① AB ② $\overline{A}B$

③ $A\overline{B}$ ④ AB

해설 $X = \overline{\overline{A+B} + B} = \overline{\overline{A+B}} \cdot \overline{B} = (A+B)\overline{B} = A\overline{B} + B\overline{B} = A\overline{B}$

답 ③

270

핵심이론 찾아보기▶핵심 09-1 기사 07년 출제

다음 진리표의 게이트(gate)는?

입 력		출 력
X	Y	A
0	0	1
1	0	1
0	1	1
1	1	0

① AND ② OR ③ NOR ④ NAND

해설 NAND회로는 AND회로의 부정회로로 입력 X・Y가 모두 ON("1")되면 출력이 OFF("0")되는 회로

답 ④

271

핵심이론 찾아보기▶핵심 09-1 기사 12년 출제

다음 진리표의 논리소자는?

입 력		출 력
A	B	C
0	0	1
0	1	0
1	0	0
1	1	0

① NOR ② OR ③ AND ④ NAND

해설 NOR회로는 OR회로의 부정회로로 입력 A・B 중 어느 하나라도 ON("1")되면 출력이 OFF("0") 되는 회로

답 ①

272

핵심이론 찾아보기▶핵심 09-1 기사 96·89년 출제

논리회로의 종류에 대한 설명이 잘못된 것은?

① AND회로 : 입력신호 A, B, C의 값이 모두 1일 때에만 출력신호 Z의 값이 1이 되는 회로로, 논리식은 $A \cdot B \cdot C = Z$로 표시한다.
② OR회로 : 입력신호 A, B, C 중 어느 한 값이 1이면 출력신호 Z의 값이 1이 되는 회로로, 논리식은 $A+B+C=Z$로 표시한다.
③ NOT회로 : 입력신호 A와 출력신호 Z가 서로 반대로 되는 회로로, 논리식은 $\overline{A}=Z$로 표시한다.
④ NOR회로 : AND회로의 부정회로로, 논리식은 $A+B=C$로 표시한다.

해설
- NOR회로 : OR회로의 부정회로로, 논리식은 $\overline{A+B}=C$로 표시한다.
- NAND회로 : AND회로의 부정회로로, 논리식은 $\overline{AB}=C$로 표시한다.

답 ④

273 핵심이론 찾아보기▶핵심 09-2

기사 18년 출제

그림과 같은 논리회로는?

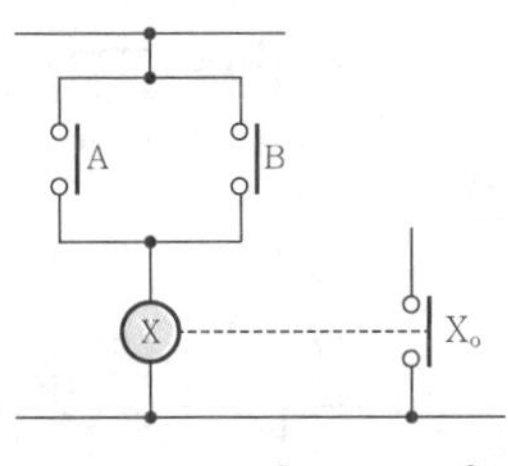

① OR회로 ② AND회로
③ NOT회로 ④ NOR회로

해설 $X_o = A + B$ 이므로 OR회로이다.

답 ①

274 핵심이론 찾아보기▶핵심 09-2

기사 09·00·93년 출제

그림과 같은 계전기 접점회로의 논리식은?

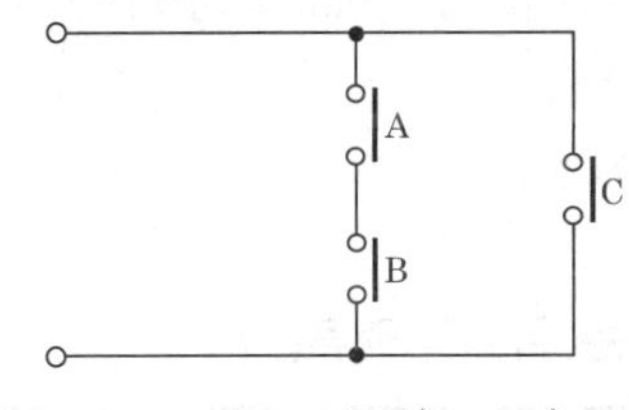

① A+B+C ② (A+B)C
③ A·B+C ④ A·B·C

해설 A와 B는 직렬이므로 AND 회로이고, 이것과 C가 병렬이므로 OR이다.
논리식 $= A \cdot B + C$

답 ③

275 핵심이론 찾아보기▶핵심 09-2

기사 08년 출제

다음 회로는 무엇을 나타낸 것인가?

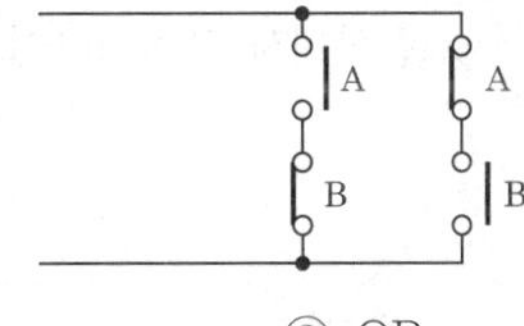

① AND ② OR
③ Exclusive OR ④ NAND

해설 출력식 $= A\overline{B} + \overline{A}B = A \oplus B$
∴ 입력 A, B가 서로 다른 조건에서 출력이 1되는 Exclusive-OR 회로이다.

답 ③

276

핵심이론 찾아보기▶핵심 09-2 기사 12·01·99·94년 출제

그림과 같은 논리회로의 출력을 구하면?

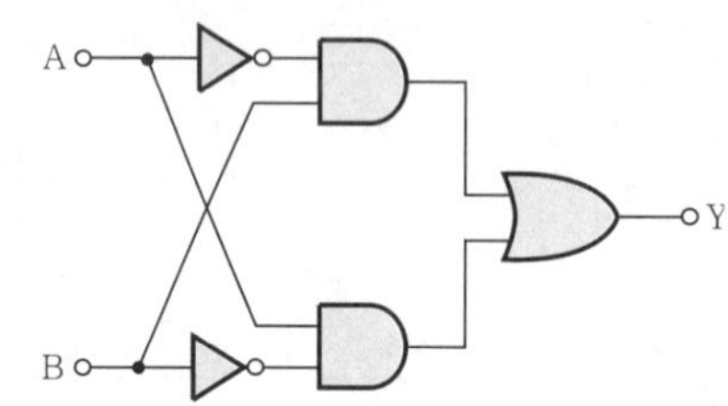

① $Y = A\overline{B} + \overline{A}B$ ② $Y = \overline{A}\,\overline{B} + \overline{A}B$ ③ $Y = A\overline{B} + \overline{A}\,\overline{B}$ ④ $Y = \overline{A} + \overline{B}$

해설

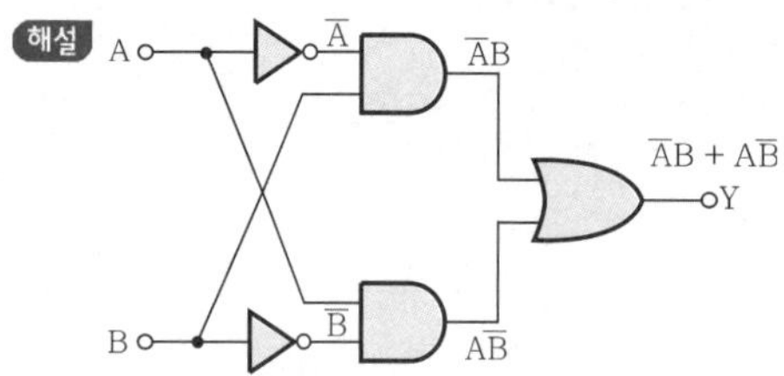

$Y = A\overline{B} + \overline{A}B$: 반일치회로(Exclusive OR회로)

답 ①

277

핵심이론 찾아보기▶핵심 09-2 기사 18년 출제

다음과 같은 진리표를 갖는 회로의 종류는?

입 력		출 력
A	B	
0	0	0
0	1	1
1	0	1
1	1	0

① AND ② NOR ③ NAND ④ EX-OR

해설 출력식$= \overline{A}B + A\overline{B} = A \oplus B$

입력 A·B가 서로 다른 조건식에서 출력이 1이 되는 Exclusive OR 회로이다.

답 ④

278

핵심이론 찾아보기▶핵심 09-2 기사 93년 출제

그림과 같은 논리회로에서 $A = 1$, $B = 1$인 입력에 대한 출력 x, y는 각각 얼마인가?

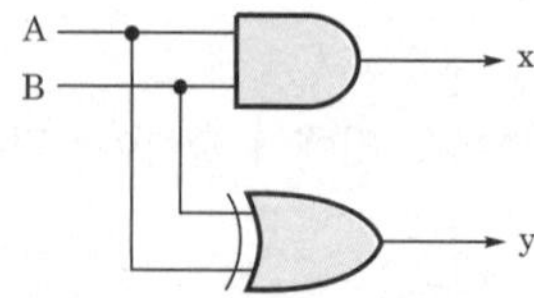

① $x = 0$, $y = 0$ ② $x = 0$, $y = 1$ ③ $x = 1$, $y = 0$ ④ $x = 1$, $y = 1$

해설 그림과 같은 반가산기의 논리식은
$y = \overline{A} \cdot B + A \cdot \overline{B} = A \oplus B$
$x = A \cdot B$
자리 올림수 x는 A, B가 모두 1일 때에만 1이고 나머지는 0이 되며, 합(sum) y는 A, B 중 한쪽 입력만 1일 때 출력이 1이 되고 나머지의 경우는 0이 된다.
답 ③

279

핵심이론 찾아보기▶핵심 09-2 기사 08년 출제

그림은 무엇을 나타낸 논리연산회로인가?

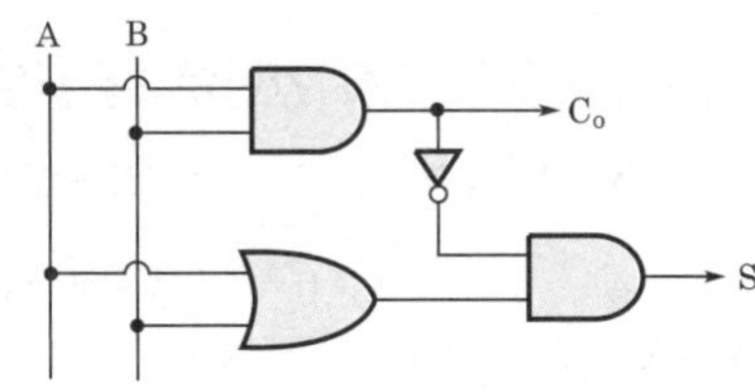

① NAND 회로
② Exclusive OR 회로
③ Half-adder 회로
④ Full-adder 회로

해설 반가산기 논리식 : $C_o = A \cdot B$
$S = A\overline{B} + \overline{A}B = \overline{AB}(A+B)$
답 ③

280

핵심이론 찾아보기▶핵심 09-3 기사 96·90년 출제

다음 불대수식에서 바르지 못한 것은?

① $A + A = A$
② $A \cdot A = A$
③ $A \cdot \overline{A} = 1$
④ $A + \overline{A} = 1$

해설 $A \cdot \overline{A} = 0$
답 ③

281

핵심이론 찾아보기▶핵심 09-3 기사 94년 출제

논리식 $A \cdot (A+B)$를 간단히 하면?

① A
② B
③ $A \cdot B$
④ $A + B$

해설 $A \cdot (A+B) = A \cdot A + A \cdot B = A + A \cdot B = A \cdot (1+B) = A \cdot 1 = A$
답 ①

282

핵심이론 찾아보기▶핵심 09-3 기사 81년 출제

논리식 $A + \overline{A} \cdot B$를 간단히 한 식은?

① $\overline{A} + \overline{B}$
② $A \cdot B$
③ $\overline{A} \cdot \overline{B}$
④ $A + B$

해설 $A + \overline{A} \cdot B = (A + \overline{A}) \cdot (A+B) = 1 \cdot (A+B) = A + B$
답 ④

283 핵심이론 찾아보기▶핵심 09-3　　기사 06년 출제

논리식 $L = \overline{x} \cdot y + \overline{x} \cdot \overline{y}$를 간단히 한 식은?

① $\overline{x}$　② x　③ $\overline{y}$　④ y

해설 $L = \overline{x} \cdot y + \overline{x} \cdot \overline{y} = \overline{x}(y + \overline{y}) = \overline{x} \cdot 1 = \overline{x}$

답 ①

284 핵심이론 찾아보기▶핵심 09-3　　기사 02·99·95년 출제

논리식 $L = \overline{X} \cdot \overline{Y} + \overline{X} \cdot Y + X \cdot Y$를 간단히 한 것은?

① $X+Y$　② $\overline{X}+Y$　③ $X+\overline{Y}$　④ $\overline{X}+\overline{Y}$

해설 $A+0=A,\ A \cdot 1 = A,\ A+\overline{A}=1,\ A \cdot 0 = 0,\ A \cdot \overline{A} = 0$

$L = \overline{X} \cdot \overline{Y} + \overline{X} \cdot Y + X \cdot Y = \overline{X}(\overline{Y}+Y) + X \cdot Y = \overline{X} + X \cdot Y$

$= (\overline{X}+X) \cdot (\overline{X}+Y) = \overline{X}+Y$

답 ②

285 핵심이론 찾아보기▶핵심 09-3　　기사 96·95년 출제

다음 논리식 중 다른 값을 나타내는 논리식은?

① $XY+X\overline{Y}$　② $(X+Y)(X+\overline{Y})$　③ $X(X+Y)$　④ $X(\overline{X}+Y)$

해설 ① $XY+X\overline{Y} = X(Y+\overline{Y}) = X \cdot 1 = X$

② $(X+Y)(X+\overline{Y}) = XX + X(Y+\overline{Y}) + Y\overline{Y} = X + X \cdot 1 + 0 = X + X = X$

③ $X(X+Y) = XX + XY = X + XY = X(1+Y) = X \cdot 1 = X$

④ $X(\overline{X}+Y) = X\overline{X} + XY = 0 + XY = XY$

답 ④

286 핵심이론 찾아보기▶핵심 09-3　　기사 92년 출제

다음의 불대수 계산에서 옳지 않은 것은?

① $\overline{A \cdot B} = \overline{A}+\overline{B}$　② $\overline{A+B} = \overline{A} \cdot \overline{B}$　③ $A \cdot A = A$　④ $A + A\overline{B} = 1$

해설 $A + A\overline{B} = A(1+\overline{B}) = A \cdot 1 = A$

답 ④

287 핵심이론 찾아보기▶핵심 09-3　　기사 21·16년 출제

다음 논리회로의 출력 X는?

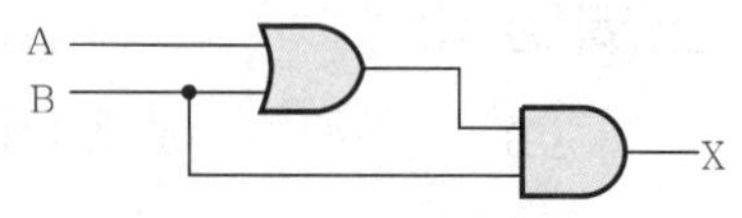

① A　② B　③ A+B　④ A·B

해설 $X = (A+B)B = AB + BB = B(A+1) = B$

답 ②

288 핵심이론 찾아보기▶핵심 09-4

기사 17년 출제

드모르간의 정리를 나타낸 식은?

① $\overline{A+B}=A\cdot B$　② $\overline{A+B}=\overline{A}+\overline{B}$　③ $\overline{A\cdot B}=\overline{A}\cdot\overline{B}$　④ $\overline{A+B}=\overline{A}\cdot\overline{B}$

해설 드모르간 정리(De Morgan's theorem)는 임의의 논리식의 보수를 구할 때 다음 순서에 따라 정리하면 된다.

- 모든 AND연산은 OR연산으로 바꾼다.
- 모든 OR연산은 AND연산으로 바꾼다.
- 모든 상수 1은 0으로 바꾼다.
- 모든 상수 0은 1로 바꾼다.
- 모든 변수는 그의 보수로 나타낸다.
- $\overline{A+B}=\overline{A}\cdot\overline{B}$
- $\overline{A\cdot B}=\overline{A}+\overline{B}$

답 ④

289 핵심이론 찾아보기▶핵심 09-4

기사 16년 출제

다음의 논리회로를 간단히 하면?

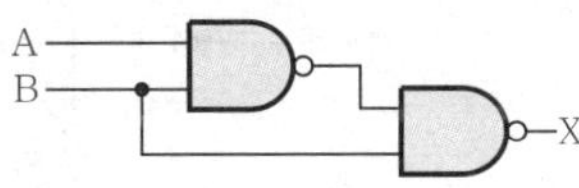

① $\overline{A}+B$　② $A+\overline{B}$　③ $\overline{A}+\overline{B}$　④ $A+B$

해설 $X=\overline{\overline{AB}\cdot B}=\overline{\overline{AB}}+\overline{B}=AB+\overline{B}$

$=AB+\overline{B}(1+A)$

$=AB+\overline{B}+A\overline{B}=A(B+\overline{B})+\overline{B}=A+\overline{B}$

답 ②

290 핵심이론 찾아보기▶핵심 09-4

기사 16년 출제

다음의 논리회로를 간단히 하면?

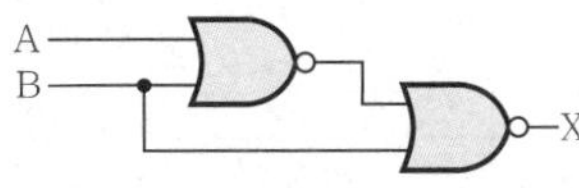

① $X=AB$　② $X=A\overline{B}$　③ $X=\overline{A}B$　④ $X=\overline{AB}$

해설 $X=\overline{\overline{A+B}+B}=\overline{\overline{A+B}}\cdot\overline{B}=(A+B)\overline{B}=A\overline{B}+B\overline{B}=A\overline{B}$

답 ②

291 핵심이론 찾아보기▶핵심 09-4

기사 21·11·02·96년 출제

$\overline{A}+\overline{B}\cdot\overline{C}$ 와 동일한 것은?

① $\overline{A+BC}$　② $\overline{A(B+C)}$　③ $\overline{A\cdot B+C}$　④ $\overline{A\cdot B}+C$

해설 $\overline{A(B+C)}=\overline{A}+(\overline{B+C})=\overline{A}+\overline{B}\cdot\overline{C}$

답 ②

292 핵심이론 찾아보기▶핵심 09-4

기사 20·13·09·07·05·99년 출제

그림과 같은 회로의 출력 Z를 구하면?

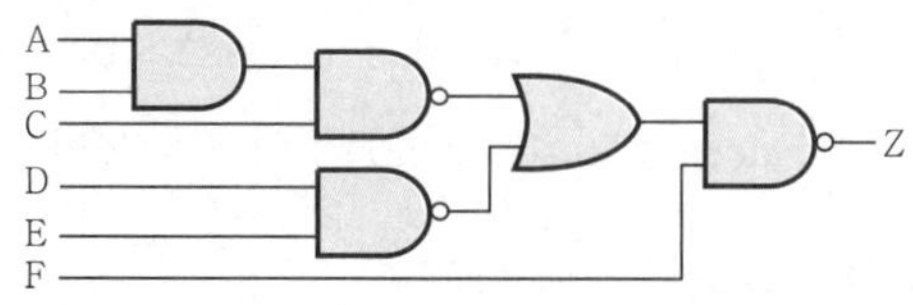

① $\overline{A}+\overline{B}+\overline{C}+\overline{D}+\overline{E}+F$
② $A+B+C+D+E+\overline{F}$
③ $\overline{A}\,\overline{B}\,\overline{C}\,\overline{D}\,\overline{E}+\overline{F}$
④ $ABCDE+\overline{F}$

해설 $Z=\overline{(\overline{ABC}+\overline{DE})F}=\overline{(\overline{ABC}+\overline{DE})}+\overline{F}=ABC\cdot DE+\overline{F}$

답 ④

293 핵심이론 찾아보기▶핵심 09-응용

기사 17년 출제

그림의 회로는 어느 게이트(gate)에 해당되는가?

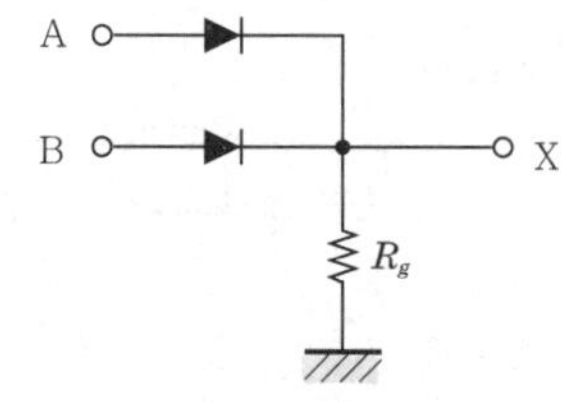

① OR ② AND ③ NOT ④ NOR

해설 그림은 OR gate이며, 논리심벌과 진리값표는 다음과 같다.

A	B	X
0	0	0
0	1	1
1	0	1
1	1	1

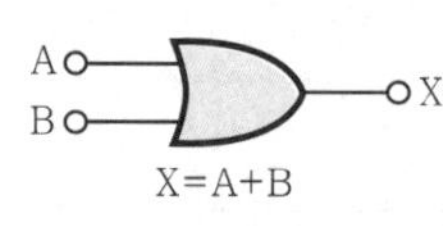

답 ①

294 핵심이론 찾아보기▶핵심 09-응용

기사 19년 출제

그림의 시퀀스회로에서 전자접촉기 X에 의한 a접점(normal open contact)의 사용목적은?

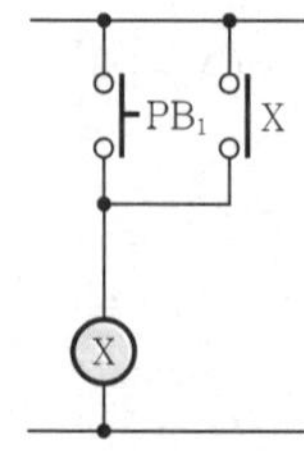

① 자기유지회로
② 지연회로
③ 우선선택회로
④ 인터록(interlock)회로

해설 누름단추스위치(PB_1)를 온(on)했을 때 스위치가 닫혀 계전기가 여자되고 그것의 a접점이 닫히기 때문에 누름단추스위치(PB_1)를 오프(off)해도 계전기는 계속 여자상태를 유지한다. 이것을 자기유지회로라고 한다.

답 ①

295 핵심이론 찾아보기▶핵심 09-응용

기사 19년 출제

타이머에서 입력신호가 주어지면 바로 동작하고, 입력신호가 차단된 후에는 일정 시간이 지난 후에 출력이 소멸되는 동작형태는?

① 한시동작 순시복귀
② 순시동작 순시복귀
③ 한시동작 한시복귀
④ 순시동작 한시복귀

해설 순시는 입력신호와 동시에 출력이 나오는 것이고, 한시는 입력신호를 준 후 설정시간이 경과한 후 출력이 나오는 것이므로 순시동작 한시복귀이다.

답 ④

296 핵심이론 찾아보기▶핵심 09-응용

기사 15년 출제

다음과 같은 계전기회로는 어떤 회로인가?

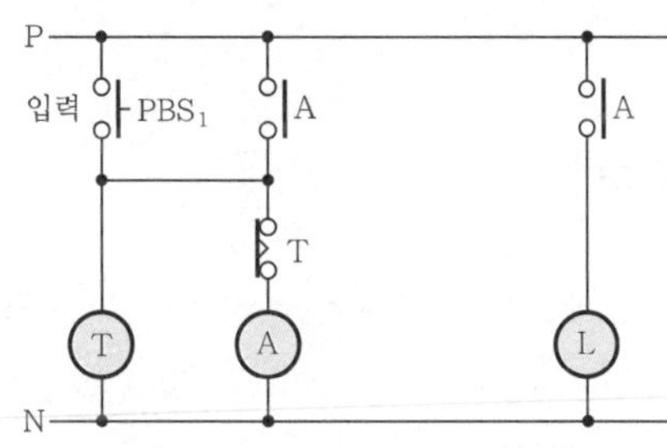

① 쌍안정회로
② 단안정회로
③ 인터록회로
④ 일치회로

해설 입력 PBS_1을 ON하면 계전기 A가 여자되어 램프가 점등되고 타이머 설정시간 후 T에 b접점이 개로되어 계전기 A가 소자되고 램프가 소등된다. 즉, 입력으로 정해진 일정 시간만큼 동작(on)시켜주는 단안정회로가 된다.

답 ②

297 핵심이론 찾아보기▶핵심 09-6

기사 02·99년 출제

다음 논리식을 간단히 하면?

$$X=\overline{A}\,\overline{B}C+A\overline{B}\,\overline{C}+A\overline{B}C$$

① $\overline{B}(A+C)$
② $\overline{C}(A+B)$
③ $\overline{A}(B+C)$
④ $C(A+\overline{B})$

해설
$$\begin{aligned}X&=\overline{A}\,\overline{B}C+A\overline{B}\,\overline{C}+A\overline{B}C\\&=\overline{B}\cdot(\overline{A}\cdot C+A\cdot\overline{C}+A\cdot C)\\&=\overline{B}\cdot\{\overline{A}\cdot C+A(\overline{C}+C)\}\\&=\overline{B}\cdot(\overline{A}\cdot C+A)\\&=\overline{B}\cdot(A+\overline{A})\cdot(A+C)\\&=\overline{B}\cdot(A+C)\end{aligned}$$

답 ①

298

핵심이론 찾아보기▶핵심 09-6　　기사 02·00·92년 출제

다음 카르노(Karnaugh)맵을 간략히 하면?

구 분	$\overline{C}\,\overline{D}$	$\overline{C}D$	CD	$C\overline{D}$
$\overline{A}\,\overline{B}$	0	0	0	0
$\overline{A}B$	1	0	0	1
AB	1	0	0	1
$A\overline{B}$	0	0	0	0

① $y=\overline{CD}+BC$　② $y=B\overline{D}$　③ $y=A+\overline{A}B$　④ $y=A+B\overline{C}D$

해설

구 분	$\overline{C}\,\overline{D}$	$\overline{C}D$	CD	$C\overline{D}$
$\overline{A}\,\overline{B}$	0	0	0	0
$\overline{A}B$	1	0	0	1
AB	1	0	0	1
$A\overline{B}$	0	0	0	0

맵의 공통변수를 취하면 간이화가 된다.
$\therefore\ y=B\overline{D}$

답 ②

299

핵심이론 찾아보기▶핵심 09-6　　기사 14년 출제

논리식 $L=\overline{x}\cdot\overline{y}\cdot z+\overline{x}\cdot y\cdot z+x\cdot\overline{y}\cdot z+x\cdot y\cdot z$를 간략화한 식은?

① z　② $x\cdot z$　③ $y\cdot z$　④ $x\cdot\overline{z}$

해설 ㉠ 카르노맵

x \ yz	00	01	11	10
0	0	1	1	0
1	0	1	1	0

㉡ 맵 구성
- 2^n개씩 반드시 크게 묶는다.
- 맵의 공통변수를 OR해서 취하면 간이화가 된다.

$\therefore\ L=z$

답 ①

300

핵심이론 찾아보기▶핵심 09-응용　　기사 05·93년 출제

8개 비트(bit)를 사용한 아날로그-디지털 변환기(analog-to-digital convertor)에 있어서 출력의 종류는 몇 가지가 되는가?

① 256　② 128　③ 64　④ 8

해설 8비트이기 때문에 디지털 출력의 스텝 수는 $2^8=256$이다.

답 ①

MEMO

06 CHAPTER 전기설비기술기준

001

핵심이론 찾아보기▶핵심 01-1 기사 22·21년 출제

전압의 종별에서 교류 600[V]는 무엇으로 분류하는가?

① 저압 ② 고압 ③ 특고압 ④ 초고압

해설 **전압의 구분(KEC 111.1)**

- 저압 : 교류는 1[kV] 이하, 직류는 1.5[kV] 이하인 것
- 고압 : 교류는 1[kV]를, 직류는 1.5[kV]를 초과하고, 7[kV] 이하인 것
- 특고압 : 7[kV]를 초과하는 것

답 ①

002

핵심이론 찾아보기▶핵심 01-1 기사 21년 출제

전기설비기술기준에서 정하는 안전원칙에 대한 내용으로 틀린 것은?

① 전기설비는 감전, 화재 그 밖에 사람에게 위해를 주거나 물건에 손상을 줄 우려가 없도록 시설하여야 한다.

② 전기설비는 다른 전기설비, 그 밖의 물건의 기능에 전기적 또는 자기적인 장해를 주지 않도록 시설하여야 한다.

③ 전기설비는 경쟁과 새로운 기술 및 사업의 도입을 촉진함으로써 전기사업의 건전한 발전을 도모하도록 시설하여야 한다.

④ 전기설비는 사용목적에 적절하고 안전하게 작동하여야 하며, 그 손상으로 인하여 전기공급에 지장을 주지 않도록 시설하여야 한다.

해설 ③ "경쟁과 새로운 기술 및 사업의 도입을 촉진함으로써 전기사업의 건전한 발전을 도모하도록 시설하여야 한다."의 내용은 안전원칙이 아니고 전기사업법의 목적에 관한 내용이다.

답 ③

003

핵심이론 찾아보기▶핵심 01-1 기사 21년 출제

"리플프리(ripple-free)직류"란 교류를 직류로 변환할 때 리플성분의 실효값이 몇 [%] 이하로 포함된 직류를 말하는가?

① 3 ② 5 ③ 10 ④ 15

해설 **용어정의(KEC 112)**

"리플프리(ripple-free)직류"란 교류를 직류로 변환할 때 리플성분의 실효값이 10[%] 이하로 포함된 직류를 말한다.

답 ③

004 핵심이론 찾아보기▶**핵심 01-1** 기사 22·18년 출제

전력계통의 일부가 전력계통의 전원과 전기적으로 분리된 상태에서 분산형 전원에 의해서만 운전되는 상태를 무엇이라 하는가?

① 계통연계 ② 접속설비
③ 단독운전 ④ 단순 병렬운전

해설 **용어정의(KEC 112)**

- "계통연계"란 둘 이상의 전력계통 사이를 전력이 상호 융통될 수 있도록 선로를 통하여 연결하는 것으로 전력계통 상호 간을 송전선, 변압기 또는 직류-교류변환설비 등에 연결하는 것을 말한다. 계통연락이라고도 한다.
- "접속설비"란 공용 전력계통으로부터 특정 분산형 전원 전기설비에 이르기까지의 전선로와 이에 부속하는 개폐장치, 모선 및 기타 관련 설비를 말한다.
- "단순 병렬운전"이란 자가용 발전설비 또는 저압 소용량 일반용 발전설비를 배전계통에 연계하여 운전하되, 생산한 전력의 전부를 자체적으로 소비하기 위한 것으로서 생산한 전력이 연계계통으로 송전되지 않는 병렬 형태를 말한다.

답 ③

005 핵심이론 찾아보기▶**핵심 01-1** 기사 17년 출제

"지중관로"에 대한 정의로 가장 옳은 것은?

① 지중전선로·지중약전류전선로와 지중매설지선 등을 말한다.
② 지중전선로·지중약전류전선로와 복합케이블선로·기타 이와 유사한 것 및 이들에 부속되는 지중함을 말한다.
③ 지중전선로·지중약전류전선로·지중에 시설하는 수관 및 가스관과 지중매설지선을 말한다.
④ 지중전선로·지중약전류전선로·지중광섬유케이블 선로·지중에 시설하는 수관 및 가스관과 기타 이와 유사한 것 및 이들에 부속하는 지중함 등을 말한다.

해설 **용어정의(KEC 112)**

"지중관로"란 지중전선로·지중약전류전선로·지중광섬유케이블 선로·지중에 시설하는 수관 및 가스관과 이와 유사한 것 및 이들에 부속하는 지중함 등을 말한다.

답 ④

006 핵심이론 찾아보기▶**핵심 01-1** 기사 21·15년 출제

"제2차 접근상태"란 가공전선이 다른 시설물과 접근하는 경우에 그 가공전선이 다른 시설물의 위쪽 또는 옆쪽에서 수평거리로 몇 [m] 미만인 곳에 시설되는 상태를 말하는가?

① 2 ② 3 ③ 4 ④ 5

해설 **용어정의(KEC 112)**

"제2차 접근상태"란 가공전선이 다른 시설물과 접근하는 경우에 그 가공전선이 다른 시설물의 위쪽 또는 옆쪽에서 수평거리로 3[m] 미만인 곳에 시설되는 상태를 말한다.

답 ②

007 핵심이론 찾아보기▶핵심 01-1 기사 20·16년 출제

발전소 또는 변전소로부터 다른 발전소 또는 변전소를 거치지 아니하고 전차선로에 이르는 전선을 무엇이라 하는가?

① 급전선 ② 전기철도용 급전선
③ 급전선로 ④ 전기철도용 급전선로

해설 용어정의(KEC 112)
- "전기철도용 급전선"이란 전기철도용 변전소로부터 다른 전기철도용 변전소 또는 전차선에 이르는 전선을 말한다.
- "전기철도용 급전선로"란 전기철도용 급전선 및 이를 지지하거나 수용하는 시설물을 말한다.

답 ②

008 핵심이론 찾아보기▶핵심 01-1 기사 22·18년 출제

전로에 대한 설명 중 옳은 것은?

① 통상의 사용상태에서 전기를 절연한 곳
② 통상의 사용상태에서 전기를 접지한 곳
③ 통상의 사용상태에서 전기가 통하고 있는 곳
④ 통상의 사용상태에서 전기가 통하고 있지 않은 곳

해설 정의(기술기준 제3조)
- 전선 : 강전류 전기의 전송에 사용하는 전기도체, 절연물로 피복한 전기도체 또는 절연물로 피복한 전기도체를 다시 보호피복한 전기도체
- 전로 : 통상의 사용상태에서 전기가 통하고 있는 곳
- 전선로 : 발전소·변전소·개폐소, 이에 준하는 곳, 전기사용장소 상호 간의 전선(전차선을 제외) 및 이를 지지하거나 수용하는 시설물

답 ③

009 핵심이론 찾아보기▶핵심 01-1 기사 21년 출제

직류회로에서 선도체 겸용 보호도체를 말하는 것은?

① PEM ② PEL ③ PEN ④ PET

해설 용어정의(KEC 112)
- "PEN 도체"란 교류회로에서 중성선 겸용 보호도체를 말한다.
- "PEM 도체"란 직류회로에서 중간선 겸용 보호도체를 말한다.
- "PEL 도체"란 직류회로에서 선도체 겸용 보호도체를 말한다.

답 ②

010 핵심이론 찾아보기▶핵심 01-1 기사 22년 출제

감전에 대한 보호 등 안전을 위해 제공되는 도체를 무엇이라 하는가?

① 접지도체 ② 보호도체 ③ 보호접지 ④ 계통접지

해설 용어정의(KEC 112)
- "접지도체"란 계통, 설비 또는 기기의 한 점과 접지극 사이의 도전성 경로 또는 그 경로의 일부가 되는 도체를 말한다.
- "보호도체"란 감전에 대한 보호 등 안전을 위해 제공되는 도체를 말한다.
- "보호접지"란 고장 시 감전에 대한 보호를 목적으로 기기의 한 점 또는 여러 점을 접지하는 것을 말한다.
- "계통접지"란 전력계통에서 돌발적으로 발생하는 이상현상에 대비하여 대지와 계통을 연결하는 것으로, 중성점을 대지에 접속하는 것을 말한다.

답 ②

011

핵심이론 찾아보기▶핵심 01-1 기사 21년 출제

저압 절연전선으로 「전기용품 및 생활용품 안전관리법」의 적용을 받는 것 이외에 KS에 적합한 것으로서 사용할 수 없는 것은?

① 450/750[V] 고무절연전선
② 450/750[V] 비닐절연전선
③ 450/750[V] 알루미늄절연전선
④ 450/750[V] 저독성 난연 폴리올레핀절연전선

해설 절연전선(KEC 122.1)
저압 절연전선
- 450/750[V] 비닐절연전선
- 450/750[V] 저독성 난연 폴리올레핀절연전선
- 450/750[V] 저독성 난연 가교폴리올레핀절연전선
- 450/750[V] 고무절연전선

답 ③

012

핵심이론 찾아보기▶핵심 01-1 기사 18년 출제

전선을 접속하는 경우 전선의 세기(인장하중)는 몇 [%] 이상 감소되지 않아야 하는가?

① 10 ② 15 ③ 20 ④ 25

해설 전선의 접속(KEC 123)
- 전기저항을 증가시키지 말 것
- 전선의 세기 20[%] 이상 감소시키지 아니할 것
- 전선절연물과 동등 이상 절연효력이 있는 것으로 충분히 피복
- 코드 상호, 캡타이어 케이블 상호, 케이블 상호는 코드 접속기 · 접속함 사용

답 ③

013

핵심이론 찾아보기▶핵심 01-2 기사 18년 출제

전로를 대지로부터 반드시 절연하여야 하는 것은?

① 전로의 중성점에 접지공사를 하는 경우의 접지점
② 계기용 변성기 2차측 전로에 접지공사를 하는 경우의 접지점
③ 시험용 변압기
④ 저압 가공전선로 접지측 전선

해설 절연을 생략하는 경우(KEC 131)
- 접지공사의 접지점
- 시험용 변압기 등
- 전기로 등

답 ④

014

핵심이론 찾아보기▶핵심 01-2 　　기사 20년 출제

저압의 전선로 중 절연 부분의 전선과 대지 간의 절연저항은 사용전압에 대한 누설전류가 최대 공급전류의 얼마를 넘지 않도록 유지하여야 하는가?

① $\frac{1}{1,000}$　② $\frac{1}{2,000}$

③ $\frac{1}{3,000}$　④ $\frac{1}{4,000}$

해설 **전선로의 전선 및 절연성능(기술기준 제27조)**

누설전류가 최대공급전류의 $\frac{1}{2,000}$을 넘지 않도록 하여야 한다.

답 ②

015

핵심이론 찾아보기▶핵심 01-2 　　기사 20년 출제

사용전압이 저압인 전로에서 정전이 어려운 경우 등 절연저항 측정이 곤란한 경우에 누설전류는 몇 [mA] 이하로 유지하여야 하는가?

① 1　② 2　③ 3　④ 4

해설 **전로의 절연저항 및 절연내력(KEC 132)**

저압 전로에서 정전이 어려운 경우 등 절연저항 측정이 곤란한 경우 저항성분의 누설전류를 1[mA] 이하로 유지한다.

답 ①

016

핵심이론 찾아보기▶핵심 01-2 　　기사 09년 출제

1차 전압 22.9[kV], 2차 전압 100[V], 용량 15[kVA]인 변압기에서 저압측의 허용누설전류는 몇 [mA]를 넘지 않도록 유지하여야 하는가?

① 35　② 50　③ 75　④ 100

해설 $I_g = \frac{15\times10^3}{100}\times\frac{1}{2,000}\times10^3 = 75[\mathrm{mA}]$

답 ③

017

핵심이론 찾아보기▶핵심 01-2 　　기사 20년 출제

440[V] 옥내배선에 연결된 전동기 회로의 절연저항 최솟값은 몇 [MΩ]인가?

① 0.1　② 0.5　③ 1.0　④ 2.0

해설 **저압 전로의 절연성능(기술기준 제52조)**

전로의 사용전압[V]	DC 시험전압[V]	절연저항[MΩ]
SELV 및 PELV	250	0.5
FELV, 500[V] 이하	500	1.0
500[V] 초과	1,000	1.0

답 ③

018

핵심이론 찾아보기▶핵심 01-2

기사 19·17·16·11년 출제

최대사용전압 7[kV] 이하 전로의 절연내력을 시험할 때 시험전압을 연속하여 몇 분간 가하였을 때 이에 견디어야 하는가?

① 5분 ② 10분 ③ 15분 ④ 30분

해설 **전로의 절연저항 및 절연내력(KEC 132)**

고압 및 특고압의 전로는 시험전압을 전로와 대지 간에 연속하여 10분간 가하여 절연내력을 시험하였을 때에 이에 견디어야 한다.

답 ②

019

핵심이론 찾아보기▶핵심 01-2

기사 22·19·18·13·11년 출제

최대사용전압이 220[V]인 전동기의 절연내력시험을 하고자 할 때 시험전압은 몇 [V]인가?

① 300 ② 330 ③ 450 ④ 500

해설 **회전기 및 정류기의 절연내력(KEC 133)**

$220 \times 1.5 = 330[V]$

500[V] 미만으로 되는 경우에는 최저시험전압 500[V]로 한다.

답 ④

020

핵심이론 찾아보기▶핵심 01-2

기사 19년 출제

최대사용전압 440[V]인 전동기의 절연내력시험전압은 몇 [V]인가?

① 330 ② 440 ③ 500 ④ 660

해설 **회전기 및 정류기의 절연내력(KEC 133)**

종 류		시험전압	시험방법
발전기, 전동기, 조상기	7[kV] 이하	1.5배(최저 500[V])	권선과 대지 사이 10분간
	7[kV] 초과	1.25배(최저 10,500[V])	

$\therefore 440 \times 1.5 = 660[V]$

답 ④

021

핵심이론 찾아보기▶핵심 01-2

기사 09년 출제

고압용 수은정류기의 절연내력시험을 직류측 최대사용전압의 몇 배의 교류전압을 음극 및 외함과 대지 간에 연속하여 10분간 가하여 이에 견디어야 하는가?

① 1배 ② 1.1배 ③ 1.25배 ④ 1.5배

해설 **회전기 및 정류기의 절연내력(KEC 133)**

종 류	시험전압	시험방법
60[kV] 이하	직류측의 최대사용전압의 1배의 교류전압(최저 500[V])	충전부분과 외함 간에 연속하여 10분간
60[kV] 초과	• 교류측의 최대사용전압의 1.1배의 교류전압 • 직류측의 최대사용전압의 1.1배의 직류전압	교류측 및 직류 고전압측 단자와 대지 간에 연속하여 10분간

답 ①

022 핵심이론 찾아보기▶핵심 01-2 기사 10년 출제

어떤 변압기의 1차 전압이 6,900[V], 6,600[V], 6,300[V], 6,000[V], 5,700[V]로 되어 있다. 절연내력시험전압은 몇 [V]인가?

① 7,590 ② 8,625 ③ 10,350 ④ 13,800

해설 **변압기 전로의 절연내력(KEC 135)**
6,900×1.5=10,350[V]
변압기의 시험전압은 최대사용전압의 1.5배로 한다.

답 ③

023 핵심이론 찾아보기▶핵심 01-2 기사 10년 출제

6.6[kV] 지중전선로의 케이블을 직류전원으로 절연내력시험을 하자면 시험전압은 직류 몇 [V]인가?

① 9,900 ② 14,420 ③ 16,500 ④ 19,800

해설 **전로의 절연저항 및 절연내력(KEC 132)**
7[kV] 이하이고, 직류로 시험하므로 6,600×1.5×2=19,800[V]이다.

답 ④

024 핵심이론 찾아보기▶핵심 01-2 기사 19년 출제

최대사용전압이 22,900[V]인 3상 4선식 중성선 다중 접지식 전로와 대지 사이의 절연내력시험전압은 몇 [V]인가?

① 32,510 ② 28,752 ③ 25,229 ④ 21,068

해설 **전로의 절연저항 및 절연내력(KEC 132)**
중성점 다중 접지방식이므로 22,900×0.92=21,068[V]이다.

답 ④

025 핵심이론 찾아보기▶핵심 01-2 기사 18년 출제

최대사용전압 22.9[kV]인 3상 4선식 다중 접지방식의 지중전선로의 절연내력시험을 직류로 할 경우 시험전압은 몇 [V]인가?

① 16,448 ② 21,068 ③ 32,796 ④ 42,136

해설 **전로의 절연저항 및 절연내력(KEC 132)**
중성점 다중 접지방식이고, 직류로 시험하므로 22,900×0.92×2=42,136[V]이다.

답 ④

026 핵심이론 찾아보기▶핵심 01-2 기사 21년 출제

최대사용전압이 1차 22,000[V], 2차 6,600[V]의 권선으로 중성점 비접지식 전로에 접속하는 변압기의 특고압측 절연내력시험전압은?

① 24,000[V] ② 27,500[V] ③ 33,000[V] ④ 44,000[V]

해설 변압기 전로의 절연내력(KEC 135)
변압기 특고압측이므로 $22,000 \times 1.25 = 27,500$[V]

답 ②

027 핵심이론 찾아보기▶핵심 01-2

기사 17년 출제

기구 등의 전로의 절연내력시험에서 최대사용전압이 60[kV]를 초과하는 기구 등의 전로로서 중성점 비접지식 전로에 접속하는 것은 최대사용전압의 몇 배의 전압에 10분간 견디어야 하는가?

① 0.72 ② 0.92 ③ 1.25 ④ 1.5

해설 기구 등의 전로의 절연내력(KEC 136)

최대사용전압이 60[kV]를 초과	시험전압
중성점 비접지식 전로	최대사용전압의 1.25배의 전압
중성점 접지식 전로	최대사용전압의 1.1배의 전압 (최저시험전압 75[kV])
중성점 직접 접지식 전로	최대사용전압의 0.72배의 전압

답 ③

028 핵심이론 찾아보기▶핵심 01-2

기사 20년 출제

최대사용전압이 7[kV]를 초과하는 회전기의 절연내력시험은 최대사용전압의 몇 배의 전압(10,500[V] 미만으로 되는 경우에는 10,500[V])에서 10분간 견디어야 하는가?

① 0.92 ② 1 ③ 1.1 ④ 1.25

해설 회전기 및 정류기의 절연내력(KEC 133)

종 류		시험전압	시험방법
발전기, 전동기, 조상기	7[kV] 이하	1.5배 (최저 500[V])	권선과 대지 사이 10분간
	7[kV] 초과	1.25배 (최저 10,500[V])	

답 ④

029 핵심이론 찾아보기▶핵심 01-2

기사 20년 출제

발전기, 전동기, 조상기, 기타 회전기(회전변류기 제외)의 절연내력시험전압은 어느 곳에 가하는가?

① 권선과 대지 사이 ② 외함과 권선 사이
③ 외함과 대지 사이 ④ 회전자와 고정자 사이

해설 회전기 및 정류기의 절연내력(KEC 133)

종 류		시험전압	시험방법
발전기, 전동기, 조상기	7[kV] 이하	1.5배 (최저 500[V])	권선과 대지 사이 10분간
	7[kV] 초과	1.25배 (최저 10,500[V])	

답 ①

030

핵심이론 찾아보기▶핵심 01-2 기사 20년 출제

중성점 직접 접지식 전로에 접속되는 최대사용전압 161[kV]인 3상 변압기권선(성형 결선)의 절연내력시험을 할 때 접지시켜서는 안 되는 것은?

① 철심 및 외함
② 시험되는 변압기의 부싱
③ 시험되는 권선의 중성점단자
④ 시험되지 않는 각 권선(다른 권선이 2개 이상 있는 경우에는 각 권선)의 임의의 1단자

해설 **변압기 전로의 절연내력(KEC 135)**
접지하는 곳은 다음과 같다.
- 시험되는 권선의 중성점단자
- 다른 권선의 임의의 1단자
- 철심 및 외함

답 ②

031

핵심이론 찾아보기▶핵심 01-3 기사 19년 출제

접지극을 시설할 때 동결깊이를 감안하여 지하 몇 [cm] 이상의 깊이로 매설하여야 하는가?

① 60 ② 75 ③ 90 ④ 100

해설 **접지극의 시설 및 접지저항(KEC 142.2)**
접지극은 지표면으로부터 지하 0.75[m] 이상, 동결깊이를 감안하여 매설깊이를 정해야 한다.

답 ②

032

핵심이론 찾아보기▶핵심 01-3 기사 21년 출제

하나 또는 복합하여 시설하여야 하는 접지극의 방법으로 틀린 것은?

① 지중 금속구조물
② 토양에 매설된 기초 접지극
③ 케이블의 금속외장 및 그 밖에 금속피복
④ 대지에 매설된 강화콘크리트의 용접된 금속보강재

해설 **접지극의 시설 및 접지저항(KEC 142.2)**
접지극은 다음의 방법 중 하나 또는 복합하여 시설
- 콘크리트에 매입된 기초 접지극
- 토양에 매설된 기초 접지극
- 토양에 수직 또는 수평으로 직접 매설된 금속전극
- 케이블의 금속외장 및 그 밖에 금속피복
- 지중 금속구조물(배관 등)
- 대지에 매설된 철근 콘크리트의 용접된 금속보강재

답 ④

033 핵심이론 찾아보기▶핵심 01-3

기사 17년 출제

지중에 매설되어 있는 금속제 수도관로를 각종 접지공사의 접지극으로 사용하려면 대지와의 전기저항값이 몇 [Ω] 이하의 값을 유지하여야 하는가?

① 1　② 2　③ 3　④ 5

해설 **접지극의 시설 및 접지저항(KEC 142.2)**
지중에 매설되어 있고 대지와의 전기저항값이 3[Ω] 이하의 값을 유지하고 있는 금속제 수도관로는 각각의 접지공사 접지극으로 사용할 수 있다.

답 ③

034 핵심이론 찾아보기▶핵심 01-3

기사 19년 출제

접지공사에 사용하는 접지도체를 시설하는 경우 접지극을 그 금속체로부터 지중에서 몇 [m] 이상 이격시켜야 하는가? (단, 접지극을 철주의 밑면으로부터 30[cm] 이상의 깊이에 매설하는 경우는 제외한다.)

① 1　② 2　③ 3　④ 4

해설 **접지극의 시설 및 접지저항(KEC 142.2)**
- 접지극은 지하 75[cm] 이상으로 하되 동결깊이를 감안하여 매설할 것
- 접지극을 철주의 밑면으로부터 30[cm] 이상의 깊이에 매설하는 경우 이외에는 접지극을 지중에서 금속체로부터 1[m] 이상 떼어 매설할 것

답 ①

035 핵심이론 찾아보기▶핵심 01-3

기사 17년 출제

공통접지에서 상도체의 단면적이 16[mm²]인 경우 보호도체(PE)에 적합한 단면적은? (단, 보호도체의 재질이 상도체와 같은 경우)

① 4　② 6　③ 10　④ 16

해설 **보호도체(KEC 142.3.2)**

상도체의 단면적 S[mm²]	대응하는 보호도체의 최소 단면적[mm²] (보호도체의 재질이 상도체와 같은 경우)
$S \leq 16$	S
$16 < S \leq 35$	16
$S > 35$	$\frac{S}{2}$

답 ④

036 핵심이론 찾아보기▶핵심 01-3

기사 21년 출제

큰 고장전류가 구리 소재의 접지도체를 통하여 흐르지 않을 경우 접지도체의 최소 단면적은 몇 [mm²] 이상이어야 하는가? (단, 접지도체에 피뢰시스템이 접속되지 않는 경우이다.)

① 0.75　② 2.5　③ 6　④ 16

해설 접지도체(KEC 142.3.1)

- 접지도체의 단면적은 보호도체의 최소 굵기에 의하며, 큰 고장전류가 접지도체를 통하여 흐르지 않을 경우 접지도체의 최소 단면적은 구리 6[mm^2] 이상, 철제 50[mm^2] 이상
- 접지도체에 피뢰시스템이 접속되는 경우, 접지도체의 단면적은 구리 16[mm^2], 철 50[mm^2] 이상

답 ③

037

핵심이론 찾아보기▶핵심 01-3 기사 20년 출제

접지공사에 사용하는 접지도체를 사람이 접촉할 우려가 있는 곳에 시설하는 경우 「전기용품 및 생활용품 안전관리법」을 적용받는 합성수지관(두께 2[mm] 미만의 합성수지제 전선관 및 난연성이 없는 콤바인덕트관을 제외한다)으로 덮어야 하는 범위로 옳은 것은?

① 접지도체의 지하 30[cm]로부터 지표상 1[m]까지의 부분
② 접지도체의 지하 50[cm]로부터 지표상 1.2[m]까지의 부분
③ 접지도체의 지하 60[cm]로부터 지표상 1.8[m]까지의 부분
④ 접지도체의 지하 75[cm]로부터 지표상 2[m]까지의 부분

해설 접지도체(KEC 142.3.1)

접지도체는 지하 75[cm]부터 지표상 2[m]까지의 부분은 합성수지관(두께 2[mm] 미만 제외) 또는 이것과 동등 이상의 절연효력 및 강도를 가지는 몰드로 덮을 것

답 ④

038

핵심이론 찾아보기▶핵심 01-3 기사 12년 출제

이동하여 사용하는 저압설비에 1개의 접지도체로 연동연선을 사용할 때 최소 단면적은 몇 [mm^2]인가?

① 0.75 ② 1.5 ③ 6 ④ 10

해설 이동하여 사용하는 전기기계기구의 금속제외함 등의 접지시스템의 경우(KEC 142.3.1)

- 특고압·고압 전기설비용 접지도체 및 중성점 접지용 접지도체 : 단면적 10[mm^2] 이상
- 저압 전기설비용 접지도체
  - 다심 코드 또는 캡타이어 케이블의 1개 도체의 단면적이 0.75[mm^2] 이상
  - 연동연선은 1개 도체의 단면적이 1.5[mm^2] 이상

답 ②

039

핵심이론 찾아보기▶핵심 01-3 기사 21년 출제

주택 등 저압 수용장소에서 고정 전기설비에 TN-C-S 접지방식으로 접지공사 시 중성선 겸용 보호도체(PEN)를 알루미늄으로 사용할 경우 단면적은 몇 [mm^2] 이상이어야 하는가?

① 2.5 ② 6 ③ 10 ④ 16

해설 보호도체와 계통도체 겸용(KEC 142.3.4)

겸용도체는 고정된 전기설비에서만 사용할 수 있고, 단면적은 구리 10[mm^2] 또는 알루미늄 16[mm^2] 이상이어야 한다.

답 ④

040 핵심이론 찾아보기▶핵심 01-3

기사 17년 출제

공통접지공사 적용 시 상도체의 단면적이 16[mm^2]인 경우 보호도체(PE)에 적합한 단면적은? (단, 보호도체의 재질이 상도체와 같은 경우)

① 4 ② 6 ③ 10 ④ 16

해설 보호도체(KEC 142.3.2)

상도체의 단면적 S[mm^2]	보호도체의 최소 단면적[mm^2] (보호도체의 재질이 상도체와 같은 경우)
$S \le 16$	S
$16 < S \le 35$	16
$S > 35$	$\frac{S}{2}$

답 ④

041 핵심이론 찾아보기▶핵심 01-3

기사 10년 출제

특고압 · 고압 전기설비 및 변압기 다중중성점 접지시스템의 경우 접지도체가 사람이 접촉할 우려가 있는 곳에 시설되는 고정설비인 경우, 접지도체는 단면적 몇 [mm^2] 이상의 연동선 또는 동등 이상의 단면적 및 강도를 가져야 하는가?

① 2.5 ② 6 ③ 10 ④ 16

해설 접지도체(KEC 142.3.1)
특고압 · 고압 전기설비용 접지도체는 단면적 6[mm^2] 이상의 연동선 또는 동등 이상의 단면적 및 강도를 가져야 한다.

답 ②

042 핵심이론 찾아보기▶핵심 01-4

기사 10년 출제

전로의 중성점을 접지하는 목적에 해당되지 않는 것은?

① 보호장치의 확실한 동작의 확보
② 이상전압의 억제
③ 대지전압의 저하
④ 부하전류의 일부를 대지로 흐르게 함으로써 전선을 절약

해설 전로의 중성점의 접지(KEC 322.5)
전로의 중성점의 접지는 전로의 보호장치의 확실한 동작의 확보, 이상전압의 억제 및 대지전압의 저하를 위하여 시설한다.

답 ④

043 핵심이론 찾아보기▶핵심 01-4

기사 09년 출제

5.7[kV]의 고압 배전선의 중성점을 접지하는 경우에 접지도체에 연동선을 사용하면 공칭단면적은 얼마인가?

① 6[mm^2] ② 10[mm^2] ③ 16[mm^2] ④ 25[mm^2]

해설 **전로의 중성점의 접지(KEC 322.5)**
중성점 접지도체는 공칭단면적 16[mm^2] 이상의 연동선(저압 전로의 중성점 6[mm^2] 이상)으로서 고장 시 흐르는 전류가 안전하게 통할 수 있는 것을 사용하고 또한 손상을 받을 우려가 없도록 시설할 것

답 ③

044

핵심이론 찾아보기▶핵심 01-4 기사 16년 출제

접지공사의 접지저항값을 $\frac{150}{I}$으로 정하고 있는데, 이때 I에 해당되는 것은?

① 변압기의 고압측 또는 특고압측 전로의 1선 지락전류 암페어 수
② 변압기의 고압측 또는 특고압측 전로의 단락사고 시 고장전류의 암페어 수
③ 변압기의 1차측과 2차측의 혼촉에 의한 단락전류의 암페어 수
④ 변압기의 1차와 2차에 해당하는 전류의 합

해설 **변압기 중성점 접지(KEC 142.5)**
변압기의 고압측 또는 특고압측의 전로의 1선 지락전류를 말한다.

답 ①

045

핵심이론 찾아보기▶핵심 01-4 기사 16년 출제

고 · 저압 혼촉에 의한 위험을 방지하려고 시행하는 접지공사에 대한 기준으로 틀린 것은?

① 접지공사는 변압기의 시설장소마다 시행하여야 한다.
② 토지의 상황에 의하여 접지저항값을 얻기 어려운 경우, 가공접지선을 사용하여 접지극을 400[m]까지 떼어놓을 수 있다.
③ 가공공동지선을 설치하여 접지공사를 하는 경우, 각 변압기를 중심으로 지름 400[m] 이내의 지역에 접지를 하여야 한다.
④ 저압 전로의 사용전압이 300[V] 이하인 경우, 그 접지공사를 중성점에 하기 어려우면 저압측의 1단자에 시행할 수 있다.

해설 **고압 또는 특고압과 저압의 혼촉에 의한 위험방지시설(KEC 322.1)**
- 변압기의 접지공사는 변압기의 시설장소마다 시행하여야 한다.
- 토지의 상황에 따라서 규정의 저항치를 얻기 어려운 경우에는 인장강도 5.26[kN] 이상 또는 직경 4[mm] 이상 경동선의 가공접지선을 저압 가공전선에 준하여 시설할 때에는 접지점을 변압기 시설장소에서 200[m]까지 떼어놓을 수 있다.

답 ②

046

핵심이론 찾아보기▶핵심 01-4 기사 22·17년 출제

혼촉사고 시에 1초를 초과하고 2초 이내에 자동 차단되는 6.6[kV] 전로에 결합된 변압기 저압측의 전압이 220[V]인 경우 접지저항값[Ω]은? (단, 고압측 1선 지락전류는 30[A]라 한다.)

① 5 ② 10 ③ 20 ④ 30

해설 **변압기 중성점 접지저항값(KEC 142.5)**
- 일반적으로 변압기의 고압·특고압측 전로 1선 지락전류로 150을 나눈 값과 같은 저항값 이하

- 변압기의 고압·특고압 전로 또는 사용전압이 35[kV] 이하의 특고압 전로가 저압측 전로와 혼촉하고 저압전로의 대지전압이 150[V]를 초과하는 경우는 저항값은 다음에 의한다.
  - 1초 초과 2초 이내에 고압·특고압 전로를 자동으로 차단하는 장치를 설치할 때는 300을 나눈 값 이하
  - 1초 이내에 고압·특고압 전로를 자동으로 차단하는 장치를 설치할 때는 600을 나눈 값 이하

$\therefore\ R=\dfrac{300}{I}=\dfrac{300}{30}=10[\Omega]$

답 ②

047

핵심이론 찾아보기▶핵심 01-4 　　기사 19년 출제

변압기의 고압측 전로와의 혼촉에 의하여 저압측 전로의 대지전압이 150[V]를 넘는 경우에 2초 이내에 고압 전로를 자동 차단하는 장치가 되어 있는 6,600/220[V] 배전선로에 있어서 1선 지락 전류가 2[A]이면 접지저항값의 최대는 몇 [Ω]인가?

① 50　② 75
③ 150　④ 300

해설 **고압 또는 특고압과 저압의 혼촉에 의한 위험방지시설(KEC 322.1)**
1선 지락전류가 2[A]이고, 150[V]를 넘고, 2초 이내에 차단하는 장치가 있으므로
접지저항 $R=\dfrac{300}{I}=\dfrac{300}{2}=150[\Omega]$

답 ③

048

핵심이론 찾아보기▶핵심 01-4 　　기사 17·13년 출제

고압 또는 특고압과 저압의 혼촉에 의한 위험방지시설로 가공공동지선을 설치하여 2 이상의 시설장소에 접지공사를 할 때, 가공공동지선은 지름 몇 [mm] 이상의 경동선을 사용하여야 하는가?

① 1.5　② 2
③ 3.5　④ 4

해설 **고압 또는 특고압과 저압의 혼촉에 의한 위험방지시설(KEC 322.1)**
가공공동지선을 설치하여 2 이상의 시설장소에 공통의 접지공사를 할 때 인장강도 5.26[kN] 이상 또는 직경 4[mm] 이상 경동선의 가공접지선을 저압 가공전선에 준하여 시설한다.

답 ④

049

핵심이론 찾아보기▶핵심 01-4 　　기사 10년 출제

고압 또는 특고압과 저압의 혼촉에 의한 위험방지시설에서 가공공동지선은 인장강도 몇 [kN] 이상 또는 지름 4[mm] 가공접지선을 사용하는가?

① 1.04　② 2.46
③ 5.26　④ 8.01

해설 **고압 또는 특고압과 저압의 혼촉에 의한 위험방지시설(KEC 322.1)**
가공공동지선은 인장강도 5.26[kN] 이상 또는 직경 4[mm] 이상 경동선의 가공접지선을 저압 가공전선에 준하여 시설한다.

답 ③

050

핵심이론 찾아보기▶핵심 01-4 기사 16년 출제

고·저압의 혼촉에 의한 위험을 방지하기 위하여 저압측의 중성점에 접지공사를 시설할 때는 변압기의 시설장소마다 시행하여야 한다. 그러나 토지의 상황에 따라 규정의 접지저항값을 얻기 어려운 경우에는 몇 [m]까지 떼어 놓을 수 있는가?

① 75 ② 100 ③ 200 ④ 300

해설 고압 또는 특고압과 저압의 혼촉에 의한 위험방지시설(KEC 322.1)
접지선을 토지의 상황에 따라서 규정의 저항값을 얻기 어려운 경우에는 변압기 시설장소에서 200[m]까지 떼어 놓을 수 있다.

답 ③

051

핵심이론 찾아보기▶핵심 01-4 기사 22·12년 출제

가공공동지선에 의한 접지공사에 있어 가공공동지선과 대지 간의 합성 전기저항값은 몇 [m]를 지름으로 하는 지역마다 규정하는 접지저항값을 가지는 것으로 하여야 하는가?

① 400 ② 600 ③ 800 ④ 1,000

해설 고압 또는 특고압과 저압의 혼촉에 의한 위험방지시설(KEC 322.1)
가공공동지선과 대지 사이의 합성 전기저항값은 1[km]를 지름으로 하는 지역 이내마다 규정의 접지저항값 이하로 한다.

답 ④

052

핵심이론 찾아보기▶핵심 01-4 기사 09년 출제

접지공사를 가공공동지선으로 하여 4개소에서 접지하여 1선 지락전류는 5[A]로 되었다. 이 경우에 각 접지선을 가공공동지선으로부터 분리하였다면 각 접지선과 대지 사이의 전기저항은 몇 [Ω] 이하로 하여야 하는가?

① 37.5 ② 75 ③ 120 ④ 300

해설 $R = \dfrac{150}{I} \times n = \dfrac{150}{5} \times 4 = 120[\Omega]$

답 ③

053

핵심이론 찾아보기▶핵심 01-4 기사 20년 출제

변압기에 의하여 154[kV]에 결합되는 3,300[V] 전로에는 몇 배 이하의 사용전압이 가하여진 경우에 방전하는 장치를 그 변압기의 단자에 가까운 1극에 시설하여야 하는가?

① 2 ② 3 ③ 4 ④ 5

해설 특고압과 고압의 혼촉 등에 의한 위험방지시설(KEC 322.3)
변압기에 의하여 특고압 전로에 결합되는 고압 전로에는 사용전압의 3배 이하인 전압이 가하여진 경우에 방전하는 장치를 그 변압기의 단자에 가까운 1극에 설치하여야 한다.

답 ②

054

핵심이론 찾아보기▶핵심 01-4

기사 09년 출제

변압기로서 특고압과 결합되는 고압 전로의 혼촉에 의한 위험방지시설로 옳은 것은?

① 프라이머리 컷아웃 스위치장치
② 중성점 접지공사
③ 퓨즈
④ 사용전압의 3배의 전압에서 방전하는 방전장치

해설 **특고압과 고압의 혼촉 등에 의한 위험방지시설(KEC 322.3)**
고압 전로에는 사용전압의 3배 이하인 전압이 가하여진 경우에 방전하는 장치를 그 변압기의 단자에 가까운 1극에 설치한다.

답 ④

055

핵심이론 찾아보기▶핵심 01-4

기사 09년 출제

변압기에 의하여 특고압 전로에 결합되는 고압 전로에서 사용전압의 3배 이하의 전압이 가하여진 경우에 방전하는 피뢰기를 어느 곳에 시설할 때, 방전장치를 생략할 수 있는가?

① 변압기의 단자
② 변압기 단자의 1극
③ 고압 전로의 모선의 각 상
④ 특고압 전로의 1극

해설 **특고압과 고압의 혼촉 등에 의한 위험방지시설(KEC 322.3)**
사용전압의 3배 이하인 전압이 가하여진 경우에 방전하는 피뢰기를 고압 전로의 모선의 각 상에 시설하거나 특고압 권선과 고압 권선 간에 혼촉방지판을 시설하여 접지저항값이 10[Ω] 이하인 경우 방전장치를 생략할 수 있다.

답 ③

056

핵심이론 찾아보기▶핵심 01-4

기사 09년 출제

혼촉방지판이 설치된 변압기로써 고압 전로 또는 특고압 전로와 저압 전로를 결합하는 변압기 2차측 저압 전로를 옥외에 시설하는 경우 기술규정에 부합되지 않는 것은 다음 중 어느 것인가?

① 저압선 가공전선로 또는 저압 옥상전선로의 전선은 케이블일 것
② 저압 전선은 1구내에만 시설할 것
③ 저압 전선의 구외로의 연장범위는 200[m] 이하일 것
④ 저압 가공전선과 또는 특고압의 가공전선은 동일 지지물에 시설하지 말 것

해설 **혼촉방지판이 있는 변압기에 접속하는 저압 옥외전선의 시설 등(KEC 322.2)**
저압 전선은 1구내에만 시설하므로 구외로 연장할 수 없다.

답 ③

057

핵심이론 찾아보기▶핵심 01-6

기사 21년 출제

돌침, 수평도체, 메시도체의 요소 중에 한 가지 또는 이를 조합한 형식으로 시설하는 것은?

① 접지극시스템 ② 수뢰부시스템 ③ 내부 피뢰시스템 ④ 인하도선시스템

해설 **수뢰부시스템(KEC 152.1)**
수뢰부시스템의 선정은 돌침, 수평도체, 메시도체의 요소 중에 한 가지 또는 이를 조합한 형식으로 시설하여야 한다.

답 ②

058 핵심이론 찾아보기▶핵심 01-6 기사 21년 출제

외부피뢰시스템 중 수뢰부시스템의 구성요소가 아닌 것은 다음 중 어떤 것인가?

① 수평도체 ② 인하도선 ③ 메시도체 ④ 자연적 구성부재

해설 **수뢰부시스템(KEC 152.1)**
- 돌침, 수평도체, 메시도체의 요소 중에 한 가지 또는 이를 조합한 형식으로 시설하여야 한다.
- 자연적 구성부재가 피뢰시스템에 적합하면 수뢰부시스템으로 사용할 수 있다.

답 ②

059 핵심이론 찾아보기▶핵심 01-6 기사 21년 출제

접지도체에 피뢰시스템이 접속되는 경우 접지도체로 동선을 사용할 때 공칭단면적은 몇 [mm^2] 이상 사용하여야 하는가?

① 4 ② 6 ③ 10 ④ 16

해설 **접지도체에 피뢰시스템이 접속되는 경우(KEC 142.3.1)**
- 구리 : 16[mm^2] 이상
- 철제 : 50[mm^2] 이상

답 ④

060 핵심이론 찾아보기▶핵심 01-6 기사 21년 출제

피뢰시스템은 전기전자설비가 설치된 건축물, 구조물로서 낙뢰로부터 보호가 필요한 곳 또는 지상으로부터 높이가 몇 [m] 이상인 곳에 설치해야 하는가?

① 10 ② 20 ③ 30 ④ 45

해설 **피뢰시스템의 적용범위(KEC 151.1)**
- 전기전자설비가 설치된 건축물·구조물로서 낙뢰로부터 보호가 필요한 것 또는 지상으로부터 높이가 20[m] 이상인 것
- 전기설비 및 전자설비 중 낙뢰로부터 보호가 필요한 설비

답 ②

061 핵심이론 찾아보기▶핵심 01-6 기사 21년 출제

피뢰설비 중 인하도선시스템의 건축물·구조물과 분리되지 않은 수뢰부시스템인 경우에 대한 설명으로 틀린 것은?

① 인하도선의 수는 1가닥 이상으로 한다.
② 벽이 불연성 재료로 된 경우에는 벽의 표면 또는 내부에 시설할 수 있다.
③ 병렬인하도선의 최대간격은 피뢰시스템등급에 따라 Ⅳ 등급은 20[m]로 한다.
④ 벽이 가연성 재료인 경우에는 0.1[m] 이상 이격하고, 이격이 불가능한 경우에는 도체의 단면적을 100[mm^2] 이상으로 한다.

해설 **인하도선시스템(KEC 152.2)**
- 건축물·구조물과 분리되는 수뢰부시스템인 경우 : 인하도선의 수는 1가닥 이상
- 건축물·구조물과 분리되지 않은 수뢰부시스템인 경우 : 인하도선의 수는 2가닥 이상

답 ①

062 핵심이론 찾아보기▶핵심 01-6 기사 21년 출제

내부 피뢰시스템 중 금속제설비의 등전위본딩에 대한 설명이다. 다음 (   )에 들어갈 내용으로 옳은 것은?

> 건축물·구조물에는 지하 (㉠)[m]와 높이 (㉡)[m]마다 환상도체를 설치한다. 다만 철근콘크리트, 철골구조물의 구조체에 인하도선을 등전위본딩하는 경우 환상도체는 설치하지 않아도 된다.

① ㉠ 0.5, ㉡ 15　② ㉠ 0.5, ㉡ 20
③ ㉠ 1.0, ㉡ 15　④ ㉠ 1.0, ㉡ 20

해설 금속제 설비의 등전위본딩(KEC 153.2.2)
건축물·구조물에는 지하 0.5[m]와 높이 20[m]마다 환상도체를 설치한다. 다만 철근콘크리트, 철골구조물의 구조체에 인하도선을 등전위본딩하는 경우 환상도체는 설치하지 않아도 된다.

답 ②

063 핵심이론 찾아보기▶핵심 01-6 기사 17년 출제

옥내배선의 사용전압이 400[V] 이하일 때 전광표시장치 기타 이와 유사한 장치 또는 제어회로 등의 배선에 다심 케이블을 시설하는 경우 배선의 단면적은 몇 [mm^2] 이상인가?

① 0.75　② 1.5　③ 1　④ 2.5

해설 저압 옥내배선의 사용전선(KEC 231.3.1)
전광표시장치 기타 이와 유사한 장치 또는 제어회로 등의 배선에 단면적 0.75[mm^2] 이상인 다심 케이블 또는 다심 캡타이어 케이블을 사용한다.

답 ①

064 핵심이론 찾아보기▶핵심 01-7 기사 21년 출제

저압 전로의 보호도체 및 중성선의 접속방식에 따른 접지계통의 분류가 아닌 것은?

① IT 계통　② TN 계통　③ TT 계통　④ TC 계통

해설 계통접지 구성(KEC 203.1)
저압 전로의 보호도체 및 중성선의 접속방식에 따라 접지계통은 다음과 같이 분류한다.
- TN 계통
- TT 계통
- IT 계통

답 ④

065 핵심이론 찾아보기▶핵심 01-7 기사 22·10년 출제

특별저압 계통의 전압한계는 건축전기설비의 전압밴드에 의한 전압밴드 I의 상한값의 공칭전압은 얼마인가?

① 교류 30[V], 직류 80[V] 이하　② 교류 40[V], 직류 100[V] 이하
③ 교류 50[V], 직류 120[V] 이하　④ 교류 75[V], 직류 150[V] 이하

해설 보호대책 일반 요구사항(KEC 211.5.1)
특별저압 계통의 전압한계는 건축전기설비의 전압밴드에 의한 전압밴드 I의 상한값인 교류 50[V] 이하, 직류 120[V] 이하이어야 한다.
답 ③

066

핵심이론 찾아보기▶핵심 01-7 기사 20년 출제

금속제외함을 가진 저압의 기계기구로서, 사람이 쉽게 접촉될 우려가 있는 곳에 시설하는 경우 전기를 공급받는 전로에 지락이 생겼을 때 자동적으로 전로를 차단하는 장치를 설치하여야 하는 기계기구의 사용전압이 몇 [V]를 초과하는 경우인가?

① 30 ② 50 ③ 100 ④ 150

해설 누전차단기의 시설(KEC 211.2.4)
금속제외함을 가지는 사용전압이 50[V]를 초과하는 저압의 기계기구로서, 사람이 쉽게 접촉할 우려가 있는 곳에 시설하는 것에 전기를 공급하는 전로에는 전로에 지락이 생겼을 때에 자동적으로 전로를 차단하는 장치를 하여야 한다.
답 ②

067

핵심이론 찾아보기▶핵심 01-7 기사 22·10년 출제

저압 전로에 사용하는 정격전류 4[A] 이하 퓨즈의 불용단전류 1.5배, 용단전류 2.1배에 대한 용단시간의 한계는 얼마인가?

① 60분 ② 120분 ③ 180분 ④ 240분

해설 보호장치의 특성(KEC 212.3.4) – 퓨즈의 용단특성

정격전류의 구분	시 간	정격전류의 배수	
		불용단 전류	용단 전류
4[A] 이하	60분	1.5배	2.1배
4[A] 초과 16[A] 미만	60분	1.5배	1.9배

답 ①

068

핵심이론 찾아보기▶핵심 01-7 기사 10년 출제

정격전류 63[A] 이하인 산업용 배선차단기의 과전류트립 동작시간 60분에 동작하는 전류는 정격전류의 몇 배의 전류가 흘렀을 경우 동작하여야 하는가?

① 1.05배 ② 1.3배 ③ 1.5배 ④ 2배

해설 보호장치의 특성(KEC 212.3.4) – 과전류 트립동작시간 및 특성(산업용 배선차단기)
- 부동작 전류 : 1.05배
- 동작 전류 : 1.3배

답 ②

069

핵심이론 찾아보기▶핵심 01-7 기사 20년 출제

과전류차단기로 시설하는 퓨즈 중 고압 전로에 사용하는 비포장 퓨즈는 정격전류 2배 전류 시 몇 분 안에 용단되어야 하는가?

① 1분 ② 2분 ③ 5분 ④ 10분

해설 **고압 및 특고압 전로 중의 과전류차단기의 시설(KEC 341.10)**

- 포장 퓨즈는 정격전류의 1.3배의 전류에 견디고, 2배의 전류로 120분 안에 용단되는 것
- 비포장 퓨즈는 정격전류의 1.25배의 전류에 견디고, 2배의 전류로 2분 안에 용단되는 것

답 ②

CHAPTER 6

070

핵심이론 찾아보기▶**핵심 01-7** 기사 18년 출제

과전류차단기로 시설하는 퓨즈 중 고압 전로에 사용하는 포장 퓨즈는 정격전류의 몇 배의 전류에 견디어야 하는가?

① 1.1 ② 1.25

③ 1.3 ④ 1.6

해설 **고압 및 특고압 전로 중의 과전류차단기의 시설(KEC 341.10)**

- 포장 퓨즈는 정격전류의 1.3배의 전류에 견디고 또한 2배의 전류로 120분 안에 용단되는 것
- 비포장 퓨즈는 정격전류의 1.25배의 전류에 견디고 또한 2배의 전류로 2분 안에 용단되는 것

답 ③

071

핵심이론 찾아보기▶**핵심 01-7** 기사 19년 출제

과전류차단기를 설치하지 않아야 할 곳은?

① 수용가의 인입선 부분

② 고압 배전선로의 인출장소

③ 직접 접지계통에 설치한 변압기의 접지도체

④ 역률조정용 고압 병렬콘덴서뱅크의 분기선

해설 **과전류차단기의 시설 제한(KEC 341.11)**

- 각종 접지공사의 접지도체
- 다선식 전로의 중성선
- 접지공사를 한 저압 가공전선로의 접지측 전선

답 ③

072

핵심이론 찾아보기▶**핵심 01-7** 기사 17년 출제

일반적으로 저압 옥내간선에서 분기하여 전기사용 기계기구에 이르는 저압 옥내전로는 저압 옥내간선과의 분기점에서 전선의 길이가 몇 [m] 이하인 곳에 과전류차단기를 시설하여야 하는가?

① 0.5 ② 1.0

③ 2.0 ④ 3.0

해설 **과부하전류에 대한 보호(KEC 212.4)**

저압 옥내간선과의 분기점에서 전선의 길이가 3[m] 이하인 곳에 개폐기 및 과전류차단기를 시설할 것

답 ④

073

핵심이론 찾아보기▶핵심 01-7 　　기사 19년 출제

옥내에 시설하는 전동기가 소손되는 것을 방지하기 위한 과부하보호장치를 하지 않아도 되는 것은?

① 정격출력이 7.5[kW] 이상인 경우
② 정격출력이 0.2[kW] 이하인 경우
③ 정격출력이 2.5[kW]이며, 과전류차단기가 없는 경우
④ 전동기 출력이 4[kW]이며, 취급자가 감시할 수 없는 경우

해설 **저압 전로 중의 전동기보호용 과전류보호장치의 시설(KEC 212.6.3)**
- 정격출력 0.2[kW] 초과하는 전동기에 과부하보호장치를 시설한다.
- 과부하보호장치시설을 생략하는 경우
  - 운전 중 상시 취급자가 감시
  - 구조상, 부하성질상 전동기를 소손할 위험이 없는 경우
  - 전동기가 단상인 것에 있어서 그 전원측 전로에 시설하는 과전류차단기의 정격전류가 16[A] (배선차단기는 20[A]) 이하인 경우

답 ②

074

핵심이론 찾아보기▶핵심 01-8 　　기사 21년 출제

옥내배선 공사 중 반드시 절연전선을 사용하지 않아도 되는 공사방법은? (단, 옥외용 비닐절연전선은 제외한다.)

① 금속관공사　　② 버스덕트공사
③ 합성수지관공사　　④ 플로어덕트공사

해설 **나전선의 사용 제한(KEC 231.4) – 나전선의 사용이 가능한 경우**
- 애자공사
  - 전기로용 전선
  - 전선의 피복 절연물이 부식하는 장소
  - 취급자 이외의 자가 출입할 수 없도록 설비한 장소
- 버스덕트공사 및 라이팅덕트공사
- 접촉 전선

답 ②

075

핵심이론 찾아보기▶핵심 01-8 　　기사 20년 출제

백열전등 또는 방전등에 전기를 공급하는 옥내전로의 대지전압은 몇 [V] 이하이어야 하는가? (단, 백열전등 또는 방전등 및 이에 부속하는 전선은 사람이 접촉할 우려가 없도록 시설한 경우이다.)

① 60　　② 110
③ 220　　④ 300

해설 **옥내전로의 대지전압의 제한(KEC 231.6)**
백열전등 또는 방전등에 전기를 공급하는 옥내의 전로의 대지전압은 300[V] 이하이어야 한다.

답 ④

076 핵심이론 찾아보기▶핵심 01-8

기사 09년 출제

저압 옥내배선과 옥내 저압용의 전구선의 시설방법으로 틀린 것은?

① 쇼케이스 내의 배선에 0.75[mm^2]의 캡타이어 케이블을 사용하였다.
② 전광표시장치의 전선으로 1.0[mm^2]의 연동선을 사용하여 금속관에 넣어 시설하였다.
③ 전광표시장치의 배선으로 1.5[mm^2]의 연동선을 사용하고 합성수지관에 넣어 시설하였다.
④ 조영물에 고정시키지 아니하고 백열전등에 이르는 전구선으로 0.75[mm^2]의 케이블을 사용하였다.

해설 **저압 옥내배선의 사용전선(KEC 231.3.1)**
전광표시장치 또는 제어회로 등에 사용하는 배선에 단면적 1.5[mm^2] 이상의 연동선을 사용할 것

답 ②

077 핵심이론 찾아보기▶핵심 01-9

기사 17년 출제

애자공사에 의한 저압 옥내배선을 시설할 때 전선의 지지점 간의 거리는 전선을 조영재의 윗면 또는 옆면에 따라 붙일 경우 몇 [m] 이하인가?

① 1.5 ② 2 ③ 2.5 ④ 3

해설 **애자공사(KEC 232.56)**
전선 지지점 간의 거리는 조영재의 윗면 또는 옆면에 따라 붙일 경우에는 2[m] 이하

답 ②

078 핵심이론 찾아보기▶핵심 01-9

기사 18년 출제

애자공사에 의한 저압 옥내배선시설 중 틀린 것은?

① 전선은 인입용 비닐절연전선일 것
② 전선 상호 간의 간격은 6[cm] 이상일 것
③ 전선의 지지점 간의 거리는 전선을 조영재의 윗면에 따라 붙일 경우에는 2[m] 이하일 것
④ 전선과 조영재 사이의 이격거리는 사용전압이 400[V] 이하인 경우에는 2.5[cm] 이상일 것

해설 **애자공사의 시설조건(KEC 232.56.1)**
전선은 절연전선(옥외용 및 인입용 절연전선을 제외)을 사용할 것

답 ①

079 핵심이론 찾아보기▶핵심 01-9

기사 17년 출제

금속관공사에 관한 사항이다. 일반적으로 콘크리트에 매설하는 금속관의 두께는 몇 [mm] 이상 되는 것을 사용하여야 하는가?

① 1.0[mm] ② 1.2[mm] ③ 2.0[mm] ④ 2.5[mm]

해설 **금속관 및 부속품의 선정(KEC 232.12.2)**
관의 두께는 콘크리트에 매설하는 경우 1.2[mm] 이상을 사용할 것

답 ②

080

핵심이론 찾아보기▶핵심 01-9 기사 13년 출제

금속관공사에 의한 저압 옥내배선시설에 대한 설명으로 틀린 것은?

① 인입용 비닐절연전선을 사용했다.
② 옥외용 비닐절연전선을 사용했다.
③ 짧고 가는 금속관에 연선을 사용했다.
④ 단면적 10[mm^2] 이하의 단선을 사용했다.

해설 **금속관공사(KEC 232.12)**

- 전선은 절연전선(옥외용 비닐절연전선 제외)일 것
- 전선은 연선일 것(다음의 것은 적용하지 않음)
  - 짧고 가는 금속관에 넣은 것
  - 단면적 10[mm^2] 이하의 것
- 금속관 안에는 전선에 접속점이 없도록 할 것
- 콘크리트에 매설하는 것은 두께 1.2[mm] 이상을 사용할 것

답 ②

081

핵심이론 찾아보기▶핵심 01-9 기사 16년 출제

합성수지관공사 시 관 상호 간 및 박스와의 접속은 관에 삽입하는 깊이를 관 바깥지름의 몇 배 이상으로 하여야 하는가? (단, 접착제를 사용하지 않은 경우이다.)

① 0.5배
② 0.8배
③ 1.2배
④ 1.5배

해설 **합성수지관 및 부속품의 시설(KEC 232.11.3)**

관 상호 간 및 박스와는 관을 삽입하는 깊이를 관 외경의 1.2배(접착제 사용 0.8배) 이상으로 한다.

답 ③

082

핵심이론 찾아보기▶핵심 01-9 기사 21년 출제

일반주택의 저압 옥내배선을 점검하였더니 다음과 같이 시설되어 있었을 경우 시설기준에 적합하지 않은 것은?

① 합성수지관의 지지점 간의 거리를 2[m]로 하였다.
② 합성수지관 안에서 전선의 접속점이 없도록 하였다.
③ 금속관공사에 옥외용 비닐절연전선을 제외한 절연전선을 사용하였다.
④ 인입구에 가까운 곳으로서 쉽게 개폐할 수 있는 곳에 개폐기를 각 극에 시설하였다.

해설 **합성수지관공사(KEC 232.11)**

- 전선은 연선(옥외용 제외) 사용. 연동선 10[mm^2], 알루미늄선 16[mm^2] 이하 단선 사용할 것
- 전선관 내 전선 접속점이 없도록 할 것
- 관을 삽입하는 깊이 : 관 외경 1.2배(접착제 사용 0.8배)
- 관 지지점 간 거리 : 1.5[m] 이하

답 ①

083 핵심이론 찾아보기▶핵심 01-9

기사 22·20년 출제

금속제 가요전선관공사에 의한 저압 옥내배선의 시설기준으로 틀린 것은?

① 가요전선관 안에는 전선에 접속점이 없도록 한다.
② 옥외용 비닐절연전선을 제외한 절연전선을 사용한다.
③ 점검할 수 없는 은폐된 장소에는 1종 가요전선관을 사용할 수 있다.
④ 2종 금속제 가요전선관을 사용하는 경우에 습기 많은 장소에 시설하는 때에는 비닐 피복 1종 가요전선관으로 한다.

해설 **금속제 가요전선관공사(KEC 232.13)**
가요전선관은 2종 금속제 가요전선관일 것. 다만, 전개된 장소 또는 점검할 수 있는 은폐된 장소에는 1종 가요전선관(습기가 많은 장소 또는 물기가 있는 장소에는 비닐 피복 1종 가요전선관에 한한다)을 사용할 수 있다.

답 ③

084 핵심이론 찾아보기▶핵심 01-9

기사 18년 출제

금속덕트공사에 의한 저압 옥내배선공사시설에 대한 설명으로 틀린 것은?

① 저압 옥내배선의 사용전압이 400[V] 이하인 경우에는 덕트에 접지공사를 한다.
② 금속덕트는 두께 1.0[mm] 이상인 철판으로 제작하고 덕트 상호 간에 완전하게 접속한다.
③ 덕트를 조영재에 붙이는 경우 덕트 지지점 간의 거리를 3[m] 이하로 견고하게 붙인다.
④ 금속덕트에 넣은 전선의 단면적의 합계가 덕트의 내부 단면적의 20[%] 이하가 되도록 한다.

해설 **금속덕트공사(KEC 232.31)**
금속덕트공사에 사용하는 금속덕트는 폭이 4[cm] 이상이고, 두께가 1.2[mm] 이상인 철판을 사용한다.

답 ②

085 핵심이론 찾아보기▶핵심 01-9

기사 19년 출제

라이팅덕트공사에 의한 저압 옥내배선공사 시설기준으로 틀린 것은?

① 덕트의 끝부분은 막을 것
② 덕트는 조영재에 견고하게 붙일 것
③ 덕트는 조영재를 관통하여 시설할 것
④ 덕트의 지지점 간의 거리는 2[m] 이하로 할 것

해설 **라이팅덕트공사(KEC 232.71)**
- 덕트의 개구부(開口部)는 아래로 향하여 시설할 것
- 덕트는 조영재를 관통하여 시설하지 아니할 것

답 ③

086 핵심이론 찾아보기▶핵심 01-9

기사 12년 출제

저압 옥내배선 버스덕트공사에서 지지점 간의 거리는 몇 [m] 이하이어야 하는가? (단, 취급자만이 출입하는 곳에서 수직으로 붙이는 경우이다.)

① 3　② 5　③ 6　④ 8

해설 버스덕트공사(KEC 232.61)
지지점 간 거리 3[m](수직 6[m]) 이하로 할 것

답 ③

087

핵심이론 찾아보기▶핵심 01-9

기사 18년 출제

금속몰드배선공사에 대한 설명으로 틀린 것은?

① 몰드에는 접지공사를 하지 않는다.
② 접속점을 쉽게 점검할 수 있도록 시설할 것
③ 황동제 또는 동제의 몰드는 폭이 5[cm] 이하, 두께 0.5[mm] 이상인 것일 것
④ 몰드 안의 전선을 외부로 인출하는 부분은 몰드의 관통 부분에서 전선이 손상될 우려가 없도록 시설할 것

해설 금속몰드공사(KEC 232.22)
몰드에는 접지시스템(140) 규정에 준하여 접지공사를 할 것

답 ①

088

핵심이론 찾아보기▶핵심 01-9

기사 18년 출제

케이블공사에 의한 저압 옥내배선의 시설 방법에 대한 설명으로 틀린 것은?

① 전선은 케이블 및 캡타이어 케이블로 한다.
② 콘크리트 안에는 전선에 접속점을 만들지 아니한다.
③ 전선을 넣는 방호장치의 금속제 부분에는 접지공사를 한다.
④ 전선을 조영재의 옆면에 따라 붙이는 경우 전선의 지지점 간의 거리를 케이블은 3[m] 이하로 한다.

해설 케이블공사(KEC 232.51)
- 전선은 케이블 및 캡타이어 케이블일 것
- 조영재의 아랫면 또는 옆면에 따라 붙이는 경우 지지점 간의 거리를 케이블은 2[m](수직 6[m]) 이하, 캡타이어 케이블은 1[m] 이하로 할 것

답 ④

089

핵심이론 찾아보기▶핵심 01-9

기사 21년 출제

케이블트레이공사에 사용할 수 없는 케이블은?

① 연피 케이블 ② 난연성 케이블 ③ 캡타이어 케이블 ④ 알루미늄피 케이블

해설 케이블트레이공사(KEC 232.41)
전선은 연피 케이블, 알루미늄피 케이블 등 난연성 케이블 또는 기타 케이블(적당한 간격으로 연소방지조치를 하여야 한다) 또는 금속관 혹은 합성수지관 등에 넣은 절연전선을 사용하여야 한다.

답 ③

090

핵심이론 찾아보기▶핵심 01-9

기사 17년 출제

케이블을 지지하기 위하여 사용하는 금속제케이블트레이의 종류가 아닌 것은?

① 통풍밀폐형 ② 펀칭형 ③ 바닥밀폐형 ④ 사다리형

해설 **케이블트레이공사(KEC 232.41)**
케이블트레이의 종류로는 사다리형, 바닥밀폐형, 펀칭형, 메시형 등이 있다.

답 ①

091

핵심이론 찾아보기▶**핵심 01-9** 기사 18년 출제

케이블트레이공사에 사용되는 케이블트레이가 수용된 모든 전선을 지지할 수 있는 적합한 강도의 것일 경우 케이블트레이의 안전율은 얼마 이상으로 하여야 하는가?

① 1.1 ② 1.2 ③ 1.3 ④ 1.5

해설 **케이블트레이공사(KEC 232.41)**
케이블트레이의 안전율은 1.5 이상이어야 한다.

답 ④

092

핵심이론 찾아보기▶**핵심 01-9** 기사 22·09년 출제

플로어덕트공사에 의한 저압 옥내배선에서 절연전선으로 연선을 사용하지 않아도 되는 것은 전선의 단면적이 몇 [mm^2] 이하의 경우인가?

① 2.5 ② 4 ③ 6 ④ 10

해설 **플로어덕트공사(KEC 232.32)**
- 전선은 연선일 것(옥외용 제외)
- 단면적 10[mm^2](알루미늄선 16[mm^2]) 이하 단선 사용

답 ④

093

핵심이론 찾아보기▶**핵심 01-9** 기사 20년 출제

케이블트레이공사에 사용하는 케이블트레이에 대한 기준으로 틀린 것은?

① 안전율은 1.5 이상으로 하여야 한다.
② 비금속제 케이블트레이는 수밀성 재료의 것이어야 한다.
③ 금속제 케이블트레이계통은 기계적 및 전기적으로 완전하게 접속하여야 한다.
④ 금속제 트레이는 접지공사를 하여야 한다.

해설 **케이블트레이공사(KEC 232.41)**
- 금속제의 것은 적절한 방식처리를 한 것이거나 내식성 재료의 것이어야 한다.
- 비금속제 케이블트레이는 난연성 재료의 것이어야 한다.

답 ②

094

핵심이론 찾아보기▶**핵심 01-10** 기사 21년 출제

점멸기의 시설에서 센서등(타임스위치 포함)을 시설하여야 하는 곳은?

① 공장 ② 상점 ③ 사무실 ④ 아파트 현관

해설 **점멸기의 시설(KEC 234.6) – 센서등(타임스위치 포함) 시설**
- 「관광진흥법」과 「공중위생관리법」에 의한 관광숙박업 또는 숙박업(여인숙업은 제외)에 이용되는 객실의 입구등은 1분 이내에 소등되는 것
- 일반주택 및 아파트 각 호실의 현관등은 3분 이내에 소등되는 것

답 ④

095

핵심이론 찾아보기▶핵심 01-10 기사 22·20년 출제

욕조나 샤워시설이 있는 욕실 등 인체가 물에 젖어 있는 상태에서 전기를 사용하는 장소에 콘센트를 시설할 경우 인체감전보호용 누전차단기의 정격감도전류는 몇 [mA] 이하인가?

① 5 ② 10 ③ 15 ④ 30

해설 콘센트의 시설(KEC 234.5)
인체감전보호용 누전차단기(정격감도전류 15[mA] 이하, 동작시간 0.03초 이하의 전류동작형) 또는 절연변압기(정격용량 3[kVA] 이하)로 보호된 전로에 접속하거나 인체감전보호용 누전차단기가 부착된 콘센트를 시설하여야 한다.

답 ③

096

핵심이론 찾아보기▶핵심 01-10 기사 20년 출제

옥내에 시설하는 사용전압이 400[V] 초과 1,000[V] 이하인 전개된 장소로서, 건조한 장소가 아닌 기타의 장소의 관등회로 배선공사로서 적합한 것은?

① 애자공사 ② 금속몰드공사 ③ 금속덕트공사 ④ 합성수지몰드공사

해설 관등회로의 배선(KEC 234.11.4)

시설장소의 구분		공사방법
전개된 장소	건조한 장소	애자공사·합성수지몰드공사 또는 금속몰드공사
	기타의 장소	애자공사
점검할 수 있는 은폐된 장소	건조한 장소	금속몰드공사

답 ①

097

핵심이론 찾아보기▶핵심 01-10 기사 20년 출제

풀용 수중조명등에 전기를 공급하기 위하여 사용되는 절연변압기에 대한 설명으로 틀린 것은?

① 절연변압기 2차측 전로의 사용전압은 150[V] 이하이어야 한다.
② 절연변압기의 2차측 전로에는 반드시 접지공사를 하며, 그 저항값은 5[Ω] 이하가 되도록 하여야 한다.
③ 절연변압기 2차측 전로의 사용전압이 30[V] 이하인 경우에는 1차 권선과 2차 권선 사이에 금속제의 혼촉방지판이 있어야 한다.
④ 절연변압기 2차측 전로의 사용전압이 30[V]를 초과하는 경우에는 그 전로에 지락이 생겼을 때 자동적으로 전로를 차단하는 장치가 있어야 한다.

해설 수중조명등(KEC 234.14)
절연변압기의 2차측 전로는 접지하지 아니할 것

답 ②

098

핵심이론 찾아보기▶핵심 01-10 기사 21년 출제

교통신호등회로의 사용전압이 몇 [V]를 넘는 경우는 전로에 지락이 생겼을 경우 자동적으로 전로를 차단하는 누전차단기를 시설하는가?

① 60 ② 150 ③ 300 ④ 450

해설 **누전차단기(KEC 234.15.6)**
교통신호등회로의 사용전압이 150[V]를 넘는 경우는 전로에 지락이 생겼을 경우 자동적으로 전로를 차단하는 누전차단기를 시설할 것

답 ②

099

핵심이론 찾아보기▶**핵심 01-10**

기사 20년 출제

교통신호등의 시설기준에 관한 내용으로 틀린 것은?

① 제어장치의 금속제외함에는 접지공사를 한다.
② 교통신호등회로의 사용전압은 300[V] 이하로 한다.
③ 교통신호등회로의 인하선은 지표상 2[m] 이상으로 시설한다.
④ LED를 광원으로 사용하는 교통신호등의 설치 KS C 7528 'LED 교통신호등'에 적합한 것을 사용한다.

해설 **교통신호등(KEC 234.15)**
- 배선은 케이블인 경우 이외에는 공칭단면적 2.5[mm^2] 이상 연동선
- 전선의 지표상의 높이는 2.5[m] 이상

답 ③

100

핵심이론 찾아보기▶**핵심 01-11**

기사 11년 출제

욕탕의 양단에 판상의 전극을 설치하고 그 전극 상호 간에 교류전압을 가하는 전기욕기의 전원 변압기 2차 전압은 몇 [V] 이하인 것을 사용하여야 하는가?

① 5 ② 10 ③ 12 ④ 15

해설 **전기욕기(KEC 241.2)**
1차 대지전압 300[V] 이하, 2차 사용전압 10[V] 이하인 것을 사용해야 한다.

답 ②

101

핵심이론 찾아보기▶**핵심 01-11**

기사 20년 출제

목장에서 가축의 탈출을 방지하기 위하여 전기울타리를 시설하는 경우 전선은 인장강도가 몇 [kN] 이상의 것이어야 하는가?

① 1.38 ② 2.78 ③ 4.43 ④ 5.93

해설 **전기울타리의 시설(KEC 241.1)**
사용전압은 250[V] 이하이며, 전선은 인장강도 1.38[kN] 이상의 것 또는 지름 2[mm] 이상 경동선을 사용하고, 지지하는 기둥과의 이격거리는 2.5[cm] 이상, 수목과의 이격거리는 30[cm] 이상으로 한다.

답 ①

102

핵심이론 찾아보기▶**핵심 01-11**

기사 18년 출제

전기울타리용 전원장치에 전기를 공급하는 전로의 사용전압은 몇 [V] 이하이어야 하는가?

① 150 ② 200 ③ 250 ④ 300

해설 전기울타리의 시설(KEC 241.1)
사용전압은 250[V] 이하이며, 전선은 인장강도 1.38[kN] 이상의 것 또는 지름 2[mm] 이상 경동선을 사용하고, 지지하는 기둥과의 이격거리는 2.5[cm] 이상, 수목과의 이격거리는 30[cm] 이상으로 한다.

답 ③

103

핵심이론 찾아보기▶핵심 01-11

기사 21년 출제

전격살충기의 시설방법으로 틀린 것은?

① 전기용품 및 생활용품 안전관리법의 적용을 받은 것을 설치한다.
② 전용 개폐기를 가까운 곳에 쉽게 개폐할 수 있게 시설한다.
③ 전격격자가 지표상 3.5[m] 이상의 높이가 되도록 시설한다.
④ 전격격자와 다른 시설물 사이의 이격거리는 50[cm] 이상으로 한다.

해설 전격살충기의 시설(KEC 241.7.1)
- 전격격자는 지표 또는 바닥에서 3.5[m] 이상의 높은 곳에 시설할 것
- 전격격자와 다른 시설물(가공전선 제외) 또는 식물과의 이격거리는 0.3[m] 이상

답 ④

104

핵심이론 찾아보기▶핵심 01-11

기사 20년 출제

전기온상용 발열선은 그 온도가 몇 [℃]를 넘지 않도록 시설하여야 하는가?

① 50　② 60　③ 80　④ 100

해설 전기온상 등(KEC 241.5)
발열선은 그 온도가 80[℃]를 넘지 아니하도록 시설할 것

답 ③

105

핵심이론 찾아보기▶핵심 01-11

기사 17년 출제

발열선을 도로, 주차장 또는 조영물의 조영재에 고정시켜 신설하는 경우 발열선에 전기를 공급하는 전로의 대지전압은 몇 [V] 이하이어야 하는가?

① 100　② 150　③ 200　④ 300

해설 도로 등의 전열장치(KEC 241.12)
- 발열선에 전기를 공급하는 전로의 대지전압은 300[V] 이하
- 발열선은 미네랄 인슐레이션 케이블 또는 제2종 발열선을 사용
- 발열선 온도 80[℃] 이하

답 ④

106

핵심이론 찾아보기▶핵심 01-11

기사 18년 출제

이동형의 용접전극을 사용하는 아크용접장치의 용접변압기의 1차측 전로의 대지전압은 몇 [V] 이하이어야 하는가?

① 60　② 150　③ 300　④ 400

해설 아크용접기(KEC 241.10)
- 이동형(可搬型)의 용접전극을 사용하는 아크용접장치 시설

- 용접변압기는 절연변압기일 것
- 용접변압기의 1차측 전로의 대지전압은 300[V] 이하일 것

답 ③

107

핵심이론 찾아보기▶핵심 01-11

기사 20년 출제

소세력회로에 전기를 공급하기 위한 변압기는 1차측 전로의 대지전압이 300[V] 이하, 2차측 전로의 사용전압은 몇 [V] 이하인 절연변압기이어야 하는가?

① 60 ② 80 ③ 100 ④ 150

해설 **소세력회로(KEC 241.14)**
소세력회로에 전기를 공급하기 위한 변압기는 1차측 전로의 대지전압이 300[V] 이하, 2차측 전로의 사용전압이 60[V] 이하인 절연변압기일 것

답 ①

108

핵심이론 찾아보기▶핵심 01-11

기사 21년 출제

소세력회로의 사용전압이 15[V] 이하일 경우 절연변압기의 2차 단락전류 제한값은 8[A]이다. 이때 과전류차단기의 정격전류는 몇 [A] 이하이어야 하는가?

① 1.5 ② 3 ③ 5 ④ 10

해설 **소세력회로(KEC 241.14) – 절연변압기의 2차 단락전류 및 과전류차단기의 정격전류**

최대사용전압의 구분	2차 단락전류	과전류차단기의 정격전류
15[V] 이하	8[A]	5[A]
15[V] 초과 30[V] 이하	5[A]	3[A]
30[V] 초과 60[V] 이하	3[A]	1.5[A]

답 ③

109

핵심이론 찾아보기▶핵심 01-11

기사 19년 출제

지중 또는 수중에 시설되어 있는 금속체의 부식을 방지하기 위한 전기부식방지회로의 사용전압은 직류 몇 [V] 이하이어야 하는가? (단, 전기부식방지회로로는 전기부식방지용 전원장치로부터 양극 및 피방식체까지의 전로를 말한다.)

① 30 ② 60 ③ 90 ④ 120

해설 **전기부식방지회로의 전압 등(KEC 241.16.3)**
전기부식방지회로의 사용전압은 직류 60[V] 이하일 것

답 ②

110

핵심이론 찾아보기▶핵심 01-11

기사 17년 출제

전기부식방지시설에서 전원장치를 사용하는 경우로 옳은 것은?

① 전기부식방지회로의 사용전압은 교류 60[V] 이하일 것
② 지중에 매설하는 양극(+)의 매설깊이는 50[cm] 이상일 것
③ 지표 또는 수중에서 1[m] 간격의 임의의 2점 간의 전위차는 7[V]를 넘지 말 것
④ 수중에 시설하는 양극(+)과 그 주위 1[m] 이내의 거리에 있는 임의점과의 사이의 전위차는 10[V]를 넘지 말 것

해설 **전기부식방지회로의 전압 등(KEC 241.16.3)**
- 전기부식방지회로의 사용전압은 직류 60[V] 이하일 것
- 지중에 매설하는 양극의 매설깊이는 75[cm] 이상일 것
- 수중에 시설하는 양극과 그 주위 1[m] 이내의 거리에 있는 임의점과의 사이의 전위차는 10[V]를 넘지 아니할 것
- 지표 또는 수중에서 1[m] 간격의 임의의 2점 간의 전위차가 5[V]를 넘지 아니할 것 **답** ④

111
핵심이론 찾아보기▶핵심 01-12 기사 22·17년 출제

폭연성 분진 또는 화약류의 분말이 전기설비가 발화원이 되어 폭발할 우려가 있는 곳에 시설하는 저압 옥내배선의 공사방법으로 옳은 것은?

① 금속관공사
② 애자공사
③ 합성수지관공사
④ 캡타이어 케이블공사

해설 **폭연성 분진 위험장소(KEC 242.2.1)**
금속관공사 또는 케이블공사(캡타이어 케이블 제외)에 의할 것 **답** ①

112
핵심이론 찾아보기▶핵심 01-11 기사 16년 출제

다음 ( ) 안에 들어갈 내용으로 옳은 것은?

> 유희용 전차에 전기를 공급하는 전원장치의 2차측 단자의 최대사용전압은 직류의 경우는 (㉠)[V] 이하, 교류의 경우는 (㉡)[V] 이하이어야 한다.

① ㉠ 60, ㉡ 40
② ㉠ 40, ㉡ 60
③ ㉠ 30, ㉡ 60
④ ㉠ 60, ㉡ 30

해설 **유희용 전차(KEC 241.8)**
사용전압 직류 60[V] 이하, 교류 40[V] 이하 **답** ①

113
핵심이론 찾아보기▶핵심 01-12 기사 09년 출제

철도, 궤도 또는 자동차도의 전용터널 내의 터널 내 전선로의 시설방법으로 틀린 것은?

① 저압 전선은 지름 2.0[mm]의 경동선을 사용하였다.
② 고압 전선은 케이블공사로 하였다.
③ 저압 전선을 애자공사에 의하여 시설하고 이를 노면상 2.5[m] 이상으로 하였다.
④ 저압 전선을 애자공사에 의하여 시설하였다.

해설 **터널 안 전선로의 시설(KEC 335.1)**
저압 전선은 인장강도 2.30[kN] 이상, 지름 2.6[mm] 이상 경동선의 절연전선을 사용하여야 한다. **답** ①

114 핵심이론 찾아보기▶핵심 01-⑫

기사 18년 출제

터널 안 전선로의 시설방법으로 옳은 것은?

① 저압 전선은 지름 2.6[mm]의 경동선의 절연전선을 사용하였다.
② 고압 전선은 절연전선을 사용하여 합성수지관공사로 하였다.
③ 저압 전선을 애자공사에 의하여 시설하고 이를 레일면상 또는 노면상 2.2[m]의 높이로 시설하였다.
④ 고압 전선을 금속관공사에 의하여 시설하고 이를 레일면상 또는 노면상 2.4[m]의 높이로 시설하였다.

해설 터널 안 전선로의 시설(KEC 335.1)

구 분	전선의 굵기	노면상 높이	이격거리
저압	2.30[kN], 2.6[mm] 이상 경동선의 절연전선	2.5[m]	10[cm]
고압	5.26[kN], 4[mm] 이상 경동선의 절연전선	3[m]	15[cm]

답 ①

115 핵심이론 찾아보기▶핵심 01-⑫

기사 21년 출제

터널 안의 전선로의 저압 전선이 그 터널 안의 다른 저압 전선(관등회로의 배선은 제외) · 약전류 전선 등 또는 수관 · 가스관이나 이와 유사한 것과 접근하거나 교차하는 경우, 저압 전선을 애자공사에 의하여 시설하는 때에는 이격거리가 몇 [cm] 이상이어야 하는가? (단, 전선이 나전선이 아닌 경우이다.)

① 10　　② 15
③ 20　　④ 25

해설
- **터널 안 전선로의 전선과 약전류전선 등 또는 관 사이의 이격거리(KEC 335.2)**
  터널 안의 전선로의 저압 전선이 그 터널 안의 다른 저압 전선 · 약전류전선 등 또는 수관 · 가스관이나 이와 유사한 것과 접근하거나 교차하는 경우에는 배선설비와 다른 공급설비와의 접근규정에 준하여 시설하여야 한다.
- **배선설비와 다른 공급설비와의 접근(KEC 232.3.7)**
  저압 옥내배선이 다른 저압 옥내배선 또는 관등회로의 배선과 접근하거나 교차하는 경우에 애자공사에 의하여 시설하는 저압 옥내배선과 다른 저압 옥내배선 또는 관등회로의 배선 사이의 이격거리는 0.1[m](나전선인 경우에는 0.3[m]) 이상이어야 한다.

답 ①

116 핵심이론 찾아보기▶핵심 01-⑫

기사 19년 출제

석유류를 저장하는 장소의 전등배선에 사용하지 않는 공사방법은?

① 케이블공사　　② 금속관공사
③ 애자공사　　④ 합성수지관공사

해설 위험물 등이 존재하는 장소(KEC 242.4)
저압 옥내배선은 금속관공사, 케이블공사, 합성수지관공사에 의한다.

답 ③

117

핵심이론 찾아보기▶**핵심 01-12** 기사 19년 출제

전용개폐기 또는 과전류차단기에서 화약류 저장소의 인입구까지의 배선은 어떻게 시설하는가?

① 애자공사에 의하여 시설한다.
② 케이블을 사용하여 지중으로 시설한다.
③ 케이블을 사용하여 가공으로 시설한다.
④ 합성수지관공사에 의하여 가공으로 시설한다.

해설 **화약류 저장소에서 전기설비의 시설(KEC 242.5.1)**
케이블을 전기기계기구에 인입할 때에는 인입구에서 케이블이 손상될 우려가 없도록 시설할 것

답 ②

118

핵심이론 찾아보기▶**핵심 01-12** 기사 22·20년 출제

건조한 곳에 시설하고 또한 내부를 건조한 상태로 사용하는 진열장 안의 사용전압이 400[V] 이하인 저압 옥내배선은 외부에서 보기 쉬운 곳에 한하여 코드 또는 캡타이어 케이블을 조영재에 접촉하여 시설할 수 있다. 이때, 전선의 붙임점 간의 거리는 몇 [m] 이하로 시설하여야 하는가?

① 0.5 ② 1.0 ③ 1.5 ④ 2.0

해설 **진열장 또는 이와 유사한 것의 내부 관등회로 배선(KEC 234.11.5)**
전선의 부착점 간의 거리는 1[m] 이하로 하고 배선에는 전구 또는 기구의 중량을 지지시키지 아니할 것

답 ②

119

핵심이론 찾아보기▶**핵심 01-12** 기사 22·18년 출제

무대, 무대마루 밑, 오케스트라 박스, 영사실, 기타 사람이나 무대 도구가 접촉할 우려가 있는 곳에 시설하는 저압 옥내배선·전구선 또는 이동전선은 사용전압이 몇 [V] 이하이어야 하는가?

① 60 ② 110 ③ 220 ④ 400

해설 **전시회, 쇼 및 공연장의 전기설비(KEC 242.6)**
저압 옥내배선·전구선 또는 이동전선은 사용전압이 400[V] 이하일 것

답 ④

120

핵심이론 찾아보기▶**핵심 01-12** 기사 17년 출제

터널 등에 시설하는 사용전압이 220[V]인 전구선이 0.6/1[kV] EP 고무절연 클로로프렌 캡타이어 케이블일 경우 단면적은 최소 몇 [mm^2] 이상이어야 하는가?

① 0.5 ② 0.75 ③ 1.25 ④ 1.4

해설 **터널 등의 전구선 또는 이동전선 등의 시설(KEC 242.7.4)**
터널 등에 시설하는 사용전압이 400[V] 이하인 저압의 전구선 또는 이동전선은 단면적 0.75[mm^2] 이상의 300/300[V] 편조 고무코드 또는 0.6/1[kV] EP 고무절연 클로로프렌 캡타이어 케이블일 것

답 ②

121

핵심이론 찾아보기▶핵심 01-12 기사 20년 출제

사람이 상시 통행하는 터널 안의 배선(전기기계기구 안의 배선, 관등회로의 배선, 소세력회로의 전선은 제외)의 시설기준에 적합하지 않은 것은? (단, 사용전압이 저압의 것에 한한다.)

① 애자공사로 시설하였다.
② 공칭단면적 2.5[mm^2]의 연동선을 사용하였다.
③ 애자공사 시 전선의 높이는 노면상 2[m]로 시설하였다.
④ 전로에는 터널의 입구 가까운 곳에 전용 개폐기를 시설하였다.

해설 사람이 상시 통행하는 터널 안의 배선시설(KEC 242.7.1)

- 전선은 공칭단면적 2.5[mm^2]의 연동선과 동등 이상의 세기 및 굵기의 절연전선(옥외용 제외)을 사용하여 애자공사에 의하여 시설하고 또한 이를 노면상 2.5[m] 이상의 높이로 할 것
- 전로에는 터널의 입구에 가까운 곳에 전용 개폐기를 시설할 것

답 ③

122

핵심이론 찾아보기▶핵심 01-12 기사 15년 출제

의료장소에서 인접하는 의료장소와의 바닥면적 합계가 몇 [m^2] 이하인 경우 등전위본딩 바를 공용으로 할 수 있는가?

① 30 ② 50 ③ 80 ④ 100

해설 의료장소 내의 접지설비(KEC 242.10.4)

의료장소마다 그 내부 또는 근처에 등전위본딩 바를 설치할 것. 다만, 인접하는 의료장소와의 바닥면적 합계가 50[m^2] 이하인 경우에는 등전위본딩 바를 공용할 수 있다.

답 ②

123

핵심이론 찾아보기▶핵심 01-12 기사 17년 출제

의료장소에서의 전기설비 시설로 적합하지 않는 것은?

① 그룹 0 장소는 TN 또는 TT 접지계통 적용
② 의료 IT 계통의 분전반은 의료장소의 내부 혹은 가까운 외부에 설치
③ 그룹 1 또는 그룹 2 의료장소의 수술등, 내시경 조명등은 정전시 0.5초 이내 비상전원 공급
④ 의료 IT 계통의 절연상태 계측 시 10[kΩ]에 도달하면 표시 및 경보하도록 시설

해설 의료장소(KEC 242.10)

- 의료장소별로 다음과 같이 계통접지를 적용한다.
  - 그룹 0 : TT 계통 또는 TN 계통
  - 그룹 1 : TT 계통 또는 TN 계통
  - 그룹 2 : 의료 IT 계통
- 의료 IT 계통의 절연상태를 계측, 감시하는 절연감시장치를 설치하는 경우에는 절연저항이 50[kΩ]에 도달하면 표시설비 및 음향설비로 경보를 발하도록 할 것
- 의료 IT 계통의 분전반은 의료장소의 내부 혹은 가까운 외부에 설치할 것
- 절환시간 0.5초 이내에 비상전원을 공급하는 장치 또는 기기
  - 0.5초 이내에 전력공급이 필요한 생명유지장치
  - 그룹 1 또는 그룹 2의 의료장소의 수술등, 내시경, 수술실 테이블, 기타 필수 조명

답 ④

124 핵심이론 찾아보기▶핵심 01-12

기사 21년 출제

의료장소의 안전을 위한 비단락보증 절연변압기에 대한 설명으로 옳은 것은?

① 정격출력은 5[kVA] 이하로 할 것
② 정격출력은 10[kVA] 이하로 할 것
③ 2차측 정격전압은 직류 25[V] 이하이다.
④ 2차측 정격전압은 교류 300[V] 이하이다.

해설 **의료장소의 안전을 위한 보호설비(KEC 242.10.3)**
비단락보증 절연변압기의 2차측 정격전압은 교류 250[V] 이하로 하며 공급방식은 단상 2선식, 정격출력은 10[kVA] 이하로 할 것

답 ②

125 핵심이론 찾아보기▶핵심 01-12

기사 20년 출제

의료장소의 안전을 위한 의료용 절연변압기에 대한 다음 설명 중 옳은 것은?

① 2차측 정격전압은 교류 300[V] 이하이다.
② 2차측 정격전압은 직류 250[V] 이하이다.
③ 정격출력은 5[kVA] 이하이다.
④ 정격출력은 10[kVA] 이하이다.

해설 **의료장소의 안전을 위한 보호설비(KEC 242.10.3)**
- 전원측에 이중 또는 강화절연을 한 비단락보증 절연변압기를 설치하고 그 2차측 전로는 접지하지 말 것
- 비단락보증 절연변압기는 함 속에 설치하여 충전부가 노출되지 않도록 하고 의료장소의 내부 또는 가까운 외부에 설치
- 비단락보증 절연변압기의 2차측 정격전압은 교류 250[V] 이하로 하며 공급방식은 단상 2선식, 정격출력은 10[kVA] 이하
- 3상 부하에 대한 전력공급이 요구되는 경우 비단락보증 3상 절연변압기를 사용할 것

답 ④

126 핵심이론 찾아보기▶핵심 02-2

기사 15년 출제

특고압 가공전선로에서 발생하는 극저주파 전계는 지표상 1[m]에서 전계가 몇 [kV/m] 이하가 되도록 시설하여야 하는가?

① 3.5 ② 2.5 ③ 1.5 ④ 0.5

해설 **유도장해방지(기술기준 제17조)**
특고압 가공전선로에서 발생하는 극저주파 전자계는 지표상 1[m]에서 전계가 3.5[kV/m] 이하, 자계가 83.3[μT] 이하가 되도록 시설하는 등 상시 정전유도 및 전자유도 작용에 의하여 사람에게 위험을 줄 우려가 없도록 시설하여야 한다.

답 ①

127 핵심이론 찾아보기▶핵심 02-2

기사 19년 출제

저압 또는 고압 가공전선로와 기설 가공약전류전선로가 병행할 때 유도작용에 의한 통신상의 장해가 생기지 아니하도록 하려면 양자의 이격거리는 최소 몇 [m] 이상으로 하여야 하는가?

① 2 ② 4 ③ 6 ④ 8

해설 **가공약전류전선로의 유도장해 방지(KEC 332.1)**
고·저압 가공전선로와 병행하는 경우 약전류전선과 2[m] 이상 이격시킨다.

답 ①

128 핵심이론 찾아보기▶핵심 02-2 기사 13년 출제

사용전압이 60[kV] 이하인 특고압 가공전선로는 상시 정전유도작용에 의한 통신상의 장해가 없도록 하기 위하여 전화선로의 길이 12[km]마다 유도전류는 몇 [μA]를 넘지 않도록 하여야 하는가?

① 0.2 ② 1.0 ③ 1.5 ④ 2.0

해설 **유도장해의 방지(KEC 333.2)**
- 사용전압이 60[kV] 이하 : 전화선로의 길이 12[km]마다 유도전류가 2[μA] 이하
- 사용전압이 60[kV] 초과 : 전화선로의 길이 40[km]마다 유도전류가 3[μA] 이하

답 ④

129 핵심이론 찾아보기▶핵심 02-2 기사 19년 출제

가공전선로의 지지물에 취급자가 오르고 내리는 데 사용하는 발판 볼트 등은 지표상 몇 [m] 미만에 시설하여서는 아니 되는가?

① 1.2 ② 1.8 ③ 2.2 ④ 2.5

해설 **가공전선로 지지물의 철탑오름 및 전주오름 방지(KEC 331.4)**
가공전선로의 지지물에 취급자가 오르고 내리는 데 사용하는 발판 볼트 등을 지표상 1.8[m] 미만에 시설하여서는 아니 된다.

답 ②

130 핵심이론 찾아보기▶핵심 02-2 기사 09년 출제

가공전선로에 사용하는 지지물의 강도계산에 적용하는 풍압하중의 종류는?

① 갑종, 을종, 병종 ② A종, B종, C종
③ 1종, 2종, 3종 ④ 수평, 수직, 각도

해설 **풍압하중의 종별과 적용(KEC 331.6)**
풍압하중의 종류는 갑종, 을종, 병종으로 구분한다.

답 ①

131 핵심이론 찾아보기▶핵심 02-2 기사 21년 출제

가공전선로에 사용하는 지지물의 강도계산에 적용하는 갑종 풍압하중을 계산할 때 구성재의 수직 투영면적 1[m^2]에 대한 풍압의 기준으로 틀린 것은?

① 목주 : 588[Pa]
② 원형 철주 : 588[Pa]
③ 원형 철근콘크리트주 : 882[Pa]
④ 강관으로 구성(단주는 제외)된 철탑 : 1,255[Pa]

해설 **풍압하중의 종별과 적용(KEC 331.6)**

풍압을 받는 구분			풍압하중
지지물	목주		588[Pa]
	철주	원형의 것	588[Pa]
	철근콘크리트주	원형의 것	588[Pa]
	철탑	강관으로 구성되는 것	1,255[Pa]

답 ③

132 핵심이론 찾아보기▶핵심 02-2

기사 22·17년 출제

특고압 전선로에 사용되는 애자장치에 대한 갑종 풍압하중은 그 구성재의 수직투영면적 1[m^2]에 대한 풍압하중을 몇 [Pa]을 기초로 하여 계산한 것인가?

① 588 ② 666
③ 946 ④ 1,039

해설 풍압하중의 종별과 적용(KEC 331.6)

풍압을 받는 구분		갑종 풍압하중
지지물	원형	588[Pa]
	강관 철주	1,117[Pa]
	강관 철탑	1,255[Pa]
전선 가섭선	다도체	666[Pa]
	기타의 것(단도체 등)	745[Pa]
애자장치(특고압 전선용)		1,039[Pa]
완금류		1,196[Pa]

답 ④

133 핵심이론 찾아보기▶핵심 02-2

기사 20년 출제

가공전선로의 지지물의 강도계산에 적용하는 풍압하중은 빙설이 많은 지방 이외의 지방에서 저온계절에는 어떤 풍압하중을 적용하는가? (단, 인가가 연접되어 있지 않다고 한다.)

① 갑종 풍압하중 ② 을종 풍압하중
③ 병종 풍압하중 ④ 을종과 병종 풍압하중을 혼용

해설 풍압하중의 종별과 적용(KEC 331.6)

- 빙설이 많은 지방
  - 고온 계절 : 갑종 풍압하중
  - 저온 계절 : 을종 풍압하중
- 빙설이 적은 지방
  - 고온 계절 : 갑종 풍압하중
  - 저온 계절 : 병종 풍압하중

답 ③

134 핵심이론 찾아보기▶핵심 02-2

기사 12년 출제

고·저압 가공전선로의 지지물을 인가가 많이 연접된 장소에 시설할 때 적용하는 적합한 풍압하중은?

① 갑종 풍압하중값의 30[%] ② 을종 풍압하중값의 1.1배
③ 갑종 풍압하중값의 50[%] ④ 병종 풍압하중값의 1.13배

해설 병종 풍압하중

- 갑종 풍압의 $\frac{1}{2}$을 기초로 하여 계산한 것
- 인가가 많이 연접되어 있는 장소

답 ③

135

핵심이론 찾아보기▶핵심 02-2

기사 21년 출제

가공전선로의 지지물로 볼 수 없는 것은?

① 철주
② 지선
③ 철탑
④ 철근콘크리트주

해설 **정의(기술기준 제3조)**
"지지물"이란 목주·철주·철근콘크리트주 및 철탑과 이와 유사한 시설물로서 전선·약전류 전선 또는 광섬유 케이블을 지지하는 것을 주된 목적으로 하는 것을 말한다.

답 ②

136

핵심이론 찾아보기▶핵심 02-2

기사 17년 출제

가공전선로 지지물 기초의 안전율은 일반적으로 얼마 이상인가?

① 1.5
② 2
③ 2.2
④ 2.5

해설 **가공전선로 지지물의 기초의 안전율(KEC 331.7)**
지지물의 하중에 대한 기초의 안전율은 2 이상(이상 시 상정하중에 대한 철탑의 기초에 대하여서는 1.33 이상)

답 ②

137

핵심이론 찾아보기▶핵심 02-2

기사 18년 출제

철탑의 강도계산을 할 때 이상 시 상정하중이 가하여지는 경우 철탑의 기초에 대한 안전율은 얼마 이상이어야 하는가?

① 1.33
② 1.83
③ 2.25
④ 2.75

해설 **가공전선로 지지물의 기초의 안전율(KEC 331.7)**
지지물의 하중에 대한 기초의 안전율은 2 이상(이상 시 상정하중에 대한 철탑의 기초에 대하여서는 1.33 이상)

답 ①

138

핵심이론 찾아보기▶핵심 02-2

기사 18년 출제

고압 가공전선로의 지지물로서 사용하는 목주의 풍압하중에 대한 안전율은 얼마 이상이어야 하는가?

① 1.2
② 1.3
③ 2.2
④ 2.5

해설 **저·고압 가공전선로의 지지물의 강도(KEC 222.8, 332.7)**

- 저압 가공전선로의 지지물은 목주인 경우에는 풍압하중의 1.2배의 하중, 기타의 경우에는 풍압하중에 견디는 강도를 가지는 것이어야 한다.
- 고압 가공전선로의 지지물로서 사용하는 목주의 풍압하중에 대한 안전율은 1.3 이상인 것이어야 한다.

답 ②

139

핵심이론 찾아보기▶핵심 02-2 기사 18년 출제

전체의 길이가 16[m]이고 설계하중이 6.8[kN] 초과 9.8[kN] 이하인 철근콘크리트주를 논, 기타 지반이 연약한 곳 이외의 곳에 시설할 때, 묻히는 깊이를 2.5[m]보다 몇 [cm] 가산하여 시설하는 경우에는 기초의 안전율에 대한 고려 없이 시설하여도 되는가?

① 10 ② 20 ③ 30 ④ 40

해설 가공전선로 지지물의 기초의 안전율(KEC 331.7)

철근콘크리트주로서 전체의 길이가 14[m] 이상 20[m] 이하이고, 설계하중이 6.8[kN] 초과 9.8[kN] 이하의 것을 논이나 그 밖의 지반이 연약한 곳 이외에 시설하는 경우 그 묻히는 깊이는 기준(2.5[m])보다 30[cm]를 가산한다.

답 ③

140

핵심이론 찾아보기▶핵심 02-2 기사 17년 출제

전체의 길이가 18[m]이고, 설계하중이 6.8[kN]인 철근콘크리트주를 지반이 튼튼한 곳에 시설하려고 한다. 기초 안전율을 고려하지 않기 위해서는 묻히는 깊이를 몇 [m] 이상으로 시설하여야 하는가?

① 2.5 ② 2.8 ③ 3 ④ 3.2

해설 가공전선로 지지물의 기초의 안전율(KEC 331.7)

철근콘크리트주로서 그 전체의 길이가 16[m] 초과 20[m] 이하이고, 설계하중이 6.8[kN] 이하의 것을 논이나 그 밖의 지반이 연약한 곳 이외에 그 묻히는 깊이는 2.8[m] 이상

답 ②

141

핵심이론 찾아보기▶핵심 02-2 기사 22·17년 출제

가공전선로의 지지물에 시설하는 지선의 시설기준으로 옳은 것은?

① 지선의 안전율은 2.2 이상이어야 한다.
② 연선을 사용할 경우에는 소선(素線) 3가닥 이상이어야 한다.
③ 도로를 횡단하여 시설하는 지선의 높이는 지표상 4[m] 이상으로 하여야 한다.
④ 지중부분 및 지표상 20[cm]까지의 부분에는 내식성이 있는 것 또는 아연도금을 한다.

해설 지선의 시설(KEC 331.11)

- 지선의 안전율은 2.5 이상. 이 경우에 허용인장하중의 최저는 4.31[kN]
- 지선에 연선을 사용할 경우
  - 소선(素線) 3가닥 이상의 연선일 것
  - 소선의 지름이 2.6[mm] 이상의 금속선을 사용한 것일 것
- 지중부분 및 지표상 30[cm]까지의 부분에는 내식성이 있는 것 또는 아연도금을 한 철봉을 사용하고 쉽게 부식되지 아니하는 근가에 견고하게 붙일 것
- 도로를 횡단하여 시설하는 지선의 높이는 지표상 5[m] 이상으로 할 것

답 ②

142

핵심이론 찾아보기▶핵심 02-2

기사 20년 출제

가공전선로의 지지물에 지선을 시설하려는 경우 이 지선의 최저기준으로 옳은 것은?

① 허용인장하중 : 2.11[kN], 소선지름 : 2.0[mm], 안전율 : 3.0
② 허용인장하중 : 3.21[kN], 소선지름 : 2.6[mm], 안전율 : 1.5
③ 허용인장하중 : 4.31[kN], 소선지름 : 1.6[mm], 안전율 : 2.0
④ 허용인장하중 : 4.31[kN], 소선지름 : 2.6[mm], 안전율 : 2.5

해설 **지선의 시설(KEC 331.11)**
- 지선의 안전율은 2.5 이상. 이 경우에 허용인장하중의 최저는 4.31[kN]
- 지선에 연선을 사용할 경우
  - 소선(素線) 3가닥 이상의 연선일 것
  - 소선의 지름이 2.6[mm] 이상의 금속선을 사용한 것일 것

답 ④

143

핵심이론 찾아보기▶핵심 02-2

기사 20년 출제

저압 가공인입선 시설시 도로를 횡단하여 시설하는 경우 노면상 높이는 몇 [m] 이상으로 하여야 하는가?

① 4 ② 4.5 ③ 5 ④ 5.5

해설 **저압 인입선의 시설(KEC 221.1.1)**
저압 가공인입선의 높이는 다음과 같다.
- 도로를 횡단하는 경우에는 노면상 5[m] 이상
- 철도 또는 궤도를 횡단하는 경우에는 레일면상 6.5[m] 이상
- 횡단보도교의 위에 시설하는 경우에는 노면상 3[m] 이상

답 ③

144

핵심이론 찾아보기▶핵심 02-2

기사 17년 출제

고압 인입선시설에 대한 설명으로 틀린 것은?

① 15[m] 떨어진 다른 수용가에 고압 연접인입선을 시설하였다.
② 전선은 5[mm] 경동선과 동등한 세기의 고압 절연전선을 사용하였다.
③ 고압 가공인입선 아래에 위험표시를 하고 지표상 3.5[m]의 높이에 설치하였다.
④ 횡단보도교 위에 시설하는 경우 케이블을 사용하여 노면상에서 3.5[m]의 높이에 시설하였다.

해설 **고압 가공인입선의 시설(KEC 331.12.1)**
고압 연접인입선은 시설하여서는 아니 된다.

답 ①

145

핵심이론 찾아보기▶핵심 02-2

기사 22·09년 출제

다음 (　) 안에 알맞은 것은?

> 애자공사에 의한 저압 옥측전선로에 사용하는 전선은 공칭단면적 (　)[mm^2] 이상의 연동선을 사용하고 또한 사람이 쉽게 접촉할 우려가 없도록 시설하여야 한다.

① 2.5 ② 4 ③ 6 ④ 10

해설 **옥측전선로(KEC 221.2)**
전선은 공칭단면적 4[mm^2] 이상의 연동 절연전선(OW, DV 제외)일 것

답 ②

146

핵심이론 찾아보기▶**핵심 02-2**

기사 21년 출제

저압 옥측전선로에서 목조의 조영물에 시설할 수 있는 공사방법은?

① 금속관공사
② 버스덕트공사
③ 합성수지관공사
④ 케이블공사[무기물 절연(MI) 케이블을 사용하는 경우]

해설 **옥측전선로(KEC 221.2) – 저압 옥측전선로 공사방법**
- 애자공사(전개된 장소에 한한다)
- 합성수지관공사
- 금속관공사(목조 이외의 조영물에 시설하는 경우에 한한다)
- 버스덕트공사[목조 이외의 조영물(점검할 수 없는 은폐된 장소는 제외한다)에 시설하는 경우에 한한다]
- 케이블공사[연피 케이블, 알루미늄피 케이블 또는 무기물 절연(MI) 케이블을 사용하는 경우에는 목조 이외의 조영물에 시설하는 경우에 한한다]

답 ③

147

핵심이론 찾아보기▶**핵심 02-2**

기사 20년 출제

버스덕트공사에 의한 저압의 옥측배선 또는 옥외배선의 사용전압이 400[V] 초과인 경우의 시설기준에 대한 설명으로 틀린 것은?

① 목조 외의 조영물(점검할 수 없는 은폐장소)에 시설할 것
② 버스덕트는 사람이 쉽게 접촉할 우려가 없도록 시설할 것
③ 버스덕트는 KS C IEC 60529(2006)에 의한 보호등급 IPX4에 적합할 것
④ 버스덕트는 옥외용 버스덕트를 사용하여 덕트 안에 물이 스며들어 고이지 아니하도록 한 것일 것

해설 **옥측전선로(KEC 221.2)**
버스덕트공사에 의한 저압의 옥측배선 또는 옥외배선의 사용전압이 400[V] 초과인 경우는 다음에 의하여 시설할 것 : 목조 외의 조영물(점검할 수 없는 은폐장소를 제외)에 시설

답 ①

148

핵심이론 찾아보기▶**핵심 02-2**

기사 18년 출제

저압 옥상전선로를 전개된 장소에 시설하는 내용으로 틀린 것은?

① 전선은 절연전선일 것
② 전선은 지름 2.5[mm] 이상의 경동선의 것
③ 전선과 그 저압 옥상전선로를 시설하는 조영재와의 이격거리는 2[m] 이상일 것
④ 전선은 조영재에 내수성이 있는 애자를 사용하여 지지하고 그 지지점 간의 거리는 15[m] 이하일 것

해설 옥상전선로(KEC 221.3)
전선은 인장강도 2.30[kN] 이상의 것 또는 지름 2.6[mm] 이상의 경동선일 것 답 ②

149 핵심이론 찾아보기▶핵심 02-2 기사 17년 출제

고압 옥측전선로의 전선으로 사용할 수 있는 것은?

① 케이블 ② 절연전선 ③ 다심형 전선 ④ 나경동선

해설 **고압 옥측전선로의 시설(KEC 331.13.1)**
- 전선은 케이블일 것
- 케이블은 견고한 관 또는 트라프에 넣거나 사람이 접촉할 우려가 없도록 시설
- 케이블 지지점 간 거리 : 2[m](수직으로 붙일 경우 6[m]) 이하일 것 답 ①

150 핵심이론 찾아보기▶핵심 02-2 기사 10년 출제

전력보안통신설비는 가공전선로로부터의 어떤 작용에 의하여 사람에게 위험을 줄 우려가 없도록 시설하여야 하는가?

① 정전유도작용 또는 전자유도작용 ② 표피작용 또는 부식작용
③ 부식작용 또는 정전유도작용 ④ 전압강하작용 또는 전자유도작용

해설 **전력유도의 방지(KEC 362.4)**
전력보안통신설비는 가공전선로로부터의 정전유도작용 또는 전자유도작용에 의하여 사람에게 위험을 줄 우려가 없도록 시설하여야 한다. 답 ①

151 핵심이론 찾아보기▶핵심 02-3 기사 16년 출제

고압 가공전선에 케이블을 사용하는 경우 케이블을 조가용선에 행거로 시설하고자 할 때 행거의 간격은 몇 [cm] 이하로 하여야 하는가?

① 30 ② 50 ③ 80 ④ 100

해설 **가공케이블의 시설(KEC 332.2)**
- 케이블은 조가용선에 행거의 간격을 50[cm] 이하로 시설
- 조가용선은 인장강도 5.93[kN] 이상 또는 단면적 22[mm^2] 이상인 아연도강연선일 것
- 조가용선 및 케이블의 피복에 사용하는 금속체에는 접지공사를 할 것 답 ②

152 핵심이론 찾아보기▶핵심 02-3 기사 20년 출제

사용전압이 400[V] 이하인 저압 가공전선은 케이블인 경우를 제외하고는 지름이 몇 [mm] 이상이어야 하는가? (단, 절연전선은 제외한다.)

① 3.2 ② 3.6 ③ 4.0 ④ 5.0

해설 **저압 가공전선의 굵기 및 종류(KEC 222.5)**
사용전압이 400[V] 이하는 인장강도 3.43[kN] 이상의 것 또는 지름 3.2[mm](절연전선은 인장강도 2.3[kN] 이상의 것 또는 지름 2.6[mm] 이상의 경동선) 이상 답 ①

153

핵심이론 찾아보기▶핵심 02-3 기사 19년 출제

시가지에 시설하는 440[V] 가공전선으로 경동선을 사용하려면 그 지름은 최소 몇 [mm]이어야 하는가?

① 2.6 ② 3.2 ③ 4.0 ④ 5.0

해설 저압 가공전선의 굵기 및 종류(KEC 222.5)
- 사용전압이 400[V] 이하는 인장강도 3.43[kN] 이상의 것 또는 지름 3.2[mm](절연전선은 인장강도 2.3[kN] 이상의 것 또는 지름 2.6[mm] 이상의 경동선) 이상
- 사용전압이 400[V] 초과인 저압 가공전선
  - 시가지 : 인장강도 8.01[kN] 이상의 것 또는 지름 5[mm] 이상의 경동선
  - 시가지 외 : 인장강도 5.26[kN] 이상의 것 또는 지름 4[mm] 이상의 경동선

답 ④

154

핵심이론 찾아보기▶핵심 02-3 기사 22·20년 출제

고압 가공전선로의 전선에 사용한 경동선의 이도 계산에 사용하는 안전율은 얼마 이상이어야 하는가?

① 2.0 ② 2.2 ③ 2.5 ④ 3.0

해설 고압 가공전선의 안전율(KEC 332.4)
경동선 또는 내열 동합금선은 2.2 이상, 그 밖의 전선은 2.5 이상이어야 한다.

답 ②

155

핵심이론 찾아보기▶핵심 02-3 기사 18년 출제

고압 가공전선으로 ACSR(강심알루미늄연선)을 사용할 때의 안전율은 얼마 이상이 되는 이도(弛度)로 시설하여야 하는가?

① 1.38 ② 2.1 ③ 2.5 ④ 4.01

해설 고압 가공전선의 안전율(KEC 332.4)
- 경동선 또는 내열 동합금선 → 2.2 이상
- 기타 전선(ACSR, 알루미늄전선 등) → 2.5 이상

답 ③

156

핵심이론 찾아보기▶핵심 02-3 기사 19년 출제

저압 가공전선의 높이에 대한 기준으로 틀린 것은?

① 철도를 횡단하는 경우는 레일면상 6.5[m] 이상이다.
② 횡단보도교 위에 시설하는 경우 저압 가공전선은 노면상에서 3[m] 이상이다.
③ 횡단보도교 위에 시설하는 경우 고압 가공전선은 그 노면상에서 3.5[m] 이상이다.
④ 다리의 하부, 기타 이와 유사한 장소에 시설하는 저압의 전기철도용 급전선은 지표상 3.5[m]까지로 감할 수 있다.

해설 저압 가공전선의 높이(KEC 222.7)
횡단보도교의 위에 시설하는 경우 저압 가공전선은 그 노면상 3.5[m](전선이 절연전선·다심형 전선·케이블인 경우 3[m]) 이상, 고압 가공전선은 그 노면상 3.5[m] 이상으로 하여야 한다.

답 ②

157

핵심이론 찾아보기▶핵심 02-3

기사 18년 출제

특고압 345[kV]의 가공 송전선로를 평지에 건설하는 경우 전선의 지표상 높이는 최소 몇 [m] 이상이어야 하는가?

① 7.5 ② 7.95 ③ 8.28 ④ 8.85

해설 $h=6+0.12\times\frac{345-160}{10}\doteqdot 8.28[\text{m}]$

답 ③

158

핵심이론 찾아보기▶핵심 02-3

기사 20년 출제

345[kV] 송전선을 사람이 쉽게 들어가지 않는 산지에 시설할 때 전선의 지표상 높이는 몇 [m] 이상으로 하여야 하는가?

① 7.28 ② 7.56 ③ 8.28 ④ 8.56

해설 **특고압 가공전선의 높이(KEC 333.7)**
(345−160)÷10=18.5이므로 10[kV] 단수는 19이다.
산지(山地) 등에서 사람이 쉽게 들어갈 수 없는 장소에 시설하는 경우이므로 전선의 지표상 높이는 5+0.12×19=7.28[m]이다.

답 ①

159

핵심이론 찾아보기▶핵심 02-3

기사 17년 출제

옥외용 비닐절연전선을 사용한 저압 가공전선이 횡단보도교 위에 시설되는 경우에 그 전선의 노면상 높이는 몇 [m] 이상으로 하여야 하는가?

① 2.5 ② 3.0 ③ 3.5 ④ 4.0

해설 **저압 가공전선의 높이(KEC 222.7)**
횡단보도교의 위에 시설하는 경우에는 저압 가공전선은 그 노면상 3.5[m](절연전선 또는 케이블인 경우에는 3[m]) 이상, 고압 가공전선은 노면상 3.5[m] 이상

답 ②

160

핵심이론 찾아보기▶핵심 02-3

기사 18년 출제

교통이 번잡한 도로를 횡단하여 저압 가공전선을 시설하는 경우 지표상 높이는 몇 [m] 이상으로 하여야 하는가?

① 4.0 ② 5.0 ③ 6.0 ④ 6.5

해설 **저압 가공전선의 높이(KEC 222.7)**
- 도로를 횡단하는 경우에는 지표상 6[m] 이상
- 철도 또는 궤도를 횡단하는 경우에는 레일면상 6.5[m] 이상

답 ③

161

핵심이론 찾아보기▶핵심 02-3 기사 18년 출제

저압 및 고압 가공전선의 높이는 도로를 횡단하는 경우와 철도를 횡단하는 경우에 각각 몇 [m] 이상이어야 하는가?

① 도로 : 지표상 5, 철도 : 레일면상 6
② 도로 : 지표상 5, 철도 : 레일면상 6.5
③ 도로 : 지표상 6, 철도 : 레일면상 6
④ 도로 : 지표상 6, 철도 : 레일면상 6.5

해설 **고압 가공전선의 높이(KEC 332.5)**
- 도로를 횡단하는 경우에는 지표상 6[m] 이상
- 철도 또는 궤도를 횡단하는 경우에는 레일면상 6.5[m] 이상

※ **저압 가공전선의 높이(KEC 222.7)**
- 도로를 횡단하는 경우에는 지표상 6[m] 이상
- 철도 또는 궤도를 횡단하는 경우에는 레일면상 6.5[m] 이상

답 ④

162

핵심이론 찾아보기▶핵심 02-3 기사 22·19년 출제

특고압 가공전선로에 사용하는 가공지선에는 지름 몇 [mm] 이상의 나경동선을 사용하여야 하는가?

① 2.6 ② 3.5 ③ 4 ④ 5

해설 **특고압 가공전선로의 가공지선(KEC 333.8)**
가공지선에는 인장강도 8.01[kN] 이상의 나선 또는 지름 5[mm] 이상의 나경동선을 사용할 것

답 ④

163

핵심이론 찾아보기▶핵심 02-3 기사 19년 출제

동일 지지물에 저압 가공전선(다중접지된 중성선은 제외)과 고압 가공전선을 시설하는 경우 저압 가공전선은?

① 고압 가공전선의 위로 하고 동일 완금류에 시설
② 고압 가공전선과 나란하게 하고 동일 완금류에 시설
③ 고압 가공전선의 아래로 하고 별개의 완금류에 시설
④ 고압 가공전선과 나란하게 하고 별개의 완금류에 시설

해설 **고압 가공전선 등의 병행설치(KEC 332.8)**
- 저압 가공전선을 고압 가공전선의 아래로 하고 별개의 완금류에 시설할 것
- 저압 가공전선과 고압 가공전선 사이의 이격거리는 50[cm] 이상일 것

답 ③

164

핵심이론 찾아보기▶핵심 02-3 기사 21년 출제

다음 ( )에 들어갈 내용으로 옳은 것은?

> 동일 지지물에 저압 가공전선(다중접지된 중성선은 제외한다)과 고압 가공전선을 시설하는 경우 고압 가공전선을 저압 가공전선의 (㉠)로 하고, 별개의 완금류에 시설해야 하며, 고압 가공전선과 저압 가공전선 사이의 이격거리는 (㉡)[m] 이상으로 한다.

① ㉠ 아래, ㉡ 0.5 ② ㉠ 아래, ㉡ 1 ③ ㉠ 위, ㉡ 0.5 ④ ㉠ 위, ㉡ 1

해설 **고압 가공전선 등의 병행설치(KEC 332.8)**
저압 가공전선(다중접지된 중성선은 제외한다)과 고압 가공전선을 동일 지지물에 시설하는 경우에는 다음에 따라야 한다.
- 저압 가공전선을 고압 가공전선의 아래로 하고 별개의 완금류에 시설할 것
- 저압 가공전선과 고압 가공전선 사이의 이격거리는 0.5[m] 이상일 것

답 ③

165

핵심이론 찾아보기▶**핵심 02-3** 기사 20년 출제

저압 가공전선과 고압 가공전선을 동일 지지물에 시설하는 경우 이격거리는 몇 [cm] 이상이어야 하는가? [단, 각도주(角度柱)·분기주(分岐柱) 등에서 혼촉(混觸)의 우려가 없도록 시설하는 경우는 제외한다.]

① 50 ② 60 ③ 70 ④ 80

해설 **고압 가공전선 등의 병행설치(KEC 332.8)**
- 저압 가공전선을 고압 가공전선의 아래로 하고 별개의 완금류에 시설할 것
- 저압 가공전선과 고압 가공전선 사이의 이격거리는 50[cm] 이상일 것

답 ①

166

핵심이론 찾아보기▶**핵심 02-3** 기사 09년 출제

66[kV] 가공전선로에 6[kV] 가공전선을 동일 지지물에 시설하는 경우 특고압 가공전선은 케이블인 경우를 제외하고 인장강도가 몇 [kN] 이상의 연선이어야 하는가?

① 5.26 ② 8.31 ③ 14.5 ④ 21.67

해설 **특고압 가공전선과 저고압 가공전선 등의 병행설치(KEC 333.17) – 사용전압이 35[kV] 초과 100[kV] 미만인 경우**
- 제2종 특고압 보안공사에 의할 것
- 특고압선과 고·저압선의 이격거리는 2[m](케이블인 경우 1[m]) 이상으로 할 것
- 특고압 가공전선의 굵기 : 인장강도 21.67[kN] 이상 연선 또는 단면적 50[mm^2] 이상 경동연선으로 할 것

답 ④

167

핵심이론 찾아보기▶**핵심 02-3** 기사 15년 출제

저·고압 가공전선과 가공약전류전선 등을 동일 지지물에 시설하는 경우로서 옳지 않은 방법은?

① 가공전선을 가공약전류전선 등의 위로 하여 별개의 완금류에 시설할 것
② 가공전선과 가공약전류전선 등 사이의 이격거리는 저압과 고압이 모두 75[cm] 이상일 것
③ 전선로의 지지물로 사용하는 목주의 풍압하중에 대한 안전율은 1.5 이상일 것
④ 가공전선이 가공약전류전선에 대하여 유도작용에 의한 통신상의 장해를 줄 우려가 있는 경우에는 가공전선을 적당한 거리에서 연가할 것

해설 **고압 가공전선과 가공약전류전선 등의 공용설치(KEC 332.21)**
가공전선과 가공약전류전선 등의 사이의 이격거리는 저압에 있어서는 75[cm] 이상, 고압에 있어서는 1.5[m] 이상이어야 한다.

답 ②

168

핵심이론 찾아보기▶핵심 02-3 기사 09년 출제

특고압 가공전선과 가공약전류전선을 동일 지지물에 시설하는 경우 공가할 수 있는 사용전압은 최대 몇 [V]인가?

① 25[kV] ② 35[kV] ③ 70[kV] ④ 100[kV]

해설 특고압 가공전선과 가공약전류전선 등의 공용설치(KEC 333.19)
사용전압이 35[kV]를 넘으면 가공약전류전선과 공가할 수 없다.

답 ②

169

핵심이론 찾아보기▶핵심 02-3 기사 19년 출제

고압 가공전선로의 지지물로서 B종 철주, 철근콘크리트주를 시설하는 경우의 최대 경간은 몇 [m]인가?

① 100 ② 150 ③ 200 ④ 250

해설 고압 가공전선로 경간의 제한(KEC 332.9)

지지물의 종류	경 간
목주 · A종	150[m] 이하
B종	250[m] 이하
철탑	600[m] 이하

답 ④

170

핵심이론 찾아보기▶핵심 02-3 기사 21 · 11년 출제

고압 가공전선로의 지지물로 A종 철근콘크리트주를 시설하고 전선으로는 단면적 22[mm^2]의 경동연선을 사용하였을 경우, 경간은 몇 [m]까지로 할 수 있는가?

① 150 ② 250 ③ 300 ④ 500

해설 고압 가공전선로 경간의 제한(KEC 332.9)
고압 가공전선에 인장강도 8.71[kN] 이상의 것 또는 단면적이 22[mm^2] 이상의 경동연선인 경우, 특고압 가공전선로의 전선에 인장강도 21.67[kN] 이상의 것 또는 단면적 50[mm^2]인 경동연선의 경우 → 목주 · A종은 경간을 300[m] 이하, B종인 것은 500[m] 이하

답 ③

171

핵심이론 찾아보기▶핵심 02-3 기사 19년 출제

고압 가공전선로의 지지물로 철탑을 사용한 경우 최대 경간은 몇 [m] 이하이어야 하는가?

① 300 ② 400 ③ 500 ④ 600

해설 고압 가공전선로 경간의 제한(KEC 332.9)

지지물의 종류	경 간
목주 · A종	150[m] 이하
B종	250[m] 이하
철탑	600[m] 이하

답 ④

172 핵심이론 찾아보기▶핵심 02-3

기사 12년 출제

100[kV] 미만의 특고압 가공전선로의 지지물로 B종 철주를 사용하여 경간을 500[m]로 하고자 하는 경우, 전선으로 사용되는 경동연선의 최소 단면적은 몇 [mm^2] 이상이어야 하는가?

① 38 ② 50 ③ 100 ④ 150

해설 **특고압 가공전선로의 경간 제한(KEC 333.21)**
특고압 가공전선로의 전선에 인장강도 21.67[kN] 이상의 것 또는 단면적이 50[mm^2] 이상인 경동연선을 사용하는 경우 전선로의 경간은 목주·A종은 300[m] 이하, B종은 500[m] 이하이어야 한다.

답 ②

173 핵심이론 찾아보기▶핵심 02-3

기사 21년 출제

단면적 55[mm^2]인 경동연선을 사용하는 특고압 가공전선로의 지지물로 장력에 견디는 형태의 B종 철근콘크리트주를 사용하는 경우, 허용 최대 경간은 몇 [m]인가?

① 150 ② 250 ③ 300 ④ 500

해설 **특고압 가공전선로 경간의 제한(KEC 333.21)**
특고압 가공전선로의 전선에 인장강도 21.67[kN] 이상의 것 또는 단면적이 50[mm^2] 이상인 경동연선을 사용하는 경우 전선로의 경간은 목주·A종은 300[m] 이하, B종은 500[m] 이하이어야 한다.

답 ④

174 핵심이론 찾아보기▶핵심 02-3

기사 22·18년 출제

고압 보안공사에서 지지물이 A종 철주인 경우 경간은 몇 [m] 이하인가?

① 100 ② 150 ③ 250 ④ 400

해설 **고압 보안공사(KEC 332.10)**

지지물의 종류	경 간
목주·A종	100[m]
B종	150[m]
철탑	400[m]

답 ①

175 핵심이론 찾아보기▶핵심 02-3

기사 17년 출제

사용전압이 35[kV] 이하인 특고압 가공전선과 가공약전류전선 등을 동일 지지물에 시설하는 경우, 특고압 가공전선로는 어떤 종류의 보안공사로 하여야 하는가?

① 고압 보안공사 ② 제1종 특고압 보안공사
③ 제2종 특고압 보안공사 ④ 제3종 특고압 보안공사

해설 **특고압 가공전선과 가공약전류전선 등의 공용설치(KEC 333.19)**
35[kV] 이하인 특고압 가공전선과 가공약전류전선 등을 동일 지지물에 시설하는 경우에는 다음에 따라야 한다.
• 특고압 가공전선로는 제2종 특고압 보안공사에 의할 것

- 특고압 가공전선은 가공약전류전선 등의 위로 하고 별개의 완금류에 시설할 것
- 특고압 가공전선은 케이블인 경우 이외에는 인장강도 21.67[kN] 이상의 연선 또는 단면적이 50[mm^2] 이상인 경동연선일 것
- 특고압 가공전선과 가공약전류전선 등 사이의 이격거리는 2[m] 이상으로 할 것 답 ③

176

핵심이론 찾아보기▶핵심 02-3 기사 20년 출제

제1종 특고압 보안공사로 시설하는 전선로의 지지물로 사용할 수 없는 것은?

① 목주 ② 철탑 ③ B종 철주 ④ B종 철근콘크리트주

해설 **특고압 보안공사(KEC 333.22)**

제1종 특고압 보안공사 전선로의 지지물에는 B종 철주, B종 철근콘크리트주 또는 철탑을 사용하고, A종 및 목주는 시설할 수 없다. 답 ①

177

핵심이론 찾아보기▶핵심 02-3 기사 22·17년 출제

154[kV] 가공 송전선로를 제1종 특고압 보안공사로 할 때 사용되는 경동연선의 굵기는 몇 [mm^2] 이상이어야 하는가?

① 100 ② 150 ③ 200 ④ 250

해설 **특고압 보안공사(KEC 333.22) – 제1종 특고압 보안공사 시 전선의 단면적**

사용전압	전 선
100[kV] 미만	인장강도 21.67[kN] 이상, 단면적 55[mm^2] 이상 경동연선
100[kV] 이상 300[kV] 미만	인장강도 58.84[kN] 이상, 단면적 150[mm^2] 이상 경동연선
300[kV] 이상	인장강도 77.47[kN] 이상, 단면적 200[mm^2] 이상 경동연선

답 ②

178

핵심이론 찾아보기▶핵심 02-3 기사 17년 출제

제2종 특고압 보안공사 시 B종 철주를 지지물로 사용하는 경우 경간은 몇 [m] 이하인가?

① 100 ② 200 ③ 400 ④ 500

해설 **특고압 보안공사(KEC 333.22) – 제2종 특고압 보안공사 시 경간 제한**

지지물의 종류	경 간
목주·A종	100[m]
B종	200[m]
철탑	400[m]

답 ②

179

핵심이론 찾아보기▶핵심 02-3 기사 09년 출제

특고압 가공전선이 도로, 횡단보도교, 철도 또는 궤도와 제1차 접근상태로 시설되는 경우 특고압 가공전선로는 제 몇 종 보안공사에 의하여야 하는가?

① 제1종 특고압 보안공사 ② 제2종 특고압 보안공사
③ 제3종 특고압 보안공사 ④ 제4종 특고압 보안공사

해설 특고압 가공전선과 도로 등의 접근 또는 교차(KEC 333.24)
특고압 가공전선이 도로·횡단보도교·철도 또는 궤도와 제1차 접근상태로 시설되는 경우 특고압 가공전선로는 제3종 특고압 보안공사에 의할 것 답 ③

180 핵심이론 찾아보기▶핵심 02-3

기사 21년 출제

전선의 단면적이 38[mm^2]인 경동연선을 사용하고 지지물로는 B종 철주 또는 B종 철근콘크리트주를 사용하는 특고압 가공전선로를 제3종 특고압 보안공사에 의하여 시설하는 경우 경간은 몇 [m] 이하이어야 하는가?

① 100 ② 150 ③ 200 ④ 250

해설 특고압 보안공사(KEC 333.22) – 제3종 특고압 보안공사 시 경간 제한

지지물 종류	경 간
목주·A종	100[m](인장강도 14.51[kN] 이상의 연선 또는 단면적이 38[mm^2] 이상인 경동연선을 사용하는 경우에는 150[m])
B종	200[m](인장강도 21.67[kN] 이상의 연선 또는 단면적이 55[mm^2] 이상인 경동연선을 사용하는 경우에는 250[m])
철탑	400[m](인장강도 21.67[kN] 이상의 연선 또는 단면적이 55[mm^2] 이상인 경동연선을 사용하는 경우에는 600[m])

답 ③

181 핵심이론 찾아보기▶핵심 02-3

기사 22·17년 출제

고압 가공전선이 안테나와 접근상태로 시설되는 경우에 가공전선과 안테나 사이의 수평 이격거리는 최소 몇 [cm] 이상이어야 하는가? (단, 가공전선으로는 절연전선을 사용한다고 한다.)

① 60 ② 80 ③ 100 ④ 120

해설 고압 가공전선과 안테나의 접근 또는 교차(KEC 332.14)

가공전선의 종류	이격거리
저압 가공전선	0.6[m](고압 절연전선 또는 케이블 0.3[m]) 이상
고압 가공전선	0.8[m](케이블 0.4[m]) 이상

답 ②

182 핵심이론 찾아보기▶핵심 02-3

기사 17년 출제

가섭선에 의하여 시설하는 안테나가 있다. 이 안테나 주위에 경동연선을 사용한 고압 가공전선이 지나가고 있다면 수평 이격거리는 몇 [cm] 이상이어야 하는가?

① 40 ② 60 ③ 80 ④ 100

해설 고압 가공전선과 안테나의 접근 또는 교차(KEC 332.14)
- 고압 가공전선로는 고압 보안공사에 의할 것
- 가공전선과 안테나 사이의 이격거리는 저압은 60[cm](고압 절연전선, 특고압 절연전선 또는 케이블인 경우 30[cm]) 이상, 고압은 80[cm](케이블인 경우 40[cm]) 이상 답 ③

183

핵심이론 찾아보기▶핵심 02-3 기사 19년 출제

고압 가공전선이 상호 간의 접근 또는 교차하여 시설되는 경우, 고압 가공전선 상호 간의 이격거리는 몇 [cm] 이상이어야 하는가? (단, 고압 가공전선은 모두 케이블이 아니라고 한다.)

① 50 ② 60 ③ 70 ④ 80

해설 고압 가공전선 상호간의 접근 또는 교차(KEC 332.17)

- 위쪽 또는 옆쪽에 시설되는 고압 가공전선로는 고압 보안공사에 의할 것
- 고압 가공전선 상호 간의 이격거리는 80[cm](어느 한쪽의 전선이 케이블인 경우에는 40[cm]) 이상일 것

답 ④

184

핵심이론 찾아보기▶핵심 02-3 기사 19년 출제

고압 가공전선이 가공약전류전선 등과 접근하는 경우에 고압 가공전선과 가공약전류전선 사이의 이격거리는 몇 [cm] 이상이어야 하는가? (단, 전선이 케이블인 경우)

① 20 ② 30 ③ 40 ④ 50

해설 고압 가공전선과 가공약전류전선 등의 접근 또는 교차(KEC 332.13)

- 고압 가공전선은 고압 보안공사에 의할 것
- 가공약전류전선과 이격거리

가공전선의 종류	이격거리
저압 가공전선	60[cm](고압 절연전선 또는 케이블인 경우에는 30[cm]) 이상
고압 가공전선	80[cm](전선이 케이블인 경우에는 40[cm]) 이상

답 ③

185

핵심이론 찾아보기▶핵심 02-3 기사 17년 출제

사람이 접촉할 우려가 있는 경우 고압 가공전선과 상부 조영재의 옆쪽에서의 이격거리는 몇 [m] 이상이어야 하는가? (단, 전선은 경동연선이라고 한다.)

① 0.6 ② 0.8 ③ 1.0 ④ 1.2

해설 고압 가공전선과 건조물의 접근(KEC 332.11)

조영재의 구분	접근형태	이격거리
상부 조영재	위쪽	2[m](케이블 1[m])
	옆쪽 또는 아래쪽	1.2[m] (사람이 쉽게 접촉할 우려가 없는 경우 80[cm], 케이블 40[cm])

답 ④

186

핵심이론 찾아보기▶핵심 02-3 기사 19년 출제

어떤 공장에서 케이블을 사용하는 사용전압이 22[kV]인 가공전선을 건물 옆쪽에서 1차 접근 상태로 시설하는 경우, 케이블과 건물의 조영재 이격거리는 몇 [cm] 이상이어야 하는가?

① 50 ② 80 ③ 100 ④ 120

해설 **특고압 가공전선과 건조물과 접근(KEC 333.23)**

사용전압이 35[kV] 이하인 특고압 가공전선과 건조물의 조영재 이격거리

건조물과 조영재의 구분	전선종류	접근형태	이격거리
상부 조영재	특고압 절연전선	위쪽	2.5[m]
		옆쪽 또는 아래쪽	1.5[m]
	케이블	위쪽	1.2[m]
		옆쪽 또는 아래쪽	0.5[m]

답 ①

187

핵심이론 찾아보기▶**핵심 02-3**

기사 18년 출제

345[kV] 가공전선이 건조물과 제1차 접근상태로 시설되는 경우 양자 간의 최소 이격거리는 얼마이어야 하는가?

① 6.75[m] ② 7.65[m] ③ 7.8[m] ④ 9.48[m]

해설 $L=3+0.15\times\dfrac{345-35}{10}=7.65[\text{m}]$

답 ②

188

핵심이론 찾아보기▶**핵심 02-3**

기사 19년 출제

345[kV] 가공전선이 154[kV] 가공전선과 교차하는 경우 이들 양 전선 상호 간의 이격거리는 몇 [m] 이상이어야 하는가?

① 4.48 ② 4.96 ③ 5.48 ④ 5.82

해설 **특고압 가공전선 상호 간의 접근 또는 교차(KEC 333.27)**

2[m]에 사용전압이 60[kV]를 초과하는 10[kV] 또는 그 단수마다 0.12[m]를 더한 값이므로
(345 − 60) ÷ 10 = 28.5이므로 10[kV] 단수는 29이다.
그러므로 이격거리는 2 + 0.12×29 = 5.48[m]이다.

답 ③

189

핵심이론 찾아보기▶**핵심 02-3**

기사 17년 출제

특고압 가공전선이 가공약전류전선 등 저압 또는 고압의 가공전선이나 저압 또는 고압의 전차선과 제1차 접근상태로 시설되는 경우 60[kV] 이하 가공전선과 저·고압 가공전선 등 또는 이들의 지지물이나 지주 사이의 이격거리는 몇 [m] 이상인가?

① 1.2 ② 2 ③ 2.6 ④ 3.2

해설 **특고압 가공전선과 저·고압 가공전선 등의 접근 또는 교차(KEC 333.26)**

사용전압의 구분	이격거리
60[kV] 이하	2[m]
60[kV] 초과	2[m]에 사용전압이 60[kV]를 초과하는 10[kV] 또는 그 단수마다 0.12[m]를 더한 값

답 ②

190

핵심이론 찾아보기▶**핵심 02-3** 기사 09년 출제

저압 가공전선과 식물이 상호 접촉되지 않도록 이격시키는 기준으로 옳은 것은?

① 이격거리는 최소 50[cm] 이상 떨어져 시설하여야 한다.
② 상시 불고 있는 바람 등에 의하여 접촉하지 않도록 시설하여야 한다.
③ 저압 가공전선은 반드시 방호구에 넣어 시설하여야 한다.
④ 트리와이어(treewire)를 사용하여 시설하여야 한다.

해설 **저압 가공전선과 식물의 이격거리(KEC 222.19)**
저압 가공전선은 상시 부는 바람 등에 의하여 식물에 접촉하지 않도록 시설하여야 한다.

답 ②

191

핵심이론 찾아보기▶**핵심 02-3** 기사 19년 출제

사용전압이 154[kV]인 가공송전선의 시설에서 전선과 식물과의 이격거리는 일반적인 경우에 몇 [m] 이상으로 하여야 하는가?

① 2.8 ② 3.2 ③ 3.6 ④ 4.2

해설 **특고압 가공전선과 식물의 이격거리(KEC 333.30)**
60[kV] 넘는 10[kV] 단수는 (154 − 60)÷10=9.4이므로 10단수이다.
그러므로 2 + 0.12×10=3.2[m]이다.

답 ②

192

핵심이론 찾아보기▶**핵심 02-3** 기사 16년 출제

60[kV] 이하의 특고압 가공전선과 식물과의 이격거리는 몇 [m] 이상이어야 하는가?

① 2 ② 2.12 ③ 2.24 ④ 2.36

해설 **특고압 가공전선과 식물의 이격거리(KEC 333.30)**
- 60[kV] 이하 : 2[m] 이상
- 60[kV] 초과 : 2[m]에 10[kV] 단수마다 12[cm]씩 가산

답 ①

193

핵심이론 찾아보기▶**핵심 02-3** 기사 20년 출제

고압 가공전선이 교류전차선과 교차하고 교류전차선의 위에 시설되는 경우, 지지물로 A종 철근 콘크리트주를 사용한다면 고압 가공전선로의 경간은 몇 [m] 이하로 하여야 하는가?

① 30 ② 40 ③ 50 ④ 60

해설 **고압 가공전선과 교류전차선 등의 접근 또는 교차(KEC 332.15)**
- 케이블 : 단면적 38[mm^2] 이상인 아연도강연선으로 인장강도 19.61[kN] 이상인 것으로 조가하여 시설
- 경동연선 : 인장강도 14.51[kN], 단면적 38[mm^2] 경동연선
- 가공전선로의 경간
  - 목주 · A종 : 60[m] 이하
  - B종 : 120[m] 이하

답 ④

194

핵심이론 찾아보기▶핵심 02-3 기사 19년 출제

농사용 저압 가공전선로의 시설기준으로 틀린 것은?

① 사용전압이 저압일 것
② 전선로의 경간은 40[m] 이하일 것
③ 저압 가공전선의 인장강도는 1.38[kN] 이상일 것
④ 저압 가공전선의 지표상 높이는 3.5[m] 이상일 것

해설 **농사용 저압 가공전선로의 시설(KEC 222.22)**

- 사용전압이 저압일 것
- 전선은 인장강도 1.38[kN] 이상, 지름 2[mm] 이상 경동선
- 지표상 3.5[m] 이상(사람이 쉽게 출입하지 않으면 3[m])
- 경간(지지점 간 거리)은 30[m] 이하

답 ②

195

핵심이론 찾아보기▶핵심 02-3 기사 21년 출제

시가지에 시설하는 154[kV] 가공전선로를 도로와 제1차 접근상태로 시설하는 경우, 전선과 도로와의 이격거리는 몇 [m] 이상이어야 하는가?

① 4.4 ② 4.8 ③ 5.2 ④ 5.6

해설 **특고압 가공전선과 도로 등의 접근 또는 교차(KEC 333.24)**

35[kV]를 초과하는 경우 3[m]에 10[kV] 단수마다 15[cm]를 가산하므로
10[kV] 단수는 $(154-35)\div 10=11.9=12$
$\therefore 3+(0.15\times 12)=4.8$[m]

답 ②

196

핵심이론 찾아보기▶핵심 02-4 기사 18년 출제

특고압 가공전선과 약전류전선 사이에 시설하는 보호망에서 보호망을 구성하는 금속선 상호 간의 간격은 가로 및 세로 각각 몇 [m] 이하이어야 하는가?

① 0.5 ② 1 ③ 1.5 ④ 2

해설 **특고압 가공전선과 도로 등의 접근 또는 교차(KEC 333.24)**

보호망을 구성하는 금속선 상호의 간격은 가로, 세로 각 1.5[m] 이하이다.

답 ③

197

핵심이론 찾아보기▶핵심 02-4 기사 18년 출제

특고압 가공전선이 도로 등과 교차하는 경우에 특고압 가공전선이 도로 등의 위에 시설되는 때에 설치하는 보호망에 대한 설명으로 옳은 것은?

① 보호망은 접지공사를 하지 않아도 된다.
② 보호망을 구성하는 금속선의 인장강도는 6[kN] 이상으로 한다.
③ 보호망을 구성하는 금속선은 지름 1.0[mm] 이상의 경동선을 사용한다.
④ 보호망을 구성하는 금속선 상호의 간격은 가로, 세로 각 1.5[m] 이하로 한다.

해설 특고압 가공전선과 도로 등의 접근 또는 교차(KEC 333.24)

- 특고압 가공전선로는 제2종 특고압 보안공사에 의할 것
- 보호망은 접지공사를 한 금속제의 망상장치로 하고 견고하게 지지할 것
- 보호망은 특고압 가공전선의 직하에 시설하는 금속선에는 인장강도 8.01[kN] 이상의 것 또는 지름 5[mm] 이상의 경동선을 사용하고 그 밖의 부분에 시설하는 금속선에는 인장강도 5.26[kN] 이상의 것 또는 지름 4[mm] 이상의 경동선을 사용할 것
- 보호망을 구성하는 금속선 상호의 간격은 가로, 세로 각 1.5[m] 이하일 것

답 ④

198

핵심이론 찾아보기▶핵심 02-4

기사 19년 출제

시가지 등에서 특고압 가공전선로를 시설하는 경우 특고압 가공전선로용 지지물로 사용할 수 없는 것은? (단, 사용전압이 170[kV] 이하인 경우이다.)

① 철탑 ② 목주 ③ 철주 ④ 철근콘크리트주

해설 시가지 등에서 특고압 가공전선로의 시설(KEC 333.1)

사용전압이 170[kV] 이하인 전선로의 지지물에는 철주, 철근콘크리트주 또는 철탑을 사용하여야 한다.

답 ②

199

핵심이론 찾아보기▶핵심 02-4

기사 19년 출제

사용전압이 66[kV]인 특고압 가공전선로를 시가지에 위험의 우려가 없도록 시설한다면 전선의 단면적은 몇 [mm^2] 이상의 경동연선 및 알루미늄 전선이나 절연전선을 사용하여야 하는가?

① 38[mm^2] ② 55[mm^2] ③ 80[mm^2] ④ 100[mm^2]

해설 시가지 등에서 170[kV] 이하 특고압 가공전선로 전선의 단면적(KEC 333.1-2)

사용전압의 구분	전선의 단면적
100[kV] 미만	인장강도 21.67[kN] 이상, 단면적 55[mm^2] 이상의 경동연선 및 알루미늄 전선이나 절연전선
100[kV] 이상	인장강도 58.84[kN] 이상, 단면적 150[mm^2] 이상의 경동연선 및 알루미늄 전선이나 절연전선

답 ②

200

핵심이론 찾아보기▶핵심 02-4

기사 21년 출제

사용전압이 22.9[kV]인 가공전선로를 시가지에 시설하는 경우 전선의 지표상 높이는 몇 [m] 이상인가? (단, 전선은 특고압 절연전선을 사용한다.)

① 6 ② 7 ③ 8 ④ 10

해설 시가지 등에서 170[kV] 이하 특고압 가공전선로 높이(KEC 333.1-3)

사용전압의 구분	지표상의 높이
35[kV] 이하	10[m](전선이 특고압 절연전선인 경우에는 8[m])
35[kV] 초과	10[m]에 35[kV]를 초과하는 10[kV] 또는 그 단수마다 0.12[m]를 더한 값

답 ③

201 핵심이론 찾아보기▶핵심 02-4

기사 19년 출제

사용전압 66[kV]의 가공전선로를 시가지에 시설할 경우 전선의 지표상 최소 높이는 몇 [m]인가?

① 6.48 ② 8.36 ③ 10.48 ④ 12.36

해설 시가지 등에서 170[kV] 이하 특고압 가공전선로 높이(KEC 333.1-3)

사용전압의 구분	지표상의 높이
35[kV] 이하	10[m](전선이 특고압 절연전선인 경우에는 8[m])
35[kV] 초과	10[m]에 35[kV]를 초과하는 10[kV] 또는 그 단수마다 0.12[m]를 더한 값

35[kV] 넘는 10[kV] 단수는 $(66-35) \div 10 = 3.1$이므로 4단수이다.
그러므로 $10 + 0.12 \times 4 = 10.48$[m]이다.

답 ③

202 핵심이론 찾아보기▶핵심 02-4

기사 19년 출제

사용전압 154[kVA]의 가공전선을 시가지에 시설하는 경우 전선의 지표상의 높이는 최소 몇 [m] 이상이어야 하는가? (단, 발전소 · 변전소 또는 이에 준하는 곳의 구내와 구외를 연결하는 1경간 가공전선은 제외한다.)

① 7.44 ② 9.44 ③ 11.44 ④ 13.44

해설 시가지 등에서 특고압 가공전선로의 시설(KEC 333.1)
35[kV]를 초과하는 10[kV] 단수는 $(154-35) \div 10 = 11.9$이므로 12이다.
그러므로 지표상 높이는 $10 + 0.12 \times 12 = 11.44$[m]이다.

답 ③

203 핵심이론 찾아보기▶핵심 02-4

기사 09년 출제

시가지에 시설하는 사용전압 170[kV] 이하인 특고압 가공전선로의 지지물이 철탑이고 전선이 수평으로 2 이상 있는 경우에 전선 상호 간의 간격이 4[m] 미만인 때에는 특고압 가공전선로의 경간은 몇 [m] 이하이어야 하는가?

① 100 ② 150 ③ 200 ④ 250

해설 시가지 등에서 특고압 가공전선로의 시설(KEC 333.1)
철탑의 경간 400[m] 이하(다만, 전선이 수평으로 2 이상 있는 경우에 전선 상호 간의 간격이 4[m] 미만인 때에는 250[m] 이하)

답 ④

204 핵심이론 찾아보기▶핵심 02-4

기사 22·20년 출제

시가지 또는 그 밖에 인가가 밀집한 지역에 154[kV] 가공전선로의 전선을 케이블로 시설하고자 한다. 이때, 가공전선을 지지하는 애자장치의 50[%] 충격섬락전압값이 그 전선의 근접한 다른 부분을 지지하는 애자장치값의 몇 [%] 이상이어야 하는가?

① 75 ② 100 ③ 105 ④ 110

해설 특고압 보안공사(KEC 333.22)
특고압 가공전선을 지지하는 애자장치는 다음 중 어느 하나에 의할 것
- 50[%] 충격섬락전압값이 그 전선의 근접한 다른 부분을 지지하는 애자장치값의 110[%](사용전압이 130[kV]를 초과하는 경우는 105[%]) 이상인 것

- 아크혼을 붙인 현수애자 · 장간애자(長幹碍子) 또는 라인포스트애자를 사용하는 것
- 2련 이상의 현수애자 또는 장간애자를 사용하는 것
- 2개 이상의 핀애자 또는 라인포스트애자를 사용하는 것

답 ③

205

핵심이론 찾아보기▶핵심 02-4

기사 22·17년 출제

사용전압이 22.9[kV]인 특고압 가공전선과 그 지지물 · 완금류 · 지주 또는 지선 사이의 이격거리는 몇 [cm] 이상이어야 하는가?

① 15 ② 20 ③ 25 ④ 30

해설 **특고압 가공전선과 지지물 등의 이격거리(KEC 333.5)**

사용전압	이격거리[cm]
15[kV] 미만	15
15[kV] 이상 25[kV] 미만	20
25[kV] 이상 35[kV] 미만	25
35[kV] 이상 50[kV] 미만	30
50[kV] 이상 60[kV] 미만	35
60[kV] 이상 70[kV] 미만	40
70[kV] 이상 80[kV] 미만	45
이하 생략	이하 생략

답 ②

206

핵심이론 찾아보기▶핵심 02-4

기사 22·19년 출제

특고압 가공전선로의 지지물로 사용하는 B종 철주에서 각도형은 전선로 중 몇 도를 넘는 수평 각도를 이루는 곳에 사용되는가?

① 1 ② 2 ③ 3 ④ 5

해설 **특고압 가공전선로의 철주 · 철근콘크리트주 또는 철탑의 종류(KEC 333.11)**

- 직선형 : 3도 이하인 수평 각도
- 각도형 : 3도를 초과하는 수평 각도를 이루는 곳
- 인류형 : 전가섭선을 인류하는 곳에 사용하는 것
- 내장형 : 전선로의 지지물 양쪽의 경간의 차가 큰 곳
- 보강형 : 전선로의 직선부분에 그 보강을 위해 사용하는 것

답 ③

207

핵심이론 찾아보기▶핵심 02-4

기사 21년 출제

전가섭선에 대하여 각 가섭선의 상정 최대장력의 33[%]와 같은 불평균장력의 수평 종분력에 의한 하중을 더 고려하여야 하는 철탑은?

① 직선형 ② 각도형 ③ 내장형 ④ 보강형

해설 **상시 상정하중(KEC 333.13)**

불평균 장력에 의한 수평 종하중 가산

- 내장형 : 상정 최대장력의 33[%]
- 직선형 : 상정 최대장력의 3[%]
- 각도형 : 상정 최대장력의 10[%]

답 ③

208

핵심이론 찾아보기▶핵심 02-4 기사 19년 출제

철탑의 강도계산에 사용하는 이상 시 상정하중의 종류가 아닌 것은?

① 좌굴하중 ② 수직하중 ③ 수평 횡하중 ④ 수평 종하중

해설 **이상 시 상정하중(KEC 333.14)**

철탑의 강도계산에 사용하는 이상 시 상정하중

- 수직하중
- 수평 횡하중
- 수평 종하중

답 ①

209

핵심이론 찾아보기▶핵심 02-4 기사 17년 출제

철탑의 강도계산에 사용하는 이상 시 상정하중을 계산하는 데 사용되는 것은?

① 미진에 의한 요동과 철구조물의 인장하중
② 뇌가 철탑에 가하여졌을 경우의 충격하중
③ 이상전압이 전선로에 내습하였을 때 생기는 충격하중
④ 풍압이 전선로에 직각 방향으로 가하여지는 경우의 하중

해설 **이상 시 상정하중(KEC 333.14)**

풍압이 전선로에 직각 방향으로 가하여지는 경우의 하중은 각 부재에 대하여 그 부재가 부담하는 수직하중, 수평 횡하중, 수평 종하중으로 한다.

답 ④

210

핵심이론 찾아보기▶핵심 02-4 기사 20년 출제

특고압 가공전선로 중 지지물로서 직선형의 철탑을 연속하여 10기 이상 사용하는 부분에는 몇 기 이하마다 내장애자장치가 되어 있는 철탑 또는 이와 동등 이상의 강도를 가지는 철탑 1기를 시설하여야 하는가?

① 3 ② 5 ③ 7 ④ 10

해설 **특고압 가공전선로의 내장형 등의 지지물 시설(KEC 333.16)**

특고압 가공전선로 중 지지물로서 직선형의 철탑을 연속하여 10기 이상 사용하는 부분에는 10기 이하마다 내장 애자장치가 되어 있는 철탑 또는 이와 동등 이상의 강도를 가지는 철탑 1기를 시설한다.

답 ④

211

핵심이론 찾아보기▶핵심 02-4 기사 19년 출제

사용전압 15[kV] 이하인 특고압 가공전선로의 중성선 다중접지시설은 각 접지도체를 중성선으로부터 분리하였을 경우 1[km]마다의 중성선과 대지 사이의 합성 전기저항값은 몇 [Ω] 이하이어야 하는가?

① 30 ② 50 ③ 400 ④ 500

해설 25[kV] 이하인 특고압 가공전선로의 시설(KEC 333.32)

구 분	각 접지점의 대지 전기저항치	1[km]마다의 합성 전기저항치
15[kV] 이하	300[Ω]	30[Ω]
15[kV] 초과 25[kV] 이하	300[Ω]	15[Ω]

답 ①

212

핵심이론 찾아보기▶핵심 02-4

기사 19년 출제

22.9[kV] 특고압 가공전선로의 중성선은 다중접지를 하여야 한다. 1[km]마다 중성선과 대지 사이의 합성 전기저항값은 몇 [Ω] 이하인가? (단, 전로에 지락이 생겼을 때에 2초 이내에 자동적으로 이를 전로로부터 차단하는 장치가 되어 있다.)

① 5 ② 10 ③ 15 ④ 20

해설 25[kV] 이하인 특고압 가공전선로의 시설(KEC 333.32)

구 분	각 접지점의 대지 전기저항치	1[km]마다의 합성 전기저항치
15[kV] 이하	300[Ω]	30[Ω]
15[kV] 초과 25[kV] 이하	300[Ω]	15[Ω]

답 ③

213

핵심이론 찾아보기▶핵심 02-4

기사 09년 출제

중성선 다중 접지식의 것으로 전로에 지락이 생겼을 때에 2초 이내에 자동적으로 이를 전로로부터 차단하는 장치가 되어 있는 22.9[kV] 가공전선로를 상부 조영재의 위쪽에서 접근상태로 시설하는 경우, 가공전선과 건조물과의 이격거리는 몇 [m] 이상이어야 하는가? (단, 전선으로는 나전선을 사용한다고 한다.)

① 1.2 ② 1.5 ③ 2.5 ④ 3.0

해설 25[kV] 이하인 특고압 가공전선로의 시설(KEC 333.32)

건조물의 조영재	접근형태	전선의 종류	이격거리
상부 조영재	위쪽	나전선	3.0[m]
		특고압 절연전선	2.5[m]
		케이블	1.2[m]
	옆쪽 또는 아래쪽	나전선	1.5[m]
		특고압 절연전선	1.0[m]
		케이블	0.5[m]

답 ④

214

핵심이론 찾아보기▶핵심 02-4

기사 21년 출제

사용전압이 15[kV] 초과 25[kV] 이하인 특고압 가공전선로가 상호 간 접근 또는 교차하는 경우 사용전선이 양쪽 모두 나전선이라면 이격거리는 몇 [m] 이상이어야 하는가? (단, 중성선 다중접지방식의 것으로서 전로에 지락이 생겼을 때에 2초 이내에 자동적으로 이를 전로로부터 차단하는 장치가 되어 있다.)

① 1.0 ② 1.2 ③ 1.5 ④ 1.75

해설 25[kV] 이하인 특고압 가공전선로의 시설(KEC 333.32)
특고압 가공전선로가 상호 간 접근 또는 교차하는 경우

사용전선의 종류	이격거리
어느 한쪽 또는 양쪽이 나전선인 경우	1.5[m]
양쪽이 특고압 절연전선인 경우	1.0[m]
한쪽이 케이블이고 다른 한쪽이 케이블이거나 특고압 절연전선인 경우	0.5[m]

답 ③

215

핵심이론 찾아보기▶핵심 02-4

기사 18년 출제

사용전압이 22.9[kV]인 특고압 가공전선로(중성선 다중 접지식의 것으로서 전로에 지락이 생겼을 때에 2초 이내에 자동적으로 이를 전로로부터 차단하는 장치가 되어 있는 것에 한한다.)가 상호 간 접근 또는 교차하는 경우 사용전선이 양쪽 모두 케이블인 경우 이격거리는 몇 [m] 이상인가?

① 0.25 ② 0.5 ③ 0.75 ④ 1.0

해설 25[kV] 이하인 특고압 가공전선로의 시설(KEC 333.32)
특고압 가공전선로가 상호 간 접근 또는 교차하는 경우

사용전선의 종류	이격거리
어느 한쪽 또는 양쪽이 나전선인 경우	1.5[m]
양쪽이 특고압 절연전선인 경우	1.0[m]
한쪽이 케이블이고 다른 한쪽이 케이블이거나 특고압 절연전선인 경우	0.5[m]

답 ②

216

핵심이론 찾아보기▶핵심 02-4

기사 21년 출제

사용전압이 22.9[kV]인 가공전선이 삭도와 제1차 접근상태로 시설되는 경우, 가공전선과 삭도 또는 삭도용 지주 사이의 이격거리는 몇 [m] 이상으로 하여야 하는가? (단, 전선으로는 특고압 절연전선을 사용한다.)

① 0.5 ② 1 ③ 2 ④ 2.12

해설 25[kV] 이하인 특고압 가공전선로의 시설(KEC 333.32)
특고압 가공전선이 삭도와 접근상태로 시설되는 경우에 삭도 또는 그 지주 사이의 이격거리

전선의 종류	이격거리
나전선	2.0[m]
특고압 절연전선	1.0[m]
케이블	0.5[m]

답 ②

217

핵심이론 찾아보기▶핵심 02-4

기사 21년 출제

3상 4선식 22.9[kV] 중성점 다중 접지식 가공전선로에 저압 가공전선을 병가하는 경우 상호 간의 이격거리는 몇 [m]이어야 하는가? (단, 특고압 가공전선으로는 케이블을 사용하지 않는 것으로 한다.)

① 1.0 ② 1.3 ③ 1.7 ④ 2.0

해설 25[kV] 이하인 특고압 가공전선로의 시설(KEC 333.32)
특고압 가공전선과 저압 또는 고압의 가공전선 사이의 이격거리는 1[m] 이상일 것. 케이블인 때에는 50[cm]까지 감할 수 있다.

답 ①

218

핵심이론 찾아보기▶핵심 02-5 기사 19년 출제

지중전선로의 매설방법이 아닌 것은?

① 관로식 ② 인입식 ③ 암거식 ④ 직접 매설식

해설 **지중전선로의 시설(KEC 334.1)**
- 지중전선로는 전선에 케이블을 사용
- 관로식 · 암거식 · 직접 매설식에 의하여 시설

답 ②

219

핵심이론 찾아보기▶핵심 02-5 기사 22·12년 출제

지중전선로를 직접 매설식에 의하여 시설하는 경우에는 매설깊이를 차량 기타의 중량물의 압력을 받을 우려가 있는 장소에는 몇 [m] 이상 시설하여야 하는가?

① 0.45[m] ② 0.6[m] ③ 1.0[m] ④ 1.5[m]

해설 **지중전선로의 시설(KEC 334.1)**
- 직접 매설식 및 관로식의 매설깊이 : 1[m] 이상
- 중량물의 압력을 받을 우려가 없는 곳 : 0.6[m] 이상

답 ③

220

핵심이론 찾아보기▶핵심 02-5 기사 20년 출제

지중전선로를 직접 매설식에 의하여 시설할 때 중량물의 압력을 받을 우려가 있는 장소에 저압 또는 고압의 지중전선을 견고한 트라프, 기타 방호물에 넣지 않고도 부설할 수 있는 케이블은?

① PVC 외장케이블 ② 콤바인덕트 케이블
③ 염화비닐 절연케이블 ④ 폴리에틸렌 외장 케이블

해설 **지중전선로(KEC 334.1)**
지중전선을 견고한 트라프, 기타 방호물에 넣어 시설하여야 한다. 단, 다음의 어느 하나에 해당하는 경우에는 지중전선을 견고한 트라프, 기타 방호물에 넣지 아니하여도 된다.
- 저압 또는 고압의 지중전선을 차량, 기타 중량물의 압력을 받을 우려가 없는 경우에 그 위를 견고한 판 또는 몰드로 덮어 시설하는 경우
- 저압 또는 고압의 지중전선에 콤바인덕트 케이블 또는 개장(鎧裝)한 케이블을 사용해 시설하는 경우
- 파이프형 압력 케이블, 연피 케이블, 알루미늄피 케이블을 사용하여 시설하는 경우

답 ②

221

핵심이론 찾아보기▶핵심 02-5 기사 22·21년 출제

다음 ( )에 들어갈 내용으로 옳은 것은?

> 지중전선로는 기설 지중약전류전선로에 대하여 (㉠) 또는 (㉡)에 의하여 통신상의 장해를 주지 않도록 기설 약전류전선로로부터 충분히 이격시키거나 기타 적당한 방법으로 시설하여야 한다.

① ㉠ 누설전류, ㉡ 유도작용 ② ㉠ 단락전류, ㉡ 유도작용
③ ㉠ 단락전류, ㉡ 정전작용 ④ ㉠ 누설전류, ㉡ 정전작용

해설 지중약전류전선의 유도장해 방지(KEC 334.5)
지중전선로는 기설 지중약전류전선로에 대하여 누설전류 또는 유도작용에 의하여 통신상의 장해를 주지 않도록 기설 약전류전선로로부터 충분히 이격시키거나 기타 적당한 방법으로 시설하여야 한다.

답 ①

222 핵심이론 찾아보기▶**핵심 02-5** 기사 19년 출제

지중전선로에 사용하는 지중함의 시설기준으로 틀린 것은?

① 조명 및 세척이 가능한 적당한 장치를 시설할 것
② 견고하고 차량, 기타 중량물의 압력에 견디는 구조일 것
③ 그 안의 고인 물을 제거할 수 있는 구조로 되어 있을 것
④ 뚜껑은 시설자 이외의 자가 쉽게 열 수 없도록 시설할 것

해설 지중함의 시설(KEC 334.2)
- 지중함은 견고하고 차량, 기타 중량물의 압력에 견디는 구조일 것
- 지중함은 그 안의 고인 물을 제거할 수 있는 구조로 되어 있을 것
- 폭발성 또는 연소성의 가스가 침입할 우려가 있는 것에 시설하는 지중함으로서 그 크기가 1[m^3] 이상인 것에는 통풍장치 기타 가스를 방산시키기 위한 장치를 시설할 것
- 지중함의 뚜껑은 시설자 이외의 자가 쉽게 열 수 없도록 시설할 것

답 ①

223 핵심이론 찾아보기▶**핵심 02-5** 기사 22·18년 출제

지중전선로에 있어서 폭발성 가스가 침입할 우려가 있는 장소에 시설하는 지중함은 크기가 몇 [m^3] 이상일 때 가스를 방산시키기 위한 장치를 시설하여야 하는가?

① 0.25 ② 0.5 ③ 0.75 ④ 1.0

해설 지중함의 시설(KEC 334.2)
폭발성 또는 연소성의 가스가 침입할 우려가 있는 것에 시설하는 지중함으로서 그 크기가 1[m^3] 이상인 것에는 통풍장치, 기타 가스를 방산시키기 위한 적당한 장치를 시설할 것

답 ④

224 핵심이론 찾아보기▶**핵심 02-5** 기사 20년 출제

특고압 지중전선이 지중약전류전선 등과 접근하거나 교차하는 경우에 상호 간의 이격거리가 몇 [cm] 이하인 때에는 두 전선이 직접 접촉하지 아니하도록 하여야 하는가?

① 15 ② 20 ③ 30 ④ 60

해설 지중전선과 지중약전류전선 등 또는 관과의 접근 또는 교차(KEC 223.6)
저압 또는 고압의 지중전선은 30[cm] 이하, 특고압 지중전선은 60[cm] 이하이어야 한다.

답 ④

225

핵심이론 찾아보기▶핵심 02-5 기사 21년 출제

수상전선로의 시설기준으로 옳은 것은?

① 사용전압이 고압인 경우에는 클로로프렌 캡타이어 케이블을 사용한다.
② 수상전선로에 사용하는 부대(浮臺)는 쇠사슬 등으로 견고하게 연결한다.
③ 고압인 경우에는 전로에 지락이 생겼을 때에 수동으로 전로를 차단하기 위한 장치를 시설하여야 한다.
④ 수상전선로의 전선은 부대의 아래에 지지하여 시설하고 또한 그 절연피복을 손상하지 아니하도록 시설하여야 한다.

해설 수상전선로의 시설(KEC 335.3)

- 사용하는 전선
  - 저압 : 클로로프렌 캡타이어 케이블
  - 고압 : 캡타이어 케이블
- 부대(浮臺)는 쇠사슬 등으로 견고하게 연결
- 지락이 생겼을 때에 자동적으로 전로를 차단하는 장치 시설
- 전선은 부대의 위에 지지하여 시설하고 또한 그 절연피복을 손상하지 아니하도록 시설

 ②

226

핵심이론 찾아보기▶핵심 02-5 기사 20년 출제

교량의 윗면에 시설하는 고압 전선로는 전선의 높이를 교량의 노면상 몇 [m] 이상으로 하여야 하는가?

① 3 ② 4 ③ 5 ④ 6

해설 교량에 시설하는 전선로(KEC 335.6) – 고압 전선로

- 교량의 윗면에 전선의 높이를 교량의 노면상 5[m] 이상으로 할 것
- 전선은 케이블일 것. 단, 철도 또는 궤도 전용의 교량에는 인장강도 5.26[kN] 이상의 것 또는 지름 4[mm] 이상의 경동선을 사용
- 전선과 조영재 사이의 이격거리는 30[cm] 이상일 것

답 ③

227

핵심이론 찾아보기▶핵심 02-5 기사 17년 출제

특수장소에 시설하는 전선로의 기준으로 틀린 것은?

① 교량의 윗면에 시설하는 저압 전선로는 교량 노면상 5[m] 이상으로 할 것
② 교량에 시설하는 고압 전선로에서 전선과 조영재 사이의 이격거리는 20[cm] 이상일 것
③ 저압 전선로와 고압 전선로를 같은 벼랑에 시설하는 경우 고압 전선과 저압 전선 사이의 이격거리는 50[cm] 이상일 것
④ 벼랑과 같은 수직부분에 시설하는 전선로는 부득이한 경우에 시설하며, 이때 전선의 지지점 간의 거리는 15[m] 이하로 할 것

해설 교량에 시설하는 전선로(KEC 335.6) – 고압 전선로

- 교량의 윗면에 전선의 높이를 교량의 노면상 5[m] 이상으로 할 것
- 전선은 케이블일 것. 단, 철도 또는 궤도 전용의 교량에는 인장강도 5.26[kN] 이상의 것 또는 지름 4[mm] 이상의 경동선을 사용
- 전선과 조영재 사이의 이격거리는 30[cm] 이상일 것

답 ②

228

핵심이론 찾아보기▶핵심 02-6

기사 18년 출제

특고압 옥외배전용 변압기가 1대일 경우 특고압측에 일반적으로 시설하여야 하는 것은?

① 방전기
② 계기용 변류기
③ 계기용 변압기
④ 개폐기 및 과전류차단기

해설 **특고압 배전용 변압기의 시설(KEC 341.2)**

- 변압기의 1차 전압은 35[kV] 이하, 2차 전압은 저압 또는 고압일 것
- 변압기의 특고압측에 개폐기 및 과전류차단기를 시설할 것

답 ④

229

핵심이론 찾아보기▶핵심 02-6

기사 18년 출제

특고압을 직접 저압으로 변성하는 변압기를 시설하여서는 아니 되는 변압기는?

① 광산에서 물을 양수하기 위한 양수기용 변압기
② 전기로 등 전류가 큰 전기를 소비하기 위한 변압기
③ 교류식 전기철도용 신호회로에 전기를 공급하기 위한 변압기
④ 발전소·변전소·개폐소 또는 이에 준하는 곳의 소내용 변압기

해설 **특고압을 직접 저압으로 변성하는 변압기의 시설(KEC 341.3)**

- 전기로 등 전류가 큰 전기를 소비하기 위한 변압기
- 발전소·변전소·개폐소 또는 이에 준하는 곳의 소내용 변압기
- 특고압 전선로에 접속하는 변압기
- 사용전압이 35[kV] 이하인 변압기로서 그 특고압측 권선과 저압측 권선이 혼촉한 경우에 자동적으로 변압기를 전로로부터 차단하기 위한 장치를 설치한 것
- 사용전압이 100[kV] 이하인 변압기로서 그 특고압측 권선과 저압측 권선 사이에 접지공사(접지저항값 10[Ω])를 한 금속제의 혼촉방지판이 있는 것
- 교류식 전기철도용 신호회로에 전기를 공급하는 변압기

답 ①

230

핵심이론 찾아보기▶핵심 02-6

기사 19년 출제

피뢰기를 반드시 시설하지 않아도 되는 곳은?

① 발전소·변전소의 가공전선의 인출구
② 가공전선로와 지중전선로가 접속되는 곳
③ 고압 가공전선로로부터 수전하는 차단기 2차측
④ 특고압 가공전선로로부터 공급을 받는 수용장소의 인입구

해설 **피뢰기의 시설(KEC 341.13)**

- 발·변전소 혹은 이것에 준하는 장소의 가공전선 인입구 및 인출구
- 특고압 가공전선로에 접속하는 배전용 변압기의 고압측 및 특고압측
- 고압 및 특고압 가공전선로에서 공급을 받는 수용장소의 인입구
- 가공전선로와 지중전선로가 접속되는 곳

답 ③

231

핵심이론 찾아보기▶핵심 02-6 기사 10년 출제

피뢰기를 접지공사할 때 그 접지저항값은 몇 [Ω] 이하이어야 하는가?

① 3 ② 5 ③ 7 ④ 10

해설 **피뢰기의 접지(KEC 341.14)**
고압 및 특고압의 전로에 시설하는 피뢰기 접지저항값은 10[Ω] 이하이다.

답 ④

232

핵심이론 찾아보기▶핵심 02-6 기사 10년 출제

고압용의 개폐기, 차단기, 피뢰기, 기타 이와 유사한 기구로서 동작 시에 아크가 생기는 것은 목재의 벽 또는 천장 기타의 가연성 물체로부터 몇 [m] 이상 떼어 놓아야 하는가?

① 1 ② 0.8 ③ 0.5 ④ 0.3

해설 **아크를 발생하는 기구의 시설(KEC 341.7) – 이격거리**
- 고압용의 것 : 1[m] 이상
- 특고압용의 것 : 2[m] 이상

답 ①

233

핵심이론 찾아보기▶핵심 02-6 기사 18년 출제

사용전압이 몇 [V] 이상의 중성점 직접접지식 전로에 접속하는 변압기를 설치하는 곳에는 절연유의 구외유출 및 지하침투를 방지하기 위하여 절연유 유출방지설비를 하여야 하는가?

① 25,000 ② 50,000
③ 75,000 ④ 100,000

해설 **절연유(기술기준 제20조)**
사용전압이 100[kV] 이상의 중성점 직접접지식 전로에 접속하는 변압기를 설치하는 곳에는 절연유의 구외유출 및 지하침투를 방지하기 위하여 절연유 유출방지설비를 하여야 한다.

답 ④

234

핵심이론 찾아보기▶핵심 02-6 기사 18년 출제

발전소의 개폐기 또는 차단기에 사용하는 압축공기장치의 주공기탱크에 시설하는 압력계의 최고눈금의 범위로 옳은 것은?

① 사용압력의 1배 이상 2배 이하 ② 사용압력의 1.15배 이상 2배 이하
③ 사용압력의 1.5배 이상 3배 이하 ④ 사용압력의 2배 이상 3배 이하

해설 **압축공기계통(KEC 341.15)**
주공기 탱크 또는 이에 근접한 곳에는 사용압력의 1.5배 이상 3배 이하의 최고눈금이 있는 압력계를 시설하여야 한다.

답 ③

235 핵심이론 찾아보기▶핵심 02-6

기사 10년 출제

발전소나 변전소의 차단기에 사용하는 압축공기장치에 대한 설명 중 틀린 것은?

① 압축공기를 통하는 관은 용접에 의한 잔류응력이 생기지 않도록 할 것
② 주공기탱크에 설치하는 압력계는 사용압력의 1.5배 이상 3배 이하의 최고눈금이 있는 것일 것
③ 공기압축기는 최소사용압력의 1.25배의 수압으로 10분간 시험하여 견딜 것
④ 주공기탱크의 압력이 저하한 경우에 자동적으로 압력을 회복하는 장치를 할 것

해설 **압축공기계통(KEC 341.15)**
최고사용압력의 1.5배의 수압(1.25배의 기압)을 연속하여 10분간 가하여 시험한다.

답 ③

236 핵심이론 찾아보기▶핵심 02-6

기사 21년 출제

수소냉각식 발전기 및 이에 부속하는 수소냉각장치에 대한 시설기준으로 틀린 것은?

① 발전기 내부의 수소의 온도를 계측하는 장치를 시설할 것
② 발전기 내부의 수소의 순도가 70[%] 이하로 저하한 경우에 경보를 하는 장치를 시설할 것
③ 발전기는 기밀구조의 것이고 또한 수소가 대기압에서 폭발하는 경우에 생기는 압력에 견디는 강도를 가지는 것일 것
④ 발전기 내부의 수소의 압력을 계측하는 장치 및 그 압력이 현저히 변동한 경우에 이를 경보하는 장치를 시설할 것

해설 **수소냉각식 발전기 등의 시설(KEC 351.10)**
- 수소의 순도가 85[%] 이하로 저하한 경우에 이를 경보하는 장치를 시설할 것
- 수소의 압력을 계측하는 장치 및 그 압력이 현저히 변동한 경우에 이를 경보하는 장치를 시설할 것
- 수소의 온도를 계측하는 장치를 시설할 것

답 ②

237 핵심이론 찾아보기▶핵심 02-6

기사 20년 출제

고압용 기계기구를 시가지에 시설할 때 지표상 몇 [m] 이상의 높이에 시설하고, 또한 사람이 쉽게 접촉할 우려가 없도록 하여야 하는가?

① 4.0　② 4.5
③ 5.0　④ 5.5

해설 **고압용 기계기구의 시설(KEC 341.8)**
기계기구를 지표상 4.5[m](시가지 외에는 4[m]) 이상의 높이에 시설하고 또한 사람이 쉽게 접촉할 우려가 없도록 시설하여야 한다.

답 ②

238

핵심이론 찾아보기▶핵심 02-6 　 기사 19년 출제

고압용 기계기구를 시설하여서는 안 되는 경우는?

① 시가지 외로서 지표상 3[m]인 경우
② 발전소, 변전소, 개폐소 또는 이에 준하는 곳에 시설하는 경우
③ 옥내에 설치한 기계기구를 취급자 이외의 사람이 출입할 수 없도록 설치한 곳에 시설하는 경우
④ 공장 등의 구내에서 기계기구의 주위에 사람이 쉽게 접촉할 우려가 없도록 적당한 울타리를 설치하는 경우

해설 고압용 기계기구의 시설(KEC 341.8)
기계기구를 지표상 4.5[m](시가지 외에는 4[m]) 이상의 높이에 시설하고 또한 사람이 쉽게 접촉할 우려가 없도록 시설하여야 한다.

답 ①

239

핵심이론 찾아보기▶핵심 02-6 　 기사 19년 출제

사용전압 35,000[V]인 기계기구를 옥외에 시설하는 개폐소의 구내에 취급자 이외의 자가 들어가지 않도록 울타리를 설치할 때 울타리와 특고압의 충전부분이 접근하는 경우에는 울타리의 높이와 울타리로부터 충전부분까지의 거리의 합은 최소 몇 [m] 이상이어야 하는가?

① 4 　 ② 5 　 ③ 6 　 ④ 7

해설 특고압용 기계기구의 시설(KEC 341.4)

사용전압의 구분	울타리 높이와 울타리로부터 충전 부분까지의 거리의 합계 또는 지표상의 높이
35[kV] 이하	5[m]
35[kV] 초과 160[kV] 이하	6[m]

답 ②

240

핵심이론 찾아보기▶핵심 02-6 　 기사 21년 출제

변전소에 울타리·담 등을 시설할 때, 사용전압이 345[kV]이면 울타리·담 등의 높이와 울타리·담 등으로부터 충전부분까지의 거리의 합계는 몇 [m] 이상으로 하여야 하는가?

① 8.16 　 ② 8.28 　 ③ 8.40 　 ④ 9.72

해설 발전소 등의 울타리·담 등의 시설(KEC 351.1)
160[kV]를 초과하는 경우 6[m]에 160[kV]를 초과하는 10[kV] 또는 그 단수마다 0.12[m]를 더한 값으로 이격거리를 구하므로 단수는 $(345-160)\div10=18.5$이므로 19이다.
그러므로 울타리까지의 거리와 높이의 합계는 다음과 같다.
$6+0.12\times19=8.28$[m]

답 ②

241

핵심이론 찾아보기▶핵심 02-6 　 기사 17년 출제

345[kV] 변전소의 충전부분에서 5.98[m]의 거리에 울타리를 설치하고자 한다. 울타리의 높이는 몇 [m]인가?

① 2.1 　 ② 2.3 　 ③ 2.5 　 ④ 2.7

해설 울타리의 높이와 충전부분까지의 거리 합계 $h = 6 + 0.12 \times \dfrac{345-160}{10} \fallingdotseq 8.28[\mathrm{m}]$

$\therefore$ 울타리 높이 $8.28 - 5.98 = 2.3[\mathrm{m}]$

답 ②

CHAPTER 6

242

핵심이론 찾아보기▶핵심 02-6 기사 20년 출제

고압 옥내배선의 공사방법으로 틀린 것은?

① 케이블공사
② 합성수지관공사
③ 케이블트레이공사
④ 애자공사(건조한 장소로서 전개된 장소에 한함)

해설 **고압 옥내배선 등의 시설(KEC 342.1)**
- 애자공사(건조한 장소로서 전개된 장소에 한함)
- 케이블공사(MI 케이블 제외)
- 케이블트레이공사

답 ②

243

핵심이론 찾아보기▶핵심 02-6 기사 19년 출제

건조한 장소로서 전개된 장소에 한하여 고압 옥내배선을 할 수 있는 것은?

① 금속관공사
② 애자공사
③ 합성수지관공사
④ 가요전선관공사

해설 **고압 옥내배선 등의 시설(KEC 342.1)**
- 애자공사(건조한 장소로서 전개된 장소에 한한다)
- 케이블공사(MI 케이블 제외)
- 케이블트레이공사

답 ②

244

핵심이론 찾아보기▶핵심 02-6 기사 17년 출제

고압 옥내배선의 시설공사로 할 수 없는 것은?

① 케이블공사
② 가요전선관공사
③ 케이블트레이공사
④ 애자공사(건조한 장소로서 전개된 장소)

해설 **고압 옥내배선 등의 시설(KEC 342.1)**
- 애자공사(건조한 장소로서 전개된 장소에 한한다)
- 케이블공사
- 케이블트레이공사

답 ②

245

핵심이론 찾아보기▶핵심 02-6 기사 19년 출제

고압 옥내배선을 애자공사로 하는 경우, 전선의 지지점 간의 거리는 전선을 조영재의 면을 따라 붙이는 경우 몇 [m] 이하이어야 하는가?

① 1 ② 2 ③ 3 ④ 5

해설 고압 옥내배선 등의 시설(KEC 342.1)
전선의 지지점간의 거리는 6[m] 이하일 것. 다만, 전선을 조영재의 면을 따라 붙이는 경우에는 2[m] 이하이어야 한다.
답 ②

246

핵심이론 찾아보기▶핵심 02-6 기사 19년 출제

고압 옥내배선이 수관과 접근하여 시설되는 경우에는 몇 [cm] 이상 이격시켜야 하는가?

① 15 ② 30 ③ 45 ④ 60

해설 고압 옥내배선 등의 시설(KEC 342.1)
고압 옥내배선이 다른 고압 옥내배선 · 저압 옥내전선 · 관등회로의 배선 · 약전류전선 등 또는 수관 · 가스관이나 이와 유사한 것과 접근하거나 교차하는 경우에 이격거리는 15[cm] 이상이어야 한다.
답 ①

247

핵심이론 찾아보기▶핵심 02-6 기사 20년 출제

옥내 고압용 이동전선의 시설기준에 적합하지 않은 것은?

① 전선은 고압용의 캡타이어 케이블을 사용하였다.
② 전로에 지락이 생겼을 때 자동적으로 전로를 차단하는 장치를 시설하였다.
③ 이동전선과 전기사용 기계기구와는 볼트 조임, 기타의 방법에 의하여 견고하게 접속하였다.
④ 이동전선에 전기를 공급하는 전로의 중성극에 전용개폐기 및 과전류차단기를 시설하였다.

해설 옥내 고압용 이동전선의 시설(KEC 342.2)
이동전선에 전기를 공급하는 전로에는 전용개폐기 및 과전류차단기를 각 극(과전류차단기는 다선식 전로의 중성극을 제외)에 시설하고, 또한 전로에 지락이 생겼을 때 자동적으로 전로를 차단하는 장치를 시설할 것
답 ④

248

핵심이론 찾아보기▶핵심 02-6 기사 18년 출제

특고압을 옥내에 시설하는 경우 그 사용전압의 최대 한도는 몇 [kV] 이하인가? (단, 케이블트레이공사는 제외)

① 25 ② 80 ③ 100 ④ 160

해설 특고압 옥내전기설비의 시설(KEC 342.4)
사용전압은 100[kV] 이하일 것(케이블트레이공사 35[kV] 이하)
답 ③

249

핵심이론 찾아보기▶핵심 02-7 기사 19년 출제

발전소 · 변전소 또는 이에 준하는 곳의 특고압 전로에는 그의 보기 쉬운 곳에 어떤 표시를 반드시 하여야 하는가?

① 모선(母線) 표시 ② 상별(相別) 표시
③ 차단(遮斷) 위험표시 ④ 수전(受電) 위험표시

해설 **특고압 전로의 상 및 접속상태의 표시(KEC 351.2)**
발전소·변전소 또는 이에 준하는 곳의 특고압 전로에는 그의 보기 쉬운 곳에 상별(相別) 표시를 하여야 한다.

답 ②

250

핵심이론 찾아보기▶**핵심 02-7** 기사 14년 출제

발·변전소의 특고압 전로에서 접속상태를 모의모선 등으로 표시하지 않아도 되는 것은?

① 2회선의 복모선
② 2회선의 단일모선
③ 4회선의 복모선
④ 3회선의 단일모선

해설 **특고압 전로의 상 및 접속상태의 표시(KEC 351.2)**
특고압 전로에 대하여는 그 접속상태를 모의모선의 사용, 기타의 방법에 의하여 표시하여야 한다. 다만, 이러한 전로에 접속하는 특고압 전선로의 회선수가 2 이하 단일모선인 경우에는 그러하지 아니하다.

답 ②

251

핵심이론 찾아보기▶**핵심 02-7** 기사 09년 출제

다음 ( ) 안에 들어가는 내용으로 옳은 것은?

> 고압 또는 특고압의 기계기구·모선 등을 옥외에 시설하는 발전소, 변전소, 개폐소 또는 이에 준하는 곳에 시설하는 울타리, 담 등의 높이는 (㉠)[m] 이상으로 하고, 지표면과 울타리, 담 등의 하단 사이의 간격은 (㉡)[cm] 이하로 하여야 한다.

① ㉠ 3, ㉡ 15
② ㉠ 2, ㉡ 15
③ ㉠ 3, ㉡ 25
④ ㉠ 2, ㉡ 25

해설 **발전소 등의 울타리·담 등의 시설(KEC 351.1)**
- 울타리·담 등의 높이는 2[m] 이상
- 담 등의 하단 사이의 간격은 0.15[m] 이하

답 ②

252

핵심이론 찾아보기▶**핵심 02-7** 기사 20년 출제

고압 또는 특고압 가공전선과 금속제의 울타리가 교차하는 경우 교차점과 좌우로 몇 [m] 이내의 개소에 접지공사를 하여야 하는가? (단, 전선에 케이블을 사용하는 경우는 제외한다.)

① 25
② 35
③ 45
④ 55

해설 **발전소 등의 울타리·담 등의 시설(KEC 351.1)**
고압 또는 특고압 가공전선(전선에 케이블을 사용하는 경우는 제외함)과 금속제의 울타리·담 등이 교차하는 경우에 금속제의 울타리·담 등에는 교차점과 좌·우로 45[m] 이내의 개소에 접지공사를 해야 한다.

답 ③

253

핵심이론 찾아보기▶핵심 02-7 기사 19년 출제

발전기를 전로로부터 자동적으로 차단하는 장치를 시설하여야 하는 경우에 해당되지 않는 것은?

① 발전기에 과전류가 생긴 경우
② 용량이 5,000[kVA] 이상인 발전기의 내부에 고장이 생긴 경우
③ 용량이 500[kVA] 이상의 발전기를 구동하는 수차의 압유장치의 유압이 현저히 저하한 경우
④ 용량이 100[kVA] 이상의 발전기를 구동하는 풍차의 압유장치의 유압, 압축공기장치의 공기압이 현저히 저하한 경우

해설 **발전기 등의 보호장치(KEC 351.3)**
발전기에는 다음의 경우 자동적으로 이를 전로로부터 차단하는 장치를 시설하여야 한다.
- 과전류, 과전압이 생긴 경우
- 500[kVA] 이상 : 수차 압유장치 유압 저하
- 100[kVA] 이상 : 풍차 압유장치 유압 저하
- 2,000[kVA] 이상 : 수차 발전기 베어링 온도 상승
- 10,000[kVA] 이상 : 발전기 내부 고장
- 10,000[kW] 초과 : 증기터빈의 베어링 마모, 온도 상승

답 ②

254

핵심이론 찾아보기▶핵심 02-7 기사 10년 출제

발전기의 용량에 관계없이 자동적으로 이를 전로로부터 차단하는 장치를 시설하여야 하는 경우는?

① 베어링 과열 ② 과전류 인입
③ 유압의 과팽창 ④ 발전기 내부고장

해설 **발전기 등의 보호장치(KEC 351.3)**
발전기의 용량에 관계없이 자동적으로 이를 전로로부터 차단하는 장치를 시설하는 경우는 발전기에 과전류나 과전압이 생긴 경우이다.

답 ②

255

핵심이론 찾아보기▶핵심 02-7 기사 18년 출제

발전기를 구동하는 풍차의 압유장치의 유압, 압축공기장치의 공기압 또는 전동식 브레이드 제어장치의 전원전압이 현저히 저하한 경우 발전기를 자동적으로 전로로부터 차단하는 장치를 시설하여야 하는 발전기 용량은 몇 [kVA] 이상인가?

① 100 ② 300 ③ 500 ④ 1,000

해설 **발전기 등의 보호장치(KEC 351.3)**
발전기에는 다음의 경우 자동적으로 이를 전로로부터 차단하는 장치를 시설하여야 한다.
- 과전류, 과전압이 생긴 경우
- 500[kVA] 이상 : 수차 압유장치 유압 저하
- 100[kVA] 이상 : 풍차 압유장치 유압 저하
- 2,000[kVA] 이상 : 수차 발전기 베어링 온도 상승
- 10,000[kVA] 이상 : 발전기 내부 고장
- 10,000[kW] 초과 : 증기터빈의 베어링 마모, 온도 상승

답 ①

256 핵심이론 찾아보기▶핵심 02-7

기사 18년 출제

특고압용 타냉식 변압기의 냉각장치에 고장이 생긴 경우를 대비하여 어떤 보호장치를 하여야 하는가?

① 경보장치 ② 속도조정장치 ③ 온도시험장치 ④ 냉매흐름장치

해설 **특고압용 변압기의 보호장치(KEC 351.4)**

타냉식 변압기의 냉각장치에 고장이 생긴 경우 또는 변압기의 온도가 현저히 상승한 경우 동작하는 경보장치를 시설하여야 한다.

답 ①

257 핵심이론 찾아보기▶핵심 02-7

기사 22·19년 출제

특고압용 변압기로서 그 내부에 고장이 생긴 경우에 반드시 자동차단되어야 하는 변압기의 뱅크 용량은 몇 [kVA] 이상인가?

① 5,000 ② 10,000 ③ 50,000 ④ 100,000

해설 **특고압용 변압기의 보호장치(KEC 351.4)**

뱅크용량의 구분	동작조건	장치의 종류
5,000[kVA] 이상 10,000[kVA] 미만	변압기 내부 고장	자동차단장치 또는 경보장치
10,000[kVA] 이상	변압기 내부 고장	자동차단장치
타냉식 변압기	냉각장치에 고장이 생긴 경우 또는 변압기의 온도가 현저히 상승한 경우	경보장치

답 ①

258 핵심이론 찾아보기▶핵심 02-7

기사 22·19년 출제

내부에 고장이 생긴 경우에 자동적으로 전로로부터 차단하는 장치가 반드시 필요한 것은?

① 뱅크용량 1,000[kVA]인 변압기
② 뱅크용량 10,000[kVA]인 조상기
③ 뱅크용량 300[kVA]인 분로리액터
④ 뱅크용량 1,000[kVA]인 전력용 커패시터

해설 **조상설비의 보호장치(KEC 351.5)**

설비종별	뱅크용량의 구분	자동차단하는 장치
전력용 커패시터 및 분로리액터	500[kVA] 초과 15,000[kVA] 미만	내부에 고장, 과전류
	15,000[kVA] 이상	내부에 고장, 과전류, 과전압
조상기	15,000[kVA] 이상	내부에 고장

전력용 커패시터는 뱅크용량 500[kVA]를 초과하여야 내부 고장 시 차단장치를 한다.

답 ④

259 핵심이론 찾아보기▶핵심 02-7

기사 19년 출제

조상설비의 조상기(調相機) 내부에 고장이 생긴 경우에 자동적으로 전로로부터 차단하는 장치를 시설해야 하는 뱅크용량[kVA]으로 옳은 것은?

① 1,000 ② 1,500 ③ 10,000 ④ 15,000

해설 조상설비의 보호장치(KEC 351.5)

설비종별	뱅크용량	자동차단장치
조상기	15,000[kVA] 이상	내부에 고장이 생긴 경우

답 ④

260

핵심이론 찾아보기▶핵심 02-7 　　기사 20년 출제

뱅크용량 15,000[kVA] 이상인 분로리액터에서 자동적으로 전로로부터 차단하는 장치가 동작하는 경우가 아닌 것은?

① 내부 고장 시 　　② 과전류 발생 시

③ 과전압 발생 시 　　④ 온도가 현저히 상승한 경우

해설 조상설비의 보호장치(KEC 351.5)

설비종별	뱅크용량의 구분	자동차단하는 장치
전력용 커패시터 및 분로리액터	500[kVA] 초과 15,000[kVA] 미만	내부에 고장, 과전류
	15,000[kVA] 이상	내부에 고장, 과전류, 과전압
조상기	15,000[kVA] 이상	내부에 고장

답 ④

261

핵심이론 찾아보기▶핵심 02-7 　　기사 21년 출제

변전소의 주요 변압기에 계측장치를 시설하여 측정하여야 하는 것이 아닌 것은?

① 역률 　　② 전압

③ 전력 　　④ 전류

해설 계측장치(KEC 351.6) – 변전소에 계측장치를 시설하여 측정하는 사항

- 주요 변압기의 전압 및 전류 또는 전력
- 특고압용 변압기의 온도

답 ①

262

핵심이론 찾아보기▶핵심 02-7 　　기사 20년 출제

발전소에서 계측하는 장치를 시설하여야 하는 사항에 해당하지 않는 것은?

① 특고압용 변압기의 온도

② 발전기의 회전수 및 주파수

③ 발전기의 전압 및 전류 또는 전력

④ 발전기의 베어링(수중메탈을 제외한다) 및 고정자의 온도

해설 계측장치(KEC 351.6)

- 발전기, 연료전지 또는 태양전지 모듈의 전압, 전류, 전력
- 발전기 베어링 및 고정자의 온도
- 정격출력 10,000[kW]를 초과하는 증기터빈에 접속하는 발전기의 진동 진폭
- 주요 변압기의 전압, 전류, 전력
- 특고압용 변압기의 온도
- 동기발전기 : 동기검정장치

답 ②

263 핵심이론 찾아보기▶핵심 02-7 기사 17년 출제

일반변전소 또는 이에 준하는 곳의 주요 변압기에 반드시 시설하여야 하는 계측장치가 아닌 것은?

① 주파수 ② 전압
③ 전류 ④ 전력

해설 **계측장치(KEC 351.6)**
변전소에는 다음의 사항을 계측하는 장치를 시설하여야 한다.
- 주요 변압기의 전압 및 전류 또는 전력
- 특고압용 변압기의 온도

답 ①

264 핵심이론 찾아보기▶핵심 02-7 기사 21년 출제

사용전압이 170[kV] 이하의 변압기를 시설하는 변전소로서 기술원이 상주하여 감시하지는 않으나 수시로 순회하는 경우, 기술원이 상주하는 장소에 경보장치를 시설하지 않아도 되는 경우는?

① 옥내변전소에 화재가 발생한 경우
② 제어회로의 전압이 현저히 저하한 경우
③ 운전조작에 필요한 차단기가 자동적으로 차단한 후 재폐로한 경우
④ 수소냉각식 조상기는 그 조상기 안의 수소의 순도가 90[%] 이하로 저하한 경우

해설 **상주 감시를 하지 아니하는 변전소의 시설(KEC 351.9)**
- 사용전압이 170[kV] 이하의 변압기를 시설하는 변전소
- 경보장치 시설
  - 운전조작에 필요한 차단기가 자동적으로 차단한 경우
  - 주요 변압기의 전원측 전로가 무전압으로 된 경우
  - 제어회로의 전압이 현저히 저하한 경우
  - 옥내변전소에 화재가 발생한 경우
  - 출력 3,000[kVA]를 초과하는 특고압용 변압기는 그 온도가 현저히 상승한 경우
  - 특고압용 타냉식 변압기는 그 냉각장치가 고장난 경우
  - 조상기는 내부에 고장이 생긴 경우
  - 수소냉각식 조상기는 그 조상기 안의 수소의 순도가 90[%] 이하로 저하한 경우, 수소의 압력이 현저히 변동한 경우 또는 수소의 온도가 현저히 상승한 경우
  - 가스절연기기의 절연가스의 압력이 현저히 저하한 경우

답 ③

265 핵심이론 찾아보기▶핵심 02-7 기사 17년 출제

변전소를 관리하는 기술원이 상주하는 장소에 경보장치를 시설하지 아니하여도 되는 것은?

① 조상기 내부에 고장이 생긴 경우
② 주요 변압기의 전원측 전로가 무전압으로 된 경우
③ 특고압용 타냉식 변압기의 냉각장치가 고장난 경우
④ 출력 2,000[kVA] 특고압용 변압기의 온도가 현저히 상승한 경우

해설 출력 3,000[kVA]를 초과하는 특고압용 변압기는 그 온도가 현저히 상승한 경우 경보장치를 시설하여야 한다.

답 ④

266

핵심이론 찾아보기▶핵심 03-1 기사 19년 출제

전력보안통신설비를 시설하여야 하는 곳은?

① 2 이상의 발전소 상호 간 ② 원격감시제어가 되는 변전소
③ 원격감시제어가 되는 급전소 ④ 원격감시제어가 되지 않는 발전소

해설 전력보안통신설비의 시설 요구사항(KEC 362.1)
- 원격감시제어가 되지 않는 발전소, 원격감시제어가 되지 않는 변전소, 개폐소, 전선로 및 이를 운용하는 급전소 및 급전분소 간
- 2개 이상의 급전소(분소) 상호 간과 이들을 통합 운용하는 급전소(분소) 간

답 ④

267

핵심이론 찾아보기▶핵심 03-2 기사 20년 출제

특고압 가공전선로의 지지물에 시설하는 통신선 또는 이에 직접 접속하는 통신선이 도로·횡단보도교·철도의 레일 등 또는 교류전차선 등과 교차하는 경우의 시설기준으로 옳은 것은?

① 인장강도 8.01[kN] 이상의 것 또는 지름 5[mm] 경동선일 것
② 통신선이 케이블 또는 광섬유케이블일 때는 이격거리의 제한이 없다.
③ 통신선과 삭도 또는 다른 가공약전류전선 등 사이의 이격거리는 20[cm] 이상으로 할 것
④ 통신선이 도로·횡단보도교·철도의 레일과 교차하는 경우에는 통신선은 지름 4[mm]의 절연전선과 동등 이상의 절연효력이 있을 것

해설 전력보안통신선의 시설높이와 이격거리(KEC 362.2)
- 절연전선 : 연선은 단면적 16[mm^2], 단선은 지름 4[mm]
- 경동선 : 연선은 단면적 25[mm^2], 단선은 지름 5[mm]
- 인장강도 8.01[kN] 이상의 것

답 ①

268

핵심이론 찾아보기▶핵심 03-2 기사 22·18년 출제

횡단보도교 위에 시설하는 경우 그 노면상 전력보안 가공통신선의 높이는 몇 [m] 이상인가?

① 3 ② 4 ③ 5 ④ 6

해설 전력보안통신선의 시설높이와 이격거리(KEC 362.2)
- 도로 위에 시설하는 경우에는 지표상 5[m] 이상
- 철도 또는 궤도를 횡단하는 경우에는 레일면상 6.5[m] 이상
- 횡단보도교 위에 시설하는 경우에는 그 노면상 3[m] 이상

답 ①

269

핵심이론 찾아보기▶핵심 03-2 기사 21년 출제

사용전압이 22.9[kV]인 가공전선로의 다중 접지한 중성선과 첨가통신선의 이격거리는 몇 [cm] 이상이어야 하는가? (단, 특고압 가공전선로는 중성선 다중 접지식의 것으로 전로에 지락이 생긴 경우 2초 이내에 자동적으로 이를 전로로부터 차단하는 장치가 되어 있는 것으로 한다.)

① 60 ② 75 ③ 100 ④ 120

해설 **전력보안통신선의 시설높이와 이격거리(KEC 362.2)**
통신선과 저압 가공전선 또는 25[kV] 이하 특고압 가공전선로의 다중 접지를 한 중성선 사이의 이격거리는 0.6[m] 이상이어야 한다.
답 ①

270

핵심이론 찾아보기▶**핵심 03-2** 기사 18년 출제

3상 4선식 22.9[kV], 중성선 다중 접지방식의 특고압 가공전선 아래에 통신선을 첨가하고자 한다. 특고압 가공전선과 통신선과의 이격거리는 몇 [cm] 이상인가?

① 60 ② 75
③ 100 ④ 120

해설 **전력보안통신선의 시설높이와 이격거리(KEC 362.2)**
통신선과 특고압 가공전선 사이의 이격거리는 1.2[m](25[kV] 이하의 특고압 가공전선은 0.75[m]) 이상이어야 한다.
답 ②

271

핵심이론 찾아보기▶**핵심 03-2** 기사 21년 출제

특고압 가공전선로의 지지물에 시설하는 통신선 또는 이에 직접 접속하는 통신선이 도로·횡단보도교·철도의 레일·삭도·가공전선·다른 가공약전류전선 등 또는 교류전차선 등과 교차하는 경우에는 통신선은 지름 몇 [mm]의 경동선이나 이와 동등 이상의 세기의 것이어야 하는가?

① 4 ② 4.5
③ 5 ④ 5.5

해설 **전력보안통신선의 시설높이와 이격거리(KEC 362.2)**
특고압 가공전선로의 지지물에 시설하는 통신선 또는 이에 직접 접속하는 통신선이 도로·횡단보도교·철도의 레일 또는 삭도와 교차하는 경우 통신선
- 절연전선 : 연선의 경우 단면적 16[mm^2](단선의 경우 지름 4[mm])
- 경동선 : 인장강도 8.01[kN] 이상의 것 또는 연선의 경우 단면적 25[mm^2](단선의 경우 지름 5[mm])

답 ③

272

핵심이론 찾아보기▶**핵심 03-2** 기사 17년 출제

고압 가공전선로의 지지물에 시설하는 통신선의 높이는 도로를 횡단하는 경우 교통에 지장을 줄 우려가 없다면 지표상 몇 [m]까지로 감할 수 있는가?

① 4 ② 4.5
③ 5 ④ 6

해설 **전력보안통신선의 시설높이와 이격거리(KEC 362.2)**
- 도로를 횡단하는 경우 6[m] 이상. 교통에 지장을 줄 우려가 없는 경우 5[m]
- 철도 또는 궤도를 횡단하는 경우에는 레일면상 6.5[m] 이상

답 ③

273

핵심이론 찾아보기▶핵심 03-2 기사 20년 출제

전력보안 가공통신선의 시설높이에 대한 기준으로 옳은 것은?

① 철도 또는 궤도를 횡단하는 경우에는 레일면상 5[m] 이상
② 횡단보도교 위에 시설하는 경우에는 그 노면상 3[m] 이상
③ 도로(차도와 도로의 구별이 있는 도로는 차도) 위에 시설하는 경우에는 지표상 2[m] 이상
④ 교통에 지장을 줄 우려가 없도록 도로(차도와 도로의 구별이 있는 도로는 차도) 위에 시설하는 경우에는 지표상 2[m]까지로 감할 수 있다.

해설 **전력보안통신선의 시설높이와 이격거리(KEC 362.2)**

- 도로 위에 시설하는 경우에는 지표상 5[m] 이상(다만, 교통에 지장을 줄 우려가 없는 경우에는 지표상 4.5[m]까지로 감할 수 있다.)
- 철도 또는 궤도를 횡단하는 경우에는 레일면상 6.5[m] 이상
- 횡단보도교 위에 시설하는 경우에는 그 노면상 3[m] 이상

답 ②

274

핵심이론 찾아보기▶핵심 03-4 기사 10년 출제

특고압 가공전선로의 지지물에 시설하는 통신선 또는 이에 직접 접속하는 통신선 중 옥내에 시설하는 부분은 몇 [V] 초과의 저압 옥내배선의 규정에 준하여 시설하도록 하고 있는가?

① 150 ② 300
③ 380 ④ 400

해설 **특고압 가공전선로 첨가설치 통신선에 직접 접속하는 옥내통신선의 시설(KEC 362.7)**
400[V] 초과의 저압 옥내배선의 규정에 준하여 시설하여야 한다.

답 ④

275

핵심이론 찾아보기▶핵심 03-4 기사 19년 출제

특고압 가공전선로의 지지물에 시설하는 통신선 또는 이것에 직접 접속하는 통신선일 경우에 설치하여야 할 보안장치로서 모두 옳은 것은?

① 특고압용 제2종 보안장치, 고압용 제2종 보안장치
② 특고압용 제1종 보안장치, 특고압용 제3종 보안장치
③ 특고압용 제2종 보안장치, 특고압용 제3종 보안장치
④ 특고압용 제1종 보안장치, 특고압용 제2종 보안장치

해설 **전력보안통신설비의 보안장치(KEC 362.10)**
특고압 가공전선로의 지지물에 시설하는 통신선 또는 이에 직접 접속하는 통신선에 접속하는 휴대전화기를 접속하는 곳 및 옥외전화기를 시설하는 곳에는 특고압용 제1종 보안장치, 특고압용 제2종 보안장치를 시설하여야 한다.

답 ④

276 핵심이론 찾아보기▶핵심 03-6

기사 17년 출제

다음 그림에서 L_1은 어떤 크기로 동작하는 기기의 명칭인가?

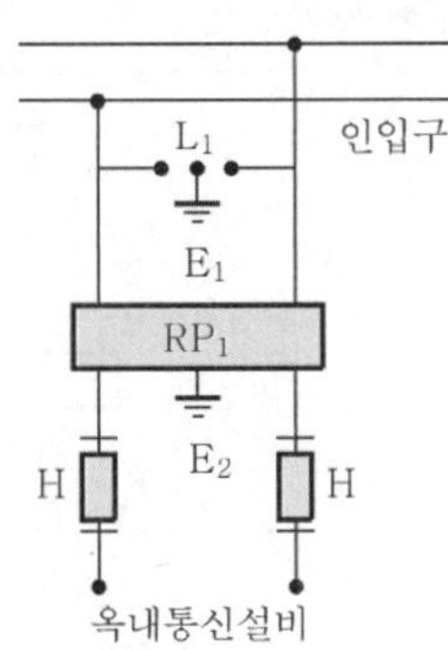

① 교류 1,000[V] 이하에서 동작하는 단로기
② 교류 1,000[V] 이하에서 동작하는 피뢰기
③ 교류 1,500[V] 이하에서 동작하는 단로기
④ 교류 1,500[V] 이하에서 동작하는 피뢰기

해설 **저압용 보안장치(KEC 362.5-2)**

- RP_1 : 교류 300[V] 이하에서 동작하고, 최소 감도전류가 3[A] 이하로서 최소 감도전류 때의 응동시간이 1사이클 이하이고 또한 전류용량이 50[A], 20초 이상인 자복성이 있는 릴레이 보안기
- L_1 : 교류 1[kV] 이하에서 동작하는 피뢰기
- E_1 및 E_2 : 접지

답 ②

277 핵심이론 찾아보기▶핵심 03-6

기사 20년 출제

특고압 가공전선로의 지지물에 첨가하는 통신선 보안장치에 사용되는 피뢰기의 동작전압은 교류 몇 [V] 이하인가?

① 300　　② 600
③ 1,000　　④ 1,500

해설 **특고압 가공전선로 첨가설치 통신선의 시가지 인입제한(KEC 362.5)**

통신선 보안장치에는 교류 1[kV] 이하에서 동작하는 피뢰기를 설치한다.

답 ③

278

핵심이론 찾아보기▶핵심 03-7 기사 18년 출제

그림은 전력선 반송 통신용 결합장치의 보안장치를 나타낸 것이다. S의 명칭으로 옳은 것은?

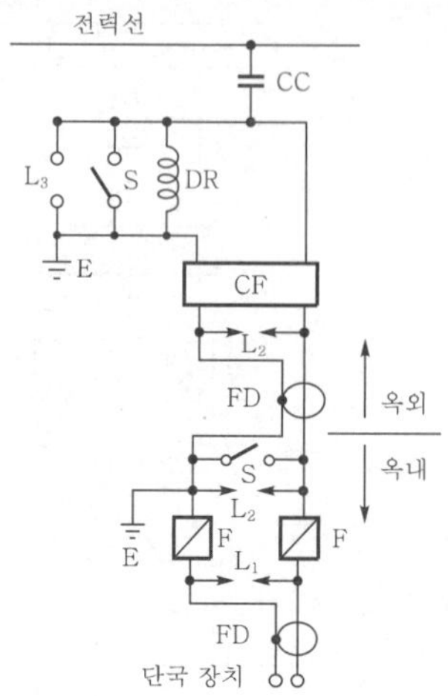

① 동축케이블 ② 결합 콘덴서 ③ 접지용 개폐기 ④ 구상용 방전갭

해설 **전력선 반송 통신용 결합장치의 보안장치(KEC 362.11)**
- CC : 결합 커패시터(결합 콘덴서)
- CF : 결합 필터
- DR : 전류용량 2[A] 이상의 배류 선륜
- F : 정격전류 10[A] 이하의 포장 퓨즈
- FD : 동축케이블
- L_1 : 교류 300[V] 이하에서 동작하는 피뢰기
- L_2, L_3 : 방전갭
- S : 접지용 개폐기

답 ③

279

핵심이론 찾아보기▶핵심 03-10 기사 22·20년 출제

전력보안통신설비인 무선통신용 안테나를 지지하는 목주의 풍압하중에 대한 안전율은 얼마 이상으로 해야 하는가?

① 0.5 ② 0.9 ③ 1.2 ④ 1.5

해설 **무선용 안테나 등을 지지하는 철탑 등의 시설(KEC 364.1)**
- 목주의 풍압하중에 대한 안전율은 1.5 이상
- 철주·철근콘크리트주 또는 철탑의 기초안전율은 1.5 이상

답 ④

280

핵심이론 찾아보기▶핵심 04-1 기사 21년 출제

전기철도차량에 전력을 공급하는 전차선의 가선방식에 포함되지 않는 것은?

① 가공방식 ② 강체방식 ③ 제3레일방식 ④ 지중조가선방식

해설 **전차선가선방식(KEC 431.1)**

전차선의 가선방식은 열차의 속도 및 노반의 형태, 부하전류 특성에 따라 적합한 방식을 채택하여야 하며, 가공방식, 강체방식, 제3레일방식을 표준으로 한다. 답 ④

281

핵심이론 찾아보기▶핵심 04-1 기사 22·21년 출제

다음 급전선로에 대한 설명으로 옳지 않은 것은?

① 급전선은 나전선을 적용하여 가공식으로 가설을 원칙으로 한다.
② 가공식은 전차선의 높이 이상으로 전차선로 지지물에 병가하며, 나전선의 접속은 직선접속을 사용할 수 없다.
③ 신설 터널 내 급전선을 가공으로 설계할 경우 지지물의 취부는 C찬넬 또는 매입전을 이용하여 고정하여야 한다.
④ 교량하부 등에 설치할 때에는 최소절연이격거리 이상을 확보하여야 한다.

해설 **급전선로(KEC 431.4)**

- 급전선은 나전선을 적용하여 가공식으로 가설을 원칙으로 한다. 다만, 전기적 이격거리가 충분하지 않거나 지락, 섬락 등의 우려가 있을 경우에는 급전선을 케이블로 하여 안전하게 시공하여야 한다.
- 가공식은 전차선의 높이 이상으로 전차선로 지지물에 병가하며, 나전선의 접속은 직선접속을 원칙으로 한다.
- 신설 터널 내 급전선을 가공으로 설계할 경우 지지물의 취부는 C찬넬 또는 매입전을 이용하여 고정하여야 한다.
- 선상승강장, 인도교, 과선교 또는 교량하부 등에 설치할 때에는 최소절연이격거리 이상을 확보하여야 한다. 답 ②

282

핵심이론 찾아보기▶핵심 04-1 기사 21년 출제

귀선로에 대한 설명으로 틀린 것은?

① 나전선을 적용하여 가공식으로 가설을 원칙으로 한다.
② 사고 및 지락 시에도 충분한 허용전류용량을 갖도록 하여야 한다.
③ 비절연보호도체, 매설접지도체, 레일 등으로 구성하여 단권변압기 중성점과 공통접지에 접속한다.
④ 비절연보호도체의 위치는 통신유도장해 및 레일전위의 상승의 경감을 고려하여 결정하여야 한다.

해설 **귀선로(KEC 431.5)**

- 귀선로는 비절연보호도체, 매설접지도체, 레일 등으로 구성하여 단권변압기 중성점과 공통접지에 접속한다.
- 비절연보호도체의 위치는 통신유도장해 및 레일전위의 상승의 경감을 고려하여 결정하여야 한다.
- 귀선로는 사고 및 지락 시에도 충분한 허용전류용량을 갖도록 하여야 한다. 답 ①

283

핵심이론 찾아보기▶핵심 04-1 기사 21년 출제

직류 750[V]의 전차선과 차량 간의 최소절연이격거리는 동적일 경우 몇 [mm]인가?

① 25 ② 100 ③ 150 ④ 170

해설 전차선로의 충전부와 차량 간의 절연이격(KEC 431.3)

시스템 종류	공칭전압[V]	동적[mm]	정적[mm]
직류	750	25	25
	1,500	100	150
단상교류	25,000	170	270

답 ①

284

핵심이론 찾아보기▶핵심 04-1

기사 22·14년 출제

교류전차선과 식물 사이의 이격거리는 몇 [m] 이상인가?

① 2.0 ② 3.5 ③ 5.0 ④ 6.5

해설 전차선 등과 식물 사이의 이격거리(KEC 431.11)
교류전차선 등 충전부와 식물 사이의 이격거리는 5[m] 이상이어야 한다. 다만, 5[m] 이상 확보하기 곤란한 경우에는 현장여건을 고려하여 방호벽 등 안전조치를 하여야 한다. **답** ③

285

핵심이론 찾아보기▶핵심 04-2

기사 21년 출제

급전용 변압기는 교류 전기철도의 경우 3상 어떤 변압기의 적용을 원칙으로 하고, 급전계통에 적합하게 선정하여야 하는가?

① 3상 정류기용 변압기
② 단상 정류기용 변압기
③ 3상 스코트결선 변압기
④ 단상 스코트결선 변압기

해설 변전소의 설비(KEC 421.4)
급전용 변압기는 직류 전기철도의 경우 3상 정류기용 변압기, 교류 전기철도의 경우 3상 스코트결선 변압기의 적용을 원칙으로 하고, 급전계통에 적합하게 선정하여야 한다. **답** ③

286

핵심이론 찾아보기▶핵심 04-3

기사 21년 출제

전기철도의 설비를 보호하기 위해 시설하는 피뢰기의 시설기준으로 틀린 것은?

① 피뢰기는 변전소 인입측 및 급전선 인출측에 설치하여야 한다.
② 피뢰기는 가능한 한 보호하는 기기와 가깝게 시설하되 누설전류 측정이 용이하도록 지지대와 절연하여 설치한다.
③ 피뢰기는 개방형을 사용하고 유효보호거리를 증가시키기 위하여 방전개시전압 및 제한전압이 낮은 것을 사용한다.
④ 피뢰기는 가공전선과 직접 접속하는 지중케이블에서 낙뢰에 의해 절연파괴의 우려가 있는 케이블 단말에 설치하여야 한다.

해설 피뢰기 설치장소(KEC 451.3)
- 변전소 인입측 및 급전선 인출측
- 가공전선과 직접 접속하는 지중케이블에서 낙뢰에 의해 절연파괴의 우려가 있는 케이블 단말
- 피뢰기는 가능한 한 보호하는 기기와 가깝게 시설하되 누설전류 측정이 용이하도록 지지대와 절연하여 설치

※ **피뢰기의 선정**(KEC 451.4)
피뢰기는 밀봉형을 사용하고 유효보호거리를 증가시키기 위하여 방전개시전압 및 제한전압이 낮은 것을 사용한다.

답 ③

287 핵심이론 찾아보기▶핵심 04-3 기사 21년 출제

전식방지대책에서 매설금속체측의 누설전류에 의한 전식의 피해가 예상되는 곳에 고려하여야 하는 방법으로 틀린 것은?

① 절연코팅　② 배류장치 설치
③ 변전소 간 간격 축소　④ 저준위 금속체를 접속

해설 **전식방지대책(KEC 461.4)**

- 전기철도측의 전식방식 또는 전식예방을 위해서는 다음 방법을 고려한다.
  - 변전소 간 간격 축소
  - 레일본드의 양호한 시공
  - 장대레일 채택
  - 절연도상 및 레일과 침목 사이에 절연층의 설치
- 매설금속체측의 누설전류에 의한 전식의 피해가 예상되는 곳은 다음 방법을 고려한다.
  - 배류장치 설치
  - 절연코팅
  - 매설금속체 접속부 절연
  - 저준위 금속체를 접속
  - 궤도와의 이격거리 증대
  - 금속판 등의 도체로 차폐

답 ③

288 핵심이론 찾아보기▶핵심 04-3 기사 21년 출제

전기철도차량이 전차선로와 접촉한 상태에서 견인력을 끄고 보조전력을 가동한 상태로 정지해 있는 경우, 가공 전차선로의 유효전력이 200[kW] 이상일 경우 총 역률은 몇 보다는 작아서는 안되는가?

① 0.9　② 0.8　③ 0.7　④ 0.6

해설 **전기철도차량의 역률(KEC 441.4)**

규정된 비지속성 최저전압에서 비지속성 최고전압까지의 전압범위에서 유도성 역률 및 전력소비에 대해서만 적용되며, 회생제동 중에는 전압을 제한범위 내로 유지시키기 위하여 유도성 역률을 낮출 수 있다. 다만, 전기철도차량이 전차선로와 접촉한 상태에서 견인력을 끄고 보조전력을 가동한 상태로 정지해 있는 경우, 가공 전차선로의 유효전력이 200[kW] 이상일 경우 총 역률은 0.8보다는 작아서는 안 된다.

답 ②

289 핵심이론 찾아보기▶핵심 04-3 기사 21년 출제

순시조건($t \leq 0.5$초)에서 교류 전기철도 급전시스템에서의 레일 전위의 최대 허용 접촉전압(실효값)으로 옳은 것은?

① 60[V]　② 65[V]　③ 440[V]　④ 670[V]

해설 **레일 전위의 위험에 대한 보호(KEC 461.2) – 교류 전기철도 급전시스템의 최대 허용 접촉전압**

시간조건	최대 허용 접촉전압(실효값)
순시조건($t \leq 0.5$초)	670[V]
일시적 조건(0.5초$< t \leq$300초)	65[V]
영구적 조건($t >$300초)	60[V]

답 ④

290

핵심이론 찾아보기▶핵심 05-1 기사 21년 출제

계통 연계하는 분산형 전원설비를 설치하는 경우 이상 또는 고장발생 시 자동적으로 분산형 전원설비를 전력계통으로부터 분리하기 위한 장치 시설 및 해당 계통과의 보호협조를 실시하여야 하는 경우로 알맞지 않은 것은?

① 단독운전 상태
② 연계한 전력계통의 이상 또는 고장
③ 조상설비의 이상 발생 시
④ 분산형 전원설비의 이상 또는 고장

해설 **계통 연계용 보호장치의 시설(KEC 503.2.4)**
- 분산형 전원설비의 이상 또는 고장
- 연계한 전력계통의 이상 또는 고장
- 단독운전 상태

답 ③

291

핵심이론 찾아보기▶핵심 05-1 기사 21년 출제

전기저장장치의 시설 중 제어 및 보호장치에 관한 사항으로 옳지 않은 것은?

① 상용전원이 정전되었을 때 비상용 부하에 전기를 안정적으로 공급할 수 있는 시설을 갖추어야 한다.
② 전기저장장치의 접속점에는 쉽게 개폐할 수 없는 곳에 개방상태를 육안으로 확인할 수 있는 전용의 개폐기를 시설하여야 한다.
③ 직류 전로에 과전류차단기를 설치하는 경우 직류 단락전류를 차단하는 능력을 가지는 것이어야 하고 "직류용" 표시를 하여야 한다.
④ 전기저장장치의 직류 전로에는 지락이 생겼을 때에 자동적으로 전로를 차단하는 장치를 시설하여야 한다.

해설 **제어 및 보호장치(KEC 512.2.2)**
전기저장장치의 접속점에는 쉽게 개폐할 수 있는 곳에 개방상태를 육안으로 확인할 수 있는 전용의 개폐기를 시설하여야 한다.

답 ②

292

핵심이론 찾아보기▶핵심 05-1 기사 21년 출제

전기저장장치의 이차전지에 자동으로 전로로부터 차단하는 장치를 시설하여야 하는 경우로 틀린 것은?

① 과저항이 발생한 경우
② 과전압이 발생한 경우
③ 제어장치에 이상이 발생한 경우
④ 이차전지 모듈의 내부 온도가 급격히 상승할 경우

해설 **제어 및 보호장치(KEC 512.2.2) – 전기저장장치의 이차전지 자동차단장치 설치하는 경우**
- 과전압 또는 과전류가 발생한 경우
- 제어장치에 이상이 발생한 경우
- 이차전지 모듈의 내부 온도가 급격히 상승할 경우

답 ①

293 핵심이론 찾아보기▶핵심 05-1 기사 22·21년 출제

주택의 전기저장장치의 축전지에 접속하는 부하측 옥내배선 전로에 지락이 생겼을 때, 자동적으로 전로를 차단하는 장치를 시설하는 경우에 주택의 옥내전로의 대지전압은 직류 몇 [V]까지 적용할 수 있는가?

① 150 ② 300 ③ 400 ④ 600

해설 **옥내전로의 대지전압 제한(KEC 511.3)**
주택의 전기저장장치의 축전지에 접속하는 부하측 옥내배선을 다음에 따라 시설하는 경우에 주택의 옥내전로의 대지전압은 직류 600[V]까지 적용할 수 있다.
- 전로에 지락이 생겼을 때 자동적으로 전로를 차단하는 장치를 시설할 것
- 사람이 접촉할 우려가 없는 은폐된 장소에 합성수지관배선, 금속관배선 및 케이블배선에 의하여 시설하거나, 사람이 접촉할 우려가 없도록 케이블배선에 의하여 시설하고 전선에 적당한 방호장치를 시설할 것

답 ④

294 핵심이론 찾아보기▶핵심 05-2 기사 18년 출제

태양전지발전소에 태양전지 모듈 등을 시설할 경우 사용전선(연동선)의 공칭단면적은 몇 [mm^2] 이상인가?

① 1.6 ② 2.5 ③ 5 ④ 10

해설 **전기저장장치의 시설(KEC 512.1.1)**
전선은 공칭단면적 2.5[mm^2] 이상의 연동선으로 하고, 배선은 합성수지관공사, 금속관공사, 가요전선관공사 또는 케이블공사로 시설할 것

답 ②

295 핵심이론 찾아보기▶핵심 05-2 기사 20년 출제

태양전지발전소에 시설하는 태양전지 모듈, 전선 및 개폐기, 기타 기구의 시설기준에 대한 내용으로 틀린 것은?

① 충전부분은 노출되지 아니하도록 시설할 것
② 옥내에 시설하는 경우에는 전선을 케이블공사로 시설할 수 있다.
③ 태양전지 모듈의 프레임은 지지물과 전기적으로 완전하게 접속하여야 한다.
④ 태양전지 모듈을 병렬로 접속하는 전로에는 과전류차단기를 시설하지 않아도 된다.

해설 **과전류 및 지락 보호장치(KEC 522.3.2)**
태양전지 모듈을 병렬로 접속하는 전로에는 그 전로에 단락이 생긴 경우에 전로를 보호하는 과전류차단기를 시설할 것

답 ④

296 핵심이론 찾아보기▶핵심 05-2 기사 18년 출제

태양전지 모듈의 시설에 대한 설명으로 옳은 것은?

① 충전부분은 노출하여 시설할 것
② 출력배선은 극성별로 확인 가능하도록 표시할 것
③ 전선은 공칭단면적 1.5[mm^2] 이상의 연동선을 사용할 것
④ 전선을 옥내에 시설할 경우에는 애자공사에 준하여 시설할 것

해설 **전기저장장치(KEC 512.1.1)**
전선은 공칭단면적 2.5[mm^2] 이상의 연동선으로 하고, 배선은 합성수지관공사, 금속관공사, 가요전선관공사 또는 케이블공사로 시설할 것
※ 태양전지 모듈, 전선, 개폐기 및 기타 기구는 충전부분이 노출되지 않도록 시설하여야 한다(KEC 521.2).
답 ②

297

핵심이론 찾아보기▶핵심 05-2 기사 21년 출제

태양광설비에 시설하여야 하는 계측기의 계측대상에 해당하는 것은?

① 전압과 전류 ② 전력과 역률 ③ 전류와 역률 ④ 역률과 주파수

해설 **태양광설비의 계측장치(KEC 522.3.6)**
태양광설비에는 전압과 전류 또는 전압과 전력을 계측하는 장치를 시설하여야 한다. **답** ①

298

핵심이론 찾아보기▶핵심 05-2 기사 21년 출제

태양전지 모듈의 직렬군 최대개방전압이 직류 750[V] 초과 1,500[V] 이하인 시설장소에서 하여야 할 울타리 등의 안전조치로 알맞지 않은 것은?

① 태양전지 모듈을 지상에 설치하는 경우 울타리・담 등을 시설하여야 한다.
② 태양전지 모듈을 일반인이 쉽게 출입할 수 있는 옥상 등에 시설하는 경우는 식별이 가능하도록 위험표시를 하여야 한다.
③ 태양전지 모듈을 일반인이 쉽게 출입할 수 없는 옥상・지붕에 설치하는 경우는 모듈 프레임 등 쉽게 식별할 수 있는 위치에 위험표시를 하여야 한다.
④ 태양전지 모듈을 주차장 상부에 시설하는 경우는 위험표시를 하지 않아도 된다.

해설 **설치장소의 요구사항(KEC 521.1)**
태양전지 모듈의 직렬군 최대개방전압이 직류 750[V] 초과 1,500[V] 이하인 시설장소는 다음에 따라 울타리 등의 안전조치를 하여야 한다.
- 태양전지 모듈을 지상에 설치하는 경우는 울타리・담 등을 시설하여야 한다.
- 태양전지 모듈을 일반인이 쉽게 출입할 수 있는 옥상 등에 시설하는 경우는 충전부분이 노출하지 아니하는 기계기구를 사람이 쉽게 접촉할 우려가 없도록 시설하여야 하고 식별이 가능하도록 위험표시를 하여야 한다.
- 태양전지 모듈을 일반인이 쉽게 출입할 수 없는 옥상・지붕에 설치하는 경우는 모듈 프레임 등 쉽게 식별할 수 있는 위치에 위험표시를 하여야 한다.
- 태양전지 모듈을 주차장 상부에 시설하는 경우는 차량의 출입 등에 의한 구조물, 모듈 등의 손상이 없도록 하여야 한다.

답 ④

299

핵심이론 찾아보기▶핵심 05-3 기사 21년 출제

풍력터빈에 설비의 손상을 방지하기 위하여 시설하는 운전상태를 계측하는 계측장치로 틀린 것은?

① 조도계 ② 압력계 ③ 온도계 ④ 풍속계

해설 **계측장치의 시설(KEC 532.3.7)**
풍력터빈에는 설비의 손상을 방지하기 위하여 운전상태를 계측하는 다음의 계측장치를 시설하여야 한다.

- 회전속도계
- 나셀(nacelle) 내의 진동을 감시하기 위한 진동계
- 풍속계
- 압력계
- 온도계

 ①

300 핵심이론 찾아보기▶**핵심 05-3** 기사 22·21년 출제

풍력설비시설의 시설기준에 대한 설명으로 옳지 않는 것은?

① 간선의 시설 시 단자의 접속은 기계적, 전기적 안전성을 확보하도록 하여야 한다.

② 나셀 등 풍력발전기 상부시설에 접근하기 위한 안전한 시설물을 강구하여야 한다.

③ 100[kW] 이상의 풍력터빈은 나셀 내부의 화재발생 시, 이를 자동으로 소화할 수 있는 화재방호설비를 시설하여야 한다.

④ 풍력발전기에서 출력배선에 쓰이는 전선은 CV선 또는 TFR-CV선을 사용하거나 동등 이상의 성능을 가진 제품을 사용하여야 한다.

해설 **화재방호설비 시설(KEC 531.3)**
500[kW] 이상의 풍력터빈은 나셀 내부의 화재발생 시, 이를 자동으로 소화할 수 있는 화재방호설비를 시설하여야 한다.

답 ③

MEMO

최근 과년도 출제문제

2020년 제1·2회 통합 기출문제

2020년 제3회 기출문제

2020년 제4회 기출문제

2021년 제1회 기출문제

2021년 제2회 기출문제

2021년 제3회 기출문제

2022년 제1회 기출문제

2022년 제2회 기출문제

2022년 제3회 CBT 기출복원문제

"할 수 있다고 믿는 사람은 그렇게 되고,
할 수 없다고 믿는 사람 역시 그렇게 된다."

– 샤를 드골 –

2020. 6. 6. 시행

2020년 제1 · 2회 통합 기출문제

제1과목 전기자기학

01 면적이 매우 넓은 두 개의 도체판을 d[m] 간격으로 수평하게 평행 배치하고, 이 평행 도체판 사이에 놓인 전자가 정지하고 있기 위해서 그 도체판 사이에 가하여야 할 전위차[V]는? (단, g는 중력 가속도이고, m은 전자의 질량이고, e는 전자의 전하량이다.)

① $mged$

② $\dfrac{ed}{mg}$

③ $\dfrac{mgd}{e}$

④ $\dfrac{mge}{d}$

해설 힘 $F=mg[\text{H}]$(중력)

$=q\cdot E=eE=e\dfrac{v}{d}[\text{H}]$

$mg=e\dfrac{V}{d}$

전위차 $V=\dfrac{mgd}{e}[\text{V}]$

02 자기 회로에서 자기 저항의 크기에 대한 설명으로 옳은 것은?

① 자기 회로의 길이에 비례

② 자기 회로의 단면적에 비례

③ 자성체의 비투자율에 비례

④ 자성체의 비투자율의 제곱에 비례

해설 자기 저항 $R_m=\dfrac{l}{\mu s}$

$=\dfrac{l}{\mu_0\mu_s s}[\text{AT/Wb}]$

03 전위 함수 $V=x^2+y^2$[V]일 때 점 (3, 4)[m]에서 등전위선의 반지름은 몇 [m]이며 전기력선 방정식은 어떻게 되는가?

① 등전위선의 반지름 : 3

전기력선 방정식 : $y=\dfrac{3}{4}x$

② 등전위선의 반지름 : 4

전기력선 방정식 : $y=\dfrac{4}{3}x$

③ 등전위선의 반지름 : 5

전기력선 방정식 : $x=\dfrac{4}{3}y$

④ 등전위선의 반지름 : 5

전기력선 방정식 : $x=\dfrac{3}{4}y$

해설 • 등전위선의 반지름

$r=\sqrt{x^2+y^2}=\sqrt{3^2+4^2}=5[\text{m}]$

• 전기력선 방정식

$E=-\text{g rad}V=-2xi-2yj[\text{V/m}]$

$\dfrac{dx}{Ex}=\dfrac{dy}{Ey}$에서 $\dfrac{1}{-2x}dx=\dfrac{1}{-2y}dy$

$\ln x=\ln y+\ln c$

$x=cy,\ c=\dfrac{x}{y}=\dfrac{3}{4}$

$\therefore\ x=\dfrac{3}{4}y$

04 자기 인덕턴스와 상호 인덕턴스와의 관계에서 결합 계수 k의 범위는?

① $0\le k\le\dfrac{1}{2}$ ② $0\le k\le 1$

③ $0\le k\le 2$ ④ $0\le k\le 10$

해설 결합 계수 k

$0\le k=\dfrac{M}{\sqrt{L_1L_2}}\le 1$

정답 01. ③ 02. ① 03. ④ 04. ②

05 10[mm]의 지름을 가진 동선에 50[A]의 전류가 흐르고 있을 때 단위시간 동안 동선의 단면을 통과하는 전자의 수는 약 몇 개인가?

① 7.85×10^{16}

② 20.45×10^{15}

③ 31.21×10^{19}

④ 50×10^{19}

해설 전류 $I = \dfrac{Q}{t} = \dfrac{n \cdot e}{1}$

전자 개수 $n = \dfrac{I}{e} = \dfrac{50}{1.602 \times 10^{-19}}$

$= 31.21 \times 10^{19}$개

06 면적이 S[m²]이고, 극간의 거리가 d[m]인 평행판 콘덴서에 비유전율이 ε_r인 유전체를 채울 때 정전 용량[F]은? (단, ε_0는 진공의 유전율이다.)

출제빈도

① $\dfrac{2\varepsilon_0\varepsilon_r S}{d}$ ② $\dfrac{\varepsilon_0\varepsilon_r S}{\pi d}$

③ $\dfrac{\varepsilon_0\varepsilon_r S}{d}$ ④ $\dfrac{2\pi\varepsilon_0\varepsilon_r S}{d}$

해설 전위차 $V = Ed = \dfrac{\sigma d}{\varepsilon}$[V]

정전 용량 $C = \dfrac{Q}{V} = \dfrac{\sigma \cdot S}{\dfrac{\sigma d}{\varepsilon}} = \dfrac{\varepsilon S}{d} = \dfrac{\varepsilon_0 \varepsilon_r S}{d}$[F]

07 반자성체의 비투자율(μ_r)값의 범위는?

① $\mu_r = 1$

② $\mu_r < 1$

③ $\mu_r > 1$

④ $\mu_r = 0$

해설 자성체의 비투자율 μ_r

- 상자성체 : $\mu_r > 1$
- 강자성체 : $\mu_r \gg 1$
- 반자성체 : $\mu_r < 1$

08 반지름 r[m]인 무한장 원통형 도체에 전류가 균일하게 흐를 때 도체 내부에서 자계의 세기[AT/m]는?

① 원통 중심축으로부터 거리에 비례한다.

② 원통 중심축으로부터 거리에 반비례한다.

③ 원통 중심축으로부터 거리의 제곱에 비례한다.

④ 원통 중심축으로부터 거리의 제곱에 반비례한다.

해설 원통 도체 내부의 자계의 세기 H'

$H' = \dfrac{I \cdot r}{2\pi a^2} \propto r$

09 비유전율 ε_r이 4인 유전체의 분극률은 진공의 유전율 ε_0의 몇 배인가?

출제빈도

① 1 ② 3

③ 9 ④ 12

해설 분극률 $\chi = \varepsilon_0(\varepsilon_s - 1)$

$= \varepsilon_0(4-1)$

$= 3\varepsilon_0$[F/m]

10 그림에서 N=1,000회, l=100[cm], S=10[cm²]인 환상 철심의 자기 회로에 전류 I=10[A]를 흘렸을 때 축적되는 자계 에너지는 몇 [J]인가? (단, 비투자율 μ_r =100)

출제빈도

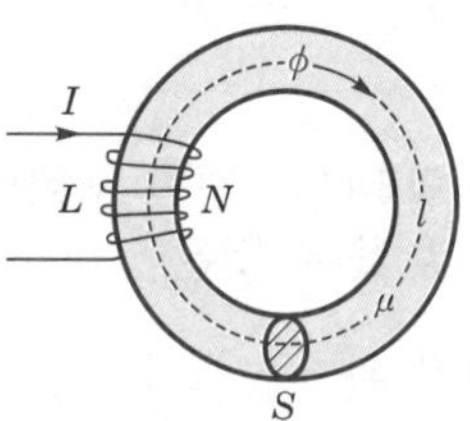

① $2\pi \times 10^{-3}$ ② $2\pi \times 10^{-2}$

③ $2\pi \times 10^{-1}$ ④ 2π

해설 인덕턴스 $L = \dfrac{\mu_0 \mu_s N^2 s}{l}$

$= \dfrac{4\pi \times 10^{-7} \times 100 \times 1{,}000^2 \times 10 \times 10^{-4}}{1}$

$= 4\pi \times 10^{-2}$[H]

정답 05. ③ 06. ③ 07. ② 08. ① 09. ② 10. ④

축적 에너지 $W_H=\frac{1}{2}LI^2$

$=\frac{1}{2}\times 4\pi\times 10^{-2}\times 10^2$

$=2\pi[J]$

11 **정전계 해석에 관한 설명으로 틀린 것은?**

① 푸아송 방정식은 가우스 정리의 미분형으로 구할 수 있다.

② 도체 표면에서 전계의 세기는 표면에 대해 법선 방향을 갖는다.

③ 라플라스 방정식은 전극이나 도체의 형태에 관계없이 체적 전하 밀도가 0인 모든 점에서 $\nabla^2 V=0$을 만족한다.

④ 라플라스 방정식은 비선형 방정식이다.

해설 라플라스(Laplace) 방정식은 체적 전하 밀도 $\rho=0$인 모든 점에서 $\nabla^2 V=0$이며 선형 방정식이다.

12 **자기 유도 계수 L의 계산 방법이 아닌 것은? (단, N : 권수, ϕ : 자속[Wb], I : 전류[A], A : 벡터 퍼텐셜[Wb/m], i : 전류 밀도[A/m²], B : 자속 밀도[Wb/m²], H : 자계의 세기[AT/m])**

① $L=\frac{N\phi}{I}$　② $L=\frac{\int_v A\cdot i dv}{I^2}$

③ $L=\frac{\int_v B\cdot H dv}{I^2}$　④ $L=\frac{\int_v A\cdot i dv}{I}$

해설 쇄교 자속 $N\phi=LI$

인덕턴스 $L=\frac{N\phi}{I}$

자속 $\phi=\int_s B\vec{n}ds=\int_s \text{rot}A\vec{n}ds=\oint_c A dl$

전류 $I=\oint_c H\cdot dl=\int_s \vec{i n}ds$

$L=\frac{N\phi}{I}=\frac{\phi I}{I^2}=\frac{\oint A dl\cdot\int \vec{i n}ds}{I^2}$

$=\frac{\int_v A\cdot i dv}{I^2}$

13 **20[℃]에서 저항의 온도 계수가 0.002인 니크롬선의 저항이 100[Ω]이다. 온도가 60[℃]로 상승되면 저항은 몇 [Ω]이 되겠는가?**

① 108　② 112

③ 115　④ 120

해설 온도에 따른 저항 R_T

$R_T=R_t\{1+\alpha_t(T-t)\}$

$=100\times\{1+0.002\times(60-20)\}$

$=108[\Omega]$

14 **공기 중에 있는 무한히 긴 직선 도선에 10[A]의 전류가 흐르고 있을 때 도선으로부터 2[m] 떨어진 점에서의 자속 밀도는 몇 [Wb/m²] 인가?**

출제빈도

① 10^{-5}　② 0.5×10^{-6}

③ 10^{-6}　④ 2×10^{-6}

해설 자계의 세기 $H=\frac{I}{2\pi r}$[AT/m]

자속 밀도 $B=\mu_0 H=\frac{\mu_0 I}{2\pi r}$

$=\frac{4\pi\times 10^{-7}\times 10}{2\pi\times 2}$

$=10^{-6}[\text{Wb/m}^2]$

15 **전계 및 자계의 세기가 각각 E[V/m], H[AT/m]일 때 포인팅 벡터 P[W/m²]의 표현으로 옳은 것은?**

① $P=\frac{1}{2}E\times H$　② $P=E\,\text{rot}\,H$

③ $P=E\times H$　④ $P=H\,\text{rot}\,E$

정답 11. ④ 12. ④ 13. ① 14. ③ 15. ③

해설 포인팅 벡터(poynting vector)는 평면 전자파의 E와 H가 단위 시간에 대한 단위 면적을 통과하는 에너지 흐름을 벡터로 표한 것으로 아래와 같이 표시한다.

$P = E \times H[\mathrm{W/m^2}]$

16 평등 자계 내에 전자가 수직으로 입사하였을 때 전자의 운동에 대한 설명으로 옳은 것은?

출제빈도

① 원심력은 전자 속도에 반비례한다.

② 구심력은 자계의 세기에 반비례한다.

③ 원운동을 하고, 반지름은 자계의 세기에 비례한다.

④ 원운동을 하고, 반지름은 전자의 회전속도에 비례한다.

해설

원심력 $F = \dfrac{mv^2}{r}$[H]

구심력 $F = evB = \mu_0 evH$

$F_{원} = F_{구}$ 상태에서 원운동을 하므로

$\dfrac{mv^2}{r} = evB$에서 반지름 $r = \dfrac{mv}{eB} \propto v$

17 진공 중 3[m] 간격으로 2개의 평행한 무한 평판 도체에 각각 $+4[\mathrm{C/m^2}]$, $-4[\mathrm{C/m^2}]$의 전하를 주었을 때 두 도체 간의 전위차는 약 몇 [V]인가?

출제빈도

① 1.5×10^{11}　② 1.5×10^{12}

③ 1.36×10^{11}　④ 1.36×10^{12}

해설

전계의 세기 $E = \dfrac{\sigma}{\varepsilon_0}$[V/m]

전위차 $V = Ed = \dfrac{\sigma d}{\varepsilon_0}$

$= \dfrac{4 \times 3}{8.855 \times 10^{-12}}$

$= 1.355 \times 10^{12} \fallingdotseq 1.36 \times 10^{12}$[V]

18 자속 밀도 $B[\mathrm{Wb/m^2}]$의 평등 자계 내에서 길이 l[m]인 도체 ab가 속도 v[m/s]로 그림과 같이 도선을 따라서 자계와 수직으로 이동할 때 도체 ab에 의해 유기된 기전력의 크기 e[V]와 폐회로 abcd 내 저항 R에 흐르는 전류의 방향은? (단, 폐회로 abcd 내 도선 및 도체의 저항은 무시한다.)

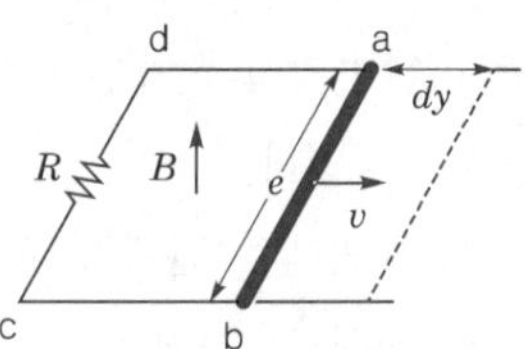

① $e = Blv$, 전류 방향 : c → d

② $e = Blv$, 전류 방향 : d → c

③ $e = Blv^2$, 전류 방향 : c → d

④ $e = Blv^2$, 전류 방향 : d → c

해설 플레밍의 오른손 법칙

유기 기전력 $e = vBl\sin\theta = Blv$[V]

방향 a → b → c → d

19 유전율이 ε_1, ε_2[F/m]인 유전체 경계면에 단위 면적당 작용하는 힘의 크기는 몇 $[\mathrm{N/m^2}]$인가? (단, 전계가 경계면에 수직인 경우이며, 두 유전체에서의 전속 밀도는 $D_1 = D_2 = D[\mathrm{C/m^2}]$이다.)

출제빈도

① $2\left(\dfrac{1}{\varepsilon_1} - \dfrac{1}{\varepsilon_2}\right)D^2$　② $2\left(\dfrac{1}{\varepsilon_1} + \dfrac{1}{\varepsilon_2}\right)D^2$

③ $\dfrac{1}{2}\left(\dfrac{1}{\varepsilon_1} + \dfrac{1}{\varepsilon_2}\right)D^2$　④ $\dfrac{1}{2}\left(\dfrac{1}{\varepsilon_2} - \dfrac{1}{\varepsilon_1}\right)D^2$

해설

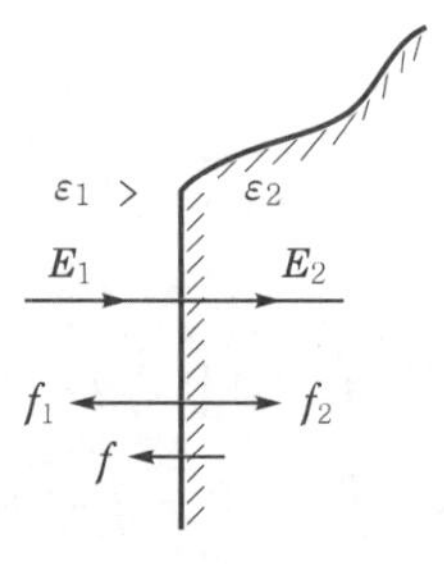

▌경계면▌

정답 16. ④ 17. ④ 18. ① 19. ④

경계면에 전계가 수직으로 입사하는 경우 $D_1 = D_2 = D$, 인장 응력이 작용한다.

$$f_1 = \frac{1}{2}\frac{{D_1}^2}{\varepsilon_1},\ f_2 = \frac{1{D_2}^2}{2\varepsilon_2}$$

$\varepsilon_1 > \varepsilon_2$일 때

$$f = f_2 - f_1 = \frac{1}{2}\left(\frac{1}{\varepsilon_2} - \frac{1}{\varepsilon_1}\right)D^2[\mathrm{N/m^2}]$$

단위 면적당 작용하는 힘은 유전율이 큰 쪽에서 작은 쪽으로 작용한다.

20 출제빈도 **그림과 같이 내부 도체구 A에 $+Q$[C], 외부 도체구 B에 $-Q$[C]를 부여한 동심 도체구 사이의 정전 용량 C[F]는?**

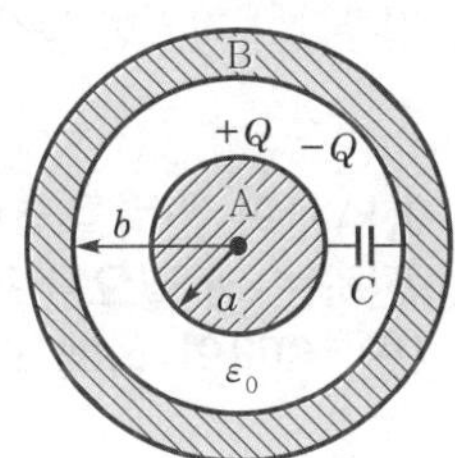

① $4\pi\varepsilon_0(b-a)$

② $\dfrac{4\pi\varepsilon_0 ab}{b-a}$

③ $\dfrac{ab}{4\pi\varepsilon_0(b-a)}$

④ $4\pi\varepsilon_0\left(\dfrac{1}{a} - \dfrac{1}{b}\right)$

해설 전위차 $V = \dfrac{Q}{4\pi\varepsilon_0}\left(\dfrac{1}{a} - \dfrac{1}{b}\right)[\mathrm{V}]$

정전 용량 $C = \dfrac{Q}{V} = \dfrac{4\pi\varepsilon_0}{\dfrac{1}{a} - \dfrac{1}{b}}$

$= 4\pi\varepsilon_0\dfrac{ab}{b-a}[\mathrm{F}]$

제2과목 ▶ 전력공학

21 출제빈도 **중성점 직접 접지 방식의 발전기가 있다. 1선지락 사고 시 지락 전류는? (단, Z_1, Z_2, Z_0는 각각 정상, 역상, 영상 임피던스이며, E_a는 지락된 상의 무부하 기전력이다.)**

① $\dfrac{E_a}{Z_0 + Z_1 + Z_2}$

② $\dfrac{Z_1 E_a}{Z_0 + Z_1 + Z_2}$

③ $\dfrac{3E_a}{Z_0 + Z_1 + Z_2}$

④ $\dfrac{Z_0 E_a}{Z_0 + Z_1 + Z_2}$

해설 1선 지락 시 대칭분의 전류

$$I_0 = I_1 = I_2 = \frac{E_a}{Z_0 + Z_1 + Z_2}$$

1선 지락 시 지락 전류 $I_g = 3I_0 = \dfrac{3E_a}{Z_0 + Z_1 + Z_2}$

22  **다음 중 송전 계통의 절연 협조에 있어서 절연 레벨이 가장 낮은 기기는?**

① 피뢰기 ② 단로기

③ 변압기 ④ 차단기

해설 **절연 협조 순서**

선로 애자 > 기타 설비 > 변압기 > 피뢰기

23 **화력 발전소에서 절탄기의 용도는?**

① 보일러에 공급되는 급수를 예열한다.

② 포화 증기를 과열한다.

③ 연소용 공기를 예열한다.

④ 석탄을 건조한다.

해설 **절탄기**

연도 중간에 설치하여 연도로 빠져나가는 여열로 급수를 예열하여 연료 소비를 절감시키는 설비이다.

정답 20. ② 21. ③ 22. ① 23. ①

24 3상 배전 선로의 말단에 역률 60[%](늦음), 60[kW]의 평형 3상 부하가 있다. 부하점에 부하와 병렬로 전력용 콘덴서를 접속하여 선로 손실을 최소로 하고자 할 때 콘덴서 용량[kVA]은? (단, 부하의 전압은 일정하다.)

① 40
② 60
③ 80
④ 100

해설 선로 손실을 최소로 하려면 역률을 100[%]로 개선하여야 하므로 전력용 콘덴서 용량은 개선 전의 지상 무효 전력과 같아야 한다.

$\therefore\ Q = P\tan\theta = 60 \times \dfrac{0.8}{0.6} = 80[\text{kVA}]$

25 송·배전 선로에서 선택 지락 계전기(SGR)의 용도는?

① 다회선에서 접지 고장 회선의 선택
② 단일 회선에서 접지 전류의 대·소 선택
③ 단일 회선에서 접지 전류의 방향 선택
④ 단일 회선에서 접지 사고의 지속 시간 선택

해설 다회선 송전 선로의 지락 사고 차단에 사용하는 계전기는 고장난 회선을 선택하는 선택 접지 계전기를 사용한다.

26 정격 전압 7.2[kV], 정격 차단 용량 100[MVA]인 3상 차단기의 정격 차단 전류는 약 몇 [kA]인가?

① 4　　② 6
③ 7　　④ 8

해설 정격 차단 전류

$$I_s = \frac{P_s}{\sqrt{3}\,V_n} = \frac{100\times10^3}{\sqrt{3}\times7.2} = 8{,}018.52[\text{A}]$$
$$\fallingdotseq 8[\text{kA}]$$

27 고장 즉시 동작하는 특성을 갖는 계전기는?

① 순시 계전기
② 정한시 계전기
③ 반한시 계전기
④ 반한시성 정한시 계전기

해설 **계전기 동작 시간에 의한 분류**
- 순한시 계전기 : 정정된 최소 동작 전류 이상의 전류가 흐르면 즉시 동작하는 계전기
- 정한시 계전기 : 정정된 값 이상의 전류가 흐르면 정해진 일정 시간 후에 동작하는 계전기
- 반한시 계전기 : 정정된 값 이상의 전류가 흐를 때 동작 시간이 전류값이 크면 동작 시간은 짧아지고, 전류값이 작으면 동작 시간이 길어진다.

28 30,000[kW]의 전력을 51[km] 떨어진 지점에 송전하는 데 필요한 전압은 약 몇 [kV]인가? (단, Still의 식에 의하여 산정한다.)

① 22　　② 33
③ 66　　④ 100

해설 **Still의 식**

송전 전압 $V_s = 5.5\sqrt{0.6l + \dfrac{P}{100}}\,[\text{kV}]$

$$= 5.5\sqrt{0.6\times51 + \frac{30{,}000}{100}}$$
$$= 100[\text{kV}]$$

29 댐의 부속 설비가 아닌 것은?

① 수로
② 수조
③ 취수구
④ 흡출관

해설 흡출관은 중낙차 또는 저낙차용으로 적용되는 반동수차에서 낙차를 증대시킬 목적으로 사용되는 수차의 부속 설비이다.

정답 24. ③ 25. ① 26. ④ 27. ① 28. ④ 29. ④

30 3상 3선식에서 전선 한 가닥에 흐르는 전류는 단상 2선식의 경우의 몇 배가 되는가? (단, 송전 전력, 부하 역률, 송전 거리, 전력 손실 및 선간 전압이 같다.)

① $\frac{1}{\sqrt{3}}$ ② $\frac{2}{3}$

③ $\frac{3}{4}$ ④ $\frac{4}{9}$

해설 동일 전력이므로 $VI_1 = \sqrt{3}\, VI_3$에서

전류비 $\frac{I_3}{I_1} = \frac{1}{\sqrt{3}}$

31 사고, 정전 등의 중대한 영향을 받는 지역에서 정전과 동시에 자동적으로 예비 전원용 배전 선로로 전환하는 장치는?

① 차단기

② 리클로저(recloser)

③ 섹셔널라이저(sectionalizer)

④ 자동 부하 전환 개폐기(auto load transfer switch)

해설 **자동 부하 전환 개폐기(ALTS : Automatic Load Transfer Switch)**

22.9[kV-Y] 접지 계통의 지중 배전 선로에 사용되는 개폐기로, 정전 시에 큰 피해가 예상되는 수용가에 이중 전원을 확보하여 주전원의 정전 시나 정격 전압 이하로 떨어지는 경우 예비 전원으로 자동 전환되어 무정전 전원 공급을 수행하는 개폐기이다.

32 전선의 표피 효과에 대한 설명으로 알맞은 것은?

① 전선이 굵을수록, 주파수가 높을수록 커진다.

② 전선이 굵을수록, 주파수가 낮을수록 커진다.

③ 전선이 가늘수록, 주파수가 높을수록 커진다.

④ 전선이 가늘수록, 주파수가 낮을수록 커진다.

해설 **표피 효과**

전류의 밀도가 도선 중심으로 들어갈수록 줄어드는 현상으로, 전선이 굵을수록, 주파수가 높을수록 커진다.

33 일반 회로 정수가 같은 평행 2회선에서 A, B, C, D는 각각 1회선의 경우의 몇 배로 되는가?

① A : 2배, B : 2배, C : $\frac{1}{2}$배, D : 1배

② A : 1배, B : 2배, C : $\frac{1}{2}$배, D : 1배

③ A : 1배, B : $\frac{1}{2}$배, C : 2배, D : 1배

④ A : 1배, B : $\frac{1}{2}$배, C : 2배, D : 2배

해설 **평행 2회선 4단자 정수**

$$\begin{bmatrix} A_0 & B_0 \\ C_0 & D_0 \end{bmatrix} = \begin{bmatrix} A_1 & \frac{1}{2}B_1 \\ 2C_1 & D_1 \end{bmatrix}$$

34 변전소에서 비접지 선로의 접지 보호용으로 사용되는 계전기에 영상 전류를 공급하는 것은?

① CT ② GPT

③ ZCT ④ PT

해설
- ZCT : 지락 사고가 발생하면 영상 전류를 검출하여 계전기에 공급한다.
- GPT : 지락 사고가 발생하면 영상 전압을 검출하여 계전기에 공급한다.

35 단로기에 대한 설명으로 틀린 것은?

① 소호 장치가 있어 아크를 소멸시킨다.

② 무부하 및 여자 전류 개폐에 사용된다.

③ 사용 회로수에 의해 분류하면 단투형과 쌍투형이 있다.

④ 회로의 분리 또는 계통의 접속 변경 시 사용한다.

정답 30. ① 31. ④ 32. ① 33. ③ 34. ③ 35. ①

해설 단로기는 소호 능력이 없으므로 통전 중의 전로를 개폐할 수 없다. 그러므로 무부하 선로의 개폐에 이용하여야 한다.

36 4단자 정수 $A = 0.9918 + j0.0042$, $B = 34.17 + j50.38$, $C = (-0.006 + j3,247) \times 10^{-4}$인 송전 선로의 송전단에 66[kV]를 인가하고 수전단을 개방하였을 때 수전단 선간 전압은 약 몇 [kV]인가?

① $\dfrac{66.55}{\sqrt{3}}$ ② 62.5

③ $\dfrac{62.5}{\sqrt{3}}$ ④ 66.55

해설 수전단을 개방하였으므로 수전단 전류 $I_r = 0$으로 된다.

$\begin{cases} E_s = AE_r + BI_r \\ I_s = CE_r + DI_r \end{cases}$ 에서

수전단 전압 $E_r = \dfrac{E_s}{A}$

$= \dfrac{66}{0.9918 + j0.0042}$

$= \dfrac{66}{\sqrt{0.9918^2 + 0.0042^2}}$

$\fallingdotseq 66.55[\text{kV}]$

37 증기 터빈 출력을 P[kW], 증기량을 W[t/h], 초압 및 배기의 증기 엔탈피를 각각 i_0, i_1 [kcal/kg]이라 하면 터빈의 효율 η_t[%]는?

① $\dfrac{860P \times 10^3}{W(i_0 - i_1)} \times 100$

② $\dfrac{860P \times 10^3}{W(i_1 - i_0)} \times 100$

③ $\dfrac{860P}{W(i_0 - i_1) \times 10^3} \times 100$

④ $\dfrac{860P}{W(i_1 - i_0) \times 10^3} \times 100$

해설 터빈의 효율$= \dfrac{\text{출력}}{\text{입력}} \times 100[\%]$이므로

$\eta_t = \dfrac{860P}{W(i_0 - i_1) \times 10^3} \times 100[\%]$이다.

38 송전 선로에서 가공 지선을 설치하는 목적이 아닌 것은?

① 뇌(雷)의 직격을 받을 경우 송전선 보호

② 유도뢰에 의한 송전선의 고전위 방지

③ 통신선에 대한 전자 유도 장해 경감

④ 철탑의 접지 저항 경감

해설 가공지선은 뇌격(직격뢰, 유도뢰)으로부터 전선로를 보호하고, 통신선에 대한 전자 유도 장해를 경감시킨다. 철탑의 접지 저항 경감은 매설 지선으로 한다.

39 수전단의 전력원 방정식이 $P_r^{\ 2} + (Q_r + 400)^2 = 250,000$으로 표현되는 전력 계통에서 조상 설비 없이 전압을 일정하게 유지하면서 공급할 수 있는 부하 전력[kW]은? (단, 부하는 무유도성이다.)

① 200 ② 250

③ 300 ④ 350

해설 조상 설비가 없어 $Q_r = 0$이므로 $P_r^{\ 2} + (Q_r + 400)^2 = 250,000$에서 피상 전력 500[kVA], 유효 전력 300[kW], 무효 전력 400[kVar]이고, 부하는 무유도성이므로 최대 부하 전력은 300[kW]로 한다.

40 전력 설비의 수용률[%]을 나타낸 것은?

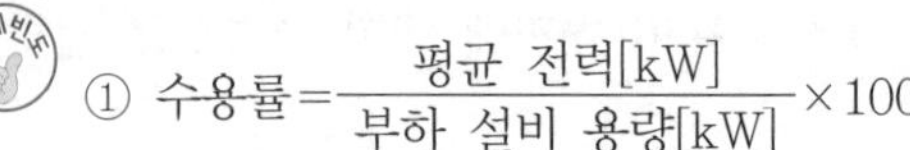

① 수용률$= \dfrac{\text{평균 전력[kW]}}{\text{부하 설비 용량[kW]}} \times 100$

② 수용률$= \dfrac{\text{부하 설비 용량[kW]}}{\text{평균 전력[kW]}} \times 100$

③ 수용률$= \dfrac{\text{최대 수용 전력[kW]}}{\text{부하 설비 용량[kW]}} \times 100$

④ 수용률$= \dfrac{\text{부하 설비 용량[kW]}}{\text{최대 수용 전력[kW]}} \times 100$

정답 36. ④ 37. ③ 38. ④ 39. ③ 40. ③

해설
- 수용률 $= \dfrac{\text{최대 수용 전력[kW]}}{\text{부하 설비 용량[kW]}} \times 100[\%]$
- 부하율 $= \dfrac{\text{평균 부하 전력[kW]}}{\text{최대 수용 전력[kW]}} \times 100[\%]$
- 부등률 $= \dfrac{\text{개개의 최대 수용 전력의 합[kW]}}{\text{합성 최대 수용 전력[kW]}}$

제3과목 전기기기

41 전원 전압이 100[V]인 단상 전파 정류 제어에서 점호각이 30°일 때 직류 평균 전압은 약 몇 [V]인가?

① 54　② 64
③ 84　④ 94

해설 직류 전압(평균값) $E_{d\alpha}$

$$E_{d\alpha} = E_{do} \cdot \frac{1+\cos\alpha}{2}$$
$$= \frac{2\sqrt{2}E}{\pi}\left(\frac{1+\cos 30°}{2}\right)$$
$$= \frac{2\sqrt{2}\times 100}{\pi}\left(\frac{1+\frac{\sqrt{3}}{2}}{2}\right)$$
$$= 83.97[\text{V}]$$

42 단상 유도 전동기의 기동 시 브러시를 필요로 하는 것은?

① 분상 기동형
② 반발 기동형
③ 콘덴서 분상 기동형
④ 셰이딩 코일 기동형

해설 반발 기동형 단상 유도 전동기는 직류 전동기 전기자와 같은 모양의 권선과 정류자를 갖고 있으며 기동 시 브러시를 통하여 외부에서 단락하여 반발 전동기 특유의 큰 기동 토크에 의해 기동한다.

43 3선 중 2선의 전원 단자를 서로 바꾸어서 결선하면 회전 방향이 바뀌는 기기가 아닌 것은?

① 회전 변류기
② 유도 전동기
③ 동기 전동기
④ 정류자형 주파수 변환기

해설 정류자형 주파수 변환기는 유도 전동기의 2차 여자를 하기 위한 교류 여자기로서, 외부에서 원동기에 의해 회전하는 기기이다.

44 단상 유도 전동기의 분상 기동형에 대한 설명으로 틀린 것은?

① 보조 권선은 높은 저항과 낮은 리액턴스를 갖는다.
② 주권선은 비교적 낮은 저항과 높은 리액턴스를 갖는다.
③ 높은 토크를 발생시키려면 보조 권선에 병렬로 저항을 삽입한다.
④ 전동기가 가동하여 속도가 어느 정도 상승하면 보조 권선을 전원에서 분리해야 한다.

해설 분상 기동형 단상 유도 전동기는 낮은 저항의 주권선과 높은 저항의 보조 권선(기동 권선)을 병렬로 전원에 접속하고, 높은 토크를 발생시키려면 보조 권선에 직렬로 저항을 삽입한다.

45 변압기의 %Z가 커지면 단락 전류는 어떻게 변화하는가?

① 커진다.　② 변동없다.
③ 작아진다.　④ 무한대로 커진다.

해설 퍼센트 임피던스 강하 %Z

$$\%Z = \frac{IZ}{V}\times 100 = \frac{I}{\frac{V}{Z}}\times 100 = \frac{I_n}{I_s}\times 100[\%]$$

단락 전류 $I_s = \dfrac{100}{\%Z} I_n[\text{A}]$

정답 41. ③ 42. ② 43. ④ 44. ③ 45. ③

46 계자 권선이 전기자에 병렬로만 연결된 직류기는?

① 분권기 ② 직권기
③ 복권기 ④ 타여자기

해설 계자 권선이 전기자에 병렬로만 연결된 직류기를 분권기라고 한다.

47 정격 전압 6,600[V]인 3상 동기 발전기가 정격 출력(역률=1)으로 운전할 때 전압 변동률이 12[%]이었다. 여자 전류와 회전수를 조정하지 않은 상태로 무부하 운전하는 경우 단자 전압[V]은?

① 6,433 ② 6,943
③ 7,392 ④ 7,842

해설
전압 변동률 $\varepsilon = \dfrac{V_0 - V_n}{V_n} \times 100[\%]$

무부하 전압 $V_0 = V_n(1+\varepsilon')$
$= 6{,}600 \times (1+0.12)$
$= 7{,}392[\text{V}]$

48 3상 20,000[kVA]인 동기 발전기가 있다. 이 발전기는 60[Hz]일 때는 200[rpm], 50[Hz]일 때는 약 167[rpm]으로 회전한다. 이 동기 발전기의 극수는?

출제빈도

① 18극 ② 36극
③ 54극 ④ 72극

해설
동기 속도 $N_s = \dfrac{120f}{P}[\text{rpm}]$

극수 $P = \dfrac{120f}{N_s} = \dfrac{120 \times 60}{200} = 36$극

49 1차 전압 6,600[V], 권수비 30인 단상 변압기로 전등 부하에 30[A]를 공급할 때의 입력[kW]은? (단, 변압기의 손실은 무시한다.)

출제빈도

① 4.4 ② 5.5
③ 6.6 ④ 7.7

해설
권수비 $a = \dfrac{N_1}{N_2} = \dfrac{I_2}{I_1}$, $I_1 = \dfrac{I_2}{a}$

전등 부하 역률 $\cos\theta = 1$

입력 $P = V_1 I_1 \cos\theta \times 10^{-3}$
$= 6{,}600 \times \dfrac{30}{30} \times 1 \times 10^{-3} = 6.6[\text{kW}]$

50 스텝 모터에 대한 설명으로 틀린 것은?

① 가속과 감속이 용이하다.
② 정·역 및 변속이 용이하다.
③ 위치 제어 시 각도 오차가 작다.
④ 브러시 등 부품수가 많아 유지 보수 필요성이 크다.

해설 스텝 모터(step motor)는 펄스 구동 방식의 전동기로 피드백(feed back)이 없이 아주 정밀한 위치 제어와 정·역 및 변속이 용이한 전동기이다.

51 출력 20[kW]인 직류 발전기의 효율이 80[%]이면 전 손실은 약 몇 [kW]인가?

① 0.8 ② 1.25
③ 5 ④ 45

해설
효율 $\eta = \dfrac{출력}{출력+손실} \times 100[\%]$

$\dfrac{\eta}{100} = \eta' = \dfrac{P}{P+P_l}$

손실 $P_l = \dfrac{P - \eta' P}{\eta'} = \dfrac{20 - 0.8 \times 20}{0.8} = 5[\text{kW}]$

52 동기 전동기의 공급 전압과 부하를 일정하게 유지하면서 역률을 1로 운전하고 있는 상태에서 여자 전류를 증가시키면 전기자 전류는?

① 앞선 무효 전류가 증가
② 앞선 무효 전류가 감소
③ 뒤진 무효 전류가 증가
④ 뒤진 무효 전류가 감소

정답 46. ① 47. ③ 48. ② 49. ③ 50. ④ 51. ③ 52. ①

해설 동기 전동기를 역률 1인 상태에서 여자 전류를 감소(부족 여자)하면 전기자 전류는 뒤진 무효 전류가 증가하고, 여자 전류를 증가(과여자)하면 앞선 무효 전류가 증가한다.

53 출제빈도 **전압 변동률이 작은 동기 발전기의 특성으로 옳은 것은?**

① 단락비가 크다.

② 속도 변동률이 크다.

③ 동기 리액턴스가 크다.

④ 전기자 반작용이 크다.

해설 **단락비가 큰 기계의 특성**

$\left(\text{단락비 } K_s = \frac{I_{f0}}{I_{fs}} \propto \frac{1}{Z_s}\right)$

- 동기 임피던스(동기 리액턴스)가 작다.
- 전압 변동률 및 속도 변동률이 작다.
- 전기자 반작용이 작다.
- 출력이 크다.
- 과부하 내량이 크고 안정도가 높다.

54 **직류 발전기에 P[N · m/s]의 기계적 동력을 주면 전력은 몇 [W]로 변환되는가? (단, 손실은 없으며, i_a는 전기자 도체의 전류, e는 전기자 도체의 유도 기전력, Z는 총 도체수이다.)**

① $P = i_a eZ$

② $P = \frac{i_a e}{Z}$

③ $P = \frac{i_a Z}{e}$

④ $P = \frac{eZ}{i_a}$

해설

유기 기전력 $E = e\frac{Z}{a}$[V]

여기서, a : 병렬 회로수

전기자 전류 $I_a = i_a \cdot a$[A]

전력 $P = E \cdot I_a = e\frac{Z}{a} \cdot i_a \cdot a = eZi_a$[W]

55 **도통(on) 상태에 있는 SCR을 차단(off) 상태로 만들기 위해서는 어떻게 하여야 하는가?**

① 게이트 펄스 전압을 가한다.

② 게이트 전류를 증가시킨다.

③ 게이트 전압이 부(−)가 되도록 한다.

④ 전원 전압의 극성이 반대가 되도록 한다.

해설 SCR을 차단(off) 상태에서 도통(on) 상태로 하려면 게이트에 펄스 전압을 인가하고, 도통(on) 상태에서 차단(off) 상태로 만들려면 전원 전압을 0 또는 부(−)로 해준다.

56 출제빈도 **직류 전동기의 워드레오나드 속도 제어 방식으로 옳은 것은?**

① 전압 제어 ② 저항 제어

③ 계자 제어 ④ 직 · 병렬 제어

해설 **직류 전동기의 속도 제어 방식**

- 계자 제어
- 저항 제어
- 직 · 병렬 제어
- 전압 제어
  - 워드레오나드(Ward leonard) 방식
  - 일그너(Illgner) 방식

57 **단권 변압기의 설명으로 틀린 것은?**

① 분로 권선과 직렬 권선으로 구분된다.

② 1차 권선과 2차 권선의 일부가 공통으로 사용된다.

③ 3상에는 사용할 수 없고 단상으로만 사용한다.

④ 분로 권선에서 누설 자속이 없기 때문에 전압 변동률이 작다.

해설 단권 변압기는 1차 권선과 2차 권선의 일부가 공동으로 사용되는 분포 권선과 직렬 권선으로 구분되며 단상과 3상 모두 사용된다.

정답 53. ① 54. ① 55. ④ 56. ① 57. ③

58 유도 전동기를 정격 상태로 사용 중 전압이 10[%] 상승할 때 특성 변화로 틀린 것은? (단, 부하는 일정 토크라고 가정한다.)

① 슬립이 작아진다.
② 역률이 떨어진다.
③ 속도가 감소한다.
④ 히스테리시스손과 와류손이 증가한다.

해설
- 슬립 $s \propto \frac{1}{{V_1}^2}$: 슬립이 감소한다.
- 회전 속도 $N = N_s(1-s)$: 회전 속도가 상승한다.
- 최대 자속 $\phi_m = \frac{V_1}{4.44fN_1}$: 최대 자속이 증가하여 역률이 저하, 철손이 증가한다.

59 단자 전압 110[V], 전기자 전류 15[A], 전기자 회로의 저항 2[Ω], 정격 속도 1,800[rpm]으로 전부하에서 운전하고 있는 직류 분권 전동기의 토크는 약 몇 [N · m]인가?

① 6.0 ② 6.4
③ 10.08 ④ 11.14

해설 역기전력 $E = V - I_a R_a$

$= 110 - 15 \times 2 = 80[\text{V}]$

토크 $T = \frac{P}{2\pi\frac{N}{60}} = \frac{EI_a}{2\pi\frac{N}{60}}$

$= \frac{80 \times 15}{2\pi\frac{1,800}{60}}$

$= 6.369 ≒ 6.4[\text{N} \cdot \text{m}]$

60 용량 1[kVA], 3,000/200[V]의 단상 변압기를 단권 변압기로 결선해서 3,000/3,200[V]의 승압기로 사용할 때 그 부하 용량[kVA]은?

① $\frac{1}{16}$ ② 1
③ 15 ④ 16

해설 $\frac{\text{자기 용량 } P}{\text{부하 용량 } W} = \frac{V_h - V_l}{V_h}$

부하 용량 $W = P\frac{V_h}{V_h - V_l}$

$= 1 \times \frac{3,200}{3,200 - 3,000}$

$= 16[\text{kVA}]$

제4과목 회로이론 및 제어공학

61 특성 방정식이 $s^3 + 2s^2 + Ks + 10 = 0$으로 주어지는 제어 시스템이 안정하기 위한 K의 범위는?

① $K > 0$ ② $K > 5$
③ $K < 0$ ④ $0 < K < 5$

해설 라우스표

s^3	1	K
s^2	2	10
s^1	$\frac{2K-10}{2}$	0
s^0	10	

제어 시스템이 안정하기 위해서는 라우스표의 제1열의 부호 변화가 없어야 한다.

$\frac{2K-10}{2} > 0$

$\therefore K > 5$

62 제어 시스템의 개루프 전달 함수가 다음과 같을 때, 다음 중 $K > 0$인 경우 근궤적의 점근선이 실수축과 이루는 각[°]은?

$$G(s)H(s) = \frac{K(s+30)}{s^4 + s^3 + 2s^2 + s + 7}$$

① 20° ② 60°
③ 90° ④ 120°

정답 58. ③ 59. ② 60. ④ 61. ② 62. ②

해설 점근선의 각도 $\alpha_k = \frac{(2K+1)\pi}{P-Z}$

$(K=0,\ 1,\ 2,\ \cdots\cdots)$

점근선의 수 $K=P-Z=4-1=3$이므로

$K=0, 1, 2$이다.

$K=0 : \frac{(2\times0+1)\pi}{4-1}=60°$

$K=1 : \frac{(2\times1+1)\pi}{4-1}=180°$

$K=2 : \frac{(2\times2+1)\pi}{4-1}=300°$

$\therefore$ 60°

63 z 변환된 함수 $F(z)=\frac{3z}{z-e^{-3t}}$에 대응되는 라플라스 변환 함수는?

① $\frac{1}{s+3}$ ② $\frac{3}{s-3}$

③ $\frac{1}{s-3}$ ④ $\frac{3}{s+3}$

해설 $f(t)=e^{-at}$의 z 변환 $F(z)=\frac{z}{z-e^{-at}}$이므로

$F(z)=\frac{3z}{z-e^{-3t}}$의 역 z변환 $f(t)=3e^{-3t}$

$3e^{-3t}$의 라플라스 변환 $f(t)=\frac{3}{s+3}$

64 다음 그림과 같은 제어 시스템의 전달 함수 $\frac{C(s)}{R(s)}$는?

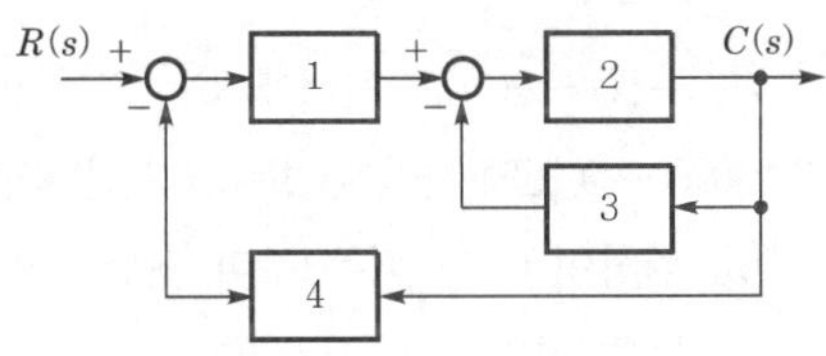

① $\frac{1}{15}$ ② $\frac{2}{15}$

③ $\frac{3}{15}$ ④ $\frac{4}{15}$

해설 전달 함수 $\frac{C(s)}{R(s)}=\frac{\text{전향 경로 이득}}{1-\sum\text{루프 이득}}$

$=\frac{1\times2}{1-\{-(2\times3)-(1\times2\times4)\}}$

$=\frac{2}{15}$

65 전달 함수가 $G_C(s)=\frac{2s+5}{7s}$인 제어기가 있다. 이 제어기는 어떤 제어기인가?

① 비례 미분 제어기

② 적분 제어기

③ 비례 적분 제어기

④ 비례 적분 미분 제어기

해설 $G_c(s)=\frac{2s+5}{7s}=\frac{2}{7}+\frac{5}{7s}=\frac{2}{7}\left(1+\frac{1}{\frac{2}{5}s}\right)$

비례 감도 $K_p=\frac{2}{7}$

적분 시간 $T_i=\frac{2}{5}s$인 비례 적분 제어기이다.

66 단위 피드백 제어계에서 개루프 전달 함수 $G(s)$가 다음과 같이 주어졌을 때 단위 계단 입력에 대한 정상 상태 편차는?

출제빈도

$$G(s)=\frac{5}{s(s+1)(s+2)}$$

① 0 ② 1

③ 2 ④ 3

해설 단위 계단 입력이므로 정상 위치 편차이다.

- 정상 위치 편차 상수

$K_p=\lim_{s\to0}\frac{5}{s(s+1)(s+2)}=\infty$

- 정상 상태 편차

$e_{ssp}=\frac{1}{1+K_p}=\frac{1}{1+\infty}=0$

정답 63. ④ 64. ② 65. ③ 66. ①

67 그림과 같은 논리 회로의 출력 Y는?

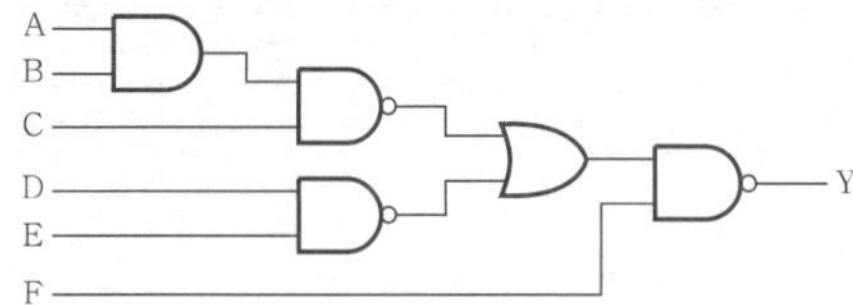

① $ABCDE+\overline{F}$

② $\overline{A}\overline{B}\overline{C}\overline{D}\overline{E}+F$

③ $\overline{A}+\overline{B}+\overline{C}+\overline{D}+\overline{E}+F$

④ $A+B+C+D+E+\overline{F}$

해설 $Y=\overline{(\overline{ABC}+\overline{DE})F}$

$=\overline{(\overline{ABC}+\overline{DE})}+\overline{F}$

$=ABC\cdot DE+\overline{F}$

68 그림의 신호 흐름 선도에서 전달 함수 $\dfrac{C(s)}{R(s)}$는 어느 것인가?

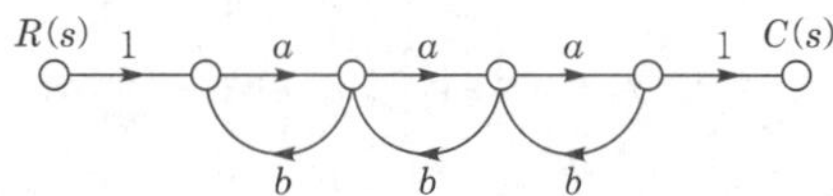

① $\dfrac{a^3}{(1-ab)^3}$　② $\dfrac{a^3}{1-3ab+a^2b^2}$

③ $\dfrac{a^3}{1-3ab}$　④ $\dfrac{a^3}{1-3ab+2a^2b^2}$

해설 메이슨 공식

$$\frac{C(s)}{R(s)}=\frac{\sum_{k=1}^{n}G_k\Delta k}{\Delta}$$

- 전향 경로 $k=1$
- 전향 경로 이득 $G_1=a\times a\times a=a^3$
- $\Delta_1=1$
- $\Delta=1-\Sigma L_{n1}+\Sigma L_{n2}$
- $\Sigma L_{n1}=ab+ab+ab=3ab$

  $\Sigma L_{n2}=ab\times ab=a^2b^2$

$\therefore\ \dfrac{C(s)}{R(s)}=\dfrac{a^3}{1-3ab+a^2b^2}$

69 다음과 같은 미분 방정식으로 표현되는 제어 시스템의 시스템 행렬 A는?

$$\frac{d^2c(t)}{dt^2}+5\frac{dc(t)}{dt}+3c(t)=r(t)$$

① $\begin{bmatrix}-5 & -3\\ 0 & 1\end{bmatrix}$　② $\begin{bmatrix}-3 & -5\\ 0 & 1\end{bmatrix}$

③ $\begin{bmatrix}0 & 1\\ -3 & -5\end{bmatrix}$　④ $\begin{bmatrix}0 & 1\\ -5 & -3\end{bmatrix}$

해설 상태 변수 $x_1(t)=c(t),\ x_2(t)=\dfrac{dc(t)}{dt}$

상태 방정식

$\dot{x}_1(t)=x_2(t)$

$\dot{x}_2(t)=-3x_1(t)-5x_2(t)+r(t)$

$\begin{bmatrix}\dot{x}_1(t)\\ \dot{x}_2(t)\end{bmatrix}=\begin{bmatrix}0 & 1\\ -3 & -5\end{bmatrix}\begin{bmatrix}x_1(t)\\ x_2(t)\end{bmatrix}+\begin{bmatrix}0\\ 1\end{bmatrix}r(t)$

시스템 행렬 $A=\begin{bmatrix}0 & 1\\ -3 & -5\end{bmatrix}$

[별해] 시스템 행렬 A

- 미분 방정식의 차수가 2차 미분 방정식이므로 2×2 행렬이다.
- $\begin{bmatrix}0 & 1\\ & \end{bmatrix}$ 1행은 고정값이다.
- 최고차항을 남기고 이항하여 계수를 역순으로 배치한다.

  $\begin{bmatrix}0 & 1\\ -3 & -5\end{bmatrix}$

70 안정한 제어 시스템의 보드 선도에서 이득 여유는?

① −20 ~ 20[dB] 사이에 있는 크기[dB] 값이다.

② 0 ~ 20[dB] 사이에 있는 크기 선도의 길이이다.

③ 위상이 0°가 되는 주파수에서 이득의 크기[dB]이다.

④ 위상이 −180°가 되는 주파수에서 이득의 크기[dB]이다.

해설 보드 선도에서의 이득 여유는 위상 곡선 −180°에서의 이득과 0[dB]과의 차이이다.

정답 67. ① 68. ② 69. ③ 70. ④

71 3상 전류가 $I_a = 10 + j3$[A], $I_b = -5 - j2$[A], $I_c = -3 + j4$[A]일 때 정상분 전류의 크기는 약 몇 [A]인가?

① 5　② 6.4　③ 10.5　④ 13.34

해설 정상 전류

$$I_1 = \frac{1}{3}(I_a + aI_b + a^2 I_c)$$
$$= \frac{1}{3}\left\{(10+j3) + \left(-\frac{1}{2}+j\frac{\sqrt{3}}{2}\right)(-5-j2) + \left(-\frac{1}{2}-j\frac{\sqrt{3}}{2}\right)(-3+j4)\right\}$$
$$\fallingdotseq 6.39 + j0.09$$
$$\therefore\ I_1 = \sqrt{(6.39)^2 + (0.09)^2} \fallingdotseq 6.4[\text{A}]$$

72 그림의 회로에서 영상 임피던스 Z_{01}이 6[Ω]일 때 저항 R의 값은 몇 [Ω]인가?

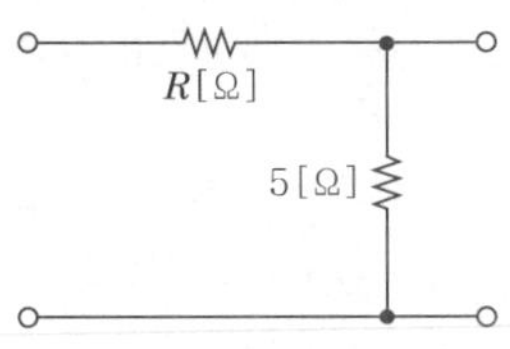

① 2　② 4　③ 6　④ 9

해설 영상 임피던스 $Z_{01} = 6[\Omega] = \sqrt{\dfrac{AB}{CD}}\,[\Omega]$

$$\begin{bmatrix} A & B \\ C & D \end{bmatrix} = \begin{bmatrix} 1 & R \\ 0 & 1 \end{bmatrix}\begin{bmatrix} 1 & 0 \\ \frac{1}{5} & 1 \end{bmatrix} = \begin{bmatrix} 1+\frac{R}{5} & R \\ \frac{1}{5} & 1 \end{bmatrix}$$

$$6 = \sqrt{\frac{\frac{5+R}{5}\times R}{\frac{1}{5}\times 1}}$$

$36 = (5+R)R$

$R^2 + 5R - 36 = 0$

$(R-4)(R+9) = 0$

$\therefore\ R = 4,\ R = -9$

저항값이므로 $R = 4[\Omega]$

73 Y결선의 평형 3상 회로에서 선간 전압 V_{ab}와 상전압 V_{an}의 관계로 옳은 것은? (단, $V_{bn} = V_{an}e^{-j(2\pi/3)}$, $V_{cn} = V_{bn}e^{-j(2\pi/3)}$)

① $V_{ab} = \dfrac{1}{\sqrt{3}}e^{j(\pi/6)}V_{an}$

② $V_{ab} = \sqrt{3}\,e^{j(\pi/6)}V_{an}$

③ $V_{ab} = \dfrac{1}{\sqrt{3}}e^{-j(\pi/6)}V_{an}$

④ $V_{ab} = \sqrt{3}\,e^{-j(\pi/6)}V_{an}$

해설 **성결 결선(Y결선)**

선간 전압(V_l)과 상전압(V_p)의 관계

$$V_l = \sqrt{3}\,V_p \angle \frac{\pi}{6}$$

$$\therefore\ V_{ab} = \sqrt{3}\,e^{j\frac{\pi}{6}}V_{an}$$

지수 함수 표시식

74 $f(t) = t^2 e^{-at}$를 라플라스 변환하면?

① $\dfrac{2}{(s+a)^2}$　② $\dfrac{3}{(s+a)^2}$　③ $\dfrac{2}{(s+a)^3}$　④ $\dfrac{3}{(s+a)^3}$

해설 $$\mathcal{L}[t^n e^{-at}] = \frac{n!}{(s+a)^{n+1}}$$
$$\mathcal{L}[t^2 e^{-at}] = \frac{2!}{(s+a)^{2+1}} = \frac{2}{(s+a)^3}$$

75 선로의 단위 길이당 인덕턴스, 저항, 정전용량, 누설 컨덕턴스를 각각 L, R, C, G라 하면 전파 정수는?

① $\dfrac{\sqrt{R+j\omega L}}{G+j\omega C}$

② $\sqrt{(R+j\omega L)(G+j\omega C)}$

③ $\sqrt{\dfrac{R+j\omega L}{G+j\omega C}}$

④ $\sqrt{\dfrac{G+j\omega C}{R+j\omega L}}$

정답 71. ② 72. ② 73. ② 74. ③ 75. ②

해설 직렬 임피던스 $Z=R+j\omega L\,[\Omega/\text{m}]$

병렬 어드미턴스 $Y=G+j\omega C\,[\mho/\text{m}]$

전파 정수 $r=\sqrt{ZY}=\sqrt{(R+j\omega L)(G+j\omega C)}$

76 **다음 회로에서 0.5[Ω] 양단 전압은 약 몇 [V]인가?**

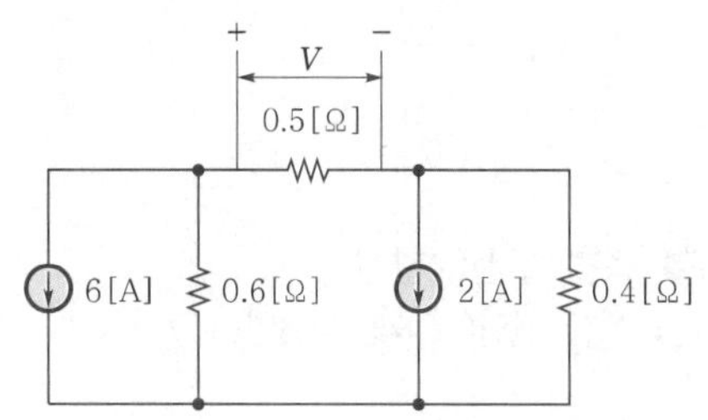

① 0.6　　② 0.93

③ 1.47　　④ 1.5

해설 전류원을 전압원으로 등가 변환하면 다음과 같다.

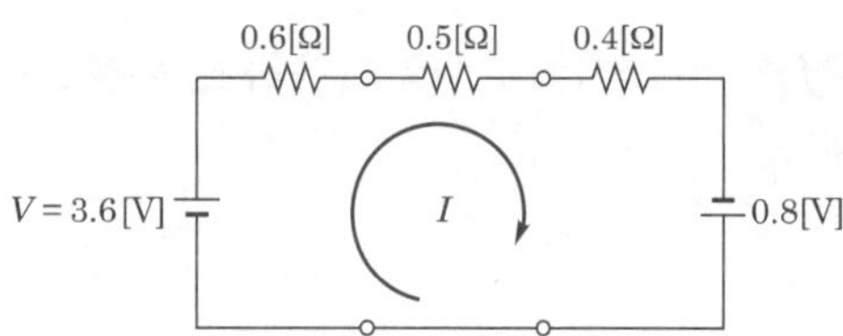

전류 $I=\dfrac{3.6+0.8}{0.6+0.5+0.4}=2.93[\text{A}]$

$\therefore\ V=0.5\times 2.93=1.47[\text{V}]$

77 **RLC 직렬 회로의 파라미터가 $R^2=\dfrac{4L}{C}$ 의 관계를 가진다면, 이 회로에 직류 전압을 인가하는 경우 과도 응답 특성은?**

① 무제동　　② 과제동

③ 부족 제동　　④ 임계 제동

해설 **진동 여부 판별식**

- $R^2-4\dfrac{L}{C}=0$: 임계 진동(임계 제동)
- $R^2-4\dfrac{L}{C}>0$: 비진동(과제동)
- $R^2-4\dfrac{L}{C}<0$: 진동(감쇠 진동, 부족 제동)

78  $v(t)=3+5\sqrt{2}\sin\omega t+10\sqrt{2}\sin\left(3\omega t-\dfrac{\pi}{3}\right)$**[V]의 실효값 크기는 약 몇 [V]인가?**

① 9.6　　② 10.6

③ 11.6　　④ 12.6

해설 **실효값**

각 고조파의 실효값의 제곱 합의 제곱근

$V=\sqrt{{V_0}^2+{V_1}^2+{V_3}^2}=\sqrt{3^2+5^2+10^2}$

$=11.6[\text{V}]$

79 $8+j6\,[\Omega]$**인 임피던스에** $13+j20\,[\text{V}]$**의 전압을 인가할 때 복소 전력은 약 몇 [VA]인가?**

① $12.7+j34.1$　　② $12.7+j55.5$

③ $45.5+j34.1$　　④ $45.5+j55.5$

해설 복소 전력 $P_a=\overline{V}I=P\pm jP_r$

전류 $I=\dfrac{V}{Z}=\dfrac{13+j20}{8+j6}=\dfrac{(13+j20)(8-j6)}{(8+j6)(8-j6)}$

$=2.24+j0.82$

$P_a=\overline{V}I=(13-j20)(2.24+j0.82)$

$\fallingdotseq 45.5+j34.1[\text{VA}]$

80 **그림과 같이 결선된 회로의 단자(a, b, c)에 선간 전압이 V[V]인 평형 3상 전압을 인가할 때 상전류 I[A]의 크기는?**

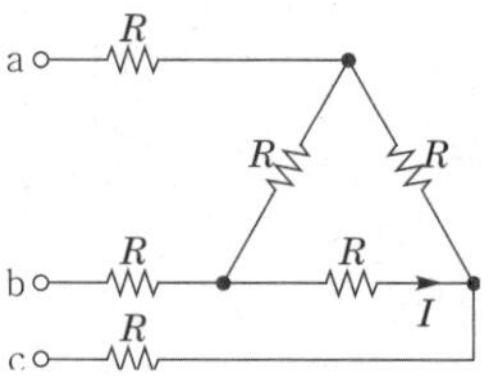

① $\dfrac{V}{4R}$　　② $\dfrac{3V}{4R}$

③ $\dfrac{\sqrt{3}\,V}{4R}$　　④ $\dfrac{V}{4\sqrt{3}\,R}$

해설 **Δ결선의 선전류와 상전류와의 관계**

선전류$(I_l)=\sqrt{3}$ 상전류$(I_p)\angle -30°$

정답 76. ③ 77. ④ 78. ③ 79. ③ 80. ①

△결선을 Y결선으로 등가 변환하면

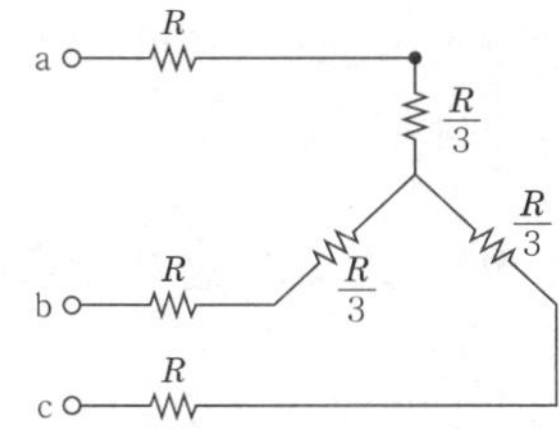

한 상의 저항 $R_0 = R + \frac{R}{3} = \frac{4R}{3}$ [Ω]

Y결선에서

$$I_p = I_l = \frac{\frac{V}{\sqrt{3}}}{\frac{4R}{3}} = \frac{3V}{4\sqrt{3}R} = \frac{\sqrt{3}V}{4R} \text{[A]}$$

∴ △결선의 상전류 $I_p = \frac{I_l}{\sqrt{3}} = \frac{V}{4R}$ [A]

제5과목 전기설비기술기준

81 지중 전선로를 직접 매설식에 의하여 시설할 때 중량물의 압력을 받을 우려가 있는 장소에 저압 또는 고압의 지중 전선을 견고한 트라프, 기타 방호물에 넣지 않고도 부설할 수 있는 케이블은?

출제빈도

① PVC 외장 케이블
② 콤바인덕트 케이블
③ 염화비닐 절연 케이블
④ 폴리에틸렌 외장 케이블

해설 **지중 전선로(KEC 334.1)**

지중 전선을 견고한 트라프, 기타 방호물에 넣어 시설하여야 한다. 단, 다음의 어느 하나에 해당하는 경우에는 지중 전선을 견고한 트라프, 기타 방호물에 넣지 아니하여도 된다.

- 저압 또는 고압의 지중 전선을 차량, 기타 중량물의 압력을 받을 우려가 없는 경우에 그 위를 견고한 판 또는 몰드로 덮어 시설하는 경우
- 저압 또는 고압의 지중 전선에 콤바인덕트 케이블 또는 개장(鎧裝)한 케이블을 사용해 시설하는 경우
- 파이프형 압력 케이블, 연피 케이블, 알루미늄피 케이블

82 수소 냉각식 발전기 등의 시설 기준으로 틀린 것은?

① 발전기 안 또는 조상기 안의 수소의 온도를 계측하는 장치를 시설할 것
② 발전기 축의 밀봉부로부터 수소가 누설될 때 누설된 수소를 외부로 방출하지 않을 것
③ 발전기 안 또는 조상기 안의 수소의 순도가 85[%] 이하로 저하한 경우에 이를 경보하는 장치를 시설할 것
④ 발전기 또는 조상기는 수소가 대기압에서 폭발하는 경우에 생기는 압력에 견디는 강도를 가지는 것일 것

해설 **수소 냉각식 발전기 등의 시설**

발전기 축의 밀봉부에는 질소 가스를 봉입할 수 있는 장치 또는 발전기 축의 밀봉부로부터 누설된 수소 가스를 안전하게 외부에 방출할 수 있는 장치를 설치한다.

> *이 문제는 출제 당시 규정에는 적합했으나 새로 제정된 한국전기설비규정에는 일부 부적합하므로 문제유형만 참고하시기 바랍니다.

83 저압 전로에서 그 전로에 지락이 생긴 경우 0.5초 이내에 자동적으로 전로를 차단하는 장치를 시설하는 경우에는 특별 제3종 접지공사의 접지 저항값은 자동 차단기의 정격 감도 전류가 30[mA] 이하일 때 몇 [Ω] 이하로 하여야 하는가?

① 75
② 150
③ 300
④ 500

정답 81. ② 82. ② 83. ④

해설 접지 공사의 종류

정격 감도 전류	접지 저항값	
	물기 있는 장소, 전기적 위험도가 높은 장소	그 외 다른 장소
30[mA]	500[Ω]	500[Ω]
50[mA]	300[Ω]	500[Ω]
100[mA]	150[Ω]	500[Ω]
이하 생략	이하 생략	이하 생략

*이 문제는 출제 당시 규정에는 적합했으나 새로 제정된 한국전기설비규정에는 일부 부적합하므로 문제유형만 참고하시기 바랍니다.

84 어느 유원지의 어린이 놀이기구인 유희용 전차에 전기를 공급하는 전로의 사용 전압은 교류인 경우 몇 [V] 이하이어야 하는가?

① 20 ② 40
③ 60 ④ 100

해설 유희용 전차(KEC 241.8)

- 전원 장치 2차측 단자 전압은 직류 60[V] 이하, 교류 40[V] 이하
- 접촉 전선은 제3레일 방식에 의하여 시설할 것
- 전원 장치의 변압기는 절연 변압기일 것

85 연료 전지 및 태양 전지 모듈의 절연 내력 시험을 하는 경우 충전 부분과 대지 사이에 인가하는 시험 전압은 얼마인가? (단, 연속하여 10분간 가하여 견디는 것이어야 한다.)

① 최대 사용 전압의 1.25배의 직류 전압 또는 1배의 교류 전압(500[V] 미만으로 되는 경우에는 500[V])
② 최대 사용 전압의 1.25배의 직류 전압 또는 1.25배의 교류 전압(500[V] 미만으로 되는 경우에는 500[V])
③ 최대 사용 전압의 1.5배의 직류 전압 또는 1배의 교류 전압(500[V] 미만으로 되는 경우에는 500[V])
④ 최대 사용 전압의 1.5배의 직류 전압 또는 1.25배의 교류 전압(500[V] 미만으로 되는 경우에는 500[V])

해설 연료 전지 및 태양 전지 모듈의 절연 내력(KEC 134)

연료 전지 및 태양 전지 모듈은 최대 사용 전압의 1.5배 직류 전압 또는 1배 교류 전압(최저 0.5[kV])을 충전 부분과 대지 사이에 연속하여 10분간 인가한다.

86 출제빈도 전개된 장소에서 저압 옥상 전선로의 시설 기준으로 적합하지 않은 것은?

① 전선은 절연 전선을 사용하였다.
② 전선 지지점 간의 거리를 20[m]로 하였다.
③ 전선은 지름 2.6[mm]의 경동선을 사용하였다.
④ 저압 절연 전선과 그 저압 옥상 전선로를 시설하는 조영재와의 이격 거리를 2[m]로 하였다.

해설 저압 옥상 전선로의 시설(KEC 221.3)

- 인장 강도 2.30[kN] 이상 또는 2.6[mm]의 경동선
- 전선은 절연 전선일 것
- 절연성 · 난연성 및 내수성이 있는 애자 사용
- 지지점 간의 거리 : 15[m] 이하
- 전선과 저압 옥상 전선로를 시설하는 조영재와의 이격 거리 2[m]
- 저압 옥상 전선로의 전선은 바람 등에 의하여 식물에 접촉하지 않도록 할 것

87 교류 전차선 등과 삭도 또는 그 지주 사이의 이격 거리를 몇 [m] 이상 이격하여야 하는가?

① 1 ② 2
③ 3 ④ 4

해설 전차선 등과 건조물, 기타의 시설물과의 접근 또는 교차(판단기준 제270조)

- 교류 전차선 등과 건조물과의 이격 거리는 3[m] 이상일 것

정답 84. ② 85. ③ 86. ② 87. ②

• 교류 전차선 등과 삭도 또는 그 지주 사이의 이격 거리는 2[m] 이상일 것

*이 문제는 출제 당시 규정에는 적합했으나 새로 제정된 한국전기설비규정에는 일부 부적합하므로 문제유형만 참고하시기 바랍니다.

88 고압 가공 전선을 시가지 외에 시설할 때 사용되는 경동선의 굵기는 지름 몇 [mm] 이상인가?

① 2.6　　② 3.2
③ 4.0　　④ 5.0

해설 **저압 가공 전선의 굵기 및 종류(KEC 222.5)**
사용 전압이 400[V] 초과인 저압 가공 전선
• 시가지 : 인장 강도 8.01[kN] 이상의 것 또는 지름 5[mm] 이상의 경동선
• 시가지 외 : 인장 강도 5.26[kN] 이상의 것 또는 지름 4[mm] 이상의 경동선

89 저압 수상 전선로에 사용되는 전선은?

① 옥외 비닐 케이블
② 600[V] 비닐 절연 전선
③ 600[V] 고무 절연 전선
④ 클로로프렌 캡타이어 케이블

해설 **수상 전선로의 시설(KEC 224.3)**
• 사용 전압 : 저압 또는 고압
• 사용하는 전선
  – 저압 : 클로로프렌 캡타이어 케이블
  – 고압 : 캡타이어 케이블
• 전선 접속점 높이
  – 육상 : 5[m] 이상(도로상 이외 저압 4[m])
  – 수면상 : 고압 5[m], 저압 4[m] 이상
• 전용 개폐기 및 과전류 차단기를 각 극에 시설

90 440[V] 옥내 배선에 연결된 전동기 회로의 절연 저항 최소값은 몇 [MΩ]인가?

① 0.1　　② 0.5
③ 1.0　　④ 2.0

해설 **저압 전로의 절연 성능(기술기준 제52조)**

전로의 사용 전압[V]	DC 시험 전압[V]	절연 저항 [MΩ]
SELV 및 PELV	250	0.5
FELV, 500[V] 이하	500	1.0
500[V] 초과	1,000	1.0

(주) 특별 저압(extra low voltage : 2차 전압이 AC 50[V], DC 120[V] 이하)으로 SELV(비접지 회로 구성) 및 PELV(접지 회로 구성)은 1차와 2차가 전기적으로 절연된 회로, FELV는 1차와 2차가 전기적으로 절연되지 않은 회로

91 케이블 트레이 공사에 사용하는 케이블 트레이에 적합하지 않은 것은?

① 비금속제 케이블 트레이는 난연성 재료가 아니어도 된다.
② 금속재의 것은 적절한 방식 처리를 한 것이거나 내식성 재료의 것이어야 한다.
③ 금속제 케이블 트레이 계통은 기계적 및 전기적으로 완전하게 접속해야 한다.
④ 케이블 트레이가 방화 구획의 벽 등을 관통하는 경우에 관통부는 불연성의 물질로 충전하여야 한다.

해설 **케이블 트레이 공사(KEC 232.41)**
• 케이블 트레이의 안전율 : 1.5 이상
• 케이블 트레이 종류 : 사다리형, 펀칭형, 메시형, 바닥 밀폐형
• 전선의 피복 등을 손상시킬 돌기 등이 없이 매끈하여야 한다.
• 금속재의 것은 적절한 방식 처리를 한 것이거나 내식성 재료의 것이어야 한다.
• 비금속제 케이블 트레이는 난연성 재료의 것이어야 한다.
• 케이블 트레이가 방화 구획의 벽, 마루, 천장 등을 관통하는 경우 관통부는 불연성의 물질로 충전(充塡)하여야 한다.

정답 88. ③ 89. ④ 90. ③ 91. ①

92 전개된 건조한 장소에서 400[V] 초과의 저압 옥내 배선을 할 때 특별히 정해진 경우를 제외하고는 시공할 수 없는 공사는?

① 애자 공사
② 금속 덕트 공사
③ 버스 덕트 공사
④ 합성 수지 몰드 공사

해설 **저압 옥내 배선의 시설 장소별 공사의 종류**
금속 몰드, 합성 수지 몰드, 플로어 덕트, 셀룰라 덕트, 라이팅 덕트는 사용 전압 400[V] 초과에서는 시설할 수 없다.

93 가공 전선로의 지지물의 강도 계산에 적용하는 풍압 하중은 빙설이 많은 지방 이외의 지방에서 저온 계절에는 어떤 풍압 하중을 적용하는가? (단, 인가가 연접되어 있지 않다고 한다.)

① 갑종 풍압 하중
② 을종 풍압 하중
③ 병종 풍압 하중
④ 을종과 병종 풍압 하중을 혼용

해설 **풍압 하중의 종별과 적용(KEC 331.6)**
- 빙설이 많은 지방
  - 고온 계절 : 갑종 풍압 하중
  - 저온 계절 : 을종 풍압 하중
- 빙설이 적은 지방
  - 고온 계절 : 갑종 풍압 하중
  - 저온 계절 : 병종 풍압 하중

94 백열전등 또는 방전등에 전기를 공급하는 옥내 전로의 대지 전압은 몇 [V] 이하이어야 하는가? (단, 백열전등 또는 방전등 및 이에 부속하는 전선은 사람이 접촉할 우려가 없도록 시설한 경우이다.)

① 60 ② 110
③ 220 ④ 300

해설 **옥내 전로의 대지 전압의 제한(KEC 231.6)**
백열전등 또는 방전등에 전기를 공급하는 옥내의 전로의 대지 전압은 300[V] 이하이어야 한다.

95 특고압 가공 전선로의 지지물에 첨가하는 통신선 보안 장치에 사용되는 피뢰기의 동작 전압은 교류 몇 [V] 이하인가?

① 300
② 600
③ 1,000
④ 1,500

해설 **특고압 가공 전선로 첨가 설치 통신선의 시가지 인입 제한(KEC 362.5)**
통신선 보안 장치에는 교류 1[kV] 이하에서 동작하는 피뢰기를 설치한다.

96 태양 전지 발전소에 시설하는 태양 전지 모듈, 전선 및 개폐기, 기타 기구의 시설 기준에 대한 내용으로 틀린 것은?

① 충전 부분은 노출되지 아니하도록 시설할 것
② 옥내에 시설하는 경우에는 전선을 케이블 공사로 시설할 수 있다.
③ 태양 전지 모듈의 프레임은 지지물과 전기적으로 완전하게 접속하여야 한다.
④ 태양 전지 모듈을 병렬로 접속하는 전로에는 과전류 차단기를 시설하지 않아도 된다.

해설 **태양 전지 모듈 등의 시설(KEC – 어레이 출력 개폐기 등의 시설 522.3.1)**
태양 전지 모듈을 병렬로 접속하는 전로에는 그 전로에 단락이 생긴 경우에 전로를 보호하는 과전류 차단기를 시설할 것

정답 92. ④ 93. ③ 94. ④ 95. ③ 96. ④

97 저압 가공 전선로 또는 고압 가공 전선로와 기설 가공 약전류 전선로가 병행하는 경우에는 유도 작용에 의한 통신상의 장해가 생기지 아니하도록 전선과 기설 약전류 전선 간의 이격 거리는 몇 [m] 이상이어야 하는가? (단, 전기 철도용 급전선로는 제외한다.)

① 2　② 4
③ 6　④ 8

해설 **고·저압 가공 전선의 유도 장해 방지 (KEC 332.1)**
고·저압 가공 전선로와 병행하는 경우 약전류 전선과 2[m] 이상 이격시킨다.

98 가공 전선로의 지지물에 시설하는 지선으로 연선을 사용할 경우 소선은 최소 몇 가닥 이상이어야 하는가?

① 3
② 5
③ 7
④ 9

해설 **지선의 시설(KEC 331.11)**
- 지선의 안전율은 2.5 이상. 이 경우에 허용 인장하중의 최저는 4.31[kN]
- 지선에 연선을 사용할 경우
  - 소선(素線) 3가닥 이상의 연선일 것
  - 소선의 지름이 2.6[mm] 이상의 금속선을 사용한 것일 것

99 소세력 회로에 전기를 공급하기 위한 변압기는 1차측 전로의 대지 전압이 300[V] 이하, 2차측 전로의 사용 전압은 몇 [V] 이하인 절연 변압기이어야 하는가?

① 60　② 80
③ 100　④ 150

해설 **소세력 회로(KEC 241.14)**
소세력 회로에 전기를 공급하기 위한 변압기는 1차측 전로의 대지 전압이 300[V] 이하, 2차측 전로의 사용 전압이 60[V] 이하인 절연 변압기일 것

100 중성점 직접 접지식 전로에 접속되는 최대 사용 전압 161[kV]인 3상 변압기 권선(성형 결선)의 절연 내력 시험을 할 때 접지시켜서는 안 되는 것은?

① 철심 및 외함
② 시험되는 변압기의 부싱
③ 시험되는 권선의 중성점 단자
④ 시험되지 않는 각 권선(다른 권선이 2개 이상 있는 경우에는 각 권선)의 임의의 1단자

해설 **변압기 전로의 절연 내력(KEC 135)**
접지하는 곳은 다음과 같다.
- 시험되는 권선의 중성점 단자
- 다른 권선의 임의의 1단자
- 철심 및 외함

정답 97. ① 98. ① 99. ① 100. ②

2020년 제3회 기출문제

제1과목 전기자기학

01 정전 용량이 0.03[μF]인 평행판 공기 콘덴서의 두 극판 사이에 절반 두께의 비유전율 10인 유리판을 극판과 평행하게 넣었다면 이 콘덴서의 정전 용량은 약 몇 [μF]이 되는가?

① 1.83 ② 18.3
③ 0.055 ④ 0.55

해설 공기 콘덴서의 정전 용량 $C_0 = \dfrac{\varepsilon_0 s}{d} = 0.03[\mu\text{F}]$

$$C_1 = \frac{\varepsilon_0 s}{\frac{d}{2}} = 2C_0,\ C_2 = \frac{\varepsilon_0 \varepsilon_s s}{\frac{d}{2}} = 2\varepsilon_s c_0 = 20C_0$$

$$C = \frac{C_1 C_2}{C_1 + C_2} = \frac{2C_0 \times 20C_0}{2C_0 + 20C_0} = \frac{40}{22}C_0$$

$$= \frac{40}{22} \times 0.03 = 0.0545 \fallingdotseq 0.055[\mu\text{F}]$$

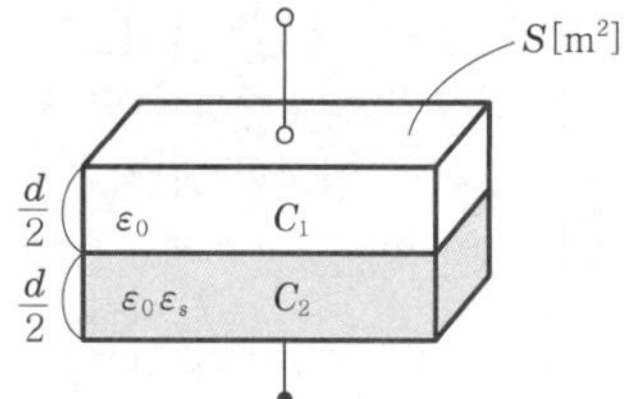

02 평행 도선에 같은 크기의 왕복 전류가 흐를 때 두 도선 사이에 작용하는 힘에 대한 설명으로 옳은 것은?

① 흡인력이다.
② 전류의 제곱에 비례한다.
③ 주위 매질의 투자율에 반비례한다.
④ 두 도선 사이 간격의 제곱에 반비례한다.

해설 평행 도체에 왕복 전류가 흐를 때 작용하는 힘(F)

$$F = \frac{\mu_0 I^2 l}{2\pi d}[\text{N}]$$

반발력이 작용한다.

03 내부 장치 또는 공간을 물질로 포위시켜 외부 자계의 영향을 차폐시키는 방식을 자기 차폐라 한다. 다음 중 자기 차폐에 가장 적합한 것은?

① 비투자율이 1보다 작은 역자성체
② 강자성체 중에서 비투자율이 큰 물질
③ 강자성체 중에서 비투자율이 작은 물질
④ 비투자율에 관계없이 물질의 두께에만 관계되므로 되도록 두꺼운 물질

해설 완전한 자기 차폐는 불가능하지만 비투자율이 큰 강자성체인 중공 철구를 겹겹으로 감싸놓으면 외부 자계의 영향을 효과적으로 줄일 수 있다.

04 공기 중에서 2[V/m]의 전계의 세기에 의한 변위 전류 밀도 크기를 2[A/m^2]로 흐르게 하려면 전계의 주파수는 약 몇 [MHz]가 되어야 하는가?

① 9,000 ② 18,000
③ 36,000 ④ 72,000

해설 변위 전류 밀도 $J_d = \dfrac{\partial D}{\partial t} = \varepsilon_0 \dfrac{\partial E}{\partial t}$

$$= \omega\varepsilon_0 E = 2\pi f \varepsilon_0 E$$

전계의 주파수 $f = \dfrac{J_d}{2\pi\varepsilon_0 E} = \dfrac{2}{2\pi \times \frac{10^{-9}}{36\pi} \times 2}$

$$= 18 \times 10^9 = 18{,}000[\text{MHz}]$$

정답 01. ③ 02. ② 03. ② 04. ②

05 압전기 현상에서 전기 분극이 기계적 응력에 수직한 방향으로 발생하는 현상은?

① 종효과　② 횡효과

③ 역효과　④ 직접 효과

해설 전기석이나 티탄산바륨($BaTiO_3$)의 결정에 응력을 가하면 전기 분극이 일어나고 그 단면에 분극 전하가 나타나는 현상을 압전 효과라 하며 응력과 동일 방향으로 분극이 일어나는 압전 효과를 종효과, 분극이 응력에 수직 방향일 때 횡효과라 한다.

06 정전계에서 도체에 정(+)의 전하를 주었을 때의 설명으로 틀린 것은?

① 도체 표면의 곡률 반지름이 작은 곳에 전하가 많이 분포한다.

② 도체 외측의 표면에만 전하가 분포한다.

③ 도체 표면에서 수직으로 전기력선이 출입한다.

④ 도체 내에 있는 공동면에도 전하가 골고루 분포한다.

해설 정전계에서 도체에 정전하를 주면 전하는 도체 외측 표면에만 분포하고 곡률 반지름이 작은 곳에 전하 밀도가 높으며 전기력선은 도체 표면(등전위면)과 수직으로 유출한다.

07 비유전율 3, 비투자율 3인 매질에서 전자기파의 진행 속도 v[m/s]와 진공에서의 속도 v_0[m/s]의 관계는?

① $v=\frac{1}{9}v_0$　② $v=\frac{1}{3}v_0$

③ $v=3v_0$　④ $v=9v_0$

해설 진공에서 전파 속도 $v_0=\frac{1}{\sqrt{\varepsilon_0\mu_0}}$[m/s]

매질에서 전파 속도

$$v=\frac{1}{\sqrt{\varepsilon\mu}}=\frac{1}{\sqrt{\varepsilon_0\mu_0}}\cdot\frac{1}{\sqrt{\varepsilon_s\mu_s}}$$

$$=v_0\frac{1}{\sqrt{3\times3}}=\frac{1}{3}v_0[\text{m/s}]$$

08 출제빈도 주파수가 100[MHz]일 때 구리의 표피 두께(skin depth)는 약 몇 [mm]인가? (단, 구리의 도전율은 5.9×10^7[℧/m]이고, 비투자율은 0.99이다.)

① 3.3×10^{-2}　② 6.6×10^{-2}

③ 3.3×10^{-3}　④ 6.6×10^{-3}

해설 표피 두께

$$\delta=\frac{L}{\sqrt{\pi f\sigma\mu}}[\text{m}]$$

$$=\frac{1}{\sqrt{\pi\times100\times10^6\times5.9\times10^7\times4\pi\times10^{-7}\times0.99}}\times10^3$$

$$=6.58\times10^{-3}\fallingdotseq6.6\times10^{-3}[\text{mm}]$$

09 전위 경도 V와 전계 E의 관계식은?

① $E=\text{grad}\,V$

② $E=\text{div}\,V$

③ $E=-\text{grad}\,V$

④ $E=-\text{div}\,V$

해설 전계의 세기 $E=-\text{grad}\,V=-\nabla V$[V/m]

전위 경도는 전계의 세기와 크기는 같고, 방향은 반대이다.

10 구리의 고유 저항은 20[℃]에서 1.69×10^{-8}[Ω·m]이고 온도 계수는 0.00393이다. 단면적이 2[mm²]이고 100[m]인 구리선의 저항값은 40[℃]에서 약 몇 [Ω]인가?

① 0.91×10^{-3}　② 1.89×10^{-3}

③ 0.91　④ 1.89

해설 20[℃] 저항 $R_t=\rho\frac{l}{s}$

$$=1.69\times10^{-8}\times\frac{100}{2\times10^{-6}}$$

$$=0.845[\Omega]$$

40[℃] 저항 $R_T=R_t\{1+\alpha_t(T-t)\}$

$$=0.845\times\{1+0.00393\times(40-20)\}$$

$$=0.91[\Omega]$$

정답 05. ② 06. ④ 07. ② 08. ④ 09. ③ 10. ③

11 대지의 고유 저항이 ρ[Ω · m]일 때 반지름이 a[m]인 그림과 같은 반구 접지극의 접지 저항[Ω]은?

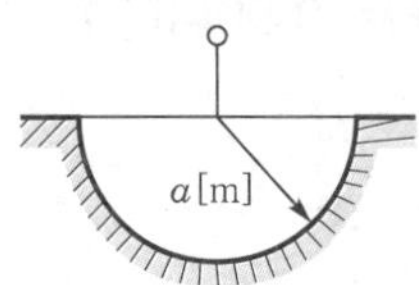

① $\dfrac{\rho}{4\pi a}$　② $\dfrac{\rho}{2\pi a}$

③ $\dfrac{2\pi\rho}{a}$　④ $2\pi\rho a$

해설 저항과 정전 용량 $RC = \rho\varepsilon$

반구도체의 정전 용량 $C = 2\pi\varepsilon a$[F]

접지 저항 $R = \dfrac{\rho\varepsilon}{C} = \dfrac{\rho\varepsilon}{2\pi\varepsilon a} = \dfrac{\rho}{2\pi a}$[Ω]

12 정전 용량이 각각 $C_1 = 1[\mu F]$, $C_2 = 2[\mu F]$인 도체에 전하 $Q_1 = -5[\mu C]$, $Q_2 = 2[\mu C]$을 각각 주고 각 도체를 가는 철사로 연결하였을 때 C_1에서 C_2로 이동하는 전하는 몇 [μC]인가?

① −4　② −3.5

③ −3　④ −1.5

해설 합성 전하 $Q_0 = Q_1 + Q_2 = -5 + 2 = -3[\mu C]$

연결하였을 때 C_2가 분배받는 전하 Q_2'

$Q_2' = Q_0 \dfrac{C_2}{C_1 + C_2} = -3 \times \dfrac{2}{1+2} = -2[\mu C]$

이동한 전하 $Q = Q_2' - Q_2 = -2 - 2 = -4[\mu C]$

13 임의의 방향으로 배열되었던 강자성체의 자구가 외부 자기장의 힘이 일정치 이상이 되는 순간에 급격히 회전하여 자기장의 방향으로 배열되고 자속 밀도가 증가하는 현상을 무엇이라 하는가?

① 자기 여효(magnetic after effect)

② 바크하우젠 효과(Barkhausen effect)

③ 자기 왜현상(magneto-striction effect)

④ 핀치 효과(pinch effect)

해설 강자성체의 히스테리시스 곡선을 자세히 관찰하면 자계가 증가할 때 자속 밀도가 매끈한 곡선이 아니고 계단상의 불연속적으로 변화하고 있는 것을 알 수 있다. 이것은 자구가 어떤 순간에 급격하게 회전하기 때문인데 이러한 현상을 바크하우젠 효과라고 한다.

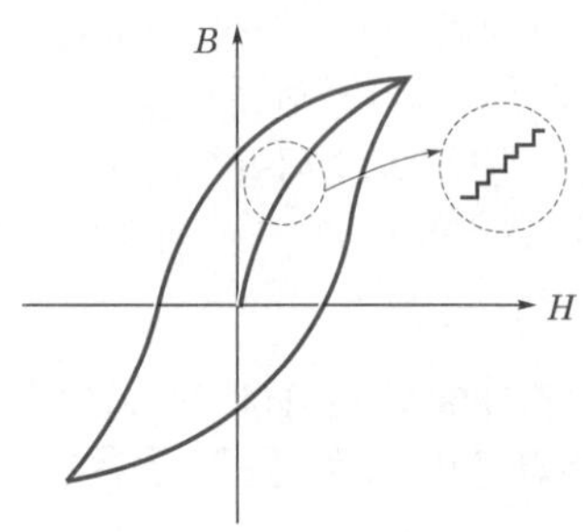

14 다음 그림과 같은 직사각형의 평면 코일이 $B = \dfrac{0.05}{\sqrt{2}}(a_x + a_y)$[Wb/m^2]인 자계에 위치하고 있다. 이 코일에 흐르는 전류가 5[A]일 때 z축에 있는 코일에서의 토크는 약 몇 [N · m]인가?

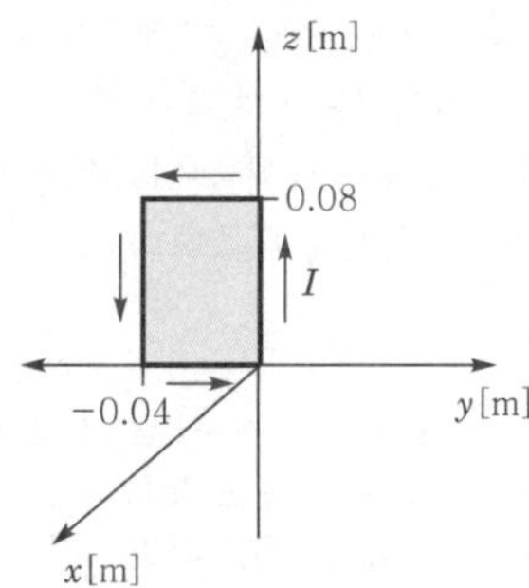

① $2.66 \times 10^{-4} a_x$

② $5.66 \times 10^{-4} a_x$

③ $2.66 \times 10^{-4} a_z$

④ $5.66 \times 10^{-4} a_z$

해설 자속 밀도 $B = \dfrac{0.05}{\sqrt{2}}(a_x + a_y)$

$= 0.035 a_x + 0.035 a_y$[Wb/m^2]

면 벡터 $S = 0.04 \times 0.08 a_x = 0.0032 a_x$[m^2]

정답 11. ② 12. ① 13. ② 14. ④

토크 $T=(S\times B)I$

$$=5\times\begin{vmatrix} a_x & a_y & a_z \\ 0.0032 & 0 & 0 \\ 0.035 & 0.035 & 0 \end{vmatrix}$$

$$=5\times(0.035\times0.0032)a_z$$

$$=5.66\times10^{-4}a_z[\text{N}\cdot\text{m}]$$

15 자성체 내 자계의 세기가 H[AT/m]이고 자속 밀도가 B[Wb/m^2]일 때 자계 에너지 밀도[J/m^3]는?

① HB ② $\frac{1}{2\mu}H^2$

③ $\frac{\mu}{2}B^2$ ④ $\frac{1}{2\mu}B^2$

해설 자계 에너지 밀도 $w_H=\frac{W_H}{V}[\text{J/m}^3]$

$$=\frac{1}{2}BH=\frac{1}{2}\mu H^2$$

$$=\frac{B^2}{2\mu}[\text{J/m}^3]$$

16 분극의 세기 P, 전계 E, 전속 밀도 D의 관계를 나타낸 것으로 옳은 것은? (단, ε_0는 진공의 유전율이고, ε_r은 유전체의 비유전율이고, ε은 유전체의 유전율이다.)

① $P=\varepsilon_0(\varepsilon+1)E$ ② $E=\frac{D+P}{\varepsilon_0}$

③ $P=D-\varepsilon_0E$ ④ $\varepsilon_0=D-E$

해설 전속 밀도 $D=\varepsilon_0E+P=\varepsilon_0\varepsilon_sE=\varepsilon E[\text{C/m}^2]$

분극의 세기 $P=D-\varepsilon_0E=\varepsilon_0(\varepsilon_s-1)E[\text{C/m}^2]$

17 반지름이 30[cm]인 원판 전극의 평행판 콘덴서가 있다. 전극의 간격이 0.1[cm]이며 전극 사이 유전체의 비유전율이 4.0이라 한다. 이 콘덴서의 정전 용량은 약 몇 [μF]인가?

① 0.01 ② 0.02

③ 0.03 ④ 0.04

해설 정전 용량 $C=\frac{\varepsilon_0\varepsilon_s s}{d}[\text{F}]$

$$=\frac{8.855\times10^{-12}\times4\times0.3^2\pi}{0.1\times10^{-2}}\times10^6$$

$$=0.01[\mu\text{F}]$$

18 반지름이 5[mm], 길이가 15[mm], 비투자율이 50인 자성체 막대에 코일을 감고 전류를 흘려서 자성체 내의 자속 밀도를 50[Wb/m^2]으로 하였을 때 자성체 내에서 자계의 세기는 몇 [A/m]인가?

① $\frac{10^7}{\pi}$ ② $\frac{10^7}{2\pi}$

③ $\frac{10^7}{4\pi}$ ④ $\frac{10^7}{8\pi}$

해설 자속 밀도 $B=\mu_0\mu_sH[\text{Wb/m}^2]$

자계의 세기 $H=\frac{B}{\mu_0\mu_s}$

$$=\frac{50}{4\pi\times10^{-7}\times50}=\frac{10^7}{4\pi}[\text{A/m}]$$

19 한 변의 길이가 l[m]인 정사각형 도체 회로에 전류 I[A]를 흘릴 때 회로의 중심점에서 자계의 세기는 몇 [AT/m]인가?

① $\frac{2I}{\pi l}$ ② $\frac{I}{\sqrt{2}\pi l}$

③ $\frac{\sqrt{2}I}{\pi l}$ ④ $\frac{2\sqrt{2}I}{\pi l}$

해설 $H=\frac{I}{4\pi r}(\sin\theta_1+\sin\theta_2)\times4$

$$=\frac{I}{4\pi\frac{l}{2}}\left(\frac{\sqrt{2}}{2}+\frac{\sqrt{2}}{2}\right)\times4=\frac{2\sqrt{2}I}{\pi l}[\text{AT/m}]$$

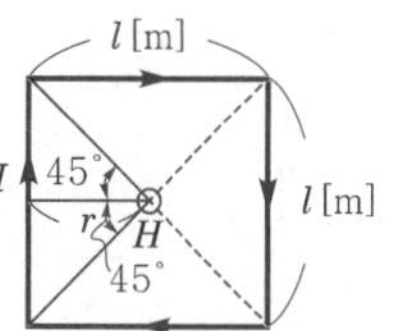

정답 15. ④ 16. ③ 17. ① 18. ③ 19. ④

20 2장의 무한 평판 도체를 4[cm]의 간격으로 놓은 후 평판 도체 간에 일정한 전계를 인가하였더니 평판 도체 표면에 2[μC/m^2]의 전하 밀도가 생겼다. 이때 평행 도체 표면에 작용하는 정전 응력은 약 몇 [N/m^2]인가?

① 0.057　② 0.226

③ 0.57　④ 2.26

해설 정전 응력 $f = \frac{1}{2}\varepsilon_0 E^2 = \frac{\sigma^2}{2\varepsilon_0}$

$$= \frac{(2\times 10^{-6})^2}{2\times\frac{10^{-9}}{36\pi}} = 0.226[\text{N/m}^2]$$

제2과목 전력공학

21 3상 전원에 접속된 △결선의 커패시터를 Y결선으로 바꾸면 진상 용량 Q_Y[kVA]는? (단, $Q_\triangle$는 △결선된 커패시터의 진상 용량이고, Q_Y는 Y결선된 커패시터의 진상 용량이다.)

① $Q_Y = \sqrt{3}\,Q_\triangle$

② $Q_Y = \frac{1}{3}Q_\triangle$

③ $Q_Y = 3Q_\triangle$

④ $Q_Y = \frac{1}{\sqrt{3}}Q_\triangle$

해설 충전 용량 $Q_\triangle = 3\omega CE^2 = 3\omega CV^2\times 10^{-3}$[kVA]

충전 용량 $Q_Y = 3\omega CE^2 = 3\omega C\left(\frac{V}{\sqrt{3}}\right)^2$

$= \omega CV^2 \times 10^{-3}$[kVA]

$\therefore\ Q_Y = \frac{Q_\triangle}{3}$

22 교류 배전 선로에서 전압 강하 계산식은 $V_d = k(R\cos\theta + X\sin\theta)I$로 표현된다. 3상 3선식 배전 선로인 경우에 k는?

① $\sqrt{3}$

② $\sqrt{2}$

③ 3

④ 2

해설 전압 강하 $e = \sqrt{3}\,I(R\cos\theta + X\sin\theta)$

$\therefore\ k = \sqrt{3}$

23 송전선에서 뇌격에 대한 차폐 등을 위해 가선하는 가공 지선에 대한 설명으로 옳은 것은?

① 차폐각은 보통 15 ~ 30° 정도로 하고 있다.

② 차폐각이 클수록 벼락에 대한 차폐 효과가 크다.

③ 가공 지선을 2선으로 하면 차폐각이 작아진다.

④ 가공 지선으로는 연동선을 주로 사용한다.

해설 가공 지선의 차폐각은 단독일 경우 35 ~ 40° 정도이고, 2선이면 10° 이하이므로, 가공 지선을 2선으로 하면 차폐각이 작아져 차폐 효과가 크다.

24 배전선의 전력 손실 경감 대책이 아닌 것은?

① 다중 접지 방식을 채용한다.

② 역률을 개선한다.

③ 배전 전압을 높인다.

④ 부하의 불평형을 방지한다.

해설 **배전 선로의 손실 경감 대책**

- 전류 밀도의 감소와 평형(켈빈의 법칙)
- 전력용 커패시터 설치
- 급선전의 변경, 증설, 선로의 분할은 물론 변전소의 증설에 의한 급전선의 단축화
- 변압기의 배치와 용량을 적절하게 정하고 저압 배전선의 길이를 합리적으로 정비
- 배전 전압을 높임

정답 20. ② 21. ② 22. ① 23. ③ 24. ①

25 그림과 같은 이상 변압기에서 2차측에 5[Ω]의 저항 부하를 연결하였을 때 1차측에 흐르는 전류(I)는 약 몇 [A]인가?

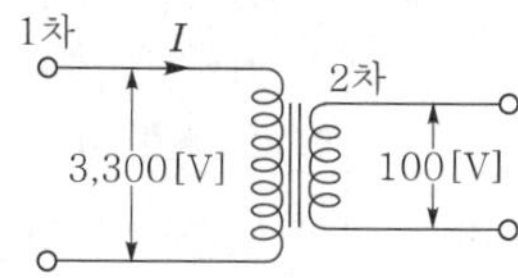

① 0.6 ② 1.8
③ 20 ④ 660

해설 $I_1 = \dfrac{V_2}{V_1} I_2 = \dfrac{100}{3,300} \times \dfrac{100}{5} \fallingdotseq 0.6[\text{A}]$

26 전압과 유효 전력이 일정할 경우 부하 역률이 70[%]인 선로에서 저항 손실($P_{70[\%]}$)은 역률이 90[%]인 선로에서의 저항 손실($P_{90[\%]}$)과 비교하면 약 얼마인가?

① $P_{70[\%]} = 0.6P_{90[\%]}$ ② $P_{70[\%]} = 1.7P_{90[\%]}$
③ $P_{70[\%]} = 0.3P_{90[\%]}$ ④ $P_{70[\%]} = 2.7P_{90[\%]}$

해설 전력 손실은 역률의 제곱에 반비례하므로

$\dfrac{P_{70[\%]}}{P_{90[\%]}} = \left(\dfrac{0.9}{0.7}\right)^2 \fallingdotseq 1.7$

$\therefore P_{70[\%]} \fallingdotseq 1.7P_{90[\%]}$

27 3상 3선식 송전선에서 L을 작용 인덕턴스라 하고, L_e 및 L_m은 대지를 귀로로 하는 1선의 자기 인덕턴스 및 상호 인덕턴스라고 할 때 이들 사이의 관계식은?

① $L = L_m - L_e$ ② $L = L_e - L_m$
③ $L = L_m + L_e$ ④ $L = \dfrac{L_m}{L_e}$

해설 작용 인덕턴스 L, 대지를 귀로로 하는 1선의 자기 인덕턴스 L_e, 상호 인덕턴스 L_m의 관계는 $L = L_e - L_m$으로 되고, 실측 평균값은 대략 L_e는 2.4[mH/km], L_m은 1.1[mH/km] 정도로 된다.

28 표피 효과에 대한 설명으로 옳은 것은?

① 표피 효과는 주파수에 비례한다.
② 표피 효과는 전선의 단면적에 반비례한다.
③ 표피 효과는 전선의 비투자율에 반비례한다.
④ 표피 효과는 전선의 도전율에 반비례한다.

해설 표피 효과란 전류의 밀도가 도선 중심으로 들어갈수록 줄어드는 현상으로, 전선 단면적, 주파수, 투자율 및 도전율에 비례한다.

29 배전 선로의 전압을 3[kV]에서 6[kV]로 승압하면 전압 강하율(δ)은 어떻게 되는가? (단, $\delta_{3[\text{kV}]}$는 전압이 3[kV]일 때 전압 강하율이고, $\delta_{6[\text{kV}]}$는 전압이 6[kV]일 때 전압 강하율이며, 부하는 일정하다고 한다.)

① $\delta_{6[\text{kV}]} = \dfrac{1}{2}\delta_{3[\text{kV}]}$

② $\delta_{6[\text{kV}]} = \dfrac{1}{4}\delta_{3[\text{kV}]}$

③ $\delta_{6[\text{kV}]} = 2\delta_{3[\text{kV}]}$

④ $\delta_{6[\text{kV}]} = 4\delta_{3[\text{kV}]}$

해설 전압 강하율은 전압의 제곱에 반비례하므로 전압이 2배로 되면 전압 강하율은 $\dfrac{1}{4}$배로 된다.

30 계통의 안정도 증진 대책이 아닌 것은?

① 발전기나 변압기의 리액턴스를 작게 한다.
② 선로의 회선수를 감소시킨다.
③ 중간 조상 방식을 채용한다.
④ 고속도 재폐로 방식을 채용한다.

해설 **안정도 향상 대책**

- 직렬 리액턴스 감소
- 전압 변동 억제(속응 여자 방식, 계통 연계, 중간 조상 방식)
- 계통 충격 경감(소호 리액터 접지, 고속 차단, 재폐로 방식)
- 전력 변동 억제(조속기 신속 동작, 제동 저항기)

정답 25. ① 26. ② 27. ② 28. ① 29. ② 30. ②

31 1상의 대지 정전 용량이 0.5[μF], 주파수가 60[Hz]인 3상 송전선이 있다. 이 선로에 소호 리액터를 설치한다면, 소호 리액터의 공진 리액턴스는 약 몇 [Ω]이면 되는가?

① 970 ② 1,370
③ 1,770 ④ 3,570

해설 공진 리액턴스 $\omega L = \frac{1}{3\omega C}$

$$= \frac{1}{3\times 2\pi \times 60 \times 0.5 \times 10^{-6}}$$

$\fallingdotseq 1,770[\Omega]$

32 배전 선로의 고장 또는 보수 점검 시 정전 구간을 축소하기 위하여 사용되는 것은?

① 단로기
② 컷아웃 스위치
③ 계자 저항기
④ 구분 개폐기

해설 배전 선로의 고장, 보수 점검 시 정전 구간을 축소하기 위해 구분 개폐기를 설치한다.

33 수전단 전력 원선도의 전력 방정식이 $P_r^{\ 2} + (Q_r + 400)^2 = 250,000$으로 표현되는 전력 계통에서 가능한 최대로 공급할 수 있는 부하 전력(P_r)과 이때 전압을 일정하게 유지하는 데 필요한 무효 전력(Q_r)은 각각 얼마인가?

① $P_r = 500$, $Q_r = -400$
② $P_r = 400$, $Q_r = 500$
③ $P_r = 300$, $Q_r = 100$
④ $P_r = 200$, $Q_r = -300$

해설 $P_r^{\ 2} + (Q_r + 400)^2 = 250,000$에서 무효 전력을 없애면 최대 공급 전력이 500[kW]이므로 무효 전력 $Q_r + 400 = 0$이어야 한다.
그러므로 $Q_r = -400$이다.

34 수전용 변전 설비의 1차측 차단기의 차단 용량은 주로 어느 것에 의하여 정해지는가?

① 수전 계약 용량
② 부하 설비의 단락 용량
③ 공급측 전원의 단락 용량
④ 수전 전력의 역률과 부하율

해설 차단기의 차단 용량은 공급측 전원의 단락 용량을 기준으로 정해진다.

35 프란시스 수차의 특유 속도[m · kW]의 한계를 나타내는 식은? (단, H[m]는 유효 낙차이다.)

① $\frac{13,000}{H+50}+10$ ② $\frac{13,000}{H+50}+30$
③ $\frac{20,000}{H+20}+10$ ④ $\frac{20,000}{H+20}+30$

해설 프란시스 수차의 특유 속도 범위는 $\frac{13,000}{H+20}+50$ 또는 $\frac{20,000}{H+20}+30$[m · kW]으로 한다.

36 정격 전압 6,600[V], Y결선, 3상 발전기의 중성점을 1선 지락 시 지락 전류를 100[A]로 제한하는 저항기로 접지하려고 한다. 저항기의 저항값은 약 몇 [Ω]인가?

① 44 ② 41
③ 38 ④ 35

해설 $R = \frac{6,600}{\sqrt{3}} \times \frac{1}{100} = 38.1 \fallingdotseq 38[\Omega]$

37 주변압기 등에서 발생하는 제5고조파를 줄이는 방법으로 옳은 것은?

① 전력용 콘덴서에 직렬 리액터를 연결한다.
② 변압기 2차측에 분로 리액터를 연결한다.
③ 모선에 방전 코일을 연결한다.
④ 모선에 공심 리액터를 연결한다.

정답 31. ③ 32. ④ 33. ① 34. ③ 35. ④ 36. ③ 37. ①

해설 제3고조파는 △결선으로 제거하고, 제5고조파는 직렬 리액터로 전력용 콘덴서와 직렬 공진을 이용하여 제거한다.

38 송전 철탑에서 역섬락을 방지하기 위한 대책은?

① 가공 지선의 설치
② 탑각 접지 저항의 감소
③ 전력선의 연가
④ 아크혼의 설치

해설 역섬락을 방지하기 위해서는 매설 지선을 사용하여 철탑의 탑각 저항을 줄여야 한다.

39 조속기의 폐쇄 시간이 짧을수록 나타나는 현상으로 옳은 것은?

① 수격 작용은 작아진다.
② 발전기의 전압 상승률은 커진다.
③ 수차의 속도 변동률은 작아진다.
④ 수압관 내의 수압 상승률은 작아진다.

해설 조속기의 폐쇄 시간이 짧을수록 속도 변동률은 작아지고, 폐쇄 시간을 길게 하면 속도 상승률이 증가하여 수추(수격) 작용이 감소한다.

40 복도체에서 2본의 전선이 서로 충돌하는 것을 방지하기 위하여 2본의 전선 사이에 적당한 간격을 두어 설치하는 것은?

출제빈도

① 아머로드
② 댐퍼
③ 아킹혼
④ 스페이서

해설 다(복)도체 방식에서 소도체의 충돌을 방지하기 위해 스페이서를 적당한 간격으로 설치하여야 한다.

제3과목 전기기기

41 정격 전압 120[V], 60[Hz]인 변압기의 무부하 입력 80[W], 무부하 전류 1.4[A]이다. 이 변압기의 여자 리액턴스는 약 몇 [Ω]인가?

① 97.6
② 103.7
③ 124.7
④ 180

해설

철손 전류 $I_i = \dfrac{P_i}{V_1} = \dfrac{80}{120} = 0.66[\text{A}]$

자화 전류 $I_\phi = \sqrt{I_0^{\,2} - I_i^{\,2}} = \sqrt{1.4^2 - 0.66^2}$
$= 1.23[\text{A}]$

여자 리액턴스 $x_0 = \dfrac{V_1}{I_\phi} = \dfrac{120}{1.23} = 97.6[\Omega]$

42 서보 모터의 특징에 대한 설명으로 틀린 것은?

① 발생 토크는 입력 신호에 비례하고, 그 비가 클 것
② 직류 서보 모터에 비하여 교류 서보 모터의 시동 토크가 매우 클 것
③ 시동 토크는 크나 회전부의 관성 모멘트가 작고, 전기적 시정수가 짧을 것
④ 빈번한 시동, 정지, 역전 등의 가혹한 상태에 견디도록 견고하고, 큰 돌입 전류에 견딜 것

해설
- 제어용 서보 모터(servo motor)는 시동 토크가 크고 관성 모멘트가 작으며 속응성이 좋고 시정수가 짧아야 한다.
- 시동 토크는 교류 서보 모터보다 직류 서보 모터가 크다.

정답 38. ② 39. ③ 40. ④ 41. ① 42. ②

43 3상 변압기 2차측의 E_W상만을 반대로 하고 Y-Y 결선을 한 경우 2차 상전압이 E_U=70[V], E_V=70[V], E_W=70[V]라면 2차 선간 전압은 약 몇 [V]인가?

① V_{U-V}=121.2[V], V_{V-W}=70[V], V_{W-U}=70[V]
② V_{U-V}=121.2[V], V_{V-W}=210[V], V_{W-U}=70[V]
③ V_{U-V}=121.2[V], V_{V-W}=121.2[V], V_{W-U}=70[V]
④ V_{U-V}=121.2[V], V_{V-W}=121.2[V], V_{W-U}=121.2[V]

해설

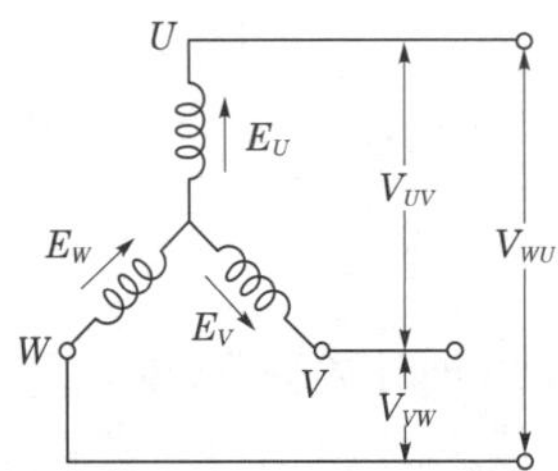

- $V_{U-V}=\dot{E}_U+(-\dot{E}_V)$
  $=\sqrt{3}\,E_U=\sqrt{3}\times 70=121.2[V]$
- $V_{V-W}=E_V+E_W=E_V=70[V]$
- $V_{W-U}=E_W+E_U=E_W=70[V]$

44 극수 8, 중권 직류기의 전기자 총 도체수 960, 매극 자속 0.04[Wb], 회전수 400[rpm]이라면 유기 기전력은 몇 [V]인가?

출제빈도

① 256
② 327
③ 425
④ 625

해설 유기 기전력

$$E=\frac{z}{a}P\phi\frac{N}{60}=\frac{960}{8}\times 8\times 0.04\times\frac{400}{60}=256[V]$$

45 3상 유도 전동기에서 2차측 저항을 2배로 하면 그 최대 토크는 어떻게 변하는가?

① 2배로 커진다.
② 3배로 커진다.
③ 변하지 않는다.
④ $\sqrt{2}$ 배로 커진다.

해설 최대 토크

$$T_m=\frac{{V_1}^2}{2\left\{r_1+\sqrt{{r_1}^2+(x_1+x_2{}')^2}\right\}}\neq r_2$$

3상 유도 전동기의 최대 토크는 2차측 저항과 무관하므로 변하지 않는다.

46 동기 전동기에 일정한 부하를 걸고 계자 전류를 0[A]에서부터 계속 증가시킬 때 관련 설명으로 옳은 것은? (단, I_a는 전기자 전류이다.)

① I_a는 증가하다가 감소한다.
② I_a가 최소일 때 역률이 1이다.
③ I_a가 감소 상태일 때 앞선 역률이다.
④ I_a가 증가 상태일 때 뒤진 역률이다.

해설 동기 전동기의 공급 전압과 부하가 일정 상태에서 계자 전류를 변화하면 전기자 전류와 역률이 변화한다. 역률 $\cos\theta=1$일 때 전기자 전류는 최소이고, 역률 1을 기준으로 하여 계자 전류를 감소하면 뒤진 역률, 증가하면 앞선 역률이 되며 전기자 전류는 증가한다.

47 3[kVA], 3,000/200[V]의 변압기의 단락 시험에서 임피던스 전압 120[V], 동손 150[W]라 하면 %저항 강하는 몇 [%]인가?

① 1 ② 3
③ 5 ④ 7

해설 퍼센트 저항 강하

$$P=\frac{I\cdot r}{V}\times 100=\frac{I^2r}{VI}\times 100=\frac{150}{3\times 10^3}\times 100=5[\%]$$

정답 43. ① 44. ① 45. ③ 46. ② 47. ③

48 정격 출력 50[kW], 4극 220[V], 60[Hz]인 3상 유도 전동기가 전부하 슬립 0.04, 효율 90[%]로 운전되고 있을 때 다음 중 틀린 것은?

① 2차 효율=92[%]

② 1차 입력=55.56[kW]

③ 회전자 동손=2.08[kW]

④ 회전자 입력=52.08[kW]

2차 입력 : 기계적 출력 : 2차 동손

$P_2 : P_o(P) : P_{2c} = 1 : 1-s : s$

(기계손 무시하면 기계적 출력 P_o=정격 출력 P)

① 2차 효율

$$\eta_2 = \frac{P_o}{P_2} \times 100 = \frac{P_2(1-s)}{P_2} \times 100$$
$$= (1-s) \times 100$$
$$= (1-0.04) \times 100 = 96[\%]$$

② 1차 입력

$$P_1 = \frac{P}{\eta} = \frac{50}{0.9} = 55.555 \fallingdotseq 55.56[\text{kW}]$$

③ 회전자 동손

$$P_{2c} = \frac{s}{1-s}P = \frac{0.04}{1-0.04} \times 50$$
$$= 2.083 \fallingdotseq 2.08[\text{kW}]$$

④ 회전자 입력

$$P_2 = \frac{P}{1-s} = \frac{50}{1-0.04} = 52.08[\text{kW}]$$

49 단상 유도 전동기를 2전동기설로 설명하는 경우 정방향 회전 자계의 슬립이 0.2이면, 역방향 회전 자계의 슬립은 얼마인가?

① 0.2　② 0.8

③ 1.8　④ 2.0

슬립 $s = \frac{N_s - N}{N_s} = 0.2$

역회전 시 슬립 $s' = \frac{N_s - (-N)}{N_s}$

$$= \frac{N_s + N}{N_s} = \frac{2N_s - (N_s - N)}{N_s}$$
$$= 2 - \frac{N_s - N}{N_s} = 2 - s$$
$$= 2 - 0.2 = 1.8$$

50 직류 가동 복권 발전기를 전동기로 사용하면 어느 전동기가 되는가?

① 직류 직권 전동기

② 직류 분권 전동기

③ 직류 가동 복권 전동기

④ 직류 차동 복권 전동기

해설 직류 가동 복권 발전기를 전동기로 사용하면 전기자 전류의 방향이 반대로 바뀌어 차동 복권 전동기가 된다.

51 동기 발전기를 병렬 운전하는 데 필요하지 않은 조건은?

① 기전력의 용량이 같을 것

② 기전력의 파형이 같을 것

③ 기전력의 크기가 같을 것

④ 기전력의 주파수가 같을 것

해설 **동기 발전기의 병렬 운전 조건**

- 기전력의 크기가 같을 것
- 기전력의 위상이 같을 것
- 기전력의 주파수가 같을 것
- 기전력의 파형이 같을 것

52 IGBT(Insulated Gate Bipolar Transistor)에 대한 설명으로 틀린 것은?

① MOSFET와 같이 전압 제어 소자이다.

② GTO 사이리스터와 같이 역방향 전압 저지 특성을 갖는다.

③ 게이트와 이미터 사이의 입력 임피던스가 매우 낮아 BJT보다 구동하기 쉽다.

④ BJT처럼 On-drop이 전류에 관계없이 낮고 거의 일정하며, MOSFET보다 훨씬 큰 전류를 흘릴 수 있다.

정답 48. ① 49. ③ 50. ④ 51. ① 52. ③

해설 IGBT는 MOSFET의 고속 스위칭과 BJT의 고전압, 대전류 처리 능력을 겸비한 역전압 제어용 소자로서, 게이트와 이미터 사이의 임피던스가 크다.

53 출제빈도 **유도 전동기에서 공급 전압의 크기가 일정하고 전원 주파수만 낮아질 때 일어나는 현상으로 옳은 것은?**

① 철손이 감소한다.
② 온도 상승이 커진다.
③ 여자 전류가 감소한다.
④ 회전 속도가 증가한다.

해설 **유도 전동기의 공급 전압 일정 상태에서의 현상**

- 철손 $P_i \propto \dfrac{1}{f}$
- 여자 전류 $I_0 \propto \dfrac{1}{f}$
- 회전 속도 $N = N_s(1-s) = \dfrac{120f}{P}(1-s) \propto f$
- 손실이 증가하면 온도는 상승한다.

54 **용접용으로 사용되는 직류 발전기의 특성 중에서 가장 중요한 것은?**

① 과부하에 견딜 것
② 전압 변동률이 작을 것
③ 경부하일 때 효율이 좋을 것
④ 전류에 대한 전압 특성이 수하 특성일 것

해설 직류 전기 용접용 발전기는 부하의 증가에 따라 전압이 현저하게 떨어지는 수하 특성의 차동 복권 발전기가 유효하다.

55 출제빈도 **동기 발전기에 설치된 제동 권선의 효과로 틀린 것은?**

① 난조 방지
② 과부하 내량의 증대
③ 송전선의 불평형 단락 시 이상 전압 방지
④ 불평형 부하 시 전류·전압 파형의 개선

해설 **제동 권선의 효능**

- 난조 방지
- 단락 사고 시 이상 전압 발생 억제
- 불평형 부하 시 전압 파형 개선
- 기동 토크 발생

56 **3,300/220[V] 변압기 A, B의 정격 용량이 각각 400[kVA], 300[kVA]이고, %임피던스 강하가 각각 2.4[%]와 3.6[%]일 때 그 2대의 변압기에 걸 수 있는 합성 부하 용량은 몇 [kVA]인가?**

① 550　　② 600
③ 650　　④ 700

해설 부하 분담비 $\dfrac{P_a}{P_b} = \dfrac{\%Z_b}{\%Z_a} \cdot \dfrac{P_A}{P_B} = \dfrac{3.6}{2.4} \times \dfrac{400}{300} = 2$

B변압기 부하 분담 용량 $P_b = \dfrac{P_A}{2} = \dfrac{400}{2} = 200[\text{kVA}]$

합성 부하 분담 용량 $P = P_a + P_b = 400 + 200 = 600[\text{kVA}]$

57 **동작 모드가 그림과 같이 나타나는 혼합 브리지는?**

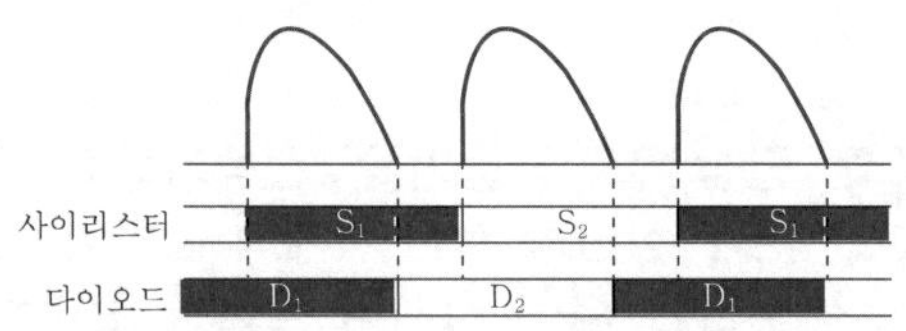

①
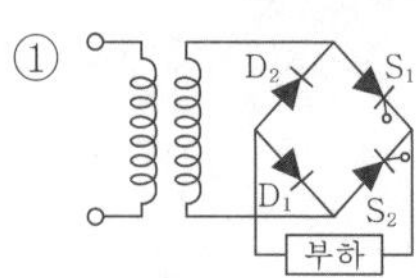

②
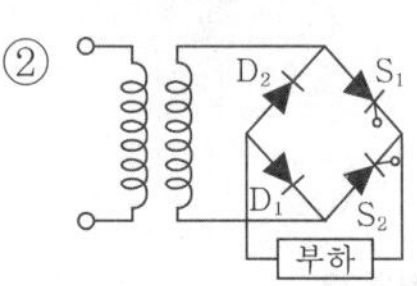

③
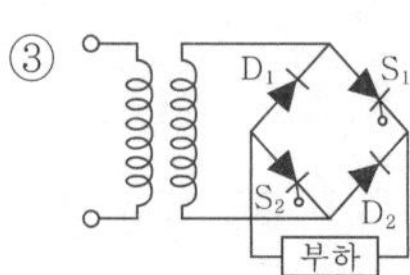

④
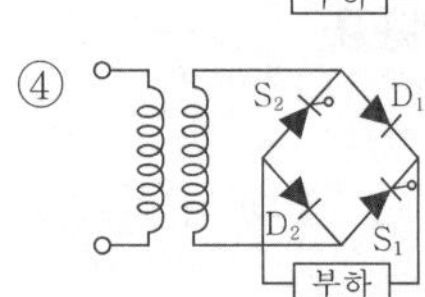

정답 53. ② 54. ④ 55. ② 56. ② 57. ①

해설 보기 ①번의 혼합 브리지는 S_1D_1이 도통 상태일 때 교류 전압의 극성이 바뀌면 D_2S_1이 직렬로 환류 다이오드 역할을 한다. 따라서, 전류는 연속하고 e_d는 동작 모드가 문제의 그림과 같은 파형이 된다.

58 **단상 유도 전동기에 대한 설명으로 틀린 것은?**

① 반발 기동형 : 직류 전동기와 같이 정류자와 브러시를 이용하여 기동한다.

② 분상 기동형 : 별도의 보조 권선을 사용하여 회전 자계를 발생시켜 기동한다.

③ 커패시터 기동형 : 기동 전류에 비해 기동 토크가 크지만, 커패시터를 설치해야 한다.

④ 반발 유도형 : 기동 시 농형 권선과 반발 전동기의 회전자 권선을 함께 이용하나 운전 중에는 농형 권선만을 이용한다.

해설 반발 유도형 전동기의 회전자는 정류자가 접속되어있는 전기자 권선과 농형 권선 2개의 권선이 있으며 전기자 권선은 반발 기동 시에 동작하고 농형 권선은 운전 시에 사용된다.

59 **동기기의 전기자 저항을 r, 전기자 반작용 리액턴스를 X_a, 누설 리액턴스를 X_l이라고 하면 동기 임피던스를 표시하는 식은?**

① $\sqrt{r^2+\left(\dfrac{X_a}{X_l}\right)^2}$

② $\sqrt{r^2+X_l^{\,2}}$

③ $\sqrt{r^2+X_a^{\,2}}$

④ $\sqrt{r^2+(X_a+X_l)^2}$

해설 동기 임피던스 $Z_s=r+j(x_a+x_l)$

$|\dot{Z}_s|=\sqrt{r^2+(x_a+x_l)^2}$ [Ω]

60 **직류 전동기의 속도 제어법이 아닌 것은?**

① 계자 제어법　　② 전력 제어법

③ 전압 제어법　　④ 저항 제어법

해설 회전 속도 $N=K\dfrac{V-I_aR_a}{\phi}$

직류 전동기의 속도 제어법은 계자 제어, 저항 제어, 전압 제어 및 직·병렬 제어가 있다.

제4과목 회로이론 및 제어공학

61 **그림과 같은 피드백 제어 시스템에서 입력이 단위 계단 함수일 때 정상 상태 오차 상수인 위치 상수(K_p)는?**

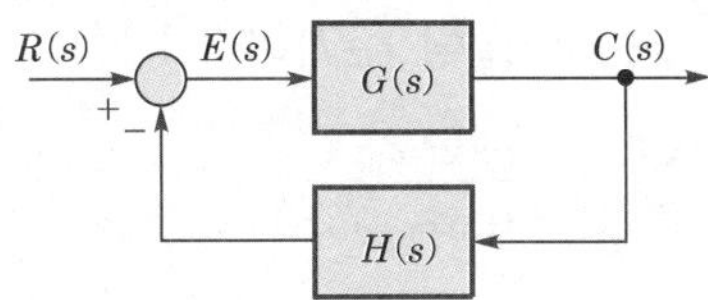

① $K_p=\lim\limits_{s\to0}G(s)H(s)$

② $K_p=\lim\limits_{s\to0}\dfrac{G(s)}{H(s)}$

③ $K_p=\lim\limits_{s\to\infty}G(s)H(s)$

④ $K_p=\lim\limits_{s\to\infty}\dfrac{G(s)}{H(s)}$

해설 편차 $E(s)=R(s)-H(s)C(s)$

$$=\frac{R(s)}{1+G(s)H(s)}$$

정상 편차 $e_{ss}=\lim\limits_{s\to0}s\dfrac{R(s)}{1+G(s)H(s)}$

정상 위치 편차 $e_{ssp}=\lim\limits_{s\to0}\dfrac{s\frac{1}{s}}{1+G(s)H(s)}$

$$=\frac{1}{1+\lim\limits_{s\to0}G(s)H(s)}$$

$$=\frac{1}{1+K_p}$$

위치 편차 상수 $K_p=\lim\limits_{s\to0}G(s)H(s)$

정답 58. ④ 59. ④ 60. ② 61. ①

62 적분 시간이 4[s], 비례 감도가 4인 비례 적분 동작을 하는 제어 요소에 동작 신호 $z(t)=2t$를 주었을 때 이 제어 요소의 조작량은? (단, 조작량의 초기값은 0이다.)

출제빈도

① t^2+8t ② t^2+2t
③ t^2-8t ④ t^2-2t

해설 비례 적분 동작(PI 동작)

조작량 $z_o=K_p\left(z(t)+\dfrac{1}{T_i}\int z(t)dt\right)$

$$=4\left(2t+\frac{1}{4}\int 2tdt\right)=8t+t^2$$

63 시간 함수 $f(t)=\sin\omega t$의 z 변환은? (단, T는 샘플링 주기이다.)

① $\dfrac{z\sin\omega T}{z^2+2z\cos\omega T+1}$

② $\dfrac{z\sin\omega T}{z^2-2z\cos\omega T+1}$

③ $\dfrac{z\cos\omega T}{z^2-2z\sin\omega T+1}$

④ $\dfrac{z\cos\omega T}{z^2+2z\sin\omega T+1}$

해설 z변환

$f(t)=\sin\omega t$

$$F(z)=\frac{z\sin\omega T}{z^2-2z\cos\omega T+1}$$

$f(t)=\cos\omega t$

$$F(z)=\frac{z(z-\cos\omega T)}{z^2-2z\cos\omega T+1}$$

64 다음과 같은 신호 흐름 선도에서 $\dfrac{C(s)}{R(s)}$의 값은?

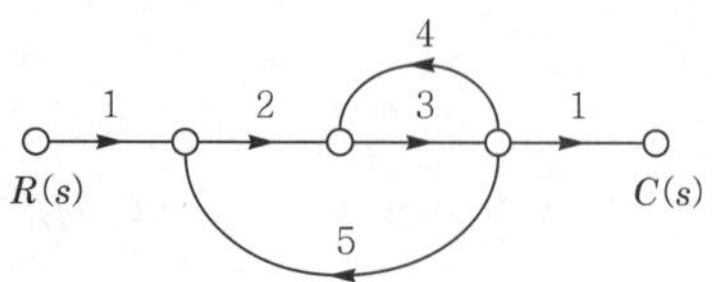

① $-\dfrac{1}{41}$

② $-\dfrac{3}{41}$

③ $-\dfrac{6}{41}$

④ $-\dfrac{8}{41}$

해설 $G_1=1\times2\times3\times1=6$

$\Delta_1=1$

$L_{11}=3\times4=12$

$L_{21}=2\times3\times5=30$

$\Delta=1-(L_{11}+L_{21})=1-(12+30)=-41$

$$\therefore\ G=\frac{C}{R}=\frac{G_1\Delta_1}{\Delta}=\frac{6\times1}{-41}=-\frac{6}{41}$$

65 제어 시스템의 상태 방정식이 $\dfrac{dx(t)}{dt}=Ax(t)+Bu(t)$, $A=\begin{bmatrix}0&1\\-3&4\end{bmatrix}$, $B=\begin{bmatrix}1\\1\end{bmatrix}$일 때 특성 방정식을 구하면?

출제빈도

① $s^2-4s-3=0$

② $s^2-4s+3=0$

③ $s^2+4s+3=0$

④ $s^2+4s-3=0$

해설 특성 방정식 $|SI-A|=0$

$$\left|s\begin{bmatrix}1&0\\0&1\end{bmatrix}-\begin{bmatrix}0&1\\-3&4\end{bmatrix}\right|=0$$

$$\begin{vmatrix}s&-1\\3&s-4\end{vmatrix}=0$$

$s(s-4)+3=s^2-4s+3=0$

66 Routh-Hurwitz 방법으로 특성 방정식이 $s^4+2s^3+s^2+4s+2=0$인 시스템의 안정도를 판별하면?

① 안정 ② 불안정
③ 임계 안정 ④ 조건부 안정

정답 62. ① 63. ② 64. ③ 65. ② 66. ②

해설 라우스의 표

s^4	1	1	2
s^3	2	4	
s^2	−1	2	
s^1	8	0	
s^0	2		

제1열의 부호 변화가 2번 있으므로 양의 실수부를 갖는 불안정근이 2개 있다.

67 특성 방정식의 모든 근이 s 평면(복소 평면)의 $j\omega$축(허수축)에 있을 때 이 제어 시스템의 안정도는?

① 알 수 없다.
② 안정하다.
③ 불안정하다.
④ 임계 안정이다.

해설 특성 방정식의 근이 s 평면의 좌반부에 존재하면 제어계가 안정하고 특성 방정식의 근이 s 평면의 우반부에 존재하면 제어계는 불안정하다. 또한, 특성 방정식의 근이 s 평면의 허수축에 존재하면 제어계는 임계 안정 상태가 된다.

68 다음 논리식을 간단히 하면?

$$[(AB+A\overline{B})+AB]+\overline{A}B$$

① $A+B$ ② $\overline{A}+B$
③ $A+\overline{B}$ ④ $A+A\cdot B$

해설 **논리식**

$$\begin{aligned}AB+A\overline{B}+AB+\overline{A}B &= AB+A\overline{B}+\overline{A}B\\ &= A(B+\overline{B})+\overline{A}B\\ &= A+\overline{A}B\\ &= A(1+B)+\overline{A}B\\ &= A+AB+\overline{A}B\\ &= A+B(A+\overline{A})=A+B\end{aligned}$$

69 다음 회로에서 입력 전압 $v_1(t)$에 대한 출력 전압 $v_2(t)$의 전달 함수 $G(s)$는?

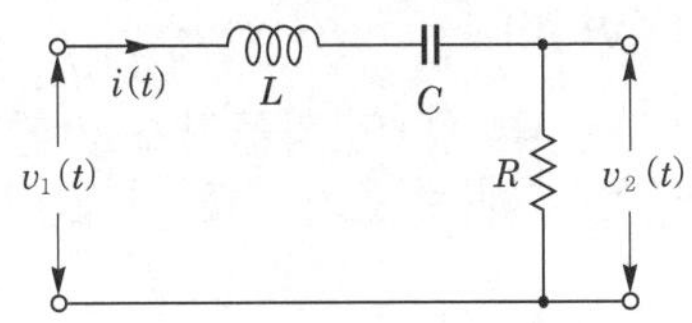

① $\dfrac{RCs}{LCs^2+RCs+1}$

② $\dfrac{RCs}{LCs^2-RCs-1}$

③ $\dfrac{Cs}{LCs^2+RCs+1}$

④ $\dfrac{Cs}{LCs^2-RCs-1}$

해설 전달 함수 $G(s)=\dfrac{V_2(s)}{V_1(s)}$

$$=\frac{R}{Ls+\frac{1}{Cs}+R}$$

$$=\frac{RCs}{LCs^2+RCs+1}$$

70 어떤 제어 시스템의 개루프 이득이 다음과 같을 때 이 시스템이 가지는 근궤적의 가지(branch)수는?

$$G(s)H(s)=\frac{K(s+2)}{s(s+1)(s+3)(s+4)}$$

① 1 ② 3
③ 4 ④ 5

해설 근궤적의 개수는 Z와 P 중 큰 것과 일치한다.
영점의 개수 $Z=1$
극점의 개수 $P=4$
∴ 근궤적의 개수(가지수)는 4개이다.

정답 67. ④ 68. ① 69. ① 70. ③

71 RC 직렬 회로에 직류 전압 V[V]가 인가되었을 때 전류 $i(t)$에 대한 전압 방정식(KVL)이 $V = Ri(t) + \frac{1}{C}\int i(t)\,dt$[V]이다. 전류 $i(t)$의 라플라스 변환인 $I(s)$는? (단, C에는 초기 전하가 없다.)

① $I(s) = \frac{V}{R}\frac{1}{s - \frac{1}{RC}}$

② $I(s) = \frac{C}{R}\frac{1}{s + \frac{1}{RC}}$

③ $I(s) = \frac{V}{R}\frac{1}{s + \frac{1}{RC}}$

④ $I(s) = \frac{R}{C}\frac{1}{s - \frac{1}{RC}}$

해설 전압 방정식을 라플라스 변환하면 아래와 같다.

$$\frac{V}{s} = RI(s) + \frac{1}{Cs}I(s)$$

$$I(s) = \frac{V}{s\left(R + \frac{1}{Cs}\right)} = \frac{V}{Rs + \frac{1}{C}}$$

$$= \frac{V}{R\left(s + \frac{1}{RC}\right)} = \frac{V}{R}\frac{1}{s + \frac{1}{RC}}$$

72 어떤 회로의 유효 전력이 300[W], 무효 전력이 400[Var]이다. 이 회로의 복소 전력의 크기[VA]는?

① 350

② 500

③ 600

④ 700

해설 복소 전력 $P_a = \overline{V} \cdot I = P \pm jP_r$[VA]

$P = 300$[W], $P_r = 400$[Var]

$P_a = 300 \pm j400$

$P_a = \sqrt{300^2 + 400^2} = 500$[VA]

73 회로에서 20[Ω]의 저항이 소비하는 전력은 몇 [W]인가?

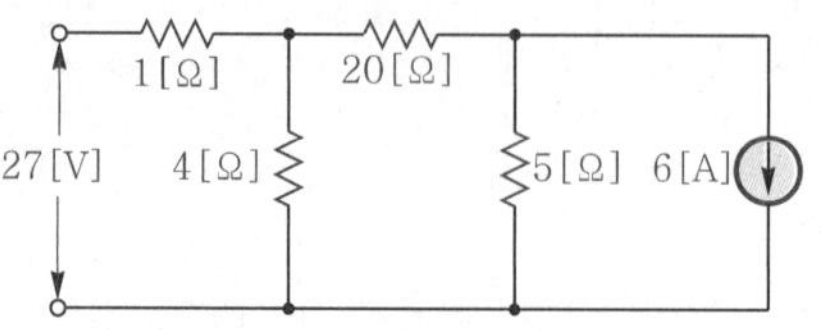

① 14 ② 27

③ 40 ④ 80

해설 • 27[V]에 의한 전류

$$I_1 = \frac{27}{1 + \frac{4 \times (20+5)}{4 + (20+5)}} \times \frac{4}{4 + (20+5)}$$

$$= \frac{108}{129}\text{[A]}$$

• 6[A]에 의한 전류

$$I_2 = \frac{5}{5 + \left(20 + \frac{4 \times 1}{4+1}\right)} \times 6 = \frac{150}{129}\text{[A]}$$

• 20[Ω]에 흐르는 전전류

$$I = I_1 + I_2 = \frac{108}{129} + \frac{150}{129} = 2\text{[A]}$$

$\therefore\ P = I^2R = 2^2 \times 20 = 80$[W]

74 출제빈도 선간 전압이 V_{ab}[V]인 3상 평형 전원에 대칭 부하 R[Ω]이 그림과 같이 접속되어 있을 때 a, b 두 상 간에 접속된 전력계의 지시값이 W[W]라면 c상 전류의 크기[A]는?

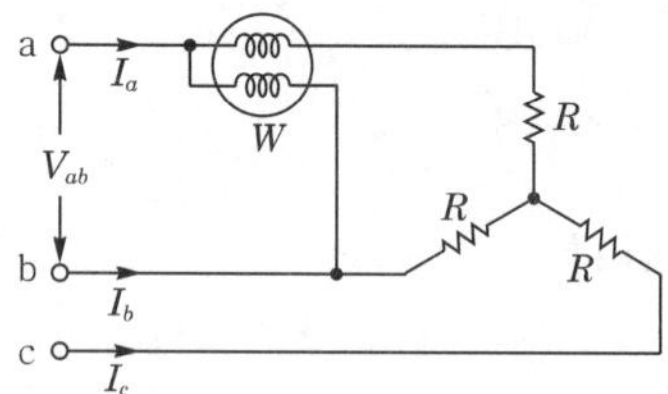

① $\frac{W}{3V_{ab}}$ ② $\frac{2W}{3V_{ab}}$

③ $\frac{2W}{\sqrt{3}V_{ab}}$ ④ $\frac{\sqrt{3}W}{V_{ab}}$

정답 71. ③ 72. ② 73. ④ 74. ③

해설 3상 전력 $P=2W$[W]

평형 3상 전원이므로 $I_a=I_b=I_c$, $V_{ab}=V_{bc}=V_{ca}$ 이다.

$2W=\sqrt{3}\,V_{ab}I_a\cos\theta$에서 R만의 부하이므로 역률 $\cos\theta=1$

$\therefore\ I_c=\dfrac{2W}{\sqrt{3}\,V_{ab}}=I_a$[A]

75 불평형 3상 전류가 다음과 같을 때 역상분 전류 I_2[A]는?

$$I_a=15+j2\,[\text{A}]$$
$$I_b=-20-j14\,[\text{A}]$$
$$I_c=-3+j10\,[\text{A}]$$

① 1.91+j6.24 ② 15.74−j3.57
③ −2.67−j0.67 ④ −8−j2

해설 역상 전류

$$I_2=\frac{1}{3}(I_a+a^2I_b+aI_c)$$
$$=\frac{1}{3}\left\{(15+j2)+\left(-\frac{1}{2}-j\frac{\sqrt{3}}{2}\right)(-20-j14)+\left(-\frac{1}{2}+j\frac{\sqrt{3}}{2}\right)(-3+j10)\right\}$$
$$\fallingdotseq 1.91+j6.24\,[\text{A}]$$

76 $R=4$ [Ω], $\omega L=3$ [Ω]의 직렬 회로에 $e=100\sqrt{2}\sin\omega t+50\sqrt{2}\sin 3\omega t$를 인가할 때 이 회로의 소비 전력은 약 몇 [W]인가?

① 1,000 ② 1,414
③ 1,560 ④ 1,703

해설

$$I_1=\frac{V_1}{Z_1}=\frac{V_1}{\sqrt{R^2+(\omega L)^2}}=\frac{100}{\sqrt{4^2+3^2}}=20\,[\text{A}]$$

$$I_3=\frac{V_3}{Z_3}=\frac{V_3}{\sqrt{R^2+(3\omega L)^2}}=\frac{50}{\sqrt{4^2+9^2}}=5.07\,[\text{A}]$$

$$\therefore\ P=I_1^{\,2}R+I_3^{\,2}R=20^2\times 4+5.07^2\times 4=1703.06\fallingdotseq 1{,}703\,[\text{W}]$$

77 그림과 같은 T형 4단자 회로망에서 4단자 정수 A와 C는? $\left(\text{단, } Z_1=\dfrac{1}{Y_1},\ Z_2=\dfrac{1}{Y_2},\ Z_3=\dfrac{1}{Y_3}\right)$

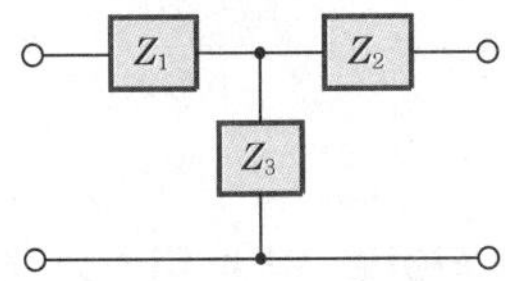

① $A=1+\dfrac{Y_3}{Y_1}$, $C=Y_2$

② $A=1+\dfrac{Y_3}{Y_1}$, $C=\dfrac{1}{Y_3}$

③ $A=1+\dfrac{Y_3}{Y_1}$, $C=Y_3$

④ $A=1+\dfrac{Y_1}{Y_3}$, $C=\left(1+\dfrac{Y_1}{Y_3}\right)\dfrac{1}{Y_3}+\dfrac{1}{Y_2}$

해설

$$A=1+\frac{Z_1}{Z_3}=1+\frac{Y_3}{Y_1},\quad C=\frac{1}{Z_3}=Y_3$$

78 $t=0$에서 스위치(S)를 닫았을 때 $t=0^+$에서의 $i(t)$는 몇 [A]인가? (단, 커패시터에 초기 전하는 없다.)

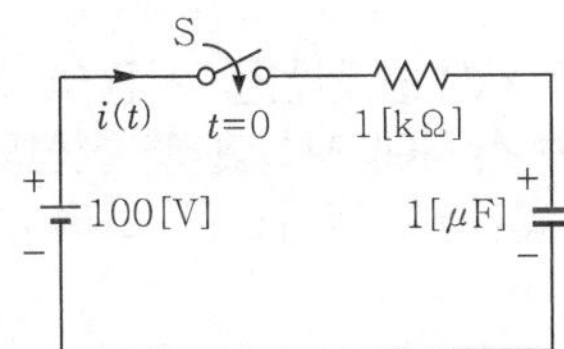

① 0.1 ② 0.2
③ 0.4 ④ 1.0

해설

$$i(t)=\frac{E}{R}e^{-\frac{1}{RC}t}=\frac{100}{10^3}e^{-\frac{1}{10^3\times 10^{-6}}\cdot 0}=0.1\,[\text{A}]$$

정답 75. ① 76. ④ 77. ③ 78. ①

79 선간 전압이 100[V]이고, 역률이 0.6인 평형 3상 부하에서 무효 전력이 $Q=10$[kVar]일 때 선전류의 크기는 약 몇 [A]인가?

① 57.7 ② 72.2

③ 96.2 ④ 125

해설 무효 전력 $Q=\sqrt{3}\,VI\sin\theta$

선전류 $I=\dfrac{Q}{\sqrt{3}\,V\sin\theta}$

$=\dfrac{10\times10^3}{\sqrt{3}\times100\times0.8}\fallingdotseq 72.2$[A]

80 단위 길이당 인덕턴스가 L[H/m]이고, 단위 길이당 정전 용량이 C[F/m]인 무손실 선로에서의 진행파 속도[m/s]는?

출제빈도

① $\sqrt{LC}$ ② $\dfrac{1}{\sqrt{LC}}$

③ $\sqrt{\dfrac{C}{L}}$ ④ $\sqrt{\dfrac{L}{C}}$

해설 위상 속도(전파 속도)

$v=f\cdot\lambda=\dfrac{\omega}{\beta}=\dfrac{\omega}{\omega\sqrt{LC}}=\dfrac{1}{\sqrt{LC}}$[m/s]

제5과목 전기설비기술기준

81 345[kV] 송전선을 사람이 쉽게 들어가지 않는 산지에 시설할 때 전선의 지표상 높이는 몇 [m] 이상으로 하여야 하는가?

출제빈도

① 7.28 ② 7.56

③ 8.28 ④ 8.56

해설 특고압 가공 전선의 높이(KEC 333.7)

(345−165)÷10=18.5이므로 10[kV] 단수는 19이다.

산지(山地) 등에서 사람이 쉽게 들어갈 수 없는 장소에 시설하는 경우이므로 전선의 지표상 높이는 5+0.12×19=7.28[m]이다.

82 변전소에서 오접속을 방지하기 위하여 특고압 전로의 보기 쉬운 곳에 반드시 표시해야 하는 것은?

① 상별 표시

② 위험 표시

③ 최대 전류

④ 정격 전압

해설 특고압 전로의 상 및 접속 상태의 표시(KEC 351.2)

발전소·변전소 또는 이에 준하는 곳의 특고압 전로에 대하여는 그 접속 상태를 모의 모선의 사용, 기타의 방법에 의하여 표시하여야 한다.

83 전력 보안 가공 통신선의 시설 높이에 대한 기준으로 옳은 것은?

① 철도의 궤도를 횡단하는 경우에는 레일면상 5[m] 이상

② 횡단보도교 위에 시설하는 경우에는 그 노면상 3[m] 이상

③ 도로(차도와 도로의 구별이 있는 도로는 차도) 위에 시설하는 경우에는 지표상 2[m] 이상

④ 교통에 지장을 줄 우려가 없도록 도로(차도와 도로의 구별이 있는 도로는 차도) 위에 시설하는 경우에는 지표상 2[m]까지로 감할 수 있다.

해설 전력 보안 통신선의 시설 높이와 이격 거리(KEC 362.2)

- 도로 위에 시설하는 경우에는 지표상 5[m] 이상
- 철도의 궤도를 횡단하는 경우에는 레일면상 6.5[m] 이상
- 횡단보도교 위에 시설하는 경우에는 그 노면상 3[m] 이상

정답 79. ② 80. ② 81. ① 82. ① 83. ②

84 사용 전압이 154[kV]인 가공 전선로를 제1종 특고압 보안 공사로 시설할 때 사용되는 경동 연선의 단면적은 몇 [mm^2] 이상이어야 하는가?

① 55　　② 100
③ 150　　④ 200

해설 **특고압 보안공사(KEC 333.22)**
제1종 특고압 보안 공사의 전선의 굵기는 다음과 같다.

사용 전압	전 선
100[kV] 미만	인장 강도 21.67[kN] 이상, 55[mm^2] 이상 경동 연선
100[kV] 이상 300[kV] 미만	인장 강도 58.84[kN] 이상, 150[mm^2] 이상 경동 연선
300[kV] 이상	인장 강도 77.47[kN] 이상, 200[mm^2] 이상 경동 연선

85 가반형의 용접 전극을 사용하는 아크 용접 장치의 용접 변압기의 1차측 전로의 대지 전압은 몇 [V] 이하이어야 하는가?

① 60　　② 150
③ 300　　④ 400

해설 **아크 용접기(KEC 241.10)**
- 용접 변압기는 절연 변압기일 것
- 용접 변압기의 1차측 전로의 대지 전압은 300[V] 이하일 것

86 전기 온상용 발열선은 그 온도가 몇 [℃]를 넘지 않도록 시설하여야 하는가?

① 50　　② 60
③ 80　　④ 100

해설 **전기 온상 등(KEC 241.5)**
- 전기 온상 등에 전기를 공급하는 전로의 대지 전압은 300[V] 이하일 것
- 발열선의 지지점 간의 거리는 1[m] 이하일 것
- 발열선과 조영재 사이의 이격 거리는 2.5[cm] 이상일 것
- 발열선은 그 온도가 80[℃]를 넘지 아니하도록 시설할 것

87 고압용 기계 기구를 시가지에 시설할 때 지표상 몇 [m] 이상의 높이에 시설하고, 또한 사람이 쉽게 접촉할 우려가 없도록 하여야 하는가?

① 4.0　　② 4.5
③ 5.0　　④ 5.5

해설 **고압용 기계 기구의 시설(KEC 341.9)**
기계 기구를 지표상 4.5[m](시가지 외에는 4[m]) 이상의 높이에 시설하고 또한 사람이 쉽게 접촉할 우려가 없도록 시설하는 경우

88 발전기, 전동기, 조상기, 기타 회전기(회전 변류기 제외)의 절연 내력 시험 전압은 어느 곳에 가하는가?

① 권선과 대지 사이
② 외함과 권선 사이
③ 외함과 대지 사이
④ 회전자와 고정자 사이

해설 **회전기 및 정류기의 절연 내력(KEC 133)**

종 류		시험 전압	시험 방법
발전기, 전동기, 조상기	7[kV] 이하	1.5배 (최저 500[V])	권선과 대지 사이 10분간
	7[kV] 초과	1.25배 (최저 10,500[V])	

89 특고압 지중 전선이 지중 약전류 전선 등과 접근하거나 교차하는 경우에 상호 간의 이격 거리가 몇 [cm] 이하인 때에는 두 전선이 직접 접촉하지 아니하도록 하여야 하는가?

① 15　　② 20
③ 30　　④ 60

정답 84. ③ 85. ③ 86. ③ 87. ② 88. ① 89. ④

해설 지중 전선과 지중 약전류 전선 등 또는 관과의 접근 또는 교차(KEC 223.6)

저압 또는 고압의 지중 전선은 30[cm] 이하, 특고압 지중 전선은 60[cm] 이하이어야 한다.

90 고압 옥내 배선의 공사 방법으로 틀린 것은?

① 케이블 공사
② 합성 수지관 공사
③ 케이블 트레이 공사
④ 애자 공사(건조한 장소로서 전개된 장소에 한함)

해설 고압 옥내 배선 등의 시설(KEC 342.1)

- 애자 공사(건조한 장소로서 전개된 장소에 한함)
- 케이블 공사(MI 케이블 제외)
- 케이블 트레이 공사

91 무효 전력 보상 장치에 내부 고장, 과전류 또는 과전압이 생긴 경우 자동적으로 차단되는 장치를 해야 하는 전력용 커패시터의 최소 뱅크 용량은 몇 [kVA]인가?

① 10,000
② 12,000
③ 13,000
④ 15,000

해설 조상 설비의 보호 장치(KEC 351.5)

설비 종별	뱅크 용량의 구분	자동적으로 전로로부터 차단하는 장치
전력용 커패시터 및 분로 리액터	500[kVA] 초과 15,000[kVA] 미만	• 내부에 고장이 생긴 경우에 동작하는 장치 • 과전류가 생긴 경우에 동작하는 장치
	15,000[kVA] 이상	• 내부에 고장이 생긴 경우에 동작하는 장치 • 과전류가 생긴 경우에 동작하는 장치 • 과전압이 생긴 경우에 동작하는 장치

92 가공 직류 절연 귀선은 특별한 경우를 제외하고 어느 전선에 준하여 시설하여야 하는가?

① 저압 가공 전선
② 고압 가공 전선
③ 특고압 가공 전선
④ 가공 약전류 전선

해설 가공 직류 절연 귀선의 시설(판단기준 제260조)

가공 직류 절연 귀선은 저압 가공 전선에 준한다.

> *이 문제는 출제 당시 규정에는 적합했으나 새로 제정된 한국전기설비규정에는 일부 부적합하므로 문제유형만 참고하시기 바랍니다.

93 사용 전압이 440[V]인 이동 기중기용 접촉 전선을 애자 공사에 의하여 옥내의 전개된 장소에 시설하는 경우 사용하는 전선으로 옳은 것은?

출제빈도

① 인장 강도가 3.44[kN] 이상인 것 또는 지름 2.6[mm]의 경동선으로 단면적이 8[mm²] 이상인 것
② 인장 강도가 3.44[kN] 이상인 것 또는 지름 3.2[mm]의 경동선으로 단면적이 18[mm²] 이상인 것
③ 인장 강도가 11.2[kN] 이상인 것 또는 지름 6[mm]의 경동선으로 단면적이 28[mm²] 이상인 것
④ 인장 강도가 11.2[kN] 이상인 것 또는 지름 8[mm]의 경동선으로 단면적이 18[mm²] 이상인 것

해설 옥내에 시설하는 저압 접촉 전선 공사(KEC 232.31)

전선은 인장 강도 11.2[kN] 이상의 것 또는 지름 6[mm]의 경동선으로 단면적이 28[mm²] 이상인 것이어야 한다. 단, 사용 전압이 400[V] 이하인 경우에는 인장 강도 3.44[kN] 이상의 것 또는 지름 3.2[mm] 이상의 경동선으로 단면적이 8[mm²] 이상인 것을 사용할 수 있다.

정답 90. ② 91. ④ 92. ① 93. ③

94 옥내에 시설하는 사용 전압이 400[V] 초과 1,000[V] 이하인 전개된 장소로서, 건조한 장소가 아닌 기타의 장소의 관등 회로 배선 공사로서 적합한 것은?

출제빈도

① 애자 공사
② 금속 몰드 공사
③ 금속 덕트 공사
④ 합성 수지 몰드 공사

해설 옥내 방전등 배선(KEC 234.11.4)

시설 장소의 구분		공사 방법
전개된 장소	건조한 장소	애자 공사·합성 수지 몰드 공사 또는 금속 몰드 공사
	기타의 장소	애자 공사
점검할 수 있는 은폐된 장소	건조한 장소	애자 공사·합성 수지 몰드 공사 또는 금속 몰드 공사
	기타의 장소	애자 공사

95 저압 가공 전선으로 사용할 수 없는 것은?

① 케이블 ② 절연 전선
③ 다심형 전선 ④ 나동복 강선

해설 저압 가공 전선의 굵기 및 종류(KEC 222.5)
저압 가공 전선은 나전선(중성선에 한함), 절연 전선, 다심형 전선 또는 케이블을 사용해야 한다.

96 가공 전선로의 지지물에 시설하는 지선의 시설 기준으로 틀린 것은?

출제빈도

① 지선의 안전율을 2.5 이상으로 할 것
② 소선은 최소 5가닥 이상의 강심 알루미늄 연선을 사용할 것
③ 도로를 횡단하여 시설하는 지선의 높이는 지표상 5[m] 이상으로 할 것
④ 지중 부분 및 지표상 30[cm]까지의 부분에는 내식성이 있는 것을 사용할 것

해설 지선의 시설(KEC 331.11)
- 지선의 안전율은 2.5 이상일 것. 이 경우에 허용 인장 하중의 최저는 4.31[kN]
- 지선에 연선을 사용할 경우
  - 소선 3가닥 이상의 연선일 것
  - 소선의 지름이 2.6[mm] 이상의 금속선을 사용한 것일 것
- 지중 부분 및 지표상 30[cm]까지의 부분에는 내식성이 있는 것 또는 아연 도금을 한 철봉을 사용하고 쉽게 부식되지 아니하는 근가에 견고하게 붙일 것
- 철탑은 지선을 사용하여 그 강도를 분담시켜서는 안 됨
- 도로를 횡단하여 시설하는 지선의 높이는 지표상 5[m] 이상

97 특고압 가공 전선로 중 지지물로서 직선형의 철탑을 연속하여 10기 이상 사용하는 부분에는 몇 기 이하마다 내장 애자 장치가 되어 있는 철탑 또는 이와 동등 이상의 강도를 가지는 철탑 1기를 시설하여야 하는가?

① 3
② 5
③ 7
④ 10

해설 특고압 가공 전선로의 내장형 등의 지지물 시설(KEC 333.16)
특고압 가공 전선로 중 지지물로서 직선형의 철탑을 연속하여 10기 이상 사용하는 부분에는 10기 이하마다 내장 애자 장치가 되어 있는 철탑 또는 이와 동등 이상의 강도를 가지는 철탑 1기를 시설한다.

정답 94. ① 95. ④ 96. ② 97. ④

98 접지 공사에 사용하는 접지 도체를 사람이 접촉할 우려가 있는 곳에 시설하는 경우 「전기용품 및 생활용품 안전관리법」을 적용받는 합성 수지관(두께 2[mm] 미만의 합성 수지제 전선관 및 난연성이 없는 콤바인덕트관을 제외한다)으로 덮어야 하는 범위로 옳은 것은?

① 접지 도체의 지하 30[cm]로부터 지표상 1[m]까지의 부분
② 접지 도체의 지하 50[cm]로부터 지표상 1.2[m]까지의 부분
③ 접지 도체의 지하 60[cm]로부터 지표상 1.8[m]까지의 부분
④ 접지 도체의 지하 75[cm]로부터 지표상 2[m]까지의 부분

해설 **접지 도체(KEC 142.3.1)**
접지 도체의 지하 75[cm]로부터 지표상 2[m]까지의 부분은 합성 수지관(두께 2[mm] 미만 제외) 또는 이것과 동등 이상의 절연 효력 및 강도를 가지는 몰드로 덮을 것

99  사용 전압이 400[V] 이하인 저압 가공 전선은 케이블인 경우를 제외하고는 지름이 몇 [mm] 이상이어야 하는가? (단, 절연 전선은 제외한다.)

① 3.2 ② 3.6
③ 4.0 ④ 5.0

해설 **저압 가공 전선의 굵기 및 종류(KEC 222.5)**
사용 전압이 400[V] 이하는 인장 강도 3.43[kN] 이상의 것 또는 지름 3.2[mm](절연 전선은 인장 강도 2.3[kN] 이상의 것 또는 지름 2.6[mm] 이상의 경동선) 이상

100 수용 장소의 인입구 부근에 대지 사이의 전기 저항값이 3[Ω] 이하인 값을 유지하는 건물의 철골을 접지극으로 사용하여 접지 공사를 한 저압 전로의 접지측 전선에 추가 접지 시 사용하는 접지 도체를 사람이 접촉할 우려가 있는 곳에 시설할 때는 어떤 공사 방법으로 시설하는가?

① 금속관 공사
② 케이블 공사
③ 금속 몰드 공사
④ 합성 수지관 공사

해설 **저압 수용 장소의 인입구의 접지(KEC 142.4.1)**
접지 도체를 사람이 접촉할 우려가 있는 곳에 시설할 때에는 접지 도체는 케이블 공사에 준하여 시설하여야 한다.

정답 98. ④ 99. ① 100. ②

2020. 9. 26. 시행

2020년 제4회 기출문제

제1과목 전기자기학

01 환상 솔레노이드 철심 내부에서 자계의 세기[AT/m]는? (단, N은 코일 권선수, r은 환상 철심의 평균 반지름, I는 코일에 흐르는 전류이다.)

① NI

② $\dfrac{NI}{2\pi r}$

③ $\dfrac{NI}{2r}$

④ $\dfrac{NI}{4\pi r}$

해설
- 앙페르의 주회 적분 법칙 $NI = \oint_c Hdl = Hl$
- 자계의 세기 $H = \dfrac{NI}{l} = \dfrac{NI}{2\pi r}$[AT/m]

02 전류 I가 흐르는 무한 직선 도체가 있다. 이 도체로부터 수직으로 0.1[m] 떨어진 점에서 자계의 세기가 180[AT/m]이다. 도체로부터 수직으로 0.3[m] 떨어진 점에서 자계의 세기[AT/m]는?

① 20 ② 60

③ 180 ④ 540

해설
자계의 세기 $H = \dfrac{I}{2\pi r}$[AT/m]

$H_1 = \dfrac{I}{2\pi \times 0.1} = 180$[AT/m]

$H_2 = \dfrac{I}{2\pi \times 0.3} = \dfrac{I}{2\pi \times 0.1 \times 3}$

$= 180 \times \dfrac{1}{3} = 60$[AT/m]

03 길이가 l[m], 단면적의 반지름이 a[m]인 원통이 길이 방향으로 균일하게 자화되어 자화의 세기가 J[Wb/m²]인 경우 원통 양단에서의 자극의 세기 m[Wb]은?

① alJ ② $2\pi alJ$

③ $\pi a^2 J$ ④ $\dfrac{J}{\pi a^2}$

해설
자화의 세기 $J = \dfrac{m}{s}$[Wb/m²]

자성체 양단 자극의 세기 $m = sJ = \pi a^2 J$[Wb]

04 임의 형상의 도선에 전류 I[A]가 흐를 때 거리 r[m]만큼 떨어진 점에서 자계의 세기 H[AT/m]를 구하는 비오-사바르의 법칙에서 자계의 세기 H[AT/m]와 거리 r[m]의 관계로 옳은 것은?

① r에 반비례

② r에 비례

③ r^2에 반비례

④ r^2에 비례

해설 비오-사바르(Biot-Savart) 법칙

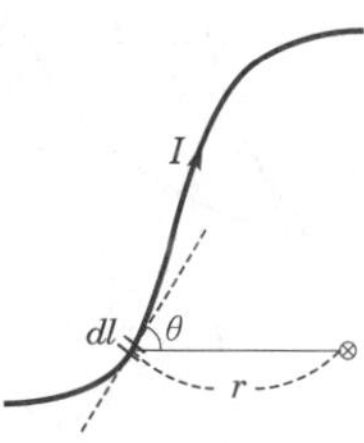

$dH = \dfrac{Idl}{4\pi r^2}\sin\theta$[AT/m]

자계의 세기 $H = \dfrac{I}{4\pi}\int \dfrac{dl}{r^2}\sin\theta \propto \dfrac{1}{r^2}$

정답 01. ② 02. ② 03. ③ 04. ③

05 진공 중에서 전자파의 전파 속도[m/s]는?

① $C_0 = \dfrac{1}{\sqrt{\varepsilon_0 \mu_0}}$　　② $C_0 = \sqrt{\varepsilon_0 \mu_0}$

③ $C_0 = \dfrac{1}{\sqrt{\varepsilon_0}}$　　④ $C_0 = \dfrac{1}{\sqrt{\mu_0}}$

해설 전파 속도 $v = \dfrac{1}{\sqrt{\varepsilon\mu}} = \dfrac{1}{\sqrt{\varepsilon_0\mu_0}}\dfrac{1}{\sqrt{\varepsilon_s\mu_s}}$[m/s]

진공 중에서 $v_0 = \dfrac{1}{\sqrt{\varepsilon_0\mu_0}} = C_0$(광속도)

06 다음 중 영구 자석 재료로 사용하기에 적합한 특성은?

① 잔류 자기와 보자력이 모두 큰 것이 적합하다.

② 잔류 자기는 크고 보자력은 작은 것이 적합하다.

③ 잔류 자기는 작고 보자력은 큰 것이 적합하다.

④ 잔류 자기와 보자력이 모두 작은 것이 적합하다.

해설 영구 자석의 재료로는 잔류 자기(B_r)와 보자력(H_c)이 모두 큰 것이 적합하고, 전자석의 재료는 잔류 자기와 보자력 모두 작은 것이 적합하다.

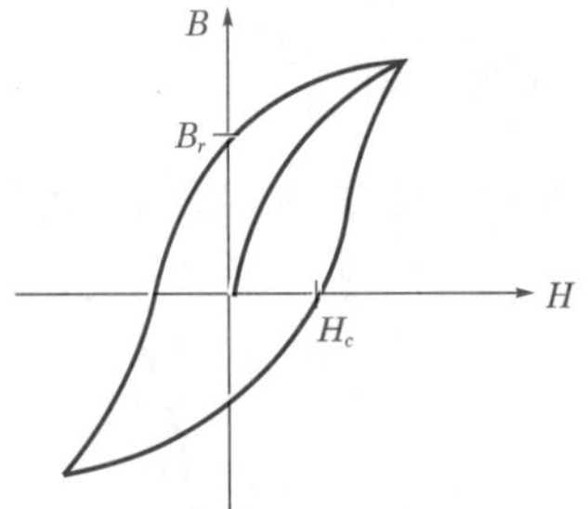

▌히스테리시스 곡선▐

07 변위 전류와 관계가 가장 깊은 것은?

① 도체　　② 반도체

③ 자성체　　④ 유전체

해설 변위 전류는 유전체 내의 속박 전자의 위치 변화에 따른 전류로, 전속 밀도의 시간적 변화이다.

변위 전류 $I_d = \dfrac{\partial Q}{\partial t} = \dfrac{\partial \psi}{\partial t} = \dfrac{\partial D}{\partial t}S$[A]

여기서, 전속 $\psi = Q = D \cdot S$[C]

08 자속 밀도가 10[Wb/m²]인 자계 내에 길이 4[cm]의 도체를 자계와 직각으로 놓고 이 도체를 0.4초 동안 1[m]씩 균일하게 이동하였을 때 발생하는 기전력은 몇 [V]인가?

① 1　　② 2

③ 3　　④ 4

해설 기전력 $e = v\beta l\sin\theta = \dfrac{x}{t}\beta l\sin\theta$

$= \dfrac{1}{0.4} \times 10 \times 0.04 \times 1 = 1$[V]

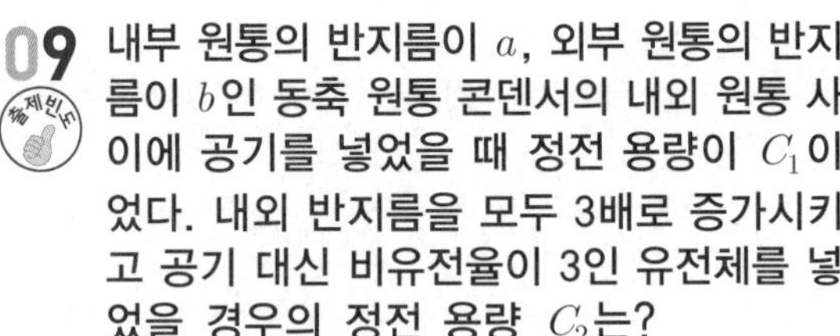

09 내부 원통의 반지름이 a, 외부 원통의 반지름이 b인 동축 원통 콘덴서의 내외 원통 사이에 공기를 넣었을 때 정전 용량이 C_1이었다. 내외 반지름을 모두 3배로 증가시키고 공기 대신 비유전율이 3인 유전체를 넣었을 경우의 정전 용량 C_2는?

① $C_2 = \dfrac{C_1}{9}$

② $C_2 = \dfrac{C_1}{3}$

③ $C_2 = 3C_1$

④ $C_2 = 9C_1$

해설 동축 원통 도체(calle)의 정전 용량 C

$$C_1 = \frac{2\pi\varepsilon_0}{\ln\frac{b}{a}}\text{[F/m]}$$

$$C_2 = \frac{2\pi\varepsilon_0\varepsilon_s}{\ln\frac{3b}{3a}} = 3\frac{2\pi\varepsilon_0}{\ln\frac{b}{a}} = 3C_1\text{[F/m]}$$

정답 05. ① 06. ① 07. ④ 08. ① 09. ③

10 **다음 정전계에 관한 식 중에서 틀린 것은? (단, D는 전속 밀도, V는 전위, ρ는 공간(체적) 전하 밀도, ε은 유전율이다.)**

① 가우스의 정리 : $\text{div}D=\rho$

② 푸아송의 방정식 : $\nabla^2 V=\dfrac{\rho}{\varepsilon}$

③ 라플라스의 방정식 : $\nabla^2 V=0$

④ 발산의 정리 : $\oint_s D\cdot ds=\int_v \text{div}D dv$

해설
- 전위 기울기 $E=-\text{grad}\,V=-\nabla V$
- 가우스 정리 미분형

$$\text{div}E=\nabla\cdot E=\frac{\rho}{\varepsilon}=\nabla\cdot D=\rho\,(D=\varepsilon E)$$

- 푸아송의 방정식 $\nabla\cdot(-\nabla V)=\dfrac{\rho}{\varepsilon}$

$$\nabla^2 V=-\frac{\rho}{\varepsilon}$$

11 (출제빈도) **유전율이 ε_1, ε_2인 유전체 경계면에 수직으로 전계가 작용할 때 단위 면적당 수직으로 작용하는 힘[N/m²]은? (단, E는 전계[V/m]이고, D는 전속 밀도[C/m²]이다.)**

① $2\left(\dfrac{1}{\varepsilon_2}-\dfrac{1}{\varepsilon_1}\right)E^2$　② $2\left(\dfrac{1}{\varepsilon_2}-\dfrac{1}{\varepsilon_1}\right)D^2$

③ $\dfrac{1}{2}\left(\dfrac{1}{\varepsilon_2}-\dfrac{1}{\varepsilon_1}\right)E^2$　④ $\dfrac{1}{2}\left(\dfrac{1}{\varepsilon_2}-\dfrac{1}{\varepsilon_1}\right)D^2$

해설 유전체 경계면에 전계가 수직으로 입사하면 전속 밀도 $D_1=D_2$이고, 인장 응력이 작용한다.

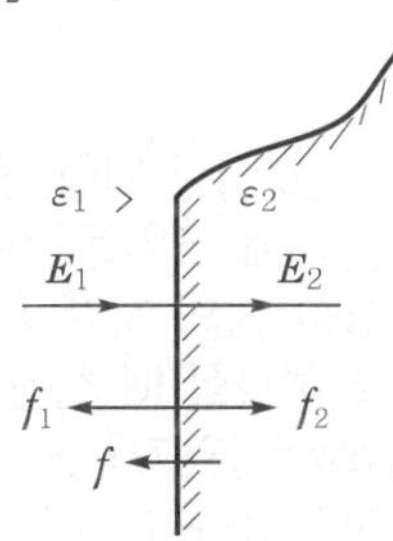

▮경계면▮

$$f_1=\frac{{D_1}^2}{2\varepsilon_1},\ f_2=\frac{{D_2}^2}{2\varepsilon_2}\,[\text{N/m}^2]$$

$\varepsilon_1>\varepsilon_2$일 때

$$f=f_2-f_1=\frac{1}{2}\left(\frac{1}{\varepsilon_2}-\frac{1}{\varepsilon_1}\right)D^2[\text{N/m}^2]$$

힘은 유전율이 큰 쪽에서 작은 쪽으로 작용한다.

12 **질량(m)이 10^{-10}[kg]이고, 전하량(Q)이 10^{-8}[C]인 전하가 전기장에 의해 가속되어 운동하고 있다. 가속도가 $a=10^2 i+10^2 j$[m/s²]일 때 전기장의 세기 E[V/m]는?**

① $E=10^4 i+10^5 j$

② $E=i+10j$

③ $E=i+j$

④ $E=10^{-6}i+10^{-4}j$

해설 전기장에 의해 전하량 Q에 작용하는 힘과 가속에 의한 질량 m의 작용하는 힘이 동일하므로

$F=QE=ma$

전기장의 세기 $E=\dfrac{m}{Q}a=\dfrac{10^{-10}}{10^{-8}}\times(10^2 i+10^2 j)$

$=i+j$[V/m]

13 **진공 중에서 2[m] 떨어진 두 개의 무한 평행 도선에 단위 길이당 10^{-7}[N]의 반발력이 작용할 때 각 도선에 흐르는 전류의 크기와 방향은? (단, 각 도선에 흐르는 전류의 크기는 같다.)**

① 각 도선에 2[A]가 반대 방향으로 흐른다.

② 각 도선에 2[A]가 같은 방향으로 흐른다.

③ 각 도선에 1[A]가 반대 방향으로 흐른다.

④ 각 도선에 1[A]가 같은 방향으로 흐른다.

해설 평행 도선 사이에 단위 길이당 작용하는 힘 f는 다음과 같다.

$$f=\frac{2I_1I_2}{d}\times10^{-7}[\text{N/m}]$$

전류의 방향이 같은 방향이면 흡인력, 반대 방향이면 반발력이 작용한다.

$$10^{-7}=\frac{2I^2}{2}\times10^{-7}$$

전류 $I=1$[A]가 반대 방향으로 흐른다.

정답 10. ② 11. ④ 12. ③ 13. ③

14 자기 인덕턴스(self inductance) L[H]을 나타낸 식은? (단, N은 권선수, I는 전류[A], ϕ는 자속[Wb], B는 자속 밀도[Wb/m^2], H는 자계의 세기[AT/m], A는 벡터 퍼텐셜[Wb/m], J는 전류 밀도[A/m^2]이다.)

① $L=\dfrac{N\phi}{I^2}$

② $L=\dfrac{1}{2I^2}\int B\cdot Hdv$

③ $L=\dfrac{1}{I^2}\int A\cdot Jdv$

④ $L=\dfrac{1}{I}\int B\cdot Hdv$

해설 쇄교 자속 $N\phi=LI$

자기 인덕턴스 $L=\dfrac{N\phi}{I}$

자속 $N\phi=\int_s \vec{B}\vec{n}ds=\int_s \text{rot}\vec{A}\vec{n}ds$

$=\oint_c Adl$[Wb]

전류 $I=\int_s \vec{J}\vec{n}ds$[A]

인덕턴스 $L=\dfrac{N\phi I}{I^2}=\dfrac{1}{I^2}\oint Adl\int_s \vec{J}\vec{n}ds$

$=\dfrac{1}{I^2}\int_v A\cdot Jdv$[H]

15 반지름이 a[m], b[m]인 두 개의 구 형상 도체 전극이 도전율 k인 매질 속에 거리 r[m] 만큼 떨어져 있다. 양 전극 간의 저항[Ω]은? (단, $r\gg a$, $r\gg b$이다.)

① $4\pi k\left(\dfrac{1}{a}+\dfrac{1}{b}\right)$　② $4\pi k\left(\dfrac{1}{a}-\dfrac{1}{b}\right)$

③ $\dfrac{1}{4\pi k}\left(\dfrac{1}{a}+\dfrac{1}{b}\right)$　④ $\dfrac{1}{4\pi k}\left(\dfrac{1}{a}-\dfrac{1}{b}\right)$

해설

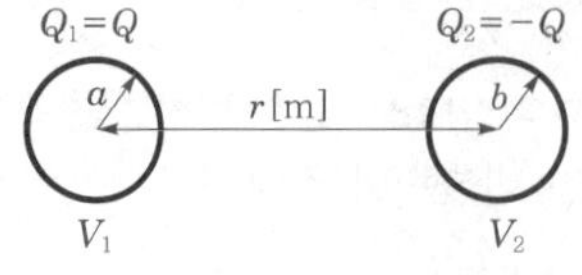

전위 $V_1=P_{11}Q_1+P_{12}Q_2=\dfrac{1}{4\pi\varepsilon a}Q-\dfrac{1}{4\pi\varepsilon r}Q$

전위 $V_2=P_{21}Q_1+P_{22}Q_2=\dfrac{1}{4\pi\varepsilon r}Q-\dfrac{1}{4\pi\varepsilon b}Q$

전위차 $V_{12}=V_1-V_2=\dfrac{Q}{4\pi\varepsilon}\left(\dfrac{1}{a}+\dfrac{1}{b}-\dfrac{2}{r}\right)$

$\fallingdotseq\dfrac{Q}{4\pi\varepsilon}\left(\dfrac{1}{a}+\dfrac{1}{b}\right)$ $(r\gg a,\ b)$

정전 용량 $C=\dfrac{Q}{V_{12}}=\dfrac{4\pi\varepsilon}{\dfrac{1}{a}+\dfrac{1}{b}}$[F]

저항과 정전 용량 $RC=\rho\varepsilon=\dfrac{\varepsilon}{k}$

양 전극 간의 저항 $R=\dfrac{\varepsilon}{kC}=\dfrac{\varepsilon}{k}\dfrac{1}{4\pi\varepsilon}\left(\dfrac{1}{a}+\dfrac{1}{b}\right)$

$=\dfrac{1}{4\pi k}\left(\dfrac{1}{a}+\dfrac{1}{b}\right)$[Ω]

16 정전계 내 도체 표면에서 전계의 세기가 $E=\dfrac{a_x-2a_y+2a_z}{\varepsilon_0}$[V/m]일 때 도체 표면상의 전하 밀도 ρ_s[C/m^2]를 구하면? (단, 자유 공간이다.)

① 1　② 2

③ 3　④ 5

해설 전계의 세기 $E=\dfrac{\rho_s}{\varepsilon_0}$[V/m]

면 전하 밀도 $\rho_s=\varepsilon_0E$

$=a_x-2a_y+2a_z$

$=\sqrt{1^1+2^2+2^2}=3$[C/m^2]

17 반지름이 3[cm]인 원형 단면을 가지고 있는 환상 연철심에 코일을 감고 여기에 전류를 흘려서 철심 중의 자계 세기가 400[AT/m]가 되도록 여자할 때 철심 중의 자속 밀도는 약 몇 [Wb/m^2]인가? (단, 철심의 비투자율은 400이라고 한다.)

① 0.2　② 0.8

③ 1.6　④ 2.0

정답 14. ③ 15. ③ 16. ③ 17. ①

해설 자속 밀도 $B=\mu H=\mu_0\mu_s H$
$=4\pi\times10^{-7}\times400\times400$
$=0.2[\text{Wb/m}^2]$

18 저항의 크기가 1[Ω]인 전선이 있다. 전선의 체적을 동일하게 유지하면서 길이를 2배로 늘였을 때 전선의 저항[Ω]은?

① 0.5 ② 1
③ 2 ④ 4

해설 저항 $R=\rho\dfrac{l}{A}=1[\Omega]$

$$R'=\rho\frac{2l}{\frac{A}{2}}=4\cdot\rho\frac{l}{A}=4[\Omega]$$

19 자기 회로와 전기 회로에 대한 설명으로 틀린 것은?

① 자기 저항의 역수를 컨덕턴스라 한다.
② 자기 회로의 투자율은 전기 회로의 도전율에 대응된다.
③ 전기 회로의 전류는 자기 회로의 자속에 대응된다.
④ 자기 저항의 단위는 [AT/Wb]이다.

해설 자기 저항 $R_m=\dfrac{l}{\mu S}=\dfrac{NI}{\phi}[\text{AT/Wb}]$

전기 저항의 역수는 컨덕턴스이고, 자기 저항의 역수는 퍼미언스(permeance)라 한다.

20 서로 같은 2개의 구 도체에 동일 양의 전하로 대전시킨 후 20[cm] 떨어뜨린 결과 구 도체에 서로 8.6×10^{-4}[N]의 반발력이 작용하였다. 구 도체에 주어진 전하는 약 몇 [C]인가?

① 5.2×10^{-8} ② 6.2×10^{-8}
③ 7.2×10^{-8} ④ 8.2×10^{-8}

해설 힘 $F=\dfrac{1}{4\pi\varepsilon_0}\dfrac{Q_1Q_2}{r^2}[\text{N}]$

$$8.6\times10^{-4}=9\times10^9\frac{Q^2}{0.2^2}$$

전하 $Q=\sqrt{\dfrac{8.6\times10^{-4}}{9\times10^9}\times0.2^2}=6.18\times10^{-8}[\text{C}]$

제2과목 전력공학

21 전력 원선도에서 구할 수 없는 것은?

① 송·수전할 수 있는 최대 전력
② 필요한 전력을 보내기 위한 송·수전단 전압 간의 상차각
③ 선로 손실과 송전 효율
④ 과도 극한 전력

해설 **전력 원선도로부터 알 수 있는 사항**
- 송·수전단 위상각
- 유효 전력, 무효 전력, 피상 전력 및 최대 전력
- 전력 손실과 송전 효율
- 수전단의 역률 및 조상 설비의 용량
- 정태 안정 극한 전력

22 다음 중 그 값이 항상 1 이상인 것은?

① 부등률
② 부하율
③ 수용률
④ 전압 강하율

해설 부등률$=\dfrac{\text{각 부하의 최대 수용 전력의 합[kW]}}{\text{합성 최대 전력[kW]}}$으로

이 값은 항상 1 이상이다.

정답 18. ④ 19. ① 20. ② 21. ④ 22. ①

23 송전 전력, 송전 거리, 전선로의 전력 손실이 일정하고, 같은 재료의 전선을 사용한 경우 단상 2선식에 대한 3상 4선식의 1선당 전력비는 약 얼마인가? (단, 중성선은 외선과 같은 굵기이다.)

① 0.7　　② 0.87

③ 0.94　　④ 1.15

해설 1선당 전력의 비(3상/단상)는 다음과 같다.

$$\frac{\frac{\sqrt{3}\,VI}{4}}{\frac{VI}{2}} = \frac{\sqrt{3}}{2} = 0.866$$

24 3상용 차단기의 정격 차단 용량은?

① $\sqrt{3}$ × 정격 전압 × 정격 차단 전류

② $\sqrt{3}$ × 정격 전압 × 정격 전류

③ 3 × 정격 전압 × 정격 차단 전류

④ 3 × 정격 전압 × 정격 전류

해설 차단기의 정격 차단 용량

P_s[MVA] = $\sqrt{3}$ × 정격 전압[kV] × 정격 차단 전류[kA]

25 개폐 서지의 이상 전압을 감쇄할 목적으로 설치하는 것은?

① 단로기　　② 차단기

③ 리액터　　④ 개폐 저항기

해설 차단기의 개폐 서지에 의한 이상 전압을 억제하기 위한 방법으로 개폐 저항기를 사용한다.

26 부하의 역률을 개선할 경우 배전 선로에 대한 설명으로 틀린 것은? (단, 다른 조건은 동일하다.)

① 설비 용량의 여유 증가

② 전압 강하의 감소

③ 선로 전류의 증가

④ 전력 손실의 감소

해설 역률 개선의 효과

- 선로 전류가 감소하므로 전력 손실 감소, 전압 강하 감소
- 설비의 여유 증가
- 전력 사업자 공급 설비의 합리적 운용

27 수력 발전소의 형식을 취수 방법, 운용 방법에 따라 분류할 수 있다. 다음 중 취수 방법에 따른 분류가 아닌 것은?

① 댐식　　② 수로식

③ 조정지식　　④ 유역 변경식

해설 수력 발전소 분류에서 낙차를 얻는 방식(취수 방법)은 댐식, 수로식, 댐·수로식, 유역 변경식 등이 있고, 유량 사용 방법은 유입식, 저수지식, 조정지식, 양수식(역조정지식) 등이 있다.

28 한류 리액터를 사용하는 가장 큰 목적은?

① 충전 전류의 제한

② 접지 전류의 제한

③ 누설 전류의 제한

④ 단락 전류의 제한

해설 한류 리액터는 단락 사고 시 발전기가 전기자 반작용이 일어나기 전 커다란 돌발 단락 전류가 흐르므로 이를 제한하기 위해 선로에 직렬로 설치한 리액터이다.

29 66/22[kV], 2,000[kVA] 단상 변압기 3대를 1뱅크로 운전하는 변전소로부터 전력을 공급받는 어떤 수전점에서의 3상 단락 전류는 약 몇 [A]인가? (단, 변압기의 %리액턴스는 7이고 선로의 임피던스는 0이다.)

① 750　　② 1,570

③ 1,900　　④ 2,250

해설 단락 전류 $I_s = \frac{100}{\%Z} \cdot I_n$

$$= \frac{100}{7} \times \frac{2{,}000 \times 3}{\sqrt{3} \times 22} = 2{,}250[\text{A}]$$

정답 23. ② 24. ① 25. ④ 26. ③ 27. ③ 28. ④ 29. ④

30 반지름 0.6[cm]인 경동선을 사용하는 3상 1회선 송전선에서 선간 거리를 2[m]로 정삼각형 배치할 경우 각 선의 인덕턴스[mH/km]는 약 얼마인가?

① 0.81　② 1.21
③ 1.51　④ 1.81

해설

$$L = 0.05 + 0.4605\log_{10}\frac{D}{r}\,[\text{mH/km}]$$
$$= 0.05 + 0.4605\log_{10}\frac{2}{0.6\times 10^{-2}}$$
$$= 1.21\,[\text{mH/km}]$$

31 파동 임피던스 $Z_1 = 500[\Omega]$인 선로에 파동 임피던스 $Z_2 = 1{,}500[\Omega]$인 변압기가 접속되어 있다. 선로로부터 600[kV]의 전압파가 들어왔을 때 접속점에서 투과파 전압[kV]은?

① 300　② 600
③ 900　④ 1,200

해설 투과파 전압 $e_t = \dfrac{2Z_2}{Z_1+Z_2}\cdot e_i$

$$= \frac{2\times 1{,}500}{500+1{,}500}\times 600$$
$$= 900\,[\text{kV}]$$

32 원자력 발전소에서 비등수형 원자로에 대한 설명으로 틀린 것은?

① 연료로 농축 우라늄을 사용한다.
② 냉각재로 경수를 사용한다.
③ 물을 원자로 내에서 직접 비등시킨다.
④ 가압수형 원자로에 비해 노심의 출력밀도가 높다.

해설 **비등수형 원자로의 특징**

- 원자로의 내부 증기를 직접 터빈에서 이용하기 때문에 증기 발생기(열 교환기)가 필요 없다.
- 증기가 직접 터빈으로 들어가기 때문에 증기 누출을 철저히 방지해야 한다.
- 순환 펌프로 급수 펌프만 있으면 되므로 소내용 동력이 작다.
- 노심의 출력 밀도가 낮기 때문에 같은 노출력의 원자로에서는 노심 및 압력 용기가 커진다.
- 원자력 용기 내에 기수 분리기와 증기 건조기가 설치되므로 용기의 높이가 커진다.
- 연료는 저농축 우라늄(2 ~ 3[%])을 사용한다.

33 송·배전 선로의 고장 전류 계산에서 영상 임피던스가 필요한 경우는?

① 3상 단락 계산
② 선간 단락 계산
③ 1선 지락 계산
④ 3선 단선 계산

해설 각 사고별 대칭 좌표법 해석

1선 지락	정상분	역상분	영상분
선간 단락	정상분	역상분	×
3상 단락	정상분	×	×

표에서 보면 영상 임피던스가 필요한 경우는 1선 지락 사고이다.

34 증기 사이클에 대한 설명 중 틀린 것은?

① 랭킨 사이클의 열효율은 초기 온도 및 초기 압력이 높을수록 효율이 크다.
② 재열 사이클은 저압 터빈에서 증기가 포화 상태에 가까워졌을 때 증기를 다시 가열하여 고압 터빈으로 보낸다.
③ 재생 사이클은 증기 원동기 내에서 증기의 팽창 도중에서 증기를 추출하여 급수를 예열한다.
④ 재열 재생 사이클은 재생 사이클과 재열 사이클을 조합해 병용하는 방식이다.

해설 재열 사이클이란 고압 터빈 내에서 습증기가 되기 전에 증기를 모두 추출해 재열기를 이용하여 재가열시켜 저압 터빈을 돌려 열효율을 향상시키는 열 사이클이다.

정답 30. ② 31. ③ 32. ④ 33. ③ 34. ②

35 다음 중 송전 선로의 역섬락을 방지하기 위한 대책으로 가장 알맞은 방법은? (출제빈도)

① 가공 지선 설치
② 피뢰기 설치
③ 매설 지선 설치
④ 소호각 설치

해설 철탑의 대지 전기 저항이 크게 되면 뇌전류가 흐를 때 철탑의 전위가 상승하여 역섬락이 생길 수 있으므로 매설 지선을 사용하여 철탑의 탑각 저항을 저감시켜야 한다.

36 전원이 양단에 있는 환상 선로의 단락 보호에 사용되는 계전기는?

① 방향 거리 계전기
② 부족 전압 계전기
③ 선택 접지 계전기
④ 부족 전류 계전기

해설 **송전 선로 단락 보호**
- 방사상 선로 : 과전류 계전기 사용
- 환상 선로 : 방향 단락 계전 방식, 방향 거리 계전 방식, 과전류 계전기와 방향 거리 계전기와 조합하는 방식

37 전력 계통을 연계시켜서 얻는 이득이 아닌 것은? (출제빈도)

① 배후 전력이 커져서 단락 용량이 작아진다.
② 부하 증가 시 종합 첨두 부하가 저감된다.
③ 공급 예비력이 절감된다.
④ 공급 신뢰도가 향상된다.

해설 배후 전력이 커지면 단락 용량이 증가하므로 고장 용량이 크게 된다.

38 배전 선로에 3상 3선식 비접지 방식을 채용할 경우 나타나는 현상은?

① 1선 지락 고장 시 고장 전류가 크다.
② 1선 지락 고장 시 인접 통신선의 유도 장해가 크다.
③ 고·저압 혼촉 고장 시 저압선의 전위 상승이 크다.
④ 1선 지락 고장 시 건전상의 대지 전위 상승이 크다.

해설 **중성점 비접지 방식**
1선 지락 전류가 작아 계통에 주는 영향도 작고 과도 안정도가 좋으며 유도 장해도 작지만, 지락 시 충전 전류가 흐르기 때문에 건전상의 전위를 상승시키고, 보호 계전기의 동작이 확실하지 않다.

39 선간 전압이 V[kV]이고 3상 정격 용량이 P[kVA]인 전력 계통에서 리액턴스가 X[Ω]라고 할 때 이 리액턴스를 %리액턴스로 나타내면?

① $\dfrac{XP}{10V}$　　② $\dfrac{XP}{10V^2}$

③ $\dfrac{XP}{V^2}$　　④ $\dfrac{10V^2}{XP}$

해설 %임피던스 $\%Z=\dfrac{PZ}{10V^2}$[%]에서 리액턴스가 주어졌으므로 %리액턴스 $\%X=\dfrac{PX}{10V^2}$[%]로 나타낸다.

40 전력용 콘덴서를 변전소에 설치할 때 직렬 리액터를 설치하고자 한다. 직렬 리액터의 용량을 결정하는 계산식은? (단, f_0는 전원의 기본 주파수, C는 역률 개선용 콘덴서의 용량, L은 직렬 리액터의 용량이다.) (출제빈도)

① $L=\dfrac{1}{(2\pi f_0)^2C}$　　② $L=\dfrac{1}{(5\pi f_0)^2C}$

③ $L=\dfrac{1}{(6\pi f_0)^2C}$　　④ $L=\dfrac{1}{(10\pi f_0)^2C}$

정답 35. ③ 36. ① 37. ① 38. ④ 39. ② 40. ④

해설 직렬 리액터를 이용하여 제5고조파를 제거하므로

$$5\omega L = \frac{1}{5\omega C}$$

$$\therefore\ L = \frac{1}{(5\omega)^2 C} = \frac{1}{(10\pi f_0)^2 C}$$

제3과목 전기기기

41 동기 발전기 단절권의 특징이 아닌 것은?

① 코일 간격이 극 간격보다 작다.

② 전절권에 비해 합성 유기 기전력이 증가한다.

③ 전절권에 비해 코일 단이 짧게 되므로 재료가 절약된다.

④ 고조파를 제거해서 전절권에 비해 기전력의 파형이 좋아진다.

해설 **동기 발전기의 전기자 권선법**

- 전절권(×) : 코일 간격과 극 간격이 같은 경우
- 단절권(○) : 코일 간격이 극 간격보다 짧은 경우
  - 고조파를 제거하여 기전력의 파형을 개선한다.
  - 동선량 및 기계 치수가 경감된다.
  - 합성 기전력이 감소한다.

42 3상 변압기의 병렬 운전 조건으로 틀린 것은?

① 각 군의 임피던스가 용량에 비례할 것

② 각 변압기의 백분율 임피던스 강하가 같을 것

③ 각 변압기의 권수비가 같고 1차와 2차의 정격 전압이 같을 것

④ 각 변압기의 상회전 방향 및 1차와 2차 선간 전압의 위상 변위가 같을 것

해설 **3상 변압기의 병렬 운전 조건**

- 1차, 2차의 정격 전압과 권수비가 같을 것
- 퍼센트 임피던스 강하가 같을 것
- 변압기의 저항과 리액턴스 비가 같을 것
- 상회전 방향과 위상 변위가 같을 것

43 직류기의 권선을 단중 파권으로 감으면 어떻게 되는가?

① 저압 대전류용 권선이다.

② 균압환을 연결해야 한다.

③ 내부 병렬 회로수가 극수만큼 생긴다.

④ 전기자 병렬 회로수가 극수에 관계없이 언제나 2이다.

해설 직류기의 전기자 권선법을 단중 파권으로 하면 전기자의 병렬 회로는 언제나 2이고, 고전압 소전류에 유효하며 균압환은 불필요하다.

44 210/105[V]의 변압기를 그림과 같이 결선하고 고압측에 200[V]의 전압을 가하면 전압계의 지시는 몇 [V]인가? (단, 변압기는 가극성이다.)

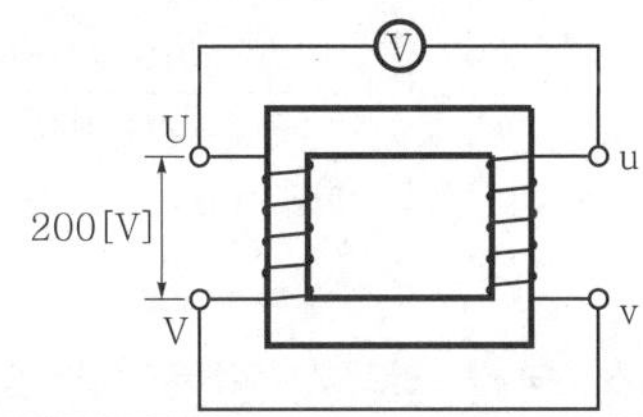

① 100 ② 200

③ 300 ④ 400

해설 권수비 $a = \frac{E_1}{E_2} = \frac{V_1}{V_2} = \frac{210}{105} = 2$

$E_1 = V_1 = 200[V]$, $E_2 = \frac{E_1}{a} = \frac{200}{2} = 100[V]$

- 감극성 : $V = E_1 - E_2 = 200 - 100 = 100[V]$
- 가극성 : $V = E_1 + E_2 = 200 + 100 = 300[V]$

45 2상 교류 서보 모터를 구동하는 데 필요한 2상 전압을 얻는 방법으로 널리 쓰이는 방법은?

① 2상 전원을 직접 이용하는 방법

② 환상 결선 변압기를 이용하는 방법

③ 여자 권선에 리액터를 삽입하는 방법

④ 증폭기 내에서 위상을 조정하는 방법

정답 41. ② 42. ① 43. ④ 44. ③ 45. ④

해설 제어용 서보 모터(servo motor)는 2상 교류 서보 모터 또는 직류 서보 모터가 있으며 2상 교류 서보 모터의 주권선에는 상용 주파의 교류 전압 E_r, 제어 권선에는 증폭기 내에서 위상을 조정하는 입력 신호 E_c가 공급된다.

46 4극, 중권, 총 도체수 500, 극당 자속이 0.01[Wb]인 직류 발전기가 100[V]의 기전력을 발생시키는 데 필요한 회전수는 몇 [rpm]인가?

① 800 ② 1,000
③ 1,200 ④ 1,600

해설 기전력 $E=\dfrac{Z}{a}P\phi\dfrac{N}{60}$[V]

회전수 $N=E\cdot\dfrac{60a}{PZ\phi}$

$=100\times\dfrac{60\times4}{4\times500\times0.01}$

$=1{,}200$[rpm]

47 3상 분권 정류자 전동기에 속하는 것은?

① 톰슨 전동기
② 데리 전동기
③ 시라게 전동기
④ 애트킨슨 전동기

해설 시라게 전동기(schrage motor)는 권선형 유도 전동기의 회전자에 정류자를 부착시킨 구조로, 3상 분권 정류자 전동기 중에서 특성이 가장 우수한 전동기이다.

48 동기기의 안정도를 증진시키는 방법이 아닌 것은?

① 단락비를 크게 할 것
② 속응 여자 방식을 채용할 것
③ 정상 리액턴스를 크게 할 것
④ 영상 및 역상 임피던스를 크게 할 것

해설 동기기의 안정도 향상책
- 단락비가 클 것
- 동기 임피던스(리액턴스)가 작을 것
- 속응 여자 방식을 채택할 것
- 관성 모멘트가 클 것
- 조속기 동작이 신속할 것
- 영상 및 역상 임피던스가 클 것

49 3상 유도 전동기의 기계적 출력 P[kW], 회전수 N[rpm]인 전동기의 토크[N·m]는?

① $0.46\dfrac{P}{N}$ ② $0.855\dfrac{P}{N}$
③ $975\dfrac{P}{N}$ ④ $9549.3\dfrac{P}{N}$

해설 전동기의 토크 $T=\dfrac{P}{\omega}=\dfrac{P}{2\pi\dfrac{N}{60}}$

$=\dfrac{60\times10^3}{2\pi}\dfrac{P}{N}$

$=9549.3\dfrac{P}{N}$[N·m]

50 취급이 간단하고 기동 시간이 짧아서 섬과 같이 전력 계통에서 고립된 지역, 선박 등에 사용되는 소용량 전원용 발전기는?

① 터빈 발전기
② 엔진 발전기
③ 수차 발전기
④ 초전도 발전기

해설 엔진 발전기는 제한된 지역에서 쉽고 편리하게 사용할 수 있는 소용량 전원 공급용 발전기이다.

51 평형 6상 반파 정류 회로에서 297[V]의 직류 전압을 얻기 위한 입력측 각 상전압은 약 몇 [V]인가? (단, 부하는 순수 저항 부하이다.)

① 110 ② 220
③ 380 ④ 440

정답 46. ③ 47. ③ 48. ③ 49. ④ 50. ② 51. ②

해설 6상 반파 정류 회로=3상 전파 정류 회로

직류 전압 $E_d = \frac{6\sqrt{2}}{2\pi}E = 1.35E$

교류 전압 $E = \frac{E_d}{1.35} = \frac{297}{1.35} = 220[\text{V}]$

52 단면적 10[cm²]인 철심에 200회의 권선을 감고, 이 권선에 60[Hz], 60[V]의 교류 전압을 인가하였을 때 철심의 최대 자속 밀도는 약 몇 [Wb/m²]인가?

① 1.126×10^{-3} ② 1.126
③ 2.252×10^{-3} ④ 2.252

해설 전압 $V = 4.44fN\phi_m = 4.44fNB_m \cdot S[\text{V}]$

최대 자속 밀도

$$B_m = \frac{V}{4.44fNS} = \frac{60}{4.44\times60\times200\times10\times10^{-4}} = 1.126[\text{Wb/m}^2]$$

53 전력의 일부를 전원측에 반환할 수 있는 유도 전동기의 속도 제어법은?

① 극수 변환법 ② 크레머 방식
③ 2차 저항 가감법 ④ 세르비우스 방식

해설 권선형 유도 전동기의 속도 제어에서 2차 여자 제어법은 세르비어스 방식과 크레머 방식이 있으며 세르비어스 방식은 전동기의 2차 기전력 SE_2를 인버터에 의해 상용 주파 교류 전압으로 변환하고 전원측에 반환하여 속도를 제어하는 방식이다.

54 직류 발전기를 병렬 운전할 때 균압 모선이 필요한 직류기는?

① 직권 발전기, 분권 발전기
② 복권 발전기, 직권 발전기
③ 복권 발전기, 분권 발전기
④ 분권 발전기, 단극 발전기

해설 직류 발전기의 안정된 병렬 운전을 위하여 균압 모선(균압선)을 필요로 하는 직류기는 직권 계자 권선이 있는 복권 발전기와 직권 발전기이다.

55 전부하로 운전하고 있는 50[Hz], 4극의 권선형 유도 전동기가 있다. 전부하에서 속도를 1,440[rpm]에서 1,000[rpm]으로 변화시키자면 2차에 약 몇 [Ω]의 저항을 넣어야 하는가? (단, 2차 저항은 0.02[Ω]이다.)

① 0.147 ② 0.18
③ 0.02 ④ 0.024

해설 동기 속도 $N_s = \frac{120f}{P} = \frac{120\times50}{4} = 1{,}500[\text{rpm}]$

슬립 $s = \frac{N_s - N}{N_s} = \frac{1{,}500-1{,}440}{1{,}500} = 0.04$

$s' = \frac{N_s - N'}{N_s} = \frac{1{,}500-1{,}000}{1{,}500} = \frac{1}{3}$

동일 토크 조건 : $\frac{r_2}{s} = \frac{r_2+R}{s'}$

$\frac{0.02}{0.04} = \frac{0.02+R}{\frac{1}{3}}$ 에서

$R = 0.167 - 0.02 = 0.147[\Omega]$

56 권선형 유도 전동기 2대를 직렬 종속으로 운전하는 경우 그 동기 속도는 어떤 전동기의 속도와 같은가?

① 두 전동기 중 적은 극수를 갖는 전동기
② 두 전동기 중 많은 극수를 갖는 전동기
③ 두 전동기의 극수의 합과 같은 극수를 갖는 전동기
④ 두 전동기의 극수의 합의 평균과 같은 극수를 갖는 전동기

해설 **종속 접속의 속도 제어법**

- 직렬 종속 : $N = \frac{120f}{P_1+P_2}[\text{rpm}]$

정답 52. ② 53. ④ 54. ② 55. ① 56. ③

• 차동 종속 : $N=\dfrac{120f}{P_1-P_2}$ [rpm]

• 병렬 종속 : $N=\dfrac{120f}{\dfrac{P_1+P_2}{2}}$ [rpm]

57 다음 중 GTO 사이리스터의 특징으로 틀린 것은?

① 각 단자의 명칭은 SCR 사이리스터와 같다.
② 온(on) 상태에서는 양 방향 전류 특성을 보인다.
③ 온(on) 드롭(drop)은 약 2 ~ 4[V]가 되어 SCR 사이리스터보다 약간 크다.
④ 오프(off) 상태에서는 SCR 사이리스터처럼 양 방향 전압 저지 능력을 갖고 있다.

해설 GTO(Gate Turn Off) 사이리스터는 단일 방향(역저지) 3단자 소자이며 (-) 신호를 게이트에 가하면 온 상태에서 오프 상태로 턴오프시키는 기능을 가지고 있다.

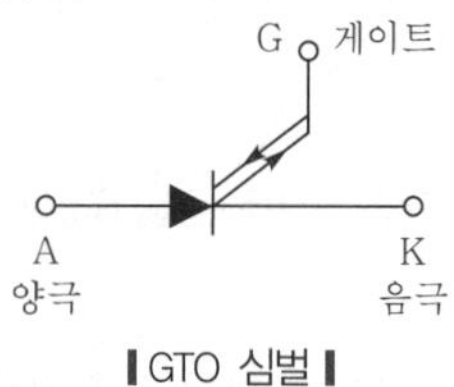

▎GTO 심벌▎

58 포화되지 않은 직류 발전기의 회전수가 4배로 증가되었을 때 기전력을 전과 같은 값으로 하려면 자속을 속도 변화 전에 비해 얼마로 하여야 하는가?

① $\dfrac{1}{2}$　② $\dfrac{1}{3}$
③ $\dfrac{1}{4}$　④ $\dfrac{1}{8}$

해설 기전력 $E=\dfrac{Z}{a}P\phi\dfrac{N}{60}=K\phi N$
회전수 N을 4배로 하고 기전력을 같은 값으로 하려면 자속 ϕ는 $\dfrac{1}{4}$배로 하여야 한다.

59 동기 발전기의 단자 부근에서 단락 시 단락 전류는?

① 서서히 증가하여 큰 전류가 흐른다.
② 처음부터 일정한 큰 전류가 흐른다.
③ 무시할 정도의 작은 전류가 흐른다.
④ 단락된 순간은 크나 점차 감소한다.

해설 단락 전류 $I_s=\dfrac{E}{j(x_l+x_a)}$ [A]
단락 초기에는 누설 리액턴스 x_l만에 의해 단락 전류가 제한되어 큰 전류가 흐르다가 수초 후 반작용 리액턴스 x_a가 발생하여 점차 감소한다.

60 단권 변압기에서 1차 전압 100[V], 2차 전압 110[V]인 단권 변압기의 자기 용량과 부하 용량의 비는?

① $\dfrac{1}{10}$　② $\dfrac{1}{11}$
③ 10　④ 11

해설 단권 변압기의 $\dfrac{\text{자기 용량 } P}{\text{부하 용량 } W}=\dfrac{V_h-V_l}{V_h}$

$\dfrac{P}{W}=\dfrac{V_2-V_1}{V_2}=\dfrac{110-100}{110}=\dfrac{1}{11}$

제4과목 회로이론 및 제어공학

61 그림과 같은 블록 선도의 제어 시스템에서 속도 편차 상수 K_v는 얼마인가?

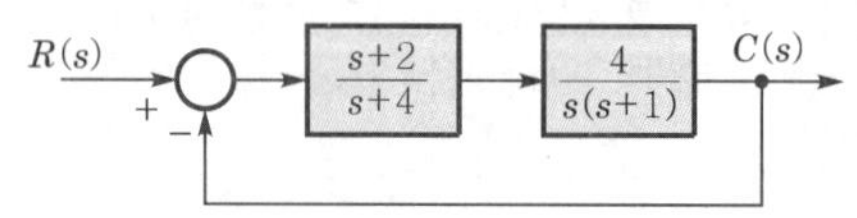

① 0　② 0.5
③ 2　④ ∞

정답 57. ② 58. ③ 59. ④ 60. ② 61. ③

해설

정상 속도 편차 $e_{ssv} = \lim_{s \to 0} \dfrac{s\dfrac{1}{s^2}}{1+G(s)}$

$= \lim_{s \to 0} \dfrac{1}{s+sG(s)}$

$= \dfrac{1}{\lim_{s \to 0} sG(s)} = \dfrac{1}{K_v}$

속도 편차 상수 $K_v = \lim_{s \to 0} sG(s)$

$\therefore\ K_v = \lim_{s \to 0} s\dfrac{4(s+2)}{s(s+1)(s+4)} = 2$

62 근궤적의 성질 중 틀린 것은?

① 근궤적은 실수축을 기준으로 대칭이다.

② 점근선은 허수축 상에서 교차한다.

③ 근궤적의 가지수는 특성 방정식의 차수와 같다.

④ 근궤적은 개루프 전달 함수의 극점으로부터 출발한다.

해설 점근선은 실수축 상에서만 교차하고 그 수는 $n = P - z$이다.

63 Routh-Hurwitz 안정도 판별법을 이용하여 특성 방정식이 $s^3+3s^2+3s+1+K=0$으로 주어진 제어 시스템이 안정하기 위한 K의 범위를 구하면?

① $-1 \leq K < 8$

② $-1 < K \leq 8$

③ $-1 < K < 8$

④ $K < -1$ 또는 $K > 8$

해설 라우스의 표

s^3	1	3
s^2	3	$1+K$
s^1	$\dfrac{8-K}{3}$	0
s^0	$1+K$	

제1열의 부호 변화가 없으려면 $\dfrac{8-K}{3} > 0$,

$1+K>0$

$\therefore\ -1 < K < 8$

64 $e(t)$의 z변환을 $E(z)$라고 했을 때 $e(t)$의 초기값 $e(0)$는?

① $\lim_{z \to 1} E(z)$

② $\lim_{z \to \infty} E(z)$

③ $\lim_{z \to 1} (1-z^{-1})E(z)$

④ $\lim_{z \to \infty} (1-z^{-1})E(z)$

해설
- 초기값 정리
  $\lim_{k \to 0} e(KT) = \lim_{z \to \infty} E(z)$
- 최종값 정리
  $\lim_{k \to 0} e(KT) = \lim_{z \to 1} (1-z^{-1})E(z)$

65 그림의 신호 흐름 선도에서 $\dfrac{C(s)}{R(s)}$는?

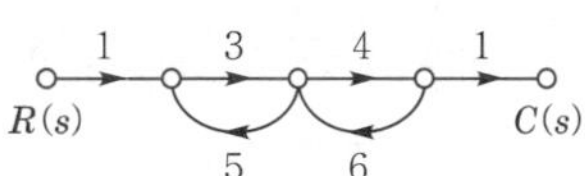

① $-\dfrac{2}{5}$　② $-\dfrac{6}{19}$

③ $-\dfrac{12}{29}$　④ $-\dfrac{12}{37}$

해설 전향 경로 $n=1$

$G_1 = 1 \times 3 \times 4 \times 1 = 12,\ \Delta_1 = 1$

$\sum L_{n1} = L_{11} + L_{21} = (3 \times 5) + (4+6) = 39$

$\Delta = 1 - \sum L_{n1} = 1 - 39 = -38$

전달 함수 $\dfrac{C(s)}{R(s)} = \dfrac{G_1 \Delta_1}{\Delta}$

$= \dfrac{12}{-38} = -\dfrac{6}{19}$

정답 62. ② 63. ③ 64. ② 65. ②

66 전달 함수가 $G(s)=\dfrac{10}{s^2+3s+2}$ 으로 표현되는 제어 시스템에서 직류 이득은 얼마인가?

① 1　② 2
③ 3　④ 5

해설 직류는 주파수 $f=0$이므로 $\omega=2\pi f=0$이다.
∴ 직류 이득은 $\omega=0$일 때 전달 함수의 크기를 의미하므로

$$G_{(j\omega)}=\left.\frac{10}{(j\omega)^2+j3\omega+2}\right|_{\omega=0}=\frac{10}{2}=5$$

67 전달 함수가 $\dfrac{C(s)}{R(s)}=\dfrac{25}{s^2+6s+25}$ 인 2차 제어 시스템의 감쇠 진동 주파수(ω_d)는 몇 [rad/s]인가?

① 3　② 4
③ 5　④ 6

해설 2차 제어 시스템의 감쇠 진동 주파수
$\omega_d=\omega_n\sqrt{1-\delta^2}$ [rad/s]이므로
특성 방정식 $s^2+6s+25=s^2+2\times 3s+5^2=0$
고유 주파수 : $\omega_n=5$, $\delta\omega_n=3$, $\delta=\dfrac{3}{5}$

$$\therefore\ \omega_d=5\sqrt{1-\left(\frac{3}{5}\right)^2}=4\text{[rad/s]}$$

68 다음 논리식을 간단히 한 것은?

$$\mathrm{Y}=\overline{\mathrm{A}}\mathrm{BC}\overline{\mathrm{D}}+\overline{\mathrm{A}}\mathrm{BCD}+\overline{\mathrm{A}}\,\overline{\mathrm{B}}\mathrm{C}\overline{\mathrm{D}}+\overline{\mathrm{A}}\,\overline{\mathrm{B}}\mathrm{CD}$$

① $\mathrm{Y}=\overline{\mathrm{A}}\mathrm{C}$　② $\mathrm{Y}=\mathrm{A}\overline{\mathrm{C}}$
③ $\mathrm{Y}=\mathrm{AB}$　④ $\mathrm{Y}=\mathrm{BC}$

해설
$$\begin{aligned}\mathrm{Y}&=\overline{\mathrm{A}}\mathrm{BC}\overline{\mathrm{D}}+\overline{\mathrm{A}}\mathrm{BCD}+\overline{\mathrm{A}}\,\overline{\mathrm{B}}\mathrm{C}\overline{\mathrm{D}}+\overline{\mathrm{A}}\,\overline{\mathrm{B}}\mathrm{CD}\\&=\overline{\mathrm{A}}\mathrm{BC}(\overline{\mathrm{D}}+\mathrm{D})+\overline{\mathrm{A}}\,\overline{\mathrm{B}}\mathrm{C}(\overline{\mathrm{D}}+\mathrm{D})\\&=\overline{\mathrm{A}}\mathrm{BC}+\overline{\mathrm{A}}\,\overline{\mathrm{B}}\mathrm{C}\\&=\overline{\mathrm{A}}\mathrm{C}(\mathrm{B}+\overline{\mathrm{B}})\\&=\overline{\mathrm{A}}\mathrm{C}\end{aligned}$$

69 폐루프 시스템에서 응답의 잔류 편차 또는 정상 상태 오차를 제거하기 위한 제어 기법은?

① 비례 제어
② 적분 제어
③ 미분 제어
④ On-Off 제어

해설 적분 제어 동작은 잔류 편차(off-set)를 제거할 수 있다.

70 시스템 행렬 A가 다음과 같을 때 상태 천이 행렬을 구하면?

$$A=\begin{bmatrix}0 & 1\\-2 & -3\end{bmatrix}$$

① $\begin{bmatrix}2e^t-e^{2t} & -e^t+e^{2t}\\2e^t-2e^{2t} & -e^t-2e^{2t}\end{bmatrix}$

② $\begin{bmatrix}2e^{-t}-e^{-2t} & e^t-e^{-2t}\\-2e^{-t}+2e^{-2t} & -e^{-t}-2e^{2t}\end{bmatrix}$

③ $\begin{bmatrix}2e^{-t}-e^{-2t} & -e^{-t}+e^{-2t}\\2e^{-t}-2e^{-2t} & -e^{-t}-2e^{-2t}\end{bmatrix}$

④ $\begin{bmatrix}2e^{-t}-e^{-2t} & e^{-t}-e^{-2t}\\-2e^{-t}+2e^{-2t} & -e^{-t}+2e^{-2t}\end{bmatrix}$

해설 $\phi(t)=\mathcal{L}^{-1}[sI-A]^{-1}$

$$[sI-A]=\begin{bmatrix}s & 0\\0 & s\end{bmatrix}-\begin{bmatrix}0 & 1\\-2 & -3\end{bmatrix}=\begin{bmatrix}s & -1\\2 & s+3\end{bmatrix}$$

$$\begin{aligned}[sI-A]^{-1}&=\frac{1}{\begin{vmatrix}s & -1\\2 & s+3\end{vmatrix}}\begin{bmatrix}s+3 & 1\\-2 & s\end{bmatrix}\\&=\frac{1}{s^2+3s+2}\begin{bmatrix}s+3 & 1\\-2 & s\end{bmatrix}\\&=\begin{bmatrix}\dfrac{s+3}{(s+1)(s+2)} & \dfrac{1}{(s+1)(s+2)}\\\dfrac{-2}{(s+1)(s+2)} & \dfrac{s}{(s+1)(s+2)}\end{bmatrix}\end{aligned}$$

$$\begin{aligned}\therefore\ \phi(t)&=\mathcal{L}^{-1}\{[sI-A]^{-1}\}\\&=\begin{bmatrix}2e^{-t}-e^{-2t} & e^{-t}-e^{-2t}\\-2e^{-t}+2e^{-2t} & -e^{-t}+2e^{-2t}\end{bmatrix}\end{aligned}$$

정답 66. ④ 67. ② 68. ① 69. ② 70. ④

71 대칭 3상 전압이 공급되는 3상 유도 전동기에서 각 계기의 지시는 다음과 같다. 유도 전동기의 역률은 약 얼마인가?

출제빈도

- ㉠ 전력계(W_1) : 2.84[kW]
- ㉡ 전력계(W_2) : 6.00[kW]
- ㉢ 전압계(V) : 200[V]
- ㉣ 전류계(A) : 30[A]

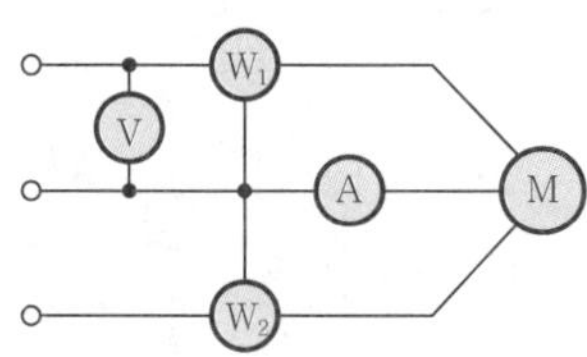

① 0.70 ② 0.75
③ 0.80 ④ 0.85

해설 유효 전력 $P = W_1 + W_2 = 2{,}840 + 6{,}000 = 8{,}840$[W]

피상 전력 $P_a = \sqrt{3}\,VI = \sqrt{3} \times 200 \times 30 = 10{,}392$[VA]

$\therefore$ 역률 $\cos\theta = \dfrac{P}{P_a} = \dfrac{8{,}840}{10{,}392} \doteq 0.85$

72 불평형 3상 전류 $I_a = 25 + j4$[A], $I_b = -18 - j16$[A], $I_c = 7 + j15$[A]일 때 영상 전류 I_0[A]는?

① $2.67 + j$ ② $2.67 + j2$
③ $4.67 + j$ ④ $4.67 + j2$

해설 영상 전류 $I_0 = \dfrac{1}{3}(I_a + I_b + I_c)$

$= \dfrac{1}{3}\{(25 + j4) + (-18 - j16) + (7 + j15)\}$

$= 4.67 + j$

73 4단자 정수 A, B, C, D 중에서 전압 이득의 차원을 가진 정수는?

출제빈도

① A ② B
③ C ④ D

해설 4단자 정수의 물리적 의미

- $A = \left.\dfrac{V_1}{V_2}\right|_{I_2=0}$: 전압 이득
- $B = \left.\dfrac{V_1}{I_2}\right|_{V_2=0}$: 전달 임피던스
- $C = \left.\dfrac{I_1}{V_2}\right|_{I_2=0}$: 전달 어드미턴스
- $D = \left.\dfrac{I_1}{I_2}\right|_{V_2=0}$: 전류 이득

74 △결선으로 운전 중인 3상 변압기에서 하나의 변압기 고장에 의해 V결선으로 운전하는 경우 V결선으로 공급할 수 있는 전력은 고장 전 △결선으로 공급할 수 있는 전력에 비해 약 몇 [%]인가?

출제빈도

① 86.6 ② 75.0
③ 66.7 ④ 57.7

해설 △결선 시 전력 : $P_\triangle = 3VI\cos\theta$

V결선 시 전력 : $P_V = \sqrt{3}\,VI\cos\theta$

$\dfrac{P_V}{P_\triangle} = \dfrac{\sqrt{3}\,VI\cos\theta}{3VI\cos\theta} = \dfrac{\sqrt{3}}{3} = \dfrac{1}{\sqrt{3}} = 0.577$

$\therefore$ 57.7[%]

75 분포 정수 회로에서 직렬 임피던스를 Z, 병렬 어드미턴스를 Y라 할 때 선로의 특성 임피던스 Z_0는?

출제빈도

① ZY ② $\sqrt{ZY}$
③ $\sqrt{\dfrac{Y}{Z}}$ ④ $\sqrt{\dfrac{Z}{Y}}$

해설 특성(파동) 임피던스 $Z_0 = \sqrt{\dfrac{Z}{Y}} = \sqrt{\dfrac{R + j\omega L}{G + j\omega C}}$ [Ω]

정답 71. ④ 72. ③ 73. ① 74. ④ 75. ④

76 그림과 같은 회로의 구동점 임피던스[Ω]는?

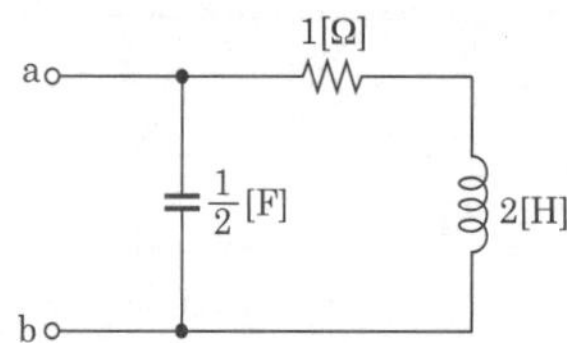

① $\dfrac{2(2s+1)}{2s^2+s+2}$　② $\dfrac{2s^2+s-2}{-2(2s+1)}$

③ $\dfrac{-2(2s+1)}{2s^2+s-2}$　④ $\dfrac{2s^2+s+2}{2(2s+1)}$

해설

$$Z(s)=\frac{\frac{2}{s}(1+2s)}{\frac{2}{s}+(1+2s)}=\frac{2(2s+1)}{2s^2+s+2}[\Omega]$$

77 회로의 단자 a와 b 사이에 나타나는 전압 V_{ab}는 몇 [V]인가?

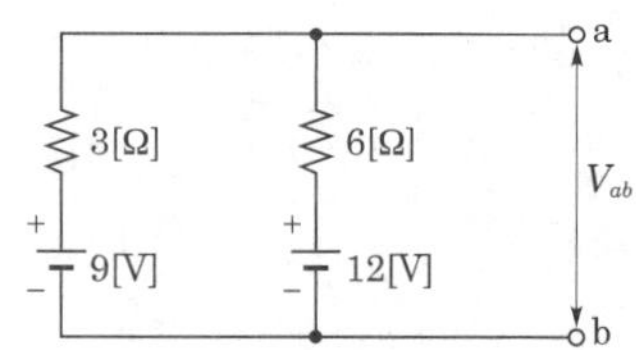

① 3　② 9

③ 10　④ 12

해설 밀만의 정리에 의해서

$$V_{ab}=\frac{\frac{9}{3}+\frac{12}{6}}{\frac{1}{3}+\frac{1}{6}}=10[V]$$

78 RL 직렬 회로에 순시치 전압 $v(t)=20+100\sin\omega t+40\sin(3\omega t+60°)+40\sin 5\omega t$ [V]를 가할 때 제5고조파 전류의 실효값 크기는 약 몇 [A]인가? (단, $R=4[\Omega]$, $\omega L=1[\Omega]$)

① 4.4　② 5.66

③ 6.25　④ 8.0

해설 제5고조파 전류 $I_5=\dfrac{V_5}{Z_5}=\dfrac{V_5}{\sqrt{R^2+(5\omega L)^2}}$

$$=\frac{\frac{40}{\sqrt{2}}}{\sqrt{4^2+5^2}}≒4.4[A]$$

79 아래 그림의 교류 브리지 회로가 평형이 되는 조건은?

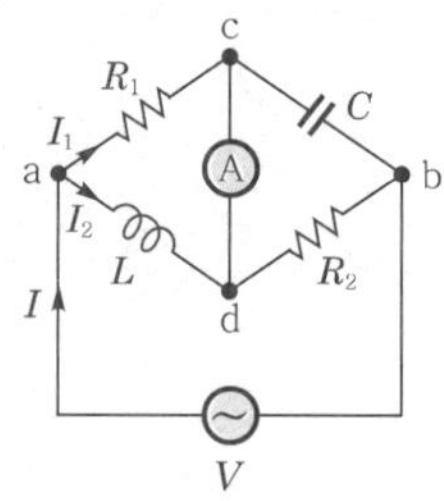

① $L=\dfrac{R_1R_2}{C}$

② $L=\dfrac{C}{R_1R_2}$

③ $L=R_1R_2C$

④ $L=\dfrac{R_2}{R_1}C$

해설 브리지 평형 조건

$$R_1R_2=j\omega L\frac{1}{j\omega C}$$

$$R_1R_2=\frac{L}{C}$$

$$\therefore L=R_1R_2C$$

80 $f(t)=t^n$의 라플라스 변환식은?

① $\dfrac{n}{s^n}$　② $\dfrac{n+1}{s^{n+1}}$

③ $\dfrac{n!}{s^{n+1}}$　④ $\dfrac{n+1}{s^{n!}}$

해설 $F(s)=\mathcal{L}[t^n]=\dfrac{n!}{s^{n+1}}$

정답 76. ① 77. ③ 78. ① 79. ③ 80. ③

제5과목 전기설비기술기준

81 **과전류 차단기로 시설하는 퓨즈 중 고압 전로에 사용하는 비포장 퓨즈는 정격 전류 2배 전류 시 몇 분 안에 용단되어야 하는가?**

① 1분
② 2분
③ 5분
④ 10분

해설 **고압 및 특고압 전로 중의 과전류 차단기의 시설(KEC 341.11)**

- 포장 퓨즈는 정격 전류의 1.3배의 전류에 견디고, 2배의 전류로 120분 안에 용단
- 비포장 퓨즈는 정격 전류의 1.25배의 전류에 견디고, 2배의 전류로 2분 안에 용단

82 **옥내에 시설하는 저압 전선에 나전선을 사용할 수 있는 경우는?**

① 버스 덕트 공사에 의해 시설하는 경우
② 금속 덕트 공사에 의해 시설하는 경우
③ 합성 수지관 공사에 의해 시설하는 경우
④ 후강 전선관 공사에 의해 시설하는 경우

해설 **나전선의 사용 제한(KEC 231.4)**

옥내에 시설하는 저압 전선에 나전선을 사용하는 경우

- 애자 공사에 의하여 전개된 곳에 시설하는 경우
  - 전기로용 전선
  - 전선의 피복 절연물이 부식하는 장소에 시설하는 전선
  - 취급자 이외의 자가 출입할 수 없도록 설비한 장소에 시설하는 전선
- 버스 덕트 공사에 의하여 시설하는 경우
- 라이팅 덕트 공사에 의하여 시설하는 경우
- 저압 접촉 전선을 시설하는 경우

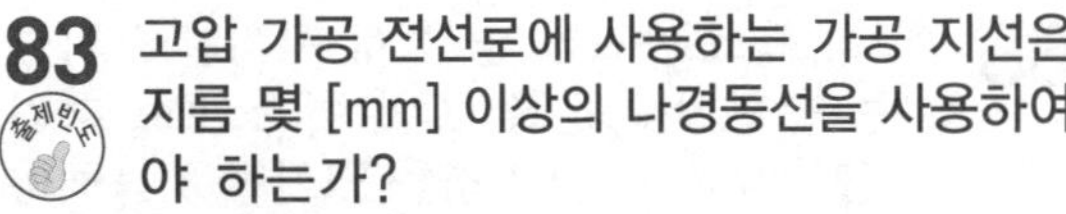

83 **고압 가공 전선로에 사용하는 가공 지선은 지름 몇 [mm] 이상의 나경동선을 사용하여야 하는가?**

① 2.6
② 3.0
③ 4.0
④ 5.0

해설 **고압 가공 전선로의 가공 지선(KEC 332.6)**

고압 가공 전선로에 사용하는 가공 지선은 인장강도 5.26[kN] 이상의 것 또는 지름 4[mm] 이상의 나경동선을 사용한다.

84 **사용 전압이 35,000[V] 이하인 특고압 가공전선과 가공 약전류 전선을 동일 지지물에 시설하는 경우 특고압 가공 전선로의 보안공사로 적합한 것은?**

① 고압 보안 공사
② 제1종 특고압 보안 공사
③ 제2종 특고압 보안 공사
④ 제3종 특고압 보안 공사

해설 **특고압 가공 전선과 가공 약전류 전선 등의 공용 설치(KEC 333.19)**

- 특고압 가공 전선로는 제2종 특고압 보안 공사에 의할 것
- 특고압 가공 전선은 가공 약전류 전선 등의 위로 하고 별개의 완금류에 시설할 것
- 특고압 가공 전선은 케이블인 경우 이외에는 인장강도 21.67[kN] 이상의 연선 또는 단면적이 50[mm^2] 이상인 경동 연선일 것
- 특고압 가공 전선과 가공 약전류 전선 등 사이의 이격 거리는 2[m] 이상으로 할 것

정답 81. ② 82. ① 83. ③ 84. ③

85 제2종 특고압 보안 공사 시 지지물로 사용하는 철탑의 경간을 400[m] 초과로 하려면 몇 [mm^2] 이상의 경동 연선을 사용해야 하는가?

① 38 ② 55
③ 82 ④ 100

해설 특고압 보안 공사(KEC 333.22)

제2종 특고압 보안 공사 경간은 표에서 정한 값 이하일 것. 단, 전선에 안장 강도 38.05[kN] 이상의 연선 또는 단면적이 100[mm^2] 이상인 경동 연선을 사용하고 지지물에 B종 철주·B종 철근 콘크리트주 또는 철탑을 사용하는 경우에는 그러하지 아니하다.

지지물의 종류	경 간
목주·A종	100[m]
B종	200[m]
철탑	400[m]

86 그림은 전력선 반송 통신용 결합 장치의 보안 장치이다. 여기에서 CC는 어떤 커패시터인가?

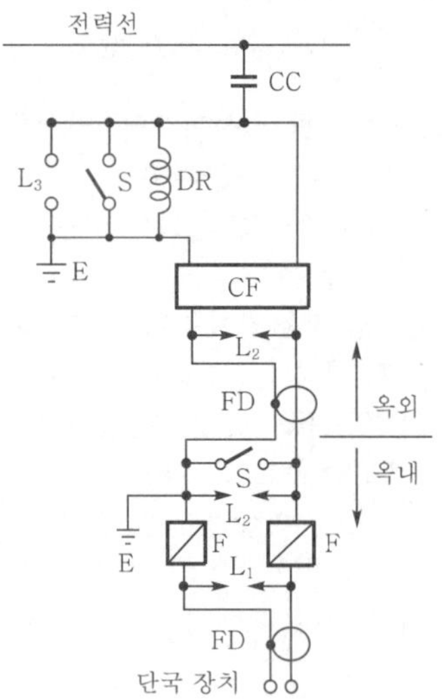

① 결합 커패시터 ② 전력용 커패시터
③ 정류용 커패시터 ④ 축전용 커패시터

해설 전력선 반송 통신용 결합 장치의 보안 장치(KEC 362.10)

- FD : 동축 케이블
- F : 정격 전류 10[A] 이하의 포장 퓨즈
- DR : 전류 용량 2[A] 이상의 배류 선륜
- L_1 : 교류 300[V] 이하에서 동작하는 피뢰기
- L_2, L_3 : 방전 갭
- S : 접지용 개폐기
- CF : 결합 필터
- CC : 결합 커패시터(결합 콘덴서)

87 수소 냉각식 발전기 및 이에 부속하는 수소 냉각 장치 시설에 대한 설명으로 틀린 것은?

① 발전기 안의 수소의 밀도를 계측하는 장치를 시설할 것
② 발전기 안의 수소의 순도가 85[%] 이하로 저하한 경우에 이를 경보하는 장치를 시설할 것
③ 발전기 안의 수소의 압력을 계측하는 장치 및 그 압력이 현저히 변동한 경우에 이를 경보하는 장치를 시설할 것
④ 발전기는 기밀 구조의 것이고 또한 수소가 대기압에서 폭발하는 경우에 생기는 압력에 견디는 강도를 가지는 것일 것

해설 수소 냉각식 발전기 등의 시설(판단기준 제51조)

- 기밀 구조(氣密構造)의 것
- 수소의 순도가 85[%] 이하로 저하한 경우에 이를 경보하는 장치를 시설할 것
- 발전기 안 또는 조상기 안의 수소의 압력을 계측하는 장치 및 그 압력이 현저히 변동한 경우에 이를 경보하는 장치를 시설할 것
- 발전기 안 또는 조상기 안의 수소의 온도를 계측하는 장치를 시설할 것

* 이 문제는 출제 당시 규정에는 적합했으나 새로 제정된 한국전기설비규정에는 일부 부적합하므로 문제유형만 참고하시기 바랍니다.

88 출제빈도 목장에서 가축의 탈출을 방지하기 위하여 전기 울타리를 시설하는 경우 전선은 인장강도가 몇 [kN] 이상의 것이어야 하는가?

① 1.38 ② 2.78
③ 4.43 ④ 5.93

정답 85. ④ 86. ① 87. ① 88. ①

해설 **전기 울타리의 시설(KEC 241.1)**
사용 전압은 250[V] 이하이며, 전선은 인장 강도 1.38[kN] 이상의 것 또는 지름 2[mm] 이상 경동선을 사용하고, 지지하는 기둥과의 이격 거리는 2.5[cm] 이상, 수목과의 거리는 30[cm] 이상으로 한다.

89 **다음 ( )에 들어갈 내용으로 옳은 것은?**

> 전차 선로는 무선 설비의 기능에 계속적이고 또한 중대한 장해를 주는 ( )가 생길 우려가 있는 경우에는 이를 방지하도록 시설하여야 한다.

① 전파
② 혼촉
③ 단락
④ 정전기

해설 **전파 장해의 방지(KEC 331.1)**
전차 선로는 무선 설비의 기능에 계속적이고 또한 중대한 장해를 주는 전파가 생길 우려가 있는 경우는 이를 방지하도록 시설하여야 한다.

90 (출제빈도) **최대 사용 전압이 7[kV]를 초과하는 회전기의 절연 내력 시험은 최대 사용 전압의 몇 배의 전압(10,500[V] 미만으로 되는 경우에는 10,500[V])에서 10분간 견디어야 하는가?**

① 0.92 ② 1
③ 1.1 ④ 1.25

해설 **회전기 및 정류기의 절연 내력(KEC 133)**

종 류		시험 전압	시험 방법
발전기 전동기 조상기	7[kV] 이하	1.5배 (최저 500[V])	권선과 대지 사이 10분간
	7[kV] 초과	1.25배 (최저 10,500[V])	

91 **버스 덕트 공사에 의한 저압 옥내 배선 시설 공사에 대한 설명으로 틀린 것은?**

① 덕트(환기형의 것을 제외)의 끝부분은 막지 말 것
② 사용 전압이 400[V] 이하인 경우에는 덕트에 제3종 접지 공사를 할 것
③ 덕트(환기형의 것을 제외)의 내부에 먼지가 침입하지 아니하도록 할 것
④ 사람이 접촉할 우려가 있고, 사용 전압이 400[V] 초과인 경우에는 덕트에 특별 제3종 접지 공사를 할 것

해설 **버스 덕트 공사(KEC 232.61)**
- 덕트 상호간 및 전선 상호간은 견고하고 또한 전기적으로 완전하게 접속할 것
- 덕트를 조영재에 붙이는 경우에는 덕트의 지지점 간의 거리를 3[m] 이하로 하고 또한 견고하게 붙일 것
- 덕트(환기형 제외)의 끝부분은 막을 것
- 덕트(환기형 제외)의 내부에 먼지가 침입하지 아니하도록 할 것

(⇨ 접지 공사 종별은 개정되어 삭제되었음)

＊이 문제는 출제 당시 규정에는 적합했으나 새로 제정된 한국전기설비규정에는 일부 부적합하므로 문제유형만 참고하시기 바랍니다.

92 (출제빈도) **교량의 윗면에 시설하는 고압 전선로는 전선의 높이를 교량의 노면상 몇 [m] 이상으로 하여야 하는가?**

① 3 ② 4
③ 5 ④ 6

해설 **교량에 시설하는 전선로(KEC 335.6)**
교량에 시설하는 고압 전선로
- 교량의 윗면에 전선의 높이를 교량의 노면상 5[m] 이상으로 할 것
- 케이블일 것. 단, 철도 또는 궤도 전용의 교량에는 인장 강도 5.26[kN] 이상의 것 또는 지름 4[mm] 이상의 경동선을 사용

정답 89. ① 90. ④ 91. ① 92. ③

• 전선과 조영재 사이의 이격 거리는 30[cm] 이상 일 것

93 출제빈도 **저압의 전선로 중 절연 부분의 전선과 대지 간의 절연 저항은 사용 전압에 대한 누설 전류가 최대 공급 전류의 얼마를 넘지 않도록 유지하여야 하는가?**

① $\frac{1}{1,000}$ ② $\frac{1}{2,000}$

③ $\frac{1}{3,000}$ ④ $\frac{1}{4,000}$

해설 **전선로의 전선 및 절연 성능(기술기준 제27조)**
저압 전선로 중 절연 부분의 전선과 대지 간 및 전선의 심선 상호 간의 절연 저항은 사용 전압에 대한 누설 전류가 최대 공급 전류의 $\frac{1}{2,000}$을 넘지 않도록 하여야 한다.

94 출제빈도 **사용 전압이 특고압인 전기 집진 장치에 전원을 공급하기 위해 케이블을 사람이 접촉할 우려가 없도록 시설하는 경우 방식 케이블 이외의 케이블의 피복에 사용하는 금속체에는 몇 종 접지 공사로 할 수 있는가?**

① 제1종 접지 공사
② 제2종 접지 공사
③ 제3종 접지 공사
④ 특별 제3종 접지 공사

해설 **전기 집진 장치 등의 시설(KEC 241.9)**
전기 집진 응용 장치의 금속제 외함 또한 케이블을 넣은 방호 장치의 금속제 부분 및 방식 케이블 이외의 케이블의 피복에 사용하는 금속체에는 접지 시스템의 규정에 준하여 접지 공사를 하여야 한다.
(⇨ 접지 공사 종별은 개정되어 삭제되었음)

* 이 문제는 출제 당시 규정에는 적합했으나 새로 제정된 한국전기설비규정에는 일부 부적합하므로 문제유형만 참고하시기 바랍니다.

95 지중 전선로에 사용하는 지중함의 시설 기준으로 틀린 것은?

① 지중함은 견고하고 차량, 기타 중량물의 압력에 견디는 구조일 것
② 지중함은 그 안의 고인 물을 제거할 수 있는 구조로 되어 있을 것
③ 지중함의 뚜껑은 시설자 이외의 자가 쉽게 열 수 없도록 시설할 것
④ 폭발성의 가스가 침입할 우려가 있는 것에 시설하는 지중함으로서, 그 크기가 0.5[m^3] 이상인 것에는 통풍 장치, 기타 가스를 방산시키기 위한 적당한 장치를 시설할 것

해설 **지중함의 시설(KEC 334.2)**
• 지중함은 견고하고 차량, 기타 중량물의 압력에 견디는 구조일 것
• 지중함은 그 안의 고인 물을 제거할 수 있는 구조로 되어 있을 것
• 폭발성 또는 연소성의 가스가 침입할 우려가 있는 것에 시설하는 지중함으로서, 그 크기가 1[m^3] 이상인 것에는 통풍 장치, 기타 가스를 방산시키기 위한 장치를 시설할 것
• 지중함의 뚜껑은 시설자 이외의 자가 쉽게 열 수 없도록 시설할 것

96 출제빈도 **사람이 상시 통행하는 터널 안의 배선(전기기계 기구 안의 배선, 관등 회로의 배선, 소세력 회로의 전선은 제외)의 시설 기준에 적합하지 않은 것은? (단, 사용 전압이 저압의 것에 한한다.)**

① 합성 수지관 공사로 시설하였다.
② 공칭 단면적 2.5[mm^2]의 연동선을 사용하였다.
③ 애자 공사 시 전선의 높이는 노면상 2[m]로 시설하였다.
④ 전로에는 터널의 입구 가까운 곳에 전용 개폐기를 시설하였다.

정답 93. ② 94. ③ 95. ④ 96. ③

해설 사람이 상시 통행하는 터널 안의 배선 시설(KEC 242.7.1)

- 전선은 공칭 단면적 2.5[mm^2]의 연동선과 동등 이상의 세기 및 굵기의 절연 전선(옥외용 제외)을 사용하여 애자 공사에 의하여 시설하고 또한 이를 노면상 2.5[m] 이상의 높이로 할 것
- 전로에는 터널의 입구에 가까운 곳에 전용 개폐기를 시설할 것

97 가공 전선로의 지지물에 하중이 가하여지는 경우에 그 하중을 받는 지지물의 기초 안전율은 얼마 이상이어야 하는가? (단, 이상 시 상정 하중은 무관)

① 1.5 ② 2.0
③ 2.5 ④ 3.0

해설 가공 전선로 지지물의 기초 안전율(KEC 331.7)
지지물의 하중에 대한 기초 안전율은 2 이상(이상 시 상정 하중에 대한 철탑의 기초에 대해서는 1.33 이상)

98 발전소에서 계측하는 장치를 시설하여야 하는 사항에 해당하지 않는 것은?

① 특고압용 변압기의 온도
② 발전기의 회전수 및 주파수
③ 발전기의 전압 및 전류 또는 전력
④ 발전기의 베어링(수중 메탈을 제외한다) 및 고정자의 온도

해설 발전소 계측 장치(KEC 351.6)

- 발전기, 연료 전지 또는 태양 전지 모듈의 전압, 전류, 전력
- 발전기 베어링 및 고정자의 온도
- 정격 출력 10,000[kW]를 초과하는 증기 터빈에 접속하는 발전기의 진동 진폭
- 주요 변압기의 전압, 전류, 전력
- 특고압용 변압기의 유온
- 동기 발전기 : 동기 검정 장치

99 금속제 외함을 가진 저압의 기계 기구로서, 사람이 쉽게 접촉될 우려가 있는 곳에 시설하는 경우 전기를 공급받는 전로에 지락이 생겼을 때 자동적으로 전로를 차단하는 장치를 설치하여야 하는 기계 기구의 사용 전압이 몇 [V]를 초과하는 경우인가?

① 30 ② 50
③ 100 ④ 150

해설 누전 차단기의 시설(KEC 211.2.4)
금속제 외함을 가지는 사용 전압이 50[V]를 초과하는 저압의 기계 기구로서, 사람이 쉽게 접촉할 우려가 있는 곳에 시설하는 것에 전기를 공급하는 전로에는 전로에 지락이 생겼을 때에 자동적으로 전로를 차단하는 장치를 하여야 한다.

100 케이블 트레이 공사에 사용하는 케이블 트레이에 대한 기준으로 틀린 것은?

① 안전율은 1.5 이상으로 하여야 한다.
② 비금속제 케이블 트레이는 수밀성 재료의 것이어야 한다.
③ 금속제 케이블 트레이 계통은 기계적 및 전기적으로 완전하게 접속하여야 한다.
④ 저압 옥내 배선의 사용 전압이 400[V] 초과인 경우에는 금속제 트레이에 접지공사를 하여야 한다.

해설 케이블 트레이 공사(KEC 232.41)

- 케이블 트레이의 안전율은 1.5 이상
- 케이블 트레이 종류 : 사다리형, 펀칭형, 메시형, 바닥 밀폐형
- 전선의 피복 등을 손상시킬 돌기 등이 없이 매끈하여야 한다.
- 금속재의 것은 적절한 방식 처리를 한 것이거나 내식성 재료의 것이어야 한다.
- 비금속제 케이블 트레이는 난연성 재료의 것이어야 한다.
- 케이블 트레이가 방화 구획의 벽, 마루, 천장 등을 관통하는 경우에 관통부는 불연성의 물질로 충전(充塡)하여야 한다.

정답 97. ② 98. ② 99. ② 100. ②

MEMO

2021. 3. 7. 시행

2021년 제1회 기출문제

제1과목 전기자기학

01 비투자율 $\mu_r = 800$, 원형 단면적이 $S = 10$[cm²], 평균 자로 길이 $l = 16\pi \times 10^{-2}$[m]의 환상 철심에 600회의 코일을 감고 이 코일에 1[A]의 전류를 흘리면 환상 철심 내부의 자속은 몇 [Wb]인가?

① 1.2×10^{-3}　② 1.2×10^{-5}
③ 2.4×10^{-3}　④ 2.4×10^{-5}

해설 자속 $\phi = \dfrac{F}{R_m} = \dfrac{NI}{\dfrac{l}{\mu S}} = \dfrac{\mu_0 \mu_r NIS}{l}$

$$= \frac{4\pi \times 10^{-7} \times 800 \times 600 \times 1 \times 10 \times 10^{-4}}{16\pi \times 10^{-2}}$$

$= 1.2 \times 10^{-3}$[Wb]

02 정상 전류계에서 $\nabla \cdot i = 0$에 대한 설명으로 틀린 것은?

① 도체 내에 흐르는 전류는 연속이다.
② 도체 내에 흐르는 전류는 일정하다.
③ 단위 시간당 전하의 변화가 없다.
④ 도체 내에 전류가 흐르지 않는다.

해설 전류 $I = \int_s i\, n\, ds = \int_v \mathrm{div}\, i\, dv = 0$

$\mathrm{div}\, i = \nabla \cdot i = 0$

전류는 발생과 소멸이 없고 연속, 일정하다는 의미이다.

03 동일한 금속 도선의 두 점 사이에 온도차를 주고 전류를 흘렸을 때 열의 발생 또는 흡수가 일어나는 현상은?

① 펠티에(Peltier) 효과
② 볼타(Volta) 효과
③ 제백(Seebeck) 효과
④ 톰슨(Thomson) 효과

해설 톰슨(Thomson) 효과는 동일 금속선의 두 점 사이에 온도차를 주고 전류를 흘리면 열의 발생과 흡수가 일어나는 현상을 말한다.

04 비유전율이 2이고, 비투자율이 2인 매질 내에서의 전자파의 전파 속도 v[m/s]와 진공 중의 빛의 속도 v_0[m/s] 사이 관계는?

① $v = \dfrac{1}{2} v_0$　② $v = \dfrac{1}{4} v_0$
③ $v = \dfrac{1}{6} v_0$　④ $v = \dfrac{1}{8} v_0$

해설 빛의 속도 $v_0 = \dfrac{1}{\sqrt{\varepsilon_0 \mu_0}}$[m/s]

전파 속도 $v = \dfrac{1}{\sqrt{\varepsilon \mu}} = \dfrac{1}{\sqrt{\varepsilon_0 \mu_0}} \cdot \dfrac{1}{\sqrt{\varepsilon_r \mu_r}}$

$= \dfrac{1}{\sqrt{\varepsilon_0 \mu_0}} \cdot \dfrac{1}{\sqrt{2 \times 2}}$

$= \dfrac{1}{2} v_0$[m/s]

05 진공 내의 점 (2, 2, 2)에 10^{-9}[C]의 전하가 놓여 있다. 점 (2, 5, 6)에서의 전계 E는 약 몇 [V/m]인가? (단, a_y, a_z는 단위 벡터이다.)

① $0.278a_y + 2.888a_z$
② $0.216a_y + 0.288a_z$
③ $0.288a_y + 0.216a_z$
④ $0.291a_y + 0.288a_z$

정답 01. ① 02. ④ 03. ④ 04. ① 05. ②

해설 거리 벡터 $r = Q - P$

$$= a_x(2-2) + a_y(5-2) + a_z(6-2)$$
$$= 3a_y + 4a_z [\mathrm{m}]$$
$$|r| = \sqrt{3^2 + 4^2} = 5[\mathrm{m}]$$

단위 벡터 $r_0 = \dfrac{r}{|r|} = \dfrac{3a_y + 4a_z}{5} = 0.6a_y + 0.8a_z$

전계의 세기

$$E = r_0 \frac{Q}{4\pi\varepsilon_0 r^2}$$
$$= (0.6a_y + 0.8a_z) \times 9 \times 10^9 \times \frac{10^{-9}}{5^2}$$
$$= 0.216a_y + 0.288a_z [\mathrm{V/m}]$$

06

(출제빈도)

한 변의 길이가 l[m]인 정사각형 도체에 전류 I[A]가 흐르고 있을 때 중심점 P에서의 자계의 세기는 몇 [A/m]인가?

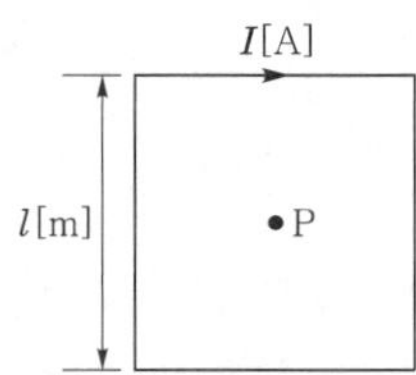

① $16\pi l I$　　② $4\pi l I$

③ $\dfrac{\sqrt{3}\pi}{2l} I$　　④ $\dfrac{2\sqrt{2}}{\pi l} I$

해설 자계의 세기 $H = \dfrac{I}{4\pi r}(\sin\theta_1 + \sin\theta_2) \times 4$

$$= \frac{I}{4\pi \frac{l}{2}} \times (\sin 45° + \sin 45°) \times 4$$
$$= \frac{2\sqrt{2}}{\pi l} I [\mathrm{AT/m}] (=[\mathrm{A/m}])$$

07

간격이 3[cm]이고 면적이 30[cm^2]인 평판의 공기 콘덴서에 220[V]의 전압을 가하면 두 판 사이에 작용하는 힘은 약 몇 [N]인가?

① 6.3×10^{-6}　　② 7.14×10^{-7}

③ 8×10^{-5}　　④ 5.75×10^{-4}

해설 정전 응력 $f = \dfrac{1}{2}\varepsilon_0 E^2 = \dfrac{1}{2}\varepsilon_0 \left(\dfrac{v}{d}\right)^2 [\mathrm{N/m}]$

힘 $F = fs$

$$= \frac{1}{2} \times 8.855 \times 10^{-12} \times \left(\frac{220}{3 \times 10^{-2}}\right)^2 \times 30 \times 10^{-4}$$
$$= 7.14 \times 10^{-7} [\mathrm{N}]$$

08

(출제빈도)

전계 E[V/m], 전속 밀도 D[C/m^2], 유전율 $\varepsilon = \varepsilon_0 \varepsilon_r$[F/m], 분극의 세기 P[C/m^2] 사이의 관계를 나타낸 것으로 옳은 것은?

① $P = D + \varepsilon_0 E$　　② $P = D - \varepsilon_0 E$

③ $P = \dfrac{D+E}{\varepsilon_0}$　　④ $P = \dfrac{D-E}{\varepsilon_0}$

해설 유전체 중의 전속 밀도 $D = \varepsilon_0 E + P [\mathrm{C/m^2}]$

분극의 세기 $P = D - \varepsilon_0 E [\mathrm{C/m^2}]$

09

커패시터를 제조하는데 4가지(A, B, C, D)의 유전 재료가 있다. 커패시터 내의 전계를 일정하게 하였을 때, 단위 체적당 가장 큰 에너지 밀도를 나타내는 재료부터 순서대로 나열한 것은? (단, 유전 재료 A, B, C, D의 비유전율은 각각 $\varepsilon_{rA}=8$, $\varepsilon_{rB}=10$, $\varepsilon_{rC}=2$, $\varepsilon_{rD}=4$이다.)

① $C > D > A > B$　　② $B > A > D > C$

③ $D > A > C > B$　　④ $A > B > D > C$

해설 에너지 밀도 $w_E = \dfrac{1}{2}\varepsilon_0 \varepsilon_r E^2 [\mathrm{J/m^3}]$

에너지 밀도는 비유전율 ε_r에 비례하므로

$B > A > D > C$

10

내구의 반지름이 2[cm], 외구의 반지름이 3[cm]인 동심 구도체 간에 고유 저항이 1.884×10^2[Ω · m]인 저항 물질로 채워져 있을 때, 내외구 간의 합성 저항은 약 몇 [Ω]인가?

① 2.5　　② 5.0

③ 250　　④ 500

정답 06. ④ 07. ② 08. ② 09. ② 10. ③

해설 정전 용량 $C=\dfrac{4\pi\varepsilon}{\dfrac{1}{a}-\dfrac{1}{b}}$[F]

저항 $R=\dfrac{e\varepsilon}{C}=\dfrac{e}{4\pi}\left(\dfrac{1}{a}-\dfrac{1}{b}\right)$

$=\dfrac{1.884\times10^2}{4\pi}\left(\dfrac{1}{2}-\dfrac{1}{3}\right)\times10^2$

$=249.9 \fallingdotseq 250[\Omega]$

11 영구 자석의 재료로 적합한 것은?

① 잔류 자속 밀도(B_r)는 크고, 보자력(H_c)은 작아야 한다.

② 잔류 자속 밀도(B_r)는 작고, 보자력(H_c)은 커야 한다.

③ 잔류 자속 밀도(B_r)와 보자력(H_c) 모두 작아야 한다.

④ 잔류 자속 밀도(B_r)와 보자력(H_c) 모두 커야 한다.

해설 영구 자석의 재료로 적합한 것은 히스테리시스 곡선(hysteresis loop)에서 잔류 자속 밀도(B_r)와 보자력(H_c) 모두 커야 한다.

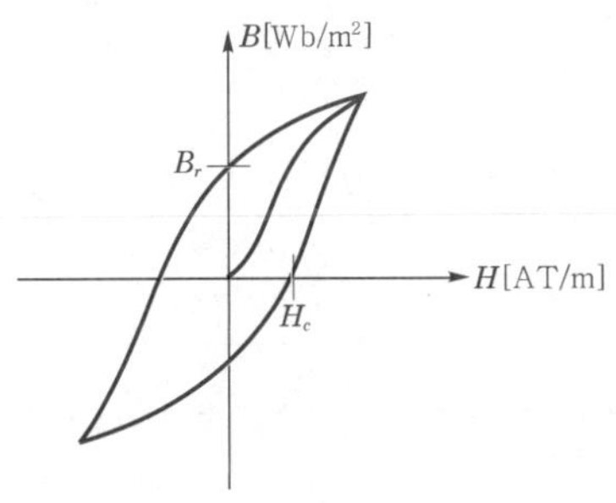

▌히스테리시스 곡선▐

12 평등 전계 중에 유전체구에 의한 전속 분포가 그림과 같이 되었을 때 ε_1과 ε_2의 크기 관계는?

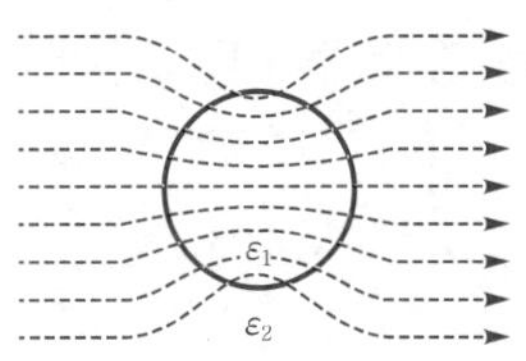

① $\varepsilon_1 > \varepsilon_2$ ② $\varepsilon_1 < \varepsilon_2$

③ $\varepsilon_1 = \varepsilon_2$ ④ $\varepsilon_1 \leq \varepsilon_2$

해설 유전체의 경계면 조건에서 전속은 유전율이 큰 쪽으로 모이려는 성질이 있으므로 $\varepsilon_1 > \varepsilon_2$의 관계가 있다.

13 환상 솔레노이드의 단면적이 S, 평균 반지름이 r, 권선수가 N이고 누설 자속이 없는 경우 자기 인덕턴스의 크기는?

① 권선수 및 단면적에 비례한다.

② 권선수의 제곱 및 단면적에 비례한다.

③ 권선수의 제곱 및 평균 반지름에 비례한다.

④ 권선수의 제곱에 비례하고 단면적에 반비례한다.

해설 자속 $\phi=\dfrac{\mu NIS}{l}$[Wb]

자기 인덕턴스 $L=\dfrac{N\phi}{I}=\dfrac{\mu N^2 S}{l}$[H]

14 전하 e[C], 질량 m[kg]인 전자가 전계 E[V/m] 내에 놓여 있을 때 최초에 정지하고 있었다면 t초 후에 전자의 속도[m/s]는?

① $\dfrac{meE}{t}$ ② $\dfrac{me}{E}t$

③ $\dfrac{mE}{e}t$ ④ $\dfrac{Ee}{m}t$

해설 힘 $F=eE=ma=m\dfrac{dv}{dt}$[N]

속도 $v=\displaystyle\int\dfrac{eE}{m}dt=\dfrac{eE}{m}t$[m/s]

정답 11. ④ 12. ① 13. ② 14. ④

15 다음 중 비투자율(μ_r)이 가장 큰 것은?

① 금 ② 은
③ 구리 ④ 니켈

해설 • 강자성체 : 철, 니켈, 코발트
($\mu_r \gg 1$)
• 상자성체 : 공기, 알루미늄, 백금
($\mu_r > 1$)
• 반자성체 : 금, 은, 동
($\mu_r < 1$)

16 그림과 같은 환상 솔레노이드 내의 철심 중심에서의 자계의 세기 H[AT/m]는? (단, 환상철심의 평균 반지름은 r[m], 코일의 권수는 N회, 코일에 흐르는 전류는 I[A]이다.)

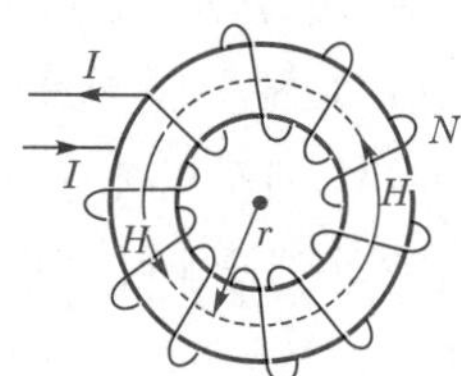

① $\dfrac{NI}{\pi r}$ ② $\dfrac{NI}{2\pi r}$
③ $\dfrac{NI}{4\pi r}$ ④ $\dfrac{NI}{2r}$

해설 앙페르의 주회 적분 법칙
$NI = \oint_c H \cdot dl$에서
$NI = H \cdot l = H \cdot 2\pi r$[AT]
자계의 세기 $H = \dfrac{NI}{2\pi r}$[AT/m]

17 강자성체가 아닌 것은?

① 코발트 ② 니켈
③ 철 ④ 구리

해설 구리(동)는 반자성체이다.

18 반지름이 a[m]인 원형 도선 2개의 루프가 z축상에 그림과 같이 놓인 경우 I[A]의 전류가 흐를 때 원형 전류 중심축상의 자계 H[A/m]는? (단, a_z, a_ϕ는 단위 벡터이다.)

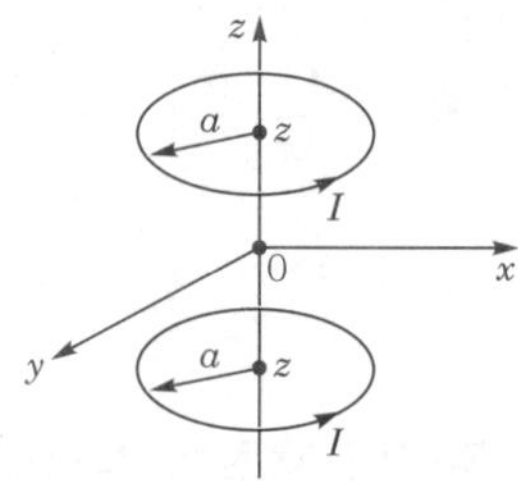

① $H = \dfrac{a^2 I}{(a^2+z^2)^{\frac{3}{2}}} a_\phi$

② $H = \dfrac{a^2 I}{(a^2+z^2)^{\frac{3}{2}}} a_z$

③ $H = \dfrac{a^2 I}{2(a^2+z^2)^{\frac{3}{2}}} a_\phi$

④ $H = \dfrac{a^2 I}{2(a^2+z^2)^{\frac{3}{2}}} a_z$

해설 원형 도선 중심축상의 자계의 세기
$H = \dfrac{a^2 I}{2(a^2+z^2)^{\frac{3}{2}}} a_z$[AT/m]
원형 도선이 2개이므로
자계의 세기 $H = \dfrac{a^2 I}{2(a^2+z^2)^{\frac{3}{2}}} \times 2 \cdot a_z$
$= \dfrac{a^2 I}{(a^2+z^2)^{\frac{3}{2}}} a_z$[AT/m](=[A/m])

19 방송국 안테나 출력이 W[W]이고 이로부터 진공 중에 r[m] 떨어진 점에서 자계의 세기의 실효치는 약 몇 [A/m]인가?

① $\dfrac{1}{r}\sqrt{\dfrac{W}{377\pi}}$ ② $\dfrac{1}{2r}\sqrt{\dfrac{W}{377\pi}}$
③ $\dfrac{1}{2r}\sqrt{\dfrac{W}{188\pi}}$ ④ $\dfrac{1}{r}\sqrt{\dfrac{2W}{377\pi}}$

정답 15. ④ 16. ② 17. ④ 18. ② 19. ②

해설 단위 면적당 전력 $P=EH\,[\text{W/m}^2]$

고유 임피던스 $\eta=\dfrac{E}{H}=\dfrac{\sqrt{\mu_0}}{\sqrt{\varepsilon_0}}=120\pi=377[\Omega]$

출력 $W=P\cdot S=EHS=377H^2\cdot 4\pi r^2[\text{W}]$

자계의 세기 $H=\sqrt{\dfrac{W}{377\times 4\pi r^2}}$

$=\dfrac{1}{2r}\sqrt{\dfrac{W}{377\pi}}\,[\text{A/m}]$

20 직교하는 무한 평판 도체와 점전하에 의한 영상 전하는 몇 개 존재하는가?

① 2 ② 3
③ 4 ④ 5

해설 영상 전하의 개수 $n=\dfrac{360°}{\theta}-1=\dfrac{360°}{90°}-1=3$개

여기서, θ : 무한 평면 도체 사이의 각

제2과목 전력공학

21 그림과 같은 유황 곡선을 가진 수력 지점에서 최대 사용 수량 OC으로 1년간 계속 발전하는 데 필요한 저수지의 용량은?

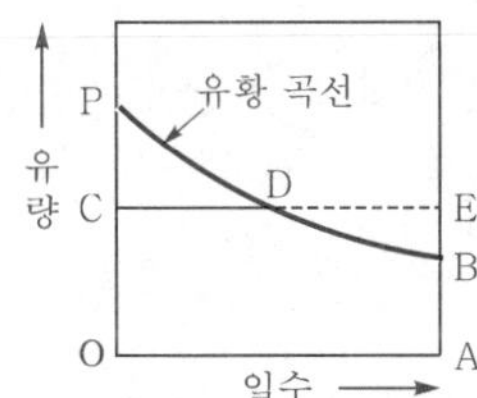

① 면적 OCPBA ② 면적 OCDBA
③ 면적 DEB ④ 면적 PCD

해설 그림에서 유황 곡선이 PDB이고 1년간 OC의 유량으로 발전하면, D점 이후의 일수는 유량이 DEB에 해당하는 만큼 부족하므로 저수지를 이용하여 필요한 유량을 확보하여야 한다.

22 통신선과 평행인 주파수 60[Hz]의 3상 1회선 송전선이 있다. 1선 지락 때문에 영상 전류가 100[A] 흐르고 있다면 통신선에 유도되는 전자 유도 전압[V]은 약 얼마인가? (단, 영상 전류는 전 전선에 걸쳐서 같으며, 송전선과 통신선과의 상호 인덕턴스는 0.06[mH/km], 그 평행 길이는 40[km]이다.)

① 156.6 ② 162.8
③ 230.2 ④ 271.4

해설 전자 유도 전압

$E_m=-j\omega Ml\times 3I_0$

$=2\pi\times 60\times 0.06\times 40\times 10^{-3}\times 3\times 100$

$=271.44[\text{V}]$

23 고장 전류의 크기가 커질수록 동작 시간이 짧게 되는 특성을 가진 계전기는?

① 순한시 계전기
② 정한시 계전기
③ 반한시 계전기
④ 반한시·정한시 계전기

해설 계전기 동작 시간에 의한 분류
- 순한시 계전기 : 정정된 최소 동작 전류 이상의 전류가 흐르면 즉시 동작하는 계전기
- 정한시 계전기 : 정정된 값 이상의 전류가 흐르면 정해진 일정 시간 후에 동작하는 계전기
- 반한시 계전기 : 정정된 값 이상의 전류가 흐를 때 전류값이 크면 동작 시간은 짧아지고, 전류값이 작으면 동작 시간이 길어진다.

24 3상 3선식 송전선에서 한 선의 저항이 10[Ω], 리액턴스가 20[Ω]이며, 수전단의 선간 전압이 60[kV], 부하 역률이 0.8인 경우에 전압 강하율이 10[%]라 하면 이 송전 선로로는 약 몇 [kW]까지 수전할 수 있는가?

① 10,000 ② 12,000
③ 14,400 ④ 18,000

정답 20. ② 21. ③ 22. ④ 23. ③ 24. ③

해설 전압 강하율 $\%e = \frac{P}{V^2}(R+X\tan\theta)\times 100[\%]$에서

전력 $P = \frac{\%e \cdot V^2}{R+X\tan\theta}$

$= \frac{0.1\times(60\times10^6)^2}{10+20\times\frac{0.6}{0.8}}\times10^{-3}$

$=14,400[\text{kW}]$

25 기준 선간 전압 23[kV], 기준 3상 용량 5,000[kVA], 1선의 유도 리액턴스가 15[Ω]일 때 %리액턴스는?

① 28.36[%] ② 14.18[%]
③ 7.09[%] ④ 3.55[%]

해설 $\%X = \frac{P\cdot X}{10V^2} = \frac{5,000\times15}{10\times23^2} = 14.18[\%]$

26 전력 원선도의 가로축과 세로축을 나타내는 것은?

① 전압과 전류
② 전압과 전력
③ 전류와 전력
④ 유효 전력과 무효 전력

해설 전력 원선도는 복소 전력과 4단자 정수를 이용한 송·수전단의 전력을 원선도로 나타낸 것이므로 가로축에는 유효 전력을, 세로축에는 무효 전력을 표시한다.

27 화력 발전소에서 증기 및 급수가 흐르는 순서는?

① 절탄기 → 보일러 → 과열기 → 터빈 → 복수기
② 보일러 → 절탄기 → 과열기 → 터빈 → 복수기
③ 보일러 → 과열기 → 절탄기 → 터빈 → 복수기
④ 절탄기 → 과열기 → 보일러 → 터빈 → 복수기

해설 급수와 증기 흐름의 기본 순서는 다음과 같다.
급수 펌프 → 절탄기 → 보일러 → 과열기 → 터빈 → 복수기

28 연료의 발열량이 430[kcal/kg]일 때, 화력 발전소의 열효율[%]은? (단, 발전기 출력은 P_G[kW], 시간당 연료의 소비량은 B[kg/h]이다.)

① $\frac{P_G}{B}\times100$ ② $\sqrt{2}\times\frac{P_G}{B}\times100$
③ $\sqrt{3}\times\frac{P_G}{B}\times100$ ④ $2\times\frac{P_G}{B}\times100$

해설 화력 발전소 열효율 $\eta = \frac{860W}{mH}\times100$

$= \frac{860P_G}{B\times430}\times100$

$= 2\times\frac{P_G}{B}\times100[\%]$

29 송전 선로에서 1선 지락 시에 건전상의 전압 상승이 가장 적은 접지 방식은?

① 비접지 방식
② 직접 접지 방식
③ 저항 접지 방식
④ 소호 리액터 접지 방식

해설 중성점 직접 접지 방식은 중성점의 전위를 대지 전압으로 하므로 1선 지락 발생 시 건전상 전위 상승이 거의 없다.

30 접지봉으로 탑각의 접지 저항값을 희망하는 접지 저항값까지 줄일 수 없을 때 사용하는 것은?

① 가공 지선 ② 매설 지선
③ 크로스 본드선 ④ 차폐선

정답 25. ② 26. ④ 27. ① 28. ④ 29. ② 30. ②

해설 철탑의 대지 전기 저항이 크게 되면 뇌전류가 흐를 때 철탑의 전위가 상승하여 역섬락이 생길 수 있으므로 매설 지선을 사용하여 철탑의 탑각 저항을 저감시켜야 한다.

31 전력 퓨즈(power fuse)는 고압, 특고압 기기의 주로 어떤 전류의 차단을 목적으로 설치하는가?

① 충전 전류 ② 부하 전류
③ 단락 전류 ④ 영상 전류

해설 전력 퓨즈(PF)는 단락 전류의 차단을 목적으로 한다.

32 정전 용량이 C_1이고, V_1의 전압에서 Q_r의 무효 전력을 발생하는 콘덴서가 있다. 정전 용량을 변화시켜 2배로 승압된 전압($2V_1$)에서도 동일한 무효 전력 Q_r을 발생시키고자 할 때, 필요한 콘덴서의 정전 용량 C_2는?

① $C_2=4C_1$ ② $C_2=2C_1$
③ $C_2=\frac{1}{2}C_1$ ④ $C_2=\frac{1}{4}C_1$

해설 동일한 무효 전력(충전 용량)이므로
$\omega C_1 V_1^2=\omega C_2(2V_1)^2$에서
$C_1=4C_2$으로 $C_2=\frac{1}{4}C_1$이다.

33 송전 선로에서의 고장 또는 발전기 탈락과 같은 큰 외란에 대하여 계통에 연결된 각 동기기가 동기를 유지하면서 계속 안정적으로 운전할 수 있는지를 판별하는 안정도는?

① 동태 안정도(dynamic stability)
② 정태 안정도(steady-state stability)
③ 전압 안정도(voltage stability)
④ 과도 안정도(transient stability)

해설 **과도 안정도(transient stability)**
부하가 갑자기 크게 변동하거나, 또는 계통에 사고가 발생하여 큰 충격을 주었을 경우에도 계통에 연결된 각 동기기가 동기를 유지해서 계속 운전할 수 있을 것인가의 능력을 말하며, 이때의 극한 전력을 과도 안정 극한 전력(transient stability power limit)이라고 한다.

34 송전 선로의 고장 전류 계산에 영상 임피던스가 필요한 경우는?

① 1선 지락 ② 3상 단락
③ 3선 단선 ④ 선간 단락

해설 **각 사고별 대칭 좌표법 해석**

1선 지락	정상분	역상분	영상분
선간 단락	정상분	역상분	×
3상 단락	정상분	×	×

그러므로 영상 임피던스가 필요한 경우는 1선 지락 사고이다.

35 배전 선로의 주상 변압기에서 고압측－저압측에 주로 사용되는 보호 장치의 조합으로 적합한 것은?

① 고압측 : 컷아웃 스위치, 저압측 : 캐치 홀더
② 고압측 : 캐치 홀더, 저압측 : 컷아웃 스위치
③ 고압측 : 리클로저, 저압측 : 라인 퓨즈
④ 고압측 : 라인 퓨즈, 저압측 : 리클로저

해설 **주상 변압기 보호 장치**
- 1차(고압)측 : 피뢰기, 컷아웃 스위치
- 2차(저압)측 : 캐치 홀더, 중성점 접지

36 용량 20[kVA]인 단상 주상 변압기에 걸리는 하루 동안의 부하가 처음 14시간 동안은 20[kW], 다음 10시간 동안은 10[kW]일 때, 이 변압기에 의한 하루 동안의 손실량[Wh]은? (단, 부하의 역률은 1로 가정하고, 변압기의 전부하 동손은 300[W], 철손은 100[W]이다.)

① 6,850 ② 7,200
③ 7,350 ④ 7,800

정답 31. ③ 32. ④ 33. ④ 34. ① 35. ① 36. ③

해설
- 동손 : $\left(\frac{20}{20}\right)^2 \times 14 \times 300 + \left(\frac{10}{20}\right)^2 \times 10 \times 300 = 4{,}950[\text{Wh}]$
- 철손 : $100 \times 24 = 2{,}400[\text{Wh}]$

∴ 손실 합계 $4{,}950 + 2{,}400 = 7{,}350[\text{Wh}]$

37 **케이블 단선 사고에 의한 고장점까지의 거리를 정전 용량 측정법으로 구하는 경우, 건전상의 정전 용량이 C, 고장점까지의 정전 용량이 C_x, 케이블의 길이가 l일 때 고장점까지의 거리를 나타내는 식으로 알맞은 것은?**

① $\frac{C}{C_x}l$ ② $\frac{2C_x}{C}l$

③ $\frac{C_x}{C}l$ ④ $\frac{C_x}{2C}l$

해설
- 정전 용량법 : 건전상의 정전 용량과 사고상의 정전 용량을 비교하여 사고점을 산출한다.
- 고장점까지 거리 $L =$ 선로 길이 $\times \frac{C_x}{C}$

∴ $L = \frac{C_x}{C}l$

38 **수용가의 수용률을 나타낸 식은?**

① $\frac{\text{합성 최대 수용 전력[kW]}}{\text{평균 전력[kW]}} \times 100[\%]$

② $\frac{\text{평균 전력[kW]}}{\text{합성 최대 수용 전력[kW]}} \times 100[\%]$

③ $\frac{\text{부하 설비 합계[kW]}}{\text{최대 수용 전력[kW]}} \times 100[\%]$

④ $\frac{\text{최대 수용 전력[kW]}}{\text{부하 설비 합계[kW]}} \times 100[\%]$

해설
- 수용률 $= \frac{\text{최대 수용 전력[kW]}}{\text{부하 설비 합계[kW]}} \times 100[\%]$
- 부하율 $= \frac{\text{평균 부하 전력[kW]}}{\text{최대 부하 전력[kW]}} \times 100[\%]$
- 부등률 $= \frac{\text{개개의 최대 수용 전력의 합[kW]}}{\text{합성 최대 수용 전력[kW]}}$

39 **%임피던스에 대한 설명으로 틀린 것은?**

① 단위를 갖지 않는다.

② 절대량이 아닌 기준량에 대한 비를 나타낸 것이다.

③ 기기 용량의 크기와 관계없이 일정한 범위의 값을 갖는다.

④ 변압기나 동기기의 내부 임피던스에만 사용할 수 있다.

해설 %임피던스는 발전기, 변압기 및 선로 등의 임피던스에 적용된다.

40 **역률 0.8, 출력 320[kW]인 부하에 전력을 공급하는 변전소에 역률 개선을 위해 전력용 콘덴서 140[kVA]를 설치했을 때 합성 역률은?**

① 0.93 ② 0.95

③ 0.97 ④ 0.99

해설 개선 후 합성 역률

$$\cos\theta_2 = \frac{P}{\sqrt{P^2 + (P\tan\theta_1 - Q_c)^2}}$$

$$= \frac{320}{\sqrt{320^2 + (320\tan\cos^{-1}0.8 - 140)^2}} = 0.95$$

제3과목 전기기기

41 **전류계를 교체하기 위해 우선 변류기 2차측을 단락시켜야 하는 이유는?**

① 측정 오차 방지

② 2차측 절연 보호

③ 2차측 과전류 보호

④ 1차측 과전류 방지

정답 37. ③ 38. ④ 39. ④ 40. ② 41. ②

해설 변류기 2차측을 개방하면 1차측의 부하 전류가 모두 여자 전류가 되어 큰 자속의 변화로 고전압이 유도되며 2차측 절연 파괴의 위험이 있다.

42 BJT에 대한 설명으로 틀린 것은?

① Bipolar Junction Thyristor의 약자이다.
② 베이스 전류로 컬렉터 전류를 제어하는 전류 제어 스위치이다.
③ MOSFET, IGBT 등의 전압 제어 스위치보다 훨씬 큰 구동 전력이 필요하다.
④ 회로 기호 B, E, C는 각각 베이스(Base), 이미터(Emitter), 컬렉터(Collector)이다.

해설 BJT는 Bipolar Junction Transistor의 약자이며, 베이스 전류로 컬렉터 전류를 제어하는 스위칭 소자이다.

43 단상 변압기 2대를 병렬 운전할 경우, 각 변압기의 부하 전류를 I_a, I_b, 1차측으로 환산한 임피던스를 Z_a, Z_b, 백분율 임피던스 강하를 z_a, z_b, 정격 용량을 P_{an}, P_{bn}이라 한다. 이때 부하 분담에 대한 관계로 옳은 것은?

① $\dfrac{I_a}{I_b}=\dfrac{Z_a}{Z_b}$
② $\dfrac{I_a}{I_b}=\dfrac{P_{bn}}{P_{an}}$
③ $\dfrac{I_a}{I_b}=\dfrac{z_b}{z_a}\times\dfrac{P_{an}}{P_{bn}}$
④ $\dfrac{I_a}{I_b}=\dfrac{Z_a}{Z_b}\times\dfrac{P_{an}}{P_{bn}}$

해설 부하 분담비 $\dfrac{I_a}{I_b}$

$$\frac{I_a}{I_b}=\frac{Z_b}{Z_a}=\frac{\dfrac{I_BZ_b}{V}\times 100}{\dfrac{I_AZ_a}{V}\times 100}\times\frac{VI_A}{VI_B}$$

$$=\frac{\%Z_b}{\%Z_a}\cdot\frac{P_{an}}{P_{bn}}=\frac{z_b}{z_a}\times\frac{P_{an}}{P_{bn}}$$

44 사이클로 컨버터(cyclo converter)에 대한 설명으로 틀린 것은?

① DC－DC buck 컨버터와 동일한 구조이다.
② 출력 주파수가 낮은 영역에서 많은 장점이 있다.
③ 시멘트 공장의 분쇄기 등과 같이 대용량 저속 교류 전동기 구동에 주로 사용된다.
④ 교류를 교류로 직접 변환하면서 전압과 주파수를 동시에 가변하는 전력 변환기이다.

해설 사이클로 컨버터는 교류를 직접 다른 주파수의 교류로 전압과 주파수를 동시에 가변하는 전력 변환기이고, DC－DC buck 컨버터는 직류를 직류로 변환하는 직류 변압기이다.

45 극수 4이며 전기자 권선은 파권, 전기자 도체수가 250인 직류 발전기가 있다. 이 발전기가 1,200[rpm]으로 회전할 때 600[V]의 기전력을 유기하려면 1극당 자속은 몇 [Wb]인가?

① 0.04　② 0.05
③ 0.06　④ 0.07

해설 유기 기전력 $E=\dfrac{Z}{a}p\phi\dfrac{N}{60}$ [V]

자속 $\phi=E\cdot\dfrac{60a}{pZN}=600\times\dfrac{60\times 2}{4\times 250\times 1,200}$
$=0.06$[Wb]

46 직류 발전기의 전기자 반작용에 대한 설명으로 틀린 것은?

① 전기자 반작용으로 인하여 전기적 중성축을 이동시킨다.
② 정류자편 간 전압이 불균일하게 되어 섬락의 원인이 된다.
③ 전기자 반작용이 생기면 주자속이 왜곡되고 증가하게 된다.
④ 전기자 반작용이란, 전기자 전류에 의하여 생긴 자속이 계자에 의해 발생되는 주자속에 영향을 주는 현상을 말한다.

정답 42. ① 43. ③ 44. ① 45. ③ 46. ③

해설 전기자 반작용은 전기자 전류에 의한 자속이 계자 자속의 분포에 영향을 주는 것으로 다음과 같은 영향이 있다.
- 전기적 중성축의 이동
  - 발전기 : 회전 방향으로 이동
  - 전동기 : 회전 반대 방향으로 이동
- 주자속이 감소한다.
- 정류자편 간 전압이 국부적으로 높아져 섬락을 일으킨다.

47 기전력(1상)이 E_0이고 동기 임피던스(1상)가 Z_s인 2대의 3상 동기 발전기를 무부하로 병렬 운전시킬 때 각 발전기의 기전력 사이에 δ_s의 위상차가 있으면 한쪽 발전기에서 다른 쪽 발전기로 공급되는 1상당의 전력[W]은?

① $\dfrac{E_0}{Z_s}\sin\delta_s$　② $\dfrac{E_0}{Z_s}\cos\delta_s$

③ $\dfrac{{E_0}^2}{2Z_s}\sin\delta_s$　④ $\dfrac{{E_0}^2}{2Z_s}\cos\delta_s$

해설 동기화 전류 $I_s=\dfrac{2E_0}{2Z_s}\sin\dfrac{\delta_s}{2}$[A]

수수 전력 $P=E_0I_s\cos\dfrac{\delta_s}{2}$

$=\dfrac{2{E_0}^2}{2Z_s}\sin\dfrac{\delta_s}{2}\cdot\cos\dfrac{\delta_s}{2}$

$=\dfrac{{E_0}^2}{2Z_s}\sin\delta_s$[W]

가법 정리 $\sin\left(\dfrac{\delta_s}{2}+\dfrac{\delta_s}{2}\right)=2\sin\dfrac{\delta_s}{2}\cdot\cos\dfrac{\delta_s}{2}$

48 60[Hz], 6극의 3상 권선형 유도 전동기가 있다. 이 전동기의 정격 부하 시 회전수는 1,140[rpm]이다. 이 전동기를 같은 공급 전압에서 전부하 토크로 기동하기 위한 외부 저항은 몇 [Ω]인가? (단, 회전자 권선은 Y결선이며 슬립링 간의 저항은 0.1[Ω]이다.)

① 0.5　② 0.85

③ 0.95　④ 1

해설 동기 속도 $N_s=\dfrac{120f}{P}=\dfrac{120\times60}{6}$

$=1{,}200$[rpm]

슬립 $s=\dfrac{N_s-N}{N_s}=\dfrac{1{,}200-1{,}140}{1{,}200}=0.05$

2차 1상 저항 $r_2=\dfrac{\text{슬립링 간의 저항}}{2}=\dfrac{0.1}{2}$

$=0.05$[Ω]

동일 토크의 조건

$\dfrac{r_2}{s}=\dfrac{r_2+R}{s'}$에서 $\dfrac{0.05}{0.05}=\dfrac{0.05+R}{1}$

$\therefore\ R=0.95$[Ω]

49 발전기 회전자에 유도자를 주로 사용하는 발전기는?

① 수차 발전기　② 엔진 발전기

③ 터빈 발전기　④ 고주파 발전기

해설 회전 유도자형은 전기자와 계자극을 모두 고정시키고 유도자(inductor)라고 하는 권선이 없는 철심을 회전자로하여 수백~20,000[Hz] 정도의 높은 주파수를 발생시키는 고주파 발전기이다.

50 3상 권선형 유도 전동기 기동 시 2차측에 외부 가변 저항을 넣는 이유는?

① 회전수 감소

② 기동 전류 증가

③ 기동 토크 감소

④ 기동 전류 감소와 기동 토크 증가

해설 3상 권선형 유도 전동기의 기동 시 2차측의 외부에서 가변 저항을 연결하는 목적은 비례 추이 원리를 이용하여 기동 전류를 감소하고 기동 토크를 증가시키기 위해서이다.

51 1차 전압은 3,300[V]이고 1차측 무부하 전류는 0.15[A], 철손은 330[W]인 단상 변압기의 자화 전류는 약 몇 [A]인가?

① 0.112　② 0.145

③ 0.181　④ 0.231

정답 47. ③ 48. ③ 49. ④ 50. ④ 51. ①

해설 무부하 전류 $I_0 = I_i + I_\phi = \sqrt{I_i^2 + I_\phi^2}$[A]

철손 전류 $I_i = \frac{P_i}{V_1} = \frac{330}{3,300} = 0.1$[A]

$\therefore$ 자화 전류 $I_\phi = \sqrt{I_0^2 - I_i^2} = \sqrt{0.15^2 - 0.1^2} = 0.112$[A]

52 유도 전동기의 안정 운전의 조건은? (단, T_m : 전동기 토크, T_L : 부하 토크, n : 회전수)

① $\frac{dT_m}{dn} < \frac{dT_L}{dn}$　② $\frac{dT_m}{dn} = \frac{dT_L^2}{dn}$

③ $\frac{dT_m}{dn} > \frac{dT_L}{dn}$　④ $\frac{dT_m}{dn} \neq \frac{dT_L^2}{dn}$

해설

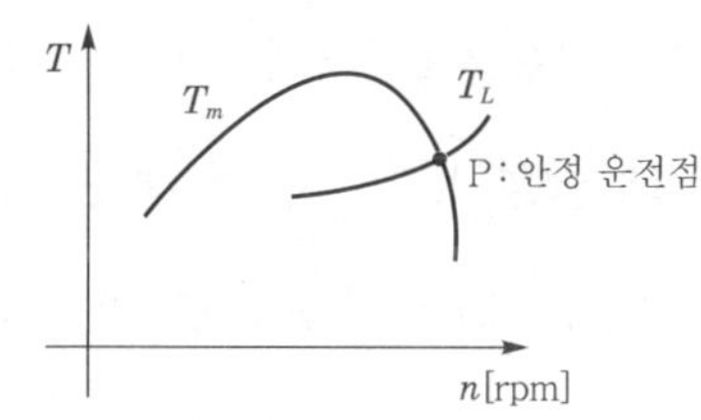

여기서, T_m : 전동기 토크
T_L : 부하의 반항 토크

안정된 운전을 위해서는 $\frac{dT_m}{dn} < \frac{dT_L}{dn}$ 이어야 한다.

즉, 부하의 반항 토크 기울기가 전동기 토크 기울기보다 큰 점에서 안정 운전을 한다.

53 전압이 일정한 모선에 접속되어 역률 1로 운전하고 있는 동기 전동기를 동기 조상기로 사용하는 경우 여자 전류를 증가시키면 이 전동기는 어떻게 되는가?

① 역률은 앞서고, 전기자 전류는 증가한다.
② 역률은 앞서고, 전기자 전류는 감소한다.
③ 역률은 뒤지고, 전기자 전류는 증가한다.
④ 역률은 뒤지고, 전기자 전류는 감소한다.

해설 동기 전동기를 동기 조상기로 사용하여 역률 1로 운전중 여자 전류를 증가시키면 전기자 전류는 전압보다 앞선 전류가 흘러 콘덴서 작용을 하며 증가한다.

54 직류기에서 계자 자속을 만들기 위하여 전자석의 권선에 전류를 흘리는 것을 무엇이라 하는가?

① 보극　② 여자
③ 보상 권선　④ 자화 작용

해설 직류기에서 계자 자속을 만들기 위하여 전자석의 권선에 전류를 흘려서 자화하는 것을 여자(excited)라고 한다.

55 동기 리액턴스 $X_s = 10$[Ω], 전기자 권선 저항 $r_a = 0.1$[Ω], 3상 중 1상의 유도 기전력 $E = 6,400$[V], 단자 전압 $V = 4,000$[V], 부하각 $\delta = 30°$이다. 비철극기인 3상 동기 발전기의 출력은 약 몇 [kW]인가?

① 1,280　② 3,840
③ 5,560　④ 6,650

해설 1상 출력 $P_1 = \frac{EV}{Z_s}\sin\delta$[W]

3상 출력 $P_3 = 3P_1$

$= 3 \times \frac{6,400 \times 4,000}{10} \times \frac{1}{2} \times 10^{-3}$

$= 3,840$[kW]

56 히스테리시스 전동기에 대한 설명으로 틀린 것은?

① 유도 전동기와 거의 같은 고정자이다.
② 회전자극은 고정자극에 비하여 항상 각도 δ_h만큼 앞선다.
③ 회전자가 부드러운 외면을 가지므로 소음이 적으며, 순조롭게 회전시킬 수 있다.
④ 구속 시부터 동기 속도만을 제외한 모든 속도 범위에서 일정한 히스테리시스 토크를 발생한다.

해설 히스테리시스 전동기는 동기 속도를 제외한 모든 속도 범위에서 일정한 히스테리시스 토크를 발생하며 회전자극은 고정자극에 비하여 항상 각도 δ_h만큼 뒤진다.

정답 52. ① 53. ① 54. ② 55. ② 56. ②

57 단자 전압 220[V], 부하 전류 50[A]인 분권 발전기의 유도 기전력은 몇 [V]인가? (단, 여기서 전기자 저항은 0.2[Ω]이며, 계자 전류 및 전기자 반작용은 무시한다.)

① 200 ② 210
③ 220 ④ 230

해설 유기 기전력 $E = V + I_a R_a$
$= 220 + 50 \times 0.2 = 230[\text{V}]$

58 단상 유도 전압 조정기에서 단락 권선의 역할은?

① 철손 경감 ② 절연 보호
③ 전압 강하 경감 ④ 전압 조정 용이

해설 단상 유도 전압 조정기의 단락 권선은 누설 리액턴스를 감소하여 전압 강하를 적게 한다.

59 3상 유도 전동기에서 회전자가 슬립 s로 회전하고 있을 때 2차 유기 전압 E_{2s} 및 2차 주파수 f_{2s}와 s와의 관계는? (단, E_2는 회전자가 정지하고 있을 때 2차 유기 기전력이며 f_1은 1차 주파수이다.)

① $E_{2s} = sE_2$, $f_{2s} = sf_1$
② $E_{2s} = sE_2$, $f_{2s} = \dfrac{f_1}{s}$
③ $E_{2s} = \dfrac{E_2}{s}$, $f_{2s} = \dfrac{f_1}{s}$
④ $E_{2s} = (1-s)E_2$, $f_{2s} = (1-s)f_1$

해설 3상 유도 전동기가 슬립 s로 회전 시
2차 유기 전압 $E_{2s} = sE_2[\text{V}]$
2차 주파수 $f_{2s} = sf_1[\text{Hz}]$

60 3,300/220[V]의 단상 변압기 3대를 △－Y 결선하고 2차측 선간에 15[kW]의 단상 전열기를 접속하여 사용하고 있다. 결선을 △－△로 변경하는 경우 이 전열기의 소비 전력은 몇 [kW]로 되는가?

① 5 ② 12
③ 15 ④ 21

해설 변압기를 △－Y결선에서 △－△결선으로 변경하면 부하의 공급 전압이 $\dfrac{1}{\sqrt{3}}$로 감소하고 소비 전력은 전압의 제곱에 비례하므로 다음과 같다.
$P' = P \times \left(\dfrac{1}{\sqrt{3}}\right)^2 = 15 \times \left(\dfrac{1}{\sqrt{3}}\right)^2 = 5[\text{kW}]$

제4과목 회로이론 및 제어공학

61 블록 선도와 같은 단위 피드백 제어 시스템의 상태 방정식은? $\left(\text{단, 상태 변수는 } x_1(t) = c(t),\ x_2(t) = \dfrac{d}{dt}c(t)\text{로 한다.}\right)$

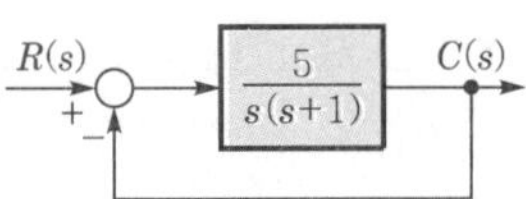

① $\dot{x}_1(t) = x_2(t)$
$\dot{x}_2(t) = -5x_1(t) - x_2(t) + 5r(t)$
② $\dot{x}_1(t) = x_2(t)$
$\dot{x}_2(t) = -5x_1(t) - x_2(t) - 5r(t)$
③ $\dot{x}_1(t) = -x_2(t)$
$\dot{x}_2(t) = 5x_1(t) + x_2(t) - 5r(t)$
④ $\dot{x}_1(t) = -x_2(t)$
$\dot{x}_2(t) = -5x_1(t) - x_2(t) + 5r(t)$

해설
전달 함수 $\dfrac{C(s)}{R(s)} = \dfrac{\dfrac{5}{s(s+1)}}{1 + \dfrac{5}{s(s+1)}} = \dfrac{5}{s^2+s+5}$
$s^2C(s) + sC(s) + 5C(s) = 5R(s)$
미분 방정식 $\dfrac{d^2c(t)}{dt^2} + \dfrac{dc(t)}{dt} + 5c(t) = 5r(t)$

정답 57. ④ 58. ③ 59. ① 60. ① 61. ①

상태 변수 $x_1(t)=c(t)$

$$x_2(t)=\frac{dc(t)}{dt}$$

상태 방정식 $\dot{x}_1(t)=\frac{dc(t)}{dt}=x_2(t)$

$$\dot{x}_2(t)=\frac{d^2c(t)}{dt^2}$$
$$=-5x_1(t)-x_2(t)+5r(t)$$

62 적분 시간 3[s], 비례 감도가 3인 비례 적분 동작을 하는 제어 요소가 있다. 이 제어 요소에 동작 신호 $x(t)=2t$를 주었을 때 조작량은 얼마인가? (단, 초기 조작량 $y(t)$는 0으로 한다.)

① t^2+2t　② t^2+4t
③ t^2+6t　④ t^2+8t

해설 동작 신호를 $x(t)$, 조작량을 $y(t)$라 하면 비례 적분 동작(PI 동작)은

$$y(t)=K_p\left[x(t)+\frac{1}{T_i}\int x(t)dt\right]$$

비례 감도 $K_p=3$, 적분 시간 $T_i=3[\text{s}]$
동작 신호 $x(t)=2t$이므로

$$y(t)=3\left(2t+\frac{1}{3}\int 2t\,dt\right)=6t+t^2$$

$\therefore$ 조작량 $y(t)=t^2+6t$

63 블록 선도의 제어 시스템은 단위 램프 입력에 대한 정상 상태 오차(정상 편차)가 0.01이다. 이 제어 시스템의 제어 요소인 $G_{C1}(s)$의 k는?

$$G_{C1}(s)=k,\ G_{C2}(s)=\frac{1+0.1s}{1+0.2s}$$
$$G_P(s)=\frac{200}{s(s+1)(s+2)}$$

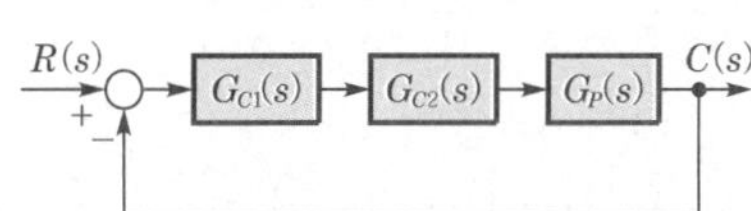

① 0.1　② 1
③ 10　④ 100

해설 정상 속도 편차 $e_{ssv}=\frac{1}{K_v}$

속도 편차 상수 $K_v=\lim_{s\to 0}s\cdot G(s)$

$$K_v=\lim_{s\to 0}s\frac{k\cdot(1+0.1s)\cdot 200}{(1+0.2s)s(s+1)(s+2)}$$
$$=\frac{200k}{2}=100k$$

$\therefore\ 0.01=\frac{1}{100k}$

$\because\ k=1$

64 개루프 전달 함수 $G(s)H(s)$로부터 근궤적을 작성할 때 실수축에서의 점근선의 교차점은?

$$G(s)H(s)=\frac{K(s-2)(s-3)}{s(s+1)(s+2)(s+4)}$$

① 2　② 5
③ −4　④ −6

해설 $$\delta=\frac{\sum G(s)H(s)\text{의 극점}-\sum G(s)H(s)\text{의 영점}}{P-Z}$$
$$=\frac{(0-1-2-4)-(2+3)}{4-2}$$
$$=-6$$

65 2차 제어 시스템의 감쇠율(damping ratio, ζ)이 $\zeta<0$인 경우 제어 시스템의 과도 응답 특성은?

① 발산　② 무제동
③ 임계 제동　④ 과제동

해설 **2차 제어 시스템의 감쇠비(율) ζ에 따른 과도 응답 특성**
① $\zeta=0$: 순허근으로 무제동
② $\zeta=1$: 중근으로 임계 제동
③ $\zeta>1$: 서로 다른 두 실근으로 과제동
④ $0<\zeta<1$: 좌반부의 공액 복소수근으로 부족 제동
⑤ $-1<\zeta<0$: 우반부의 공액 복소수근으로 발산

정답 62. ③ 63. ② 64. ④ 65. ①

66 특성 방정식이 $2s^4+10s^3+11s^2+5s+K=0$으로 주어진 제어 시스템이 안정하기 위한 조건은?

① $0<K<2$　② $0<K<5$

③ $0<K<6$　④ $0<K<10$

해설 라우스의 표

s^4	2	11	K
s^3	10	5	
s^2	10	K	
s^1	$\frac{50-10K}{10}$		
s^0	K		

제어 시스템이 안정하기 위해서는 제1열의 부호 변화가 없어야 하므로 $\frac{50-10K}{10}>0$, $K>0$

$\therefore\ 0<K<5$

67 블록 선도의 전달 함수$\left(\frac{C(s)}{R(s)}\right)$는?

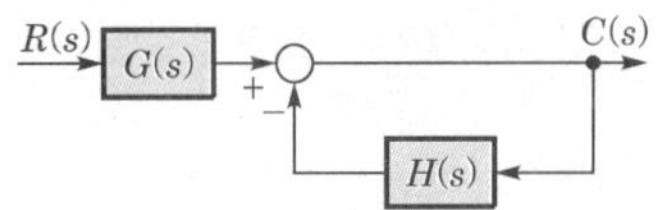

① $\frac{G(s)}{1+H(s)}$　② $\frac{G(s)}{1+G(s)H(s)}$

③ $\frac{1}{1+H(s)}$　④ $\frac{1}{1+G(s)H(s)}$

해설 $\{R(s)G(s)-C(s)H(s)\}=C(s)$

$R(s)G(s)=C(s)\{1+H(s)\}$

$\therefore$ 전달 함수 $\frac{C(s)}{R(s)}=\frac{G(s)}{1+H(s)}$

68 신호 흐름 선도에서 전달 함수$\left(\frac{C(s)}{R(s)}\right)$는?

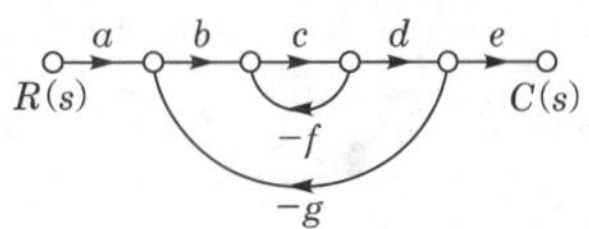

① $\frac{abcde}{1-cg-bcdg}$　② $\frac{abcde}{1-cf+bcdg}$

③ $\frac{abcde}{1+cf-bcdg}$　④ $\frac{abcde}{1+cf+bcdg}$

해설 전향 경로 $n=1$

$G_1=abcde,\ \Delta_1=1$

$L_{11}=-cf,\ L_{21}=-bcdg$

$\Delta=1-(L_{11}+L_{21})=1+cf+bcdg$

$\therefore$ 전달 함수 $M(s)=\frac{C(s)}{R(s)}=\frac{abcde}{1+cf+bcdg}$

69 $e(t)$의 z변환을 $E(z)$라고 했을 때 $e(t)$의 최종값 $e(\infty)$은?

① $\lim_{z\to 1}E(z)$

② $\lim_{z\to\infty}E(z)$

③ $\lim_{z\to 1}(1-z^{-1})E(z)$

④ $\lim_{z\to\infty}(1-z^{-1})E(z)$

해설
- 초기값 정리 : $e(0)=\lim_{t\to 0}e(t)=\lim_{z\to\infty}E(z)$
- 최종값 정리 : $e(\infty)=\lim_{t\to\infty}e(t)$
$=\lim_{z\to 1}(1-z^{-1})E(z)$

70 $\overline{A}+\overline{B}\cdot\overline{C}$와 등가인 논리식은?

① $\overline{A\cdot(B+C)}$

② $\overline{A+B\cdot C}$

③ $\overline{A\cdot B+C}$

④ $\overline{A\cdot B}+C$

해설 드모르간의 정리

$\overline{A+B}=\overline{A}\cdot\overline{B}$

$\overline{A\cdot B}=\overline{A}+\overline{B}$

$\therefore\ \overline{A}+\overline{B}\cdot\overline{C}=\overline{A}+\overline{(B+C)}=\overline{A\cdot(B+C)}$

정답 66. ② 67. ① 68. ④ 69. ③ 70. ①

71 $F(s)=\dfrac{2s^2+s-3}{s(s^2+4s+3)}$의 라플라스 역변환은?

① $1-e^{-t}+2e^{-3t}$
② $1-e^{-t}-2e^{-3t}$
③ $-1-e^{-t}-2e^{-3t}$
④ $-1+e^{-t}+2e^{-3t}$

해설

$$F(s)=\frac{2s^2+s-3}{s(s^2+4s+3)}=\frac{2s^2+s-3}{s(s+1)(s+3)}$$
$$=\frac{K_1}{s}+\frac{K_2}{s+1}+\frac{K_3}{s+3}$$

- $K_1=\left.\dfrac{2s^2+s-3}{(s+1)(s+3)}\right|_{s=0}=-1$
- $K_2=\left.\dfrac{2s^2+s-3}{s(s+3)}\right|_{s=-1}=1$
- $K_3=\left.\dfrac{2s^2+s-3}{s(s+1)}\right|_{s=-3}=2$

$$=\frac{-1}{s}+\frac{1}{s+1}+\frac{2}{s+3}$$

$\therefore\ f(t)=-1+e^{-t}+2e^{-3t}$

72 전압 및 전류가 다음과 같을 때 유효 전력[W] 및 역률[%]은 각각 약 얼마인가?

$$v(t)=100\sin\omega t-50\sin(3\omega t+30°)+20\sin(5\omega t+45°)\,[\mathrm{V}]$$
$$i(t)=20\sin(\omega t+30°)+10\sin(3\omega t-30°)+5\cos 5\omega t\,[\mathrm{A}]$$

① 825[W], 48.6[%]
② 776.4[W], 59.7[%]
③ 1,120[W], 77.4[%]
④ 1,850[W], 89.6[%]

해설

- 유효 전력

$$P=\frac{100}{\sqrt{2}}\frac{20}{\sqrt{2}}\cos 30°-\frac{50}{\sqrt{2}}\frac{10}{\sqrt{2}}\cos 60°+\frac{20}{\sqrt{2}}\frac{5}{\sqrt{2}}\cos 45°=776.4[\mathrm{W}]$$

- 피상 전력

$$P_a=VI=\sqrt{\frac{100^2+(-50)^2+20^2}{2}}\times\sqrt{\frac{20^2+10^2+5^2}{2}}=1{,}300.86[\mathrm{VA}]$$

- 역률 $\cos\theta=\dfrac{P}{P_a}=\dfrac{776.4}{1{,}300.86}\times 100=59.7[\%]$

73 회로에서 $t=0$초일 때 닫혀 있는 스위치 S를 열었다. 이때 $\dfrac{dv(0^+)}{dt}$의 값은? (단, C의 초기 전압은 0[V]이다.)

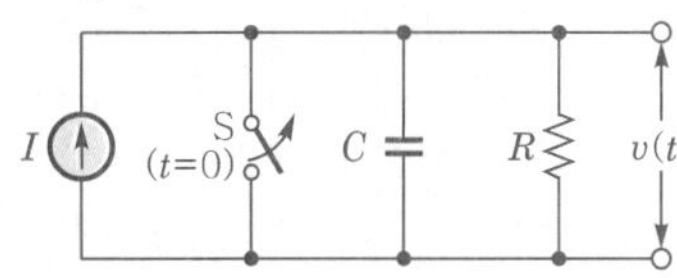

① $\dfrac{1}{RI}$
② $\dfrac{C}{I}$
③ RI
④ $\dfrac{I}{C}$

해설

C에서의 전류 $i_c=C\dfrac{dv(t)}{dt}$에서

$\therefore\ I=C\dfrac{dv(0^+)}{dt}$

$\therefore\ \dfrac{dv(0^+)}{dt}=\dfrac{I}{C}$

74 △ 결선된 대칭 3상 부하가 0.5[Ω]인 저항만의 선로를 통해 평형 3상 전압원에 연결되어 있다. 이 부하의 소비 전력이 1,800[W]이고 역률이 0.8(지상)일 때, 선로에서 발생하는 손실이 50[W]이면 부하의 단자 전압[V]의 크기는?

① 627
② 525
③ 326
④ 225

해설

- 선로 손실 $P_l=3I^2R$

$$I=\sqrt{\frac{P_l}{3R}}=\sqrt{\frac{50}{3\times 0.5}}=\sqrt{\frac{100}{3}}\,[\mathrm{A}]$$

정답 71. ④ 72. ② 73. ④ 74. ④

• 소비 전력 $P=\sqrt{3}\,VI\cos\theta$

$$\therefore\ V=\frac{P}{\sqrt{3}\,I\cos\theta}=\frac{1{,}800}{\sqrt{3}\times\sqrt{\frac{100}{3}}\times 0.8}$$

$=225[\mathrm{V}]$

75 그림과 같이 △회로를 Y회로로 등가 변환하였을 때 임피던스 $Z_a[\Omega]$는?

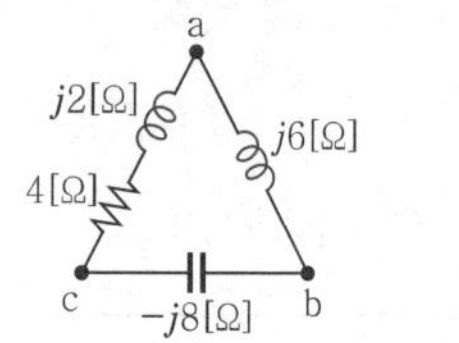

① 12　② $-3+j6$
③ $4-j8$　④ $6+j8$

해설 $Z_a=\dfrac{j6(4+j2)}{j6+(-j8)+(4+j2)}=\dfrac{-12+j24}{4}$
$=-3+j6[\Omega]$

76 그림과 같은 H형의 4단자 회로망에서 4단자 정수(전송 파라미터) A는? $\left(\text{단, } V_1\text{은 입력 전압이고, } V_2\text{는 출력 전압이고, } A\text{는 출력 개방 시 회로망의 전압 이득}\left(\dfrac{V_1}{V_2}\right)\text{이다.}\right)$

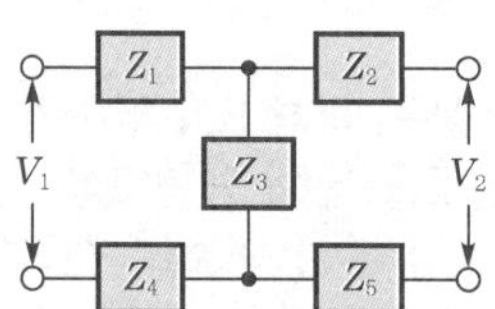

① $\dfrac{Z_1+Z_2+Z_3}{Z_3}$

② $\dfrac{Z_1+Z_3+Z_4}{Z_3}$

③ $\dfrac{Z_2+Z_3+Z_5}{Z_3}$

④ $\dfrac{Z_3+Z_4+Z_5}{Z_3}$

해설 H형 회로를 T형 회로로 등가 변환

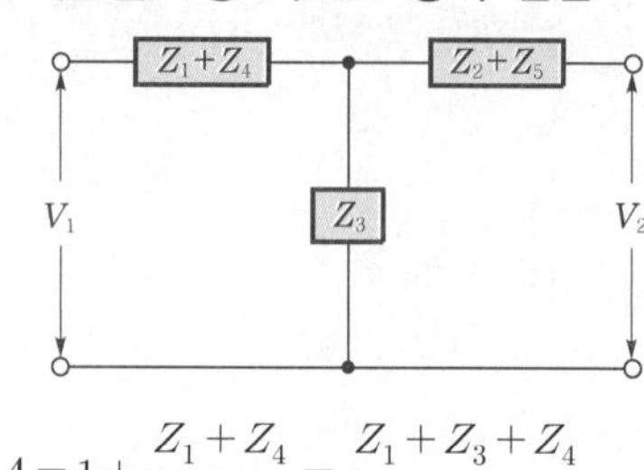

$$\therefore\ A=1+\frac{Z_1+Z_4}{Z_3}=\frac{Z_1+Z_3+Z_4}{Z_3}$$

77 특성 임피던스가 400[Ω]인 회로 말단에 1,200[Ω]의 부하가 연결되어 있다. 전원측에 20[kV]의 전압을 인가할 때 반사파의 크기[kV]는? (단, 선로에서의 전압 감쇠는 없는 것으로 간주한다.)

① 3.3　② 5
③ 10　④ 33

해설 반사 계수 $\beta=\dfrac{Z_L-Z_0}{Z_L+Z_0}=\dfrac{1{,}200-400}{1{,}200+400}=0.5$

∴ 반사파 전압=반사 계수(β)×입사 전압
=0.5×20=10[kV]

78 회로에서 전압 V_{ab}[V]는?

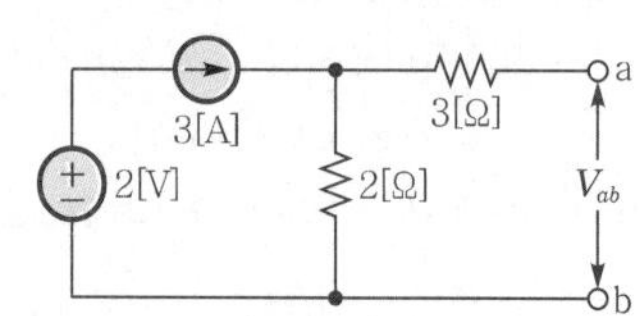

① 2　② 3
③ 6　④ 9

해설 V_{ab}는 2[Ω]의 단자 전압이므로 중첩의 정리에 의해 2[Ω]에 흐르는 전류를 구한다.

• 3[A]의 전류원 존재 시 : 전압원 2[V] 단락
$I_1=3[\mathrm{A}]$

• 2[V]의 전압원 존재 시 : 전류원 3[A] 개방
$I_2=0[\mathrm{A}]$

$\therefore\ V_{ab}=2\times3=6[\mathrm{V}]$

정답 75. ② 76. ② 77. ③ 78. ③

79 △ 결선된 평형 3상 부하로 흐르는 선전류가 I_a, I_b, I_c일 때, 이 부하로 흐르는 영상분 전류 I_0[A]는?

출제빈도

① $3I_a$　　② I_a

③ $\frac{1}{3}I_a$　　④ 0

해설 영상 전류

$I_0 = \frac{1}{3}(I_a + I_b + I_c)$

평형(대칭) 3상 전류의 합

$I_a + I_b + I_c = 0$이므로

∴ 영상 전류 $I_0 = 0$[A]

80 저항 $R = 15$[Ω]과 인덕턴스 $L = 3$[mH]를 병렬로 접속한 회로의 서셉턴스의 크기는 약 몇 [℧]인가? (단, $\omega = 2\pi \times 10^5$)

① 3.2×10^{-2}　　② 8.6×10^{-3}

③ 5.3×10^{-4}　　④ 4.9×10^{-5}

해설 임피던스 $Z = \sqrt{R^2 + (\omega L)^2}$ [Ω]

$= \sqrt{15^2 + (2\pi \times 10^5 \times 3 \times 10^{-3})^2}$

$\fallingdotseq 1,885$ [Ω]

∴ 서셉턴스 $B = \frac{1}{Z} = \frac{1}{1,885} \fallingdotseq 5.3 \times 10^{-4}$ [℧]

제5과목 전기설비기술기준

81 전기 철도 차량에 전력을 공급하는 전차선의 가선 방식에 포함되지 않는 것은?

① 가공 방식

② 강체 방식

③ 제3레일 방식

④ 지중 조가선 방식

해설 **전차선 가선 방식(KEC 431.1)**

전차선의 가선 방식은 열차의 속도 및 노반의 형태, 부하 전류 특성에 따라 적합한 방식을 채택하여야 하며, 가공 방식, 강체 방식, 제3레일 방식을 표준으로 한다.

82 수소 냉각식 발전기 및 이에 부속하는 수소 냉각 장치에 대한 시설 기준으로 틀린 것은?

출제빈도

① 발전기 내부의 수소의 온도를 계측하는 장치를 시설할 것

② 발전기 내부의 수소의 순도가 70[%] 이하로 저하한 경우에 경보를 하는 장치를 시설할 것

③ 발전기는 기밀 구조의 것이고 또한 수소가 대기압에서 폭발하는 경우에 생기는 압력에 견디는 강도를 가지는 것일 것

④ 발전기 내부의 수소의 압력을 계측하는 장치 및 그 압력이 현저히 변동한 경우에 이를 경보하는 장치를 시설할 것

해설 **수소 냉각식 발전기 등의 시설(KEC 351.10)**

- 기밀 구조(氣密構造)의 것이고 또한 수소가 대기압에서 폭발하는 경우에 생기는 압력에 견디는 강도를 가지는 것일 것
- 발전기축의 밀봉부에는 질소 가스를 봉입할 수 있는 장치 또는 발전기축의 밀봉부로부터 누설된 수소 가스를 안전하게 외부에 방출할 수 있는 장치를 시설할 것
- 수소의 순도가 85[%] 이하로 저하한 경우에 이를 경보하는 장치를 시설할 것
- 수소의 압력을 계측하는 장치 및 그 압력이 현저히 변동한 경우에 이를 경보하는 장치를 시설할 것
- 수소의 온도를 계측하는 장치를 시설할 것

83 저압 전로의 보호 도체 및 중성선의 접속 방식에 따른 접지 계통의 분류가 아닌 것은?

출제빈도

① IT 계통　　② TN 계통

③ TT 계통　　④ TC 계통

정답 79. ④ 80. ③ 81. ④ 82. ② 83. ④

해설 **계통 접지 구성(KEC 203.1)**

저압 전로의 보호 도체 및 중성선의 접속 방식에 따라 접지 계통은 다음과 같이 분류한다.

- TN 계통
- TT 계통
- IT 계통

84 **교통 신호등 회로의 사용 전압이 몇 [V]를 넘는 경우는 전로에 지락이 생겼을 경우 자동적으로 전로를 차단하는 누전 차단기를 시설하는가?**

① 60 ② 150
③ 300 ④ 450

해설 **누전 차단기(KEC 234.15.6)**

교통 신호등 회로의 사용 전압이 150[V]를 넘는 경우는 전로에 지락이 생겼을 경우 자동적으로 전로를 차단하는 누전 차단기를 시설할 것

85 **터널 안의 전선로의 저압 전선이 그 터널 안의 다른 저압 전선(관등 회로의 배선은 제외한다.) 약전류 전선 등 또는 수관·가스관이나 이와 유사한 것과 접근하거나 교차하는 경우, 저압 전선을 애자 공사에 의하여 시설하는 때에는 이격 거리가 몇 [cm] 이상이어야 하는가? (단, 전선이 나전선이 아닌 경우이다.)**

① 10 ② 15
③ 20 ④ 25

해설
- **터널 안 전선로의 전선과 약전류 전선 등 또는 관 사이의 이격 거리(KEC 335.2)**
  터널 안의 전선로의 저압 전선이 그 터널 안의 다른 저압 전선·약전류 전선 등 또는 수관·가스관이나 이와 유사한 것과 접근하거나 교차하는 경우에는 232.3.7의 규정에 준하여 시설하여야 한다.
- **배선 설비와 다른 공급 설비와의 접근(KEC 232.3.7)**
  저압 옥내 배선이 다른 저압 옥내 배선 또는 관등 회로의 배선과 접근하거나 교차하는 경우에 애자 공사에 의하여 시설하는 저압 옥내 배선과 다른 저압 옥내 배선 또는 관등 회로의 배선 사이의 이격 거리는 0.1[m](나전선인 경우에는 0.3[m]) 이상이어야 한다.

86 **저압 절연 전선으로 「전기용품 및 생활용품 안전관리법」의 적용을 받는 것 이외에 KS에 적합한 것으로서 사용할 수 없는 것은?**

① 450/750[V] 고무 절연 전선
② 450/750[V] 비닐 절연 전선
③ 450/750[V] 알루미늄 절연 전선
④ 450/750[V] 저독성 난연 폴리올레핀 절연 전선

해설 **절연 전선(KEC 122.1)**

저압 절연 전선은 「전기용품 및 생활용품 안전관리법」의 적용을 받는 것 이외에는 KS에 적합한 것으로서 450/750[V] 비닐 절연 전선·450/750[V] 저독성 난연 폴리올레핀 절연 전선·450/750[V] 저독성 난연 가교폴리올레핀 절연 전선·450/750[V] 고무 절연 전선을 사용하여야 한다.

87 (출제빈도) **사용 전압이 154[kV]인 모선에 접속되는 전력용 커패시터에 울타리를 시설하는 경우 울타리의 높이와 울타리로부터 충전 부분까지 거리의 합계는 몇 [m] 이상되어야 하는가?**

① 2 ② 3
③ 5 ④ 6

해설 **특고압용 기계 기구의 시설(KEC 341.4)**

‖ 특고압용 기계 기구 충전 부분의 지표상 높이 ‖

사용 전압의 구분	울타리의 높이와 울타리로부터 충전 부분까지의 거리의 합계 또는 지표상의 높이
35[kV] 이하	5[m]
35[kV] 초과 160[kV] 이하	6[m]
160[kV] 초과	6[m]에 160[kV]를 초과하는 10[kV] 또는 그 단수마다 0.12[m]를 더한 값

정답 84. ② 85. ① 86. ③ 87. ④

88 태양광 설비에 시설하여야 하는 계측기의 계측 대상에 해당하는 것은?

① 전압과 전류　② 전력과 역률
③ 전류와 역률　④ 역률과 주파수

해설 **태양광 설비의 계측 장치(KEC 522.3.6)**
태양광 설비에는 전압과 전류 또는 전압과 전력을 계측하는 장치를 시설하여야 한다.

89 전선의 단면적이 38[mm^2]인 경동 연선을 사용하고 지지물로는 B종 철주 또는 B종 철근 콘크리트주를 사용하는 특고압 가공 전선로를 제3종 특고압 보안 공사에 의하여 시설하는 경우 경간은 몇 [m] 이하이어야 하는가?

출제빈도

① 100　② 150
③ 200　④ 250

해설 **특고압 보안 공사(KEC 333.22)**

▌제3종 특고압 보안 공사 시 경간 제한▐

지지물 종류	경 간
목주 · A종	100[m] (인장 강도 14.51[kN] 이상의 연선 또는 단면적이 38[mm^2] 이상인 경동 연선을 사용하는 경우에는 150[m])
B종	200[m] (인장 강도 21.67[kN] 이상의 연선 또는 단면적이 55[mm^2] 이상인 경동 연선을 사용하는 경우에는 250[m])
철탑	400[m] (인장 강도 21.67[kN] 이상의 연선 또는 단면적이 55[mm^2] 이상인 경동 연선을 사용하는 경우에는 600[m])

90 저압 전로에서 정전이 어려운 경우 등 절연 저항 측정이 곤란한 경우 저항 성분의 누설 전류가 몇 [mA] 이하이면 그 전로의 절연 성능은 적합한 것으로 보는가?

출제빈도

① 1　② 2
③ 3　④ 4

해설 **전로의 절연 저항 및 절연 내력(KEC 132)**
사용 전압이 저압인 전로의 절연 성능은 「전기설비기술기준」 제52조를 충족하여야 한다. 다만, 저압 전로에서 정전이 어려운 경우 등 절연 저항 측정이 곤란한 경우 저항 성분의 누설 전류가 1[mA] 이하이면 그 전로의 절연 성능은 적합한 것으로 본다.

91 금속제 가요 전선관 공사에 의한 저압 옥내 배선의 시설기준으로 틀린 것은?

① 가요 전선관 안에는 전선에 접속점이 없도록 한다.
② 옥외용 비닐 절연 전선을 제외한 절연 전선을 사용한다.
③ 점검할 수 없는 은폐된 장소에는 1종 가요 전선관을 사용할 수 있다.
④ 2종 금속제 가요 전선관을 사용하는 경우에 습기 많은 장소에 시설하는 때에는 비닐 피복 2종 가요 전선관으로 한다.

해설 **금속제 가요 전선관 공사(KEC 232.13)**
- 전선은 절연 전선(옥외용 비닐 절연 전선을 제외한다)일 것
- 전선은 연선일 것. 다만, 단면적 10mm^2(알루미늄선은 단면적 16mm^2) 이하인 것은 그러하지 아니하다.
- 가요 전선관 안에는 전선에 접속점이 없도록 할 것
- 가요 전선관은 2종 금속제 가요 전선관일 것. 다만, 전개된 장소 또는 점검할 수 있는 은폐된 장소에는 1종 가요 전선관(습기가 많은 장소 또는 물기가 있는 장소에는 비닐 피복 1종 가요 전선관에 한한다)을 사용할 수 있다.

92 "리플 프리(ripple－free) 직류"란 교류를 직류로 변환할 때 리플 성분의 실효값이 몇 [%] 이하로 포함된 직류를 말하는가?

① 3　② 5
③ 10　④ 15

정답 88. ① 89. ③ 90. ① 91. ③ 92. ③

해설 용어 정의(KEC 112)

"리플 프리(ripple-free) 직류"란 교류를 직류로 변환할 때 리플 성분의 실효값이 10[%] 이하로 포함된 직류를 말한다.

93  **사용 전압이 22.9[kV]인 가공 전선로를 시가지에 시설하는 경우 전선의 지표상 높이는 몇 [m] 이상인가? (단, 전선은 특고압 절연 전선을 사용한다.)**

① 6

② 7

③ 8

④ 10

해설 시가지 등에서 특고압 가공 전선로의 시설(KEC 333.1)

사용 전압의 구분	지표상의 높이
35[kV] 이하	10[m] (전선이 특고압 절연 전선인 경우에는 8[m])
35[kV] 초과	10[m]에 35[kV]를 초과하는 10[kV] 또는 그 단수마다 0.12[m]를 더한 값

94 **가공 전선로의 지지물에 시설하는 지선으로 연선을 사용할 경우, 소선(素線)은 몇 가닥 이상이어야 하는가?**

① 2

② 3

③ 5

④ 9

해설 지선의 시설(KEC 331.11)

- 지선의 안전율은 2.5 이상일 것. 이 경우에 허용 인장 하중의 최저는 4.31[kN]으로 한다.
- 소선 3가닥 이상의 연선일 것
- 소선의 지름이 2.6[mm] 이상의 금속선을 사용한 것일 것

95  **다음 (　　)에 들어갈 내용으로 옳은 것은?**

> 지중 전선로는 기설 지중 약전류 전선로에 대하여 (㉠) 또는 (㉡)에 의하여 통신상의 장해를 주지 않도록 기설 약전류 전선로로부터 충분히 이격시키거나 기타 적당한 방법으로 시설하여야 한다.

① ㉠ 누설 전류, ㉡ 유도 작용

② ㉠ 단락 전류, ㉡ 유도 작용

③ ㉠ 단락 전류, ㉡ 정전 작용

④ ㉠ 누설 전류, ㉡ 정전 작용

해설 지중 약전류 전선의 유도 장해 방지(KEC 334.5)

지중 전선로는 기설 지중 약전류 전선로에 대하여 누설 전류 또는 유도 작용에 의하여 통신상의 장해를 주지 않도록 기설 약전류 전선로로부터 충분히 이격시키거나 기타 적당한 방법으로 시설하여야 한다.

96 **사용 전압이 22.9[kV]인 가공 전선로의 다중 접지한 중성선과 첨가 통신선의 이격 거리는 몇 [cm] 이상이어야 하는가? (단, 특고압 가공 전선로는 중성선 다중 접지식의 것으로 전로에 지락이 생긴 경우 2초 이내에 자동적으로 이를 전로로부터 차단하는 장치가 되어 있는 것으로 한다.)**

① 60　　② 75

③ 100　　④ 120

해설 전력 보안 통신선의 시설 높이와 이격 거리(KEC 362.2)

통신선과 저압 가공 전선 또는 25[kV] 이하 특고압 가공 전선로의 다중 접지를 한 중성선 사이의 이격 거리는 0.6[m] 이상일 것. 다만, 저압 가공 전선이 절연 전선 또는 케이블인 경우에 통신선이 절연 전선과 동등 이상의 절연 성능이 있는 것인 경우에는 0.3[m](저압 가공 전선이 인입선이고 또한 통신선이 첨가 통신용 제2종 케이블 또는 광섬유 케이블일 경우에는 0.15[m]) 이상으로 할 수 있다.

정답 93. ③ 94. ② 95. ① 96. ①

97 사용 전압이 22.9[kV]인 가공 전선이 삭도와 제1차 접근 상태로 시설되는 경우, 가공 전선과 삭도 또는 삭도용 지주 사이의 이격 거리는 몇 [m] 이상으로 하여야 하는가? (단, 전선으로는 특고압 절연 전선을 사용한다.)

① 0.5　② 1
③ 2　④ 2.12

해설 **25[kV] 이하인 특고압 가공 전선로의 시설 (KEC 333.32)**

특고압 가공 전선이 삭도와 접근 상태로 시설되는 경우에 삭도 또는 그 지주 사이의 이격 거리

전선의 종류	이격 거리
나전선	2.0[m]
특고압 절연 전선	1.0[m]
케이블	0.5[m]

98 저압 옥내 배선에 사용하는 연동선의 최소 굵기는 몇 [mm^2]인가?

① 1.5　② 2.5
③ 4.0　④ 6.0

해설 **저압 옥내 배선의 사용 전선(KEC 231.3.1)**

- 저압 옥내 배선의 전선은 단면적 2.5[mm^2] 이상의 연동선
- 옥내 배선의 사용 전압이 400[V] 이하인 경우
  - 전광 표시 장치 또는 제어 회로 등에 사용하는 배선에 단면적 1.5[mm^2] 이상의 연동선을 사용하고 이를 합성 수지관 공사·금속관 공사·금속 몰드 공사·금속 덕트 공사·플로어 덕트 공사 또는 셀룰러 덕트 공사에 의하여 시설
  - 전광 표시 장치 또는 제어 회로 등의 배선에 단면적 0.75[mm^2] 이상인 다심 케이블 또는 다심 캡타이어 케이블을 사용하고 또한 과전류가 생겼을 때에 자동적으로 전로에서 차단하는 장치를 시설

99 전격 살충기의 전격 격자는 지표 또는 바닥에서 몇 [m] 이상의 높은 곳에 시설하여야 하는가?

출제빈도

① 1.5　② 2
③ 2.8　④ 3.5

해설 **전격 살충기의 시설(KEC 241.7.1)**

- 전격 격자는 지표 또는 바닥에서 3.5[m] 이상의 높은 곳에 시설할 것. 다만, 2차측 개방 전압이 7[kV] 이하의 절연 변압기를 사용하고 또한 보호 격자의 내부에 사람의 손이 들어갔을 경우 또는 보호 격자에 사람이 접촉될 경우 절연 변압기의 1차측 전로를 자동적으로 차단하는 보호 장치를 시설한 것은 지표 또는 바닥에서 1.8[m]까지 감할 수 있다.
- 전격 격자와 다른 시설물(가공 전선 제외) 또는 식물과의 이격 거리는 0.3[m] 이상

100 전기 철도의 설비를 보호하기 위해 시설하는 피뢰기의 시설 기준으로 틀린 것은?

① 피뢰기는 변전소 인입측 및 급전선 인출측에 설치하여야 한다.
② 피뢰기는 가능한 한 보호하는 기기와 가깝게 시설하되 누설 전류 측정이 용이하도록 지지대와 절연하여 설치한다.
③ 피뢰기는 개방형을 사용하고 유효 보호 거리를 증가시키기 위하여 방전 개시 전압 및 제한 전압이 낮은 것을 사용한다.
④ 피뢰기는 가공 전선과 직접 접속하는 지중 케이블에서 낙뢰에 의해 절연 파괴의 우려가 있는 케이블 단말에 설치하여야 한다.

해설 • **피뢰기 설치 장소(KEC 451.3)**

- 변전소 인입측 및 급전선 인출측
- 가공 전선과 직접 접속하는 지중 케이블에서 낙뢰에 의해 절연 파괴의 우려가 있는 케이블 단말
- 피뢰기는 가능한 한 보호하는 기기와 가깝게 시설하되 누설 전류 측정이 용이하도록 지지대와 절연하여 설치

정답 97. ② 98. ② 99. ④ 100. ③

• **피뢰기의 선정**(KEC 451.4)
피뢰기는 밀봉형을 사용하고 유효 보호 거리를 증가시키기 위하여 방전 개시 전압 및 제한 전압이 낮은 것을 사용한다.

2021. 5. 15. 시행

2021년 제2회 기출문제

제1과목 전기자기학

01 두 종류의 유전율(ε_1, ε_2)을 가진 유전체가 서로 접하고 있는 경계면에 진전하가 존재하지 않을 때 성립하는 경계 조건으로 옳은 것은? (단, E_1, E_2는 각 유전체에서의 전계이고, D_1, D_2는 각 유전체에서의 전속 밀도이고, θ_1, θ_2는 각각 경계면의 법선 벡터와 E_1, E_2가 이루는 각이다.)

출제빈도

① $E_1\cos\theta_1 = E_2\cos\theta_2$, $D_1\sin\theta_1 = D_2\sin\theta_2$, $\dfrac{\tan\theta_1}{\tan\theta_2} = \dfrac{\varepsilon_2}{\varepsilon_1}$

② $E_1\cos\theta_1 = E_2\cos\theta_2$, $D_1\sin\theta_1 = D_2\sin\theta_2$, $\dfrac{\tan\theta_1}{\tan\theta_2} = \dfrac{\varepsilon_1}{\varepsilon_2}$

③ $E_1\sin\theta_1 = E_2\sin\theta_2$, $D_1\cos\theta_1 = D_2\cos\theta_2$, $\dfrac{\tan\theta_1}{\tan\theta_2} = \dfrac{\varepsilon_2}{\varepsilon_1}$

④ $E_1\sin\theta_1 = E_2\sin\theta_2$, $D_1\cos\theta_1 = D_2\cos\theta_2$, $\dfrac{\tan\theta_1}{\tan\theta_2} = \dfrac{\varepsilon_1}{\varepsilon_2}$

해설 유전체의 경계면에서 경계 조건

- 전계 E의 접선 성분은 경계면의 양측에서 같다.
  $E_1\sin\theta_1 = E_2\sin\theta_2$
- 전속 밀도 D의 법선 성분은 경계면 양측에서 같다.
  $D_1\cos\theta_1 = D_2\cos\theta_2$
- 굴절각은 유전율에 비례한다.
  $\dfrac{\tan\theta_1}{\tan\theta_2} = \dfrac{\varepsilon_1}{\varepsilon_2} \propto \dfrac{\theta_1}{\theta_2}$

02 공기 중에서 반지름 0.03[m]의 구도체에 줄 수 있는 최대 전하는 약 몇 [C]인가? (단, 이 구도체의 주위 공기에 대한 절연 내력은 5×10^6[V/m]이다.)

① 5×10^{-7} ② 2×10^{-6}
③ 5×10^{-5} ④ 2×10^{-4}

해설 구도체의 절연 내력은 구도체 표면의 전계의 세기와 같다.

$E = \dfrac{Q}{4\pi\varepsilon_0 r^2}$ [V/m]

전하 $Q = E\times 4\pi\varepsilon_0 r^2 = 5\times10^6\times\dfrac{1}{9\times10^9}\times0.03^2$

$= 5\times10^{-7}$[C]

03 진공 중의 평등 자계 H_0 중에 반지름이 a[m]이고, 투자율이 μ인 구자성체가 있다. 이 구자성체의 감자율은? (단, 구자성체 내부의 자계는 $H = \dfrac{3\mu_0}{2\mu_0+\mu}H_0$이다.)

① 1 ② $\dfrac{1}{2}$
③ $\dfrac{1}{3}$ ④ $\dfrac{1}{4}$

해설 자화의 세기 $J = \dfrac{\mu_0(\mu_s-1)}{1+N(\mu_s-1)}H_0$

감자력 $H' = H_0 - H = \dfrac{N}{\mu_0}J$

$H_0 - H = H_0 - \dfrac{3\mu_0}{2\mu_0+\mu}H_0 = \left(1-\dfrac{3}{2+\mu_s}\right)H_0$

$= \dfrac{\mu_s-1}{2+\mu_s}H_0$

$\dfrac{N}{\mu_0}J = \dfrac{N}{\mu_0}\dfrac{\mu_0(\mu_s-1)}{1+N(\mu_s-1)}H_0 = \dfrac{N(\mu_s-1)}{1+N(\mu_s-1)}H_0$

정답 01. ④ 02. ① 03. ③

$$\frac{\mu_s - 1}{2+\mu_s} H_0 = \frac{N(\mu_s - 1)}{1+N(\mu_s - 1)} H_0$$

$$\frac{1}{2+\mu_s} = \frac{N}{1+N(\mu_s - 1)}$$

따라서, 구자성체의 감자율 $N = \frac{1}{3}$

04 유전율 ε, 전계의 세기 E인 유전체의 단위 체적당 축적되는 정전 에너지는?

출제빈도

① $\frac{E}{2\varepsilon}$ ② $\frac{\varepsilon E}{2}$

③ $\frac{\varepsilon E^2}{2}$ ④ $\frac{\varepsilon^2 E^2}{2}$

해설

정전 에너지 $w_E = \frac{W_E}{V}$ [J/m³]

(전계 중의 단위 체적당 축적 에너지)

$$w_E = \frac{1}{2}DE = \frac{1}{2}\varepsilon E^2 = \frac{D^2}{2\varepsilon} \text{[J/m}^3\text{]}$$

05 단면적이 균일한 환상 철심에 권수 N_A인 A 코일과 권수 N_B인 B 코일이 있을 때, B 코일의 자기 인덕턴스가 L_A[H]라면 두 코일의 상호 인덕턴스[H]는? (단, 누설 자속은 0이다.)

출제빈도

① $\frac{L_A N_A}{N_B}$ ② $\frac{L_A N_B}{N_A}$

③ $\frac{N_A}{L_A N_B}$ ④ $\frac{N_B}{L_A N_A}$

해설

B 코일의 자기 인덕턴스 $L_A = \frac{\mu N_B^2 \cdot S}{l}$ [H]

상호 인덕턴스 $M = \frac{\mu N_A N_B S}{l}$

$$= \frac{\mu N_A N_B S}{l} \cdot \frac{N_B}{N_B}$$

$$= \frac{\mu N_B^2 S}{l} \cdot \frac{N_A}{N_B}$$

$$= \frac{L_A N_A}{N_B} \text{[H]}$$

06 비투자율이 350인 환상 철심 내부의 평균 자계의 세기가 342[AT/m]일 때 자화의 세기는 약 몇 [Wb/m²]인가?

출제빈도

① 0.12 ② 0.15

③ 0.18 ④ 0.21

해설 자화의 세기 $J = \mu_0(\mu_s - 1)H$

$$= 4\pi \times 10^{-7} \times (350-1) \times 342$$

$$= 0.15 \text{[Wb/m}^2\text{]}$$

07 진공 중에 놓인 Q[C]의 전하에서 발산되는 전기력선의 수는?

출제빈도

① Q ② ε_0

③ $\frac{Q}{\varepsilon_0}$ ④ $\frac{\varepsilon_0}{Q}$

해설 진공 중에 놓인 Q[C]의 전하에서 발산하는 전기력선의 수 $N = \frac{Q}{\varepsilon_0}$ [lines]이다.

08 비투자율이 50인 환상 철심을 이용하여 100[cm] 길이의 자기 회로를 구성할 때 자기 저항을 2.0×10^7[AT/Wb] 이하로 하기 위해서는 철심의 단면적을 약 몇 [m²] 이상으로 하여야 하는가?

① 3.6×10^{-4}

② 6.4×10^{-4}

③ 8.0×10^{-4}

④ 9.2×10^{-4}

해설

자기 저항 $R_m = \frac{l}{\mu_0 \mu_s \cdot S}$

철심의 단면적 $S = \frac{l}{\mu_0 \mu_s R_m}$

$$= \frac{1}{4\pi \times 10^{-7} \times 50 \times 2.0 \times 10^7}$$

$$= 7.957 \times 10^{-4}$$

$$\fallingdotseq 8 \times 10^{-4} \text{[m}^2\text{]}$$

정답 04. ③ 05. ① 06. ② 07. ③ 08. ③

09 

자속 밀도가 10[Wb/m²]인 자계 중에 10[cm] 도체를 자계와 60°의 각도로 30[m/s]로 움직일 때, 이 도체에 유기되는 기전력은 몇 [V]인가?

① 15　　② $15\sqrt{3}$

③ 1,500　　④ $1{,}500\sqrt{3}$

해설 플레밍의 오른손 법칙에서

기전력 $e = v\beta l\sin\theta = 30\times10\times0.1\times\dfrac{\sqrt{3}}{2}$

$= 15\sqrt{3}\,[\mathrm{V}]$

10 **다음 중 전기력선의 성질에 대한 설명으로 옳은 것은?**

① 전기력선은 등전위면과 평행하다.

② 전기력선은 도체 표면과 직교한다.

③ 전기력선은 도체 내부에 존재할 수 있다.

④ 전기력선은 전위가 낮은 점에서 높은 점으로 향한다.

해설 **전기력선의 성질**

- 전기력선은 등전위면과 직교한다.
- 전기력선은 도체 내부에는 존재하지 않으며, 도체 표면과 직교한다.
- 전기력선은 전위가 높은 점에서 낮은 점으로 향한다.

11 **평등 자계와 직각 방향으로 일정한 속도로 발사된 전자의 원운동에 관한 설명으로 옳은 것은?**

① 플레밍의 오른손 법칙에 의한 로렌츠의 힘과 원심력의 평형 원운동이다.

② 원의 반지름은 전자의 발사 속도와 전계의 세기의 곱에 반비례한다.

③ 전자의 원운동 주기는 전자의 발사 속도와 무관하다.

④ 전자의 원운동 주파수는 전자의 질량에 비례한다.

해설 전자의 원운동은 힘의 평형에서

로렌츠의 힘=원심력 $eBv = \dfrac{mv^2}{r}$ 일 때

- 반경 $r = \dfrac{mv}{eB}\,[\mathrm{m}]$
- 각속도 $\omega = \dfrac{eB}{m}\,[\mathrm{rad/s}] = 2\pi f(2\pi n)$
- 주기 $T = \dfrac{1}{f} = \dfrac{2\pi m}{eB}\,[\mathrm{s}]$

따라서, 원운동의 주기는 발사 속도와 무관하고 로렌츠의 힘은 플레밍의 왼손 법칙에 의한다.

12 **전계 E[V/m]가 두 유전체의 경계면에 평행으로 작용하는 경우 경계면에 단위 면적당 작용하는 힘의 크기는 몇 [N/m²]인가? (단, ε_1, ε_2는 각 유전체의 유전율이다.)**

① $f = E^2(\varepsilon_1 - \varepsilon_2)$　　② $f = \dfrac{1}{E^2}(\varepsilon_1 - \varepsilon_2)$

③ $f = \dfrac{1}{2}E^2(\varepsilon_1 - \varepsilon_2)$　　④ $f = \dfrac{1}{2E^2}(\varepsilon_1 - \varepsilon_2)$

해설 전계가 경계면에 평행으로 입사하면 $E_1 = E_2 = E$이고, 전계의 수직 방향으로 압축 응력이 작용한다.

힘 $f = f_1 - f_2$

$= \dfrac{1}{2}\varepsilon_1 {E_1}^2 - \dfrac{1}{2}\varepsilon_2 {E_2}^2$

$= \dfrac{1}{2}E^2(\varepsilon_1 - \varepsilon_2)\,[\mathrm{N/m^2}]$

힘은 유전율이 큰 쪽에서 작은 쪽으로 작용한다.

13 **공기 중에 있는 반지름 a[m]의 독립 금속구의 정전 용량은 몇 [F]인가?**

① $2\pi\varepsilon_0 a$　　② $4\pi\varepsilon_0 a$

③ $\dfrac{1}{2\pi\varepsilon_0 a}$　　④ $\dfrac{1}{4\pi\varepsilon_0 a}$

해설 금속구의 전위 $V = \dfrac{1}{4\pi\varepsilon_0}\dfrac{Q}{a}\,[\mathrm{V}]$

구도체의 정전 용량

$C = \dfrac{Q}{V} = \dfrac{Q}{\dfrac{Q}{4\pi\varepsilon_0 a}} = 4\pi\varepsilon_0 a\,[\mathrm{F}]$

정답 09. ② 10. ② 11. ③ 12. ③ 13. ②

14 와전류가 이용되고 있는 것은?

① 수중 음파 탐지기
② 레이더
③ 자기 브레이크(magnetic brake)
④ 사이클로트론(cyclotron)

해설 자기장과 와전류의 상호 작용으로 힘이 발생하는데 이것을 이용한 제동 장치를 자기 브레이크라 한다.

15 전계 $E=\frac{2}{x}\hat{x}+\frac{2}{y}\hat{y}$[V/m]에서 점 (3, 5)[m]를 통과하는 전기력선의 방정식은? (단, $\hat{x}$, $\hat{y}$는 단위 벡터이다.)

① $x^2+y^2=12$
② $y^2-x^2=12$
③ $x^2+y^2=16$
④ $y^2-x^2=16$

해설 전기력선의 방정식 $\frac{dx}{E_x}=\frac{dy}{E_y}=\frac{dz}{E_z}$에서

$\frac{1}{\frac{2}{x}}dx=\frac{1}{\frac{2}{y}}dy$ 양변을 적분하면

$\frac{1}{4}x^2+c_1=\frac{1}{4}y^2+c_2$ (여기서, c_1, c_2 : 적분 상수)

$y^2-x^2=4(c_1-c_2)=k$ (여기서, k : 임의의 상수)

점 (3, 5)를 통과하는 전기력선의 방정식은

$5^2-3^2=16$

$\therefore\ y^2-x^2=16$

16 전계 $E=\sqrt{2}E_e\sin\omega\left(t-\frac{x}{c}\right)$[V/m]의 평면 전자파가 있다. 진공 중에서 자계의 실효값은 몇 [A/m]인가?

① $\frac{1}{4\pi}E_e$　② $\frac{1}{36\pi}E_e$
③ $\frac{1}{120\pi}E_e$　④ $\frac{1}{360\pi}E_e$

해설 진공 중에서 고유 임피던스 η_0

$$\eta_0=\frac{E_e}{H_e}=\frac{\sqrt{\mu_0}}{\sqrt{\varepsilon_0}}=120\pi[\Omega]$$

자계의 실효값 $H_e=\frac{1}{120\pi}E_e$[A/m]

17 진공 중에 서로 떨어져 있는 두 도체 A, B가 있다. 도체 A에만 1[C]의 전하를 줄 때, 도체 A, B의 전위가 각각 3[V], 2[V]이었다. 지금 도체 A, B에 각각 1[C]과 2[C]의 전하를 주면 도체 A의 전위는 몇 [V]인가?

① 6　② 7
③ 8　④ 9

해설 각 도체의 전위

$V_1=P_{11}Q_1+P_{12}Q_2$, $V_2=P_{21}Q_1+P_{22}Q_2$에서

A 도체에만 1[C]의 전하를 주면

$V_1=P_{11}\times 1+P_{12}\times 0=3$

$\therefore\ P_{11}=3$

$V_2=P_{21}\times 1+P_{22}\times 0=2$

$\therefore\ P_{21}(=P_{12})=2$

A, B에 각각 1[C], 2[C]을 주면 A 도체의 전위는

$V_1=3\times 1+2\times 2=7$[V]

18 한 변의 길이가 4[m]인 정사각형의 루프에 1[A]의 전류가 흐를 때, 중심점에서의 자속 밀도 B는 약 몇 [Wb/m²]인가?

① 2.83×10^{-7}
② 5.65×10^{-7}
③ 11.31×10^{-7}
④ 14.14×10^{-7}

해설 정사각형 중심점의 자계의 세기 H

$H=\frac{2\sqrt{2}I}{\pi l}$[AT/m]

자속 밀도 $B=\mu_0 H=4\pi\times 10^{-7}\times\frac{2\sqrt{2}\times 1}{4\pi}$

$=2.828\times 10^{-7}$

$\fallingdotseq 2.83\times 10^{-7}$[Wb/m²]

정답 14. ③ 15. ④ 16. ③ 17. ② 18. ①

19 원점에 1[μC]의 점전하가 있을 때 점 P(2, −2, 4)[m]에서의 전계의 세기에 대한 단위 벡터는 약 얼마인가?

① $0.41a_x - 0.41a_y + 0.82a_z$

② $-0.33a_x + 0.33a_y - 0.66a_z$

③ $-0.41a_x + 0.41a_y - 0.82a_z$

④ $0.33a_x - 0.33a_y + 0.66a_z$

해설 거리의 벡터 $\boldsymbol{r} = 2a_x - 2a_y + 4a_z$[m]

거리 $|\boldsymbol{r}| = \sqrt{2^2 + 2^2 + 4^2} = \sqrt{24}$ [m]

단위 벡터 $\boldsymbol{r}_0 = \dfrac{\boldsymbol{r}}{|\boldsymbol{r}|} = \dfrac{2a_x - 2a_y + 4a_z}{\sqrt{24}}$

$= 0.41a_x - 0.41a_y + 0.82a_z$

20 공기 중에서 전자기파의 파장이 3[m]라면 그 주파수는 몇 [MHz]인가?

출제빈도

① 100 ② 300

③ 1,000 ④ 3,000

해설 공기 중의 전자기파의 속도 v_0

$$v_0 = \frac{1}{\sqrt{\varepsilon_0 \mu_0}} = \lambda \cdot f = 3 \times 10^8 [\text{m/s}]$$

주파수 $f = \dfrac{v_0}{\lambda} = \dfrac{3 \times 10^8}{3} = 10^8 = 100$[MHz]

제2과목 전력공학

21 비등수형 원자로의 특징에 대한 설명으로 틀린 것은?

① 증기 발생기가 필요하다.

② 저농축 우라늄을 연료로 사용한다.

③ 노심에서 비등을 일으킨 증기가 직접 터빈에 공급되는 방식이다.

④ 가압수형 원자로에 비해 출력 밀도가 낮다.

해설 비등수형 원자로의 특징

- 원자로의 내부 증기를 직접 터빈에서 이용하기 때문에 증기 발생기(열교환기)가 필요 없다.
- 증기가 직접 터빈으로 들어가기 때문에 증기 누출을 철저히 방지해야 한다.
- 순환 펌프로서는 급수 펌프만 있으면 되므로 소내용 동력이 적다.
- 노심의 출력 밀도가 낮기 때문에 같은 노출력의 원자로에서는 노심 및 압력 용기가 커진다.
- 원자력 용기 내에 기수 분리기와 증기 건조기가 설치되므로 용기의 높이가 커진다.
- 연료는 저농축 우라늄(2~3[%])을 사용한다.

22 전력 계통에서 내부 이상 전압의 크기가 가장 큰 경우는?

① 유도성 소전류 차단 시

② 수차 발전기의 부하 차단 시

③ 무부하 선로 충전 전류 차단 시

④ 송전 선로의 부하 차단기 투입 시

해설 전력 계통에서 가장 큰 내부 이상 전압은 개폐 서지로, 무부하일 때 선로의 충전 전류를 차단할 때이다.

23 송전단 전압을 V_s, 수전단 전압을 V_r, 선로의 리액턴스를 X라 할 때, 정상 시의 최대 송전 전력의 개략적인 값은?

① $\dfrac{V_s - V_r}{X}$

② $\dfrac{V_s^2 - V_r^2}{X}$

③ $\dfrac{V_s(V_s - V_r)}{X}$

④ $\dfrac{V_s V_r}{X}$

해설 송전 용량 $P_s = \dfrac{V_s V_r}{X}\sin\delta$[MW]이므로 최대 송전전력은 $P_s = \dfrac{V_s V_r}{X}$[MW]이다.

정답 19. ① 20. ① 21. ① 22. ③ 23. ④

24 다음 중 망상(network) 배전 방식의 장점이 아닌 것은?

① 전압 변동이 적다.
② 인축의 접지 사고가 적어진다.
③ 부하의 증가에 대한 융통성이 크다.
④ 무정전 공급이 가능하다.

해설 망상식(nerwork system) 배전 방식
- 무정전 공급이 가능하다.
- 전압 변동이 적고, 손실이 감소된다.
- 부하 증가에 대한 융통성이 크다.
- 건설비가 비싸다.
- 인축에 대한 사고가 증가한다.
- 역류 개폐 장치(network protector)가 필요하다.

25 500[kVA]의 단상 변압기 상용 3대(결선 Δ−Δ), 예비 1대를 갖는 변전소가 있다. 부하의 증가로 인하여 예비 변압기까지 동원해서 사용한다면 응할 수 있는 최대 부하[kVA]는 약 얼마인가?

① 2,000 ② 1,730
③ 1,500 ④ 830

해설 예비 1대를 포함하여 V결선으로 2뱅크 운전하여야 하므로 다음과 같다.

$P_m = \sqrt{3}P_1 \times 2 = \sqrt{3} \times 500 \times 2$
$= 1{,}730[\text{kVA}]$

26 배전용 변전소의 주변압기로 주로 사용되는 것은?

① 강압 변압기
② 체승 변압기
③ 단권 변압기
④ 3권선 변압기

해설 발전소에 있는 주변압기는 체승용으로 되어 있고, 변전소의 주변압기는 강압용으로 되어 있다.

27 3상용 차단기의 정격 차단 용량은?

① $\sqrt{3}$×정격 전압×정격 차단 전류
② $3\sqrt{3}$×정격 전압×정격 전류
③ 3×정격 전압×정격 차단 전류
④ $\sqrt{3}$×정격 전압×정격 전류

해설 3상용 차단기 용량 P_s[MVA]

$P_s = \sqrt{3}$×정격 전압[kV]×정격 차단 전류[kA]

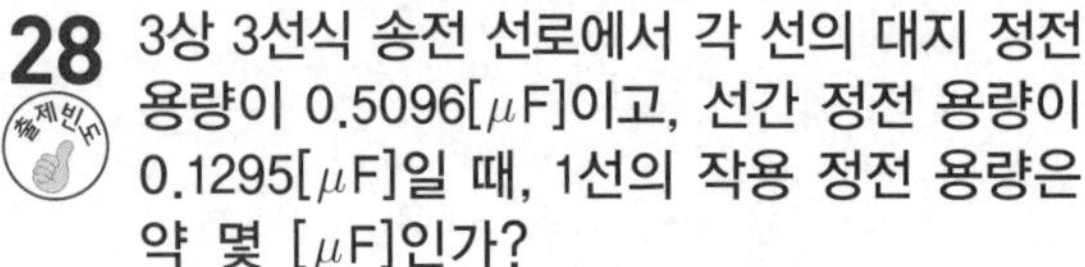

28 3상 3선식 송전 선로에서 각 선의 대지 정전 용량이 0.5096[μF]이고, 선간 정전 용량이 0.1295[μF]일 때, 1선의 작용 정전 용량은 약 몇 [μF]인가?

① 0.6 ② 0.9
③ 1.2 ④ 1.8

해설 작용 정전 용량 $C[\mu\text{F}]$

$C = C_s + 3C_m = 0.5096 + 3 \times 0.1295 ≒ 0.9[\mu\text{F}]$

29 그림과 같은 송전 계통에서 S점에 3상 단락 사고가 발생했을 때 단락 전류[A]는 약 얼마인가? (단, 선로의 길이와 리액턴스는 각각 50[km], 0.6[Ω/km]이다.)

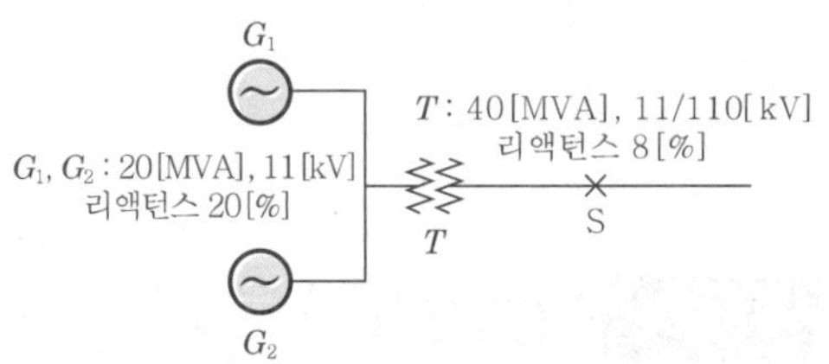

① 224 ② 324
③ 454 ④ 554

해설 기준 용량 40[MVA] %임피던스를 환산하면

발전기 $\%Z_g = \dfrac{40}{20} \times 20 = 40[\%]$

변압기 $\%Z_t = 8[\%]$

송전선 $\%Z_l = \dfrac{P \cdot Z}{10{V_n}^2} = \dfrac{40 \times 10^3 \times 0.6 \times 50}{10 \times 110^2}$
$= 9.91[\%]$

정답 24. ② 25. ② 26. ① 27. ① 28. ② 29. ④

합성 %임피던스는 발전기는 병렬이고, 변압기와 선로는 직렬이므로 $\%Z = \frac{40}{2} + 8 + 9.91 = 37.91$ [%]이다.

$\therefore$ 단락 전류 $I_s = \frac{100}{\%Z} I_n$

$$= \frac{100}{37.91} \times \frac{40 \times 10^6}{\sqrt{3} \times 110 \times 10^3}$$

$$\fallingdotseq 554[\text{A}]$$

30 **전력 계통의 전압을 조정하는 가장 보편적인 방법은?**

출제빈도

① 발전기의 유효 전력 조정

② 부하의 유효 전력 조정

③ 계통의 주파수 조정

④ 계통의 무효 전력 조정

해설 전력 계통의 가장 보편적인 전압 조정은 계통의 조상 설비를 이용하여 무효 전력을 조정한다.

31 **역률 0.8(지상)의 2,800[kW] 부하에 전력용 콘덴서를 병렬로 접속하여 합성 역률을 0.9로 개선하고자 할 경우, 필요한 전력용 콘덴서의 용량[kVA]은 약 얼마인가?**

출제빈도

① 372 ② 558

③ 744 ④ 1,116

해설 역률 개선용 콘덴서 용량 Q[kVA]

$$Q = P(\tan\theta_1 - \tan\theta_2)$$

$$= 2{,}800(\tan\cos^{-1}0.8 - \tan\cos^{-1}0.9)$$

$$\fallingdotseq 744[\text{kVA}]$$

32 **컴퓨터에 의한 전력 조류 계산에서 슬랙(slack)모선의 초기치로 지정하는 값은? (단, 슬랙 모선을 기준 모선으로 한다.)**

① 유효 전력과 무효 전력

② 전압 크기와 유효 전력

③ 전압 크기와 위상각

④ 전압 크기와 무효 전력

해설 슬랙 모선에서 전압=1, 위상=0을 기본값[p.u]으로 하여 전력 조류량이 각 선로의 용량 제한에 걸리는지 여부를 검사하는 것으로 선로 용량과 실제 조류량을 비교할 때 사용한다.

33 **다음 중 직격뢰에 대한 방호 설비로 가장 적당한 것은?**

출제빈도

① 복도체 ② 가공 지선

③ 서지 흡수기 ④ 정전 방전기

해설 가공 지선은 뇌격(직격뢰, 유도뢰)으로부터 전선로를 보호하고, 통신선에 대한 전자 유도 장해를 경감시킨다.

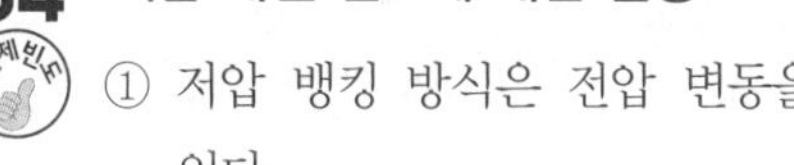

34 **저압 배전 선로에 대한 설명으로 틀린 것은?**

출제빈도

① 저압 뱅킹 방식은 전압 변동을 경감할 수 있다.

② 밸런서(balancer)는 단상 2선식에 필요하다.

③ 부하율(F)과 손실 계수(H) 사이에는 $1 \geq F \geq H \geq F^2 \geq 0$의 관계가 있다.

④ 수용률이란 최대 수용 전력을 설비 용량으로 나눈 값을 퍼센트로 나타낸 것이다.

해설 밸런서는 단상 3선식에서 설비의 불평형을 방지하기 위하여 선로 말단에 시설한다.

35 **증기 터빈 내에서 팽창 도중에 있는 증기를 일부 추기하여 그것이 갖는 열을 급수 가열에 이용하는 열사이클은?**

① 랭킨 사이클 ② 카르노 사이클

③ 재생 사이클 ④ 재열 사이클

해설 열 사이클

- 카르노 사이클 : 가장 효율이 좋은 이상적인 열사이클이다.
- 랭킨 사이클 : 가장 기본적인 열 사이클로 두 등압 변화와 두 단열 변화로 되어 있다.

정답 30. ④ 31. ③ 32. ③ 33. ② 34. ② 35. ③

- 재생 사이클 : 터빈 중간에서 증기의 팽창 도중 증기의 일부를 추기하여 급수 가열에 이용한다.
- 재열 사이클 : 고압 터빈 내에서 습증기가 되기 전에 증기를 모두 추출하여 재열기를 이용하여 재가열시켜 저압 터빈을 돌려 열효율을 향상시키는 열 사이클이다.

36 **단상 2선식 배전 선로의 말단에 지상 역률 $\cos\theta$인 부하 P[kW]가 접속되어 있고 선로 말단의 전압은 V[V]이다. 선로 한 가닥의 저항을 R[Ω]이라 할 때 송전단의 공급 전력[kW]은?**

① $P+\dfrac{P^2R}{V\cos\theta}\times 10^3$

② $P+\dfrac{2P^2R}{V\cos\theta}\times 10^3$

③ $P+\dfrac{P^2R}{V^2\cos^2\theta}\times 10^3$

④ $P+\dfrac{2P^2R}{V^2\cos^2\theta}\times 10^3$

해설 선로의 손실 $P_l=2I^2R=2\times\left(\dfrac{P}{V\cos\theta}\right)^2R$[W]

송전단 전력은 수전단 전력과 선로의 손실 전력이고, 문제의 단위가 전력 P[kW], 전압 V[V]이므로

$$P_s=P_r+P_l=P+2\times\frac{P^2R}{V^2\cos^2\theta}\times 10^3[\text{kW}]$$

37 **선로, 기기 등의 절연 수준 저감 및 전력용 변압기의 단절연을 모두 행할 수 있는 중성점 접지 방식은?**

① 직접 접지 방식

② 소호 리액터 접지 방식

③ 고저항 접지 방식

④ 비접지 방식

해설 중성점 직접 접지 방식은 1상 지락 사고일 경우 지락 전류가 대단히 크기 때문에 보호 계전기의 동작이 확실하고, 중성점의 전위는 대지 전위이므로 저감 절연 및 변압기 단절연이 가능하지만, 계통에 주는 충격이 크고 과도 안정도가 나쁘다.

38 **최대 수용 전력이 3[kW]인 수용가가 3세대, 5[kW]인 수용가가 6세대라고 할 때, 이 수용가군에 전력을 공급할 수 있는 주상 변압기의 최소 용량[kVA]은? (단, 역률은 1, 수용가 간의 부등률은 1.3이다.)**

① 25 ② 30

③ 35 ④ 40

해설 변압기의 용량 $P_t=\dfrac{3\times3+5\times6}{1.3\times1}=30$[kVA]

39 **부하 전류 차단이 불가능한 전력 개폐 장치는?**

① 진공 차단기

② 유입 차단기

③ 단로기

④ 가스 차단기

해설 단로기는 소호 능력이 없으므로 통전 중의 전로를 개폐할 수 없다. 그러므로 무부하 선로의 개폐에 이용하여야 한다.

40 **가공 송전 선로에서 총 단면적이 같은 경우 단도체와 비교하여 복도체의 장점이 아닌 것은?**

① 안정도를 증대시킬 수 있다.

② 공사비가 저렴하고 시공이 간편하다.

③ 전선 표면의 전위 경도를 감소시켜 코로나 임계 전압이 높아진다.

④ 선로의 인덕턴스가 감소되고 정전 용량이 증가해서 송전 용량이 증대된다.

해설 **복도체 및 다도체의 특징**

- 같은 도체 단면적인 경우 단도체보다 인덕턴스와 리액턴스가 감소하고 정전 용량이 증가하여 송전 용량을 크게 할 수 있다.
- 전선 표면의 전위 경도를 저감시켜 코로나 임계 전압을 높게 하므로 코로나 발생을 방지한다.
- 전력 계통의 안정도를 증대시킨다.

정답 36. ④ 37. ① 38. ② 39. ③ 40. ②

제3과목 전기기기

41 부하 전류가 크지 않을 때 직류 직권 전동기 발생 토크는? (단, 자기 회로가 불포화인 경우이다.)

① 전류에 비례한다.
② 전류에 반비례한다.
③ 전류의 제곱에 비례한다.
④ 전류의 제곱에 반비례한다.

해설 역기전력 $E=\dfrac{Z}{a}p\phi\dfrac{N}{60}$[V]

부하 전류 $I=I_a=I_f$[A]

출력 $P=EI_a$[W]

자속 $\phi \propto I_f=I$

토크 $T=\dfrac{P}{\omega}=\dfrac{EI_a}{2\pi\dfrac{N}{60}}=\dfrac{pZ}{2\pi a}\phi I_a=KI^2$

42 동기 전동기에 대한 설명으로 틀린 것은?

① 동기 전동기는 주로 회전 계자형이다.
② 동기 전동기는 무효 전력을 공급할 수 있다.
③ 동기 전동기는 제동 권선을 이용한 기동법이 일반적으로 많이 사용된다.
④ 3상 동기 전동기의 회전 방향을 바꾸려면 계자 권선 전류의 방향을 반대로 한다.

해설 3상 동기 전동기의 회전 방향을 바꾸려면 전기자(고정자) 권선의 3선 중 2선의 결선을 반대로 한다.

43 동기 발전기에서 동기 속도와 극수와의 관계를 옳게 표시한 것은? (단, N : 동기 속도, P : 극수이다.)

① 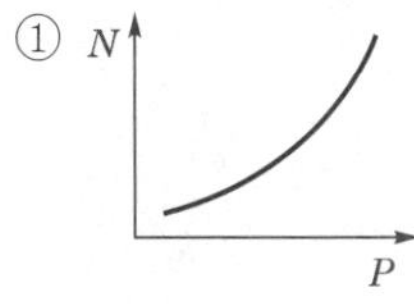
② 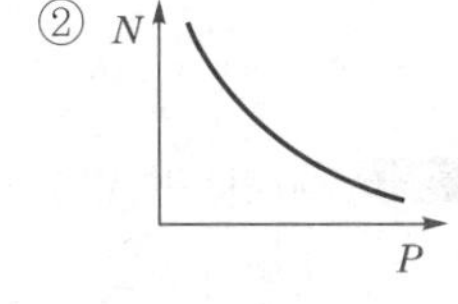
③ 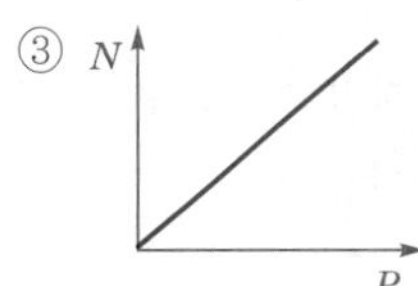
④ 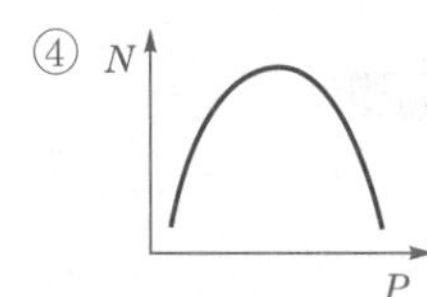

해설 동기 발전기의 동기 속도 $N=\dfrac{120}{P}f$[rpm]

동기 속도 N은 극수 P와 반비례 관계가 있으므로 그래프는 쌍곡선이 된다.

44 어떤 직류 전동기가 역기전력 200[V], 매분 1,200회전으로 토크 158.76[N·m]를 발생하고 있을 때의 전기자 전류는 약 몇 [A]인가? (단, 기계손 및 철손은 무시한다.)

① 90　　② 95
③ 100　　④ 105

해설 토크 $T=\dfrac{P}{\omega}=\dfrac{EI_a}{2\pi\dfrac{N}{60}}$[N·m]

전기자 전류 $I_a=T\cdot\dfrac{2\pi\dfrac{N}{60}}{E}$

$=158.76\times\dfrac{2\pi\dfrac{1,200}{60}}{200}$

$=99.75\fallingdotseq 100$[A]

45 일반적인 DC 서보 모터의 제어에 속하지 않는 것은?

① 역률 제어　　② 토크 제어
③ 속도 제어　　④ 위치 제어

해설 DC 서보 모터(servo motor)는 위치 제어, 속도 제어 및 토크 제어에 광범위하게 사용된다.

46 극수가 4극이고 전기자 권선이 단중 중권인 직류 발전기의 전기자 전류가 40[A]이면 전기자 권선의 각 병렬 회로에 흐르는 전류[A]는?

① 4　　② 6
③ 8　　④ 10

정답 41. ③ 42. ④ 43. ② 44. ③ 45. ① 46. ④

해설 단중 중권 직류 발전기의 병렬 회로수 $a = P$(극수)
전기자 전류 $I_a = aI$[A]
전기자 권선의 전류 $I = \frac{I_a}{a} = \frac{40}{4} = 10$[A]

47 부스트(boost) 컨버터의 입력 전압이 45[V]로 일정하고, 스위칭 주기가 20[kHz], 듀티비(duty ratio)가 0.6, 부하 저항이 10[Ω]일 때 출력 전압은 몇 [V]인가? (단, 인덕터에는 일정한 전류가 흐르고 커패시터 출력 전압의 리플 성분은 무시한다.)

① 27
② 67.5
③ 75
④ 112.5

해설 부스트(boost) 컨버터의 출력 전압 V_o
$V_o = \frac{1}{1-D} V_i = \frac{1}{1-0.6} \times 45 = 112.5$[V]
여기서, D : 듀티비(Duty ratio)
부스트 컨버터 : 직류 → 직류로 승압하는 변환기

48 8극, 900[rpm] 동기 발전기와 병렬 운전하는 6극 동기 발전기의 회전수는 몇 [rpm]인가?

① 900
② 1,000
③ 1,200
④ 1,400

해설 동기 속도 $N_s = \frac{120f}{P}$에서
주파수 $f = N_s \frac{P}{120} = 900 \times \frac{8}{120} = 60$[Hz]
동기 발전기의 병렬 운전 시 주파수가 같아야 하므로 $P = 6$극의 회전수
$N_s = \frac{120f}{P} = \frac{120 \times 60}{6} = 1,200$[rpm]

49 변압기 단락 시험에서 변압기의 임피던스 전압이란?

① 1차 전류가 여자 전류에 도달했을 때의 2차 측 단자전압
② 1차 전류가 정격 전류에 도달했을 때의 2차 측 단자전압
③ 1차 전류가 정격 전류에 도달했을 때의 변압기 내의 전압 강하
④ 1차 전류가 2차 단락 전류에 도달했을 때의 변압기 내의 전압 강하

해설 변압기의 임피던스 전압이란, 변압기 2차측을 단락하고 1차 공급 전압을 서서히 증가시켜 단락 전류가 1차 정격 전류에 도달했을 때의 변압기 내의 전압 강하이다.

50 단상 정류자 전동기의 일종인 단상 반발 전동기에 해당되는 것은?

① 시라게 전동기
② 반발 유도 전동기
③ 아트킨손형 전동기
④ 단상 직권 정류자 전동기

해설 직권 정류자 전동기에서 분화된 단상 반발 전동기의 종류는 아트킨손형(Atkinson type), 톰슨형(Thomson type) 및 데리형(Deri type)이 있다.

51 와전류 손실을 패러데이 법칙으로 설명한 과정 중 틀린 것은?

① 와전류가 철심 내에 흘러 발열 발생
② 유도 기전력 발생으로 철심에 와전류가 흐름
③ 와전류 에너지 손실량은 전류 밀도에 반비례
④ 시변 자속으로 강자성체 철심에 유도 기전력 발생

해설 **패러데이 법칙**
기전력 $e = -\frac{d\phi}{dt}$[V]

정답 47. ④ 48. ③ 49. ③ 50. ③ 51. ③

시변 자속에 의해 철심에서 기전력이 유도되고 와전류가 흘러 발열이 발생하며 와전류 에너지 손실량은 전류 밀도의 제곱에 비례한다.

52 **10[kW], 3상, 380[V] 유도 전동기의 전부하 전류는 약 몇 [A]인가? (단, 전동기의 효율은 85[%], 역률은 85[%]이다.)**

① 15 ② 21
③ 26 ④ 36

해설 출력 $P=\sqrt{3}\,VI\cos\theta\cdot\eta\times10^{-3}$[kW]

전부하 전류 $I=\dfrac{P}{\sqrt{3}\,V\cos\theta\cdot\eta\times10^{-3}}$

$=\dfrac{10\times10^3}{\sqrt{3}\times380\times0.85\times0.85}$

$=21$[A]

53 **변압기의 주요 시험 항목 중 전압 변동률 계산에 필요한 수치를 얻기 위한 필수적인 시험은?**

① 단락 시험 ② 내전압 시험
③ 변압비 시험 ④ 온도 상승 시험

해설 변압기의 전압 변동률 계산에 필요한 수치인 임피던스 전압과 임피던스 와트를 얻기 위한 시험은 단락 시험이다.

54 **2전동기설에 의하여 단상 유도 전동기의 가상적 2개의 회전자 중 정방향에 회전하는 회전자 슬립이 s이면 역방향에 회전하는 가상적 회전자의 슬립은 어떻게 표시되는가?**

① $1+s$ ② $1-s$
③ $2-s$ ④ $3-s$

해설 2전동기설에 의해

정방향 회전자 슬립 $s=\dfrac{N_s-N}{N_s}$

역방향 회전자 슬립 $s'=\dfrac{N_s+N}{N_s}$

$=\dfrac{2N_s-(N_s-N)}{N_s}$

$=\dfrac{2N_s}{N_s}-\dfrac{N_s-N}{N_s}$

$=2-s$

55 **3상 농형 유도 전동기의 전전압 기동 토크는 전부하 토크의 1.8배이다. 이 전동기에 기동 보상기를 사용하여 기동 전압을 전전압의 $\dfrac{2}{3}$로 낮추어 기동하면, 기동 토크는 전부하 토크 T와 어떤 관계인가?**

① $3.0T$ ② $0.8T$
③ $0.6T$ ④ $0.3T$

해설 3상 유도 전동기의 토크 $T\propto V_1^2$이므로 기동 전압을 전전압의 $\dfrac{2}{3}$로 낮추어 기동하면

기동 토크 $T_s'=1.8T\times\left(\dfrac{2}{3}\right)^2=0.8T$

56 **변압기에서 생기는 철손 중 와류손(eddy current loss)은 철심의 규소 강판 두께와 어떤 관계에 있는가?**

① 두께에 비례
② 두께의 2승에 비례
③ 두께의 3승에 비례
④ 두께의 $\dfrac{1}{2}$승에 비례

해설 와류손 $P_e=\sigma_e k(tfB_m)^2$[W/m³]

여기서, σ_e : 와류 상수
k : 도전율
t : 강판의 두께
f : 주파수
B_m : 최대 자속 밀도

정답 52. ② 53. ① 54. ③ 55. ② 56. ②

57  50[Hz], 12극의 3상 유도 전동기가 10[HP]의 정격 출력을 내고 있을 때, 회전수는 약 몇 [rpm]인가? (단, 회전자 동손은 350[W]이고, 회전자 입력은 회전자 동손과 정격 출력의 합이다.)

① 468 ② 478
③ 488 ④ 500

해설 2차 압력 $P_2 = P + P_{2c}$
$= 746 \times 10 + 350$
$= 7{,}810[\text{W}]$

슬립 $s = \dfrac{P_{2c}}{P_2} = \dfrac{350}{7{,}810} = 0.0448$

회전수 $N = N_s(1-s) = \dfrac{120f}{P}(1-s)$
$= \dfrac{120 \times 50}{12} \times (1-0.0448)$
$= 477.6 ≒ 478[\text{rpm}]$

58 변압기의 권수를 N이라고 할 때, 누설 리액턴스는?

① N에 비례한다.
② N^2에 비례한다.
③ N에 반비례한다.
④ N^2에 반비례한다.

해설
누설 인덕턴스 $L = \dfrac{\mu N^2 S}{l}[\text{H}]$

누설 리액턴스 $x = \omega L = \omega \cdot \dfrac{\mu N^2 S}{l} \propto N^2$

59 동기 발전기의 병렬 운전 조건에서 같지 않아도 되는 것은?

① 기전력의 용량 ② 기전력의 위상
③ 기전력의 크기 ④ 기전력의 주파수

해설 **동기 발전기의 병렬 운전 조건**
• 기전력의 크기가 같을 것
• 기전력의 위상이 같을 것
• 기전력의 주파수가 같을 것
• 기전력의 파형이 같을 것

60 다이오드를 사용하는 정류 회로에서 과대한 부하 전류로 인하여 다이오드가 소손될 우려가 있을 때 가장 적절한 조치는 어느 것인가?

① 다이오드를 병렬로 추가한다.
② 다이오드를 직렬로 추가한다.
③ 다이오드 양단에 적당한 값의 저항을 추가한다.
④ 다이오드 양단에 적당한 값의 커패시터를 추가한다.

해설 과전류로부터 보호를 위해서는 다이오드를 병렬로 추가 접속하고, 과전압으로부터 보호를 위해서는 다이오드를 직렬로 추가 접속한다.

제4과목 회로이론 및 제어공학

61 전달 함수가 $G_C(s) = \dfrac{s^2+3s+5}{2s}$인 제어기가 있다. 이 제어기는 어떤 제어기인가?

① 비례 미분 제어기
② 적분 제어기
③ 비례 적분 제어기
④ 비례 미분 적분 제어기

해설
$$G_C(s) = \frac{s^2+3s+5}{2s} = \frac{1}{2}s + \frac{3}{2} + \frac{5}{2s} = \frac{3}{2}\left(1 + \frac{1}{3}s + \frac{1}{\frac{3}{5}s}\right)$$

비례 감도 $K_p = \dfrac{3}{2}$, 미분 시간 $T_D = \dfrac{1}{3}$, 적분 시간 $T_i = \dfrac{3}{5}$인 비례 미분 적분 제어기이다.

정답 57. ② 58. ② 59. ① 60. ① 61. ④

62 다음 논리 회로의 출력 Y는?

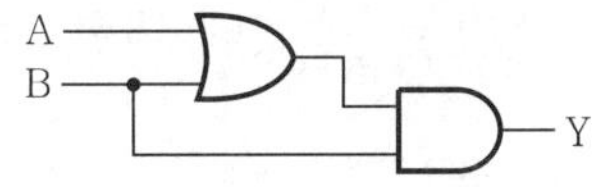

① A ② B
③ A+B ④ A·B

해설 Y=(A+B)B=AB+BB
=AB+B=B(A+1)=B

63 그림과 같은 제어 시스템이 안정하기 위한 k의 범위는?

출제빈도

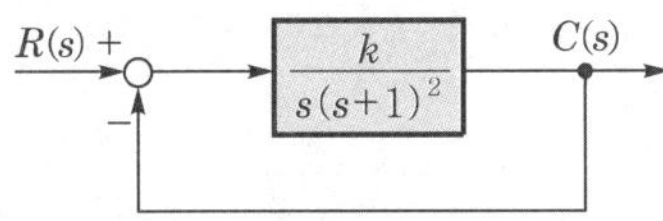

① $k>0$ ② $k>1$
③ $0<k<1$ ④ $0<k<2$

해설 특성 방정식은 $1+G(s)H(s)=0$

$$1+\frac{k}{s(s+1)^2}=0$$

$$s^3+2s^2+s+k=0$$

라우스의 표

s^3	1	1
s^2	2	k
s^1	$\frac{2-k}{2}$	0
s^0	k	

제1열의 부호 변화가 없어야 하므로

$\frac{2-k}{2}>0$, $k>0$

$\therefore\ 0<k<2$

64 다음과 같은 상태 방정식으로 표현되는 제어 시스템의 특성 방정식의 근(s_1, s_2)은?

출제빈도

$$\begin{bmatrix}\dot{x}_1\\ \dot{x}_2\end{bmatrix}=\begin{bmatrix}0 & 1\\ -2 & -3\end{bmatrix}\begin{bmatrix}x_1\\ x_2\end{bmatrix}+\begin{bmatrix}1\\ 0\end{bmatrix}u$$

① 1, −3 ② −1, −2
③ −2, −3 ④ −1, −3

해설 특성 방정식은 $|sI-A|=0$

$$\left|\begin{bmatrix}s & 0\\ 0 & s\end{bmatrix}-\begin{bmatrix}0 & 1\\ -2 & -3\end{bmatrix}\right|=0$$

$$\begin{vmatrix}s & -1\\ 2 & s+3\end{vmatrix}=0$$

$$s(s+3)+2=0$$

$$s^2+3s+2=0$$

$$(s+1)(s+2)=0$$

특성 방정식의 근 $s=-1,\ -2$

65 그림의 블록 선도와 같이 표현되는 제어 시스템에서 $A=1$, $B=1$일 때, 블록 선도의 출력 C는 약 얼마인가?

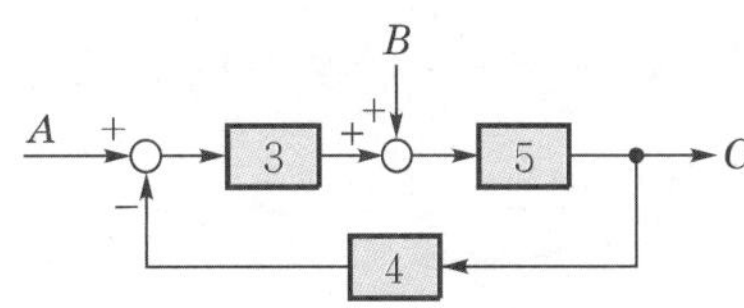

① 0.22 ② 0.33
③ 1.22 ④ 3.1

해설 $A=1$, $B=1$일 때의 출력을 구하면

$$\{(1-4C)3+1\}5=C$$

$$15-60C+5=C$$

$$\therefore\ C=\frac{20}{61}\fallingdotseq 0.33$$

66 제어 요소가 제어 대상에 주는 양은?

① 동작 신호 ② 조작량
③ 제어량 ④ 궤환량

해설 조작량은 제어 장치가 제어 대상에 가하는 제어 신호이다.

67 전달 함수가 $\frac{C(s)}{R(s)}=\frac{1}{3s^2+4s+1}$인 제어 시스템의 과도 응답 특성은?

출제빈도

① 무제동 ② 부족 제동
③ 임계 제동 ④ 과제동

정답 62. ② 63. ④ 64. ② 65. ② 66. ② 67. ④

해설 전달 함수

$$\frac{C(s)}{R(s)} = \frac{1}{3s^2+4s+1} = \frac{\frac{1}{3}}{s^2+\frac{4}{3}s+\frac{1}{3}}$$

고유 주파수 $\omega_n = \frac{1}{\sqrt{3}}$ 이므로, $2\delta\omega_n = \frac{4}{3}$

$\therefore$ 제동비 $\delta = \dfrac{\frac{4}{3}}{2\times\frac{1}{\sqrt{3}}} = 1.155$

$\because$ $\delta > 1$인 경우이므로 서로 다른 2개의 실근을 가지므로 과제동한다.

68 함수 $f(t) = e^{-at}$의 z변환 함수 $F(z)$는?

① $\dfrac{2z}{z-e^{aT}}$　② $\dfrac{1}{z+e^{aT}}$

③ $\dfrac{z}{z+e^{-aT}}$　④ $\dfrac{z}{z-e^{-aT}}$

해설

$$F(z) = \sum_{k=0}^{\infty} f(kT)z^{-k}$$

$= \sum_{k=0}^{\infty} e^{-akT}z^{-k}$ (여기서, $k=0,\ 1,\ 2,\ 3,\ \cdots$)

$= 1+e^{-aT}z^{-1}+e^{-2aT}z^{-2}+e^{-3aT}z^{-3}+\cdots$

$= \dfrac{1}{1-e^{-aT}z^{-1}}$

$= \dfrac{z}{z-e^{-aT}}$

69 제어 시스템의 주파수 전달 함수가 $G(j\omega) = j5\omega$이고, 주파수가 $\omega = 0.02$[rad/s]일 때 이 제어 시스템의 이득[dB]은?

① 20　② 10

③ −10　④ −20

해설 이득 $g = 20\log|G(j\omega)| = 20\log|5\omega|_{\omega=0.02}$

$= 20\log|5\times 0.02|$

$= 20\log 0.1$

$= -20$[dB]

70 그림과 같은 제어 시스템의 폐루프 전달 함수 $T(s) = \dfrac{C(s)}{R(s)}$에 대한 감도 S_K^T는?

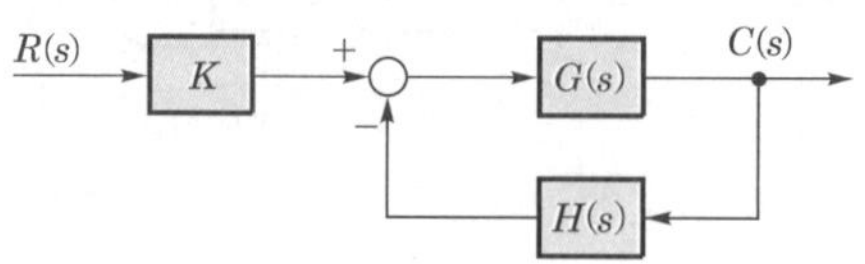

① 0.5　② 1

③ $\dfrac{G}{1+GH}$　④ $\dfrac{-GH}{1+GH}$

해설 전달 함수 $T = \dfrac{C(s)}{R(s)} = \dfrac{KG(s)}{1+G(s)H(s)}$

감도 $S_K^T = \dfrac{K}{T}\dfrac{dT}{dK}$

$= \dfrac{K}{\frac{KG(s)}{1+G(s)H(s)}}\dfrac{d}{dK}\dfrac{KG(s)}{1+G(s)H(s)}$

$= \dfrac{1+G(s)H(s)}{G(s)}\times\dfrac{G(s)}{1+G(s)H(s)}$

$=1$

71 그림 (a)와 같은 회로에 대한 구동점 임피던스의 극점과 영점이 각각 그림 (b)에 나타낸 것과 같고 $Z(0)=1$일 때, 이 회로에서 R[Ω], L[H], C[F]의 값은?

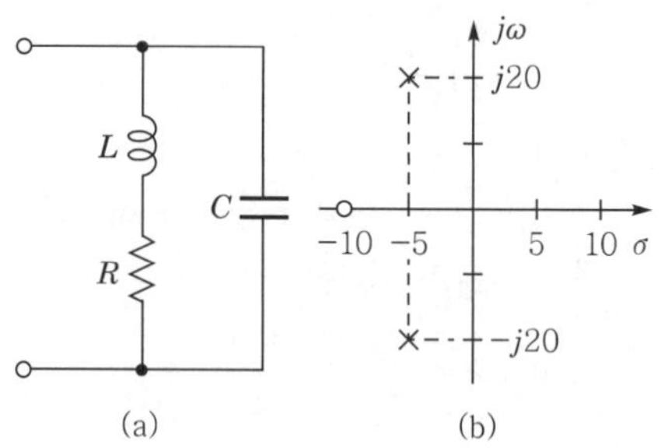

① $R=1.0$[Ω], $L=0.1$[H], $C=0.0235$[F]

② $R=1.0$[Ω], $L=0.2$[H], $C=1.0$[F]

③ $R=2.0$[Ω], $L=0.1$[H], $C=0.0235$[F]

④ $R=2.0$[Ω], $L=0.2$[H], $C=1.0$[F]

정답 68. ④ 69. ④ 70. ② 71. ①

해설 • 구동점 임피던스

$$Z(s)=\frac{(Ls+R)\cdot\frac{1}{Cs}}{(Ls+R)+\frac{1}{Cs}}=\frac{Ls+R}{LCs^2+RCs+1}$$

$$=\frac{\frac{1}{C}s+\frac{R}{LC}}{s^2+\frac{R}{L}s+\frac{1}{LC}}[\Omega]$$

• 영점과 극점의 임피던스

$$Z(s)=\frac{s+10}{\{(s+5)-j20\}\{(s+5)+j20\}}$$

$$=\frac{s+10}{s^2+10s+425}$$

$Z(0)=1$일 때이므로 $R=1[\Omega]$이고 구동점 임피던스 $Z(s)$와 영점과 극점의 임피던스 $Z(s)$를 비교하면 $\frac{R}{L}=10$, $\frac{1}{LC}=425$

$\therefore\ L=0.1[H]$, $C=0.0235[F]$

72 다음 중 회로에서 저항 1[Ω]에 흐르는 전류 I[A]는?

(출제빈도)

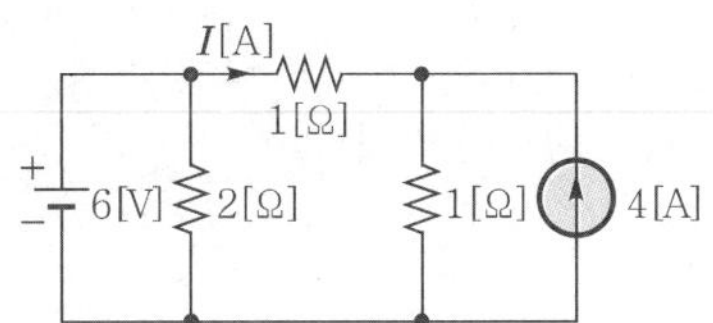

① 3 ② 2
③ 1 ④ −1

해설 중첩의 정리

• 6[V] 전압원에 의한 전류(전류원 개방)

전전류 $I=\dfrac{6}{\frac{2\times2}{2+2}}=6[A]$

$\therefore\ R=1[\Omega]$에 흐르는 전류 $I_1=3[A]$

• 4[A] 전류원에 의한 전류(전압원 단락)

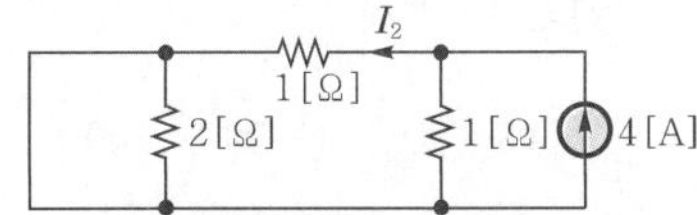

$\therefore\ R=1[\Omega]$에 흐르는 전류 $I_2=2[A]$

$\because\ I=I_1-I_2=3-2=1[A]$

73 파형이 톱니파인 경우 파형률은 약 얼마인가?

① 1.155 ② 1.732
③ 1.414 ④ 0.577

해설 파형률$=\dfrac{\text{실효값}}{\text{평균값}}$

$$=\frac{\frac{1}{\sqrt{3}}V_m}{\frac{1}{2}V_m}=\frac{2}{\sqrt{3}}\fallingdotseq 1.155$$

74 무한장 무손실 전송 선로의 임의의 위치에서 전압이 100[V]이었다. 이 선로의 인덕턴스가 7.5[μH/m]이고, 커패시턴스가 0.012[μF/m]일 때 이 위치에서 전류[A]는?

(출제빈도)

① 2 ② 4
③ 6 ④ 8

해설 전류 $I=\dfrac{V}{Z_0}=\dfrac{V}{\sqrt{\dfrac{R+j\omega L}{G+j\omega C}}}[A]$

무손실 전송 선로이므로 $R=0$, $G=0$이므로

$$\therefore\ I=\frac{V}{\sqrt{\frac{L}{C}}}=\frac{100}{\sqrt{\frac{7.5\times10^{-6}}{0.012\times10^{-6}}}}=4[A]$$

75 전압 $v(t)=14.14\sin\omega t+7.07\sin\left(3\omega t+\frac{\pi}{6}\right)$[V]의 실효값은 약 몇 [V]인가?

(출제빈도)

① 3.87
② 11.2
③ 15.8
④ 21.2

해설 실효값 $V=\sqrt{{V_1}^2+{V_3}^2}$

$$=\sqrt{\left(\frac{14.14}{\sqrt{2}}\right)^2+\left(\frac{7.07}{\sqrt{2}}\right)^2}$$

$=11.2[V]$

정답 72. ③ 73. ① 74. ② 75. ②

76 그림과 같은 평형 3상 회로에서 전원 전압이 $V_{ab}=200$[V]이고 부하 한 상의 임피던스가 $Z=4+j3$[Ω]인 경우 전원과 부하 사이 선전류 I_a는 약 몇 [A]인가?

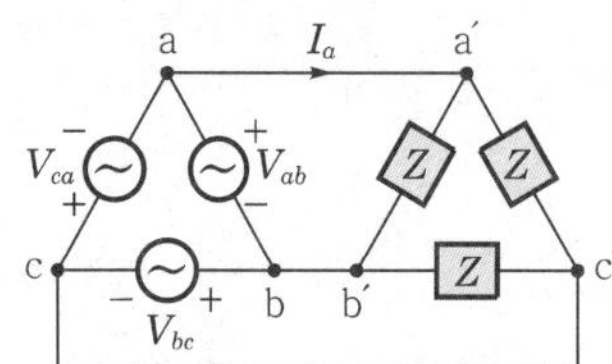

① $40\sqrt{3}\angle 36.87°$ ② $40\sqrt{3}\angle -36.87°$
③ $40\sqrt{3}\angle 66.87°$ ④ $40\sqrt{3}\angle -66.87°$

해설 선전류 $I_a=\sqrt{3}$ 상 전류$(I_{ab})\angle -30°$

$$=\sqrt{3}\frac{200}{4+j3}\angle -30°$$

$$=\sqrt{3}\frac{200}{5}\angle -30°-\tan^{-1}\frac{3}{4}$$

$$=40\sqrt{3}\angle -66.87°$$

77 정상 상태에서 $t=0$초인 순간에 스위치 S를 열었다. 이때 흐르는 전류 $i(t)$는?

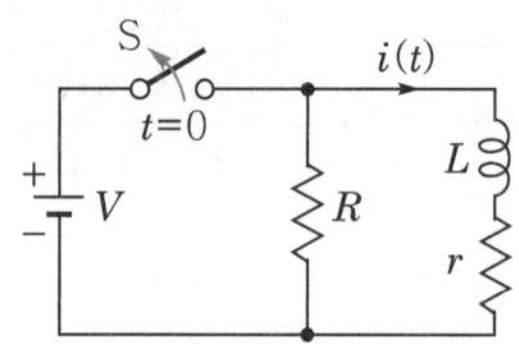

① $\frac{V}{R}e^{-\frac{R+r}{L}t}$

② $\frac{V}{r}e^{-\frac{R+r}{L}t}$

③ $\frac{V}{R}e^{-\frac{L}{R+r}t}$

④ $\frac{V}{r}e^{-\frac{L}{R+r}t}$

해설 전류 $i(t)=Ke^{-\frac{1}{\tau}t}$에서 시정수 $\tau=\frac{L}{R+r}$[s], 초기 전류 $i(0)=\frac{V}{r}$[A]이므로 $K=\frac{V}{r}$

$$\therefore\ i(t)=\frac{V}{r}e^{-\frac{R+r}{L}t}\text{[A]}$$

78 선간 전압이 150[V], 선전류가 $10\sqrt{3}$[A], 역률이 80[%]인 평형 3상 유도성 부하로 공급되는 무효 전력[Var]은?

① 3,600 ② 3,000
③ 2,700 ④ 1,800

해설 무효 전력 $P_r=\sqrt{3}\,VI\sin\theta$

$$=\sqrt{3}\times150\times10\sqrt{3}\times\sqrt{1-(0.8)^2}$$

$$=2{,}700\text{[Var]}$$

79 그림과 같은 함수의 라플라스 변환은?

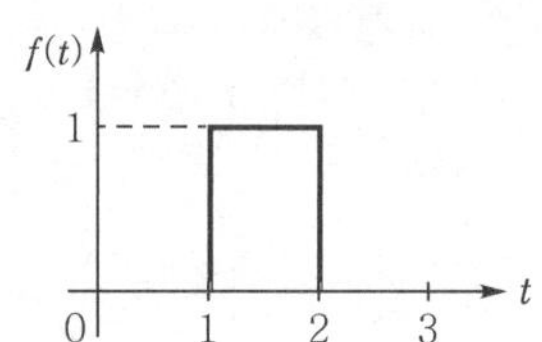

① $\frac{1}{s}(e^{s}-e^{2s})$ ② $\frac{1}{s}(e^{-s}-e^{-2s})$
③ $\frac{1}{s}(e^{-2s}-e^{-s})$ ④ $\frac{1}{s}(e^{-s}+e^{-2s})$

해설 $f(t)=u(t-1)-u(t-2)$
시간 추이 정리에 의해

$$F(s)=e^{-s}\frac{1}{s}-e^{-2s}\frac{1}{s}=\frac{1}{s}(e^{-s}-e^{-2s})$$

80 상의 순서가 a-b-c인 불평형 3상 전류가 $I_a=15+j2$[A], $I_b=-20-j14$[A], $I_c=-3+j10$[A]일 때 영상분 전류 I_0는 약 몇 [A]인가?

① $2.67+j0.38$ ② $2.02+j6.98$
③ $15.5-j3.56$ ④ $-2.67-j0.67$

해설 영상분 전류

$$I_0=\frac{1}{3}(I_a+I_b+I_c)$$

$$=\frac{1}{3}\{(15+j2)+(-20-j14)+(-3+j10)\}$$

$$=-2.67-j0.67\text{[A]}$$

정답 76. ④ 77. ② 78. ③ 79. ② 80. ④

제5과목 전기설비기술기준

81 지중 전선로를 직접 매설식에 의하여 차량 기타 중량물의 압력을 받을 우려가 있는 장소에 시설하는 경우 매설 깊이는 몇 [m] 이상으로 하여야 하는가?

① 0.6　② 1
③ 1.5　④ 2

해설 지중 전선로의 시설(KEC 334.1)
- 케이블 사용
- 관로식, 암거식, 직접 매설식
- 매설 깊이
  - 관로식, 직매식 : 1[m] 이상
  - 중량물의 압력을 받을 우려가 없는 곳 : 0.6[m] 이상

82 돌침, 수평 도체, 메시 도체의 요소 중에 한 가지 또는 이를 조합한 형식으로 시설하는 것은?

① 접지극 시스템　② 수뢰부 시스템
③ 내부 피뢰 시스템　④ 인하도선 시스템

해설 수뢰부 시스템(KEC 152.1)
수뢰부 시스템의 선정은 돌침, 수평 도체, 메시 도체의 요소 중에 한 가지 또는 이를 조합한 형식으로 시설하여야 한다.

83 지중 전선로에 사용하는 지중함의 시설 기준으로 틀린 것은?

① 조명 및 세척이 가능한 장치를 하도록 할 것
② 견고하고 차량 기타 중량물의 압력에 견디는 구조일 것
③ 그 안의 고인 물을 제거할 수 있는 구조로 되어 있을 것
④ 뚜껑은 시설자 이외의 자가 쉽게 열 수 없도록 시설할 것

해설 지중함 시설(KEC 334.2)
- 견고하고, 차량 기타 중량물의 압력에 견디는 구조
- 지중함은 고인 물을 제거할 수 있는 구조
- 지중함 크기 $1[m^3]$ 이상
- 지중함의 뚜껑은 시설자 이외의 자가 쉽게 열 수 없도록 시설

84 전식 방지 대책에서 매설 금속체측의 누설 전류에 의한 전식의 피해가 예상되는 곳에 고려하여야 하는 방법으로 틀린 것은?

① 절연 코팅
② 배류 장치 설치
③ 변전소 간 간격 축소
④ 저준위 금속체를 접속

해설 전식 방지 대책(KEC 461.4)
- 전기 철도측의 전식 방식 또는 전식 예방을 위해서는 다음 방법을 고려한다.
  - 변전소 간 간격 축소
  - 레일 본드의 양호한 시공
  - 장대 레일 채택
  - 절연 도상 및 레일과 침목 사이에 절연층의 설치
- 매설 금속체측의 누설 전류에 의한 전식의 피해가 예상되는 곳은 다음 방법을 고려한다.
  - 배류 장치 설치
  - 절연 코팅
  - 매설 금속체 접속부 절연
  - 저준위 금속체를 접속
  - 궤도와의 이격 거리 증대
  - 금속판 등의 도체로 차폐

정답 81. ② 82. ② 83. ① 84. ③

85 일반 주택의 저압 옥내 배선을 점검하였더니 다음과 같이 시설되어 있었을 경우 시설기준에 적합하지 않은 것은?

① 합성 수지관의 지지점 간의 거리를 2[m]로 하였다.

② 합성 수지관 안에서 전선의 접속점이 없도록 하였다.

③ 금속관 공사에 옥외용 비닐 절연 전선을 제외한 절연 전선을 사용하였다.

④ 인입구에 가까운 곳으로서 쉽게 개폐할 수 있는 곳에 개폐기를 각 극에 시설하였다.

해설 **합성 수지관 공사(KEC 232.11)**

- 전선은 연선(옥외용 제외) 사용. 연동선 10[mm^2], 알루미늄선 16[mm^2] 이하 단선 사용
- 전선관 내 전선 접속점이 없도록 함
- 관을 삽입하는 길이 : 관 외경 1.2배(접착제 사용 0.8배)
- 관 지지점 간 거리 : 1.5[m] 이하

86 하나 또는 복합하여 시설하여야 하는 접지극의 방법으로 틀린 것은?

① 지중 금속 구조물

② 토양에 매설된 기초 접지극

③ 케이블의 금속 외장 및 그 밖에 금속 피복

④ 대지에 매설된 강화 콘크리트의 용접된 금속 보강재

해설 **접지극의 시설 및 접지 저항(KEC 142.2)**

- 접지극은 다음의 방법 중 하나 또는 복합하여 시설
  - 콘크리트에 매입된 기초 접지극
  - 토양에 매설된 기초 접지극
  - 토양에 수직 또는 수평으로 직접 매설된 금속 전극
  - 케이블의 금속 외장 및 그 밖에 금속 피복
  - 지중 금속 구조물(배관 등)
  - 대지에 매설된 철근 콘크리트의 용접된 금속 보강재
- 접지극의 매설
  - 토양을 오염시키지 않아야 하며, 가능한 다습한 부분에 설치
  - 지하 0.75[m] 이상 매설
  - 철주의 밑면으로부터 0.3[m] 이상 또는 금속체로부터 1[m] 이상

87 사용 전압이 154[kV]인 전선로를 제1종 특고압 보안 공사로 시설할 때 경동 연선의 굵기는 몇 [mm^2] 이상이어야 하는가?

① 55 ② 100

③ 150 ④ 200

해설 **제1종 특고압 보안 공사 시 전선의 단면적(KEC 333.22)**

- 100[kV] 미만 : 55[mm^2](인장 강도 21.67[kN]) 이상 경동 연선
- 100[kV] 이상 300[kV] 미만 : 150[mm^2](인장 강도 58.84[kN]) 이상 경동 연선
- 300[kV] 이상 : 200[mm^2](인장 강도 77.47[kN]) 이상 경동 연선

88 다음 ( )에 들어갈 내용으로 옳은 것은?

> 동일 지지물에 저압 가공전선(다중접지된 중성선은 제외한다)과 고압 가공전선을 시설하는 경우 고압 가공전선을 저압 가공전선의 (㉠)로 하고, 별개의 완금류에 시설해야 하며, 고압 가공전선과 저압 가공전선 사이의 이격거리는 (㉡)[m] 이상으로 한다.

① ㉠ 아래, ㉡ 0.5 ② ㉠ 아래, ㉡ 1

③ ㉠ 위, ㉡ 0.5 ④ ㉠ 위, ㉡ 1

해설 **고압 가공 전선 등의 병행 설치(KEC 332.8)**

저압 가공 전선(다중 접지된 중성선은 제외한다)과 고압 가공 전선을 동일 지지물에 시설하는 경우에는 다음에 따라야 한다.

- 저압 가공 전선을 고압 가공 전선의 아래로 하고 별개의 완금류에 시설할 것

정답 85. ① 86. ④ 87. ③ 88. ③

• 저압 가공 전선과 고압 가공전선 사이의 이격 거리는 0.5[m] 이상일 것

89 전기설비기술기준에서 정하는 안전 원칙에 대한 내용으로 틀린 것은?

① 전기 설비는 감전, 화재 그 밖에 사람에게 위해를 주거나 물건에 손상을 줄 우려가 없도록 시설하여야 한다.
② 전기 설비는 다른 전기 설비, 그 밖의 물건의 기능에 전기적 또는 자기적인 장해를 주지 않도록 시설하여야 한다.
③ 전기 설비는 경쟁과 새로운 기술 및 사업의 도입을 촉진함으로써 전기 사업의 건전한 발전을 도모하도록 시설하여야 한다.
④ 전기 설비는 사용 목적에 적절하고 안전하게 작동하여야 하며, 그 손상으로 인하여 전기 공급에 지장을 주지 않도록 시설하여야 한다.

해설 **안전 원칙(기술기준 제2조)**
• 전기 설비는 감전, 화재 그 밖에 사람에게 위해(危害)를 주거나 물건에 손상을 줄 우려가 없도록 시설하여야 한다.
• 전기 설비는 사용 목적에 적절하고 안전하게 작동하여야 하며, 그 손상으로 인하여 전기 공급에 지장을 주지 않도록 시설하여야 한다.
• 전기 설비는 다른 전기 설비, 그 밖의 물건의 기능에 전기적 또는 자기적인 장해를 주지 않도록 시설하여야 한다.

90 플로어 덕트 공사에 의한 저압 옥내 배선에서 연선을 사용하지 않아도 되는 전선(동선)의 단면적은 최대 몇 [mm^2]인가?

① 2 ② 4
③ 6 ④ 10

해설 **플로어 덕트 공사(KEC 232.32)**
• 전선은 절연 전선(옥외용 비닐 절연 전선 제외)일 것
• 전선은 연선일 것. 다만, 단면적 10[mm^2](알루미늄선 16[mm^2]) 이하인 것은 그러하지 아니하다.
• 플로어 덕트 안에는 전선에 접속점이 없도록 할 것

91 풍력 터빈에 설비의 손상을 방지하기 위하여 시설하는 운전 상태를 계측하는 계측 장치로 틀린 것은?

① 조도계 ② 압력계
③ 온도계 ④ 풍속계

해설 **계측 장치의 시설(KEC 532.3.7)**
풍력 터빈에는 설비의 손상을 방지하기 위하여 운전 상태를 계측하는 다음의 계측 장치를 시설하여야 한다.
• 회전 속도계
• 나셀(nacelle) 내의 진동을 감시하기 위한 진동계
• 풍속계
• 압력계
• 온도계

92 전압의 종별에서 교류 600[V]는 무엇으로 분류하는가?

① 저압 ② 고압
③ 특고압 ④ 초고압

해설 **적용범위(KEC 111.1)**
전압의 구분
• 저압 : 교류는 1[kV] 이하, 직류는 1.5[kV] 이하인 것
• 고압 : 교류는 1[kV]를, 직류는 1.5[kV]를 초과하고, 7[kV] 이하인 것
• 특고압 : 7[kV]를 초과하는 것

93 옥내 배선 공사 중 반드시 절연 전선을 사용하지 않아도 되는 공사 방법은? (단, 옥외용 비닐 절연 전선은 제외한다.)

① 금속관 공사 ② 버스 덕트 공사
③ 합성 수지관 공사 ④ 플로어 덕트 공사

정답 89. ③ 90. ④ 91. ① 92. ① 93. ②

해설 나전선의 사용 제한(KEC 231.4)

㉠ 옥내에 시설하는 저압 전선에는 나전선을 사용하여서는 아니 된다.

㉡ 나전선의 사용이 가능한 경우

- 애자 공사
  - 전기로용 전선
  - 전선의 피복 절연물이 부식하는 장소
  - 취급자 이외의 자가 출입할 수 없도록 설비한 장소
- 버스 덕트 공사 및 라이팅 덕트 공사
- 접촉 전선

94 (출제빈도) **시가지에 시설하는 사용 전압 170[kV] 이하인 특고압 가공 전선로의 지지물이 철탑이고 전선이 수평으로 2 이상 있는 경우에 전선 상호간의 간격이 4[m] 미만인 때에는 특고압 가공 전선로의 경간은 몇 [m] 이하이어야 하는가?**

① 100　　② 150

③ 200　　④ 250

해설 시가지 등에서 특고압 가공 전선로의 시설(KEC 333.1)

철탑의 경간 400[m] 이하(다만, 전선이 수평으로 2 이상 있는 경우에 전선 상호간의 간격이 4[m] 미만인 때에는 250[m] 이하)

95 **사용 전압이 170[kV] 이하의 변압기를 시설하는 변전소로서 기술원이 상주하여 감시하지는 않으나 수시로 순회하는 경우, 기술원이 상주하는 장소에 경보 장치를 시설하지 않아도 되는 경우는?**

① 옥내 변전소에 화재가 발생한 경우

② 제어 회로의 전압이 현저히 저하한 경우

③ 운전 조작에 필요한 차단기가 자동적으로 차단한 후 재폐로한 경우

④ 수소 냉각식 조상기는 그 조상기 안의 수소의 순도가 90[%] 이하로 저하한 경우

해설 상주 감시를 하지 아니하는 변전소의 시설(KEC 351.9)

사용 전압이 170[kV] 이하의 변압기를 시설하는 변전소

- 경보 장치 시설
  - 운전 조작에 필요한 차단기가 자동적으로 차단한 경우
  - 주요 변압기의 전원측 전로가 무전압으로 된 경우
  - 제어 회로의 전압이 현저히 저하한 경우
  - 옥내 변전소에 화재가 발생한 경우
  - 출력 3,000[kVA]를 초과하는 특고압용 변압기는 그 온도가 현저히 상승한 경우
  - 특고압용 타냉식 변압기는 그 냉각 장치가 고장난 경우
  - 조상기는 내부에 고장이 생긴 경우
  - 수소 냉각식 조상기는 그 조상기 안의 수소의 순도가 90[%] 이하로 저하한 경우, 수소의 압력이 현저히 변동한 경우 또는 수소의 온도가 현저히 상승한 경우
  - 가스 절연 기기의 절연 가스의 압력이 현저히 저하한 경우
- 수소의 순도가 85[%] 이하로 저하한 경우에 그 조상기를 전로로부터 자동적으로 차단하는 장치 시설
- 전기 철도용 변전소는 주요 변성 기기에 고장이 생긴 경우 또는 전원측 전로의 전압이 현저히 저하한 경우에 그 변성 기기를 자동적으로 전로로부터 차단하는 장치를 할 것

96 (출제빈도) **특고압용 타냉식 변압기의 냉각 장치에 고장이 생긴 경우를 대비하여 어떤 보호 장치를 하여야 하는가?**

① 경보 장치

② 속도 조정 장치

③ 온도 시험 장치

④ 냉매 흐름 장치

정답 94. ④ 95. ③ 96. ①

해설 특고압용 변압기의 보호 장치(KEC 351.4)

뱅크 용량	동작조건	장치의 종류
5,000[kVA] 이상 10,000[kVA] 미만	내부 고장	자동 차단 장치, 경보 장치
10,000[kVA] 이상	내부 고장	자동 차단 장치
타냉식 변압기	온도 상승	경보 장치

97 특고압 가공 전선로의 지지물로 사용하는 B종 철주, B종 철근 콘크리트주 또는 철탑의 종류에서 전선로의 지지물 양쪽의 경간의 차가 큰 곳에 사용하는 것은?

① 각도형 ② 인류형
③ 내장형 ④ 보강형

해설 특고압 가공 전선로의 철주·철근 콘크리트주 또는 철탑의 종류(KEC 333.11)

- 직선형 : 3도 이하
- 각도형 : 3도 초과
- 인류형 : 인류하는 곳
- 내장형 : 경간 차 큰 곳

98 아파트 세대 욕실에 "비데용 콘센트"를 시설하고자 한다. 다음의 시설 방법 중 적합하지 않은 것은?

① 콘센트는 접지극이 없는 것을 사용한다.
② 습기가 많은 장소에 시설하는 콘센트는 방습 장치를 하여야 한다.
③ 콘센트를 시설하는 경우에는 절연 변압기(정격 용량 3[kVA] 이하인 것에 한한다)로 보호된 전로에 접속하여야 한다.
④ 콘센트를 시설하는 경우에는 인체 감전 보호용 누전 차단기(정격 감도 전류 15[mA] 이하, 동작 시간 0.03초 이하의 전류 동작형의 것에 한한다)로 보호된 전로에 접속하여야 한다.

해설 콘센트의 시설(KEC 234.5)

욕조나 샤워 시설이 있는 욕실 또는 화장실 등 인체가 물에 젖어 있는 상태에서 전기를 사용하는 장소에 콘센트를 시설

- 「전기용품 및 생활용품 안전관리법」의 적용을 받는 인체 감전 보호용 누전 차단기(정격 감도 전류 15[mA] 이하, 동작 시간 0.03초 이하의 전류 동작형) 또는 절연 변압기(정격 용량 3[kVA] 이하)로 보호된 전로에 접속하거나, 인체 감전 보호용 누전 차단기가 부착된 콘센트를 시설한다.
- 콘센트는 접지극이 있는 방적형 콘센트를 사용하고 규정에 준하여 접지한다.
- 습기가 많은 장소 또는 수분이 있는 장소에 시설하는 콘센트 및 기계 기구용 콘센트는 접지용 단자가 있는 것을 사용하여 접지하고, 방습 장치를 한다.

99 고압 가공 전선로의 가공 지선에 나경동선을 사용하려면 지름 몇 [mm] 이상의 것을 사용하여야 하는가?

① 2.0 ② 3.0
③ 4.0 ④ 5.0

해설 고압 가공 전선로의 가공 지선(KEC 332.6)

인장 강도 5.26[kN] 이상의 것 또는 지름 4[mm] 이상의 나경동선을 사용

100 변전소의 주요 변압기에 계측 장치를 시설하여 측정하여야 하는 것이 아닌 것은?

① 역률 ② 전압
③ 전력 ④ 전류

해설 계측 장치(KEC 351.6)

변전소에 계측 장치를 시설하여 측정하는 사항

- 주요 변압기의 전압 및 전류 또는 전력
- 특고압용 변압기의 온도

정답 97. ③ 98. ① 99. ③ 100. ①

2021. 8. 14. 시행

2021년 제3회 기출문제

제1과목 전기자기학

01 그림과 같이 단면적 S[m^2]가 균일한 환상 철심에 권수 N_1인 A 코일과 권수 N_2인 B 코일이 있을 때, A 코일의 자기 인덕턴스가 L_1[H]라면 두 코일의 상호 인덕턴스 M[H]는? (단, 누설 자속은 0이다.)

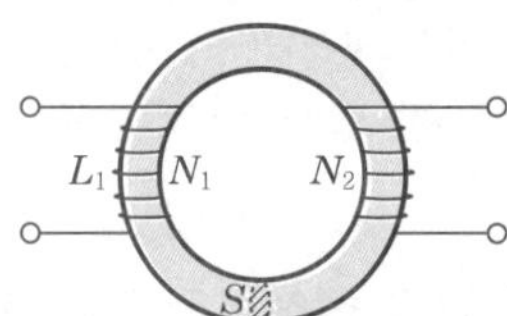

① $\frac{L_1 N_2}{N_1}$ ② $\frac{N_2}{L_1 N_1}$

③ $\frac{L_1 N_1}{N_2}$ ④ $\frac{N_1}{L_1 N_2}$

해설
A 코일의 자기 인덕턴스 $L_1 = \frac{\mu N_1^2 S}{l}$[H]

상호 인덕턴스 $M = \frac{\mu N_1 N_2 S}{l} = \frac{\mu N_1 N_2 S}{l} \cdot \frac{N_1}{N_1}$

$= L_1 \cdot \frac{N_2}{N_1}$[H]

02 평행판 커패시터에 어떤 유전체를 넣었을 때 전속 밀도가 4.8×10^{-7}[C/m^2]이고 단위 체적당 정전 에너지가 5.3×10^{-3}[J/m^3]이었다. 이 유전체의 유전율은 약 몇 [F/m]인가?

① 1.15×10^{-11} ② 2.17×10^{-11}

③ 3.19×10^{-11} ④ 4.21×10^{-11}

해설
정전 에너지 $w_E = \frac{D^2}{2\varepsilon}$[J/m^3]

유전율 $\varepsilon = \frac{D^2}{2w_E} = \frac{(4.8\times10^{-7})^2}{2\times5.3\times10^{-3}}$

$= 2.17\times10^{-11}$[F/m]

03 진공 중에서 점(0, 1)[m]의 위치에 -2×10^{-9}[C]의 점전하가 있을 때, 점(2, 0)[m]에 있는 1[C]의 점전하에 작용하는 힘은 몇 [N]인가? (단, $\hat{x}$, $\hat{y}$는 단위 벡터이다.)

① $-\frac{18}{3\sqrt{5}}\hat{x}+\frac{36}{3\sqrt{5}}\hat{y}$

② $-\frac{36}{5\sqrt{5}}\hat{x}+\frac{18}{5\sqrt{5}}\hat{y}$

③ $-\frac{36}{3\sqrt{5}}\hat{x}+\frac{18}{3\sqrt{5}}\hat{y}$

④ $\frac{36}{5\sqrt{5}}\hat{x}+\frac{18}{5\sqrt{5}}\hat{y}$

해설 거리 벡터 $\boldsymbol{r} = -2\hat{x}+\hat{y}$[m]

거리 벡터의 절대값 $|\boldsymbol{r}| = \sqrt{2^2+1^2} = \sqrt{5}$[m]

단위 벡터 $\boldsymbol{r}_0 = \frac{\boldsymbol{r}}{|\boldsymbol{r}|} = \frac{-2\hat{x}+\hat{y}}{\sqrt{5}}$

힘 $\boldsymbol{F} = \boldsymbol{r}_0 \frac{1}{4\pi\varepsilon_0} \cdot \frac{Q_1 Q_2}{r^2}$

$= \frac{-2\hat{x}+\hat{y}}{\sqrt{5}} \times 9\times10^9 \times \frac{-2\times10^{-9}\times1}{(\sqrt{5})^2}$

$= \frac{-36}{5\sqrt{5}}\hat{x}+\frac{18}{5\sqrt{5}}\hat{y}$[N]

04 다음 중 기자력(magnetomotive force)에 대한 설명으로 틀린 것은?

① SI 단위는 암페어[A]이다.

② 전기 회로의 기전력에 대응한다.

③ 자기 회로의 자기 저항과 자속의 곱과 동일하다.

④ 코일에 전류를 흘렸을 때 전류 밀도와 코일의 권수의 곱의 크기와 같다.

정답 01. ① 02. ② 03. ② 04. ④

해설 기자력 $F = NI$[A]

기자력은 전기 회로의 기전력과 대응되며 자기 저항 R_m과 자속 ϕ의 곱의 크기와 같다.

자기 회로 옴의 법칙 $\phi = \dfrac{F}{R_m}$[Wb]

05 쌍극자 모멘트가 M[C · m]인 전기 쌍극자에 의한 임의의 점 P에서의 전계의 크기는 전기 쌍극자의 중심에서 축 방향과 점 P를 잇는 선분 사이의 각이 얼마일 때 최대가 되는가?

출제빈도

① 0 ② $\dfrac{\pi}{2}$

③ $\dfrac{\pi}{3}$ ④ $\dfrac{\pi}{4}$

해설 전기 쌍극자에 의한 전계의 세기

$$E = \sqrt{E_r^{\ 2} + E_\theta^{\ 2}} = \frac{M}{4\pi\varepsilon_0 r^3}\sqrt{1+3\cos^2\theta}\ [\text{V/m}]$$

$\theta = 0$일 때 전계의 크기는 최대이다.

06 정상 전류계에서 J는 전류 밀도, σ는 도전율, ρ는 고유 저항, E는 전계의 세기일 때, 옴의 법칙의 미분형은?

출제빈도

① $J = \sigma E$ ② $J = \dfrac{E}{\sigma}$

③ $J = \rho E$ ④ $J = \rho\sigma E$

해설 전류 $I = \dfrac{V}{R} = \dfrac{El}{\rho\dfrac{l}{S}} = \dfrac{E}{\rho}S$[A]

전류 밀도 $J = \dfrac{I}{S} = \dfrac{E}{\rho} = \sigma E[\text{A/m}^2]$

07 그림과 같이 극판의 면적이 S[m²]인 평행판 커패시터에 유전율이 각각 $\varepsilon_1 = 4$, $\varepsilon_2 = 2$인 유전체를 채우고, a, b 양단에 V[V]의 전압을 인가했을 때, ε_1, ε_2인 유전체 내부의 전계의 세기 E_1과 E_2의 관계식은? (단, σ[C/m²]는 면전하 밀도이다.)

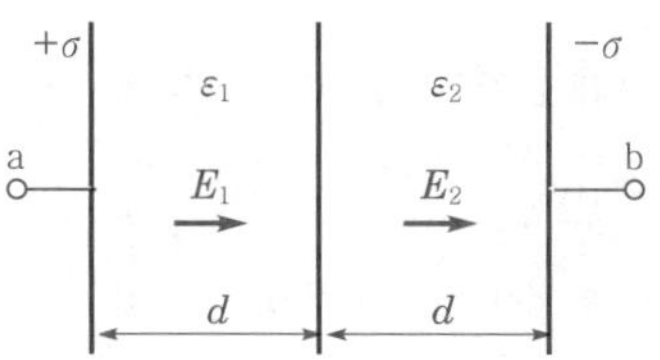

① $E_1 = 2E_2$ ② $E_1 = 4E_2$

③ $2E_1 = E_2$ ④ $E_1 = E_2$

해설 유전체의 경계면 조건에서 전속 밀도의 법선 성분은 서로 같으므로

$D_{1n} = D_{2n}$, $\varepsilon_1 E_1 = \varepsilon_2 E_2$, $4E_1 = 2E_2$

$\therefore\ 2E_1 = E_2$

08 반지름이 r[m]인 반원형 전류 I[A]에 의한 반원의 중심(O)에서 자계의 세기[AT/m]는?

출제빈도

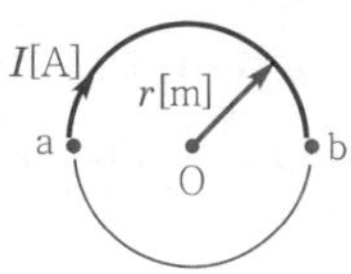

① $\dfrac{2I}{r}$ ② $\dfrac{I}{r}$

③ $\dfrac{I}{2r}$ ④ $\dfrac{I}{4r}$

해설 원형 코일 중심점의 자계의 세기

$$H = \frac{NI}{2a} = \frac{\frac{1}{2}I}{2r} = \frac{I}{4r}\ [\text{AT/m}]$$

09 평균 반지름(r)이 20[cm], 단면적(S)이 6[cm²]인 환상 철심에서 권선수(N)가 500회인 코일에 흐르는 전류(I)가 4[A]일 때 철심 내부에서의 자계의 세기(H)는 약 몇 [AT/m]인가?

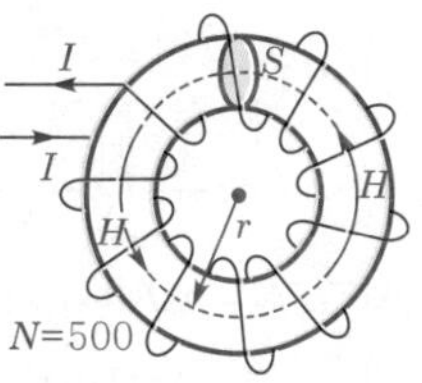

① 1,590 ② 1,700

③ 1,870 ④ 2,120

정답 05. ① 06. ① 07. ③ 08. ④ 09. ①

해설 솔레노이드 내부의 자계의 세기

$$H=\frac{NI}{l}=\frac{NI}{2\pi r}=\frac{500\times 4}{2\pi\times 0.2}$$
$$=1591.5 \fallingdotseq 1{,}590[\text{AT/m}]$$

10 속도 v의 전자가 평등 자계 내에 수직으로 들어갈 때, 이 전자에 대한 설명으로 옳은 것은?

① 구면 위에서 회전하고 구의 반지름은 자계의 세기에 비례한다.

② 원운동을 하고 원의 반지름은 자계의 세기에 비례한다.

③ 원운동을 하고 원의 반지름은 자계의 세기에 반비례한다.

④ 원운동을 하고 원의 반지름은 전자의 처음 속도의 제곱에 비례한다.

해설 전자가 자계 중에 수직으로 들어갈 때 구심력과 원심력이 같은 상태에서 원운동을 하므로

$evB=\frac{mv^2}{r}$ 이며, 반경 $r=\frac{mv}{eB}[\text{m}]\propto\frac{1}{B}$ 이다.

11 길이가 10[cm]이고 단면의 반지름이 1[cm]인 원통형 자성체가 길이 방향으로 균일하게 자화되어 있을 때 자화의 세기가 0.5[Wb/m^2]이라면 이 자성체의 자기 모멘트[Wb · m]는?

① 1.57×10^{-5}

② 1.57×10^{-4}

③ 1.57×10^{-3}

④ 1.57×10^{-2}

해설 자화의 세기 $J=\frac{m}{S}=\frac{ml}{Sl}$

$$=\frac{M(\text{자기 모멘트})}{V(\text{체적})}[\text{Wb/m}^2]$$

자기 모멘트 $M=vJ=\pi a^2\cdot lJ$

$$=\pi\times(0.01)^2\times 0.1\times 0.5$$
$$=1.57\times 10^{-5}[\text{Wb}\cdot\text{m}]$$

12 자기 인덕턴스가 각각 L_1, L_2인 두 코일의 상호 인덕턴스가 M일 때 결합 계수는?

① $\frac{M}{L_1L_2}$ ② $\frac{L_1L_2}{M}$

③ $\frac{M}{\sqrt{L_1L_2}}$ ④ $\frac{\sqrt{L_1L_2}}{M}$

해설 누설 자속이 있는 솔레노이드에서

$M^2\leq L_1L_2$, $M\leq\sqrt{L_1L_2}$

$M=K\sqrt{L_1L_2}$

결합 계수 $K=\frac{M}{\sqrt{L_1L_2}}$

13 간격 d[m], 면적 S[m^2]의 평행판 전극 사이에 유전율이 ε인 유전체가 있다. 전극 간에 $v(t)=V_m\sin\omega t$의 전압을 가했을 때, 유전체 속의 변위 전류 밀도[A/m^2]는?

① $\frac{\varepsilon\omega V_m}{d}\cos\omega t$ ② $\frac{\varepsilon\omega V_m}{d}\sin\omega t$

③ $\frac{\varepsilon V_m}{\omega d}\cos\omega t$ ④ $\frac{\varepsilon V_m}{\omega d}\sin\omega t$

해설 변위 전류 $I_d=\frac{\partial D}{\partial t}S[\text{A}]$

변위 전류 밀도 $J_d=\frac{I_d}{S}=\frac{\partial D}{\partial t}=\varepsilon\frac{\partial E}{\partial t}=\frac{\varepsilon}{d}\frac{\partial v}{\partial t}$

$$=\frac{\varepsilon}{d}\frac{\partial}{\partial t}V_m\sin\omega t$$
$$=\frac{\varepsilon}{d}\omega V_m\cos\omega t[\text{A/m}^2]$$

14 그림과 같이 공기 중 2개의 동심 구도체에서 내구(A)에만 전하 Q를 주고 외구(B)를 접지하였을 때 내구(A)의 전위는?

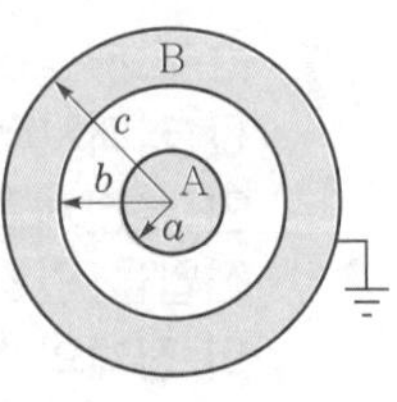

① $\frac{Q}{4\pi\varepsilon_0}\left(\frac{1}{a}-\frac{1}{b}+\frac{1}{c}\right)$

② $\frac{Q}{4\pi\varepsilon_0}\left(\frac{1}{a}-\frac{1}{b}\right)$

③ $\frac{Q}{4\pi\varepsilon_0}\cdot\frac{1}{c}$

④ 0

정답 10. ③ 11. ① 12. ③ 13. ① 14. ②

해설 외구를 접지하면 B 도체의 전위는 0[V]이므로 a, b 두 점 사이의 전위차가 내구(A)의 전위이다.

전위 $Va = -\int_b^a E dl = \frac{Q}{4\pi\varepsilon_0}\left(\frac{1}{a} - \frac{1}{b}\right)$[V]

15 **간격이 d[m]이고 면적이 S[m^2]인 평행판 커패시터의 전극 사이에 유전율이 ε인 유전체를 넣고 전극 간에 V[V]의 전압을 가했을 때, 이 커패시터의 전극판을 떼어내는 데 필요한 힘의 크기[N]는?**

① $\frac{1}{2\varepsilon}\frac{V^2}{d^2 S}$

② $\frac{1}{2\varepsilon}\frac{dV^2}{S}$

③ $\frac{1}{2}\varepsilon\frac{V}{d}S$

④ $\frac{1}{2}\varepsilon\frac{V^2}{d^2}S$

해설 전극판을 떼어내는 데 필요한 힘은 정전 응력과 같으므로

힘 $F = fs = \frac{1}{2}\varepsilon E^2 S = \frac{1}{2}\varepsilon\frac{V^2}{d^2}S$[N]

16 **패러데이관(Faraday tube)의 성질에 대한 설명으로 틀린 것은?**

출제빈도

① 패러데이관 중에 있는 전속수는 그 관속에 진전하가 없으면 일정하며 연속적이다.

② 패러데이관의 양단에는 양 또는 음의 단위 진전하가 존재하고 있다.

③ 패러데이관 한 개의 단위 전위차당 보유 에너지는 $\frac{1}{2}$[J]이다.

④ 패러데이관의 밀도는 전속 밀도와 같지 않다.

해설 패러데이관(Faraday tube)은 단위 정·부하 전하를 연결한 전기력 관으로 진전하가 없는 곳에서 연속이며, 보유 에너지는 $\frac{1}{2}$[J]이고 전속수와 같다.

17 **유전율 ε, 투자율 μ인 매질 내에서 전자파의 전파 속도는?**

출제빈도

① $\sqrt{\frac{\mu}{\varepsilon}}$

② $\sqrt{\mu\varepsilon}$

③ $\sqrt{\frac{\varepsilon}{\mu}}$

④ $\frac{1}{\sqrt{\mu\varepsilon}}$

해설 전자파의 전파 속도 $v = \frac{1}{\sqrt{\mu\varepsilon}}$[m/s]

18 **히스테리시스 곡선에서 히스테리시스 손실에 해당하는 것은?**

① 보자력의 크기

② 잔류 자기의 크기

③ 보자력과 잔류 자기의 곱

④ 히스테리시스 곡선의 면적

해설 히스테리시스 손실(Hysteresis loss)은 자장에 의한 자성체 내 전자의 자전 운동에 의한 손실로 히스테리시스 곡선의 면적과 같다.

19 **공기 중 무한 평면 도체의 표면으로부터 2[m] 떨어진 곳에 4[C]의 점전하가 있다. 이 점전하가 받는 힘은 몇 [N]인가?**

① $\frac{1}{\pi\varepsilon_0}$

② $\frac{1}{4\pi\varepsilon_0}$

③ $\frac{1}{8\pi\varepsilon_0}$

④ $\frac{1}{16\pi\varepsilon_0}$

해설 **전기 영상법에 의한 힘**

$$F = \frac{1}{4\pi\varepsilon_0}\frac{Q_1 Q_2}{(2r)^2} = \frac{Q^2}{16\pi\varepsilon_0 r^2}$$

$$= \frac{4^2}{16\pi\varepsilon_0 \cdot 2^2} = \frac{1}{4\pi\varepsilon_0}\text{[N]}$$

정답 15. ④ 16. ④ 17. ④ 18. ④ 19. ②

20 내압이 2.0[kV]이고 정전 용량이 각각 0.01[μF], 0.02[μF], 0.04[μF]인 3개의 커패시터를 직렬로 연결했을 때 전체 내압은 몇 [V]인가?

① 1,750
② 2,000
③ 3,500
④ 4,000

해설 각 커패시터의 전압비는 정전 용량 C에 반비례하므로

$$V_1 : V_2 : V_3 = \frac{1}{0.01} : \frac{1}{0.02} : \frac{1}{0.04}$$
$$= 100 : 50 : 25$$

C_1 커패시터에 전압이 제일 많이 걸리므로 전체 내압 V와 V_1(C_1의 내압 2[kV])의 비는

$$V : V_1 = 175(V_1 + V_2 + V_3) : 100$$
$$\therefore\ V = \frac{175}{100} V_1$$
$$= \frac{175}{100} \times 2,000$$
$$= 3,500[\text{V}]$$

제2과목 전력공학

21 환상 선로의 단락 보호에 주로 사용하는 계전방식은?

① 비율 차동 계전 방식
② 방향 거리 계전 방식
③ 과전류 계전 방식
④ 선택 접지 계전 방식

해설 **송전 선로 단락 보호**
- 방사상 선로 : 과전류 계전기 사용
- 환상 선로 : 방향 단락 계전 방식, 방향 거리 계전 방식, 과전류 계전기와 방향 거리 계전기를 조합하는 방식

22 변압기 보호용 비율 차동 계전기를 사용하여 △−Y 결선의 변압기를 보호하려고 한다. 이때 변압기 1, 2차측에 설치하는 변류기의 결선 방식은? (단, 위상 보정 기능이 없는 경우이다.)

① △−△　② △−Y
③ Y−△　④ Y−Y

해설 **비율 차동 계전 방식**
변압기의 내부 고장 보호에 적용하고, 변압기의 변압비와 고·저압 단자의 CT비가 정확하게 역비례하여야 하며, 변압기 결선이 △−Y이면 변류기(CT) 2차 결선은 Y−△로 하여 2차 전류를 동상으로 한다.

23 전력 계통의 전압 조정 설비에 대한 특징으로 틀린 것은?

① 병렬 콘덴서는 진상 능력만을 가지며 병렬 리액터는 진상능력이 없다.
② 동기 조상기는 조정의 단계가 불연속적이나 직렬 콘덴서 및 병렬 리액터는 연속적이다.
③ 동기 조상기는 무효 전력의 공급과 흡수가 모두 가능하여 진상 및 지상 용량을 갖는다.
④ 병렬 리액터는 경부하 시에 계통 전압이 상승하는 것을 억제하기 위하여 초고압 송전선 등에 설치된다.

해설 동기 조상기는 무부하로 운전되는 동기 전동기로 전력 계통의 진상 및 지상의 무효 전력을 공급 및 흡수하여 연속적으로 조정하는 조상 설비이다.

24 전력 계통의 중성점 다중 접지 방식의 특징으로 옳은 것은?

① 통신선의 유도 장해가 적다.
② 합성 접지 저항이 매우 높다.
③ 건전상의 전위 상승이 매우 높다.
④ 지락 보호 계전기의 동작이 확실하다.

정답 20. ③ 21. ② 22. ③ 23. ② 24. ④

해설 중성선 다중 접지 방식의 특징

- 접지 저항이 매우 적어 지락 사고 시 건전상 전위 상승이 거의 없다.
- 보호 계전기의 신속한 동작 확보로 고장 선택 차단이 확실하다.
- 피뢰기의 동작 책무가 경감된다.
- 통신선에 대한 유도 장해가 크고, 과도 안정도가 나쁘다.
- 대용량 차단기가 필요하다.

25 **경간이 200[m]인 가공 전선로가 있다. 사용 전선의 길이는 경간보다 약 몇 [m] 더 길어야 하는가? (단, 전선의 1[m]당 하중은 2[kg], 인장 하중은 4,000[kg]이고, 풍압 하중은 무시하며, 전선의 안전율은 2이다.)**

① 0.33　② 0.61
③ 1.41　④ 1.73

해설 이도 $D=\dfrac{WS^2}{8T}=\dfrac{2\times 200^2}{8\times\left(\dfrac{4{,}000}{2}\right)}=5[\text{m}]$

실제 전선 길이 $L=S+\dfrac{8D^2}{3S}$ 이므로

늘어난 길이 $\dfrac{8D^2}{3S}=\dfrac{8\times 5^2}{3\times 200}=0.33[\text{m}]$

26 **송전 선로에 단도체 대신 복도체를 사용하는 경우에 나타나는 현상으로 틀린 것은?**

① 전선의 작용 인덕턴스를 감소시킨다.
② 선로의 작용 정전 용량을 증가시킨다.
③ 전선 표면의 전위 경도를 저감시킨다.
④ 전선의 코로나 임계 전압을 저감시킨다.

해설 복도체 및 다도체의 특징

- 같은 도체 단면적의 단도체보다 인덕턴스와 리액턴스가 감소하고 정전 용량이 증가하여 송전 용량을 크게 할 수 있다.
- 전선 표면의 전위 경도를 저감시켜 코로나 임계 전압을 높게 하므로 코로나 발생을 방지한다.
- 전력 계통의 안정도를 증대시킨다.

27  **옥내 배선을 단상 2선식에서 단상 3선식으로 변경하였을 때, 전선 1선당 공급 전력은 약 몇 배 증가하는가? [단, 선간 전압(단상 3선식의 경우는 중성선과 타선 간의 전압), 선로 전류(중성선의 전류 제외) 및 역률은 같다.]**

① 0.71　② 1.33
③ 1.41　④ 1.73

해설 1선당 전력의 비

$$\frac{\text{단상 3선식}}{\text{단상 2선식}}=\frac{\dfrac{2EI}{3}}{\dfrac{EI}{2}}=\frac{4}{3}=1.33$$

∴ 약 1.33배 증가한다.

28 **3상용 차단기의 정격 차단 용량은 그 차단기의 정격 전압과 정격 차단 전류와의 곱을 몇 배한 것인가?**

① $\dfrac{1}{\sqrt{2}}$　② $\dfrac{1}{\sqrt{3}}$
③ $\sqrt{2}$　④ $\sqrt{3}$

해설 차단기의 정격 차단 용량 $P_s[\text{MVA}]=\sqrt{3}\times$정격 전압[kV]×정격 차단 전류[kA]이므로 3상 계수 $\sqrt{3}$을 적용한다.

29 **송전선에 직렬 콘덴서를 설치하였을 때의 특징으로 틀린 것은?**

① 선로 중에서 일어나는 전압 강하를 감소시킨다.
② 송전 전력의 증가를 꾀할 수 있다.
③ 부하 역률이 좋을수록 설치 효과가 크다.
④ 단락 사고가 발생하는 경우 사고 전류에 의하여 과전압이 발생한다.

해설 직렬 축전지(직렬 콘덴서)

- 선로의 유도 리액턴스를 보상하여 전압 강하를 감소시키기 위하여 사용되며, 수전단의 전압 변동률을 줄이고 정태 안정도가 증가하여 최대 송전 전력이 커진다.

정답 25. ① 26. ④ 27. ② 28. ④ 29. ③

• 정지기로서 가격이 싸고 전력 손실이 적으며, 소음이 없고 보수가 용이하다.
• 부하의 역률이 나쁠수록 효과가 크게 된다.

30 송전선의 특성 임피던스의 특징으로 옳은 것은?

출제빈도

① 선로의 길이가 길어질수록 값이 커진다.
② 선로의 길이가 길어질수록 값이 작아진다.
③ 선로의 길이에 따라 값이 변하지 않는다.
④ 부하 용량에 따라 값이 변한다.

해설 특성 임피던스 $Z_0 = \sqrt{\frac{L}{C}} = 138\log_{10}\frac{D}{r}$ 으로 거리에 관계없이 일정하다.

31 어느 화력 발전소에서 40,000[kWh]를 발전하는 데 발열량 860[kcal/kg]의 석탄이 60톤 사용된다. 이 발전소의 열효율[%]은 약 얼마인가?

출제빈도

① 56.7　② 66.7
③ 76.7　④ 86.7

해설 열효율 $\eta = \frac{860W}{mH} \times 100$

$= \frac{860 \times 40{,}000}{60 \times 10^3 \times 860} \times 100 = 66.7[\%]$

32 유효 낙차 100[m], 최대 유량 20[m^3/s]의 수차가 있다. 낙차가 81[m]로 감소하면 유량[m^3/s]은? (단, 수차에서 발생되는 손실 등은 무시하며 수차 효율은 일정하다.)

① 15　② 18
③ 24　④ 30

해설 **수차의 특성**

유량은 낙차의 $\frac{1}{2}$승에 비례하므로

$Q' = \left(\frac{H'}{H}\right)^{\frac{1}{2}} Q = \left(\frac{81}{100}\right)^{\frac{1}{2}} \times 20 = 18[\text{m}^3/\text{s}]$

33 단락 용량 3,000[MVA]인 모선의 전압이 154[kV]라면 등가 모선 임피던스[Ω]는 약 얼마인가?

① 5.81　② 6.21
③ 7.91　④ 8.71

해설 용량 $P = \frac{{V_r}^2}{Z}$ [MVA]에서

$Z = \frac{{V_r}^2}{P} = \frac{154^2}{3{,}000} \fallingdotseq 7.91[\Omega]$

34 중성점 접지 방식 중 직접 접지 송전 방식에 대한 설명으로 틀린 것은?

① 1선 지락 사고 시 지락 전류는 타 접지 방식에 비하여 최대로 된다.
② 1선 지락 사고 시 지락 계전기의 동작이 확실하고 선택 차단이 가능하다.
③ 통신선에서의 유도 장해는 비접지 방식에 비하여 크다.
④ 기기의 절연 레벨을 상승시킬 수 있다.

해설 중성점 직접 접지 방식은 1상 지락 사고일 경우 지락 전류가 대단히 크기 때문에 보호 계전기의 동작이 확실하고, 중성점의 전위는 대지 전위이므로 저감 절연 및 변압기 단절연이 가능하지만, 계통에 주는 충격이 크고 과도 안정도가 나쁘다.

35 선로 고장 발생 시 고장 전류를 차단할 수 없어 리클로저와 같이 차단 기능이 있는 후비 보호장치와 함께 설치되어야 하는 장치는?

① 배선용 차단기
② 유입 개폐기
③ 컷 아웃 스위치
④ 섹셔널라이저

해설 섹셔널라이저(sectionalizer)는 고장 발생 시 차단기능이 없으므로 고장을 차단하는 후비 보호 장치(리클로저)와 직렬로 설치하여 고장 구간을 분리시키는 개폐기이다.

정답 30. ③ 31. ② 32. ② 33. ③ 34. ④ 35. ④

36 송전 선로의 보호 계전 방식이 아닌 것은?

① 전류 위상 비교 방식
② 전류 차동 보호 계전 방식
③ 방향 비교 방식
④ 전압 균형 방식

해설 **송전 선로 보호 계전 방식의 종류**
과전류 계전 방식, 방향 단락 계전 방식, 방향 거리 계전 방식, 과전류 계전기와 방향 거리 계전기와 조합하는 방식, 전류 차동 보호 방식, 표시선 계전 방식, 전력선 반송 계전 방식 등이 있다.

37 가공 송전선의 코로나 임계 전압에 영향을 미치는 여러 가지 인자에 대한 설명 중 틀린 것은?

① 전선 표면이 매끈할수록 임계 전압이 낮아진다.
② 날씨가 흐릴수록 임계 전압은 낮아진다.
③ 기압이 낮을수록, 온도가 높을수록 임계 전압은 낮아진다.
④ 전선의 반지름이 클수록 임계 전압은 높아진다.

해설 **코로나 임계 전압**

$$E_0 = 24.3\, m_0 m_1 \delta\, d \log_{10}\frac{D}{r}\,[\mathrm{kV}]$$

여기서, m_0 : 전선 표면 계수
m_1 : 날씨 계수
δ : 상대 공기 밀도
d : 전선의 직경[cm]
D : 선간 거리[cm]

그러므로 전선 표면이 매끈할수록, 날씨가 청명할수록, 기압이 높고 온도가 낮을수록, 전선의 반지름이 클수록 임계 전압은 높아진다.

38 동작 시간에 따른 보호 계전기의 분류와 이에 대한 설명으로 틀린 것은?

① 순한시 계전기는 설정된 최소 동작 전류 이상의 전류가 흐르면 즉시 동작한다.
② 반한시 계전기는 동작 시간이 전류값의 크기에 따라 변하는 것으로 전류값이 클수록 느리게 동작하고 반대로 전류값이 작아질수록 빠르게 동작하는 계전기이다.
③ 정한시 계전기는 설정된 값 이상의 전류가 흘렀을 때 동작 전류의 크기와는 관계없이 항상 일정한 시간 후에 동작하는 계전기이다.
④ 반한시·정한시 계전기는 어느 전류값까지는 반한시성이지만 그 이상이 되면 정한시로 동작하는 계전기이다.

해설 **계전기 동작 시간에 의한 분류**
- 순한시 계전기 : 정정된 최소 동작 전류 이상의 전류가 흐르면 즉시 동작하는 계전기
- 정한시 계전기 : 정정된 값 이상의 전류가 흐르면 정해진 일정 시간 후에 동작하는 계전기
- 반한시 계전기 : 정정된 값 이상의 전류가 흐를 때 동작 시간이 전류값이 크면 동작 시간은 짧아지고, 전류값이 적으면 동작 시간이 길어진다.

39 송전 선로에서 현수 애자련의 연면 섬락과 가장 관계가 먼 것은?

① 댐퍼
② 철탑 접지 저항
③ 현수 애자련의 개수
④ 현수 애자련의 소손

해설 댐퍼(damper)는 진동 루프 길이의 $\frac{1}{2}\sim\frac{1}{3}$인 곳에 설치하며 진동 에너지를 흡수하여 전선 진동을 방지하는 것으로 연면 섬락과는 관련이 없다.

40 수압철관의 안지름이 4[m]인 곳에서의 유속이 4[m/s]이다. 안지름이 3.5[m]인 곳에서의 유속[m/s]은 약 얼마인가?

① 4.2 ② 5.2
③ 6.2 ④ 7.2

정답 36. ④ 37. ① 38. ② 39. ① 40. ②

해설 수압관의 유량은 $A_1V_1 = A_2V_2$이므로

$$\frac{\pi}{4}\times {D_1}^2\times V_1 = \frac{\pi}{4}\times {D_2}^2\times V_2$$

$$\frac{\pi}{4}\times 4^2\times 4 = \frac{\pi}{4}\times 3.5^2\times V_2$$

$$\therefore\ V_2 = 5.2[\mathrm{m/s}]$$

제3과목 전기기기

41 4극, 60[Hz]인 3상 유도 전동기가 있다. 1,725[rpm]으로 회전하고 있을 때, 2차 기전력의 주파수[Hz]는?

① 2.5
② 5
③ 7.5
④ 10

해설 동기 속도 $N_s = \frac{120f}{P} = \frac{120\times 60}{4} = 1{,}800[\mathrm{rpm}]$

슬립 $s = \frac{N_s - N}{N_s} = \frac{1{,}800 - 1{,}725}{1{,}800} = 0.0416[\%]$

2차 주파수 $f_{2s} = sf_1 = 0.0416\times 60 = 2.5[\mathrm{Hz}]$

42 변압기 내부 고장 검출을 위해 사용하는 계전기가 아닌 것은?

① 과전압 계전기
② 비율 차동 계전기
③ 부흐홀츠 계전기
④ 충격 압력 계전기

해설 변압기의 내부 고장 검출 계전기는 비율 차동 계전기, 부흐홀츠 계전기 및 충격 압력 계전기 등이 있다.

43 단상 반파 정류 회로에서 직류 전압의 평균값 210[V]를 얻는데 필요한 변압기 2차 전압의 실효값은 약 몇 [V]인가? (단, 부하는 순저항이고, 정류기의 전압 강하 평균값은 15[V]로 한다.)

① 400　② 433
③ 500　④ 566

해설 단상 반파 정류 회로에서

직류 전압 평균값 $E_d = \frac{\sqrt{2}\,E}{\pi} - e = 0.45E - e$

전압의 실효값 $E = \frac{(E_d + e)}{0.45}$

$= \frac{210+15}{0.45} = 500[\mathrm{V}]$

44 동기 조상기의 구조상 특징으로 틀린 것은?

① 고정자는 수차 발전기와 같다.
② 안전 운전용 제동 권선이 설치된다.
③ 계자 코일이나 자극이 대단히 크다.
④ 전동기 축은 동력을 전달하는 관계로 비교적 굵다.

해설 동기 조상기는 전압 조정과 역률 개선을 위하여 송전 계통에 접속한 무부하 동기 전동기로 동력을 전달하기 위한 기계가 아니므로 축은 굵게 할 필요가 없다.

45 정격 출력 10,000[kVA], 정격 전압 6,600[V], 정격 역률 0.8인 3상 비돌극 동기 발전기가 있다. 여자를 정격 상태로 유지할 때 이 발전기의 최대 출력은 약 몇 [kW]인가? (단, 1상의 동기 리액턴스를 0.9[p.u]라 하고 저항은 무시한다.)

① 17,089　② 18,889
③ 21,259　④ 23,619

정답 41. ① 42. ① 43. ③ 44. ④ 45. ②

해설 동기 발전기의 단위법

유기 기전력 $e=\sqrt{0.8^2+(0.6+0.9)^2}=1.7$

최대 출력 $P_m=\frac{ev}{x'}P_n=\frac{1.7\times1}{0.9}\times10{,}000$

$=18{,}889[\mathrm{kW}]$

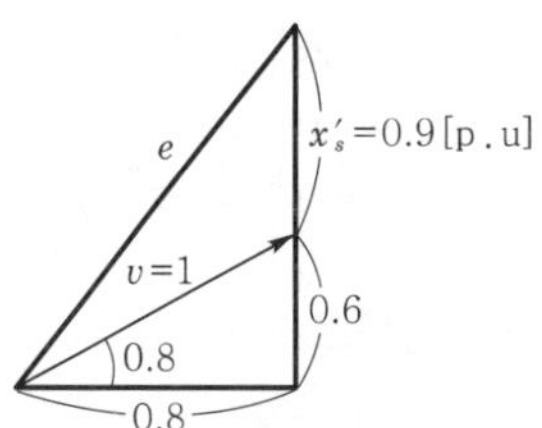

46 75[W] 이하의 소출력 단상 직권 정류자 전동기의 용도로 적합하지 않은 것은?

출제빈도

① 믹서

② 소형 공구

③ 공작 기계

④ 치과 의료용

해설 단상 직권 정류가 전동기는 직류·교류 양용 전동기(만능 전동기)로 75[W] 정도 이하의 소출력은 소형 공구, 믹서(mixer), 치과 의료용 및 가정용 재봉틀 등에 사용되고 있다.

47 권선형 유도 전동기의 2차 여자법 중 2차 단자에서 나오는 전력을 동력으로 바꿔서 직류 전동기에 가하는 방식은?

① 회생 방식

② 크레머 방식

③ 플러깅 방식

④ 세르비우스 방식

해설 권선형 유도 전동기의 속도 제어에서 2차 여자 제어법은 크레머 방식과 세르비우스 방식이 있으며, 크레머 방식은 2차 단자에서 나오는 전력을 동력으로 바꾸어 제어하는 방식이고, 세르비우스 방식은 2차 전력을 전원측에 반환하여 제어하는 방식이다.

48 직류 발전기의 특성 곡선에서 각 축에 해당하는 항목으로 틀린 것은?

① 외부 특성 곡선 : 부하 전류와 단자 전압

② 부하 특성 곡선 : 계자 전류와 단자 전압

③ 내부 특성 곡선 : 무부하 전류와 단자 전압

④ 무부하 특성 곡선 : 계자 전류와 유도 기전력

해설 직류 발전기는 여러 종류가 있으며 서로 다른 특성이 있다. 그 특성을 쉽게 이해하도록 나타낸 것을 특성 곡선이라 하고 다음과 같이 구분한다.

- 무부하 특성 곡선 : 계자 전류와 유도 기전력
- 부하 특성 곡선 : 계자 전류와 단자 전압
- 외부 특성 곡선 : 부하 전류와 단자 전압

49 변압기의 전압 변동률에 대한 설명으로 틀린 것은?

출제빈도

① 일반적으로 부하 변동에 대하여 2차 단자전압의 변동이 작을수록 좋다.

② 전부하 시와 무부하 시의 2차 단자 전압이 서로 다른 정도를 표시하는 것이다.

③ 인가 전압이 일정한 상태에서 무부하 2차 단자 전압에 반비례한다.

④ 전압 변동률은 전등의 광도, 수명, 전동기의 출력 등에 영향을 미친다.

해설

전압 변동률 $\varepsilon=\frac{V_{20}-V_{2n}}{V_{2n}}\times100[\%]$

전압 변동률은 작을수록 좋고, 전기 기계 기구의 출력과 수명 등에 영향을 주며, 2차 정격 전압(전부하 전압)에 반비례한다.

50 3상 유도 전동기에서 고조파 회전 자계가 기본파 회전 방향과 역방향인 고조파는?

① 제3고조파 ② 제5고조파

③ 제7고조파 ④ 제13고조파

해설 3상 유도 전동기의 고조파에 의한 회전 자계의 방향과 속도는 다음과 같다.

정답 46. ③ 47. ② 48. ③ 49. ③ 50. ②

- $h_1 = 2mn+1 = 7,\ 13,\ 19,\ \cdots$

  기본파와 같은 방향, $\dfrac{1}{h_1}$배로 회전
- $h_2 = 2mn-1 = 5,\ 11,\ 17,\ \cdots$

  기본파와 반대 방향, $\dfrac{1}{h_2}$배로 회전
- $h_0 = mn \pm 0 = 3,\ 9,\ 15,\ \cdots$

  회전 자계가 발생하지 않는다.

51 직류 직권 전동기에서 분류 저항기를 직권 권선에 병렬로 접속해 여자 전류를 가감시켜 속도를 제어하는 방법은?

① 저항 제어 ② 전압 제어
③ 계자 제어 ④ 직·병렬 제어

해설 직류 직권 전동기에서 직권 계자 권선에 병렬로 분류 저항기를 접속하여 여자 전류의 가감으로 자속 ϕ를 변화시켜 속도를 제어하는 방법을 계자 제어라고 한다.

52 100[kVA], 2,300/115[V], 철손 1[kW], 전부하 동손 1.25[kW]의 변압기가 있다. 이 변압기는 매일 무부하로 10시간, $\frac{1}{2}$ 정격부하 역률 1에서 8시간, 전부하 역률 0.8(지상)에서 6시간 운전하고 있다면 전일 효율은 약 몇 [%]인가?

① 93.3 ② 94.3
③ 95.3 ④ 96.3

해설 **변압기의 전일 효율 η_d[%]**

$$\eta_d = \frac{\frac{1}{m}P\cos\theta \cdot h}{\frac{1}{m}P\cos\theta \cdot h + 24P_i + \left(\frac{1}{m}\right)^2 P_c \cdot h} \times 100$$

$$= \frac{\frac{1}{2}\times 100\times 1\times 8 + 100\times 0.8\times 6}{\frac{1}{2}\times 100\times 1\times 8 + 100\times 0.8\times 6 + 24\times 1 + \left(\frac{1}{2}\right)^2\times 1.25\times 8 + 1.25\times 6} \times 100$$

$$= \frac{880}{880+24+10}\times 100 = 96.28 \fallingdotseq 96.3[\%]$$

53 유도 전동기의 슬립을 측정하려고 한다. 다음 중 슬립의 측정법이 아닌 것은?

① 수화기법
② 직류 밀리볼트계법
③ 스트로보스코프법
④ 프로니 브레이크법

해설 **유도 전동기의 슬립 측정법**
- 수화기법
- 직류 밀리볼트계법
- 스트로보스코프법

54 60[Hz], 600[rpm]의 동기 전동기에 직결된 기동용 유도 전동기의 극수는?

① 6 ② 8
③ 10 ④ 12

해설 동기 전동기의 극수

$$P = \frac{120f}{N_s} = \frac{120\times 60}{600} = 12[\text{극}]$$

기동용 유도 전동기는 동기 속도보다 sN_s만큼 속도가 늦으므로 동기 전동기의 극수에서 2극 적은 10극을 사용해야 한다.

55 1상의 유도 기전력이 6,000[V]인 동기 발전기에서 1분간 회전수를 900[rpm]에서 1,800[rpm]으로 하면 유도 기전력은 약 몇 [V]인가?

① 6,000 ② 12,000
③ 24,000 ④ 36,000

해설 동기 발전기의 유도 기전력 $E = 4.44fN\phi k_w$[V]

주파수 $f = \dfrac{P}{120}N_s$[Hz]

극수가 일정한 상태에서 속도를 2배 높이면 주파수가 2배 증가하고 기전력도 2배 상승한다.
유도 기전력 $E' = 2E = 2\times 6,000 = 12,000$[V]

정답 51. ③ 52. ④ 53. ④ 54. ③ 55. ②

56 3상 변압기를 병렬 운전하는 조건으로 틀린 것은?

① 각 변압기의 극성이 같을 것
② 각 변압기의 %임피던스 강하가 같을 것
③ 각 변압기의 1차 및 2차 정격 전압과 변압비가 같을 것
④ 각 변압기의 1차와 2차 선간 전압의 위상 변위가 다를 것

해설 **3상 변압기의 병렬 운전 조건**
- 각 변압기의 극성이 같을 것
- 1차, 2차 정격 전압과 변압비(권수비)가 같을 것
- %임피던스 강하가 같을 것
- 변압기의 저항과 리액턴스 비가 같을 것
- 상회전 방향과 위상 변위(각 변위)가 같을 것

57 직류 분권 전동기의 전압이 일정할 때 부하 토크가 2배로 증가하면 부하 전류는 약 몇 배가 되는가?

① 1
② 2
③ 3
④ 4

해설 직류 전동기의 토크 $T=\frac{PZ}{2\pi a}\phi I_a$에서 분권 전동기의 토크는 부하 전류에 비례하며 또한 부하 전류도 토크에 비례한다.

58 변압기유에 요구되는 특성으로 틀린 것은?

① 점도가 클 것
② 응고점이 낮을 것
③ 인화점이 높을 것
④ 절연 내력이 클 것

해설 **변압기유(oil)의 구비 조건**
- 절연 내력이 클 것
- 점도가 낮을 것
- 인화점이 높고, 응고점이 낮을 것
- 화학 작용과 침전물이 없을 것

59 다이오드를 사용한 정류 회로에서 다이오드를 여러 개 직렬로 연결하면 어떻게 되는가?

① 전력 공급의 증대
② 출력 전압의 맥동률을 감소
③ 다이오드를 과전류로부터 보호
④ 다이오드를 과전압으로부터 보호

해설 정류 회로에서 다이오드를 여러 개 직렬로 접속하면 다이오드를 과전압으로부터 보호하며, 여러 개 병렬로 접속하면 과전류로부터 보호한다.

60 직류 분권 전동기의 기동 시에 정격 전압을 공급하면 전기자 전류가 많이 흐르다가 회전 속도가 점점 증가함에 따라 전기자 전류가 감소하는 원인은?

① 전기자 반작용의 증가
② 전기자 권선의 저항 증가
③ 브러시의 접촉 저항 증가
④ 전동기의 역기전력 상승

해설 전기자 전류 $I_a=\frac{V-E}{R_a}$[A]

역기전력 $E=\frac{Z}{a}P\phi\frac{N}{60}$[V]이므로 기동 시에는 큰 전류가 흐르다가 속도가 증가함에 따라 역기전력 E가 상승하여 전기자 전류는 감소한다.

정답 56. ④ 57. ② 58. ① 59. ④ 60. ④

제4과목 회로이론 및 제어공학

61 블록 선도의 전달 함수가 $\dfrac{C(s)}{R(s)}=10$과 같이 되기 위한 조건은?

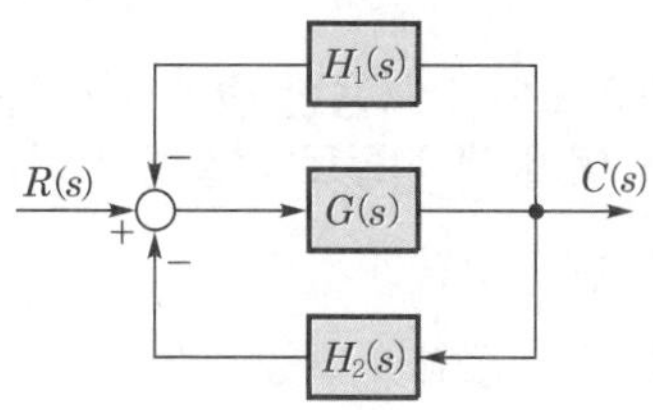

① $G(s)=\dfrac{1}{1-H_1(s)-H_2(s)}$

② $G(s)=\dfrac{10}{1-H_1(s)-H_2(s)}$

③ $G(s)=\dfrac{1}{1-10H_1(s)-10H_2(s)}$

④ $G(s)=\dfrac{10}{1-10H_1(s)-10H_2(s)}$

해설 $\dfrac{C(s)}{R(s)}=\dfrac{G(s)}{1+H_1(s)G(s)+H_2(s)G(s)}$

$\therefore\ 10=\dfrac{G(s)}{1+H_1(s)G(s)+H_2(s)G(s)}$

$10+10H_1(s)G(s)+10H_2(s)G(s)=G(s)$

$10=G(s)(1-10H_1(s)-10H_2(s))$

$\because\ G(s)=\dfrac{10}{1-10H_1(s)-10H_2(s)}$

62 그림의 제어 시스템이 안정하기 위한 K의 범위는?

출제빈도

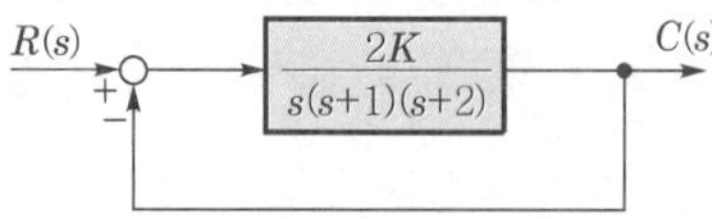

① $0<K<3$　② $0<K<4$

③ $0<K<5$　④ $0<K<6$

해설 특성 방정식

$1+G(s)H(s)=1+\dfrac{2K}{s(s+1)(s+2)}=0$

$s(s+1)(s+2)+2K=s^3+3s^2+2s+2K=0$

라우스의 표(행렬)

s^3	1	2
s^2	3	$2K$
s^1	$\dfrac{6-2K}{3}$	0
s^0	$2K$	

제1열의 부호 변화가 없어야 안정하므로

$\dfrac{6-2K}{3}>0,\ 2K>0$

$\therefore\ 0<K<3$

63 개루프 전달 함수가 다음과 같은 제어 시스템의 근궤적이 $j\omega$(허수)축과 교차할 때 K는 얼마인가?

$$G(s)H(s)=\frac{K}{s(s+3)(s+4)}$$

① 30　② 48

③ 84　④ 180

해설 특성 방정식

$1+G(s)H(s)=1+\dfrac{K}{s(s+3)(s+4)}=0$

$s(s+3)(s+4)+K=s^3+7s^2+12s+K=0$

라우스의 표

s^3	1	12
s^2	7	K
s^1	$\dfrac{84-K}{7}$	0
s^0	K	

K의 임계값은 s^1의 제1열 요소를 0으로 놓아 얻을 수 있다.

그러므로 $\dfrac{84-K}{7}=0$, $K=84$일 때 근궤적은 허수축과 만난다.

정답 61. ④ 62. ① 63. ③

64 제어 요소의 표준 형식인 적분 요소에 대한 전달 함수는? (단, K는 상수이다.)

① Ks　　② $\dfrac{K}{s}$

③ K　　④ $\dfrac{K}{1+Ts}$

해설 $y(t)=K\int x(t)dt$

전달 함수 $G(s)=\dfrac{Y(s)}{X(s)}=\dfrac{K}{s}$

65 블록 선도의 제어 시스템은 단위 램프 입력에 대한 정상 상태 오차(정상 편차)가 0.01이다. 이 제어 시스템의 제어 요소인 $G_{C1}(s)$의 k는?

$$G_{C1}(s)=k,\ G_{C2}(s)=\frac{1+0.1s}{1+0.2s}$$
$$G_P(s)=\frac{20}{s(s+1)(s+2)}$$

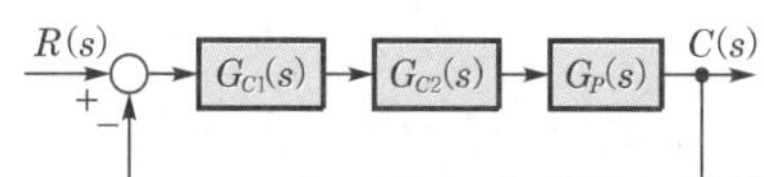

① 0.1　　② 1

③ 10　　④ 100

해설 정상 속도 편차 $e_{ssv}=\dfrac{1}{K_v}$

정상 속도 편차 상수

$K_v=\lim\limits_{s\to 0}sG(s)H(s)$

$=\lim\limits_{s\to 0}s\dfrac{20k(1+0.1s)}{s(1+0.2s)(s+1)(s+2)}=10k$

∴ 정상 속도 편차 $e_{ssv}=\dfrac{1}{10k}$

∵ 정상 상태 오차가 0.01인 경우의 k의 값은

$0.01=\dfrac{1}{10k}$

$k=10$

66 그림과 같은 신호 흐름 선도에서 $\dfrac{C(s)}{R(s)}$는?

출제빈도

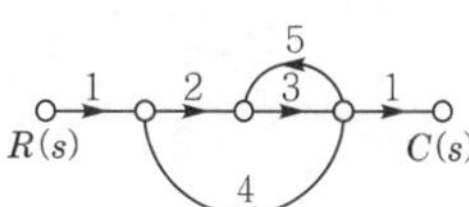

① $-\dfrac{6}{38}$　　② $\dfrac{6}{38}$

③ $-\dfrac{6}{41}$　　④ $\dfrac{6}{41}$

해설 전향 경로 $n=1$

메이슨의 정리 $M(s)=\dfrac{G_1\Delta_1}{\Delta}$

$G_1=1\times 2\times 3\times 1=6$

$\Delta_1=1$

$\Delta=1-\sum L_{n1}=1-(L_{11}+L_{21})$

$=1-(15+24)=-38$

∴ $M(s)=-\dfrac{6}{38}$

67 단위 계단 함수 $u(t)$를 z변환하면?

① $\dfrac{1}{z-1}$

② $\dfrac{z}{z-1}$

③ $\dfrac{1}{Tz-1}$

④ $\dfrac{Tz}{Tz-1}$

해설 $r(KT)=u(t)=1$

$R(z)=\sum\limits_{K=0}^{\infty}r(KT)z^{-K}$

(여기서, $K=0,\ 1,\ 2,\ 3\cdots$)

$=\sum\limits_{K=0}^{\infty}1z^{-K}=1+z^{-1}+z^{-2}+\cdots$

∴ $R(z)=\dfrac{1}{1-z^{-1}}=\dfrac{z}{z-1}$

정답 64. ② 65. ③ 66. ① 67. ②

68 그림의 논리 회로와 등가인 논리식은?

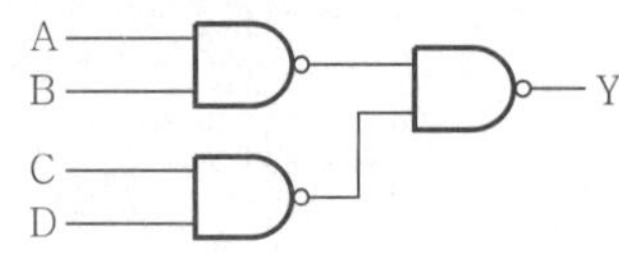

① $Y = A \cdot B \cdot C \cdot D$

② $Y = A \cdot B + C \cdot D$

③ $Y = \overline{A \cdot B} + \overline{C \cdot D}$

④ $Y = (\overline{A} + \overline{B}) \cdot (\overline{C} + \overline{D})$

해설 $Y = \overline{\overline{AB} \cdot \overline{CD}} = \overline{\overline{AB}} + \overline{\overline{CD}} = A \cdot B + C \cdot D$

69 다음과 같은 상태 방정식으로 표현되는 제어 시스템에 대한 특성 방정식의 근(s_1, s_2)은?

$$\begin{bmatrix} \dot{x}_1 \\ \dot{x}_2 \end{bmatrix} = \begin{bmatrix} 0 & -3 \\ 2 & -5 \end{bmatrix} \begin{bmatrix} x_1 \\ x_2 \end{bmatrix} + \begin{bmatrix} 1 \\ 0 \end{bmatrix} u$$

① 1, −3　② −1, −2
③ −2, −3　④ −1, −3

해설 특성 방정식 $|sI - A| = 0$

$$\left| \begin{bmatrix} 1 & 0 \\ 0 & 1 \end{bmatrix} - \begin{bmatrix} 0 & -3 \\ 2 & -5 \end{bmatrix} \right| = 0$$

$$\begin{vmatrix} s & 3 \\ -2 & s+5 \end{vmatrix} = 0$$

$s(s+5) + 6 = 0$

$s^2 + 5s + 6 = 0$

$(s+2)(s+3) = 0$

$\therefore s = -2, -3$

70 주파수 전달 함수가 $G(j\omega) = \dfrac{1}{j100\omega}$인 제어 시스템에서 ω=1.0[rad/s]일 때의 이득[dB]과 위상각[°]은 각각 얼마인가?

① 20[dB], 90°

② 40[dB], 90°

③ −20[dB], −90°

④ −40[dB], −90°

해설 $G(j\omega) = \dfrac{1}{j100\omega}$, $\omega = 1.0$[rad/s]일 때

$G(j\omega) = \dfrac{1}{j100}$

$|G(j\omega)| = \dfrac{1}{100} = 10^{-2}$

$\therefore$ 이득 $g = 20\log|G(j\omega)| = 20\log 10^{-2}$
$= -40$[dB]

위상각 $\angle\theta = \angle G(j\omega) = \angle \dfrac{1}{j100} = -90°$

71 그림과 같은 파형의 라플라스 변환은?

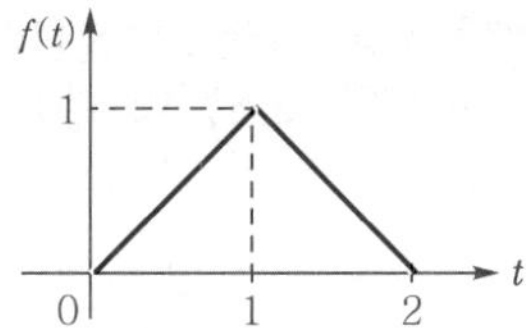

① $\dfrac{1}{s^2}(1 - 2e^{s})$

② $\dfrac{1}{s^2}(1 - 2e^{-s})$

③ $\dfrac{1}{s^2}(1 - 2e^{s} + e^{2s})$

④ $\dfrac{1}{s^2}(1 - 2e^{-s} + e^{-2s})$

해설 구간 $0 \leq t \leq 1$에서 $f_1(t) = t$ 이고, 구간 $1 \leq t \leq 2$에서 $f_2(t) = 2 - t$ 이므로

$$\mathcal{L}[f(t)] = \int_0^1 te^{-st}dt + \int_1^2 (2-t)e^{-st}dt$$

$$= \left[t \cdot \frac{e^{-st}}{-s}\right]_0^1 + \frac{1}{s}\int_0^1 e^{-st}dt$$

$$+ \left[(2-t)\frac{e^{-st}}{-s}\right]_1^2 - \frac{1}{s}\int_1^2 e^{-st}dt$$

$$= -\frac{e^{-s}}{s} - \frac{e^{-s}}{s^2} + \frac{1}{s^2} + \frac{e^{-s}}{s}$$

$$+ \frac{e^{-2s}}{s^2} - \frac{e^{-s}}{s^2}$$

$$= \frac{1}{s^2}(1 - 2e^{-s} + e^{-2s})$$

정답 68. ② 69. ③ 70. ④ 71. ④

72 단위 길이당 인덕턴스 및 커패시턴스가 각각 L 및 C일 때 전송 선로의 특성 임피던스는? (단, 전송 선로는 무손실 선로이다.)

① $\sqrt{\dfrac{L}{C}}$　② $\sqrt{\dfrac{C}{L}}$

③ $\dfrac{L}{C}$　④ $\dfrac{C}{L}$

해설 특성 임피던스 $Z_0 = \sqrt{\dfrac{Z}{Y}} = \sqrt{\dfrac{R+j\omega L}{G+j\omega C}}$ [Ω]

무손실 선로 조건 $R=0$, $G=0$

$\therefore Z_0 = \sqrt{\dfrac{L}{C}}$

73 다음 전압 $v(t)$를 RL 직렬 회로에 인가했을 때 제3고조파 전류의 실효값[A]의 크기는? (단, $R=8$[Ω], $\omega L=2$[Ω], $v(t)=100\sqrt{2}\sin\omega t+200\sqrt{2}\sin3\omega t+50\sqrt{2}\sin5\omega t$ [V]이다.)

① 10　② 14

③ 20　④ 28

해설 제3고조파 전류의 실효값

$$I_3 = \frac{V_3}{Z_3} = \frac{V_3}{\sqrt{R^2+(3\omega L)^2}} = \frac{200}{\sqrt{8^2+(3\times2)^2}} = 20[\text{A}]$$

74 내부 임피던스가 $0.3+j2$[Ω]인 발전기에 임피던스가 $1.1+j3$[Ω]인 선로를 연결하여 어떤 부하에 전력을 공급하고 있다. 이 부하의 임피던스가 몇[Ω]일 때 발전기로부터 부하로 전달되는 전력이 최대가 되는가?

① $1.4-j5$　② $1.4+j5$

③ 1.4　④ $j5$

해설 전원 내부 임피던스

$Z_s = Z_g + Z_L = (0.3+j2)+(1.1+j3) = 1.4+j5$[Ω]

최대 전력 전달 조건

$Z_L = \overline{Z_s} = 1.4-j5$[Ω]

75 회로에서 $t=0$초에 전압 $v_1(t)=e^{-4t}$[V]를 인가하였을 때 $v_2(t)$는 몇 [V]인가? (단, $R=2$[Ω], $L=1$[H]이다.)

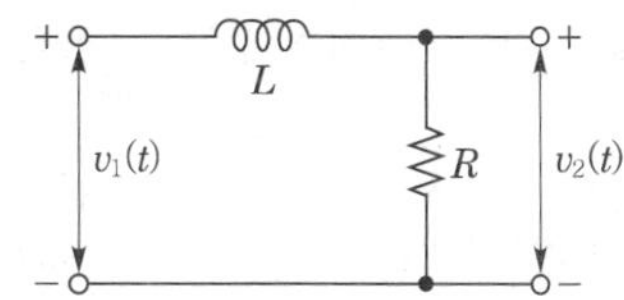

① $e^{-2t}-e^{-4t}$　② $2e^{-2t}-2e^{-4t}$

③ $-2e^{-2t}+2e^{-4t}$　④ $-2e^{-2t}-2e^{-4t}$

해설 전달 함수 $\dfrac{v_2(s)}{v_1(s)} = \dfrac{R}{R+Ls} = \dfrac{2}{s+2}$

$$\therefore v_2(s) = \frac{2}{s+2}v_1(s) = \frac{2}{s+2}\cdot\frac{1}{s+4} = \frac{2}{(s+2)(s+4)} = \frac{K_1}{s+2}+\frac{K_2}{s+4}$$

유수 정리에 의해

$$K_1 = \left.\frac{2}{s+4}\right|_{s=-2} = 1,\ K_2 = \left.\frac{2}{s+2}\right|_{s=-4} = -1$$

$$= \frac{1}{s+2}-\frac{1}{s+4}$$

$\because v_2(t) = e^{-2t}-e^{-4t}$

76 동일한 저항 R[Ω] 6개를 그림과 같이 결선하고 대칭 3상 전압 V[V]를 가하였을 때 전류 I[A]의 크기는?

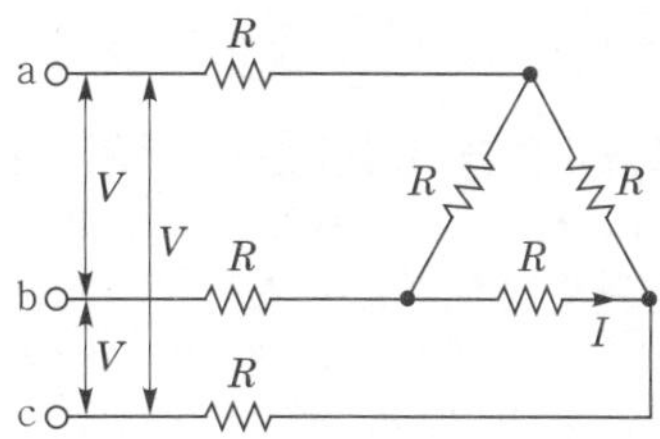

① $\dfrac{V}{R}$　② $\dfrac{V}{2R}$

③ $\dfrac{V}{4R}$　④ $\dfrac{V}{5R}$

정답 72. ① 73. ③ 74. ① 75. ① 76. ③

해설 $\Delta \rightarrow Y$로 등가 변환하면

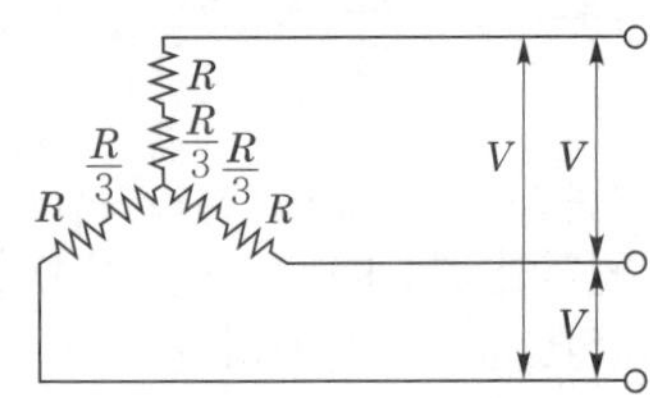

Y결선에서는 선전류(I_l)=상전류(I_p)

$$\therefore\ I_l = I_p = \frac{V_p}{Z} = \frac{\frac{V}{\sqrt{3}}}{R+\frac{R}{3}} = \frac{\sqrt{3}\,V}{4R}[\mathrm{A}]$$

I는 Δ결선의 상전류이므로

$$\because\ I = \frac{I_l}{\sqrt{3}} = \frac{1}{\sqrt{3}}\frac{\sqrt{3}\,V}{4R} = \frac{V}{4R}[\mathrm{A}]$$

77 각 상의 전류가 $i_a(t) = 90\sin\omega t$[A], $i_b(t) = 90\sin(\omega t - 90°)$[A], $i_c(t) = 90\sin(\omega t + 90°)$[A]일 때 영상분 전류[A]의 순시치는?

① $30\cos\omega t$ ② $30\sin\omega t$
③ $90\sin\omega t$ ④ $90\cos\omega t$

해설 영상 전류

$$I_0 = \frac{1}{3}(i_a + i_b + i_c)$$
$$= \frac{1}{3}\{90\sin\omega t + 90\sin(\omega t - 90°) + 90\sin(\omega t + 90°)\}$$
$$= \frac{1}{3}\{90\sin\omega t - 90\cos\omega t + 90\cos\omega t\}$$
$$= 30\sin\omega t$$

78 어떤 선형 회로망의 4단자 정수가 $A=8$, $B=j2$, $D=1.625+j$일 때, 이 회로망의 4단자 정수 C는?

① $24-j14$
② $8-j11.5$
③ $4-j6$
④ $3-j4$

해설 4단자 정수의 성질 $AD-BC=1$

$$C = \frac{AD-1}{B} = \frac{8(1.625+j)-1}{j2} = 4-j6$$

79 평형 3상 부하에 선간 전압의 크기가 200[V]인 평형 3상 전압을 인가했을 때 흐르는 선전류의 크기가 8.6[A]이고 무효 전력이 1,298[Var]이었다. 이때 이 부하의 역률은 약 얼마인가?

① 0.6 ② 0.7
③ 0.8 ④ 0.9

해설
- 피상 전력 : $P_a = \sqrt{3}\,VI = \sqrt{3}\times 200\times 8.6 \fallingdotseq 2{,}979[\mathrm{VA}]$
- 무효 전력 : $P_r = 1{,}298[\mathrm{Var}]$
- 유효 전력 : $P = \sqrt{{P_a}^2 - {P_r}^2} = \sqrt{(2{,}979)^2 - (1{,}298)^2} = 2681.3[\mathrm{W}]$

$$\therefore\ \text{역률 } \cos\theta = \frac{P}{P_a} = \frac{2681.3}{2{,}979} = 0.9$$

80 어떤 회로에서 $t=0$초에 스위치를 닫은 후 $i=2t+3t^2$[A]의 전류가 흘렀다. 30초까지 스위치를 통과한 총 전기량[Ah]은?

① 4.25 ② 6.75
③ 7.75 ④ 8.25

해설 총 전기량 $Q = \int_0^t i\,dt[\mathrm{As=C}]$

$$= \int_0^{30}(2t+3t^2)dt = \left[t^2+t^3\right]_0^{30} = 27{,}900[\mathrm{As}]$$

1시간은 60분, 1분은 60초이므로
$1[\mathrm{Ah}] = 1\times 60\times 60 = 3{,}600[\mathrm{As}]$

$$\therefore\ Q = \frac{27{,}900}{3{,}600} = 7.75[\mathrm{Ah}]$$

정답 77. ② 78. ③ 79. ④ 80. ③

제5과목 전기설비기술기준

81 뱅크 용량이 몇 [kVA] 이상인 조상기에는 그 내부에 고장이 생긴 경우에 자동적으로 이를 전로로부터 차단하는 보호 장치를 하여야 하는가?

① 10,000 ② 15,000
③ 20,000 ④ 25,000

해설 조상 설비의 보호 장치(KEC 351.5)

설비 종별	뱅크 용량	자동차단
전력용 커패시터 및 분로 리액터	500[kVA] 초과 15,000[kVA] 미만	• 내부 고장 • 과전류
	15,000[kVA] 이상	• 내부 고장 • 과전류 • 과전압
조상기	15,000[kVA] 이상	• 내부 고장

82 시가지에 시설하는 154[kV] 가공 전선로를 도로와 제1차 접근 상태로 시설하는 경우, 전선과 도로와의 이격 거리는 몇 [m] 이상이어야 하는가?

① 4.4 ② 4.8
③ 5.2 ④ 5.6

해설 특고압 가공 전선과 도로 등의 접근 또는 교차(KEC 333.24)
35[kV]를 초과하는 경우 3[cm]에 10[kV] 단수마다 15[cm]를 가산하므로 10[kV] 단수는

$$\frac{(154-35)}{10}=11.9=12$$

$\therefore\ 3+(0.15\times 12)=4.8[\text{m}]$

83 가공 전선로의 지지물로 볼 수 없는 것은?

① 철주
② 지선
③ 철탑
④ 철근 콘크리트주

해설 정의(기술기준 제3조)
"지지물"이란 목주·철주·철근 콘크리트주 및 철탑과 이와 유사한 시설물로서 전선·약전류 전선 또는 광섬유 케이블을 지지하는 것을 주된 목적으로 하는 것을 말한다.

84 전주외등의 시설 시 사용하는 공사 방법으로 틀린 것은?

① 애자 공사 ② 케이블 공사
③ 금속관 공사 ④ 합성 수지관 공사

해설 전주외등 배선(KEC 234.10.3)
배선은 단면적 2.5[mm^2] 이상의 절연 전선 시설
- 케이블 공사
- 합성 수지관 공사
- 금속관 공사

85 점멸기의 시설에서 센서등(타임 스위치 포함)을 시설하여야 하는 곳은?

① 공장 ② 상점
③ 사무실 ④ 아파트 현관

해설 점멸기의 시설(KEC 234.6)
센서등(타임 스위치 포함) 시설
- 「관광진흥법」과 「공중위생관리법」에 의한 관광숙박업 또는 숙박업(여인숙업은 제외)에 이용되는 객실의 입구등은 1분 이내에 소등되는 것
- 일반 주택 및 아파트 각 호실의 현관등은 3분 이내에 소등되는 것

86 최대 사용 전압이 1차 22,000[V], 2차 6,600[V]의 권선으로 중성점 비접지식 전로에 접속하는 변압기의 특고압측 절연 내력 시험 전압은?

① 24,000[V] ② 27,500[V]
③ 33,000[V] ④ 44,000[V]

해설 변압기 전로의 절연 내력(KEC 135)
변압기 특고압측이므로 22,000×1.25=27,500[V]

정답 81. ② 82. ② 83. ② 84. ① 85. ④ 86. ②

87 순시 조건($t \leq 0.5$초)에서 교류 전기 철도 급전시스템에서의 레일 전위의 최대 허용 접촉전압(실효값)으로 옳은 것은?

① 60[V] ② 65[V]
③ 440[V] ④ 670[V]

해설 레일 전위의 위험에 대한 보호(KEC 461.2)

▎교류 전기 철도 급전 시스템의 최대 허용 접촉 전압▎

시간 조건	최대 허용 접촉 전압(실효값)
순시 조건($t \leq 0.5$초)	670[V]
일시적 조건(0.5초$<t \leq 300$초)	65[V]
영구적 조건($t > 300$초)	60[V]

88 전기 저장 장치의 이차 전지에 자동으로 전로로부터 차단하는 장치를 시설하여야 하는 경우로 틀린 것은?

① 과저항이 발생한 경우
② 과전압이 발생한 경우
③ 제어 장치에 이상이 발생한 경우
④ 이차 전지 모듈의 내부 온도가 급격히 상승할 경우

해설 제어 및 보호 장치(KEC 512.2.2)

전기 저장 장치의 이차 전지 자동 차단 장치

- 과전압 또는 과전류가 발생한 경우
- 제어 장치에 이상이 발생한 경우
- 이차 전지 모듈의 내부 온도가 급격히 상승할 경우

89 이동형의 용접 전극을 사용하는 아크 용접 장치의 시설 기준으로 틀린 것은?

① 용접 변압기는 절연 변압기일 것
② 용접 변압기의 1차측 전로의 대지 전압은 300[V] 이하일 것
③ 용접 변압기의 2차측 전로에는 용접 변압기에 가까운 곳에 쉽게 개폐할 수 있는 개폐기를 시설할 것
④ 용접 변압기의 2차측 전로 중 용접 변압기로부터 용접 전극에 이르는 부분의 전로는 용접 시 흐르는 전류를 안전하게 통할 수 있는 것일 것

해설 아크 용접기(KEC 241.10)

- 용접 변압기는 절연 변압기일 것
- 용접 변압기 1차측 전로의 대지 전압 300[V] 이하
- 용접 변압기 1차측 전로에는 용접 변압기에 가까운 곳에 쉽게 개폐할 수 있는 개폐기를 시설
- 2차측 전로 중 용접 변압기로부터 용접 전극에 이르는 부분
  - 용접용 케이블 또는 캡타이어 케이블일 것
  - 전로는 용접 시 흐르는 전류를 안전하게 통할 수 있는 것
  - 전선에는 적당한 방호 장치를 할 것

90 귀선로에 대한 설명으로 틀린 것은?

① 나전선을 적용하여 가공식으로 가설을 원칙으로 한다.
② 사고 및 지락 시에도 충분한 허용 전류용량을 갖도록 하여야 한다.
③ 비절연 보호 도체, 매설 접지 도체, 레일 등으로 구성하여 단권 변압기 중성점과 공통 접지에 접속한다.
④ 비절연 보호 도체의 위치는 통신 유도 장해 및 레일 전위의 상승의 경감을 고려하여 결정하여야 한다.

해설 귀선로(KEC 431.5)

- 귀선로는 비절연 보호 도체, 매설 접지 도체, 레일 등으로 구성하여 단권 변압기 중성점과 공통 접지에 접속한다.
- 비절연 보호 도체의 위치는 통신 유도 장해 및 레일 전위의 상승의 경감을 고려하여 결정하여야 한다.
- 귀선로는 사고 및 지락 시에도 충분한 허용 전류용량을 갖도록 하여야 한다.

정답 87. ④ 88. ① 89. ③ 90. ①

91 단면적 55[mm^2]인 경동 연선을 사용하는 특고압 가공 전선로의 지지물로 장력에 견디는 형태의 B종 철근 콘크리트주를 사용하는 경우, 허용 최대 경간은 몇 [m]인가?

① 150　② 250
③ 300　④ 500

해설 **특고압 가공 전선로의 경간 제한(KEC 333.21)**
특고압 가공 전선로의 전선에 인장 강도 21.67[kN] 이상의 것 또는 단면적이 55[mm^2] 이상인 경동 연선을 사용하는 경우로서 그 지지물을 다음에 따라 시설할 때에는 목주 · A종은 300[m] 이하, B종은 500[m] 이하이어야 한다.

92 저압 옥상 전선로의 시설 기준으로 틀린 것은?

① 전개된 장소에 위험의 우려가 없도록 시설할 것
② 전선은 지름 2.6[mm] 이상의 경동선을 사용할 것
③ 전선은 절연 전선(옥외용 비닐 절연 전선은 제외)을 사용할 것
④ 전선은 상시 부는 바람 등에 의하여 식물에 접촉하지 아니하도록 시설하여야 한다.

해설 **옥상 전선로(KEC 221.3)**
- 전선은 인장 강도 2.30[kN] 이상의 것 또는 지름 2.6[mm] 이상의 경동선을 사용할 것
- 전선은 절연 전선(옥외용 비닐 절연 전선 포함)을 사용할 것
- 전선은 조영재에 견고하게 붙인 지지주 또는 지지대에 절연성 · 난연성 및 내수성이 있는 애자를 사용하여 지지하고 또한 그 지지점 간의 거리는 15[m] 이하일 것
- 전선과 그 저압 옥상 전선로를 시설하는 조영재와의 이격 거리는 2[m](전선이 고압 절연 전선, 특고압 절연 전선 또는 케이블인 경우에는 1[m]) 이상일 것
- 저압 옥상 전선로의 전선은 상시 부는 바람 등에 의하여 식물에 접촉하지 아니하도록 시설하여야 한다.

93 저압 옥측 전선로에서 목조의 조영물에 시설할 수 있는 공사 방법은?

① 금속관 공사
② 버스 덕트 공사
③ 합성 수지관 공사
④ 케이블 공사(무기물 절연(MI) 케이블을 사용하는 경우)

해설 **옥측 전선로(KEC 221.2)**
저압 옥측 전선로 공사 방법
- 애자 공사(전개된 장소에 한한다)
- 합성 수지관 공사
- 금속관 공사(목조 이외의 조영물에 시설하는 경우에 한한다)
- 버스 덕트 공사[목조 이외의 조영물(점검할 수 없는 은폐된 장소는 제외한다)에 시설하는 경우에 한한다]
- 케이블 공사(연피 케이블, 알루미늄피 케이블 또는 무기물 절연(MI) 케이블을 사용하는 경우에는 목조 이외의 조영물에 시설하는 경우에 한한다)

94 특고압 가공 전선로에서 발생하는 극저주파 전계는 지표상 1[m]에서 몇 [kV/m] 이하이어야 하는가?

① 2.0
② 2.5
③ 3.0
④ 3.5

해설 **유도 장해 방지(기술기준 제17조)**
교류 특고압 가공 전선로에서 발생하는 극저주파 전자계는 지표상 1[m]에서 전계가 3.5[kV/m] 이하, 자계가 83.3[μT] 이하가 되도록 시설하고, 직류 특고압 가공 전선로에서 발생하는 직류 전계는 지표면에서 25[kV/m] 이하, 직류 자계는 지표상 1[m]에서 400,000[μT] 이하가 되도록 시설하는 등 상시 정전 유도 및 전자 유도 작용에 의하여 사람에게 위험을 줄 우려가 없도록 시설하여야 한다.

정답 91. ④ 92. ③ 93. ③ 94. ④

95 케이블 트레이 공사에 사용할 수 없는 케이블은?

① 연피 케이블
② 난연성 케이블
③ 캡타이어 케이블
④ 알루미늄피 케이블

해설 **케이블 트레이 공사(KEC 232.41)**
전선은 연피 케이블, 알루미늄피 케이블 등 난연성 케이블 또는 기타 케이블(적당한 간격으로 연소 방지 조치를 하여야 한다) 또는 금속관 혹은 합성수지관 등에 넣은 절연 전선을 사용하여야 한다.

96 농사용 저압 가공 전선로의 지지점 간 거리는 몇 [m] 이하이어야 하는가?

출제빈도

① 30 ② 50
③ 60 ④ 100

해설 **농사용 저압 가공 전선로의 시설(KEC 222.22)**
- 사용 전압이 저압일 것
- 전선은 인장 강도 1.38[kN] 이상, 지름 2[mm] 이상 경동선
- 지표상 3.5[m] 이상(사람이 쉽게 출입하지 않으면 3[m])
- 경간(지지점 간 거리)은 30[m] 이하

97 변전소에 울타리 · 담 등을 시설할 때, 사용 전압이 345[kV]이면 울타리 · 담 등의 높이와 울타리 · 담 등으로부터 충전 부분까지의 거리의 합계는 몇 [m] 이상으로 하여야 하는가?

출제빈도

① 8.16 ② 8.28
③ 8.40 ④ 9.72

해설 **발전소 등의 울타리 · 담 등의 시설(KEC 351.1)**
160[kV]를 넘는 10[kV] 단수는 (345−160)÷10 =18.5이므로 19이다.
그러므로 울타리까지의 거리와 높이의 합계는 다음과 같다.
6+0.12×19=8.28[m]

98 전력 보안 가공 통신선을 횡단 보도교 위에 시설하는 경우 그 노면상 높이는 몇 [m] 이상인가? (단, 가공 전선로의 지지물에 시설하는 통신선 또는 이에 직접 접속하는 가공 통신선은 제외한다.)

① 3 ② 4
③ 5 ④ 6

해설 **전력 보안 통신선의 시설 높이와 이격 거리(KEC 362.2)**
전력 보안 가공 통신선의 높이
- 도로 위에 시설 : 지표상 5[m](교통에 지장이 없는 경우 4.5[m])
- 철도 횡단 : 레일면상 6.5[m]
- 횡단 보도교 : 노면상 3[m]

99 큰 고장 전류가 구리 소재의 접지 도체를 통하여 흐르지 않을 경우 접지 도체의 최소 단면적은 몇 [mm^2] 이상이어야 하는가? (단, 접지 도체에 피뢰 시스템이 접속되지 않는 경우이다.)

출제빈도

① 0.75
② 2.5
③ 6
④ 16

해설 **접지 도체(KEC 142.3.1)**
- 접지 도체의 단면적은 142.3.2(보호 도체)의 1에 의하며 큰 고장 전류가 접지 도체를 통하여 흐르지 않을 경우 접지 도체의 최소 단면적은 구리 6[mm^2] 이상, 철제 50[mm^2] 이상
- 접지 도체에 피뢰 시스템이 접속되는 경우 접지 도체의 단면적은 구리 16[mm^2], 철 50[mm^2] 이상

정답 95. ③ 96. ① 97. ② 98. ① 99. ③

100 사용 전압이 15[kV] 초과 25[kV] 이하인 특고압 가공 전선로가 상호 간 접근 또는 교차하는 경우 사용 전선이 양쪽 모두 나전선이라면 이격 거리는 몇 [m] 이상이어야 하는가? (단, 중성선 다중 접지 방식의 것으로서 전로에 지락이 생겼을 때에 2초 이내에 자동적으로 이를 전로로부터 차단하는 장치가 되어 있다.)

① 1.0 ② 1.2
③ 1.5 ④ 1.75

해설 25[kV] 이하인 특고압 가공 전선로의 시설(KEC 333.32)

▌특고압 가공 전선로가 상호간 접근 또는 교차하는 경우▐

사용 전선의 종류	이격 거리
어느 한쪽 또는 양쪽이 나전선인 경우	1.5[m]
양쪽이 특고압 절연 전선인 경우	1.0[m]
한쪽이 케이블이고 다른 한쪽이 케이블이거나 특고압 절연 전선인 경우	0.5[m]

정답 100. ③

MEMO

2022. 3. 5. 시행

2022년 제1회 기출문제

제1과목 전기자기학

01 면적이 0.02[m^2], 간격이 0.03[m]이고, 공기로 채워진 평행 평판의 커패시터에 1.0×10^{-6}[C]의 전하를 충전시킬 때, 두 판 사이에 작용하는 힘의 크기는 약 몇 [N]인가?

① 1.13 ② 1.41
③ 1.89 ④ 2.83

해설

힘 $F = f \cdot s = \dfrac{\sigma^2}{2\varepsilon_0} \cdot s = \dfrac{\left(\dfrac{Q}{s}\right)^2}{2\varepsilon_0} \cdot s = \dfrac{Q^2}{2\varepsilon_0 s}$

$= \dfrac{(1\times 10^{-6})^2}{2\times 8.855\times 10^{-12}\times 0.02} = 2.83[\text{N}]$

02 자극의 세기가 7.4×10^{-5}[Wb], 길이가 10[cm]인 막대 자석이 100[AT/m]의 평등 자계 내에 자계의 방향과 30°로 놓여 있을 때 이 자석에 작용하는 회전력[N·m]은?

① 2.5×10^{-3}
② 3.7×10^{-4}
③ 5.3×10^{-5}
④ 6.2×10^{-6}

해설 토크 $T = mHl\sin\theta$

$= 7.4\times 10^{-5}\times 100\times 0.1\times \dfrac{1}{2}$

$= 3.7\times 10^{-4}[\text{N}\cdot\text{m}]$

03 유전율이 $\varepsilon = 2\varepsilon_0$이고 투자율이 μ_0인 비도전성 유전체에서 전자파의 전계의 세기가 $E(z,\, t) = 120\pi\cos(10^9 t - \beta z)\hat{y}$[V/m]일 때, 자계의 세기 H[A/m]는? (단, $\hat{x}$, $\hat{y}$는 단위 벡터이다.)

① $-\sqrt{2}\cos(10^9 t - \beta z)\hat{x}$
② $\sqrt{2}\cos(10^9 t - \beta z)\hat{x}$
③ $-2\cos(10^9 t - \beta z)\hat{x}$
④ $2\cos(10^9 t - \beta z)\hat{x}$

해설 고유 임피던스

$\eta = \dfrac{E}{H} = \sqrt{\dfrac{\mu_0}{\varepsilon_0}}\sqrt{\dfrac{\mu_s}{\varepsilon_s}} = 120\pi\cdot\dfrac{1}{\sqrt{2}}[\Omega]$

전계는 y축이고 진행 방향은 z축이므로 자계의 방향은 $-x$축 방향이 된다.

$H_x = -\dfrac{\sqrt{2}}{120\pi}E_y\hat{x}$

$= -\sqrt{2}\cdot\cos(10^9 t - \beta z)\hat{x}[\text{A/m}]$

04 자기 회로에서 전기 회로의 도전율 σ[℧/m]에 대응되는 것은?

① 자속
② 기자력
③ 투자율
④ 자기 저항

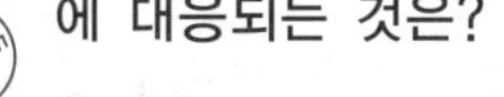

해설 자기 저항 $R_m = \dfrac{l}{\mu S}$, 전기 저항 $R = \dfrac{l}{\sigma A}$이므로 전기 회로의 도전율 σ[℧/m]는 자기 회로의 투자율 μ[H/m]에 대응된다.

05 단면적이 균일한 환상 철심에 권수 1,000회인 A 코일과 권수 N_B회인 B 코일이 감겨져 있다. A 코일의 자기 인덕턴스가 100[mH]이고, 두 코일 사이의 상호 인덕턴스가 20[mH]이고, 결합 계수가 1일 때, B 코일의 권수(N_B)는 몇 회인가?

① 100 ② 200
③ 300 ④ 400

정답 01. ④ 02. ② 03. ① 04. ③ 05. ②

해설 상호 인덕턴스 $M=\frac{\mu N_A N_B \cdot S}{l}=L_A\frac{N_B}{N_A}$에서

$$N_B=\frac{M}{L_A}N_A=\frac{20}{100}\times 1{,}000=200\text{회}$$

06 공기 중에서 1[V/m]의 전계의 세기에 의한 변위 전류 밀도의 크기를 2[A/m²]으로 흐르게 하려면 전계의 주파수는 몇 [MHz]가 되어야 하는가?

① 9,000　② 18,000
③ 36,000　④ 72,000

해설 변위 전류 밀도 $i_d=\frac{\partial D}{\partial t}=\varepsilon_0\frac{\partial E}{\partial t}$

$$=\omega\varepsilon_0 E_0 \sin\omega t\,[\text{A/m}^2]$$

주파수 $f=\frac{i_d}{2\pi\varepsilon_0 E}=\frac{2}{2\pi\times 8.855\times 10^{-12}\times 1}$

$$=35.947\times 10^6[\text{Hz}]$$

$$≒36{,}000[\text{MHz}]$$

07 내부 원통 도체의 반지름이 a[m], 외부 원통 도체의 반지름이 b[m]인 동축 원통 도체에서 내외 도체 간 물질의 도전율이 σ[℧/m]일 때 내외 도체 간의 단위 길이당 컨덕턴스[℧/m]는?

출제빈도

① $\frac{2\pi\sigma}{\ln\frac{b}{a}}$　② $\frac{2\pi\sigma}{\ln\frac{a}{b}}$
③ $\frac{4\pi\sigma}{\ln\frac{b}{a}}$　④ $\frac{4\pi\sigma}{\ln\frac{a}{b}}$

해설 동축 원통 도체의 단위 길이당 정전 용량

$$C=\frac{2\pi\varepsilon}{\ln\frac{b}{a}}[\text{F/m}]$$

저항 $R=\frac{\rho\varepsilon}{C}=\frac{\varepsilon}{\sigma C}[\Omega]$

컨덕턴스

$$G=\frac{1}{R}=\frac{\sigma}{\varepsilon}C=\frac{\sigma}{\varepsilon}\cdot\frac{2\pi\varepsilon}{\ln\frac{b}{a}}=\frac{2\pi\sigma}{\ln\frac{b}{a}}[℧/\text{m}]$$

08 z축 상에 놓인 길이가 긴 직선 도체에 10[A]의 전류가 $+z$ 방향으로 흐르고 있다. 이 도체 주위의 자속 밀도가 $3\hat{x}-4\hat{y}$[Wb/m²]일 때 도체가 받는 단위 길이당 힘[N/m]은? (단, $\hat{x}$, $\hat{y}$는 단위 벡터이다.)

① $-40\hat{x}+30\hat{y}$
② $-30\hat{x}+40\hat{y}$
③ $30\hat{x}+40\hat{y}$
④ $40\hat{x}+30\hat{y}$

해설 힘 $\vec{F}=(\vec{I}\times\vec{B})l$[N]

단위 길이당 힘

$$\vec{f}=\vec{I}\times\vec{B}=\begin{vmatrix}\hat{x} & \hat{y} & \hat{z}\\ 0 & 0 & 10\\ 3 & -4 & 0\end{vmatrix}$$

$$=\hat{x}(0+40)+\hat{y}(30-0)+\hat{z}(0-0)$$

$$=40\hat{x}+30\hat{y}[\text{N/m}]$$

09 진공 중 한 변의 길이가 0.1[m]인 정삼각형의 3정점 A, B, C에 각각 2.0×10⁻⁶[C]의 점전하가 있을 때, 점 A의 전하에 작용하는 힘은 몇 [N]인가?

출제빈도

① $1.8\sqrt{2}$　② $1.8\sqrt{3}$
③ $3.6\sqrt{2}$　④ $3.6\sqrt{3}$

해설 $F_{BA}=F_{CA}=\frac{1}{4\pi\varepsilon_0}\cdot\frac{Q_1Q_2}{r^2}$

$$=9\times 10^9\cdot\frac{(2.0\times 10^{-6})^2}{(0.1)^2}=3.6[\text{N}]$$

$$F=2F_{BA}\cdot\cos 30°=2\times 3.6\times\frac{\sqrt{3}}{2}$$

$$=3.6\sqrt{3}[\text{N}]$$

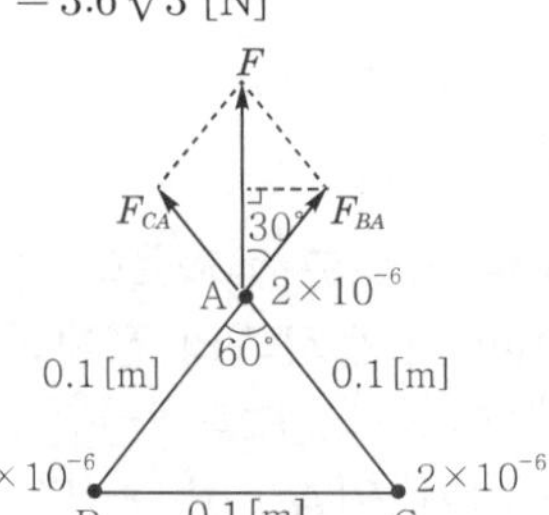

정답 06. ③ 07. ① 08. ④ 09. ④

10 투자율이 μ[H/m], 자계의 세기가 H[AT/m], 자속 밀도가 B[Wb/m^2]인 곳에서의 자계 에너지 밀도[J/m^3]는?

① $\frac{B^2}{2\mu}$　② $\frac{H^2}{2\mu}$

③ $\frac{1}{2}\mu H$　④ BH

해설 자계 중의 축적 에너지 W_H[J]

$$W_H = W_L = \frac{1}{2}\phi I = \frac{1}{2}B \cdot SHl = \frac{1}{2}BHV[\text{J}]$$

자계 에너지 밀도

$$w_H = \frac{W_H}{V} = \frac{1}{2}BH = \frac{B^2}{2\mu}[\text{J/m}^3]$$

11 진공 내 전위 함수가 $V = x^2 + y^2$[V]로 주어졌을 때, $0 \le x \le 1$, $0 \le y \le 1$, $0 \le z \le 1$인 공간에 저장되는 정전 에너지[J]는?

① $\frac{4}{3}\varepsilon_0$　② $\frac{2}{3}\varepsilon_0$

③ $4\varepsilon_0$　④ $2\varepsilon_0$

해설 $W = \int_v \frac{1}{2}\varepsilon_0 E^2 dv$

전계의 세기

$$E = -\text{grad}\,V = -\nabla \cdot V$$
$$= -\left(i\frac{\partial}{\partial x} + j\frac{\partial}{\partial y} + k\frac{\partial}{\partial z}\right) \cdot (x^2 + y^2)$$
$$= -i2x - j2y$$

$$\therefore W = \frac{1}{2}\varepsilon_0 \int_0^1\int_0^1\int_0^1 (-i2x - j2y)^2 dxdydz$$
$$= \frac{1}{2}\varepsilon_0 \int_0^1\int_0^1\int_0^1 (4x^2 + 4y^2) dxdydz$$
$$= \frac{1}{2}\varepsilon_0 \int_0^1\int_0^1 \left[\frac{4}{3}x^3 + 4y^2x\right]_0^1 dydz$$
$$= \frac{1}{2}\varepsilon_0 \int_0^1 \left[\frac{4}{3}y + \frac{4}{3}y^3\right]_0^1 dz$$
$$= \frac{1}{2}\varepsilon_0 \left[\frac{8}{3}z\right]_0^1$$
$$= \frac{4}{3}\varepsilon_0$$

12 전계가 유리에서 공기로 입사할 때 입사각 θ_1과 굴절각 θ_2의 관계와 유리에서의 전계 E_1과 공기에서의 전계 E_2의 관계는?

① $\theta_1 > \theta_2$, $E_1 > E_2$　② $\theta_1 < \theta_2$, $E_1 > E_2$

③ $\theta_1 > \theta_2$, $E_1 < E_2$　④ $\theta_1 < \theta_2$, $E_1 < E_2$

해설 유리의 유전율 $\varepsilon_1 = \varepsilon_0\varepsilon_s$ $(\varepsilon_s > 1)$

공기의 유전율

$\varepsilon_2 = \varepsilon_0$ (공기의 비유전율 $\varepsilon_s = 1.000586 \fallingdotseq 1$)

$\varepsilon_1 > \varepsilon_2$이므로 유전체의 경계면 조건에서

$\varepsilon_1 > \varepsilon_2$이면 $\theta_1 > \theta_2$이며, 전계는 경계면에서 수평성분이 서로 같으므로 $E_1\sin\theta_1 = E_2\sin\theta_2$이다.

$\therefore$ $\varepsilon_1 > \varepsilon_2$이면 $\theta_1 > \theta_2$이고, $E_1 < E_2$이다.

13 진공 중 4[m] 간격으로 평행한 두 개의 무한 평판 도체에 각각 +4[C/m^2], −4[C/m^2]의 전하를 주었을 때, 두 도체 간의 전위차는 약 몇 [V]인가?

① 1.36×10^{11}　② 1.36×10^{12}

③ 1.8×10^{11}　④ 1.8×10^{12}

해설 전위차 $V = Ed = \frac{\sigma}{\varepsilon_0}d$

$$= \frac{4}{8.855 \times 10^{-12}} \times 4 = 1.8 \times 10^{12}[\text{V}]$$

14 인덕턴스(H)의 단위를 나타낸 것으로 틀린 것은?

① [Ω · s]　② [Wb/A]

③ [J/A^2]　④ [N/(A · m)]

해설 자속 $\phi = LI$[Wb=V · s]

인덕턴스 $L = \frac{\phi}{I}$[H]

$$[\text{H}] = \left[\frac{\text{Wb}}{\text{A}}\right] = \left[\frac{\text{V} \cdot \text{s}}{\text{A}}\right] = [\Omega \cdot \text{s}] = \left[\frac{\text{VAs}}{\text{A}^2}\right]$$
$$= \left[\frac{\text{J}}{\text{A}^2}\right]$$

정답 10. ① 11. ① 12. ③ 13. ④ 14. ④

15 진공 중 반지름이 a[m]인 무한 길이의 원통 도체 2개가 간격 d[m]로 평행하게 배치되어 있다. 두 도체 사이의 정전 용량(C)을 나타낸 것으로 옳은 것은?

① $\pi\varepsilon_0 \ln\frac{d-a}{a}$

② $\dfrac{\pi\varepsilon_0}{\ln\frac{d-a}{a}}$

③ $\pi\varepsilon_0 \ln\frac{a}{d-a}$

④ $\dfrac{\pi\varepsilon_0}{\ln\frac{a}{d-a}}$

해설 평행 도체 사이의 전위차 V[V]

$$V=-\int_{d-a}^{a} E dx = \frac{\lambda}{\pi\varepsilon_0}\ln\frac{d-a}{a}[\text{V}]$$

정전 용량

$$C=\frac{Q}{V}=\frac{\lambda l}{\frac{\lambda}{\pi\varepsilon_0}\ln\frac{d-a}{a}}=\frac{\pi\varepsilon_0 l}{\ln\frac{d-a}{a}}[\text{F}]$$

단위 길이에 대한 정전 용량 C[F/m]

$$C=\frac{\pi\varepsilon_0}{\ln\frac{d-a}{a}}[\text{F/m}]$$

16 진공 중에 4[m]의 간격으로 놓여진 평행 도선에 같은 크기의 왕복전류가 흐를 때 단위길이당 2.0×10^{-7}[N]의 힘이 작용하였다. 이때 평행 도선에 흐르는 전류는 몇 [A]인가?

① 1 ② 2
③ 4 ④ 8

해설 평행 도체 사이에 단위 길이당 작용하는 힘

$$F=\frac{2I^2}{d}\times10^{-7}[\text{N/m}]$$

전류 $I=\sqrt{\dfrac{F\cdot d}{2\times10^{-7}}}=\sqrt{\dfrac{2\times10^{-7}\times4}{2\times10^{-7}}}=2[\text{A}]$

17 평행 극판 사이 간격이 d[m]이고 정전 용량이 0.3[μF]인 공기 커패시터가 있다. 그림과 같이 두 극판 사이에 비유전율이 5인 유전체를 절반 두께 만큼 넣었을 때 이 커패시터의 정전 용량은 몇 [μF]이 되는가?

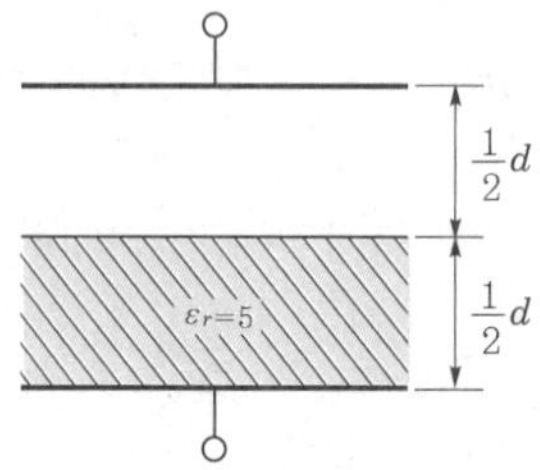

① 0.01 ② 0.05
③ 0.1 ④ 0.5

해설 유전체를 절반만 평행하게 채운 경우

ε_0 $\frac{d}{2}$ | ε_r $\frac{d}{2}$ = C_1 — C_2

정전 용량 : $C=\dfrac{2C_0}{1+\frac{1}{\varepsilon_r}}=\dfrac{2\times0.3}{1+\frac{1}{5}}=0.5[\mu\text{F}]$

18 반지름이 a[m]인 접지된 구도체와 구도체의 중심에서 거리 d[m] 떨어진 곳에 점전하가 존재할 때, 점전하에 의한 접지된 구도체에서의 영상 전하에 대한 설명으로 틀린 것은?

① 영상 전하는 구도체 내부에 존재한다.
② 영상 전하는 점전하와 구도체 중심을 이은 직선상에 존재한다.
③ 영상 전하의 전하량과 점전하의 전하량은 크기는 같고 부호는 반대이다.
④ 영상 전하의 위치는 구도체의 중심과 점전하 사이 거리(d[m])와 구도체의 반지름(a[m])에 의해 결정된다.

정답 15. ② 16. ② 17. ④ 18. ③

해설 구도체의 영상 전하는 점전하와 구도체 중심을 이은 직선상의 구도체 내부에 존재하며

영상 전하 $Q' = -\frac{a}{d}Q$[C]

위치는 구도체 중심에서 $x = \frac{a^2}{d}$[m]에 존재한다.

19 **평등 전계 중에 유전체 구에 의한 전계 분포가 그림과 같이 되었을 때 ε_1과 ε_2의 크기 관계는?**

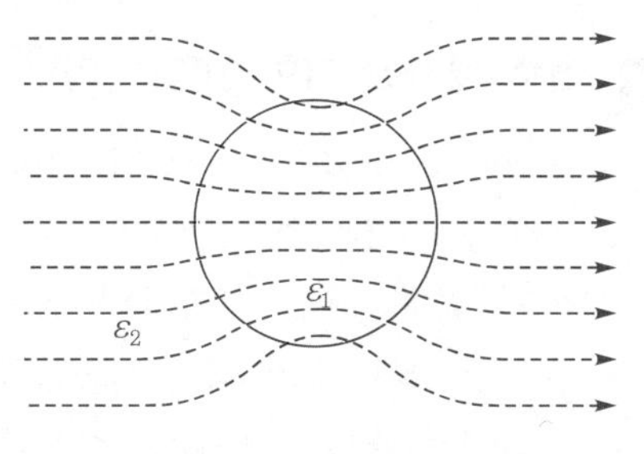

① $\varepsilon_1 > \varepsilon_2$　② $\varepsilon_1 < \varepsilon_2$
③ $\varepsilon_1 = \varepsilon_2$　④ 무관하다.

해설 임의의 점에서의 전계의 세기는 전기력선의 밀도와 같다. 즉 전기력선은 유전율이 작은 쪽으로 모이므로 $\varepsilon_1 < \varepsilon_2$이 된다.

20 **어떤 도체에 교류 전류가 흐를 때 도체에서 나타나는 표피 효과에 대한 설명으로 틀린 것은?**

① 도체 중심부보다 도체 표면부에 더 많은 전류가 흐르는 것을 표피 효과라 한다.
② 전류의 주파수가 높을수록 표피 효과는 작아진다.
③ 도체의 도전율이 클수록 표피 효과는 커진다.
④ 도체의 투자율이 클수록 표피 효과는 커진다.

해설 도체에 교류 전류가 흐를 때 도체 표면으로 갈수록 전류 밀도가 높아지는 현상을 표피 효과라 하며 침투 깊이(표피 두께) $\delta = \frac{1}{\sqrt{\pi f \sigma \mu}}$[m]에서 전류의 주파수가 높을수록 침투 깊이가 작아져 표피 효과는 커진다.

제2과목 전력공학

21 **소호 리액터를 송전 계통에 사용하면 리액터의 인덕턴스와 선로의 정전 용량이 어떤 상태로 되어 지락 전류를 소멸시키는가?**

① 병렬 공진　② 직렬 공진
③ 고임피던스　④ 저임피던스

해설 소호 리액터 접지식는 $L-C$ 병렬 공진을 이용하므로 지락 전류가 최소로 되어 유도 장해가 적고, 고장 중에도 계속적인 송전이 가능하며 고장이 스스로 복구될 수 있어 과도 안정도가 좋지만, 보호 장치의 동작이 불확실하다.

22 **어느 발전소에서 40,000[kWh]를 발전하는데 발열량 5,000[kcal/kg]의 석탄을 20톤 사용하였다. 이 화력 발전소의 열효율[%]은 약 얼마인가?**

① 27.5　② 30.4
③ 34.4　④ 38.5

해설 열효율 $\eta = \frac{860W}{mH} \times 100[\%]$

$= \frac{860 \times 40{,}000}{20 \times 10^3 \times 5{,}000} \times 100[\%]$

$= 34.4[\%]$

23 **송전 전력, 선간 전압, 부하 역률, 전력 손실 및 송전 거리를 동일하게 하였을 경우 단상 2선식에 대한 3상 3선식의 총 전선량(중량)비는 얼마인가? (단, 전선은 동일한 전선이다.)**

① 0.75　② 0.94
③ 1.15　④ 1.33

해설 동일 전력 $VI_{12} = \sqrt{3}\, VI_{33}$에서

전류비는 $\frac{I_{33}}{I_{12}} = \frac{1}{\sqrt{3}}$이다.

정답 19. ② 20. ② 21. ① 22. ③ 23. ①

전력 손실 $2I_{12}^2R_{12}=3I_{33}^2R_{33}$에서 저항의 비를 구하면 $\frac{R_{12}}{R_{33}}=\frac{3}{2}\cdot\left(\frac{I_{33}}{I_{12}}\right)^2=\frac{1}{2}$

전선 단면적은 저항에 반비례하므로 전선 중량비

$\frac{W_{33}}{W_{12}}=\frac{3A_{33}l}{2A_{12}l}=\frac{3}{2}\times\frac{R_{12}}{R_{33}}=\frac{3}{2}\times\frac{1}{2}=\frac{3}{4}$

24 3상 송전선로가 선간 단락(2선 단락)이 되었을 때 나타나는 현상으로 옳은 것은? (출제빈도)

① 역상 전류만 흐른다.

② 정상 전류와 역상 전류가 흐른다.

③ 역상 전류와 영상 전류가 흐른다.

④ 정상 전류와 영상 전류가 흐른다.

해설 각 사고별 대칭 좌표법 해석

1선 지락	정상분	역상분	영상분	$I_0=I_1=I_2\neq 0$
선간 단락	정상분	역상분	×	$I_1=-I_2\neq 0$, $I_0=0$
3상 단락	정상분	×	×	$I_1\neq 0$, $I_2=I_0=0$

25 중거리 송전선로의 4단자 정수가 $A=1.0$, $B=j190$, $D=1.0$일 때 C의 값은 얼마인가?

① 0　　② $-j120$

③ j　　④ $j190$

해설 4단자 정수의 관계 $AD-BC=1$에서

$C=\frac{AD-1}{B}=\frac{1\times1-1}{j190}=0$

26 배전 전압을 $\sqrt{2}$ 배로 하였을 때 같은 손실률로 보낼 수 있는 전력은 몇 배가 되는가? (출제빈도)

① $\sqrt{2}$　　② $\sqrt{3}$

③ 2　　④ 3

해설 전력 손실률이 일정하면 전력은 전압의 제곱에 비례하므로 $(\sqrt{2})^2=2$배

27 다음 중 재점호가 가장 일어나기 쉬운 차단 전류는? (출제빈도)

① 동상 전류

② 지상 전류

③ 진상 전류

④ 단락 전류

해설 차단기의 재점호는 선로 등의 충전 전류(진상 전류)에 의해 발생한다.

28 현수 애자에 대한 설명이 아닌 것은?

① 애자를 연결하는 방법에 따라 클레비스(Clevis)형과 볼 소켓형이 있다.

② 애자를 표시하는 기호는 P이며 구조는 2~5층의 갓 모양의 자기편을 시멘트로 접착하고 그 자기를 주철재 base로 지지한다.

③ 애자의 연결 개수를 가감함으로써 임의의 송전 전압에 사용할 수 있다.

④ 큰 하중에 대하여는 2련 또는 3련으로 하여 사용할 수 있다.

해설 ② 핀애자에 대한 설명이다.

29 교류 발전기의 전압 조정 장치로 속응 여자 방식을 채택하는 이유로 틀린 것은?

① 전력 계통에 고장이 발생할 때 발전기의 동기 화력을 증가시킨다.

② 송전 계통의 안정도를 높인다.

③ 여자기의 전압 상승률을 크게 한다.

④ 전압조정용 탭의 수동 변환을 원활히 하기 위함이다.

해설 속응 여자 방식은 전력 계통에 고장이 발생할 경우 발전기의 동기 화력을 신속하게 확립하여 계통의 안정도를 높인다.

정답 24. ② 25. ① 26. ③ 27. ③ 28. ② 29. ④

30 차단기의 정격 차단 시간에 대한 설명으로 옳은 것은?

출제빈도

① 고장 발생부터 소호까지의 시간
② 트립 코일 여자로부터 소호까지의 시간
③ 가동 접촉자의 개극부터 소호까지의 시간
④ 가동 접촉자의 동작 시간부터 소호까지의 시간

해설 차단기의 정격 차단 시간은 트립 코일이 여자하여 가동 접촉자가 시동하는 순간(개극 시간)부터 아크가 소멸하는 시간(소호 시간)으로 약 3~8[Hz] 정도이다.

31 3상 1회선 송전선을 정삼각형으로 배치한 3상 선로의 자기 인덕턴스를 구하는 식은? (단, D는 전선의 선간 거리[m], r은 전선의 반지름[m]이다.)

출제빈도

① $L=0.5+0.4605\log_{10}\dfrac{D}{r}$

② $L=0.5+0.4605\log_{10}\dfrac{D}{r^2}$

③ $L=0.05+0.4605\log_{10}\dfrac{D}{r}$

④ $L=0.05+0.4605\log_{10}\dfrac{D}{r^2}$

해설 정삼각형 배치이며, 등가 선간 거리 $D_e=D$이므로

인덕턴스 $L=0.05+0.4605\log_{10}\dfrac{D}{r}$ [mH/km]

32 불평형 부하에서 역률[%]은?

① $\dfrac{\text{유효 전력}}{\text{각 상의 피상 전력의 산술합}}\times 100$

② $\dfrac{\text{무효 전력}}{\text{각 상의 피상 전력의 산술합}}\times 100$

③ $\dfrac{\text{무효 전력}}{\text{각 상의 피상 전력의 벡터합}}\times 100$

④ $\dfrac{\text{유효 전력}}{\text{각 상의 피상 전력의 벡터합}}\times 100$

해설 불평형 부하의 역률

$\dfrac{\text{유효 전력}}{\text{각 상의 피상 전력의 벡터합}}\times 100[\%]$

33 다음 중 동작 속도가 가장 느린 계전 방식은?

① 전류 차동 보호 계전 방식
② 거리 보호 계전 방식
③ 전류 위상 비교 보호 계전 방식
④ 방향 비교 보호 계전 방식

해설 거리 계전 방식은 송전 계통에서 전압과 전류의 비로 동작하는 임피던스에 의해 작동하므로 임피던스(전기적 거리)가 클수록 동작속도가 느려진다.

34 부하 회로에서 공진 현상으로 발생하는 고조파 장해가 있을 경우 공진 현상을 회피하기 위하여 설치하는 것은?

출제빈도

① 진상용 콘덴서 ② 직렬 리액터
③ 방전 코일 ④ 진공 차단기

해설 고조파를 제거하기 위해서는 직렬 리액터를 이용하여 제5고조파를 제거한다.

35 경간이 200[m]인 가공 전선로가 있다. 사용 전선의 길이는 경간보다 몇 [m] 더 길게 하면 되는가? (단, 사용 전선의 1[m]당 무게는 2[kg], 인장 하중은 4,000[kg], 전선의 안전율은 2로 하고 풍압 하중은 무시한다.)

출제빈도

① $\dfrac{1}{2}$ ② $\sqrt{2}$

③ $\dfrac{1}{3}$ ④ $\sqrt{3}$

해설 이도 $D=\dfrac{WS^2}{8T}=\dfrac{2\times 200^2}{8\times\left(\dfrac{4,000}{2}\right)}=5[\text{m}]$

실제 전선 길이 $L=S+\dfrac{8D^2}{3S}$이므로

$\dfrac{8D^2}{3S}=\dfrac{8\times 5^2}{3\times 200}=\dfrac{1}{3}$

정답 30. ② 31. ③ 32. ④ 33. ② 34. ② 35. ③

36 송전단 전압이 100[V], 수전단 전압이 90[V]인 단거리 배전 선로의 전압 강하율[%]은 약 얼마인가?

① 5
② 11
③ 15
④ 20

해설 전압 강하율 $\varepsilon = \dfrac{V_s - V_r}{V_r} \times 100[\%]$

$$= \frac{100-90}{90} \times 100$$

$$≒ 11[\%]$$

37 다음 중 환상(루프) 방식과 비교할 때 방사상 배전 선로 구성 방식에 해당되는 사항은?

① 전력 수요 증가 시 간선이나 분기선을 연장하여 쉽게 공급이 가능하다.
② 전압 변동 및 전력 손실이 작다.
③ 사고 발생 시 다른 간선으로의 전환이 쉽다.
④ 환상 방식보다 신뢰도가 높은 방식이다.

해설 **방사상식(Tree system)**
농어촌에 적합하고, 수요 증가에 쉽게 응할 수 있으며 시설비가 저렴하다. 하지만 전압 강하나 전력 손실 등이 많아 공급 신뢰도가 떨어지고 정전 범위가 넓어진다.

38 초호각(Arcing horn)의 역할은?

① 풍압을 조절한다.
② 송전 효율을 높인다.
③ 선로의 섬락 시 애자의 파손을 방지한다.
④ 고주파수의 섬락전압을 높인다.

해설 **아킹혼, 소호각(환)의 역할**
- 이상 전압으로부터 애자련의 보호
- 애자 전압 분담의 균등화
- 애자의 열적 파괴 방지

39 유효 낙차 90[m], 출력 104,500[kW], 비속도(특유 속도) 210[m · kW]인 수차의 회전 속도는 약 몇 [rpm]인가?

① 150　② 180
③ 210　④ 240

해설 특유 속도 $N_s = N \cdot \dfrac{P^{\frac{1}{2}}}{H^{\frac{5}{4}}}$ 에서 정격 속도

$$N = N_s \cdot \frac{H^{\frac{5}{4}}}{P^{\frac{1}{2}}} = 210 \times \frac{90^{\frac{5}{4}}}{104{,}500^{\frac{1}{2}}} ≒ 180[\text{rpm}]$$

40 발전기 또는 주변압기의 내부 고장 보호용으로 가장 널리 쓰이는 것은?

① 거리 계전기　② 과전류 계전기
③ 비율 차동 계전기　④ 방향 단락 계전기

해설 비율 차동 계전기는 발전기나 변압기의 내부 고장에 대한 보호용으로 가장 많이 사용한다.

제3과목 전기기기

41 SCR을 이용한 단상 전파 위상 제어 정류 회로에서 전원 전압은 실효값이 220[V], 60[Hz]인 정현파이며, 부하는 순저항으로 10[Ω]이다. SCR의 점호각 α를 60°라 할 때 출력 전류의 평균값[A]은?

① 7.54　② 9.73
③ 11.43　④ 14.86

해설 직류 전압(평균값) $E_{d\alpha}$

$$E_{d\alpha} = E_{do} \cdot \frac{1+\cos\alpha}{2} = \frac{2\sqrt{2}}{\pi} E \cdot \frac{1+\cos 60°}{2}$$

$$= 0.9 \times 220 \times \frac{1+\frac{1}{2}}{2} = 148.6[\text{V}]$$

정답 36. ② 37. ① 38. ③ 39. ② 40. ③ 41. ④

출력 전류(직류 전류) I_d

$$I_d = \frac{E_{d\alpha}}{R} = \frac{148.6}{10} = 14.86[\text{A}]$$

42 직류 발전기가 90[%] 부하에서 최대 효율이 된다면 이 발전기의 전부하에 있어서 고정손과 부하손의 비는?

① 0.81 ② 0.9

③ 1.0 ④ 1.1

해설 최대 효율의 조건 $P_i = \left(\frac{1}{m}\right)^2 P_c$에서

$$\frac{P_i}{P_c} = \left(\frac{1}{m}\right)^2 = 0.9^2 = 0.81$$

43 정류기의 직류측 평균 전압이 2,000[V]이고 리플률이 3[%]일 경우, 리플 전압의 실효값[V]은?

① 20 ② 30

③ 50 ④ 60

해설 맥동률(리플률) ν[%]

$$\nu = \frac{\text{출력 전압의 교류 성분 실효값}}{\text{출력 전압의 직류 성분}} \times 100[\%]$$

리플 전압(교류 성분 전압) 실효값 E

$E = \nu \cdot E_d = 0.03 \times 2{,}000 = 60[\text{V}]$

44 단상 직권 정류자 전동기에서 보상 권선과 저항 도선의 작용에 대한 설명으로 틀린 것은 어느 것인가?

① 보상 권선은 역률을 좋게 한다.

② 보상 권선은 변압기의 기전력을 크게 한다.

③ 보상 권선은 전기자 반작용을 제거해 준다.

④ 저항 도선은 변압기 기전력에 의한 단락 전류를 작게 한다.

해설 단상 직권 정류자 전동기에서 보상 권선은 전기자 반작용의 방지, 역률 개선 및 변압기 기전력을 작게 하며 저항 도선은 저항이 큰 도체를 선택하여 단락 전류를 경감시킨다.

45 비돌극형 동기 발전기 한 상의 단자 전압을 V, 유도 기전력을 E, 동기 리액턴스를 X_s, 부하각이 δ이고, 전기자 저항을 무시할 때 한 상의 최대 출력[W]은?

① $\frac{EV}{X_s}$ ② $\frac{3EV}{X_s}$

③ $\frac{E^2V}{X_s}$ ④ $\frac{EV^2}{X_s}$

해설 비돌극형 동기 발전기

- 1상 출력 $P_1 = \frac{EV}{X_s}\sin\delta[\text{W}]$
- 최대 출력 $P_m = \frac{EV}{X_s}\sin 90° = \frac{EV}{X_s}[\text{W}]$

46 3상 동기 발전기에서 그림과 같이 1상의 권선을 서로 똑같은 2조로 나누어 그 1조의 권선 전압을 E[V], 각 권선의 전류를 I[A]라 하고 지그재그 Y형(Zigzag Star)으로 결선하는 경우 선간 전압[V], 선전류[A] 및 피상 전력[VA]은?

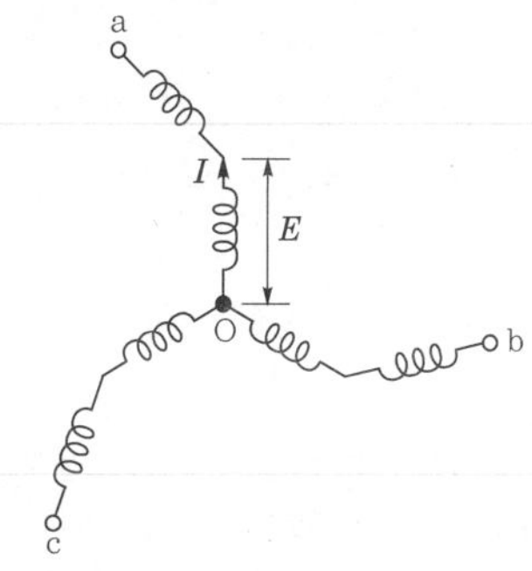

① $3E,\ I,\ \sqrt{3} \times 3E \times I = 5.2EI$

② $\sqrt{3}E,\ 2I,\ \sqrt{3} \times \sqrt{3}E \times 2I = 6EI$

③ $E,\ 2\sqrt{3}I,\ \sqrt{3} \times E \times 2\sqrt{3}I = 6EI$

④ $\sqrt{3}E,\ \sqrt{3}I,$ $\sqrt{3} \times \sqrt{3}E \times \sqrt{3}I = 5.2EI$

해설 1상의 선간 전압 $V_p = \sqrt{3}E$

ab 선간 전압 $V_l = \sqrt{3}V_p = \sqrt{3} \times \sqrt{3}E = 3E$

선전력 $I_l = I$

피상 전력 $P_a = \sqrt{3}V_l I_l = \sqrt{3} \times 3EI = 5.2EI[\text{VA}]$

정답 42. ① 43. ④ 44. ② 45. ① 46. ①

47 다음 중 비례 추이를 하는 전동기는?

① 동기 전동기
② 정류자 전동기
③ 단상 유도 전동기
④ 권선형 유도 전동기

해설 3상 권선형 유도 전동기의 2차측(회전자)에 외부에서 저항을 접속하고 2차 합성 저항을 변화하면 토크, 입력 및 전류 등이 비례하여 이동하는 데 이것을 비례 추이라 한다.

48 단자 전압 200[V], 계자 저항 50[Ω], 부하 전류 50[A], 전기자 저항 0.15[Ω], 전기자 반작용에 의한 전압 강하 3[V]인 직류 분권 발전기가 정격 속도로 회전하고 있다. 이때 발전기의 유도 기전력은 약 몇 [V]인가?

① 211.1 ② 215.1
③ 225.1 ④ 230.1

해설 계자 전류 $I_f = \frac{V}{r_f} = \frac{200}{50} = 4[A]$

전기자 전류 $I_a = I + I_f = 50 + 4 = 54[A]$

유기 기전력 $E = V + I_a R_a + e_a$

$= 200 + 54 \times 0.15 + 3$

$= 211.1[V]$

49 동기기의 권선법 중 기전력의 파형을 좋게 하는 권선법은?

① 전절권, 2층권 ② 단절권, 집중권
③ 단절권, 분포권 ④ 전절권, 집중권

해설 동기기의 전기자 권선법은 집중권과 분포권, 전절권과 단절권이 있으며 기전력의 파형을 개선하기 위해 분포권과 단절권을 사용한다.

50 변압기에 임피던스 전압을 인가할 때의 입력은?

① 철손 ② 와류손
③ 정격 용량 ④ 임피던스 와트

해설 변압기의 단락 시험에서 임피던스 전압(정격 전류에 의한 변압기 내의 전압 강하)을 인가할 때 변압기의 입력을 임피던스 와트(동손)라 한다.
임피던스 와트 $W_s = I^2 r = P_c$(동손)[W]

51 불꽃 없는 정류를 하기 위해 평균 리액턴스 전압(A)과 브러시 접촉면 전압 강하(B) 사이에 필요한 조건은?

① A > B ② A < B
③ A = B ④ A, B에 관계없다.

해설 평균 리액턴스 전압$\left(e = L\frac{2I_c}{T_c}\right)$이 정류 코일의 전류($I_c$)의 변화를 방해하여 정류 불량의 원인이 되므로 브러시 접촉면 전압 강하보다 작아야 한다.

52 유도 전동기 1극의 자속 Φ, 2차 유효 전류 $I_2\cos\theta_2$, 토크 τ의 관계로 옳은 것은?

① $\tau \propto \Phi \times I_2\cos\theta_2$
② $\tau \propto \Phi \times (I_2\cos\theta_2)^2$
③ $\tau \propto \frac{1}{\Phi \times I_2\cos\theta_2}$
④ $\tau \propto \frac{1}{\Phi \times (I_2\cos\theta_2)^2}$

해설 2차 유기 기전력 $E_2 = 4.44 f_2 N_2 \Phi_m K_{w_2} \propto \Phi$

2차 입력 $P_2 = E_2 I_2 \cos\theta_2$

토크 $T = \frac{P_2}{2\pi\frac{N_s}{60}} \propto \Phi I_2 \cos\theta_2$

53 회전자가 슬립 s로 회전하고 있을 때 고정자와 회전자의 실효 권수비를 α라 하면 고정자 기전력 E_1과 회전자 기전력 E_{2s}의 비는?

① $s\alpha$ ② $(1-s)\alpha$
③ $\frac{\alpha}{s}$ ④ $\frac{\alpha}{1-s}$

정답 47. ④ 48. ① 49. ③ 50. ④ 51. ② 52. ① 53. ③

해설 실효 권수비 $\alpha = \dfrac{E_1}{E_2}$

슬립 s로 회전 시 $E_{2s} = sE_2$

회전 시 권수비 $\alpha_s = \dfrac{E_1}{E_{2s}} = \dfrac{E_1}{sE_2} = \dfrac{\alpha}{s}$

54 직류 직권 전동기의 발생 토크는 전기자 전류를 변화시킬 때 어떻게 변하는가? (단, 자기 포화는 무시한다.)

① 전류에 비례한다.
② 전류에 반비례한다.
③ 전류의 제곱에 비례한다.
④ 전류의 제곱에 반비례한다.

해설 직류 전동기의 역기전력 $E = \dfrac{Z}{a}P\phi\dfrac{N}{60}$

토크 $T = \dfrac{P}{2\pi\dfrac{N}{60}} = \dfrac{EI_a}{2\pi\dfrac{N}{60}} = \dfrac{PZ}{2\pi a}\phi I_a$

직류 직권 전동기의 자속 $\phi \propto I_f (= I = I_a)$

직류 직권 전동기의 토크 $T = K\phi I_a \propto I^2$

55 동기 발전기의 병렬 운전 중 유도 기전력의 위상차로 인하여 발생하는 현상으로 옳은 것은?

① 무효 전력이 생긴다.
② 동기화 전류가 흐른다.
③ 고조파 무효 순환 전류가 흐른다.
④ 출력이 요동하고 권선이 가열된다.

해설 동기 발전기의 병렬 운전에서 유기 기전력의 크기가 같지 않으면 무효 순환 전류가 흐르고, 유기 기전력의 위상차가 발생하면 동기화 전류가 흐른다.

56 3상 유도기의 기계적 출력(P_o)에 대한 변환식으로 옳은 것은? (단, 2차 입력은 P_2, 2차 동손은 P_{2c}, 동기 속도는 N_s, 회전자 속도는 N, 슬립은 s이다.)

① $P_o = P_2 + P_{2c} = \dfrac{N}{N_s}P_2 = (2-s)P_2$

② $(1-s)P_2 = \dfrac{N}{N_s}P_2 = P_o - P_{2c} = P_o - sP_2$

③ $P_o = P_2 - P_{2c} = P_2 - sP_2 = \dfrac{N}{N_s}P_2$
$= (1-s)P_2$

④ $P_o = P_2 + P_{2c} = P_2 + sP_2 = \dfrac{N}{N_s}P_2$
$= (1+s)P_2$

해설 유도 전동기의 2차 입력(P_2), 기계적 출력(P_o) 및 2차 동손(P_{2c})의 비

$P_2 : P_o : P_{2c} = 1 : 1-s : s$ 이므로

기계적 출력 $P_o = P_2 - P_{2c} = P_2 - sP_2$
$= P_2(1-s) = P_2\dfrac{N}{N_s}$

57 변압기의 등가 회로 구성에 필요한 시험이 아닌 것은?

① 단락 시험　② 부하 시험
③ 무부하 시험　④ 권선 저항 측정

해설 변압기의 등가 회로 작성에 필요한 시험
- 무부하 시험
- 단락 시험
- 권선 저항 측정

58 단권 변압기 두 대를 V결선하여 전압을 2,000[V]에서 2,200[V]로 승압한 후 200[kVA]의 3상 부하에 전력을 공급하려고 한다. 이때 단권 변압기 1대의 용량은 약 몇 [kVA]인가?

① 4.2　② 10.5
③ 18.2　④ 21

해설 단권 변압기의 V결선에서

$\dfrac{\text{자기 용량(단권 변압기 용량) } P}{\text{부하 용량 } W}$

$= \dfrac{1}{\dfrac{\sqrt{3}}{2}} \cdot \dfrac{V_h - V_l}{V_h}$

정답 54. ③ 55. ② 56. ③ 57. ② 58. ②

$(V_h = 2{,}200,\ V_l = 2{,}000)$

자기 용량(단권 변압기 2대 용량) P

$$P = W \cdot \frac{2}{\sqrt{3}} \cdot \frac{V_h - V_l}{V_h}$$

$$= 200 \times \frac{2}{\sqrt{3}} \times \frac{2{,}200 - 2{,}000}{2{,}200} = 21[\text{kVA}]$$

단권 변압기 1대의 용량

$$P_1 = \frac{P}{2} = \frac{21}{2} = 10.5[\text{kVA}]$$

59

권수비 $a = \frac{6{,}600}{220}$, 주파수 60[Hz], 변압기의 철심 단면적 0.02[m^2], 최대 자속 밀도 1.2[Wb/m^2]일 때 변압기의 1차측 유도 기전력은 약 몇 [V]인가?

① 1,407　② 3,521

③ 42,198　④ 49,814

해설 1차 유기 기전력 E_1

$$E_1 = 4.44 f N_1 \phi_m = 4.44 f N_1 B_m S$$

$$= 4.44 \times 60 \times 6{,}600 \times 1.2 \times 0.02 = 42{,}198[\text{V}]$$

60

회전형 전동기와 선형 전동기(Linear Motor)를 비교한 설명으로 틀린 것은?

① 선형의 경우 회전형에 비해 공극의 크기가 작다.

② 선형의 경우 직접적으로 직선 운동을 얻을 수 있다.

③ 선형의 경우 회전형에 비해 부하 관성의 영향이 크다.

④ 선형의 경우 전원의 상 순서를 바꾸어 이동 방향을 변경한다.

해설 선형 전동기(Linear Motor)는 회전형 전동기의 고정자와 회전자를 축 방향으로 잘라서 펼쳐 놓은 것으로 직접 직선 운동을 하므로 부하 탄성의 영향이 크고, 회전형에 비해 공극을 크게 할 수 있고 상순을 바꾸어 이동 방향을 변경하는 전동기로 컨베이어(conveyer), 자기 부상식 철도 등에 이용할 수 있다.

제4과목 회로이론 및 제어공학

61

출제빈도

$F(z) = \frac{(1 - e^{-aT})z}{(z-1)(z - e^{-aT})}$ 의 역 z 변환은?

① $1 - e^{-at}$

② $1 + e^{-at}$

③ $t \cdot e^{-at}$

④ $t \cdot e^{at}$

해설 $\frac{F(z)}{z}$ 형태로 부분 분수 전개하면

$$\frac{F(z)}{z} = \frac{(1 - e^{-aT})}{(z-1)(z - e^{-aT})}$$

$$= \frac{k_1}{z-1} + \frac{k_2}{z - e^{-aT}}$$

$$k_1 = \lim_{z \to 1} \frac{1 - e^{-aT}}{z - e^{-aT}} = 1$$

$$k_2 = \lim_{z \to e^{-aT}} \frac{1 - e^{-aT}}{z - 1} = -1$$

$$\frac{F(z)}{z} = \frac{1}{z-1} - \frac{1}{z - e^{-aT}}$$

$$F(z) = \frac{z}{z-1} - \frac{z}{z - e^{-aT}}$$

$$\therefore\ r(t) = 1 - e^{-at}$$

62

다음의 특성 방정식 중 안정한 제어 시스템은?

① $s^3 + 3s^2 + 4s + 5 = 0$

② $s^4 + 3s^3 - s^2 + s + 10 = 0$

③ $s^5 + s^3 + 2s^2 + 4s + 3 = 0$

④ $s^4 - 2s^3 - 3s^2 + 4s + 5 = 0$

해설 **제어계가 안정될 때 필요 조건**

특성 방정식의 모든 차수가 존재하고 각 계수의 부호가 같아야 한다.

정답 59. ③ 60. ① 61. ① 62. ①

63 그림의 신호 흐름 선도에서 전달 함수 $\dfrac{C(s)}{R(s)}$는?

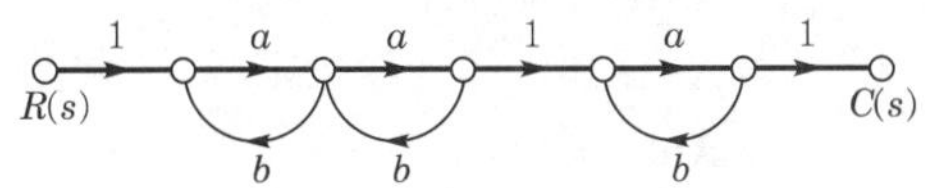

① $\dfrac{a^3}{(1-ab)^3}$

② $\dfrac{a^3}{1-3ab+a^2b^2}$

③ $\dfrac{a^3}{1-3ab}$

④ $\dfrac{a^3}{1-3ab+2a^2b^2}$

해설 전향 경로 $n=1$

$G_1 = 1\times a\times a\times 1\times a\times 1 = a^3,\ \Delta_1 = 1$

$\Sigma L_{n_1} = ab+ab+ab = 3ab$

$\Sigma L_{n_2} = (ab\times ab)+(ab\times ab) = 2a^2b^2$

$\Delta = 1-\Sigma L_{n_1}+\Sigma L_{n_2} = 1-3ab+2a^2b^2$

$\therefore$ 전달 함수 $\dfrac{C_{(s)}}{R_{(s)}} = \dfrac{G_1\Delta_1}{\Delta}$

$= \dfrac{a^3}{1-3ab+2a^2b^2}$

64 그림과 같은 블록 선도에서 제어 시스템에 단위 계단 함수가 입력되었을 때 정상 상태 오차가 0.01이 되는 a의 값은?

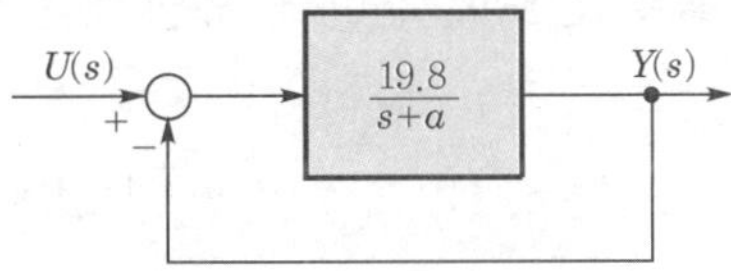

① 0.2

② 0.6

③ 0.8

④ 1.0

해설 정상 위치 편차 $e_{ssp} = \dfrac{1}{1+k_p}$

위치 편차 상수 $k_p = \lim\limits_{s\to 0} G_{(s)} = \lim\limits_{s\to 0}\dfrac{19.8}{s+a} = \dfrac{19.8}{a}$

$\therefore\ 0.01 = \dfrac{1}{1+\dfrac{19.8}{a}}$

$\because\ a = 0.2$

65 그림과 같은 보드 선도의 이득 선도를 갖는 제어 시스템의 전달 함수는?

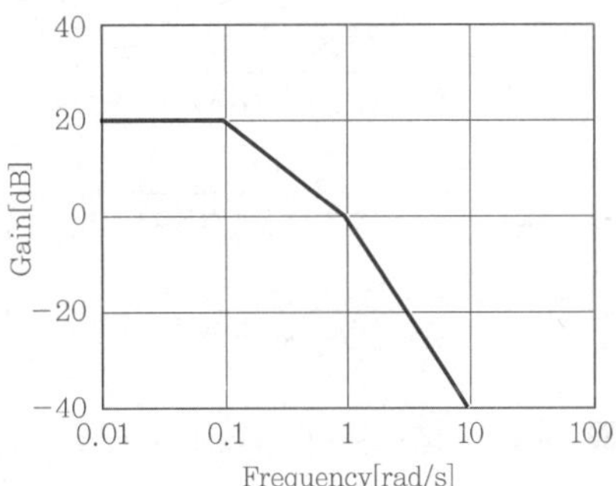

① $G(s) = \dfrac{10}{(s+1)(s+10)}$

② $G(s) = \dfrac{10}{(s+1)(10s+1)}$

③ $G(s) = \dfrac{20}{(s+1)(s+10)}$

④ $G(s) = \dfrac{20}{(s+1)(10s+1)}$

해설 절점 주파수 $\omega_c = \dfrac{1}{T}$[rad/s]

보드 선도의 절점 주파수 $\omega_1 = 0.1$, $\omega_2 = 1$이므로

$G(j\omega) = \dfrac{K}{(1+j10\omega_1)(1+j\omega_2)}$

$\therefore\ G(s) = \dfrac{K}{(1+10s)(1+s)} = \dfrac{K}{(s+1)(10s+1)}$

보드 선도 이득 근사값에 의해

$G(s) = \dfrac{10}{(s+1)(10s+1)}$

정답 63. ④ 64. ① 65. ②

66 그림과 같은 블록 선도의 전달 함수 $\dfrac{C(s)}{R(s)}$ 는?

출제빈도

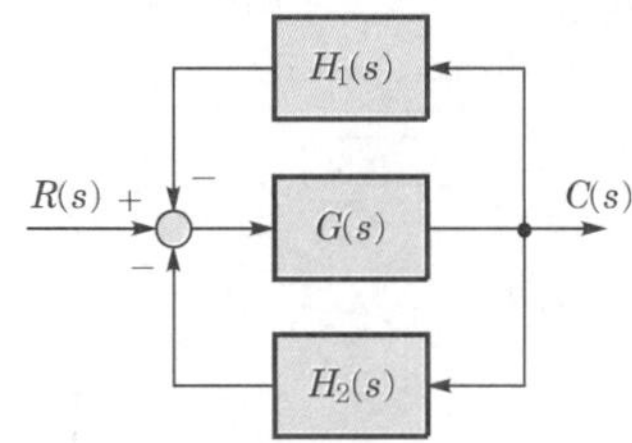

① $\dfrac{G(s)H_1(s)H_2(s)}{1+G(s)H_1(s)H_2(s)}$

② $\dfrac{G(s)}{1+G(s)H_1(s)H_2(s)}$

③ $\dfrac{G(s)}{1-G(s)[H_1(s)+H_2(s)]}$

④ $\dfrac{G(s)}{1+G(s)[H_1(s)+H_2(s)]}$

해설 $\{R(s)-C(s)H_1(s)-C(s)H_2(s)\}G(s)=C(s)$

$R(s)G(s)=C(s)(1+G(s)H_1(s)+G(s)H_2(s))$

$$\therefore \frac{C(s)}{R(s)}=\frac{G(s)}{1+G(s)H_1(s)+G(s)H_2(s)}=\frac{G(s)}{1+G(s)[H_1(s)+H_2(s)]}$$

67 그림과 같은 논리 회로와 등가인 것은?

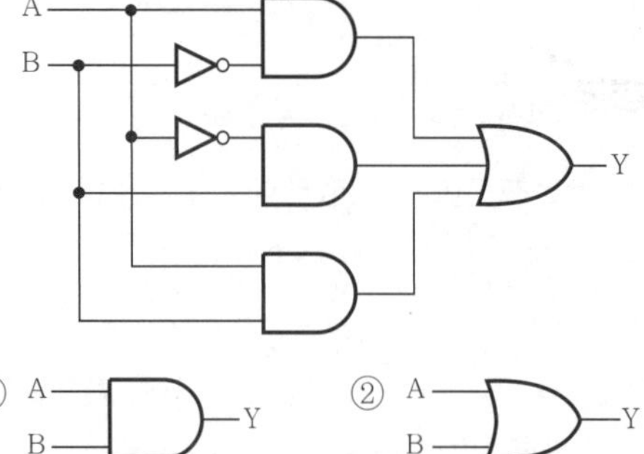

① A, B → AND → Y

② A, B → OR → Y

③ A, B → NAND → Y

④ A, B → NOR → Y

해설 논리식을 간이화하면 다음과 같다.

$$\begin{aligned} Y &= A\overline{B}+\overline{A}B+AB \\ &= A(\overline{B}+B)+\overline{A}B \\ &= A+\overline{A}B \\ &= A(1+B)+\overline{A}B \\ &= A+AB+\overline{A}B \\ &= A+B(A+\overline{A}) \\ &= A+B \end{aligned}$$

∴ A, B → OR → Y

68 다음의 개루프 전달 함수에 대한 근궤적의 점근선이 실수축과 만나는 교차점은?

출제빈도

$$G(s)H(s)=\frac{K(s+3)}{s^2(s+1)(s+3)(s+4)}$$

① $\dfrac{5}{3}$ ② $-\dfrac{5}{3}$

③ $\dfrac{5}{4}$ ④ $-\dfrac{5}{4}$

해설 점근선의 교차점

$$\sigma=\frac{\Sigma G(s)H(s)\text{의 극점}-\Sigma G(s)H(s)\text{의 영점}}{P-Z}$$

영점의 개수 $Z=1$이고

극점의 개수 $P=5$이므로

$$\therefore \sigma=\frac{(0-1-3-4)-(-3)}{5-1}=-\frac{5}{4}$$

69 블록 선도에서 ⓐ에 해당하는 신호는?

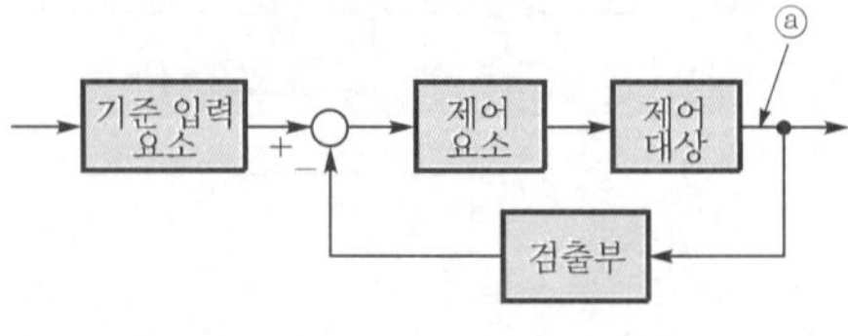

① 조작량 ② 제어량

③ 기준 입력 ④ 동작 신호

해설 **제어량**

제어를 받는 제어계의 출력량으로 제어 대상에 속하는 양이다.

정답 66. ④ 67. ② 68. ④ 69. ②

70 (출제빈도) 다음의 미분 방정식과 같이 표현되는 제어 시스템이 있다. 이 제어 시스템을 상태 방정식 $\dot{x}= Ax+Bu$로 나타내었을 때 시스템 행렬 A는?

$$\frac{d^3c(t)}{dt^3}+5\frac{d^2c(t)}{dt^2}+\frac{dc(t)}{dt}+2c(t)=r(t)$$

① $\begin{bmatrix} 0 & 1 & 0 \\ 0 & 0 & 1 \\ -2 & -1 & -5 \end{bmatrix}$ ② $\begin{bmatrix} 1 & 0 & 0 \\ 0 & 1 & 0 \\ -2 & -1 & -5 \end{bmatrix}$

③ $\begin{bmatrix} 0 & 1 & 0 \\ 0 & 0 & 1 \\ 2 & 1 & 5 \end{bmatrix}$ ④ $\begin{bmatrix} 1 & 0 & 0 \\ 0 & 1 & 0 \\ 2 & 1 & 5 \end{bmatrix}$

해설
• 상태 변수

$x_1(t)=c(t)$

$x_2(t)=\frac{dc(t)}{dt}=\frac{dx_1(t)}{dt}=\dot{x}_1(t)$

$x_3(t)=\frac{d^2c(t)}{dt^2}=\frac{dx_2(t)}{dt}=\dot{x}_2(t)$

• 상태 방정식

$\dot{x}_3(t)=-2x_1(t)-x_2(t)-5x_3(t)+r(t)$

$$\begin{bmatrix} \dot{x}_1(t) \\ \dot{x}_2(t) \\ \dot{x}_3(t) \end{bmatrix}=\begin{bmatrix} 0 & 1 & 0 \\ 0 & 0 & 1 \\ -2 & -1 & -5 \end{bmatrix}\begin{bmatrix} x_1(t) \\ x_2(t) \\ x_3(t) \end{bmatrix}+\begin{bmatrix} 0 \\ 0 \\ 1 \end{bmatrix}r(t)$$

71 $f_e(t)$가 우함수이고 $f_o(t)$가 기함수일 때 주기함수 $f(t)=f_e(t)+f_o(t)$에 대한 다음 식 중 틀린 것은?

① $f_e(t)=f_e(-t)$

② $f_o(t)=-f_o(-t)$

③ $f_o(t)=\frac{1}{2}[f(t)-f(-t)]$

④ $f_e(t)=\frac{1}{2}[f(t)-f(-t)]$

해설
• 우함수 : $f_e(t)=f_e(-t)$
• 기함수 : $f_o(t)=-f_o(-t)$

$f(t)=f_e(t)+f_o(t)$이므로

$\frac{1}{2}[f(t)-f(-t)]$

$=\frac{1}{2}[f_e(t)+f_o(t)-f_e(-t)-f_o(-t)]$

$=\frac{1}{2}[f_e(t)+f_o(t)-f_e(t)+f_o(t)]$

$=f_o(t)$

72 (출제빈도) 3상 평형 회로에 Y결선의 부하가 연결되어 있고, 부하에서의 선간 전압이 $V_{ab}=100\sqrt{3}\angle 0°$[V]일 때 선전류가 $I_a=20\angle -60°$[A]이었다. 이 부하의 한 상의 임피던스[Ω]는? (단, 3상 전압의 상순은 a－b－c이다.)

① $5\angle 30°$ ② $5\sqrt{3}\angle 30°$

③ $5\angle 60°$ ④ $5\sqrt{3}\angle 60°$

해설

$$Z=\frac{V_P}{I_P}=\frac{\frac{100\sqrt{3}}{\sqrt{3}}\angle 0°-30°}{20\angle -60°}=\frac{100\angle -30°}{20\angle -60°}$$

$=5\angle 30°$

73 그림의 회로에서 120[V]와 30[V]의 전압원(능동 소자)에서의 전력은 각각 몇 [W]인가? [단, 전압원(능동 소자)에서 공급 또는 발생하는 전력은 양수(+)이고, 소비 또는 흡수하는 전력은 음수(−)이다.]

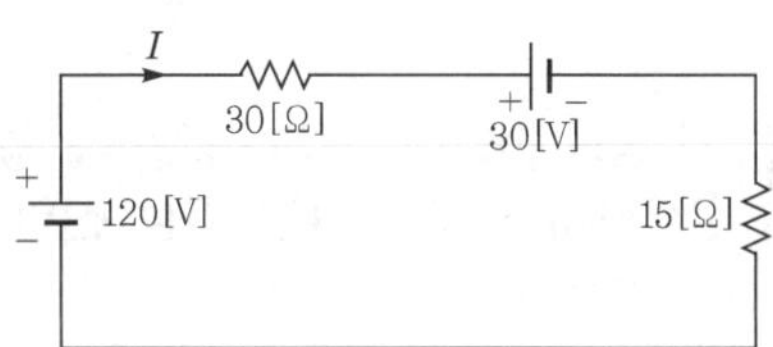

① 240[W], 60[W]

② 240[W], −60[W]

③ −240[W], 60[W]

④ −240[W], −60[W]

해설 전압원의 극성이 반대로 직렬로 연결되어 있으므로

폐회로 전류 $I=\frac{120-30}{30+15}=2$[A]

정답 70. ① 71. ④ 72. ① 73. ②

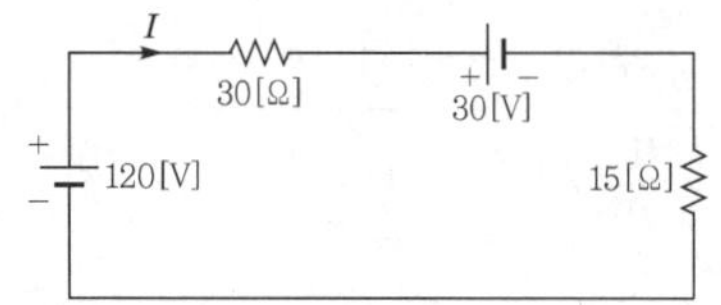

∴ 120[V] 전압원은 전류 방향과 동일하므로 공급 전력 $P = VI = 120 \times 2 = 240$[W]
30[V] 전압원은 전류 방향이 반대이므로 소비 전력 $P = VI = -30 \times 2 = -60$[W]

74 정전 용량이 C[F]인 커패시터에 단위 임펄스의 전류원이 연결되어 있다. 이 커패시터의 전압 $v_C(t)$는? (단, $u(t)$는 단위 계단 함수이다.)

① $v_C(t) = C$
② $v_C(t) = Cu(t)$
③ $v_C(t) = \frac{1}{C}$
④ $v_C(t) = \frac{1}{C}u(t)$

해설 $v_C(t) = \frac{1}{C}\int i(t)\,dt$

단위 임펄스 전류원이 연결되어 있으므로

∴ $v_C(t) = \frac{1}{C}\int \delta(t)\,dt$

라플라스 변환하면 $v_C(s) = \frac{1}{Cs}$

역라플라스 변환하면 $v_C(t) = \frac{1}{C}u(t)$

75 각 상의 전압이 다음과 같을 때 영상분 전압[V]의 순시치는? (단, 3상 전압의 상순은 a－b－c이다.)

$$v_a(t) = 40\sin\omega t\,[\text{V}]$$
$$v_b(t) = 40\sin\left(\omega t - \frac{\pi}{2}\right)[\text{V}]$$
$$v_c(t) = 40\sin\left(\omega t + \frac{\pi}{2}\right)[\text{V}]$$

① $40\sin\omega t$
② $\frac{40}{3}\sin\omega t$
③ $\frac{40}{3}\sin\left(\omega t - \frac{\pi}{2}\right)$
④ $\frac{40}{3}\sin\left(\omega t + \frac{\pi}{2}\right)$

해설 영상 대칭분 전압

$$V_0 = \frac{1}{3}(v_a + v_b + v_c)$$
$$= \frac{1}{3}\left\{40\sin\omega t + 40\sin\left(\omega t - \frac{\pi}{2}\right) + 40\sin\left(\omega t + \frac{\pi}{2}\right)\right\}$$
$$= \frac{1}{3}\{40\sin\omega t - 40\cos\omega t + 40\cos\omega t\}$$
$$= \frac{40}{3}\sin\omega t\,[\text{V}]$$

76 그림과 같이 3상 평형의 순저항 부하에 단상전력계를 연결하였을 때 전력계가 W[W]를 지시하였다. 이 3상 부하에서 소모하는 전체 전력[W]은?

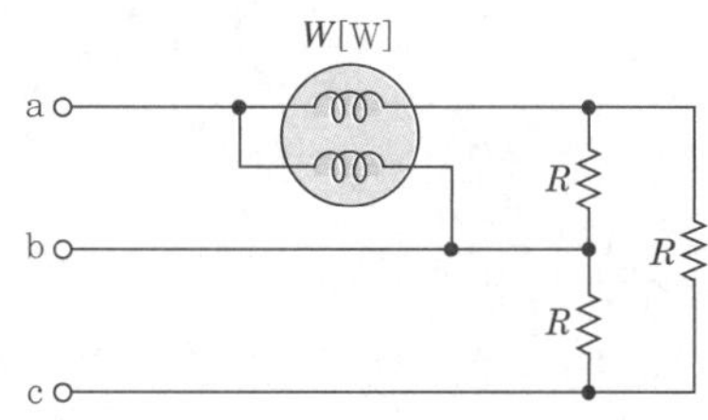

① $2W$
② $3W$
③ $\sqrt{2}\,W$
④ $\sqrt{3}\,W$

해설 전력계 W의 전압은 ab의 선간 전압 V_{ab}, 전류는 I_a의 선전류이므로 $V_{ab} = V_a + (-V_b)$

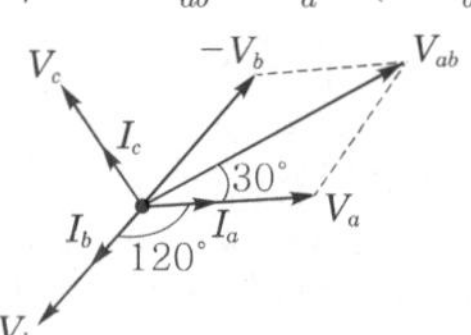

∴ $W = V_{ab}I_a\cos 30° = \frac{\sqrt{3}}{2}V_{ab}I_a$[W]

∵ 3상 부하 전력 : $P = \sqrt{3}\,V_{ab}I_a = 2W$[W]

정답 74. ④ 75. ② 76. ①

77 그림의 회로에서 $t=0$[s]에 스위치(S)를 닫은 후 $t=1$[s]일 때 이 회로에 흐르는 전류는 약 몇 [A]인가?

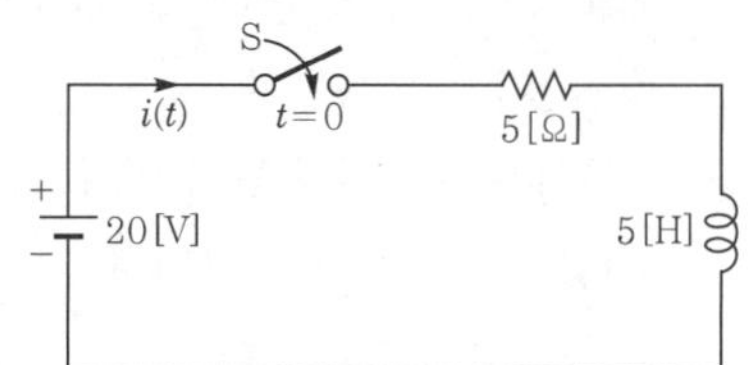

① 2.52　② 3.16　③ 4.21　④ 6.32

해설 시정수 $\tau=\frac{L}{R}=\frac{5}{5}=1$[s]

$\therefore$ $t=\tau$인 경우이므로

전류 $i(t)=0.632\frac{E}{R}=0.632\times\frac{20}{5}=2.52$[A]

78 순시치 전류 $i(t)=I_m\sin(\omega t+\theta_I)$[A]의 파고율은 약 얼마인가?

① 0.577　② 0.707　③ 1.414　④ 1.732

해설
- 정현파 전류의 평균값 : $I_{av}=\frac{2}{\pi}I_m$[A]
- 정현파 전류의 실효값 : $I=\frac{1}{\sqrt{2}}I_m$[A]

$\therefore$ 파고율 $=\frac{\text{최대값}}{\text{실효값}}=\frac{I_m}{\frac{1}{\sqrt{2}}I_m}=\sqrt{2}=1.414$

79 그림의 회로가 정저항 회로로 되기 위한 L[mH]은? (단, $R=10$[Ω], $C=1{,}000$[μF]이다.)

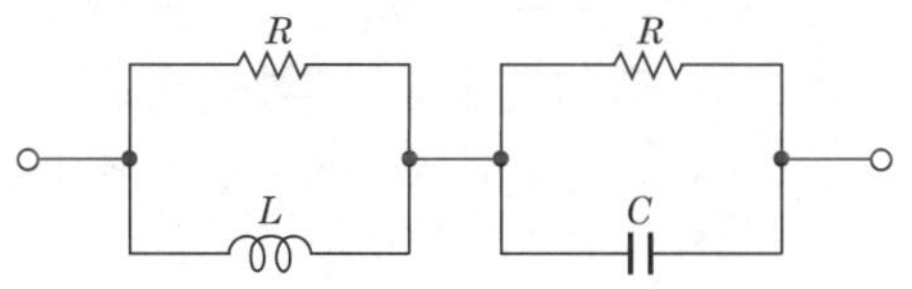

① 1　② 10　③ 100　④ 1,000

해설 정저항 조건

$Z_1\cdot Z_2=R^2$에서 $sL\cdot\frac{1}{sC}=R^2$

$\therefore\ R^2=\frac{L}{C}$

$\because\ L=R^2C=10^2\times1{,}000\times10^{-6}$[H]
$=10^2\times1{,}000\times10^{-6}\times10^3$[mH]
$=100$[mH]

80 분포 정수 회로에 있어서 선로의 단위 길이당 저항이 100[Ω/m], 인덕턴스가 200[mH/m], 누설 컨덕턴스가 0.5[℧/m]일 때 일그러짐이 없는 조건(무왜형 조건)을 만족하기 위한 단위 길이당 커패시턴스는 몇 [μF/m]인가?

① 0.001　② 0.1　③ 10　④ 1,000

해설 무왜형 조건 $RC=LG$

$\therefore\ C=\frac{LG}{R}$

$=\frac{200\times10^{-3}\times0.5}{100}$[F/m]

$=\frac{200\times10^{-3}\times0.5\times10^6}{100}$[μF/m]

$=1{,}000$[μF/m]

제5과목 전기설비기술기준

81 저압 가공 전선이 안테나와 접근 상태로 시설될 때 상호 간의 이격 거리는 몇 [cm] 이상이어야 하는가? (단, 전선이 고압 절연 전선, 특고압 절연 전선 또는 케이블이 아닌 경우이다.)

① 60　② 80　③ 100　④ 120

정답 77. ① 78. ③ 79. ③ 80. ④ 81. ①

해설 저압 가공 전선과 안테나의 접근 또는 교차(KEC 222.14)
가공 전선과 안테나 사이의 이격거리는 저압은 60[cm](고압 절연 전선, 특고압 절연 전선 또는 케이블인 경우 30[cm]) 이상

82 고압 가공 전선으로 사용한 경동선은 안전율이 얼마 이상인 이도로 시설하여야 하는가?

출제빈도

① 2.0
② 2.2
③ 2.5
④ 3.0

해설 고압 가공 전선의 안전율(KEC 332.4)
- 경동선 또는 내열 동합금선 : 2.2 이상
- 기타 전선(ACSR, 알루미늄 전선 등) : 2.5 이상

83 사용 전압이 22.9[kV]인 특고압 가공 전선과 그 지지물 · 완금류 · 지주 또는 지선 사이의 이격 거리는 몇 [cm] 이상이어야 하는가?

출제빈도

① 15
② 20
③ 25
④ 30

해설 특고압 가공 전선과 지지물 등의 이격 거리(KEC 333.5)

사용 전압	이격 거리[cm]
15[kV] 미만	15
15[kV] 이상 25[kV] 미만	20
25[kV] 이상 35[kV] 미만	25
35[kV] 이상 50[kV] 미만	30
50[kV] 이상 60[kV] 미만	35
60[kV] 이상 70[kV] 미만	40
70[kV] 이상 80[kV] 미만	45
이하 생략	이하 생략

84 급전선에 대한 설명으로 틀린 것은?

① 급전선은 비절연 보호 도체, 매설 접지도체, 레일 등으로 구성하여 단권 변압기 중성점과 공통접지에 접속한다.
② 가공식은 전차선의 높이 이상으로 전차선로 지지물에 병가하며, 나전선의 접속은 직선 접속을 원칙으로 한다.
③ 선상 승강장, 인도교, 과선교 또는 교량 하부 등에 설치할 때에는 최소 절연 이격 거리 이상을 확보하여야 한다.
④ 신설 터널 내 급전선을 가공으로 설계할 경우 지지물의 취부는 C찬넬 또는 매입전을 이용하여 고정하여야 한다.

해설 급전선로(KEC 431.4)
급전선은 나전선을 적용하여 가공식으로 가설을 원칙으로 한다. 다만, 전기적 이격 거리가 충분하지 않거나 지락, 섬락 등의 우려가 있을 경우에는 급전선을 케이블로 하여 안전하게 시공하여야 한다.

85 진열장 내의 배선으로 사용 전압 400[V] 이하에 사용하는 코드 또는 캡타이어 케이블의 최소 단면적은 몇 [mm^2]인가?

출제빈도

① 1.25 ② 1.0
③ 0.75 ④ 0.5

해설 진열장 안의 배선(KEC 234.8)
- 건조한 장소에 시설하고 또한 내부를 건조한 상태로 사용하는 진열장 또는 이와 유사한 것의 내부에 사용 전압이 400[V] 이하의 배선을 외부에서 잘 보이는 장소에 한하여 코드 또는 캡타이어 케이블로 직접 조영재에 밀착하여 배선할 수 있다.
- 배선은 단면적이 0.75[mm^2] 이상의 코드 또는 캡타이어 케이블일 것

정답 82. ② 83. ② 84. ① 85. ③

86 최대 사용 전압이 23,000[V]인 중성점 비접지식 전로의 절연 내력 시험 전압은 몇 [V]인가?

① 16,560　② 21,160
③ 25,300　④ 28,750

해설 기구 등의 전로의 절연 내력(KEC 136)
최대 사용 전압이 7[kV]를 초과하고 60[kV] 이하인 기구 등의 전로의 절연 내력 시험 전압은 최대 사용 전압의 1.25배이므로
$V = 23,000 \times 1.25 = 28,750$[V]

87  지중 전선로를 직접 매설식에 의하여 시설할 때, 차량 기타 중량물의 압력을 받을 우려가 있는 장소인 경우 매설 깊이는 몇 [m] 이상으로 시설하여야 하는가?

① 0.6　② 1.0
③ 1.2　④ 1.5

해설 지중 전선로의 시설(KEC 334.1)
- 케이블을 사용하고 관로식, 암거식, 직접 매설식에 의해 시설
- 매설 깊이
  - 관로식, 직매식 : 1[m] 이상
  - 중량물의 압력을 받을 우려가 없는 곳 : 0.6[m] 이상

88 플로어 덕트 공사에 의한 저압 옥내 배선 공사 시 시설 기준으로 틀린 것은?

① 덕트의 끝부분은 막을 것
② 옥외용 비닐 절연 전선을 사용할 것
③ 덕트 안에는 전선에 접속점이 없도록 할 것
④ 덕트 및 박스 기타의 부속품은 물이 고이는 부분이 없도록 시설하여야 한다.

해설 플로어 덕트 공사(KEC 232.32)
- 전선은 절연 전선(옥외용 비닐 절연 전선 제외)일 것
- 전선은 연선일 것. 다만, 단면적 10[mm^2](알루미늄선 16[mm^2]) 이하인 것은 그러하지 아니하다.
- 플로어 덕트 안에는 전선에 접속점이 없도록 할 것

89 중앙 급전 전원과 구분되는 것으로서 전력 소비 지역 부근에 분산하여 배치 가능한 신·재생 에너지 발전 설비 등의 전원으로 정의되는 용어는?

① 임시 전력원
② 분전반 전원
③ 분산형 전원
④ 계통 연계 전원

해설 용어 정의(KEC 112)
"분산형 전원"이란 중앙 급전 전원과 구분되는 것으로서 전력 소비 지역 부근에 분산하여 배치 가능한 전원을 말한다. 상용 전원의 정전 시에만 사용하는 비상용 예비전원은 제외하며, 신·재생 에너지 발전설비, 전기 저장 장치 등을 포함한다.

90 애자 공사에 의한 저압 옥측 전선로는 사람이 쉽게 접촉될 우려가 없도록 시설하고, 전선의 지지점 간의 거리는 몇 [m] 이하이어야 하는가?

① 1　② 1.5
③ 2　④ 3

해설 옥측 전선로(KEC 221.2) - 애자 공사
- 단면적 4[mm^2] 이상의 연동 절연 전선
- 전선 지지점 간의 거리 : 2[m] 이하

91 저압 가공 전선로의 지지물이 목주인 경우 풍압 하중의 몇 배의 하중에 견디는 강도를 가지는 것이어야 하는가?

① 1.2　② 1.5
③ 2　④ 3

해설 저압 가공 전선로의 지지물의 강도(KEC 222.8)
저압 가공 전선로의 지지물은 목주인 경우에는 풍압 하중의 1.2배의 하중, 기타의 경우에는 풍압 하중에 견디는 강도를 가지는 것이어야 한다.

정답 86. ④ 87. ② 88. ② 89. ③ 90. ③ 91. ①

92 교류 전차선 등 충전부와 식물 사이의 이격 거리는 몇 [m] 이상이어야 하는가? (단, 현장 여건을 고려한 방호벽 등의 안전 조치를 하지 않은 경우이다.)

① 1　　② 3
③ 5　　④ 10

해설 전차선 등과 식물 사이의 이격 거리(KEC 431.11)
교류 전차선 등 충전부와 식물 사이의 이격 거리는 5[m] 이상으로 한다.

93 조상기에 내부 고장이 생긴 경우, 조상기의 뱅크 용량이 몇 [kVA] 이상일 때 전로로부터 자동 차단하는 장치를 시설하여야 하는가?

① 5,000
② 10,000
③ 15,000
④ 20,000

해설 조상 설비의 보호 장치(KEC 351.5)

설비 종별	뱅크 용량의 구분	자동 차단하는 장치
전력용 커패시터 및 분로 리액터	500[kVA] 초과 15,000[kVA] 미만	내부 고장, 과전류
	15,000[kVA] 이상	내부 고장, 과전류, 과전압
조상기	15,000[kVA] 이상	내부 고장

94 고장 보호에 대한 설명으로 틀린 것은?

① 고장 보호는 일반적으로 직접 접촉을 방지하는 것이다.
② 고장 보호는 인축의 몸을 통해 고장 전류가 흐르는 것을 방지하여야 한다.
③ 고장 보호는 인축의 몸에 흐르는 고장 전류를 위험하지 않는 값 이하로 제한하여야 한다.
④ 고장 보호는 인축의 몸에 흐르는 고장 전류의 지속 시간을 위험하지 않은 시간까지로 제한하여야 한다.

해설 감전에 대한 보호(KEC 113.2)
- 기본 보호
  기본 보호는 일반적으로 직접 접촉을 방지하는 것
  - 인축의 몸을 통해 전류가 흐르는 것을 방지
  - 인축의 몸에 흐르는 전류를 위험하지 않는 값 이하로 제한
- 고장 보호
  고장 보호는 일반적으로 기본 절연의 고장에 의한 간접 접촉을 방지하는 것
  - 인축의 몸을 통해 고장 전류가 흐르는 것을 방지
  - 인축의 몸에 흐르는 고장 전류를 위험하지 않는 값 이하로 제한
  - 인축의 몸에 흐르는 고장 전류의 지속 시간을 위험하지 않은 시간까지로 제한

95 네온 방전등의 관등 회로의 전선을 애자 공사에 의해 자기 또는 유리제 등의 애자로 견고하게 지지하여 조영재의 아랫면 또는 옆면에 부착한 경우 전선 상호 간의 이격 거리는 몇 [mm] 이상이어야 하는가?

① 30　　② 60
③ 80　　④ 100

해설 네온 방전등(KEC 234.12)
- 전선 지지점 간의 거리는 1[m] 이하
- 전선 상호 간의 이격거리는 60[mm] 이상

96 수소 냉각식 발전기에서 사용하는 수소 냉각 장치에 대한 시설기준으로 틀린 것은?

① 수소를 통하는 관으로 동관을 사용할 수 있다.
② 수소를 통하는 관은 이음매가 있는 강판이어야 한다.
③ 발전기 내부의 수소의 온도를 계측하는 장치를 시설하여야 한다.
④ 발전기 내부의 수소의 순도가 85[%] 이하로 저하한 경우에 이를 경보하는 장치를 시설하여야 한다.

정답 92. ③ 93. ③ 94. ① 95. ② 96. ②

해설 수소 냉각식 발전기 등의 시설(KEC 351.10)
수소를 통하는 관은 동관 또는 이음매 없는 강판이어야 하며 또한 수소가 대기압에서 폭발하는 경우에 생기는 압력에 견디는 강도의 것일 것

97 전력 보안 통신 설비인 무선 통신용 안테나 등을 지지하는 철주의 기초 안전율은 얼마 이상이어야 하는가? (단, 무선용 안테나 등이 전선로의 주위 상태를 감시할 목적으로 시설되는 것이 아닌 경우이다.)

① 1.3 ② 1.5
③ 1.8 ④ 2.0

해설 무선용 안테나 등을 지지하는 철탑 등의 시설(KEC 364.1)
- 목주의 풍압 하중에 대한 안전율은 1.5 이상
- 철주 · 철근 콘크리트주 또는 철탑의 기초 안전율은 1.5 이상

98 특고압 가공 전선로의 지지물 양측의 경간의 차가 큰 곳에 사용하는 철탑의 종류는?

① 내장형 ② 보강형
③ 직선형 ④ 인류형

해설 특고압 가공 전선로의 철주 · 철근 콘크리트주 또는 철탑의 종류(KEC 333.11)
- 직선형 : 3도 이하
- 각도형 : 3도 초과
- 인류형 : 인류하는 곳
- 내장형 : 경간 차 큰 곳

99 사무실 건물의 조명 설비에 사용되는 백열 전등 또는 방전등에 전기를 공급하는 옥내 전로의 대지 전압은 몇 [V] 이하인가?

① 250 ② 300
③ 350 ④ 400

해설 옥내 전로의 대지 전압의 제한(KEC 231.6)
백열 전등 또는 방전등에 전기를 공급하는 옥내의 전로의 대지 전압은 300[V] 이하이어야 한다.

100 전기 저장 장치를 전용 건물에 시설하는 경우에 대한 설명이다. 다음 ( )에 들어갈 내용으로 옳은 것은?

> 전기 저장 장치 시설 장소는 주변 시설(도로, 건물, 가연 물질 등)로부터 (㉠)[m] 이상 이격하고 다른 건물의 출입구나 피난 계단 등 이와 유사한 장소로부터는 (㉡)[m] 이상 이격하여야 한다.

① ㉠ 3, ㉡ 1
② ㉠ 2, ㉡ 1.5
③ ㉠ 1, ㉡ 2
④ ㉠ 1.5, ㉡ 3

해설 전용 건물에 시설하는 경우(KEC 515.2.1)
전기 저장 장치 시설 장소는 주변 시설(도로, 건물, 가연 물질 등)로부터 1.5[m] 이상 이격하고 다른 건물의 출입구나 피난 계단 등 이와 유사한 장소로부터는 3[m] 이상 이격하여야 한다.

정답 97. ② 98. ① 99. ② 100. ④

2022. 4. 24. 시행

2022년 제2회 기출문제

제1과목 전기자기학

01 $\varepsilon_r = 81$, $\mu_r = 1$인 매질의 고유 임피던스는 약 몇 [Ω]인가? (단, ε_r은 비유전율이고, μ_r은 비투자율이다.)

① 13.9
② 21.9
③ 33.9
④ 41.9

해설 고유 임피던스 η[Ω]

$$\eta = \frac{E}{H} = \sqrt{\frac{\mu}{\varepsilon}} = \sqrt{\frac{\mu_0}{\varepsilon_0}} \cdot \sqrt{\frac{\mu_r}{\varepsilon_r}}$$

$$= 120\pi \frac{1}{\sqrt{81}} = \frac{120\pi}{9} \fallingdotseq 41.9[\Omega]$$

02 강자성체의 $B-H$ 곡선을 자세히 관찰하면 매끈한 곡선이 아니라 자속 밀도가 어느 순간 급격히 계단적으로 증가 또는 감소하는 것을 알 수 있다. 이러한 현상을 무엇이라 하는가?

① 퀴리점(Curie point)
② 자왜 현상(Magneto-Striction)
③ 바크하우젠 효과(Barkhausen effect)
④ 자기여자 효과(Magnetic after effect)

해설 히스테리시스 곡선($B-H$ 곡선)

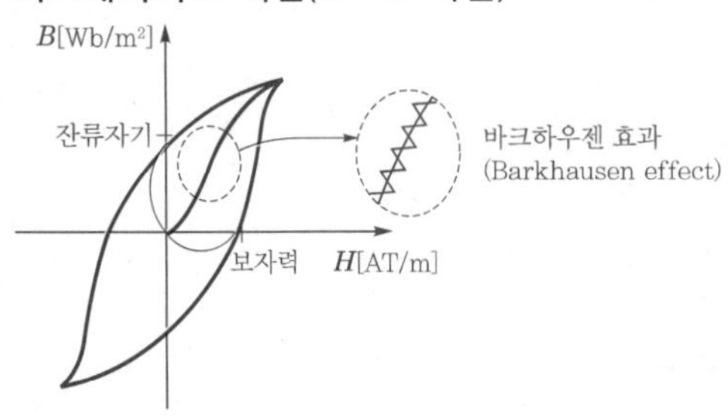

03 진공 중에 무한 평면 도체와 d[m] 만큼 떨어진 곳에 선전하 밀도 λ[C/m]의 무한 직선 도체가 평행하게 놓여 있는 경우 직선 도체의 단위 길이당 받는 힘은 몇 [N/m]인가?

① $\frac{\lambda^2}{\pi\varepsilon_0 d}$ ② $\frac{\lambda^2}{2\pi\varepsilon_0 d}$
③ $\frac{\lambda^2}{4\pi\varepsilon_0 d}$ ④ $\frac{\lambda^2}{16\pi\varepsilon_0 d}$

해설 무한 평면 도체와 선전하에서

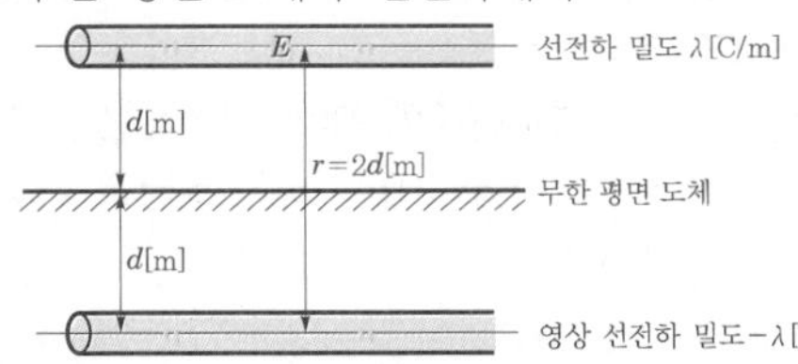

영상 전하 밀도에 의한 직선 도체에서의 전계의 세기 E

$$E = \frac{\lambda}{2\pi\varepsilon_0(2d)}[\text{V/m}]$$

직선 도체가 단위 길이당 받는 힘 f[N/m]

$$f = -\lambda \cdot E = -\frac{\lambda^2}{4\pi\varepsilon_0 d}[\text{N/m}] \ (-: \text{흡인력})$$

04 평행 극판 사이에 유전율이 각각 ε_1, ε_2인 유전체를 그림과 같이 채우고, 극판 사이에 일정한 전압을 걸었을 때 두 유전체 사이에 작용하는 힘은? (단, $\varepsilon_1 > \varepsilon_2$)

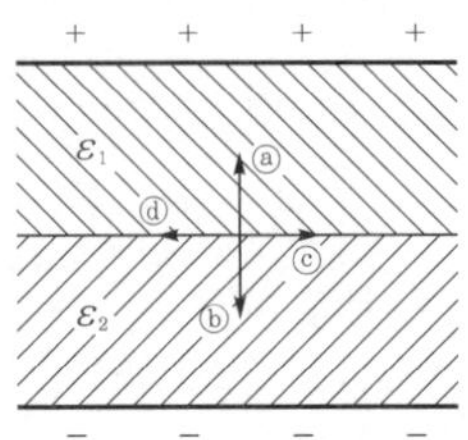

① ⓐ의 방향 ② ⓑ의 방향
③ ⓒ의 방향 ④ ⓓ의 방향

정답 01. ④ 02. ③ 03. ③ 04. ②

해설 경계면에서 작용하는 힘 $f[N/m^2]$

$$f=\frac{1}{2}\left(\frac{1}{\varepsilon_2}-\frac{1}{\varepsilon_1}\right)D^2[N/m^2]$$이고

힘은 유전율이 큰 쪽에서 작은 쪽으로 작용한다.

05 정전 용량이 20[μF]인 공기의 평행판 커패시터에 0.1[C]의 전하량을 충전하였다. 두 평행판 사이에 비유전율이 10인 유전체를 채웠을 때 유전체 표면에 나타나는 분극전하량[C]은?

① 0.009 ② 0.01
③ 0.09 ④ 0.1

해설 분극의 세기 $P[C/m^2]$

$$P=\frac{Q'}{S}=\varepsilon_0(\varepsilon_r-1)E=\varepsilon_0\varepsilon_r E-\varepsilon_0 E[C/m^2]$$

분극 전하량 $Q'[C]$

$$Q'=\varepsilon_0\varepsilon_r ES-\varepsilon_0 ES=Q-\frac{Q}{\varepsilon_r}$$

$$=Q\left(1-\frac{1}{\varepsilon_r}\right)=0.1\times\left(1-\frac{1}{10}\right)=0.09[C]$$

06 유전율이 ε_1과 ε_2인 두 유전체가 경계를 이루어 평행하게 접하고 있는 경우 유전율이 ε_1인 영역에 전하 Q가 존재할 때 이 전하와 ε_2인 유전체 사이에 작용하는 힘에 대한 설명으로 옳은 것은?

① $\varepsilon_1>\varepsilon_2$인 경우 반발력이 작용한다.
② $\varepsilon_1>\varepsilon_2$인 경우 흡인력이 작용한다.
③ ε_1과 ε_2에 상관없이 반발력이 작용한다.
④ ε_1과 ε_2에 상관없이 흡인력이 작용한다.

해설 전하와 ε_2인 유전체 사이에 작용하는 힘 $F[N]$

$$F=\frac{1}{4\pi\varepsilon_1}\frac{Q\cdot Q'}{(2d)^2}=\frac{Q\cdot\frac{\varepsilon_1-\varepsilon_2}{\varepsilon_1+\varepsilon_2}Q}{16\pi\varepsilon_1 d^2}$$

$$=\frac{1}{16\pi\varepsilon_1}\frac{\varepsilon_1-\varepsilon_2}{\varepsilon_1+\varepsilon_2}\frac{Q^2}{d^2}[N]$$

$\varepsilon_1>\varepsilon_2$일 때 반발력이 작용한다.($+F$: 반발력, $-F$: 흡인력)

07 단면적이 균일한 환상 철심에 권수 100회인 A 코일과 권수 400회인 B 코일이 있을 때 A 코일의 자기 인덕턴스가 4[H]라면 두 코일의 상호 인덕턴스는 몇 [H]인가? (단, 누설자속은 0이다.)

① 4
② 8
③ 12
④ 16

해설

자기 인덕턴스 $L_1=\dfrac{\mu N_1{}^2 S}{l}$ [H]

상호 인덕턴스 $M=\dfrac{\mu N_1 N_2 S}{l}=\dfrac{\mu N_1{}^2 S}{l}\cdot\dfrac{N_2}{N_1}$

$$=L_1\cdot\frac{N_2}{N_1}=4\times\frac{400}{100}$$

$$=16[H]$$

08 평균 자로의 길이가 10[cm], 평균 단면적이 2[cm^2]인 환상 솔레노이드의 자기 인덕턴스를 5.4[mH] 정도로 하고자 한다. 이때 필요한 코일의 권선수는 약 몇 회인가? (단, 철심의 비투자율은 15,000이다.)

① 6
② 12
③ 24
④ 29

해설 자기 인덕턴스 $L[H]$

$L=\dfrac{\mu_0\mu_r N^2 S}{l}$에서

권선수 N

$$=\sqrt{L\cdot\frac{l}{\mu_0\mu_r S}}$$

$$=\sqrt{5.4\times10^{-3}\times\frac{10\times10^{-2}}{4\pi\times10^{-7}\times15{,}000\times2\times10^{-4}}}$$

$$=11.96\fallingdotseq12[회]$$

정답 05. ③ 06. ① 07. ④ 08. ②

09 투자율이 μ[H/m], 단면적이 S[m^2], 길이가 l[m]인 자성체에 권선을 N회 감아서 I[A]의 전류를 흘렸을 때 이 자성체의 단면적 S[m^2]를 통과하는 자속[Wb]은?

출제빈도

① $\mu \dfrac{I}{Nl} S$ ② $\mu \dfrac{NI}{Sl}$

③ $\dfrac{NI}{\mu S} l$ ④ $\mu \dfrac{NI}{l} S$

해설 자속 ϕ[Wb]

$$\phi = \frac{F}{R_m} = \frac{NI}{\frac{l}{\mu S}} = \frac{\mu NIS}{l} \text{[Wb]}$$

10 그림은 커패시터의 유전체 내에 흐르는 변위 전류를 보여준다. 커패시터의 전극 면적을 S[m^2], 전극에 축적된 전하를 q[C], 전극의 표면 전하 밀도를 σ[C/m^2], 전극 사이의 전속 밀도를 D[C/m^2]라 하면 변위 전류 밀도 i_d[A/m^2]는?

출제빈도

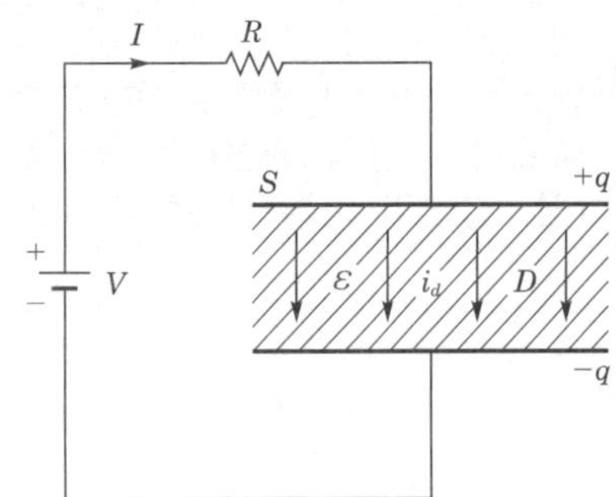

① $\dfrac{\partial D}{\partial t}$ ② $\dfrac{\partial q}{\partial t}$

③ $S \dfrac{\partial D}{\partial t}$ ④ $\dfrac{1}{S} \dfrac{\partial D}{\partial t}$

해설 변위 전류 I_d[A]

$$I_d = \frac{\partial Q}{\partial t} = \frac{\partial \psi}{\partial t} = \frac{\partial D}{\partial t} S \text{ (전속 } \psi = Q = DS\text{)[A]}$$

변위 전류 밀도 i_d[A/m^2]

$$i_d = \frac{I_d}{S} = \frac{\partial D}{\partial t} \text{[A/m}^2\text{]}$$

11 진공 중에서 점(1, 3)[m]의 위치에 -2×10^{-9}[C]의 점전하가 있을 때 점(2, 1)[m]에 있는 1[C]의 점전하에 작용하는 힘은 몇 [N]인가? (단, $\hat{x}$, $\hat{y}$는 단위 벡터이다.)

① $-\dfrac{18}{5\sqrt{5}}\hat{x} + \dfrac{36}{5\sqrt{5}}\hat{y}$

② $-\dfrac{36}{5\sqrt{5}}\hat{x} + \dfrac{18}{5\sqrt{5}}\hat{y}$

③ $-\dfrac{36}{5\sqrt{5}}\hat{x} - \dfrac{18}{5\sqrt{5}}\hat{y}$

④ $\dfrac{18}{5\sqrt{5}}\hat{x} + \dfrac{36}{5\sqrt{5}}\hat{y}$

해설 거리 벡터 $\vec{r} = \overrightarrow{P-Q}$

$$= (2-1)\hat{x} + (1-3)\hat{y}$$
$$= \hat{x} - 2\hat{y} \text{[m]}$$

단위 벡터 $\vec{r_0} = \dfrac{\vec{r}}{|\vec{r}|} = \dfrac{\hat{x}-2\hat{y}}{\sqrt{1^2+2^2}} = \dfrac{\hat{x}-2\hat{y}}{\sqrt{5}}$

힘 $F = \vec{r_0} \dfrac{1}{4\pi\varepsilon_0} \dfrac{Q_1 \cdot Q_2}{r^2}$

$$= \frac{\hat{x}-2\hat{y}}{\sqrt{5}} \times 9 \times 10^9 \times \frac{-2 \times 10^{-9} \times 1}{(\sqrt{5})^2}$$
$$= -\frac{18}{5\sqrt{5}}\hat{x} + \frac{36}{5\sqrt{5}}\hat{y} \text{[N]}$$

12 정전 용량이 C_0[μF]인 평행판의 공기 커패시터가 있다. 두 극판 사이에 극판과 평행하게 절반을 비유전율이 ε_r인 유전체로 채우면 커패시터의 정전 용량[μF]은?

출제빈도

① $\dfrac{C_0}{2\left(1+\dfrac{1}{\varepsilon_r}\right)}$ ② $\dfrac{C_0}{1+\dfrac{1}{\varepsilon_r}}$

③ $\dfrac{2C_0}{1+\dfrac{1}{\varepsilon_r}}$ ④ $\dfrac{4C_0}{1+\dfrac{1}{\varepsilon_r}}$

해설 공기 콘덴서의 정전 용량 $C_0 = \dfrac{\varepsilon_0 S}{d}$[$\mu$F]

정답 09. ④ 10. ① 11. ① 12. ③

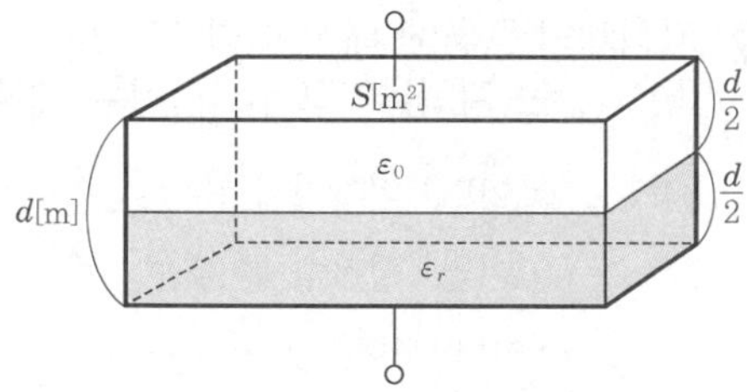

$C_1 = \dfrac{\varepsilon_0 S}{\dfrac{d}{2}} = 2C_0$

$C_2 = \dfrac{\varepsilon_0 \varepsilon_r S}{\dfrac{d}{2}} = 2\varepsilon_r C_0$

정전 용량 $C = \dfrac{C_1 \cdot C_2}{C_1 + C_2} = \dfrac{2C_0 \times 2\varepsilon_r C_0}{2C_0 + 2\varepsilon_r C_0}$

$= \dfrac{2\varepsilon_r C_0}{1+\varepsilon_r} = \dfrac{2C_0}{1+\dfrac{1}{\varepsilon_r}}$ [μF]

13 그림과 같이 점 O를 중심으로 반지름이 a[m]인 구도체 1과 안쪽 반지름이 b[m]이고 바깥쪽 반지름이 c[m]인 구도체 2가 있다. 이 도체계에서 전위 계수 P_{11}[1/F]에 해당되는 것은?

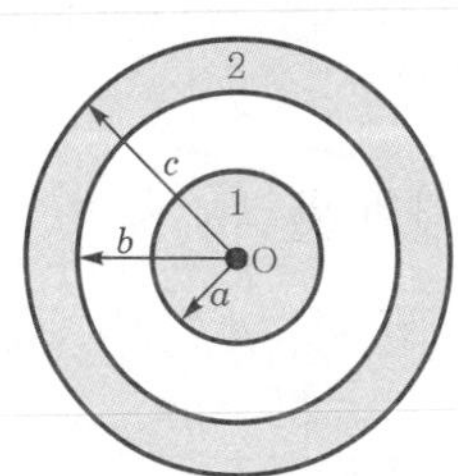

① $\dfrac{1}{4\pi\varepsilon}\dfrac{1}{a}$

② $\dfrac{1}{4\pi\varepsilon}\left(\dfrac{1}{a}-\dfrac{1}{b}\right)$

③ $\dfrac{1}{4\pi\varepsilon}\left(\dfrac{1}{b}-\dfrac{1}{c}\right)$

④ $\dfrac{1}{4\pi\varepsilon}\left(\dfrac{1}{a}-\dfrac{1}{b}+\dfrac{1}{c}\right)$

해설 도체 1의 전위 V_1[V]

$V_1 = P_{11}Q_1 + P_{12}Q_2$에서 $Q_1 = 1$, $Q_2 = 0$일 때

$V_1 = P_{11} = V_{ab} + V_c = \dfrac{1}{4\pi\varepsilon}\left(\dfrac{1}{a}-\dfrac{1}{b}\right) + \dfrac{1}{4\pi\varepsilon c}$

$= \dfrac{1}{4\pi\varepsilon}\left(\dfrac{1}{a}-\dfrac{1}{b}+\dfrac{1}{c}\right)$[1/F]

14 자계의 세기를 나타내는 단위가 아닌 것은?

① [A/m] ② [N/Wb]

③ [(H · A)/m²] ④ [Wb/(H · m)]

해설 자계의 세기 H[A/m]

$H = \dfrac{F}{m}\left(\left[\dfrac{\text{N}}{\text{Wb}}\right] = \left[\dfrac{\text{N}\cdot\text{m}}{\text{Wb}}\cdot\dfrac{1}{\text{m}}\right] = \left[\dfrac{\text{J}\cdot 1}{\text{Wb}\cdot\text{m}}\right]\right.$

$\left. = \left[\dfrac{\text{A}}{\text{m}}\right] = \left[\dfrac{\text{A}\cdot\text{H}}{\text{m}\cdot\text{H}}\right] = \left[\dfrac{\text{Wb}}{\text{H}\cdot\text{m}}\right]\right)$

15 반지름이 2[m]이고 권수가 120회인 원형 코일 중심에서의 자계의 세기를 30[AT/m]로 하려면 원형 코일에 몇 [A]의 전류를 흘려야 하는가?

① 1 ② 2

③ 3 ④ 4

해설 원형 코일 중심에서의 자계의 세기 H[A/m]

$H = \dfrac{NI}{2a}$에서

전류 $I = H \cdot \dfrac{2a}{N} = 30 \times \dfrac{2\times 2}{120} = 1$[A]

16 그림과 같이 평행한 무한장 직선의 두 도선에 I[A], $4I$[A]인 전류가 각각 흐른다. 두 도선 사이 점 P에서의 자계의 세기가 0이라면 $\dfrac{a}{b}$는?

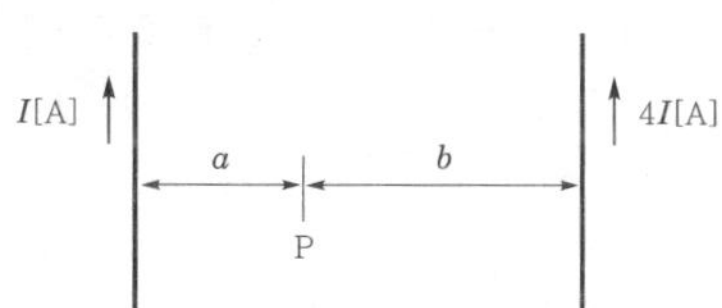

① 2 ② 4

③ $\dfrac{1}{2}$ ④ $\dfrac{1}{4}$

정답 13. ④ 14. ③ 15. ① 16. ④

해설 자계의 세기 $H_1 = \frac{I}{2\pi a}$[A/m], $H_2 = \frac{4I}{2\pi b}$[A/m]

$H_1 = H_2$일 때 P점의 자계의 세기가 0이므로

$\frac{I}{2\pi a} = \frac{4I}{2\pi b}$

$\therefore \frac{a}{b} = \frac{1}{4}$

17 출제빈도 **내압 및 정전 용량이 각각 1,000[V]–2[μF], 700[V]–3[μF], 600[V]–4[μF], 300[V]–8[μF]인 4개의 커패시터가 있다. 이 커패시터들을 직렬로 연결하여 양단에 전압을 인가한 후 전압을 상승시키면 가장 먼저 절연이 파괴되는 커패시터는? (단, 커패시터의 재질이나 형태는 동일하다.)**

① 1,000[V]–2[μF]

② 700[V]–3[μF]

③ 600[V]–4[μF]

④ 300[V]–8[μF]

해설 커패시터를 직렬로 접속하고 전압을 인가하면 각 콘덴서의 전기량은 동일하므로 내압과 정전 용량의 곱한 값이 가장 작은 커패시터가 제일 먼저 파괴된다.

18 출제빈도 **내구의 반지름이 a=5[cm], 외구의 반지름이 b=10[cm]이고, 공기로 채워진 동심구형 커패시터의 정전 용량은 약 몇 [pF]인가?**

① 11.1 ② 22.2

③ 33.3 ④ 44.4

해설 동심구형 커패시터의 정전 용량 C[F]

$$C = \frac{4\pi\varepsilon_0}{\frac{1}{a} - \frac{1}{b}} = 4\pi\varepsilon_0 \frac{ab}{b-a}$$

$$= \frac{1}{9\times10^9} \times \frac{0.05\times0.1}{0.1-0.05}$$

$$= 11.1\times10^{-12} \fallingdotseq 11.1[\text{pF}]$$

19 출제빈도 **자성체의 종류에 대한 설명으로 옳은 것은? (단, χ_m는 자화율이고, μ_r는 비투자율이다.)**

① $\chi_m > 0$이면, 역자성체이다.

② $\chi_m < 0$이면, 상자성체이다.

③ $\mu_r > 1$이면, 비자성체이다.

④ $\mu_r < 1$이면, 역자성체이다.

해설 **자성체의 종류에 따른 비투자율과 자화율**

$[\chi_m = \mu_0(\mu_r - 1)]$

- 상자성체 : $\mu_r > 1$ $\chi_m > 0$
- 강자성체 : $\mu_r \gg 1$ $\chi_m > 0$
- 역(반)자성체 : $\mu_r < 1$ $\chi_m < 0$
- 비자성체 : $\mu_r = 1$ $\chi_m = 0$

20 **구좌표계에서 $\nabla^2 r$의 값은 얼마인가? (단, $r = \sqrt{x^2+y^2+z^2}$)**

① $\frac{1}{r}$

② $\frac{2}{r}$

③ r

④ $2r$

해설 구좌표계의 변수(r, θ, ϕ)

$$\nabla^2 r = \frac{1}{r^2}\frac{\partial}{\partial r}\left(r^2\frac{\partial r}{\partial r}\right) + \frac{1}{r^2\sin\theta}\frac{\partial}{\partial\theta}\left(\sin\theta\frac{\partial r}{\partial\theta}\right) + \frac{1}{r^2\sin^2\theta}\frac{\partial^2 r}{\partial\phi^2}$$

$$= \frac{1}{r^2}\frac{\partial}{\partial r}r^2$$

$$= \frac{1}{r^2}2r$$

$$= \frac{2}{r}$$

정답 17. ① 18. ① 19. ④ 20. ②

제2과목 전력공학

21 **피뢰기의 충격 방전 개시 전압은 무엇으로 표시하는가?**

① 직류 전압의 크기 ② 충격파의 평균치
③ 충격파의 최대치 ④ 충격파의 실효치

해설 피뢰기의 충격 방전 개시 전압은 피뢰기의 단자간에 충격 전압을 인가하였을 경우 방전을 개시하는 전압으로 파고치(최댓값)로 표시한다.

22 **전력용 콘덴서에 비해 동기 조상기의 이점으로 옳은 것은?**

① 소음이 적다.
② 진상 전류 이외에 지상 전류를 취할 수 있다.
③ 전력 손실이 적다.
④ 유지 보수가 쉽다.

해설 **전력용 콘덴서와 동기 조상기의 비교**

동기 조상기	전력용 콘덴서
진상 및 지상용	진상용
연속적 조정	계단적 조정
회전기로 손실이 크다	정지기로 손실이 적다
시충전 가능	시충전 불가
송전 계통에 주로 사용	배전 계통에 주로 사용

23 **부하 전류가 흐르는 전로는 개폐할 수 없으나 기기의 점검이나 수리를 위하여 회로를 분리하거나, 계통의 접속을 바꾸는 데 사용하는 것은?**

① 차단기 ② 단로기
③ 전력용 퓨즈 ④ 부하 개폐기

해설 단로기는 소호 능력이 없으므로 통전 중의 전로를 개폐할 수 없다. 그러므로 부하 전류의 차단에 사용할 수 없고, 기기의 점검 및 수리 등을 위한 회로 분리 또는 계통의 접속을 바꾸는 데 사용된다.

24 **단락 보호 방식에 관한 설명으로 틀린 것은?**

① 방사상 선로의 단락 보호 방식에서 전원이 양단에 있을 경우 방향 단락 계전기와 과전류 계전기를 조합시켜서 사용한다.
② 전원이 1단에만 있는 방사상 송전 선로에서의 고장 전류는 모두 발전소로부터 방사상으로 흘러나간다.
③ 환상 선로의 단락 보호 방식에서 전원이 두 군데 이상 있는 경우에는 방향 거리 계전기를 사용한다.
④ 환상 선로의 단락 보호 방식에서 전원이 1단에만 있을 경우 선택 단락 계전기를 사용한다.

해설 환상 선로는 전원이 2단 이상으로 방향 단락 계전 방식, 방향 거리 계전 방식 또는 이들과 과전류 계전방식의 조합으로 사용한다.

25 **밸런서의 설치가 가장 필요한 배전 방식은?**

① 단상 2선식 ② 단상 3선식
③ 3상 3선식 ④ 3상 4선식

해설 단상 3선식에서는 양측 부하의 불평형에 의한 부하, 전압의 불평형이 크기 때문에 일반적으로는 이러한 전압 불평형을 줄이기 위한 대책으로서 저압선의 말단에 밸런서(Balancer)를 설치하고 있다.

26 **정전 용량 0.01[μF/km], 길이 173.2[km], 선간 전압 60[kV], 주파수 60[Hz]인 3상 송전 선로의 충전 전류는 약 몇 [A]인가?**

① 6.3 ② 12.5
③ 22.6 ④ 37.2

해설 충전 전류

$$I_c = \omega C \frac{V}{\sqrt{3}}$$
$$= 2\pi \times 60 \times 0.01 \times 10^{-6} \times 173.2 \times \frac{60{,}000}{\sqrt{3}}$$
$$= 22.6[\text{A}]$$

정답 21. ③ 22. ② 23. ② 24. ④ 25. ② 26. ③

27 보호 계전기의 반한시 · 정한시 특성은?

① 동작 전류가 커질수록 동작 시간이 짧게 되는 특성

② 최소 동작 전류 이상의 전류가 흐르면 즉시 동작하는 특성

③ 동작 전류의 크기에 관계없이 일정한 시간에 동작하는 특성

④ 동작 전류가 커질수록 동작 시간이 짧아지며, 어떤 전류 이상이 되면 동작 전류의 크기에 관계없이 일정한 시간에서 동작하는 특성

해설 **반한시 · 정한시 계전기**

어느 전류값까지는 반한시성이고, 그 이상이면 정한시 특성을 갖는 계전기

28 전력 계통의 안정도에서 안정도의 종류에 해당하지 않는 것은?

① 정태 안정도　② 상태 안정도

③ 과도 안정도　④ 동태 안정도

해설 **안정도**

계통이 주어진 운전 조건 아래에서 안정하게 운전을 계속할 수 있는가 하는 여부의 능력을 말하는 것으로 정태 안정도, 동태 안정도, 과도 안정도 등으로 구분된다.

29 배전 선로의 역률 개선에 따른 효과로 적합하지 않은 것은?

① 선로의 전력 손실 경감

② 선로의 전압 강하의 감소

③ 전원측 설비의 이용률 향상

④ 선로 절연의 비용 절감

해설 **역률 개선 효과**

- 전력 손실 감소
- 전압 강하 감소
- 변압기 등 전기 설비 여유 증가
- 전원측 설비 이용률 향상

30 저압 뱅킹 배전 방식에서 캐스케이딩 현상을 방지하기 위하여 인접 변압기를 연락하는 저압선의 중간에 설치하는 것으로 알맞은 것은?

① 구분 퓨즈　② 리클로저

③ 섹셔널라이저　④ 구분 개폐기

해설 **캐스케이딩(Cascading) 현상**

저압 뱅킹 방식에서 변압기 또는 선로의 사고에 의해서 뱅킹 내의 건전한 변압기의 일부 또는 전부가 연쇄적으로 차단되는 현상으로 방지책은 변압기의 1차측에 퓨즈, 저압선의 중간에 구분 퓨즈를 설치한다.

31 승압기에 의하여 전압 V_e에서 V_h로 승압할 때, 2차 정격 전압 e, 자기 용량 W인 단상 승압기가 공급할 수 있는 부하 용량은?

① $\dfrac{V_h}{e}\times W$　② $\dfrac{V_e}{e}\times W$

③ $\dfrac{V_e}{V_h-V_e}\times W$　④ $\dfrac{V_h-V_e}{V_e}\times W$

해설

승압기의 자기 용량 $W=\dfrac{W_L}{V_h}\times e\,[\text{VA}]$이므로

부하 용량 $W_L=\dfrac{V_h}{e}\times W$

32 배기 가스의 여열을 이용해서 보일러에 공급되는 급수를 예열함으로써 연료 소비량을 줄이거나 증발량을 증가시키기 위해서 설치하는 여열 회수 장치는?

① 과열기

② 공기 예열기

③ 절탄기

④ 재열기

해설 절탄기는 연도 중간에 설치하여 연도로 빠져 나가는 열량으로 보일러용 급수를 데우므로 연료의 소비를 절약할 수 있는 설비이다.

정답 27. ④ 28. ② 29. ④ 30. ① 31. ① 32. ③

33 직렬 콘덴서를 선로에 삽입할 때의 이점이 아닌 것은?

① 선로의 인덕턴스를 보상한다.
② 수전단의 전압 강하를 줄인다.
③ 정태 안정도를 증가한다.
④ 송전단의 역률을 개선한다.

해설 직렬 콘덴서는 선로의 유도 리액턴스를 보상하여 전압 강하를 보상하므로 전압 변동율을 개선하고 안정도를 향상시키며, 부하의 기동 정지에 따른 플리커 방지에 좋지만, 역률 개선용으로는 사용하지 않는다.

34 전선의 굵기가 균일하고 부하가 균등하게 분산되어 있는 배전 선로의 전력 손실은 전체 부하가 선로 말단에 집중되어 있는 경우에 비하여 어느 정도가 되는가?

출제빈도

① $\frac{1}{2}$ ② $\frac{1}{3}$
③ $\frac{2}{3}$ ④ $\frac{3}{4}$

해설

구분	말단에 집중 부하	균등 부하
전압 강하	1	$\frac{1}{2}$
전력 손실	1	$\frac{1}{3}$

35 송전단 전압 161[kV], 수전단 전압 154[kV], 상차각 35°, 리액턴스 60[Ω]일 때 선로 손실을 무시하면 전송 전력[MW]은 약 얼마인가?

① 356
② 307
③ 237
④ 161

해설 전송 전력

$$P_s = \frac{E_s E_r}{X} \times \sin\delta = \frac{161 \times 154}{60} \times \sin 35°$$
$$= 237[\text{MW}]$$

36 직접 접지 방식에 대한 설명으로 틀린 것은?

① 1선 지락 사고 시 건전상의 대지 전압이 거의 상승하지 않는다.
② 계통의 절연 수준이 낮아지므로 경제적이다.
③ 변압기의 단절연이 가능하다.
④ 보호 계전기가 신속히 동작하므로 과도 안정도가 좋다.

해설 직접 접지 방식은 1상 지락 사고일 경우 지락 전류가 대단히 크기 때문에 보호 계전기의 동작이 확실하고, 계통에 주는 충격이 커서 과도 안정도가 나쁘다.

37 그림과 같이 지지점 A, B, C에는 고저차가 없으며, 경간 AB와 BC 사이에 전선이 가설되어 그 이도가 각각 12[cm]이다. 지지점 B에서 전선이 떨어져 전선의 이도가 D로 되었다면 D의 길이[cm]는? (단, 지지점 B는 A와 C의 중점이며 지지점 B에서 전선이 떨어지기 전, 후의 길이는 같다.)

출제빈도

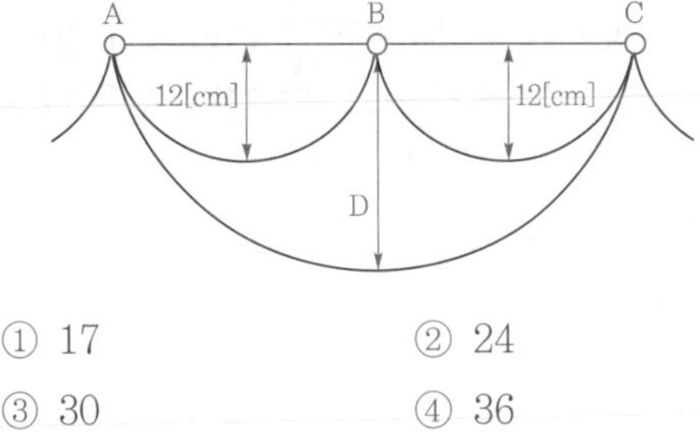

① 17 ② 24
③ 30 ④ 36

해설 $D_2 = 2D_1 = 2 \times 12 = 24[\text{cm}]$

38 수차의 캐비테이션 방지책으로 틀린 것은?

① 흡출 수두를 증대시킨다.
② 과부하 운전을 가능한 한 피한다.
③ 수차의 비속도를 너무 크게 잡지 않는다.
④ 침식에 강한 금속 재료로 러너를 제작한다.

해설 흡출 수두는 반동 수차에서 낙차를 증대시킬 목적으로 이용되므로 흡출 수두가 커지면 수차의 난조가 발생하고, 캐비테이션(공동 현상)이 커진다.

정답 33. ④ 34. ② 35. ③ 36. ④ 37. ② 38. ①

39 송전선로에 매설 지선을 설치하는 목적은?

① 철탑 기초의 강도를 보강하기 위하여
② 직격뇌로부터 송전선을 차폐 보호하기 위하여
③ 현수 애자 1연의 전압 분담을 균일화하기 위하여
④ 철탑으로부터 송전 선로로의 역섬락을 방지하기 위하여

해설 매설 지선이란 철탑의 탑각 저항이 크면 낙뢰 전류가 흐를 때 철탑의 순간 전위가 상승하여 현수 애자련에 역섬락이 생길 수 있으므로 철탑의 기초에서 방사상 모양의 지선을 설치하여 철탑의 탑각 저항을 감소시켜 역섬락을 방지한다.

40 1회선 송전선과 변압기의 조합에서 변압기의 여자 어드미턴스를 무시하였을 경우 송수전단의 관계를 나타내는 4단자 정수 C_0는? (단, $A_0 = A + CZ_{ts}$
$B_0 = B + AZ_{tr} + DZ_{ts} + CZ_{tr}Z_{ts}$
$D_0 = D + CZ_{tr}$
여기서 Z_{ts}는 송전단 변압기의 임피던스이며, Z_{tr}은 수전단 변압기의 임피던스이다.)

① C
② $C + DZ_{ts}$
③ $C + AZ_{ts}$
④ $CD + CA$

해설

$$C\begin{bmatrix} A_0 & B_0 \\ C_0 & D_0 \end{bmatrix}$$
$$= \begin{bmatrix} 1 & Z_{ts} \\ 0 & 1 \end{bmatrix}\begin{bmatrix} A & B \\ C & D \end{bmatrix}\begin{bmatrix} 1 & Z_{tr} \\ 0 & 1 \end{bmatrix}$$
$$= \begin{bmatrix} A + CZ_{ts} & B + DZ_{ts} \\ C & D \end{bmatrix}\begin{bmatrix} 1 & Z_{tr} \\ 0 & 1 \end{bmatrix}$$
$$= \begin{bmatrix} A + CZ_{ts} & Z_{tr}(A + CZ_{ts}) + B + DZ_{ts} \\ C & D + CZ_{tr} \end{bmatrix}$$

제3과목 전기기기

41 단상 변압기의 무부하 상태에서 $V_1 = 200\sin(\omega t + 30°)$[V]의 전압이 인가되었을 때 $I_0 = 3\sin(\omega t + 60°) + 0.7\sin(3\omega t + 180°)$[A]의 전류가 흘렀다. 이때 무부하손은 약 몇 [W]인가?

① 150　　② 259.8
③ 415.2　　④ 512

해설 무부하손 P_i[W]

$$P_i = V_1 I_0 \cos\theta$$
$$= \frac{200}{\sqrt{2}} \times \frac{3}{\sqrt{2}} \times \frac{\sqrt{3}}{2} = 259.8[\text{W}]$$

42 단상 직권 정류자 전동기의 전기자 권선과 계자 권선에 대한 설명으로 틀린 것은?

① 계자 권선의 권수를 적게 한다.
② 전기자 권선의 권수를 크게 한다.
③ 변압기 기전력을 적게 하여 역률 저하를 방지한다.
④ 브러시로 단락되는 코일 중의 단락 전류를 크게 한다.

해설 단상 직권 정류자 전동기의 구조는 역률과 정류 개선을 위해 약계자 강전기자형으로 하며 변압기 기전력을 적게 하여 단락된 코일의 단락 전류를 작게 한다.

43 전부하 시의 단자 전압이 무부하 시의 단자 전압보다 높은 직류 발전기는?

① 분권 발전기
② 평복권 발전기
③ 과복권 발전기
④ 차동 복권 발전기

정답 39. ④ 40. ① 41. ② 42. ④ 43. ③

해설

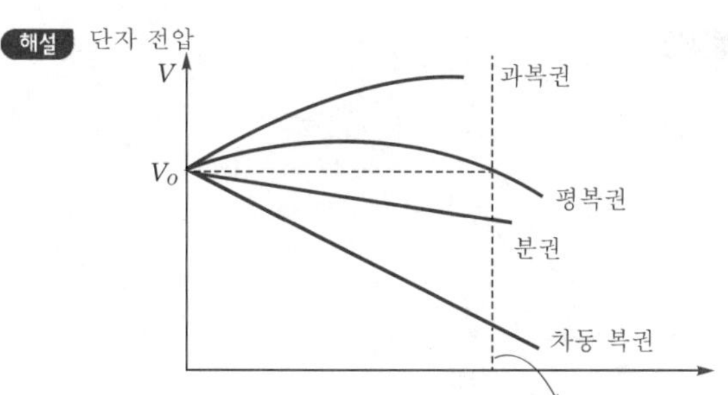

직류 발전기의 외부 특성 곡선에서 전부하 시 전압이 무부하 전압보다 높은 것은 과복권 발전기와 직권 발전기이다.

44 직류기의 다중 중권 권선법에서 전기자 병렬 회로수 a와 극수 P 사이의 관계로 옳은 것은? (단, m은 다중도이다.)

① $a=2$　② $a=2m$
③ $a=P$　④ $a=mP$

해설 직류 발전기의 권선법에서
- 단중 중권의 병렬 회로수 $a=P$
- 다중 중권의 병렬 회로수 $a=mP$

여기서, m : 다중도

45 슬립 s_t에서 최대 토크를 발생하는 3상 유도 전동기에 2차측 한 상의 저항을 r_2라 하면 최대 토크로 기동하기 위한 2차측 한 상에 외부로부터 가해 주어야 할 저항[Ω]은?

① $\dfrac{1-s_t}{s_t}r_2$　② $\dfrac{1+s_t}{s_t}r_2$
③ $\dfrac{r_2}{1-s_t}$　④ $\dfrac{r_2}{s_t}$

해설 유도 전동기의 비례 추이에서 최대 토크와 기동 토크를 같게 하려면 $\dfrac{r_2}{s_t}=\dfrac{r_2+R}{1}$ 이므로

외부에서의 저항 $R=\dfrac{r_2}{s_t}-r_2=\dfrac{1-s_t}{s_t}r_2\,[\Omega]$

46 단상 변압기를 병렬 운전할 경우 부하 전류의 분담은?

① 용량에 비례하고 누설 임피던스에 비례
② 용량에 비례하고 누설 임피던스에 반비례
③ 용량에 반비례하고 누설 리액턴스에 비례
④ 용량에 반비례하고 누설 리액턴스의 제곱에 비례

해설 **부하 전류의 분담비**

$\dfrac{I_a}{I_b}=\dfrac{\%Z_b}{\%Z_a}\cdot\dfrac{P_A}{P_B}$ 이므로 부하 전류 분담비는 누설 임피던스에 반비례하고, 정격 용량에는 비례한다.

47 스텝 모터(step motor)의 장점으로 틀린 것은?

① 회전각과 속도는 펄스수에 비례한다.
② 위치 제어를 할 때 각도 오차가 적고 누적된다.
③ 가속, 감속이 용이하며 정·역전 및 변속이 쉽다.
④ 피드백 없이 오픈 루프로 손쉽게 속도 및 위치 제어를 할 수 있다.

해설 스텝 모터(step moter)는 피드백 회로가 없음에도 속도 및 정확한 위치 제어를 할 수 있으며 가·감속과 정·역 변속이 쉽고 오차의 누적이 없다.

48 380[V], 60[Hz], 4극, 10[kW]인 3상 유도 전동기의 전부하 슬립이 4[%]이다. 전원 전압을 10[%] 낮추는 경우 전부하 슬립은 약 몇 [%]인가?

① 3.3　② 3.6
③ 4.4　④ 4.9

해설 전부하 슬립 $s\propto\dfrac{1}{{V_1}^2}$

$s'=s\dfrac{1}{V'^2}=4\times\dfrac{1}{0.9^2}=4.93[\%]$

정답 44. ④ 45. ① 46. ② 47. ② 48. ④

49 3상 권선형 유도 전동기의 기동 시 2차측 저항을 2배로 하면 최대 토크값은 어떻게 되는가?

① 3배로 된다.
② 2배로 된다.
③ 1/2로 된다.
④ 변하지 않는다.

해설 최대 토크 T_{sm}

$$T_{sm}=\frac{V_1^{\,2}}{2\{(r_1+r_2{}')^2+(x_1+x_2{}')^2\}}\neq r_2$$

최대 토크는 2차 저항과 무관하다.

50 직류 분권 전동기에서 정출력 가변 속도의 용도에 적합한 속도 제어법은?

① 계자 제어　② 저항 제어
③ 전압 제어　④ 극수 제어

해설 직류 전동기의 출력 $P\propto TN$이며, 토크 $T\propto\phi$, 속도 $N\propto\frac{1}{\phi}$이므로 자속을 변화해도 출력이 일정하므로 계자 제어를 정출력 제어법이라고 한다.

51 권수비가 a인 단상 변압기 3대가 있다. 이것을 1차에 △, 2차에 Y로 결선하여 3상 교류 평형 회로에 접속할 때 2차측의 단자 전압을 V[V], 전류를 I[A]라고 하면 1차측의 단자 전압 및 선전류는 얼마인가? (단, 변압기의 저항, 누설 리액턴스, 여자 전류는 무시한다.)

① $\frac{aV}{\sqrt{3}}$[V], $\frac{\sqrt{3}I}{a}$[A]
② $\sqrt{3}aV$[V], $\frac{I}{\sqrt{3}a}$[A]
③ $\frac{\sqrt{3}V}{a}$[V], $\frac{aI}{\sqrt{3}}$[A]
④ $\frac{V}{\sqrt{3}a}$[V], $\sqrt{3}aI$[A]

해설 권수비 $a=\frac{E_1}{E_2}=\frac{V_1}{\frac{V}{\sqrt{3}}}$

$\therefore V_1=\frac{aV}{\sqrt{3}}$[V]

$a=\frac{I_{2p}}{I_{1p}}=\frac{I}{\frac{I_1}{\sqrt{3}}}$

$\therefore I_1=\frac{\sqrt{3}I}{a}$[A]

52 직류 분권 전동기의 전기자 전류가 10[A]일 때 5[N·m]의 토크가 발생하였다. 이 전동기의 계자의 자속이 80[%]로 감소되고, 전기자 전류가 12[A]로 되면 토크는 약 몇 [N·m]인가?

① 3.9　② 4.3
③ 4.8　④ 5.2

해설 토크 $T=\frac{PZ}{2\pi a}\phi I_a\propto\phi I_a$이므로

$T'=5\times0.8\times\frac{12}{10}=4.8$[N·m]

53 3상 전원 전압 220[V]를 3상 반파 정류 회로의 각 상에 SCR을 사용하여 정류 제어할 때 위상각을 60°로 하면 순저항 부하에서 얻을 수 있는 출력 전압 평균값은 약 몇 [V]인가?

① 128.65
② 148.55
③ 257.3
④ 297.1

해설 출력 전압 평균값 $E_{d\alpha}$

$$E_{d\alpha}=E_{do}\frac{1+\cos\alpha}{2}=1.17E\times\frac{1+\cos60°}{2}$$

$$=1.17\times220\times\frac{1+\frac{1}{2}}{2}=193.05[\text{V}]$$

정답 49. ④ 50. ① 51. ① 52. ③ 53. 정답 없음

54 (출제빈도) 동기 발전기에서 무부하 정격 전압일 때의 여자 전류를 I_{f0}, 정격 부하 정격 전압일 때의 여자 전류를 I_{f1}, 3상 단락 정격 전류에 대한 여자 전류를 I_{fs}라 하면 정격 속도에서의 단락비 K는?

① $K=\dfrac{I_{fs}}{I_{f0}}$ ② $K=\dfrac{I_{f0}}{I_{fs}}$

③ $K=\dfrac{I_{fs}}{I_{f1}}$ ④ $K=\dfrac{I_{f1}}{I_{fs}}$

해설 단락비 K_s

$$K_s=\frac{\text{무부하 정격 전압을 유도하는 데 필요한 여자 전류}}{\text{3상 단락 정격 전류를 흘리는 데 필요한 여자 전류}}$$

$$=\frac{I_{f0}}{I_{fs}}=\frac{1}{Z_s'}=\frac{I_s}{I_n}$$

55 유도자형 동기 발전기의 설명으로 옳은 것은?

① 전기자만 고정되어 있다.

② 계자극만 고정되어 있다.

③ 회전자가 없는 특수 발전기이다.

④ 계자극과 전기자가 고정되어 있다.

해설 유도자형 발전기는 계자극과 전기자를 고정하고 계자극과 전기자 사이에서 유도자(철심)를 회전하여 수백~20,000[Hz]의 고주파를 발생하는 특수 교류 발전기이다.

56 3상 동기 발전기의 여자 전류 10[A]에 대한 단자 전압이 $1,000\sqrt{3}$[V], 3상 단락 전류가 50[A]인 경우 동기 임피던스는 몇 [Ω]인가?

① 5 ② 11

③ 20 ④ 34

해설 동기 임피던스 Z_s[Ω]

$$Z_s=\frac{E}{I}=\frac{\frac{1,000\sqrt{3}}{\sqrt{3}}}{50}=20[\Omega]$$

57 변압기의 습기는 제거하여 절연을 향상시키는 건조법이 아닌 것은?

① 열풍법

② 단락법

③ 진공법

④ 건식법

해설 변압기의 건조법

- 열풍법
- 단락법
- 진공법

58 극수 20, 주파수 60[Hz]인 3상 동기 발전기의 전기자 권선이 2층 중권, 전기자 전 슬롯수 180, 각 슬롯 내의 도체수 10, 코일 피치 7 슬롯인 2중 성형 결선으로 되어 있다. 선간 전압 3,300[V]를 유도하는 데 필요한 기본파 유효 자속은 약 몇 [Wb]인가? (단, 코일 피치와 자극 피치의 비 $\beta=\frac{7}{9}$이다.)

① 0.004 ② 0.062

③ 0.053 ④ 0.07

해설 분포 계수

$$K_d=\frac{\sin\frac{\pi}{2m}}{q\sin\frac{\pi}{2mq}}=\frac{\sin\frac{180°}{2\times3}}{3\sin\frac{180°}{2\times3\times3}}=0.96$$

단절 계수

$$K_p=\sin\frac{B\pi}{2}=\sin\frac{\frac{7}{9}\times180°}{2}=0.94$$

권선 계수 $K_w=K_d\cdot K_p=0.96\times0.94=0.902$

1상의 권수 $N=\dfrac{180\times10}{3\times2\times2}$

선간 전압 $V=\sqrt{3}\cdot E=\sqrt{3}\times4.44fN\phi K_w$에서

자속 $\phi=\dfrac{3,300}{\sqrt{3}\times4.44\times60\times\frac{180\times10}{3\times2\times2}\times0.902}$

$=0.0528$[Wb]

정답 54. ② 55. ④ 56. ③ 57. ④ 58. ③

59 2방향성 3단자 사이리스터는 어느 것인가?

① SCR

② SSS

③ SCS

④ TRIAC

해설 TRIAC은 SCR 2개를 역 병렬로 접속한 것과 같은 기능을 가지며, 게이트에 전류를 흘리면 전압이 높은 쪽에서 낮은 쪽으로 도통되는 2방향성 3단자 사이리스터이다.

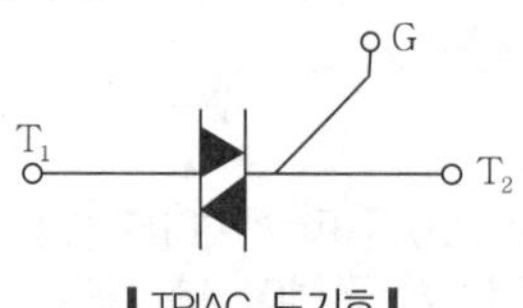

▌TRIAC 도기호▐

60 일반적인 3상 유도 전동기에 대한 설명으로 틀린 것은?

① 불평형 전압으로 운전하는 경우 전류는 증가하나 토크는 감소한다.

② 원선도 작성을 위해서는 무부하 시험, 구속 시험, 1차 권선 저항 측정을 하여야 한다.

③ 농형은 권선형에 비해 구조가 견고하며 권선형에 비해 대형 전동기로 널리 사용된다.

④ 권선형 회전자의 3선 중 1선이 단선되면 동기 속도의 50[%]에서 더 이상 가속되지 못하는 현상을 게르게스 현상이라 한다.

해설 3상 유도 전동기에서 농형은 권선형에 비해 구조가 간결, 견고하며 권선형에 비해 소형 전동기로 널리 사용된다.

제4과목 회로이론 및 제어공학

61 다음 블록 선도의 전달 함수$\left(\dfrac{C(s)}{R(s)}\right)$는?

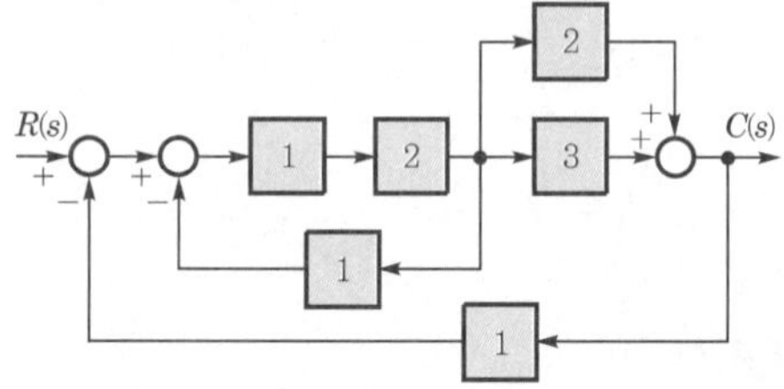

① $\dfrac{10}{9}$

② $\dfrac{10}{13}$

③ $\dfrac{12}{9}$

④ $\dfrac{12}{13}$

해설 전달 함수 $\dfrac{C(s)}{R(s)}=\dfrac{\text{전향 경로 이득의 합}}{1-\text{loop 이득의 합}}$

- 전향 경로 이득의 합 : $\{(1\times2\times3)+(1\times2\times2)\}=10$
- 1−loop 이득의 합 : $1-\{-(1\times2\times1)-(1\times2\times3\times1)-(1\times2\times2\times1)\}=13$

∴ 전달 함수 $\dfrac{C(s)}{R(s)}=\dfrac{10}{13}$

62 다음의 논리식과 등가인 것은?

$$Y=(A+B)(\overline{A}+B)$$

① $Y=A$　　② $Y=B$

③ $Y=\overline{A}$　　④ $Y=\overline{B}$

해설 $Y=(A+B)(\overline{A}+B)$

$=A\overline{A}+AB+\overline{A}B+BB$

$=AB+\overline{A}B+B$

$=B(A+\overline{A}+1)$

$=B$

정답 59. ④ 60. ③ 61. ② 62. ②

63 전달 함수가 $G(s)=\frac{1}{0.1s(0.01s+1)}$ 과 같은 제어 시스템에서 $\omega=0.1$[rad/s]일 때의 이득[dB]과 위상각[°]은 약 얼마인가?

① 40[dB], −90°　② −40[dB], 90°
③ 40[dB], −180°　④ −40[dB], −180°

해설 $G(j\omega)=\frac{1}{j0.1\omega(j0.01\omega+1)}$

$\omega=0.1$[rad/s]일 때

$G(j\omega)=\left.\frac{1}{j0.1\omega(j0.01\omega+1)}\right|_{\omega=0.1}$

$=\frac{1}{j0.01(j0.001+1)}$

$|G(j\omega)|=\frac{1}{0.01\sqrt{1+(0.001)^2}}\fallingdotseq\frac{1}{0.01}\fallingdotseq 100$

∴ 이득 $g\fallingdotseq 20\log|G(j\omega)|=20\log 100$
$=20\log 10^2=40$[dB]

위상각 $\theta=-\left(90°+\tan^{-1}\frac{0.001}{1}\right)\fallingdotseq-90°$

64 기본 제어 요소인 비례 요소의 전달 함수는? (단, K는 상수이다.)

① $G(s)=K$　② $G(s)=Ks$
③ $G(s)=\frac{K}{s}$　④ $G(s)=\frac{K}{s+K}$

해설 기본 제어 요소의 전달 함수
- 비례 요소의 전달 함수 $G(s)=K$
- 미분 요소의 전달 함수 $G(s)=Ks$
- 적분 요소의 전달 함수 $G(s)=\frac{K}{s}$
- 1차 지연 요소의 전달 함수 $G(s)=\frac{K}{Ts+1}$

65 다음의 개루프 전달 함수에 대한 근궤적이 실수축에서 이탈하게 되는 분리점은 약 얼마인가?

$$G(s)H(s)=\frac{K}{s(s+3)(s+8)},\quad K\geq 0$$

① −0.93　② −5.74
③ −6.0　④ −1.33

해설 특성 방정식

$1+G(s)H(s)=1+\frac{K}{s(s+3)(s+8)}=0$

$s(s+3)(s+8)+K=0$

$s^3+11s^2+24s+K=0$

∴ $K=-(s^3+11s^2+24s)$

s에 관하여 미분하면 $\frac{dK}{ds}=-(3s^2+22s+24)$

분리점(분지점, 이탈점)은 $\frac{dK}{ds}$인 조건을 만족하는 s의 근을 의미하므로

$3s^2+22s+24=0$의 근

$s=\frac{-11\pm\sqrt{11^2-3\times 24}}{3}=\frac{-11\pm\sqrt{49}}{3}$

$=\frac{-11\pm 7}{3}$

∴ $s=-1.33,\ -6$

실수축상의 근궤적 존재 구간

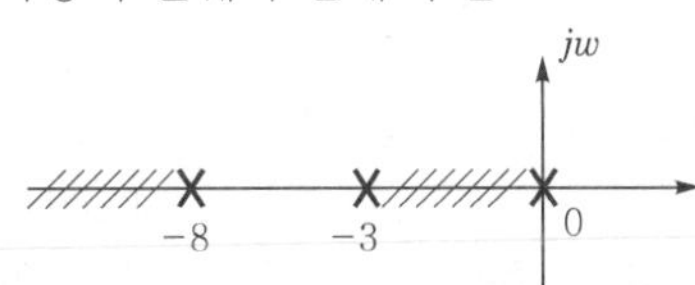

0과 −3, −8과 −∞ 사이의 실수축상에 있으므로 분리점(분지점, 이탈점) $s=-1.33$이 된다.

66 $F(z)=\frac{(1-e^{-aT})z}{(z-1)(z-e^{-aT})}$의 역 z변환은?

① $t\cdot e^{-at}$　② $a^t\cdot e^{-at}$
③ $1+e^{-at}$　④ $1-e^{-at}$

해설 $\frac{F(z)}{z}$ 형태로 부분 분수 전개하면

$\frac{F(z)}{z}=\frac{(1-e^{-aT})}{(z-1)(z-e^{-aT})}=\frac{k_1}{z-1}+\frac{k_2}{z-e^{-aT}}$

$k_1=\lim_{z\to 1}\frac{1-e^{-aT}}{z-e^{-aT}}=1$

$k_2=\lim_{z\to e^{-aT}}\frac{1-e^{-aT}}{z-1}=-1$

정답 63. ① 64. ① 65. ④ 66. ④

$$\frac{F(z)}{z} = \frac{1}{z-1} - \frac{1}{z-e^{-aT}}$$

$$F(z) = \frac{z}{z-1} - \frac{z}{z-e^{-aT}}$$

$$\therefore f(t) = 1 - e^{-at}$$

67 제어 시스템의 전달 함수가 $T(s) = \dfrac{1}{4s^2+s+1}$ 과 같이 표현될 때 이 시스템의 고유 주파수 (ω_n[rad/s])와 감쇠율(ζ)은?

① $\omega_n = 0.25$, $\zeta = 1.0$

② $\omega_n = 0.5$, $\zeta = 0.25$

③ $\omega_n = 0.5$, $\zeta = 0.5$

④ $\omega_n = 1.0$, $\zeta = 0.5$

해설 전달 함수

$$T(s) = \frac{1}{4s^2+s+1} = \frac{4}{s^2+\frac{1}{4}s+\frac{1}{4}}$$

$$= \frac{2^2}{s^2+\frac{1}{4}s+\left(\frac{1}{2}\right)^2}$$

∴ 고유 주파수 $\omega_n = \frac{1}{2} = 0.5$[rad/s]

$$2\zeta\omega_n = \frac{1}{4},\ \text{감쇠율}\ \zeta = \frac{\frac{1}{4}}{2\times 0.5} = \frac{1}{4} = 0.25$$

68 다음의 상태 방정식으로 표현되는 시스템의 상태 천이 행렬은?

$$\begin{bmatrix} \frac{d}{dt}x_1 \\ \frac{d}{dt}x_2 \end{bmatrix} = \begin{bmatrix} 0 & 1 \\ -3 & -4 \end{bmatrix} \begin{bmatrix} x_1 \\ x_2 \end{bmatrix}$$

① $\begin{bmatrix} 1.5e^{-t}-0.5e^{-3t} & -1.5e^{-t}+1.5e^{-3t} \\ 0.5e^{-t}-0.5e^{-3t} & -0.5e^{-t}+1.5e^{-3t} \end{bmatrix}$

② $\begin{bmatrix} 1.5e^{-t}-0.5e^{-3t} & 0.5e^{-t}-0.5e^{-3t} \\ -1.5e^{-t}+1.5e^{-3t} & -0.5e^{-t}+1.5e^{-3t} \end{bmatrix}$

③ $\begin{bmatrix} 1.5e^{-t}-0.5e^{-4t} & 0.5e^{-t}-0.5e^{-4t} \\ -1.5e^{-t}+1.5e^{-4t} & -0.5e^{-t}+1.5e^{-4t} \end{bmatrix}$

④ $\begin{bmatrix} 1.5e^{-t}-0.5e^{-4t} & -1.5e^{-t}+1.5e^{-4t} \\ 0.5e^{-t}-0.5e^{-4t} & -0.5e^{-t}+1.5e^{-4t} \end{bmatrix}$

해설 상태 천이 행렬 $\Phi(t) = \mathcal{L}^{-1}[sI-A]^{-1}$

$$[sI-A] = \begin{bmatrix} s & 0 \\ 0 & s \end{bmatrix} - \begin{bmatrix} 0 & 1 \\ -3 & -4 \end{bmatrix} = \begin{bmatrix} s & -1 \\ 3 & s+4 \end{bmatrix}$$

$$[sI-A]^{-1} = \frac{1}{\begin{vmatrix} s & -1 \\ 3 & s+4 \end{vmatrix}} \begin{bmatrix} s+4 & 1 \\ -3 & s \end{bmatrix}$$

$$= \frac{1}{s^2+4s+3} \begin{bmatrix} s+4 & 1 \\ -3 & s \end{bmatrix}$$

$$= \begin{bmatrix} \frac{s+4}{(s+1)(s+3)} & \frac{1}{(s+1)(s+3)} \\ \frac{-3}{(s+1)(s+3)} & \frac{s}{(s+1)(s+3)} \end{bmatrix}$$

$\mathcal{L}^{-1}[sI-A]^{-1}$

$$= \mathcal{L}^{-1}\begin{bmatrix} \frac{s+4}{(s+1)(s+3)} & \frac{1}{(s+1)(s+3)} \\ \frac{-3}{(s+1)(s+3)} & \frac{s}{(s+1)(s+3)} \end{bmatrix}$$

$$= \begin{bmatrix} 1.5e^{-t}-0.5e^{-3t} & 0.5e^{-t}-0.5e^{-3t} \\ -1.5e^{-t}+1.5e^{-3t} & -0.5e^{-t}+1.5e^{-3t} \end{bmatrix}$$

69 제어 시스템의 특성 방정식이 $s^4+s^3-3s^2-s+2=0$와 같을 때, 이 특성 방정식에서 s 평면의 오른쪽에 위치하는 근은 몇 개인가?

① 0 ② 1

③ 2 ④ 3

해설 라우스의 안정도 판별법에서 제1열의 원소 중 부호변화의 개수 만큼의 근이 우반평면(s 평면의 오른쪽)에 존재하므로

라우스표(수열)

s^4	1	−3	2
s^3	1	−1	0
s^2	−2	2	
s^1	0	0	

보조 방정식 $f(s) = -2s^2+2$

보조 방정식을 s에 관해서 미분하면

$$\frac{df(s)}{ds} = -4s$$

라우스의 표에서 0인 행에 $\frac{df(s)}{ds}$의 계수로 대치하면

정답 67. ② 68. ② 69. ③

s^4	1	−3	2
s^3	1	−1	0
s^2	−2	2	
s^1	−4	0	
s^0	2	0	

제1열 부호 변화가 2번 있으므로 s 평면의 오른쪽에 위치하는 근, 즉 불안정근이 2개 있다.

70 그림의 신호 흐름 선도를 미분 방정식으로 표현한 것으로 옳은 것은? (단, 모든 초기값은 0이다.)

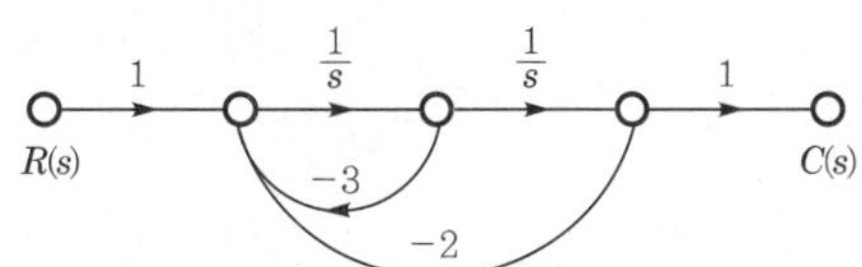

① $\dfrac{d^2c(t)}{dt^2}+3\dfrac{dc(t)}{dt}+2c(t)=r(t)$

② $\dfrac{d^2c(t)}{dt^2}+2\dfrac{dc(t)}{dt}+3c(t)=r(t)$

③ $\dfrac{d^2c(t)}{dt^2}-3\dfrac{dc(t)}{dt}-2c(t)=r(t)$

④ $\dfrac{d^2c(t)}{dt^2}-2\dfrac{dc(t)}{dt}-3c(t)=r(t)$

해설

전달 함수 $\dfrac{C(s)}{R(s)}=\dfrac{\sum_{k=1}^{n}G_k\Delta_k}{\Delta}=\dfrac{G_1\Delta_1}{\Delta}$

전향 경로 $n=1$

$G_1=1\times\dfrac{1}{s}\times\dfrac{1}{s}\times 1=\dfrac{1}{s^2}$

$\Delta_1=1$

$\Delta=1-\left(-\dfrac{3}{s}-\dfrac{2}{s^2}\right)=1+\dfrac{3}{s}+\dfrac{2}{s^2}$

$\therefore\ \dfrac{C(s)}{R(s)}=\dfrac{\dfrac{1}{s^2}}{1+\dfrac{3}{s}+\dfrac{2}{s^2}}=\dfrac{1}{s^2+3s+2}$

$(s^2+3s+2)C(s)=R(s)$

역라플라스 변환으로 미분 방정식을 구하면

$\dfrac{d^2c(t)}{dt^2}+3\dfrac{dc(t)}{dt}+2c(t)=r(t)$

71 회로에서 6[Ω]에 흐르는 전류[A]는?

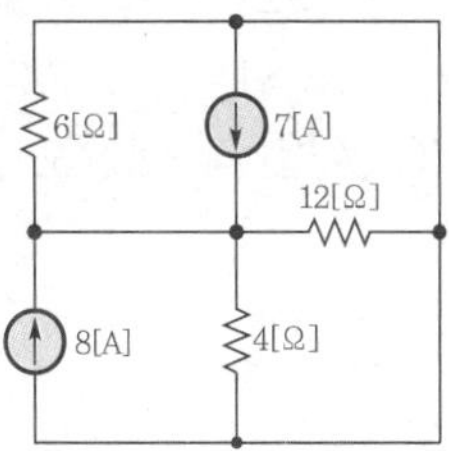

① 2.5　　② 5

③ 7.5　　④ 10

해설
- 8[A] 전류원 존재 시 : 7[A] 전류원은 개방
6[Ω]에 흐르는 전류

$$I_1=\frac{\dfrac{4\times12}{4+12}}{6+\dfrac{4\times12}{4+12}}\times 8=\frac{3}{6+3}\times 8 ≒ 2.67[\text{A}]$$

- 7[A] 전류원 존재 시 : 8[A] 전류원은 개방
6[Ω]에 흐르는 전류

$$I_2=\frac{\dfrac{4\times12}{4+12}}{6+\dfrac{4\times12}{4+12}}\times 7=\frac{3}{6+3}\times 7 ≒ 2.33[\text{A}]$$

∴ 6[Ω]에 흐르는 전류

$I=I_1+I_2=2.67+2.33=5[\text{A}]$

72 RL 직렬 회로에서 시정수가 0.03[s], 저항이 14.7[Ω]일 때 이 회로의 인덕턴스[mH]는?

① 441

② 362

③ 17.6

④ 2.53

해설 시정수 $\tau=\dfrac{L}{R}$[sec]

인덕턴스 $L=\tau\cdot R=0.03\times14.7\times10^3$
$=441[\text{mH}]$

정답 70. ① 71. ② 72. ①

73 상의 순서가 a−b−c인 불평형 3상 교류회로에서 각 상의 전류가 $I_a = 7.28\angle 15.95°$[A], $I_b = 12.81\angle -128.66°$[A], $I_c = 7.21\angle 123.69°$[A]일 때 역상분 전류는 약 몇 [A]인가?

① $8.95\angle -1.14°$

② $8.95\angle 1.14°$

③ $2.51\angle -96.55°$

④ $2.51\angle 96.55°$

해설 역상 전류 $I_2 = \frac{1}{3}(I_a + a^2 I_b + aI_c)$

$a^2 = 1\angle -120° = -\frac{1}{2} - j\frac{\sqrt{3}}{2}$

$a = 1\angle -240° = 1\angle 120° = -\frac{1}{2} + j\frac{\sqrt{3}}{2}$

$\therefore I_2 = \frac{1}{3}(7.28\angle 15.95° + 1\angle -120° \times 12.81\angle -128.66° + 1\angle 120° \times 7.21\angle 123.69°)$

$= 2.51\angle 96.55°$[A]

74 그림과 같은 T형 4단자 회로의 임피던스 파라미터 Z_{22}는?

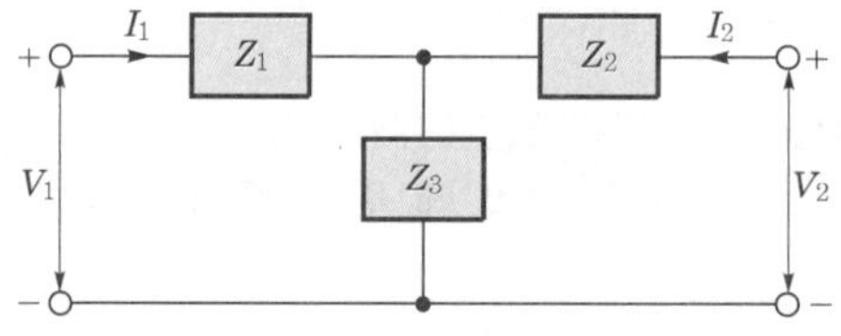

① Z_3

② $Z_1 + Z_2$

③ $Z_1 + Z_3$

④ $Z_2 + Z_3$

해설 $Z_{22} = \left.\frac{V_2}{I_2}\right|_{I_1=0}$: 입력 단자를 개방하고 출력 측에서 본 개방 구동점 임피던스

$\therefore Z_{22} = Z_2 + Z_3$

75 그림과 같은 부하에 선간 전압이 $V_{ab} = 100\angle 30°$[V]인 평형 3상 전압을 가했을 때 선전류 I_a[A]는?

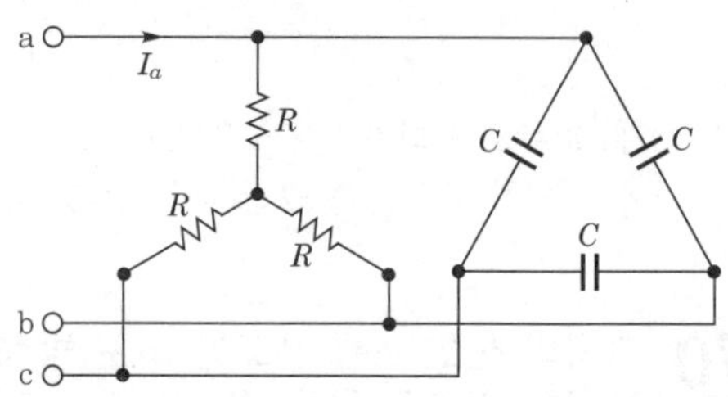

① $\frac{100}{\sqrt{3}}\left(\frac{1}{R} + j3\omega C\right)$

② $100\left(\frac{1}{R} + j\sqrt{3}\omega C\right)$

③ $\frac{100}{\sqrt{3}}\left(\frac{1}{R} + j\omega C\right)$

④ $100\left(\frac{1}{R} + j\omega C\right)$

해설 △결선은 Y결선으로 등가 변환하면 $Z_Y = \frac{1}{3}Z_\triangle$이므로 한 상의 임피던스는 그림과 같다.

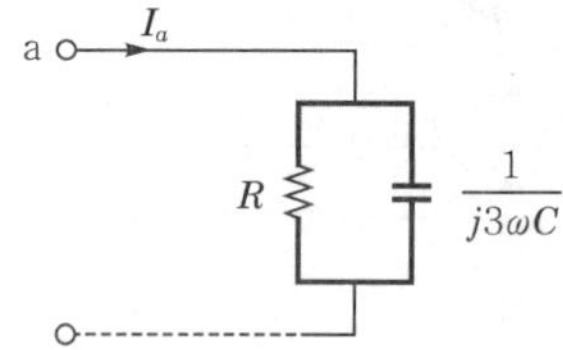

한 상이 $R-C$ 병렬 회로이므로

한 상의 어드미턴스 $Y_P = \frac{1}{R} + j3\omega C$[℧]

$\therefore$ 선전류 $I_a = Y_P V_P = \left(\frac{1}{R} + j3\omega C\right) \cdot \frac{100}{\sqrt{3}}$[A]

76 분포 정수로 표현된 선로의 단위 길이당 저항이 0.5[Ω/km], 인덕턴스가 1[μH/km], 커패시턴스가 6[μF/km]일 때 일그러짐이 없는 조건(무왜형 조건)을 만족하기 위한 단위 길이당 컨덕턴스[℧/m]는?

① 1 ② 2

③ 3 ④ 4

정답 73. ④ 74. ④ 75. ① 76. ③

해설 일그러짐이 없는 선로, 즉 무왜형 선로 조건

$\frac{R}{L}=\frac{G}{C}$

$RC=LG$

$\therefore$ 컨덕턴스 $G=\frac{RC}{L}=\frac{0.5\times6\times10^{-6}}{1\times10^{-6}}=3[℧/\text{m}]$

77 그림 (a)의 Y 결선 회로를 그림 (b)의 △ 결선 회로로 등가 변환했을 때 R_{ab}, R_{bc}, R_{ca}는 각각 몇 [Ω]인가? (단, $R_a=2$[Ω], $R_b=3$[Ω], $R_c=4$[Ω])

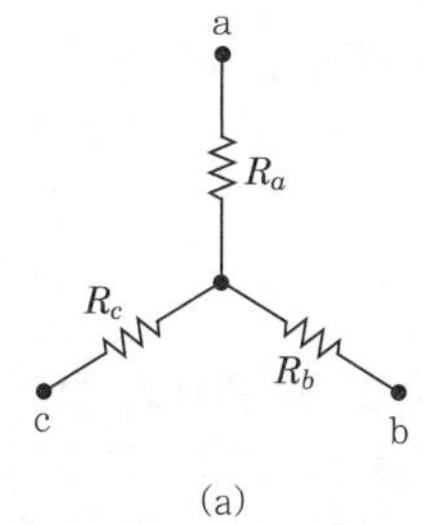

(a)

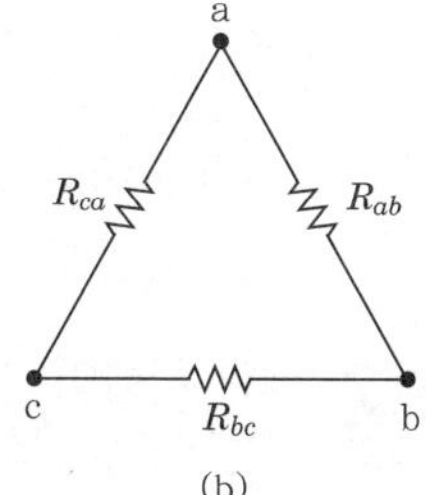

(b)

① $R_{ab}=\frac{6}{9}$, $R_{bc}=\frac{12}{9}$, $R_{ca}=\frac{8}{9}$

② $R_{ab}=\frac{1}{3}$, $R_{bc}=1$, $R_{ca}=\frac{1}{2}$

③ $R_{ab}=\frac{13}{2}$, $R_{bc}=13$, $R_{ca}=\frac{26}{3}$

④ $R_{ab}=\frac{11}{3}$, $R_{bc}=11$, $R_{ca}=\frac{11}{2}$

해설

$$R_{ab}=\frac{R_aR_b+R_bR_c+R_cR_a}{R_c}=\frac{2\times3+3\times4+4\times2}{4}=\frac{13}{2}[\Omega]$$

$$R_{bc}=\frac{R_aR_b+R_bR_c+R_cR_a}{R_a}=\frac{2\times3+3\times4+4\times2}{2}=13[\Omega]$$

$$R_{ca}=\frac{R_aR_b+R_bR_c+R_cR_a}{R_b}=\frac{2\times3+3\times4+4\times2}{3}=\frac{26}{3}[\Omega]$$

78 다음과 같은 비정현파 교류 전압 $v(t)$와 전류 $i(t)$에 의한 평균 전력은 약 몇 [W]인가?

출제빈도

- $v(t)=200\sin100\pi t+80\sin\left(300\pi t-\frac{\pi}{2}\right)$[V]
- $i(t)=\frac{1}{5}\sin\left(100\pi t-\frac{\pi}{3}\right)+\frac{1}{10}\sin\left(300\pi t-\frac{\pi}{4}\right)$[A]

① 6.414 ② 8.586
③ 12.828 ④ 24.212

해설 $P=V_1I_1\cos\theta_1+V_3I_3\cos\theta_3$

$=\frac{200}{\sqrt{2}}\times\frac{0.2}{\sqrt{2}}\cos60°+\frac{80}{\sqrt{2}}\times\frac{0.1}{\sqrt{2}}\cos45°$

$=12.828$[W]

79 회로에서 $I_1=2e^{-j\frac{\pi}{6}}$[A], $I_2=5e^{j\frac{\pi}{6}}$[A], $I_3=5.0$[A], $Z_3=1.0$[Ω]일 때 부하(Z_1, Z_2, Z_3) 전체에 대한 복소 전력은 약 몇 [VA]인가?

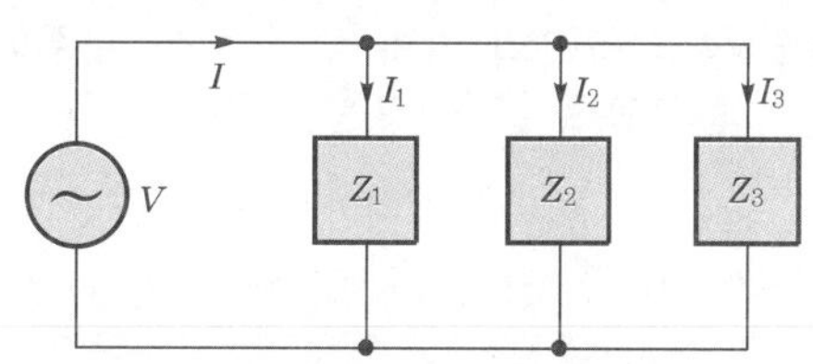

① $55.3-j7.5$ ② $55.3+j7.5$
③ $45-j26$ ④ $45+j26$

해설
- 전전류 $I=I_1+I_2+I_3$
  $=2\angle-30°+5\angle30°+5$
  $=(\sqrt{3}-j)+(2.5\sqrt{3}+j2.5)+5$
  $=11.06+j1.5$[A]
- 전압 $V=Z_3I_3=1.0\times5.0=5$[V]
- 복소 전력 $P=V\bar{I}=5(11.06-j1.5)$
  $=55.3-j7.5$[VA]
  $P=\bar{V}\cdot I=5(11.06+j1.5)$
  $=55.3+j7.5$[VA]

정답 77. ③ 78. ③ 79. 모두 정답

80 $f(t)=\mathcal{L}^{-1}\left[\dfrac{s^2+3s+2}{s^2+2s+5}\right]$는?

① $\delta(t)+e^{-t}(\cos 2t-\sin 2t)$

② $\delta(t)+e^{-t}(\cos 2t+2\sin 2t)$

③ $\delta(t)+e^{-t}(\cos 2t-2\sin 2t)$

④ $\delta(t)+e^{-t}(\cos 2t+\sin 2t)$

해설

$$F(s)=\frac{s^2+3s+2}{s^2+2s+5}=\frac{(s^2+2s+5)+(s-3)}{s^2+2s+5}$$
$$=1+\frac{s-3}{s^2+2s+5}=1+\frac{(s+1)-4}{(s+1)^2+2^2}$$
$$=1+\frac{s+1}{(s+1)^2+2^2}-2\frac{2}{(s+1)^2+2^2}$$
$$\therefore\ f(t)=\mathcal{L}^{-1}[F(s)]$$
$$=\delta(t)+e^{-t}\cos 2t-2e^{-t}\sin 2t$$
$$=\delta(t)+e^{-t}(\cos 2t-2\sin 2t)$$

제5과목 전기설비기술기준

81 풍력 터빈의 피뢰 설비 시설 기준에 대한 설명으로 틀린 것은?

① 풍력 터빈에 설치한 피뢰 설비(리셉터, 인하도선 등)의 기능 저하로 인해 다른 기능에 영향을 미치지 않을 것

② 풍력 터빈 내부의 계측 센서용 케이블은 금속관 또는 차폐 케이블 등을 사용하여 뇌유도 과전압으로부터 보호할 것

③ 풍력 터빈에 설치하는 인하도선은 쉽게 부식되지 않는 금속선으로서 뇌격전류를 안전하게 흘릴 수 있는 충분한 굵기여야 하며, 가능한 직선으로 시설할 것

④ 수뢰부를 풍력 터빈 중앙 부분에 배치하되 뇌격전류에 의한 발열에 용손(溶損)되지 않도록 재질, 크기, 두께 및 형상 등을 고려할 것

해설 **풍력 터빈의 피뢰 설비(KEC 532.3.5)**

- 수뢰부를 풍력 터빈 선단 부분 및 가장자리 부분에 배치하되 뇌격전류에 의한 발열에 용손(溶損)되지 않도록 재질, 크기, 두께 및 형상 등을 고려할 것
- 풍력 터빈에 설치하는 인하도선은 쉽게 부식되지 않는 금속선으로서 뇌격전류를 안전하게 흘릴 수 있는 충분한 굵기여야 하며, 가능한 직선으로 시설할 것
- 풍력 터빈 내부의 계측 센서용 케이블은 금속관 또는 차폐 케이블 등을 사용하여 뇌유도 과전압으로부터 보호할 것
- 풍력 터빈에 설치한 피뢰 설비(리셉터, 인하도선 등)의 기능 저하로 인해 다른 기능에 영향을 미치지 않을 것

82 출제빈도 샤워 시설이 있는 욕실 등 인체가 물에 젖어 있는 상태에서 전기를 사용하는 장소에 콘센트를 시설할 경우 인체 감전 보호용 누전 차단기의 정격 감도 전류는 몇 [mA] 이하인가?

① 5

② 10

③ 15

④ 30

해설 **콘센트의 시설(KEC 234.5)**

욕조나 샤워 시설이 있는 욕실 또는 화장실 등 인체가 물에 젖어 있는 상태에서 전기를 사용하는 장소에 콘센트를 시설하는 경우

- 인체 감전 보호용 누전 차단기(정격 감도 전류 15[mA] 이하, 동작 시간 0.03초 이하의 전류 동작형) 또는 절연 변압기(정격 용량 3[kVA] 이하)로 보호된 전로에 접속하거나, 인체 감전 보호용 누전 차단기가 부착된 콘센트를 시설
- 콘센트는 접지극이 있는 방적형 콘센트를 사용하여 접지

정답 80. ③ 81. ④ 82. ③

83 **강관으로 구성된 철탑의 갑종 풍압 하중은 수직 투영 면적 1[m^2]에 대한 풍압을 기초로 하여 계산한 값이 몇 [Pa]인가? (단, 단주는 제외한다.)**

① 1,255　　② 1,412
③ 1,627　　④ 2,157

해설 **풍압 하중의 종별과 적용(KEC 331.6)**

풍압을 받는 구분(갑종 풍압 하중)			1[m^2]에 대한 풍압
목주			588[Pa]
지지물	철주	원형의 것	588[Pa]
		강관 4각형의 것	1,117[Pa]
	철근 콘크리트주	원형의 것	588[Pa]
		기타의 것	882[Pa]
	철탑	강관으로 구성되는 것	1,255[Pa]
		기타의 것	2,157[Pa]

84 **한국전기설비규정에 따른 용어의 정의에서 감전에 대한 보호 등 안전을 위해 제공되는 도체를 말하는 것은?**

① 접지 도체　　② 보호 도체
③ 수평 도체　　④ 접지극 도체

해설 **용어의 정의(KEC 112)**

- "보호 도체"란 감전에 대한 보호 등 안전을 위해 제공되는 도체를 말한다.
- "접지 도체"란 계통, 설비 또는 기기의 한 점과 접지극 사이의 도전성 경로 또는 그 경로의 일부가 되는 도체를 말한다.

85 **통신상의 유도 장해 방지 시설에 대한 설명이다. 다음 (　)에 들어갈 내용으로 옳은 것은?**

> 교류식 전기 철도용 전차 선로는 기설 가공 약전류 전선로에 대하여 (　)에 의한 통신상의 장해가 생기지 않도록 시설하여야 한다.

① 정전 작용　　② 유도 작용
③ 가열 작용　　④ 산화 작용

해설 **통신상의 유도 장해 방지 시설(KEC 461.7)**

교류식 전기 철도용 전차 선로는 기설 가공 약전류 전선로에 대하여 유도 작용에 의한 통신상의 장해가 생기지 않도록 시설하여야 한다.

86 **주택의 전기 저장 장치의 축전지에 접속하는 부하측 옥내 배선을 사람이 접촉할 우려가 없도록 케이블 배선에 의하여 시설하고 전선에 적당한 방호 장치를 시설한 경우 주택의 옥내 전로의 대지 전압은 직류 몇 [V]까지 적용할 수 있는가? (단, 전로에 지락이 생겼을 때 자동적으로 전로를 차단하는 장치를 시설한 경우이다.)**

① 150　　② 300
③ 400　　④ 600

해설 **옥내 전로의 대지 전압 제한(KEC 511.3)**

주택의 전기 저장 장치의 축전지에 접속하는 부하측 옥내 배선을 다음에 따라 시설하는 경우에 주택의 옥내 전로의 대지 전압은 직류 600[V]까지 적용할 수 있다.

- 전로에 지락이 생겼을 때 자동적으로 전로를 차단하는 장치를 시설할 것
- 사람이 접촉할 우려가 없는 은폐된 장소에 합성수지관 배선, 금속관 배선 및 케이블 배선에 의하여 시설하거나, 사람이 접촉할 우려가 없도록 케이블 배선에 의하여 시설하고 전선에 적당한 방호 장치를 시설할 것

87 **전압의 구분에 대한 설명으로 옳은 것은?**

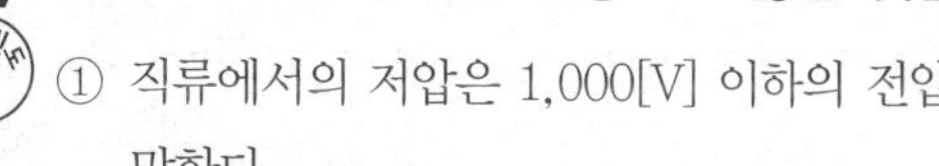

① 직류에서의 저압은 1,000[V] 이하의 전압을 말한다.
② 교류에서의 저압은 1,500[V] 이하의 전압을 말한다.
③ 직류에서의 고압은 3,500[V]를 초과하고 7,000[V] 이하인 전압을 말한다.
④ 특고압은 7,000[V]를 초과하는 전압을 말한다.

정답 83. ① 84. ② 85. ② 86. ④ 87. ④

해설 적용 범위(KEC 111.1)

전압의 구분은 다음과 같다.

- 저압 : 교류는 1[kV] 이하, 직류는 1.5[kV] 이하인 것
- 고압 : 교류는 1[kV]를, 직류는 1.5[kV]를 초과하고, 7[kV] 이하인 것
- 특고압 : 7[kV]를 초과하는 것

88 고압 가공 전선로의 가공 지선으로 나경동선을 사용할 때의 최소 굵기는 지름 몇 [mm] 이상인가?

출제빈도

① 3.2

② 3.5

③ 4.0

④ 5.0

해설 고압 가공 전선로의 가공 지선(KEC 332.6)

고압 가공 전선로에 사용하는 가공 지선은 인장강도 5.26[kN] 이상의 것 또는 지름 4[mm] 이상의 나경동선을 사용한다.

89 특고압용 변압기의 내부에 고장이 생겼을 경우에 자동 차단 장치 또는 경보 장치를 하여야 하는 최소 뱅크 용량은 몇 [kVA]인가?

출제빈도

① 1,000

② 3,000

③ 5,000

④ 10,000

해설 특고압용 변압기의 보호 장치(KEC 351.4)

뱅크 용량의 구분	동작 조건	장치의 종류
5,000[kVA] 이상 10,000[kVA] 미만	내부 고장	자동 차단 장치 경보 장치
10,000[kVA] 이상	내부 고장	자동 차단 장치
타냉식 변압기	냉각 장치에 고장이 생긴 경우 또는 온도가 현저히 상승한 경우	경보 장치

90 합성 수지관 및 부속품의 시설에 대한 설명으로 틀린 것은?

① 관의 지지점 간의 거리는 1.5[m] 이하로 할 것

② 합성 수지제 가요 전선관 상호 간은 직접 접속할 것

③ 접착제를 사용하여 관 상호 간을 삽입하는 깊이는 관의 바깥 지름의 0.8배 이상으로 할 것

④ 접착제를 사용하지 않고 관 상호 간을 삽입하는 깊이는 관의 바깥 지름의 1.2배 이상으로 할 것

해설 합성 수지관 공사(KEC 232.11)

- 전선은 연선(옥외용 제외) 사용, 연동선 10[mm^2], 알루미늄선 16[mm^2] 이하는 단선 사용
- 전선관 내 전선 접속점이 없도록 함
- 관을 삽입하는 길이 : 관 외경 1.2배(접착제 사용 0.8배)
- 관 지지점 간 거리 : 1.5[m] 이하

91 사용 전압이 22.9[kV]인 가공 전선이 철도를 횡단하는 경우, 전선의 레일면상의 높이는 몇 [m] 이상인가?

출제빈도

① 5 ② 5.5

③ 6 ④ 6.5

해설 25[kV] 이하인 특고압 가공 전선로의 시설 (KEC 333.32)

특고압 가공 전선로의 다중 접지를 한 중성선은 저압 가공 전선의 규정에 준하여 시설하므로 철도 또는 궤도를 횡단하는 경우에는 레일면상 6.5[m] 이상으로 한다.

92 가공 전선로의 지지물에 시설하는 통신선 또는 이에 직접 접속하는 가공 통신선이 철도 또는 궤도를 횡단하는 경우 그 높이는 레일면상 몇 [m] 이상으로 하여야 하는가?

① 3 ② 3.5

③ 5 ④ 6.5

정답 88. ③ 89. ③ 90. ② 91. ④ 92. ④

해설 **전력 보안 통신선의 시설 높이와 이격 거리(KEC 362.2)**

가공 전선로의 지지물에 시설하는 통신선 또는 이에 직접 접속하는 가공 통신선의 높이

- 도로를 횡단하는 경우에는 지표상 6[m] 이상 다만, 저압이나 고압의 가공 전선로의 지지물에 시설하는 통신선 또는 이에 직접 접속하는 가공 통신선을 시설하는 경우에 교통에 지장을 줄 우려가 없을 때에는 지표상 5[m]까지로 감할 수 있다.
- 철도 또는 궤도를 횡단하는 경우에는 레일면상 6.5[m] 이상
- 횡단보도교의 위에 시설하는 경우에는 그 노면상 5[m] 이상

93 전력 보안 통신 설비의 조가선은 단면적 몇 [mm^2] 이상의 아연도강연선을 사용하여야 하는가?

① 16　② 38
③ 50　④ 55

해설 **조가선 시설기준(KEC 362.3)**

조가선은 단면적 38[mm^2] 이상의 아연도강연선을 사용할 것

94 가요 전선관 및 부속품의 시설에 대한 내용이다. 다음 (　)에 들어갈 내용으로 옳은 것은?

> 1종 금속제 가요 전선관에는 단면적 (　) [mm^2] 이상의 나연동선을 전체 길이에 걸쳐 삽입 또는 첨가하여 그 나연동선과 1종 금속제 가요 전선관을 양쪽 끝에서 전기적으로 완전하게 접속할 것. 다만, 관의 길이가 4[m] 이하인 것을 시설하는 경우에는 그러하지 아니하다.

① 0.75　② 1.5
③ 2.5　④ 4

해설 **가요 전선관 및 부속품의 시설(KEC 232.13.3)**

- 관 상호 간 및 관과 박스 기타의 부속품과는 견고하고 또한 전기적으로 완전하게 접속할 것
- 가요 전선관의 끝부분은 피복을 손상하지 아니하는 구조로 되어 있을 것
- 2종 금속제 가요 전선관을 사용하는 경우에 습기 많은 장소 또는 물기가 있는 장소에 시설하는 때에는 비닐 피복 2종 가요 전선관일 것
- 1종 금속제 가요 전선관에는 단면적 2.5[mm^2] 이상의 나연동선을 전체 길이에 걸쳐 삽입 또는 첨가하여 그 나연동선과 1종 금속제 가요 전선관을 양쪽 끝에서 전기적으로 완전하게 접속할 것. 다만, 관의 길이가 4[m] 이하인 것을 시설하는 경우에는 그러하지 아니하다.

95 사용 전압이 154[kV]인 전선로를 제1종 특고압 보안공사로 시설할 경우, 여기에 사용되는 경동 연선의 단면적은 몇 [mm^2] 이상이어야 하는가?

출제빈도

① 100　② 125
③ 150　④ 200

해설 **제1종 특고압 보안 공사 시 전선의 단면적(KEC 333.22)**

사용전압	전선
100[kV] 미만	인장 강도 21.67[kN] 이상, 단면적 55[mm^2] 이상 경동 연선
100[kV] 이상 300[kV] 미만	인장 강도 58.84[kN] 이상, 단면적 150[mm^2] 이상 경동 연선
300[kV] 이상	인장 강도 77.47[kN] 이상, 단면적 200[mm^2] 이상 경동 연선

96 사용 전압이 400[V] 이하인 저압 옥측 전선로를 애자 공사에 의해 시설하는 경우 전선 상호 간의 간격은 몇 [m] 이상이어야 하는가? (단, 비나 이슬에 젖지 않는 장소에 사람이 쉽게 접촉될 우려가 없도록 시설한 경우이다.)

① 0.025　② 0.045
③ 0.06　④ 0.12

정답 93. ② 94. ③ 95. ③ 96. ③

해설 옥측 전선로(KEC 221.2)－시설 장소별 조영재 사이의 이격 거리

시설 장소	전선 상호 간의 간격		전선과 조영재 사이의 이격 거리	
	사용 전압 400[V] 이하	사용 전압 400[V] 초과	사용 전압 400[V] 이하	사용 전압 400[V] 초과
비나 이슬에 젖지 않는 장소	0.06[m]	0.06[m]	0.025[m]	0.025[m]
비나 이슬에 젖는 장소	0.06[m]	0.12[m]	0.025[m]	0.045[m]

97 지중 전선로는 기설 지중 약전류 전선로에 대하여 통신상의 장해를 주지 않도록 기설 약전류 전선로로부터 충분히 이격시키거나 기타 적당한 방법으로 시설하여야 한다. 이 때 통신상의 장해가 발생하는 원인으로 옳은 것은?

① 충전 전류 또는 표피 작용
② 충전 전류 또는 유도 작용
③ 누설 전류 또는 표피 작용
④ 누설 전류 또는 유도 작용

해설 지중 약전류 전선의 유도 장해 방지(KEC 334.5)
지중 전선로는 기설 지중 약전류 전선로에 대하여 누설 전류 또는 유도 작용에 의하여 통신상의 장해를 주지 않도록 기설 약전류 전선로로부터 충분히 이격시키거나 기타 적당한 방법으로 시설하여야 한다.

98 
최대 사용 전압이 10.5[kV]를 초과하는 교류의 회전기 절연 내력을 시험하고자 한다. 이때 시험 전압은 최대 사용 전압의 몇 배의 전압으로 하여야 하는가? (단, 회전 변류기는 제외한다.)

① 1　② 1.1
③ 1.25　④ 1.5

해설 회전기 및 정류기의 절연 내력(KEC 133)

회전기 종류		시험 전압
발전기·전동기·조상기	최대 사용 전압 7[kV] 이하	최대 사용 전압의 1.5배의 전압
	최대 사용 전압 7[kV] 초과	최대 사용 전압의 1.25배의 전압

99 
폭연성 분진 또는 화약류의 분말에 전기 설비가 발화원이 되어 폭발할 우려가 있는 곳에 시설하는 저압 옥내 배선의 공사 방법으로 옳은 것은? (단, 사용 전압이 400[V] 초과인 방전등을 제외한 경우이다.)

① 금속관 공사
② 애자 사용 공사
③ 합성 수지관 공사
④ 캡타이어 케이블 공사

해설 폭연성 분진 위험 장소(KEC 242.2.1)
폭연성 분진 또는 화약류의 분말이 전기 설비가 발화원이 되어 폭발할 우려가 있는 곳에 시설하는 저압 옥내 전기 설비는 금속관 공사 또는 케이블 공사(캡타이어 케이블 제외)에 의할 것

100 과전류 차단기로 저압 전로에 사용하는 범용의 퓨즈(「전기 용품 및 생활 용품 안전관리법」에서 규정하는 것을 제외한다)의 정격 전류가 16[A]인 경우 용단 전류는 정격 전류의 몇 배인가? [단, 퓨즈(gG)인 경우이다.]

① 1.25　② 1.5
③ 1.6　④ 1.9

해설 보호 장치의 특성(KEC 212.3.4)－퓨즈의 용단 특성

정격 전류의 구분	시간	정격 전류의 배수	
		불용단 전류	용단 전류
4[A] 이하	60분	1.5배	2.1배
4[A] 초과 16[A] 미만	60분	1.5배	1.9배
16[A] 이상 63[A] 이하	60분	1.25배	1.6배
63[A] 초과 160[A] 이하	120분	1.25배	1.6배
160[A] 초과 400[A] 이하	180분	1.25배	1.6배
400[A] 초과	240분	1.25배	1.6배

정답 97. ④ 98. ③ 99. ① 100. ③

2022. 8. 14. 시행

2022년 제3회 CBT 기출복원문제

제1과목 전기자기학

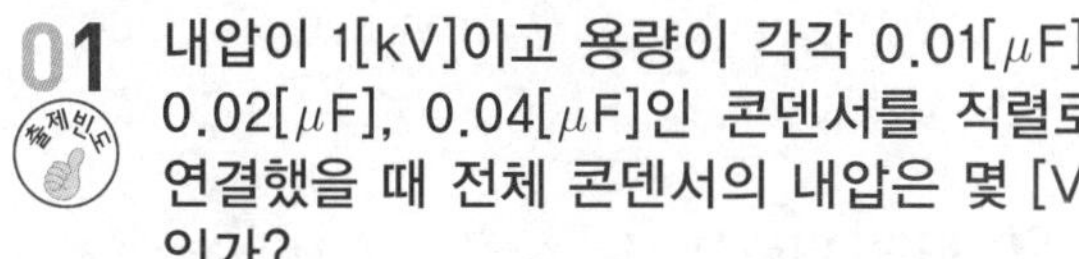

01 내압이 1[kV]이고 용량이 각각 0.01[μF], 0.02[μF], 0.04[μF]인 콘덴서를 직렬로 연결했을 때 전체 콘덴서의 내압은 몇 [V]인가?

① 1,750 ② 2,000
③ 3,500 ④ 4,000

해설 각 콘덴서에 가해지는 전압을 V_1, V_2, V_3[V]라 하면

$$V_1 : V_2 : V_3 = \frac{1}{0.01} : \frac{1}{0.02} : \frac{1}{0.04} = 4 : 2 : 1$$

$\therefore\ V_1 = 1{,}000[\text{V}]$

$V_2 = 1{,}000 \times \frac{2}{4} = 500[\text{V}]$

$V_3 = 1{,}000 \times \frac{1}{4} = 250[\text{V}]$

∴ 전체 내압 : $V = V_1 + V_2 + V_3 = 1{,}000 + 500 + 250 = 1{,}750[\text{V}]$

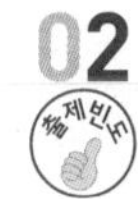

02 두 개의 길고 직선인 도체가 평행으로 그림과 같이 위치하고 있다. 각 도체에는 10[A]의 전류가 같은 방향으로 흐르고 있으며, 이격 거리는 0.2[m]일 때 오른쪽 도체의 단위 길이당 힘[N/m]은? (단, a_x, a_z는 단위 벡터이다.)

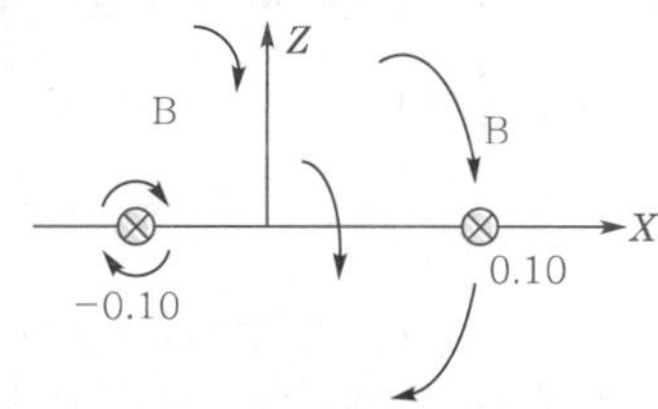

① $10^{-2}(-a_x)$ ② $10^{-4}(-a_x)$
③ $10^{-2}(-a_z)$ ④ $10^{-4}(-a_z)$

해설 $F = \frac{2I_1I_2}{r} \times 10^{-7}[\text{N/m}]$

$= \frac{2 \times 10 \times 10}{0.2} \times 10^{-7}$

$= 10^{-4}[\text{N/m}]$

전류 방향이 같으므로 흡인력 발생은 $-X$축

03 간격에 비해서 충분히 넓은 평행판 콘덴서의 판 사이에 비유전율 ε_s 인 유전체를 채우고 외부에서 판에 수직 방향으로 전계 E_0를 가할 때, 분극 전하에 의한 전계의 세기는 몇 [V/m]인가?

① $\frac{\varepsilon_s+1}{\varepsilon_s} \times E_0$ ② $\frac{\varepsilon_s-1}{\varepsilon_s} \times E_0$

③ $\frac{\varepsilon_s}{\varepsilon_s+1} \times E_0$ ④ $\frac{\varepsilon_s}{\varepsilon_s-1} \times E_0$

해설 유전체 내의 전계 E는 E_0와 분극 전하에 의한 E'와의 합으로 다음과 같다.

$E = E_0 + E'[\text{V/m}]$

또한, $E = \frac{E_0}{\varepsilon_s}[\text{V/m}]$이므로

$\frac{E_0}{\varepsilon_s} = E_0 + E'$

$\therefore\ E' = E_0\left(\frac{1}{\varepsilon_s} - 1\right) = -E_0\left(\frac{\varepsilon_s - 1}{\varepsilon_s}\right)[\text{V/m}]$

$\therefore\ E' = E_0\left(\frac{\varepsilon_s - 1}{\varepsilon_s}\right)[\text{V/m}]$

04 유전율 ε, 투자율 μ인 매질 내에서 전자파의 속도[m/s]는?

① $\sqrt{\frac{\mu}{\varepsilon}}$ ② $\sqrt{\mu\varepsilon}$

③ $\sqrt{\frac{\varepsilon}{\mu}}$ ④ $\frac{3 \times 10^8}{\sqrt{\varepsilon_s\mu_s}}$

정답 01. ① 02. ② 03. ② 04. ④

해설 $v=\frac{1}{\sqrt{\varepsilon\mu}}$

$=\frac{1}{\sqrt{\varepsilon_0\mu_0}}\cdot\frac{1}{\sqrt{\varepsilon_s\mu_s}}$

$=C_0\frac{1}{\sqrt{\varepsilon_s\mu_s}}=\frac{3\times10^8}{\sqrt{\varepsilon_s\mu_s}}$[m/s]

05
출제빈도

내반경 a[m], 외반경 b[m]인 동축 케이블에서 극간 매질의 도전율이 σ [S/m]일 때, 단위 길이당 이 동축 케이블의 컨덕턴스 [S/m]는?

① $\frac{4\pi\sigma}{\ln\frac{b}{a}}$ ② $\frac{2\pi\sigma}{\ln\frac{b}{a}}$

③ $\frac{\pi\sigma}{\ln\frac{b}{a}}$ ④ $\frac{6\pi\sigma}{\ln\frac{b}{a}}$

해설 동축 케이블의 단위 길이당 정전용량

$C=\frac{2\pi\varepsilon}{\ln\frac{b}{a}}$[F/m]이므로 $RC=\rho\varepsilon$에서

$R=\frac{\rho\varepsilon}{C}=\frac{\rho\varepsilon}{\frac{2\pi}{\ln\frac{b}{a}}}=\frac{\rho}{2\pi}\ln\frac{b}{a}=\frac{1}{2\pi\sigma}\ln\frac{b}{a}$[Ω/m]

$\therefore G=\frac{1}{R}=\frac{2\pi\sigma}{\ln\frac{b}{a}}$[S/m]

06
출제빈도

유전율 ε_1, ε_2인 두 유전체 경계면에서 전계가 경계면에 수직일 때, 경계면에 작용하는 힘은 몇 [N/m²]인가? (단, $\varepsilon_1 > \varepsilon_2$이다.)

① $\left(\frac{1}{\varepsilon_1}+\frac{1}{\varepsilon_2}\right)D$ ② $2\left(\frac{1}{\varepsilon_1^{\,2}}+\frac{1}{\varepsilon_2^{\,2}}\right)D^2$

③ $\frac{1}{2}\left(\frac{1}{\varepsilon_2}-\frac{1}{\varepsilon_1}\right)D$ ④ $\frac{1}{2}\left(\frac{1}{\varepsilon_2}-\frac{1}{\varepsilon_1}\right)D^2$

해설 전계가 수직으로 입사 시 경계면 양측에서 전속밀도가 같다.

$D_1=D_2=D$

$\therefore f=\frac{1}{2}E_2D_2-\frac{1}{2}E_1D_1$

$=\frac{1}{2}(E_2-E_1)D$

$=\frac{1}{2}\left(\frac{1}{\varepsilon_2}-\frac{1}{\varepsilon_1}\right)D^2$[N/m²]

07

벡터 퍼텐셜 $A=3x^2ya_x+2xa_y-z^3a_z$ [Wb/m]일 때의 자계의 세기 H[A/m]는? (단, μ는 투자율이라 한다.)

① $\frac{1}{\mu}(2-3x^2)a_y$

② $\frac{1}{\mu}(3-2x^2)a_y$

③ $\frac{1}{\mu}(2-3x^2)a_z$

④ $\frac{1}{\mu}(3-2x^2)a_z$

해설 $B=\mu H=\text{rot}A=\nabla\times A$($A$는 벡터 퍼텐셜, H는 자계의 세기)

$\therefore H=\frac{1}{\mu}(\nabla\times A)$

$$\nabla\times A=\begin{vmatrix} a_x & a_y & a_z \\ \frac{\partial}{\partial x} & \frac{\partial}{\partial y} & \frac{\partial}{\partial z} \\ 3x^2y & 2x & -z^3\end{vmatrix}=(2-3x^2)a_z$$

∵ 자계의 세기 $H=\frac{1}{\mu}(2-3x^2)a_z$

08

전위 경도 V와 전계 E의 관계식은?

① $E=\text{grad}\,V$ ② $E=\text{div}\,V$

③ $E=-\text{grad}\,V$ ④ $E=-\text{div}\,V$

해설 전계의 세기 $E=-\text{grad}V=-\nabla V$[V/m]

전위 경도는 전계의 세기와 크기는 같고, 방향은 반대이다.

정답 05. ② 06. ④ 07. ③ 08. ③

09 2[C]의 점전하가 전계 $E=2a_x+a_y-4a_z$ [V/m] 및 자계 $B=-2a_x+2a_y-a_z$[Wb/m²] 내에서 $v=4a_x-a_y-2a_z$[m/s]의 속도로 운동하고 있을 때, 점전하에 작용하는 힘 F는 몇 [N]인가?

① $-14a_x+18a_y+6a_z$
② $14a_x-18a_y-6a_z$
③ $-14a_x+18a_y+4a_z$
④ $14a_x+18a_y+4a_z$

해설 $F=q(E+v\times B)$

$$=2(2a_x+a_y-4a_z)+2(4a_x-a_y-2a_z)\times(-2a_x+2a_y-a_z)$$

$$=2(2a_x+a_y-4a_z)+2\begin{vmatrix} a_x & a_y & a_z \\ 4 & -1 & -2 \\ -2 & 2 & -1 \end{vmatrix}$$

$$=2(2a_x+a_y-4a_z)+2(5a_x+8a_y+6a_z)$$

$$=14a_x+18a_y+4a_z\ [\mathrm{N}]$$

10 그림과 같이 반지름 10[cm]인 반원과 그 양단으로부터 직선으로 된 도선에 10[A]의 전류가 흐를 때, 중심 0에서의 자계의 세기와 방향은?

R, R=10[cm], I=10[A], 0

① 2.5[AT/m], 방향 ⊙
② 25[AT/m], 방향 ⊙
③ 2.5[AT/m], 방향 ⊗
④ 25[AT/m], 방향 ⊗

해설 반원의 자계의 세기

$$H=\frac{I}{2R}\times\frac{1}{2}=\frac{I}{4R}\,[\mathrm{AT/m}]$$

앙페르의 오른 나사 법칙에 의해 들어가는 방향(⊗)으로 자계가 형성된다.

$$\therefore\ H=\frac{10}{4\times10\times10^{-2}}=25\,[\mathrm{AT/m}]$$

11 일반적인 전자계에서 성립되는 기본 방정식이 아닌 것은? (단, i는 전류 밀도, ρ는 공간 전하 밀도이다.)

① $\nabla\times H=i+\dfrac{\partial D}{\partial t}$
② $\nabla\times E=-\dfrac{\partial B}{\partial t}$
③ $\nabla\cdot D=\rho$
④ $\nabla\cdot B=\mu H$

해설 맥스웰의 전자계 기초 방정식

- $\mathrm{rot}\,E=\nabla\times E=-\dfrac{\partial B}{\partial t}=-\mu\dfrac{\partial H}{\partial t}$ (패러데이 전자 유도 법칙의 미분형)
- $\mathrm{rot}\,H=\nabla\times H=i+\dfrac{\partial D}{\partial t}$ (앙페르 주회 적분 법칙의 미분형)
- $\mathrm{div}\,D=\nabla\cdot D=\rho$ (정전계 가우스 정리의 미분형)
- $\mathrm{div}\,B=\nabla\cdot B=0$ (정자계 가우스 정리의 미분형)

12 자성체 3×4×20[cm³]가 자속 밀도 $B=$ 130[mT]로 자화되었을 때 자기 모멘트가 48[A · m²]였다면 자화의 세기(M)는 몇 [A/m]인가?

① 10^4
② 10^5
③ 2×10^4
④ 2×10^5

해설 자화의 세기(M)는 자성체에서 단위 체적당의 자기 모멘트이다.

$$\therefore\ M=\frac{\text{자기 모멘트}}{\text{단위 체적}}=\frac{48}{3\times4\times20\times10^{-6}}=2\times10^5\,[\mathrm{A/m}]$$

정답 09. ④ 10. ④ 11. ④ 12. ④

13 그림과 같은 모양의 자화 곡선을 나타내는 자성체 막대를 충분히 강한 평등 자계 중에서 매분 3,000회 회전시킬 때 자성체는 단위 체적당 매초 약 몇 [kcal/s]의 열이 발생하는가? (단, $B_r = 2$[Wb/m^2], $H_c = 500$[AT/m], $B = \mu H$에서 μ는 일정하지 않다.)

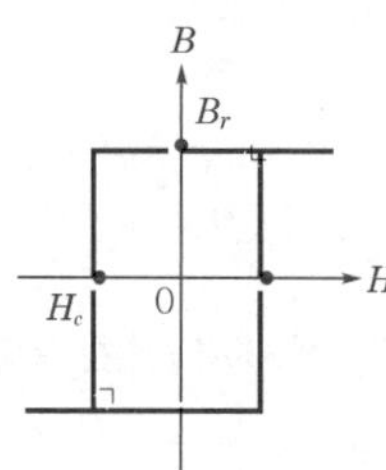

① 11.7 ② 47.6
③ 70.2 ④ 200

해설 체적당 전력=히스테리시스 곡선의 면적

$P_h = 4H_cB_r = 4\times500\times2 = 4{,}000$[W/m^3]

$\therefore\ H = 0.24\times4{,}000\times\dfrac{3{,}000}{60}\times10^{-3}$

$= 48$[kcal/s]

14 접지된 구도체와 점전하 간에 작용하는 힘은?

① 항상 흡인력이다.
② 항상 반발력이다.
③ 조건적 흡인력이다.
④ 조건적 반발력이다.

해설 점전하가 Q[C]일 때

접지 구도체의 영상 전하 $Q' = -\dfrac{a}{d}Q$[C]이므로

항상 흡인력이 작용한다.

15 자속 밀도 B[Wb/m^2]의 평등 자계 내에서 길이 l[m]인 도체 ab가 속도 v[m/s]로 그림과 같이 도선을 따라서 자계와 수직으로 이동할 때 도체 ab에 의해 유기된 기전력의 크기 e[V]와 폐회로 abcd 내 저항 R에 흐르는 전류의 방향은? (단, 폐회로 abcd 내 도선 및 도체의 저항은 무시한다.)

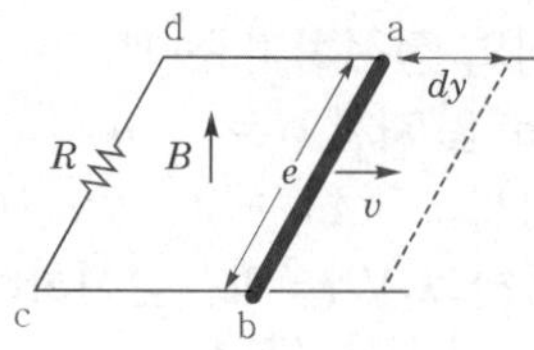

① $e = Blv$, 전류 방향 : c → d
② $e = Blv$, 전류 방향 : d → c
③ $e = Blv^2$, 전류 방향 : c → d
④ $e = Blv^2$, 전류 방향 : d → c

해설 플레밍의 오른손 법칙

유기 기전력 $e = vBl\sin\theta = Blv$[V]

방향 a → b → c → d

16 질량(m)이 10^{-10}[kg]이고, 전하량(Q)이 10^{-8}[C]인 전하가 전기장에 의해 가속되어 운동하고 있다. 가속도가 $a = 10^2 i + 10^2 j$ [m/s^2]일 때 전기장의 세기 E[V/m]는?

① $E = 10^4 i + 10^5 j$
② $E = i + 10j$
③ $E = i + j$
④ $E = 10^{-6} i + 10^{-4} j$

해설 전기장에 의해 전하량 Q에 작용하는 힘과 가속에 의한 질량 m에 작용하는 힘이 동일하므로

$F = QE = ma$

전기장의 세기 $E = \dfrac{m}{Q}a$

$= \dfrac{10^{-10}}{10^{-8}}\times(10^2 i + 10^2 j)$

$= i + j$[V/m]

17 유전율 ε, 전계의 세기 E인 유전체의 단위 체적에 축적되는 에너지[J/m^3]는?

① $\dfrac{E}{2\varepsilon}$ ② $\dfrac{\varepsilon E}{2}$
③ $\dfrac{\varepsilon E^2}{2}$ ④ $\dfrac{\varepsilon^2 E^2}{2}$

정답 13. ② 14. ① 15. ① 16. ③ 17. ③

해설 단위 체적당 에너지 밀도

단위 전위차를 가진 부분을 Δl, 단면적을 ΔS라 하면

$$W = \frac{1}{2}\frac{1}{\Delta l \Delta S}$$
$$= \frac{1}{2}E \cdot D(D = \varepsilon E)$$
$$= \frac{1}{2}\frac{D^2}{\varepsilon} = \frac{1}{2}\varepsilon E^2\ [\text{J/m}^3]$$

여기서, $\frac{1}{\Delta l}$: 전위 경도

$\frac{1}{\Delta S}$: 패러데이관의 밀도, 즉 전속 밀도

18 다음 그림과 같은 직사각형의 평면 코일이 $B = \frac{0.05}{\sqrt{2}}(a_x + a_y)$[Wb/m²]인 자계에 위치하고 있다. 이 코일에 흐르는 전류가 5[A]일 때 z축에 있는 코일에서의 토크는 약 몇 [N·m]인가?

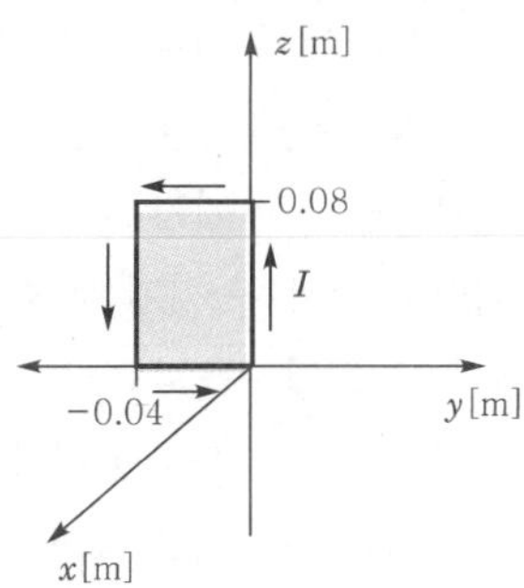

① $2.66 \times 10^{-4} a_x$ ② $5.66 \times 10^{-4} a_x$

③ $2.66 \times 10^{-4} a_z$ ④ $5.66 \times 10^{-4} a_z$

해설 자속 밀도 $B = \frac{0.05}{\sqrt{2}}(a_x + a_y)$

$= 0.035a_x + 0.035a_y [\text{Wb/m}^2]$

면 벡터 $S = 0.04 \times 0.08 a_x = 0.0032 a_x [\text{m}^2]$

토크 $T = (S \times B)I$

$$= 5 \times \begin{vmatrix} a_x & a_y & a_z \\ 0.0032 & 0 & 0 \\ 0.035 & 0.035 & 0 \end{vmatrix}$$
$$= 5 \times (0.035 \times 0.0032) a_z$$
$$= 5.66 \times 10^{-4} a_z [\text{N} \cdot \text{m}]$$

19 그림과 같이 균일하게 도선을 감은 권수 N, 단면적 S[m²], 평균 길이 l[m]인 공심의 환상 솔레노이드에 I[A]의 전류를 흘렸을 때 자기 인덕턴스 L[H]의 값은?

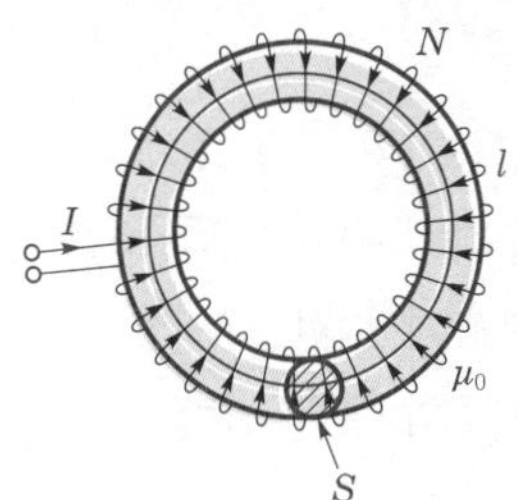

① $L = \frac{4\pi N^2 S}{l} \times 10^{-5}$

② $L = \frac{4\pi N^2 S}{l} \times 10^{-6}$

③ $L = \frac{4\pi N^2 S}{l} \times 10^{-7}$

④ $L = \frac{4\pi N^2 S}{l} \times 10^{-8}$

해설 자기 인덕턴스 $L = \frac{\mu_0 N^2 S}{l} = \frac{4\pi \times 10^{-7} N^2 S}{l}$[H]

20 간격이 3[cm]이고 면적이 30[cm²]인 평판의 공기 콘덴서에 220[V]의 전압을 가하면 두 판 사이에 작용하는 힘은 약 몇 [N]인가?

① 6.3×10^{-6}

② 7.14×10^{-7}

③ 8×10^{-5}

④ 5.75×10^{-4}

해설 정전 응력 $f = \frac{1}{2}\varepsilon_0 E^2 = \frac{1}{2}\varepsilon_0\left(\frac{v}{d}\right)^2$[N/m]

힘 $F = fs$

$$= \frac{1}{2} \times 8.855 \times 10^{-12} \times \left(\frac{220}{3 \times 10^{-2}}\right)^2 \times 30 \times 10^{-4}$$
$$= 7.14 \times 10^{-7}[\text{N}]$$

정답 18. ④ 19. ③ 20. ②

제2과목 전력공학

21 전력 계통의 전압을 조정하는 가장 보편적인 방법은?

① 발전기의 유효 전력 조정
② 부하의 유효 전력 조정
③ 계통의 주파수 조정
④ 계통의 무효 전력 조정

해설 전력 계통의 전압 조정은 계통의 무효 전력을 흡수하는 커패시터나 리액터를 사용하여야 한다.

22 가공 지선의 설치 목적이 아닌 것은?

① 전압 강하의 방지
② 직격뢰에 대한 차폐
③ 유도뢰에 대한 정전 차폐
④ 통신선에 대한 전자 유도 장해 경감

해설 가공 지선의 설치 목적은 뇌격으로부터 전선과 기기 등을 보호하고, 유도 장해를 경감시킨다.

23 수력 발전소에서 사용되고, 횡축에 1년 365일을, 종축에 유량을 표시하는 유황 곡선이란 어떤 것인가?

① 유량이 적은 것부터 순차적으로 배열하여 이들 점을 연결한 것이다.
② 유량이 큰 것부터 순차적으로 배열하여 이들 점을 연결한 것이다.
③ 유량의 월별 평균값을 구하여 선으로 연결한 것이다.
④ 각 월에 가장 큰 유량만을 선으로 연결한 것이다.

해설 **유황 곡선**
유량도를 기초로 하여 가로축에 일수, 세로축에 유량을 취하여 큰 것부터 차례대로 1년분을 배열한 곡선으로 갈수량, 저수량, 평수량, 풍수량 및 유출량과 특정 유량으로 발전 가능 일수를 알 수 있다.

24 정전 용량이 0.5[μF/km], 선로 길이 20[km], 전압 20[kV], 주파수 60[Hz]인 1회선의 3상 송전 선로의 무부하 충전 용량은 약 몇 [kVA]인가?

① 1,412　　② 1,508
③ 1,725　　④ 1,904

해설 충전 용량 $Q_c = \omega C V^2$

$$Q_c = 2\pi \times 60 \times 0.5 \times 10^{-6} \times 20 \times (20 \times 10^3)^2 \times 10^{-3}$$
$$= 1{,}508[\text{kVA}]$$

25 154[kV] 송전 계통의 뇌에 대한 보호에서 절연 강도의 순서가 가장 경제적이고 합리적인 것은?

① 피뢰기 → 변압기 코일 → 기기 부싱 → 결합 콘덴서 → 선로 애자
② 변압기 코일 → 결합 콘덴서 → 피뢰기 → 선로 애자 → 기기 부싱
③ 결합 콘덴서 → 기기 부싱 → 선로 애자 → 변압기 코일 → 피뢰기
④ 기기 부싱 → 결합 콘덴서 → 변압기 코일 → 피뢰기 → 선로 애자

해설 절연 협조는 피뢰기의 제1보호 대상을 변압기로 하고, 가장 높은 기준 충격 절연 강도(BIL)는 선로 애자이다. 그러므로 선로 애자 > 기타 설비 > 변압기 > 피뢰기 순으로 한다.

26 송전단 전압을 V_s, 수전단 전압을 V_r, 선로의 리액턴스를 X라 할 때 정상 시의 최대 송전 전력의 개략적인 값은?

① $\dfrac{V_s - V_r}{X}$　　② $\dfrac{{V_s}^2 - {V_r}^2}{X}$
③ $\dfrac{V_s(V_s - V_r)}{X}$　　④ $\dfrac{V_s \cdot V_r}{X}$

정답 21. ④ 22. ① 23. ② 24. ② 25. ① 26. ④

해설 송전 용량 $P_s = \dfrac{V_s \cdot V_r}{X} \sin\delta$[MW]

최대 송전 전력 $P_s = \dfrac{V_s \cdot V_r}{X}$[MW]

27 유효 낙차 100[m], 최대 사용 수량 20[m³/s], 수차 효율 70[%]인 수력 발전소의 연간 발전 전력량은 약 몇 [kWh]인가? (단, 발전기의 효율은 85[%]라고 한다.)

① 2.5×10^7 ② 5×10^7
③ 10×10^7 ④ 20×10^7

해설 연간 발전 전력량 $W = P \cdot T$[kWh]

$W = P \cdot T = 9.8HQ\eta \cdot T$
$= 9.8 \times 100 \times 20 \times 0.7 \times 0.85 \times 365 \times 24$
$= 10.2 \times 10^7$[kWh]

28 동기 조상기에 대한 설명으로 틀린 것은?

① 시송전이 불가능하다.
② 전압 조정이 연속적이다.
③ 중부하 시에는 과여자로 운전하여 앞선 전류를 취한다.
④ 경부하 시에는 부족 여자로 운전하여 뒤진 전류를 취한다.

해설 동기 조상기는 경부하 시 부족 여자로 지상을, 중부하 시 과여자로 진상을 취하는 것으로, 연속적 조정 및 시송전이 가능하지만 손실이 크고, 시설비가 고가이므로 송전 계통에서 전압 조정용으로 이용된다.

29 송전 계통의 안정도를 향상시키는 방법이 아닌 것은?

① 직렬 리액턴스를 증가시킨다.
② 전압 변동률을 적게 한다.
③ 고장 시간, 고장 전류를 적게 한다.
④ 동기기 간의 임피던스를 감소시킨다.

해설 계통 안정도 향상 대책 중에서 직렬 리액턴스는 송·수전 전력과 반비례하므로 크게 하면 안 된다.

30 3상용 차단기의 정격 전압은 170[kV]이고, 정격 차단 전류가 50[kA]일 때 차단기의 정격 차단 용량은 약 몇 [MVA]인가?

① 5,000 ② 10,000
③ 15,000 ④ 20,000

해설 정격 차단 용량

P_s[MVA]$= \sqrt{3} \times 170 \times 50 = 14{,}722$
$\fallingdotseq 15{,}000$[MVA]

31 3상 동기 발전기 단자에서의 고장 전류 계산 시 영상 전류 I_0, 정상 전류 I_1과 역상 전류 I_2가 같은 경우는?

① 1선 지락 고장 ② 2선 지락 고장
③ 선간 단락 고장 ④ 3상 단락 고장

해설 영상 전류, 정상 전류, 역상 전류가 같은 경우의 사고는 1선 지락 고장인 경우이다.

32 비접지 계통의 지락 사고 시 계전기에 영상 전류를 공급하기 위하여 설치하는 기기는?

① PT ② CT
③ ZCT ④ GPT

해설
• ZCT : 지락 사고가 발생하면 영상 전류를 검출하여 계전기에 공급한다.
• GPT : 지락 사고가 발생하면 영상 전압을 검출하여 계전기에 공급한다.

33 비접지 방식을 직접 접지 방식과 비교한 것 중 옳지 않은 것은?

① 전자 유도 장해가 경감된다.
② 지락 전류가 작다.
③ 보호 계전기의 동작이 확실하다.
④ △결선을 하여 영상 전류를 흘릴 수 있다.

정답 27. ③ 28. ① 29. ① 30. ③ 31. ① 32. ③ 33. ③

해설 비접지 방식은 직접 접지 방식에 비해 보호 계전기 동작이 확실하지 않다.

34 송전 선로에서 역섬락을 방지하기 위하여 가장 필요한 것은?

① 피뢰기를 설치한다.
② 소호각을 설치한다.
③ 가공 지선을 설치한다.
④ 탑각 접지 저항을 적게 한다.

해설 철탑의 전위=탑각 접지 저항×뇌전류이므로 역섬락을 방지하려면 탑각 접지 저항을 줄여 뇌전류에 의한 철탑의 전위를 낮추어야 한다.

35 전력 원선도에서 알 수 없는 것은?

① 전력　② 손실
③ 역률　④ 코로나 손실

해설 사고 시의 과도 안정 극한 전력, 코로나 손실은 전력 원선도에서는 알 수 없다.

36 가공 전선로에 사용되는 애자련 중 전압 부담이 최소인 것은?

① 철탑에 가까운 곳
② 전선에 가까운 곳
③ 철탑으로부터 $\frac{1}{3}$ 길이에 있는 것
④ 중앙에 있는 것

해설 철탑에 사용하는 현수 애자의 전압 부담은 전선 쪽에 가까운 것이 제일 크고, 철탑 쪽에서 $\frac{1}{3}$ 정도 길이에 있는 현수 애자의 전압 부담이 제일 작다.

37 파동 임피던스가 300[Ω]인 가공 송전선 1[km]당의 인덕턴스는 몇 [mH/km]인가? (단, 저항과 누설 컨덕턴스는 무시한다.)

① 0.5　② 1
③ 1.5　④ 2

해설 파동 임피던스

$Z_0 = \sqrt{\frac{L}{C}} = 138\log\frac{D}{r}$ 이므로

$\log\frac{D}{r} = \frac{Z_0}{138} = \frac{300}{138}$

$\therefore\ L = 0.4605\log\frac{D}{r}\,[\text{mH/km}] = 0.4605 \times \frac{300}{138}$

$\fallingdotseq 1[\text{mH/km}]$

38 1선 지락 시에 지락 전류가 가장 작은 송전 계통은?

① 비접지식　② 직접 접지식
③ 저항 접지식　④ 소호 리액터 접지식

해설 소호 리액터 접지식은 $L-C$ 병렬 공진을 이용하므로 지락 전류가 최소로 되어 유도 장해가 적고, 고장 중에도 계속적인 송전이 가능하고, 고장이 스스로 복구될 수 있어 과도 안정도가 좋지만 보호 장치의 동작이 불확실하다.

39 일반적으로 화력 발전소에서 적용하고 있는 열 사이클 중 가장 열효율이 좋은 것은?

① 재생 사이클　② 랭킨 사이클
③ 재열 사이클　④ 재생·재열 사이클

해설 화력 발전소에서 열 사이클 중 재생·재열 사이클이 가장 효율이 좋다.

40 SF_6 가스 차단기에 대한 설명으로 옳지 않은 것은?

① 공기에 비하여 소호 능력이 약 100배 정도 된다.
② 절연 거리를 적게 할 수 있어 차단기 전체를 소형, 경량화할 수 있다.
③ SF_6 가스를 이용한 것으로서 독성이 있으므로 취급에 유의하여야 한다.
④ SF_6 가스 자체는 불활성 기체이다.

해설 SF_6 가스는 유독 가스가 발생하지 않는다.

정답 34. ④ 35. ④ 36. ③ 37. ② 38. ④ 39. ④ 40. ③

제3과목 전기기기

41 일정 전압 및 일정 파형에서 주파수가 상승하면 변압기 철손은 어떻게 변하는가?

① 증가한다.
② 감소한다.
③ 불변이다.
④ 증가와 감소를 반복한다.

해설 공급 전압이 일정한 상태에서 와전류손은 주파수와 관계없이 일정하고, 히스테리시스손은 주파수에 반비례하므로 철손의 80[%]가 히스테리시스손인 관계로 철손은 주파수에 반비례한다.

42 3상 동기기에서 단자 전압 V, 내부 유기 전압 E, 부하각이 δ일 때, 한 상의 출력은 어떻게 표시하는가? (단, 전기자 저항은 무시하며, 누설 리액턴스는 x_s 이다.)

① $\dfrac{EV}{{x_s}^2}\sin\delta$　② $\dfrac{EV}{x_s}\cos\delta$

③ $\dfrac{EV}{x_s}\sin\delta$　④ $\dfrac{EV^2}{x_s}\cos\delta$

해설

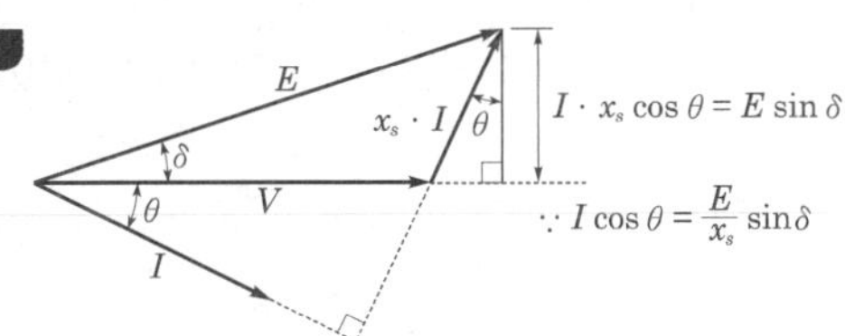

1상 출력 $P_1 = VI\cos\theta = \dfrac{EV}{x_s}\sin\delta$ [W]

43 30[kVA], 3,300/200[V], 60[Hz]의 3상 변압기 2차측에 3상 단락이 생겼을 경우 단락 전류는 약 몇 [A]인가? (단, %임피던스 전압은 3[%]이다.)

① 2,250　② 2,620
③ 2,730　④ 2,886

해설 퍼센트 임피던스 강하

$$\%Z = \frac{I_{1n}}{I_{1s}}\times 100 = \frac{I_{2n}}{I_{2s}}\times 100$$

단락 2차 전류

$$I_{2s} = \frac{100}{\%Z}\cdot I_{2n} = \frac{100}{3}\times\frac{30\times 10^3}{\sqrt{3}\times 200} = 2{,}886.8[\text{A}]$$

44 자극수 p, 파권, 전기자 도체수가 Z인 직류 발전기를 N[rpm]의 회전 속도로 무부하 운전할 때 기전력이 E[V]이다. 1극당 주자속[Wb]은?

① $\dfrac{120E}{pZN}$　② $\dfrac{120Z}{pEN}$

③ $\dfrac{120ZN}{pE}$　④ $\dfrac{120pZ}{EN}$

해설 직류 발전기의 유기 기전력 $E = \dfrac{Z}{a}p\phi\dfrac{N}{60}$[V]

병렬 회로수 $a=2$(파권)이므로

극당 자속 $\phi = \dfrac{120E}{ZpN}$[Wb]

45 슬립 s_t에서 최대 토크를 발생하는 3상 유도 전동기에 2차측 한 상의 저항을 r_2라 하면 최대 토크로 기동하기 위한 2차측 한 상에 외부로부터 가해 주어야 할 저항[Ω]은?

① $\dfrac{1-s_t}{s_t}r_2$　② $\dfrac{1+s_t}{s_t}r_2$

③ $\dfrac{r_2}{1-s_t}$　④ $\dfrac{r_2}{s_t}$

해설 최대 토크를 발생할 때의 슬립과 2차 저항을 s_t, r_2, 기동 시의 슬립과 외부에서 연결 저항을 s_s, R이라 하면

$$\frac{r_2}{s_t} = \frac{r_2+R}{s_s}$$

기동 시 $s_s=1$이므로 $\dfrac{r_2}{s_t} = \dfrac{r_2+R}{1}$

$$\therefore R = \frac{r_2}{s_t} - r_2 = \left(\frac{1}{s_t}-1\right)r_2 = \left(\frac{1-s_t}{s_t}\right)r_2\ [\Omega]$$

정답 41. ② 42. ③ 43. ④ 44. ① 45. ①

46 단상 변압기에 정현파 유기 기전력을 유기하기 위한 여자 전류의 파형은?

① 정현파 ② 삼각파
③ 왜형파 ④ 구형파

해설 전압을 유기하는 자속은 정현파이지만 자속을 만드는 여자 전류는 자로를 구성하는 철심의 포화와 히스테리시스 현상 때문에 일그러져 첨두파(=왜형파)가 된다.

47 10,000[kVA], 6,000[V], 60[Hz], 24극, 단락비 1.2인 3상 동기 발전기의 동기 임피던스[Ω]는?

출제빈도

① 1 ② 3
③ 10 ④ 30

해설 동기 발전기의 단위법 % 동기 임피던스

$Z_s' = \dfrac{PZ_s}{10^3 V^2}$

단락비 $K_s = \dfrac{1}{Z_s'} = \dfrac{10^3 V^2}{PZ_s}$ 에서

동기 임피던스 $Z_s = \dfrac{10^3 V^2}{PK_s}$

$= \dfrac{10^3 \times 6^2}{10{,}000 \times 1.2} = 3[\Omega]$

48 권선형 유도 전동기의 전부하 운전 시 슬립이 4[%]이고 2차 정격 전압이 150[V]이면 2차 유도 기전력은 몇 [V]인가?

출제빈도

① 9 ② 8
③ 7 ④ 6

해설 유도 전동기의 슬립 s로 운전 시 2차 유도 기전력

$E_{2s} = sE_2 = 0.04 \times 150 = 6[\mathrm{V}]$

49 스테핑 모터에 대한 설명 중 틀린 것은?

① 회전 속도는 스테핑 주파수에 반비례한다.
② 총 회전 각도는 스텝각과 스텝수의 곱이다.
③ 분해능은 스텝각에 반비례한다.
④ 펄스 구동 방식의 전동기이다.

해설 스테핑 모터(stepping motor)

아주 정밀한 펄스 구동 방식의 전동기

- 분해능(resolution) : $\dfrac{360°}{\beta}$
- 총 회전 각도 : $\theta = \beta \times$ 스텝수
- 회전 속도(축속도) : $n = \dfrac{\beta \times f_p}{360°}$

여기서, β : 스텝각(deg/pulse)
f_p : 스테핑 주파수(pulse/s)

50 극수 6, 회전수 1,200[rpm]의 교류 발전기와 병렬 운전하는 극수 8의 교류 발전기의 회전수[rpm]는?

출제빈도

① 600 ② 750
③ 900 ④ 1,200

해설 동기 속도(N_s)$= \dfrac{120f}{P}$[rpm]

$f = \dfrac{N_s \cdot P}{120} = \dfrac{6 \times 1{,}200}{120} = 60[\mathrm{Hz}]$

$\therefore N_s = \dfrac{120 \times 60}{8} = 900[\mathrm{rpm}]$

51 그림과 같은 단상 브리지 정류 회로(혼합 브리지)에서 직류 평균 전압[V]은? (단, E는 교류측 실효치 전압, α는 점호 제어각이다.)

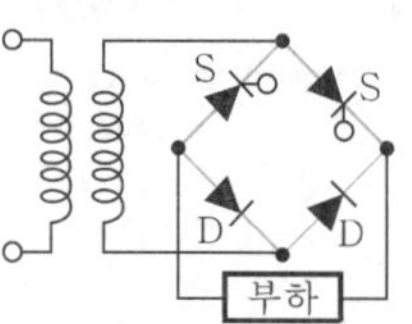

① $\dfrac{2\sqrt{2}E}{\pi}\left(\dfrac{1+\cos\alpha}{2}\right)$

② $\dfrac{\sqrt{2}E}{\pi}\left(\dfrac{1+\cos\alpha}{2}\right)$

③ $\dfrac{2\sqrt{2}E}{\pi}\left(\dfrac{1-\cos\alpha}{2}\right)$

④ $\dfrac{\sqrt{2}E}{\pi}\left(\dfrac{1-\cos\alpha}{2}\right)$

정답 46. ③ 47. ② 48. ④ 49. ① 50. ③ 51. ①

해설 SCR을 사용한 단상 브리지 정류에서 점호 제어각이 α일 때 직류 평균 전압($E_{d\alpha}$)

$$E_{d\alpha}=\frac{1}{\pi}\int_{\alpha}^{\pi}\sqrt{2}\,E\sin\theta\cdot d\theta=\frac{\sqrt{2}\,E}{\pi}(1+\cos\alpha)$$
$$=\frac{2\sqrt{2}\,E}{\pi}\left(\frac{1+\cos\alpha}{2}\right)[\text{V}]$$

52 3상 유도 전동기의 출력 15[kW], 60[Hz], 4극, 전부하 운전 시 슬립(slip)이 4[%]라면 이때의 2차(회전자)측 동손[kW] 및 2차 입력[kW]은?

① 0.4, 136
② 0.625, 15.6
③ 0.06, 156
④ 0.8, 13.6

해설 2차 입력 $P_2=\dfrac{P}{1-s}$[kW],

2차 동손 $P_{2c}=sP_2$[kW]

$P_2 : P_o : P_{c2}=1 : 1-s : s$에서

$P_o=(1-s)P_2$

$\therefore\ P_2=\dfrac{P_o}{1-s}=\dfrac{15}{1-0.04}=15.625$[kW]

[기계적 출력 $P_o=P$(정격 출력)+기계손≒ P]

$\therefore\ P_{2c}=s\cdot P_2$

$=0.04\times15.625=0.625$[kW]

53 변압기의 3상 전원에서 2상 전원을 얻고자 할 때 사용하는 결선은?

① 스코트 결선
② 포크 결선
③ 2중 델타 결선
④ 대각 결선

해설 변압기의 상(phase)수 변환에서 3상을 2상으로 변환하는 방법은 다음과 같다.
- 스코트(scott) 결선
- 메이어(meyer) 결선
- 우드 브리지(wood bridge) 결선

54 다음 직류 전동기 중에서 속도 변동률이 가장 큰 것은?

① 직권 전동기 ② 분권 전동기
③ 차동 복권 전동기 ④ 가동 복권 전동기

해설 직류 직권 전동기 $I=I_f=I_a$

회전 속도 $N=K\dfrac{V-I_a(R_a+r_f)}{\phi}\propto\dfrac{1}{\phi}\propto\dfrac{1}{I}$이므로 부하가 변화하면 속도 변동률이 가장 크다.

55 2방향성 3단자 사이리스터는 어느 것인가?

① SCR ② SSS
③ SCS ④ TRIAC

해설 사이리스터(thyristor)의 SCR은 단일 방향 3단자 소자, SSS는 쌍방향(2방향성) 2단자 소자, SCS는 단일 방향 4단자 소자이며 TRIAC은 2방향성 3단자 소자이다.

56 직류 발전기의 병렬 운전에서 부하 분담의 방법은?

① 계자 전류와 무관하다.
② 계자 전류를 증가시키면 부하 분담은 증가한다.
③ 계자 전류를 감소시키면 부하 분담은 증가한다.
④ 계자 전류를 증가시키면 부하 분담은 감소한다.

해설 단자 전압 $V=E-I_aR_a$가 일정하여야 하므로 계자 전류를 증가시키면 기전력이 증가하게 되고, 따라서 부하 분담 전류(I)도 증가하게 된다.

57 주파수가 일정한 3상 유도 전동기의 전원 전압이 80[%]로 감소하였다면 토크는? (단, 회전수는 일정하다고 가정한다.)

① 64[%]로 감소 ② 80[%]로 감소
③ 89[%]로 감소 ④ 변화 없음

해설 유도 전동기 토크 $T\propto V_1^{\,2}$이므로

$T'=0.8^2T=0.64T$

즉, 64[%]로 감소한다.

정답 52. ② 53. ① 54. ① 55. ④ 56. ② 57. ①

58 3상 직권 정류자 전동기에 중간(직렬) 변압기가 쓰이고 있는 이유가 아닌 것은?

① 정류자 전압의 조정
② 회전자 상수의 감소
③ 경부하 때 속도의 이상 상승 방지
④ 실효 권수비 선정 조정

해설 3상 직권 정류자 전동기의 중간 변압기(또는 직렬 변압기)는 고정자 권선과 회전자 권선 사이에 직렬로 접속된다. 중간 변압기의 사용 목적은 다음과 같다.
- 정류자 전압의 조정
- 회전자 상수의 증가
- 경부하시 속도 이상 상승의 방지
- 실효 권수비의 조정

59 정격 출력이 7.5[kW]의 3상 유도 전동기가 전부하 운전에서 2차 저항손이 300[W]이다. 슬립은 약 몇 [%]인가?

① 3.85　② 4.61
③ 7.51　④ 9.42

해설 $P=7.5[\text{kW}]$, $P_{2c}=300[\text{W}]=0.3[\text{kW}]$이므로

$P_2=P+P_{2c}=7.5+0.3=7.8[\text{kW}]$

$\therefore\ s=\dfrac{P_{2c}}{P_2}=\dfrac{0.3}{7.8}\fallingdotseq 0.0385=3.85[\%]$

60 직류 분권 전동기의 정격 전압이 300[V], 전부하 전기자 전류가 50[A], 전기자 저항이 0.2[Ω]이다. 이 전동기의 기동 전류를 전부하 전류의 120[%]로 제한시키기 위한 기동 저항값은 몇 [Ω]인가?

① 3.5　② 4.8
③ 5.0　④ 5.5

해설 $V=300[\text{V}]$, $I_a=50[\text{A}]$, $R_a=0.2[\Omega]$이므로

$V=E+I_aR_a[\text{V}]$

$R=\dfrac{V-E}{I_a}=\dfrac{300-0}{50\times1.2}=5[\Omega]$

$\therefore\ R_{st}=R-R_a=5-0.2=4.8[\Omega]$

제4과목 회로이론 및 제어공학

61 다음 그림과 같은 제어계가 안정하기 위한 K의 범위는?

출제빈도

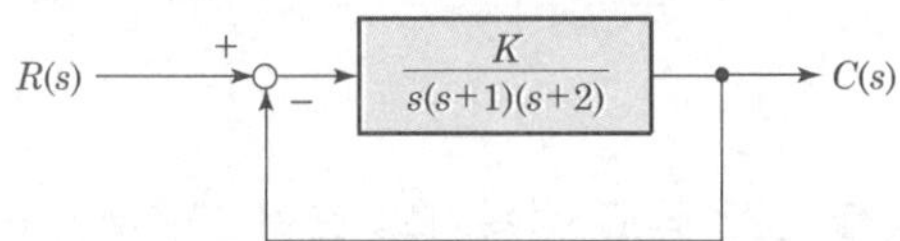

① $K>0$　② $K>6$
③ $0<K<6$　④ $1<K<8$

해설 특성 방정식은

$1+G(s)H(s)=1+\dfrac{K}{s(s+1)(s+2)}=0$

$s(s+1)(s+2)+K=s^3+3s^2+2s+K=0$

라우스의 표

s^3	1	2
s^2	3	K
s^1	$\dfrac{6-K}{3}$	0
s^0	K	

제1열의 부호 변화가 없어야 안정

$\dfrac{6-K}{3}>0,\ K>0$

$\therefore\ 0<K<6$

62 다음 블록 선도의 전체 전달 함수가 1이 되기 위한 조건은?

출제빈도

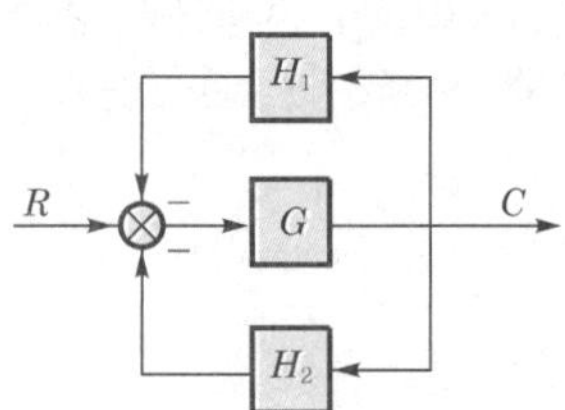

① $G=\dfrac{1}{1-H_1-H_2}$　② $G=\dfrac{1}{1+H_1+H_2}$
③ $G=\dfrac{-1}{1-H_1-H_2}$　④ $G=\dfrac{-1}{1+H_1+H_2}$

정답 58. ② 59. ① 60. ② 61. ③ 62. ①

해설 $(R-CH_1-CH_2)G=C$

$RG=C(1+H_1G+H_2G)$

전체 전달 함수 $\dfrac{C}{R}=\dfrac{G}{1+H_1G+H_2G}$

$\therefore\ 1=\dfrac{G}{1+H_1G+H_2G}$

$G=1+H_1G+H_2G$

$G(1-H_1-H_2)=1$

$G=\dfrac{1}{1-H_1-H_2}$

63 다음 계통의 상태 천이 행렬 $\Phi(t)$를 구하면?

$$\begin{bmatrix}\dot{x}_1\\ \dot{x}_2\end{bmatrix}=\begin{bmatrix}0 & 1\\ -2 & -3\end{bmatrix}\begin{bmatrix}x_1\\ x_2\end{bmatrix}$$

① $\begin{bmatrix}2e^{-t}-e^{2t} & -e^{-t}-e^{-2t}\\ -2e^{-t}+2e^{2t} & -e^{t}+2e^{2t}\end{bmatrix}$

② $\begin{bmatrix}2e^{-t}-e^{2t} & -e^{-t}+e^{-2t}\\ 2e^{t}-2e^{2t} & e^{-t}+2e^{-2t}\end{bmatrix}$

③ $\begin{bmatrix}-2e^{-t}-e^{-2t} & -e^{-t}-e^{-2t}\\ -2e^{-t}+2e^{-2t} & -e^{-t}+2e^{-2t}\end{bmatrix}$

④ $\begin{bmatrix}2e^{-t}-e^{2t} & e^{-t}-e^{-2t}\\ -2e^{-t}+2e^{-2t} & -e^{-t}+2e^{-2t}\end{bmatrix}$

해설 $\Phi(t)=\mathcal{L}^{-1}[sI-A]^{-1}$

$[sI-A]=\begin{bmatrix}s & 0\\ 0 & s\end{bmatrix}-\begin{bmatrix}0 & 1\\ -2 & -3\end{bmatrix}=\begin{bmatrix}s & -1\\ 2 & (s+3)\end{bmatrix}$

$[sI-A]^{-1}=\dfrac{1}{\begin{vmatrix}s & -1\\ 2 & s+3\end{vmatrix}}\begin{bmatrix}s+3 & 1\\ -2 & s\end{bmatrix}$

$=\dfrac{1}{s^2+3s+2}\begin{bmatrix}s+3 & 1\\ -2 & s\end{bmatrix}$

$=\begin{bmatrix}\dfrac{s+3}{(s+1)(s+2)} & \dfrac{1}{(s+1)(s+2)}\\ \dfrac{-2}{(s+1)(s+2)} & \dfrac{s}{(s+1)(s+2)}\end{bmatrix}$

$\therefore\ \Phi(t)=\mathcal{L}^{-1}\{[sI-A]^{-1}\}$

$=\begin{bmatrix}2e^{-t}-e^{-2t} & e^{-t}-e^{-2t}\\ -2e^{-t}+2e^{-2t} & -e^{-t}+2e^{-2t}\end{bmatrix}$

64 $G(s)H(s)=\dfrac{K(s+1)}{s(s+2)(s+3)}$에서 근궤적의 수는?

① 1　② 2

③ 3　④ 4

해설 영점의 개수 $z=1$이고, 극점의 개수 $p=3$이므로 근궤적의 개수는 3개가 된다.

65 $\overline{A}BC+\overline{A}B\overline{C}+A\overline{B}\overline{C}+AB\overline{C}+\overline{A}\overline{B}C+\overline{A}\overline{B}\overline{C}$의 논리식을 간략화하면?

① $A+AC$　② $A+C$

③ $\overline{A}+A\overline{B}$　④ $\overline{A}+A\overline{C}$

해설 $\overline{A}BC+\overline{A}B\overline{C}+A\overline{B}\overline{C}+AB\overline{C}+\overline{A}\overline{B}C+\overline{A}\overline{B}\overline{C}$

$=\overline{A}B(C+\overline{C})+A\overline{C}(\overline{B}+B)+\overline{A}\overline{B}(C+\overline{C})$

$=\overline{A}B+A\overline{C}+\overline{A}\overline{B}$

$=\overline{A}(B+\overline{B})+A\overline{C}$

$=\overline{A}+A\overline{C}$

66 다음과 같은 시스템에 단위 계단 입력 신호가 가해졌을 때 지연 시간에 가장 가까운 값[sec]은?

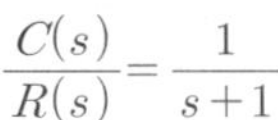

$$\frac{C(s)}{R(s)}=\frac{1}{s+1}$$

① 0.5　② 0.7

③ 0.9　④ 1.2

해설 $C(s)=\dfrac{1}{s+1}\cdot R(s)=\dfrac{1}{s(s+1)}$

$\therefore\ c(t)=\mathcal{L}^{-1}C(s)$

$=\mathcal{L}^{-1}\left(\dfrac{1}{s}-\dfrac{1}{s+1}\right)=1-e^{-t}$

지연 시간 T_d는 응답이 최종값의 50[%]에 도달하는 데 요하는 시간

$0.5=1-e^{-T_d}$, $\dfrac{1}{2}=e^{-T_d}$

$\ln1-\ln2=-T_d$

$\because$ 지연 시간 $T_d=\ln2=0.693\fallingdotseq0.7$[sec]

정답 63. ④ 64. ③ 65. ④ 66. ②

67 $G_{c1}(s)=K$, $G_{c2}(s)=\dfrac{1+0.1s}{1+0.2s}$, $G_p(s)$ $=\dfrac{200}{s(s+1)(s+2)}$ 인 그림과 같은 제어계에 단위 램프 입력을 가할 때, 정상 편차가 0.01이라면 K의 값은?

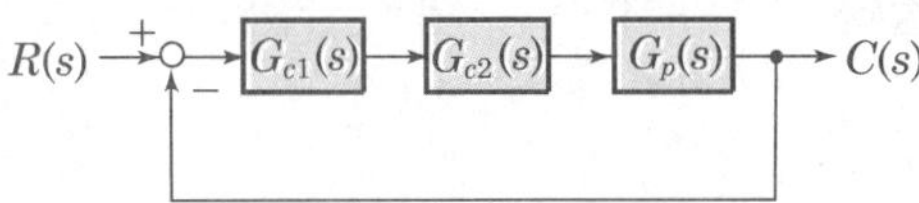

① 0.1 ② 1
③ 10 ④ 100

해설 $e_{ssv}=\dfrac{1}{\lim\limits_{s\to 0} s\,G(s)}=\dfrac{1}{K_v}$

$K_v=\lim\limits_{s\to 0} s\,G(s)$

$=\lim\limits_{s\to 0} s\cdot\dfrac{200K(1+0.1s)}{s(1+0.2s)(s+1)(s+2)}=100K$

정상 편차가 0.01인 경우 K의 값은

$\dfrac{1}{100K}=0.01$

$\therefore K=1$

68 그림과 같은 $R-L-C$ 회로망에서 입력 전압을 $e_i(t)$, 출력량을 $i(t)$로 할 때, 이 요소의 전달 함수는 어느 것인가?

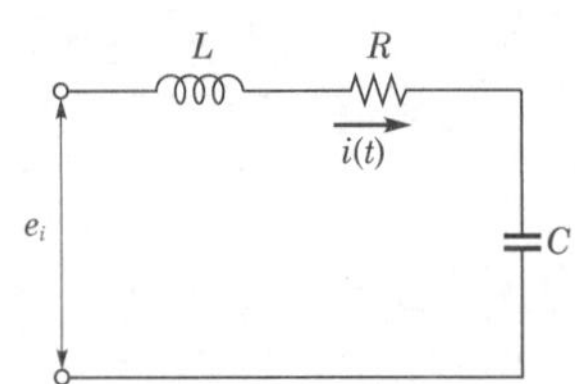

① $\dfrac{Rs}{LCs^2+RCs+1}$ ② $\dfrac{RLs}{LCs^2+RCs+1}$

③ $\dfrac{Ls}{LCs^2+RCs+1}$ ④ $\dfrac{Cs}{LCs^2+RCs+1}$

해설 $\dfrac{I(s)}{E(s)}=Y(s)=\dfrac{1}{Z(s)}=\dfrac{1}{R+Ls+\dfrac{1}{Cs}}$

$=\dfrac{Cs}{LCs^2+RCs+1}$

(전압에 대한 전류의 비이므로 어드미턴스를 구한다.)

69 출제빈도 다음 신호 흐름 선도에서 특성 방정식의 근은 얼마인가? (단, $G_1=s+2$, $G_2=1$, $H_1=H_2=-(s+1)$이다.)

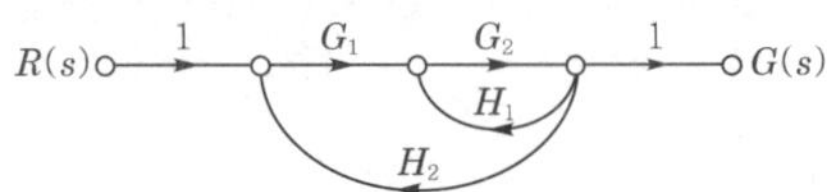

① −2, −2
② −1, −2
③ −1, 2
④ 1, 2

해설

메이슨 공식 $\dfrac{C(s)}{R(s)}=\dfrac{\sum_{k=1}^{n} G_k\Delta k}{\Delta}$

전향 경로 $n=1$

전향 경로 이득 $G_1=G_1G_2=s+2$, $\Delta_1=1$

$\Delta=1-\Sigma L_{n_2}=1-G_2H_1-G_1G_2H_2$

$=1+(s+1)+(s+2)(s+1)=s^2+4s+4$

$\therefore$ 전달 함수 $\dfrac{C(s)}{R(s)}=\dfrac{s+2}{s^2+4s+4}$

특성 방정식은 $s^2+4s+4=0$,

$(s+2)(s+2)=0$

$\because$ 특성 방정식의 근 $s=-2,-2$

70 다음 그림에 대한 논리 게이트는?

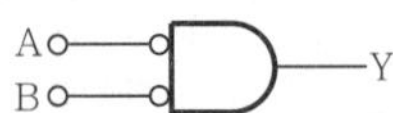

① NOT
② NAND
③ OR
④ NOR

해설 주어진 회로의 논리식 $Y=\overline{A}\cdot\overline{B}$이다.

드모르간의 정리에서 $\overline{A+B}=\overline{A}\cdot\overline{B}$이므로 논리합 부정 회로인 NOR GATE가 된다.

정답 67. ② 68. ④ 69. ① 70. ④

71 다음과 같은 비정현파 기전력 및 전류에 의한 평균 전력을 구하면 몇 [W]인가?

- $v = 100\sin\omega t - 50\sin(3\omega t + 30°) + 20\sin(5\omega t + 45°)$[V]
- $i = 20\sin\omega t + 10\sin(3\omega t - 30°) + 5\sin(5\omega t - 45°)$[A]

① 825
② 875
③ 925
④ 1,175

해설 평균 전력

$$P = V_1 I_1 \cos\theta_1 + V_3 I_3 \cos\theta_3 + V_5 I_5 \cos\theta_5$$
$$= \frac{100}{\sqrt{2}} \cdot \frac{20}{\sqrt{2}}\cos 0° - \frac{50}{\sqrt{2}} \cdot \frac{10}{\sqrt{2}}\cos 60° + \frac{20}{\sqrt{2}} \cdot \frac{5}{\sqrt{2}}\cos 90°$$
$$= 875[\text{W}]$$

72 불평형 전류 $I_a = 400 - j650$[A], $I_b = -230 - j700$[A], $I_c = -150 + j600$[A]일 때 정상분 I_1[A]은?

① $6.66 - j250$
② $-179 - j177$
③ $572 - j223$
④ $223 - j572$

해설 정상 전류

$$I_1 = \frac{1}{3}(I_a + aI_b + a^2 I_c)$$
$$= \frac{1}{3}\left\{(400 - j650) + \left(-\frac{1}{2} + j\frac{\sqrt{3}}{2}\right)(-230 - j700) + \left(-\frac{1}{2} - j\frac{\sqrt{3}}{2}\right)(-150 + j600)\right\}$$
$$= 572 - j223[\text{A}]$$

73 특성 임피던스 400[Ω]의 회로 말단에 1,200[Ω]의 부하가 연결되어 있다. 전원측에 100[kV]의 전압을 인가할 때 전압 반사파의 크기[kV]는? (단, 선로에서의 전압 감쇠는 없는 것으로 간주한다.)

① 50　　② 1
③ 10　　④ 5

해설 반사 전압 $e_2 = \beta e_1$

전압 반사 계수 $\beta = \dfrac{Z_L - Z_0}{Z_L + Z_0} = \dfrac{1{,}200 - 400}{1{,}200 + 400} = \dfrac{1}{2} = 0.5$

$\therefore\ e_2 = 0.5 \times 100 = 50[\text{kV}]$

74 그림과 같은 평형 3상 회로에서 전원 전압이 $V_{ab} = 200$[V]이고 부하 한 상의 임피던스가 $Z = 4 + j3$[Ω]인 경우 전원과 부하 사이의 선전류 I_a는 약 몇 [A]인가?

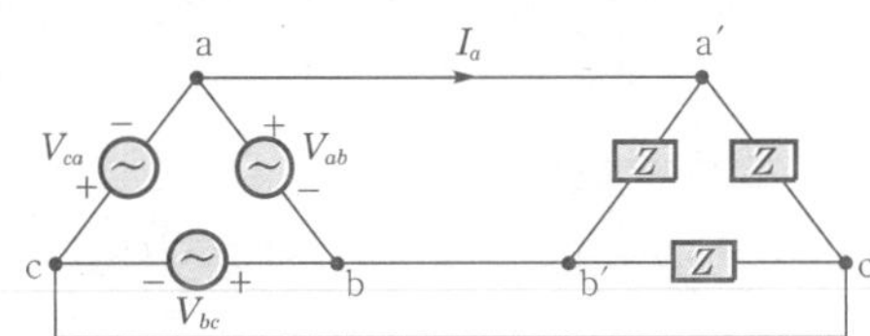

① $40\sqrt{3}\angle 36.87°$
② $40\sqrt{3}\angle -36.87°$
③ $40\sqrt{3}\angle 66.87°$
④ $40\sqrt{3}\angle -66.87°$

해설 △결선이므로 선전류 $I_l = \sqrt{3}\,I_p\angle -30°$, 선간 전압($V_l$)=상전압($V_p$)

$$\therefore\ I_l = I_a = \sqrt{3}\,I_p\angle -30°$$
$$= \sqrt{3}\,\frac{V_p}{Z}\angle -30°$$
$$= \sqrt{3}\,\frac{200}{\sqrt{4^2+3^2}}\angle -30° - \tan^{-1}\frac{3}{4}$$
$$= 40\sqrt{3}\angle -66.87°[\text{A}]$$

정답 71. ② 72. ③ 73. ① 74. ④

75 $e^{-2t}\cos 3t$의 라플라스 변환은?

① $\dfrac{s+2}{(s+2)^2+3^2}$　② $\dfrac{s-2}{(s-2)^2+3^2}$

③ $\dfrac{s}{(s+2)^2+3^2}$　④ $\dfrac{s}{(s-2)^2+3^2}$

해설 $\mathcal{L}[e^{-2t}\cos 3t] = \mathcal{L}[\cos 3t]\Big|_{s=s+2}$

$$= \frac{s}{s^2+3^2}\Big|_{s=s+2} = \frac{s+2}{(s+2)^2+3^2}$$

76 그림과 같은 평형 3상 회로에서 선간 전압 $V_{ab}=300\angle 0°$[V]일 때 $I_a=20\angle -60°$[A]이었다. 부하 한 상의 임피던스는 몇 [Ω]인가?

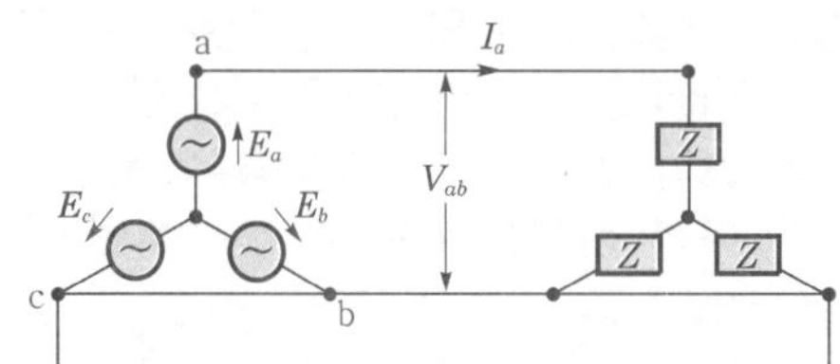

① $5\sqrt{3}\angle 30°$　② $5\angle 30°$

③ $5\sqrt{3}\angle 60°$　④ $5\angle 60°$

해설 $Z=\dfrac{V_p}{I_p}$

Y결선이므로 선간 전압(V_l)= $\sqrt{3}$ 상전압(V_p)$\angle 30°$, 선전류(I_l)=상전류(I_p)

$$\therefore Z=\frac{\frac{300}{\sqrt{3}}\angle -30°}{20\angle -60°}=\frac{15}{\sqrt{3}}\angle 30° = 5\sqrt{3}\angle 30°[\Omega]$$

77 다음 왜형파 전류의 왜형률을 구하면 얼마인가?

$$i=30\sin\omega t+10\cos 3\omega t+5\sin 5\omega t \text{ [A]}$$

① 약 0.46　② 약 0.26

③ 약 0.53　④ 약 0.37

해설

$$\text{왜형률 } D=\frac{\sqrt{\left(\frac{10}{\sqrt{2}}\right)^2+\left(\frac{5}{\sqrt{2}}\right)^2}}{\frac{30}{\sqrt{2}}} \fallingdotseq 0.37$$

78 그림과 같은 4단자 회로망에서 하이브리드 파라미터 H_{11}은?

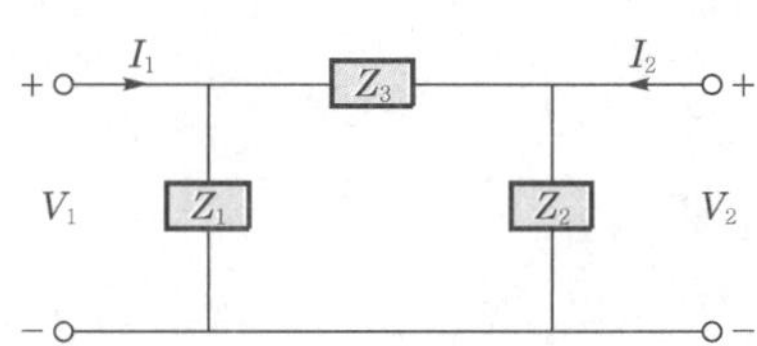

① $\dfrac{Z_1}{Z_1+Z_3}$　② $\dfrac{Z_1}{Z_1+Z_2}$

③ $\dfrac{Z_1Z_3}{Z_1+Z_3}$　④ $\dfrac{Z_1Z_2}{Z_1+Z_2}$

해설 $H_{11}=\dfrac{V_1}{I_1}\Big|_{V_2=0}$: 출력 단자를 단락하고 입력측에서 본 단락 구동점 임피던스

$$\therefore H_{11}=\frac{Z_1Z_3}{Z_1+Z_3}$$

79 그림과 같은 회로에서 스위치 S를 닫았을 때 과도분을 포함하지 않기 위한 R의 값 [Ω]은?

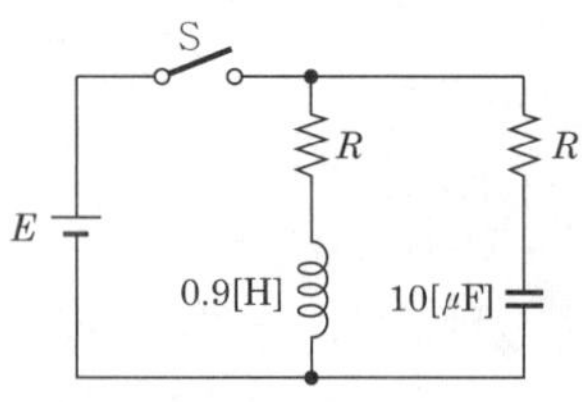

① 100　② 200

③ 300　④ 400

해설 과도분을 포함하지 않기 위해서는 정저항 회로가 되면 된다.

$$\therefore R=\sqrt{\frac{L}{C}}=\sqrt{\frac{0.9}{10\times 10^{-6}}}=300[\Omega]$$

정답 75. ① 76. ① 77. ④ 78. ③ 79. ③

80 $F(s)=\dfrac{2s+3}{s^2+3s+2}$ 의 시간 함수는?

① $e^{-t}-e^{-2t}$

② $e^{-t}+e^{-2t}$

③ $e^{-t}+2e^{-2t}$

④ $e^{-t}-2e^{-2t}$

해설

$$F(s)=\frac{2s+3}{s^2+3s+2}=\frac{2s+3}{(s+2)(s+1)}$$

$$=\frac{K_1}{s+2}+\frac{K_2}{s+1}$$

유수 정리를 적용하면

$$K_1=\left.\frac{2s+3}{s+1}\right|_{s=-2}=1$$

$$K_2=\left.\frac{2s+3}{s+2}\right|_{s=-1}=1$$

$$\therefore\ F(s)=\frac{1}{s+2}+\frac{1}{s+1}$$

$$\because\ f(t)=e^{-2t}+e^{-t}$$

제5과목 전기설비기술기준

81 전로에 대한 설명 중 옳은 것은?

① 통상의 사용 상태에서 전기를 절연한 곳

② 통상의 사용 상태에서 전기를 접지한 곳

③ 통상의 사용 상태에서 전기가 통하고 있는 곳

④ 통상의 사용 상태에서 전기가 통하고 있지 않은 곳

해설 **정의(기술기준 제3조)**

- 전선 : 강전류 전기의 전송에 사용하는 전기 도체, 절연물로 피복한 전기 도체 또는 절연물로 피복한 전기 도체를 다시 보호 피복한 전기 도체
- 전로 : 통상의 사용 상태에서 전기가 통하고 있는 곳
- 전선로 : 발전소·변전소·개폐소, 이에 준하는 곳, 전기 사용 장소 상호 간의 전선(전차선을 제외) 및 이를 지지하거나 수용하는 시설물

82  가공 공동 지선과 대지 사이의 합성 전기저항값은 몇 [km]를 지름으로 하는 지역 안마다 규정의 합성 접지 저항값을 가지는 것으로 하여야 하는가?

① 0.4 ② 0.6

③ 0.8 ④ 1.0

해설 **고압 또는 특고압과 저압의 혼촉에 의한 위험 방지(KEC 322.1)−가공 공동 지선**

가공 공동 지선과 대지 사이의 합성 전기 저항값은 1[km]를 지름으로 하는 지역 안마다 합성 접지 저항 값을 가지는 것으로 하고 또한 각 접지 도체를 가공 공동 지선으로부터 분리하였을 경우의 각 접지 도체와 대지 사이의 전기 저항값은 300[Ω] 이하로 할 것

83 저압으로 수전하는 경우 수용가 설비의 인입구로부터 조명까지의 전압 강하는 몇 [%] 이하이어야 하는가?

① 3 ② 5

③ 6 ④ 7

해설 **배선 설비 적용 시 고려 사항(KEC 232.3)−수용가 설비에서의 전압 강하**

설비의 유형	조명[%]	기타[%]
A−저압으로 수전하는 경우	3	5
B−고압 이상으로 수전하는 경우	6	8

84  고·저압 혼촉 사고 시에 1초를 초과하고 2초 이내에 자동 차단되는 6.6[kV] 전로에 결합된 변압기 저압측의 전압이 150[V]를 넘는 경우 저압측의 중성점 접지 저항값은 몇 [Ω] 이하로 유지하여야 하는가? (단, 고압측 1선 지락전류는 30[A]라 한다.)

① 10

② 50

③ 100

④ 200

정답 80. ② 81. ③ 82. ④ 83. ① 84. ①

해설 고압 또는 특고압과 저압의 혼촉에 의한 위험 방지 시설(KEC 322.1)

$R = \frac{300}{I} = \frac{300}{30} = 10[\Omega]$

85 무대, 무대마루 밑, 오케스트라 박스, 영사실, 기타 사람이나 무대 도구가 접촉할 우려가 있는 곳에 시설하는 저압 옥내 배선·전구선 또는 이동 전선은 사용 전압이 몇 [V] 이하이어야 하는가?

① 60 ② 110
③ 220 ④ 400

해설 전시회, 쇼 및 공연장의 전기 설비(KEC 242.6)
저압 옥내 배선·전구선 또는 이동 전선은 사용 전압이 400[V] 이하일 것

86 고압 보안 공사에서 지지물이 A종 철주인 경우 경간은 몇 [m] 이하인가?

① 100 ② 150
③ 250 ④ 400

해설 고압 보안 공사(KEC 332.10)－경간 제한

지지물의 종류	경 간
목주·A종	100[m]
B종	150[m]
철탑	400[m]

87 시가지 또는 그 밖에 인가가 밀집한 지역에 154[kV] 가공 전선로의 전선을 케이블로 시설하고자 한다. 이때, 가공 전선을 지지하는 애자 장치의 50[%] 충격 섬락 전압값이 그 전선의 근접한 다른 부분을 지지하는 애자 장치값의 몇 [%] 이상이어야 하는가?

① 75
② 100
③ 105
④ 110

해설 시가지 등에서 특고압 가공 전선로의 시설(KEC 333.1)
50[%] 충격 섬락 전압값이 그 전선의 근접한 다른 부분을 지지하는 애자 장치값의 110[%](사용 전압이 130[kV]를 초과하는 경우는 105[%]) 이상인 것

88 분산형 전원 설비 사업자의 한 사업장의 설비 용량 합계가 몇 [kVA] 이상일 경우에는 송·배전 계통과 연계 지점의 연결 상태를 감시 또는 유효 전력, 무효 전력 및 전압을 측정할 수 있는 장치를 시설하여야 하는가?

① 100 ② 150
③ 200 ④ 250

해설 전기 공급 방식 등(KEC 503.2.1)
분산형 전원 설비의 전기 공급 방식, 측정 장치 등은 다음에 따른다.

- 분산형 전원 설비의 전기 공급 방식은 전력 계통과 연계되는 전기 공급 방식과 동일할 것
- 분산형 전원 설비 사업자의 한 사업장의 설비 용량 합계가 250[kVA] 이상일 경우에는 송·배전 계통과 연계 지점의 연결 상태를 감시 또는 유효 전력, 무효 전력 및 전압을 측정할 수 있는 장치를 시설할 것

89 특별 저압 SELV와 PELV에서 특별 저압 계통의 전압 한계는 KS C IEC 60449(건축 전기 설비의 전압 밴드)에 의한 전압 밴드 I의 상한값인 공칭 전압의 얼마 이하이어야 하는가?

① 교류 30[V], 직류 80[V] 이하
② 교류 40[V], 직류 100[V] 이하
③ 교류 50[V], 직류 120[V] 이하
④ 교류 75[V], 직류 150[V] 이하

해설 SELV와 PELV를 적용한 특별 저압에 의한 보호(KEC 211.5)
특별 저압 계통의 전압 한계는 건축 전기 설비의 전압 밴드에 의한 전압 밴드 I의 상한값인 교류 50[V] 이하, 직류 120[V] 이하이어야 한다.

정답 85. ④ 86. ① 87. ③ 88. ④ 89. ③

90 시스템 종류는 단상 교류이고, 전차선과 급전선이 동적일 경우 최소 높이는 몇 [mm] 이상이어야 하는가?

① 4,100 ② 4,300
③ 4,500 ④ 4,800

해설 전차선 및 급전선의 높이(KEC 431.6)

시스템 종류	공칭 전압[V]	동적[mm]	정적[mm]
직류	750	4,800	4,400
	1,500	4,800	4,400
단상 교류	25,000	4,800	4,570

91 지중 전선로에 있어서 폭발성 가스가 침입할 우려가 있는 장소에 시설하는 지중함은 크기가 몇 [m^3] 이상일 때 가스를 방산시키기 위한 장치를 시설하여야 하는가?

① 0.25 ② 0.5
③ 0.75 ④ 1.0

해설 지중함의 시설(KEC 334.2)
폭발성 또는 연소성의 가스가 침입할 우려가 있는 것에 시설하는 지중함으로서 그 크기가 1[m^3] 이상인 것에는 통풍 장치, 기타 가스를 방산시키기 위한 적당한 장치를 시설할 것

92 매설 금속체측의 누설전류에 의한 전식의 피해가 예상되는 곳에서 고려하여야 하는 방법으로 틀린 것은?

① 배류 장치 설치
② 절연 코팅
③ 변전소 간 간격 축소
④ 저준위 금속체를 접속

해설 전식 방지 대책(KEC 461.4)
- 전기 철도측의 전식 방식 또는 전식 예방을 위해서는 다음 방법을 고려하여야 한다.
  - 변전소 간 간격 축소
  - 레일본드의 양호한 시공
  - 장대 레일 채택
  - 절연도상 및 레일과 침목 사이에 절연층의 설치
- 매설 금속체측의 누설전류에 의한 전식의 피해가 예상되는 곳은 다음 방법을 고려하여야 한다.
  - 배류 장치 설치
  - 절연 코팅
  - 매설 금속체 접속부 절연
  - 저준위 금속체를 접속
  - 궤도와의 이격 거리 증대
  - 금속판 등의 도체로 차폐

93 사용 전압이 400[V] 이하인 저압 옥측 전선로를 애자 공사에 의해 시설하는 경우 전선 상호 간의 간격은 몇 [m] 이상이어야 하는가? (단, 비나 이슬에 젖지 않는 장소에 사람이 쉽게 접촉할 우려가 없도록 시설한 경우이다.)

① 0.025
② 0.045
③ 0.06
④ 0.12

해설 옥측 전선로(KEC 221.2) – 시설 장소별 조영재 사이의 이격 거리

시설 장소	전선 상호 간의 간격		전선과 조영재 사이의 이격 거리	
	사용 전압 400[V] 이하	사용 전압 400[V] 초과	사용 전압 400[V] 이하	사용 전압 400[V] 초과
비나 이슬에 젖지 않는 장소	0.06[m]	0.06[m]	0.025[m]	0.025[m]
비나 이슬에 젖는 장소	0.06[m]	0.12[m]	0.025[m]	0.045[m]

94 금속 덕트 공사에 의한 저압 옥내 배선에서 절연 피복을 포함한 전선의 총 단면적은 덕트 내부 단면적의 몇 [%]까지 할 수 있는가?

① 20 ② 30
③ 40 ④ 50

해설 금속 덕트 공사(KEC 232.31)
전선 단면적의 총합은 덕트의 내부 단면적의 20[%](제어회로 배선 50[%]) 이하

정답 90. ④ 91. ④ 92. ③ 93. ③ 94. ①

95 고압 가공 전선로의 지지물에 시설하는 통신선의 높이는 도로를 횡단하는 경우 교통에 지장을 줄 우려가 없다면 지표상 몇 [m]까지로 감할 수 있는가?

① 4 ② 4.5
③ 5 ④ 6

해설 전력 보안 통신선의 시설 높이와 이격 거리(KEC 362.2)
- 도로를 횡단하는 경우 6[m] 이상. 교통에 지장을 줄 우려가 없는 경우 5[m]
- 철도 또는 궤도를 횡단하는 경우에는 레일면상 6.5[m] 이상

96 애자 공사에 의한 저압 옥내 배선 시설 중 틀린 것은?

① 전선은 인입용 비닐 절연 전선일 것
② 전선 상호 간의 간격은 6[cm] 이상일 것
③ 전선의 지지점 간의 거리는 전선을 조영재의 윗면에 따라 붙일 경우에는 2[m] 이하일 것
④ 전선과 조영재 사이의 이격 거리는 사용전압이 400[V] 이하인 경우에는 2.5[cm] 이상일 것

해설 애자 공사(KEC 232.56)
전선은 절연 전선(옥외용 및 인입용 절연 전선을 제외)을 사용할 것

97 특고압용 타냉식 변압기의 냉각 장치에 고장이 생긴 경우를 대비하여 어떤 보호 장치를 하여야 하는가?

① 경보 장치
② 속도 조정 장치
③ 온도 시험 장치
④ 냉매 흐름 장치

해설 특고압용 변압기의 보호 장치(KEC 351.4)
타냉식 변압기의 냉각 장치에 고장이 생겨 온도가 현저히 상승할 경우 경보 장치를 하여야 한다.

98 
조상 설비의 조상기(調相機) 내부에 고장이 생긴 경우에 자동적으로 전로로부터 차단하는 장치를 시설해야 하는 뱅크 용량[kVA]으로 옳은 것은?

① 1,000
② 1,500
③ 10,000
④ 15,000

해설 조상 설비의 보호 장치(KEC 351.5)

설비 종별	뱅크 용량	자동 차단 장치
조상기	15,000[kVA] 이상	내부에 고장이 생긴 경우

99 전력 보안 통신 설비인 무선통신용 안테나를 지지하는 철탑의 풍압 하중에 대한 기초 안전율은 얼마 이상으로 해야 하는가?

① 1.0
② 1.5
③ 2.0
④ 2.5

해설 무선용 안테나 등을 지지하는 철탑 등의 시설(KEC 364.1)
- 목주의 풍압 하중에 대한 안전율은 1.5 이상
- 철주·철근 콘크리트주 또는 철탑의 기초 안전율은 1.5 이상

100 가공 전선로의 지지물에 시설하는 지선의 시설기준으로 옳은 것은?

① 지선의 안전율은 2.2 이상이어야 한다.
② 연선을 사용할 경우에는 소선(素線) 3가닥 이상이어야 한다.
③ 도로를 횡단하여 시설하는 지선의 높이는 지표상 4[m] 이상으로 하여야 한다.
④ 지중 부분 및 지표상 20[cm]까지의 부분에는 내식성이 있는 것 또는 아연도금을 한다.

정답 95. ③ 96. ① 97. ① 98. ④ 99. ② 100. ②

해설 **지선의 시설(KEC 331.11)**

- 지선의 안전율은 2.5 이상. 이 경우에 허용 인장하중의 최저는 4.31[kN]
- 지선에 연선을 사용할 경우
  - 소선(素線) 3가닥 이상의 연선일 것
  - 소선의 지름이 2.6[mm] 이상의 금속선을 사용한 것일 것
- 지중 부분 및 지표상 30[cm]까지의 부분에는 내식성이 있는 것 또는 아연도금을 한 철봉을 사용하고 쉽게 부식되지 아니하는 근가에 견고하게 붙일 것
- 철탑은 지선을 사용하여 그 강도를 분담시켜서는 아니 된다.
- 도로를 횡단하여 시설하는 지선의 높이는 지표상 5[m] 이상으로 하여야 한다.

MEMO

2023. 2. 14. 시행

2023년 제1회 CBT 기출복원문제

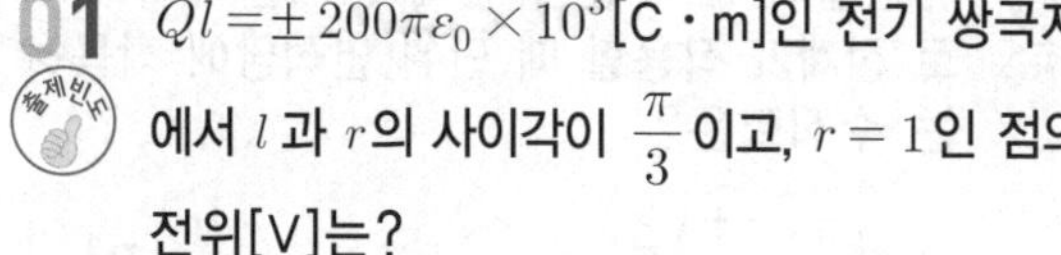

제1과목 전기자기학

01 $Ql = \pm 200\pi\varepsilon_0 \times 10^3$[C · m]인 전기 쌍극자에서 l과 r의 사이각이 $\frac{\pi}{3}$이고, $r=1$인 점의 전위[V]는?

① $50\pi \times 10^4$　② 50×10^3
③ 25×10^3　④ $5\pi \times 10^4$

해설 전기 쌍극자의 전위

$$V = \frac{M\cos\theta}{4\pi\varepsilon_0 r^2} = 9\times 10^9 \frac{Q\cdot l\cos\theta}{r^2}[\mathrm{V}]$$

$$\therefore V = \frac{1}{4\pi\varepsilon_0} \times \frac{200\pi\varepsilon_0\times 10^3}{1^2} \times \cos 60^\circ = 25\times 10^3[\mathrm{V}]$$

02 비투자율 $\mu_s=800$, 원형 단면적 $S=10[\mathrm{cm}^2]$, 평균 자로 길이 $l=8\pi\times 10^{-2}$[m]의 환상 철심에 600회의 코일을 감고 이것에 1[A]의 전류를 흘리면 내부의 자속은 몇 [Wb]인가?

① 1.2×10^{-3}　② 1.2×10^{-5}
③ 2.4×10^{-3}　④ 2.4×10^{-5}

해설 자속

$$\phi = BS = \mu HS = \mu_0\mu_s \frac{NI}{l}S$$

$$= \frac{4\pi\times 10^{-7}\times 800\times 10\times 10^{-4}\times 600\times 1}{8\pi\times 10^{-2}} = 2.4\times 10^{-3}[\mathrm{Wb}]$$

03 다음의 관계식 중 성립할 수 없는 것은? (단, μ는 투자율, μ_0는 진공의 투자율, χ는 자화율, J는 자화의 세기이다.)

① $\mu = \mu_0 + \chi$　② $J = \chi B$
③ $\mu_s = 1 + \frac{\chi}{\mu_0}$　④ $B = \mu H$

해설 $J = \chi H[\mathrm{Wb/m^2}]$

$$B = \mu_0 H + J = \mu_0 H + \chi H = (\mu_0+\chi)H = \mu_0\mu_s H\,[\mathrm{Wb/m^2}]$$

$\mu = \mu_0 + \chi$ [H/m], $\mu_s = \mu/\mu_0 = 1+\chi$

$B = \mu H[\mathrm{Wb/m^2}]$, $\mu_s = \frac{\mu}{\mu_0} = \frac{\mu_0+\chi}{\mu_0} = 1 + \frac{\chi}{\mu_0}$

04 전자파에서 전계 E와 자계 H의 비$\left(\frac{E}{H}\right)$는? (단, μ_s, ε_s는 각각 공간의 비투자율, 비유전율이다.)

① $377\sqrt{\frac{\varepsilon_s}{\mu_s}}$　② $377\sqrt{\frac{\mu_s}{\varepsilon_s}}$
③ $\frac{1}{377}\sqrt{\frac{\varepsilon_s}{\mu_s}}$　④ $\frac{1}{377}\sqrt{\frac{\mu_s}{\varepsilon_s}}$

해설 고유 임피던스

$$\eta = \frac{E}{H} = \sqrt{\frac{\mu}{\varepsilon}} = \sqrt{\frac{\mu_0}{\varepsilon_0}}\cdot\sqrt{\frac{\mu_s}{\varepsilon_s}} = 377\sqrt{\frac{\mu_s}{\varepsilon_s}}\,[\Omega]$$

05 정상 전류계에서 J는 전류 밀도, σ는 도전율, ρ는 고유 저항, E는 전계의 세기일 때, 옴의 법칙의 미분형은?

① $J = \sigma E$　② $J = \frac{E}{\sigma}$
③ $J = \rho E$　④ $J = \rho\sigma E$

해설 전류 $I = \frac{V}{R} = \frac{El}{\rho\frac{l}{S}} = \frac{E}{\rho}S[\mathrm{A}]$

전류 밀도 $J = \frac{I}{S} = \frac{E}{\rho} = \sigma E[\mathrm{A/m^2}]$

정답 01. ③ 02. ③ 03. ② 04. ② 05. ①

06 도전율 σ인 도체에서 전장 E에 의해 전류 밀도 J가 흘렀을 때 이 도체에서 소비되는 전력을 표시한 식은?

① $\int_v E \cdot Jdv$ ② $\int_v E \times Jdv$

③ $\frac{1}{\sigma}\int E \cdot Jdv$ ④ $\frac{1}{\sigma}\int_v E \times Jdv$

해설 전위 $V=\int_l Edl$, 전류 $I=\int_s JndS$

전력 $P=VI=\int_l Edl \cdot \int_s JndS$

$=\int_v E \cdot Jdv$[W]

07 비투자율 350인 환상 철심 중의 평균 자계의 세기가 280[AT/m]일 때, 자화의 세기는 약 몇 [Wb/m^2]인가?

① 0.12 ② 0.15
③ 0.18 ④ 0.21

해설 자화의 세기

$\boldsymbol{J}=\mu_0(\mu_s-1)\boldsymbol{H}$

$=4\pi\times 10^{-7}(350-1)\times 280$

$=0.12$[Wb/m^2]

08 자속 밀도 B[Wb/m^2]의 평등 자계 내에서 길이 l[m]인 도체 ab가 속도 v[m/s]로 그림과 같이 도선을 따라서 자계와 수직으로 이동할 때 도체 ab에 의해 유기된 기전력의 크기 e[V]와 폐회로 abcd 내 저항 R에 흐르는 전류의 방향은? (단, 폐회로 abcd 내 도선 및 도체의 저항은 무시한다.)

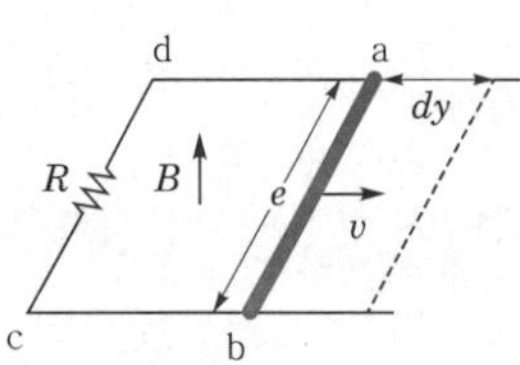

① $e=Blv$, 전류 방향 : c → d

② $e=Blv$, 전류 방향 : d → c

③ $e=Blv^2$, 전류 방향 : c → d

④ $e=Blv^2$, 전류 방향 : d → c

해설 플레밍의 오른손 법칙

유기 기전력 $e=vBl\sin\theta=Blv$[V]

방향 a → b → c → d

09 유전율이 ε_1, ε_2인 유전체 경계면에 수직으로 전계가 작용할 때 단위 면적당에 작용하는 수직력은?

① $2\left(\frac{1}{\varepsilon_2}-\frac{1}{\varepsilon_1}\right)\boldsymbol{E}^2$ ② $2\left(\frac{1}{\varepsilon_2}-\frac{1}{\varepsilon_1}\right)\boldsymbol{D}^2$

③ $\frac{1}{2}\left(\frac{1}{\varepsilon_2}-\frac{1}{\varepsilon_1}\right)\boldsymbol{E}^2$ ④ $\frac{1}{2}\left(\frac{1}{\varepsilon_2}-\frac{1}{\varepsilon_1}\right)\boldsymbol{D}^2$

해설 전계가 경계면에 수직이므로

$f=\frac{1}{2}(\boldsymbol{E}_2-\boldsymbol{E}_1)\boldsymbol{D}^2$

$=\frac{1}{2}\left(\frac{1}{\varepsilon_2}-\frac{1}{\varepsilon_1}\right)\boldsymbol{D}^2$[N/m^2]

10 환상 철심에 권선수 20인 A 코일과 권선수 80인 B 코일이 감겨있을 때, A 코일의 자기 인덕턴스가 5[mH]라면 두 코일의 상호 인덕턴스는 몇 [mH]인가? (단, 누설 자속은 없는 것으로 본다.)

① 20 ② 1.25
③ 0.8 ④ 0.05

해설 $M=\frac{N_AN_B}{R_m}=L_A\frac{N_B}{N_A}=5\times\frac{80}{20}=20$[mH]

11 0.2[C]의 점전하가 전계 $\boldsymbol{E}=5\boldsymbol{a}_y+\boldsymbol{a}_z$[V/m] 및 자속 밀도 $\boldsymbol{B}=2b\boldsymbol{a}_y+5\boldsymbol{a}_z$[Wb/m^2] 내로 속도 $v=2\boldsymbol{a}_x+3\boldsymbol{a}_y$[m/s]로 이동할 때, 점전하에 작용하는 힘 F[N]은? (단, $\boldsymbol{a}_x$, $\boldsymbol{a}_y$, $\boldsymbol{a}_z$는 단위 벡터이다.)

① $2\boldsymbol{a}_x-\boldsymbol{a}_y+3\boldsymbol{a}_z$ ② $3\boldsymbol{a}_x-\boldsymbol{a}_y+\boldsymbol{a}_z$

③ $\boldsymbol{a}_x+\boldsymbol{a}_y-2\boldsymbol{a}_z$ ④ $5\boldsymbol{a}_x+\boldsymbol{a}_y-3\boldsymbol{a}_z$

정답 06. ① 07. ① 08. ① 09. ④ 10. ① 11. ②

해설 $F = q(E + v \times B)$

$= 0.2(5a_y + a_z) + 0.2(2a_x + 3a_y) \times (2a_y + 5a_z)$

$= 0.2(5a_y + a_z) + 0.2\begin{vmatrix} a_x & a_y & a_z \\ 2 & 3 & 0 \\ 0 & 2 & 5 \end{vmatrix}$

$= 0.2(5a_y + a_z) + 0.2(15a_x + 4a_z - 10a_y)$

$= 0.2(15a_x - 5a_y + 5a_z) = 3a_x - a_y + a_z[\text{N}]$

12 그림과 같이 평행한 무한장 직선 도선에 I[A], $4I$[A]인 전류가 흐른다. 두 선 사이의 점 P에서 자계의 세기가 0이라고 하면 $\frac{a}{b}$는?

① 2

② 4

③ $\frac{1}{2}$

④ $\frac{1}{4}$

해설 $H_1 = \frac{I}{2\pi a}$, $H_2 = \frac{4I}{2\pi b}$

자계의 세기가 0일 때 $H_1 = H_2$

$\frac{I}{2\pi a} = \frac{4I}{2\pi b}$

$\frac{1}{a} = \frac{4}{b}$

$\therefore \frac{a}{b} = \frac{1}{4}$

13 반지름이 0.01[m]인 구도체를 접지시키고 중심으로부터 0.1[m]의 거리에 10[μC]의 점전하를 놓았다. 구도체에 유도된 총 전하량은 몇 [μC]인가?

① 0 ② −1

③ −10 ④ 10

해설 영상 전하의 크기 $Q' = -\frac{a}{d}Q[\text{C}]$

$\therefore Q' = -\frac{0.01}{0.1} \times 10 = -1[\mu\text{C}]$

14 두 개의 자극판이 놓여 있을 때, 자계의 세기 H[AT/m], 자속 밀도 B[Wb/m^2], 투자율 μ[H/m]인 곳의 자계의 에너지 밀도[J/m^3]는?

① $\frac{H^2}{2\mu}$

② $\frac{1}{2}\mu H^2$

③ $\frac{\mu H}{2}$

④ $\frac{1}{2}B^2 H$

해설 $\omega_m = \frac{1}{2}\mu H^2 = \frac{1}{2}BH = \frac{B^2}{2\mu}[\text{J/m}^3]$

15 진공 중에서 점 (0, 1)[m]되는 곳에 -2×10^{-9}[C] 점전하가 있을 때 점 (2, 0)[m]에 있는 1[C]에 작용하는 힘[N]은?

① $-\frac{36}{5\sqrt{5}}a_x + \frac{18}{5\sqrt{5}}a_y$

② $-\frac{18}{5\sqrt{5}}a_x + \frac{36}{5\sqrt{5}}a_y$

③ $-\frac{36}{3\sqrt{5}}a_x + \frac{18}{3\sqrt{5}}a_y$

④ $\frac{36}{5\sqrt{5}}a_x + \frac{18}{5\sqrt{5}}a_y$

해설 $r = (2-0)a_x + (0-1)a_y$

$= 2a_x - a_y[\text{m}]$

$r = \sqrt{2^2 + (-1)^2} = \sqrt{5}[\text{m}]$

$\therefore r_0 = \frac{1}{\sqrt{5}}(2a_x - a_y)[\text{m}]$

$\therefore F = 9\times10^9 \times \frac{-2\times10^{-9}\times1}{(\sqrt{5})^2} \times \frac{1}{\sqrt{5}}(2a_x - a_y)$

$= -\frac{36}{5\sqrt{5}}a_x + \frac{18}{5\sqrt{5}}a_y[\text{N}]$

정답 12. ④ 13. ② 14. ② 15. ①

16 유전율 ε_1, ε_2인 두 유전체 경계면에서 전계가 경계면에 수직일 때, 경계면에 작용하는 힘은 몇 [N/m^2]인가? (단, $\varepsilon_1 > \varepsilon_2$이다.)

출제빈도

① $\left(\frac{1}{\varepsilon_1}+\frac{1}{\varepsilon_2}\right)D$　② $2\left(\frac{1}{\varepsilon_1{}^2}+\frac{1}{\varepsilon_2{}^2}\right)D^2$

③ $\frac{1}{2}\left(\frac{1}{\varepsilon_2}-\frac{1}{\varepsilon_1}\right)D$　④ $\frac{1}{2}\left(\frac{1}{\varepsilon_2}-\frac{1}{\varepsilon_1}\right)D^2$

해설 전계가 수직으로 입사시 경계면 양측에서 전속 밀도가 같다.

$D_1 = D_2 = D$

$\therefore\ f=\frac{1}{2}E_2D_2-\frac{1}{2}E_1D_1$[N/m]

$=\frac{1}{2}(E_2-E_1)D$

$=\frac{1}{2}\left(\frac{1}{\varepsilon_2}-\frac{1}{\varepsilon_1}\right)D^2$[N/m^2]

17 q[C]의 전하가 진공 중에서 v[m/s]의 속도로 운동하고 있을 때, 이 운동 방향과 θ의 각으로 r[m] 떨어진 점의 자계의 세기 [AT/m]는?

출제빈도

① $\frac{q\sin\theta}{4\pi r^2 v}$　② $\frac{v\sin\theta}{4\pi r^2 q}$

③ $\frac{qv\sin\theta}{4\pi r^2}$　④ $\frac{v\sin\theta}{4\pi r^2 q^2}$

해설 비오-사바르의 법칙(Biot-Savart's law)

자계의 세기 $H=\frac{Il}{4\pi r^2}\sin\theta$

전류 $I=\frac{q}{t}$, 속도 $v=\frac{l}{t}$, $l=v\cdot t$이므로

$Il=\frac{q}{t}\cdot vt=qv$

따라서, 자계의 세기 $H=\frac{qv}{4\pi r^2}\sin\theta$[AT/m]

18 내압이 1[kV]이고 용량이 각각 0.01[μF], 0.02[μF], 0.04[μF]인 콘덴서를 직렬로 연결했을 때 전체 콘덴서의 내압은 몇 [V]인가?

① 1,750　② 2,000

③ 3,500　④ 4,000

해설 각 콘덴서에 가해지는 전압을 V_1, V_2, V_3[V]라 하면

$V_1 : V_2 : V_3=\frac{1}{0.01} : \frac{1}{0.02} : \frac{1}{0.04}=4 : 2 : 1$

$\therefore\ V_1=1,000$[V]

$V_2=1,000\times\frac{2}{4}=500$[V]

$V_3=1,000\times\frac{1}{4}=250$[V]

∴ 전체 내압 : $V=V_1+V_2+V_3$

$=1,000+500+250$

$=1,750$[V]

19 정전계와 정자계의 대응 관계가 성립되는 것은?

① $\text{div}\boldsymbol{D}=\rho_v \rightarrow \text{div}\boldsymbol{B}=\rho_m$

② $\nabla^2 V=-\frac{\rho_v}{\varepsilon_0} \rightarrow \nabla^2\boldsymbol{A}=-\frac{\boldsymbol{i}}{\mu_0}$

③ $W=\frac{1}{2}CV^2 \rightarrow W=\frac{1}{2}LI^2$

④ $\boldsymbol{F}=9\times10^9\frac{Q_1Q_2}{r^2}\boldsymbol{a}_r$

$\rightarrow \boldsymbol{F}=6.33\times10^{-4}\frac{m_1m_2}{r^2}\boldsymbol{a}_r$

해설 정전계와 정자계의 대응 관계

- $\text{div}\boldsymbol{D}=\rho_v \rightarrow \text{div}\boldsymbol{B}=0$
- $\nabla^2\boldsymbol{V}=-\frac{\rho_v}{\varepsilon_0} \rightarrow \nabla^2\boldsymbol{A}=-\mu_0\boldsymbol{i}$
- $\boldsymbol{F}=9\times10^9\frac{Q_1Q_2}{r^2}\boldsymbol{a}_r$

$\rightarrow \boldsymbol{F}=6.33\times10^4\frac{m_1m_2}{r^2}\boldsymbol{a}_r$

∴ 정전 에너지 $W=\frac{1}{2}CV^2$

→ 자계 에너지 $W=\frac{1}{2}LI^2$

정답 16. ④ 17. ③ 18. ① 19. ③

20 유전율 ε, 투자율 μ인 매질 내에서 전자파의 속도[m/s]는?

① $\sqrt{\dfrac{\mu}{\varepsilon}}$　　② $\sqrt{\mu\varepsilon}$

③ $\sqrt{\dfrac{\varepsilon}{\mu}}$　　④ $\dfrac{3\times10^8}{\sqrt{\varepsilon_s\mu_s}}$

해설

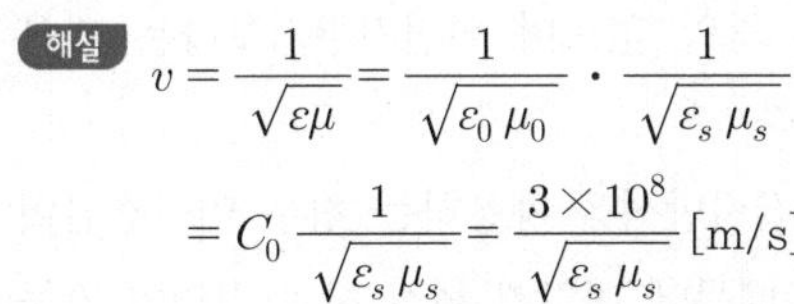

$$v=\frac{1}{\sqrt{\varepsilon\mu}}=\frac{1}{\sqrt{\varepsilon_0\,\mu_0}}\cdot\frac{1}{\sqrt{\varepsilon_s\,\mu_s}}$$
$$=C_0\frac{1}{\sqrt{\varepsilon_s\,\mu_s}}=\frac{3\times10^8}{\sqrt{\varepsilon_s\,\mu_s}}\,[\mathrm{m/s}]$$

제2과목 전력공학

21 다음 중 켈빈(Kelvin) 법칙이 적용되는 것은?

① 경제적인 송전전압을 결정하고자 할 때

② 일정한 부하에 대한 계통 손실을 최소화하고자 할 때

③ 경제적 송전선의 전선의 굵기를 결정하고자 할 때

④ 화력발전소군의 총 연료비가 최소가 되도록 각 발전기의 경제 부하 배분을 하고자 할 때

해설 전선 단위길이의 시설비에 대한 1년간 이자와 감가상각비 등을 계산한 값과 단위길이의 1년간 손실 전력량을 요금으로 환산한 금액이 같아질 때 전선의 굵기가 가장 경제적이다.

$$\sigma=\sqrt{\frac{WMP}{\rho N}}=\sqrt{\frac{8.89\times55MP}{N}}\,[\mathrm{A/mm^2}]$$

여기서, σ : 경제적인 전류밀도[A/mm²]

W : 전선 중량 8.89×10^{-3}[kg/mm²·m]

M : 전선 가격[원/kg]

P : 전선비에 대한 연경비 비율

ρ : 저항률 $\dfrac{1}{55}$[Ω·mm²/m]

N : 전력량의 가격[원/kW/년]

22 송·배전선로는 저항 R, 인덕턴스 L, 정전용량(커패시턴스) C, 누설 컨덕턴스 G라는 4개의 정수로 이루어진 연속된 전기회로이다. 이들 정수를 선로정수(line constant)라고 부르는 데 이것은 (㉠), (㉡) 등에 따라 정해진다. 다음 중 (㉠), (㉡)에 알맞은 내용은?

① ㉠ 전압·전선의 종류, ㉡ 역률

② ㉠ 전선의 굵기·전압, ㉡ 전류

③ ㉠ 전선의 배치·전선의 종류, ㉡ 전류

④ ㉠ 전선의 종류·전선의 굵기, ㉡ 전선의 배치

해설 선로정수는 전선의 배치, 종류, 굵기 등에 따라 정해지고 전선의 배치에 가장 많은 영향을 받는다.

23 정전용량 0.01[μF/km], 길이 173.2[km], 선간전압 60,000[V], 주파수 60[Hz]인 송전선로의 충전전류[A]는 얼마인가?

① 6.3　　② 12.5

③ 22.6　　④ 37.2

해설 충전전류

$$I_c=\frac{E}{Z}=\omega CE=2\pi fCE$$
$$=2\pi\times60\times0.01\times10^{-6}\times173.2\times\frac{60{,}000}{\sqrt{3}}$$
$$=22.6\,[\mathrm{A}]$$

24 송전선 중간에 전원이 없을 경우에 송전단의 전압 $E_s=AE_r+BI_r$이 된다. 수전단의 전압 E_r의 식으로 옳은 것은? (단, I_s, I_r은 송전단 및 수전단의 전류이다.)

① $E_r=AE_s+CI_s$

② $E_r=BE_s+AI_s$

③ $E_r=DE_s-BI_s$

④ $E_r=CE_s-DI_s$

정답 20. ④ 21. ③ 22. ④ 23. ③ 24. ③

해설 $\begin{bmatrix} E_s \\ I_s \end{bmatrix} = \begin{bmatrix} A & B \\ C & D \end{bmatrix} \begin{bmatrix} E_r \\ I_r \end{bmatrix}$ 에서

$$\begin{bmatrix} E_r \\ I_r \end{bmatrix} = \begin{bmatrix} A & B \\ C & D \end{bmatrix}^{-1} \begin{bmatrix} E_s \\ I_s \end{bmatrix} = \frac{1}{AD-BC} \begin{bmatrix} D & -B \\ -C & A \end{bmatrix} \begin{bmatrix} E_s \\ I_s \end{bmatrix}$$

$AD-BC=1$이므로 $\begin{bmatrix} E_r \\ I_r \end{bmatrix} = \begin{bmatrix} D & -B \\ -C & A \end{bmatrix} \begin{bmatrix} E_s \\ I_s \end{bmatrix}$

수전단 전압 $E_r = DE_s - BI_s$

수전단 전류 $I_r = -CE_s + AI_s$

25 그림과 같이 정수가 서로 같은 평행 2회선 송전선로의 4단자 정수 중 B에 해당되는 것은?

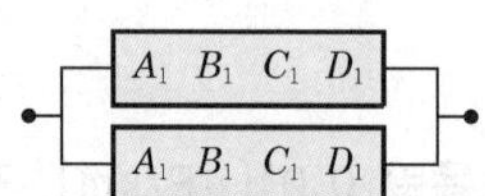

① $4B_1$　② $2B_1$
③ $\frac{1}{2}B_1$　④ $\frac{1}{4}B_1$

해설 평행 2회선 4단자 정수

$$\begin{bmatrix} A & B \\ C & D \end{bmatrix} = \begin{bmatrix} A_1 & \frac{1}{2}B_1 \\ 2C_1 & D_1 \end{bmatrix}$$

26 어떤 공장의 소모 전력이 100[kW]이며, 이 부하의 역률이 0.6일 때, 역률을 0.9로 개선하기 위한 전력용 콘덴서의 용량은 약 몇 [kVA]인가?

① 75　② 80
③ 85　④ 90

해설 역률 개선용 콘덴서 용량 Q_c[kVA]

$$Q_c = P(\tan\theta_1 - \tan\theta_2)$$
$$= P\left(\frac{\sqrt{1-\cos^2\theta_1}}{\cos\theta_1} - \frac{\sqrt{1-\cos^2\theta_2}}{\cos\theta_2}\right)$$
$$= 100\left(\frac{0.8}{0.6} - \frac{\sqrt{1-0.9^2}}{0.9}\right)$$
$$\fallingdotseq 85[\text{kVA}]$$

27 송전 계통의 접지에 대하여 기술하였다. 다음 중 옳은 것은?

① 소호 리액터 접지방식은 선로의 정전용량과 직렬 공진을 이용한 것으로 지락전류가 타 방식에 비해 좀 큰 편이다.
② 고저항접지방식은 이중고장을 발생시킬 확률이 거의 없으며 비접지방식보다는 많은 편이다.
③ 직접접지방식을 채용하는 경우 이상전압이 낮기 때문에 변압기 선정 시 단절연이 가능하다.
④ 비접지방식을 택하는 경우 지락전류 차단이 용이하고 장거리 송전을 할 경우 이중고장의 발생을 예방하기 좋다.

해설 직접접지방식은 중성점 전위가 낮아 변압기 단절연에 유리하다. 그러나 사고 시 큰 전류에 의한 통신선에 대한 유도장해가 발생한다.

28 그림과 같은 3상 송전 계통에서 송전단 전압은 3,300[V]이다. 점 P에서 3상 단락사고가 발생했다면 발전기에 흐르는 단락전류는 약 몇 [A]인가?

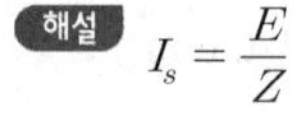

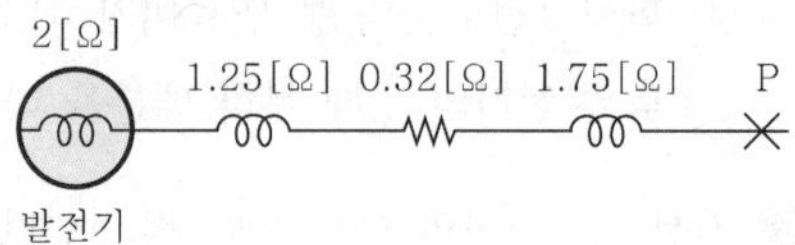

① 320　② 330
③ 380　④ 410

해설 $I_s = \frac{E}{Z}$

$$= \frac{\frac{3,300}{\sqrt{3}}}{\sqrt{0.32^2 + (2+1.25+1.75)^2}}$$
$$= 380.2[\text{A}]$$

정답 25. ③ 26. ③ 27. ③ 28. ③

29 그림에서 A점의 차단기 용량으로 가장 적당한 것은?

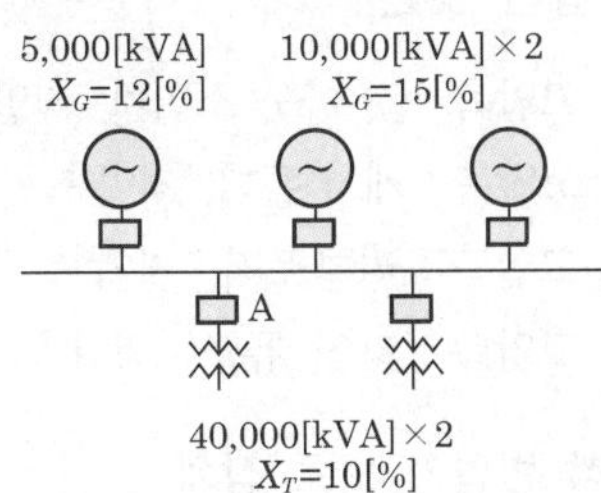

① 50[MVA]　② 100[MVA]
③ 150[MVA]　④ 200[MVA]

해설 기준 용량을 10,000[kVA]로 설정하면

5,000[kVA] 발전기 $\%X_G \times \dfrac{10,000}{5,000} \times 12 = 24[\%]$

A 차단기 전원측에는 발전기가 병렬 접속이므로

합성 $\%Z_g = \dfrac{1}{\dfrac{1}{24}+\dfrac{1}{15}+\dfrac{1}{15}} = 5.71[\%]$

$\therefore\ P_s = \dfrac{100}{5.71} \times 10,000 \times 10^{-3} = 175[\text{MVA}]$

차단기 용량은 단락용량을 기준 이상으로 한 값으로 200[MVA]이다.

30 송전 계통의 한 부분이 그림과 같이 3상 변압기로 1차측은 △로, 2차측은 Y로 중성점이 접지되어 있을 경우, 1차측에 흐르는 영상전류는?

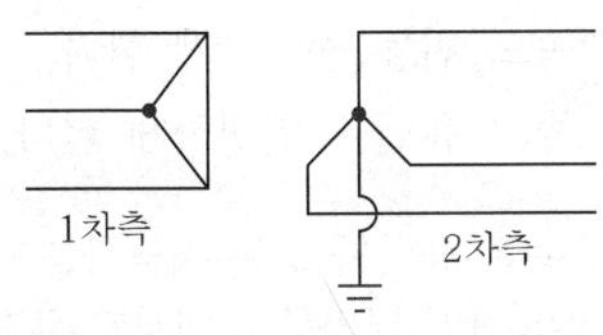

① 1차측 선로에서 ∞이다.
② 1차측 선로에서 반드시 0이다.
③ 1차측 변압기 내부에서는 반드시 0이다.
④ 1차측 변압기 내부와 1차측 선로에서 반드시 0이다.

해설 영상전류는 중성점이 접지되어 있는 2차측에는 선로와 변압기 내부 및 중성선과 비접지인 1차측 내부에는 흐르지만 1차측 선로에는 흐르지 않는다.

31 피뢰기의 구조는?

① 특성요소와 소호 리액터
② 특성요소와 콘덴서
③ 소호 리액터와 콘덴서
④ 특성요소와 직렬갭

해설
- 직렬갭 : 평상시에는 개방상태이고, 과전압(이상 충격파)이 인가되면 도통된다.
- 특성요소 : 비직선 전압 전류 특성에 따라 방전 시에는 대전류를 통과시키고, 방전 후에는 속류를 저지 또는 직렬갭으로 차단할 수 있는 정도로 제한하는 특성을 가진다.

32 발전기 또는 주변압기의 내부 고장 보호용으로 가장 널리 쓰이는 것은?

① 거리계전기
② 과전류 계전기
③ 비율차동계전기
④ 방향단락계전기

해설 비율차동계전기는 발전기나 변압기의 내부 고장 보호에 적용한다.

33 다음 차단기 중 투입과 차단을 다같이 압축공기의 힘으로 하는 것은?

① 유입차단기　② 팽창차단기
③ 제호차단기　④ 임펄스차단기

해설 **차단기 소호 매질**

유입차단기(OCB) – 절연유, 공기차단기(ABB) – 압축공기, 자기차단기(MBB) – 차단전류에 의한 자계, 진공차단기(VCB) – 고진공상태, 가스차단기(GCB) – SF_6(육불화황)

공기차단기를 임펄스차단기라고도 한다.

정답 29. ④ 30. ② 31. ④ 32. ③ 33. ④

34  **저압 배전 계통을 구성하는 방식 중 캐스케이딩(cascading)을 일으킬 우려가 있는 방식은?**

① 방사상 방식
② 저압 뱅킹 방식
③ 저압 네트워크 방식
④ 스포트 네트워크 방식

해설 캐스케이딩(cascading) 현상은 저압 뱅킹 방식에서 변압기 또는 선로의 사고에 의해서 뱅킹 내의 건전한 변압기의 일부 또는 전부가 연쇄적으로 차단되는 현상으로, 방지책은 변압기의 1차측에 퓨즈, 저압선의 중간에 구분 퓨즈를 설치한다.

35 **3상 3선식의 전선 소요량에 대한 3상 4선식의 전선 소요량의 비는 얼마인가? (단, 배전거리, 배전전력 및 전력손실은 같고, 4선식의 중성선의 굵기는 외선의 굵기와 같으며, 외선과 중성선 간의 전압은 3선식의 선간전압과 같다.)**

① $\frac{4}{9}$　② $\frac{2}{3}$
③ $\frac{3}{4}$　④ $\frac{1}{3}$

해설

$$\text{전선 소요량비} = \frac{3\phi 4\text{W}}{3\phi 3\text{W}} = \frac{\frac{1}{3}}{\frac{3}{4}} = \frac{4}{9}$$

36 **연간 전력량이 E[kWh]이고, 연간 최대전력이 W[kW]인 연부하율은 몇 [%]인가?**

① $\frac{E}{W}\times 100$　② $\frac{\sqrt{3}\,W}{E}\times 100$
③ $\frac{8{,}760\,W}{E}\times 100$　④ $\frac{E}{8{,}760\,W}\times 100$

해설

$$\text{연부하율} = \frac{\frac{E}{365\times 24}}{W}\times 100$$
$$= \frac{E}{8{,}760\,W}\times 100[\%]$$

37 **배전선로의 주상 변압기에서 고압측-저압측에 주로 사용되는 보호 장치의 조합으로 적합한 것은?**

① 고압측 : 컷 아웃 스위치, 저압측 : 캐치 홀더
② 고압측 : 캐치 홀더, 저압측 : 컷 아웃 스위치
③ 고압측 : 리클로저, 저압측 : 라인 퓨즈
④ 고압측 : 라인 퓨즈, 저압측 : 리클로저

해설 **주상 변압기 보호 장치**
- 1차(고압)측 : 피뢰기, 컷 아웃 스위치
- 2차(저압)측 : 캐치 홀더, 중성점 접지

38 **전력 계통의 경부하시나 또는 다른 발전소의 발전 전력에 여유가 있을 때 이 잉여 전력을 이용하여 전동기로 펌프를 돌려서 물을 상부의 저수지에 저장하였다가 필요에 따라 이 물을 이용해서 발전하는 발전소는?**

① 조력발전소　② 양수식 발전소
③ 유역 변경식 발전소　④ 수로식 발전소

해설 **양수식 발전소**
잉여 전력을 이용하여 하부 저수지의 물을 상부 저수지로 양수하여 저장하였다가 첨두부하 등에 이용하는 발전소이다.

39  **수력발전소에서 흡출관을 사용하는 목적은?**

① 압력을 줄인다.
② 유효낙차를 늘린다.
③ 속도 변동률을 작게 한다.
④ 물의 유선을 일정하게 한다.

해설 흡출관은 중낙차 또는 저낙차용으로 적용되는 반동 수차에서 낙차를 증대시킬 목적으로 사용된다.

40 **어느 화력발전소에서 40,000[kWh]를 발전하는 데 발열량 860[kcal/kg]의 석탄이 60톤 사용된다. 이 발전소의 열효율[%]은 약 얼마인가?**

① 56.7　② 66.7
③ 76.7　④ 86.7

정답 34. ② 35. ① 36. ④ 37. ① 38. ② 39. ② 40. ②

해설 열효율 $\eta = \frac{860\,W}{mH} \times 100$

$= \frac{860 \times 40{,}000}{60 \times 10^3 \times 860} \times 100 = 66.7[\%]$

제3과목 전기기기

41 정격 전압, 정격 주파수가 6,600/220[V], 60[Hz], 와류손이 720[W]인 단상 변압기가 있다. 이 변압기를 3,300[V], 50[Hz]의 전원에 사용하는 경우 와류손은 약 몇 [W]인가?

① 120 ② 150
③ 180 ④ 200

해설 $V = 4.44 f N \phi_m$에서 자속 밀도 $B_m \propto \frac{V}{f}$

$(B_m \propto \phi_m)$

와전류손 $P_e = \sigma_e (t k_f \cdot f B_m)^2 \propto \left(f \cdot \frac{V}{f}\right)^2 \propto V^2$

$\therefore\ P_e{}' = 720 \times \left(\frac{3{,}300}{6{,}600}\right)^2 = 180[\text{W}]$

42 4극, 60[Hz]인 3상 유도 전동기가 있다. 1,725[rpm]으로 회전하고 있을 때, 2차 기전력의 주파수[Hz]는?

① 10 ② 7.5
③ 5 ④ 2.5

해설 $N_s = \frac{120f}{P} = \frac{120 \times 60}{4} = 1{,}800[\text{rpm}]$

$s = \frac{N_s - N}{N_s} = \frac{1{,}800 - 1{,}725}{1{,}800} = 0.0417$

$\therefore\ f_2{}' = s f_1 = 0.0417 \times 60 = 2.5[\text{Hz}]$

43 다음 직류 전동기 중에서 속도 변동률이 가장 큰 것은?

① 직권 전동기 ② 분권 전동기
③ 차동 복권 전동기 ④ 가동 복권 전동기

해설 직류 직권 전동기 $I = I_f = I_a$

회전 속도 $N = K\frac{V - I_a(R_a + r_f)}{\phi} \propto \frac{1}{\phi} \propto \frac{1}{I}$이므로 부하가 변화하면 속도 변동률이 가장 크다.

44 돌극(凸極)형 동기 발전기의 특성이 아닌 것은?

① 직축 리액턴스 및 횡축 리액턴스의 값이 다르다.
② 내부 유기 기전력과 관계없는 토크가 존재한다.
③ 최대 출력의 출력각이 90°이다.
④ 리액션 토크가 존재한다.

해설 **돌극형 발전기의 출력식**

$P = \frac{EV}{x_d}\sin\delta + \frac{V^2(x_d - x_q)}{2x_d \cdot x_q}\sin 2\delta\,[\text{W}]$

돌극형 동기 발전기의 최대 출력은 그래프(graph)에서와 같이 부하각(δ)이 60°에서 발생한다.

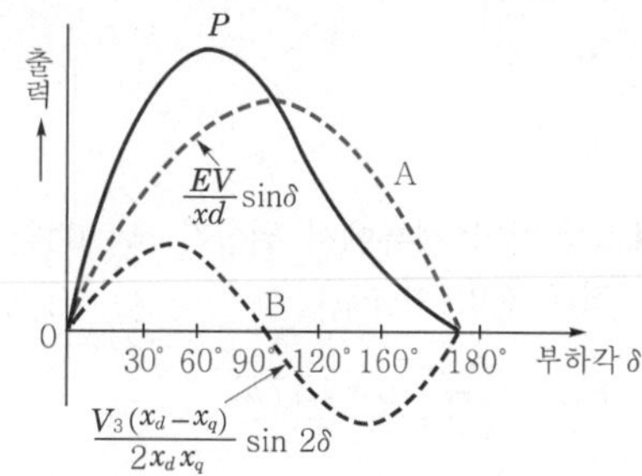

45 동기기의 안정도를 증진시키는 방법이 아닌 것은?

① 단락비를 크게 할 것
② 속응 여자 방식을 채용할 것
③ 정상 리액턴스를 크게 할 것
④ 영상 및 역상 임피던스를 크게 할 것

해설 **동기기의 안정도 향상책**

- 단락비가 클 것.
- 동기 임피던스(리액턴스)가 작을 것
- 속응 여자 방식을 채택할 것
- 관성 모멘트가 클 것
- 조속기 동작이 신속할 것
- 영상 및 역상 임피던스가 클 것

정답 41. ③ 42. ④ 43. ① 44. ③ 45. ③

46 브러시리스 DC 서보 모터의 특징으로 틀린 것은?

① 단위 전류당 발생 토크가 크고 효율이 좋다.
② 토크 맥동이 작고, 안정된 제어가 용이하다.
③ 기계적 시간 상수가 크고 응답이 느리다.
④ 기계적 접점이 없고 신뢰성이 높다.

해설 DC 서보 모터는 기계적 시간 상수(시정수)가 작고 응답이 빠른 특성을 갖고 있다.

47  상전압 200[V]의 3상 반파 정류 회로의 각 상에 SCR을 사용하여 정류 제어할 때 위상각을 $\frac{\pi}{6}$로 하면 순저항 부하에서 얻을 수 있는 직류 전압[V]은?

① 90
② 180
③ 203
④ 234

해설 3상 반파 정류에서 위상각 $\alpha = 0°$일 때
직류 전압(평균값)

$$E_{d0} = \frac{3\sqrt{3}}{\sqrt{2}\,\pi}E = 1.17E$$

위상각 $\alpha = \frac{\pi}{6}$일 때

직류 전압 $E_{d\alpha} = E_{d0} \cdot \cos\alpha$

$$= 1.17 \times 200 \times \cos\frac{\pi}{6}$$

$$= 202.6\,[\mathrm{V}]$$

48 유도 전동기의 안정 운전의 조건은? (단, T_m : 전동기 토크, T_L : 부하 토크, n : 회전수)

① $\frac{dT_m}{dn} < \frac{dT_L}{dn}$ ② $\frac{dT_m}{dn} = \frac{dT_L^{\,2}}{dn}$

③ $\frac{dT_m}{dn} > \frac{dT_L}{dn}$ ④ $\frac{dT_m}{dn} \neq \frac{dT_L^{\,2}}{dn}$

해설

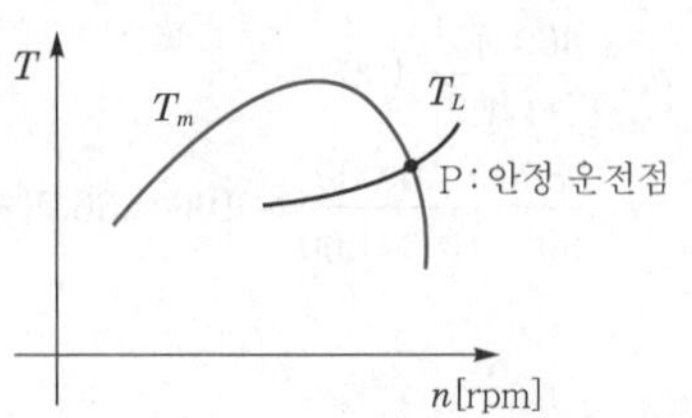

여기서, T_m : 전동기 토크, T_L : 부하의 반항 토크

안정된 운전을 위해서는 $\frac{dT_m}{dn} < \frac{dT_L}{dn}$이어야 한다.

즉, 부하의 반항 토크 기울기가 전동기 토크 기울기보다 큰 점에서 안정 운전을 한다.

49 동기 각속도 ω_0, 회전자 각속도 ω인 유도 전동기의 2차 효율은?

① $\frac{\omega_0}{\omega}$ ② $\frac{\omega}{\omega_0}$

③ $\frac{\omega_0 - \omega}{\omega_0}$ ④ $\frac{\omega_0 - \omega}{\omega}$

해설 $\eta_2 = \frac{P}{P_2} = (1-s) = \frac{N}{N_s} = \frac{2\pi\omega}{2\pi\omega_0} = \frac{\omega}{\omega_0}$

50 직류기에 관련된 사항으로 잘못 짝지어진 것은?

① 보극 – 리액턴스 전압 감소
② 보상 권선 – 전기자 반작용 감소
③ 전기자 반작용 – 직류 전동기 속도 감소
④ 정류 기간 – 전기자 코일이 단락되는 기간

해설 전기자 반작용으로 주자속이 감소하면 직류 발전기는 유기 기전력이 감소하고, 직류 전동기는 회전 속도가 상승한다.

51 동기 발전기의 단락비를 계산하는 데 필요한 시험은?

① 부하 시험과 돌발 단락 시험
② 단상 단락 시험과 3상 단락 시험
③ 무부하 포화 시험과 3상 단락 시험
④ 정상, 역상, 영상 리액턴스의 측정 시험

정답 46. ③ 47. ③ 48. ① 49. ② 50. ③ 51. ③

해설 동기 발전기의 단락비를 산출

- 무부하 포화 특성 시험
- 3상 단락 시험

$\therefore$ 단락비 $K_s = \dfrac{I_{f0}}{I_{fs}}$

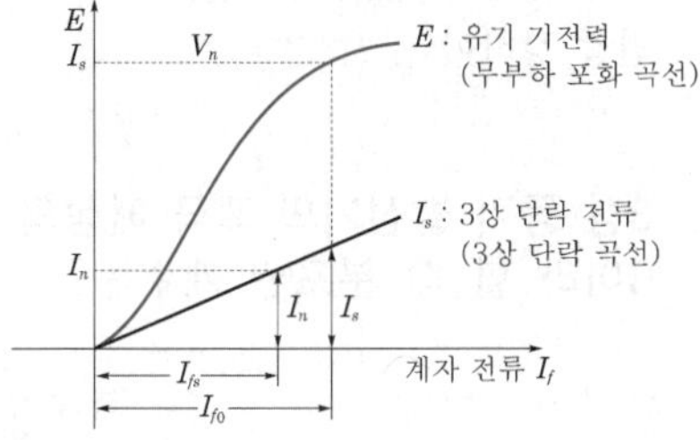

52 단상 직권 전동기의 종류가 아닌 것은?

① 직권형　② 아트킨손형
③ 보상 직권형　④ 유도 보상 직권형

해설 단상 직권 정류자 전동기의 종류

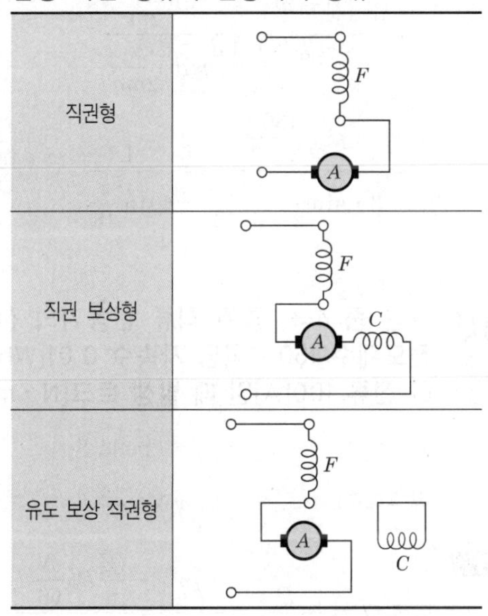

53 60[Hz]인 3상 8극 및 2극의 유도 전동기를 차동 종속으로 접속하여 운전할 때의 무부하 속도[rpm]는?

① 720　② 900
③ 1,000　④ 1,200

해설 2대의 권선형 유도 전동기를 차동 종속으로 접속하여 운전할 때

무부하 속도 $N = \dfrac{120f}{P_1 - P_2} = \dfrac{120 \times 60}{8-2}$

$= 1{,}200[\text{rpm}]$

54 철심의 단면적이 0.085[m²], 최대 자속 밀도가 1.5[Wb/m²]인 변압기가 60[Hz]에서 동작하고 있다. 이 변압기의 1차 및 2차 권수는 120, 60이다. 이 변압기의 1차측에 발생하는 전압의 실효값은 약 몇 [V]인가?

① 4,076　② 2,037
③ 918　④ 496

해설 1차 유기 기전력(1차 발생 전압)

$E_1 = 4.44f N_1 \phi_m$

$= 4.44 \times 60 \times 120 \times 1.5 \times 0.085$

$= 4{,}075.9[\text{V}]$

55 그림과 같은 단상 브리지 정류 회로(혼합 브리지)에서 직류 평균 전압[V]은? (단, E는 교류측 실효치 전압, α는 점호 제어각이다.)

① $\dfrac{2\sqrt{2}E}{\pi}\left(\dfrac{1+\cos\alpha}{2}\right)$

② $\dfrac{\sqrt{2}E}{\pi}\left(\dfrac{1+\cos\alpha}{2}\right)$

③ $\dfrac{2\sqrt{2}E}{\pi}\left(\dfrac{1-\cos\alpha}{2}\right)$

④ $\dfrac{\sqrt{2}E}{\pi}\left(\dfrac{1-\cos\alpha}{2}\right)$

S　S　D　D　부하

해설 SCR을 사용한 단상 브리지 정류에서 점호 제어각 α일 때 직류 평균 전압($E_{d\alpha}$)

$$E_{d\alpha} = \frac{1}{\pi}\int_{\alpha}^{\pi} \sqrt{2}E\sin\theta \cdot d\theta$$

$$= \frac{\sqrt{2}E}{\pi}(1+\cos\alpha)$$

$$= \frac{2\sqrt{2}E}{\pi}\left(\frac{1+\cos\alpha}{2}\right)[\text{V}]$$

정답 52. ② 53. ④ 54. ① 55. ①

56 직류기에서 기계각의 극수가 P인 경우 전기각과의 관계는 어떻게 되는가?

① 전기각$\times 2P$ ② 전기각$\times 3P$

③ 전기각$\times \frac{2}{P}$ ④ 전기각$\times \frac{3}{P}$

해설 직류기에서 전기각 $\alpha = \frac{P}{2} \times$기계각

예 4극의 경우 360°(기계각), 회전 시 전기각은 720°이다.

기계각 $\theta =$전기각$\times \frac{2}{P}$

57 단상 변압기의 병렬 운전 조건에 대한 설명 중 잘못된 것은? (단, r과 x는 각 변압기의 저항과 리액턴스를 나타낸다.)

① 각 변압기의 극성이 일치할 것

② 각 변압기의 권수비가 같고 1차 및 2차 정격 전압이 같을 것

③ 각 변압기의 백분율 임피던스 강하가 같을 것

④ 각 변압기의 저항과 임피던스의 비는 $\frac{x}{r}$일 것

해설 **단상 변압기의 병렬 운전 조건**

- 변압기의 극성이 같을 것
- 1·2차 정격 전압 및 권수비가 같을 것
- 각 변압기의 저항과 리액턴스의 비가 같고 퍼센트 임피던스 강하가 같을 것

58 변압기 단락 시험에서 변압기의 임피던스 전압이란?

① 1차 전류가 여자 전류에 도달했을 때의 2차측 단자전압

② 1차 전류가 정격 전류에 도달했을 때의 2차측 단자전압

③ 1차 전류가 정격 전류에 도달했을 때의 변압기 내의 전압 강하

④ 1차 전류가 2차 단락 전류에 도달했을 때의 변압기 내의 전압 강하

해설 변압기의 임피던스 전압이란, 변압기 2차측을 단락하고 1차 공급 전압을 서서히 증가시켜 단락 전류가 1차 정격 전류에 도달했을 때의 변압기 내의 전압 강하이다.

59 3상 동기 발전기의 매극 매상의 슬롯수를 3이라 할 때 분포권 계수는?

① $6\sin\frac{\pi}{18}$ ② $3\sin\frac{\pi}{36}$

③ $\frac{1}{6\sin\frac{\pi}{18}}$ ④ $\frac{1}{12\sin\frac{\pi}{36}}$

해설 분포권 계수는 전기자 권선법에 따른 집중권과 분포권의 기전력의 비(ratio)로서

$$k_d = \frac{e_r(\text{분포권})}{e_r'(\text{집중권})} = \frac{\sin\frac{\pi}{2m}}{q\sin\frac{\pi}{2mq}}$$

$$= \frac{\sin\frac{180°}{2\times3}}{3\cdot\sin\frac{\pi}{2\times3\times3}} = \frac{1}{6\sin\frac{\pi}{18}}$$

60 다음 중 4극, 중권 직류 전동기의 전기자 전도체수 160, 1극당 자속수 0.01[Wb], 부하 전류 100[A]일 때 발생 토크[N·m]는?

① 36.2 ② 34.8

③ 25.5 ④ 23.4

해설 토크 $T = \frac{P}{2\pi\frac{N}{60}} = \frac{EI_a}{2\pi\frac{N}{60}} = \frac{\frac{Z}{a}P\phi\frac{N}{60}I_a}{2\pi\frac{N}{60}}$

$= \frac{ZP}{2\pi a}\phi I_a = \frac{160\times4}{2\pi\times4}\times0.01\times100$

$\fallingdotseq 25.47$[N·m]

정답 56. ③ 57. ④ 58. ③ 59. ③ 60. ③

제4과목 회로이론 및 제어공학

61 다음 상태방정식 $\dot{x} = Ax + Bu$에서 $A = \begin{bmatrix} 0 & 1 \\ -2 & -3 \end{bmatrix}$일 때, 특성방정식의 근은?

① −2, −3 ② −1, −2
③ −1, −3 ④ 1, −3

해설 특성방정식 $|sI-A|=0$

$|sI-A| = \begin{vmatrix} s & -1 \\ 2 & s+3 \end{vmatrix} = s(s+3)+2$

$= s^2+3s+2=0$

$(s+1)(s+2)=0$

$\therefore s=-1,\ -2$

62 개루프 전달함수 $G(s)$가 다음과 같이 주어지는 단위 부궤환계가 있다. 단위 계단 입력이 주어졌을 때, 정상상태편차가 0.05가 되기 위해서는 K의 값은 얼마인가?

$$G(s) = \frac{6K(s+1)}{(s+2)(s+3)}$$

① 19 ② 20
③ 0.95 ④ 0.05

해설
- 정상위치편차 $e_{ssp} = \frac{1}{1+K_p}$
- 정상위치편차상수 $K_p = \lim_{s\to 0} G(s)$

$0.05 = \frac{1}{1+K_p}$

$K_p = \lim_{s\to 0}\frac{6K(s+1)}{(s+2)(s+3)} = K$

$0.05 = \frac{1}{1+K}$

$\therefore K=19$

63 전달함수가 $G_c(s) = \frac{2s+5}{7s}$인 제어기가 있다. 이 제어기는 어떤 제어기인가?

① 비례 미분 제어기
② 적분 제어기
③ 비례 적분 제어기
④ 비례 적분 미분 제어기

해설 $G_c(s) = \frac{2s+5}{7s} = \frac{2}{7}+\frac{5}{7s} = \frac{2}{7}\left(1+\frac{1}{\frac{2}{5}s}\right)$

비례 감도 $K_p = \frac{2}{7}$

적분 시간 $T_i = \frac{2}{5}$s인 비례 적분 제어기이다.

64 단위궤환제어시스템의 전향경로 전달함수가 $G(s) = \frac{K}{s(s^2+5s+4)}$일 때, 이 시스템이 안정하기 위한 K의 범위는?

① $K < -20$ ② $-20 < K < 0$
③ $0 < K < 20$ ④ $20 < K$

해설 단위궤환제어이므로 $H(s)=1$이므로

특성방정식은 $1+\frac{K}{s(s^2+5s+4)}=0$

$s(s^2+5s+4)+K=0$

$s^3+5s^2+4s+K=0$

라우스의 표

s^3	1	4
s^2	5	K
s^1	$\frac{20-K}{5}$	0
s^0	K	

제1열의 부호 변화가 없어야 안정하므로

$\frac{20-K}{5} > 0,\ K>0$

$\therefore 0 < K < 20$

65 $\overline{A}+\overline{B}\cdot\overline{C}$와 동일한 것은?

① $\overline{A+BC}$ ② $\overline{A(B+C)}$
③ $\overline{A\cdot B+C}$ ④ $\overline{A\cdot B}+C$

해설 $\overline{A(B+C)} = \overline{A}+\overline{(B+C)} = \overline{A}+\overline{B}\cdot\overline{C}$

정답 61. ② 62. ① 63. ③ 64. ③ 65. ②

66 $G(s)H(s)=\dfrac{K(s+1)}{s^2(s+2)(s+3)}$ 에서 점근선의 교차점을 구하면?

① $-\dfrac{5}{6}$ ② $-\dfrac{1}{5}$

③ $-\dfrac{4}{3}$ ④ $-\dfrac{1}{3}$

해설 $\sigma=\dfrac{\sum G(s)H(s)\text{의 극점}-\sum G(s)H(s)\text{의 영점}}{p-z}$

$=\dfrac{(0-2-3)-(-1)}{4-1}=-\dfrac{4}{3}$

67 $G(s)=\dfrac{1}{1+5s}$ 일 때, 절점에서 절점주파수 ω_c[rad/s]를 구하면?

① 0.1 ② 0.5

③ 0.2 ④ 5

해설 $G(j\omega)=\dfrac{1}{1+j5\omega}$

$5\omega_c=1$

$\therefore\ \omega_c=\dfrac{1}{5}=0.2[\text{rad/s}]$

68 개루프 전달함수가 $\dfrac{(s+2)}{(s+1)(s+3)}$ 인 부귀환 제어계의 특성방정식은?

① $s^2+5s+5=0$ ② $s^2+5s+6=0$

③ $s^2+6s+5=0$ ④ $s^2+4s-3=0$

해설 부귀환 제어계의 폐루프 전달함수는

$\dfrac{C(s)}{R(s)}=\dfrac{G(s)}{1+G(s)H(s)}$

여기서, $G(s)$: 전향 전달함수

$H(s)$: 피드백 전달함수

전달함수의 분모 $1+G(s)H(s)=0$: 특성방정식

$1+\dfrac{(s+2)}{(s+1)(s+3)}=0$

$(s+1)(s+3)+(s+2)=0$

$\therefore\ s^2+5s+5=0$

69 그림과 같은 블록선도에 대한 등가전달함수를 구하면?

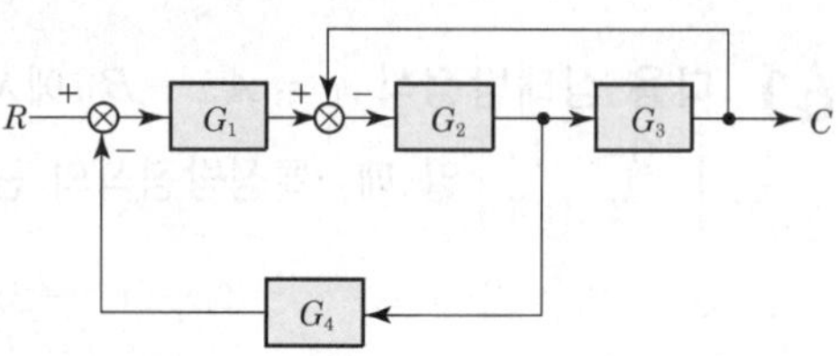

① $\dfrac{G_1G_2G_3}{1+G_2G_3+G_1G_2G_4}$

② $\dfrac{G_1G_2G_3}{1+G_1G_2+G_1G_2G_3}$

③ $\dfrac{G_1G_2G_3}{1+G_1G_2+G_1G_2G_4}$

④ $\dfrac{G_1G_2G_3}{1+G_2G_3+G_1G_2G_3}$

해설 G_3 앞의 인출점을 G_3 뒤로 이동하면 다음과 같다.

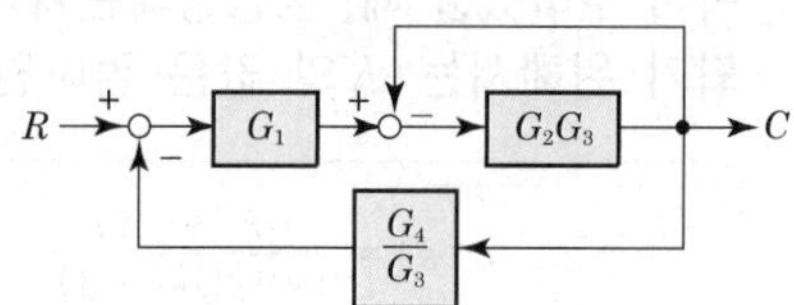

$\left\{\left(R-C\dfrac{G_4}{G_3}\right)G_1-C\right\}G_2G_3=C$

$RG_1G_2G_3-CG_1G_2G_4-C(G_2G_3)=C$

$RG_1G_2G_3=C(1+G_2G_3+G_1G_2G_4)$

$\therefore\ G(s)=\dfrac{C}{R}=\dfrac{G_1G_2G_3}{1+G_2G_3+G_1G_2G_4}$

70 $G(s)H(s)=\dfrac{2}{(s+1)(s+2)}$ 의 이득여유[dB]를 구하면?

① 20 ② −20

③ 0 ④ 무한대

해설 $G(j\omega)H(j\omega)=\dfrac{2}{(j\omega+1)(j\omega+2)}$

$=\dfrac{2}{-\omega^2+2+j3\omega}$

정답 66. ③ 67. ③ 68. ① 69. ① 70. ③

$$|G(j\omega)H(j\omega)|_{\omega_c=0} = \left|\frac{2}{-\omega^2+2}\right|_{\omega_c=0} = \frac{2}{2} = 1$$

$$\therefore\ GM = 20\log\frac{1}{|GH_c|} = 20\log\frac{1}{1} = 0[\text{dB}]$$

71 그림에서 $t=0$일 때 S를 닫았다. 전류 $i(t)$를 구하면?

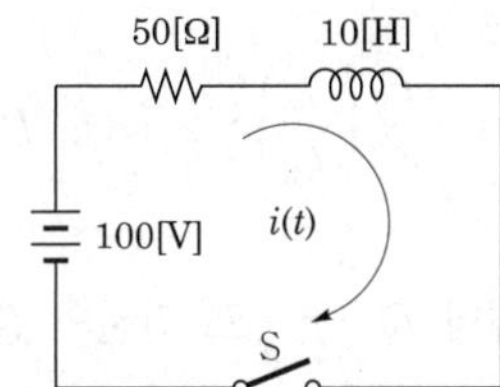

① $2(1+e^{-5t})$

② $2(1-e^{5t})$

③ $2(1-e^{-5t})$

④ $2(1+e^{5t})$

해설

$$i(t) = \frac{E}{R}\left(1-e^{-\frac{R}{L}t}\right) = \frac{100}{50}\left(1-e^{-\frac{50}{10}t}\right)$$

$$= 2(1-e^{-5t})$$

72 각 상전압이 $V_a = 40\sin\omega t$, $V_b = 40\sin(\omega t+90°)$, $V_c = 40\sin(\omega t-90°)$라 하면 영상 대칭분의 전압[V]은?

① $40\sin\omega t$

② $\frac{40}{3}\sin\omega t$

③ $\frac{40}{3}\sin(\omega t-90°)$

④ $\frac{40}{3}\sin(\omega t+90°)$

해설

$$V_o = \frac{1}{3}(V_a+V_b+V_c)$$

$$= \frac{1}{3}\{40\sin\omega t + 40\sin(\omega t+90°)$$

$$+ 40\sin(\omega t-90°)\}$$

$$= \frac{40}{3}\sin\omega t[\text{V}]$$

73 다음에서 $f_e(t)$는 우함수, $f_o(t)$는 기함수를 나타낸다. 주기함수 $f(t) = f_e(t)+f_o(t)$에 대한 다음의 서술 중 바르지 못한 것은?

① $f_e(t) = f_e(-t)$

② $f_o(t) = \frac{1}{2}[f(t)-f(-t)]$

③ $f_o(t) = -f_o(-t)$

④ $f_e(t) = \frac{1}{2}[f(t)-f(-t)]$

해설 $f_e(t) = f_e(-t)$, $f_o(t) = -f_o(-t)$는 옳고 $f(t) = f_e(t)+f_o(t)$이므로

$$\frac{1}{2}[f(t)+f(-t)]$$

$$= \frac{1}{2}[f_e(t)+f_o(t)+f_e(-t)+f_o(-t)]$$

$$= \frac{1}{2}[f_e(t)+f_o(t)+f_e(t)-f_o(t)]$$

$$= f_e(t)$$

$$\frac{1}{2}[f(t)-f(-t)]$$

$$= \frac{1}{2}[f_e(t)+f_o(t)-f_e(-t)-f_o(-t)]$$

$$= \frac{1}{2}[f_e(t)+f_o(t)-f_e(t)+f_o(t)]$$

$$= f_o(t)$$

74 그림이 정저항 회로로 되려면 $C[\mu\text{F}]$는?

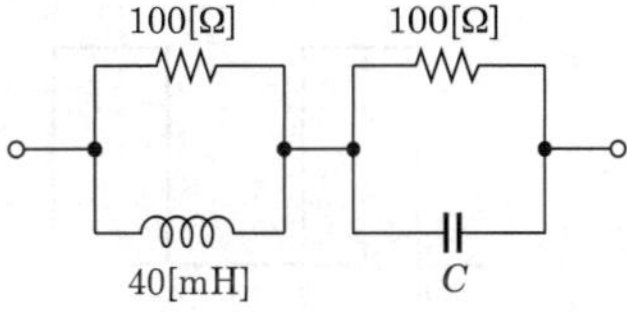

① 4 ② 6

③ 8 ④ 10

해설 정저항 조건 $Z_1 \cdot Z_2 = R^2$, $sL\cdot\frac{1}{sC} = R^2$

$$\therefore\ R^2 = \frac{L}{C}$$

$$\because\ C = \frac{L}{R^2} = \frac{40\times10^{-3}}{100^2} = 4\times10^{-6} = 4[\mu\text{F}]$$

정답 71. ③ 72. ② 73. ④ 74. ①

75 평형 3상 3선식 회로가 있다. 부하는 Y결선이고 $V_{ab} = 100\sqrt{3}\angle 0°$[V]일 때 $I_a = 20\angle -120°$[A]이었다. Y결선된 부하 한 상의 임피던스는 몇 [Ω]인가?

① $5\angle 60°$ ② $5\sqrt{3}\angle 60°$

③ $5\angle 90°$ ④ $5\sqrt{3}\angle 90°$

해설

$$Z = \frac{V_p}{I_p} = \frac{\frac{100\sqrt{3}}{\sqrt{3}}\angle 0° - 30°}{20\angle -120°} = \frac{100\angle -30°}{20\angle -120°} = 5\angle 90°[\Omega]$$

76 분포정수회로에서 선로정수가 R, L, C, G이고 무왜 조건이 $RC = GL$과 같은 관계가 성립될 때 선로의 특성 임피던스 Z_0[Ω]는?

① $\sqrt{CL}$ ② $\frac{1}{\sqrt{CL}}$

③ $\sqrt{RG}$ ④ $\sqrt{\frac{L}{C}}$

해설

$$Z_0 = \sqrt{\frac{Z}{Y}} = \sqrt{\frac{R + j\omega L}{G + j\omega C}} = \sqrt{\frac{L}{C}}[\Omega]$$

77 그림과 같은 파형의 파고율은?

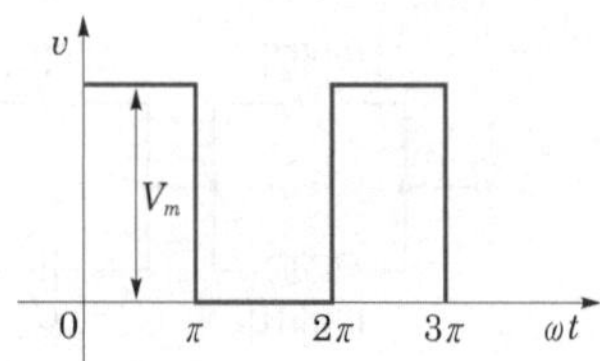

① $\sqrt{2}$ ② $\sqrt{3}$

③ 2 ④ 3

해설

$$\text{파고율} = \frac{\text{최댓값}}{\text{실효값}} = \frac{V_m}{\frac{V_m}{\sqrt{2}}} = \sqrt{2}$$

78 길이에 따라 비례하는 저항값을 가진 어떤 전열선에 E_0[V]의 전압을 인가하면 P_0[W]의 전력이 소비된다. 이 전열선을 잘라 원래 길이의 $\frac{2}{3}$로 만들고 E[V]의 전압을 가한다면 소비전력 P[W]는?

① $P = \frac{P_0}{2}\left(\frac{E}{E_0}\right)^2$ ② $P = \frac{3P_0}{2}\left(\frac{E}{E_0}\right)^2$

③ $P = \frac{2P_0}{3}\left(\frac{E}{E_0}\right)^2$ ④ $P = \frac{\sqrt{3}P_0}{2}\left(\frac{E}{E_0}\right)^2$

해설

전기저항 $R = \rho\frac{l}{s}$로 전선의 길이에 비례하므로

$$\frac{P}{P_0} = \frac{\frac{E^2}{\frac{2}{3}R}}{\frac{E_0^2}{R}} \qquad \therefore P = \frac{3P_0}{2}\left(\frac{E}{E_0}\right)^2$$

79 선간전압 V_l[V]의 3상 평형 전원에 대칭 3상 저항 부하 R[Ω]이 그림과 같이 접속되었을 때 a, b 두 상 간에 접속된 전력계의 지시값이 W[W]라 하면 c상의 전류[A]는?

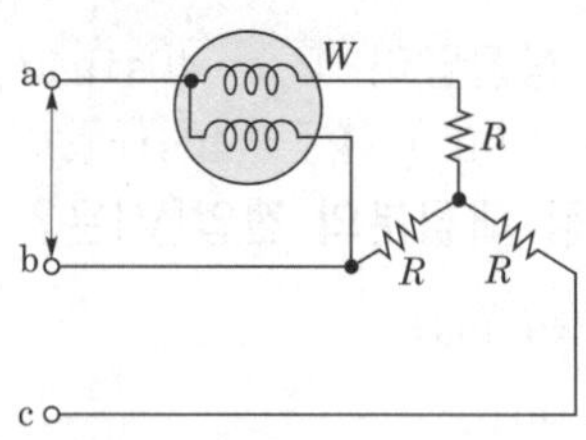

① $\frac{\sqrt{3}W}{V_l}$ ② $\frac{3W}{V_l}$

③ $\frac{W}{\sqrt{3}V_l}$ ④ $\frac{2W}{\sqrt{3}V_l}$

해설 3상 전력 : $P = 2W$[W]

대칭 3상이므로 $I_a = I_b = I_c$이다.

따라서 $2W = \sqrt{3}V_l I_l \cos\theta$에서 R만의 부하이므로 역률 $\cos\theta = 1$

$$\therefore I = \frac{2W}{\sqrt{3}V_l}[A]$$

정답 75. ③ 76. ④ 77. ① 78. ② 79. ④

80 콘덴서 C[F]에 단위 임펄스의 전류원을 접속하여 동작시키면 콘덴서의 전압 $V_C(t)$는? (단, $u(t)$는 단위 계단 함수이다.)

① $V_C(t) = C$　　② $V_C(t) = Cu(t)$

③ $V_C(t) = \frac{1}{C}$　　④ $V_C(t) = \frac{1}{C}u(t)$

해설 콘덴서의 전압 $V_C(t) = \frac{1}{C}\int i(t)\,dt$

라플라스 변환하면 $V_C(s) = \frac{1}{Cs}I(s)$

단위 임펄스 전류원 $i(t) = \delta(t)$

$\therefore\ I(s) = 1$

$\because\ V_C(s) = \frac{1}{Cs}$

역라플라스 변환하면 $V_C(t) = \frac{1}{C}u(t)$가 된다.

제5과목 전기설비기술기준

81 "리플프리(ripple－free)직류"란 교류를 직류로 변환할 때 리플성분의 실효값이 몇 [%] 이하로 포함된 직류를 말하는가?

① 3　　② 5

③ 10　　④ 15

해설 용어정의(KEC 112)
"리플프리(ripple－free)직류"란 교류를 직류로 변환할 때 리플성분의 실효값이 10[%] 이하로 포함된 직류를 말한다.

82 사용전압이 저압인 전로에서 정전이 어려운 경우 등 절연저항 측정이 곤란한 경우에 누설전류는 몇 [mA] 이하로 유지하여야 하는가?

① 1　　② 2

③ 3　　④ 4

해설 전로의 절연저항 및 절연내력(KEC 132)
저압 전로에서 정전이 어려운 경우 등 절연저항 측정이 곤란한 경우 저항성분의 누설전류를 1[mA] 이하로 유지한다.

83 최대사용전압 22.9[kV]인 3상 4선식 다중접지방식의 지중전선로의 절연내력시험을 직류로 할 경우 시험전압은 몇 [V]인가?

① 16,448　　② 21,068

③ 32,796　　④ 42,136

해설 전로의 절연저항 및 절연내력(KEC 132)
중성점 다중 접지방식이고, 직류로 시험하므로 $22,900 \times 0.92 \times 2 = 42,136$[V]이다.

84 특고압 · 고압 전기설비 및 변압기 다중중성점 접지시스템의 경우 접지도체가 사람이 접촉할 우려가 있는 곳에 시설되는 고정설비인 경우, 접지도체는 단면적 몇 [mm^2] 이상의 연동선 또는 동등 이상의 단면적 및 강도를 가져야 하는가?

① 2.5　　② 6

③ 10　　④ 16

해설 접지도체(KEC 142.3.1)
특고압 · 고압 전기설비용 접지도체는 단면적 6[mm^2] 이상의 연동선 또는 동등 이상의 단면적 및 강도를 가져야 한다.

85 혼촉방지판이 설치된 변압기로써 고압 전로 또는 특고압 전로와 저압 전로를 결합하는 변압기 2차측 저압 전로를 옥외에 시설하는 경우 기술규정에 부합되지 않는 것은 다음 중 어느 것인가?

① 저압선 가공전선로 또는 저압 옥상전선로의 전선은 케이블일 것

② 저압 전선은 1구내에만 시설할 것

③ 저압 전선의 구외로의 연장범위는 200[m] 이하일 것

④ 저압 가공전선과 또는 특고압의 가공전선은 동일 지지물에 시설하지 말 것

해설 혼촉방지판이 있는 변압기에 접속하는 저압 옥외전선의 시설 등(KEC 322.2)
저압 전선은 1구내에만 시설하므로 구외로 연장할 수 없다.

정답 80. ④ 81. ③ 82. ① 83. ④ 84. ② 85. ③

86 **애자공사에 의한 저압 옥내배선시설 중 틀린 것은?**

① 전선은 인입용 비닐절연전선일 것
② 전선 상호 간의 간격은 6[cm] 이상일 것
③ 전선의 지지점 간의 거리는 전선을 조영재의 윗면에 따라 붙일 경우에는 2[m] 이하일 것
④ 전선과 조영재 사이의 이격거리는 사용전압이 400[V] 이하인 경우에는 2.5[cm] 이상일 것

해설 **애자공사의 시설조건(KEC 232.56.1)**
전선은 절연전선(옥외용 및 인입용 절연전선을 제외)을 사용할 것

87 **풀용 수중조명등에 전기를 공급하기 위하여 사용되는 절연변압기에 대한 설명으로 틀린 것은?**

① 절연변압기 2차측 전로의 사용전압은 150[V] 이하이어야 한다.
② 절연변압기의 2차측 전로에는 반드시 접지공사를 하며, 그 저항값은 5[Ω] 이하가 되도록 하여야 한다.
③ 절연변압기 2차측 전로의 사용전압이 30[V] 이하인 경우에는 1차 권선과 2차 권선 사이에 금속제의 혼촉방지판이 있어야 한다.
④ 절연변압기 2차측 전로의 사용전압이 30[V]를 초과하는 경우에는 그 전로에 지락이 생겼을 때 자동적으로 전로를 차단하는 장치가 있어야 한다.

해설 **수중조명등(KEC 234.14)**
절연변압기의 2차측 전로는 접지하지 아니할 것

88 **특고압 전선로에 사용되는 애자장치에 대한 갑종 풍압하중은 그 구성재의 수직투영면적 1[m^2]에 대한 풍압하중을 몇 [Pa]을 기초로 하여 계산한 것인가?**

① 588　② 666
③ 946　④ 1,039

해설 **풍압하중의 종별과 적용(KEC 331.6)**

풍압을 받는 구분		갑종 풍압하중
지지물	원형	588[Pa]
	강관 철주	1,117[Pa]
	강관 철탑	1,255[Pa]
전선 가섭선	다도체	666[Pa]
	기타의 것(단도체 등)	745[Pa]
애자장치(특고압 전선용)		1,039[Pa]
완금류		1,196[Pa]

89 **다음 (　) 안에 들어갈 내용으로 옳은 것은?**

유희용 전차에 전기를 공급하는 전원장치의 2차측 단자의 최대사용전압은 직류의 경우는 (㉠)[V] 이하, 교류의 경우는 (㉡)[V] 이하이어야 한다.

① ㉠ 60, ㉡ 40　② ㉠ 40, ㉡ 60
③ ㉠ 30, ㉡ 60　④ ㉠ 60, ㉡ 30

해설 **유희용 전차(KEC 241.8)**
사용전압 직류 60[V] 이하, 교류 40[V] 이하

90 **시가지에 시설하는 440[V] 가공전선으로 경동선을 사용하려면 그 지름은 최소 몇 [mm]이어야 하는가?**

① 2.6
② 3.2
③ 4.0
④ 5.0

해설 **저압 가공전선의 굵기 및 종류(KEC 222.5)**
- 사용전압이 400[V] 이하는 인장강도 3.43[kN] 이상의 것 또는 지름 3.2[mm](절연전선은 인장강도 2.3[kN] 이상의 것 또는 지름 2.6[mm] 이상의 경동선) 이상
- 사용전압이 400[V] 초과인 저압 가공전선
  - 시가지 : 인장강도 8.01[kN] 이상의 것 또는 지름 5[mm] 이상의 경동선
  - 시가지 외 : 인장강도 5.26[kN] 이상의 것 또는 지름 4[mm] 이상의 경동선

정답 86. ① 87. ② 88. ④ 89. ① 90. ④

91 단면적 55[mm^2]인 경동연선을 사용하는 특고압 가공전선로의 지지물로 장력에 견디는 형태의 B종 철근콘크리트주를 사용하는 경우, 허용 최대 경간은 몇 [m]인가?

① 150 ② 250
③ 300 ④ 500

해설 **특고압 가공전선로 경간의 제한(KEC 333.21)**
특고압 가공전선로의 전선에 인장강도 21.67[kN] 이상의 것 또는 단면적이 50[mm^2] 이상인 경동연선을 사용하는 경우 전선로의 경간은 목주·A종은 300[m] 이하, B종은 500[m] 이하이어야 한다.

92 고압 가공전선이 상호 간의 접근 또는 교차하여 시설되는 경우, 고압 가공전선 상호 간의 이격거리는 몇 [cm] 이상이어야 하는가? (단, 고압 가공전선은 모두 케이블이 아니라고 한다.)

① 50 ② 60
③ 70 ④ 80

해설 **고압 가공전선 상호간의 접근 또는 교차(KEC 332.17)**
- 위쪽 또는 옆쪽에 시설되는 고압 가공전선로는 고압 보안공사에 의할 것
- 고압 가공전선 상호 간의 이격거리는 80[cm] (어느 한쪽의 전선이 케이블인 경우에는 40[cm]) 이상일 것

93 특고압 가공전선과 약전류전선 사이에 시설하는 보호망에서 보호망을 구성하는 금속선 상호 간의 간격은 가로 및 세로 각각 몇 [m] 이하이어야 하는가?

① 0.5 ② 1
③ 1.5 ④ 2

해설 **특고압 가공전선과 도로 등의 접근 또는 교차(KEC 333.24)**
보호망을 구성하는 금속선 상호의 간격은 가로, 세로 각 1.5[m] 이하이다.

94 시가지 또는 그 밖에 인가가 밀집한 지역에 154[kV] 가공전선로의 전선을 케이블로 시설하고자 한다. 이때, 가공전선을 지지하는 애자장치의 50[%] 충격섬락전압값이 그 전선의 근접한 다른 부분을 지지하는 애자장치값의 몇 [%] 이상이어야 하는가?

① 75 ② 100
③ 105 ④ 110

해설 **특고압 보안공사(KEC 333.22)**
특고압 가공전선을 지지하는 애자장치는 다음 중 어느 하나에 의할 것
- 50[%] 충격섬락전압값이 그 전선의 근접한 다른 부분을 지지하는 애자장치값의 110[%](사용전압이 130[kV]를 초과하는 경우는 105[%]) 이상인 것
- 아크혼을 붙인 현수애자·장간애자(長幹碍子) 또는 라인포스트애자를 사용하는 것
- 2련 이상의 현수애자 또는 장간애자를 사용하는 것
- 2개 이상의 핀애자 또는 라인포스트애자를 사용하는 것

95 지중전선로를 직접 매설식에 의하여 시설할 때 중량물의 압력을 받을 우려가 있는 장소에 저압 또는 고압의 지중전선을 견고한 트라프, 기타 방호물에 넣지 않고도 부설할 수 있는 케이블은?

① PVC 외장케이블
② 콤바인덕트 케이블
③ 염화비닐 절연케이블
④ 폴리에틸렌 외장 케이블

해설 **지중전선로(KEC 334.1)**
지중전선을 견고한 트라프, 기타 방호물에 넣어 시설하여야 한다. 단, 다음의 어느 하나에 해당하는 경우에는 지중전선을 견고한 트라프, 기타 방호물에 넣지 아니하여도 된다.
- 저압 또는 고압의 지중전선을 차량, 기타 중량물의 압력을 받을 우려가 없는 경우에 그 위를 견고한 판 또는 몰드로 덮어 시설하는 경우

정답 91. ④ 92. ④ 93. ③ 94. ③ 95. ②

- 저압 또는 고압의 지중전선에 콤바인덕트 케이블 또는 개장(鎧裝)한 케이블을 사용해 시설하는 경우
- 파이프형 압력 케이블, 연피 케이블, 알루미늄피 케이블을 사용하여 시설하는 경우

96 출제빈도 **고압용의 개폐기, 차단기, 피뢰기, 기타 이와 유사한 기구로서 동작 시에 아크가 생기는 것은 목재의 벽 또는 천장 기타의 가연성 물체로부터 몇 [m] 이상 떼어 놓아야 하는가?**

① 1　② 0.8
③ 0.5　④ 0.3

해설 **아크를 발생하는 기구의 시설(KEC 341.7) – 이격거리**
- 고압용의 것 : 1[m] 이상
- 특고압용의 것 : 2[m] 이상

97 **다음 ( ) 안에 들어가는 내용으로 옳은 것은?**

> 고압 또는 특고압의 기계기구・모선 등을 옥외에 시설하는 발전소, 변전소, 개폐소 또는 이에 준하는 곳에 시설하는 울타리, 담 등의 높이는 (㉠)[m] 이상으로 하고, 지표면과 울타리, 담 등의 하단 사이의 간격은 (㉡)[cm] 이하로 하여야 한다.

① ㉠ 3, ㉡ 15　② ㉠ 2, ㉡ 15
③ ㉠ 3, ㉡ 25　④ ㉠ 2, ㉡ 25

해설 **발전소 등의 울타리・담 등의 시설(KEC 351.1)**
- 울타리・담 등의 높이는 2[m] 이상
- 담 등의 하단 사이의 간격은 0.15[m] 이하

98 출제빈도 **특고압 가공전선로의 지지물에 첨가하는 통신선 보안장치에 사용되는 피뢰기의 동작전압은 교류 몇 [V] 이하인가?**

① 300　② 600
③ 1,000　④ 1,500

해설 **특고압 가공전선로 첨가설치 통신선의 시가지 인입제한(KEC 362.5)**
통신선 보안장치에는 교류 1[kV] 이하에서 동작하는 피뢰기를 설치한다.

99 **사용전압이 22.9[kV]인 가공전선로의 다중 접지한 중성선과 첨가통신선의 이격거리는 몇 [cm] 이상이어야 하는가? (단, 특고압 가공전선로는 중성선 다중 접지식의 것으로 전로에 지락이 생긴 경우 2초 이내에 자동적으로 이를 전로로부터 차단하는 장치가 되어 있는 것으로 한다.)**

① 60　② 75
③ 100　④ 120

해설 **전력보안통신선의 시설높이와 이격거리(KEC 362.2)**
통신선과 저압 가공전선 또는 25[kV] 이하 특고압 가공전선로의 다중 접지를 한 중성선 사이의 이격거리는 0.6[m] 이상이어야 한다.

100 출제빈도 **전기철도차량이 전차선로와 접촉한 상태에서 견인력을 끄고 보조전력을 가동한 상태로 정지해 있는 경우, 가공 전차선로의 유효전력이 200[kW] 이상일 경우 총 역률은 몇 보다는 작아서는 안 되는가?**

① 0.9　② 0.8
③ 0.7　④ 0.6

해설 **전기철도차량의 역률(KEC 441.4)**
규정된 비지속성 최저전압에서 비지속성 최고전압까지의 전압범위에서 유도성 역률 및 전력소비에 대해서만 적용되며, 회생제동 중에는 전압을 제한범위 내로 유지시키기 위하여 유도성 역률을 낮출 수 있다. 다만, 전기철도차량이 전차선로와 접촉한 상태에서 견인력을 끄고 보조전력을 가동한 상태로 정지해 있는 경우, 가공 전차선로의 유효전력이 200[kW] 이상일 경우 총 역률은 0.8보다는 작아서는 안 된다.

정답 96. ① 97. ② 98. ③ 99. ① 100. ②

2023. 5. 14. 시행

2023년 제2회 CBT 기출복원문제

제1과목 전기자기학

01 그림과 같은 환상 솔레노이드 내의 철심 중심에서의 자계의 세기 H[AT/m]는? (단, 환상 철심의 평균 반지름은 r[m], 코일의 권수는 N회, 코일에 흐르는 전류는 I[A]이다.)

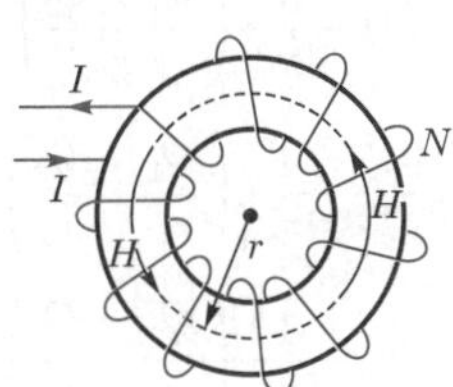

① $\dfrac{NI}{\pi r}$

② $\dfrac{NI}{2\pi r}$

③ 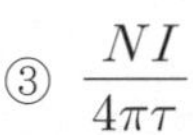 $\dfrac{NI}{4\pi r}$

④ 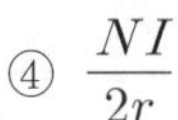 $\dfrac{NI}{2r}$

해설 앙페르의 주회 적분 법칙

$NI = \oint_c H \cdot dl$ 에서 $NI = H \cdot l = H \cdot 2\pi r$ [AT]

자계의 세기 $H = \dfrac{NI}{2\pi r}$ [AT/m]

02 그림과 같이 비투자율이 μ_{s1}, μ_{s2}인 각각 다른 자성체를 접하여 놓고 θ_1을 입사각이라 하고, θ_2를 굴절각이라 한다. 경계면에 자하가 없는 경우, 미소 폐곡면을 취하여 이곳에 출입하는 자속수를 구하면?

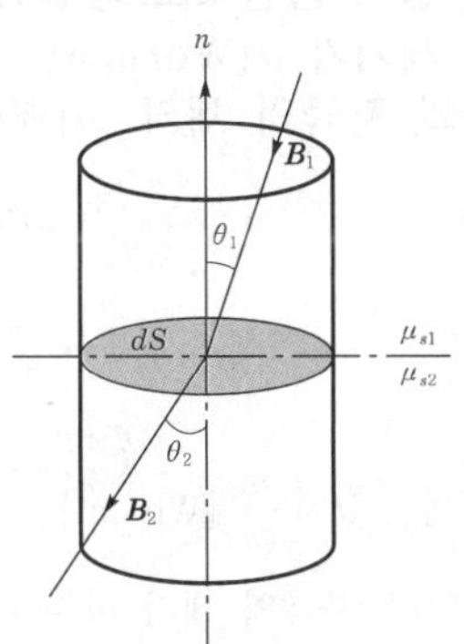

① $\int_l B \cdot n dl = 0$

② $\int_S B \cdot n dS = 0$

③ $\int_S B \cdot dS = 0$

④ $\int_S B \cdot n \sin\theta dS = 0$

해설 경계면에는 자하가 없으므로 경계면에서의 자속은 연속한다.

$\text{div}\boldsymbol{A} = \nabla \cdot \boldsymbol{A} = 0$

$\therefore \text{div}\boldsymbol{B} = \nabla \cdot \boldsymbol{B} = 0$

즉, $\int_S \boldsymbol{B} \cdot \boldsymbol{n} dS = 0$

03 다음 식 중에서 틀린 것은?

① 가우스의 정리 : $\text{div}D = \rho$

② 푸아송의 방정식 : $\nabla^2 V = \dfrac{\rho}{\varepsilon}$

③ 라플라스의 방정식 : $\nabla^2 V = 0$

④ 발산의 정리 : $\oint_s A \cdot ds = \int_v \text{div}A dv$

해설 맥스웰의 전자계 기초 방정식

- $\text{rot}\boldsymbol{E} = \nabla \times \boldsymbol{E} = -\dfrac{\partial \boldsymbol{B}}{\partial t} = -\mu \dfrac{\partial \boldsymbol{H}}{\partial t}$
  (패러데이 전자 유도 법칙의 미분형)
- $\text{rot}\boldsymbol{H} = \nabla \times \boldsymbol{H} = \boldsymbol{i} + \dfrac{\partial \boldsymbol{D}}{\partial t}$
  (앙페르 주회 적분 법칙의 미분형)
- $\text{div}\ \boldsymbol{D} = \nabla \cdot \boldsymbol{D} = \rho$ (가우스 정리의 미분형)
- $\text{div}\ \boldsymbol{B} = \nabla \cdot \boldsymbol{B} = 0$ (가우스 정리의 미분형)
- $\nabla^2 V = -\dfrac{\rho}{\varepsilon_0}$ (푸아송의 방정식)
- $\nabla^2 V = 0$ (라플라스 방정식)

정답 01. ② 02. ② 03. ②

04 자속 밀도가 10[Wb/m^2]인 자계 내에 길이 4[cm]의 도체를 자계와 직각으로 놓고 이 도체를 0.4초 동안 1[m]씩 균일하게 이동하였을 때 발생하는 기전력은 몇 [V]인가?

① 1　　② 2
③ 3　　④ 4

해설 기전력

$e = Blv\sin\theta$

여기서 $v = \frac{1}{0.4} = 2.5$[m/s], $\theta = 90°$이므로

$\therefore\ e = 10 \times 4 \times 10^{-2} \times 2.5 \times \sin 90° = 1$[V]

05 패러데이관(Faraday tube)의 성질에 대한 설명으로 틀린 것은?

① 패러데이관 중에 있는 전속수는 그 관 속에 진전하가 없으면 일정하며 연속적이다.
② 패러데이관의 양단에는 양 또는 음의 단위 진전하가 존재하고 있다.
③ 패러데이관 한 개의 단위 전위차당 보유 에너지는 $\frac{1}{2}$[J]이다.
④ 패러데이관의 밀도는 전속 밀도와 같지 않다.

해설 패러데이관(Faraday tube)은 단위 정 · 부하 전하를 연결한 전기력 관으로 진전하가 없는 곳에서 연속이며, 보유 에너지는 $\frac{1}{2}$[J]이고 전속수와 같다.

06 간격 d[m]의 평행판 도체에 V[kV]의 전위차를 주었을 때 음극 도체판을 초속도 0으로 출발한 전자 e[C]이 양극 도체판에 도달할 때의 속도는 몇 [m/s]인가? (단, m[kg]은 전자의 질량이다.)

① $\sqrt{\frac{eV}{m}}$　　② $\sqrt{\frac{2eV}{m}}$
③ $\sqrt{\frac{eV}{2m}}$　　④ $\frac{2eV}{m}$

해설 전자 볼트(eV)를 운동 에너지로 나타내면 $\frac{1}{2}mv^2$[J]이므로

$eV = \frac{1}{2}mv^2$

$\therefore\ v = \sqrt{\frac{2eV}{m}}$ [m/s]

07 반경 r_1, r_2인 동심구가 있다. 반경 r_1, r_2인 구껍질에 각각 $+Q_1$, $+Q_2$의 전하가 분포되어 있는 경우 $r_1 \leq r \leq r_2$에서의 전위는?

① $\frac{1}{4\pi\varepsilon_0}\left(\frac{Q_1+Q_2}{r}\right)$
② $\frac{1}{4\pi\varepsilon_0}\left(\frac{Q_1}{r_1}+\frac{Q_2}{r_2}\right)$
③ $\frac{1}{4\pi\varepsilon_0}\left(\frac{Q_2}{r}+\frac{Q_1}{r_2}\right)$
④ $\frac{1}{4\pi\varepsilon_0}\left(\frac{Q_1}{r}+\frac{Q_2}{r_2}\right)$

해설 반경 r의 전위는 외구 표면 전위(V_2) $r \sim r_2$의 사이의 전위차(Vr_2)의 합이므로

$$\therefore\ V = V_2 + Vr_2 = \frac{Q_1+Q_2}{4\pi\varepsilon_0 r_2} + \frac{Q_1}{4\pi\varepsilon_0}\left(\frac{1}{r}-\frac{1}{r_2}\right) = \frac{1}{4\pi\varepsilon_0}\left(\frac{Q_1}{r}+\frac{Q_2}{r_2}\right)\text{[V]}$$

08 길이가 l[m], 단면적의 반지름이 a[m]인 원통이 길이 방향으로 균일하게 자화되어 자화의 세기가 J[Wb/m^2]인 경우 원통 양단에서의 자극의 세기 m[Wb]은?

① alJ　　② $2\pi alJ$
③ $\pi a^2 J$　　④ $\frac{J}{\pi a^2}$

해설 자화의 세기 $J = \frac{m}{s}$[Wb/m^2]

자성체 양단 자극의 세기 $m = sJ = \pi a^2 J$[Wb]

정답 04. ① 05. ④ 06. ② 07. ④ 08. ③

09 맥스웰의 방정식과 연관이 없는 것은?

① 패러데이의 법칙
② 쿨롱의 법칙
③ 스토크스의 법칙
④ 가우스의 정리

해설 맥스웰의 전자계 기초 방정식

- $\text{rot}\boldsymbol{E} = \nabla \times \boldsymbol{E} = -\dfrac{\partial \boldsymbol{B}}{\partial t} = -\mu\dfrac{\partial \boldsymbol{H}}{\partial t}$

  (패러데이 전자 유도 법칙의 미분형)
- $\text{rot}\boldsymbol{H} = \nabla \times \boldsymbol{H} = \boldsymbol{i} + \dfrac{\partial \boldsymbol{D}}{\partial t}$

  (앙페르 주회 적분 법칙의 미분형)
- $\text{div}\boldsymbol{D} = \nabla \cdot \boldsymbol{D} = \rho$ (가우스 정리의 미분형)
- $\text{div}\boldsymbol{B} = \nabla \cdot \boldsymbol{B} = 0$ (가우스 정리의 미분형)

∴ 맥스웰 방정식은 패러데이 법칙, 앙페르 주회 적분 법칙에서 $\oint Adl = \int_s \text{rot}Ads$, 즉 선적분을 면적분으로 변환하기 위한 스토크스의 정리, 가우스의 정리가 연관된다.

10 자화의 세기 단위로 옳은 것은?

① [AT/Wb]
② [AT/m^2]
③ [Wb·m]
④ [Wb/m^2]

해설

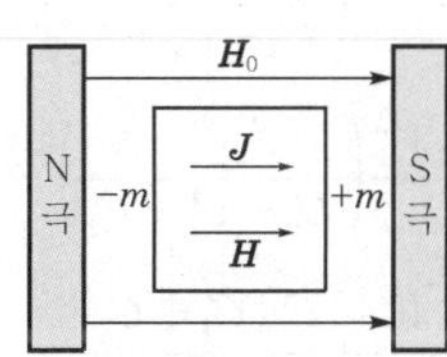

자성체를 자계 내에 놓았을 때 물질이 자화되는 경우 이것을 양적으로 표시하면 단위 체적당 자기 모멘트를 그 점의 자화의 세기라 한다.
이를 식으로 나타내면

$$\begin{aligned}\boldsymbol{J} &= \boldsymbol{B} - \mu_0\boldsymbol{H} \\ &= \mu_0\mu_s\boldsymbol{H} - \mu_0\boldsymbol{H} \\ &= \mu_0(\mu_s - 1)\boldsymbol{H} \\ &= \chi_m\boldsymbol{H}\,[\text{Wb/m}^2]\end{aligned}$$

11 두 종류의 유전율(ε_1, ε_2)을 가진 유전체가 서로 접하고 있는 경계면에 진전하가 존재하지 않을 때 성립하는 경계 조건으로 옳은 것은? (단, E_1, E_2는 각 유전체에서의 전계이고, D_1, D_2는 각 유전체에서의 전속밀도이고, θ_1, θ_2는 각각 경계면의 법선 벡터와 E_1, E_2가 이루는 각이다.)

① $E_1\cos\theta_1 = E_2\cos\theta_2$,

$D_1\sin\theta_1 = D_2\sin\theta_2$, $\dfrac{\tan\theta_1}{\tan\theta_2} = \dfrac{\varepsilon_2}{\varepsilon_1}$

② $E_1\cos\theta_1 = E_2\cos\theta_2$,

$D_1\sin\theta_1 = D_2\sin\theta_2$, $\dfrac{\tan\theta_1}{\tan\theta_2} = \dfrac{\varepsilon_1}{\varepsilon_2}$

③ $E_1\sin\theta_1 = E_2\sin\theta_2$,

$D_1\cos\theta_1 = D_2\cos\theta_2$, $\dfrac{\tan\theta_1}{\tan\theta_2} = \dfrac{\varepsilon_2}{\varepsilon_1}$

④ $E_1\sin\theta_1 = E_2\sin\theta_2$,

$D_1\cos\theta_1 = D_2\cos\theta_2$, $\dfrac{\tan\theta_1}{\tan\theta_2} = \dfrac{\varepsilon_1}{\varepsilon_2}$

해설 유전체의 경계면에서 경계 조건

- 전계 E의 접선 성분은 경계면의 양측에서 같다.
  $E_1\sin\theta_1 = E_2\sin\theta_2$
- 전속 밀도 D의 법선 성분은 경계면 양측에서 같다.
  $D_1\cos\theta_1 = D_2\cos\theta_2$
- 굴절각은 유전율에 비례한다.
  $\dfrac{\tan\theta_1}{\tan\theta_2} = \dfrac{\varepsilon_1}{\varepsilon_2} \propto \dfrac{\theta_1}{\theta_2}$

12 자극의 세기가 8×10^{-6}[Wb], 길이가 3[cm]인 막대 자석을 120[AT/m]의 평등 자계 내에 자력선과 30°의 각도로 놓으면 이 막대 자석이 받는 회전력은 몇 [N·m]인가?

① 3.02×10^{-5}　② 3.02×10^{-4}
③ 1.44×10^{-5}　④ 1.44×10^{-4}

정답 09. ② 10. ④ 11. ④ 12. ③

해설 $T = MH\sin\theta = mlH\sin\theta$
$= 8\times10^{-6}\times3\times10^{-2}\times120\times\sin30°$
$= 1.44\times10^{-5}$[N・m]

13 전자파의 특성에 대한 설명으로 틀린 것은?

① 전자파의 속도는 주파수와 무관하다.
② 전파 E_x를 고유 임피던스로 나누면 자파 H_y가 된다.
③ 전파 E_x와 자파 H_y의 진동 방향은 진행 방향에 수평인 종파이다.
④ 매질이 도전성을 갖지 않으면 전파 E_x와 자파 H_y는 동위상이 된다.

해설 **전자파**
- 전자파의 속도
$$v = \frac{1}{\sqrt{\varepsilon\mu}}\text{[m/s]}$$
매질의 유전율, 투자율과 관계가 있다.
- 고유 임피던스
$$\mu = \frac{E_x}{H_y} = \sqrt{\frac{\mu}{\varepsilon}}$$
$$\therefore H_y = \frac{E_x}{\mu}$$
- 전파 E_x와 자파 H_y의 진동 방향은 진행 방향에 수직인 횡파이다.

14 균일하게 원형 단면을 흐르는 전류 I[A]에 의한 반지름 a[m], 길이 l[m], 비투자율 μ_s인 원통 도체의 내부 인덕턴스는 몇 [H]인가?

① $10^{-7}\mu_s l$ ② $3\times10^{-7}\mu_s l$
③ $\frac{1}{4a}\times10^{-7}\mu_s l$ ④ $\frac{1}{2}\times10^{-7}\mu_s l$

해설 **원통 내부 인덕턴스**
$$L = \frac{\mu}{8\pi}\cdot l = \frac{\mu_0}{8\pi}\mu_s l$$
$$= \frac{4\pi\times10^{-7}}{8\pi}\mu_s l = \frac{1}{2}\times10^{-7}\mu_s l\text{[H]}$$

15 다음 식 중 옳지 않은 것은?

① $V_p = \int_p^\infty \boldsymbol{E}\cdot dr$
② $\boldsymbol{E} = -\text{grad}V$
③ $\text{grad}V = \boldsymbol{i}\frac{\partial V}{\partial x} + \boldsymbol{j}\frac{\partial V}{\partial y} + \boldsymbol{k}\frac{\partial V}{\partial z}$
④ $\oint_s \boldsymbol{E}\cdot ds = Q$

해설
- 전위 $V_p = -\int_\infty^p \boldsymbol{E}\cdot dr = \int_p^\infty \boldsymbol{E}\cdot dr$[V]
- 전계의 세기와 전위와의 관계식
$\boldsymbol{E} = -\text{grad}V = -\nabla V$
$\text{grad}V = \triangle\cdot V = \left(\boldsymbol{i}\frac{\partial}{\partial x} + \boldsymbol{j}\frac{\partial}{\partial y} + \boldsymbol{k}\frac{\partial}{\partial z}\right)V$
- 가우스의 법칙
전기력선의 총수는
$N = \int_s \boldsymbol{E}\cdot ds = \frac{Q}{\varepsilon_0}$[lines]

16 회로에서 단자 a-b 간에 V의 전위차를 인가할 때 C_1의 에너지는?

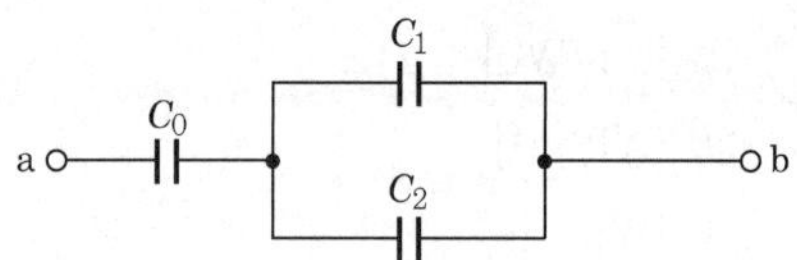

① $\frac{C_1^2 V^2}{2}\left(\frac{C_1+C_2}{C_0+C_1+C_2}\right)^2$
② $\frac{C_1 V^2}{2}\left(\frac{C_0}{C_0+C_1+C_2}\right)^2$
③ $\frac{C_1 V^2}{2}\frac{C_0(C_1+C_2)}{(C_0+C_1+C_2)^2}$
④ $\frac{C_1 V^2}{2}\frac{C_0^2 C_2}{(C_0+C_1+C_2)}$

해설
$$W = \frac{1}{2}C_1 V_1^2\text{[J]} = \frac{1}{2}C_1\left(\frac{C_0}{C_0+C_1+C_2}\times V\right)^2$$
$$= \frac{1}{2}C_1 V^2\left(\frac{C_0}{C_0+C_1+C_2}\right)^2$$

정답 13. ③ 14. ④ 15. ④ 16. ②

17 압전기 현상에서 전기 분극이 기계적 응력에 수직한 방향으로 발생하는 현상은?

① 종효과 ② 횡효과
③ 역효과 ④ 직접 효과

해설 전기석이나 티탄산바륨($BaTiO_3$)의 결정에 응력을 가하면 전기 분극이 일어나고 그 단면에 분극 전하가 나타나는 현상을 압전 효과라 하며 응력과 동일 방향으로 분극이 일어나는 압전 효과를 종효과, 분극이 응력에 수직 방향일 때 횡효과라 한다.

18 그림과 같이 전류가 흐르는 반원형 도선이 평면 $Z=0$상에 놓여 있다. 이 도선이 자속밀도 $B=0.6a_x-0.5a_y+a_z$[Wb/m²]인 균일 자계 내에 놓여 있을 때 도선의 직선 부분에 작용하는 힘[N]은?

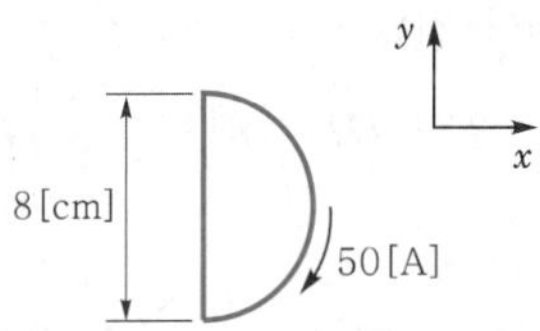

① $4a_x+2.4a_z$ ② $4a_x-2.4a_z$
③ $5a_x-3.5a_z$ ④ $-5a_x+3.5a_z$

해설 플레밍의 왼손 법칙
힘 $F=IBl\sin\theta$

$$F=(\boldsymbol{I}\times\boldsymbol{B})l=\begin{vmatrix} a_x & a_y & a_z \\ 0 & 50 & 0 \\ 0.6 & -0.5 & 1 \end{vmatrix}\times 0.08$$

$$=(50a_x-30a_z)\times 0.08$$

$$=4a_x-2.4a_z\text{[N]}$$

19 진공 중에 서로 떨어져 있는 두 도체 A, B가 있다. 도체 A에만 1[C]의 전하를 줄 때, 도체 A, B의 전위가 각각 3[V], 2[V]이었다. 지금 도체 A, B에 각각 1[C]과 2[C]의 전하를 주면 도체 A의 전위는 몇 [V]인가?

① 6 ② 7
③ 8 ④ 9

해설 각 도체의 전위
$V_1=P_{11}Q_1+P_{12}Q_2$, $V_2=P_{21}Q_1+P_{22}Q_2$에서
A 도체에만 1[C]의 전하를 주면
$V_1=P_{11}\times 1+P_{12}\times 0=3$
$\therefore\ P_{11}=3$
$V_2=P_{21}\times 1+P_{22}\times 0=2$
$\therefore\ P_{21}(=P_{12})=2$
A, B에 각각 1[C], 2[C]을 주면 A 도체의 전위는
$V_1=3\times 1+2\times 2=7$[V]

20 2[C]의 점전하가 전계 $\boldsymbol{E}=2\boldsymbol{a}_x+\boldsymbol{a}_y-4\boldsymbol{a}_z$[V/m] 및 자계 $\boldsymbol{B}=-2\boldsymbol{a}_x+2\boldsymbol{a}_y-\boldsymbol{a}_z$[Wb/m²] 내에서 $v=4\boldsymbol{a}_x-\boldsymbol{a}_y-2\boldsymbol{a}_z$[m/s]의 속도로 운동하고 있을 때, 점전하에 작용하는 힘 $\boldsymbol{F}$는 몇 [N]인가?

① $-14\boldsymbol{a}_x+18\boldsymbol{a}_y+6\boldsymbol{a}_z$
② $14\boldsymbol{a}_x-18\boldsymbol{a}_y-6\boldsymbol{a}_z$
③ $-14\boldsymbol{a}_x+18\boldsymbol{a}_y+4\boldsymbol{a}_z$
④ $14\boldsymbol{a}_x+18\boldsymbol{a}_y+4\boldsymbol{a}_z$

해설 $\boldsymbol{F}=q(\boldsymbol{E}+v\times\boldsymbol{B})$

$$=2(2\boldsymbol{a}_x+\boldsymbol{a}_y-4\boldsymbol{a}_z)+2(4\boldsymbol{a}_x-\boldsymbol{a}_y-2\boldsymbol{a}_z)\times(-2\boldsymbol{a}_x+2\boldsymbol{a}_y-\boldsymbol{a}_z)$$

$$=2(2\boldsymbol{a}_x+\boldsymbol{a}_y-4\boldsymbol{a}_z)+2\begin{vmatrix} \boldsymbol{a}_x & \boldsymbol{a}_y & \boldsymbol{a}_z \\ 4 & -1 & -2 \\ -2 & 2 & -1 \end{vmatrix}$$

$$=2(2\boldsymbol{a}_x+\boldsymbol{a}_y-4\boldsymbol{a}_z)+2(5\boldsymbol{a}_x+8\boldsymbol{a}_y+6\boldsymbol{a}_z)$$

$$=14\boldsymbol{a}_x+18\boldsymbol{a}_y+4\boldsymbol{a}_z\text{ [N]}$$

제2과목 전력공학

21 ACSR은 동일한 길이에서 동일한 전기저항을 갖는 경동연선에 비하여 어떠한가?

출제빈도

① 바깥지름은 크고, 중량은 크다.
② 바깥지름은 크고, 중량은 작다.
③ 바깥지름은 작고, 중량은 크다.
④ 바깥지름은 작고, 중량은 작다.

정답 17. ② 18. ② 19. ② 20. ④ 21. ②

해설 강심알루미늄연선(ACSR)은 경동연선에 비해 직경은 1.4~1.6배, 비중은 0.8배, 기계적 강도는 1.5~2배 정도이다. 그러므로 ACSR은 동일한 길이, 동일한 저항을 갖는 경동연선에 비해 바깥지름은 크고 중량은 작다.

22 케이블의 전력손실과 관계가 없는 것은?

① 철손
② 유전체손
③ 시스손
④ 도체의 저항손

해설 전력 케이블의 손실은 저항손, 유전체손, 연피손(시스손)이 있다.

23 초고압 송전선로에 단도체 대신 복도체를 사용할 경우 틀린 것은?

(출제빈도)

① 전선의 작용 인덕턴스를 감소시킨다.
② 선로의 작용정전용량을 증가시킨다.
③ 전선 표면의 전위경도를 저감시킨다.
④ 전선의 코로나 임계전압을 저감시킨다.

해설 **복도체 및 다도체의 특징**

- 동일한 단면적의 단도체보다 인덕턴스와 리액턴스가 감소하고 정전용량이 증가하여 송전용량을 크게 할 수 있다.
- 전선 표면의 전위경도를 저감시켜 코로나 임계전압을 증가시키고, 코로나손을 줄일 수 있다.
- 전력 계통의 안정도를 증대시키고, 초고압 송전선로에 채용한다.
- 페란티 효과에 의한 수전단 전압 상승 우려가 있다.
- 강풍, 빙설 등에 의한 전선의 진동 또는 동요가 발생할 수 있고, 단락사고 시 소도체가 충돌할 수 있다.

24 중거리 송전선로의 π형 회로에서 송전단 전류 I_s는? (단, Z, Y는 선로의 직렬 임피던스와 병렬 어드미턴스이고, E_r, I_r은 수전단 전압과 전류이다.)

① $\left(1+\frac{ZY}{2}\right)E_r + ZI_r$

② $\left(1+\frac{ZY}{2}\right)E_r + Z\left(1+\frac{ZY}{4}\right)I_r$

③ $\left(1+\frac{ZY}{2}\right)I_r + YE_r$

④ $\left(1+\frac{ZY}{2}\right)I_r + Y\left(1+\frac{ZY}{4}\right)E_r$

해설 **π형 회로의 4단자 정수**

$$\begin{bmatrix} A & B \\ C & D \end{bmatrix} = \begin{bmatrix} 1+\frac{ZY}{2} & Z \\ Y\left(1+\frac{ZY}{4}\right) & 1+\frac{ZY}{2} \end{bmatrix}$$

송전단 전류

$$I_s = CE_r + DI_r = Y\left(1+\frac{ZY}{4}\right)E_r + \left(1+\frac{ZY}{2}\right)I_r$$

25 송전단 전압 161[kV], 수전단 전압 154[kV], 상차각 60°, 리액턴스 65[Ω]일 때 선로 손실을 무시하면 전력은 약 몇 [MW]인가?

(출제빈도)

① 330　② 322
③ 279　④ 161

해설 $P = \frac{161 \times 154}{65} \times \sin 60° = 330[\text{MW}]$

26 송전 계통의 안정도를 향상시키는 방법이 아닌 것은?

① 직렬 리액턴스를 증가시킨다.
② 전압변동률을 적게 한다.
③ 고장시간, 고장전류를 적게 한다.
④ 동기기간의 임피던스를 감소시킨다.

해설 계통 안정도 향상 대책 중에서 직렬 리액턴스는 송·수전 전력과 반비례하므로 크게 하면 안 된다.

정답 22. ① 23. ④ 24. ④ 25. ① 26. ①

27  **소호 리액터 접지 계통에서 리액터의 탭을 완전 공진 상태에서 약간 벗어나도록 조설하는 이유는?**

① 접지 계전기의 동작을 확실하게 하기 위하여
② 전력손실을 줄이기 위하여
③ 통신선에 대한 유도장해를 줄이기 위하여
④ 직렬 공진에 의한 이상전압의 발생을 방지하기 위하여

해설 유도장해가 적고, 1선 지락 시 계속적인 송전이 가능하고, 고장이 스스로 복구될 수 있으나, 보호장치의 동작이 불확실하고, 단선 고장 시에는 직렬 공진 상태가 되어 이상전압을 발생시킬 수 있으므로 완전 공진을 시키지 않고 소호 리액터에 탭을 설치하여 공진에서 약간 벗어난 상태(과보상)로 한다.

28 3상 송전선로의 선간전압을 100[kV], 3상 기준 용량을 10,000[kVA]로 할 때, 선로 리액턴스(1선당) 100[Ω]을 %임피던스로 환산하면 얼마인가?

① 1　　② 10
③ 0.33　　④ 3.33

해설 $\%Z = \dfrac{P \cdot Z}{10V^2} = \dfrac{10{,}000 \times 100}{10 \times 100^2} = 10[\%]$

29 1선 접지 고장을 대칭좌표법으로 해석할 경우 필요한 것은?

① 정상 임피던스도(Diagram) 및 역상 임피던스도
② 정상 임피던스도
③ 정상 임피던스도 및 역상 임피던스도
④ 정상 임피던스도, 역상 임피던스도 및 영상 임피던스도

해설 지락전류 $I_g = \dfrac{3E_a}{Z_0 + Z_1 + Z_2}$[A]이므로 영상 · 정상 · 역상 임피던스가 모두 필요하다.

30 파동 임피던스 $Z_1 = 400$[Ω]인 선로 종단에 파동 임피던스 $Z_2 = 1{,}200$[Ω]의 변압기가 접속되어 있다. 지금 선로에서 파고 $e_1 =$ 800[kV]인 전압이 입사했다면, 접속점에서 전압의 반사파의 파고값[kV]은?

① 400　　② 800
③ 1,200　　④ 1,600

해설 $e_2 = \dfrac{1{,}200 - 400}{1{,}200 + 400} \times 800 = 400[\text{kV}]$

31 접지봉으로 탑각의 접지저항값을 희망하는 접지저항값까지 줄일 수 없을 때 사용하는 것은?

① 가공지선
② 매설지선
③ 크로스 본드선
④ 차폐선

해설 뇌전류가 철탑으로부터 대지로 흐를 경우, 철탑 전위의 파고값이 전선을 절연하고 있는 애자련의 절연파괴 전압 이상으로 될 경우 철탑으로부터 전선을 향해 역섬락이 발생하므로 이것을 방지하기 위해서는 매설지선을 시설하여 철탑의 탑각 접지저항을 작게 하여야 한다.

32 송전 계통의 절연 협조에 있어 절연 레벨을 가장 낮게 잡고 있는 기기는?

① 차단기
② 피뢰기
③ 단로기
④ 변압기

해설 절연 협조는 계통 기기에서 경제성을 유지하고 운용에 지장이 없도록 기준 충격 절연강도(BIL ; Basic-impulse Insulation Level)를 만들어 기기 절연을 표준화하고 통일된 절연체계를 구성할 목적으로 선로애자가 가장 높고, 피뢰기를 가장 낮게 한다.

정답 27. ④ 28. ② 29. ④ 30. ① 31. ② 32. ②

33 송·배전선로에서 선택지락계전기(SGR)의 용도는?

① 다회선에서 접지 고장 회선의 선택
② 단일 회선에서 접지전류의 대·소 선택
③ 단일 회선에서 접지전류의 방향 선택
④ 단일 회선에서 접지사고의 지속시간 선택

해설 동일 모선에 2개 이상의 다회선을 가진 비접지 배전 계통에서 지락(접지)사고의 보호에는 선택지락계전기(SGR)가 사용된다.

34 인터록(interlock)의 기능에 대한 설명으로 옳은 것은?

① 조작자의 의중에 따라 개폐되어야 한다.
② 차단기가 열려 있어야 단로기를 닫을 수 있다.
③ 차단기가 닫혀 있어야 단로기를 닫을 수 있다.
④ 차단기와 단로기를 별도로 닫고, 열 수 있어야 한다.

해설 단로기는 소호능력이 없으므로 조작할 때에는 다음과 같이 하여야 한다.
- 회로를 개방시킬 때 : 차단기를 먼저 열고, 단로기를 열어야 한다.
- 회로를 투입시킬 때 : 단로기를 먼저 투입하고, 차단기를 투입하여야 한다.

35 직류 송전방식이 교류 송전방식에 비하여 유리한 점이 아닌 것은?

① 표피효과에 의한 송전 손실이 없다.
② 통신선에 대한 유도 잡음이 적다.
③ 선로의 절연이 용이하다.
④ 정류가 필요없고 승압 및 강압이 쉽다.

해설 부하와 발전 부분은 교류방식이고, 송전 부분에서만 직류방식이기 때문에 정류장치가 필요하고, 직류에서는 직접 승압, 강압이 불가능하므로 교류로 변환 후 변압을 할 수 있다.

36 전선의 굵기가 균일하고 부하가 송전단에서 말단까지 균일하게 분포되어 있을 때 배전선 말단에서 전압강하는? (단, 배전선 전체 저항 R, 송전단의 부하전류는 I이다.)

① $\frac{1}{2}RI$ ② $\frac{1}{\sqrt{2}}RI$

③ $\frac{1}{\sqrt{3}}RI$ ④ $\frac{1}{3}RI$

해설

구 분	말단에 집중부하	균등부하분포
전압강하	IR	$\frac{1}{2}IR$
전력손실	I^2R	$\frac{1}{3}I^2R$

37 정격 10[kVA]의 주상 변압기가 있다. 이것의 2차측 일부하 곡선이 다음 그림과 같을 때 1일의 부하율은 몇 [%]인가?

① 52.3
② 54.3
③ 56.3
④ 58.3

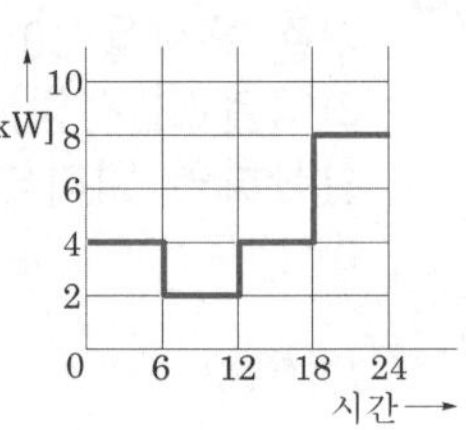

해설 $$부하율=\frac{평균수용전력}{최대수용전력}\times 100$$
$$=\frac{(4\times 12+2\times 6+8\times 6)\div 24}{8}\times 100$$
$$=56.25[\%]$$

38 단상 승압기 1대를 사용하여 승압할 경우 승압 전의 전압을 E_1이라 하면, 승압 후의 전압 E_2는 어떻게 되는가? $\left(단, 승압기의 변압비는 \frac{전원측\ 전압}{부하측\ 전압}=\frac{e_1}{e_2}이다.\right)$

① $E_2=E_1+e_1$ ② $E_2=E_1+e_2$

③ $E_2=E_1+\frac{e_2}{e_1}E_1$ ④ $E_2=E_1+\frac{e_1}{e_2}E_1$

정답 33. ① 34. ② 35. ④ 36. ① 37. ③ 38. ③

해설 승압 후 전압

$$E_2 = E_1\left(1+\frac{e_2}{e_1}\right) = E_1 + \frac{e_2}{e_1}E_1$$

39 총 낙차 300[m], 사용수량 20[m³/s]인 수력발전소의 발전기 출력은 약 몇 [kW]인가? (단, 수차 및 발전기 효율은 각각 90[%], 98[%]라 하고, 손실낙차는 총 낙차의 6[%]라고 한다.)

출제빈도

① 48,750 ② 51,860
③ 54,170 ④ 54,970

해설 발전기 출력 $P=9.8HQ\eta$[kW]
$P=9.8\times300\times(1-0.06)\times20\times0.9\times0.98$
$=48{,}750$[kW]

40 캐비테이션(Cavitation) 현상에 의한 결과로 적당하지 않은 것은?

출제빈도

① 수차 러너의 부식
② 수차 레버 부분의 진동
③ 흡출관의 진동
④ 수차 효율의 증가

해설 공동 현상(캐비테이션) 장해
- 수차의 효율, 출력 등 저하
- 유수에 접한 러너나 버킷 등에 침식 작용 발생
- 소음 발생
- 흡출관 입구에서 수압의 변동이 심함

제3과목 전기기기

41 유도 전동기의 기동 시 공급하는 전압을 단권 변압기에 의해서 일시 강하시켜서 기동전류를 제한하는 기동 방법은?

출제빈도

① Y-△ 기동
② 저항 기동
③ 직접 기동
④ 기동 보상기에 의한 기동

해설 농형 유도 전동기의 기동에서 소형은 전전압 기동, 중형은 Y-△ 기동, 대용량은 강압용 단권 변압기를 이용한 기동 보상기법을 사용한다.

42 직류 발전기의 단자 전압을 조정하려면 어느 것을 조정하여야 하는가?

① 기동 저항
② 계자 저항
③ 방전 저항
④ 전기자 저항

해설 단자 전압 $V=E-I_aR_a$
유기 기전력 $E=\frac{Z}{a}p\phi\frac{N}{60}=K\phi N$
유기 기전력이 자속(ϕ)에 비례하므로 단자 전압은 계자 권선에 저항을 연결하여 조정한다.

43 변압기 1차측 사용 탭이 6,300[V]인 경우, 2차측 전압이 110[V]였다면 2차측 전압을 약 120[V]로 하기 위해서는 1차측의 탭을 몇 [V]로 선택해야 하는가?

① 5,700 ② 6,000
③ 6,600 ④ 6,900

해설 변압기의 2차 전압을 높이려면 권수비는 낮추어야 하므로 탭 전압 $V_T=6{,}300\times\frac{110}{120}=5{,}775$
$\therefore\ V_T=5{,}700$[V]
정격 탭 전압은 5,700, 6,000, 6,300, 6,600, 6,900[V]이다.

44 6극 유도 전동기 토크가 τ이다. 극수를 12극으로 변환했다면 변환한 후의 토크는?

출제빈도

① τ
② 2τ
③ $\frac{\tau}{2}$
④ $\frac{\tau}{4}$

정답 39. ① 40. ④ 41. ④ 42. ② 43. ① 44. ②

해설 동기 속도 $N_s = \frac{120f}{P}$ (여기서, P : 극수)

유도 전동기의 토크

$$T = \frac{P_2}{2\pi\frac{N_s}{60}} = \frac{P_2}{2\pi\frac{120f}{P}\times\frac{1}{60}} = \frac{P \cdot P_2}{4\pi f}$$

유도 전동기의 토크는 극수에 비례하므로 2배로 증가한다.

45 2방향성 3단자 사이리스터는 어느 것인가?

① SCR
② SSS
③ SCS
④ TRIAC

해설 사이리스터(thyristor)의 SCR은 단일 방향 2단자 소자, SSS는 쌍방향(2방향성) 2단자 소자, SCS는 단일 방향 4단자 소자이며 TRIAC은 2방향성 3단자 소자이다.

46 3상 3,300[V], 100[kVA]의 동기 발전기의 정격 전류는 약 몇 [A]인가?

① 17.5 ② 25
③ 30.3 ④ 33.3

해설 정격 전류 $I_m = \frac{P\times 10^3}{\sqrt{3}\,V_m} = \frac{100\times 10^3}{\sqrt{3}\times 3{,}300}$
$= 17.5[\text{A}]$

47 단상 변압기 3대를 이용하여 3상 △-Y 결선을 했을 때 1차와 2차 전압의 각 변위(위상차)는?

① 0° ② 60°
③ 150° ④ 180°

해설 변압기에서 각 변위는 1차, 2차 유기 전압 벡터의 각각의 중성점과 동일 부호(U, u)를 연결한 두 직선 사이의 각도이며 △-Y 결선의 경우 330°와 150° 두 경우가 있다.

▎330°(-30°)▎

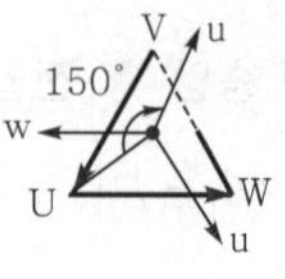

▎150°▎

48 직류 전동기의 워드레오나드 속도 제어 방식으로 옳은 것은?

① 전압 제어 ② 저항 제어
③ 계자 제어 ④ 직·병렬 제어

해설 직류 전동기의 속도 제어 방식

- 계자 제어
- 저항 제어
- 직·병렬 제어
- 전압 제어
  - 워드레오나드(Ward leonard) 방식
  - 일그너(Illgner) 방식

49 1차 전압 V_1, 2차 전압 V_2인 단권 변압기를 Y결선을 했을 때, 등가 용량과 부하 용량의 비는? (단, $V_1 > V_2$이다.)

① $\frac{V_1 - V_2}{\sqrt{3}\,V_1}$ ② $\frac{V_1 - V_2}{V_1}$

③ $\frac{\sqrt{3}(V_1 - V_2)}{2V_1}$ ④ $\frac{V_1^2 - V_2^2}{\sqrt{3}\,V_1 V_2}$

해설

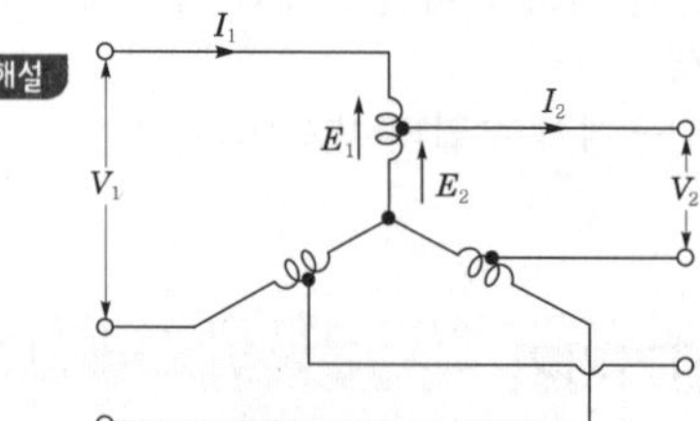

그림의 결선에서

부하 용량 $= \sqrt{3}\,V_1 I_1 = \sqrt{3}\,V_2 I_2$

등가 용량 $= \frac{3(V_1 - V_2)I_1}{\sqrt{3}} = \sqrt{3}(V_1 - V_2)I_1$

$$\therefore \frac{\text{등가 용량}}{\text{부하 용량}} = \frac{3(V_1 - V_2)I_1}{\sqrt{3}\times\sqrt{3}\,V_1 I_1} = \frac{V_1 - V_2}{V_1}$$

$$= 1 - \frac{V_2}{V_1}$$

정답 45. ④ 46. ① 47. ③ 48. ① 49. ②

50 풍력 발전기로 이용되는 유도 발전기의 단점이 아닌 것은?

① 병렬로 접속되는 동기기에서 여자 전류를 취해야 한다.
② 공극의 치수가 작기 때문에 운전시 주의해야 한다.
③ 효율이 낮다.
④ 역률이 높다.

해설 유도 발전기는 단락 전류가 작고, 구조가 간결하며 동기화할 필요가 없으나, 동기 발전기를 이용하여 여자하며, 공급이 작고 취급이 곤란하며 역률과 효율이 낮은 단점이 있다.

51 직류를 다른 전압의 직류로 변환하는 전력 변환 기기는?

① 초퍼 ② 인버터
③ 사이클로 컨버터 ④ 브리지형 인버터

해설 초퍼(chopper)는 ON・OFF를 고속으로 반복할 수 있는 스위치로 직류를 다른 전압의 직류로 변환하는 전력 변환 기기이다.

52 다음은 스텝 모터(step motor)의 장점을 나열한 것이다. 틀린 것은?

① 피드백 루프가 필요 없이 오픈 루프로 손쉽게 속도 및 위치 제어를 할 수 있다.
② 디지털 신호를 직접 제어할 수 있으므로 컴퓨터 등 다른 디지털 기기와 인터페이스가 쉽다.
③ 가속, 감속이 용이하며 정・역전 및 변속이 쉽다.
④ 위치 제어를 할 때 각도 오차가 크고 누적된다.

해설 스테핑 모터는 아주 정밀한 디지털 펄스 구동 방식의 전동기로서 정・역 및 변속이 용이하고 제어 범위가 넓으며 각도의 오차가 적고 축적되지 않으며 정지 위치를 유지하는 힘이 크다. 적용 분야는 타이프 라이터나 프린터의 캐리지(carriage), 리본(ribbon) 프린터 헤드, 용지 공급의 위치 정렬, 로봇 등이 있다.

53 기전력(1상)이 E_0이고 동기 임피던스(1상)가 Z_s인 2대의 3상 동기 발전기를 무부하로 병렬 운전시킬 때 각 발전기의 기전력 사이에 δ_s의 위상차가 있으면 한쪽 발전기에서 다른 쪽 발전기로 공급되는 1상당의 전력[W]은?

① $\dfrac{E_0}{Z_s}\sin\delta_s$ ② $\dfrac{E_0}{Z_s}\cos\delta_s$
③ $\dfrac{{E_0}^2}{2Z_s}\sin\delta_s$ ④ $\dfrac{{E_0}^2}{2Z_s}\cos\delta_s$

해설 동기화 전류 $I_s=\dfrac{2E_0}{2Z_s}\sin\dfrac{\delta_s}{2}$[A]

수수 전력 $P=E_0I_s\cos\dfrac{\delta_s}{2}$

$$=\frac{2{E_0}^2}{2Z_s}\sin\frac{\delta_s}{2}\cdot\cos\frac{\delta_s}{2}$$

$$=\frac{{E_0}^2}{2Z_s}\sin\delta_s\text{[W]}$$

가법 정리 $\sin\left(\dfrac{\delta_s}{2}+\dfrac{\delta_s}{2}\right)=2\sin\dfrac{\delta_s}{2}\cdot\cos\dfrac{\delta_s}{2}$

54 4극, 3상 유도 전동기가 있다. 총 슬롯수는 48이고 매극 매상 슬롯에 분포하며 코일 간격은 극간격의 75[%]인 단절권으로 하면 권선 계수는 얼마인가?

① 약 0.986 ② 약 0.960
③ 약 0.924 ④ 약 0.884

해설 매극 매상 홈수 $q=\dfrac{s}{p\times m}=\dfrac{48}{4\times 3}=4$

분포 계수 $K_d=\dfrac{\sin\dfrac{\pi}{2m}}{q\sin\dfrac{\pi}{2mq}}=\dfrac{1}{q\sin 7.5^\circ}$

$=0.957$

단절 계수 $K_p=\sin\dfrac{\beta\pi}{2}=\sin\dfrac{0.75\times 180^\circ}{2}$

$=0.9238$

권선 계수 $K_w=K_d\cdot K_p$

$=0.957\times 0.9238=0.884$

정답 50. ④ 51. ① 52. ④ 53. ③ 54. ④

55 직류 복권 발전기의 병렬 운전에 있어 균압선을 붙이는 목적은 무엇인가?

① 손실을 경감한다.
② 운전을 안정하게 한다.
③ 고조파의 발생을 방지한다.
④ 직권 계자 간의 전류 증가를 방지한다.

해설 직류 발전기의 병렬 운전 시 직권 계자 권선이 있는 발전기(직권 발전기, 복권 발전기)의 안정된(한쪽 발전기로 부하가 집중되는 현상을 방지) 병렬 운전을 하기 위해 균압선을 설치한다.

56 직류 분권 전동기의 정격 전압이 300[V], 전부하 전기자 전류 50[A], 전기자 저항 0.2[Ω]이다. 이 전동기의 기동 전류를 전부하 전류의 120[%]로 제한시키기 위한 기동 저항값은 몇 [Ω]인가?

① 3.5 ② 4.8
③ 5.0 ④ 5.5

해설 기동 전류 $I_s = \dfrac{V-E}{R_a+R_s} = 1.2I_a = 1.2\times 50 = 60[\text{A}]$

기동시 역기전력 $E=0$이므로

기동 저항 $R_s = \dfrac{V}{1.2I_a} - R_a = \dfrac{300}{1.2\times 50} - 0.2 = 4.8[\Omega]$

57 단상 직권 정류자 전동기에서 주자속의 최대치를 ϕ_m, 자극수를 P, 전기자 병렬 회로수를 a, 전기자 전 도체수를 Z, 전기자의 속도를 N[rpm]이라 하면 속도 기전력의 실효값 E_r[V]은? (단, 주자속은 정현파이다.)

① $E_r = \sqrt{2}\dfrac{P}{a}Z\dfrac{N}{60}\phi_m$

② $E_r = \dfrac{1}{\sqrt{2}}\dfrac{P}{a}ZN\phi_m$

③ $E_r = \dfrac{P}{a}Z\dfrac{N}{60}\phi_m$

④ $E_r = \dfrac{1}{\sqrt{2}}\dfrac{P}{a}Z\dfrac{N}{60}\phi_m$

해설 단상 직권 정류자 전동기는 직·교 양용 전동기로 속도 기전력의 실효값

$E_r = \dfrac{1}{\sqrt{2}}\dfrac{P}{a}Z\dfrac{N}{60}\phi_m[\text{V}]$

$\left(\text{직류 전동기의 역기전력 } E = \dfrac{P}{a}Z\dfrac{N}{60}\phi[\text{V}]\right)$

58 단상 유도 전압 조정기에서 단락 권선의 역할은?

① 철손 경감 ② 절연 보호
③ 전압 강하 경감 ④ 전압 조정 용이

해설 단상 유도 전압 조정기의 단락 권선은 누설 리액턴스를 감소하여 전압 강하를 적게 한다.

59 전기자 저항 $r_a=0.2[\Omega]$, 동기 리액턴스 $X_s=20[\Omega]$인 Y결선의 3상 동기 발전기가 있다. 3상 중 1상의 단자 전압 $V=4{,}400$[V], 유도 기전력 $E=6{,}600$[V]이다. 부하각 $\delta=30°$라고 하면 발전기의 출력은 약 몇 [kW]인가?

① 2,178 ② 3,251
③ 4,253 ④ 5,532

해설 3상 동기 발전기의 출력

$P = 3\dfrac{EV}{X_s}\sin\delta = 3\times\dfrac{6{,}600\times 4{,}400}{20}\times\dfrac{1}{2}\times 10^{-3} = 2{,}178[\text{kW}]$

60 (출제빈도) 전류계를 교체하기 위해 우선 변류기 2차측을 단락시켜야 하는 이유는?

① 측정 오차 방지
② 2차측 절연 보호
③ 2차측 과전류 보호
④ 1차측 과전류 방지

해설 변류기 2차측을 개방하면 1차측의 부하 전류가 모두 여자 전류가 되어 큰 자속의 변화로 고전압이 유도되며 2차측 절연 파괴의 위험이 있다.

정답 55. ② 56. ② 57. ④ 58. ③ 59. ① 60. ②

제4과목 회로이론 및 제어공학

61 다음 운동방정식으로 표시되는 계의 계수 행렬 A는 어떻게 표시되는가?

$$\frac{d^2c(t)}{dt^2}+3\frac{dc(t)}{dt}+2c(t)=r(t)$$

① $\begin{bmatrix}-2 & -3\\ 0 & 1\end{bmatrix}$ ② $\begin{bmatrix}1 & 0\\ -3 & -2\end{bmatrix}$

③ $\begin{bmatrix}0 & 1\\ -2 & -3\end{bmatrix}$ ④ $\begin{bmatrix}-3 & -2\\ 1 & 0\end{bmatrix}$

해설 상태변수 $x_1(t)=c(t)$

$x_2(t)=\frac{dc(t)}{dt}$

상태방정식 $\dot{x}_1(t)=x_2(t)$

$\dot{x}_2(t)=-2x_1(t)-3x_2(t)+r(t)$

$$\begin{bmatrix}\dot{x}_1(t)\\ \dot{x}_2(t)\end{bmatrix}=\begin{bmatrix}0 & 1\\ -2 & -3\end{bmatrix}\begin{bmatrix}x_1(t)\\ x_2(t)\end{bmatrix}+\begin{bmatrix}0\\ 1\end{bmatrix}r(t)$$

∴ 계수 행렬(시스템 매트릭스)

$$A=\begin{bmatrix}0 & 1\\ -2 & -3\end{bmatrix}$$

62 그림과 같이 2중 입력으로 된 블록선도의 출력 C는?

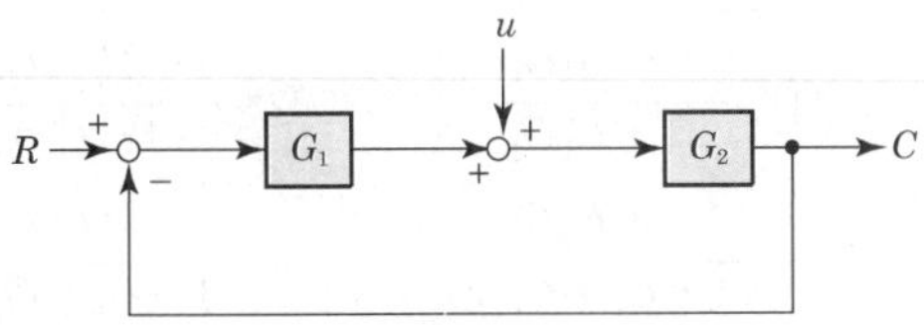

① $\left(\frac{G_2}{1-G_1G_2}\right)(G_1R+u)$

② $\left(\frac{G_2}{1+G_1G_2}\right)(G_1R+u)$

③ $\left(\frac{G_2}{1-G_1G_2}\right)(G_1R-u)$

④ $\left(\frac{G_2}{1+G_1G_2}\right)(G_1R-u)$

해설 외란이 있는 경우이므로 입력에서부터 해석해 간다.

$\{(R-C)G_1+u\}G_2=C$

$RG_1G_2-CG_1G_2+uG_2=C$

$RG_1G_2+uG_2=C(1+G_1G_2)$

$$\therefore\ C=\frac{G_1G_2}{1+G_1G_2}R+\frac{G_2}{1+G_1G_2}u=\frac{G_2}{1+G_1G_2}(G_1R+u)$$

63 자동제어의 추치제어 3종이 아닌 것은?

① 프로세스제어 ② 추종제어

③ 비율제어 ④ 프로그램제어

해설 추치제어에는 추종제어, 프로그램제어, 비율제어가 있다.

64 그림에서 블록선도로 보인 안정한 제어계의 단위 경사 입력에 대한 정상상태오차는?

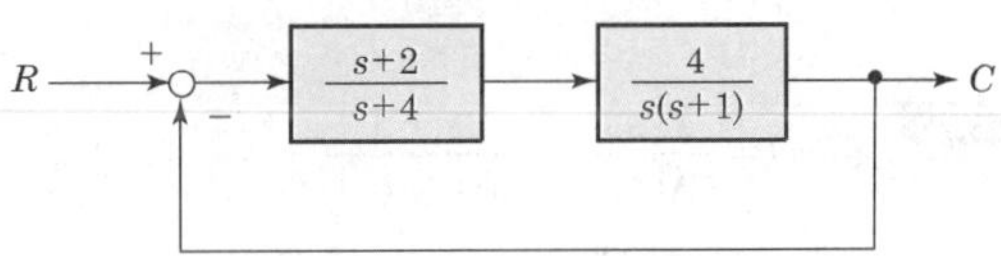

① 0 ② $\frac{1}{4}$

③ $\frac{1}{2}$ ④ ∞

해설 $K_v=\lim_{s\to 0}s\,G(s)=\lim_{s\to 0}s\cdot\frac{4(s+2)}{s(s+1)(s+4)}=2$

∴ 정상속도편차 $e_{ssv}=\frac{1}{K_v}=\frac{1}{2}$

65 $G(j\omega)=\frac{1}{1+j\omega T}$인 제어계에서 절점주파수일 때의 이득[dB]은?

① 약 −1 ② 약 −2

③ 약 −3 ④ 약 −4

정답 61. ③ 62. ② 63. ① 64. ③ 65. ③

해설 절점주파수 $\omega_o = \frac{1}{T}$

$\therefore\ G(j\omega) = \frac{1}{1+j}$

이득 $g = 20\log_{10}\left|\frac{1}{1+j}\right| = 20\log_{10}\frac{1}{\sqrt{2}} = -3[\text{dB}]$

66 어떤 제어계의 전달함수가 다음과 같이 표시될 때, 이 계에 입력 $x(t)$를 가했을 경우 출력 $y(t)$를 구하는 미분 방정식은?

$$\boldsymbol{G}(s) = \frac{2s+1}{s^2+s+1}$$

① $\frac{d^2y}{dt^2} + \frac{dy}{dt} + y = 2\frac{dx}{dt} + x$

② $\frac{d^2y}{dt^2} - 2\frac{dy}{dt} + y = \frac{dx}{dt} + x$

③ $\frac{d^2y}{dt^2} + 2\frac{dy}{dt} + y = -\frac{dx}{dt} + x$

④ $\frac{d^2y}{dt^2} + \frac{dy}{dt} + y^2 = \frac{dx}{dt} + x$

해설 $\boldsymbol{G}(s) = \frac{\boldsymbol{Y}(s)}{\boldsymbol{X}(s)} = \frac{2s+1}{s^2+s+1}$

$(s^2+s+1)\boldsymbol{Y}(s) = (2s+1)\boldsymbol{X}(s)$

$\therefore\ \frac{d^2}{dt^2}y(t) + \frac{d}{dt}y(t) + y(t) = 2\frac{d}{dt}x(t) + x(t)$

67 $G(s)H(s) = \frac{K}{s^2(s+1)^2}$에서 근궤적의 수는 몇 개인가?

① 4　　② 2
③ 1　　④ 없다.

해설 근궤적의 개수는 z와 p 중 큰 것과 일치한다.
여기서, z : $G(s)H(s)$의 유한 영점(finite zero)의 개수
p : $G(s)H(s)$의 유한 극점(finite pole)의 개수
영점의 개수 $z=0$, 극점의 개수 $p=4$이므로 근궤적의 수는 4개이다.

68 단위부궤환 계통에서 $G(s)$가 다음과 같을 때, $K=2$이면 무슨 제동인가?

$$G(s) = \frac{K}{s(s+2)}$$

① 무제동　　② 임계제동
③ 과제동　　④ 부족제동

해설 $K=2$일 때, 특성방정식은

$1+G(s)=0$

$1+\frac{K}{s(s+2)}=0$

$s(s+2)+K = s^2+2s+2=0$

2차계의 특성방정식 $s^2+2\delta\omega_n s+\omega_n^2=0$

$\omega_n = \sqrt{2}$

$2\delta\omega_n = 2$

$\therefore$ 제동비 $\delta = \frac{2}{2\sqrt{2}} = \frac{1}{\sqrt{2}} = 0.707$

$\because\ 0 < \delta < 1$인 경우이므로 부족제동 감쇠진동한다.

69 그림과 같은 신호흐름선도에서 $\frac{C}{R}$값은?

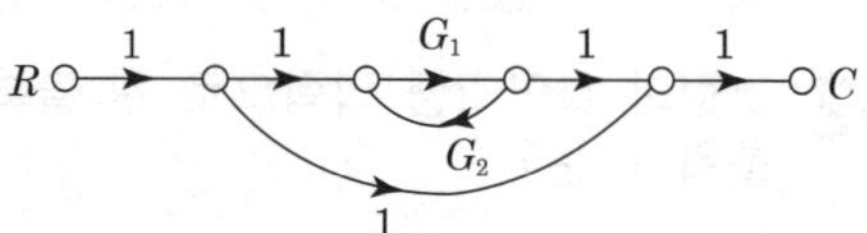

① $\frac{1+G_1+G_1G_2}{1+G_1G_2}$　　② $\frac{1+G_1-G_1G_2}{1-G_1G_2}$

③ $\frac{1+G_1G_2}{1+G_1+G_1G_2}$　　④ $\frac{1-G_1G_2}{1+G_1-G_1G_2}$

해설 $G_1 = G_1,\ \Delta_1 = 1$

$G_2 = 1,\ \Delta_2 = 1-G_1G_2$

$\Delta = 1-L_{11} = 1-G_1G_2$

$\therefore$ 전달함수 $\frac{C}{R} = \frac{G_1\Delta_1+G_2\Delta_2}{\Delta}$

$= \frac{G_1+(1-G_1G_2)}{1-G_1G_2}$

$= \frac{1+G_1-G_1G_2}{1-G_1G_2}$

정답 66. ① 67. ① 68. ④ 69. ②

70 다음 그림과 같은 회로는 어떤 논리 회로인가?

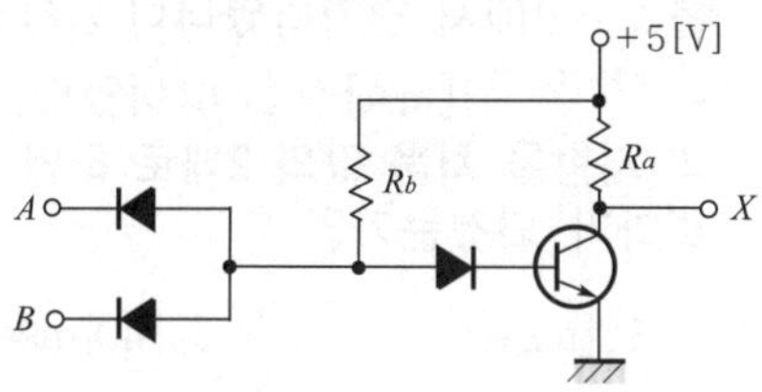

① AND 회로 ② NAND 회로
③ OR 회로 ④ NOR 회로

해설 그림은 NAND 회로이며, 논리 기호와 진리값 표는 다음과 같다.

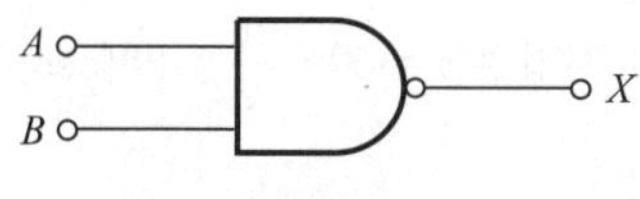

$X = \overline{A \cdot B}$

A	B	X
0	0	1
0	1	1
1	0	1
1	1	0

71 2단자 임피던스 함수 $Z(s)$가 다음과 같은 때 영점은?

$$Z(s) = \frac{s+3}{(s+4)(s+5)}$$

① 4, 5 ② −4, −5
③ 3 ④ −3

해설 영점은 $Z(s)$의 분자=0의 근
$s+3=0,\ s=-3$

72 비정현파 전류 $i(t) = 56\sin\omega t + 25\sin 2\omega t + 30\sin(3\omega t + 30°) + 40\sin(4\omega t + 60°)$로 주어질 때 왜형률은 어느 것으로 표시되는가?

① 약 0.8 ② 약 1
③ 약 0.5 ④ 약 1.414

해설 왜형률

$$D = \frac{\sqrt{\left(\frac{25}{\sqrt{2}}\right)^2 + \left(\frac{30}{\sqrt{2}}\right)^2 + \left(\frac{40}{\sqrt{2}}\right)^2}}{\frac{56}{\sqrt{2}}} \fallingdotseq 1$$

73 3상 불평형 전압에서 역상 전압이 50[V]이고, 정상 전압이 250[V], 영상 전압이 20[V]이면 전압의 불평형률은 몇 [%]인가?

① 10 ② 15
③ 20 ④ 25

해설 $불평형률 = \frac{역상\ 전압}{정상\ 전압} \times 100[\%]$

$\therefore \frac{50}{250} \times 100 = 20[\%]$

74 그림과 같은 회로에서 입력을 $v(t)$, 출력을 $i(t)$로 했을 때의 입·출력 전달함수는?

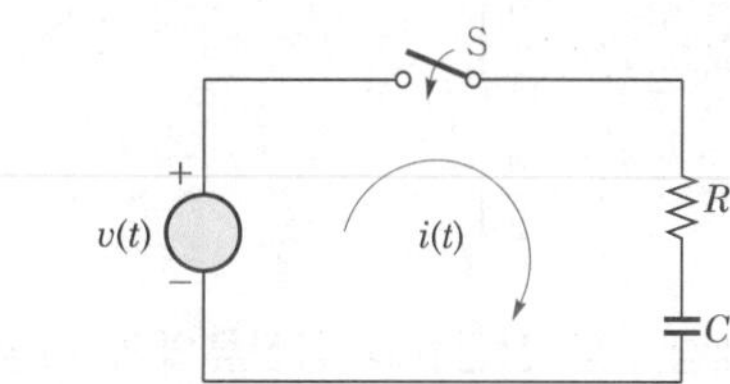

① $\frac{s}{R\left(s+\frac{1}{RC}\right)}$ ② $\frac{1}{RC\left(s+\frac{1}{RC}\right)}$
③ $\frac{s}{RCs+1}$ ④ $\frac{RCs}{RCs+1}$

해설 $\frac{I(s)}{V(s)} = Y(s) = \frac{1}{Z(s)}$

$$= \frac{1}{R + \frac{1}{Cs}}$$

$$= \frac{s}{Rs + \frac{1}{C}}$$

$$= \frac{s}{R\left(s + \frac{1}{RC}\right)}$$

정답 70. ② 71. ④ 72. ② 73. ③ 74. ①

75 2전력계법을 이용한 평형 3상 회로의 전력이 각각 500[W] 및 300[W]로 측정되었을 때, 부하의 역률은 약 몇 [%]인가?

① 70.7 ② 87.7
③ 89.2 ④ 91.8

해설 역률

$$\cos\theta = \frac{P}{P_a} = \frac{P_1 + P_2}{2\sqrt{P_1^2 + P_2^2 - P_1 P_2}}$$
$$= \frac{500+300}{2\sqrt{500^2 + 300^2 - 500 \times 300}} \times 100[\%]$$
$$\fallingdotseq 91.8[\%]$$

76 대칭 n상에서 선전류와 상전류 사이의 위상차[rad]는?

① $\frac{\pi}{2}\left(1-\frac{2}{n}\right)$

② $2\left(1-\frac{2}{n}\right)$

③ $\frac{n}{2}\left(1-\frac{2}{\pi}\right)$

④ $\frac{\pi}{2}\left(1-\frac{n}{2}\right)$

해설 대칭 n상 선전류와 상전류와의 위상차

$$\theta = -\frac{\pi}{2}\left(1-\frac{2}{n}\right)$$

77 선로의 저항 R과 컨덕턴스 G가 동시에 0이 되었을 때 전파정수 γ와 관계 있는 것은?

① $\gamma = j\omega\sqrt{LC}$ ② $\gamma = j\omega\sqrt{\frac{C}{L}}$

③ $C = \frac{Y^2}{(j\omega)^2 L}$ ④ $\beta = j\omega Y\sqrt{LC}$

해설 $\gamma = \sqrt{\boldsymbol{Z} \cdot \boldsymbol{Y}}$
$$= \sqrt{(R + j\omega L)(G + j\omega C)}$$
$$= j\omega\sqrt{LC}$$
감쇠정수 $\alpha = 0$, 위상정수 $\beta = \omega\sqrt{LC}$

78 $R-L$ 직렬 회로가 있어서 직류 전압 5[V]를 $t=0$에서 인가하였더니 $i(t) = 50(1-e^{-20\times10^{-3}t})$[mA] $(t \geq 0)$이었다. 이 회로의 저항을 처음 값의 2배로 하면 시정수는 얼마가 되겠는가?

① 10[msec] ② 40[msec]
③ 5[sec] ④ 25[sec]

해설 시정수 $\tau = \frac{L}{R} = \frac{1}{20\times10^{-2}} = 50[\text{sec}]$

저항을 2배하면 시정수는 $\frac{1}{2}$배로 감소된다.

∴ 시정수 $\tau = 50 \times \frac{1}{2} = 25[\text{sec}]$

79 그림과 같은 회로에서 저항 15[Ω]에 흐르는 전류[A]는?

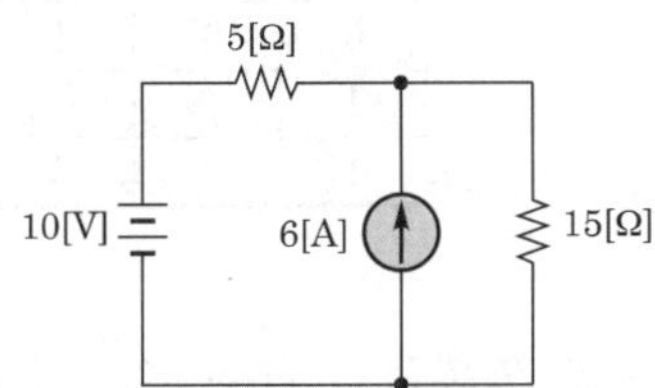

① 8 ② 5.5
③ 2 ④ 0.5

해설 10[V]에 의한 전류 $I_1 = \frac{10}{5+15} = 0.5[\text{A}]$

6[A]에 의한 전류 $I_2 = \frac{5}{5+15} \times 6 = 1.5[\text{A}]$

∴ $I = I_1 + I_2 = 0.5 + 1.5 = 2[\text{A}]$

80 그림과 같은 회로의 역률은 얼마인가?

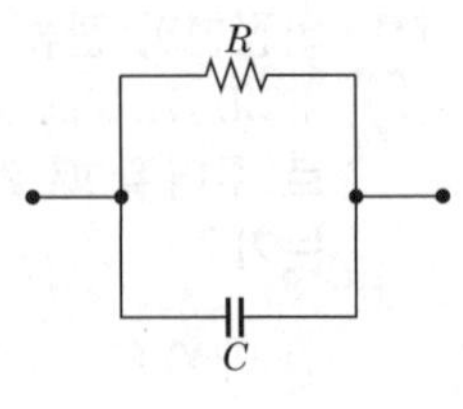

① $1+(\omega RC)^2$

② $\sqrt{1+(\omega RC)^2}$

③ $\frac{1}{\sqrt{1+(\omega RC)^2}}$

④ $\frac{1}{1+(\omega RC)^2}$

정답 75. ④ 76. ① 77. ① 78. ④ 79. ③ 80. ③

해설 역률

$$\cos\theta = \frac{G}{Y} = \frac{\frac{1}{R}}{\sqrt{\frac{1}{R^2} + \frac{1}{X_C^{\,2}}}} = \frac{X_C}{\sqrt{R^2 + X_C^{\,2}}}$$

$$\therefore \frac{\frac{1}{\omega C}}{\sqrt{R^2 + \frac{1}{\omega^2 C^2}}} = \frac{1}{\sqrt{1+\omega^2 C^2 R^2}}$$

제5과목 전기설비기술기준

81 발전소 또는 변전소로부터 다른 발전소 또는 변전소를 거치지 아니하고 전차선로에 이르는 전선을 무엇이라 하는가?

① 급전선
② 전기철도용 급전선
③ 급전선로
④ 전기철도용 급전선로

해설 용어정의(KEC 112)
- "전기철도용 급전선"이란 전기철도용 변전소로부터 다른 전기철도용 변전소 또는 전차선에 이르는 전선을 말한다.
- "전기철도용 급전선로"란 전기철도용 급전선 및 이를 지지하거나 수용하는 시설물을 말한다.

82 최대사용전압 7[kV] 이하 전로의 절연내력을 시험할 때 시험전압을 연속하여 몇 분간 가하였을 때 이에 견디어야 하는가?

① 5분 ② 10분
③ 15분 ④ 30분

해설 전로의 절연저항 및 절연내력(KEC 132)
고압 및 특고압의 전로는 시험전압을 전로와 대지간에 연속하여 10분간 가하여 절연내력을 시험하였을 때에 이에 견디어야 한다.

83 접지극을 시설할 때 동결깊이를 감안하여 지하 몇 [cm] 이상의 깊이로 매설하여야 하는가?

① 60 ② 75
③ 90 ④ 100

해설 접지극의 시설 및 접지저항(KEC 142.2)
접지극은 지표면으로부터 지하 0.75[m] 이상, 동결깊이를 감안하여 매설깊이를 정해야 한다.

84 변압기의 고압측 전로와의 혼촉에 의하여 저압측 전로의 대지전압이 150[V]를 넘는 경우에 2초 이내에 고압 전로를 자동 차단하는 장치가 되어 있는 6,600/220[V] 배전선로에 있어서 1선 지락전류가 2[A]이면 접지저항값의 최대는 몇 [Ω]인가?

① 50 ② 75
③ 150 ④ 300

해설 고압 또는 특고압과 저압의 혼촉에 의한 위험방지시설(KEC 322.1)
1선 지락전류가 2[A]이고, 150[V]를 넘고, 2초 이내에 차단하는 장치가 있으므로

접지저항 $R = \frac{300}{I} = \frac{300}{2} = 150[\Omega]$

85 피뢰시스템은 전기전자설비가 설치된 건축물, 구조물로서 낙뢰로부터 보호가 필요한 곳 또는 지상으로부터 높이가 몇 [m] 이상인 곳에 설치해야 하는가?

① 10 ② 20
③ 30 ④ 45

해설 피뢰시스템의 적용범위(KEC 151.1)
- 전기전자설비가 설치된 건축물·구조물로서 낙뢰로부터 보호가 필요한 것 또는 지상으로부터 높이가 20[m] 이상인 것
- 전기설비 및 전자설비 중 낙뢰로부터 보호가 필요한 설비

정답 81. ② 82. ② 83. ② 84. ③ 85. ②

86 금속관공사에 의한 저압 옥내배선시설에 대한 설명으로 틀린 것은?

① 인입용 비닐절연전선을 사용했다.
② 옥외용 비닐절연전선을 사용했다.
③ 짧고 가는 금속관에 연선을 사용했다.
④ 단면적 10[mm^2] 이하의 단선을 사용했다.

해설 **금속관공사(KEC 232.12)**
- 전선은 절연전선(옥외용 비닐절연전선 제외)일 것
- 전선은 연선일 것(다음의 것은 적용하지 않음)
  - 짧고 가는 금속관에 넣은 것
  - 단면적 10[mm^2] 이하의 것
- 금속관 안에는 전선에 접속점이 없도록 할 것
- 콘크리트에 매설하는 것은 두께 1.2[mm] 이상을 사용할 것

87 교통신호등회로의 사용전압이 몇 [V]를 넘는 경우는 전로에 지락이 생겼을 경우 자동적으로 전로를 차단하는 누전차단기를 시설하는가?

출제빈도

① 60 ② 150
③ 300 ④ 450

해설 **누전차단기(KEC 234.15.6)**
교통신호등회로의 사용전압이 150[V]를 넘는 경우는 전로에 지락이 생겼을 경우 자동적으로 전로를 차단하는 누전차단기를 시설할 것

88 사람이 상시 통행하는 터널 안의 배선(전기기계기구 안의 배선, 관등회로의 배선, 소세력회로의 전선은 제외)의 시설기준에 적합하지 않은 것은? (단, 사용전압이 저압의 것에 한한다.)

① 애자공사로 시설하였다.
② 공칭단면적 2.5[mm^2]의 연동선을 사용하였다.
③ 애자공사 시 전선의 높이는 노면상 2[m]로 시설하였다.
④ 전로에는 터널의 입구 가까운 곳에 전용 개폐기를 시설하였다.

해설 **사람이 상시 통행하는 터널 안의 배선시설(KEC 242.7.1)**
- 전선은 공칭단면적 2.5[mm^2]의 연동선과 동등 이상의 세기 및 굵기의 절연전선(옥외용 제외)을 사용하여 애자공사에 의하여 시설하고 또한 이를 노면상 2.5[m] 이상의 높이로 할 것
- 전로에는 터널의 입구에 가까운 곳에 전용 개폐기를 시설할 것

89 가공전선로 지지물 기초의 안전율은 일반적으로 얼마 이상인가?

① 1.5
② 2
③ 2.2
④ 2.5

해설 **가공전선로 지지물의 기초의 안전율(KEC 331.7)**
지지물의 하중에 대한 기초의 안전율은 2 이상(이상 시 상정하중에 대한 철탑의 기초에 대하여서는 1.33 이상)

90 저압 가공전선의 높이에 대한 기준으로 틀린 것은?

출제빈도

① 철도를 횡단하는 경우는 레일면상 6.5[m] 이상이다.
② 횡단보도교 위에 시설하는 경우 저압 가공전선은 노면상에서 3[m] 이상이다.
③ 횡단보도교 위에 시설하는 경우 고압 가공전선은 그 노면상에서 3.5[m] 이상이다.
④ 다리의 하부, 기타 이와 유사한 장소에 시설하는 저압의 전기철도용 급전선은 지표상 3.5[m]까지로 감할 수 있다.

해설 **저압 가공전선의 높이(KEC 222.7)**
횡단보도교의 위에 시설하는 경우 저압 가공전선은 그 노면상 3.5[m](전선이 절연전선·다심형 전선·케이블인 경우 3[m]) 이상, 고압 가공전선은 그 노면상 3.5[m] 이상으로 하여야 한다.

정답 86. ② 87. ② 88. ③ 89. ② 90. ②

91 사용전압이 35[kV] 이하인 특고압 가공전선과 가공약전류전선 등을 동일 지지물에 시설하는 경우, 특고압 가공전선로는 어떤 종류의 보안공사로 하여야 하는가?

① 고압 보안공사
② 제1종 특고압 보안공사
③ 제2종 특고압 보안공사
④ 제3종 특고압 보안공사

해설 **특고압 가공전선과 가공약전류전선 등의 공용설치(KEC 333.19)**

35[kV] 이하인 특고압 가공전선과 가공약전류전선 등을 동일 지지물에 시설하는 경우에는 다음에 따라야 한다.

- 특고압 가공전선로는 제2종 특고압 보안공사에 의할 것
- 특고압 가공전선은 가공약전류전선 등의 위로 하고 별개의 완금류에 시설할 것
- 특고압 가공전선은 케이블인 경우 이외에는 인장강도 21.67[kN] 이상의 연선 또는 단면적이 50[mm^2] 이상인 경동연선일 것
- 특고압 가공전선과 가공약전류전선 등 사이의 이격거리는 2[m] 이상으로 할 것

92 어떤 공장에서 케이블을 사용하는 사용전압이 22[kV]인 가공전선을 건물 옆쪽에서 1차 접근 상태로 시설하는 경우, 케이블과 건물의 조영재 이격거리는 몇 [cm] 이상이어야 하는가?

① 50 ② 80
③ 100 ④ 120

해설 **특고압 가공전선과 건조물과 접근(KEC 333.23)**

사용전압이 35[kV] 이하인 특고압 가공전선과 건조물의 조영재 이격거리

건조물과 조영재의 구분	전선종류	접근형태	이격거리
상부 조영재	특고압 절연전선	위쪽	2.5[m]
		옆쪽 또는 아래쪽	1.5[m]
	케이블	위쪽	1.2[m]
		옆쪽 또는 아래쪽	0.5[m]

93 특고압 가공전선이 도로 등과 교차하는 경우에 특고압 가공전선이 도로 등의 위에 시설되는 때에 설치하는 보호망에 대한 설명으로 옳은 것은?

① 보호망은 접지공사를 하지 않아도 된다.
② 보호망을 구성하는 금속선의 인장강도는 6[kN] 이상으로 한다.
③ 보호망을 구성하는 금속선은 지름 1.0[mm] 이상의 경동선을 사용한다.
④ 보호망을 구성하는 금속선 상호의 간격은 가로, 세로 각 1.5[m] 이하로 한다.

해설 **특고압 가공전선과 도로 등의 접근 또는 교차(KEC 333.24)**

- 특고압 가공전선로는 제2종 특고압 보안공사에 의할 것
- 보호망은 접지공사를 한 금속제의 망상장치로 하고 견고하게 지지할 것
- 보호망은 특고압 가공전선의 직하에 시설하는 금속선에는 인장강도 8.01[kN] 이상의 것 또는 지름 5[mm] 이상의 경동선을 사용하고 그 밖의 부분에 시설하는 금속선에는 인장강도 5.26[kN] 이상의 것 또는 지름 4[mm] 이상의 경동선을 사용할 것
- 보호망을 구성하는 금속선 상호의 간격은 가로, 세로 각 1.5[m] 이하일 것

94 22.9[kV] 특고압 가공전선로의 중성선은 다중접지를 하여야 한다. 1[km]마다 중성선과 대지 사이의 합성 전기저항값은 몇 [Ω] 이하인가? (단, 전로에 지락이 생겼을 때에 2초 이내에 자동적으로 이를 전로로부터 차단하는 장치가 되어 있다.)

① 5 ② 10
③ 15 ④ 20

해설 **25[kV] 이하인 특고압 가공전선로의 시설(KEC 333.32)**

구 분	각 접지점의 대지 전기저항치	1[km]마다의 합성 전기저항치
15[kV] 이하	300[Ω]	30[Ω]
15[kV] 초과 25[kV] 이하	300[Ω]	15[Ω]

정답 91. ③ 92. ① 93. ④ 94. ③

95 다음 (   )에 들어갈 내용으로 옳은 것은?

> 지중전선로는 기설 지중약전류전선로에 대하여 (㉠) 또는 (㉡)에 의하여 통신상의 장해를 주지 않도록 기설 약전류전선로로부터 충분히 이격시키거나 기타 적당한 방법으로 시설하여야 한다.

① ㉠ 누설전류, ㉡ 유도작용
② ㉠ 단락전류, ㉡ 유도작용
③ ㉠ 단락전류, ㉡ 정전작용
④ ㉠ 누설전류, ㉡ 정전작용

해설 **지중약전류전선의 유도장해 방지(KEC 334.5)**
지중전선로는 기설 지중약전류전선로에 대하여 누설전류 또는 유도작용에 의하여 통신상의 장해를 주지 않도록 기설 약전류전선로로부터 충분히 이격시키거나 기타 적당한 방법으로 시설하여야 한다.

96 고압 옥내배선의 공사방법으로 틀린 것은?

① 케이블공사
② 합성수지관공사
③ 케이블트레이공사
④ 애자공사(건조한 장소로서 전개된 장소에 한함)

해설 **고압 옥내배선 등의 시설(KEC 342.1)**
- 애자공사(건조한 장소로서 전개된 장소에 한함)
- 케이블공사(MI 케이블 제외)
- 케이블트레이공사

97 고압 또는 특고압 가공전선과 금속제의 울타리가 교차하는 경우 교차점과 좌우로 몇 [m] 이내의 개소에 접지공사를 하여야 하는가? (단, 전선에 케이블을 사용하는 경우는 제외한다.)

① 25 ② 35
③ 45 ④ 55

해설 **발전소 등의 울타리 · 담 등의 시설(KEC 351.1)**
고압 또는 특고압 가공전선(전선에 케이블을 사용하는 경우는 제외함)과 금속제의 울타리 · 담 등이 교차하는 경우에 금속제의 울타리 · 담 등에는 교차점과 좌 · 우로 45[m] 이내의 개소에 접지공사를 해야 한다.

98 고압 가공전선로의 지지물에 시설하는 통신선의 높이는 도로를 횡단하는 경우 교통에 지장을 줄 우려가 없다면 지표상 몇 [m]까지로 감할 수 있는가?

① 4
② 4.5
③ 5
④ 6

해설 **전력보안통신선의 시설높이와 이격거리(KEC 362.2)**
- 도로를 횡단하는 경우 6[m] 이상. 교통에 지장을 줄 우려가 없는 경우 5[m]
- 철도 또는 궤도를 횡단하는 경우에는 레일면상 6.5[m] 이상

99 다음 급전선로에 대한 설명으로 옳지 않은 것은?

① 급전선은 나전선을 적용하여 가공식으로 가설을 원칙으로 한다.
② 가공식은 전차선의 높이 이상으로 전차선로 지지물에 병가하며, 나전선의 접속은 직선접속을 사용할 수 없다.
③ 신설 터널 내 급전선을 가공으로 설계할 경우 지지물의 취부는 C찬넬 또는 매입전을 이용하여 고정하여야 한다.
④ 교량하부 등에 설치할 때에는 최소절연이격거리 이상을 확보하여야 한다.

정답 95. ① 96. ② 97. ③ 98. ③ 99. ②

해설 급전선로(KEC 431.4)

- 급전선은 나전선을 적용하여 가공식으로 가설을 원칙으로 한다. 다만, 전기적 이격거리가 충분하지 않거나 지락, 섬락 등의 우려가 있을 경우에는 급전선을 케이블로 하여 안전하게 시공하여야 한다.
- 가공식은 전차선의 높이 이상으로 전차선로 지지물에 병가하며, 나전선의 접속은 직선접속을 원칙으로 한다.
- 신설 터널 내 급전선을 가공으로 설계할 경우 지지물의 취부는 C찬넬 또는 매입전을 이용하여 고정하여야 한다.
- 선상승강장, 인도교, 과선교 또는 교량하부 등에 설치할 때에는 최소절연이격거리 이상을 확보하여야 한다.

100 출제빈도 **전기저장장치의 이차전지에 자동으로 전로로부터 차단하는 장치를 시설하여야 하는 경우로 틀린 것은?**

① 과저항이 발생한 경우

② 과전압이 발생한 경우

③ 제어장치에 이상이 발생한 경우

④ 이차전지 모듈의 내부 온도가 급격히 상승할 경우

해설 **제어 및 보호장치(KEC 512.2.2) – 전기저장장치의 이차전지 자동차단장치 설치하는 경우**

- 과전압 또는 과전류가 발생한 경우
- 제어장치에 이상이 발생한 경우
- 이차전지 모듈의 내부 온도가 급격히 상승할 경우

정답 100. ①

2023. 7. 10. 시행

2023년 제3회 CBT 기출복원문제

제1과목 전기자기학

01 대지의 고유 저항이 ρ[Ω·m]일 때 반지름이 a[m]인 그림과 같은 반구 접지극의 접지 저항[Ω]은?

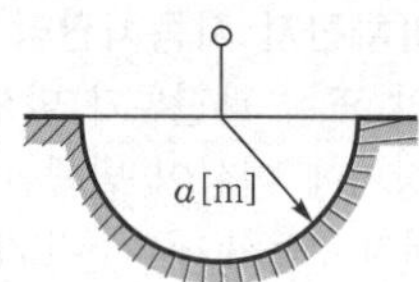

① $\dfrac{\rho}{4\pi a}$　② $\dfrac{\rho}{2\pi a}$

③ $\dfrac{2\pi\rho}{a}$　④ $2\pi\rho a$

해설
- 저항과 정전 용량 $RC=\rho\varepsilon$
- 반구도체의 정전 용량 $C=2\pi\varepsilon a$[F]
- 접지 저항 $R=\dfrac{\rho\varepsilon}{C}=\dfrac{\rho\varepsilon}{2\pi\varepsilon a}=\dfrac{\rho}{2\pi a}$[Ω]

02 자기 유도 계수 L의 계산 방법이 아닌 것은? (단, N : 권수, ϕ : 자속, I : 전류, A : 벡터 퍼텐셜, i : 전류 밀도, B : 자속 밀도, H : 자계의 세기이다.)

① $L=\dfrac{N\phi}{I}$　② $L=\dfrac{\int_v Aidv}{I^2}$

③ $L=\dfrac{\int_v BHdv}{I^2}$　④ $L=\dfrac{\int_v Aidv}{I}$

해설

자기 유도 계수 $L=\dfrac{2w}{I^2}$

자계 에너지 $w=\dfrac{1}{2}\int_v BHdv=\dfrac{1}{2}\int_v Aidv$

$\therefore L=\dfrac{\int_v BHdv}{I^2}=\dfrac{\int_v Aidv}{I^2}$

03 내부 도체의 반지름이 a[m]이고, 외부 도체의 내반지름이 b[m], 외반지름이 c[m]인 동축 케이블의 단위 길이당 자기 인덕턴스는 몇 [H/m]인가?

① $\dfrac{\mu_0}{2\pi}\ln\dfrac{b}{a}$　② $\dfrac{\mu_0}{\pi}\ln\dfrac{b}{a}$

③ $\dfrac{2\pi}{\mu_0}\ln\dfrac{b}{a}$　④ $\dfrac{\pi}{\mu_0}\ln\dfrac{b}{a}$

해설

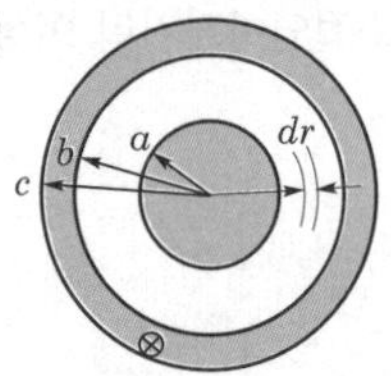

단위 길이당 미소 자속

$d\phi=B\cdot ds=\mu_0 Hdr=\dfrac{\mu_0 I}{2\pi r}dr$

$\therefore \phi=\int_a^b d\phi=\dfrac{\mu_0 I}{2\pi}\ln\dfrac{b}{a}$[Wb]

$\because$ 단위 길이당 인덕턴스

$L=\dfrac{\phi}{I}=\dfrac{\mu_0}{2\pi}\ln\dfrac{b}{a}$[H/m]

04 $V=x^2$[V]로 주어지는 전위 분포일 때 $x=$ 20[cm]인 점의 전계는?

① $+x$방향으로 40[V/m]
② $-x$방향으로 40[V/m]
③ $+x$방향으로 0.4[V/m]
④ $-x$방향으로 0.4[V/m]

해설 $E=-\text{grad}\,V=-\nabla V$

$=-\left(\dfrac{\partial}{\partial x}i+\dfrac{\partial}{\partial y}j+\dfrac{\partial}{\partial z}k\right)\cdot x^2$

$=-2xi$[V/m]

$\therefore [E]_{x=0.2}=0.4i$[V/m]

$\because$ 전계는 $-x$ 방향으로 0.4[V/m]이다.

정답 01. ② 02. ④ 03. ① 04. ④

05 비투자율 μ_s는 역자성체에서 다음 중 어느 값을 갖는가?

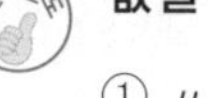

① $\mu_s = 1$　　② $\mu_s < 1$

③ $\mu_s > 1$　　④ $\mu_s = 0$

해설

비투자율 $\mu_s = \dfrac{\mu}{\mu_0} = 1 + \dfrac{\chi_m}{\mu_0}$ 에서

$\mu_s > 1$, 즉 $\chi_m > 0$ 이면 상자성체

$\mu_s < 1$, 즉 $\chi_m < 0$이면 역자성체

06 자속 밀도가 10[Wb/m²]인 자계 내에 길이 4[cm]의 도체를 자계와 직각으로 놓고 이 도체를 0.4초 동안 1[m]씩 균일하게 이동하였을 때 발생하는 기전력은 몇 [V]인가?

① 1　　② 2

③ 3　　④ 4

해설 기전력 $e = v\beta l\sin\theta = \dfrac{x}{t}\beta l\sin\theta$

$$= \frac{1}{0.4} \times 10 \times 0.04 \times 1 = 1[\text{V}]$$

07 전위 경도 V와 전계 E의 관계식은?

① $E = \text{grad}\, V$

② $E = \text{div}\, V$

③ $E = -\text{grad}\, V$

④ $E = -\text{div}\, V$

해설 전계의 세기 $E = -\text{grad}\,V = -\nabla V[\text{V/m}]$

전위 경도는 전계의 세기와 크기는 같고, 방향은 반대이다.

08 평면 전자파에서 전계의 세기가 $E = 5\sin\omega\left(t - \dfrac{x}{v}\right)$[μV/m]인 공기 중에서의 자계의 세기는 몇 [μA/m]인가?

① $-\dfrac{5\omega}{v}\cos\omega\left(t - \dfrac{x}{v}\right)$

② $5\omega\cos\omega\left(t - \dfrac{x}{v}\right)$

③ $4.8 \times 10^2\sin\omega\left(t - \dfrac{x}{v}\right)$

④ $1.3 \times 10^{-2}\sin\omega\left(t - \dfrac{x}{v}\right)$

해설

$$H = \sqrt{\frac{\varepsilon_0}{\mu_0}}\,E$$

$$= \sqrt{\frac{8.854 \times 10^{-12}}{4\pi \times 10^{-7}}}\,E$$

$$= 2.65 \times 10^{-3}E$$

$$= 2.65 \times 10^{-3} \times 5\sin\omega\left(t - \frac{x}{v}\right)$$

$$= 1.3 \times 10^{-2}\sin\omega\left(t - \frac{x}{v}\right)[\mu\text{A/m}]$$

09 정전 용량 0.06[μF]의 평행판 공기 콘덴서가 있다. 전극판 간격의 $\dfrac{1}{2}$ 두께의 유리판을 전극에 평행하게 넣으면 공기 부분의 정전 용량과 유리판 부분의 정전 용량을 직렬로 접속한 콘덴서가 된다. 유리의 비유전율을 $\varepsilon_s = 5$라 할 때 새로운 콘덴서의 정전 용량은 몇 [μF]인가?

① 0.01　　② 0.05

③ 0.1　　④ 0.5

해설

공기 콘덴서의 정전 용량 $C_0 = \dfrac{\varepsilon_0 S}{d}[\mu\text{F}]$

$$C_1 = \frac{\varepsilon_0 S}{\frac{d}{2}} = 2C_0[\mu\text{F}]$$

$$C_2 = \frac{\varepsilon_0\varepsilon_s S}{\frac{d}{2}} = 2\varepsilon_s C_0 = 10C_0[\mu\text{F}]$$

∴ 새로운 콘덴서의 정전 용량

$$C = \frac{1}{\frac{1}{C_1} + \frac{1}{C_2}} = \frac{C_1C_2}{C_1 + C_2} = \frac{2C_0 \times 10C_0}{2C_0 + 10C_0}$$

$$= \frac{20}{12}C_0 = \frac{20}{12} \times 0.06 = 0.1[\mu\text{F}]$$

정답 05. ② 06. ① 07. ③ 08. ④ 09. ③

10 환상 솔레노이드 철심 내부에서 자계의 세기[AT/m]는? (단, N은 코일 권선수, r은 환상 철심의 평균 반지름, I는 코일에 흐르는 전류이다.)

① NI

② $\dfrac{NI}{2\pi r}$

③ $\dfrac{NI}{2r}$

④ $\dfrac{NI}{4\pi r}$

해설
- 앙페르의 주회 적분 법칙 $NI = \oint_c Hdl = Hl$
- 자계의 세기 $H = \dfrac{NI}{l} = \dfrac{NI}{2\pi r}$[AT/m]

11 그림과 같이 공기 중에서 무한 평면 도체의 표면으로부터 2[m]인 곳에 점전하 4[C]이 있다. 전하가 받는 힘은 몇 [N]인가?

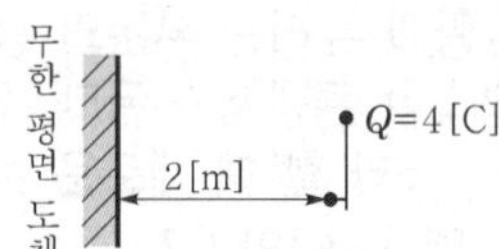

① 3×10^{9} ② 9×10^{9}

③ 1.2×10^{10} ④ 3.6×10^{10}

해설

$$F = \frac{-Q^2}{16\pi\varepsilon_0 a^2} = -\frac{4^2}{16\pi\varepsilon_0\times2^2} = -\frac{1}{4\pi\varepsilon_0} = -9\times10^9\text{[N] (흡인력)}$$

12 자기 인덕턴스(self inductance) L[H]을 나타낸 식은? (단, N은 권선수, I는 전류[A], ϕ는 자속[Wb], B는 자속 밀도[Wb/m^2], H는 자계의 세기[AT/m], A는 벡터 퍼텐셜[Wb/m], J는 전류 밀도[A/m^2]이다.)

① $L = \dfrac{N\phi}{I^2}$

② $L = \dfrac{1}{2I^2}\displaystyle\int B\cdot Hdv$

③ $L = \dfrac{1}{I^2}\displaystyle\int A\cdot Jdv$

④ $L = \dfrac{1}{I}\displaystyle\int B\cdot Hdv$

해설
- 쇄교 자속 $N\phi = LI$
- 자기 인덕턴스 $L = \dfrac{N\phi}{I}$
- 자속 $N\phi = \displaystyle\int_s B\vec{n}ds = \int_s \text{rot}A\vec{n}ds = \oint_c Adl$[Wb]
- 전류 $I = \displaystyle\int_s J\vec{n}ds$ [A]
- 인덕턴스 $L = \dfrac{N\phi I}{I^2} = \dfrac{1}{I^2}\displaystyle\oint Adl\int_s J\vec{n}ds = \dfrac{1}{I^2}\int_v A\cdot Jdv$[H]

13 극판 간격 d[m], 면적 S[m^2], 유전율 ε[F/m]이고, 정전 용량이 C[F]인 평행판 콘덴서에 $v = V_m\sin\omega t$[V]의 전압을 가할 때의 변위 전류[A]는?

① $\omega CV_m\cos\omega t$

② $CV_m\sin\omega t$

③ $-CV_m\sin\omega t$

④ $-\omega CV_m\cos\omega t$

해설

$C = \dfrac{\varepsilon S}{d}$, $\boldsymbol{E} = \dfrac{v}{d}$, $\boldsymbol{D} = \varepsilon\boldsymbol{E}$ 이므로

$$\boldsymbol{i}_d = \frac{\partial\boldsymbol{D}}{\partial t} = \varepsilon\frac{\partial\boldsymbol{E}}{\partial t} = \varepsilon\frac{\partial}{\partial t}\left(\frac{v}{d}\right) = \frac{\varepsilon}{d}\frac{\partial}{\partial t}(V_m\sin\omega t) = \frac{\varepsilon\omega V_m\cos\omega t}{d}\ [\text{A/m}^2]$$

$$\therefore I_D = \boldsymbol{i}_d\cdot S = \frac{\varepsilon\omega V_m\cos\omega t}{d}\cdot\frac{Cd}{\varepsilon} = \omega CV_m\cos\omega t$$

정답 10. ② 11. ② 12. ③ 13. ①

14 $x=0$인 무한 평면을 경계면으로 하여 $x<0$인 영역에는 비유전율 $\varepsilon_{r1}=2$, $x>0$인 영역에는 $\varepsilon_{r2}=4$인 유전체가 있다. ε_{r1}인 유전체 내에서 전계 $E_1=20a_x-10a_y+5a_z$[V/m]일 때 $x>0$인 영역에 있는 ε_{r2}인 유전체 내에서 전속 밀도 D_2[C/m^2]는? (단, 경계면상에는 자유 전하가 없다고 한다.)

① $D_2=\varepsilon_0(20a_x-40a_y+5a_z)$

② $D_2=\varepsilon_0(40a_x-40a_y+20a_z)$

③ $D_2=\varepsilon_0(80a_x-20a_y+10a_z)$

④ $D_2=\varepsilon_0(40a_x-20a_y+20a_z)$

해설 전계는 경계면에서 수평 성분(=접선 부분)이 서로 같다.

$E_1t=E_2t$

전속 밀도는 경계면에서 수직 성분(법선 성분)이 서로 같다.

$D_{1n}=D_{2n}$

즉, $D_{1x}=D_{2x}\varepsilon_0\varepsilon r_1E_{1x}=\varepsilon_0\varepsilon r_2E_{2x}$

유전체 ε_2 영역의 전계 E_2의 각 축성분 $E_{2x}\cdot E_{2y}\cdot E_{2z}$는 $E_{2x}=\dfrac{\varepsilon_0\varepsilon_{r1}}{\varepsilon_0\varepsilon_{r2}}E_{1x}$, $E_{2y}=E_{1y}$, $E_{2z}=E_{1z}$

$$\therefore\ E_2=\frac{\varepsilon_0\varepsilon_{r1}}{\varepsilon_0\varepsilon_{r2}}E_{1x}+E_{1y}+E_{1z}$$
$$=\frac{2}{4}\times 20a_x-10_{ay}+5a_z$$
$$=10a_x-10a_y+5a_z$$
$$\therefore\ D_2=\varepsilon_2E_2=\varepsilon_0\varepsilon_{r2}E_2$$
$$=4\varepsilon_0(10a_x-10a_y+5a_z)$$
$$=\varepsilon_0(40a_x-40a_y+20a_z)\,[\text{C/m}^2]$$

15 전류 I[A]가 흐르고 있는 무한 직선 도체로부터 r[m]만큼 떨어진 점의 자계의 크기는 $2r$[m]만큼 떨어진 점의 자계의 크기의 몇 배인가?

① 0.5 ② 1

③ 2 ④ 4

해설 r[m], $2r$[m]되는 점의 자계의 세기를 H_1, H_2라 하면

$$H_1=\frac{I}{2\pi r}[\text{AT/m}]$$
$$H_2=\frac{I}{2\pi\cdot 2r}[\text{AT/m}]$$
$$\frac{H_1}{H_2}=\frac{\frac{I}{2\pi r}}{\frac{I}{2\pi\cdot 2r}}=2$$
$$\therefore\ H_1=2H_2[\text{AT/m}]$$

16 반지름이 r[m]인 반원형 전류 I[A]에 의한 반원의 중심(O)에서 자계의 세기[AT/m]는?

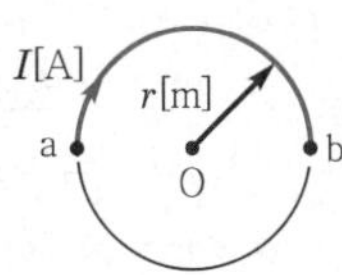

① $\dfrac{2I}{r}$ ② $\dfrac{I}{r}$

③ $\dfrac{I}{2r}$ ④ $\dfrac{I}{4r}$

해설 **원형 코일 중심점의 자계의 세기**

$$H=\frac{NI}{2a}=\frac{\frac{1}{2}I}{2r}=\frac{I}{4r}[\text{AT/m}]$$

17 규소 강판과 같은 자심 재료의 히스테리시스 곡선의 특징은?

① 히스테리시스 곡선의 면적이 작은 것이 좋다.

② 보자력이 큰 것이 좋다.

③ 보자력과 잔류 자기가 모두 큰 것이 좋다.

④ 히스테리시스 곡선의 면적이 큰 것이 좋다.

해설 규소 강판은 철에 소량의 규소(Si)를 첨가하여 제조한 강판으로 여러 가지 자기 특성이 뛰어나 전력 기기의 철심에 대량으로 사용된다. 이런 전자석의 재료는 히스테리시스 곡선의 면적이 작고 잔류 자기는 크며 보자력은 작다.

정답 14. ② 15. ③ 16. ④ 17. ①

18 전속 밀도 $D=X^2i+Y^2j+Z^2k$[C/m²]를 발생시키는 점 (1, 2, 3)에서의 체적 전하 밀도는 몇 [C/m³]인가?

① 12 ② 13
③ 14 ④ 15

해설 전속 $\psi=\int_s DndS=\int_v \text{div}D\,dv=Q\,[\text{C}]$

$\psi=Q=\int_v \rho dv$

∴ 체적 전하 밀도 $\rho=\text{div}D=\nabla\cdot D$

$=\left(i\frac{\partial}{\partial x}+j\frac{\partial}{\partial y}+k\frac{\partial}{\partial z}\right)\cdot(iD_x+jD_y+kD_z)$

$=\frac{\partial D_x}{\partial x}+\frac{\partial D_y}{\partial y}+\frac{\partial D_z}{\partial z}$

$=2x+2y+2z$

$=2+4+6=12[\text{C/m}^3]$

19 전속 밀도 D, 전계의 세기 E, 분극의 세기 P 사이의 관계식은?

① $P=D+\varepsilon_0E$ ② $P=D-\varepsilon_0E$
③ $P=D(1-\varepsilon_0)E$ ④ $P=\varepsilon_0(D-E)$

해설 전속 밀도 $D=\varepsilon_0E+P$ 에서

분극의 세기 $P=D-\varepsilon_0E$

$=\varepsilon_0\varepsilon_sE-\varepsilon_0E$

$=\varepsilon_0(\varepsilon_s-1)E\,[\text{C/m}^2]$

20 유전율이 ε_1, ε_2인 유전체 경계면에 수직으로 전계가 작용할 때 단위 면적당 수직으로 작용하는 힘[N/m²]은? (단, E는 전계[V/m]이고, D는 전속 밀도[C/m²]이다.)

① $2\left(\frac{1}{\varepsilon_2}-\frac{1}{\varepsilon_1}\right)E^2$

② $2\left(\frac{1}{\varepsilon_2}-\frac{1}{\varepsilon_1}\right)D^2$

③ $\frac{1}{2}\left(\frac{1}{\varepsilon_2}-\frac{1}{\varepsilon_1}\right)E^2$

④ $\frac{1}{2}\left(\frac{1}{\varepsilon_2}-\frac{1}{\varepsilon_1}\right)D^2$

해설 유전체 경계면에 전계가 수직으로 입사하면 전속 밀도 $D_1=D_2$이고, 인장 응력이 작용한다.

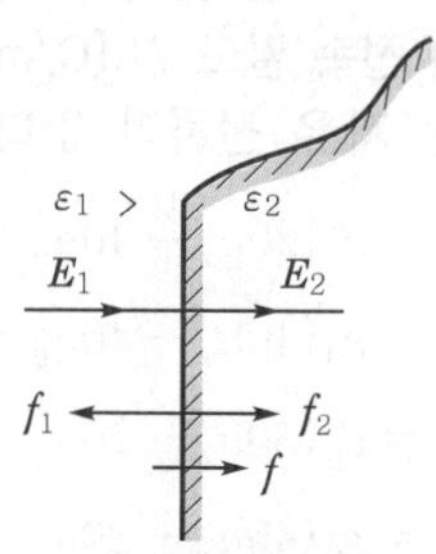

▌경계면▌

$f_1=\frac{{D_1}^2}{2\varepsilon_1}$, $f_2=\frac{{D_2}^2}{2\varepsilon_2}$[N/m²]

$\varepsilon_1>\varepsilon_2$일 때

$f=f_2-f_1=\frac{1}{2}\left(\frac{1}{\varepsilon_2}-\frac{1}{\varepsilon_1}\right)D^2[\text{N/m}^2]$

힘은 유전율이 큰 쪽에서 작은 쪽으로 작용한다.

제2과목 전력공학

21 빙설이 많은 지방에서 특고압 가공전선의 이도(dip)를 계산할 때 전선 주위에 부착하는 빙설의 두께와 비중은 일반적인 경우 각각 얼마로 상정하는가?

① 두께 : 10[mm], 비중 : 0.9
② 두께 : 6[mm], 비중 : 0.9
③ 두께 : 10[mm], 비중 : 1
④ 두께 : 6[mm], 비중 : 1

해설 빙설(눈과 얼음)은 전선이나 가섭선에 온도가 낮은 저온계인 경우 부착하게 되는데 두께를 6[mm], 비중을 0.9로 하여 빙설하중이나 풍압하중 등을 계산하도록 되어 있다.

정답 18. ① 19. ② 20. ④ 21. ②

22 복도체 선로가 있다. 소도체의 지름이 8[mm], 소도체 사이의 간격이 40[cm]일 때, 등가 반지름[cm]은?

① 2.8 ② 3.6
③ 4.0 ④ 5.7

해설 복도체의 등가 반지름 $r_e = \sqrt[n]{r \cdot s^{n-1}}$ 이므로
복도체인 경우 $r_e = \sqrt{r \cdot s}$
∴ 등가 반지름 $r_e = \sqrt{\frac{8}{2} \times 10^{-1} \times 40} = 4[\text{cm}]$

23 다음 중 송전선로의 코로나 임계전압이 높아지는 경우가 아닌 것은?

① 날씨가 맑다.
② 기압이 높다.
③ 상대공기밀도가 낮다.
④ 전선의 반지름과 선간거리가 크다.

해설 코로나 임계전압 $E_0 = 24.3\, m_0 m_1 \delta d \log_{10}\frac{D}{r}[\text{kV}]$
이므로 상대공기밀도(δ)가 높아야 한다.
코로나를 방지하려면 임계전압을 높여야 하므로 전선 굵기를 크게 하고, 전선 간 거리를 증가시켜야 한다.

24 중거리 송전선로의 특성은 무슨 회로로 다루어야 하는가?

① RL 집중정수회로
② RLC 집중정수회로
③ 분포정수회로
④ 특성 임피던스 회로

해설
- 단거리 송전선로 : RL 집중정수회로
- 중거리 송전선로 : RLC 집중정수회로
- 장거리 송전선로 : $RLCG$ 분포정수회로

25 파동 임피던스가 500[Ω]인 가공 송전선 1[km]당의 인덕턴스 L과 정전용량 C는 얼마인가?

① $L=1.67[\text{mH/km}]$, $C=0.0067[\mu\text{F/km}]$
② $L=2.12[\text{mH/km}]$, $C=0.167[\mu\text{F/km}]$
③ $L=1.67[\text{mH/km}]$, $C=0.0167[\mu\text{F/km}]$
④ $L=0.0067[\text{mH/km}]$, $C=1.67[\mu\text{F/km}]$

해설 특성 임피던스 $Z_0 = \sqrt{\frac{L}{C}} \fallingdotseq 138\log_{10}\frac{D}{r}[\Omega]$이므로
$Z_0 = 138\log_{10}\frac{D}{r} = 500[\Omega]$에서 $\log_{10}\frac{D}{r} = \frac{500}{138}$
이다.

$$\therefore L = 0.05 + 0.4605\log_{10}\frac{D}{r} = 0.05 + 0.4605 \times \frac{500}{138} = 1.67[\text{mH/km}]$$

$$\therefore C = \frac{0.02413}{\log_{10}\frac{D}{r}} = \frac{0.02413}{\frac{500}{138}} \fallingdotseq 6.67 \times 10^{-3}[\mu\text{F/km}]$$

26 조상설비가 아닌 것은?

① 정지형 무효전력 보상장치
② 자동고장구간개폐기
③ 전력용 콘덴서
④ 분로 리액터

해설 자동고장구간개폐기는 선로의 고장구간을 자동으로 분리하는 장치로 조상설비가 아니다.

27 비접지식 송전선로에 있어서 1선 지락 고장이 생겼을 경우 지락점에 흐르는 전류는?

① 직류 전류
② 고장상의 영상전압과 동상의 전류
③ 고장상의 영상전압보다 90° 빠른 전류
④ 고장상의 영상전압보다 90° 늦은 전류

해설 비접지식 송전선로에서 1선 지락사고 시 고장전류는 대지정전용량에 흐르는 충전전류 $I = j\omega CE[\text{A}]$이므로 고장점의 영상전압보다 90° 앞선 전류이다.

정답 22. ③ 23. ③ 24. ② 25. ① 26. ② 27. ③

28 통신선과 평행인 주파수 60[Hz]의 3상 1회선 송전선에서 1선 지락으로(영상전류가 100[A] 흐르고) 있을 때 통신선에 유기되는 전자유도전압[V]은? (단, 영상전류는 송전선 전체에 걸쳐 같으며, 통신선과 송전선의 상호 인덕턴스는 0.05[mH/km]이고, 그 평행길이는 50[km]이다.)

① 162 ② 192
③ 242 ④ 283

해설 $E_m = j\omega M \cdot 3I_0$

50[km]의 상호 인덕턴스$=0.05 \times 50$

$\therefore\ E_m = 2\pi \times 60 \times 0.05 \times 10^{-3} \times 50 \times 3 \times 100$
$= 282.7$[V]

29 10,000[kVA] 기준으로 등가 임피던스가 0.4[%]인 발전소에 설치될 차단기의 차단용량은 몇 [MVA]인가?

① 1,000 ② 1,500
③ 2,000 ④ 2,500

해설 **차단용량**

$P_s = \dfrac{100}{\%Z} P_n$

$= \dfrac{100}{0.4} \times 10,000 \times 10^{-3} = 2,500$[MVA]

30 임피던스 Z_1, Z_2 및 Z_3를 그림과 같이 접속한 선로의 A쪽에서 전압파 E가 진행해 왔을 때, 접속점 B에서 무반사로 되기 위한 조건은?

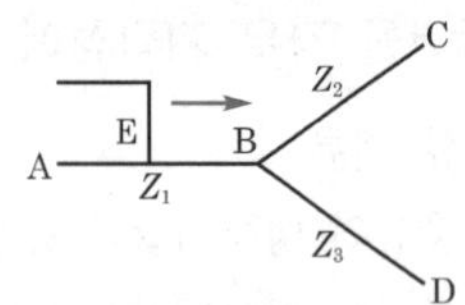

① $Z_1 = Z_2 + Z_3$ ② $\dfrac{1}{Z_3} = \dfrac{1}{Z_1} + \dfrac{1}{Z_2}$

③ $\dfrac{1}{Z_1} = \dfrac{1}{Z_2} + \dfrac{1}{Z_3}$ ④ $\dfrac{1}{Z_2} = \dfrac{1}{Z_1} + \dfrac{1}{Z_3}$

해설 무반사 조건은 변이점 B에서 입사쪽과 투과쪽의 특성 임피던스가 동일하여야 한다.

즉, $\dfrac{1}{Z_1} = \dfrac{1}{Z_2} + \dfrac{1}{Z_3}$로 한다.

31 피뢰기의 제한전압이란?

① 충격파의 방전개시전압
② 상용 주파수의 방전개시전압
③ 전류가 흐르고 있을 때의 단자 전압
④ 피뢰기 동작 중 단자 전압의 파고값

해설 피뢰기 시 동작하여 방전전류가 흐르고 있을 때 피뢰기 양단자 간 전압의 파고값을 제한전압이라 한다.

32 최소 동작전류 이상의 전류가 흐르면 한도를 넘는 양(量)과는 상관없이 즉시 동작하는 계전기는?

① 순한시 계전기
② 반한시 계전기
③ 정한시 계전기
④ 반한시성 정한시 계전기

해설 **순한시 계전기**

정정값 이상의 전류는 크기에 관계없이 바로 동작하는 고속도 계전기이다.

33 차단기의 차단시간은?

① 개극시간을 말하며 대개 3~8사이클이다.
② 개극시간과 아크시간을 합친 것을 말하며 3~8사이클이다.
③ 아크시간을 말하며 8사이클 이하이다.
④ 개극과 아크시간에 따라 3사이클 이하이다.

해설 차단시간은 트립코일의 여자 순간부터 아크가 접촉자에서 완전 소멸하여 절연을 회복할 때까지의 시간으로 3~8사이클이지만 특고압설비에는 3~5사이클이다.

정답 28. ④ 29. ④ 30. ③ 31. ④ 32. ① 33. ②

34 **전력용 퓨즈는 주로 어떤 전류의 차단을 목적으로 사용하는가?**

① 충전전류
② 과부하전류
③ 단락전류
④ 과도전류

해설 전력퓨즈(Power fuse)는 변압기, 전동기, PT 및 배전선로 등의 보호차단기로 사용되고 동작 원리에 따라 한류형(current limiting fuse)과 방출퓨즈(expulsion)로 구별한다.
전력퓨즈는 차단기와 같이 회로 및 기기의 단락보호용으로 사용한다.

35 **같은 선로와 같은 부하에서 교류 단상 3선식은 단상 2선식에 비하여 전압강하와 배전효율은 어떻게 되는가?**

① 전압강하는 적고, 배전효율은 높다.
② 전압강하는 크고, 배전효율은 낮다.
③ 전압강하는 적고, 배전효율은 낮다.
④ 전압강하는 크고, 배전효율은 높다.

해설 단상 3선식은 단상 2선식에 비하여 동일 전력일 경우 전류가 $\frac{1}{2}$이므로 전압강하는 적어지고, 1선당 전력은 1.33배이므로 배전효율은 높다.

36 **최대수용전력이 3[kW]인 수용가가 3세대, 5[kW]인 수용가가 6세대라고 할 때, 이 수용가군에 전력을 공급할 수 있는 주상 변압기의 최소 용량[kVA]은? (단, 역률은 1, 수용가 간의 부등률은 1.3이다.)**

① 25 ② 30
③ 35 ④ 40

해설 **변압기의 용량**

$$P_t = \frac{3\times3+5\times6}{1.3\times1} = 30[\text{kVA}]$$

37 **3상 배전선로의 말단에 역률 80[%](뒤짐), 160[kW]의 평형 3상 부하가 있다. 부하점에 부하와 병렬로 전력용 콘덴서를 접속하여 선로 손실을 최소로 하기 위해 필요한 콘덴서 용량[kVA]은? (단, 여기서 부하단 전압은 변하지 않는 것으로 한다.)**

① 96 ② 120
③ 128 ④ 200

해설 선로 손실을 최소로 하려면 역률을 1로 개선해야 한다.

$$\therefore\ Q_c = P(\tan\theta_1 - \tan\theta_2)$$
$$= P(\tan\theta - 0) = P\frac{\sin\theta}{\cos\theta}$$
$$= 160\times\frac{0.6}{0.8} = 120[\text{kVA}]$$

38 **수전용 변전설비의 1차측 차단기의 차단용량은 주로 어느 것에 의하여 정해지는가?**

① 수전 계약용량
② 부하설비의 단락용량
③ 공급측 전원의 단락용량
④ 수전 전력의 역률과 부하율

해설 차단기의 차단용량은 공급측 전원의 단락용량을 기준으로 정해진다.

39 **갈수량이란 어떤 유량을 말하는가?**

① 1년 365일 중 95일간은 이보다 낮아지지 않는 유량
② 1년 365일 중 185일간은 이보다 낮아지지 않는 유량
③ 1년 365일 중 275일간은 이보다 낮아지지 않는 유량
④ 1년 365일 중 355일간은 이보다 낮아지지 않는 유량

해설 **갈수량**
1년 365일 중 355일은 이것보다 내려가지 않는 유량과 수위

정답 34. ③ 35. ① 36. ② 37. ② 38. ③ 39. ④

40 원자로의 감속재에 대한 설명으로 틀린 것은?

① 감속능력이 클 것
② 원자 질량이 클 것
③ 사용 재료로 경수를 사용
④ 고속 중성자를 열 중성자로 바꾸는 작용

해설 감속재는 고속 중성자를 열 중성자까지 감속시키기 위한 것으로, 중성자 흡수가 적고 탄성 산란에 의해 감속이 크다. 중수, 경수, 베릴륨, 흑연 등이 사용된다.

제3과목 전기기기

41 50[Ω]의 계자 저항을 갖는 직류 분권 발전기가 있다. 이 발전기의 출력이 5.4[kW]일 때 단자 전압은 100[V], 유기 기전력은 115[V]이다. 이 발전기의 출력이 2[kW]일 때 단자 전압이 125[V]라면 유기 기전력은 약 몇 [V]인가?

① 130 ② 145
③ 152 ④ 159

해설 $P=VI$

$I=\frac{P}{V}=\frac{5{,}400}{100}=54[\text{A}]$

$I_f=\frac{V}{r_f}=\frac{100}{50}=2[\text{A}]$

$I_a=I+I_f=54+2=56[\text{A}]$

$R_a=\frac{E-V}{I}=\frac{115-100}{56}=0.267[\Omega]$

$I'=\frac{P}{V}=\frac{2{,}000}{125}=16[\text{A}]$

$I_f'=\frac{125}{50}=2.5[\text{A}]$

$I_a'=I'+I_f'=16+2.5=18.5[\text{A}]$

$E'=V'+I_a'R_a$

$=125+18.5\times0.267$

$=129.9=130[\text{V}]$

42 1차 전압 100[V], 2차 전압 200[V], 선로 출력 50[kVA]인 단권 변압기의 자기 용량은 몇 [kVA]인가?

① 25
② 50
③ 250
④ 500

해설 단권 변압기의 $\frac{P(\text{자기 용량, 등가 용량})}{W(\text{선로 용량, 부하 용량})}=\frac{V_h-V_l}{V_h}$ 이므로

자기 용량 $P=\frac{V_h-V_l}{V_h}W$

$=\frac{200-100}{200}\times50=25[\text{kVA}]$

43 동기 발전기를 병렬 운전하는 데 필요하지 않은 조건은?

① 기전력의 용량이 같을 것
② 기전력의 파형이 같을 것
③ 기전력의 크기가 같을 것
④ 기전력의 주파수가 같을 것

해설 동기 발전기의 병렬 운전 조건
- 기전력의 크기가 같을 것
- 기전력의 위상이 같을 것
- 기전력의 주파수가 같을 것
- 기전력의 파형이 같을 것

44 반도체 사이리스터에 의한 제어는 어느 것을 변화시키는 것인가?

① 전류
② 주파수
③ 토크
④ 위상각

해설 반도체 사이리스터(thyristor)에 의한 전압을 제어하는 경우 위상각 또는 점호각을 변화시킨다.

정답 40. ② 41. ① 42. ① 43. ① 44. ④

45 권선형 유도 전동기의 2차 여자법 중 2차 단자에서 나오는 전력을 동력으로 바꿔서 직류 전동기에 가하는 방식은?

① 회생 방식
② 크레머 방식
③ 플러깅 방식
④ 세르비우스 방식

해설 권선형 유도 전동기의 속도 제어에서 2차 여자 제어법은 크레머 방식과 세르비우스 방식이 있으며, 크레머 방식은 2차 단자에서 나오는 전력을 동력으로 바꾸어 제어하는 방식이고, 세르비우스 방식은 2차 전력을 전원측에 반환하여 제어하는 방식이다.

46 출력 P_o, 2차 동손 P_{2c}, 2차 입력 P_2 및 슬립 s인 유도 전동기에서의 관계는?

① $P_2 : P_{2c} : P_o = 1 : s : (1-s)$
② $P_2 : P_{2c} : P_o = 1 : (1-s) : s$
③ $P_2 : P_{2c} : P_o = 1 : s^2 : (1-s)$
④ $P_2 : P_{2c} : P_o = 1 : (1-s) : s^2$

해설
- 2차 입력 : $P_2 = I_2^{\,2} \cdot \dfrac{r_2}{s}$
- 2차 동손 : $P_{2c} = I_2^{\,2} \cdot r_2$
- 출력 : $P_o = I_2^{\,2} \cdot R = I_2^{\,2}\dfrac{1-s}{s}$

$\therefore\ P_2 : P_{2c} : P_o = \dfrac{1}{s} : 1 : \dfrac{1-s}{s} = 1 : s : 1-s$

47 변압기의 규약 효율 산출에 필요한 기본 요건이 아닌 것은?

① 파형은 정현파를 기준으로 한다.
② 별도의 지정이 없는 경우 역률은 100[%] 기준이다.
③ 부하손은 40[℃]를 기준으로 보정한 값을 사용한다.
④ 손실은 각 권선에 대한 부하손의 합과 무부하손의 합이다.

해설 변압기의 손실이란 각 권선에 대한 부하손의 합과 무부하손의 합계를 말한다. 지정이 없을 때는 역률은 100[%], 파형은 정현파를 기준으로 하고 부하손은 75[℃]로 보정한 값을 사용한다.

48 3상 직권 정류자 전동기에 중간(직렬) 변압기가 쓰이고 있는 이유가 아닌 것은?

① 정류자 전압의 조정
② 회전자 상수의 감소
③ 경부하 때 속도의 이상 상승 방지
④ 실효 권수비 선정 조정

해설 3상 직권 정류자 전동기의 중간 변압기(또는 직렬 변압기)는 고정자 권선과 회전자 권선 사이에 직렬로 접속된다. 중간 변압기의 사용 목적은 다음과 같다.
- 정류자 전압의 조정
- 회전자 상수의 증가
- 경부하시 속도 이상 상승의 방지
- 실효 권수비의 조정

49 정격이 5[kW], 100[V], 50[A], 1,500[rpm]인 타여자 직류 발전기가 있다. 계자 전압 50[V], 계자 전류 5[A], 전기자 저항 0.2[Ω]이고 브러시에서 전압 강하는 2[V]이다. 무부하시와 정격 부하시의 전압차는 몇 [V]인가?

① 12　② 10
③ 8　④ 6

해설 무부하 전압 $V_0 = E = V + I_a R_a + e_b$
$= 100 + 50 \times 0.2 + 2 = 112[\text{V}]$
정격 전압 $V_n = 100[\text{V}]$
전압차 $e = V_0 - V_n = 112 - 100 = 12[\text{V}]$

50 정격 출력 5,000[kVA], 정격 전압 3.3[kV], 동기 임피던스가 매상 1.8[Ω]인 3상 동기 발전기의 단락비는 약 얼마인가?

① 1.1　② 1.2
③ 1.3　④ 1.4

정답 45. ② 46. ① 47. ③ 48. ② 49. ① 50. ②

해설 퍼센트 동기 임피던스 $\%Z_s = \frac{P_n Z_s}{10V^2}$ [%]

단위법 동기 임피던스 $Z_s' = \frac{\%Z}{100} = \frac{P_n Z_s}{10^3 V^2}$ [p.u]

단락비 $K_s = \frac{1}{Z_s'} = \frac{10^3 V^2}{P_n Z_s} = \frac{10^3 \times 3.3^2}{5{,}000 \times 1.8} = 1.21$

51 3상 유도 전동기의 기계적 출력 P[kW], 회전수 N[rpm]인 전동기의 토크[kg·m]는?

① $716\frac{P}{N}$ ② $956\frac{P}{N}$

③ $975\frac{P}{N}$ ④ $0.01625\frac{P}{N}$

해설 3상 유도 전동기의 토크 $T = \frac{P}{2\pi\frac{N}{60}}$ [N·m]

토크 $\tau = \frac{T}{9.8} = \frac{1}{9.8} \times \frac{P}{2\pi\frac{N}{60}} = 0.975\frac{P[\mathrm{W}]}{N}$

$= 975\frac{P[\mathrm{kW}]}{N}$ [kg·m]

52 직류 전동기를 교류용으로 사용하기 위한 대책이 아닌 것은?

① 자계는 성층 철심, 원통형 고정자 적용

② 계자 권선수 감소, 전기자 권선수 증대

③ 보상 권선 설치, 브러시 접촉 저항 증대

④ 정류자편 감소, 전기자 크기 감소

해설 직류 전동기를 교류용으로 사용시 여러 가지 단점이 있다. 그중에서 역률이 대단히 낮아지므로 계자 권선의 권수를 적게 하고 전기자 권수를 크게 해야 한다. 그러므로 전기자가 커지고 정류자 편수 또한 많아지게 된다.

53 2상 교류 서보 모터를 구동하는 데 필요한 2상 전압을 얻는 방법으로 널리 쓰이는 방법은?

① 2상 전원을 직접 이용하는 방법

② 환상 결선 변압기를 이용하는 방법

③ 여자 권선에 리액터를 삽입하는 방법

④ 증폭기 내에서 위상을 조정하는 방법

해설 제어용 서보 모터(servo motor)는 2상 교류 서보 모터 또는 직류 서보 모터가 있으며 2상 교류 서보 모터의 주권선에는 상용 주파의 교류 전압 E_r, 제어 권선에는 증폭기 내에서 위상을 조정하는 입력 신호 E_c가 공급된다.

54 Y결선 한 변압기의 2차측에 다이오드 6개로 3상 전파의 정류 회로를 구성하고 저항 R을 걸었을 때의 3상 전파 직류 전류의 평균치 I[A]는? (단, E는 교류측의 선간 전압이다.)

① $\frac{6\sqrt{2}}{2\pi}\frac{E}{R}$ ② $\frac{3\sqrt{6}}{2\pi}\frac{E}{R}$

③ $\frac{3\sqrt{6}}{\pi}\frac{E}{R}$ ④ $\frac{6\sqrt{2}}{\pi}\frac{E}{R}$

해설

직류 전압 $E_d = \frac{\sqrt{2}\sin\frac{\pi}{m}}{\frac{\pi}{m}}E$

$= \frac{\sqrt{2}\sin\frac{\pi}{6}}{\frac{\pi}{6}}E = \frac{6\sqrt{2}}{2\pi}E$[V]

직류 전류 평균값 $I_d = \frac{E_d}{R} = \frac{6\sqrt{2}E}{2\pi R}$[A]

[단, m은 상(phase)수로 3상 전파 정류는 6상 반파 정류에 해당하여 $m=6$이다.]

55 단상 변압기에서 전부하의 2차 전압은 100[V]이고, 전압 변동률은 4[%]이다. 1차 단자 전압[V]은? (단, 1차와 2차 권선비는 20 : 1이다.)

① 1,920 ② 2,080

③ 2,160 ④ 2,260

정답 51. ③ 52. ④ 53. ④ 54. ① 55. ②

해설 $V_{10}=V_{1n}\left(1+\frac{\varepsilon}{100}\right)=ar_{2n}\left(1+\frac{\varepsilon}{100}\right)$

$=20\times100\times\left(1+\frac{4}{100}\right)$

$=2{,}080[\text{V}]$

56 **동기 전동기의 공급 전압과 부하를 일정하게 유지하면서 역률을 1로 운전하고 있는 상태에서 여자 전류를 증가시키면 전기자 전류는?**

① 앞선 무효 전류가 증가

② 앞선 무효 전류가 감소

③ 뒤진 무효 전류가 증가

④ 뒤진 무효 전류가 감소

해설 동기 전동기를 역률 1인 상태에서 여자 전류를 감소(부족 여자)하면 전기자 전류는 뒤진 무효 전류가 증가하고, 여자 전류를 증가(과여자)하면 앞선 무효 전류가 증가한다.

57 **직류 발전기의 정류 초기에 전류 변화가 크며 이때 발생되는 불꽃 정류로 옳은 것은?**

출제빈도

① 과정류

② 직선 정류

③ 부족 정류

④ 정현파 정류

해설 직류 발전기의 정류 곡선에서 정류 초기에 전류 변화가 큰 곡선을 과정류라 하며 초기에 불꽃이 발생한다.

58 **정격 출력 10,000[kVA], 정격 전압 6,600[V], 정격 역률 0.6인 3상 동기 발전기가 있다. 동기 리액턴스 0.6[p.u]인 경우의 전압 변동률[%]은?**

① 21 ② 31

③ 40 ④ 52

해설

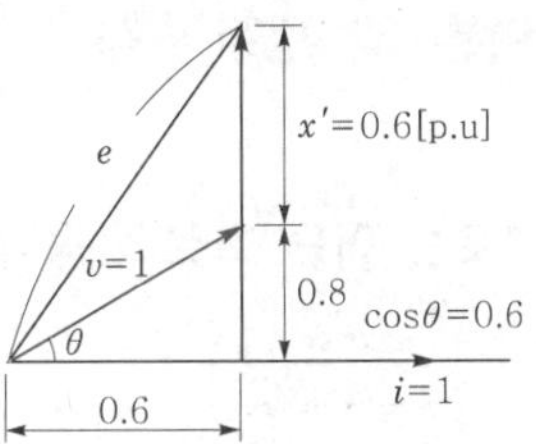

단위법으로 산출한 기전력 e

$e=\sqrt{0.6^2+(0.6+0.8)^2}=1.52[\text{p.u}]$

전압변동률 $\varepsilon=\frac{V_0-V_n}{V_n}\times100=\frac{e-v}{v}\times100$

$=\frac{1.52-1}{1}\times100=52[\%]$

59 **이상적인 변압기의 무부하에서 위상 관계로 옳은 것은?**

① 자속과 여자 전류는 동위상이다.

② 자속은 인가 전압보다 90° 앞선다.

③ 인가 전압은 1차 유기 기전력보다 90° 앞선다.

④ 1차 유기 기전력과 2차 유기 기전력의 위상은 반대이다.

해설 이상적인 변압기는 철손, 동손 및 누설 자속이 없는 변압기로서, 자화 전류와 여자 전류가 같아져 자속과 여자 전류는 동위상이다.

60 **유도 전동기의 회전 속도를 N[rpm], 동기 속도를 N_s[rpm]이라 하고 순방향 회전 자계의 슬립은 s라고 하면, 역방향 회전 자계에 대한 회전자 슬립은?**

① $s-1$ ② $1-s$

③ $s-2$ ④ $2-s$

해설 역회전 시 슬립 $s'=\frac{N_s-(-N)}{N_s}=\frac{N_s+N}{N_s}$

$=\frac{N_s+N_s}{N_s}-\frac{N_s-N}{N_s}$

$=2-s$

정답 56. ① 57. ① 58. ④ 59. ① 60. ④

제4과목 회로이론 및 제어공학

61 다음 시퀀스회로는 어떤 회로의 동작을 하는가?

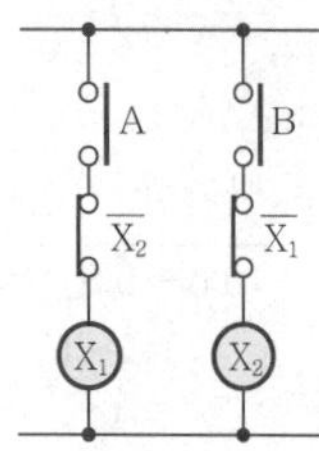

① 자기유지회로　② 인터록회로
③ 순차제어회로　④ 단안정회로

해설 인터록회로는 한쪽 기기가 동작하면 다른 쪽 기기는 동작할 수 없는 회로로 X_1 여자 시 X_2는 여자될 수 없고, X_2 여자 시 X_1은 여자될 수 없다.

62 자동제어계가 미분동작을 하는 경우 보상회로는 어떤 보상회로에 속하는가?

① 진지상보상　② 진상보상
③ 지상보상　④ 동상보상

해설 진상보상법은 출력위상이 입력위상보다 앞서도록 제어신호의 위상을 조정하는 보상법으로 미분회로는 진상보상회로이다.

63 $G(s)=\dfrac{\omega_n^2}{s^2+2\delta\omega_n s+\omega_n^2}$ 인 제어계에서 $\omega_n=2$, $\delta=0$으로 할 때의 단위 임펄스응답은?

① $2\sin 2t$
② $2\cos 2t$
③ $\sin 4t$
④ $\cos \dfrac{1}{4}t$

해설 임펄스응답이므로 입력
$R(s)=\mathcal{L}[r(t)]=\mathcal{L}[\delta(t)]=1$

전달함수 $G(s)=\dfrac{C(s)}{R(s)}$

$$=\frac{\omega_n^2}{s^2+2\delta\omega_n s+\omega_n^2}=\frac{2^2}{s^2+2^2}$$

$$C(s)=\frac{2^2}{s^2+2^2}R(s)=\frac{2^2}{s^2+2^2}\cdot 1=2\cdot\frac{2}{s^2+2^2}$$

단위 임펄스응답 $c(t)=\mathcal{L}^{-1}[C(s)]=2\sin 2t$

64 다음 상태방정식 $\dot{x}=\boldsymbol{A}x+\boldsymbol{B}u$에서 $A=\begin{bmatrix}0 & 1\\ -2 & -3\end{bmatrix}$일 때, 특성방정식의 근은?

① $-2,\ -3$　② $-1,\ -2$
③ $-1,\ -3$　④ $1,\ -3$

해설 특성방정식 $|s\boldsymbol{I}-\boldsymbol{A}|=0$

$$|s\boldsymbol{I}-\boldsymbol{A}|=\begin{vmatrix}s & -1\\ 2 & s+3\end{vmatrix}$$

$$=s(s+3)+2=s^2+3s+2=0$$

$(s+1)(s+2)=0$

$\therefore\ s=-1,\ -2$

65 다음 특성방정식 중에서 안정된 시스템인 것은?

① $2s^3+3s^2+4s+5=0$
② $s^4+3s^3-s^2+s+10=0$
③ $s^5+s^3+2s^2+4s+3=0$
④ $s^4-2s^3-3s^2+4s+5=0$

해설 **제어계가 안정될 때 필요조건**
특성방정식의 모든 차수가 존재하고 각 계수의 부호가 같아야 한다.

66 일정 입력에 대해 잔류편차가 있는 제어계는 무엇인가?

① 비례제어계　② 적분제어계
③ 비례적분제어계　④ 비례적분미분제어계

해설 잔류편차(offset)는 정상상태에서의 오차를 뜻하며 비례제어(P동작)의 경우에 발생한다.

정답 61. ② 62. ② 63. ① 64. ② 65. ① 66. ①

67 그림의 두 블록선도가 등가인 경우, A요소의 전달함수는?

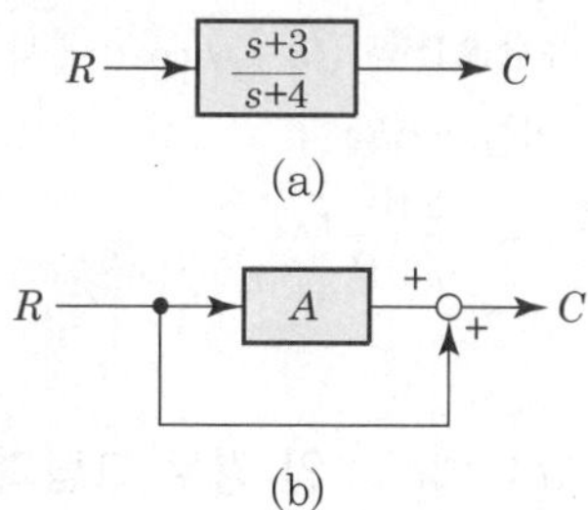

① $\dfrac{-1}{s+4}$ ② $\dfrac{-2}{s+4}$

③ $\dfrac{-3}{s+4}$ ④ $\dfrac{-4}{s+4}$

해설 그림 (a)에서 $R \cdot \dfrac{s+3}{s+4} = C$

$\therefore \dfrac{C}{R} = \dfrac{s+3}{s+4}$

그림 (b)에서 $RA + R = C$, $R(A+1) = C$

$\therefore \dfrac{C}{R} = A+1$

$\dfrac{s+3}{s+4} = A+1$

$\therefore A = \dfrac{s+3}{s+4} - 1 = \dfrac{-1}{s+4}$

68 과도응답이 소멸되는 정도를 나타내는 감쇠비(decay ratio)는?

① $\dfrac{\text{최대 오버슈트}}{\text{제2오버슈트}}$

② $\dfrac{\text{제3오버슈트}}{\text{제2오버슈트}}$

③ $\dfrac{\text{제2오버슈트}}{\text{최대 오버슈트}}$

④ $\dfrac{\text{제2오버슈트}}{\text{제3오버슈트}}$

해설 감쇠비는 과도응답이 소멸되는 속도를 나타내는 양으로 최대 오버슈트와 다음 주기에 오는 오버슈트의 비이다.

69 그림의 블록선도에서 등가전달함수는?

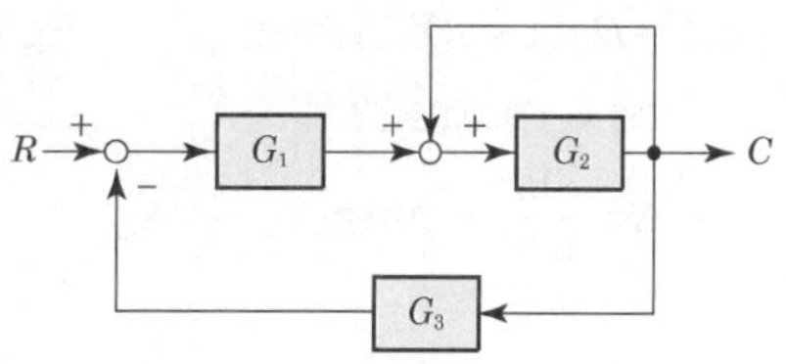

① $\dfrac{G_1G_2}{1+G_2+G_1G_2G_3}$ ② $\dfrac{G_1G_2}{1-G_2+G_1G_2G_3}$

③ $\dfrac{G_1G_3}{1-G_2+G_1G_2G_3}$ ④ $\dfrac{G_1G_3}{1+G_2+G_1G_2G_3}$

해설 $\{(R-CG_3)G_1 + C\}G_2 = C$

$RG_1G_2 - CG_1G_2G_3 + CG_2 = C$

$RG_1G_2 = C(1-G_2+G_1G_2G_3)$

$\therefore$ 전달함수 $G(s) = \dfrac{C}{R} = \dfrac{G_1G_2}{1-G_2+G_1G_2G_3}$

70 다음 그림에 있는 폐루프 샘플값 제어계의 전달함수는?

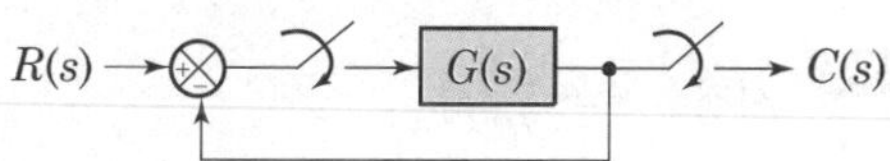

① $\dfrac{1}{1+G(z)}$ ② $\dfrac{1}{1-G(z)}$

③ $\dfrac{G(z)}{1+G(z)}$ ④ $\dfrac{G(z)}{1-G(z)}$

해설 연속치를 샘플링한 것은 이산치로 볼 수 있으며 따라서 Z변환에서의 전달함수는 다음과 같다.

$T(z) = \dfrac{C(z)}{R(z)} = \dfrac{G(z)}{1+G(z)}$

71 그림의 대칭 T회로의 일반 4단자 정수가 다음과 같다. $A=D=1.2$, $B=44[\Omega]$, $C=0.01[\mho]$일 때 임피던스 $Z[\Omega]$의 값은?

① 1.2
② 12
③ 20
④ 44

1 Z Z 2
Y
1′ 2′

정답 67. ① 68. ③ 69. ② 70. ③ 71. ③

해설 T형 대칭회로이므로

$A = D = 1 + ZY,\ C = Y$

$\therefore 1.2 = 1 + 0.01Z$

$Z = \dfrac{0.2}{0.01} = 20[\Omega]$

72 1상의 임피던스가 $14 + j48[\Omega]$인 △부하에 대칭 선간전압 200[V]를 가한 경우의 3상 전력은 몇 [W]인가?

① 672 ② 692
③ 712 ④ 732

해설 $P = 3I_p^{\,2} \cdot R = 3\left(\dfrac{200}{50}\right)^2 \times 14 = 672[\text{W}]$

73 RL 직렬회로에서 시정수가 0.03[s], 저항이 14.7[Ω]일 때, 코일의 인덕턴스[mH]는?

① 441 ② 362
③ 17.6 ④ 2.53

해설 시정수 $\tau = \dfrac{L}{R}[\text{s}]$

$\therefore L = \tau \cdot R$

$= 0.03 \times 14.7 = 0.441[\text{H}] = 441[\text{mH}]$

74 선간전압 V_l[V]의 3상 평형 전원에 대칭 3상 저항 부하 R[Ω]이 그림과 같이 접속되었을 때 a, b 두 상 간에 접속된 전력계의 지시값이 W[W]라 하면 c상의 전류[A]는?

① $\dfrac{\sqrt{3}\,W}{V_l}$

② $\dfrac{3W}{V_l}$

③ $\dfrac{W}{\sqrt{3}\,V_l}$

④ $\dfrac{2W}{\sqrt{3}\,V_l}$

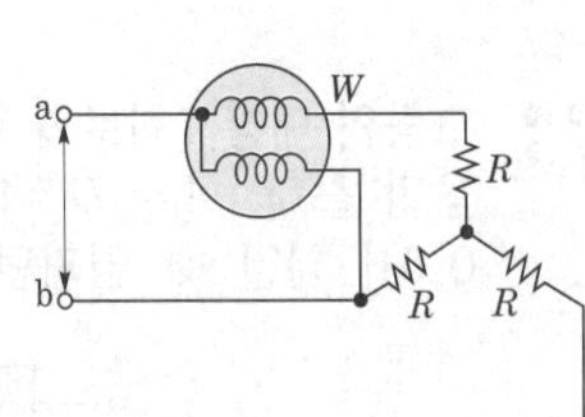

해설 3상 전력 : $P = 2W$[W]

대칭 3상이므로 $I_a = I_b = I_c$이다.

따라서 $2W = \sqrt{3}\,V_l I_l \cos\theta$ 에서 R 만의 부하므로 역률 $\cos\theta = 1$

$\therefore I = \dfrac{2W}{\sqrt{3}\,V_l}[\text{A}]$

75 $e_s(t) = 3e^{-5t}$인 경우 그림과 같은 회로의 임피던스는?

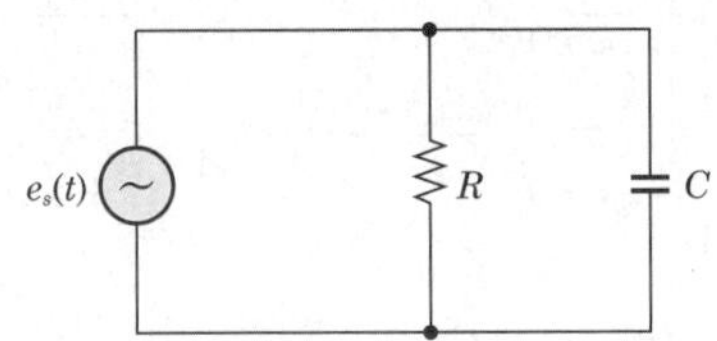

① $\dfrac{j\omega RC}{1 + j\omega RC}$ ② $\dfrac{1}{1 + RC}$

③ $\dfrac{R}{1 - 5RC}$ ④ $\dfrac{1 + j\omega RC}{R}$

해설 임피던스 $\boldsymbol{Z} = \dfrac{1}{\boldsymbol{Y}}$, $e_s(t) = 3e^{-5t}$ 인 경우이므로

$j\omega = -5$이다.

임피던스 $\boldsymbol{Z} = \dfrac{1}{\boldsymbol{Y}} = \dfrac{1}{\dfrac{1}{R} + j\omega C} = \dfrac{R}{1 + j\omega CR}$

여기서, $j\omega = -5$이므로 $\boldsymbol{Z} = \dfrac{R}{1 - 5CR}$

76 그림과 같은 회로에서 2[Ω]의 단자 전압[V]은?

① 3
② 4
③ 6
④ 8

1[Ω], 3[V], 6[A], 2[Ω]

해설 3[V]에 의한 전류 $I_1 = \dfrac{3}{1+2} = 1[\text{A}]$

6[A]에 의한 전류 $I_2 = \dfrac{1}{1+2} \times 6 = 2[\text{A}]$

2[Ω]에 흐르는 전전류 $I = I_1 + I_2 = 1 + 2 = 3[\text{A}]$

$\therefore V = IR = 3 \times 2 = 6[\text{V}]$

정답 72. ① 73. ① 74. ④ 75. ③ 76. ③

77 4단자 정수 A, B, C, D로 출력측을 개방시켰을 때 입력측에서 본 구동점 임피던스 $Z_{11}=\left.\frac{V_1}{I_1}\right|_{I_2=0}$ 을 표시한 것 중 옳은 것은?

① $Z_{11}=\frac{A}{C}$ ② $Z_{11}=\frac{B}{D}$

③ $Z_{11}=\frac{A}{B}$ ④ $Z_{11}=\frac{B}{C}$

해설 임피던스 파라미터와 4단자 정수와의 관계

$Z_{11}=\frac{A}{C}$

$Z_{12}=Z_{21}=\frac{1}{C}$

$Z_{22}=\frac{D}{C}$

78 위상정수가 $\frac{\pi}{8}$[rad/m]인 선로의 1[MHz]에 대한 전파속도[m/s]는?

① 1.6×10^7 ② 9×10^7

③ 10×10^7 ④ 11×10^7

해설 전파속도 $v=\frac{\omega}{\beta}=\frac{2\times\pi\times1\times10^6}{\frac{\pi}{8}}$

$=1.6\times10^7$[m/s]

79 a, b 2개의 코일이 있다. a, b 코일의 저항과 유도 리액턴스는 각각 3[Ω], 5[Ω]과 5[Ω], 1[Ω]이다. 두 코일을 직렬 접속하고 100[V]의 교류 전압을 인가할 때 흐르는 전류[A]는?

① $10\angle 37°$ ② $10\angle -37°$

③ $10\angle 53°$ ④ $10\angle -53°$

해설 $I=\frac{100}{8+j6}=\frac{100(8-j6)}{(8+j6)(8-j6)}$

$=\frac{800-j600}{100}=8-j6$

$\therefore I=10\angle \tan^{-1}\frac{3}{4}=10\angle -37°$[A]

80 3상 회로에서 각 상의 전류는 다음과 같다. 전류의 영상분 I_0는 얼마인가? (단, b상을 기준으로 한다.)

$I_a=400-j650$[A]

$I_b=-230-j700$[A]

$I_c=-150+j600$[A]

① $20-j750$ ② $6.66-j250$

③ $572-j223$ ④ $-179-j177$

해설 영상 전류는 a상을 기준으로 하는 경우와 b상을 기준으로 하는 경우가 같으므로

$I_0=\frac{1}{3}(I_a+I_b+I_c)=6.66-j250$

제5과목 전기설비기술기준

81 전로를 대지로부터 반드시 절연하여야 하는 것은?

① 전로의 중성점에 접지공사를 하는 경우의 접지점

② 계기용 변성기 2차측 전로에 접지공사를 하는 경우의 접지점

③ 시험용 변압기

④ 저압 가공전선로 접지측 전선

해설 절연을 생략하는 경우(KEC 131)

- 접지공사의 접지점
- 시험용 변압기 등
- 전기로 등

82 출제빈도 최대사용전압이 22,900[V]인 3상 4선식 중성선 다중 접지식 전로와 대지 사이의 절연내력시험전압은 몇 [V]인가?

① 32,510 ② 28,752

③ 25,229 ④ 21,068

정답 77. ① 78. ① 79. ② 80. ② 81. ④ 82. ④

해설 **전로의 절연저항 및 절연내력(KEC 132)**
중성점 다중 접지방식이므로 22,900×0.92=21,068[V]이다.

83 **이동하여 사용하는 저압설비에 1개의 접지도체로 연동연선을 사용할 때 최소 단면적은 몇 [mm²]인가?**

① 0.75
② 1.5
③ 6
④ 10

해설 **이동하여 사용하는 전기기계기구의 금속제외함 등의 접지시스템의 경우(KEC 142.3.1)**
- 특고압·고압 전기설비용 접지도체 및 중성점 접지용 접지도체 : 단면적 10[mm²] 이상
- 저압 전기설비용 접지도체
  - 다심 코드 또는 캡타이어 케이블의 1개 도체의 단면적이 0.75[mm²] 이상
  - 연동연선은 1개 도체의 단면적이 1.5[mm²] 이상

84 **접지공사를 가공공동지선으로 하여 4개소에서 접지하여 1선 지락전류는 5[A]로 되었다. 이 경우에 각 접지선을 가공공동지선으로부터 분리하였다면 각 접지선과 대지 사이의 전기저항은 몇 [Ω] 이하로 하여야 하는가?**

① 37.5 ② 75
③ 120 ④ 300

해설 $R=\frac{150}{I}\times n=\frac{150}{5}\times 4=120[\Omega]$

85 **저압 전로의 보호도체 및 중성선의 접속방식에 따른 접지계통의 분류가 아닌 것은?**

① IT 계통 ② TN 계통
③ TT 계통 ④ TC 계통

해설 **계통접지 구성(KEC 203.1)**
저압 전로의 보호도체 및 중성선의 접속방식에 따라 접지계통은 다음과 같이 분류한다.
- TN 계통
- TT 계통
- IT 계통

86 **라이팅덕트공사에 의한 저압 옥내배선공사 시설기준으로 틀린 것은?**

① 덕트의 끝부분은 막을 것
② 덕트는 조영재에 견고하게 붙일 것
③ 덕트는 조영재를 관통하여 시설할 것
④ 덕트의 지지점 간의 거리는 2[m] 이하로 할 것

해설 **라이팅덕트공사(KEC 232.71)**
- 덕트의 개구부(開口部)는 아래로 향하여 시설할 것
- 덕트는 조영재를 관통하여 시설하지 아니할 것

87 **전기울타리용 전원장치에 전기를 공급하는 전로의 사용전압은 몇 [V] 이하이어야 하는가?**

① 150 ② 200
③ 250 ④ 300

해설 **전기울타리의 시설(KEC 241.1)**
사용전압은 250[V] 이하이며, 전선은 인장강도 1.38[kN] 이상의 것 또는 지름 2[mm] 이상 경동선을 사용하고, 지지하는 기둥과의 이격거리는 2.5[cm] 이상, 수목과의 이격거리는 30[cm] 이상으로 한다.

88 **의료장소의 안전을 위한 비단락보증 절연변압기에 대한 설명으로 옳은 것은?**

① 정격출력은 5[kVA] 이하로 할 것
② 정격출력은 10[kVA] 이하로 할 것
③ 2차측 정격전압은 직류 25[V] 이하이다.
④ 2차측 정격전압은 교류 300[V] 이하이다.

정답 83. ② 84. ③ 85. ④ 86. ③ 87. ③ 88. ②

해설 의료장소의 안전을 위한 보호설비(KEC 242.10.3)
비단락보증 절연변압기의 2차측 정격전압은 교류 250[V] 이하로 하며 공급방식은 단상 2선식, 정격출력은 10[kVA] 이하로 할 것

89 고압 가공전선로의 지지물로서 사용하는 목주의 풍압하중에 대한 안전율은 얼마 이상이어야 하는가?

① 1.2 ② 1.3
③ 2.2 ④ 2.5

해설 저 · 고압 가공전선로의 지지물의 강도(KEC 222.8, 332.7)
- 저압 가공전선로의 지지물은 목주인 경우에는 풍압하중의 1.2배의 하중, 기타의 경우에는 풍압하중에 견디는 강도를 가지는 것이어야 한다.
- 고압 가공전선로의 지지물로서 사용하는 목주의 풍압하중에 대한 안전율은 1.3 이상인 것이어야 한다.

90 특고압 345[kV]의 가공 송전선로를 평지에 건설하는 경우 전선의 지표상 높이는 최소 몇 [m] 이상이어야 하는가?

① 7.5 ② 7.95
③ 8.28 ④ 8.85

해설 $h = 6 + 0.12 \times \frac{345-160}{10} \fallingdotseq 8.28[\text{m}]$

91 특고압 가공전선이 도로, 횡단보도교, 철도 또는 궤도와 제1차 접근상태로 시설되는 경우 특고압 가공전선로는 제 몇 종 보안공사에 의하여야 하는가?

① 제1종 특고압 보안공사
② 제2종 특고압 보안공사
③ 제3종 특고압 보안공사
④ 제4종 특고압 보안공사

해설 특고압 가공전선과 도로 등의 접근 또는 교차(KEC 333.24)
특고압 가공전선이 도로 · 횡단보도교 · 철도 또는 궤도와 제1차 접근상태로 시설되는 경우 특고압 가공전선로는 제3종 특고압 보안공사에 의할 것

92 특고압 가공전선이 가공약전류전선 등 저압 또는 고압의 가공전선이나 저압 또는 고압의 전차선과 제1차 접근상태로 시설되는 경우 60[kV] 이하 가공전선과 저 · 고압 가공전선 등 또는 이들의 지지물이나 지주 사이의 이격거리는 몇 [m] 이상인가?

① 1.2 ② 2
③ 2.6 ④ 3.2

해설 특고압 가공전선과 저 · 고압 가공전선 등의 접근 또는 교차(KEC 333.26)

사용전압의 구분	이격거리
60[kV] 이하	2[m]
60[kV] 초과	2[m]에 사용전압이 60[kV]를 초과하는 10[kV] 또는 그 단수마다 0.12[m]를 더한 값

93 사용전압이 66[kV]인 특고압 가공전선로를 시가지에 위험의 우려가 없도록 시설한다면 전선의 단면적은 몇 [mm^2] 이상의 경동연선 및 알루미늄 전선이나 절연전선을 사용하여야 하는가?

① 38[mm^2] ② 55[mm^2]
③ 80[mm^2] ④ 100[mm^2]

해설 시가지 등에서 170[kV] 이하 특고압 가공전선로 전선의 단면적(KEC 333.1-2)

사용전압의 구분	전선의 단면적
100[kV] 미만	인장강도 21.67[kN] 이상, 단면적 55[mm^2] 이상의 경동연선 및 알루미늄 전선이나 절연전선
100[kV] 이상	인장강도 58.84[kN] 이상, 단면적 150[mm^2] 이상의 경동연선 및 알루미늄 전선이나 절연전선

정답 89. ② 90. ③ 91. ③ 92. ② 93. ②

94 특고압 지중전선이 지중약전류전선 등과 접근하거나 교차하는 경우에 상호 간의 이격거리가 몇 [cm] 이하인 때에는 두 전선이 직접 접촉하지 아니하도록 하여야 하는가?

① 15 ② 20
③ 30 ④ 60

해설 **지중전선과 지중약전류전선 등 또는 관과의 접근 또는 교차(KEC 223.6)**
저압 또는 고압의 지중전선은 30[cm] 이하, 특고압 지중전선은 60[cm] 이하이어야 한다.

95 사용전압이 22.9[kV]인 특고압 가공전선로(중성선 다중 접지식의 것으로서 전로에 지락이 생겼을 때에 2초 이내에 자동적으로 이를 전로로부터 차단하는 장치가 되어 있는 것에 한한다.)가 상호 간 접근 또는 교차하는 경우 사용전선이 양쪽 모두 케이블인 경우 이격거리는 몇 [m] 이상인가?

① 0.25
② 0.5
③ 0.75
④ 1.0

해설 **25[kV] 이하인 특고압 가공전선로의 시설(KEC 333.32)**
특고압 가공전선로가 상호 간 접근 또는 교차하는 경우

사용전선의 종류	이격거리
어느 한쪽 또는 양쪽이 나전선인 경우	1.5[m]
양쪽이 특고압 절연전선인 경우	1.0[m]
한쪽이 케이블이고 다른 한쪽이 케이블이거나 특고압 절연전선인 경우	0.5[m]

96 고압 옥내배선이 수관과 접근하여 시설되는 경우에는 몇 [cm] 이상 이격시켜야 하는가?

① 15 ② 30
③ 45 ④ 60

해설 **고압 옥내배선 등의 시설(KEC 342.1)**
고압 옥내배선이 다른 고압 옥내배선 · 저압 옥내전선 · 관등회로의 배선 · 약전류전선 등 또는 수관 · 가스관이나 이와 유사한 것과 접근하거나 교차하는 경우에 이격거리는 15[cm] 이상이어야 한다.

97 특고압용 타냉식 변압기의 냉각장치에 고장이 생긴 경우를 대비하여 어떤 보호장치를 하여야 하는가?

① 경보장치 ② 속도조정장치
③ 온도시험장치 ④ 냉매흐름장치

해설 **특고압용 변압기의 보호장치(KEC 351.4)**
타냉식 변압기의 냉각장치에 고장이 생긴 경우 또는 변압기의 온도가 현저히 상승한 경우 동작하는 경보장치를 시설하여야 한다.

98 다음 그림에서 L_1은 어떤 크기로 동작하는 기기의 명칭인가?

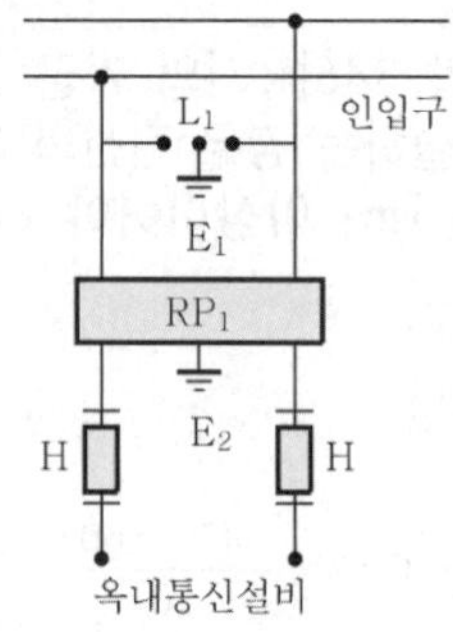

① 교류 1,000[V] 이하에서 동작하는 단로기
② 교류 1,000[V] 이하에서 동작하는 피뢰기
③ 교류 1,500[V] 이하에서 동작하는 단로기
④ 교류 1,500[V] 이하에서 동작하는 피뢰기

해설 **저압용 보안장치(KEC 362.5-2)**
- RP_1 : 교류 300[V] 이하에서 동작하고, 최소 감도전류가 3[A] 이하로서 최소 감도전류 때의 응동시간이 1사이클 이하이고 또한 전류용량이 50[A], 20초 이상인 자복성이 있는 릴레이 보안기
- L_1 : 교류 1[kV] 이하에서 동작하는 피뢰기
- E_1 및 E_2 : 접지

정답 94. ④ 95. ② 96. ① 97. ① 98. ②

99 출제빈도 **직류 750[V]의 전차선과 차량 간의 최소절연이격거리는 동적일 경우 몇 [mm]인가?**

① 25 ② 100
③ 150 ④ 170

해설 **전차선로의 충전부와 차량 간의 절연이격(KEC 431.3)**

시스템 종류	공칭전압[V]	동적[mm]	정적[mm]
직류	750	25	25
	1,500	100	150
단상교류	25,000	170	270

100 **태양전지 모듈의 직렬군 최대개방전압이 직류 750[V] 초과 1,500[V] 이하인 시설장소에서 하여야 할 울타리 등의 안전조치로 알맞지 않은 것은?**

① 태양전지 모듈을 지상에 설치하는 경우 울타리·담 등을 시설하여야 한다.
② 태양전지 모듈을 일반인이 쉽게 출입할 수 있는 옥상 등에 시설하는 경우는 식별이 가능하도록 위험표시를 하여야 한다.
③ 태양전지 모듈을 일반인이 쉽게 출입할 수 없는 옥상·지붕에 설치하는 경우는 모듈 프레임 등 쉽게 식별할 수 있는 위치에 위험표시를 하여야 한다.
④ 태양전지 모듈을 주차장 상부에 시설하는 경우는 위험표시를 하지 않아도 된다.

해설 **설치장소의 요구사항**(KEC 521.1)
태양전지 모듈의 직렬군 최대개방전압이 직류 750[V] 초과 1,500[V] 이하인 시설장소는 다음에 따라 울타리 등의 안전조치를 하여야 한다.

- 태양전지 모듈을 지상에 설치하는 경우는 울타리·담 등을 시설하여야 한다.
- 태양전지 모듈을 일반인이 쉽게 출입할 수 있는 옥상 등에 시설하는 경우는 충전부분이 노출하지 아니하는 기계기구를 사람이 쉽게 접촉할 우려가 없도록 시설하여야 하고 식별이 가능하도록 위험표시를 하여야 한다.
- 태양전지 모듈을 일반인이 쉽게 출입할 수 없는 옥상·지붕에 설치하는 경우는 모듈 프레임 등 쉽게 식별할 수 있는 위치에 위험표시를 하여야 한다.
- 태양전지 모듈을 주차장 상부에 시설하는 경우는 차량의 출입 등에 의한 구조물, 모듈 등의 손상이 없도록 하여야 한다.

정답 99. ① 100. ④

MEMO

핵담 전기기사 필기 핵심기출 300제

2023. 1. 27. 초 판 1쇄 발행
2024. 1. 3. 1차 개정증보 1판 1쇄 발행

지은이 | 전수기, 임한규, 정종연
펴낸이 | 이종춘
펴낸곳 | BM (주)도서출판 성안당
주소 | 04032 서울시 마포구 양화로 127 첨단빌딩 3층(출판기획 R&D 센터)
10881 경기도 파주시 문발로 112 파주 출판 문화도시(제작 및 물류)
전화 | 02) 3142-0036
031) 950-6300
팩스 | 031) 955-0510
등록 | 1973. 2. 1. 제406-2005-000046호
출판사 홈페이지 | **www.cyber.co.kr**
ISBN | 978-89-315-8639-8 (13560)
정가 | 39,000원

이 책을 만든 사람들
기획 | 최옥현
진행 | 박경희
교정·교열 | 김원갑
전산편집 | 이다혜
표지 디자인 | 임흥순
홍보 | 김계향, 유미나, 정단비, 김주승
국제부 | 이선민, 조혜란
마케팅 | 구본철, 차정욱, 오영일, 나진호, 강호묵
마케팅 지원 | 장상범
제작 | 김유석

핵담

필기

전기기사 핵심기출 300제

CBT는 핵심 기출이 ALL다!

이 책은 33년간 출제된 기출문제 중

자주 출제되는 기출문제를 완전 분석하여

과목별로 출제 확률이 가장 높은 핵심기출 300문제를

엄선한 CBT대비 수험서입니다.

정가:39,000원

13560

9 788931 586398

ISBN 978-89-315-8639-8

http://www.cyber.co.kr

BM Book Multimedia Group

성안당은 선진화된 출판 및 영상교육 시스템을 구축하고
항상 연구하는 자세로 독자 앞에 다가갑니다.